第二届兵器工程大会论文集 下

PROCEEDINGS OF THE SECOND ORDNANCE ENGINEERING CONFERENCE

芮筱亭 主编

北京理工大学出版社
BEIJING INSTITUTE OF TECHNOLOGY PRESS

版权专有　侵权必究

图书在版编目（CIP）数据

第二届兵器工程大会论文集：英、汉／芮筱亭主编．—北京：北京理工大学出版社，2020.5
ISBN 978 – 7 – 5682 – 7743 – 3

Ⅰ.①第… Ⅱ.①芮… Ⅲ.①武器工业 – 中国 – 学术会议 – 文集 – 英、汉 Ⅳ.①TJ – 53

中国版本图书馆 CIP 数据核字（2019）第 248652 号

出版发行 ／ 北京理工大学出版社有限责任公司	
社　　址 ／ 北京市海淀区中关村南大街 5 号	
邮　　编 ／ 100081	
电　　话 ／ (010) 68914775（总编室）	
(010) 82562903（教材售后服务热线）	
(010) 68948351（其他图书服务热线）	
网　　址 ／ http：//www.bitpress.com.cn	
经　　销 ／ 全国各地新华书店	
印　　刷 ／ 三河市华骏印务包装有限公司	
开　　本 ／ 889 毫米 × 1194 毫米　1/16	责任编辑 ／ 梁铜华
印　　张 ／ 99	文案编辑 ／ 梁铜华
字　　数 ／ 2849 千字	责任校对 ／ 周瑞红
版　　次 ／ 2020 年 5 月第 1 版　2020 年 5 月第 1 次印刷	责任印制 ／ 李志强
定　　价 ／ 328.00 元（上下册）	

图书出现印装质量问题，请拨打售后服务热线，本社负责调换

编　委　会

主　编　芮筱亭

副主编　安玉德　何　勇

编　委

吴志林	陈　雄	杨国来	陈建勋
姚文进	贾　鑫	孙　岩	殷宏斌
陈雪蕾	乔　丽	汤江河	王兆旭
崔福兰	田长华	于天朋	贾进周
伏　睿	周　晴	聂建媛	渠育杰
李丽君	田建辉	周　伟	

目　　录

（上册）

第一部分　兵器系统智能化设计理论与总体技术

某舰炮自动弹库控制系统健康管理研究
　　江　涵，姚　忠，荀盼盼 ……………………………………………………………（ 3 ）
国外舰炮弹药发展现状与趋势
　　许彩霞，王建波，柏席峰，李宝锋，马士婷 …………………………………………（ 8 ）
我国枪械发展的几点思考
　　雷　敬，陈　胜，李松洋 ……………………………………………………………（ 16 ）
枪械提高远距离射击精度的技术探索
　　雷　敬，王　欢，李松洋 ……………………………………………………………（ 21 ）
国外战斗部技术发展特点分析
　　李宝锋，陈永新，王建波，柏席峰，许彩霞，马士婷 ………………………………（ 27 ）
中口径自行榴弹炮转鼓式弹仓设计
　　马　菅，薛百文，涂炯灿，赵蔚楠 …………………………………………………（ 33 ）
FC 总线在混动分布驱动车上的应用领域
　　何欣航，李而康 ………………………………………………………………………（ 39 ）
末端反导防空武器系统研究进展
　　李玉玺，李正宇，李忠梅，侯林海 …………………………………………………（ 44 ）
高炮末端防空抗击无人机应用研究
　　范天峰，张　春，刘　静，王　歌，崔星毅，马佳佳 ………………………………（ 53 ）
采用滑模控制的多电平 D 类功率放大器稳定性证明
　　张　缨，蔡　凌 ………………………………………………………………………（ 58 ）
数字交流随动系统能耗制动电阻的设计
　　张　缨，蔡　凌 ………………………………………………………………………（ 67 ）
人工智能在防空火控系统中的应用探索
　　王长城，李文才 ………………………………………………………………………（ 75 ）
基于灰色 DEMATEL 与模糊 VIKOR 算法的陆军报废车辆装备回收处置模式的优选
　　何　岩，赵劲松 ………………………………………………………………………（ 80 ）

国外步兵精确打击武器发展现状
　　田建辉，李　军 ……………………………………………………………………………………（ 92 ）
航空炸弹大数据发展建议
　　孙成志，张小帅，徐智强，丁兆明，宋玉婷 ………………………………………………………（ 96 ）
未来战争颠覆性发展下智能无人火炮系统发展趋势
　　黄　通，郭保全，潘玉田，丁　宁，栾成龙，李鑫波 ……………………………………………（ 104 ）
挖掘数字化设计仿真在产品研发中的创新作用
　　马涉洋，李　宁 ……………………………………………………………………………………（ 111 ）
某科研项目管理信息系统总体设计
　　杨　勇，李晓阳，成　敏 …………………………………………………………………………（ 115 ）
火炮综合电子系统自主可控发展探讨
　　韩崇伟，张志鹏，吴　旭，李　可，王天石 ………………………………………………………（ 120 ）
高超声速制导火箭大包线 μ 综合控制
　　常　江，苗昊春，马清华，王　根，栗金平，何润林 ……………………………………………（ 125 ）
多学科联合设计仿真平台研究
　　王胤钧，朱银生，吴　遥，滕江华，常伟军，张　博，张　彬 …………………………………（ 134 ）
高功率密度柴油机可调两级涡轮增压系统优化匹配方法研究
　　韩春旭，张俊跃，胡力峰，吴新涛，徐思友，高鹏浩 ……………………………………………（ 138 ）
一种轻型框架式车体设计及受力分析
　　孙　伟，李友为，张泽龙，于友志，胡艺玲 ………………………………………………………（ 158 ）
一种可空运部署的超轻型多功能遥控抢险车的行动系统设计
　　高　巍，李友为，孙行龙，李　彤，韩易峰 ………………………………………………………（ 168 ）
某自行火炮弹药输送装置推弹试验系统的改进
　　郭丽坤，刘　伟，段玉滨，刘　贺，韩易峰，胡艺玲 ……………………………………………（ 174 ）
水陆两栖电传动运输装备
　　孙　蕊，刘贵明，孙行龙，于友志 ………………………………………………………………（ 177 ）
浅析履带式隧道应急抢通车车体设计
　　李珊珊，孙　伟，王海燕，袁维维，韩　旭，于友志 ……………………………………………（ 185 ）
基于特种作业车辆底盘自动灭火系统总体设计及改进设想
　　杨吉强，于　咏，王开龙，李晶鑫，于友志，胡艺玲 ……………………………………………（ 188 ）
基于协同车辆建模仿真的无人作战平台滑转率控制系统研究与实车实现
　　卢进军，徐洪斌，钟凤磊，乔梦华，陈克新 ………………………………………………………（ 193 ）
国外巡飞弹发展现状
　　刘立晗，胡柏峰，张　雷，张云鹏 ………………………………………………………………（ 201 ）

第二部分　先进发射与弹道规划控制技术

弹托式尾翼弹膛内时期气室压力数值计算
　　刘瑞卿，杨　力 ……………………………………………………………………………………（ 207 ）

目录

固体燃料冲压发动机燃烧性能研究现状
  马晔璇　史金光　张　宁 ……………………………………………………………（214）

某固定鸭舵二维修正弹气动特性研究
  李　真，李文武，阮明平，吴晶，董玉立，曾凡桥 ………………………………（219）

一维弹道修正弹外弹道误差源分析
  杨　莹，卜祥磊，薛　超，曹成壮，郝玉凤 ………………………………………（226）

基于 Matlab 的复合增程弹弹道仿真应用
  梁　宇，郝玉凤，苏　莹，王　铮，赵洪力 ………………………………………（231）

基于刚柔耦合动力学的航炮系统炮口响应研究
  李　勇，周长军，刘　军，王　凯 …………………………………………………（236）

新型扭簧式平衡机设计
  马　浩，高跃飞，周　军，王　钊 …………………………………………………（246）

多场耦合作用下的自增强身管残余应力分析建模
  高小科，刘朋科，周发明，王在森，邵小军 ………………………………………（252）

导弹电缆罩气动减阻风洞试验研究
  朱中根，党明利，向玉伟，于卫青，付小武 ………………………………………（261）

某型 120 mm 迫榴炮特种弹基本药管底座留膛及可靠击发问题分析
  闫志恒，沈光焰，李国君，王　辉 …………………………………………………（265）

弹道测量弹技术研究
  付德强，李增光，刘成奇，刘同宇，李蕴涵 ………………………………………（271）

一种带锁定机构的折叠尾翼设计
  刘成奇，肖彦海，付德强，刘同宇，李蕴涵 ………………………………………（275）

不同时离轨倾斜发射导弹初始扰动仿真分析与改善
  李　庚，刘馨心，薛海瑞，胡建国，麻小明，蔡希滨 ……………………………（279）

磁流变反后坐装置磁路分析
  张　超，韩晓明，李　强，信义兵 …………………………………………………（284）

基于 AMESim 的节制杆式反后坐装置的特性研究
  赵慧文，韩晓明，李　强，张洪宇 …………………………………………………（290）

某步枪击发机构有限元仿真分析
  王为介，李　强，曲　普 ……………………………………………………………（295）

基于 LS_DYNA 的某子母弹保护盖失效分析与优化
  杨　力，张永励，刘瑞卿，宋朝卫 …………………………………………………（298）

无人机载空地导弹弹道设计关键技术
  杨　凯，许　琛，徐　燕 ……………………………………………………………（304）

轴向环翼绕流结构与气动特性数值研究
  陈国明，张佳强，刘　安，胡俊华，冯金富 ………………………………………（314）

一种基于点目标滤波器的航弹跟踪算法
  权红艳，雷海丽，赵米旸，许开銮，刘培桢，李璐阳，宋金鸿 …………………（324）

基于 Simulink 的非标准外弹道仿真与分析
  吴朝峰，杨　臻，曹文辉，郭东海 …………………………………………………（334）

炮管外壁温度测量技术的研究
　　苗润忠，吴淑芳，陈占芳 ………………………………………………………………（341）
底排药端面自动包覆装置的设计与分析
　　程　林，齐　铭，李瑶瑶，黄求安，武国梁 …………………………………………（347）
基于弹炮刚柔耦合接触的薄壁身管动响应过程分析
　　栾成龙，郭保全，黄　通，李魁武 ……………………………………………………（356）
转管炮缓冲器与炮口制退器后坐性能匹配研究
　　周　军，高跃飞，王振嵘，马　浩 ……………………………………………………（362）
电磁阻尼应用于反后坐装置的研究
　　刘　洋，高跃飞，王　登，王　钊 ……………………………………………………（369）
长杆式尾翼稳定脱壳穿甲弹弹丸紧固环设计
　　张福德，王　冕，朱德领 ………………………………………………………………（374）
双药室低后坐能埋头弹药技术研究
　　程广伟，陈　晨，豆松松，雷　昱，刘　欢 …………………………………………（379）

第三部分　高能火炸药与特种烟火技术

老化对HMX基炸药爆热的影响探究
　　陈明磊，张争争，尚凤琴 ………………………………………………………………（393）
熔铸装药过程质量在线检测方法分析
　　张明明，万大奎，万力伦，成　臣 ……………………………………………………（397）
熔铸炸药与压装药柱复合装药工艺研究
　　张明明，成　臣，万大奎 ………………………………………………………………（401）
功能助剂对RDX/DNAN基熔铸炸药成分分析的影响研究
　　李领弟，张　璇，魏成龙，董晓燕 ……………………………………………………（405）
TATB硝化工艺研究
　　杨学斌，魏成龙，秦　亮，张得龙，王小龙，张广源，赵静静，郝尧刚，方　涛 …………（410）
复合改性单基发射药的制备与性能
　　吴永刚，田书春，詹芙蓉，丁　琨，戴　青，马　当 ………………………………（415）
光谱法无损检测某熔铸炸药中DNAN含量
　　杏若婷，李志华，东生金，孙立鹏，魏小春 …………………………………………（422）
军用烟幕碳纤维分散性能研究
　　梁多来，赵　伟，丁洪翔 ………………………………………………………………（427）
固体推进剂装药液态模芯设计研究
　　陈　朋，赵　乐，白冰鑫，邹鹏飞，王志君 …………………………………………（431）
红外烟幕遮蔽材料性能分析与测试
　　郭仙永，岳　强，唐恩博，杨德成 ……………………………………………………（435）
烟火药装置结构表面温度测试研究
　　孙庆亮，窦春玉，裴正学，李蕴涵 ……………………………………………………（440）

红外照明剂的配方设计
　　朱佳伟，闫颢天，姚　强，张　鹏，杨德成 …………………………………………（445）
浅谈火炸药行业智能化供电系统
　　郭占虎，白喜玲，史玉乾，达世栋 ………………………………………………………（449）
色谱法分析含铝混合炸药组分的研究
　　张　波，王　娜，郝玉荣，王璐婷，杏若婷，晁　慧 ……………………………………（453）
定量方法对色谱分析 CL-20 基混合炸药组分含量的影响
　　王　娜，李金鑫，李丽洁，吴一歌，张争争，尚凤琴，王　霞 …………………………（459）
新技术、新材料在火炸药基础设施建设中的综合应用
　　白喜玲，郭占虎，史玉乾，达世栋 ………………………………………………………（465）
硝基苯类废水处理技术研究与工程实践
　　史玉乾，白喜玲，郭占虎，蒋　磊 ………………………………………………………（469）
高效液相色谱法分析 DNTF 纯度研究
　　王璐婷，张　波，李周亭，晁　慧，王　娜，顾梦云 ……………………………………（474）
固体火箭发动机的无损检测技术研究
　　刘　朵，王娜娜，庹儒林，李卫兵，陈江波 ……………………………………………（480）
复合固体推进剂中高能炸药 CL-20 的高效降感技术研究进展
　　苗瑞珍　伍永慧　高喜飞　冯自瑞　乔小平　杨　坚 …………………………………（485）
低堆密 RDX 产品生产工艺研究
　　东生金 ……………………………………………………………………………………（491）
纤维素甘油醚硝酸酯工艺技术研究进展
　　赵　乐，张永涛，杨忠林，刘兴辉，贾彦君，陈　朋 ……………………………………（496）
无人机用森林灭火弹抛撒特性研究
　　朱　聪，梁增友，邓德志，王明广，梁福地，孙楠楠 ……………………………………（500）
含能材料撞击感度模拟研究进展
　　黄　璜，李　岩，朱　敏 …………………………………………………………………（506）
近红外光谱检测技术在线测定硝化液中硝酸含量
　　董晓燕，李　伟，刘巧娥 …………………………………………………………………（514）
硝酸酯干燥技术应用研究
　　张永涛，刘兴辉，杨忠林，赵　乐，贾彦君，陈　朋 ……………………………………（518）
重液分离法分离 HMX/RDX 混合物研究
　　周彩元，赵静静，魏小琴，钟建华，赵方超 ……………………………………………（521）
HMX 晶体品质与级配对可压性的影响规律研究
　　屈延阳，詹春红，袁洪魏，王军，徐瑞娟 ………………………………………………（526）
自组装 3,3'-二氨基-4,4'-氧化偶氮呋咱（DAOAF）多孔聚合晶球的制备、
　　表征及其形成机理研究
　　高　寒，黄　明，蔡贾林，罗　观 ………………………………………………………（532）
微纳米硝胺用键合型高分子分散剂研究
　　马　丽，张利波，姜夏冰 …………………………………………………………………（539）

某固体推进剂压缩性能试验研究
　　周　峰，尹亚阁，吴　茜，肖秀友，许进升 ……………………………………………（548）
粒状发射药包装物研究
　　毛智鹏，秦静静，冯　阳，王志宇，孙　斌 ……………………………………………（554）
混合炸药程序化自动包覆造粒的设计思路
　　余咸旱，巩　军，金国良，郝尧刚，高登学，陈全文 …………………………………（561）
HTPB/TDI 预混料浆放置时间对推进剂力学性能的影响
　　黄　林，陈海洋，张玉良，任孟杰，王　倩，张　怡，王晓芹，张卫斌 ……………（566）
FOX-7 在混合炸药中的应用研究
　　曹仕瑾，李忠友，熊伟强，赵新岩，高　扬 ……………………………………………（573）

第四部分　智能感知与引战配合技术

中小口径火炮用发射装药低温内弹道异常研究
　　欧江阳，赵其林，孙晓泉，赵剑春，贺　云 ……………………………………………（585）
对流层折射对三坐标雷达测量精度的影响分析
　　邱　天，薛广然，张马驰 …………………………………………………………………（591）
箔条低空运动轨迹技术研究
　　罗　勇，卿　松，蒋余胜，吕　洁 ………………………………………………………（596）
基于深度学习的遥感影像识别方法研究
　　韩京冶，陈志泊，王　博，刘　承，先　毅，杨宗瑞，张恩帅 ………………………（602）
多加速度传感器信息融合技术的研究
　　甄海乐，秦栋泽，吴国东 …………………………………………………………………（614）
基于地磁异常未爆弹目标定位研究
　　韩松彤，戎晓力，卞雷祥，钟名尤 ………………………………………………………（618）
自适应光学探测与驱动过程仿真研究
　　秦　川，白委宁，陶　忠，桑　蔚，苏　瑛，刘莹奇 …………………………………（625）
光电目标定位仿真算法研究
　　秦　川，吴玉敬，陶　忠，桑　蔚，安学智 ……………………………………………（635）
基于改进粒子群算法的火炮内弹道参数修正
　　贺　磊，姚养无，丰　婧 …………………………………………………………………（643）
莱斯利棱镜装置最新研究进展及其应用
　　卢卫涛，邵新征，付小会，田民强 ………………………………………………………（649）
典型发烟剂烟气扩散数值仿真
　　杨尚贤，陈慧敏，高丽娟，马　超，齐　斌，邓甲昊 …………………………………（655）
光电稳定平台精准轻质配平技术研究
　　王章利，张　燕，左晓舟，管　伟，杨海成，王中强 …………………………………（662）
有限时间收敛末段机动突防滑模制导律
　　王　洋，牛智奇，苟秋雄，李　昊，郭永翔 ……………………………………………（667）

用于迫弹制导化改造的飞控组件研究
　　谢菁珠，蒲海峰，杨栓虎 ……………………………………………………………………（676）
一种组合稳定机载光电监视侦察系统设计
　　韩昆烨，胥青青，徐　珂，杨少康，杨晓强 ………………………………………………（681）
使用不完美未测量目标的亚像素精度标定方法
　　骆　媛，刘莹奇，张　冲，舒菅恩，陶　忠 ………………………………………………（687）
柔性压电发电机在子弹药引信中的应用研究
　　王东亚，张美云，张　力，贺　磊，邱强强 ………………………………………………（695）
侵彻多层硬目标信息获取技术的现状与发展
　　郭淑玲，张美云，肖春燕，贺　磊 …………………………………………………………（701）
基于中大口径榴弹近炸引信毫米波探测器信号处理算法研究
　　王东亚，何国清，方　勇，于　磊 …………………………………………………………（708）
基于偏心误差信息的光学系统建模方法研究
　　左晓舟，王章利，惠刚阳，姜　峰，刘伟光，管　伟 ……………………………………（713）
非相干合成高功率激光系统经大气传输后性能分析
　　邓万涛，赵　刚，周桂勇，杨艺帆，彭　杰，寇　峻 ……………………………………（719）
电容近炸引信在制导炮弹上的应用技术研究
　　王东亚，何国清，续岭岭，宋承天 …………………………………………………………（726）
波像差对非相干空间合束高斯光束传输质量的影响
　　李明星，肖相国，王楠茜，何玉兰 …………………………………………………………（729）
基于像素空间的高动态最佳曝光图像序列选择策略
　　陈　果，金伟其，李　力，贺　理 …………………………………………………………（733）
硬目标侵彻引信与侵爆战斗部的融合设计
　　李振华，史云晖 ………………………………………………………………………………（740）
基于超级像素的适应性双通道先验图像去雾
　　姜雨彤，纪　超，赵　博，朱梦琪，杨忠琳，马志扬 ……………………………………（745）
基于转像理论的望远系统研究
　　田继文，朴　燕 ………………………………………………………………………………（760）
成像掩模被动式无热化红外光学系统设计
　　郭小虎，赵辰霄，周　平，朱巍巍，田继文，周　婧 ……………………………………（765）

（下册）

第五部分　高能高效毁伤与防护技术

强激光对空地导弹等效靶的热毁伤分析研究
　　高振宇，姚养无 ………………………………………………………………………………（775）
曲率半径对外罩开槽式双层药型罩成型影响
　　吴浩宇，周春桂，董方栋，汤雪志，王志军 ………………………………………………（781）

低成本飞航式精确打击弹药发展综述
　　陈胜政 ……………………………………………………………………………………（787）
芬顿试剂处理 HMX 废酸残液析出物的研究
　　赵峰林 ……………………………………………………………………………………（796）
HMX/RDX 混合物重液分离法研究
　　赵峰林 ……………………………………………………………………………………（799）
落锤冲击载荷作用下弹体动态响应试验研究
　　杨亚东，华绍春，熊国松，刘俞平，王　宇，袁利东 ……………………………………（803）
异型孔锥罩聚能装药结构优化设计
　　郭焕果，卢冠成，谢剑文，余庆波，王海福 ……………………………………………（811）
射频前端高效毁伤探索研究
　　陈自东 ……………………………………………………………………………………（818）
攻角对高速射弹入水动态过程影响研究
　　梁景奇，王　瑞，徐保成，祁晓斌，李瑞杰 ……………………………………………（823）
提高钽钨合金药型罩材料利用率的工艺研究
　　牛胜军，臧启鹏，李　响，韩志浩 ………………………………………………………（832）
浮空式角反射体弹药发展现状及技术研究
　　杜　强，付德强，汲鹏举，徐先彬，刘成奇 ……………………………………………（837）
直升机载航空火箭弹族分析
　　姜　力，张　鹏，沈光焰 …………………………………………………………………（844）
一种动能杆毁伤目标的数学计算模型研究
　　牟文博，李　娜，龚　磊，杜韩东 ………………………………………………………（851）
冲击波载荷下防爆罩强度的数值模拟与设计
　　王竟成，郭进勇 …………………………………………………………………………（858）
变壁厚药型罩形成串联 EFP 数值模拟研究
　　孙加肖，杨丽君 …………………………………………………………………………（865）
弹丸侵彻浮雷靶的数值模拟研究
　　张智超，梁增友，邓德志，苗春壮，梁福地 ……………………………………………（874）
安全型起爆装置结构设计及性能研究
　　谢　锐，袁玉红 …………………………………………………………………………（879）
微装药腔体热隔离规律研究
　　刘　卫，薛　艳，解瑞珍，刘　兰，任小明 ……………………………………………（883）
聚能装药非稳态压垮成型的理论计算方法
　　徐梦雯，黄正祥，祖旭东，肖强强，贾　鑫，马　彬 ……………………………………（890）
密排陶瓷球复合装甲抗侵彻性能研究
　　曹进峰，赖建中，周捷航，尹雪祥 ………………………………………………………（897）
国外水陆两用超空泡枪弹发展研究
　　杨晓菡，闵　睿，王智鑫 …………………………………………………………………（906）
美国陆军研制中口径步枪和机枪
　　王智鑫，齐梦晓，刘　婧 …………………………………………………………………（909）

上网板对滤毒罐气动特性影响数值模拟研究
    司芳芳，皇甫喜乐，叶平伟，王立莹，王泠沄，吴　琼 ……………………………………（913）
刻槽参数对半预制破片飞散特性的影响规律研究
    李兴隆，吕胜涛，陈科全，高大元，路中华，黄亨建，陈红霞，寇剑锋，陈　翔 ……………（921）
内圆弧半径对小锥角聚能装药射流形成影响的数值模拟
    韩文斌，张国伟 ……………………………………………………………………………………（928）
中大口径杀爆弹炸药装药技术发展现状分析
    郭尚生，李志锋，李玉文，李　松，刘晓军，朱晓丽 ……………………………………………（933）
一种基于图像的冲击波波阵面参数测量方法研究
    叶希洋，苏健军，姬建荣，申景田 ………………………………………………………………（939）
战斗部新型复合隔热涂层材料热防护效应研究
    宋乙丹，黄亨建，陈科全，陈红霞，寇剑锋，陈　翔 ……………………………………………（945）
一种轻质吸能防弹结构的研究
    王　琳，崔　林，杨　林，李国飞，王志强，徐鸿雁，徐　海，郭一谚，庄　杰 …………（954）
线圈感应式拦截器发射仿真计算分析
    陈思敏，黄正祥，祖旭东，肖强强，贾　鑫，马　彬 ……………………………………………（961）
钨丝增强锆基非晶复合材料弹芯威力仿真计算分析
    王议论，任创辉，吴晓斌，刘　富 ………………………………………………………………（972）
强磁加载药型罩形成射流的仿真方法研究
    豆剑豪，贾　鑫，黄正祥，马　彬 ………………………………………………………………（980）
浅析弹药包装轻量化的重要性
    郭　颂，金海龙，路修嵘 …………………………………………………………………………（986）
某火工装置飞行试验入水熄灭原因研究
    肖秀友，吴护林，姜　波，詹　勇，周　峰，钟建华，刘顺尧，张云翼 ………………………（989）
拦截系统对高速厚壳战斗部弹药毁伤模式分析
    周　莲，王金相，宋海平，王文涛，陈日明，张亚宁，杨　阳 ………………………………（994）
基于弹性聚合物涂层的墙体抗爆能力研究
    张燕茜，安丰江，柳　剑，张龙辉，廖莎莎，吴　成 …………………………………………（1003）
攻角对杆式动能弹毁伤多层靶影响仿真
    张宝权，王瑞乾，林建民 …………………………………………………………………………（1027）
反分离弹药初步研究
    殷敏鸿 ………………………………………………………………………………………………（1032）
爆炸载荷作用下悬臂梁支撑边界的约束等效模拟方法研究
    毛伯永，翟红波，苏健军，丁　刚 ………………………………………………………………（1037）

第六部分　毁伤评估技术

火箭武器破障效能评估研究
    高源，王树山，梁振刚，舒　彬 …………………………………………………………………（1047）
某型试验验证装置威力性能研究
    郭　帅，郭光全，郝卫红，葛　伟，毕军民，耿天翼，赵海平 ………………………………（1053）

基于光电阵列的三发弹丸同时着靶识别方法
　　杨久琪，董　涛，陈　丁 ··· (1059)
光幕阵列测试系统动态信号特性分析
　　李　奕，倪晋平，陈　丁 ··· (1065)
某钝感杀爆炸药中钝感剂对炸药能量的影响规律
　　杏若婷，李志华，闫　波，李领弟，孙立鹏，魏小春 ······································ (1074)
空地反辐射导弹毁伤评估分析
　　董昕瑜，伍友利，刘同鑫，牛得清 ··· (1079)
高速弹丸侵彻混凝土靶板等效方法研究
　　侯俊超，梁增友，邓德志，苗春壮，梁福地 ·· (1091)
反蛙人杀伤弹水下杀伤威力评估方法分析
　　魏军辉，张　俊，冯昌林 ··· (1097)
激光武器毁伤效应的多物理建模与分析
　　孙铭远，张昊春，刘秀婷，尹德状 ·· (1102)
故障诊断的发展及趋势
　　孟　硕，康建设，池　阔，迭旭鹏 ··· (1111)
航母舰载机机载航空弹药安全性技术简析
　　张小帅，孙成志，赵宏宇，于　超，赵万强 ·· (1117)
装备可用度问题分析与评估研究
　　郭金茂，尹瀚泽，徐玉国 ··· (1123)
爆炸冲击载荷下装甲装备舱内乘员损伤研究现状
　　李　冈，祁　敏，蔡　萌，胡　滨 ··· (1130)
影响狙击弹射击精度试验因素分析
　　李　季，甄立江，岳　刚，谢云龙，杨彦良，安　山 ······································ (1142)
基于 VMD 的多尺度噪声调节随机共振的行星齿轮箱诊断方法
　　池　阔，康建设，李志勇，迭旭鹏，孟　硕，张星辉 ······································ (1146)
面向陆军装备体系的鉴定试验框架研究
　　曹宏炳，贾严冬，赵军号 ··· (1156)
高应变率下复合炸药的力学性能试验研究
　　郭洪福，周　涛，张丁山，袁宝慧 ··· (1163)
扇形体预制破片穿甲威力试验研究
　　赵丽俊，郝永平，刘锦春，黄晓杰，李晓婕 ·· (1167)

第七部分　兵器装备先进制造技术

U 型壳体零件加工变形控制方法
　　张雄飞，王银卜，杨全理 ··· (1175)
10 mm^2 以上线缆铅锡焊接技术
　　卢冬影，李　钰，崔　盈，任苏萍，刘维娜 ·· (1180)
某型高精狙步枪精度系统提升工程
　　陈超博，杨晓玉，雷　敬 ··· (1186)

The influences of craft parameters on surface morphology and structure of NdFeB thin films
　　GUO Zaizai, CAO Jianwu, YAN Dongming, LIU Fafu, YANG Shuangyan, FU Yudong ……… (1190)

钢丝绳压接固定研究
　　闫颢天，张文广，朱佳伟，姜　旭………………………………………………………… (1194)

38CrSi 钢平衡肘开裂失效分析
　　滕俊鹏，周　堃，王长朋，苏　艳，朱玉琴…………………………………………………… (1201)

3D 打印在兵器领域的应用现状及展望
　　黄声野，明平才………………………………………………………………………………… (1206)

某型子母弹尾部密封结构的可靠性与安全性研究
　　唐　辉，李晓婕，黄晓杰，赵东志……………………………………………………………… (1213)

绝热片粘贴的工艺性能研究
　　任孟杰，张玉良，王　倩，黄　林，王晓芹，周　峰…………………………………………… (1217)

S30408 奥氏体不锈钢膨胀节的失效原因分析及组织表征
　　张志伟，刘素芬，李兆杰，张　杨，王　凡，孙远东…………………………………………… (1221)

基于传动精度的滚珠丝杠副优化设计
　　王玉成，陈永伟，顾广鑫，朱　磊，王　博……………………………………………………… (1228)

RDX 自动化处理系统的研究应用
　　刘昌山，张玉良，黄　林，张卫斌，任孟杰，王　倩…………………………………………… (1236)

含 Ce – AZ80 稀土镁合金电子束焊接接头组织性能研究
　　王雅仙，马　冰，石　磊，张迎迎，王　英，杜乐一…………………………………………… (1239)

6061 铝合金多道次冷轧制过程的有限元分析与性能结构研究
　　骆冬智，瞿飞俊，孙智富……………………………………………………………………… (1246)

空间螺旋天线的参数化数控加工程序编制
　　张宏海…………………………………………………………………………………………… (1254)

新型金属材料先进表面加工技术研究
　　刘　丹，申亚琳，马　超，谭　添……………………………………………………………… (1257)

某产品翼翅制造工艺优化及模具设计
　　国文宝，毕达尉，邹振东，武　美，龚　瑞…………………………………………………… (1263)

装药工装自动化拆卸技术及应用研究
　　白　萌，陈海洋，孙彦斌，刘　成，王晓芹，胡陈艳，刘圆圆，李新库……………………… (1268)

提高固体火箭发动机绝热层制片质量及效率
　　何　鹏，陈海洋，赵　元，张玉良，王　倩，韩　博，司马克…………………………………… (1273)

浅析冲裁排样与挡料位置的设计
　　栾政武，栾鑫慧，郭　颂……………………………………………………………………… (1277)

某型炮弹弹丸口部"V"形印痕原因浅析
　　李静臣，田俊力………………………………………………………………………………… (1282)

某筒形件整体旋压加工工艺研究
　　豆亚锋，范云康，王　磊，马文斌，赵　浩…………………………………………………… (1285)

某末制导炮弹自动驾驶仪感应线圈装定可靠性工艺研究
　　黄　英，李存利，王焕珠，吴建丽……………………………………………………………… (1289)

美国国防制造技术规划及实施成果
　　钱美伽 ………………………………………………………………………………………… (1293)
禁（限）用工艺研究方法探讨
　　袁　芬，李春艳，杨伟韬 ………………………………………………………………… (1300)
浇铸工艺对封头结构发动机装药尾部气孔的影响
　　胡陈艳，陈海洋，孙彦斌，刘圆圆，王晓芹，王　利，白　萌，曹树欣 ……………… (1304)
固体火箭发动机侧面包覆层制作工艺研究
　　韩　博，张玉良，张　怡，王　倩，王晓芹，刘昌山，刘　耀，周　峰 …………… (1309)
更高电场强度的电火花——闪电原理简析
　　尹　昶，李亚妹 …………………………………………………………………………… (1312)
分解式拉深成形组合模具设计
　　罗宏松，方　斌，江　坤 ………………………………………………………………… (1315)
等离子喷涂相异涂层的时间间隔对 Mo/8YSZ 热障涂层残余应力的影响规律研究
　　张啸寒，冯胜强，刘　光，庞　铭 ……………………………………………………… (1318)
增压器密封环弹力设计对工作状态的影响
　　何　洪，庄　丽，吴新涛，侯琳琳，门日秀 …………………………………………… (1330)
30CrMnSiA 钢超高强度强韧化热处理工艺试验
　　姚春臣，王海云，陈兴云，李保荣，刘赞辉，许晓波，宾　璐，汤　涛，王敏辉 …… (1337)
关于某产品收带夹爪的创新性改进
　　李方军，李昆博，梁江北，田宇佳 ……………………………………………………… (1343)
某产品定心块数控加工技术研究及应用
　　李方军，朱小平，李昆博，田宇佳，梁江北 …………………………………………… (1346)
回转体零件线性尺寸和形位公差自动检测技术研究
　　李方军，朱小平，李昆博，姜焕成，郭延刚 …………………………………………… (1351)
外军高机动地面平台先进制造技术发展综述
　　李晓红，苟桂枝，徐　可，祁　萌 ……………………………………………………… (1357)
高精度、高速重载齿轮的滚齿加工
　　刘　伟，万丽杰，张　强，郭丽坤，段玉滨，宁　莹 ………………………………… (1364)
浅谈刀具磨损原因及限度
　　刘　伟，郭立坤，胡艺玲，段玉滨，卢晓峰 …………………………………………… (1373)
不规则形状变速箱体的加工
　　张　强，郑云龙，刘　伟，郭丽坤，韩易峰，宁　莹 ………………………………… (1377)

第八部分　武器装备信息化、智能化技术

专用集成电路内在质量评价和提升可靠性的方法
　　徐　丹，贾　珣，王　欣，傅　倩，贾　巍 …………………………………………… (1385)
机载毫米波高分辨 SAR 成像雷达频率综合器设计
　　余铁军，由法宝，徐文莉，张晓东，崔向阳，任亚欣 ………………………………… (1389)
制导炮弹稳定控制回路分析
　　张雨诗，郭明珠，潘明然，李明阳，葛丰贺 …………………………………………… (1398)

一种基于装甲嵌入式系统的通用化人机交互接口可视化设计技术
　　先　毅，史星宇，栗霖雲，贾　巍，徐　丹 ……………………………………………（1406）
LDRA testbed 在某型火箭炮软件静态测试中的应用
　　李　锋，靳青梅 …………………………………………………………………………（1412）
浸渍活性炭制造装备智能化研究
　　张明义，吴　燕，石　陆 …………………………………………………………………（1417）
光电瞄具对智能化枪械射击命中影响因素分析
　　姚庆良，耿　嘉 …………………………………………………………………………（1423）
基于数字存储的相参通信干扰技术研究
　　薛云鹏，李　会，李　明，张云鹏，刘立晗，杨德成 …………………………………（1428）
干扰材料筛选及红外遮蔽性能实验研究
　　梁多来，赵　伟，郑继业 …………………………………………………………………（1435）
一种纳米空心材料红外遮蔽性能研究
　　崔　岩，姚　强，姜　旭，杨德成 ………………………………………………………（1441）
影响红外诱饵性能的因素研究
　　崔　岩，姚　强，闫颢天，姜　旭 ………………………………………………………（1445）
一种具有熔穿钢板功能的新型燃烧剂
　　张文广，闫颢天，朱佳伟，李蕴涵 ………………………………………………………（1449）
面源诱饵技术发展现状简析
　　付德强，杜　强，姚　强，徐先彬 ………………………………………………………（1453）
强电磁脉冲环境中导弹电磁耦合仿真计算
　　金建峰，张志巍，许　英，马　骏，许良芹 ……………………………………………（1457）
阴影照相站系统野外校准用田字网格调整模块设计
　　周钇捷，高洪举，孙忠辉，乔志旺，狄长安 ……………………………………………（1464）
国外 C – RAM 系统发展现状及未来趋势分析
　　刘　婧，李雅琼，卫锦萍 …………………………………………………………………（1469）
美国陆军构建下一代战车体系
　　贾喜花，宋　乐，王桂芝 …………………………………………………………………（1477）
伪随机二相码在雷达中的应用分析
　　徐　飞 ……………………………………………………………………………………（1481）
离散控制系统简要分析
　　尹　昶，王　宁 …………………………………………………………………………（1485）
一种超大视场反摄远型电视镜头光学设计
　　常伟军，孙　婷，张　博，张宣智，于　跃 ……………………………………………（1488）
结合贪心算法和 VMD 的变转速齿轮箱故障特征提取
　　迭旭鹏，康建设，池　阔，孟　硕 ………………………………………………………（1494）
电液伺服系统的专家 PID 控制
　　柴华伟，刘凯磊，贾　智，陈国炎，李志刚 ……………………………………………（1508）
造粒生产线自动控制系统设计及实现
　　冯　梅，黄　忠 …………………………………………………………………………（1513）

水陆两栖全地形车行动系统设计及研究
　　张建刚，李敬喆，孙　蕊，杨　欢，任志强，曹艳红 ……………………………………（1519）
高重频中红外固体和光纤激光器的研究进展
　　刘晓旭，荣克鹏，蔡　和，张　伟，韩聚洪，安国斐，郭嘉伟，王　汝 ………………（1524）
50 Hz 激光测距机热设计及仿真分析
　　彭绪金，赵　刚，刘亚萍，余　臣 ………………………………………………………（1532）
半导体泵浦碱金属激光器研究进展
　　安国斐，杨　蛟，王　磊，张　伟，韩聚洪，蔡　和，荣克鹏，王　汝 ………………（1536）

第五部分

高能高效毁伤与防护技术

强激光对空地导弹等效靶的热毁伤分析研究

高振宇，姚养无

（中北大学 机电工程学院，山西 太原 030051）

摘 要：就强激光这一新概念武器进行说明，并且对空地导弹作为研究对象，描述了强激光对导弹等效靶的热烧蚀进行研究，假定在100 kW的激光功率下分别对等效靶的几何结构段，非要害部位段，要害部位段进行计算材料分别到达熔沸点时的时间，进而对现实和理论上产生指导意义。

关键词：激光器；空地导弹；等效靶；热毁伤

中图分类号：TN248　　**文献标志码**：A

Thermal damage analysis of equivalent target of air – to – ground missile by strong laser

GAO Zhenyu, YAO Yangwu

(University of north, School of mechanical and electrical engineering, Tai yuan 030051, Shanxi, China)

Abstract: Strong laser are presented in this paper, a new concept weapon, and as the research object of space missile, describes the strong laser thermal ablation of missile equivalent target, assumption under the laser power of 100 kW, respectively, the geometric structure of the equivalent target segments and the key parts, key parts of the section to calculate material reached boiling point melting time respectively, and then on the practical and theoretical significance.

Key words: laser; Space missile; Equivalent target; The thermal damage

0 引言

现在的激光武器在定义上是指用高能的激光对中远距离的目标进行精确射击或用于防御武器毁伤等的武器，具有快速、灵活、精确和抗电磁干扰等优异性能，在光电对抗、防空和战略防御中可发挥独特作用，防御中可发挥独特作用。而导弹的弹身部件材料主要有铁、铝、镁、钢、钛、镍、陶瓷、石墨等，本文主要就激光武器对导弹等效靶的热烧蚀破坏效应进行研究，进而确定激光武器对导弹的毁伤。

1 激光武器的分类

激光武器按原理分为化学激光器、固体激光器、液体激光器以及自由激光器。按作用效果分为战略激光器和战术激光器。

1.1 化学激光器

1.1.1 二氧化碳激光器

在美国空军1979年的 ALL 项目中，激光器的输出功率达到了456 kW，就是经过处理后的输出功率

作者简介：高振宇（1994—），男，硕士研究生，E - mail: 1097723763@ qq. com。
姚养无（1961—），男，教授，博士生导师，E - mail: lixiaojie@ nuc. edu. cn。

也达到了 380 kW，它可以在 1 km 外的目标上实现 100 W/cm² 的能量密度。

1.1.2 氧碘化学激光器

美国空军于 1977 年发明了氧碘化学激光器，在 ABL 计划中，产生的激光波长为 1.315 μm，假设要投入实战的话，激光器将达到 3 MW 的输出功率，实现在 300 km 拦截助推段弹道导弹的目标。

1.2 固体激光器

1.2.1 光纤型

光纤型激光器采用的是 IPG 公司的高功率商业光纤激光技术，这一技术的难题是如何把多根商业用高功率光纤激光器发出的激光合成为满足实际作战要求的高功率激光束，截至 2010 年，40 kW 的光纤激光器已经研究成功。

1.2.2 晶体型

晶体型激光器主要有单晶 YAG 激光介质和多晶陶瓷 YAG 激光介质两种，其中 Nuoge 公司和波音公司分别为单晶 YAG 激光介质提供了不同的方案，同时达信公司和利弗莫尔国家实验室也为多晶陶瓷 YAG 激光介质提供了不同的方案。但是，这两种方案又带来了新的难题，那就是随之而来晶体激光器冷却的问题和由此导致的散热系统的体积与质量的庞大如何解决，在战场上体积小型化是一个大的趋势。

1.3 液体激光器

液体激光器这一方面主要有"高能液体激光防空系统"（EIELLADS），这一项目目前由美国国防部先进计划研究局主持，通用原子公司进行研发。HELLADS 项目第三阶段已于 2007 年研制了 15 kW 的输出功率。

1.4 自由电子激光器

自由电子激光器（FEL）的工作原理是通过自由电子的受激辐射，将电子束的能量转换为激光。这一研究从 1996 年由美国海军研究实验室来主持，2007 年达到了 25 kW 的输出。

1.5 战术激光武器

战术激光武器是利用激光作为能量，是像常规武器那样直接杀伤敌方人员、击毁坦克、飞机等，打击距离一般可达 20 km。但它能在距人几米之外烧毁衣服、烧穿皮肉，且无声响，在不知不觉中致人死命，并可在一定的距离内，使火药爆炸，使夜视仪、红外或激光测距仪等光电设备失效。

1.6 战略激光武器

战略激光武器可攻击数千公里之外的洲际导弹；可攻击太空中的侦察卫星和通信卫星等。例如，1975 年 11 月，美国的两颗监视导弹发射井的侦察卫星在飞抵西伯利亚上空时，被苏联的"反卫星"陆基激光武器击中，并变成"瞎子"。

2 激光武器对导弹的毁伤

靶面光束强度也就是激光功率密度决定了强激光对靶材料的毁伤效果，而激光功率及其作用面积决定了激光功率密度。激光武器的杀伤机理是通过激光武器发出高能激光束照射目标，使其发生特殊的物理效应，产生极为有效的杀伤破坏力。主要有以下三种：

（1）热作用破坏，如果激光功率密度足够高，吸收激光能量的材料就可能经历一系列过程达到汽化，当激光强度超过汽化阈值时，激光照射将使目标材料持续汽化，这个过程称作激光热烧蚀。

（2）力学破坏，当目标受到激光照射、表面蒸汽向外喷射时，会对目标产生反冲作用，于是在目标内部形成激波。

（3）辐射破坏。辐射效应是当较高能量的激光照射到目标表面时，目标材料表面的气化物质就会被电离成等离子体云，等离子体一方面对激光起屏蔽作用，另一方面辐射紫外线和 X 射线，对目标材料造成损伤。

2.1 激光打孔原理

激光打孔过程伴随着大量复杂的物理问题，包括材料加热、熔化、蒸发、溅射以及重凝等问题，是典型的光－热－力耦合的物理相变问题。

2.2 强激光的作用效果

2.2.1 理论衍射角

在光束强度和相位稳定的情况下，激光束在远场靶面上形成的是夫琅和费衍射图样，它是一系列明暗交替的同心圆。图 1 为远场焦平面上任意一点的光强分布图。其中：I 为激光远场焦平面上的强度；I_0 为中心强度；θ 为夫琅和费圆孔衍射角；R 为夫琅和费圆孔（发射镜）半径，那么由公式可以知道：

$$B = \frac{2\Pi R}{\lambda}\sin\theta \tag{1}$$

当 $\sin q = 0$，$\sin q = 1.25l/R$（R 为发射镜直径）时，此处的 θ 值依次为最大值、最小值。第一个暗环所包围的中央亮斑称之为 Airy 斑，它的光强占到整个入射光束强度的 84.52%，因此，强激光主要通过 Airy 斑产生了对目标的破坏作用（见表 1）

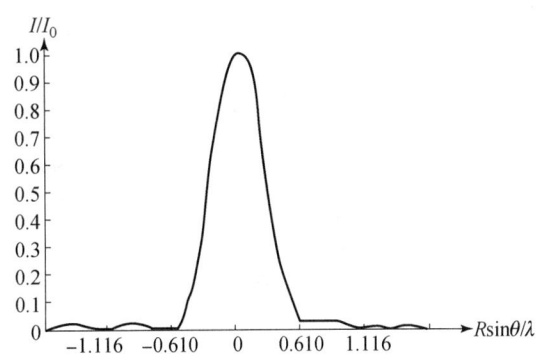

图 1　激光远场强度示意图

表 1　夫琅和费圆孔衍射强度分布函数的极大值和零点

A	I/I_0	A	I/I_0
0	1	2.623π	0
1.135π	0	3.041π	0.004 2
1.573π	0.020 6	3.186π	0

2.2.2 β 因子的修正

由于激光在作用过程中是在大气中，那么在作用的时候激光器或者受标体会不可避免地发生抖动，而且激光束还要受到大气中传输时的气流、热晕、风速等影响，使得激光发散角 q 的实际值要大于理论值。在这里，光束质量因子为 $\beta = \theta_{实}/\theta$，那么由此可知的 Airy 斑半角宽度为：

$$\theta = \beta 1.35\lambda/D \tag{2}$$

2.2.3 实际衍射角的选值

通过上面的光强分布公式可知，在理论情况下，光强最强的部位为激光的中心，最弱的部位是激光的四周。在工程计算里通常按光斑能量约占总能量的 62.8% 为工程计算方法。

2.2.4 靶面特征

靶面光斑半径 $r = \theta L = 0.61\lambda\beta L/D$，$L$ 为激光的目射距离取为 100 km，λ 为激光波长，取为 1.06 μm；D 为发射镜直径为 2.1 m，β 为光束质量因子，取为 1.2。

2.2.5 激光的功率密度

靶面上的激光的平均功率密度为：$P = 0.632 P/\Pi r2$。本文假定激光的功率量级为 100 kW，代入公式计算得到功率密度为 100 kW 级：$P \approx 2.7 \times 10^6$ W/m²。

2.3 强激光的毁伤机理

激光武器的毁伤过程本质上是一种热毁伤过程，本质上是将其他形式的能转化为热能的过程，激光照射下的材料能量吸收密度为：

$$\Delta Q = E(t)(1-R)(1-e^{-\alpha x}) \tag{3}$$

式中：E_s——入射激光能量密度；

R——材料表面反射率；

α——吸收系数；

x——深度。

设 c_p 为材料的比定压热容，ρ 为材料的密度，则吸取激光引起的表面层升温为

$$\Delta T \approx \Delta Q / \rho c_p x \tag{4}$$

式中：ΔT——温度增加量，即激光照射损伤时损伤处温度和初始工作温度之差。这个极限损伤温度可能是材料的熔点，也可能是热应力损伤温度。

3 导弹等效靶的分类

通过对目标的特性分析，可将目标分为几何结构段、非要害结构段、要害结构段 3 类。

3.1 几何结构段

几何/结构舱段，它是用于维持目标几何、气动外形或结构承力的部件，只有大量密集命中才会毁伤。它主要包括弹身，一般还都涂有防热材料。

3.2 非要害结构段

它是只起遮挡作用的舱段，由于它们的防护作用，也会影响到目标的易损性，激光武器对此的伤害不是很明显。

3.3 要害结构段

它是维持主要功能的关键子系统，单次命中就可导致毁伤。如因击燃料舱导致的燃油泄漏或燃烧，或者是战斗部，一旦击中将会产生毁灭性的打击。本文就三种不同的结构段设置三种不同的厚度靶板，来建立模型去计算所需要的时间，机构结构段等效为 10 mm 的硬铝，非要害结构段等效为 20 mm 的硬铝，要害阶段等效为 14 mm 的硬铝，部分材料特性如表 2 所示，硬铝的反射率 R 为 0.71。

表 2 空地导弹部件材料熔沸表

物质	熔点/℃	比热容/(kJ·kg⁻¹·℃⁻¹)	沸点/℃	密度 ρ/(kg·m⁻²)	吸收系数 α/(cm⁻¹)
铝	660.25	0.9	2 467	2.7×10^3	
钢	1 545	0.45	2 750	7.9×10^3	
镁	649	0.293	1 093	1.7×10^3	105 ~ 106
镍	1 455	0.46	2 732	8.9×10^3	
钛	1 668	0.686	3 287	4.4×10^3	
陶瓷	2 050	0.84	3 000	—	—
石墨	3 850	0.72	4 500	—	—

4 激光武器对等效靶的毁伤计算

导弹在飞行中铝合金材料的导弹飞行速度不能超过 409.7 ~ 624.8 m/s，此时周围的环境温度约为

140 ℃，当飞机超高音速飞行达 1 126 m/s 左右时，弹身表层的温度约为 250 ℃，在这里将 250 ℃作为飞机机身的初始温度，并分别将 660.25 ℃的熔点和 2 467 ℃的沸点作为飞机机身的损伤温度，并取 x 的值依次为 10 mm、20 mm、14 mm。由式（4）可得

$$\Delta Q = \Delta T \rho c_p x \tag{5}$$

代入式（5）可得

$$\Delta Q_{11} = 410.25 \times 2\,700 \times 0.9 \times 0.01 \text{ KJ/m}^2$$
$$= 9.1 \times 10^3 \text{ KJ/m}^2$$
$$\Delta Q_{12} = 410.25 \times 2\,700 \times 0.9 \times 0.02 \text{ KJ/m}^2$$
$$= 1.9 \times 10^4 \text{ KJ/m}^2$$
$$\Delta Q_{13} = 410.25 \times 2\,700 \times 0.9 \times 0.14 \text{ KJ/m}^2$$
$$= 1.3 \times 10^4 \text{ KJ/m}^2$$

其中 ΔQ_{11}，ΔQ_{12}，ΔQ_{13} 分别为 10 mm、20 mm、14 mm 厚度等效靶达到熔点时需要的能量吸收密度。除此之外，代入式（5）得

$$\Delta Q_{21} = 2\,217 \times 2\,700 \times 0.9 \times 0.01 \text{ KJ/m}^2$$
$$= 5.4 \times 10^5 \text{ KJ/m}^2$$
$$\Delta Q_{22} = 2\,217 \times 2\,700 \times 0.9 \times 0.02 \text{ KJ/m}^2$$
$$= 1.1 \times 10^6 \text{ KJ/m}^2$$
$$\Delta Q_{23} = 2\,217 \times 2\,700 \times 0.9 \times 0.14 \text{ KJ/m}^2$$
$$= 7.5 \times 10^5 \text{ KJ/m}^2$$

其中 ΔQ_{21}，ΔQ_{22}，ΔQ_{23} 分别为 10 mm、20 mm、14 mm 厚度等效靶达到沸点时需要的能量吸收密度。代入式子（5）可得

$$E(t) = \frac{\Delta Q}{(1-R)(1-e^{-\alpha x})} \tag{6}$$

再将上述的值代入式（6）可得

$$E_{11} = \frac{9.1 \times 10^3}{(1-0.71)(1-e^{-10^6 \times 0.01})} \approx 4.8 \times 10^7 \text{ (kJ/m}^2)$$

$$E_{12} = \frac{1.9 \times 10^4}{(1-0.71)(1-e^{-10^6 \times 0.02})} \approx 7.5 \times 10^7 \text{ (kJ/m}^2)$$

$$E_{13} = \frac{1.3 \times 10^4}{(1-0.71)(1-e^{-10^6 \times 0.14})} \approx 4.5 \times 10^7 \text{ (kJ/m}^2)$$

E_{11}，E_{12}，E_{13} 分别为上述三种不同厚度下的靶板达到相对应的熔点时需要的激光照射功率密度。

$$E_{21} = \frac{5.4 \times 10^5}{(1-0.71)(1-e^{-10^6 \times 0.01})} \approx 1.8 \times 10^8 \text{ (kJ/m}^2)$$

$$E_{22} = \frac{1.1 \times 10^6}{(1-0.71)(1-e^{-10^6 \times 0.02})} \approx 4.3 \times 10^8 \text{ (kJ/m}^2)$$

$$E_{23} = \frac{7.5 \times 10^5}{(1-0.71)(1-e^{-10^6 \times 0.14})} \approx 2.6 \times 10^8 \text{ (kJ/m}^2)$$

E_{21}，E_{22}，E_{23} 分别为上述三种不同厚度下的靶板达到相对应的沸点时需要的激光照射功率密度。
再根据公式：$E = Pt$，得

$$t = E/P \tag{7}$$

依据上述的 100 kW 功率激光的激光照射功率密度为：

$$P \approx 2.7 \times 10^6 \text{ W/m}^2$$

$$t_{11} = \frac{4.8 \times 10^7}{2.7 \times 10^6} = 17.8 \text{ (s)}$$

$$t_{12} = \frac{7.5 \times 10^7}{2.7 \times 10^6} = 27.8 \text{ (s)}$$

$$t_{13} = \frac{4.5 \times 10^7}{2.7 \times 10^6} = 16.7 \text{ (s)}$$

t_{11}，t_{12}，t_{13} 分别为上述三种不同厚度下用 100 kW 功率的激光照射靶板达到熔化相对应的时间。

$$t_{21} = \frac{1.8 \times 10^8}{2.7 \times 10^6} = 66.7 \text{ (s)}$$

$$t_{22} = \frac{4.3 \times 10^8}{2.7 \times 10^6} = 159.2 \text{ (s)}$$

$$t_{23} = \frac{2.6 \times 10^8}{2.7 \times 10^6} = 96.3 \text{ (s)}$$

t_{21}，t_{22}，t_{23} 分别为上述三种不同厚度下用 100 kW 功率的激光照射靶板达到沸点相对应的时间。

5 结论

综上所述，100 kW 功率的激光对空地导弹等效为 10 mm，20 mm，14 mm 的硬铝靶熔点和沸点两个不同级别的热毁伤时的时间分别为 17.8 s，27.8 s，16.7 s，66.7 s，159.2 s，96.3 s。

本文针对激光对空地导弹等效靶的热毁伤，考虑的只是熔点和沸点这样两个极端的情形，但实际的情形受到各种因素的影响，比如在同一个作用点不能同时照射这么长的时间，还有受到雪，雾天气的影响作用时间会更长，在实际作战中要想取得预期的效果，就必须要对同一个地方连续的照射，如果再搭配上火控系统效果会更好，希望对实际有所帮助。

参 考 文 献

[1] 鲍俊雷，孙华燕，宋丰华等. 激光武器对抗效能指标体系研究 [J]. 装备指挥技术学院学报，2005，3 (16)：19 – 22.

[2] 陈利玲. 美军机载激光武器攻防对抗研究 [J]. 航天电子对抗，2011，6 (27)：8 – 10.

[3] 赵凯华，钟锡华. 光学 [M]. 北京：北京大学出版社，2006.

[4] 牛中兴，孙亚力. 光纤激光武器装备防空平台的试验田 [J]. 武器系统，2011 (1)：53 – 58.

[5] 黄勇，邓建辉. 高能激光武器的跟瞄精度要求分析 [J]. 电光与控制，2006 (13)：86 – 88.

[6] 黄勇，刘杰. 高能激光武器的杀伤机理及主要特性分析 [J]. 光学与光电技术，2004，5 (2)：20 – 23.

[7] 苏毅，万敏. 高能激光系统 [M]. 北京：国防工业出版社，2004.

曲率半径对外罩开槽式双层药型罩成型影响

吴浩宇[1]，周春桂[1]，董方栋[2]，汤雪志[1]，王志军[1]

(1. 中北大学机电工程学院，山西 太原 030051；
2. 瞬态冲击技术重点实验室，北京 102202)

摘 要：在传统的双层药型罩形成串联 EFP 的基础上，提出一种外罩开槽式的新型双层药型罩结构。利用 ANSYS/LS-DYNA 软件对该结构的成型进行了数值模拟与分析，并分析了曲率半径对其形成毁伤元的影响。研究结果表明，该结构能够形成一定毁伤效应的毁伤元，内层药型罩能够形成一定长径比的 EFP，外层药型罩可形成一定数量、质量和速度的破片；通过对不同药型罩曲率半径的数值分析与对比，得出随着药型罩曲率半径的增大，内层 EFP 长径比逐渐减小，成型后的速度逐渐增大；然而外层破片速度稳定且基本保持不变，由于爆轰面的变化，外层罩所受到的径向分力增大，破片飞散角也随之增大；内、外罩速度差逐渐减小，分离时间逐渐增大。

关键词：双层药型罩；EFP；多破片；数值模拟；成型装药

中图分类号：TJ410.3　**文献标识码**：A

Arc curvature radius influence on forming of double shaped charge liner whit shaped cover with slot

WU Haoyu[1], ZHOU Chungui[1], DONG Fangdong[2], TANG Xuezhi[1], WANG Zhijun[1]

(1. School of Mechanical and Electrical Engineering, North University of China, Taiyuan 030051;
2. Science and Technology on Transient Impact Laboratory, Beijing 102202)

Abstract: Based on the traditional double shaped charge liner formed series EFP, a new double shaped charge liner structure was proposed. ANSYS / LS-DYNA software was used to simulate the new structure, and influence factors were analyzed. The results show that the structure can form a certain damage effect of the damage element, the inner layer cover can form a certain aspect ratio of EFP, and the outer layer cover can form a certain number, mass and speed fragments; The numerical analysis and comparison of the radius of curvature of the hood shows that the length-to-diameter ratio of the inner layer EFP gradually decreases with the increase of the radius of curvature of the hood, and the speed after molding gradually increases; however, the stability of the outer layer fragments remains basically unchanged. Due to the change of the detonation surface, the radial component force of the outer cover increases, and the fragmentation angle of the fragment also increases; the speed difference between the inner and outer covers gradually decreases, and the separation time gradually increases.

Key words: double shaped charge liner; EFP; multi-fragments; shaped charge; numerical simulation

0 引言

从 20 世纪 80 年代开始，国内外诸多学者对双层药型罩和串联 EFP 型双层药型罩进行了大量的研究与探索。R. Fong[1]对双层和三层铁EFP战斗部进行试验研究,获得长径比很大的EFP战斗部。Hong[2]对双层罩的形成过程进行细致的数值仿真研究。郑宇等[3]就材料对双层药型罩形成串联EFP的影响做了详细的研究。孙华[4]提出了一种新型双层罩结构,并分析了药型罩曲率半径对成型的影响。徐文龙[5]对刻槽式MEFP毁伤元形成机理进行了详细的研究。文中在分析了学者们所研究内容的基础上提出一种新型双层药型罩结构,即外罩采用开槽式结构,从而可形成多破片,内罩形成EFP,该结构可以有效地攻击坦克顶甲、武装直升机以及反底面轻型装甲等目标。文中利用ANSYS/LS-DNYA有限元软件对该结构中双层药型罩在爆炸载荷下形成毁伤元的过程进行了数值模拟,就药型罩曲率半径对其毁伤效能进行了分析。

1 双层药型罩结构设计

文中所研究的战斗部数值模拟结构主要由装药、药型罩和挡环组成,其中药型罩分为内外两层,内层为传统的球缺型药型罩,而外层采用开槽式结构。图1所示为新型战斗部整体结构示意图,图2所示为外层开槽式药型罩结构示意图。

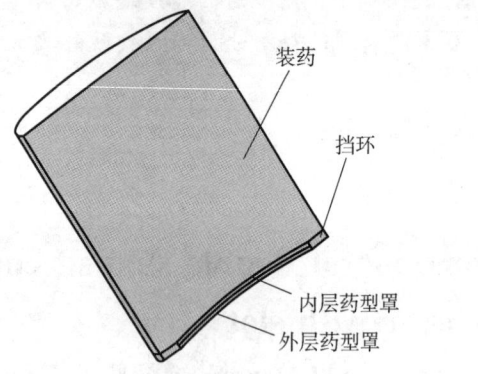

图1 新型战斗部整体结构示意

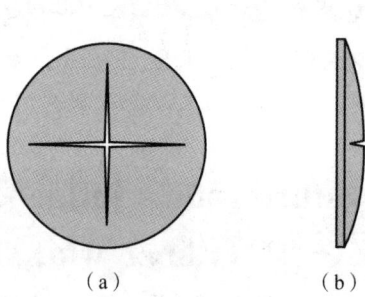

图2 外层开槽式药型罩结构示意
(a) 正视图;(b) 左视图

装药口径 $D = 100$ mm,装药高度 $h = 125$ mm,双层药型罩口径 $D_1 = 80$ mm,双层药型罩采用等壁厚球缺型,外层药型罩壁厚 $\delta_{外}$ 与内层药型罩壁厚 $\delta_{内}$ 相等,均为 3 mm。

2 算法选择与材料模型

ANSYS/LS-DNYA软件应用于数值模拟较为广泛,以Lagrange算法为主,兼有Euler、ALE和SPH算法,选择合理的算法和定义合理的接触方式是模拟仿真的关键环节。文中数值选用Lagrange算法来模拟双层药型罩形成毁伤元的成型过程,采用Truegrid软件进行建模和网格划分,建立如图3所示的三维有限元网格模型。

有限元仿真模型中所用到的材料参数均是从LS-DYNA自带材料库中选取的。炸药用8701,密度为 1.82 g/cm³,爆速为 8 480 m/s,爆压为 3.42×10^7 kPa,用 MAT_HIGH_EXPLOSIVE_BURN 高能炸药材料模型和 Jones-Wilkins-Lee 状态方程描述其爆轰产物压力,起爆方式为中心点起爆。挡环材料为4340钢,密度为 7.83 g/cm³,内外层药型罩的材料为紫铜,密度为 8.96 g/cm³,两者均选取Johnson-Cook材料模型,相关参数如表1所示;选取Gruneisen状态方程,主要参数如表2所示。添加 *CONTACT_AUTOMATIC_SURFACE_TO_S-URACE 关键字定义装药与药型罩之间的接触算法[6],添加 *CONTACT_SLIDING_ONLY_PENALTY 关键字定义内外层药型罩之间的接触算法。

图3 三维有限元网格模型

表 1 Johnson – Cook 材料模型主要参数

材料	A	B	N	M	TR
紫铜	0.009	0.002 1	0.31	1.09	293
4340 钢	0.007 92	0.005 1	0.26	1.03	300

表 2 Gruneisen 状态方程主要参数

材料	C	S1	GAMAC	V0
紫铜	0.394	1.49	1.99	1
4340 钢	0.456 9	1.49	2.17	1

3 模拟结果及其分析

3.1 外层药型罩形成多破片数值模拟

有限元模型采用全模型,起爆方式选择顶部中心起爆。图 4 显示了双层药型罩外层多破片以及内层形成 EFP 的几个典型过程,其中图 4（a）为初始状态;图 4（b）显示了双层药型罩受爆轰产物综合作用的翻转过程;图 4（c）为内外层药型罩轴向拉伸以及径向收缩的过程;图 4（d）显示了内外层毁伤元在轴向存在速度差,从而引起分离的过程。

在爆炸载荷以及内层药型罩的碰撞综合作用下,在开槽部分形成集中应力,随着内层罩的翻转,外层罩受到沿径向的分力,从而使外层药型罩形成一定质量、数量和飞散角 α 的破片。内层罩在爆炸成型过程中由于受到外层罩的挤压,在弹头处形成一定的锥角,并获得较大长径比 γ 的 EFP。

选取内层罩 EFP 成型最大直径 $d_{\max}$,由式（1）计算长径比:

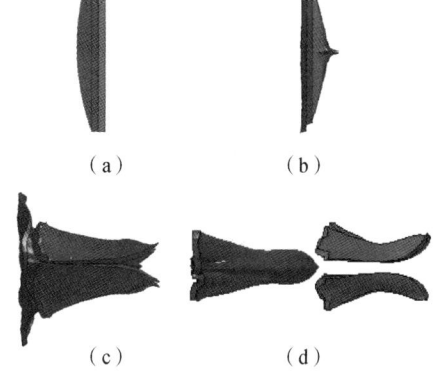

图 4 毁伤元形成过程

（a）初始状态;（b）翻转过程;（c）轴向拉伸和径向收缩;（d）内外药型罩分离过程

$$\gamma = \frac{d_{\max}}{l} \quad (1)$$

内外层药型罩分离时计算飞散角,选取破片弹丸质心由式（2）求飞散角 α,如图 5 所示。

$$\alpha = \tan^{-1}\left(\frac{H}{L}\right) \quad (2)$$

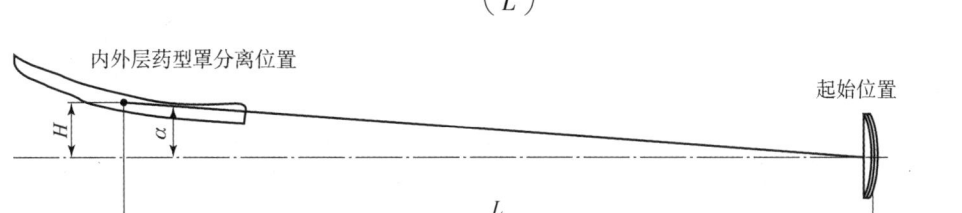

图 5 飞散角计算示意图

3.2 药型罩曲率半径对毁伤元的影响

保证其他参数不变,改变药型罩曲率半径,分别使 R = 110 mm, 120 mm, 130 mm, 140 mm, 150 mm。利用 ANSYS/LS – DNYA 仿真软件对不同曲率半径的毁伤元成型过程进行仿真,得到不同药型罩曲率半径毁伤元在内外层药型罩分离时毁伤元素的形态,如图6所示。作出内外层EFP速度、内层罩EFP长径比、外层罩弹丸飞散角以及分离时间随药型罩曲率半径变化的曲线,如图7所示。

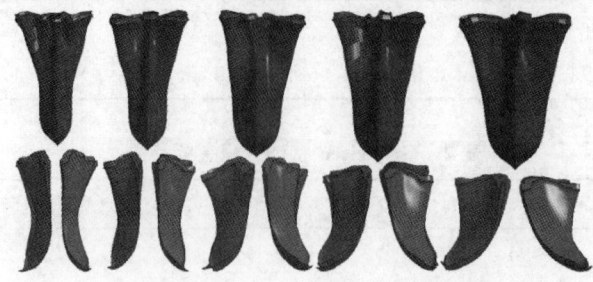

$R=110$ mm;$R=120$ mm;$R=130$ mm;$R=140$ mm;$R=150$ mm

图6 不同药型罩曲率半径下毁伤元成型形态

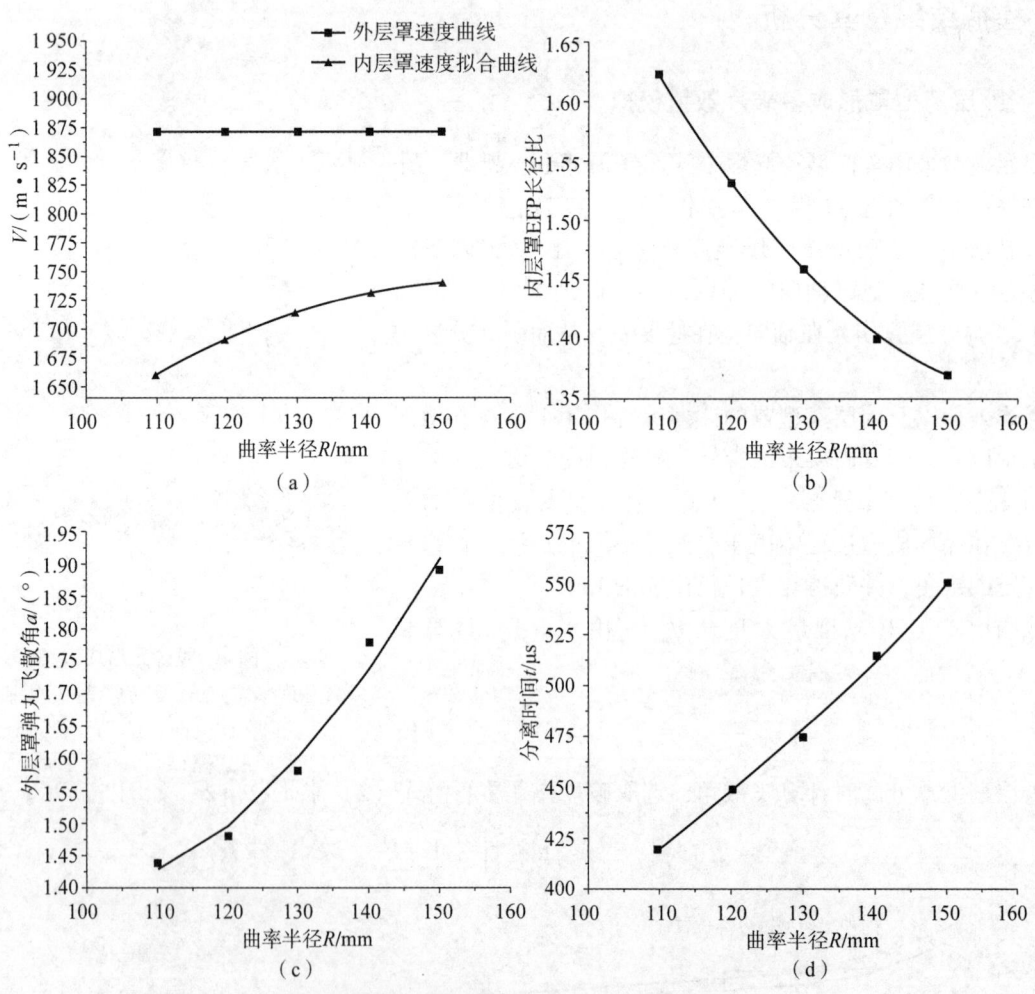

图7 毁伤元成型参数随曲率半径 R 变化曲线

(a)内、外层药型罩速度;(b)内层罩EFP长径比;(c)外层罩弹丸飞散角;(d)内、外层药型罩分离时间

由图6可知,文中所研究的结构在爆炸载荷的作用下,外层药型罩能够形成一定速度、质量的破片,内层药型罩能够形成一定速度和长径比的EFP。

由图7(a)、(b)可知,随着药型罩曲率半径的增大,内层药型罩所生成的EFP速度逐渐增大,长径比也呈增大趋势,这种现象与蒋建伟等[7]对曲率半径对形成EFP的影响符合。

由图7(a)、(c)可知,曲率半径对外层药型罩所形成破片的速度影响不大,基本保持一致,由于装药效能的变化,内罩的轴向拉伸增大,使外层药型罩受到轴向的拉伸,发散角也逐渐要求增大;由于内层药型罩成型后速度随装药长径比的增大而增大,而破片的速度基本保持不变,二者间的速度差逐渐下降。

由图7(d)可知,内、外层药型罩分离时间逐渐增加,这是由于内、外层药型罩速度差逐渐减小导致内、外层药型罩分离时间逐渐增加。

3.3 破片式弹丸对靶板的侵彻

使药型罩曲率半径为120 mm,在450 μs时内、外罩完全分离,采用完全重启动,删除装药、挡环、内层药型罩并增加靶板,对所形成的多破片弹丸进行打靶侵彻数值模拟。靶板尺寸为400 mm × 400 mm × 20 mm,材料为45#钢,破片式弹丸与靶板采用侵蚀接触,侵彻结果如图8所示。

由图8可看出,外层罩多破片弹丸对靶板进行了开孔、扩孔和冲塞穿透,形成了有效毁伤。当药型罩曲率半径为120 mm,口径为80 mm时,靶板的入口孔径为52.722 mm,即0.66倍药型罩口径;出口孔径为63.694 9 mm,即0.80倍药型罩口径;与传统双层罩形成的串联EFP开口孔径明显增大。完全穿透靶板厚能量损失48.8%,弹丸穿透靶板后仍有足够的后效能量。

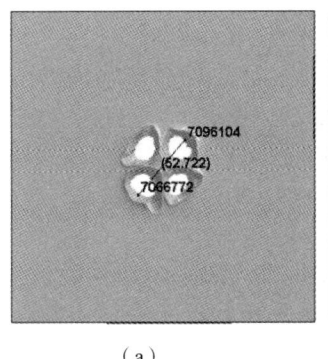 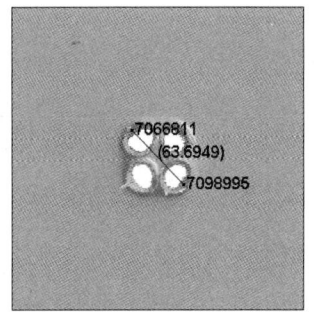

(a)　　　　　　　　　　(b)

图8　外层罩弹丸对靶板毁伤结果

(a)靶板入口;(b)靶板出口

4　结论

(1)对新型双层药型罩形成毁伤元的过程进行了数值模拟,结果表明:该结构能够形成一定毁伤效应的毁伤元,内层药型罩能够形成一定长径比的EFP,外层药型罩可形成一定数量、质量和速度的破片。

(2)通过对不同曲率半径的数值分析与对比,随着曲率半径的增大,内层EFP长径比逐渐减小,成型后的速度逐渐增大;然而外层破片速度稳定且基本保持不变,破片的飞散角随曲率半径的增大而增大;内外层药型罩速度差逐渐减小使得内外层罩分离时间增加,炸药能量的利用率逐渐下降,因此确定最佳长径比还需要综合考虑其他影响因素。

(3)外层罩形成多破片具有一定的飞散角 α,可以对靶板造成区域毁伤,增大开孔直径。

参 考 文 献

[1] Fong R, Ng W, Weiman K. Testing and analysis of multi-liner EFP warheads [C]. The 20th International Symposium on Ballistics, USA, International Ballistics Cornmittee, 2002.

[2] Hong S C, Niu Y M. Numerical simulation of the multiplayer explosively formed projectile [C]. Proceedings of the 15th International Symposium on Ballistic, San Francisco, Jerusalem, Israel, 1995: 315 - 324.

[3] 郑宇. 双层药型罩毁伤元形成机理研究 [D]. 南京: 南京理工大学, 2008.

[4] 孙华, 王志军. 新型双层药型罩形成毁伤元数值模拟与分析 [J]. 弹箭与制导学报, 2013, 33 (01): 70 - 72.

[5] 徐文龙. 刻槽式 MEFP 毁伤性能数值研究 [D]. 沈阳理工大学, 2014.
[6] 李裕春, 时党勇, 赵远. ANSYS 11.0 LS-DYNA 基础理论与工程实践 [M] 北京: 中国水利水电出版社, 2008. 257.
[7] 蒋建伟, 杨军, 门建兵, 等. 结构参数对 EFP 成型影响的数值模拟 [J]. 北京理工大学学报, 2004, 24 (11): 939-941.

低成本飞航式精确打击弹药发展综述

陈胜政

（西安现代控制技术研究所，陕西 西安 710065）

摘 要：飞航式打击弹药具有成本低、通用性强、作战使用灵活等优点，是各国竞相发展的武器装备，并在历次局部战争中扮演了十分重要的角色。对国外主要军事大国主流的飞航式打击弹药的技术方案、原理和性能参数进行了梳理，并对其性能与特点进行了提炼与总结。并进一步对该类弹药的下一步发展趋势进行了剖析，以为相关发展研究提供一定的基础和借鉴。

关键词：飞航式精确打击弹药；涡喷发动机；飞航式弹道；低成本

中图分类号：TG156　**文献标志码**：A

Overview of the development of low cost precision cruise ballistic strike ammunition

CHEN Shengzheng

(Xi'an Institute of Modern Control Technology, Xi'an 710065)

Abstract: Cruise ballistic strike ammunition has the advantages of low cost, strong versatility and flexible operation. It is the weapon equipment developed by various countries and plays a very important role in previous local wars. The technical scheme, principle and performance parameters of the main cruise ballistic strike ammunition of major foreign military Countries were sorted out, and theirs performances and characteristics were refined and summarized. The next development trend of this kind of ammunition was analyzed to provide a certain basis and reference for related development research.

Key words: precision cruise ballistic strike ammunition; turbojet engine; cruise trajectory; low cost

0 引言

随着军事斗争的不断升级，现代战争对导弹射程的要求不断提高，液体或固体火箭发动机比冲小、推进效率低的问题日益凸显，对弹药射程的追求呼唤新的动力形式。此外，随着工艺技术的不断提高，原用于航空飞行器的涡喷（扇）发动机的成本不断降低，体积不断缩小，使用维护日益简化，逐渐繁衍出以低成本弹药、导弹、巡飞弹为应用对象的小型、微型涡喷（扇）发动机动力形式，从而使得低成本飞航式弹飞速向前发展。时至今日，低成本飞航式弹药已经成为现代主流的武器装备之一，不仅型号众多，并且还在多次局部战争中发挥了重要作用。因此，有必要对该类弹药的发展现状、特点与发展趋势进行梳理，以为相关的从业人员提供参考。

1 国外低成本飞航式精确打击弹药发展现状

低成本飞航式精确打击弹药主要是指采用飞航式的弹道形式、以低成本涡喷（扇）发动机为动力、携带打击载荷、以执行战术打击为主要作战任务的那一类低成本的导弹武器或制导弹药武器。其中，兼

作者简介：陈胜政（1982—），男，硕士研究生，制导弹药总体设计。

具战略核打击或常规战术打击的大型巡航导弹如"战斧"式巡航导弹等、固体火箭推进的反坦克导弹以及以侦查为主的巡飞弹武器不在此文的讨论范围内。

国外的低成本飞航式精确打击弹药主要包括挪威的"海军打击导弹 NSM"、土耳其的 SOM 防区外导弹、巴西的 AV – TM 300 地地战术导弹、英国"风暴之影"（Storm Shadow）巡航导弹、德国"金牛座"系列导弹 KEPD – 150/250/350、美国的联合空对地防区外导弹（JASSM）、"鱼叉"反舰导弹以及以色列的黛利拉"巡航导弹等。

1.1 挪威的海军打击导弹 NSM

"海军打击导弹 NSM（Naval Strike Missile）"（图1和图2）是挪威研制的一型高性能反舰导弹武器系统[1,8]，具有很强的目标识别和分辨能力，能高效突防敌防御系统，能突击公海和限定水域范围内的目标，可装备于各种水面舰艇、飞机等各种平台，是兼有反舰和对陆攻击能力的精确制导导弹。该型导弹武器系统目前已装备挪威海军并出口到多个国家[6]。

导弹采用正常式气动布局、折叠式上翼 + 四片"×"形尾舵的结构布局形式。尾部采用收缩型船尾，降低了飞行阻力。翼展1.36 m，弹长3.96 m，弹重407 kg，弹径0.69 m；巡航段（助推器分离）弹重344 kg，弹长3.5 m。最大射程达到185 km，最小射程仅3 km。最大巡航高度不超过60 m，水面巡航高度为1～3 m。主巡航段速度为0.95 Ma。采用120 kg的复合半穿甲战斗部，反舰效果突出。

导弹的动力形式为火箭发动机助推 + 涡喷发动机巡航方式。涡喷发动机采用法国微型涡轮发动机公司的 TR – 40 发动机，推力为2.5～3.3 kN，口径为279 mm，腹下进气方案。

弹身采用近似六棱柱外形，弹体结构广泛采用复合材料和吸波材料，采用多种方式极大地降低了雷达隐身截面，提高了隐身性能。

图1　NSM 导弹、储运发箱及发射瞬间

图2　NSM 导弹外形

导弹综合利用全球定位系统（GPS）、惯性系统（INS）和测高系统进行中制导控制。在海岸附近或地面上空飞行时，则采用惯导 + 地形匹配复合制导，地形匹配制导的高度信息来源于激光测高计，激光测高计集成在导引头内部，指向朝下，实时输出高度信息。

末端采用红外自寻的制导，可实现全天候作战。红外导引头能够同时处理3～5 μm 和 8～12 μm 两个波段的红外信号，大大提高了目标鉴别能力。

后续型为联合打击导弹（JSM），射程达到370 km，目前正在开展方案研究和试验验证工作。

1.2 英国"风暴之影"巡航导弹

"风暴之影"（Storm Shadow）（图3）巡航导弹是法国和英国共同研制的新型中程空对地巡航导弹，已于2002年装备英国皇家空军[12]。弹长5.1 m，翼展为2.84 m，重1 250 kg，战斗部采用模块化设计，可选配 BROACH 战斗部或高爆战斗部两型。导弹采用 TRI60 – 30 涡喷发动机，最大射程为250 km[16]。

导弹采用正常式气动外形布局，头部呈锥形，弹体呈矩形，表面光滑，雷达反射截面积小，隐身性能良好。

图3　"风暴之影"巡航导弹

制导方式上，飞行中段采用 GPS/INS + 地形匹配导航系统。末段采用红外成像制导方式，通过人工智能技术，能够自动识别目标，使导弹具备了发射后不管、自动目标识别和低空地形跟随等能力。

结构布局上，采用模块化舱段结构，分为前、中、后三个舱段：导引头舱、战斗部舱和发动机舱（图4）。

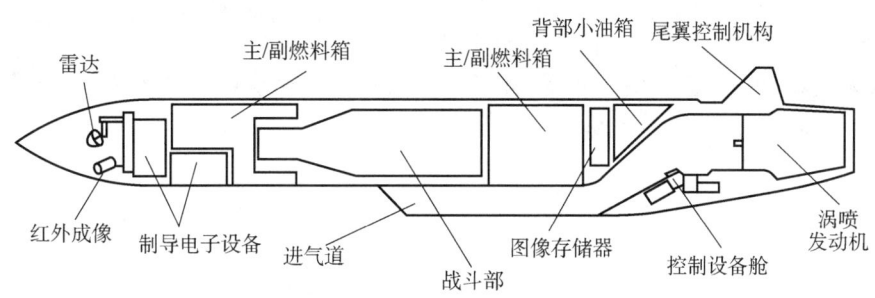

图4　"风暴之影"导弹布局

1.3　土耳其防区外导弹 SOM

防区外导弹 SOM（图5）是土耳其自行研制的第一型防区外飞航导弹武器[2,3]，突破了土耳其现有空面导弹武器的最大射程，成为土耳其空军防区外对地攻击的重要武器。

防区外导弹 SOM 采用了微型涡轮发动机公司的 TR 40 涡喷发动机，推力为 2.5～3.3 kN，底部进气形式。射程为 185 km，速度为 0.8 Ma，弹长 3.657 m。战斗部重 230 kg，弹重 600 kg。

SOM 导弹采用矩形弹身、上单翼翼面、正常式气动布局形式。挂机状态下，两片弹翼向后折叠在背部，发射后展开，翼展 2.6 m。弹身向后逐渐变细，尾翼采用"×"形布局。

图5　防区外导弹（SOM）机载发射及气动布局

SOM 导弹制导系统包括 GPS/INS、雷达高度表、气压高度表和红外成像导引头等传感系统。中段采用 GPS/INS + 地形匹配复合中制导方式，提高了抗干扰能力。末制导采用红外成像制导。具有双向数据链，可在飞行中更新作战信息，重新选定目标等，主要用于精确打击陆上和海上的静止或机动的军事目标，如指挥控制中心、地空导弹阵地、停靠的飞机和水面舰船等。

导弹由前舱段、中舱段和后舱段以及上部硬壳式结构模块 4 部分组成。前舱段内置制导、飞行控制和导航设备以及大部分电子设备；中舱段为战斗部舱；后舱段包括伺服电动机、燃料箱、发动机、电源系统和尾翼等（图6）。上部硬壳式结构模块由发射后展开的弹翼及其展开系统以及与载机的吊挂接口等组成，功能是折叠或展开弹翼，并提供与载机的吊装接口。

目前 SOM 总共发展了 A、B、C 三型。战斗部采用模块化设计，拥有高爆、钻地、子母弹等多种型号，重约 230 kg。C 型在 B 型基础上增加了人在回路系统，以精确打击地面或海上目标。

1.4　巴西 AV – TM 300 地地战术导弹

AV – TM 300 地地战术导弹（图7）是巴西阿维布拉斯宇航工业公司为巴西陆军研发的战术精确打击武器。适配自主研发的"阿斯特罗斯"2020 多管火箭炮武器系统。

AV – TM 300 地地战术导弹采用地面火箭炮发射、固体火箭发动机助推 + 涡喷发动机续航的总体技术方案。导弹射程 300 km，配备 150 kg 的整体式战斗部。目前已经通过关键设计审查，正在开展后续研发。

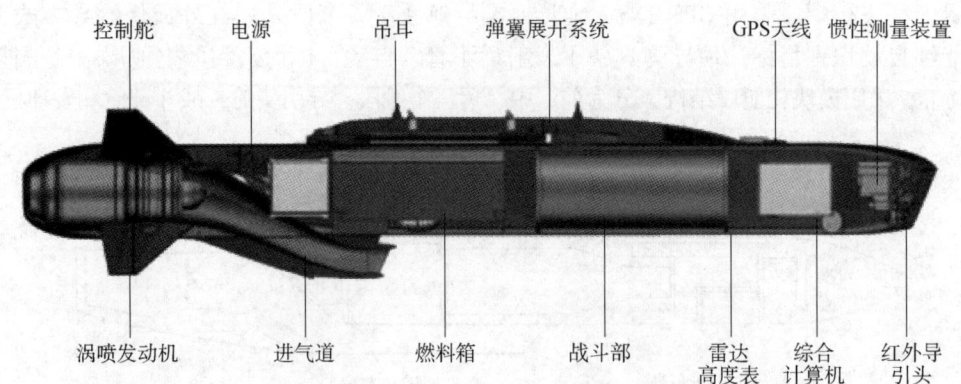

图 6 防区外导弹（SOM）结构布局

图 7 AV – TM 300 地地战术导弹及其发射平台

涡喷发动机采用北极星公司的 TJ1000 涡喷发动机，推力为 4.45 kN，直径为 350 mm，重 70 kg。AV – TM 300 采用 GPS/INS 复合制导，后期可能增加导引头合数据链，采用人在回路控制方式。采用正常式布局形式，非圆截面弹身。尾部四片舵翼呈"×"形，弹身为一对水平后掠翼。

1.5 "金牛座"系列导弹 KEPD – 150/250/350

"金牛座"系列导弹 KEPD – 150/250/350 是德国于 20 世纪 90 年代末研制的一种机载发射的、主要用于打击坚固（或地下）目标的新型远程防区外巡航导弹。典型代表为 KEPD – 350（图 8）。

KEPD – 350 弹长 5.09 m，弹径为 1.067 m，弹重 1 453 kg，战斗部重 495 kg。

动力系统为一台涡扇发动机，最大飞行速度为 0.95 Ma，最大射程大于 500 km。采用 GPS + 地形匹配 + 末端红外影像制导的三模复合制导方式，命中精度在 10 m 内。

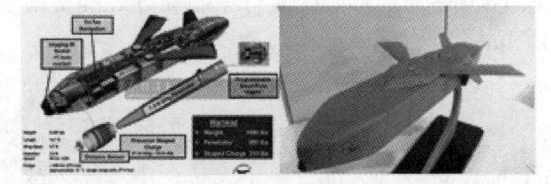

图 8 "金牛座"导弹 KEPD – 350

1.6 联合空对地防区外导弹（JASSM） AGM – 158

AGM – 158（图 9）是一种高生存能力的亚声速隐身巡航导弹，具备全天候、全天时发射后不管的精确制导能力，可由载机在防区外发射，隐身突破防空系统，攻击地面、地下各种目标。

基型为 AGM – 158A，采用了泰莱达因公司的 J402 – 100 涡喷发动机，射程为 460 km，巡航速度为 0.7 Ma。弹长 4.26 m，弹身截面为 0.55 m（宽）× 0.45 m（高），翼展 2.7 m。配备 432 kg 的爆破或侵彻战斗部，发射质量为 1 025 kg。中段通过惯性导航装置 + 全球定位系统实现地形匹配中制导，末段为红外成像末制导（景象匹配制导），制导精度 CEP 不超过 3 m。于 2002 年开始小批量生产，2003 年装备部队。

后继型号为增程型,代号 AGM-158B,采用了威廉姆斯公司的 F107-WR-105 涡扇发动机,燃油更多且耗油低,射程达 1 300 km。

1.7 "鱼叉"反舰导弹

"鱼叉"反舰导弹(图 10)是美国 20 世纪 70 年代研制的一种全天候、高亚声速反舰导弹,可由飞机、水面舰艇、潜艇发射,主要攻击大中型水面舰船、巡逻艇和露出水面状态的潜艇等目标。目前已经陆续生产并交付了 7 000 枚导弹。除装备美军以外,还出口到日本、新加坡、韩国、阿联酋等多个国家,我国台湾地区也有购买。弹长 4.75 m,直径为 0.34 m,战斗部装药 227 kg。最大速度为 $0.85Ma$,最大射程为 110 km,单发命中概率可达 0.95,制导方式为惯性制导 + 主动雷达寻的制导。

图 9　联合空对地防区外导弹(JASSM)AGM-158　　　图 10　"鱼叉"反舰导弹

动力装置为固体火箭助推 + 涡喷发动机续航形式。涡喷发动机采用 J402-CA-400 型发动机,推力为 2.97 kN。

1.8 "黛利拉"巡航导弹

"黛利拉"巡航导弹(图 11)由以色列军事工业公司(IMI)基于同名诱饵弹研制[13],并于 2012 年 1 月装备以色列空军。"黛利拉"巡航导弹可由飞机、直升机、地面车辆和舰船等多种平台发射,发射后可在制导系统的帮助下寻找预先编程设定的目标,其操作人员可以向导弹发送控制指令,并在其飞行过程中稍稍调整飞行路径,一旦导弹进入末段攻击弹道,则操作人员无法再控制其飞行路径,但是可以终止打击过程返回到空中,继续在目标区域上空保持巡飞,直到接收到新的指令。

图 11　以色列"黛利拉"巡航导弹

"黛利拉"导弹采用了 BS 175 涡喷发动机,推力为 90.6 kg,可在 8 400 m 以下的高度巡飞 22 min,或射程最大至 250 km,最大巡航速度为 238 m/s。

国外主流的低成本飞航式打击弹药一览表见表 1。

表 1 国外主流的低成本飞航式打击弹药一览表

序号	弹药名称/型号	国别	发射平台	发动机推力/kN	最大射程/km	速度/Ma	导弹尺寸	弹重/kg	制导方式	战斗部	作战能力
1	海军打击导弹(NSM)/后继型(JSM)	挪威	舰载,地面发射	2.5~3.3	185 370	0.95	长3.96 m/ 3.7 m	375	GPS/INS+地形匹配+红外成像末制导	120 kg的复合半穿甲战斗部	反舰
2	防区外导弹(SOM)	土耳其	机载		185	0.94	3.65 m	600	GPS/INS+地形匹配+红外成像末制导	230 kg的高爆、钻地、子母等	反舰、对地
3	AV-TM 300地地战术导弹	巴西	地面火箭炮	4.54	300		4.5 m× φ350 mm	600	GPS/INS,后续计划增加末制导	150 kg的整体杀爆	对地、对海
4	"风暴之影"子导弹	英国	机载	5.45	250	0.8	630 mm× 480 mm	1 250	GPS/INS+地形匹配+红外影像末制导	770 kg的子母、高爆等	对地
5	"金牛座"导弹	德国	机载	—	500	0.6~ 0.95	长5.09 m	1 453	GPS+地形匹配+末端红外影像制导	495 kg的侵彻战斗部	对地
6	AGM-158A	美国	机载	—	460	0.7	—	1 025	GPS/INS+景象匹配+红外成像末制导	432 kg爆破或侵彻战斗部	对地
7	"鱼叉"反舰导弹	美国	舰载	2.97	110, (后扩展至 270)	0.85	4.75 m× φ340 mm	—	GPS/INS+定高巡航+雷达末制导	战斗部装药227 kg	反舰、对地
8	"黛利拉"巡航导弹	以色列	机载	0.9	250	0.3~0.7	2.71 m× φ330 mm	—	GPS/INS+电视/红外末制导	30 kg的杀爆或钻地战斗部	对地

2 低成本飞航式打击弹药的性能及特点

国外的低成本飞航式打击弹药的性能及特点可归结如下：

（1）平台通用性强。采用通用化设计思路，发展通用性弹药，使一型弹药能够同时适配地面车载、水面舰载、机载等多种发射方式，从而满足多个军兵种的多平台使用能力，大大降低了研发成本。

（2）模块化、系列化设计[4]，扩展能力强，综合性能突出。国外的低成本飞航式打击弹药多采用模块化、系列化设计思路，舱段接口采用通用化设计，战斗部、制导系统、动力系统均采用模块化设计，通过不同的组合形式，可满足不同的模块化作战需求，使得其射程、目标适应能力等得到扩展，从而提高了整个系统的作战能力。

（3）多以涡喷（扇）发动机为续航动力[9]，经济性好，射程覆盖范围宽，有效载荷占比高。国外的低成本飞航式打击弹药多以涡喷（扇）发动机为续航动力，充分发挥其在亚声速条件下油耗低、经济性好的优点，使弹药按照亚声速或高亚声速巡航，大大增加了航程，降低了成本。此外，由于涡喷（扇）发动机的燃料比冲高（约为固体火箭发动机的 10 倍），因而使得全弹有效载荷占比高，毁伤威力大。

（4）复合制导方式，制导精度高，抗干扰能力强，使用灵活。多采用中制导+末制导的复合制导方式。中制导多采用 GPS/INS + 地形匹配/景象匹配/定高巡航等组合制导方式，具有自主性强、抗干扰能力突出、弹道突防能力强、中制导精度高等优点。末制导多采用红外成像、电视成像、主动雷达等方式或复合末制导方式，并可根据需要选配数据链，采用人在回路的工作模式，具有作战使用灵活性好、命中精度高、目标适应能力强等突出优点。

（5）模块化、系列化的战斗部设计，目标适应范围宽。通过模块化、系列化的战斗部设计，同时设计出杀伤爆破战斗部、子母式战斗部、深倾彻战斗部、反舰战斗部、云爆战斗部、特种战斗部等多种战斗部类型，实现战斗部系列化发展。实际作战时，针对不同目标选配不同类型的战斗部，大大提高了对目标的适应能力。

（6）采用综合的隐身设计手段，隐身能力突出。国外的低成本飞航式弹药多采用矩形截面、多边形截面等非圆截面弹身，以及"一"字型上单翼设计，大大降低了雷达散射截面（RCS）。此外，弹身多采用复合材料，具有较低的红外辐射特性或雷达反射特性，综合隐身性能好。

（7）低高度巡航，突防概率高。采用超低高度的地形匹配制导方式，目前的巡航高度一般设计为：海平面 2~8 m，平原 15 m，丘陵 50 m，山区 100 m。由于采用了低高度巡航，有力地规避了敌方雷达的远距离探测，大大提高了突防概率。

（8）作战方式灵活多样。以机载飞航式弹药为例，既可高度巡航，亦可低高度巡航，还可初始段高高度巡航，中末段低高度巡航的组合弹道模式，大大提高了作战方式的灵活性。此外，通过任务规划，可以规划多条弹道，并优选突防概率高、航程短的路径，大大提高了作战的灵活性。

3 发展趋势

飞航式打击弹药下一步正朝着进一步低成本化、自能组网协同攻击、复合末制导、查打一体小型化方向发展。

3.1 进一步低成本化

飞航式弹药通用性强、成本低、作战效费比高，越来越成为各个军事大国竞相大力发展的武器装备。从各次局部战争来看，不仅使用频次越来越高，使用量也越来越大。随着用量的增加，随之而来的对低成本化的需求就愈加强烈。低成本的途径主要有：通过进一步的通用化、模块化的设计方式[17]，来减少研制开发成本和维护费用，提高效费比；通过一体化、集成化设计减少部件数量特别是电子部件的数量，来降低电子器件的总费用；通过采用整体成型技术减少飞航式弹药的零件数量；通过更换商业化零部件降低成本。

3.2 信息化、智能化，组网协同攻击

目前，低成本飞航式弹药大多不具备组网攻击的能力。随着数据链的广泛使用，以及弹药信息化水平的不断提高，组网协同攻击是下一步发展的必然趋势。通过多弹组网协同，一方面可以提供雁群式的饱和攻击能力，另一方面各弹之间可以进行合理分工与配合，相互协调指挥，以进一步提高打击的时效性，这也是下一步发展的必然趋势。

3.3 采用复合末制导方式，进一步提高末制导抗干扰能力

目前，各类低成本弹药主要采用的是单一光学（红外或电视）成像末制导，如 NSM、SOM 等，或单一雷达制导，如"鱼叉"反舰导弹等。单一光学（红外或电视）成像末制导易受天气变化、能见度变化、烟尘、雨雾、沙尘[18]等的影响，适应复杂环境的能力弱。而单一雷达制导对海作战效果较好，对陆作战效果较差。由此可见，单一末制导方式局限性较大。

目前，美国等发达国家已经具备了红外+电视+毫米波的三模末制导能力，并已经在高价值的导弹上得到应用。随着复合末制导技术的发展成熟并不断降低成本，采用复合末制导是下一步发展的必然趋势。

3.4 提高末段速度

目前，飞航式打击弹药主要以亚声速巡航为主，当执行攻击硬目标如反舰作战、打击半地下/地下指挥中心等作战任务时，存在着因末速低带来侵彻能力不足的问题。若能够提高末速，由于侵彻动能与末速平方成正比，那么侵彻将能够大幅度提升。反过来，可以降低战斗部质量，加注更多燃油，进一步提高航程。

此外，提高末速有利于提高末段突防能力。

下一步的发展趋势之一是通过采用组合动力形式来提高末速。

3.5 小型化、微型化发展

随着涡喷发动机技术的不断小型化，飞航式打击弹药向着小型化、微型化方向发展。

4 结论

低成本飞航式弹药已经成为现代主流的武器装备之一，不仅型号众多，并且还在多次的局部战争中发挥了重要作用。本文对西方主流国家的该类弹药的技术体制、技术指标、发展现状及特点进行了梳理，并对发展趋势进行了分析，能够为本领域相关的研究人员提供一定的参考。

参 考 文 献

[1] 于雪泳, 朱清浩, 等. 海军打击导弹（NSM）武器系统综述 [J]. 舰船电子工程, 2013 (5): 27-29.
[2] 阳至健, 邱小林, 李峻, 等. 防区外导弹概论（第一卷：构型设计）[M]. 西安：西北工业大学出版社, 2018.
[3] 张翼麟, 蒋琪, 白静, 等. 土耳其新型防区外导弹 SOM [J]. 导弹大观, 2012 (4): 21-24.
[4] 宋怡然, 何煦虹, 文苏丽, 等. 2015年国外飞航导弹武器与技术发展综述 [J]. 导弹大观, 2016 (2): 34-38.
[5] QI Zaikang, XIA Qunli. Guided weapon control system [M]. Beijing: Beijing Institute of Tech-nology, 2003.
[6] 马林, 文苏丽. 国外反舰导弹武器发展新动向 [J]. 反舰导弹, 2013 (1): 17-21.
[7] USAF awards Lockheed Martin JASSM production contract. Janes's Defence Weekly, 2015.11.15.

[8] 刘牧川, 邹晖, 程凤舟. 国外空射型反舰导弹研制现状及发展趋势 [J]. 导弹大观, 2014 (2): 13 – 16, 29.

[9] 孙玉明. 巡航导弹的基本体制 [J]. 制导与引信, 2006 (3): 20 – 25.

[10] Pentagon awards JAGM development contract. Janes's Defence Weekly, 2015.8.3.

[11] William Matthews. The weapon of choice. Sea Power, 2013, 56 (11).

[12] 刘桐林. 从阿帕奇到 SCALP – EG/风暴前兆 – 欧洲防区外空对地导弹技术发展剖析 [J]. 飞航导弹, 2003 (6): 19 – 29.

[13] 庞艳科, 韩磊, 张民权, 等. 攻击型巡飞弹技术发展现状及发展趋势 [J]. 兵工学报, 2010, 31 (2): 149 – 152.

[14] Michael Fredholm. Early eighteenth century naval chemical warfare in scandinavia: a study in the introduction of new weapon technologies in early modern navies [J]. Baltic Defence Review, 2011, 13 (1).

[15] 张波. 空面导弹系统设计 [M]. 北京: 航空工业出版社, 2013.

[16] 李新潮, 李槟槟, 胡军红, 等. 巡航导弹防御现状与发展趋势 [J]. 飞航导弹, 2015 (9): 37 – 42.

[17] 田云飞, 高杰, 吴鹏, 等. 从利比亚战争看美军巡航导弹运用特点及发展趋势 [J]. 巡航导弹, 2012 (8): 49 – 52.

[18] 陆宁, 于政庆. 未来巡航导弹发展趋势及其防御策略 [J]. 导弹与航天运载技术, 2012 (8): 49 – 52.

芬顿试剂处理 HMX 废酸残液析出物的研究

赵峰林

(甘肃银光化学工业集团有限公司含能材料分公司)

摘　要：利用芬顿试剂对残液析出物水溶液的处理，使水溶液中的 COD、硝基苯含量及 RDX 和 HMX 的去除率达到，废水的可生化性得到较大幅度的提高，为后续处理创造了条件。

关键词：芬顿试剂；工业废水；黑索今；奥克托今

0　引言

HMX 生产过程中产生大量的废酸，其主要组分为醋酸、硝酸和硝酸铵。废酸处理后残液析出物的主要成分为硝酸铵和少量的 RDX 和 HMX。溶入废水中导致废水中的 COD、硝基苯含量（NB）、酸度等指标超量。析出物的销毁基本采用焚烧处理，但处理效果不好，通过本试验研究利用芬顿试剂对残液析出物水溶液的处理，使水溶液中的 COD、硝基苯含量及 RDX 和 HMX 的去除率达到，废水的可生化性得到较大幅度的提高，为后续处理创造了条件。

1　Fenton 试剂氧化机理

过氧化氢与催化剂 Fe^{2+} 构成的氧化体系通常称为 Fenton 试剂。Fenton 试剂法是一种均相催化氧化法。在含有亚铁离子的酸性溶液中投加过氧化氢时，在 Fe^{2+} 催化剂的作用下，H_2O_2 能产生两种活性的氢氧自由基，从而引发和传播自由基链反应，加快有机物和还原性物资的氧化。其一般历程为：

$$Fe^{2+} + H_2O_2 \rightarrow Fe^{3+} + OH^- + \cdot OH$$
$$Fe^{2+} + \cdot OH \rightarrow OH^- + Fe^{3+}$$
$$Fe^{3+} + H_2O_2 \rightarrow Fe^{2+} + H^+ + H_2O\cdot$$
$$H_2O\cdot + H_2O_2 \rightarrow O_2 + H_2O + \cdot OH$$
$$RH^+ \cdot OH \rightarrow R\cdot + H_2O$$
$$R\cdot + Fe^{3+} \rightarrow R^+ + Fe^{2+}$$
$$R^+ + O_2 \rightarrow ROO^+ \rightarrow \cdots\cdots \rightarrow CO_2 + H_2O$$

所以 $\cdot OH$ 和 $H_2O\cdot$ 自由基可以与废水中的有机物发生反应，使其分解或改变其电子云密度和结构，有利于凝聚和吸附过程的进行。

2　试验部分

2.1　试验废水

试验废水为 HMX 生产线废酸处理残液析出物的水溶液。量取 300 mL 水，称取 500 g 析出物。将析出物逐步加入量取的水中，直至水溶液饱和，称量剩余的残液析出物，计算出加入析出物的量。对析出物水溶液未处理前取样分析。表1所示为残液析出物饱和水溶液色谱分析数据。

作者简介：赵峰林（1970—　），男，高级工程师，化学工程与工艺专业，从事 HMX 生产制造与工艺研究。

表1 残液析出物饱和水溶液色谱分析数据

#	组分名	保留时间/min	峰高（uv）	峰面积（uv.sec）	面积百分比/%
1	硝酸铵	1.72	1 998 120.3	19 959 469.9	95.157
2	Unknown	3.73	1 676.91	13 622.67	0.064 9
3	Unknown	4.61	7 519.84	70 775.67	0.337 4
4	HMX	5.25	16 006.85	167 396.22	0.798 1
5	RDX	6.95	63 105.39	764 146.49	3.643 1
合计			2 086 429.3	20 975 411.0	100

数据显示，硝酸铵成分为95%.1565，HMX和RDX含量在4.441 2%左右。

2.2 试验材料

H_2O_2 溶液（30%）；$FeSO_4 \cdot 7H_2O$；H_2SO_4 溶液（30%）。

2.3 试验方法

试验拟定 H_2O_2 以30 g/L、$FeSO_4$ 以5 g/L、水溶液pH=3、反应时间 $t=40$ min、反应温度 $T=35$ ℃为基准。

第一组试验：拟定 $FeSO_4$ 为5 g/L，水溶液pH=3，反应时间 $t=40$ min，反应温度 $T=35$ ℃为定值。H_2O_2 分别为10 g/L、20 g/L、30 g/L、40 g/L、50 g/L的5个平行试验。

试验步骤：

（1）量取300 mL水，称取400 g析出物。将析出物逐步加入量取的水中，直至水溶液饱和，称量剩余的残液析出物，计算出加入析出物的量。

（2）测试残液水溶液的pH值，如果pH>3，给残液水溶液中滴加 H_2SO_4，使残液水溶液的pH值量调整为3。调整水浴温度为35 ℃，将残液水溶液加入水浴锅上的烧瓶中，开启搅拌，转速调整为100 r/min。

（3）称取1.5g $FeSO_4$（1.5 g/300 mL=5 g/L）加入烧瓶中。

（4）量取7 mL 30% H_2O_2（7 mL×30%×1.465 g/mL/300 mL+7 mL=10 g/L），缓慢加入烧瓶中，观察反应情况，40 min后停止搅拌静置观察，将反应后的溶液进行过滤，取滤液进行色谱分析。

再分别量取14.3 mL 30% H_2O_2、22 mL 30% H_2O_2、30 mL 30% H_2O_2、38.5 mL 30% H_2O_2 平行做4个试验进行数据对比。

第二组试验：拟定 H_2O_2 30 g/L，pH=3，反应时间 $t=40$ min，反应温度 $T=35$ ℃为定值。$FeSO_4$ 分别做3 g/L、4 g/L、5 g/L、6 g/L、7 g/L的5个平行试验。

试验步骤：

（1）量取300 mL水，称取400 g析出物。将析出物逐步加入量取的水中，直至水溶液饱和，称量剩余的残液析出物，计算出加入析出物的量。

（2）测试残液水溶液的pH值，如果pH>3，给残液水溶液中滴加 H_2SO_4，使残液水溶液的pH值量调整为3。调整水浴温度为35 ℃，将残液水溶液加入水浴锅上的烧瓶中，开启搅拌，转速调整为100 r/min。

（3）量取22 mL 30% H_2O_2 加入烧瓶中。

（4）分别称取1.5 g $FeSO_4$，缓慢加入烧瓶中，观察反应情况，40 min后停止搅拌静置观察，将反应后的溶液进行过滤，取滤液进行色谱分析。

再分别量取0.9 g $FeSO_4$、1.2 g $FeSO_4$、1.5 g $FeSO_4$、1.8 g $FeSO_4$ 做4个平行试验进行数据对比。

第三组试验：拟定 H_2O_2 30 g/L，$FeSO_4$ 5 g/L，pH = 3，反应温度 T = 35 ℃ 为定值。

试验步骤：

（1）量取 300 mL 水，称取 400 g 析出物。将析出物逐步加入量取的水中，直至水溶液饱和，称量剩余的残液析出物，计算出加入析出物的量。

（2）测试残液水溶液的 pH 值，如果 pH > 3，给残液水溶液中滴加 H_2SO_4，使残液水溶液的 pH 值量调整为 3。调整水浴温度为 35 ℃，将残液水溶液加入水浴锅上的烧瓶中，开启搅拌，转速调整为 100 r/min。

（3）量取 22 mL 30% H_2O_2 加入烧瓶中。

（4）分别称取 1.5 g $FeSO_4$，缓慢加入烧瓶中，观察反应情况，40 min 后停止搅拌静置观察，将反应后的溶液进行过滤，取滤液进行色谱分析。

再分别以反应时间为 20 min、30 min、50 min、60 min 做 4 个平行试验进行数据对比。

3 结论

（1）芬顿试剂处理 HMX 废水残液析出物水溶液具有极好的处理效果，该法工艺简单，操作方便，是一种有效的物化处理方法。

（2）通过芬顿试剂处理，废水的 COD 及 RDX 和 HMX 有较大的去除，可生化性也有较大的提高，为后续的生化处理创造了条件。

（3）在利用芬顿处理含硝基苯类废水时，氧化剂双氧水的量要足量，否则氧化生成毒性更强的物质，试废水的生化性降低。

参 考 文 献

[1] 乌锡康. 有机化工废水治理技术 [M]. 北京：化学工业出版社，1998.
[2] 魏复盛. 水和废水监测分析方法 [M]. 北京：中国环境科学出版社，1997.

HMX/RDX 混合物重液分离法研究

赵峰林

(甘肃银光化学工业集团有限公司含能材料分公司)

摘 要：通过 HMX 和 RDX 密度的不同，阐述选用一种重液，重液法用于 HMX/RDX 混合物分离的基本原理，重液和 HMX/RDX 的分离特性，确定了重液分离的工艺条件以及诸因素对于分离效果的影响规律。

关键词：重液；奥克托今；黑索今

0 引言

在醋酐法制造 HMX 的生产中，除主要生成 HMX 外还生成 10% ~ 40% 的 RDX，一部分进入废酸后沉淀出来，一部分进入 HMX 粗品经精制后进入溶剂母液，经蒸馏后析出，这些废药需要进行分离后回收。采用的分离方法是重液分离法，经过分离使 HMX 富集，即由低含量变为高含量。只要 HMX 的含量达到 80% 以上（即 HMX 品味达到 80%），就可以用一般精制方法提纯，使得 HMX 达到成品质量指标。

1 重液分离的基本原理

凡是密度大于 1 g/cm³ 的液体我们称之为重液或重介质。重液分离法在选矿技术上早已获得广泛的应用，它是重力法的一种，它符合重力沉降的一般规律。

重液分离的基本原理是：如果重要的密度 Δ 介于两种被分离的密度之间，即 $\delta_1 < \Delta < \delta_2$，结果密度较大的物质在重液中下沉，密度较小的物质在重液表层，然后分别收集即完成分离过程。

在 HMX/RDX 混合物中，RDX 密度为 1.816 g/cm³、β – HMX 密度为 1.900 g/cm³、α – HMX 密度为 1.870 g/cm³，则我们选用重液的密度介于 1.816 ~ 1.900 g/cm³，1.816 ~ 1.870 g/cm³ 之间就可以使 HMX/RDX 按密度分离。

2 重液——氯化锌水溶液

对重液的要求是，不应与 HMX 和 RDX 起化学反应，没有腐蚀性和毒性，不应有很大的黏性，在分离过程中不应改变它们的密度，易于洗去，价格便宜，来源广，易回收等。

密度范围可以配置至 1.816 ~ 1.900 g/cm³ 的重液有：三溴甲烷（2.88）、四溴甲烷（2.96）、二溴甲烷（2.17）、二碘甲烷（3.3）等。

本实验采用氯化锌水溶液进行。

氯化锌及水溶液的基本性质：

$ZnCl_2$，分子量为 136，白色粉末，密度 2.92 g/cm³，极易吸潮而溶于水、酒精、乙醚及甘油中，熔点为283 ℃，沸点为 370 ℃，灼热时生成的白烟为 $ZnCl_2$ 的升华物。在水中起加水分离成，$Zn(OH)_2$，白色絮状沉淀。浓溶液形成络合酸，呈显著酸性（表1）。

作者简介：赵峰林（1970—），男，高级工程师，化学工程与工艺专业，从事 HMX 生产制造与工艺研究。

表1 工业 $ZnCl_2$ 水溶液浓度密度的关系

$ZnCl_2$/%	D 20/4	$ZnCl_2$/%	D 20/4
1	1.008 6	58	1.706 2
3	1.025 8	59	1.725 3
5	1.043 0	60	1.744 6
7	1.061 2	61	1.764 4
9	1.079 4	62	1.784 5
10	1.088 5	63	1.804 4
15	1.136 2	64	1.824 0
20	1.187 3	65	1.844 5
25	1.241 0	66	1.864 8
30	1.296 3	67	1.885 8
35	1.355 0	68	1.907 0
40	1.419 2	70	1.950 2
45	1.491 5	72	1.997 5
50	1.569 4	73	2.023 0
55	1.651 5		

3 HMX 和 RDX 的分离特性

β-HMX、α-HMX、RDX：

β-HMX 为单斜晶体，宝石状结晶，也有少量呈柱状六面体。β-HMX 结晶规则，密度为 1.900 g/cm³，我们用重液测得其密度亦为 1.900 g/cm³（悬浮于密度为 1.900 g/cm³ 的介质中）。所以从重液分离的角度看以 β-HMX 为好。

α-HMX 为正交晶系，杆状和针状结晶，密度为 1.870 g/cm³。醋酐法制备的 HMX 或 RDX 粗品种，以 α-HMX 存在，结晶极细为棉花球，在重液中不如 β-HMX 分离效果好。但是由于醋酐法 RDX 在用溶剂结晶过程中，β-HMX 和 RDX 的共生而使分离发生困难，所以考虑 α-HMX/RDX 分离是有实际意义的。

RDX 在不同介质中结晶形状各异，在浓硝酸中为正方晶体，在苯胺、酚、苯甲酸乙酯、硝基苯中为针状，醋酸中为片状，在丙酮和硝基甲烷中为块状，酐 RDX 为块状结晶。

RDX 的结晶密度为 1.816 g/cm³，但用重液测得的密度说明 RDX 的结晶表面可能有缺陷。

4 HMX/RDX 重液分离的工艺流程

称量 HMX/RDX 样品，放入烧杯中，量取一定量的介质倒入，将固液两相充分搅匀，使晶粒全被浸湿和疏松，然后移入分离设备内进行静态分离或离心分离。

待分离完毕后，分离器内呈现这样的现象，HMX 沉在分离器底部，RDX 浮在表层，中间为透明介质，然后将上下两层分别收集过滤，介质母液放在烧杯内，晶体用水洗涤时会产生 $Zn(OH)_2$ 白色絮状沉淀，所以需用稀硝水洗涤，然后再用水洗涤两次，抽滤、烘干。

4.1 重液分离中几个工艺参数的确定

介质密度范围的确定：

结论：使 RDX 全部浮起，HMX 全部沉下的介质密度范围是 1.795 ~ 1.885 g/cm³（表2 ~ 表3）。

表2 RDX 在不同密度介质中的状态

介质密度/(g·cm⁻³)	RDX 的状态
1.816	全部浮起
1.815	全部浮起
1.8	无沉淀　大部分浮起　微量悬浮
1.795	无沉淀　大部分浮起　微量悬浮
1.79	大部分沉淀　少量悬浮
1.785	全部沉淀

表3 β-HMX 在不同密度介质中的状态

介质密度/(g·cm⁻³)	β-HMX 的状态
1.942	全部浮起
1.913	大部分浮起
1.902	基本上处于悬浮状态
1.891	基本上沉下　少量悬浮
1.885	全部沉淀

（1）随着介质密度的升高，β-HMX 分离越来越彻底，但 RDX 部分的 HMX 品味也越来越高，收率也相应下降，这是由于随着节奏比重的增加，RDX 上升速度增大，HMX 被上升的 RDX 挟带上升的量也就增大。

（2）初步结论：在 β-HMX-RDX 机械混合样品中，为了使 HMX 分离品味和回收都在 90% 以上，介质密度范围以 1.795 ~ 1.840 g/cm³ 为宜（表4 ~ 表5）。

表4 介质密度不同对 α-HMX/RDX 分离效果的影响

序号	介质密度/(g·cm⁻³)	HMX 品味/%	HMX 收率/%	RDX 部分/%
1	1.785	62.5	84.2	24.3
2	1.790	80.8	86.2	14.9
3	1.795	99.4	81.3	16.0
4	1.800	100.0	71.2	22.3
5	1.810	100.1	66.6	25.0
6	1.820	97.8	50.5	33.4
7	1.830	98.2	36.2	39.7

表5

序号	废药 HMX/%	介质 密度/(g·cm⁻³)	体积/m³	HMX 部分				RDX 部分			介质母液		
				HMX/%	HMX 收率/%	Zn⁺	Cl⁻	HMX/%	Zn⁺	Cl⁻	体积/m³	密度/(g·cm⁻³)	回收率/%
1	52.3	1.820	100	96.0	96.9	无	无	3.4	无	无	93	1.827	93
			100	93.1	96.9	无	无	3.4	无	无	93	1.820	93
2	60.0	1.820	100	91.5	96.5	无	无	5.7	无	无	94	1.823	94
			102	90.8	95.5	无	无	5.9	无	无	98	1.824	96

续表

序号	废药 HMX /%	介质 密度/(g·cm⁻³)	体积/m³	HMX部分 HMX /%	HMX 收率/%	Zn^+	Cl^-	RDX部分 HMX /%	Zn^+	Cl^-	介质母液 体积/m³	密度/(g·cm⁻³)	回收率/%
3	61.4	1.820	89	90.7	5.8	无	无	7.2	无	无	84	1.827	94
			100	91.0	94.0	无	无	10.0	无	无	94	1.822	94
4	61.7	1.820	102	96.3	92.5	无	无	11.2	无	无	96	1.822	94
			100	96.8	92.5	无	无	11.4	无	无	94	1.822	94
5	66.6	1.820	100	91.4	94.9	无	无	11.0	无	无	92	1.821	92
			100	92.6	94.5	无	无	11.4	无	无	93	1.821	93
6	68.6	1.820	100	92.3	96.7	无	无	8.3	无	无	93	1.822	93
			100	92.7	97.0	无	无	6.9	无	无	92	1.823	92
7	67.5	1.820	100	94.9		无	无	13.3	无	无	95	1.823	95
			100	95.2	94.0	无	无	13.2	无	无	95	1.822	95
8	70.5	1.820	100	94.8	95.5	无	无	11	无	无	93	1.820	93
			100	96.7	93.3	无	无	14.9	无	无	94	1.826	94
9	73.7	1.820	100	96.2	94.2	无	无	15.4	无	无	95	1.826	95
			100	94.8	92.7	无	无	19.9	无	无	96	1.824	96
10	93.4	1.820	110	96.9	99.0	无	无	19.2	无	无	103	1.812	93
			100	95.8	99.3	无	无	17.1	无	无	92	1.820	92
11	96.3	1.820	100	99.4	96.0	无	无	/	/	/	93	1.820	93
			100	98.7	95.8	无	无	/	/	/	95	1.822	95
备注			料比每10 g，废药加50 mL介质，另外用50 mL冲洗，故总量约为100 mL										

5 初步结论

从小型试验结果看：

（1）重液法分离 HMX 生产中产生的废药，静置分离 HMX 可富集到 89%，HMX 回收率平均 92.5%。分离后就相当于 HMX 生产线 HMX 粗品质量，回锅一次可达到成品标准。

（2）产品中不含 Zn^+ 和 Cl^-。

（3）从离心分离和静置分离两种形式看，离心分离周期短，处理量大，分离效果好，应予以着重研究，静置分离设备简单是其一大特点，可以根据具体情况采用。

参 考 文 献

[1] [苏] 奥尔洛娃, 等. 奥克托今 [M], 欧荣文, 译. 北京：国防工业出版社, 1978.
[2] 昆明冶金工业学校重力选矿及特殊选矿 [M]. 北京：冶金工业出版社, 1961.
[3] 杨诚. 沈阳选矿机械研究所测试基地的建设与发展概况 [J]. 选矿机械, 1992 (1).
[4] 王晶禹, 张景林, 王保国. HMX 炸药的重结晶超细化技术研究 [J]. 北京理工大学学报, 2000 (3).

落锤冲击载荷作用下弹体动态响应试验研究

杨亚东[1]，华绍春[2]，熊国松[1]，刘俞平[1]，王　宇[3]，袁利东[1]

(1. 重庆红宇精密工业有限责任公司，重庆　402760；
2. 火箭军驻重庆地区军事代表室，重庆　400039；
3. 中北大学电子测试技术国家重点实验室，山西　太原　030051)

摘　要：为了研究弹体遭受冲击载荷作用下壳体的破裂条件，以量纲理论推导了落锤试验弹体应变响应的数学理论模型，基于落锤冲击试验弹体的应变数据，拟合得到了侧向和头部撞击作用下弹体的破裂应变函数，得到了所提方案弹体的临界破裂条件，侧向撞击时弹体临界应变阈值为 0.005 8，头部撞击时弹体临界应变阈值为 0.075。结果表明，该方法能够为弹体结构设计和壳体破裂条件研究提供数据支持，也为相似工程应用提供参考依据。

关键词：兵器科学与技术；落锤冲击；动态响应；破裂条件；试验研究

中图分类号：O383 + .3　　**文献标识码**：A

Experimental study on dynamic response of projectile under drop - weight impact tests

YANG Yadong[1], HUA Shaochun[2], XIONG Guosong[1], LIU Yuping[1],
WANG Yu[3], YUAN Lidong[1]

(1. Chongqing Hongyu Precision Industrial CO., Ltd, Chongqing 402760, China;
2. Rocket force's military chamber in southwest china, Chongqing 400039, China;
3. National Key Laboratory for Electronic Measurement Technology,
North University of China, Taiyuan 030051, China)

Abstract: In order to investigate the condition of shell rupture under impact load, the mathematical model of projectile strain response in drop - weight tests is deduced by dimension theory. Based on the strain data in test, the fracture strain function of projectile under lateral and head impact is fitted and the critical fracture condition of projectile is further obtained, showing the critical strain threshold is 0.005 8 under lateral impact and 0.075 under head impact. The results indicate that the method can provide data support for the design of projectile structure as well as the study of projectile fracture condition, and can also provide reference for similar engineering applications.

Key words: ordnance science and technology; drop - weight impact; dynamic response; fracture condition; experiment study

0　引言

为了提高半穿甲反舰战斗部对舰船目标的毁伤能力，反舰战斗部的炸药装填系数要求较高，弹体壁厚较薄，弹体在侵彻多层舱室特别是斜侵彻和带攻角时，弹体姿态发生较大变化，弹体穿过多层靶后很容易出现弹体横向着靶现象，由于弹体侧向壁厚最薄，弹体横向着靶时最容易产生破坏，壳体破裂时将快速损耗战斗部内部装药，使其不能起爆或大大降低对舰船目标的毁伤作用，丧失其作战能力。为了解决此类问题，在战斗部设计过程中要保证一定入射条件下弹体结构的完整性，不同姿态撞击作用下弹体的临界破裂条件研究，是保证半穿甲战斗部对舰船目标的毁伤能力的重要条件。因此，弹体在头部着靶和侧向着靶姿态下的壳体破裂条件研究至关重要。

对于常规的炮击试验，难以精确控制侧向着靶姿态，且测试线路必须集成于弹体之中，增大了设计难度和制造成本。反向加载的落锤冲击试验方法很好地解决了上述问题，落锤冲击试验常被用于结构及材料冲击响应[1-5]、炸药感度和安全性验证、传感器设计验证等试验之中。将测试弹体固定并预设应力应变测量装置，布好测试线路，通过落锤撞击弹体不同部位，读取应力应变数值，测量壳体变形量或破裂情况，研究壳体在遭受强冲击条件的变形和破裂对应的应力应变关系。

本文运用量纲理论推导了落锤试验应变响应的数学理论模型，通过侧向和头部落锤撞击试验，拟合了弹体破裂条件的应变函数曲线，得到了壳体破裂临界应变阈值，相关研究成果可为反舰战斗部设计和弹载传感器设计提供参考。

1 理论模型

为了确定出战斗部壳体在遭受落锤冲击载荷条件下变形时完整的影响因素，建立正确的试验相似准则，成为落锤试验模型推导的前提。运用量纲理论[6,7]推导了落锤试验的相似准则，建立了落锤试验的数学理论模型。

对落锤撞击弹体问题，影响弹体动态响应和破坏的参数主要有落锤参数、弹体参数及落锤的参数。

（1）落锤参数：落锤密度 ρ_h、落锤质量 m_h、锤头接触面积 S_h、锤体材料强度 σ_{hp}、落锤的弹性模量 E_h。

（2）弹体参数：弹体直径 d、弹体总长度 l、弹体撞击部位壁厚 t、弹体密度 ρ、弹体材料极限强度 σ_p、弹体弹性模量 E、弹体质量 m。

（3）落锤的运动参数：落锤高度 H。

应变 ε 与落锤试验各影响因素间的函数关系为

$$\varepsilon = \lim_{l \to 0} \frac{\Delta l}{l} = f(\rho_h, m_h, \sigma_{hp}, S_h, E_h; d, l, t, \rho, \sigma_p, E, m; H) \tag{1}$$

落锤和弹体的密度与质量有关，可忽略落锤密度 ρ_h 和弹体的质量 m，同时材料的弹性模量与材料强度相关，再忽略落锤和弹体的弹性模量 E_h 和 E，所以式（1）简化为

$$\varepsilon = \lim_{l \to 0} \frac{\Delta l}{l} = f(m_h, \ \sigma_{hp}, \ S_h; \ d, \ l, \ t, \ \rho, \ \sigma_p; H)$$

根据 Π 定理，取 d、ρ 和 σ_p 为基本量，将上式无量纲化，即

$$\varepsilon = \lim_{l \to 0} \frac{\Delta l}{l} = f\left(\frac{m_h}{d^3 \rho}, \frac{\sigma_{hp}}{\sigma_p}, \frac{S_h}{d^2}; \frac{l}{d}, \frac{t}{d}, \frac{H}{d}\right) \tag{2}$$

考虑到试验中锤体强度 σ_{hp}、弹体强度 σ_p、弹体长度 l 和直径 d 保持不变，所以可以忽略 σ_{hp}/σ_p 和 l/d 项；落锤横向和竖向撞击方式一旦确定，撞击部位的接触面积 S_h 将为定值，故可以忽略 S_h/d^2 项，则上式简化为

$$\varepsilon = \lim_{l \to 0} \frac{\Delta l}{l} = f\left(\frac{m_h}{d^3 \rho}, \frac{t}{d}, \frac{H}{d}\right) \tag{3}$$

所以落锤撞击试验中弹体的应变可表示为如下形式：

$$\varepsilon = D \left(\frac{m_h}{d^3 \rho}\right)^{\alpha_1} \left(\frac{t}{d}\right)^{\alpha_2} \left(\frac{H}{d}\right)^{\alpha_3} \tag{4}$$

2 验证试验

2.1 试验概况

试验弹外径为 φ100 mm，长度为 172 mm，总质量为 3.6 kg，主要测试弹体侧向和头部两种撞击方式下的变形响应，其中弹体侧向撞击部位壁厚为 2 mm，头部厚度为 5.5 mm，弹体材料为 30CrMnSiNi2A。先对弹体空壳进行应变片粘贴[8]，并在应变片相应位置的弹体外部进行撞击位置的标记，应变片及测试导线布置示意如图 1 所示。完成应变片粘贴和测试线路布置后，对弹体进行惰性装填，惰性装填物的物理性能和真实炸药相近，装填密度为 1.80 kg/m³，抗压强度为 7.6 MPa，惰性装填过程如图 2 所示。

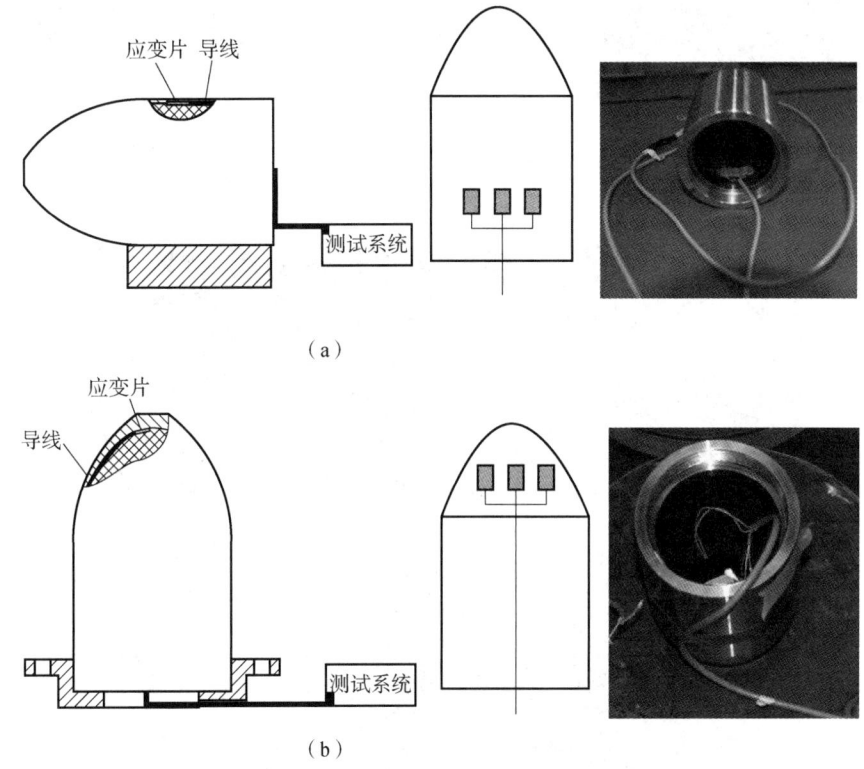

图 1　应变片及测试导线布置示意图
（a）侧向撞击；（b）头部撞击

试验场地选择平整坚实的水泥地面，先将试验弹放于对应的试验工装之上，布好线路后用角钢盖住测试线路予以保护。用吊车通过电磁铁将 50 kg 落锤吊到不同高度，使用垂直绳索调试落锤和弹体撞击部位的位置关系，试验时断开电磁铁开关，让落锤自由落体，撞击地面上的弹体，应变片发生形变，通过记录仪采集数据，由此计算出弹壳相应位置的应变，掩体内架设高速摄影，记录整个撞击过程。试验场地布置如图 3 所示，试验过程的侧向撞击和头部撞击如图 4 所示。

2.2 试验分析

以侧向撞击仿真分析的临界破坏条件为依据，侧向撞击共分为 3 m、5 m、6 m 和 8 m 共 4 组高度的撞击试验，不同高度侧向撞击的弹体变形如图 5 所示，经过 3 m、5 m、6 m 和 8 m 高度的侧向撞击，原直径 φ100 mm 的弹体撞击部位的尺寸变为

图 2　弹体惰性装填过程

φ98.2 mm、φ95.9 mm、φ95.3 mm 和 φ93.1 mm，径向变形量分别为 Δ1.8 mm、Δ4.1 mm、Δ4.7 mm 和 Δ6.9 mm，变形量随着落锤高度的增加而逐渐增大。

图3 试验场地布置示意图

图4 试验撞击瞬间高摄照片
(a) 侧向撞击；(b) 头部撞击

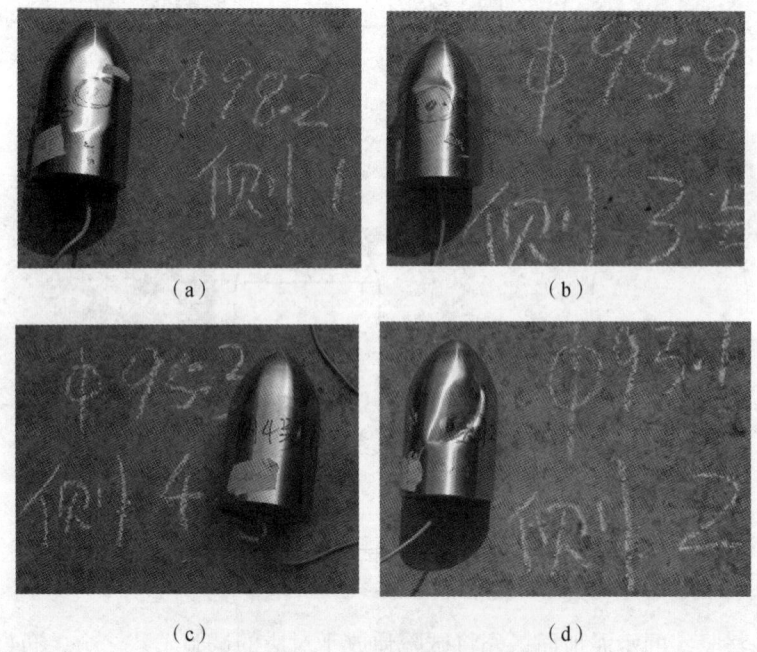

图5 侧向撞击的弹体变形对比
(a) 3 m；(b) 5 m；(c) 6 m；(d) 8 m

图6所示为不同高度侧向撞击作用下弹体最大应变曲线，图中实线部分为撞击过程中应变片测到的有效应变，虚线部分为应变片损坏或由于落锤撞击弹体，弹体变形回弹造成应变片与测试系统间的航空插件断开，引起电路断开，输出电压信号突变，为无效数据。3 m、5 m、6 m 和 8 m 高度的侧向撞击作用下，弹体的最大应变值分别为 0.003 2、0.004 3、0.005 1 和 0.005 8。

以头部撞击仿真分析的临界破坏条件为依据，头部撞击共分为6 m、8 m、10 m 和11 m 共4组高度的撞击试验，不同高度头部撞击的弹体变形如图7所示，经过6 m、8 m、10 m 和11 m 高度的头部撞击，原长172 mm 的弹体变形为168.9 mm、167.4 mm、165.7 mm 和164.5 mm，径向变形量分别为 Δ3.1 mm、Δ4.6 mm、Δ6.3 mm 和 Δ7.5 mm，变形量随着落锤高度的增加而逐渐增大。

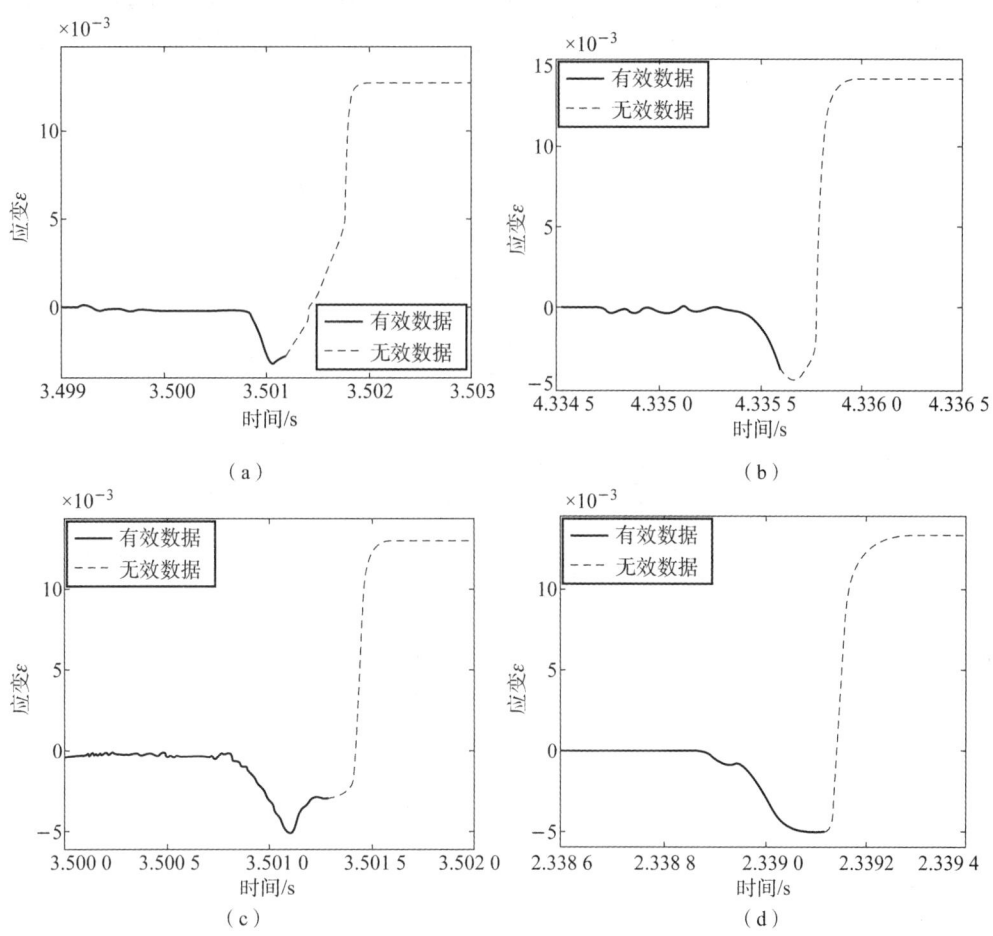

图 6　侧向撞击的弹体应变曲线

(a) 3 m；(b) 5 m；(c) 6 m；(d) 8 m

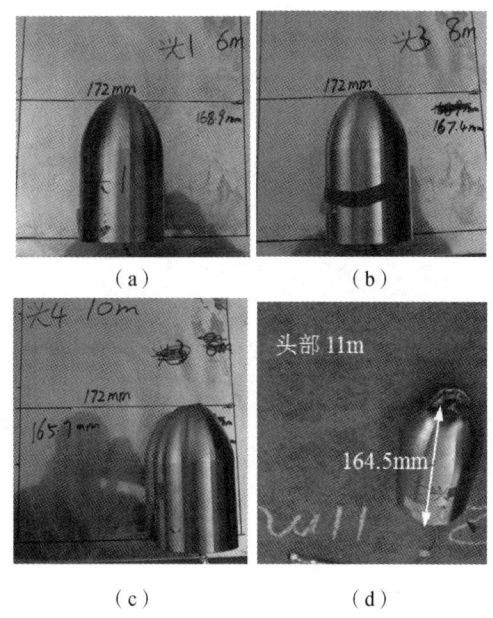

图 7　头部撞击的弹体形变对比

(a) 6 m；(b) 8 m；(c) 10 m；(d) 11 m

图 8 所示为不同高度头部撞击作用下弹体最大应变曲线，图中实线和虚线部分的意义和侧向相同，在 6 m、8 m、10 m 和 11 m 高度的头部撞击作用下，弹体的最大应变值分别为 0.006 7、0.020 4、0.043 5 和 0.075。

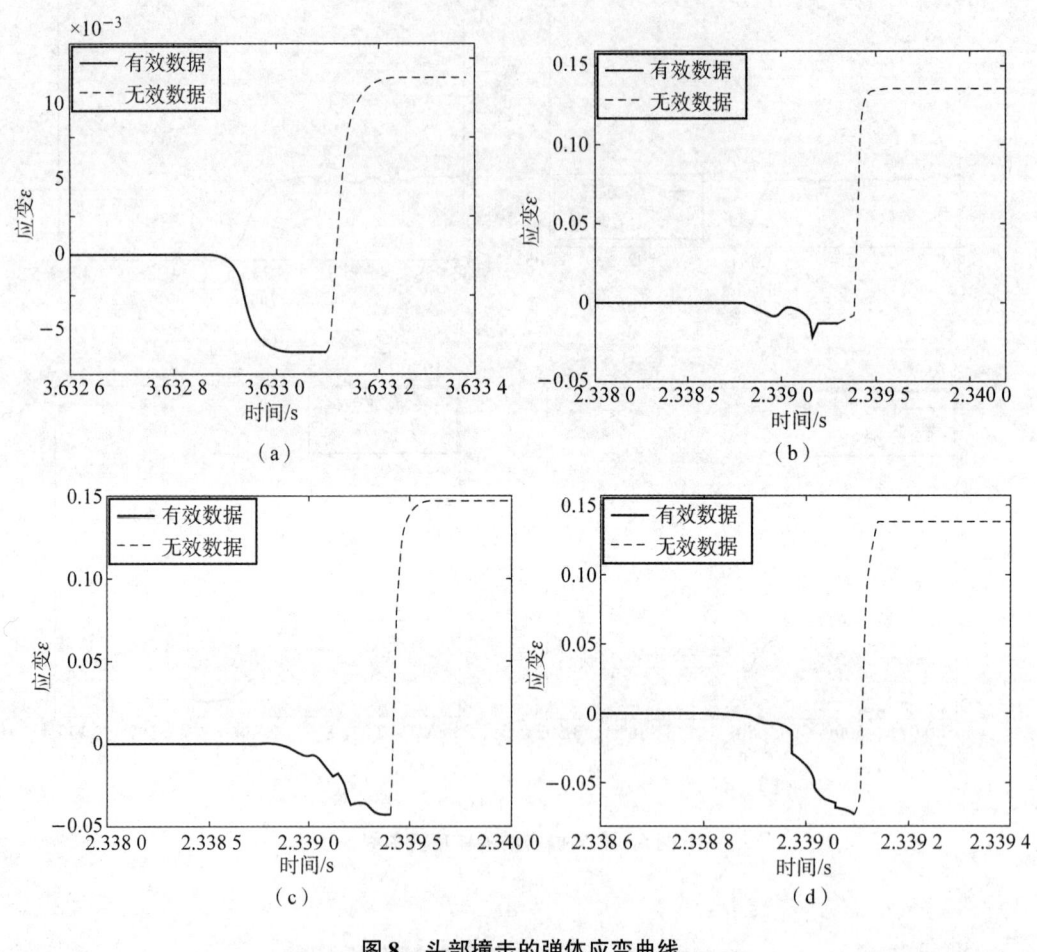

图 8 头部撞击的弹体应变曲线
(a) 6 m；(b) 8 m；(c) 10 m；(d) 11 m

不同高度落锤撞击弹体侧向和头部时，弹体在径向和轴向上的总体变形量和变形拟合函数如图 9 所示。

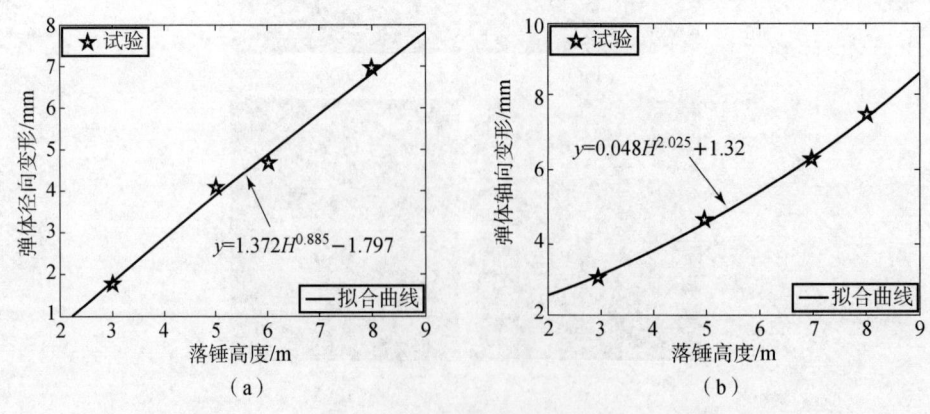

图 9 落锤试验弹体总体变形量
(a) 侧向撞击弹体变形量；(b) 头部撞击弹体变形量

2.3 壳体破裂条件函数的确定方法

落锤试验的试验参数及结果数据如表1所示。通过不同高度的侧向和头部撞击试验，发现本试验所采用的结构方案，当侧向撞击落锤高度达到 8 m 时，为弹体侧向撞击条件下的临界破裂条件，弹体临界应变阈值为 0.005 8；当头部撞击落锤高度达到 11 m 时，为弹体头部撞击条件下的临界破裂条件，弹体临界应变阈值为 0.075。根据理论推导和试验破裂条件，采用分段式函数对弹体破裂条件的变形阶段和破裂阶段的应变函数进行拟合较为合理，使用已知试验参数和试验结果数据对式（4）进行曲线拟合，表2所示为落锤侧向和头部撞击作用下弹体变形阶段的应变函数的拟合系数。

表 1　落锤试验参数及结果数据

落锤高度/m		落锤参数		弹体参数		应变 ε	变形量 /Δmm
		质量/kg	弹径/mm	壁厚/mm	ρ/(kg·m^{-3})		
侧向	3	3.6	100	2	7.83	0.003 2	1.8
	5	3.6	100	2	7.83	0.004 3	4.1
	6	3.6	100	2	7.83	0.005 1	4.7
	8	3.6	100	2	7.83	0.005 8	6.9
头部	6	3.6	100	5.5	7.83	0.006 7	3.1
	8	3.6	100	5.5	7.83	0.020 4	4.6
	10	3.6	100	5.5	7.83	0.043 5	6.3
	11	3.6	100	5.5	7.83	0.075	7.5

表 2　应变拟合系数

项目	D	a_1	a_2	a_3
侧向	1.08	0.953	3.514	0.613
头部	1.449	-2.129	3.697	4.422

结合弹体变形阶段的拟合情况，得到侧向撞击作用下的弹体应变响应函数如式（5）所示，弹体在 8 m 高度以前为变形阶段，当落锤高度≥8 m 时，弹体为破裂阶段；头部撞击作用下的弹体应变响应函数如式（6）所示，弹体在 11 m 高度以前为变形阶段，当落锤高度≥11 m 时，弹体为破裂阶段。根据试验拟合得到的落锤撞击弹体破裂条件的应变曲线如图10所示。

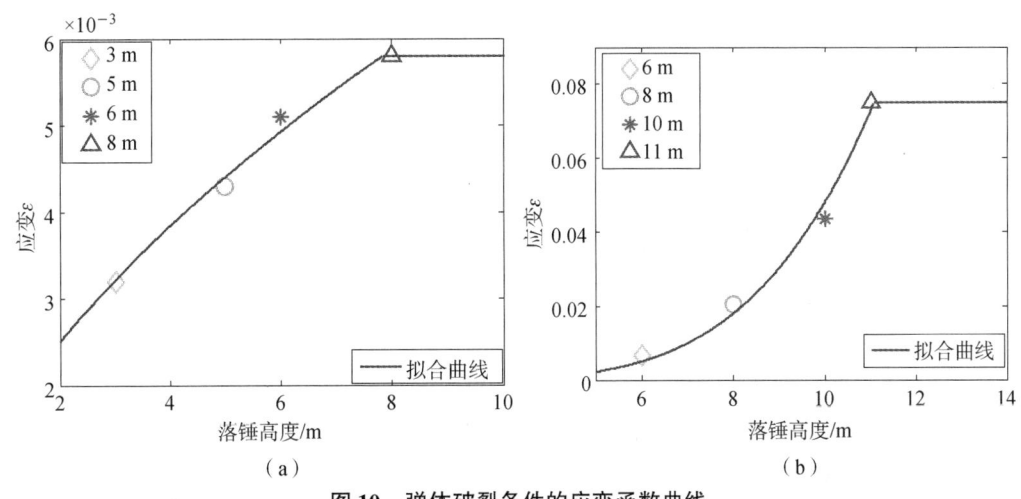

图 10　弹体破裂条件的应变函数曲线

（a）侧向撞击弹体应变曲线；（b）头部撞击弹体应变曲线

侧向撞击作用下的弹体应变响应函数表达式如下：

$$\varepsilon = \begin{cases} 1.08 \times \left(\dfrac{m_h}{d^3\rho}\right)^{0.953} \left(\dfrac{t}{d}\right)^{3.514} \left(\dfrac{H}{d}\right)^{0.613} & 0 \leq H < 8 \text{ m} \\ 0.0058 & H \geq 8 \text{ m} \end{cases} \quad (5)$$

头部撞击作用下的弹体应变响应函数表达式如下：

$$\varepsilon = \begin{cases} 1.449 \times \left(\dfrac{m_h}{d^3\rho}\right)^{-2.219} \left(\dfrac{t}{d}\right)^{3.697} \left(\dfrac{H}{d}\right)^{4.422} & 0 \leq H < 11 \text{ m} \\ 0.075 & H \geq 11 \text{ m} \end{cases} \quad (6)$$

3　结论

通过相似准则建立了落锤试验弹体动态响应的数学理论模型，根据落锤侧向和头部撞击作用下的弹体动态响应试验结果，拟合了弹体破裂条件的应变函数曲线，得到了本文方案中弹体侧向和头部撞击条件下的临界破裂条件，侧向撞击时弹体临界应变阈值为 0.005 8，头部撞击时弹体临界应变阈值为 0.075，所得试验数据可为弹体动态响应和壳体破裂条件研究提供数据支持，也为其他相似工程应用提供参考依据。

参 考 文 献

[1] 彭正梁，杨磊，费宝祥．高强钢船体板架落锤冲击试验及数值仿真［J］．中国舰船研究，2018，13(1)：100-105.

[2] 宫伟力，孙雅星，高霞，等．基于落锤冲击试验的恒阻大变形锚杆动力学特性［J］．岩石力学与工程学报，2018，37(11)：2498-2509.

[3] 张伟，李春光，魏福林，等．基于落锤压溃试验高强钢材料吸能特性分析［J］．锻压技术，2019，44(3)：169-174.

[4] 宫亚锋，孔维康，孟广锐，等．基于落球法的复合材料板冲击特性试验［J］．吉林大学学报（工业版），2019，49(2)：401-407.

[5] 王文涛，陶杰．双层钛合金波纹夹芯结构落锤冲击性能研究［J］．机械制造，2018，6(7)：29-34.

[6] 欧阳楚萍，徐学华，高森烈．相似与弹药模化［M］．北京：兵器工业出版社，1995.

[7] 杨俊杰．相似理论与结构模型试验［M］．武汉：武汉理工大学出版社，2005.

[8] 祖静，马铁华，裴东兴，等．新概念动态测试［M］．北京：国防工业出版社，2016.

异型孔锥罩聚能装药结构优化设计

郭焕果,卢冠成,谢剑文,余庆波,王海福

(北京理工大学,爆炸科学与技术国家重点实验室,北京 100081)

摘 要:采用非线性动力学软件 AUTODYN-2D,对异型孔锥罩聚能装药进行射流成形的数值模拟,并详细分析了不同时刻的射流特征参数。进一步优化异型孔锥罩的结构参数,通过采用正交设计试验方法,数值仿真计算了 16 种工况下的射流成形,并对射流头部速度及有效射流长度进行直观分析,发现罩锥角及壁厚是主要影响因子,并得到一组最优水平组合的药型罩结构方案为 $\alpha = 45°$, $\delta = 0.024D$, $b = 0.06D$, $M = 0.12D$, $L = 1.5D$,最终优化后的异型孔锥罩聚能装药在 2 倍炸高处的射流头部速度为 9 281 m/s,射流有效长度为 185 mm。

关键词:聚能装药;异型孔锥罩;射流成形;正交设计

中图分类号:TJ410.3 **文献标志码**:A

Optimal structural design of shaped charge with non-typical conical liner

GUO Huanguo, LU Guancheng, XIE Jianwen, YU Qingbo, WANG Haifu

(State Key Laboratory of Explosion Science and Technology,
Beijing Institute of Technology, Beijing 100081, China)

Abstract: The jet formation of shaped charge with non-typical conical liner is simulated based on the platform of AUTODYN-2D code, and the characteristics of jet at different moments were analyzed. The structure parameters of shaped charge with non-typical conical liner were optimized by orthogonal experimental design method. The jet formation performances at different 16 conditions were carried out, and the visual analysis of the jet tip velocity and the jet effective length were investigated, which can obviously influenced by the liner cone angle and wall thickness. For the optimized parameters of $\alpha = 45°$, $\delta = 0.024D$, $b = 0.06D$, $M = 0.12D$, and $L = 1.5D$, the jet tip velocity can reach 9281 m/s and the jet effective length is 185 mm at standoff 2D.

Key words: shaped charge; non-typical conical liner; jet formation; orthogonal design

0 引言

聚能毁伤是现役常规战斗部反装甲类目标的主要手段,但随着现代战场上对高效打击装甲类硬目标需求的日趋迫切,对聚能战斗部的毁伤效能提出了新的挑战。在聚能装药中,药型罩的形状和材料是影响聚能侵彻体性能的关键性因素,在药型罩材料已确定的前提下,选择合适的药型罩形状就显得尤其重要[1,2]。

药型罩的几何参数对射流成形特性影响巨大,尤其是锥顶形状,国内许多学者针对不同的药型罩锥顶进行了大量的研究[3-5],最常见的是对圆锥罩与尖锥罩的聚能射流的研究,这两种罩形成的射流细长但利用率较低。学者刘波等[6]对平顶、圆顶、尖顶三种不同锥顶药型罩的聚能装药进行射流成形数值模

基金项目:国家自然联合基金项目(No. U1730112)。

作者简介:郭焕果(1988—),女,博士研究生,E-mail:3120160127@bit.edu.cn。

拟,发现平顶罩射流利用率更高且射流平均速度及稳定性好;顾文彬等[7]对柱锥结合罩与锥形罩射流成形进行比较,发现柱锥结合罩初始头部速度可提高 1 km/s 以上且射流质量密度更大。而本文在他们的研究基础上,结合平顶与柱锥结合罩的优点,提出一种开孔的柱锥顶药型罩,孔头部长度及孔部直径对射流成形的影响规律已探讨过[8],在此基础上采用正交试验设计方法研究异型孔锥罩的罩锥角、壁厚、头部长度及孔径以及装药对射流头部速度及射流有效长度的影响次序,进一步优化异型孔锥罩聚能装药的结构,为新型聚能装药提供有利的参考。

1 异型孔锥罩射流成形特性

1.1 材料模型及参数选取

药型罩材料为紫铜,壳体材料选用 1006 钢,炸药选用 8701,其中紫铜和 1006 钢均选用 Shock 状态方程,适用于金属大变形、高应变率和高温情况下的 Johnson – Cook 本构模型来描述,数值模拟所用药型罩与壳体材料及部分参数如表 1 所示。8701 是一种常用的高能混合炸药,其爆轰产物的膨胀采用 JWL 状态方程,它能很好地反映产物的体积、压力、能量特性,8701 炸药的 C – J 参数和 JWL 状态方程参数在表 2 中列出。

表 1 药型罩及壳体材料主要参数

材料	$\rho/(g \cdot cm^{-3})$	A/GPa	B/GPa	n	C	m	T_m/K	T_{room}/K
1006 钢	7.896	0.09	0.292	0.31	0.025	1.09	1 356	293
COPPER	8.930	0.5	0.32	0.064	0.28	1.06	1 763	300

表 2 炸药材料主要参数

$\rho/(g \cdot cm^3)$	$D/(km \cdot s^{-1})$	P_{CJ}/GPa	$e_0/(kJ \cdot cm^{-3})$	A/GPa	B/GPa	R_1	R_2	ω
1.7	8.315	28.8	8 500	854.5	20.5	4.6	1.35	0.25

1.2 异型孔锥罩压垮过程及射流特性

异型孔锥罩聚能装药结构如图 1 所示,其药型罩头顶形状是在柱锥结合罩的基础上改进的,这是由于柱锥罩所形成的射流头部速度较大,速度分布更均匀,对提高射流破甲效应极为有利,但是柱锥结合罩形成的射流杵体质量相对较大,有效射流质量占比少。而此种改变锥顶的药型罩可极大地改善射流杵体的质量分布,随着作用时间的加长,杵体所占的比例越来越少。异型孔锥罩聚能装直径取 $D = 44$ mm,壳体厚度为 3 mm,罩锥角 α 为 50°,装药长度 $L = 1.5D$,锥顶头部孔径 m 为 7 mm,锥顶头部长度 b 为 2 mm,药型罩壁厚为 1.1 mm,中心点起爆。异型孔锥罩聚能装药不同时刻射流形态如图 2 所示。

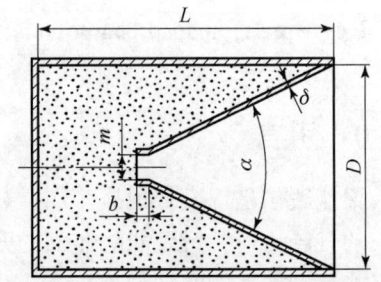

图 1 异型孔锥罩聚能装药结构简图

从图 2 可以看出,在炸药爆轰过程中,锥顶部分在爆轰波高压作用下开始下凹变形,轴向向下运动;5 μs 时在药型罩顶部和侧壁爆轰波共同作用下头部挤压到一起,椎体部分罩微元开始运动,并形成明显的射流头部,此时锥顶头部在爆轰波的作用下进一步向一起靠拢;8 μs 时射流头部速度达到最大值,约为 8 520 m/s,射流开始拉伸,并且由于锥顶部分与药型罩母线在过渡处转折明显,爆轰波在此处不能平滑过渡,引起能量过度集中,使药型罩杵体后端形成"空穴";12 μs 时为 1 倍炸高处,此时的射流头部直径较大,射流头部呈尖形,这主要是由于锥顶处压力高

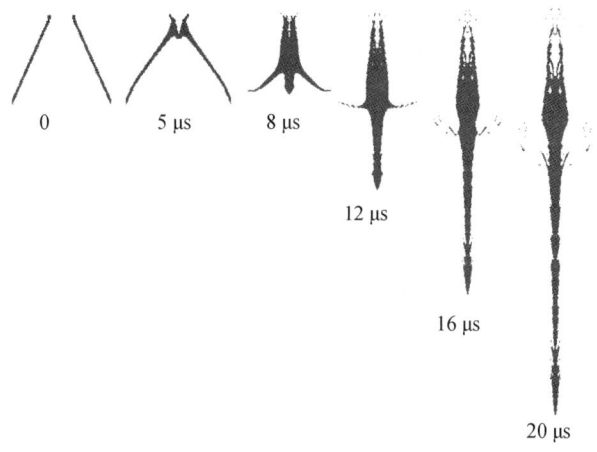

图2 异型孔锥罩聚能装药不同时刻射流形态

于药型罩其余地方，锥顶有小部分微元先到达轴线而形成的；16 μs时射流拉伸到2倍炸高的位置，此时射流头部又尖又细，但是已出现颈缩；20 μs时射流长度拉伸到3倍的炸高位置，此时射流头部已断裂，但随着射流的拉伸杵体部分形成的空穴越来越大，杵体的质量一直在减小，有效射流的质量持续增加，这就导致射流的转化率提高。

2 基于正交设计方法对异型孔锥罩结构优化

2.1 正交设计及仿真结果

异型孔锥罩聚能装药中药型罩、装药及壳体的结构都会对射流成形特性产生显著的影响，异型孔锥药型罩结构包括壁厚、锥角、锥顶头部长度及头部孔径，装药包括装药类型及长径比，壳体包括材料、厚度，根据常规聚能装药设计的经验值，装药类型选高爆速的8701炸药，壳体材料选1006钢、厚度选3 mm厚就足够了，但是其他因素的选取就得依靠大量的数值模拟及试验，为了减少试验次数，节约试验经费，工程上通常先用正交优化设计方法对聚能装药进行结构优化。

正交试验设计是利用正交表来分析多因素试验的一种设计方法，它是在试验因素的全部水平组合中挑选部分有代表性的水平组合进行试验，通过对这部分试验结果的分析了解全面试验的情况，找出最优的水平组合[9]。根据常规试验设计方法，对于表3中的4水平5因子，则需要计算$4^5 = 1\,024$次试验，试验规模大，需要耗费大量时间，而且很难确定各因子对于射流成形的影响。为了减少试验次数，本文利用正交设计方法，用数值模拟的方法计算如表4的16种方案，即可寻求最优水平组合的异型孔锥药型罩结构参数。正交试验方案设计及数值模拟仿真结果如表4所示，其中V_j表示射流头部速度，l表示撞靶前射流有效长度（定义其为射流速度大于2 000 m/s的射流长度），不同工况下在2倍炸高处射流形态如图3所示。

表3 正交设计因素与水平表

水平	δ/mm	b/mm	M	L	α
	因子1	因子2	因子3	因子4	因子5
1	0.024D	0.03D	0.1D	1.3D	45°
2	0.028D	0.04D	0.12D	1.4D	50°
3	0.032D	0.05D	0.14D	1.5D	55°
4	0.036D	0.06D	0.16D	1.6D	60°

表4 正交表设计及仿真结果

方案	δ	b	M	L	α	$V_j/(\text{m}\cdot\text{s}^{-1})$	l/mm
1	0.024D	0.03D	0.1D	1.3D	45°	8 968	178
2	0.024D	0.04D	0.12D	1.4D	50°	8 367	172
3	0.024D	0.05D	0.14D	1.5D	55°	8 067	164
4	0.024D	0.06D	0.16D	1.6D	60°	7 932	160
5	0.028D	0.03D	0.12D	1.5D	60°	7 512	163
6	0.028D	0.04D	0.1D	1.6D	55°	7 776	166.5
7	0.028D	0.05D	0.16D	1.3D	50°	8 159	175
8	0.028D	0.06D	0.14D	1.4D	45°	8 760	180.5
9	0.032D	0.03D	0.14D	1.6D	50°	7 939	176
10	0.032D	0.04D	0.16D	1.5D	45°	8 374	182.5
11	0.032D	0.05D	0.1D	1.4D	60°	7 184	166
12	0.032D	0.06D	0.12D	1.3D	55°	7 328	171.5
13	0.036D	0.03D	0.16D	1.4D	55°	6 885	129
14	0.036D	0.04D	0.14D	1.3D	60°	7 264	146
15	0.036D	0.05D	0.12D	1.6D	45°	8 155	183.5
16	0.036D	0.06D	0.1D	1.5D	50°	7 626	177

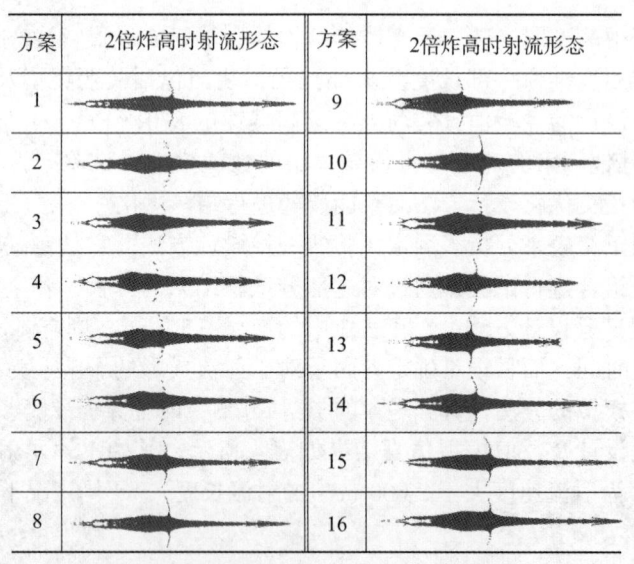

图3 不同工况下2倍炸高时射流形态对比

2.2 数值仿真结果分析

根据仿真结果表4，现从射流头速、长度综合分析不同因子在各水平下的极差值 R_j，其大小可以判断各因素对试验指标的变动幅度，从而判断因素的主次顺序。从图3可以看出，射流头部速度及长度综合判断可知：射流成形最好的方案为1、8，此时射流头部速度及长度都最大，尤其是射流头部速度最大接近9 000 m/s，比同口径等壁厚等锥角的锥形罩能大1 000 m/s左右[8]；射流成形良好的方案为2、7、9、12、16，此时射流头长度都差不多；射流成形一般的方案为3、4、5、6、11；方案最不好的为13、14，此时射流头部都已断裂，且速度与长度都最小。

图 4 所示为各因子在不同水平下对射流头部速度的直观分析图：因子 1 与 5 取水平 1 时射流头部速度最大，即 $\alpha = 45°$，$\delta = 0.024D$；因子 2 取水平 2 时射流头部速度最大，即罩锥顶头部长度 $b = 0.04D$；因子 3 取水平 3 时射流头部速度略微大点，即罩锥顶头部孔径 $M = 0.14D$；因子 4 取水平 4 时，V_j 略大，即装药长度为 $1.6D$。再分析极差 R 对射流的影响，可得 $R_1 = 851$，$R_2 = 119.25$，$R_3 = 170$，$R_4 = 151.5$，$R_5 = 1\,091.25$，即因子 5 罩锥角的极差最大，其次是因子 1 罩壁厚，各因子对射流头部速度 V_j 的影响顺序为 $\alpha > \delta > M > L > b$，可见罩锥角是主要因子，罩锥顶头部长度是次要因子，对射流头部速度影响不大。

图 5 所示为各因子在不同水平下对射流长度的直观分析图：因子 1 与 4 取水平 3 时、因子 2 取水平 4 时、因子 3 取水平 2 时以及因子 5 取水平 1 时，在 2 倍炸高处射流长度最长，即 $\delta = 0.032D$，$b = 0.06D$，$M = 0.12D$，$L = 1.5D$，$\alpha = 45°$。再分析极差 R 对射流长度的影响，可得 $R_1 = 15.125$，$R_2 = 10.75$，$R_3 = 10.875$，$R_4 = 9.75$，$R_5 = 23.375$，即因子 5 罩锥角的极差最大，其次是因子 1 罩壁厚，各因子对射流长度 V_j 的影响顺序为 $\alpha > \delta > M > b > L$，可见罩锥角是主要因子，装药长度是次要因子，即对射流长度影响不大。

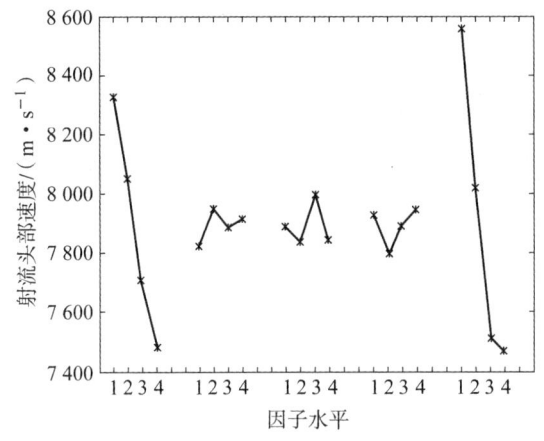

图 4　不同因子不同水平对 V_j 的影响　　　　　图 5　不同因子不同水平对 l 的影响

综合上面对极差 R_j 的计算，可列出各工况指标下的因素的主次顺序如表 5 所示。从表 5 可以看出，这两个射流特征参数指标单独分析出的优化条件不一致，必须根据因素的影响主次综合考虑，确定最佳异型孔锥罩的设计。

表 5　各试验指标下因素的主次顺序

试验指标	主次顺序
射流头部速度	$\alpha > \delta > M > L > b$
射流长度	$\alpha > \delta > M > b > L$

由于射流碰靶前的特征包括射流头速及长度等因素，对钢靶的侵彻特性有很大影响，故在优化异型孔锥罩聚能装药时要综合考虑罩锥角与壁厚、头部长度与孔径、装药长度等对射流特征的影响。对于因素 α，其对射流头速及长度的影响都排在第一位，因此锥角取 $\alpha = 45°$。对于因素 δ，其对射流头速及长度的影响均排在第二位；当 $\delta = 0.024D$ 与 $\delta = 0.032D$ 时，射流头速均值分别为 8 333 m/s 与 7 706 m/s，射流的长度均值分别为 168.5 mm 与 174 mm，虽射流长径比增加也有利于侵彻，但是射流头部速度对侵彻影响更大，故异型孔锥罩的壁厚取 $\delta = 0.024D$ 较好。异型孔锥罩头部开孔长度 b 对射流头部的影响属次要因子，原则是它的值可以随意取，但是其对射流长度的影响分别排在第四位，此时 $b = 0.06D$。异型孔锥罩的头部孔径 M 对射流头速和长度的影响排在第三位，当 M 取 $0.14D$ 与 $0.12D$ 时，射流头速与长度的均值分别为 8 007 m/s、7 840 m/s 与 166.6 mm、172.5 mm，再从射流形貌图方案 14 可以看出，当 $M = 0.14D$ 时，射流头部出现严重断裂，因此罩头部孔径 M 取 $0.12D$ 较好。对于装药长度 L，其对射流

长度的影响为次要因子，对射流头部速度的影响排在第四位，且当 $L=0.16D$ 与 $L=0.15D$ 时，射流头部速度差别不大，故从聚能装药的质量上综合考虑，装药长度还是选择 $1.5D$。由此可以得出异型孔锥罩聚能装药结构设计的优化方案，即 $\alpha=45°$，$\delta=0.024D$，$b=0.06D$，$M=0.12D$，$L=1.5D$。

2.3 优化方案计算

基于正交优化设计方法得到异型孔锥罩聚能装药的结构优化设计方案，现针对上节优化好的方案进行数值模拟计算，取药型罩的口径为 100 mm，故药型罩壁厚取 2.4 mm，罩锥角为 45°，罩头部长度与孔径分别为 6 mm 和 12 mm，药型罩材料为紫铜，装药长度取 150 mm，装药为 8701，壳体材料为 1006 钢及其厚度为 3 mm，中心点起爆。在两倍炸高处，数值模拟形成的异型孔锥罩射流速度分布如图 6 所示。

从图 6 可以看出，射流在 2 倍炸高处侵彻靶板前的头部速度平均值可达到 9 281 m/s，此时射流的总长度约为 285 mm，射流有效长度为 185 mm。且跟上节设计的 16 种工况的射流头部速度相比，采用正交设计优化后的异型孔锥罩聚能装药形成的射流头部速度是最大的，由此可见用正交设计优化后的异型孔锥罩聚能装药其结构较合理，侵彻性能会更优。

3 结论

本文研究异型孔锥罩聚能装药的不同因素对射流成形特性的影响，并采用正交设计方法优化异型孔锥罩结构，主要得到以下结论：

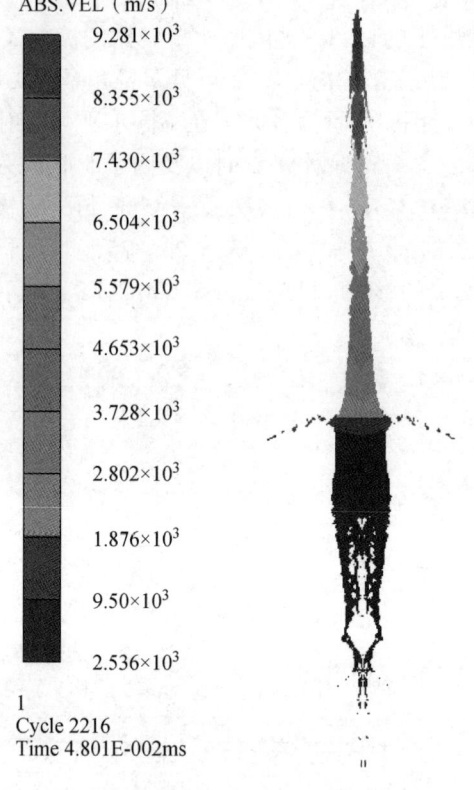

图 6 在 2 倍炸高处优化罩射流速度分布

（1）异型孔锥罩聚能装药在爆轰波作用下，造成罩头部能量过度集中，使杵体后端形成"空穴"，射流有效质量增加，射流的转化率提高。

（2）采用正交设计方法优化异型孔锥罩结构，利用各因子的 K 值及极差 R 值判断其影响水平，得到各因子对射流头部速度的影响顺序为 $\alpha>\delta>M>L>b$，各因子对有效射流长度的影响顺序为 $\alpha>\delta>M>b>L$。

（3）优化后的异型孔锥罩聚能装药在 2 倍炸高处的射流头部速度为 9 281 m/s，射流有效长度为 185 mm。

参 考 文 献

[1] Lips Hendrik, Rittel, Rolf. Advancements in wall – breaching warhead technology [C]. 25th International Symposium on Ballistics. Beijing, China, 2010, 744 – 749.

[2] H. Shekhar. Theoretical modelling of shaped charges in the last two decades (1990 – 2010): a review [J]. Central European Journal of Energetic Materials, 2012, 9 (2), 155 – 185.

[3] 侯秀成，蒋建伟，陈智刚. 有效射流结构模式的数值模拟 [J]. 爆炸与冲击，2014，34（1）：34 – 39.

[4] 郁锐，李福金，薛鑫莹，等. 药型罩壁厚变化率对破甲威力影响的研究 [J]. 弹箭与制导学报，2010，30（1）：134 – 136.

[5] 张毅，王志军，崔斌，等. 不同结构钛合金罩战斗部侵彻混凝土数值模拟 [J]. 兵器材料科学与工程，2015，38（2），95 – 98.

[6] 刘波，姚志敏. 聚能破甲战斗部药型罩不同形状锥顶对射流影响的数值模拟 [J]. 机械设计与研究. 2014，4：78 – 81.

[7] 顾文彬,瞿洪荣,等.柱锥结合罩压垮过程数值模拟[J].解放军理工大学学报,2009,6:548-552.
[8] 郭焕果,余庆波,耿宝群,等.异型孔锥罩聚能装药射流成形特性研究[C].第十五届全国战斗部与毁伤技术学术交流会论文集,2017:210-215.
[9] 李磊,马宏昊,沈兆武.基于正交设计方法的双锥罩结构优化设计[J].爆炸与冲击,2013,6:567-573.

射频前端高效毁伤探索研究

陈自东[1,2]

(1. 中国工程物理研究院 复杂电磁环境科学与技术重点实验室,四川 绵阳 621999;
2. 中国工程物理研究院 应用电子学研究所,高功率微波技术重点实验室,四川 绵阳 621999)

摘 要:微波脉冲耦合途径可以分为"前门耦合"和"后门耦合"。微波脉冲可通过前门耦合途径作用于电子设备接收机射频前端,微波电路中半导体器件一般为非线性器件,耦合进入电子系统的微波脉冲功率足够强会导致半导体器件处于非线性工作状态,对半导体器件的物理性能产生严重影响,进而影响系统正常功能的发挥。综合介绍了半导体器件非线性效应概念,开展了射频前端器件/系统的微波压制效应研究,明确半导体器件在不同微波脉冲参数条件下响应特性,分析微波脉冲作用下半导体器件物理性能降低甚至失效模式,探索射频前端高效毁伤方法。

关键词:压制效应;恢复时间;响应特性;高效毁伤

中图分类号: **文献标志码**:A

Research on efficient damage detection of RF – front end

CHEN Zidong[1,2]

(1. Complicated Electromagnetic Environment Laboratory of CAEP, Mianyang 621999, China;
2. Science and Technology on High Power Microwave Laboratory, Institute of Applied Electronics,
CAEP, P. O. Box 919 – 1015, Mianyang 621999, China)

Abstract: The microwave pulse coupling approach can be divided into "front door coupling" and "back door coupling". The microwave pulse can be applied to the RF front end of the electronic device receiver through the front door coupling path. The semiconductor device in the microwave circuit is generally a nonlinear device. The microwave pulse power coupled into the electronic system is strong enough to cause the semiconductor device to be in non – linear working state. The physical properties of semiconductor devices have a serious impact, which in turn affects the normal functioning of the system. This paper introduces the concept of nonlinear effects of semiconductor devices, studies the microwave suppression effect of RF front – end devices/systems, clarifies the response characteristics of semiconductor devices under different microwave pulse parameters, and analyzes the physical properties of semiconductor devices under microwave pulses. Explore the method of efficient damage to the RF front end.

Key words: suppression effect; recovery time; response characteristic; efficient damage

0 引言

非线性效应是指进入电子系统的 HPM 功率足够强,引起了线性元件的传输耦合击穿,或者使半导体器件工作在非线性或超非线性工作状态,对半导体器件的物理性能产生严重影响,例如,使放大器的

基金项目:中物院复杂电磁环境科学与技术重点实验室课题(2019FZSYS05)。
作者简介:陈自东(1989—),男,助理研究员,E – mail: czdxidian@163.com。

增益降低，混频器的变频损耗增大，检波器输出饱和，半导体器件损伤等，属于物理效应范畴[1]。半导体器件 HPM 非线性检波效应、非线性变频效应、非线性压缩效应是造成电子系统 HPM 干扰、翻转、扰乱效应的主要原因，并且这些非线性效应和微波频率有一定的相关性；而半导体器件 HPM 非线性损伤效应是造成电子系统暂时损伤、降级和损坏的主要原因。

国内非线性效应研究主要集中在电子系统前门耦合通道中的微波保护器件 HPM 非线性损伤效应研究方面，西北核技术研究所的李平等通过实验和理论模拟研究获得了 NPN 三极管的高功率微波损伤脉宽效应数据，并对其失效机理进行了分析[3]；方进勇等人研究了微波脉冲参数对集成电路器件微波易损性的影响[4]；电子科技大学的汪海洋等利用 SPICE 电路模型深入研究了微波脉冲作用下的尖峰泄漏、平顶泄漏与脉冲功率、上升时间的关系[5~7]；四川大学的黄卡玛等仿真分析了外界温度影响下尖峰泄漏、限幅器功率相应变化规律特性[8]；清华大学的杜正伟等借助自主开发的一维、二维半导体器件——电路联合仿真器，开展了电磁脉冲注入对双极型晶体管、PIN 二极管、MOSFET 器件的损伤机理和脉冲参数影响下的损伤规律进行了研究[9,11]；中国工程物理研究院应用电子学研究所的赵振国等从器件半导体多物理场层次开展了 HPM 效应与效应机理问题研究，建立了 PIN 限幅器在 HPM 作用下的二维电热模型[12,13]。西安电子科技大学的范菊系统研究了半导体器件的非线性检波、非线性变频、非线性压缩和非线性损伤效应，通过实验研究、理论分析和仿真研究，揭示了非线性效应的规律和机理，并在 HPM 非线性效应的基础上，重点研究了双极型晶体管和 MOS 晶体管的非线性损伤效应[1]。

1 前端器件压制效应实验研究

本文研究主要集中在半导体器件微波压制效应，开展了微波限幅器非线性压制效应实验研究。非线性效应主要与微波脉冲功率大小有关，微波功率大小不同，对半导体器件的破坏程度也不同。从微波对半导体器件的非线性作用方式和作用结果看，微波功率较小时表现为非线性检波效应、非线性变频效应和非线性压缩效应，在半导体器件非线性压制效应方面，开展了微波前端器件饱和压制效应对半导体器件模拟信号输出特性影响的研究，将参考工作信号与微波脉冲信号复合后注入研究的前端器件，研究 HPM 信号对于正常工作信号的压制作用。

对于微波限幅器，研究了 1.362 GHz 的微波脉冲信号对 9.375 GHz 连续波目标信号（峰值功率 10 dBm）的压制效果，实验结果如图 1 所示，研究了相同重频、不同脉宽、不同峰值功率作用下的压制时间（限幅器恢复时间），图中对实验压制时间及微波脉冲功率进行归一化处理。相同重频、不同峰值功率和脉宽 HPM 脉冲对限幅器压制效果如图 2 所示：可以看出，微波信号扣除自身微波脉冲宽度后，对限幅器的压制作用随微波脉冲宽度变化不大。

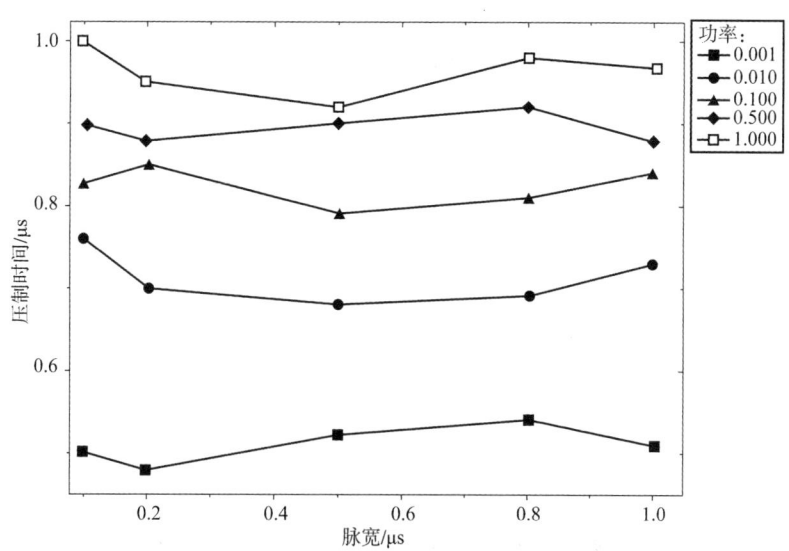

图 1 微波对限幅器压制时间与功率、脉宽关系

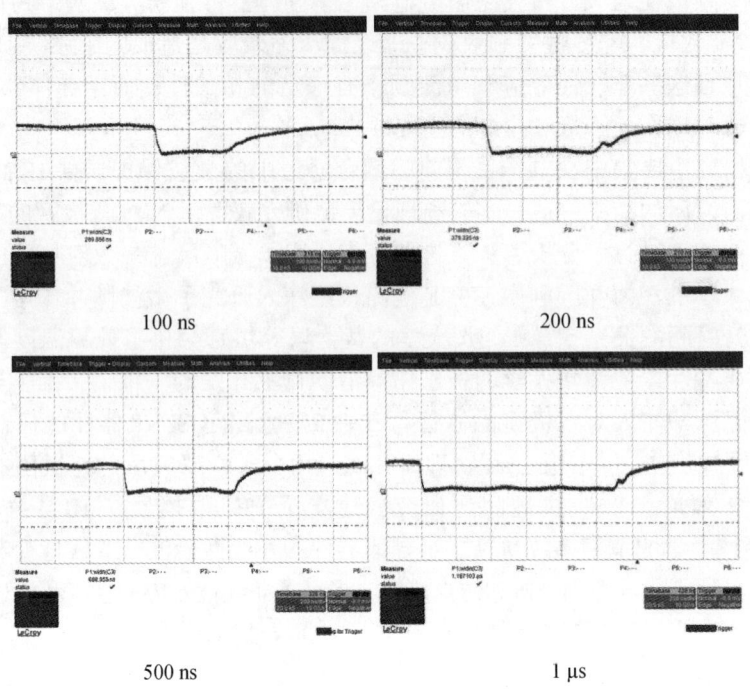

图 2　不同脉宽微波脉冲对限幅器压制效果

研究了不同峰值功率微波脉冲对限幅器的压制效果，实验结果如图 3 所示，由实验结果可知，不同峰值功率微波信号扣除自身微波脉冲宽度后，对限幅器的压制时间近似稳定，当峰值功率增加时，压制时间有所延长。

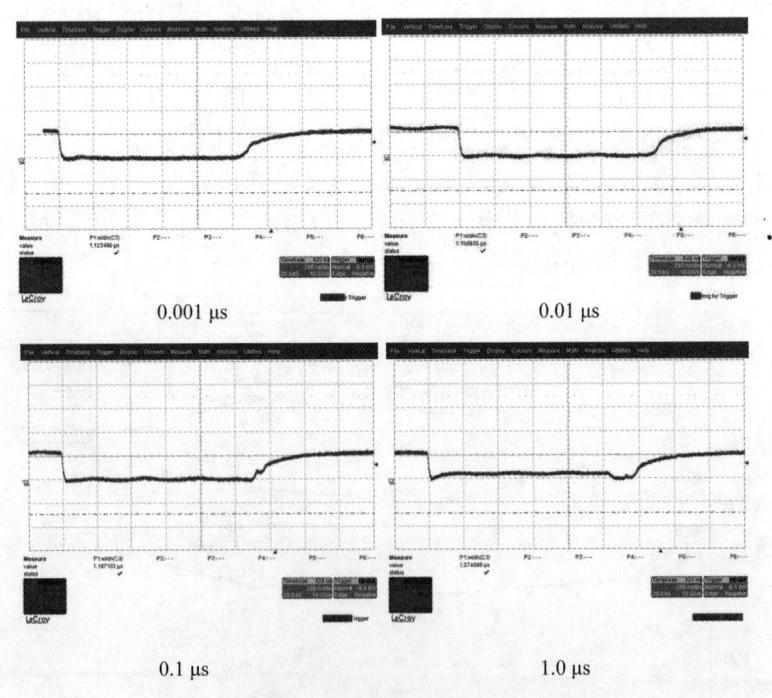

图 3　不同峰值功率微波脉冲对限幅器压制效果

可以看到，微波脉宽对微波限幅器压制时间影响不大，峰值功率对微波限幅器的压制时间有影响，但是压制效果有限，总体来看，微波对微波限幅的压制时间在百 ns~1 μs 范围。

对于低噪声放大器（LNA），研究了 9.363 GHz 的微波脉冲信号对 1.3 GHz 连续波（峰值功率

-10 dBm）目标信号的压制效果，实验结果如图4所示。开展不同峰值功率、脉宽条件下LNA恢复时间研究，在较低峰值功率微波脉冲作用下LNA处于饱和状态下压制恢复时间较短，大功率条件下压制效应增强，随微波脉冲功率增加，压制持续时间展宽，微波脉冲脉宽对压制持续时间影响不大，具体实验结果如图5所示。

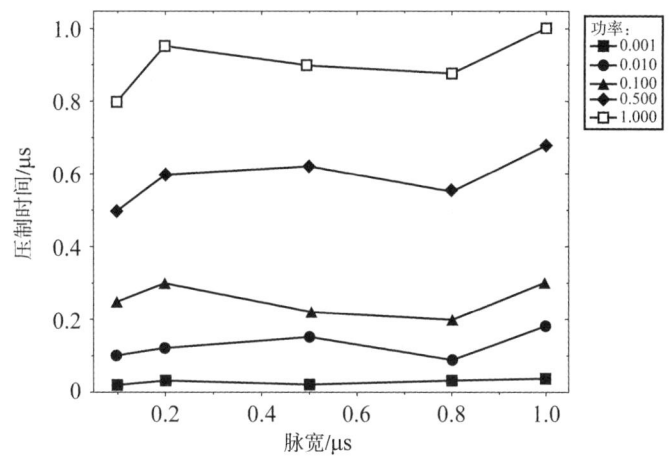

图4　不同峰值功率微波对LNA压制效应结果

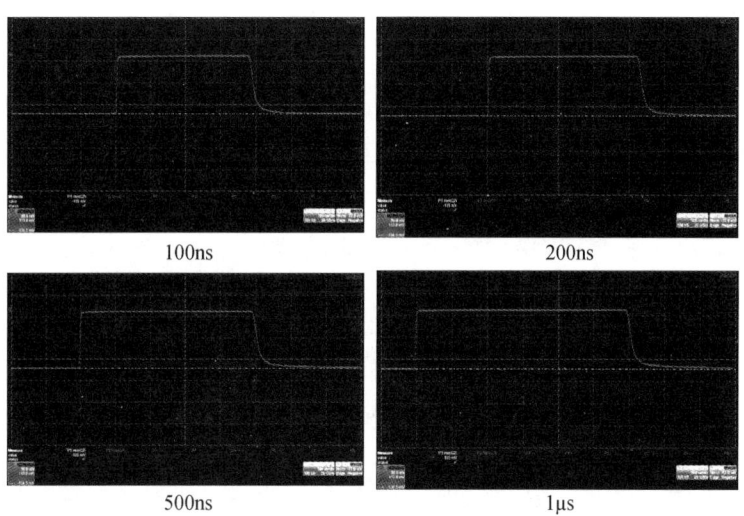

图5　不同脉宽微波脉冲对LNA饱和压制持续时间

2　系统压制效应研究

研究微波脉冲作用下某型侦察接收机系统前端器件处于饱和状态对模拟目标信号的压制效应，通过监测系统侦查到目标信号参数（脉宽、频率、重周、信号幅度和基线长度）变化，判断微波压制效应结果。由于实际试验场景反射及杂散现象，未能完成测向，系统测向性能评估采用后期在系统专用测试环境测试的方式进行。开展不同脉冲参数条件下微波脉冲对系统目标信号压制恢复特性研究，对实验微波脉冲参数及压制效应结果进行归一化处理后实验结果如图6所示。

由上述实验结果分析可知，压制信号功率大于使限幅器处于饱和状态所需最低功率，在压制信号停止作用后限幅器存在一定时间的恢复时间，系统前端饱和状态恢复时间为μs量级，不同脉宽条件下压制恢复时间相差不大，饱和压制作用阈值功率随脉宽呈降低趋势；不同脉宽条件下，微波对射频前端压制效应存在一定的功率阈值。

3 小结

本文介绍了 HPM 非线性效应的基本概念，并对国内外半导体器件 HPM 非线性效应研究现状进行了简单介绍。目前研究主要以理论分析、数值仿真、效应试验和失效分析手段为主来研究半导体器件 HPM 非线性效应机理，其中又以非线性损伤效应研究为主，目前对损伤效应机理认识主要 HPM 作用下的高温强场导致半导体器件击穿失效为主，对于 HPM 非线性检波、变频、压缩效应研究较少。本文研究结果表明，微波脉冲信号功率大于使限幅器处于饱和状态所需最低功率，在压制信号作用停止后限幅器存在一定时间的恢复时

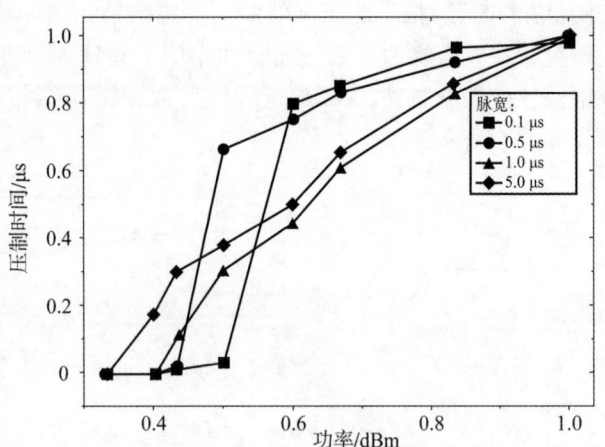

图 6 微波作用下系统压制效应实验结果

间，根据注入功率不同，器件饱和状态恢复时间接近 1 μs，对 LNA 压制效应持续时间可达 μs 量级；不同 HPM 脉冲参数条件下，射频前端存在一定的压制效应阈值，大于压制效应阈值的微波脉冲会对半导体器件造成不同程度的压制效果。特定微波脉冲参数（功率、频率、重复频率）作用下，会造成电子学系统正常接收信号的幅值降低、波形变化，造成系统正常性能降低甚至系统功能失效，上述研究可为微波脉冲高效毁伤方法及途径研究提供思路。

参 考 文 献

[1] 范菊平. 典型半导体器件高功率微波效应研究 [D]. 西安：西安电子科技大学，2014.

[2] D. C. Wunsch, R. R Bell, IEEE Trans. Nucl. Sci. 15, 244 (1968).

[3] 李平，刘国治，黄文华，等. 强激光与粒子束，13, 353 (2001).

[4] 方进勇，申菊爱，杨志强，等. 半导体器件 HPM 损伤脉宽效应机理分析 [J]. 强激光与粒子束，2001, 13 (3): 353 - 356.

[5] 汪海洋，高功率微波效应机理理论与实验研究 [D]. 成都：电子科技大学，2009.

[6] Y. Wang, J. Y. Li, Y. H. Zhou, B. A. Hu, and X. Y. Yu, Electromagnetic, 29, 393 (2009).

[7] H. Y. Wang, J. Y. Li, H. Li, K. Xiao, and H. Chen, Progress in Electromagnetic Research, 87, 313 (2008).

[8] 周敏，郭庆功，黄卡玛. PIN 限幅二极管结温对尖峰泄漏的影响 [J]. 强激光与粒子束，2008 (2).

[9] 陈曦，杜正伟，龚. 双极型晶体管损坏与强电磁脉冲注入位置的关系 [J]. 强激光与粒子束，2006, 18 (4): 689 - 692.

[10] 陈曦，杜正伟，龚克. 基极注入强电磁脉冲对双极型晶体管的作用 [J]. 强激光与粒子束，2007, 19 (3): 449 - 452.

[11] 陈曦，杜正伟，龚克. 脉冲宽度对 PIN 限幅器微波脉冲热效应的影响 [J]. 强激光与粒子束，2010 (07): 5.

[12] 赵振国，马弘舸，王艳. PIN 限幅器微波脉冲效应数值模拟 [J]. 微波学报，2012 (S3): 297 - 300.

[13] 赵振国，马弘舸，赵刚，等. PIN 限幅器微波脉冲热损伤温度特性 [J] 强激光与粒子束，2013, 25 (07): 1741 - 1746.

攻角对高速射弹入水动态过程影响研究

梁景奇，王　瑞，徐保成，祁晓斌，李瑞杰

(西北机电工程研究所，陕西　咸阳，712099)

摘　要：采用CFD软件FLUENT18.2动网格移动计算域技术，结合空化流场计算模型及刚体运动方程，建立了超空泡射弹入水过程求解的数值模型，实现了射弹与外流场的双向耦合。在验证模型准确性的基础上，研究了射弹不同攻角入水的阻力特性、空泡形态及运动特性。结果表明，不同攻角入水弹体沾湿部位不同，姿态变化不同，空泡具有不对称性；攻角越大，空化器阻力系数峰值越小，自由面受到砰击产生的飞溅更明显，弹体偏转角速度越大。

关键词：超空泡射弹；入水；耦合运动；数值仿真

中图分类号：TG67　**文献标志码**：A

Research on influence of angle of attack on dynamic process of high–speed water–entry projectile

LIANG Jingqi, WANG Rui, XU Baocheng, QI Xiaobin, LI Ruijie

(Northwest Institute of Mechanical and Electrical Engineering, Xian Yang 712099, China)

Abstract: Using CFD software FLUENT18.2 moving grid mobile computing domain technology, combined with cavitation flow field calculation model and rigid body motion equation, the numerical model for solving the water entry process of supercavitating projectile is established, and the two–way projectile and external flow field are realized. On the basis of verifying the accuracy of the model, the resistance characteristics, cavitation morphology and motion characteristics of the projectile with different angles of attack are studied. It is found that the different parts of the angle of attack into the water body are different, the attitude changes are different, the cavitation has asymmetry; the larger the angle of attack, the smaller the peak of the cavitation resistance coefficient, the more the splash of the free surface is slammed, the body the greater the deflection angular velocity.

Key words: supercavitating projectiles; entering water; coupled motion; numerical simulation

0　引言

超空泡射弹是一种由火炮发射，依靠动能对水下目标进行打击的武器系统。射弹入水过程是空中弹道转入水下弹道的过渡环节，弹体在极短的时间内穿越气水两种物性不同的介质，流场变化复杂，弹体会因入水砰击受到极大的冲击载荷，因此入水弹道在空泡形态、流体动力特性方面均与水下弹道存在较大的差异[1]。

针对高速入水问题，国内外学者的研究日益广泛，Lundstrom等[2]以穿甲弹为对象开展了高速入水实验，给出了空泡半径预测公式；Park M S等[3]基于势流理论，采用切片法分析了高速入水冲击载荷；张伟等[4]进行了速度在35~160 m/s的平头、卵形和截卵形弹体入水实验，比较分析了弹体头部形状对入水弹道稳定性的影响；马庆鹏等[5]采用数值方法对锥头圆柱体垂直高速入水问题开展了研究，分析了

作者简介：梁景奇 (1992—)，男，工程师，E-mail: ljq_1024@mail.nwpu.edu.cn。

航行体入水后速度及入水空泡形态变化；王瑞等[6]分析了高速射弹入水过程的稳定性及研究难点；李佳川等[7]建立了射弹纵向运动的动力学模型，对弹体以不同扰动角速度入水过程进行了弹道仿真。入水弹道的终点即水下弹道的起点，射弹在入水过程由初始条件引起的姿态变化将直接影响水下弹道，进而影响最终打击效能，而攻角正是入水弹道最关键的影响因素。纵观研究现状，在传统理论建模还难以对高速跨介质问题进行准确预测的情况下，数值模拟仍旧是高速入水问题研究的有效途径。

本文依托商用CFD软件FLUENT18.2及其二次开发，结合动网格移动计算域技术，考虑流体压缩性，建立了高速射弹刚体运动与空泡流场相耦合的数值模型，以攻角为单一变量，研究了纵平面条件下射弹高亚声速垂直入水动态过程，探究了变攻角条件下弹体的阻力特性、空泡形态及弹道参数的变化规律。

1 数值计算模型

1.1 控制方程

本文采用VOF多相流模型模拟相界面运动。VOF是一种在固定Euler网格下的界面捕捉法，常用于由两种及以上不相混液体组成的流体中，适用于多相间有清晰界面的流动。

1.1.1 连续性方程

$$\frac{\partial \rho}{\partial t} + \nabla \cdot (\rho u) = 0 \tag{1}$$

$$\rho = \sum_{k=1}^{n} \alpha_k \rho_k \tag{2}$$

$$u = \frac{1}{\rho} \sum_{k=1}^{n} \alpha_k \rho_k u_k \tag{3}$$

式中：ρ——流体混合密度；

u——混合速度；

n——相数，由于考虑了不凝气体，在这里$n=3$；

α_k、ρ_k和μ_k——第k相的体积分数、密度和速度。

1.1.2 动量方程

$$\frac{\partial (\rho u)}{\partial t} + \nabla \cdot (\rho u u) = -\nabla p + \nabla \cdot \tau_{ij} + S \tag{4}$$

$$\tau_{ij} = \mu \left[\left(\frac{\partial u_i}{\partial x_j} + \frac{\partial u_j}{\partial x_i} \right) - \frac{2}{3} \delta_{ij} \frac{\partial u_k}{\partial x_k} \right], \quad \delta_{ij} = \begin{cases} 1 & (i \neq j) \\ 0 & (i = j) \end{cases} \tag{5}$$

$$\mu = \sum_{k=1}^{n} \alpha_k \mu_k \tag{6}$$

式中：p——压力；

S——源项；

τ_{ij}——剪切应力；

μ——混合动力黏度，

μ_k——第k相的动力学黏度。

1.2 湍流模型

Realizabled $k-\varepsilon$ 湍流模型主要针对充分发展的湍流，稳定性好，近壁面区域的流动状态使用壁面函数预测，对边界层网格要求较为宽松；结合尺度化壁面函数，其在不增加计算量和保持模型稳定性的前提下增加了模型的适用范围，模拟效果好。

湍流强度 k 的方程：

$$\frac{\partial(\rho k)}{\partial t}+\frac{\partial(\rho k u_i)}{\partial x_i}=\frac{\partial}{\partial x_j}\left[\left(\mu+\frac{\mu_t}{\sigma_k}\right)\frac{\partial k}{\partial x_j}\right]+G_k-\rho\varepsilon \tag{7}$$

湍流耗散率 ε 的方程：

$$\frac{\partial(\rho\varepsilon)}{\partial t}+\frac{\partial(\rho\varepsilon u_i)}{\partial x_i}=\frac{\partial}{\partial x_j}\left[\left(\mu+\frac{\mu_t}{\sigma_\varepsilon}\right)\frac{\partial\varepsilon}{\partial x_j}\right]+\rho C_1 E\varepsilon-\rho C_2\frac{\varepsilon^2}{k+\sqrt{\nu\varepsilon}} \tag{8}$$

式中：μ_t——湍动黏度；

μ——流体的时均速度；

σ_k，σ_ε——k、ε 方程的湍流能量普朗特数；

C_1，C_2——经验常数；

E——时均应变率；

ν——运动黏度；

x_i，x_j——各方向距离。

1.3 空化模型

目前 CFD 计算中广泛采用基于输运方程的空化模型，这类模型以质量源项表示蒸发和冷凝过程，模拟水和水蒸气之间的质量转换关系，该方法可较好地模拟空泡的非定常特性。

本文采用 Schnerr and Sauer 空化模型模拟超空泡射弹的水下稳定空化绕流，Schnerr and Sauer 空化模型将气相体积分数和单位体积流体含有的空泡数量联系起来，表达式为

$$\begin{cases}\dot{m}^+=\dfrac{\rho_l\rho_v}{\rho_w}\alpha_{\text{nuc}}(1-\alpha_{\text{nuc}})\dfrac{3}{R_B}\sqrt{\dfrac{2}{3}\dfrac{p_v-p}{\rho_l}},\quad p<p_v\\[2mm]\dot{m}^+=\dfrac{\rho_l\rho_v}{\rho}\alpha_{\text{nuc}}(1-\alpha_{\text{nuc}})\dfrac{3}{R_B}\sqrt{\dfrac{2}{3}\dfrac{p-p_v}{\rho_l}},\quad p>p_v\end{cases} \tag{9}$$

$$\begin{cases}R_B=\left(\dfrac{\alpha_{\text{nuc}}}{1-\alpha_{\text{nuc}}}\dfrac{3}{4\pi}\dfrac{1}{n}\right)^{\frac{1}{3}}\\[2mm]\alpha_{\text{nuc}}=\dfrac{\frac{4}{3}\pi R_B^3 N_B}{1+\frac{4}{3}\pi R_B^3 N_B}\end{cases} \tag{10}$$

式中：ρ_w——水密度；

α_{nuc}——气核体积分数；

R_B——气核空泡直径；

n——单位体积内的空泡数量。

1.4 可压缩液体模型

本文研究的超空泡射弹在水中接近声速，水的可压缩性必须考虑。Tait 方程是通过采用非线性回归的方法，对能够反映 $p-v-T$ 三者关系的实验数据进行拟合而得到的液体状态方程，广泛应用于描述可压缩液体的物性。没有温度修正的简化 Tait 液体状态方程可描述为

$$\left(\frac{\rho}{\rho_0}\right)^n=\frac{K}{K_0} \tag{11}$$

$$K=K_0+n\Delta p \tag{12}$$

$$\Delta p=p-p_0 \tag{13}$$

$$c=\sqrt{\frac{K}{\rho}} \tag{14}$$

式中：p_0——参考压力；

ρ_0——参考压力下的液体密度；

K_0——参考压力下的液体体积弹性模型；

n——密度指数；

p——当前压力；

ρ——当前压力下的液体密度；

K——当前压力下的液体体积弹性模量；

c——水中声速。

1.5 动网格技术

高速射弹在空泡中的运动是由作用在弹上的流体动力、力矩以及其他力共同决定的，耦合运动即射弹运动与空泡流场的计算相互耦合。已知前一时刻刚体重心位置和偏转角，软件通过对物体表面压力和剪切应力积分得到流体动力和力矩，再根据刚体运动方程计算物体运动的平移速度和角速度，然后重新计算重心位置和偏转角。

刚体六自由度运动分为质心平动和绕质心坐标轴的转动，可用线速度 $V_{c.g.}$ 和角速度 $\omega_{c.g.}$ 描述，速度大小都与时间有关。设 $X_{nc.g.}$ 和 $\theta_{nc.g.}$ 分别为前一时刻质心位置和方向，则下一时间步后质心位置和方向可示为

$$x_{c.g.}^{n+1} = x_{c.g.}^{n} + v_{c.g.} \Delta t \tag{15}$$

$$\theta_{c.g.}^{n+1} = \theta_{c.g.}^{n} + G\omega_{c.g.} \Delta t \tag{16}$$

式中：G——变换矩阵，刚体的位置与方向根据每时间步线速度和角速度的变化而变化。

采用移动计算域技术模拟弹体运动，计算过程中仅涉及计算域的移动，不存在网格的变形与重构，计算效率高，结果一致性好。运用该种动网格方法可以基于刚体空间运动方程和实时流体动力实现多自由度运动解算。

2 计算模型及方法验证

2.1 计算模型及边界条件

本文所研究的射弹模型如图1所示，射弹采用圆盘空化器，前部为两段锥段，中间为圆柱段，柱段尾部安装有6片尾翼。前端空化器直径为3.2 mm，圆柱段最大直径为15 mm，质量为0.23 kg。

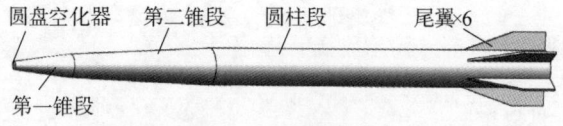

图1 射弹模型

采用圆柱形计算域，直径取50倍尾截面空泡直径，计算域轴向长度为11倍弹长，前端边界距离空化器4倍弹长，后端边界距离弹尾6倍弹长，该计算域径向尺度可以忽略空泡阻塞效应[9]。

针对所建立的三维计算域，采用ICEM软件的O-Block技术划分全结构化网格，如图2所示在弹体周围3 mm范围内的流域划分外O-block用于设置边界层网格，近壁面添加边界层网格，并根据 $y+$ 值对网格进行优化。划分网格时特别注意在空泡两相交界面位置进行网格加密，最终划分的网格总数约80万，网格质量均在0.6以上。

计算域四周边界均设置为压力入口条件（pressure-inlet），设置静压值且静压值随深度变化，射弹表面的边界条件设置为壁面（wall），并且壁面与临界网格相对静止。计算域和边界条件设置如图3所示。

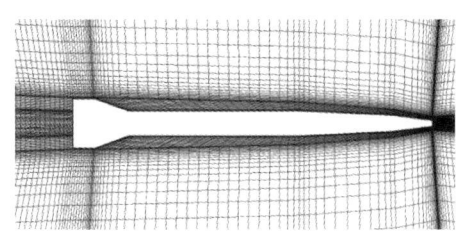

图 2　网格划分图

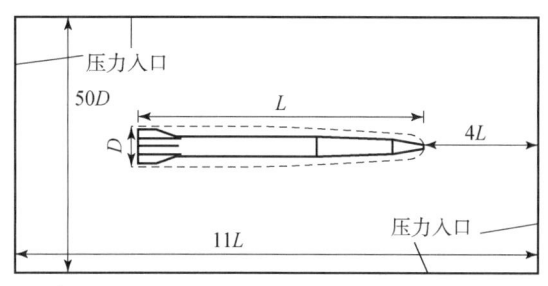

图 3　计算域及边界条件图

2.2　数值方法验证

郭子涛[8]对平头柱体入水过程进行了实验研究，利用高速相机记录了柱体以 603 m/s 水平入水过程的空泡形态，并推导出了速度衰减特性。本文基于建立的三维多自由度数值模型，采用与文献［8］相同的三维柱体模型及初始条件模拟水平入水过程，仿真结果与实验数据的对比如图 4、图 5 所示。

图 4 所示为长度为 25.4 mm 的柱体入水实验与仿真空泡大小对比，可以看出在同一时间节点下实验与仿真得到的不同部位的空泡直径偏差很小。图 5 所示为实验与仿真速度衰减对比曲线，减速特性基本一致，最大误差小于 10%。由此可知，实验结果与数值仿真结果吻合很好，数值模型具有一定的准确性。

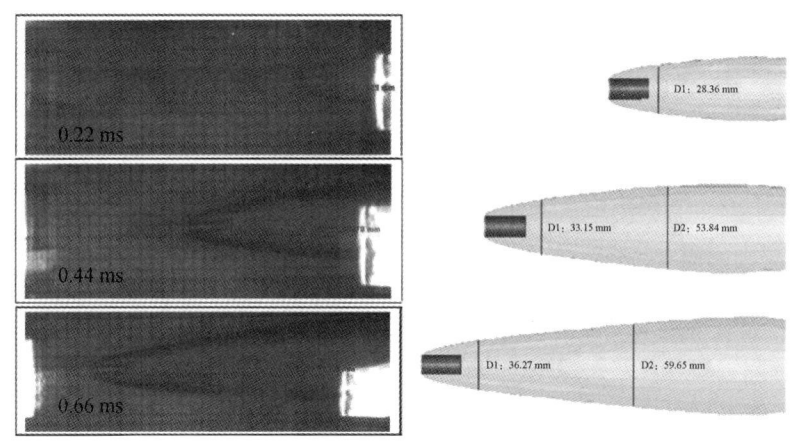

图 4　603 m/s 水平入水实验与仿真空泡轮廓对比

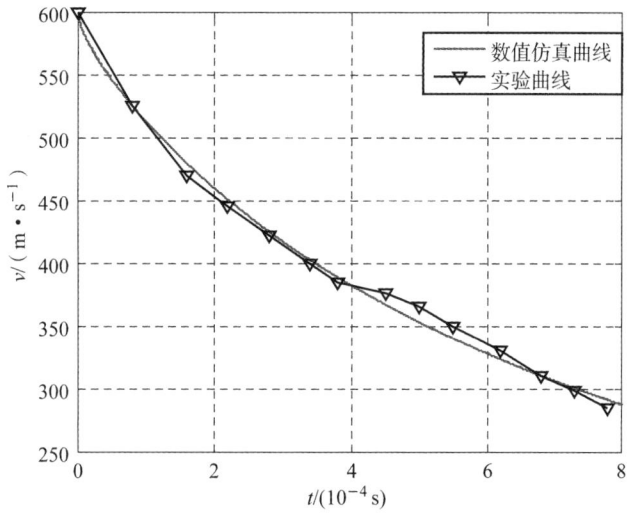

图 5　速度随时间变化对比曲线

3 计算结果及分析

3.1 阻力及空泡形态研究

对于采用滑膛炮发射的尾翼稳定超空泡射弹，入水过程可以按照单平面运动处理，本文以攻角为变量，探究入水阻力特性及空泡形态的变化规律。射弹垂直入水速度为 1 000 m/s，初始偏转角速度为 0，考虑水的压缩性，初始攻角分别为 0°、1.5°、3°。

图 6 所示为射弹以 1 000 m/s 垂直入水时 0°、1.5°、3°攻角空化器阻力系数曲线，前 0.002 ms 为空中运动段，射弹在触水前所受阻力很小，0.002 ms 之后射弹开始入水，阻力系数值不断增大，0.002 6 ms 阻力系数达到峰值，此时入水冲击力最大，此后阻力系数不断减小并最终趋于稳定，射弹在 0.003 ms 时接触水面，但入水冲击的阻力峰值提前出现。不同攻角的阻力特性变化规律基本一致，攻角越大空化器阻力系数峰值越小，峰值出现的时间略微延后。0°攻角时阻力系数峰值为 -12.5，约为稳态阻力系数的 9 倍，1.5°、3°攻角时阻力系数峰值分别为 -12、-11，不同攻角的冲击曲线脉宽均约为 1.2×10^{-6} s。

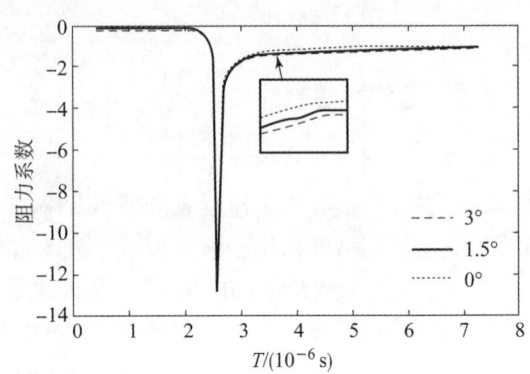

图 6　0°、1.5°、3°攻角入水空化器阻力系数曲线

图 7 ~ 图 9 分别为射弹 0°、1.5°和 3°攻角入水时不同距离对应的空泡形态，L 为弹长，不同攻角下的入水空泡有显著差异。0°攻角入水时，除空化器外其余部分均不沾湿，空泡沿弹体轴线对称，随着入水距离的增加自由液面对空泡形态的影响逐渐减弱，入水 1.25 倍弹长后弹身附近空泡形态基本保持不变。1.5°攻角入水时，入水距离小于 1 倍弹长时弹体不沾湿，超过 1 倍弹长之后仅尾翼发生沾湿，射弹壁面的挤压导致弹体两侧的空泡呈现出不对称性，尾翼沾湿后产生二次空泡。3°攻角入水时，弹体第二锥段入水即沾湿，入水距离超过 1 倍弹长之后尾翼及其附近的弹身沾湿，空泡不对称性加剧，尾翼拉出的二次空泡更大。入水攻角越大，自由面受到砰击产生的飞溅更明显。分析结果可知，入水 2 倍弹长时弹体空泡外形特征和阻力特性均趋于稳定，自由液面对弹体空泡基本无影响，此时可认为超空泡射弹的入水弹道结束并转入水下弹道。

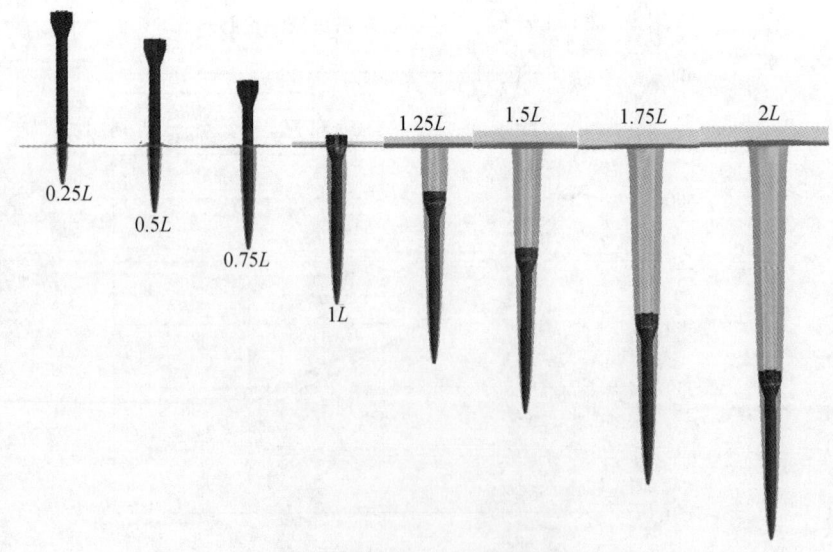

图 7　0°攻角入水空泡发展过程

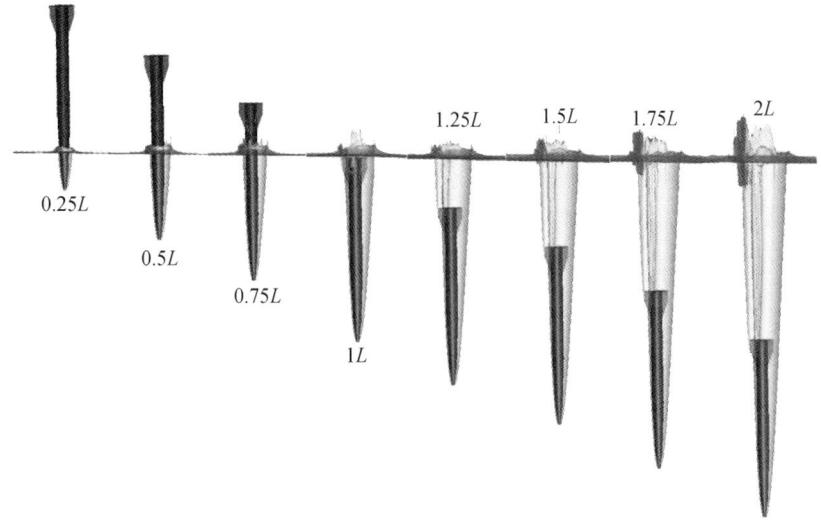

图 8　1.5°攻角入水空泡发展过程

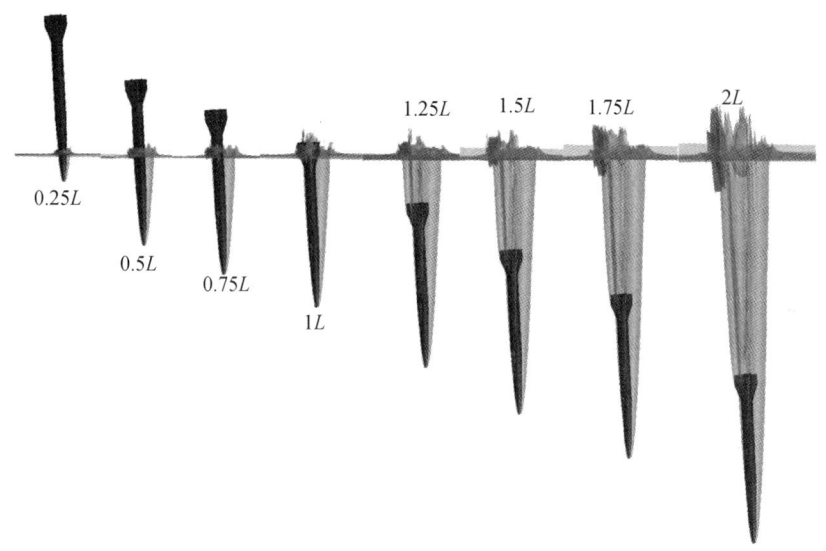

图 9　3°攻角入水空泡发展过程

3.2　变攻角入水弹道特性研究

以地面系为参考坐标系，射弹沿 Y 方向垂直入水，分析弹体在入水过程中的纵平面弹道特性，探究射弹 X 向、Y 向速度变化，质心位移变化，弹体偏转角及偏转角速度变化。由于 0°攻角入水时弹体理论上不发生偏转且无侧向速度，因此本节只探究 1.5°和 3°攻角下的弹道参数变化，以入水距离 2 倍弹长作为计算终止条件。

图 10 和图 11 显示，射弹 1.5°攻角入水 2 倍弹长后，Y 向（轴向）速度由 1 000 m/s 减至 995.5 m/s，X 向（侧向）速度由 0 增至 0.7 m/s，增幅较缓慢；3°攻角入水 2 倍弹长后 Y 向速度减至 994.2 m/s，X 向速度增至 4.5 m/s，增幅较剧烈。攻角越大，射弹 Y 方向横截面积越大，阻力越大，Y 向速度衰减越大；攻角越大，弹体侧向受力越大，X 向速度增幅越大。不同攻角下射弹入水 2 倍弹长时轴向速度的衰减与初速相比均较小，在探究射弹入水空泡变化时可忽略弹体速度变化。

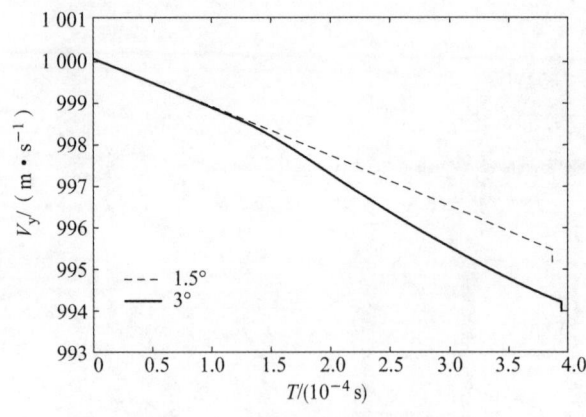

图 10　Y 向速度随时间变化曲线

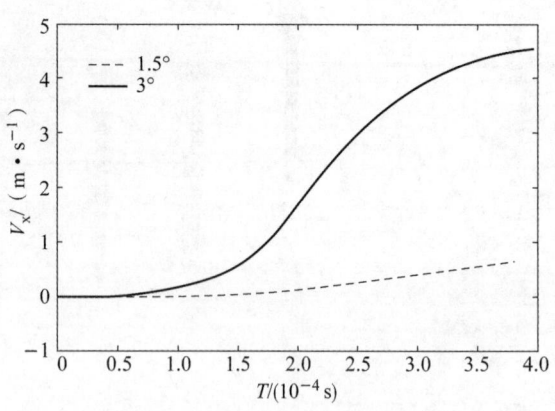

图 11　X 向速度随时间变化曲线

图 12 显示，1.5°攻角入水时随着入水距离的增加弹体轴线绕质心的偏转角逐渐增大，入水 2 倍弹长后弹体偏转了约 0.35°；3°攻角入水时，随着入水距离的增加弹体偏转角先略微增大后减小最终反向增大，增幅远大于 1.5°攻角，入水 2 倍弹长后偏转角达到 1.1°。射弹不同攻角垂直入水时，沾湿位置不同导致弹体受力不同，最终导致偏转方向存在差异。射弹 1.5°攻角入水时只有尾翼沾湿，弹体尾翼受力后始终保持同一偏转方向，3°攻角入水时弹体第二锥段先沾湿而后尾翼沾湿，由于锥段在质心之前，弹体先受到锥段产生的侧向力产生正向偏转，而尾翼沾湿后会产生更大的侧向力使弹体反向偏转。

图 13 显示，3°攻角入水时超空泡射弹在 1.5×10^{-4} s 之前具有正的偏转角速度，随着入水距离的进一步增加偏转角速度逐渐反向并且持续增加，入水 2 倍弹长后达到约 140 rad/s；1.5°攻角入水时偏转角速度持续增大，但增幅较小，最终达到 40 rad/s。攻角越大，偏转角速度越大，偏转角的演变规律与偏转角速度特性曲线相符。

图 14 显示，射弹以 1.5°和 3°攻角垂直入水时，由于弹体沾湿受力发生偏转，质心均产生了 X 向位移，入水攻角越大 X 向位移越大，入水后期位移曲线呈线性变化，入水 2 倍弹长时 1.5°攻角和 3°攻角的 X 向位移分别为 0.1 mm 和 0.75 mm。

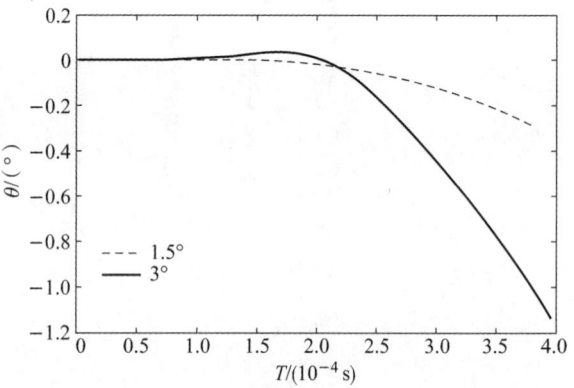

图 12　偏转角随时间变化曲线

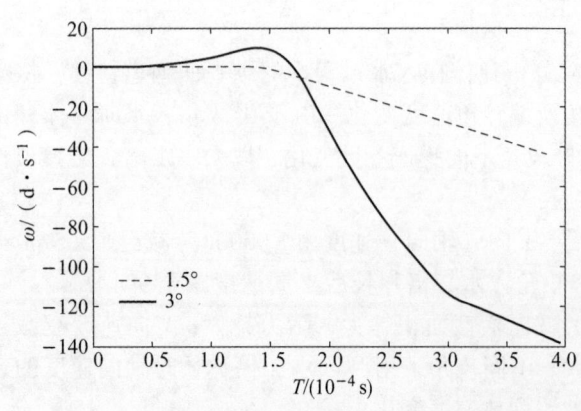

图 13　偏转角速度随时间变化曲线

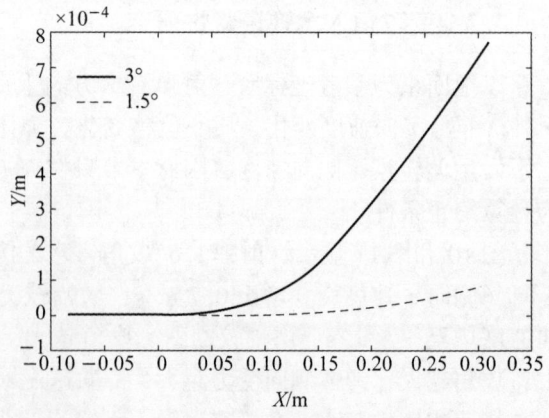

图 14　质心位移曲线

4 结论

本文基于建立的流场运动耦合数值模型数值仿真了高速超空泡射弹的垂直入水过程,分析了不同攻角对入水空泡形态、阻力特性及运动特性的影响,结论如下:

(1) 不同攻角的阻力特性变化规律基本一致,攻角越大,空化器阻力系数峰值越小,峰值出现的时间略微延后。

(2) 不同攻角入水弹体沾湿部位不同,姿态变化不同,空泡具有不对称性;入水攻角越大,自由面受到砰击产生的飞溅更明显;入水 2 倍弹长后弹体空泡外形特征和阻力特性均趋于稳定,自由液面对弹体空泡基本无影响,此时的入水弹道与水下弹道无异。

(3) 以入水 2 倍弹长作为入水终止条件时,射弹在入水过程中偏转角变化量较小,但偏转角速度变化量较大,攻角越大,偏转角速度越大,模拟结果可为超空泡射弹的全弹道设计提供一定参考。

参 考 文 献

[1] 胡平超,张宇文,袁绪龙. 航行器垂直入水空泡特性与流体动力研究 [J]. 计算机仿真,2011,28 (6):5-8.

[2] Lundstrom, E. A, Fung, W. K. Fluid dynamic analysis of hydraulic Ram 3 (result of analysis) [J]. NasaSti/recon Technical Report N, 1976, 77.

[3] Park M S, Jung Y R, Park W G. Numerical study of impact force and ricochet behavior of high speed water-entry bodies [J]. Computers & Fluids, 2003, 32 (7): 939-951.

[4] 张伟,郭子涛,肖新科,等. 弹体高速入水特性实验研究 [J]. 爆炸与冲击,2011,31 (6):579-584.

[5] 马庆鹏,魏英杰,王聪,等. 锥头圆柱体高速入水空泡数值模拟 [J]. 北京航空航天大学学报,2014,40 (2):204-209.

[6] 王瑞,赵博伟,刘珂,等. 高速射弹入水稳定性研究现状与分析 [J]. 火炮发射与控制学报,2018,39 (2):99-104.

[7] 李佳川,魏英杰,王聪,等. 不同扰动角速度高速射弹入水弹道特性 [J]. 哈尔滨工业大学学报,2017,49 (4):131-136.

[8] 郭子涛. 弹体入水特性及不同介质中金属靶的抗侵彻性能研究 [D]. 哈尔滨:哈尔滨工程大学,2012.

[9] 黄闯,罗凯,党建军,等. 流域径向尺度对自然超空泡的影响规律 [J]. 西北工业大学学报,2015,33 (6):936-941.

提高钽钨合金药型罩材料利用率的工艺研究

牛胜军[1]，臧启鹏[1]，李 响[2]，韩志浩[1]

(1. 沈阳辽沈工业集团有限公司，辽宁 沈阳 110045；
2. 陆装沈阳局驻七二四厂军代室，辽宁 沈阳 110045)

摘 要：某智能弹药药型罩采用了高价值钽钨合金材料，传统车削加工方式的材料利用率低，导致制造成本偏高。为了提高该药型罩的材料利用率，降低药型罩应用成本，开展了基于冷挤压技术的钽钨合金药型罩成型工艺研究，通过多道次挤压成型结合真空退火处理，提高了药型罩的材料利用率，主要线性尺寸及位置度均能满足产品要求，成品表面粗糙度以及晶粒组织细化方面相比传统车削工艺有了显著的改善效果。

关键词：药型罩；钽钨合金；工艺；利用率

中图分类号：TG156　**文献标志码**：A

Study on process of increasing material availability of Ta – W alloy liners

NIU Shengjun[1], ZANG Qipeng[1], LI Xiang[2], HAN Zhihao[1]

(1. LiaoShen Industry Corporation, Shenyang 110045, China;
2. Army Rep Office in Factory 724 of Shenyang Bureau, Shenyang 110045, China)

Abstract: Some intelligent ammunition use Ta – W alloy liner, conventional machining method lead to a lower material availability, so increasing the manufacture cost of liner. In order to improve the availability of Ta – W alloy liners and reduce the production costs, a research on forming process of Ta – W alloy liners is conduct. The precision forming liners by recrystallization anneal and cold extrusion several times during the forming process are obtain. It is useful for refining the recrystal grain size and surface roughness of the liner. The precision of arc dimension can meet the product requirements.

Key words: liner; Ta – W alloy; process; availability

0 引言

钽钨合金是以钽为基础的高密度的合金材料，具有高强度、高熔点的特点，有着优异的延展性能，属于稀有金属类别。药型罩是 EFP 战斗部的重要组成部分，通过设计不同结构的药型罩可使其在爆轰作用下形成球型或杆式杵体，从而对目标实施毁伤。我国装备一些智能弹药中均采用 EFP 战斗部，使用铜质药型罩，铜质药型罩原材料价格低廉、加工技术成熟且具有较好的破甲性能，但在装药体积有限的智能弹药中，采用铜质药型罩所获得的破甲能力已趋于极限，国外很早就开展了钽钨合金材料用于药型罩的相关技术研究，特别是在新兴的末敏弹药领域，如美国的"萨达姆(Sadarm)"末敏弹、德国的"司马特(Smart)"末敏弹以及其他新型末敏弹药产品均采用了钽合金药型罩，对于钽合金药型罩的成型工艺也开展了深入研究，如旋压、挤压、摆碾等精净成型技术。

作者简介：牛胜军(1980—)，男，硕士研究生，E - mail：99899095@qq.com。

我国也在新一代的末敏弹 EFP 战斗部中陆续采用钽合金药型罩，但在钽及钽合金材料制备及加工领域起步晚，药型罩成型工艺仍以传统车削为主，此种加工方式效率低，材料利用率不佳，钽合金属于高价值材料，目前市场价格约为 T2 纯铜的 100 倍，批量加工时材料损耗严重，因此，研究钽合金材料的精净成型工艺能极大降低成品药型罩的制造成本，有助于推动新材料在弹药领域的推广应用。

1 药型罩应用介绍

目前钽钨合金药型罩已在某 EFP 战斗部上开展了应用研究，EFP 战斗部是新型末敏弹药的毁伤单元，利用聚能原理起爆装药，通过炸药装药的爆轰作用，使高温高压的爆轰产物作用于药型罩，使药型罩发生极大的塑性变形而被压垮、翻转形成一个具有较高质心速度和一定结构形状的爆炸成形弹丸，从而可以以动能穿甲的方式对装甲目标实施毁伤。典型的 EFP 战斗部结构如图 1 所示。

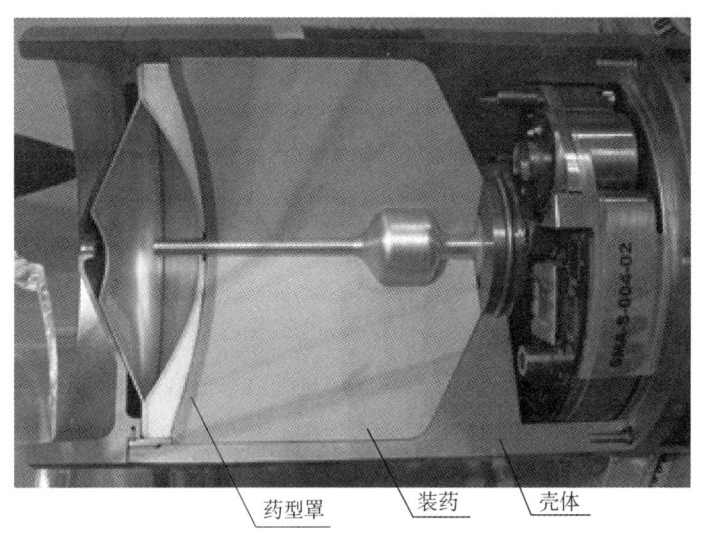

图 1 典型 EFP 战斗部结构

EFP 战斗部药型罩是实现攻击目标杀伤敌方有生力量的最终单元。钽钨合金因其密度高、延展性好，是用于高性能 EFP 战斗部药型罩的首选材料，但该材料属于稀有贵金属，在我国应用于药型罩制品尚属首次，加工困难，制造成本高是阻碍其大规模应用的主要原因。

2 传统药型罩加工

车削成形是传统的 EFP 战斗部药型罩成型工艺，它是利用毛坯经多道次车削加工得到药型罩成品。此方法的特点是工艺过程单一，不需要特殊的设备和辅助工具等，但是对于钽钨合金来说，由于在钽粉中加入了一定比例的钨粉进行电子束熔炼，微小钨颗粒的存在导致刀具切削过程中的磨损加剧，另外钽材料本身的机械加工特性较差，不能使用普通金属的切削方法，钽和钽合金容易磨损和黏结刀具，直接加工形成的零件表面粗糙度并不是很理想。切削由于很容易与氧、氢和碳发生反应，特别要求切削工具在接触钽时产生的热量要非常少。一般需要在刀具慢速旋转及小进刀量条件下完成。这就意味着车削加工钽钨合金药型罩所消耗的工时比加工铜药型罩更长，工时消耗增加意味着加工费用成倍增加。

一般的 EFP 战斗部药型罩加工主要分为下料→毛坯冲压→热处理→粗加工→精加工→表面处理等多道工艺，目前末敏弹 EFP 战斗部使用的钽合金药型罩一般为锻制后的板料，多数钽板是经冷扎而成的，通常先将板坯锻成一定厚度，然后采用两辊或四辊轧机将其冷轧至一定厚度的板材。采用交叉轧制可以有效地改善钽板的各向异性和钽成品的冲压性能，力学性能优良，完成轧制后的钽合金板材需经过退火处理使得材料组织完成再结晶的过程,但由于钽合金材料的熔点较高,接近 3 200 ℃,因此退火温度较一般材料高很多,需采用真空炉进行处理,前期板材的多道轧制和真空退火均在一定程度上提高了钽合金板材成品的价格。

由于药型罩多为变壁厚球缺或含有锥面的组合形状,因此一般车削工艺选用的毛坯需考虑药型罩的最大厚度与最大直径,如果最厚处与最薄处的尺寸差距较大,则车削过程中损失的原材料越多,即成品药型罩的材料利用率越低,对于高价值材料来说,原材料直接损耗带来的成本上升将占据整个成品价格的大部分,目前市场上用于药型罩加工的钽钨合金板材,价格高达 7 000 元/t,由于该材料的密度极高,约为 16.72 g/cm^3,零件形状变化大将加剧原材料的损耗。以某型智能弹药药型罩来说,车削方法的材料利用率仅为 45% 左右。

3 基于冷挤压技术的精净成型工艺

采用精密冷挤压工艺对 EFP 战斗部药型罩进行成型加工,是一种新的工艺发展方向。目前该项工艺技术结合某型智能弹药 EFP 战斗部药型罩开展了相关研究和相关性能验证试验,已取得重大突破,在国内首次实现了该类型药型罩的精密冷挤压成型。产品基于金属材料塑性变形原理,在室温条件下,将冷态金属坯料放入装在压力机上的模具型腔内,在强大的三向压应力和一定的应变速率作用下,并辅助以表面软化前处理、自动润滑及再结晶细化,通过多道次复合挤压迫使金属坯料产生整体塑性流动变形,从而制备出所需一定形状结构、尺寸精度、组织性能的药型罩构件。

某 EFP 战斗部药型罩结构如图 2 所示,该药型罩是某新型智能弹药的关键零件,为内外弧结构,弧形部精度要求在 ±0.3 mm 左右,同轴度及垂直度要求 0.02 mm,中心厚度为 3.8 mm,使用钽钨合金材料。钽钨合金相比传统的纯铜材料在材料流动性、反弹变形等方面有更多的不确定性因素,美国在"萨达姆(Sadarm)"末敏弹研制期间,对于钽钨合金药型罩的挤压成型工艺开展了相关研究,但公开的相关资料很少,对于工艺细节披露较少。目前,国内尚无针对钽钨合金药材料挤压成型的公开发表资料,对于纯铜药型罩挤压成型方面的研究内容较多,工艺相对比较成熟,因此,在研究钽钨合金材料挤压成型初期,大量借鉴了铜药型罩挤压成型的经验,整个压制过程分为预制坯、一次预成型、二次预成型、终成型和精整形,成型流程如图 3 所示。

图 2 药型罩结构

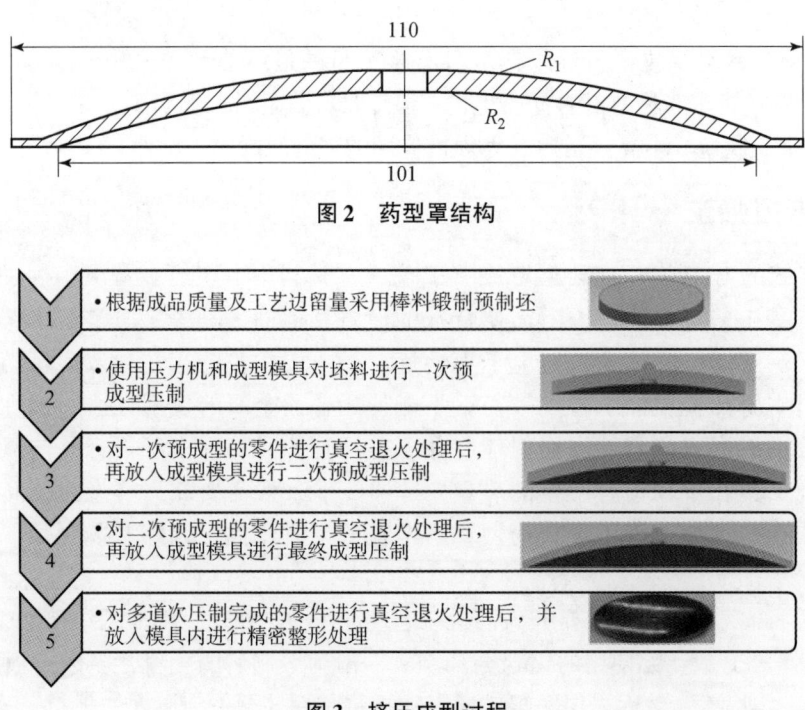

图 3 挤压成型过程

在预制坯阶段，主要将小尺寸棒料根据最终成品的质量进行切片处理，钽钨合金棒料相比轧制板材在成本上更为低廉，但晶粒组织较为粗糙，因此预制坯需经过多次锻压处理；在前期研究过程中发现钽钨合金由于材料内部分散着大量微小钨颗粒，严重影响了材料的流动性，在 600 t 压机上可对同尺寸的铜罩进行良好挤压成型，但对于钽钨合金来说，流动性差，边缘成型不均匀，需在挤压前对模具进行润滑处理，且不宜一次挤压到位，在完成一次预成型、二次预成型和终成型后需对制件进行真空退火处理以消除挤压变形带来的材料硬化，同时可促进材料内部的再结晶，最终成型的零件还需在专用的整形模具中进行预压整形处理。这样，经过多道次挤压、退火再结晶处理的药型罩制品能够达到非常理想的表面粗糙度和一定的尺寸精度。

目前已开展了多次样件的工艺试验，一般线性尺寸的成型精度已达到 0.03 mm，内外弧 R_1、R_2 的成型精度大部分已逼近 0.5 mm，为了确保材料的自由流动，挤压过程中对罩边缘部位的形状难以做到精确控制，因此在药型罩边缘单边预留 4.5 mm 加工余量，后期只需通过简单车削外圆即可形成最终的药型罩成品。在当前工艺条件下，材料利用率达到 70%，加工效率比传统机加方式提高 42%，材料经过多次挤压并退火再结晶后，平均晶粒度由 0.09 mm 提高到 0.05 mm，表面粗糙度由 $Ra3.2$ 提高到 $Ra1.6$。药型罩成品如图 4 所示。零件对内外弧的尺寸公差要求是 ±0.3 mm，目前距离该要求还有一定差距，但零件的总体成型精度已基本达到工程化应用的水平，后期将重点对弧部进行加工补偿。在当前工艺控制下，该药型罩的制造费用相比传统车削加工已有大幅降低，具体成型能力和费用的对比如表 1 所示。

图 4　药型罩成品

表 1　工艺指标对比

项目	工艺类别	
	车削工艺	挤压成型
晶粒度/mm	0.09	0.05
表面粗糙度 Ra/mm	3.2~6.3	1.6
成型时间 ha	10	5
材料利用率/%	45	70
线性尺寸精度/mm	0.03	0.03
弧尺寸精度/mm	0.2	0.5
毛坯质量/g	950	520

4　结论

冷挤压工艺可以应用于钽钨合金药型罩的成型，根据实际产品的成型试验结果来看，冷挤压工艺在提高药型罩原材料利用率方面有显著的改善作用，特别是对于目前正在大力推广的高价值钽钨合金材料来说，提高材料利用率意味着有效降低成品药型罩的制造成本，有利于推动新材料在武器装备中的普及应用。

参 考 文 献

[1] 魏忠梅，杨明杰，李麦海. 冷压–轧制工艺对钽板组织与性能的影响 [J]. 稀有金属与硬质合金，2000 (142).

[2] 陈华, 宋志坤, 罗郁雯. Ta-12W 合金精密切削加工工艺研究 [J]. 机械设计与制造, 2012 (9).
[3] 闫晓东, 彭海健, 李德富, 等. Ta-2.5W 合金晶粒细化工艺研究 [C]. 第十二届中国有色金属学会材料科学与合金加工学术研讨会论文集, 2007.
[4] 屈乃琴, 陈久录. 钽及钽合金的应用 [J]. 世界有色金属, 1999, 5: 37-41.
[5] 张行健, 王志法, 陈德欣, 等. 冷变形量及退火温度对钽板再结晶组织的影响 [J]. 稀有金属与硬质合金, 2005, 33 (4): 18-22.

浮空式角反射体弹药发展现状及技术研究

杜 强，付德强，汲鹏举，徐先彬，刘成奇

(北方华安工业集团，黑龙江 齐齐哈尔，161006)

摘 要：浮空式角反射体弹药在国内尚属探索阶段。通过对浮空式角反射体弹药技术进行研究及试验验证，其设计方案及试验验证结果表明，浮空式角反射体弹药在光电对抗方面有着良好的效果，填补了国内该项技术的空白。

关键词：浮空式角反射体；研究设计；试验验证

中图分类号：TJ413. +7 文献编码 A

The development status and technology research of air-suspended corner reflector projectile

DU Qiang, FU Deqiang, JI Pengju, XU Xianbin, LIU Chengqi

(Northern Huaan Industry Corporation, Qiqihaer 161006, China)

Abstract: The air suspended corner reflector projectile is in an exploratory stage. Acarding discusse the design and tests, a good electro-optical countermeasure performance can be seen according to the design plan and test results, which can fill in gaps in this kind of technology in our country.

Key words: air suspended corner reflector projectile; design study; test verification

0 引言

角反射体在极化、频宽、起伏等特性方面与舰艇相似度较高，与箔条配合使用时，产生的混合目标可有效改善单一箔条在极化、频宽、起伏等特性上的不足，配备在舰载平台弹药上，以悬浮滞空的形式，在对抗具有箔条识别能力的反舰导弹导引头方面具有明显优势。

1 国外研究现状

目前，外军典型的装备有德国"舷外角反射器(OCR)"诱饵、法国"希尔蒙(Sealem)"角反射体诱饵、以色列"维扎德(Wizard)"反雷达假目标。这些诱饵均可通过现役箔条发射装置发射，发射距离涵盖50～3 000 m，可对来袭导弹实施冲淡式或质心式干扰。

1.1 德国"舷外角反射器(OCR)"诱饵

"舷外角反射器(OCR)"诱饵是由德国莱茵金属公司与英国机载系统公司联合开发，可通过"多弹药软杀伤系统(MASS)"发射装置发射的一种新型电子对抗器材，如图1和图2所示。该诱饵是由102 mm火箭进行投放的快速膨胀式金属网状角反射器，可提供逼真的类似舰船的射频频谱响应，以用于防御反舰导弹，该弹于2015年年底完成鉴定。"舷外角反射器(OCR)"诱饵一个重要特征是通过降落伞使诱饵下降的速度减慢，实现超过1 min的空中飞行状态，其既可以单独使用也可以与箔条一起使用。

作者简介：杜强(1966—)，男，研究员级高级工程师，中国兵器集团科技带头人。

图 1 "舷外角反射器（OCR）"诱饵

图 2 "多弹药软杀伤系统（MASS）"

1.2 法国"希尔蒙（Sealem）"角反射体诱饵

"希尔蒙（Sealem）"角反射体诱饵是法国海军为应对具有箔条识别能力反舰导弹的发展而研制的新型射频充气式角反射体，该装置可以产生大面积的全向雷达反射截面效应，其射频极化可逼真地模拟载舰的雷达反射特征。

前膛发射列装有 08-01 和 08-02 两个型号，可用过"西莱纳（Sylena）"多模式软杀伤干扰系统（主要用于小型水面舰艇，如图 3 所示）发射，主要技术指标如表 1 所示。

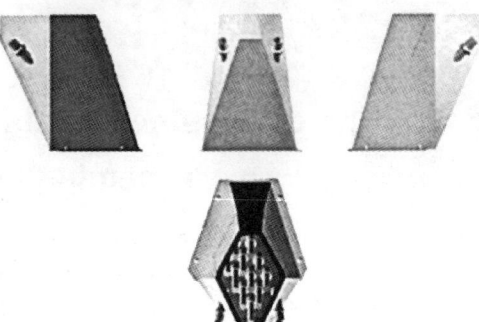

图 3 "西莱纳（Sylena）"发射装置

表 1 Sealem 08-01/08-02 迫击炮发射式角反射体诱饵

特征参数	直径 62/88 mm	长度 1 300/1 600 mm	质量 4/7 kg
性能指标	干扰样式 质心干扰	射程 小于 200 m	反应时间 小于 2 s

火箭发射式属于中远程诱饵，对来袭导弹实施质心和冲淡干扰，列装有 15-01 和 15-02 两个型号，可通过新一代"达盖（NGDS）"等系统发射（图 4），两个型号的主要技术指标如表 2 所示。

图 4 新一代"达盖"系统（NGDS）多用途发射装置

表2 Sealem 15-01/15-02火箭弹发射式角反射体

特征参数	直径 130/150 mm	长度 1 650/1 800 mm		质量 36 kg
性能指标	干扰样式	射程/m	反应时间/s	初始高度/m
	质心干扰	<150	<2	<150
	冲淡干扰1	500~1 800	<7	<150
	冲淡干扰2	2 250	<20	<700

1.3 以色列"维扎德（Wizard）"反雷达假目标

由以色列海军和拉法尔公司开发研制的一种宽带反雷达假目标（图5），俗称"巫师"，主要用于干扰那些已经拥有识别和对抗箔条干扰能力的先进反舰导弹。该雷达假目标采用固体火箭发射，有效作用距离为50~1 800 m，使用高度为50~200 m，空中滞留时间为30~60 s，干扰频率范围为宽波段，雷达截面积为1 500~4 000 m^2。该弹由发射装置发射并飞至距载舰一定位置后，可迅速展开成单角反射体或双联角反射体，产生与水面舰艇相近的闪烁、极化等性能特征的假目标，保护载舰不受反舰导弹攻击。同时，当"维扎德（Wizard）"假目标落至海面时，仍可对来袭导弹起到干扰作用，这一特点对抗击掠海飞来的反舰导弹具有重要意义。

图5 "维扎德（Wizard）"反雷达假目标

2005年年底，以色列海军对该系统进行了首次海上试验，并取得成功。2007年6月，在挪威近海举行的北约海上力量年度MCG/8电子战演习试验中，荷兰护卫舰"德鲁伊特尔"号分别发射了单角反射型和双联角反射型"维扎德（Wizard）"假目标，验证了该系统的有效性。

2 国内发展情况

国内主要有海军工程大学对角反射体进行了系统的研究开发。通过对外军角反射体技术的发展进行跟踪，率先在漂浮式角反射体技术方面取得突破，其研制的具有自主知识产权的系列海上漂浮式角反射体，连续数年保障了海军和各舰队组织的"神剑""联合""神电"等系列的演习活动，与箔条等器材共同构建了反舰导弹末端对抗环境，保障了航空兵、水面舰艇、潜艇、岸导等兵力发射的鹰击系列等多型反舰导弹的射击训练，取得了良好的效果。而浮空式角反射体技术尚属于研究设计阶段。

为提升海军水面舰艇生存能力，海军工程大学与国营672厂在浮空式角反射体弹药技术方面进行了探索研究，并取得了良好的效果。

3 技术研究情况

为加快研制进度，选择了海军现已装备的某弹药平台进行搭载研究，研制的弹药已经参与了"神电"系列演习试验，试验结果表明目前已经突破了浮空式角反射体弹药关键技术。

3.1 方案设计

选取具有较大容积且过载不高、开仓环境较好的海军已装备的某平台弹药弹仓作为运载器，将其发射到预定空域后角反射体从弹仓内抛出并自动快速展开成形，在吊伞的作用下达到浮空干扰的效果。结构上采用一次开仓/后抛式方案。

结构组成及工作原理

浮空式角反射体弹药结构主要由角反射体载荷、引信、发射系统和吊伞系统等组成，结构如图6所示。

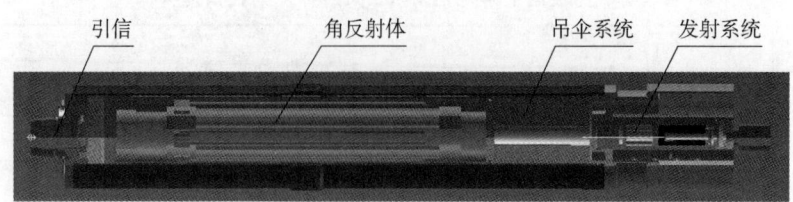

图6 浮空式角反射弹药总体结构示意

发射器系统给出发射信号时,发射装药作用,使弹丸运动。在惯性力的作用下,引信解脱保险。弹丸飞行一段时间后引信作用,点燃抛射药包,将吊伞系统与角反射体从弹体内抛出。在气动力的作用下,吊伞系统和角反射体依次展开成形,角反射体及吊伞系统缓缓下降,对制导雷达实施干扰。

3.2 关键技术实现途径

3.2.1 角反射体滞空悬浮控制技术

1) 角反射体开仓控制技术

为保证角反射体可顺利到达预定空域且获得较好的干扰效果,结构设计采用了对某已装备的弹药结构调整的方法,增加了弹仓容积,满足了角反射体的装填要求,通过对引信时间设定,保证了角反射体可达到预定空域。

2) 角反射体滞空技术

为保证角反射体达到滞空悬浮的目的,采用了我厂成熟的吊伞技术。通过选用质量轻、透气量小且强度较高的伞衣材料,并且对伞衣的形状、尺寸、叠法、伞室密度等方面进行综合考虑,对伞衣结构进行了合理设计,保证了角反射体滞空的目的。

3.2.2 角反射体载荷技术

1) 结构设计

依据角反射体反射面的形状,常见的角反射体有三角形、圆形和方形角三类,原理上都是将入射的电磁波经过三次反射后,按原入射方向反射回去,形成一定的有效反射面积。就 RCS 幅值特性而言,当雷达入射波从反射体中心轴的方向入射时,即与角反射体三个垂直轴的夹角相等(54°45′)时,RCS 幅值最大。在同样参数条件下,三角形、圆形和方形角的 RCS 值依次增大,且对于一个理想、边长为 a 的导电金属平板而言,当边长远大于波长时,三角形、圆形和方形角反射体在中心轴方向上的最大有效反射面积分别如式(1)~式(3)所示:

$$\sigma_{\triangle max} = 4.19 \frac{a^4}{\lambda^2} \tag{1}$$

$$\sigma_{0max} = 15.6 \frac{a^4}{\lambda^2} \tag{2}$$

$$\sigma_{\diamond max} = 37.3 \frac{a^4}{\lambda^2} \tag{3}$$

角反射器的方向性以其方向图宽度来表示,即其有效反射面积降为最大有效面积1/2时的角度范围。就方向性而言,与方形、圆形角反射体相比,三角形角反射体具有更为理想的方向特性,其 3db 方向图宽度无论在水平还是垂直方向上都可以达到近40°。

在综合考虑结构稳定性、RCS 幅值特性、方向性基础以及现有的成熟技术等方面,角反射体在结构上宜采用8个三角形角反射器构成的双棱锥形结构。

2) 快速展开成形技术

角反射体被开舱抛撒后,必须在短时间内自动展开成型,一方面可以使角反射体的空气阻力迅速增加,从而和弹舱之间出现速度差,避免弹舱与角反射体出现互扰;另一方面,展开成型后可以立即形成雷达假目标。结构上可提供两种技术方案：一种是采用气动伸缩快速展开方案，另一种是采用自动充气快速展开方案。

（1）气动伸缩快速展开方案。

采用气动伸缩快速展开方案的角反射体包括中心十字支撑件、气动伸缩组件、折叠支撑杆、承重支撑座、活动固定套及金属布等零部件，如图7所示。

作用原理：利用外力使气动伸缩组件处于收缩状态，并通过中心十字支撑件使折叠支撑杆处于折叠状态，此时角反射体可以作为载荷装入弹舱。当角反射体在空中被抛出后，气动伸缩组件可以迅速恢复伸展状态，并通过中心十字支撑件使折叠支撑杆复位，同时，固定在活动固定套上的金属布也随之伸展。

（2）自动充气快速展开方案。

充气式支撑框架为柔性材料（PVC材料），未充气时可以任意折叠，从而装填入弹舱。当角反射体在空中被抛射并开舱后，启动充气装置，使高压气体通过充气管路进入支撑框架，实现角反射体的快速展开成型，如图8所示。

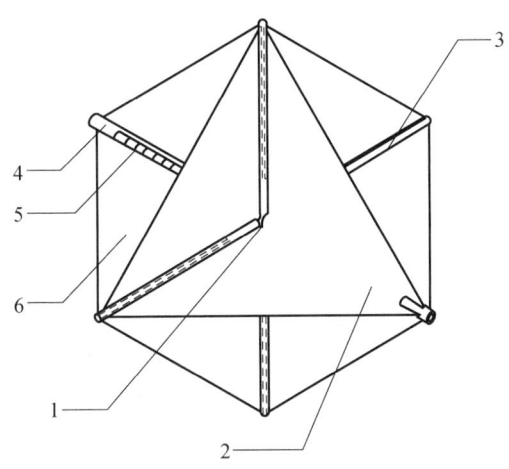
图7 气动伸缩方案

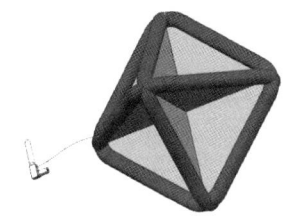
图8 自动充气展开方案

采用气动伸缩快速展开方案的角反射体具有抗过载能力强、反射面平整度和垂直度易保持等优点，而采用自动充气快速展开方案的角反射体具有质量轻、易折叠等优点。

4 方案试验情况

针对角反射体两种不同的张开方案进行了原理性验证试验，对角反射体的浮空能力、张开可靠性、吊伞适配性及相关性能进行了单项验证。试验情况如下：

4.1 自动充气式快速展开方案

4.1.1 方案概况

将柔性充气式角反射体压装在护瓦内，然后通过合适的工装将护瓦压入弹体装配到位，开仓后充气气瓶作用，保证角反射体充气展开成型。

4.1.2 试验情况

1）浮空时间设计验证

通过对角反射体相关零部件特性计算，选择了合适的吊伞伞衣面积并进行了试验验证，如图9所示。

图9 角反射体浮空能力验证试验

通过对试验结果分析，选择了合适的伞衣面积，保证角反射体浮空时间大于 40 s。

2）充气阀门作用可靠性验证

通过对阀门开关进行合理设计，进行了动态验证试验，如图 10 所示。

试验结果表明，结构合理，充气阀门打开作用可靠。

3）角反射体充气成型试验

通过阀门将充气装置和柔性角反射体连接在一起，考核角反射体充气成型的能力，如图 11～图 13 所示。

图 10　充气阀门作用可靠性试验

图 11　样机装配状态

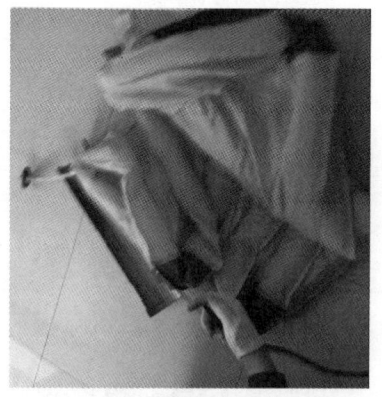

图 12　充气开舱瞬间

图 13　成型的角反射体

在静态条件下，充入 0.2 MPa 惰性气体，经过 30 s 后角反射体可以成型。

4）结论

在地面静态试验条件下，角反射体充气自动展开原理可行。但是在动态条件下，受制于充气时间过长，角反射体在接近地面时才可基本成型。目前该项技术正在突破快速充气这一技术瓶颈。

4.2　气动伸缩展开方案

4.2.1　方案概况

将固定导电布的支撑杆件和气动伸缩组件连接在一起，利用外力使得支撑杆件和气动伸缩组件处于收缩状态，通过护瓦将角反射体装填入弹舱。当角反射体在空中被抛出后，气动伸缩组件可以恢复伸展状态，并使得支撑杆件张开，金属布也随之伸展。

4.2.2　进展情况

目前完成了角反射体载荷设计、弹药匹配优化等技术攻关。通过进行静态抛射强度试验、动态强度试验、动态开仓可靠性试验、外弹道飞行试验等验证工作，系统掌握了浮空式角反射体弹药相关技术。研制的浮空式角反射体弹药参加了"神电"系列实弹对抗演习试验，取得了良好的效果（图 14）。

图 14　气动伸缩方案动态试验

5　结论

从以上设计方案及试验验证效果来看，浮空式角反射体弹药研究设计方案可行。目前，我们正在现有技术的基础上对角反射体进行结构改进，旨在提高浮空式角反射体的 RCS。

直升机载航空火箭弹族分析

姜 力, 张 鹏, 沈光焰

(北方华安工业集团有限公司, 黑龙江 齐齐哈尔 161006)

摘 要: 归纳分析了直升机载航空火箭弹, 以族群的概念归类整理了航空火箭弹。对各类航空火箭弹的用途进行了论述; 描述了各国装备的航空火箭弹现状以及典型的航空火箭弹的战术技术性能。对制导航空火箭弹的技术演变过程进行了分析和论述。

关键词: 航空火箭弹; 直升机载武器制导航空火箭弹

0 引言

武装直升机作为一种超低空火力平台, 其强大的火力和特殊机动能力, 可有效地对各种地面目标、超低空目标和海上目标实施打击, 具有"超低空的空中杀手"和"树梢高度的威慑力量"的美誉。武装直升机的主要性能特点是:

(1) 可携带多种武器。武装直升机可携带反坦克导弹、航空火箭弹、空空导弹、反潜鱼雷、深水炸弹、机炮和机枪等。

(2) 攻击火力强。武装直升机不仅携带武器种类多, 而且载弹量大。

(3) 机动性好。武装直升机特有的飞行特点是可在野外未经任何准备的场地起降, 能在空中稳定悬停, 不受地形限制, 可敏捷地改变航线、飞行高度、速度及姿态, 可在战区的任一指定地点迅速集中或展开, 可选择有利地点对敌进行攻击或作机动规避。

(4) 突袭性强。可贴地飞行, 难以被雷达、红外、光学系统等侦察手段发现和跟踪。

(5) 反应快速灵活。武装直升机相对地面各种武器具有时间上的快速性和空间上飞越地面障碍的机动性, 可快速集中、机动和在指定地点作战, 巧妙地活动于整个战场。

(6) 便于多兵种协同作战。

正是由于武装直升机所具有的上述特点, 其在战争中具有广泛的用途:

(1) 攻击坦克及装甲等目标。武装直升机配备的反坦克导弹可摧毁各种主战坦克、步兵战车、装甲输送车、侦察指挥车、自行火炮、雷达站、通信枢纽、前沿哨所、指挥部等目标。

(2) 近距离火力支援。武装直升机可利用携带的多种武器, 对地面部队作战实施有效的近距离火力支援, 攻击地面敌兵有生力量、防御工事和阵地、各种武器装备和军事设施。

(3) 争夺超低空制空权。武装直升机对地面部队构成了很大威胁, 攻击敌方超低空飞行的武装直升机、强击机和具有作战能力的飞行物, 夺取超低空制空权是现代战场上武装直升机责无旁贷的重任。

(4) 攻击海上目标。舰载或岸基武装直升机的重要使命: 一是攻击敌方水面舰艇、潜艇及其他海上目标; 二是攻击邻近海面飞行的敌方直升机及其他飞行物, 夺取超低空制空权; 三是配合登陆舰艇编队攻击敌方滩头阵地; 四是配合海岸防御部队攻击敌方登陆舰艇。

(5) 为运输和战勤直升机实施护航。

航空火箭弹作为一种机载武器, 自1939年的诺门罕战争首次参战以来, 经历了不断的改进, 也在历次战争中发挥了重要作用。目前, 各国都把航空火箭弹装备在强击机和武装直升机上, 用于对地攻击。航空火箭弹是武装直升机装备的主要武器之一, 一般由引信、战斗部、火箭发动机和稳定装置等组成, 利用航空火箭发射器发射。航空火箭弹发射器分为巢式、滑轨式和滑环式三种。巢式发射器用于发射中、小口径的航空火箭弹; 滑轨式发射器多用于大型航空火箭弹; 滑环式发射器是一种用航空火箭弹本身的滑环式尾翼作顺序装挂和导向发射的发射器。

1 航空火箭弹分类

纵观武装直升机装备的武器弹药，航空火箭弹的种类最多，已形成了品种繁多、性能各异的弹药族群。按照航空火箭弹的用途及结构特点，可分为：

（1）杀爆类航空火箭弹，如美军"九头蛇"70 mm 航空火箭弹配备了 M151 杀爆战斗部和 M229 预制破片战斗部。

（2）子母类航空火箭弹，如美军"九头蛇"70 mm 航空火箭弹配备了 M261 多用途子母战斗部和 M255A1 标枪战斗部。

（3）训练类航空火箭弹，如美军"九头蛇"70 mm 航空火箭弹配备了 M274 信号训练战斗部和 WTV-1/B 惰性装药训练战斗部。

（4）航特种类航空火箭弹，如美军"九头蛇"70 mm 航空火箭弹配备了 M257 照明战斗部、M278 红外隐身照明战斗部、M264 抗红外发烟战斗部和 M156 黄磷发烟战斗部，俄罗斯 80 mm C-8 系列航空火箭弹配备了彩色发烟战斗部。

现代航空火箭弹多为尾翼式稳定火箭弹，上述部分航空火箭弹中，通过加装制导模块，可实现对点目标的攻击。

各类航空火箭弹的主要用途如表 1 所示。

表 1　各类航空火箭弹的主要用途

序号	航空火箭弹类型	主要用途
1	杀爆类航空火箭弹	主要用于杀伤人员以及破坏器材
2	子母类航空火箭弹	主要用于对抗人员、器材、装甲和直升机
3	训练类航空火箭弹	主要用于白天或夜间射击训练，以及固体火箭发动机的弹道试验
4	特种类航空火箭弹	照明弹主要用于实施夜间战场照明，便于夜间观察敌情和地形，支援地面部队夜间战斗，为地空协同作战实施夜间侦察、监视和火力打击提供保障
		红外隐身照明弹主要用于为目标提供近红外光源，增大目标红外照度，使红外夜视仪、微光夜视仪等夜视器材提高视距，扩大视野
		抗红外发烟弹主要用于隐蔽己方部队的行动和目标，妨碍敌人的观察和射击。对光学、电子技术器材的观测、瞄准还能构成无源干扰
		黄磷发烟弹主要用于隐蔽己方部队的行动和目标，妨碍敌人的观察和射击；还可采用空爆作用方式，飞散的磷粒在空气中自燃，如雨点般降落到无防护装甲的敌人身上，灼烧敌人，使其失去战斗力
		彩色发烟弹主要用于战场军兵种协调指挥、设置标识线、应急信息传递与目标方位指示

直升机载航空火箭弹主要用于对地实施火力支援和有效打击，是武装直升机对地攻击的重要武器。它的主要性能特点，一是威力大，并可齐射和连射，在短时间内发射大量弹药压制目标；二是成本低；三是配备灵活多样，可以采用多种战斗部，配以不同的引信，攻击地面多种目标。

2 直升机装备的航空火箭弹现状

目前，各国武装直升机均装备有航空火箭弹，主要有 68 mm、70 mm、80 mm、122 mm 等口径系列，例如，美国 AH-1"眼镜蛇"和 AH-64"阿帕奇"武装直升机主要装备 70mm 航空火箭弹；俄罗斯米-24"雌鹿"、米-28"浩劫"、卡-50"黑鲨"和卡-52"短吻鳄"武装直升机主要装备 80 mm 和 122 mm 航空火箭弹；欧洲虎式武装直升机主要装备 68 mm 航空火箭弹；我国武直-10 武装直升机主要装备 70 mm 航空火箭弹。

各国典型武装直升机装备的航空火箭弹主要有：

1）美国武装直升机装备的航空火箭弹

美国 AH-1"眼镜蛇"和 AH-64"阿帕奇"武装直升机主要装备的是"九头蛇"（Hydra，也被称为"海蛇怪"）70 mm 系列航空火箭弹。该弹是一种从武装直升机平台发射的空对地火箭弹，也可采用地面平台发射。但是美国陆军只将"九头蛇"70 mm 航空火箭弹用于武装直升机携载武器。

"九头蛇"70 mm 航空火箭弹最大射程：10 400 m；最大速度：622 m/s；火箭发动机采用 Mk66 Mod 4 型固体火箭发动机，质量为 6.19 kg，长度为 683 mm，平均推力为 642 kgf，总脉冲为 687 kgf/s，燃烧时间为 1.07 s；尾翼装置为 3 翼片，翼展 186 mm（表 2）。

表 2 "九头蛇"70 mm 航空火箭弹战斗部类型及主要战术技术性能

序号	战斗部类型	主要战术技术性能
1	M151 杀爆战斗部	弹体为预置破片铸铁弹体。战斗部重 4.21 kg（装填 1.04 kg B4 型溶注炸药）、长 411 mm，壳体材料采用预制破片铸钢。配装 M433 遥控装定多选择引信（触发/延期），可不同程度穿透森林树冠、建筑物、仓库等。M433 引信重 816.5 g。M151 杀爆弹的最大射程为 10 400 m，速度为 622 m/s，发射时质量为 10 kg。从 2 000 m 到最大射程时的精度为径向概率偏差 80 m
2	M274 信号训练战斗部	为 M151 杀爆战斗部的训练弹。战斗部长 411 mm，重 4.2 kg，具有与 M151 杀爆战斗部相同的结构和弹道性能，内装低能烟火剂，起爆后产生闪光/声响以及白色烟团，可视距离为 8 km
3	WTV-1/B 惰性装药训练战斗部	为 M151 杀爆战斗部的训练弹，内装惰性装药。战斗部长 411 mm，重 4.2 kg，具有与 M151 杀爆战斗部相同的结构和弹道性能
4	M229 预制破片战斗部	预制破片铸钢弹体内装填 2.18 kg B4 溶注炸药。战斗部重 7.26 kg，长 677 mm，由前段和后段两部分焊接到一起组成
5	M261 多用途子母战斗部	携带 9 发 M73 多用途子弹。M261 包括高冲击塑料弹头和铝合金弹体，底部安装 M439 遥控装定弹底引信。另外适用的引信是 M442 和 M446 发动机燃尽引信。弹底引信作用后，9 发 M73 子弹被抛射到目标区域上空。一旦射出，小型引伞展开，子弹的弹头引信解除保险，稳定缓慢降落。撞击后，引信作用，子弹的 100 g B 型溶注炸药炸碎钢质弹体，以 1 514 m/s 初速产生破片杀伤人员。单发 M261 战斗部子弹撒布面积为 5 353 m²。该弹最大射程为 8 080 m，战斗部重 6.12 kg，长 683 mm
6	M255A1 标枪战斗部	装有 1 200 枚 3.888 g 的钢制小标枪和 3 个曳光管，配用 M439 遥控装定弹底引信，用于对付群集的步兵部队。战斗部重 5.7 kg，长 683 mm
7	M245 化学战斗部	现已停产，并安排进行销毁
8	M264 抗红外发烟战斗部	遮蔽时间为 5 min，配用 M439 遥控装定引信。装填赤磷基发烟剂，制成 72 个浸透药柱。战斗部重 4.2 kg，长 683 mm。8~10 发火箭弹形成幕障
9	M156 发烟战斗部	黄磷战斗部
10	M257 照明战斗部	战斗部重 4.9 kg，长 739 mm。M442 发动机燃尽引信在 9 s 延期后作用
11	M278 红外隐身照明战斗部	发射红外辐射照射目标，需配备夜视目镜观看，战斗部重 6.5 kg，长 729 mm

2）俄罗斯武装直升机装备的航空火箭弹

俄罗斯米－24"雌鹿"、米－28"浩劫"、卡－50"黑鲨"和卡－52"短吻鳄"武装直升机主要装备的是 80 mm С－8 系列航空火箭弹（表3）和 122 mm С－13 系列航空火箭弹（表4和表5），均属于空对地火箭弹。

80 mm С－8 系列航空火箭弹动力装置为固体火箭发动机，总推力冲量为 5 800 N·s，燃烧时间为 7 s。

表3 80 mm С－8 系列航空火箭弹战斗部类型及主要战术技术性能

序号	战斗部类型	主要战术技术性能
1	破片杀伤破甲战斗部	全弹长：1 570 mm；质量：火箭弹 11.3 kg，战斗部 3.6 kg，装药 0.9 kg；破甲威力：400 mm；射程：1 300～4 000 m；飞行速度：610 m/s
2	侵彻混凝土破片杀伤爆破战斗部	全弹长：1 540 mm；质量：火箭弹 15.2 kg，战斗部 7.41 kg，装药 0.6 kg；对钢筋混凝土层的侵彻力：800 mm；射程：1 200～2 200 m；飞行速度：450 m/s
3	云爆战斗部	全弹长：1 700 mm；质量：火箭弹 11.6 kg，战斗部 3.8 kg，混合剂 2.15 kg；TNT 当量：5.5～6 kg；射程：1 300～4 000 m；飞行速度：590 m/s
4	串联破片杀伤破甲战斗部	全弹长：1 680 mm；质量：火箭弹 15 kg，战斗部 6.6 kg，装药 1.6 kg；破甲威力：440 mm；射程：1 300～4 000 m；飞行速度：470 m/s
5	威力增强的云爆战斗部	全弹长：1 680 mm；质量：火箭弹 13.4 kg，战斗部 5.5 kg，混合剂 3.3 kg；TNT 当量：6 kg；射程：1 300～4 000 m；飞行速度：500 m/s
6	照明战斗部	全弹长：1 632 mm；质量：火箭弹 12.1 kg，战斗部 4.3 kg，照明剂 1 kg；发光强度：2×10^6 cd；照明时间：30 s；射程：4 000～4 500 m；飞行速度：545 m/s
7	金属箔片战斗部	全弹长：1 632 mm；质量：火箭弹 12.3 kg，战斗部 4.5 kg，干扰箔片 2 kg；射程：2 000～3 000 m；飞行速度：565 m/s
8	目标标识战斗部	全弹长：1 605 mm；质量：火箭弹 11.1 kg，战斗部 3.6 kg，装填物 0.85 kg；射程：直升机 1 300～2 000 m，飞机 1 800～3 000 m；相对于地面烟幕可见距离：6 km

表4 122 mm С－13 系列航空火箭弹战斗部类型及用途

序号	战斗部类型	用途
1	侵彻混凝土战斗部	用于摧毁停放在钢筋混凝土掩体中的飞机，以及在加固掩体中的军用器材和有生力量
2	侵彻混凝土破片杀伤爆破战斗部	用于摧毁停放在不同类型掩体中的飞机，破坏机场跑道，以及打击指挥、控制、通信中心等目标
3	破片杀伤爆破战斗部	用于打击现代坦克、轻型装甲和非装甲器材。由于具有破片杀伤效应，也可有效杀伤有生力量
4	云爆战斗部	用于打击位于壕沟、防空洞、土和岩石路堤、隧路、不规则地形、洞穴和类似掩体中的各种目标
5	威力增强的云爆战斗部	用于打击位于不规则地形和开放式野战工事中的有生力量和易损器材

表5 122 mm C–13系列航空火箭弹主要战术技术性能

序号	战斗部类型	主要战术技术性能
1	侵彻混凝土战斗部	全弹长：2 540 mm；质量：火箭弹57 kg，战斗部21 kg；效能：侵彻3 m土层＋1 m钢筋混凝土层，跑道毁坏面积20 m²；射程：1 100～3 000 m；飞行速度：650 m/s
2	侵彻混凝土破片杀伤爆破战斗部	全弹长：3 100 mm；质量：火箭弹75 kg，战斗部（21＋16.3）kg；效能：侵彻6 m土层＋1 m钢筋混凝土层；射程：1 100～4 000 m；飞行速度：500 m/s
3	破片杀伤爆破战斗部	全弹长：2 898 mm；质量：火箭弹69 kg，战斗部33 kg；效能：450枚破片，每枚25～35 g；射程：1 600～3 000 m；飞行速度：530 m/s
4	云爆战斗部	全弹长：3 120 mm；质量：火箭弹68 kg，战斗部32 kg；效能：TNT当量为35～40 kg；射程：1600～3 000 m；飞行速度：530 m/s
5	威力增强的云爆战斗部	全弹长：3 120 mm；质量：火箭弹68 kg，战斗部32 kg，效能：TNT当量为40 kg；射程：500～6 000 m；飞行速度：530 m/s

3）欧洲武装直升机装备的航空火箭弹

欧洲虎式武装直升机主要装备的是"斯纳布"68 mm系列航空火箭弹（表6）。该弹由法国原汤姆逊·布朗特军械公司（现TDA公司）研制，主要执行对地攻击任务。

"斯纳布"68 mm系列航空火箭弹动力装置为固体火箭发动机，型号为25F1B和25H1，长620 mm，翼展为240 mm，质量为3.3 kg，采用的推进剂为TT17SD压伸双基推进剂，燃烧时间为0.8 s。

表6 "斯纳布"68 mm系列航空火箭弹战斗部类型及主要战术技术性能

序号	战斗部类型	主要战术技术性能
1	杀爆战斗部	战斗部兼具爆破/破片杀伤效应，可产生400多枚质量超过1 g的破片。全弹长：910 mm；战斗部长：300 mm；质量：火箭弹6.2 kg，战斗部3 kg，装药0.6 kg TNT；飞行速度：450 m/s
2	训练战斗部	是杀爆战斗部的训练型
3	AMV战斗部	为子母弹战斗部，内装36枚直径为9 mm的动能标枪。全弹长：1.6 m；战斗部长：540 mm；质量：火箭弹6.4 kg，战斗部1.8 kg。9 mm的动能标枪可穿透5 mm厚的装甲钢板
4	电子对抗干扰烟幕和多波段诱饵战斗部	全弹长：1.17 m；火箭弹质量为：6.2 kg

4）中国武装直升机装备的航空火箭弹

中国武直–10武装直升机主要装备的是70 mm系列航空火箭弹。

3 制导航空火箭弹

从海湾战争以后的几场局部战争中可以看出，以对抗集群装甲目标为背景而发展起来的武装直升机和机载反坦克导弹，在应付未来高技术条件下局部战争、反恐战争和特种作战中暴露出了缺乏灵活性的弱点。在上述几种战争中，武装直升机的作战对象主要是非装甲点目标，这种目标分散，数目众多，用航空火箭弹来打击，在威力上是足够的，但是航空火箭弹射击散布较大，精度较差，很难用于精确打击点目标。

随着电子信息技术和精确制导技术的不断发展，常规兵器制导化和用制导技术改造常规兵器既成为一种趋势，也变为一种现实的可能。美国陆军于1997年提出了"先进精确杀伤武器系统"（APKWS）的作战需求文件，要求陆军航空兵的武装直升机除导弹外，其火箭武器也要具有"防区外发射、外科手术式精确打击"的能力。确定用精确制导技术来提高美军现役的"九头蛇"70 mm航空火箭弹的射击精度，推出了"低成本精确杀伤武器"（LCPK）的武器发展计划。LCPK计划的初衷就是为AH-64D"长弓阿帕奇"武装直升机发展一种具有低成本和精确打击能力的70 mm制导航空火箭弹，以满足APKWS的作战要求。

制导航空火箭弹在作战距离和命中精度上，与反坦克导弹相差不多，威力上与传统航空火箭弹一样，主要用于攻击非装甲点目标。因此，在武装直升机的对地攻击武器中，反坦克导弹、传统航空火箭弹和制导航空火箭弹共同存在、相互补充、相互配合，将增强武装直升机作战选择的灵活性。

武装直升机机载制导航空火箭弹，虽然其仍被称为航空火箭弹，并且也是由传统航空火箭弹改进而来，但从战技指标、作战使用、战术特点、技术特征上分析，其本质都是一种"导弹"，相对于导弹是低成本，而相对于传统航空火箭弹是具有精确打击能力的新概念导弹。从公布的资料来看，几种武装直升机机载制导航空火箭弹所采用的制导体制，基本都是激光半主动制导，通过导引头将目标与导弹闭环，修正弹道，达到精确打击的目的。

制导航空火箭弹的性能可归纳如下：

(1) 攻击目标种类：精确打击软目标、轻型装甲车辆、防空系统、雷达站、通信设备、停放在地面上的飞机和直升机、小型舰艇和巡逻艇、软掩体、步兵火力点等。

(2) 典型射击方式：单发射击，或以1 s至数秒的时间间隔连续射击，不采用传统航空火箭弹的整巢齐射方式。

(3) 射击距离：有效射程5~6 km，可保证命中精度，并可做到防区外发射。

(4) 射击精度：在5~6 km的有效射程内，命中精度（CEP）小于2 m。

(5) 成本：不高于8 000美元/枚。

(6) 作战范围：除野战外，还可应用于城市的作战、反恐作战、不对称作战、反游击作战等。

(7) 后勤支援：可以在战地和前线维修站就地组装，对现有火箭弹的战斗部、引信、火箭发动机都没有影响。与传统航空火箭弹一样，没有维护要求。

国外典型的制导航空火箭弹主要有：

(1) 美国的APKWS Ⅱ 70 mm制导航空火箭弹。

APKWS Ⅱ 70 mm制导航空火箭弹是通过对美军现役的"九头蛇"70 mm航空火箭弹进行改装完成的。APKWS Ⅱ 70 mm制导航空火箭弹采用"九头蛇"70 mm航空火箭弹的固体火箭发动机、引信、战斗部及武装直升机上的原发射器与火控系统，只在固体火箭发动机和战斗部间增加了制导舱段。制导舱段长度小于400 mm，质量小于4 kg。采用激光半主动制导体制，捷联激光导引头，沿用"地狱火"反坦克导弹的激光照射器，具有激光对抗能力；采用微机械电子系统惯性测量单元和滚转控制技术，三通道控制器，两对鸭式空气舵控制，今后的发展型可能采用径向推力矢量控制代替鸭式空气舵，或用安装于四片鸭式空气舵前缘的四组光纤束收集反射的激光能量，代替捷联式导引头。

APKWS Ⅱ 70 mm制导航空火箭弹把导引头、控制系统和弹翼做成一个整体模块直接安装，能够方便地改装库存传统航空火箭弹，兼容现有发射系统，做到了真正的低成本。

(2) 俄罗斯的"威胁"（Yroзa）系列制导航空火箭弹。

"威胁"系列制导航空火箭弹的改装是在俄罗斯C-8和C-13系列航空火箭弹的基础上，通过加装被动或激光半主动末制导系统实现的。改装工作还包括给航空火箭弹加装一个前部舱段和可张开的用于飞行稳定的尾翼。激光半主动末制导系统可以保证摧毁实战中的各类目标，作为目标指示的激光照射只在命中前1~3 s开始，可以由本机、它机或地面引导站的激光指示器照射。航空火箭弹弹道的修正是依靠装在弹体后部的6个小推力弹道修正脉冲发动机完成的。"威胁"系列制导航空火箭弹用于摧毁2.5~8 km的目标，其命中精度（CEP）为0.8~1.8 m，该弹全弹长1.7 m，质量为16.7 kg。"威胁"

系列制导航空火箭弹将对直升机机体、发射装置的改动要求降到最低，这与装备其他精确制导弹药形成了鲜明对比。对现役的传统航空火箭弹的改装可以使用移动车间，直接在部队或维修基地（包括在俄罗斯领土之外）进行。

（3）法国的 SYROCOT 制导航空火箭弹。

2002 年法国开始研制一种被称为 SYROCOT 的制导航空火箭弹，并于 2009 年通过北约验收试验。SYROCOT 制导航空火箭弹是通过对法军现役的"斯纳布" 68 mm 和 70 mm 传统航空火箭弹进行改装完成的。SYROCOT 制导航空火箭弹由 PEKET 制导组件、引信、战斗部及固体火箭发动机组成，其中，引信、战斗部及固体火箭发动机均为现役"斯纳布" 68 mm 和 70 mm 传统航空火箭弹部件。PEKET 制导组件有 4 片鸭式舵，离开发射器后，鸭式舵自动展开，控制弹丸飞向目标。PEKET 制导组件长 350 mm，质量为 3 kg。配装 PEKET 制导组件的 68 mm 制导航空火箭弹全弹长 1.35 m，质量为 9.4 kg；70 mm 制导航空火箭弹全弹长 1.9 m，质量为 13.6 kg。

PEKET 制导组件研制了两种制导体制的组件：激光半主动制导和 GPS 制导。加激光半主动制导 PEKET 组件后，航空火箭弹可对付静止的或移动的目标，命中精度高，但在恶劣天气条件下，其使用受影响。与采用激光半主动制导相比，加 GPS 制导 PEKET 组件后，航空火箭弹的命中精度要差，且仅能对付静止目标，但可以昼夜、全天候使用。以 70 mm 制导航空火箭弹为例，加激光半主动制导 PEKET 组件，最大射程处的精度（CEP）为 1 m；加 GPS 制导 PEKET 组件，最大射程处的精度（CEP）为 10 m。

4 结论

综上归纳分析，直升机载航空火箭弹经过多年的发展，并经历了历次战争的检验逐步形成了一个完整的弹族，在这个族群中，有两个分支，一支是航空火箭弹，用于攻击非装甲集群性面目标；另一支是制导航空火箭弹，用于攻击非装甲型点目标。制导航空火箭弹是在航空火箭弹的基础上，通过加装制导装置形成的一种低成本的导弹。在每个分支中都有众多种类的弹药，以适应不同的作战要求，攻击不同的目标。类比其他弹药类武器装备，直升机载航空火箭弹种类齐全，装备量大，在战争中发挥着重要作用。随着科学技术的发展和战争模式的变化，还将会有更多种类的航空火箭弹加入这个弹族中。

一种动能杆毁伤目标的数学计算模型研究

牟文博,李 娜,龚 磊,杜韩东

(中国兵器工业第五九研究所,重庆 400039)

摘 要: 为研究单一动能杆对目标的毁伤效果,建立了一种动能杆毁伤目标的数学分析模型,并基于该模型采用 OpenGL 软件建立了一套适用临近空间目标的易损性仿真软件,实现了不同交会条件下,动能杆对目标的毁伤计算及可视化。

关键词: 动能杆;数学模型;OpenGL;仿真评估

0 引言

动能杆毁伤元可看成是一种特殊的破片,其对目标的毁伤作用依赖于弹目相对速度实现。动能杆有较大的质量和较大的长细比以及速度,因而具有较高的侵彻能力,命中目标时可对目标造成严重的"切割"损伤[1~3],使目标失效,特别适合对付飞机、导弹等结构强度较弱的目标。与普通破片相比,动能杆毁伤元质量大,杀伤效率高,对空中目标的切割能力强、破坏作用大,大入射角度动能杆对目标的毁伤程度更大,因此动能杆毁伤元可作为打击临近空间目标的有效手段,分析动能杆毁伤目标的数学模型就很有研究价值。

1 动能杆毁伤目标数学分析模型

将毁伤目标等效为部件后,部件的类型主要有六面体和四边形两种,本文针对这两种目标类型,建立了动能杆毁伤目标的数学模型。如图1所示,六面体目标有6个面,每个面都是四边形,因此研究动能杆对六面体毁伤的数学模型,即研究动能杆对平面四边形毁伤的数学模型。

1.1 破片与四边形的交会分析

四边形四个顶点为 $A_i(x_i,y_i,z_i)$ ($i=1\sim4$),其所在平面方程可写为

$$Ax + By + Cz + D = 0 \tag{1}$$

平面方程的法向量为 $\mathbf{n}=(A,B,C)$。如图2所示,动能杆从 P 点开始接触部件到 M 点离开部件,对部件造成破孔毁伤。

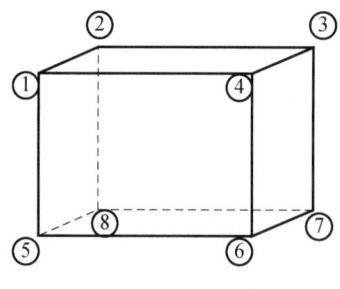
图1 六面体目标

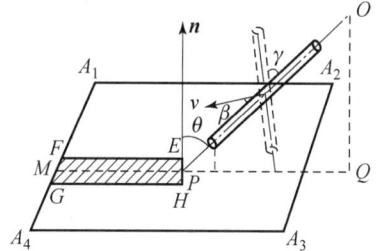
图2 动能杆毁伤目标数学模型

破孔宽度 W_A 根据不同状况动能杆投影获得,而破孔长度 $|PM|$ 以及动能杆与四边形接触状况,则要

作者简介:牟文博(1990—),男,本科,E-mail:muwenbo999@qq.com。

根据具体情况来分析。

已知动能杆毁伤元的入射点 $O(x_O, y_O, z_O)$ 以及速度 v 的方向向量 $\mathbf{v}=(l_1, m_1, n_1)$，得到毁伤元直线方程为

$$\frac{x-x_O}{l_1}=\frac{y-y_O}{m_1}=\frac{z-z_O}{n_1} \tag{2}$$

将毁伤元直线方程（2）代入四边形平面方程（1）中，得到线面交会点 $P(x_P, y_P, z_P)$。由于考虑到动能杆毁伤部件的有效性，交会点 P 肯定在有界四边形内部。

点 Q 为入射点 O 在四边形平面上的投影点，则直线 l_{OQ} 的方程可表示为

$$\frac{x-x_O}{A}=\frac{y-y_O}{B}=\frac{z-z_O}{C}=t \tag{3}$$

根据直线 l_{OQ} 的方程与四边形平面方程得到点 Q 坐标 $Q(x_Q, y_Q, z_Q)$，直线 l_{QP} 方程为

$$\begin{cases} x=mk+x_Q \\ y=nk+y_Q \\ z=pk+z_Q \end{cases} \tag{4}$$

根据直线 l_{QP} 方程与前进方向四边形边界方程，得到动能杆与边界的交点 $M(x_M, y_M, z_M)$，则 $|PM|=\sqrt{(x_M-x_P)^2+(y_M-y_P)^2+(z_M-z_P)^2}$，粗略估计破孔面积 $A=W_A \cdot |PM|$，想求破孔的具体面积还要考虑破孔边界与四边形的交会关系。

1.2 破孔面积计算分析模型

已知：点 E、点 H 为动能杆打击四边形时造成破孔的初始边界点。

（1）点 E、点 H 均在四边形平面上，且与点 P 在一条直线上；

（2）$l_{PE} \perp l_{PM}$，且 $|EP|=W_A/2=w$；

（3）$\overrightarrow{PM}=\overrightarrow{QP}=(m,n,p)$。

设点 E 坐标为 $E(x_E, y_E, z_E)$，点 H 坐标为 $H(x_H, y_H, z_H)$，则直线 l_{PE} 方向向量 $\overrightarrow{PE}=(x_E-x_P, y_E-y_P, z_E-z_P)$，点 E 满足如下条件：

$$\begin{cases} Ax_E+By_E+Cx_E+D=0 \\ m(x_E-x_P)+n(y_E-y_P)+p(z_E-z_P)=0 \\ (x_E-x_P)^2+(y_E-y_P)^2+(z_E-z_P)^2=w^2 \end{cases} \tag{5}$$

根据方程（5）可得到点 $E(x_E, y_E, z_E)$ 和点 $H(x_H, y_H, z_H)$，进而可以得到过点 E 且平行于直线 l_{PM} 的直线 l_{EF} 方程和过点 H 且平行于直线 l_{PM} 的直线 l_{HG} 方程。

根据直线 l_{EF} 方程与四边形边界方程，得到交点 $F(x_F, y_F, z_F)$；根据直线 l_{HG} 方程与四边形边界方程，得到交点 $G(x_G, y_G, z_G)$。此时，破孔的边界点 E、F、G、H 都已知，但是边界点位置的不同影响面积大小。

根据计算流程图，在求得 P、M 点后，首先要判断 $|PM|$ 与 l_{infinite} 的大小，l_{infinite} 为动能杆在无限靶板上对靶板造成破孔毁伤的毁伤长度。

由图 3 可知，当 $|PM|<l_{\text{infinite}}$ 时，说明动能杆对有限部件造成局部边界毁伤，毁伤面积与 $|PM|$ 有关；当 $|PM| \geq l_{\text{infinite}}$ 时，说明动能杆对有限部件造成的毁伤可等同于其在无限靶板上造成的毁伤，此时毁伤面积仅与 l_{infinite} 有关，$A=W_A \cdot l_{\text{infinite}}$。

当 $|PM|<l_{\text{infinite}}$ 时，在求得 E、H 点的坐标后，首先判断 E、H 点是否均在有界四边形的内部：

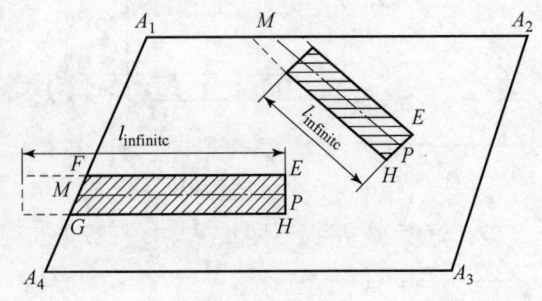

图 3 破孔面积判断

(1) 如果 E、H 点均在四边形内部，如图 4 (a) 所示。
(2) 如果 E、H 点均不在有界四边形内部，如图 4 (b) 所示。

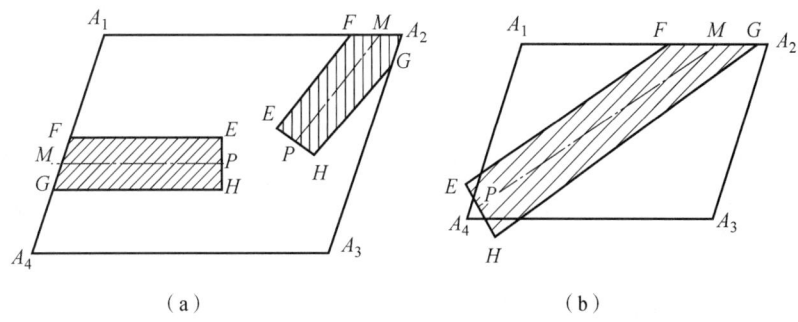

图 4　破孔面积计算模型 – 1

(3) 如果 E、H 点有其一不在有界四边形内部，此时有两种情况；
以 (3) 为例进行展开分析：
①F、G 点均在有界边上，如图 5 所示。

H 点在四边形内部，E 点在四边形外部，F 点根据 E 到边界交点的距离来判断，取 $|EF|$ 较大值对应的点为 F。

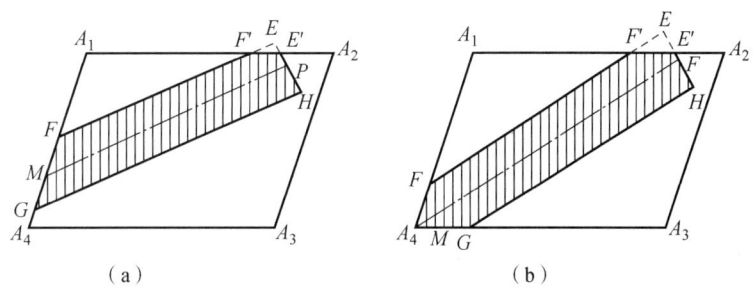

图 5　破孔面积计算模型 – 2
(a) F、G 在同一条有界边上；(b) F、G 不在同一条有界边上

如图 5 (a) 所示，当 F、G 点在同一条有界边上时，此时破孔面积即五边形 $E'F'FGH$ 的面积，$A = W_A \cdot |PM| - |EE'| \cdot |EF'|/2 \approx W_A \cdot |PM|$；如图 5 (b) 所示，当 F、G 点不在同一条有界边上时，此时破孔面积可近似为

$$A = W_A \cdot |PM| - |EE'| \cdot |EF'|/2 \approx W_A \cdot |PM|$$

所以 F、G 点在有界边上时，破孔面积为：$A = W_A \cdot |PM| - |EE'| \cdot |EF'|/2 \approx W_A \cdot |PM|$。
②F、G 点在有界边上，如图 6 所示。

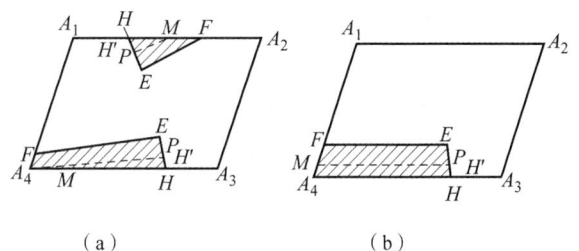

图 6　破孔面积计算模型 – 3
(a) 与有界边不平行；(b) 与有界边平行

则面积：

$$A = \frac{1}{2}w \cdot (|PM| + |EF|) + \begin{cases} |PM| \cdot |PH'|, & MH' \text{与边界不平行} \\ \frac{1}{2}|PM| \cdot |PH'|, & MH' \text{与边界平行} \end{cases}$$

同理进行（1）、（2）两种情况的分析。

2 指定毁伤方式下典型目标关键部件的毁伤准则

部件毁伤准则是判断部件是否被毁伤或者被毁伤程度的依据。对不同类型的目标要害部件和不同的毁伤元素，毁伤准则不同。毁伤准则通常以 $P = f(E_p)$ 的形式描述。E_p 为破片的杀伤参量（如动能、比动量等）；P 为动能杆击中目标后的杀伤概率。

2.1 常规目标关键部件指定毁伤方式下的毁伤准则

1）侵彻作用[4]

动能杆对靶板的侵彻作用主要体现在击穿破坏上，而击穿破坏主要指对要害舱部位机械击毁并造成穿孔，例如，打破油箱，使油漏掉；打坏供油管路，使燃料供给系统失去作用；打坏发动机，使其丧失工作能力。

2）引燃作用

引燃作用的实质是破片击穿油箱后，因破片在燃料中的运动速度较大，温度也较高（可达300 ℃左右），使油温增高至燃点以上，当油从击穿孔中流出遇到火花和空气时的燃烧或爆炸对飞机造成损伤。

3）引爆作用

引爆作用是指破片冲击目标内部的弹药舱内的弹药使其引爆，单枚引爆条件概率取决于引爆物的壳体材料性质、厚度以及炮弹装药密度等因素。

2.2 临近空间目标关键部件指定毁伤方式下的毁伤准则

由于临近空间目标所处区域及飞行特性的不同[5]，当动能杆大入射角对其进行毁伤时，会在目标表面"撕裂"开一定范围的破孔，目标毁伤程度与破孔面积有关，因此目标关键部件指定毁伤方式下的毁伤准则与常规目标不同[6]。

对于动能杆对目标的侵彻贯穿毁伤，目标毁伤状况与其表面破孔毁伤面积密不可分，因此本文采用最小临界毁伤面积准则，即由于每个部件遭受毁伤程度的不同，毁伤面积有个极小值，当动能杆对目标的毁伤面积 $A_{vij} \geq$ 最小临界毁伤面积时，目标才会毁伤。

目标毁伤准则采用最小临界面积法，以临近空间目标 X-51A 的燃料系统为例，计算参数如表1所示。

表1 X-51A 毁伤准则计算参数

系统名称	系统毁伤加权因子	部件名称	等效厚度/mm	击穿毁伤参数 C 级/mm²	击穿毁伤参数 K 级/mm²
燃料系统	0.80	燃油整体箱	13	513.1	1 072.5
		传油管	6	68.6	100.2
		燃料泵	6	1 006.7	1 315.2
		燃料泵电池	6	852.2	4 586.7

3 易损性视景仿真平台的构建

本文在 VC++6.0 的开发环境中，选择 MFC 环境下进行易损性视景仿真的 OpenGL 程序的开发，并建立基于 OpenGL 标准的应用程序框架。

3.1 易损性视景仿真平台的结构

为了使临近空间目标易损性仿真平台具有较好的人机交换性，则需编写一个较好的界面。而该软件平台界面主要由三部分组成：控制区、可视化仿真区和结果输出区，如图7所示。

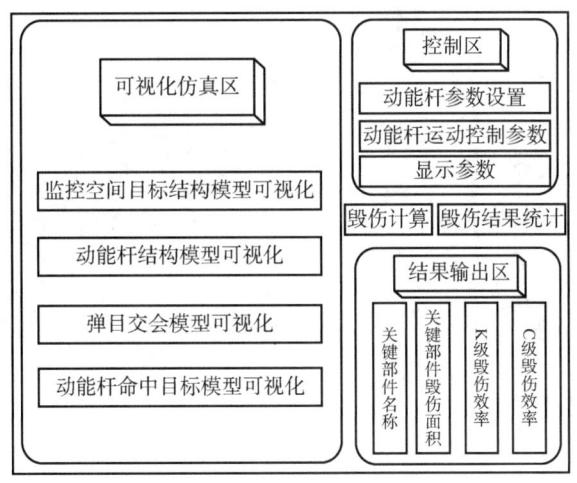

图7 软件界面整体结构

3.2 易损性视景仿真平台的工作流程

如图8所示，该软件的工作流程大致如下：用户通过人机交互模块设置目标和动能杆的结构参数，在控制区中选择相应的指令，如选择目标数据导入，在可视化仿真区将显示出目标的结构模型；如选择毁伤计算和毁伤结果统计，程序将调用目标参数数据库、动能杆参数数据库和动能杆运动控制数据库来进行实时的仿真计算，可视化仿真区将会显示出不同交会姿态下的命中情况，结果输出区将会显示出各关键部件的毁伤面积和毁伤概率，输出地数据将会保存起来。

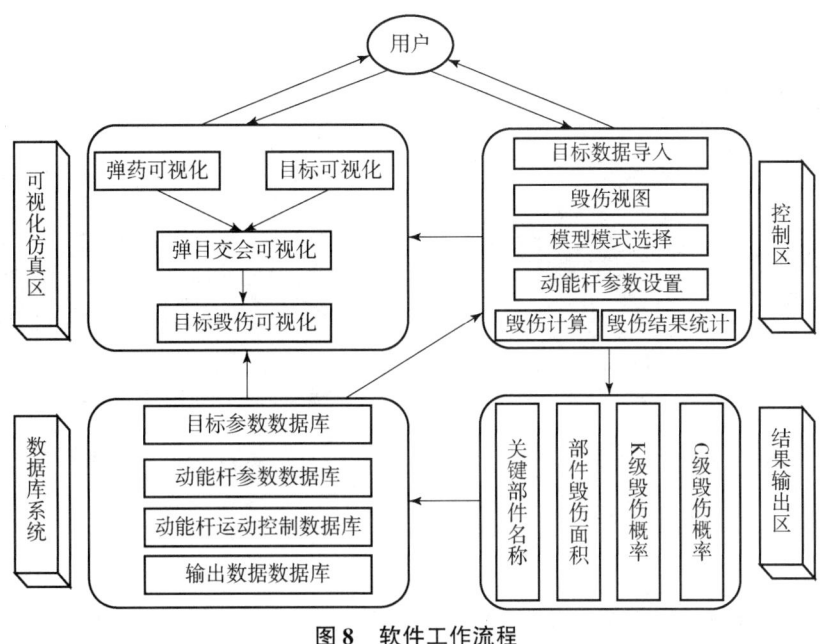

图8 软件工作流程

3.3 易损性视景仿真平台的工作界面

动能杆打击下临近空间目标易损性视景仿真系统主界面如图9所示。

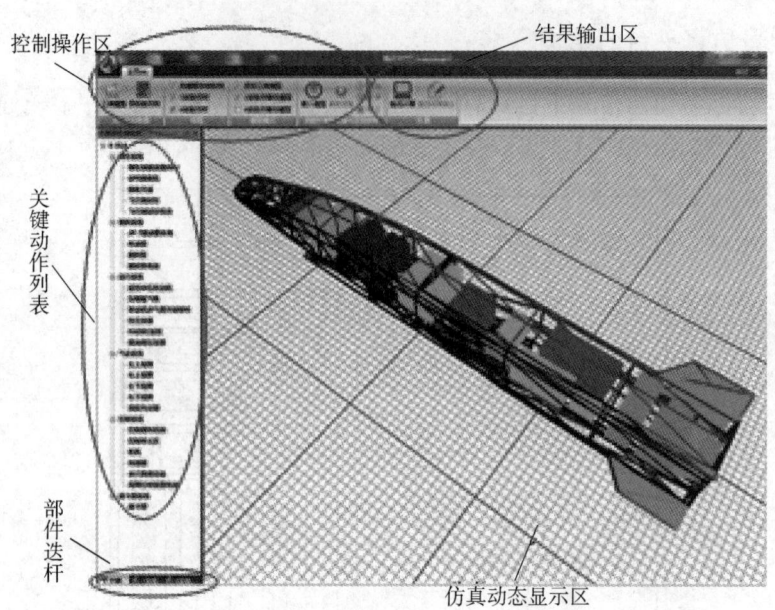

图 9 临近空间目标易损性仿真平台开发界面示意图

该仿真软件分为三个部分，分别为仿真动态显示区、控制操作区和结果输出区。

4 动能杆打击下临近空间目标易损性仿真评估

基于数值仿真实验数据，采用单层材质的 LY12 硬质铝[7]代替目标原模型，并选取临近空间燃料舱为视景仿真重点研究舱段[8]，进行动能杆打击下临近空间目标易损性的仿真评估。在动能杆参数设置和运动控制文件中存放着不同的动能杆运动姿态数据，每一条动能杆数据代表着一种弹目交会姿态，导入不同的动能杆数据，仿真动态显示区将会出现不同的弹目交会姿态，如图 10 所示。

选择结果输出区的毁伤计算，动能杆击中目标部件用红色区域表示，如图 11 所示；选择毁伤统计计算，后台会自动输出毁伤面积及毁伤概率文档。

图 10 动能杆与目标交会模型

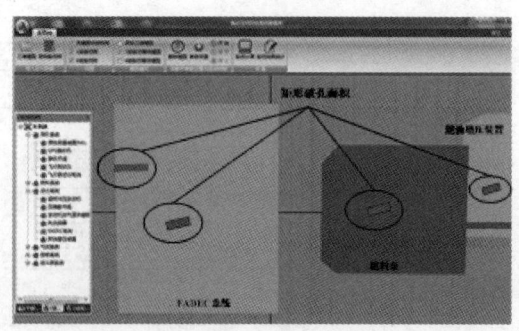

图 11 毁伤计算结果（上视图）

5 结论

本文建立了一种动能杆毁伤目标的数学分析模型研究单一动能杆对目标的毁伤效果，并基于该模型采用 OpenGL 软件建立了一套适用临近空间目标的易损性仿真软件，针对动能杆打击下的临近空间目标，建立了动能杆毁伤的数学模型和目标关键部件的毁伤准则。通过建立易损性视景仿真模型，完成了动能杆打击下视景仿真计算和分析，得到视景仿真破孔面积，进而得到动能杆对临近空间目标毁伤评估计算和分析。

参 考 文 献

[1] 张刘成,李向东.高速杆条对薄靶板切割毁伤影响因素分析[J].弹箭与制导学报,2012,32(2):107-110.
[2] 辛甜.高速破片威胁下飞机部件及等效靶的损伤研究[D].西安:西北工业大学,2012.
[3] 赵汝岩,卢洪义,朱敏.高速动能体对飞机毁伤数值仿真[J].武器装备理论与技术,2013,34(1):28-31.
[4] 隋树元,王树山.终点效应学[M].北京:国防工业出版社,1979.
[5] 焦小娟.AHEAD弹对典型目标毁伤的计算机模拟与仿真[D].南京:南京理工大学,2001.
[6] [7] 胡景林,张运法.杆状破片对A3钢板的极限穿透速度研究[J].弹道学报,2001,13(2):18-22.
[8] 李向荣.巡航导弹目标易损性与毁伤机理研究[D].北京:北京理工大学,2006.

冲击波载荷下防爆罩强度的数值模拟与设计

王竟成[1], 郭进勇[2]

(1. 西南技术工程研究所 环境试验中心,重庆 400000;
2. 西南自动化研究所 装药中心,四川 绵阳 621000)

摘 要:采用有限元法对某高危工序的防爆罩强度进行校核与设计,考察罩体对爆炸冲击波的防护作用。理论估算与数值仿真表明,15 mm 厚的防爆罩不满足防护要求;将壁厚调整为 30 mm,并设计顶部泄爆口,在冲击波作用下罩体壁面虽仍有较大塑性变形区,失效区仅为顶部泄爆口附近较小的区域。危险区域由四周壁面转移到顶部,较好地保障了周围设备与人员的安全。

关键词:数值模拟;强度;冲击波;防护;泄爆

Simulation and design of protective cover under blast shock

WANG Jingcheng[1], GUO Jinyong[2]

(Southwest Technology and Engineering Research Institute, Chongqing 40000, China;
Southwest Automation Research Institute, Mianyang 621000, China)

Abstract: In order to judge its performance under shockwave resulting from unexpected detonation in certain high-risk process, the strength of protective cover is examined and redesigned by finite element method. Theoretical estimation and numerical simulations confirm that the cover with 15mm in thickness would fail under the present shockwave. Then the thickness is enhanced to 30 mm and two vents are designed on the roof wall. Results show that although large plastic regions still generate on the wall, failure regions only emerge around the vests on the top. Since the danger areas are shifted from the side faces to the top, the safety of equipments and staff is guaranteed.

Key words: numerical simulation; strength; shockwave; protective cover; explosive venting

0 引言

弹药制造是国防工业特有的、最基础的环节,至关重要。制造过程中人员和机械会直接接触,甚至加工敏感性极高的含能材料及其零部件,其生产过程存在极大的安全风险,是高危险性的特殊行业。弹药的含能特性决定了它存在意外起爆的可能,而装药体在加工、装配过程中可能会承受拉压弯扭、温度变化等热力载荷。在这些外部载荷作用下,内部缺陷引起的热点效应进一步提升了发生爆炸事故的概率。此类事故往往会损害社会利益,严重影响军工企业的生产效益和生产安全。因此,一些高危的操作单元外部需增设防爆罩,如压药、结弹等工序。防爆罩能够一定程度上减轻爆炸事故对外界的破坏,将损害控制在一定范围。设计满足一定强度要求的防爆罩,确保冲击波载荷下外部环境的安全有重要意义。

爆炸冲击载荷下材料的防护性能备受关注,包括各种复合材料[1,2]、特种材料[3~5]抗爆性能的研究,手段以实验研究与数值模拟为主。王永刚[6]对爆炸载荷下泡沫铝的抗冲击能力开展了实验研究与数值模拟;崔小杰对泡沫铝材料的防护性能进行了参数化的模拟分析。本文基于工程应用背景,对弹药生产线上某高危工序中防爆罩的强度展开校核、设计与分析。采用理论计算与静动力学仿真,对大当量装药的小尺寸防爆罩提出了增强壁厚与设计泄爆口的综合改进方案，使之符合强度要求。

1 静力学分析

某工序中，内部设两发 600 g TNT 当量的弹药。防爆罩构型如图 1 所示，主体部分长×宽×高为 600 mm×400 mm×850 mm，壳体初始厚度为 15 mm。计算中重点关注罩体的抗爆性能，弹体、模具等予以忽略，使用六面体单元主导的结构化网格。罩体网格尺寸设定为 8 mm，保证厚度方向有两层网格。离散化后防爆罩共计 78 133 个单元，节点数为 401 984 个。

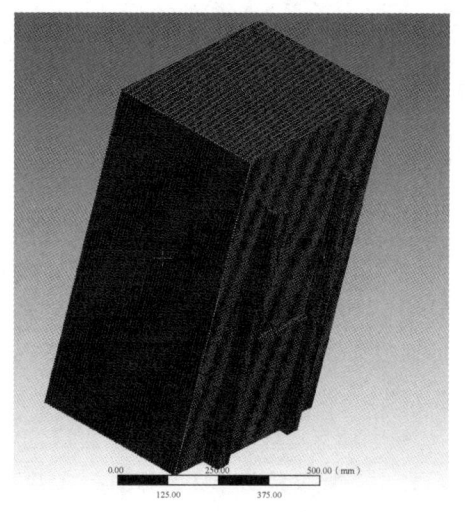

图 1 离散化防爆罩结构

防爆罩底部与工位基座相连，视为固定约束。鉴于爆炸的冲击波载荷很大，需考虑防爆罩的塑性变形，故采用双线性的弹塑性本构关系。由于防爆罩尺寸较小，且炸药当量很大，罩体材料选取性能优异的 45#钢，其材料参数如表 1 所示。由屈服应力 $Y = 355$ MPa 得到 15 mm 厚钢板的塑性极限弯矩 $M_0 = Yh^2/4 = 20$ kPa。

表 1　45#钢材料参数

杨氏模量/GPa	泊松比	屈服极限/MPa	切线模量/GPa	抗拉极限/MPa
209	0.269	355	2.09	600

前后壁面（近壁面）距离爆炸中心最近，为危险面。将壁面约束简化为固定约束，均布载荷下其静态失效载荷采用下式计算：

$$P_s = \frac{12M_0}{(b\,\tan\varphi)^2} \tag{1}$$

其中，$\tan\varphi = \sqrt{3(b/a)^2} - b/a$。代入 $a = 850/2$ mm，$b = 600/2$ mm，计算得到前后壁面均布压力为 0.492 MPa 时结构达到静态失效载荷，将产生塑性变形（塑性绞线）。实际上，内部弹药爆炸后罩体壁面承受的是非均布载荷，压力值与位置相关。45#钢在超出屈服应力后仍具有较大的承载能力。罩体某区域内应力达到屈服应力后进入塑性变形阶段，根据双线性弹塑性本构关系，随着外部载荷继续增大，屈服区内应力增长变缓，屈服区逐渐扩大。此外，防爆罩外部的一些结构对罩体本身有一定的加强作用。基于此，初步在罩体内壁面施加 10 倍于静态失效载荷的均布压力（5 MPa），考察其静态变形失效模式，鉴别出防爆罩结构的危险点。需指出，文中罩体失效是指内部应力超过材料的极限应力，而非一般工程中将失效定义为超过屈服应力。

图 2（a）展示了内压为 5 MPa 时防爆罩变形的位移云图（放大一倍）。从计算结果可知，前壁面变形最大，为首要危险区域，最大位移约为 52.7 mm。根据等强度的结构设计理念，前后壁面距离爆炸点最近，需使用最厚的钢板，并在关键核心位置进行加强，侧壁面次之，顶部可采用相对较薄的钢板，这样可进一步优化防爆罩结构，节约成本。

图 2（b）所示为最大主应力云图，大部分区域的最大主应力已超过 45#钢的极限拉伸强度 600 MPa，说明当前结构已经大面积失效，15 mm 厚的防爆罩不能承受内壁面 5 MPa 的均布载荷作用。

表 2 中第一个子步时，由于内压（0.6 MPa）大于静态失效载荷（0.492 MPa），结构已经产生塑性应变，此时塑性应变值尚小于弹性应变值。图 3 中，随着载荷的增加，最大等效弹性应变变化不大，仅有稍许增加，但最大等效塑性应变剧增。内压超过 3.8 MPa 后，最大等效塑性应变高于最大等效弹性应变两个数量级，表明结构出现了大面积塑性变形。

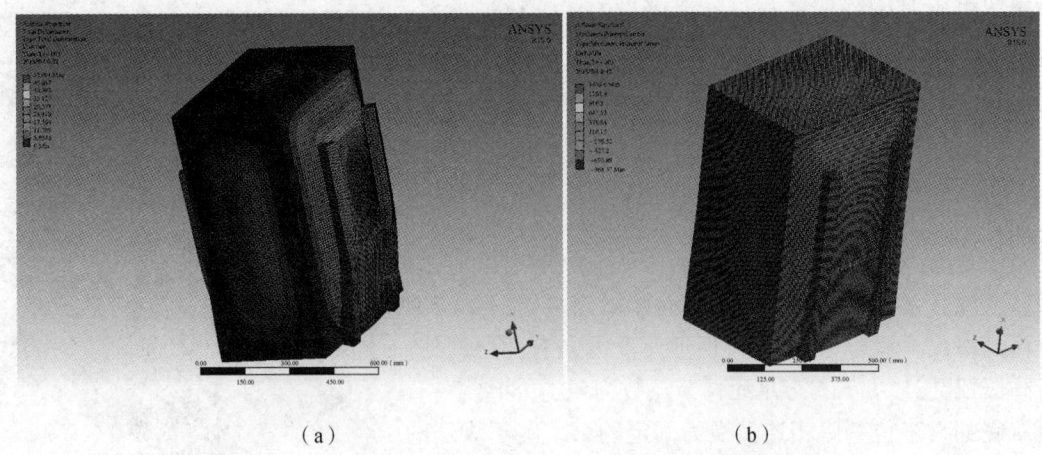

(a)　　　　　　　　　　　(b)

图 2　内压为 5 MPa 时的位移云图及最大主应力云图

表 2　最大等效弹性应变与最大等效塑性应变

时间/s	内压/MPa	最大等效弹性应变	最大等效塑性应变
2×10^{-4}	0.6	2.58×10^{-3}	1.79×10^{-3}
4×10^{-4}	1.2	2.26×10^{-3}	9.39×10^{-3}
7×10^{-4}	2.1	2.73×10^{-3}	4.36×10^{-2}
1×10^{-3}	3	3.26×10^{-3}	7.99×10^{-2}
1.2×10^{-3}	3.4	3.31×10^{-3}	9.85×10^{-2}
1.4×10^{-3}	3.8	3.11×10^{-3}	0.117 98
1.7×10^{-3}	4.4	3.15×10^{-3}	0.148 83
2×10^{-3}	5	3.45×10^{-3}	0.179 44

弹药起爆后产生强大的冲击波，会对防爆罩壁面产生强烈的冲击作用，采用经验公式 (2) 计算冲击波的超压 ΔP（MPa）。

$$\Delta P = \frac{0.084}{R} + \frac{0.27}{R^2} + \frac{0.7}{R^3} \quad (2)$$

式中：$R = \dfrac{r}{\sqrt[3]{w}}$，$r$ 为到爆炸中心的距离，m；w 为装药当量，kg。

由此一发弹丸爆轰时，前后壁板上出现的最大超压约为 72 MPa，侧壁面上最大超压约为 41 MPa。若两发弹丸同时爆炸（弹丸间距为

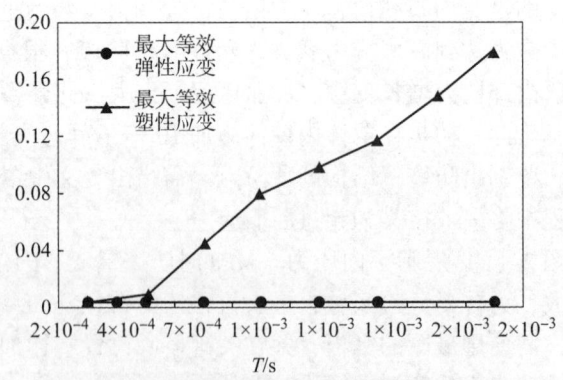

图 3　最大等效弹性应变与最大等效塑性应变

120 mm），根据叠加原理，前后壁面的最大超压约为 $2 \times 62.25 = 124$ MPa（r 取 194.5 mm）；即便是距离起爆中心最远的顶板，也会承受约 3.4 MPa 的超压（r 取 700 mm）。由于冲击波在罩体上的超压远超过 15 mm 钢板的静态承载极限，需调整当前防爆罩结构。目前，主要有四种手段提升防爆罩的抗爆性能：

（1）增大防爆罩尺寸，爆炸时内壁面承受的最大超压与到爆炸中心的距离负相关（与 r 的三次方近似成反比），增大壁面离爆炸点的距离能有效降低壁面所承受的超压。

（2）增强壁厚，增大壁厚能提高钢板的塑性极限弯矩，从而提高其承载能力。

(3) 采用吸能式的防爆结构，将爆炸的能量通过防爆罩的塑性变形充分吸收，例如采用蜂窝式夹芯板制作罩体。

(4) 在合适的地方设计泄爆口，使高压气流能定向流出，从而有效减小内部压力。

在防爆罩设计时，可全面考虑以上方法，使综合指标达到最优。当前方案设计中，由于防爆罩在结构尺寸上的具体要求，不便于调整改动，拟同时采用加厚壁板与设计泄爆口的方法。

2 动力学分析

泄爆模拟中，罩体采用壳单元，厚度加厚设置为30 mm，底部构建两发600 g的TNT药柱，并在药柱底部设置两个起爆点，其网格结构如图4所示，TNT相关参数如表3所示。罩体四周为重点防护区，需保护周围设备与人员的安全，因此仅能将高速气流由顶部定向导出。由于受防爆罩顶部其他结构的影响，将顶部的泄爆口设计为两个100 mm × 100 mm的正方形。罩体底部与工作台连接，设为固定约束，罩内剩余部分填充标准大气压下的理想气体，顶部泄爆口边界条件设置为气体流出口。

表3 TNT材料参数

密度/(kg·m^{-3})	爆速/(m·s^{-1})	能量密度/(kJ·m^{-3})	爆压/GPa
1 630	6 930	6×10^6	21

图4 网格划分与底部固定约束

使用Autodyn进行泄爆模拟计算，在防爆罩上设置诸多监测点，用于记录压强、应力等参量随时间的响应。基于静力学的有限元结果，在壁面的危险区域重点散布监测点。计算过程中不同迭代步的压力分布如图5所示。通过不同时间步的压力云图可见，起爆后随着传播距离的增加，冲击波波阵面的压力逐渐减小。计算迭代到200步时，冲击波尚未达到壁面；第400步时，冲击波传播到壁面并发生反射，压力产生叠加，因此壁面最大超压高达182 MPa，高于前文理论估算的近壁面最大超压。冲击波的反射不仅使壁面承受了更大的压力载荷，内部也进一步形成激荡波，对罩体产生次生冲击。从800步的压力图可见，泄爆口的存在使内部压力驱动气流向顶部定向流出。第1 400步时，冲击波顶部波阵面越过泄爆口，可明显看出，高压气体由泄爆口流出后，罩体内部压强显著降低。

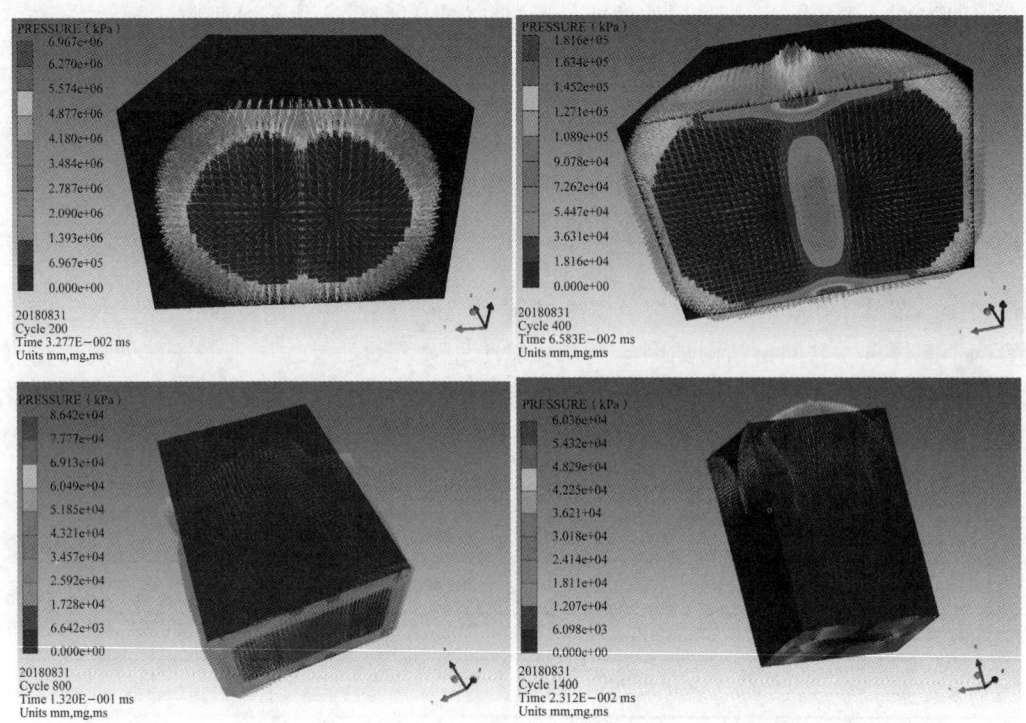

图 5 迭代 200、400、800、1 400 步时冲击波压力矢量图

从图 6（a）中壁面压力的监测曲线可见，壁面所承受的压力载荷具有明显的周期脉动性，初次冲击完成后经过壁面反射，又产生了二次冲击作用，但二次冲击压力峰值较第一次有所降低。从等效应力响应曲线（图 6（b））可见，所有监测点中等效应力最大值出现在 1.69 ms 时的监测点 5（近壁面上），为 352.6 MPa，略超出极限破坏应力 346.4 MPa，说明壁厚 30 mm 的侧壁面仍存在失效区域。其余监测点由于应力值较小未显示在图 6 中。鉴于其他区域的最大等效应力均明显低于极限破坏值，可在监测点 5 处进行局部加强以抵抗冲击。

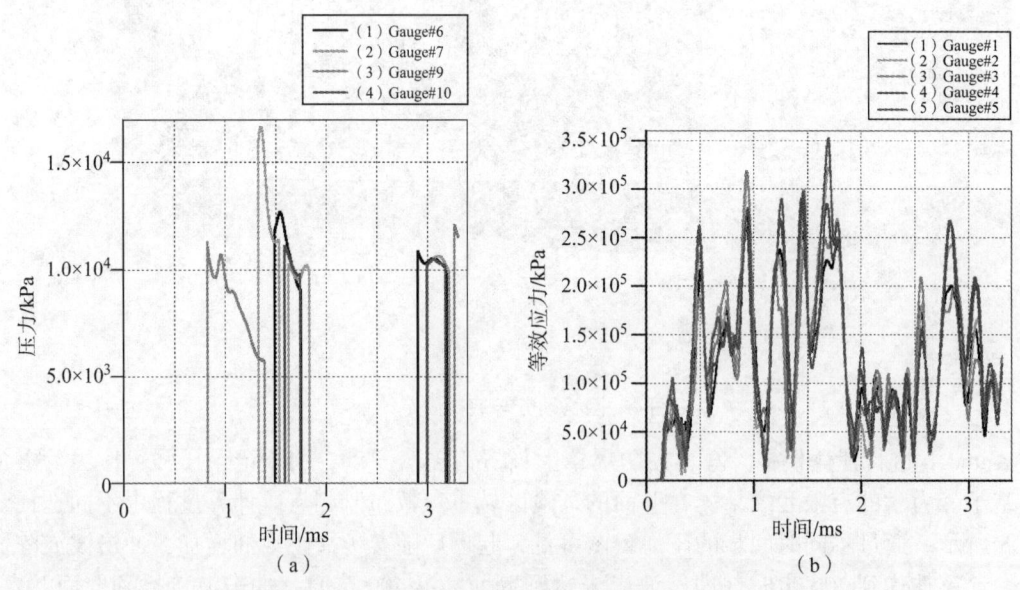

图 6 监测点的压力响应曲线和等效应力响应曲线

监测点的等效应力最大值并不代表整个罩体应力的最大值，整个结构等效应力的最大值为 766.7 MPa，出现于 1.75 ms 时的泄爆口。采用 Mises 屈服准则，屈服等效应力 $\sigma_{eq}^s = Y/\sqrt{3} = 204.9$ MPa。调整后处理中等效应力云图的梯度值，将等效应力超过 204.9 MPa 的塑性变形区与超过 346.4 MPa 的失效区域凸显出来。图 7 中，绿色区域大致为超过材料屈服应力的塑性变形区，红色与亮青色区域为超过极限强度的失效区域。由此可见，通过设计泄爆口将防爆罩的危险区域由侧壁面转移到了顶部，能有效防止意外事故下本工作单元对四周设备，特别是人员的伤害，从而满足设计要求。

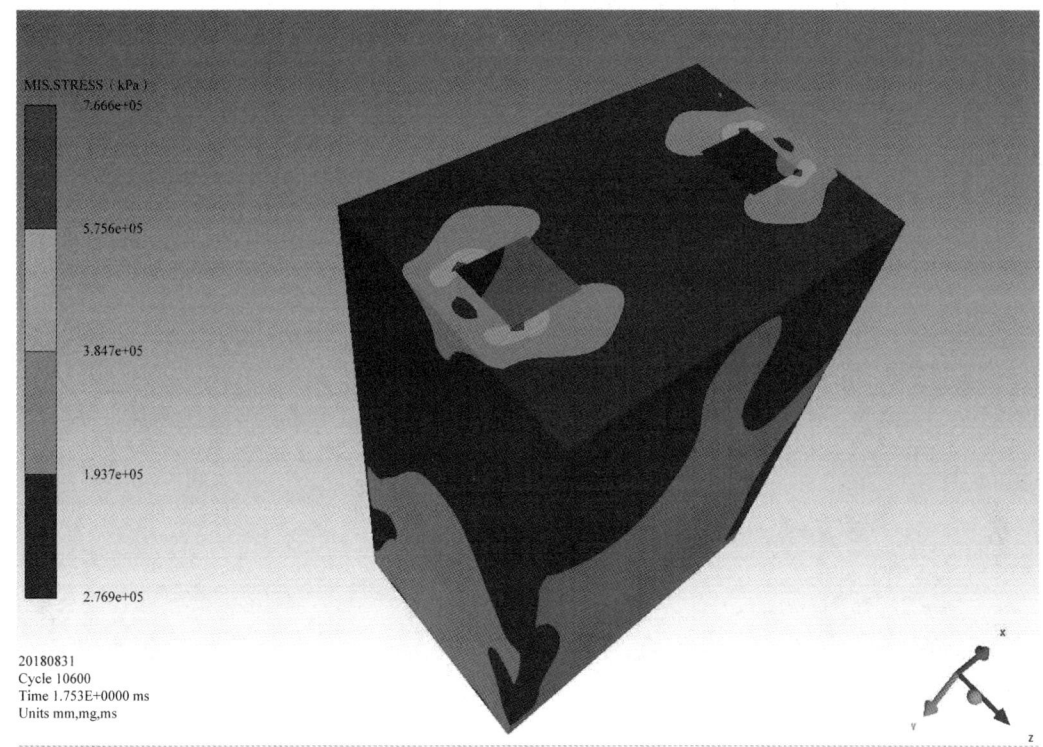

图 7　防爆罩等效应力失效区（红色与亮青色区域）

3　结论

运用理论计算与数值仿真，对某危工序中防爆罩的强度进行分析与设计。由于弹药当量很大，防爆罩尺寸又较小，提出了增强壁厚与设计泄爆口的综合改进方案。有限元计算分析表明，不改变外形尺寸的情况下，采用 30 mm 的 45#钢，通过局部加强，并在顶部开两个 100 mm × 100 mm 的方形泄爆口，使防爆罩能基本满足强度要求，有效地将危险区域由四周壁面转移到顶部，防止意外事故下弹药爆炸对四周设备，特别是人员的伤害。

增大防爆罩尺寸能有效地减少罩体厚度。对于此类弹药当量较大的防爆罩，在设计初期应寻求尺寸与厚度的最优组合，并适当优化外形，使壁面上的最大超压尽可能小。此外，应进一步开展冲击波载荷下吸能式夹芯防护板的研发。

参 考 文 献

[1] 王宇新, 顾元宪, 孙明. 冲击载荷作用下多孔材料复合结构防爆理论计算 [J]. 兵工学报, 2006, 27 (2): 375 - 379.

[2] 马海洋, 龙源, 等. 非金属复合材料抗爆性能研究 [J]. 兵工学报, 2012, 33 (9): 1081 - 1087.

[3] 张晓颖, 李胜杰, 李志强. 爆炸荷载作用下夹层玻璃动态响应的数值模拟 [J]. 兵工学报, 2018, 39 (7): 1379 - 1388.

[4] 刘俊, 田宇, 钟巍, 等. 冲击波作用下单层钢化玻璃抗爆性能的数值模拟研究 [J]. 兵工学报, 2017, 38 (7): 1402 - 1408.

[5] 侯海, 暨朱锡, 阚于龙. 陶瓷材料抗冲击响应特性研究进展 [J]. 兵工学报, 2008, 29 (1): 94 - 99.

[6] 王永刚,胡时胜,王礼力.爆炸载荷下泡沫铝材料中冲击波衰减的实验和数值模拟研究[J].爆炸与冲击,2013,23(6):516-521.
[7] 余同希,邱信明.冲击动力学[M].北京:清华大学出版社,2011.
[8] 王儒策,赵国志,杨绍卿.弹药工程[M].北京:北京理工大学出版社,2002.
[9] 杨鑫,石少卿.空气中TNT爆炸冲击波超压峰值的预测及数值模拟[J].爆破,2008(2):15-19.

变壁厚药型罩形成串联 EFP 数值模拟研究

孙加肖，杨丽君

(中国兵器工业第五九研究所，重庆 400039)

摘 要：通过改变药型罩壁厚的方法，即在中间厚边缘薄药型罩前加装一个边缘厚、罩顶薄的药型罩，可形成向后翻转型的串联 EFP。通过采用 ANSYS/LS – DYNA 软件对串联 EFP 的成型过程和药型罩材料及壁厚对 EFP 的影响进行仿真分析可以得出：(1) 通过加装一个边缘厚、罩顶薄的药型罩，可形成串联 EFP；(2) 当加装的变壁厚罩边缘厚度为 1.5 mm，罩顶厚度为 0.5 mm，且药型罩材料选用金属铜时，串联 EFP 的成型效果最好。

关键词：药型罩；加装；变壁厚；串联 EFP

中图分类号：TJ413. +2　　**文献标志码**：A

Numerical simulation study on tandem EFP formation of variable thickness liner

SUN Jiaxiao, YANG Lijun

(The 59 Research Institute of China Weapon Industry, Chong Qing 400039, China)

Abstract: Based on the method that changing thickness of liner which is putting another variable thickness liner on wrapping variable thickness liner, this warhead can form tandem EFP. Numerical simulation on the process of penetrations and the influence on the configurations of two penetrations about different materials and thickness is carried out by using ANSYS/LS – DYNA finite element software. The research shows that: (1) When the variable thickness liner is installed on the wrapping variable thickness liner, the warhead can form tandem EFP. (2) When the edge thickness is 0.5 mm, the edge thickness is 1.5 mm and the material is copper, the effect of tandem EFP is best.

Keywords: liner; add; variable thickness; tandem EFP

0 引言

EFP 成型模式一般情况下包括三种类型，即向后翻转型（Backward Folding）、向前压拢型（Forword Folding）和介于这两者中间的压垮型（Radial Collapse）[1~5]。通过改变药型罩中间壁厚和边缘壁厚可以实现压拢型和翻转型 EFP 的转变。而与单层 EFP 侵彻效果相比，串联 EFP 因其长径比大，侵彻过程中的接力现象而具有较优的侵彻效果。本文通过采用改变药型罩的壁厚的方法来改变 EFP 的模态，即在药型罩前加装一个边缘厚、罩顶薄的药型罩，从而使药型罩在主装药的爆轰作用下形成向后翻转型的串联 EFP 毁伤元。

1 战斗部结构设计

该战斗部主要由壳体、主装药、外罩、内罩、挡环、固定架和药型罩组成。固定架和可抛掷药型罩

作者简介：孙加肖 (1990—)，男，助理工程师，E – mail: 1275429491@qq.com。

设置在药型罩前端。所添加的可抛掷药型罩同样采用弧锥结合型,药型罩圆弧顶端壁厚为 1 mm,边缘厚度为 2 mm。起爆位置为装药底面中心处。聚能装药战斗部结构如图 1 所示。

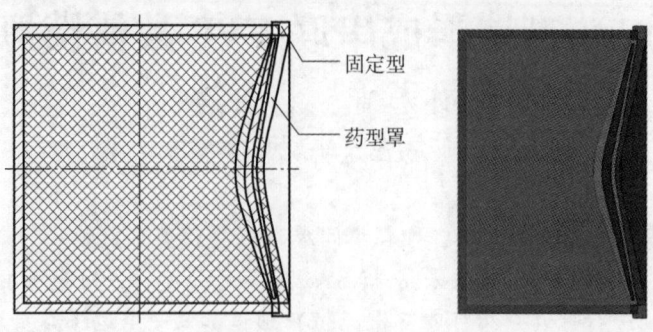

图 1 战斗部结构简图

串联 EFP 成型过程的数值模拟过程同样是先在 Truegrid 软件中建立有限元模型,然后利用 ANSYS/LS-DYNA对串联 EFP 毁伤元的成型过程进行数值模拟。计算中单位制为 mm-ms-kg-GPa。由于装药结构具有轴对称性的特点,为了节省计算时间,模型采用 1/4 模型。聚能装药战斗部有限元模型如图 2 所示。药型罩之间采用 *CONTACT_AUTOMATIC_SURFACE_TO_SURFACE 面面自动接触。

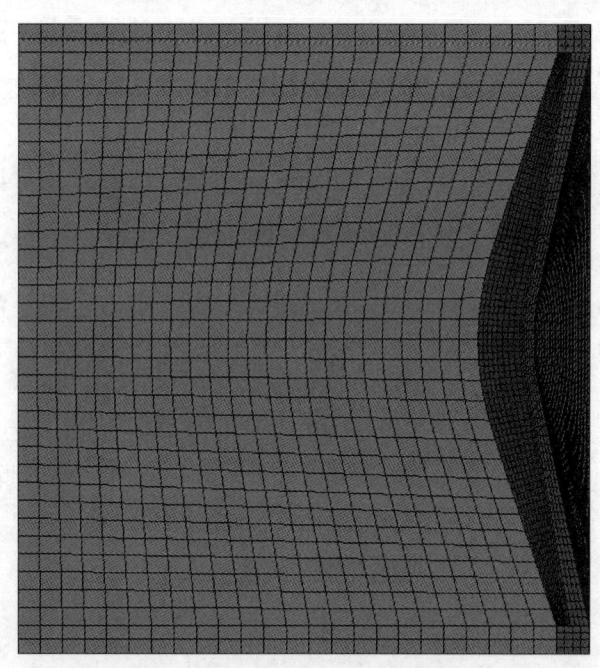

图 2 聚能装药战斗部有限元模型

2　串联 EFP 成型数值模拟

聚能装药战斗部形成串联 EFP 的过程如图 3 所示。由图 3 可知,0 时刻为药型罩初始状态;10 μs 左右时包覆式药型罩依然表现出向前压拢的趋势,但可抛掷药型罩表现出向后翻转的趋势;20 μs 左右时毁药型罩整体表现出向后翻转的趋势,这表明所添加的可抛掷的药型罩对包覆式药型罩罩边缘的压拢趋势起到了有效的阻止作用,从而使得靠近轴线的微元具有足够的径向速度,即药型罩顶部的速度大于药型罩边缘的速度;50 μs 左右时可抛掷药型罩顶部与包覆式药型罩罩顶部产生明显的分离,这是由于轴向速度差的存在,同时又因为两部分药型罩之间具有自由的滑移界面;50 μs 之后,两药型罩在头部分离越来越明显;100 μs 左右时,药型罩大部分已经分离;200 μs 左右时药型罩已无连接部分,即完全分离;至 300 μs 左右时,药型罩形成稳定飞行且分离明显的前后串联 EFP。

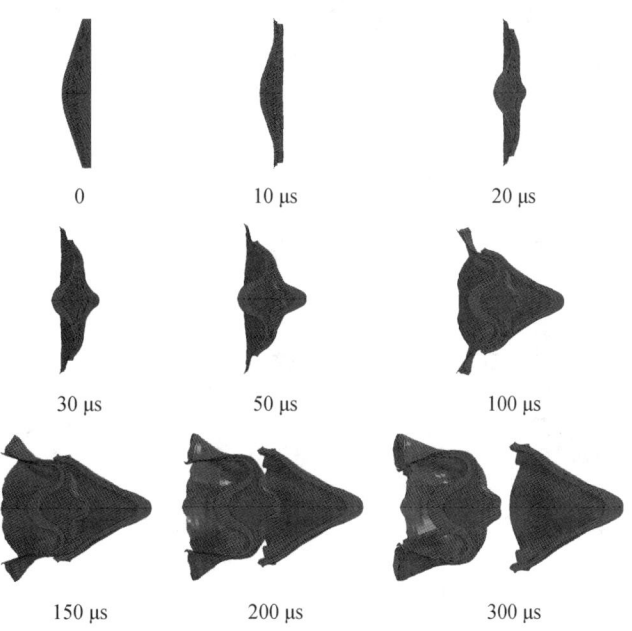

图 3　串联 EFP 毁伤元的成型过程

不同时刻下串联 EFP 的速度云图如图 4 所示，串联 EFP 成型过程中的时间速度历程曲线如图 5 所示，其中曲线 A 为铝罩的时间 – 速度历程曲线，曲线 B 为钢罩的时间 – 速度历程曲线，C 为可抛掷铜罩的时间 – 速度历程曲线。结合串联 EFP 的成型过程，综合分析可知，10 μs 左右时，药型罩已经表现出药型罩罩顶部轴向速度比药型罩边缘轴向速度大的特点；20 μs 左右时，罩顶部速度远大于罩边缘速度，且可抛掷药型罩与包覆式药型罩在轴向的速度越来越明显，这势必造成两部分药型罩头部的分离；50 μs 左右时，头部分离明显；100 μs 左右时，可抛掷药型罩与包覆式药型罩虽然有一定的连接，但是两部分药型罩已经具有明显的速度差；200 μs 左右时，前后两种药型罩完全分离；300 μs 左右时，药型罩形成稳定飞行且分离明显的前后串联 EFP。

总之，通过采用在包覆式变壁厚药型罩添加可抛掷变壁厚药型罩的方法，可以有效地使包覆式变壁厚药型罩形成毁伤元的模式由向前压拢变为向后翻转，又由于包覆式变壁厚药型罩与可抛掷变壁厚药型罩之间存在自由滑移的界面，所以药型罩最终形成前后完全分离，且飞行稳定的串联 EFP，长径比为 1.9，前后 EFP 速度差为 126 m/s。与单纯的串联 EFP 毁伤元相比，本文所得到的串联 EFP 长径比较小，准确地说是由毁伤元的长度小造成的。这是由包覆式变壁厚药型罩中间厚两边薄的结构特点造成的。因为获得串联 EFP 的途径仅仅是通过采用在包覆式变壁厚药型罩添加可抛掷变壁厚药型罩的方法，所以得到的串联 EFP 的整体速度不高。

3　串联 EFP 成型影响因素分析

双层罩毁伤元形成机理与其形状有关。如果是小锥角，形成机理为压垮形式，内、外罩之间摩擦阻力很大，两罩不能分开。如果是大锥角或球缺罩，形成机理为翻转形式。翻转后的 EFP 能否分离，取决于很多因素，这些因素之间相互作用，影响双层药型罩的形成过程，这些因素包括：内、外罩材料的选择，内、外罩之间的结合方式，炸药的选择，起爆方式的选择等。

由于该聚能装药结构是基于形成 PELE 侵彻体的装药结构设计的，所以在讨论结构参数对串联 EFP 毁伤元成型的影响时，仅仅讨论所添加的可抛掷的药型罩的结构参数对串联 EFP 毁伤元成型的影响，以获得药型罩结构参数对串联 EFP 毁伤元的成型效果的影响规律。

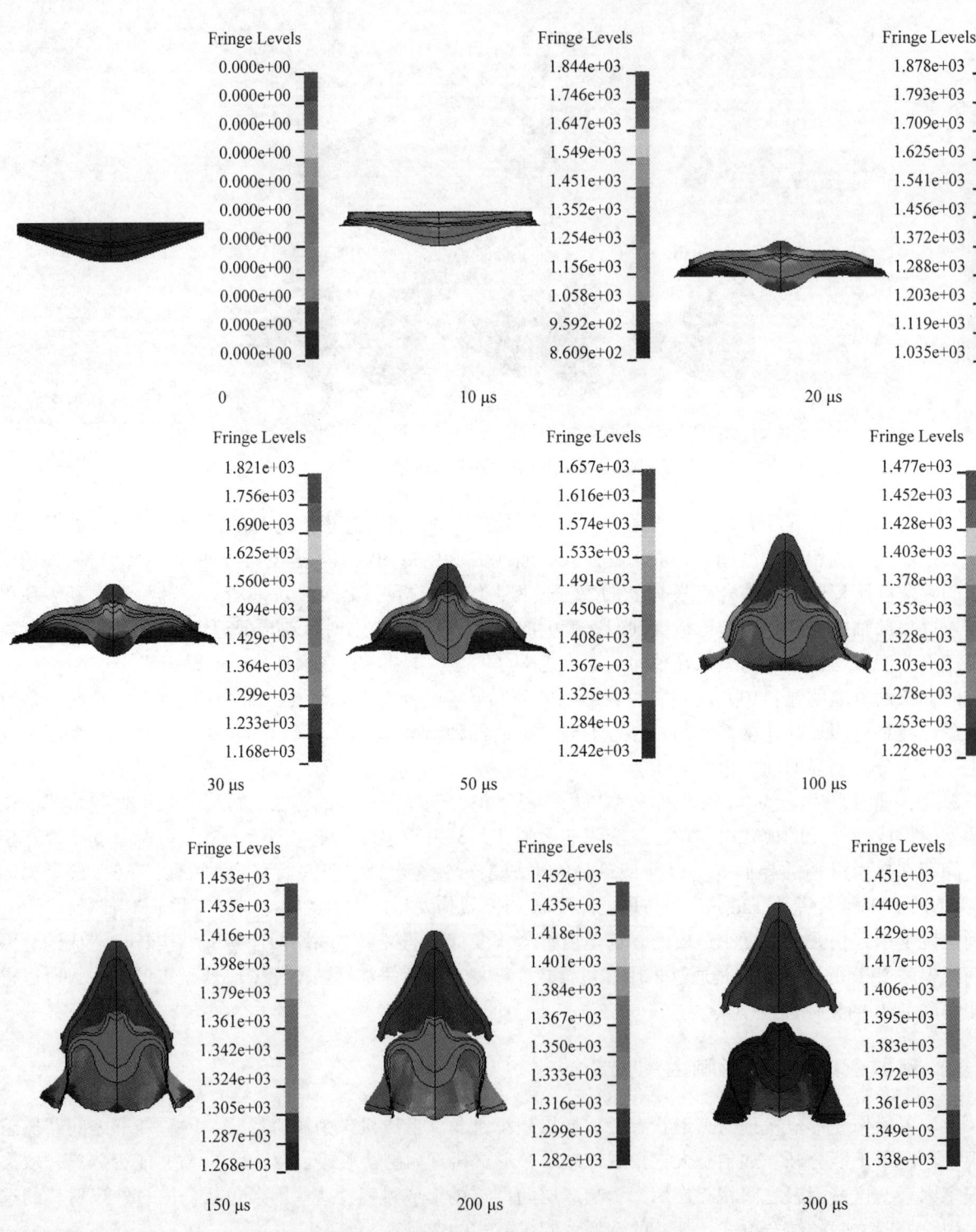

图 4 不同时刻时串联 EFP 毁伤元的速度云图

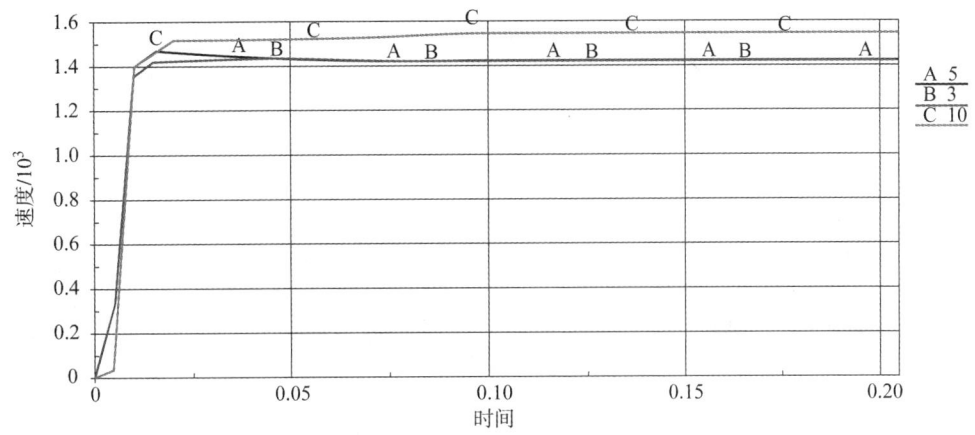

图 5　串联 EFP 毁伤元的时间速度历程曲线

（其中 A 代表铝罩，B 代表钢罩，C 代表铜罩）

3.1　药型罩壁厚对串联 EFP 成型的影响

对一定形状的药型罩，壁厚对 EFP 的形状和速度分布具有决定性的影响。在保持战斗部圆弧曲率半径为 45 mm，装药长径比为 1 不变的情况下，仅仅改变药型罩壁厚来研究药型罩壁厚对串联 EFP 成型的影响。保持药型罩边缘壁厚一定的情况下，改变药型罩罩顶的壁厚来探究药型罩壁厚对串联 EFP 的影响。不同的罩边缘壁厚和罩顶壁厚组合如表 1 所示。

表 1　不同罩边缘壁厚和罩顶壁厚组合　　　　　　　　　　mm

边缘壁厚	1.5			2.0			2.5		
罩顶壁厚	0.5	1.0	1.5	0.5	1.0	1.5	0.5	1.0	1.5

当药型罩采用不同的罩边缘壁厚和罩顶壁厚组合时，串联 EFP 的成型效果图如表 2 所示。在成型效果图中，当保持药型罩边缘壁厚一定时，改变药型罩罩顶壁厚，从左至右依次为 0.5 mm、1.0 mm、1.5 mm。通过分析成型效果可知（表 2），当药型罩边缘壁厚一定时，串联 EFP 的长径比随着药型罩顶部壁厚的增大而减小。当药型罩顶部壁厚一定时，串联 EFP 的长径比随着药型罩边缘壁厚的增大而减小。当药型罩边缘壁厚为 1.5 mm，药型罩顶部壁厚为 0.5 mm 时，前后 EFP 明显分离；药型罩顶部壁厚为 1.0 mm 时，串联 EFP 的长径比明显减小；药型罩顶部壁厚为 1.5 mm 时，前罩形成向后翻转 EFP 而后罩形成向前压拢 EFP。当药型罩边缘壁厚为 2.0 mm，药型罩顶部壁厚为 0.5 mm 时，EFP 虽然能够完全分离，但前层 EFP 被拉伸得很长；药型罩顶部壁厚为 1.0 mm 和 1.5 mm 时，串联 EFP 的长径比明显减小。当药型罩边缘壁厚为 2.5 mm，药型罩顶部壁厚为 0.5 mm 时，串联 EFP 不能够完全分离，且前层 EFP 被拉伸得很长；药型罩顶部壁厚为 1.0 mm 时，串联 EFP 在 300 μs 时刻未分离；药型罩顶部壁厚为 1.5 mm 时，串联 EFP 长径比明显减小。

表 2　不同药型罩壁厚组合时串联 EFP 的成型效果图（300 μs）　　　　　　　　　　mm

边缘厚度 \ 罩顶厚度	0.5	1.0	1.5
1.5			

续表

边缘厚度 \ 罩顶厚度	0.5	1.0	1.5
2.0			
2.5			

不同药型罩组合下串联 EFP 的速度云图如表 3 所示。不同药型罩组合下串联 EFP 的长径比和速度如表 4 所示。综合分析表 3、表 4 可知，在药型罩边缘壁厚一定的情况下，改变药型罩罩顶壁厚，从左至右依次为 0.5 mm、1.0 mm、1.5 mm。当药型罩边缘壁厚一定时，串联 EFP 的速度随着药型罩顶部壁厚的增大而减小。当药型罩顶部壁厚一定时，串联 EFP 的速度随着药型罩边缘壁厚的增大而减小。当药型罩边缘壁厚为 1.5 mm，药型罩顶部壁厚为 0.5 mm 时，串联 EFP 的速度最高，分别为 1 624 m/s 和 1 496 m/s；当药型罩边缘壁厚为 2.5 mm，药型罩顶部壁厚为 1.5 mm 时，串联 EFP 的速度最低，分别为 1 300 m/s 和 1 193 m/s。这是由于在装药量一定的情况下，改变药型罩壁厚的同时改变了药型罩的质量。根据牛顿第二定律可知，在聚能装药结构中装药量一定的情况下，壁厚最大的药型罩的最终速度最低。串联 EFP 的长径比与可抛掷药型罩罩边缘厚度成反比，与罩顶厚度成反比，即药型罩厚度的增大将不利于串联 EFP 长径比的增大，所以在保证串联 EFP 成型的基础上，尽可能减小可抛掷药型罩的厚度，以获得长径比较大的 EFP。综合分析串联 EFP 的成型过程图、速度云图和仿真所获得的特征参数可以得出，当药型罩壁厚组合为罩边缘壁厚为 1.5 mm、罩顶壁厚为 0.5 mm 时，药型罩分离明显，具有稳定的速度差为 128 m/s，且具有较大的长径比，所得到的串联 EFP 效果较好。

表 3　不同药型罩壁厚组合下串联 EFP 的速度云图（300 μs）　　　　　　　　mm

边缘厚度 \ 罩顶厚度	0.5	1.0	1.5
1.5			

续表

边缘厚度\罩顶厚度	0.5	1.0	1.5
2.0	Fringe Levels 1.520e+03 ~ 1.416e+03	Fringe Levels 1.444e+03 ~ 1.317e+03	Fringe Levels 1.385e+03 ~ 1.259e+03
2.5	Fringe Levels 1.572e+03 ~ 1.210e+03	Fringe Levels 1.349e+03 ~ 1.248e+03	Fringe Levels 1.300e+03 ~ 1.193e+03

表4 不同药型罩壁厚组合下串联 EFP 的特征参数（300 μs）

边缘壁厚/mm	罩顶厚度/mm	长径比	前罩速度/(m·s^{-1})	后罩速度/(m·s^{-1})
1.5	0.5	2.6	1 624	1 496
	1.0	1.8	1 566	1 416
	1.5	1.2	1 473	1 358
2	0.5	2.3	1 620	1 416
	1.0	1.9	1 443	1 317
	1.5	1.5	1 385	1 259
2.5	0.5	不能分离	1 572	1 210
	1.0	2.4	1 349	1 248
	1.5	1.6	1 300	1 193

3.2 药型罩材料对串联 EFP 成型的影响

药型罩材料的机械性能，尤其是在大变形、高应变率和高温条件下的动态性能，直接影响 EFP 的成型效果及其对具有装甲防护目标的侵彻能力。对于药型罩材料，国内外进行了广泛研究，药型罩材料在高温、高压、高应变率条件下要有良好的塑性、合适的强度和较高的密度，其性能的好坏直接影响着 EFP 成型、飞行稳定性和侵彻威力。常用金属材料的主要性能参数和形成 EFP 性能参数如表5所示。

表5 材料的主要性能参数和形成 EFP 性能参数

材料	密度/(g·cm^{-3})	屈服强度/MPa	延伸率/%	长径比	EFP 速度/(m·s^{-1})
铜	8.96	152	30	0.9~1.3	2 600
铁	7.89	227.5	25	0.70~1.61	2 400
银	10.9	82.76	65	0.72~1.68	2 300
钽	16.65	137.8	45	1.5	1 900

添加的可抛掷药型罩刚性要适中,如果材料刚性过大,将会严重影响药型罩的翻转;如果材料刚性过小,则可抛掷药型罩将不能够起到阻碍药型罩向前压拢的趋势,不利于药型罩向后翻转形成串联 EFP。在可抛掷药型罩结构一定的条件下,改变可抛掷药型罩材料来研究药型罩壁厚对串联 EFP 成型及侵彻性能的影响。不同的可抛掷药型罩材料所获得的串联 EFP 成型效果图和速度云图如表6所示。

表6 不同的药型罩材料所获得的串联 EFP 成型效果图和速度云图 (300 μs)

材料	成型效果图	速度云图
铜		
钢		
铝		

由表 6 分析可知,当采用密度最小的金属铝做可抛掷药型罩材料时,串联 EFP 长径比最大,速度最大,其中铝罩被拉伸得很长,但是前后串联 EFP 的飞行速度差不大,导致了分离效果不明显。当采用硬度较大的钢材料作为可抛掷药型罩材料时,药型罩被压垮的程度较小,同时整体速度偏小,不利于串联 EFP 的侵彻。当采用塑性较好的金属铜做可抛掷药型罩材料时,串联 EFP 的分离比较明显,且 EFP 的飞行速度稳定,前后罩速度相差 127 m/s,成型效果较好。因此,可抛掷药型罩采用金属铜材料时,可兼顾成型效果和速度,具有较优的性能。

4 结论

本章首先简单地介绍了可形成串联 EFP 的战斗部结构,着重介绍了添加的可抛掷药型罩的尺寸等结构参数;然后利用有限元软件 ANSYS/LS – DYNA 对战斗部形成串联 EFP 的过程进行数值仿真模拟研究,得到串联 EFP 的成型过程;最后研究了可抛掷药型罩的壁厚和材料对串联 EFP 成型的影响,通过对仿真结果进行分析,得到各个影响因素对串联 EFP 成型的影响规律,即当可抛掷变壁厚罩边缘厚度为 1.5 mm,罩顶厚度为 0.5 mm,且药型罩材料选用金属铜时,串联 EFP 的成型效果最好,为战斗部的工程应用起到一定的指导作用。

参 考 文 献

[1] 陈忠勇. 多模毁伤元 EFP 与 JPC 转换机理研究 [D]. 南京:南京理工大学,2011.
[2] 臧立伟. 网栅切割式 MEFP 战斗部成型过程数值模拟研究 [D]. 太原:中北大学,2014.
[3] 耿梓圃. 模式转换战斗部 EFP – 破片毁伤元成型特性 [D]. 北京:北京理工大学,2015.
[4] 蒋建伟,帅俊峰,李娜,等. 多模毁伤元形成与侵彻效应的数值模拟 [J]. 北京理工大学学报,2008,29 (9):756 – 758.
[5] 汪得功. 可选择 EFP 侵彻体形成研究 [D]. 南京:南京理工大学,2007.
[6] 林加剑,沈兆武,任辉启,等. 贴隔板法形成尾翼型 EFP 的试验研究及数值模拟 [J]. 火炸药学报,2009,32 (1):74 – 78.
[7] 李惠明,陈智刚,侯秀成,等. 阶梯式旋转 EFP 成型机理的数值研究 [J]. 弹箭与制导学报,2010,30 (1):115 – 118.
[8] 郑宇. 双层药型罩毁伤元形成机理研究 [D]. 南京:南京理工大学,2008.
[9] 蒋建伟,杨军,门建兵,等. 结构参数对 EFP 成型影响的数值模拟 [J]. 北京理工大学学报,2001,24 (11):939 – 942.
[10] 慈明森. 爆炸成型弹丸性能随壳体厚度变化的模拟、试验和分析 [J]. 弹箭技术,1994 (2):17 – 22.

弹丸侵彻浮雷靶的数值模拟研究

张智超,梁增友,邓德志,苗春壮,梁福地

(中北大学 机电工程学院,山西 太原 030051)

摘 要:根据弹丸冲击靶板的基本原理,采用 ANSYSLS – DYNA 有限元分析软件,对漂浮式球形靶标就高速弹丸的冲击进行了仿真研究,得到了弹丸对靶标不同位置冲击时的加速度时程曲线及不同位置加速度的峰值。通过前期仿真计算减少了试验调试时间与难度,对设置漂浮式靶标内置加速度传感器初始触发值具有重要指导意义。

关键词:靶标;弹丸冲击;流固耦合;ANSYS 数值模拟

中图分类号:TJ410 **文献标志码**:A

Numerical simulation of projectile penetrating floating mine target

ZHANG Zhichao, LIANG Zengyou, DENG Dezhi, MIAO Chunzhuang, LIANG Fudi

(The North University of China College of Mechanical and Electrical Engineering, Taiyuan 030051, China)

Abstract: According to the basic principle of projectile impact target, the impact of high – speed projectile on floating spherical target is simulated by ANSYSLS – DYNA finite element analysis software. The time history curve of acceleration and the peak value of acceleration at different positions are obtained when the projectile impacts the target at different positions. Preliminary simulation calculation reduces the test debugging time and difficulty, reduces the test cost, and has important guiding significance for setting the initial trigger value of the built – in acceleration sensor of floating target.

Keywords: target; projectile impact; fluid solid coupling; ANSYS numerical simulation

0 引言

海上靶标是各国海军测试武器性能、检验战斗力的重要装备。每年海军进行大量的海上军事演习,海上打靶训练是演习的重要训练科目,可以测试火炮、导弹的精确性、毁伤威力和作战性能,检验舰艇作战人员武器操控能力和战斗训练水平。射击训练是用枪或者火炮对靶标进行射击,通过对被射击后的靶标进行分析研究,从而对被测弹药或火炮进行测评。

试验时需要将靶标舰体行驶至目标区域,成本造价昂贵,在适用性方面有较大局限。在测试小口径轻武器方面,漂浮式靶标目前主要采用的是由 PVC 加网布组成充气结构的漂浮型靶标"红番茄",此种靶标由于结构只是简单的充气结构,只可对测试对象是否命中目标进行测试,且测试反馈数据类型单一,并不能很好地反馈被测对象的精确数据。海上靶标是各国海军测试武器性能、检验战斗力的重要装备。

当前对海上武器的性能进行测试时,舰炮一直沿用的是如下固定的模式,即靶标使用的是体积较为庞大、采集数据能力较弱的机械舰体,弹着观测以及对毁伤的测试则采用人工观察记录的方法及逆行测评。由于机械舰体靶标自身体积大,为了反馈更加精确的数据,将传感器置于靶标内部,当靶标被击中时传感器同时可采集到对应的数据继而将数据回传。由于弹丸冲击靶标是一种复杂的非线性瞬态响应过程,同时还涉及弹丸与空气、弹丸与靶标、弹丸与水及水与靶标的动态相互耦合作用,目前国内相关方面的研究、文献资料较少。

ANSYS软件是一种显示非线性动力分析软件,可以解决固体、流体的动态特性及相互耦合作用的高度非线性动力学问题,在军工行业中具有重要的应用价值。弹丸冲击是一个高度非线性的动态问题,属于大变形、强非线性问题,同时还涉及流体与固体的瞬态耦合作用。在弹丸冲击漂浮于水面上的靶标时,流体材料(空气,水)采用欧拉网格,弹丸及靶标采用拉格朗日网格,然后通过接触设置它们之间的流固耦合相互作用。本文以ANSYS软件为平台,以LS-DYNA为求解器,对弹丸冲击水上靶标过程进行了仿真分析,并得到了弹丸从不同角度对靶标冲击时靶标所受到的加速度值。根据所得数据得出靶标过载的区间值,为内置靶标传感器初始值的确定提供了一定的指导。

1 仿真计算模型建立

以漂浮式球形靶标为基础,其中靶标为厚度为2 mm,直径为500 mm的钢板,材料选用钢。鉴于弹丸的入水特点及分析目标为靶标,弹丸变形不在考虑范围内,故采用FEM网格中的拉格朗日网格,运用刚体模型实现弹丸质心、质量、入水角度和速度的仿真;水与空气会产生轻微的变形,采用FEM网格中的欧拉网格;而球形靶标为主要分析目标,会有较大变形,故采用拉格朗日网格,空气与水视为流体,球形靶标为固体,两者之间通过流固耦合的方式来处理相互作用。

ANSYS软件提供了拉格朗日(Lagrange)、欧拉(Euler)、任意拉格朗日-欧拉(Arbitrary Lagrangian-Eulerian,ALE)、光滑粒子流体动力(Smoothed Particle Hydrodynamics,SPH)和多物质流固耦合方法等多个求解器。将流固分开建模,并通过流固耦合的方式来处理相互作用,能方便地建立弹丸冲击模型。这里选用多物质流固耦合方法。

空气域横截面积为1 000 mm × 400 mm,水域横截面积为1 000 mm × 600 mm,在对称面上施加对称边界约束。计算时间步长为10 μs。水材料模型采用GRUNEISEN状态方程:

$$p = p_0\mu \frac{\left[1 + \left(1 - \frac{\gamma_0}{2}\right)\mu - \frac{b}{2}\mu^2\right]}{\left[1 - (S_1 - 1)\mu - S_2\frac{\mu^2}{\mu+1} - S_3\frac{\mu^3}{(\mu+1)^2}\right]^2} + (\gamma_0 + b\mu)E$$

式中:p——介质压力;

p_0——波前介质密度;

C——冲击速度;

γ_0——GRUNEISEN常数;

S_1、S_2——Mie-GRUNEISEN状态方程 $u_s = C + S_1 u_1 + S_2 u_1^2 + S_3 u_1^3$ 的一次项系数、二次项系数和三次项系数;

b——GRUNEISEN常数 γ_0 的一阶体积修正;$\mu = p/p_0 - 1$。空气材料模型采用线性多项式状态方程,即

$$p = C_0 + C_1\mu + C_2\mu_2 + C_3\mu_3 + (C_4 + C_5\mu + C_6\mu_2)E$$

式中:$C_0 \sim C_6$——线性多项式状态方程系数。本文设定空气模型参数如下:

$C_0 = C_1 = C_2 = C_3 = C_6 = 0$,$C_4 = C_5 = 0.4$,$E = 2.5 \times 10^5$。

水域与空气域材料参数如表1所示。

表1 水与空气材料参数

部件	密度/(kg·m^{-3})	截断压力/Pa	运动黏性系数/(m^2·s^{-1})
水	1 030	-2.2 × 10^{10}	8.97 × 10^{-7}
空气	1.225	-3.394 × 10^6	1.5 × 10^{-5}

弹丸材料选用 30CrMn 钢,浮雷靶采用 Q-235 钢,其参数如表 2 所示。

表 2 30CrMn 钢及 Q-235 钢材料参数

材料	密度/(g·cm^{-3})	弹性模量	泊松比
30CrMn 钢	7.83	205	0.3
Q-235 钢	7.85	210	0.3

数值仿真建立弹丸侵彻有限元模型必须满足:

(1) 不允许有对计算结果产生较大影响的简化和假设,所建模型能反映侵彻过程及所关心物理量的基本变化规律。

(2) 根据计算机的配置设置模型的相关参数。

(3) 划分网格时尽量减少四面体、五面体及不规则六面体单元。

根据以上原则,由于计算模型具有轴对称特性,为节约资源,提高计算效率,采用 1/2 模型,用 cm-g-μs 单位制,整个计算域的仿真模型及坐标如图 1 所示。各模型的网格划分如图 2、图 3 和图 4 所示。弹丸入水角度分别选取 30°、45°、60° 三个角度,弹着点选择直径对应的点。同时选择一组入射角度为 90°,弹着点为最高顶点,弹丸垂直进行冲击的模拟仿真进行对比。

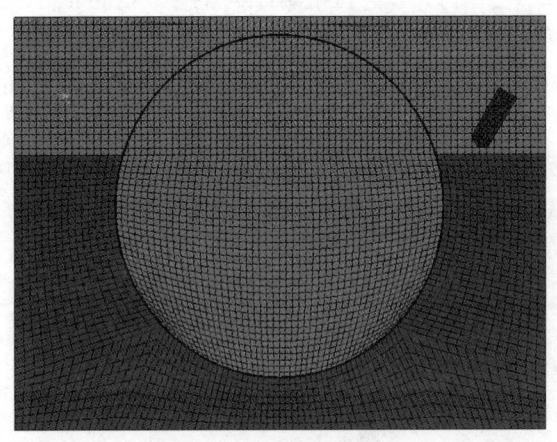

图 1 数值模拟整体模型

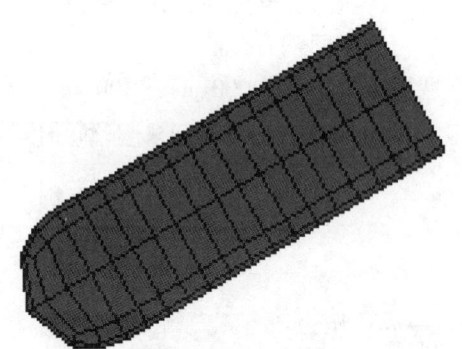

图 2 弹丸 1/2 模型及网格划分

图 3 空气域与水域模型及网格划分

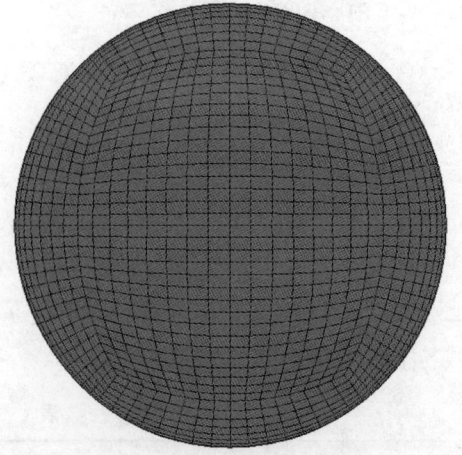

图 4 浮雷靶模型及网格划分

2 仿真计算结果与分析

由模拟仿真可知,高速弹丸侵彻浮雷靶水下部分时,首先会接触到水,在水的作用下速度会减小,不同的入射角速度减小量与减小速率不同，当通过水接触到浮雷靶本体时，靶标首先会发生形变，当形变量达到一定程度后，靶标发生破裂。侵彻过程如图 5 所示，由相同材质弹丸以相同速度从不同角度对浮雷靶进行侵彻。其中，α 为 30°、45°、60° 的弹着点为浮雷靶水平直径的外点。

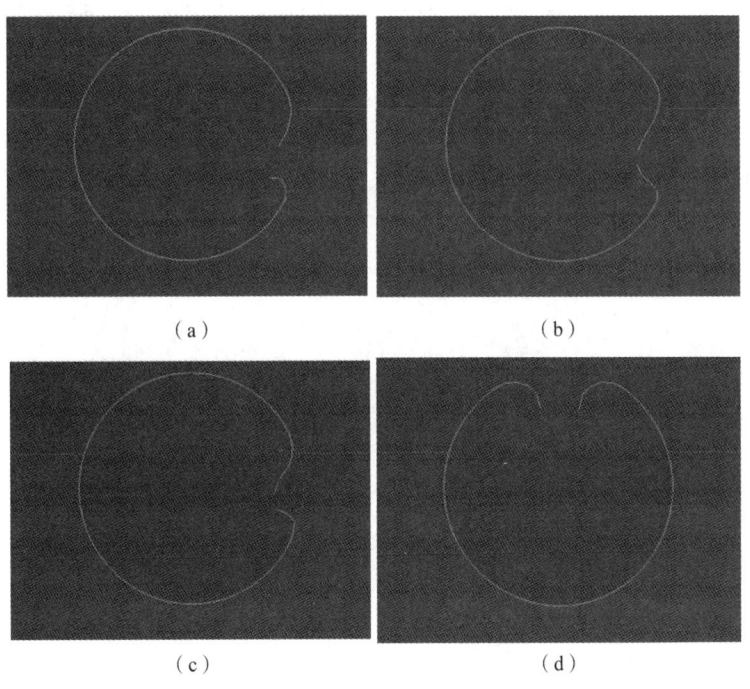

图 5 高速弹丸侵彻浮雷靶过程

(a) α = 30°；(b) α = 45°；(c) α = 60°；(d) α = 90°

利用相同属性的弹丸以 900 m/s 的速度从 30°、45°、60°、90° 对浮雷靶进行侵彻，当弹丸接触水介质与浮雷靶时，速度开始下降，剩余速度分别为 600 m/s、575 m/s、400 m/s 与 725 m/s。侵彻过程中弹丸速度随时间历程曲线如图 6 所示。

利用相同属性弹丸以 900 m/s 速度从不同角度侵彻浮雷靶，30°、45°、60° 与 90° 获得的最大瞬时加速度分别是 1.13×10^5 m/s^2、1.07×10^5 m/s^2、8.94×10^4 m/s^2 与 1.40×10^5 m/s^2。90° 时获得的加速对最大，其次是 30°、45°，最后是 60°。靶标加速度随时间历程曲线如图 7 所示。

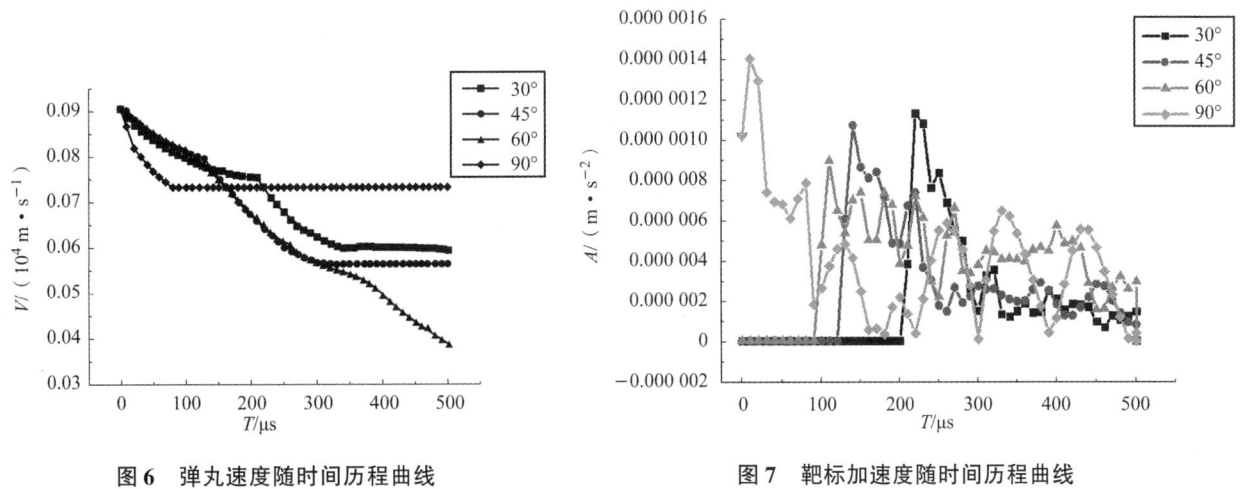

图 6 弹丸速度随时间历程曲线　　　图 7 靶标加速度随时间历程曲线

3　结论

（1）仿真结果表明，相同速度弹丸从不同角度对浮雷靶进行侵彻时，对浮雷靶自身所产生的加速度的峰值不同。峰值降序排列依次为 90°、30°、45°及 60°。由于选择的侵彻点为浮雷靶的水平直径外点，入射角与侵彻点切面越趋向于垂直，则浮雷靶的过载情况越大，加速度越大。

(2) 当弹丸以 900 m/s 的速度对浮雷靶进行侵彻时，从任何角度侵彻，浮雷靶自身首先会发生形变，当形变量达到一定程度时浮雷靶将会被破坏，且破坏形态为局部破坏，其他未被触及的部分并未发生形变。

(3) 当弹丸以 900 m/s 的速度对浮雷靶进行侵彻时，入射角为 90°时靶体本身峰值加速度最大，最大值为 1.40×10^5 m/s^2，入射角为 60°时靶体本身峰值加速度最小，最小值为 8.94×10^4 m/s^2。因此靶体内置加速度传感器的范围初始设置为 8.94×10^4 m/s^2 与 1.40×10^5 m/s^2 之间。

参 考 文 献

[1] 黄宝宝. 高速弹丸侵彻复合材料夹层板的数值模拟 [C] //中国力学学会爆炸力学专业委员会、中国土木工程学会防护工程分会. 第七届全国工程结构安全防护学术会议论文集. 中国力学学会爆炸力学专业委员会、中国土木工程学会防护工程分会：中国力学学会，2009：7.

[2] 徐鹏. 弹体高速侵彻钢靶下变截面壳缓冲性能研究 [C] //中国力学学会. 第十七届北方七省市区力学学会学术会议论文集. 中国力学学会：河南省力学学会，2018：2.

[3] 陈斌，于起峰，杨跃能，等. 30 mm 半穿甲弹斜侵彻陶瓷/钢复合装甲的弹着角效应研究 [J]. 国防科技大学学报，2009，31 (06)：139 – 143.

[4] 薛锋，张刚，王飞，等. 基于 AUTODYN 的火工品爆炸冲击响应仿真分析 [J]. 导弹与航天运载技术，2018 (02)：115 – 120.

[5] 蔡林刚. 水下爆炸作用下加筋圆柱壳的动态响应 [C] //华中科技大学、武汉理工大学、海军工程大学. 第十届武汉地区船舶与海洋工程研究生学术论坛论文集. 华中科技大学、武汉理工大学、海军工程大学：武汉地区船舶与海洋工程研究生学术论坛，2017：8.

[6] 程文鑫，蔡卫军，杨春武. 鱼雷小角度入水过程仿真 [J]. 鱼雷技术，2014，22 (03)：161 – 164.

[7] 张岳青，蔡卫军，李建辰. 鱼雷斜入水过程非定常运动仿真研究 [J]. 船舶力学，2019，23 (01)：20 – 28.

[8] 王欣悦. 基于 ANSYS 的泥浆流量动态测量仿真分析 [C] //中共沈阳市委、沈阳市人民政府、中国农学会. 第十三届沈阳科学学术年会论文集（理工农医）. 中共沈阳市委、沈阳市人民政府、中国农学会：沈阳市科学技术协会，2016：4.

[9] 孙琦，周军，林鹏. 基于 LS – DYNA 的弹体撞水过程流固耦合动力分析 [J]. 系统仿真学报，2010，22 (06)：1498 – 1501.

安全型起爆装置结构设计及性能研究

谢 锐,袁玉红

(安徽红星机电科技股份有限公司,安徽 合肥 230000)

摘 要:为了适应武器装备的革新及新形势下目标打击的需要,改变串联战斗部通过设置两个以上的引信来起爆多个战斗部的现状,设计了一种安全型起爆装置,用于替代串联战斗部的二级战斗部引信,完成起爆二级战斗部的功能。研究结果表明,安全型起爆装置通过安全保险机构和燃烧转爆轰装置相结合的方式,能够满足产品安全性和可靠性相互转换的使用要求;所选用的药剂均满足直列式火工品许用药剂的要求,可以作为直列式火工品使用,无须隔爆;结构简单,作用可靠,能够有效提高新研弹药的安全性和可靠性,缩短研制周期,降低研制成本。

关键词:安全型起爆装置;结构;性能

0 引言

目前,国内弹药装备中,通常利用引信中雷管输出的爆轰能起爆战斗部主装药[1]。但由于雷管中含有感度较高的起爆药,在外界很小的能量激发下很可能发生爆炸,因此常采用引信机构将雷管与战斗部主装药安全隔开,只有在特定环境力作用下才能使战斗部主装药起爆。一般采用双环境力引信提高弹药起爆安全性能[2]。随着武器装备的革新及新形势下目标打击的需要,单一的战斗部作战已经不再适应现代战争的发展。越来越多的弹药装置出现了两个以上的战斗部,即串联战斗部,来实现战术使命。这就需要在同一弹药装置中安放两个以上的引信,来满足起爆多个战斗部的要求。由于引信结构复杂,作用可靠度低,必将对引信的设计及作用可靠性提出很高要求。同时,多个引信的使用也使得弹药的作用可靠度降低,研制成本大幅增加[3]。本文设计一种结构简单、作用可靠的安全型起爆装置代替用于起爆串联战斗部弹药的二级战斗部引信,完成起爆二级战斗部功能,进而提高弹药作用可靠性,缩短新型弹药研制周期,降低弹药研制成本。

1 方案设计

1.1 总体设计

在弹药用直列式火工品的设计原则的基础上,安全型起爆装置包括安全保险机构和燃烧转爆轰装置两部分。在储运过程中,安全保险机构和燃烧转爆轰装置通过泄压腔实现物理隔离。若安全保险机构内点火药意外作用,产生的点火能量通过泄压腔外泄,不会点燃下一级主装炸药;在使用过程中,活塞带动点火药室向前移动与燃烧转爆轰装置对接关闭泄压通道,点火药燃烧后产生的能量将隔片熔通,打开传火通道并点燃炸药,利用炸药的燃烧转爆轰机理,在管壳的约束下炸药由燃烧转变成爆轰,最终形成稳定的爆轰输出,起爆二级战斗部装药。安全型起爆装置设计结构示意图如图1所示。

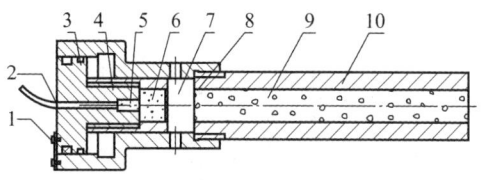

图1 安全型起爆装置结构示意图

1—剪切销;2—银导爆索;3—卡簧;4—活塞;
5—延期索;6—点火药;7—泄压腔;
8—隔片;9—炸药;10—管壳

1.2 具体结构设计

1.2.1 安全保险机构设计

安全保险机构包括剪切销、镊导爆索、卡簧、活塞、延期索、点火药、泄压腔,其作用原理是安全型起爆装置在非正常使用状态下,通过剪切销将活塞固定,预留出泄压腔。此时,点火药若意外燃烧,产生的能量从泄压腔外泄,保证无法点燃炸药;在使用状态下,在外力的作用下剪切销被剪断,同时推动活塞和点火药室向前移动与燃烧转爆轰装置对接,同时关闭泄压腔,使得点火药燃烧产生的能量将隔片熔通并点燃下一级炸药。

由于安全型起爆装置属于直列式火工品,所以在点火药的选择上选用了硼/硝酸钾点火药,在国内,硼/硝酸钾点火药也是唯一可直列的不需要隔爆的安全型点火药,在各类弹药中得到广泛使用,具有输出能量高、可靠性高及感度适中等特性[4]。在点火药药量的确定上,要求在非使用状态下,点火药燃烧产生的能量不足以熔通隔片,而在使用时能可靠熔通隔片,点燃炸药。所以分别选用了200 mg、300 mg、400 mg 的药量进行点火药作用安全性和可靠性测试,试验结果如表1所示。

表1 不同点火药药量作用安全性和可靠性测试结果

编号	点火药药量/mg	安全性	可靠性
1	200	隔片完好	隔片未被熔通,炸药未被点燃
2	300	隔片完好	隔片被熔通,炸药被点燃
3	400	隔片熔通	隔片被熔通,炸药被点燃

由表1可以看出,当点火药药量为200 mg时,能保证安全型起爆装置在非正常使用状态下的安全性,但是在正常使用时,由于药量太少,点火药燃烧产生的能量不足以将隔片熔通,无法正常点燃炸药,影响产品的作用可靠性。当点火药药量为400 mg时,由于点火药药量过多,在非正常使用状态下点火药燃烧产生的能量无法完全通过泄压腔外泄,直接将隔片熔通,无法保证产品的安全性。当点火药药量为300 mg时,既能保证安全型起爆装置在非使用状态下的安全性,也能保证其在使用状态下的可靠性。同时,考虑到点火裕度,上下各浮动20 mg,均能满足要求。所以,将点火药的药量控制在(300±20)mg。

1.2.2 燃烧转爆轰装置结构设计

1) 管壳材料的选择。

根据炸药的燃烧转爆轰机理,炸药装入管壳内有助于炸药的燃烧转爆轰,管壳的材料对炸药燃烧转爆轰有着重要的影响。赵同虎等[5]针对约束材料对炸药燃烧转爆轰的影响研究结果也表明,管壳材料强度越高,对于燃烧压力的约束效果越好,越有利于炸药的燃烧转爆轰,因此应选择高强度材料作为管壳作用材料。考虑到经济性和工艺性等综合性能,选择钢材作管壳材料,表2所示为具有代表性的三种常用钢材的机械性能。

由表2可知,35CrMnSi 强度高、硬度高、耐磨性好,常见用于枪管、炮管的制造,属于特殊材料,价格较高;20CrMnTi 和 45 钢具有良好的综合力学性能,应用广泛,易于采购,价格适中,20CrMnTi 力学性能比45 钢相对较好。所以根据三种材料的机械性能和经济性等综合因素考虑,确定安全型起爆装置材料使用20CrMnTi。管壳表面镀锌处理,可解决材料锈蚀问题。

表2 三种常用钢材机械性能

序号	材料牌号	拉伸强度 s_b/MPa	屈服强度 s_s/MPa
1	45 钢	≥590	≥355
2	20CrMnTi	≥1 080	≥835
3	35CrMnSi	≥1 620	≥1 275

2）炸药的选择。

安全型起爆装置作为直列式火工品，在炸药的选择上比较理想的是选择国内许用的传爆药。传爆药是一种用以传递爆轰的炸药，具有合适的感度和足够的起爆能力，其感度适中，能够被可靠起爆，同时传爆药通过《传爆药安全性试验方法》相关试验，其安全性符合要求，可在弹药中直接使用。表3列举了几种国内常用传爆药作为安全型起爆装置的备选药剂[6]。

表3 国内常用传爆药及其理化性能

传爆药	理论密度 /(g·cm^{-3})	一定密度下的爆速 /(m·s^{-1})	冲击波感度 /mm	主要配比
钝黑-5	1.800	8 245/1.667	11.21	98.5%~99%黑索今，1.0%~1.5%硬脂酸
聚黑-14	1.825	8 463/1.745	10.99	96.5%黑索今，3%氟橡胶，0.5%石墨
聚黑-6	1.764	8 308/1.700	10.99	97.5%黑索今，0.5%聚异丁烯，0.5%石墨，1.5%硬脂酸钙
聚奥-9	1.905	8 082/1.700	10.08	95%奥克托今，5%氟橡胶
聚奥-11	1.906	8 500/1.700	9.12	94%奥克托今，5%氟橡胶，1%石墨

根据炸药的燃烧转爆轰机理，炸药燃烧时，产生的气体产物使得火焰区的体积急剧膨胀，若产生的气体无法排除，后面燃烧的气体必然会不断地挤压先前产生的气体，并形成冲击波，当冲击波强度增大到某一临界值后，炸药就由燃烧转为爆轰。由表3列出的目前国内常用传爆药的性能可知，钝黑-5炸药冲击波感度较高，有利于炸药的燃烧转爆轰过程的实现，而且经济性较好，易采购。所以选用钝黑-5炸药作为安全型起爆装置的主装炸药，且根据钝黑-5炸药在管壳中燃烧的临界直径，确定炸药装药的直径为7 mm。

2 性能分析

根据安全型起爆装置的结构设计，选择较为合理的技术参数进行了产品试制和性能测试，即控制安全保险机构内点火药装药量为(300±20)mg，燃烧转爆轰装置内选择20CrMnTi作为管壳材料、钝黑-5炸药作为主装炸药，试制了200发安全型起爆装置，并进行了性能试验。

根据GJB 5309—2004《火工品试验方法》选取了常规检验火工品安全性和可靠性的试验方法，进行环境适应性和作用可靠性试验。主要试验项目如下：

（1）振动试验：产品在符合规定的振动试验机（WJ 231-1977）上水平放置，以(150±2)mm落高，频率为(1±1/60)Hz，连续振动2 h。

（2）锤击试验：产品在符合规定的锤击试验机（WJ 233-1977）上，以23齿（相当于30 000 g）输出端向下锤击一次。

（3）高温试验：产品在(70±2)℃的高温箱内保温48 h后转入(50±2)℃的高温箱内保温4 h。

（4）低温试验：产品经(-55±2)℃的低温箱内保温24 h后转入(-40±2)℃的低温箱内保温4 h。

（5）温度冲击试验：产品在(-55±2)℃的低温箱中保温4 h，取出后转入(70±2)℃的高温箱中保温4 h，如此重复三次。

（6）威力输出试验：依据GJB 736.3—1989《火工品试验方法——轴向输出测定钢块凹痕法》对输出威力进行测试，要求钢凹深度不小于1 mm。

试验结果如表 4 所示。

表 4 安全型起爆装置静态测试试验结果

序号	试验目的	试验项目	数量/发	输出威力钢 凹深度/mm	结果
1	安全性	振动、锤击后安全性试验	50	0	炸药未被点燃，安全性符合要求
2	安全性	振动、锤击、高温后威力输出	50	1.73~2.35	产品可靠作用
3	可靠性	振动、锤击、低温后威力输出	50	1.71~2.24	产品可靠作用
4	可靠性	振动、锤击、温冲后威力输出	50	1.71~2.15	产品可靠作用

由表 4 可以看出，在非正常使用状态时，若安全型起爆装置内的点火药意外作用，点火药燃烧产生的能量通过安全保险机构内的泄压腔释放，无法将炸药点燃，整个装置仍处于安全状态。在正常使用状态时，安全保险机构在外力的作用下推动到位，与燃烧转爆轰装置对接，从而关闭泄压腔，点火药燃烧产生的能量均正常点燃炸药，产品可靠作用。

3 结论

（1）安全型起爆装置通过安全保险机构和燃烧转爆轰装置相结合的方式，能够满足产品安全性和可靠性相互转换的使用要求。

（2）安全型起爆装置采用的药剂均满足国家直列式火工品许用药剂的要求，可以作为直列式火工品使用，无须隔爆。

（3）安全型起爆装置结构简单，作用可靠。当置信水平为 0.90 时，其作用可靠度下限为 0.98。

参 考 文 献

[1] 李斌. 串联战斗部前后级装药的影响 [J]. 机械管理开发, 2013 (2): 41-43.

[2] 黎春林. 攻坚战斗部试验研究 [J]. 弹箭与制导学报, 2003, 23 (1): 57-58.

[3] 胡焕性. 串联战斗部延时间选择 [J]. 火炸药学报, 2003, 26 (1): 1-4.

[4] 史春红. 直列式点火及其需用装药 [J]. 火工品, 1997, 000 (001): 48-52.

[5] 赵同虎, 张寿齐. DDT 管材料对颗粒状 RDX 床燃烧转爆轰影响的实验研究 [J]. 高压物理学报, 2000, 14 (2): 99-103.

[6] 王凯民. 火工品工程 [M]. 北京: 国防工业出版社, 2014.

微装药腔体热隔离规律研究

刘 卫,薛 艳,解瑞珍,刘 兰,任小明

(陕西应用物理化学研究所 应用物理化学国家级重点实验室,陕西 西安 710061)

摘 要:针对解决微推进器阵列装药腔体单元之间的串火问题,从材料和结构入手,开展微装药腔体热隔离规律研究,设计了矩形和环形两种热隔离腔结构。结果表明,采用玻璃装药腔体具有较好的热隔离效果。相邻装药腔体单元的最高温度随矩形隔离腔长度增加呈指数形式减小,随矩形隔离腔长度增加呈线性减小,随环形隔离腔延伸角度增加呈指数形式增加,随环形隔离腔外径增加呈指数形式减小,为固体化学微推进系统的结构优化设计提供了技术支撑。

关键词:兵器科学与技术;固体化学微推进阵列;热隔离;装药腔体;温度分布
中图分类号:TJ450.2 **文献标志码**:A

Research on thermal isolation capability of micro – explosive chamber

LIU Wei, XUE Yan, XIE Ruizhen, LIU Lan, REN Xiaoming

(National Key Laboratory of Applied Physics and Chemistry, Shannxi Applied Physics and Chemistry Research Institute, Xi'an 710061, China)

Abstract: Accidental fire phenomenon, that the ignition of one micro – explosive chamber element leads to that the adjacent ones are ignited, is a big problem for MEMS – based solid propellant micro – thruster arrays. In order to solve this problem, thermal isolation capabilities of micro – explosive chamber are modeled and simulated, and both the rectangle and annular isolation chambers were designed for comparision. The simulation results show that the glass – based micro – explosive chamber isolates heat better than the Si – based chamber. The maximum temperatures of the chamber adjacent to the central chamber decrease exponentially with the length increasing of rectangle isolation chamber, decrease linearly with the width increasing of rectangle isolation chamber, increase exponentially with the angle increasing of annular isolation chamber, and decrease exponentially with the radius increasing of annular isolation chamber, which are valuable for the design of MEMS – based solid propellant micro – thruster arrays.

Keywords: ordnance science and technology; MEMS – based solid propellant micro – thruster arrays; thermal isolation; chamber; temperature distributions

0 引言

由于微小型卫星具有体积小、质量轻、研制周期短、发射成本低等优点,可以一次发射数颗微小型卫星在宇宙空间组成卫星星座或让数颗微小型卫星形成编队飞行。推进系统是微小型卫星实现姿态调整和轨道控制的关键,目前常用的推进系统有电推进系统[1,2]、冷气推进系统[3]、固体化学推进系统等,其中固体化学推进系统具有可靠性高、推力范围广等特点。Carole Rossi[4~7]最先提出了能够产生

作者简介:刘卫(1986—),男,博士,目前主要从事 MEMS 火工品技术及火工品力学抗过载技术研究,E – mail:peony1303@126.com。

mN·s量级冲量的固体化学微推进概念,并对固体化学微推进阵列结构的制作、工艺、性能开展了大量的研究工作,获得了不同形式的固体化学微推进系统,测量得到微推力范围在0.1~1 mN之间。K. L. Zhang[8,9]设计了一种在硅基底上制作平面型结构微固体化学推进器阵列的技术,推进冲量为0.1 mN·s。Jongkwang Lee[10]、David H. Lewis[11]、Chengbo Ru[12]等采用不同的装药制作了固体化学微推进系统。

作为固体化学微推进系统的重要结构单元,微装药腔体用于装药,并对微装药的能量传递过程起到约束作用,这就要求装药腔具有一定的结构强度,能够承受药剂点火之后产生的压力。但是,由于微装药腔体与装药紧密接触,药剂引燃后会有部分热量损耗在装药腔体内,若装药腔体受热后温度足够高甚至能够形成串火。

本文针对解决固体化学微推进系统装药腔体单元之间的串火问题,采用数值计算方法,开展固体化学微推进系统单元的微装药腔体材料和结构形状对热隔离效果的影响规律研究,通过优选微装药腔体材料,以及在微推进器单元之间设置隔离腔等两种方法实现微推进器单元彼此热隔离,为固体化学微推进系统设计提供理论支撑。

1 热隔离结构设计

固体化学微推进系统由微结构换能元单元、微尺度装药单元、微尺度装药腔体以及微喷口单元组成。微装药腔体是利用ICP、反应离子刻蚀、化学腐蚀等方法在硅、玻璃等材料上制作而成,内部装填微装药。装药腔体平面结构如图1所示。

单个装药腔体及其周围8各装药腔体和矩形、环形隔离腔设计如图2所示。对于装药腔体层的设计,装药腔体单元与其同行和同列的装药腔体单元之间的距离为d_{e2e}。对于矩形隔离腔,其特征尺寸包括长度l、宽度w以及其与装药腔体单元之间的距离d_1;对于环形隔离腔,其特征尺寸包括内圆半径r_i、外圆半径r_o以及圆环延伸角度α。

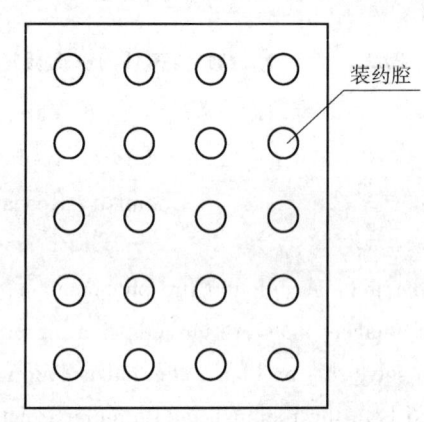

图1 固体化学微推进系统微装药腔体平面结构

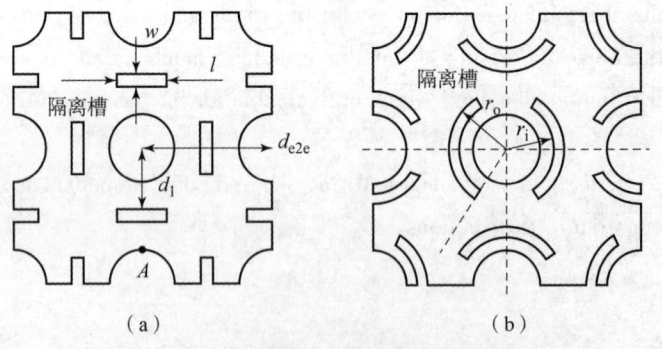

图2 单个装药腔体的隔离腔设计结构示意
(a)矩形隔离腔;(b)环形隔离腔

2 研究方法

利用ANSYS/Multiphysics软件,对装药腔体阵列开展电热耦合的数值仿真分析。以1∶1等比例尺寸建立仿真计算三维模型,该模型整体尺寸为4 mm×4 mm×1.5 mm。尽管模型具有xOy和yOz平面对称特征,但在考虑对流及热辐射损失的情况下,必须采用全尺寸建立模型。根据模型结构特征,考虑到减少计算时间的需求,对整体结构进行网格划分,效果如图3所示。设置模型所有外表面的热对流系数为

5，环境温度为 300 K。对中心的装药腔体单元施加温度约束，所有节点温度为 1 000 K。

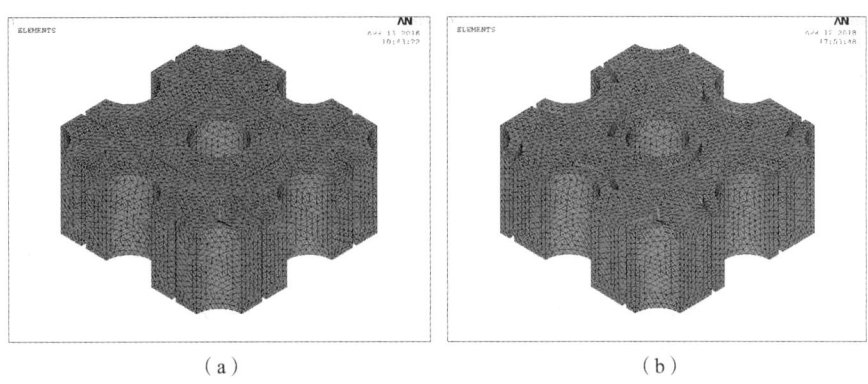

图 3　网格划分后的装药腔体

(a) 矩形隔离腔；(b) 环形隔离腔

装药腔体的材料为玻璃或硅，其材料基本参数如表 1 所示。

表 1　数值计算材料参数

材料	$c_v/(\mathrm{J \cdot kg^{-1} \cdot K^{-1}})$	$\lambda/(\mathrm{W \cdot m^{-1} \cdot K^{-1}})$	密度/$(\mathrm{kg \cdot m^{-3}})$	电阻率/$\Omega\mathrm{m}$
Si	703	148	2 350	2.52×10^{-4}

3　材料对热隔离效果的影响

研究装药腔体材料不同时对其热隔离效果的影响，获得了硅和玻璃装药腔体的温度分布，如图 4 所示。对装药腔体单元表面节点施加温度载荷，以其相邻装药腔体表面温度变化程度来评估其热隔离能力。计算时，装药腔体单元的直径为 1 mm，装药腔体单元与其同行和同列的装药腔体单元之间的距离 d_{e2e} 为 2 mm，装药腔体层的厚度为 1.5 mm。

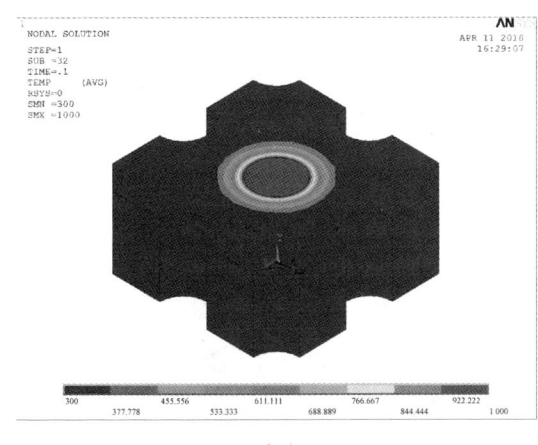
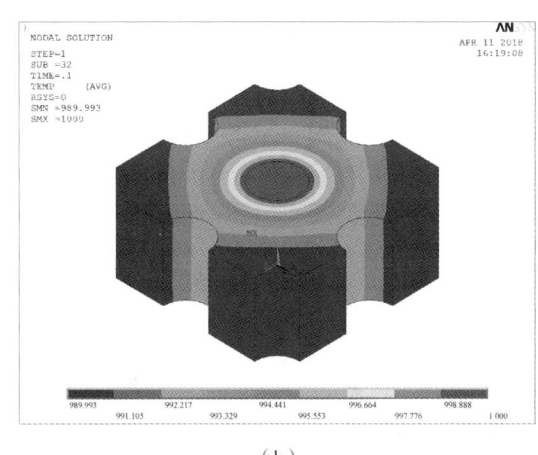

图 4　材料不同时装药腔体的温度分布

(a) 玻璃；(b) Si

可以看出，对于 Si 材料，中心装药腔体受热后，热量向周围装药腔体单元传导，其同列或同行相邻的装药腔体的温度最高达到了 990 K，而采用玻璃材料时，相邻装药腔体单元的最高温度只有 320 K 左右。因此，采用玻璃装药腔体具有较好的热隔离效果。

4 隔离腔形状对热隔离效果的影响

4.1 矩形隔离腔

研究环形隔离腔的长度和宽度对其热隔离能力的影响规律。计算时,装药腔体单元的直径为 1 mm,装药腔体单元与其同行和同列的装药腔体单元之间的距离 d_{e2e} 为 2 mm,装药腔体层的厚度为 1.5 mm。

1) 长度

研究矩形隔离腔的长度对其热隔离效果的影响规律,获得了不同时刻与模型中心装药腔体单元相邻的装药腔体单元表面的温度 – 时间曲线,如图 5 所示,提取最高温度,获得相邻装药腔体单元表面最高温度与矩形隔离腔长度之间的变化规律,结果如图 6 所示。

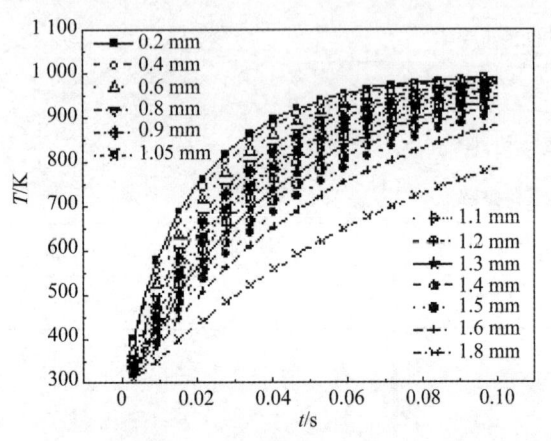 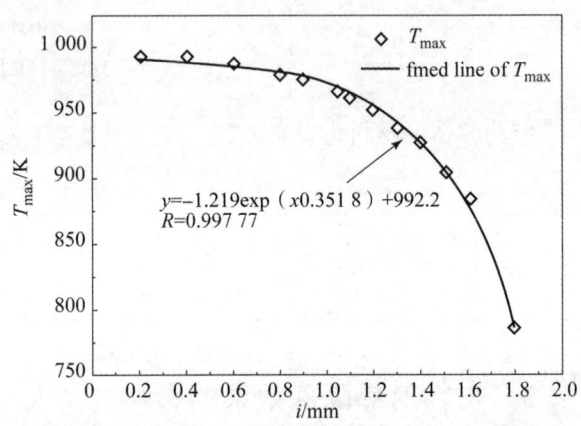

图 5 矩形隔离腔长度不同时相邻装药腔体的温升曲线　　图 6 相邻装药腔体最高温度与矩形隔离腔长度的关系

从图 5 可以看出,随着时间增加,相邻装药腔体表面温度不断增加,但增加速率在不断变慢。从图 6 可以看出,相邻装药腔体单元的最高温度随隔离腔长度增加呈指数形式不断减小。

2) 宽度

研究矩形隔离腔的宽度对其热隔离效果的影响规律,获得了不同时刻与模型中心装药腔体单元相邻的装药腔体单元表面的温度 – 时间曲线,如图 7 所示。提取中的最高温度,获得相邻装药腔体单元表面最高温度与矩形隔离腔宽度之间的变化规律,结果如图 8 所示。

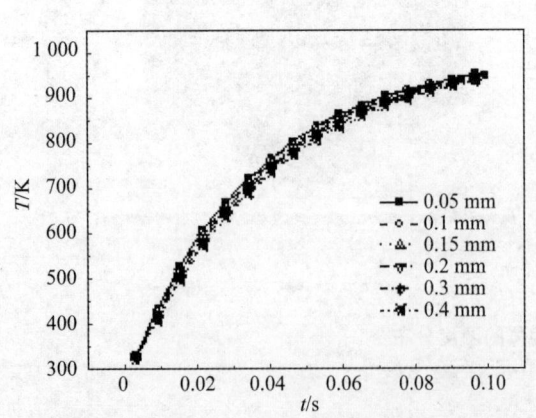 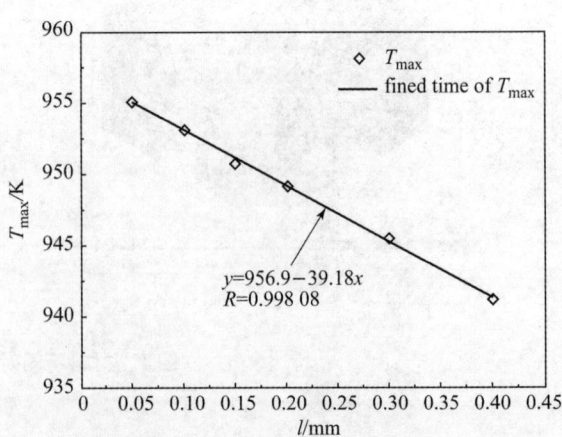

图 7 矩形隔离腔宽度不同时相邻装药腔体的温升曲线　　图 8 相邻装药腔体最高温度与矩形隔离腔宽度的关系

可以看出,随着时间增加,相邻装药腔体表面温度不断增加,但增加速率在不断变慢。比较隔离腔宽度不同时,相邻装药腔体单元表面温升历程相差不大,因此,在一定范围内,可以认为隔离腔宽度对矩形隔离腔的隔热性能无显著影响。从图 8 可以看出，相邻装药腔体单元的最高温度随隔离腔宽度增加呈线性减小。

4.2 环形隔离腔

研究环形隔离腔的长度和宽度对其热隔离能力的影响规律。计算时，装药腔体单元的直径为 1 mm，装药腔体单元与其同行和同列的装药腔体单元之间的距离 d_{e2e} 为 2 mm，装药腔体层的厚度为 1.5 mm。

1. 角度

研究环形隔离腔的延伸角度对其热隔离效果的影响规律，获得了不同时刻与模型中心装药腔体单元相邻的装药腔体单元表面的温度-时间曲线，如图 9 所示。提取中的最高温度，获得相邻装药腔体单元表面最高温度与环形隔离腔延伸角度之间的变化规律，结果如图 10 所示。

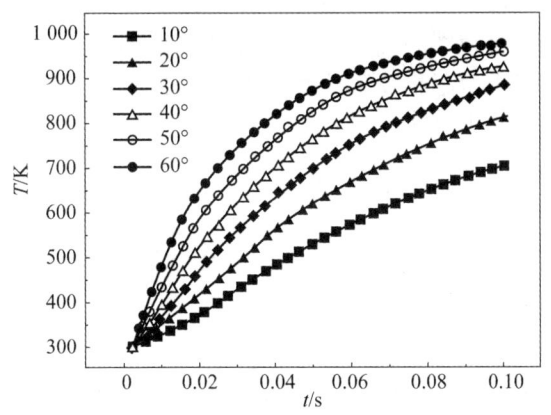
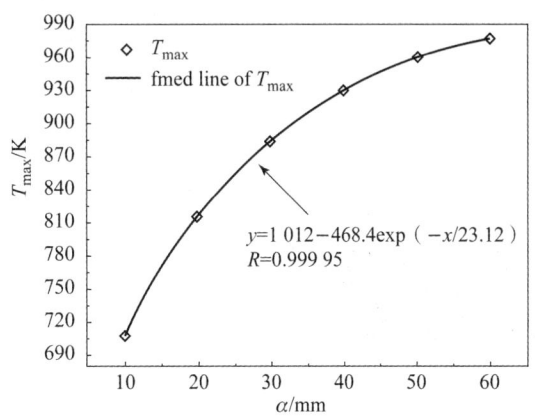

图 9　环形隔离腔角度不同时相邻装药腔体的温升曲线　　图 10　相邻装药腔体最高温度与环形隔离腔角度的关系

从图 9 可以看出，随着时间增加，相邻装药腔体表面温度不断增加，但增加速率在不断变慢。另一方面，同一时刻，环形隔离腔延伸角度越大，相邻装药腔体表面温度越大。从图 10 可以看出，相邻装药腔体单元的最高温度随环形隔离腔延伸角度增加呈指数形式不断增加。

2. 外径

研究环形隔离腔外径对其热隔离效果的影响规律，获得了不同时刻与模型中心装药腔体单元相邻的装药腔体单元表面的温度-时间曲线，如图 11 所示。提取其中的最高温度，获得相邻装药腔体单元表面最高温度与环形隔离腔外径之间的变化规律，结果如图 12 所示。计算过程中，保持环形隔离腔内径不变，延伸角度 α 为 30°。

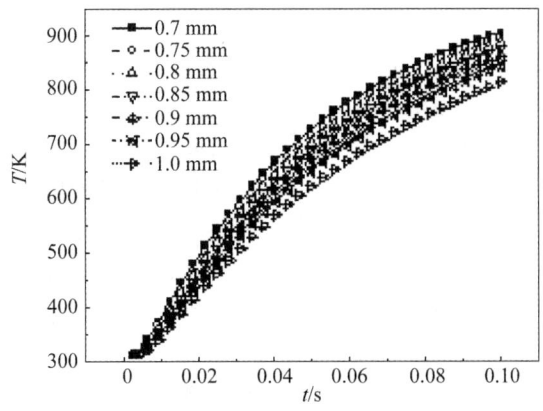
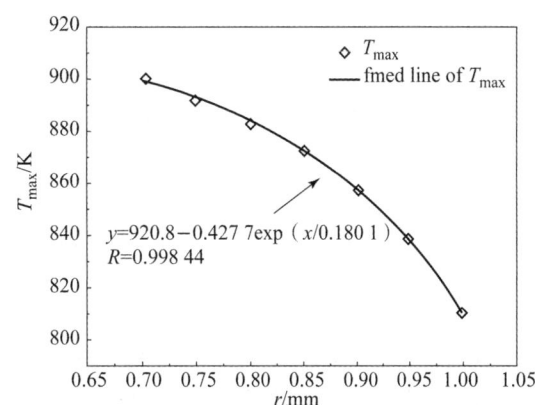

图 11　环形隔离腔外径不同时相邻装药腔体的温升曲线　　图 12　相邻装药腔体最高温度与环形隔离腔外径的关系

从图 11 可以看出，随着时间增加，相邻装药腔体表面温度不断增加，但增加速率在不断变慢。另一方面,同一时刻,环形隔离腔外径越大,相邻装药腔体表面温度越小。从图12可以看出,相邻装药腔体单元的最高温度随环形隔离腔外径增加呈指数形式不断减小。

5 结果与讨论

从热传导的角度考虑,要降低结构内部的热传导,可以从材料和结构两方面考虑。

对于装药腔体的材料,目前主要选用玻璃和硅。这两种材料导热系数之间差别较大(表1),导致二者的热传导能力具有明显差异。从理论上分析,材料的热导率越大,热传导的能力越强,热量扩散越快越显著。因此,由于Si材料的热导率远大于玻璃,对装药腔体的热量积累与耗散过程影响显著。因此,要避免装药腔体升温过程中引起相邻装药腔体单元温度升高,选用具有低导热系数的材料,从本质上就降低了热传导能力。

从结构设计上来说,主要是增加隔离腔,其作用主要是隔断装药腔体之间的热量传递过程。从上述研究结果来看,隔离腔的尺寸越大,中心装药腔体受热后对相邻装药腔体单元的影响越小,即相邻装药单元表面的温度越低。因此,为了避免装药腔体升温过程中引起相邻装药腔体单元温度升高,要尽量设计大尺寸的隔离腔,从实质上就隔断了装药腔体单元之间的热传导。

6 结论

通过本文研究主要得到以下结论:

(1) 从材料上来说,对于Si材料,中心装药腔体的相邻装药腔体温度最高,远高于采用玻璃材料时。因此,采用玻璃装药腔体具有较好的热隔离效果。

(2) 采用矩形隔离腔设计时,随着时间增加,相邻装药腔体表面温度不断增加,但增加速率在不断变慢。相邻装药腔体单元的最高温度随矩形隔离腔长度增加呈指数形式减小,相邻装药腔体单元的最高温度随矩形隔离腔宽度增加呈线性减小。

(3) 采用环形隔离腔设计时,随着时间增加,相邻装药腔体表面温度不断增加,但增加速率在不断变慢。相邻装药腔体单元的最高温度随环形隔离腔延伸角度增加呈指数形式增加,相邻装药腔体单元的最高温度随环形隔离腔外径增加呈指数形式减小。

参 考 文 献

[1] Fujimi Sawada Hideyuki Horisawa, Shuji Hagiwara, Ikkoh Funaki. Micro – multi – plasmajet array thruster for space propulsion applications [J]. Vacuum, 2010 (85): 574 – 578.

[2] G. Hernaiz, F. J. Diez, J. J. Miranda, et al. On the capabilities of nano electrokinetic thrusters for space propulsion [J]. Acta Astronautica, 2013 (83): 97 – 107.

[3] Ivanov M. S., Markelov G. N., Ketsdver A. D., et al. Numerical study of cold gas micronozzle flows [Z]. in: 37th Aerospace Sciences Meeting and Exhibit, 1999. [AIAA 99 – 0166].

[4] C. Rossi, B. Larangot, T. Camps, et al. Solid propellant micro – rocket – towards a new type of power MEMS [Z]. in: NanoTech 2002 – "At the Edge of Revolution", Houston, Texas, 9 – 12 September 2002. [AIAA 2002 – 5756].

[5] D. Est'Eve C. Rossi, N. Fabre, T. Do Conto, et al. A new generation of MEMS based microthrusters for microspacecraft applications [Z]. in: Proceedings of the Micro and Nano Technology for Space Applications (MNT'99), Pasadena, USA, April 1999, pp. 10 – 15.

[6] C. Rossi, A. Chaalane, D. Est'Eve. The formulation and testing of new solid propellant mixture (DB + x% BP) for a new MEMS – based microthruster [J]. Sensors and Actuators A, 2007 (138): 161 – 166.

[7] D. Est'Eve, C. Rossi. Micropyrotechnics, a new technology for making energetic microsystems: review and prospective [J]. Sensors and Actuators A, 2005 (120): 297 – 310.

[8] Carole RossiKaili Zhang, M Petrantoni. A nano initiator realized by integrating Al/CuO – based nanoenergetic materials with a Au/Pt/Cr microheater [J]. Journal of Microelectromechanical Systems, 2008, 17 (4): 832 – 836.
[9] S. K. Choua, K. L. Zhang, S. S. Ang. A MEMS – based solid propellant microthruster with Au/Ti igniter [J]. Sensors and Actuators A, 2005 (122): 113 – 123.
[10] Taegyu Kim Jongkwang Lee. MEMS solid propellant thruster array with micro membrane igniter [J]. Sensors and Actuators A: Physical, 2010 (157): 126 – 134.
[11] Jr. David H. Lewis, Siegfried W. Janson, Ronald B. Cohen, et al. Digital micropropulsion [J]. Sensors and Actuators A, Physical, 2000 (80): 143 – 154.
[12] Fei WangChengbo Ru, Jianbing Xu. Superior performance of a MEMS based solid propellant microthruster (SPM) array with nanothermites [J]. Microsystem Technologies, 2017, 23 (8): 3161 – 3174.

聚能装药非稳态压垮成型的理论计算方法

徐梦雯，黄正祥，祖旭东，肖强强，贾 鑫，马 彬

（南京理工大学 机械工程学院，江苏 南京 290014）

摘 要：以药型罩压垮理论为基础，考虑药型罩非稳态压垮过程，对药型罩的压垮角、射流和杵体的速度和质量等进行修正；以微元法建立Lagrange坐标系下射流微元的空间运动方程，编制了相应的计算程序，同时进行了相应的数值模拟以及试验验证。结果表明，通过与数值模拟以及试验结果对比分析可知，所建立的理论模型能有效计算射流成型参数，为聚能装药设计提供参考。

关键词：聚能装药；射流；非稳态；微元

Model of theoretical calculation method of shaped charge for unsteady collapse forming

XU Mengwen, HUANG Zhengxiang, ZU Xudong, XIAO Qiangqiang, JIA Xin, MA Bin

(School of Mechanical Engineering, Nanjing University of Science and Technology, Nanjing 210094, China)

Abstract: Based on the collapse rate of the liner made by P. J. Chou and Randers – Pehrson, in the condition of non – steady collapse of the liner, the pressure angle of the liner, the velocity and the mass of the jet and the pestle are corrected. Establishing the space motion equation of jet micro element in Lagrange coordinate system by means of infinitesimal element method, compiling the corresponding program. Comparison with numerical simulation and experimental results shows that the established jet analysis method can effectively calculate the parameters of jet forming, and provide a reference for the design of shaped charge.

Keywords: shaped charge; jet; unsteady state; infinitesimal element

0 引言

聚能战斗部是目前对付装甲目标最重要的战斗部之一。对于聚能射流的成型过程，先前诸多学者也进行了大量的研究，由于该过程比较复杂，因此在研究过程中进行了相关假设。目前常用的射流成型理论主要有定常理论、PER准定常理论和药型罩压垮的一般性理论等。其中，定常理论认为药型罩各处的压垮速度相同且为定值，准定常理论认为药型罩微元在压垮过程中压垮速度为定值，一般性理论中通常将微元压垮视为匀加速运动，认为微元瞬间加速到最终压垮速度，在此基础上，假定炸药与药型罩的相互作用是稳态的。在计算过程中，药型罩微元抛射角一般采用Taylor公式，药型罩均压垮至轴线处碰撞，形成射流和杵体部分。

文中以文献[1]中建立的考虑炸药冲量因素影响的药型罩压垮速度计算公式为基础，结合Randers – Pehrson提出的药型罩加速公式和Chou提出的时间常数τ和最终抛射角δ计算公式，在药型罩非稳态压垮条件下，采用微元分析法构建了射流空间运动方程，并以直径为56 mm的基准聚能装药为例，编程计

基金项目：2018年江苏省研究生科研与实践创新计划立项项目（No: KYCX18_0470）。

作者简介：徐梦雯（1993—），女，博士研究生，E – mail: 1571227703@qq.com。

算,获得了任一时刻的形态。

1 理论模型

1.1 基本假设

(1) 聚能装药为轴对称结构。
(2) 在爆轰压力作用下,药型罩为理想(无黏性)不可压缩流体,忽略各微元间的相互作用[2]。
(3) 药型罩在压垮过程中的抛射角保持不变,大小为最终抛射角[2]。
(4) 压垮过程中仅有第一个微元能直接压垮至轴线处,并且拉伸形成柱形轮廓,之后微元只能先压垮至前一微元拉伸形成的轮廓表面,且拉伸形成的轮廓为圆筒形,当轴线处微元断裂,射流与杵体分离时,后续微元才能运动至轴线。

上述假设中,其中(1)~(3)在之前的相关研究中都有所涉及,为了本文理论模型的建立,在数值模拟基础上提出了假设(4)。

1.2 数值模拟

利用 Autodyn 建立如图 1 所示聚能装药仿真初始模型,将药型罩母线用 10 种不同的颜色进行标记,射流拉伸成型时 10 种颜色材料分布如图 2 所示,药型罩顶部微元压垮至轴线处碰撞拉伸形成射流,拉伸至一定程度时断裂,射流与杵体分离,轴线处空间由下一种颜色材料填充,射流压垮成型过程与假设(4)一致。

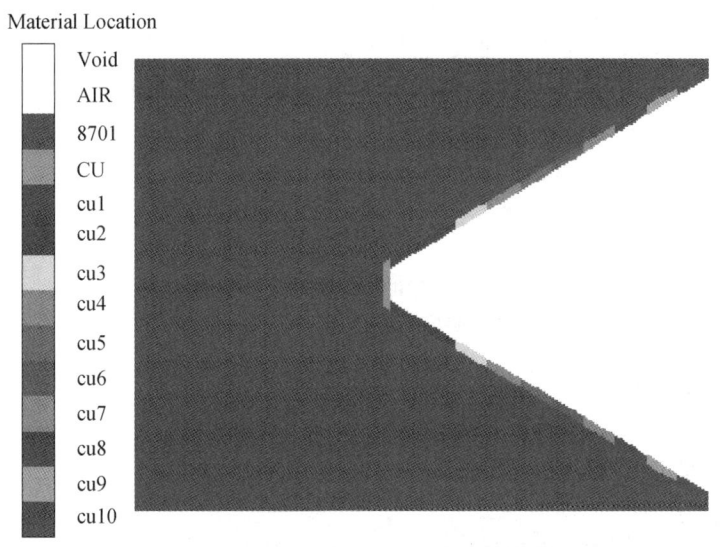

图 1 聚能装药仿真初始模型示意

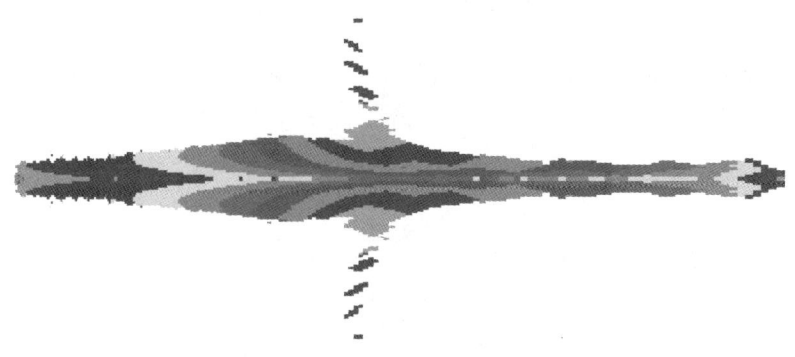

图 2 聚能射流成型

1.3 理论模型

图 3 所示为一般化的药型罩压垮过程示意，A 点为起爆点，P 为药型罩上任意点，药型罩压垮过程中涉及的主要参数有抛射角 δ、压垮角 β 和压垮速度 V_0 等，下面将分别给出相应的计算方法。

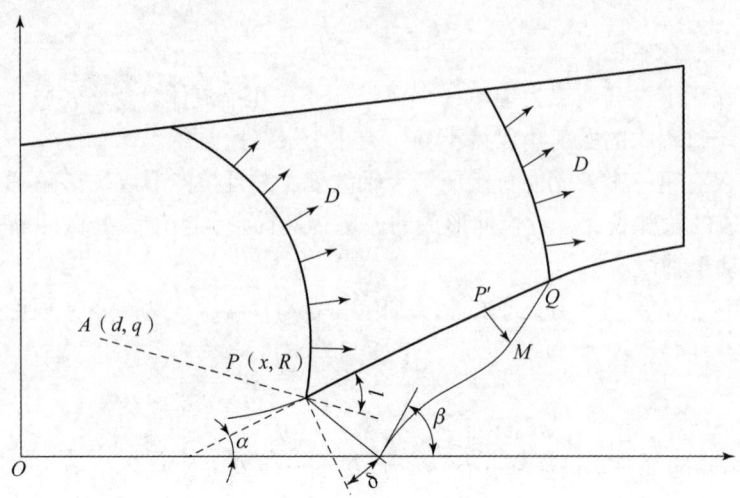

图 3　聚能装药几何关系和压垮示意

1.3.1 压垮速度计算

在经典 Gurney 方程[3]假设的基础上，利用动量守恒和能量守恒定理得到了无壳体聚能装药药型罩的最终压垮速度公式[1]。药型罩最终压垮速度与药型罩密度、锥角、药型罩在轴线上的位置以及装药密度、爆速、爆压和装药外径有关，当药型罩结构形状、装药参数确定后，药型罩最终压垮速度随之确定。

$$V_0 = \frac{1}{1+\mu}\left\{-\frac{A}{m_e} + \left[\frac{2E(\mu+1)}{N(\mu+1)-1} - \frac{A^2}{m_e^2}\left(\frac{1}{N(\mu+1)-1}\right)\right]^{\frac{1}{2}}\right\} \tag{1}$$

其中

$$A = C[0.921(m_0 V_0) + 0.207](R_O - R_I)\left(\frac{R_O}{R_I} - 1\right) \tag{2}$$

式中：m_0——药型罩单元面积质量；
R_O——装药半径；
R_I——药型罩外半径；
C——主要与 R_O/R_I 有关。

在任意时刻，药型罩的压垮速度可用下式计算：

$$V = V_0\left[1 - \exp\left(-\frac{t-t_0}{\tau}\right)\right] \tag{3}$$

式中：t_0 为爆轰波从起爆点传至药型罩表面 P 点的时间，根据图 3 可通过几何计算得到：

$$t_0 = \frac{\sqrt{(x-d)^2 + (R-q)^2}}{D_e} \tag{4}$$

1.3.2 抛射角

根据先前研究结果可得药型罩抛射角 δ[1]：

$$\delta = -\int_{t_0}^{t} V' \mathrm{d}t + \frac{1}{2V}\int_{t_0}^{t}(V^2)' \mathrm{d}t \tag{5}$$

当 $t \to \infty$ 时，药型罩压垮速度为其最终压垮速度 V_0，得到最终抛射角公式。由于药型罩压垮时间极短，在这一过程中抛射角变化相对于药型罩半锥角 α 而言可忽略不计，所以后续计算中可用最终抛射角进行罩微元压垮路程的计算。

$$\delta = \frac{V_0}{2U_e} - \frac{1}{2}\tau V_0{'} + \frac{1}{4}\tau{'} V_0 \tag{6}$$

式中，$U_e = D_e/\cos i$，为爆轰波扫过药型罩表面的速度，"'"为关于药型罩位置坐标微分，药型罩各个位置处的最终抛射角与聚能装药初始结构以及起爆点位置相关。

1.3.3 压垮角

根据假设（4），对于任意点 $P(x, R_I)$ [设为第 k ($k = n$) 个微元上的点] 将在前面药型罩 {第 1 ~ i [$i = 1, 2, \cdots, (n-1)$] 个微元} 形成的射流上发生碰撞，碰撞点处射流半径为 R，碰撞时刻为 t，碰撞前达到的压垮速度为 V_c。

$$\frac{R_I - R}{\cos(\alpha_I + \delta)} = \int_{t_0}^{t_c} V_0 \left[1 - \exp\left(-\frac{t_c - t_0}{\tau}\right)\right] dt \tag{7}$$

$$\frac{R_I - R}{\cos(\alpha_I + \delta)} \doteq V_0 \left\{(t_c - t_0) + \tau\left[\exp\left(-\frac{t_c - t_0}{\tau}\right) - 1\right]\right\} = V_0(t_c - t_0) - V_c \tau \tag{8}$$

P 在任意时刻 t 坐标 (z, r)：

$$z = x + V_0 \sin(\alpha_I + \delta) \left\{(t - t_0) + \tau\left[\exp\left(-\frac{t - t_0}{\tau}\right) - 1\right]\right\} \tag{9}$$

$$r = R_I - V_0 \cos(\alpha_I + \delta) \left\{(t - t_0) + \tau\left[\exp\left(-\frac{t - t_0}{\tau}\right) - 1\right]\right\} \tag{10}$$

碰撞点（驻点）坐标 (z_c, r_c)：

$$z_c = x + V_0 \sin(\alpha_I + \delta) \left\{(t_c - t_0) + \tau\left[\exp\left(-\frac{t_c - t_0}{\tau}\right) - 1\right]\right\} \tag{11}$$

$$r_c = R_I - V_0 \cos(\alpha_I + \delta) \left\{(t_c - t_0) + \tau\left[\exp\left(-\frac{t_c - t_0}{\tau}\right) - 1\right]\right\} \approx R \tag{12}$$

罩微元在碰撞点处的压垮角：

$$\tan\beta = \frac{\tan\alpha_I + (R_I - R)\left[\tan(\alpha_I + \delta)(\alpha_I{'} + \delta{'}) - \frac{V_0{'}}{V_0}\right] + V_c t_0{'}\cos(\alpha_I + \delta) - \frac{\tau{'}}{\tau}[(R_I - R) - V_c\cos(\alpha_I + \delta)(t_c - t_0)]}{1 + (R_I - R)\left[(\alpha_I{'} + \delta{'}) + \frac{V_0{'}}{V_0}\tan(\alpha_I + \delta)\right] - V_c t_0{'}\sin(\alpha_I + \delta) + \frac{\tau{'}}{\tau}\tan(\alpha_I + \delta)[(R_I - R) - V_c\cos(\alpha_I + \delta)(t_c - t_0)]} \tag{13}$$

1.3.4 压垮角

根据质量守恒和动量守恒可获得射流和杵体的质量及速度。

$$\begin{cases} V_1 = \dfrac{V_c \cos(\beta - \alpha_I - \delta)}{\sin\beta} \\ V_2 = \dfrac{V_c \cos(\alpha_I - \delta)}{\sin\beta} \end{cases} \tag{14}$$

$$\left\{V_j = V_1 + V_2 = V_c \csc\frac{\beta}{2}\cos\left(\alpha_I + \delta - \frac{\beta}{2}\right)\quad V_s = V_1 - V_2 = V_c \sec\frac{\beta}{2}\sin\left(\alpha_I + \delta - \frac{\beta}{2}\right)\right. \tag{15}$$

$$\frac{dm_j}{dm} = \sin^2\frac{\beta}{2}; \quad \frac{dm_s}{dm} = \cos^2\frac{\beta}{2} \tag{16}$$

1.3.5 射流微元半径

设 $t_c(i)$ 为第 i ($i = 1, 2, \cdots, i$) 个微元到达碰撞点处的时刻，第 k ($k \leq i$) 个微元到达碰撞点处时射流半径为 $R(k-1, i)$（第 1 ~ $(k-1)$ 个微元在 $t_c(i)$ 时刻拉伸组合形成的射流半径）。根据假设（4）

各微元碰撞点都在前一微元形成射流的表面或其轮廓线延长线上,各微元的碰撞点坐标为 $[z_c(k,i), r_c(k,i)]$。

在 $t_c(i)$ 时刻,第 i 个微元压垮至前一微元表面时,第 k $[k=1,2,\cdots,(i-1)]$ 个微元拉伸后形成的射流头部、驻点及杵体尾部的轴向坐标:

$$z_j(k,i) = z_c(k) + [t_c(i) - t_c(k)]V_j(k) \tag{17}$$

$$z_z(k,i) = z_c(k) + [t_c(i) - t_c(k)]V_1(k) \tag{18}$$

$$z_s(k,i) = z_c(k) + [t_c(i) - t_c(k)]V_s(k) \tag{19}$$

各微元形成的射流部分和杵体部分的长度均为:

$$l_j(k,i) = [t_c(i) - t_c(k)]V_2(k) \tag{20}$$

根据假设(4),射流微元拉伸变形为圆筒形,根据各微元质量守恒可以得到第 $1 \sim k(k<i)$ 个微元在 $t_c(i)$ 时刻拉伸组合形成的射流半径。

$$R(k,i) = \left[\frac{[R_I^2(k) - R_{Ii}^2(k)]\sin^2\left(\frac{\beta(k)}{2}\right) \cdot \mathrm{d}l}{[t_c(i) - t_c(k)]V_2(k)} + R^2(k-1,i)\right]^{1/2} \tag{21}$$

式中:R_I,R_{Ii}——在 x 位置处对应的药型罩内外半径。

此时,第 i 个微元的压垮距离为

$$\begin{aligned}S(i) &= \frac{R_I(i) - R(i-1,i)}{\cos[\alpha_I(i) + \delta(i)]} \\ &= V_0(i)\left\{[t_c(i) - t_0(i)] + \tau(i)\left[\exp\left(-\frac{t_c(i) - t_0(i)}{\tau(i)}\right) - 1\right]\right\}\end{aligned} \tag{22}$$

根据假设(4),微元拉伸至一定程度后在驻点处断裂,断裂后分离的射流微元和杵体微元分别以断裂时的状态继续运动,该微元射流与杵体间空间将由下一微元填补。

2 仿真与试验验证

进行计算验证的聚能装药直径为 56 mm,药型罩锥角为 60°,壁厚为 1 mm,罩材为紫铜,装药为 8701 炸药。下面分别采用 Ls-Dyna 和文中方法进行射流成型计算,并将结果与试验结果对比。

表 1 和表 2 分别给出了药型罩材料(无氧铜)以及 8701 炸药的相关材料参数。

表 1 药型罩材料参数

材料	$\rho/(\mathrm{g \cdot cm^{-3}})$	E/GPa	V	A/MPa	B/MPa	n	C	m	TM/K	TR/K
无氧铜	8.96	1.38	0.35	90	292	0.31	0.025	1.09	1 360	293

表 2 8701 高能炸药材料参数

材料	$\rho/(\mathrm{g \cdot cm^{-3}})$	$D/(\mathrm{m \cdot s^{-1}})$	P_{CJ}/GPa	β
无氧铜	1.717	8 835	33.7	0

图 4 所示为起爆后 30 μs 时理论分析与数值模拟的射流形状对比,图 5 所示为该时刻射流速度随射流坐标变化的对比。

由图 4 可见,数值模拟得到的射流有明显的反向速度梯度,射流头部有材料堆积,并且理论计算得到的射流头部位置与数值模拟吻合较好,在 $x=180$ mm 位置处,数值模拟与理论分析获得的射流头部半径分别为 0.937 5 mm 和 1.115 mm,两者相差 0.177 5 mm,偏差为 18.93%;在 $x=105$ mm 位置处,数值模拟与理论分析获得的射流尾部半径分别为 2.601 7 mm 和 3.572 5 mm,两者相差 0.970 8 mm,偏差为 37.3%;理论分析和数值模拟获得的射流长度吻合较好,但两者杵体运动状态相差较大。

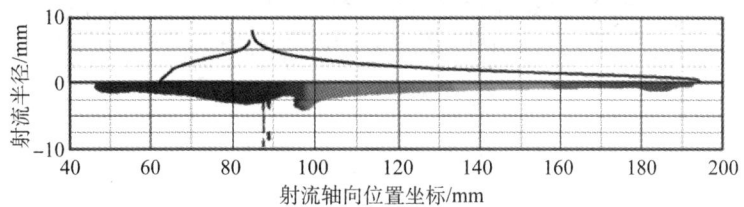

图 4　30 μs 时理论分析和数值模拟的射流形状对比

由图 5 可见,在起爆 30 μs 时理论分析和数值模拟获得的射流头部最大速度分别为 6 626 m/s 和 6 695 m/s,两者相差 69 m/s,偏差为 1.03%;在 $x=105$ mm 位置处,理论分析和数值模拟获得的射流尾部速度分别为 2 835 m/s 和 2 420 m/s,两者相差 415 m/s,偏差为 17.15%。

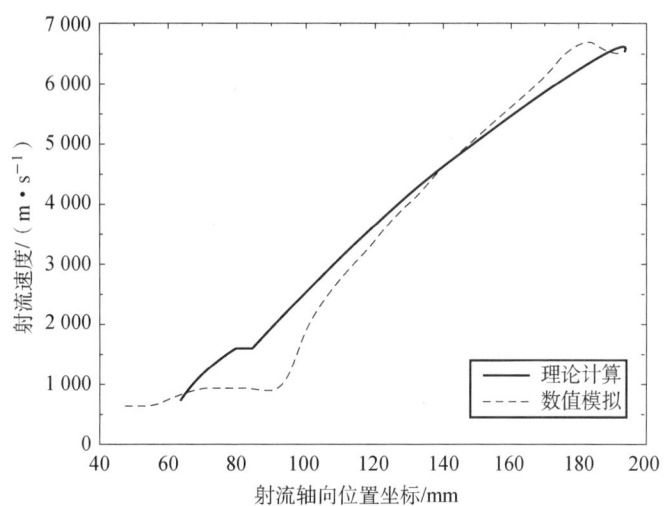

图 5　30 μs 时射流速度随射流坐标的变化

图 6 所示为试验获得的射流在起爆后 30 μs 的 X 光照片。

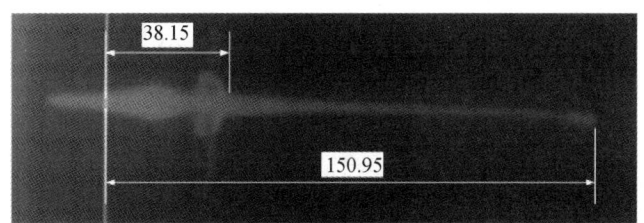

图 6　30 μs 时射流形态和位置

表 3 所示为此时理论分析与试验结果对比。由表 3 可见,理论分析和试验获得的射流头部速度和半径吻合较好。

由以上对比可见,文中方法分析得到的射流头部速度和半径与数值模拟和试验结果吻合较好,而射流尾部与杵体形态具有一定偏差,但仍具有较强的可比性,可满足初步工程设计要求。

表 3　30 μs 时射流头部速度与半径与试验结果对比

项目	试验结果	理论计算	误差
射流头部速度	6 510 m/s	6 626 m/s	1.78%
射流头部半径	1.230/mm	1.115/mm	9.35%

3　结论

本文以 P. J. Chou 和 Randers - Pehrson 得到的药型罩压垮速度为基础,建立了药型罩在非稳态压垮过程中药型罩的压垮角、射流和杵体的速度和质量的理论计算方法,并提出用微元分析方法描述射流形成过程。通过与数值模拟和试验结果的对比分析表明,文中建立的理论计算方法在计算射流头部速度和射流形态上具有较好的精度。

参 考 文 献

[1] P. C. Chou, J. Carleone, W. J. Flis, et al. Improved formulas for velocity, acceleration and projection angle of explosively driven liners [J]. Propellants Explosive Pyrotechnics, 1983: 175 – 183.

[2] 黄正祥. 聚能装药理论与实践 [M]. 北京:北京理工大学出版社, 2014.

[3] Gurney R W. The initial velocities of fragments from bombs, shells, and grenades [R]. U. S. Army Ballistic Research Lab, BRL Report 405, 1943. Report ARBRL – CR – 00461, 1981, AD A104682.

[4] Randers – Pehrson G. An improved equation for calculating fragment projection angle [C]. Proc. 2nd Int. Symp on Ballistics, Daytona Beach, FL, 1976: 9 – 11.

[5] 孙传杰,卢永刚,李会敏. 基于 PER 理论的聚能装药射流理论计算方法 [J]. 弹箭与制导学报, 2009, 29 (4): 99 – 102.

密排陶瓷球复合装甲抗侵彻性能研究

曹进峰,赖建中,周捷航,尹雪祥

(南京理工大学 材料科学与工程学院,江苏 南京 210094)

摘 要:陶瓷材料具有质量轻、硬度高、抗压强度高等优异的力学性能。采用试验和数值模拟的方法研究了密排陶瓷球结构相较于陶瓷面板结构的优越性。结果表明,密排陶瓷球结构在抗多发弹性能、致弹体偏航性能上有不俗的表现。陶瓷球的使用在防护结构中是经济的,因为损坏的陶瓷球可以被替换,而未损坏的陶瓷球可重复使用。在验证数值模型有效性的基础上,对密排陶瓷球(水泥基)复合靶板的不同弹着点位置和弹体不同入射角的影响进行了研究。分析了密排陶瓷球结构的薄弱弹着点位置以及弹体偏航效果和防护性能与入射角的关系。

关键词:密排陶瓷球;弹道偏航;抗多发弹;弹着点;入射角
中图分类号:TJ410;TJ04 **文献标志码**:A

Anti-penetration performance of close-packed ceramic ball composite armor

CAO Jinfeng, LAI Jianzhong, ZHOU Jiehang, YIN Xuexiang

(School of Materials Science and Engineering, Nanjing University of Science and Technology, Nanjing 210094, China)

Abstract: Ceramic materials have excellent mechanical properties such as light weight, great hardness and high compressive strength. The superiority of the close-packed ceramic ball structure compared with the ceramic panel structure was researched by means of experiments and numerical simulations. The results show that the close-packed ceramic ball structure has a good performance in resisting multiple bullets and causing the yawing of the projectile. The use of ceramic balls is economical in protection field because damaged ceramic balls can be replaced and undamaged ceramic balls can be reused. Based on the validity of the verified numerical model, the effects of different impact points and different projectile incident angles of the close-packed ceramic ball (cement-based) composite target were studied. The position of the weak impact point of the close-packed ceramic ball structure and the relationship between the yawing effect and the protective performance of the projectile and the incident angle were analyzed.

Keywords: close-packed ceramic ball; ballistic yaw; resist multiple shots; impact point; incident angle

0 引言

陶瓷材料因其低密度、高强度、价格低廉、易制备等优点带来的高防护和高机动性能而被广泛应用

基金项目:国家自然科学基金(51678308,51278249)。
作者简介:曹进峰(1993—),男,南京理工大学,研究生,Email:1175014321@qq.com。

于轻质复合装甲设计[1]。传统的陶瓷复合装甲主要以陶瓷作为面板,以金属或纤维作为背板,利用陶瓷的高硬度和高弹性模量钝化、侵蚀并破碎弹体,利用金属或纤维的延展性和韧性捕获陶瓷碎片和残余弹片,通过塑性变形以吸收残余动能并为陶瓷面板提供支撑。但当弹体撞击陶瓷面板时,产生高速压缩应力波沿厚度方向传播到两种材料界面时一部分发生反射,从而以弹着点为中心形成陶瓷锥,宏观裂纹向四周大量扩展,最终造成整块陶瓷板的破坏,从而致使靶板无法抵御二次打击。同时在传统的防护设计中,混凝土是应用最广泛的材料之一,可以抵抗弹体产生的冲击载荷。

交错密排的陶瓷球防护层作为一种新型的防弹结构,尚未发现有大量相关文献的记载。以混凝土为基体封装交错密排的陶瓷球制成密排陶瓷球复合材料面板,在弹体与靶板作用过程中弹着点附近陶瓷球失效,但是周围部分仍能保持原有抗弹性能,因此整个陶瓷层具有很强的防弹能力,可以有效地防止裂纹大面积扩展至整块陶瓷板,克服了前人研究的防弹陶瓷板破碎后整体失效的缺点,同时有效减少侵彻过程中陶瓷的飞溅。此外,陶瓷球受力时与相邻球体发生碰撞,能够把弹体的集中冲击载荷变成分布载荷;陶瓷球由于其本身固有的弧面属性,可以提供不对称的阻力,以对抗弹体撞击,从而改变弹道造成弹体的偏航效果,减少侵彻深度,增加靶板耗能,提高防护性能。

通常复合装甲受损后的修复方法是更换已损坏的抗弹层,这种方法修复后能够满足防护能力的要求,但成本高昂,操作复杂,不便于实施。对于密排陶瓷球结构面板,被冲击破坏的陶瓷球可以进行快速修复。清理弹着点附近粉碎区的陶瓷球和混凝土碎粒和残渣,填充以新的陶瓷球,并利用混凝土进行封装可以在保证防护性能的前提下实现快速修复[2]。

ANSYS/LSDYNA 作为世界上最著名的基于有限元法的通用显式非线性动力学分析模拟软件,能够模拟真实世界的各种复杂几何非线性、材料非线性和接触非线性问题,具有相当丰富的单元库,如实体单元、壳单元、梁单元等[3]。ANSYS/LSDYNA 也具有相当丰富的材料模型库,可以模拟如金属、橡胶、聚合物、复合材料等工程材料的性能。ANSYS/LSDYNA 功能强大,使用起来十分简便,即使是高度非线性的问题,也只需要提供结构的几何结构、材料性能、边界条件和载荷工况等工程数据,即可建立模型完成前处理过程。特别适合求高速碰撞、爆炸和弹体侵彻靶板等非线性动力学冲击问题。

本文通过有限元数值模拟手段重点分析讨论了密排陶瓷球结构相对于传统的以陶瓷板作复合靶板面板的优越性,以及分析讨论了不同弹着点位置和不同入射角下密排陶瓷球(水泥基)复合靶板的防护性能。

1 数值模拟

1.1 有限元几何模型、接触及仿真实验

本文采用 ANSYS 经典界面进行前处理,LSDYNA 软件进行求解,LS-PrePost 软件进行后处理。出于计算精度、收敛性的考虑,对几何模型的正确简化至关重要。12.7 mm 穿甲弹在侵彻过程中弹芯起主要作用,本文弹体模型为弹芯模型。为有效模拟弹体的弹道偏航,对于密排陶瓷球(水泥基)面板,采用完整模型而非 1/4 模型。靶板铺层顺序为密排陶瓷球(水泥基)/TC4 过渡板/Kevlar 纤维板/TC4 背板,几何模型如图 1 所示,其中陶瓷球密排方式和水泥基体截面如图 1 右侧所示。靶板尺寸为 100 mm × 100 mm,三层背板厚度垂直迎弹面方向分别为 4 mm/5 mm/3 mm。接触算法采用罚函数法(penalty method),弹体与靶板之间的接触为面面侵蚀,靶板中不同板之间的接触为面面自动侵蚀,靶板周边采用完全约束。其中水泥基复合材料的配合比如表 1 所示,实验参数如表 2 所示。

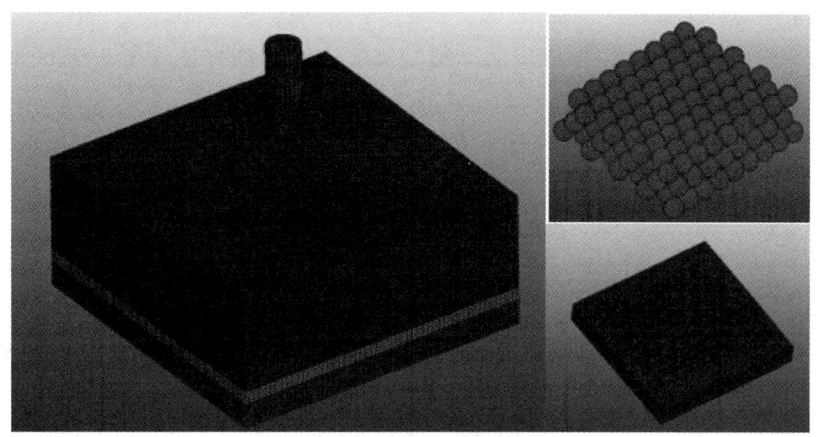

图 1 弹体靶板有限元模型

表 1 超高性能混凝土配合比

原料	胶凝材料/%			砂胶比	水胶比	减水剂/%	消泡剂/%	钢纤维/%
	水泥	硅灰	矿渣					
比例	50	20	30	1	0.2	1.6	0.04	3

表 2 实验参数

编号	陶瓷球直径/mm	层数	弹着点	入射角/(°)	V_0/(m·s^{-1})	V_r/(m·s^{-1})	结果
1	—	—	—	0	820	0	NP
2	10	3	Position1	0	820	0	PP
3	10	3	Position2	0	820	175	CP
4	10	3	Position3	0	820	222	CP
5	10	3	Position4	0	820	71.5	CP
6	10	3	Position1	5	820	0	PP
7	10	3	Position1	10	820	0	PP
8	10	3	Position1	20	820	0	PP
9	10	3	Position1	30	820	0	NP
10	10	3	Position3	30	820	0	NP

注：NP 表示靶板未穿孔，PP 表示部分穿透，CP 表示完全穿透，V_0 表示弹体入射速度，V_r 表示弹体剩余速度。

1.2 材料本构模型

Johnson Holmquist Ceramics (Mat_110)，又名 JH-2 模型，用于模拟脆性材料如 Al_2O_3 陶瓷。JH-2 强度模型构建了陶瓷强度随损伤累积连续减小的对应关系[4,5]：

$$\sigma^* = \sigma_i^* - D(\sigma_i^* - \sigma_f^*) \tag{1}$$

其中，应力在 Hugoniot 弹性极限状态下通过归一化处理变成了无量纲的等效应力，如下：

$$\sigma^* = \sigma/\sigma_{HEL} \tag{2}$$

无量纲的初始强度和失效强度如下：

$$\sigma_i^* = A(P^* + T^*)^N [1 + C\ln(\dot{\varepsilon}/\dot{\varepsilon}_0)] \tag{3}$$

$$\sigma_f^* = B(P^*)^M [1 + C\ln(\dot{\varepsilon}/\dot{\varepsilon}_0)] \tag{4}$$

式中：A，B，C，M，N——材料常数；

D——损伤因子 ($0 \leq D \leq 1$)。

JH-II 的损伤函数表示积累的塑性应变达到材料发生破碎的塑性应变时，裂纹聚集致使材料破碎。其中，材料的破碎塑性应变可表示为

$$\varepsilon_p^f = D_1(P^* + T^*)^{D_2} \tag{5}$$

压力模型为

$$P = K_1 \mu + K_2 \mu^2 + K_3 \mu^3 + \Delta P \tag{6}$$

式中：K_1，K_2，K_3——常数。

μ——压缩系数。

当损伤开始累积（$d > 0$）时，就会发生膨胀。膨胀效应是通过增加增量压力 p 来增加压力或体积应变。

弹体（STEEL4340）、TC4（Ti6Al4V）钛合金选用 Johnson Cook（Mat_15）模型。J-C 模型中的流变应力定义为应变硬化、应变率硬化和热软化的函数，如下[6]：

$$\sigma = [A + B\varepsilon_p^n][1 + C\ln \dot{\varepsilon}^*][1 - (T^*)^m] \tag{7}$$

J-C 损伤模型为

$$D = \sum \left(\frac{\Delta s_p}{s_p^f} \right) \tag{8}$$

式中：D 用来评估材料的损伤情况，ε_p^f 是等效失效应变：

$$\varepsilon_p^f = [D_1 + D_2 \exp(D_3 \sigma^*)][1 = D_4 \ln \dot{\varepsilon}^*][1 + D_5 T^*] \tag{9}$$

Concrete Damage Rel3（Mat_72R3）材料模型用于模拟混凝土材料，该模型考虑了三种主要的剪切破坏面和应变影响。基于密度、泊松比和无约束单轴抗压强度的简单输入，该模型可以自动生成模型参数和状态方程[7]。

Composite Damage（Mat_22）模型用来模拟 Kevlar©纤维，主要包括以下几个部分：用一组正交各向异性本构关系表示的状态方程（EOS）来定义压力、密度和内能之间的关系；失效模型用于定义应力-应变准则和材料失效。当侵蚀的瞬时几何应变超过一定值时，侵蚀模型被用来去除高度扭曲的元素[8]。有关模型及模型参数的详细说明请参见参考文献 [4~8]。

1.3 模型有效性验证

本文 1 号实验靶板，其结构配置为 6061 铝合金（1 mm）+ Al_2O_3 陶瓷板（14 mm）+ TC4（4 mm）+ Kevlar（5 mm）+ TC4（3 mm）。弹体为 12.7 mm 穿甲弹，弹芯质量为 16 g，弹芯直径为 10.9 mm，弹芯长 31.8 mm，弹速为 820 m/s。图 2（a）所示为侵彻实验装置，通过调节保持弹靶水平一致，54 式弹道枪用于发射国 84 式 12.7 mm 穿甲弹，两层锡箔靶用于测量弹体入射速度。图 2（b）（c）所示为靶板实体和有限元模型。针对该组靶板实验结果，对有限元模拟结果进行有效性验证。

1 号靶板弹体剩余速度为 0，实验过程中，陶瓷板由于本身脆性发生崩落，同时弹体无法收集，但从现场收集的背板层可以发现弹体并未穿透 TC4 过渡板，从而背板层由于产生塑性变形以吸收耗能，均有一定程度的隆起高度。1 号靶板金属和 Kevlar 板的模拟和实验结果如图 3 所示。TC4 过渡板隆起高度为 8.4 mm，实验结果为 10.2 mm。TC4 背板的隆起高度为 7.5 mm，实验结果为 7.8 mm。Kevlar 板的隆起高度为 8.1 mm，实验结果为 8.0 mm，基本一致。引起变形数据误差的主要原因是数值模拟与实际实验材料性能略有差异。如图 4（a）所示，在仿真工况中，随着弹体进一步侵彻，弹体与破碎的陶瓷碎片发生磨蚀，推动陶瓷碎片向前运动，把它们挤入陶瓷板和 TC4 过渡板之间从而导致两者脱离，损伤裂纹蔓延至陶瓷板边缘处，陶瓷板底部完全破碎成小碎片。对比实验工况，在金属板表面陶瓷大面积脱离，金属表面残留的是破碎成小块的陶瓷碎片，与实验相符。综上所述，有限元几何模型，材料模型及参数，边界条件与接触，求解控制等与本文的实验结果拟合准确，误差较小，可以通过数值仿真模拟进行下面的优化设计和模拟分析。

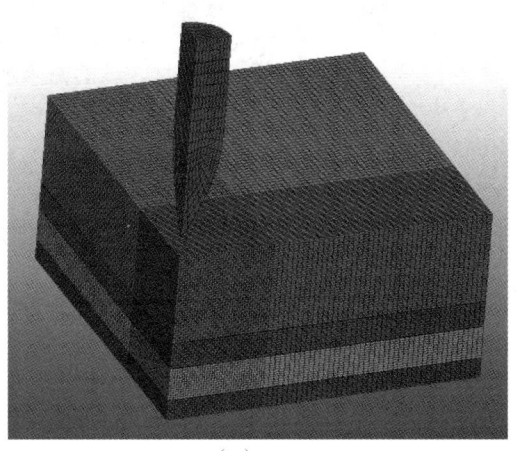

图 2　发射装置和靶板

(a) 发射装置；(b) 靶板实体模型；(c) 靶板 1/4 有限元模型

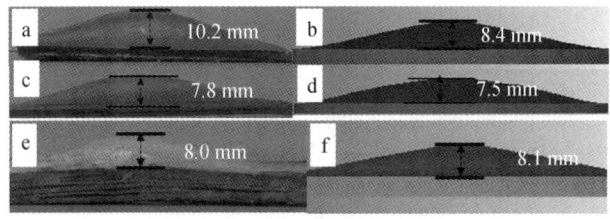

图 3　1 号靶实验和模拟结果

(a) TC4 过渡板实验损伤结果；(b) TC4 过渡板仿真损伤结果；
(c) TC4 背板实验损伤结果；(d) TC4 背板仿真损伤结果；
(e) Kevlar 板实验损伤结果；(f) Kevlar 板仿真损伤结果

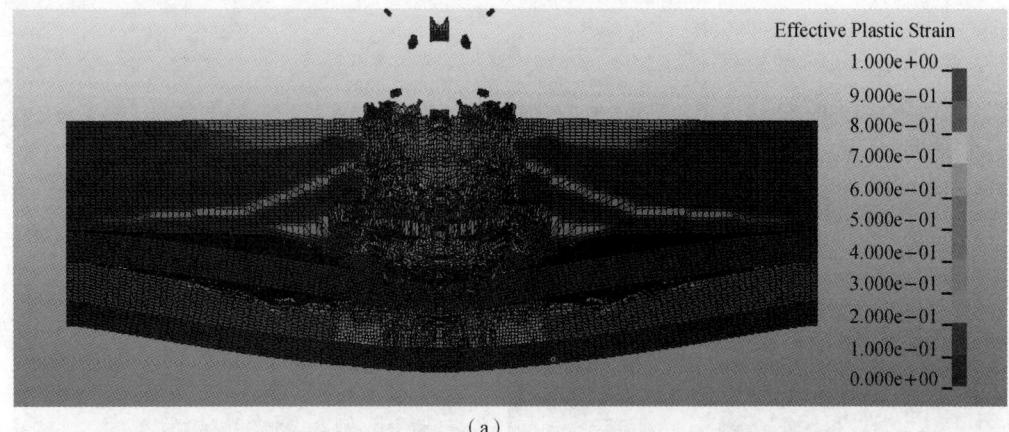

图 4 靶板 1、2 损伤结果

(a) 陶瓷板；(b) 三层 φ10 mm 陶瓷球

2 数值模拟结果与讨论

通过对比剩余速度 $V_r=0$ 时刻陶瓷板和陶瓷球面板的损伤情况，如图 4 所示，陶瓷板迎弹面破损严重，内部弹着点附近粉碎区，陶瓷锥形貌已被破坏。有清晰可见的宏观裂纹贯穿整个陶瓷板，致使陶瓷板整体失效。对比陶瓷板，三层密排 φ10 mm 陶瓷球结构的损伤失效则集中在弹着点附近，而周围的密排陶瓷球得以保持原有防护性能，可抗多发弹打击。

2.1 不同弹着点的影响

密排陶瓷球/水泥基体面板是一种新型的防护结构，当弹体高速侵彻密排陶瓷面板时，只有被击中的陶瓷球以及弹着点附近的几颗陶瓷球损伤失效，面板远离弹着点的区域仍能保持原有防护性能，克服了前人以陶瓷板作面板设计复合装甲时陶瓷板破碎后整体失效的缺点。由于陶瓷球本身特有的弧面结构，不同的撞击位置可能会引起不对称的侵彻阻力，使弹体偏离原有的弹道，因而撞击位置的影响被认为是重要的。通过数值仿真技术来研究密排陶瓷球面板的防弹性能和吸能效果，从而为陶瓷防弹装甲的性能改进提供理论参考。计算时间域设定为 250 μs。对于密排陶瓷球而言，有 4 个特殊的位置，如图 5 所示，分别为 position1、（球心）、position2（两球间

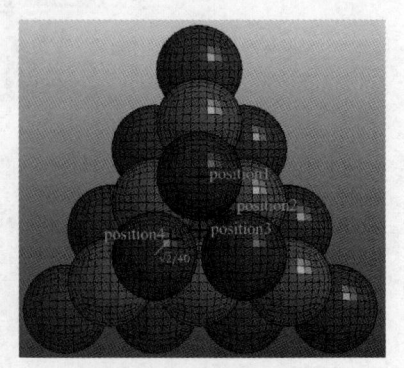

图 5 不同的弹着点

隙)、position3 (三球间隙)、position4 (偏离球心$\sqrt{2}/4d$距离,d为陶瓷球直径)。通过图5同样可以看出陶瓷球的密排方式,三层陶瓷球上一层每颗陶瓷球都排布在下一层三颗陶瓷球间隙处,以此实现较为密排的陶瓷球排列结构。

对于弹体高速侵彻密排陶瓷球靶板4种不同的弹着点进行模拟仿真,分别设计实验2、3、4、5。如图6所示,为position1、position2、position3、position4不同弹着点4组实验弹体的剩余弹速,分别为0、175 m/s、222 m/s和71.5 m/s。结果表明,position1位置抗弹性能最优,position4次之,position2再次之,position3最薄弱。另一方面,通过剩余速度曲线可以看出,在$t=75\sim100$ μs时,加速度趋于平缓后又变大,这是因为弹体在此时间段完成和陶瓷球碎片的磨蚀并开始侵彻TC4过渡板。越晚侵彻TC4过渡板,表明靶板的防护性能越优异,分析该时段速度曲线斜率(加速度)拐点出现的先后顺序同样可以得出position1位置抗弹性能最优,position4次之,position2再次之,position3最差的结论。

2.2 不同入射角的影响

在实际作战环境中,弹体垂直入射并击中靶板是一种极端情况,再加上陶瓷球本身特有的弧面结构,对于不同的入射角较为敏感。对弹体高速侵彻密排陶瓷球靶板不同入射角进行模拟仿真,分别设计实验2、6、7、8、9。如图7所示,可较为直观地观察弹体的偏航情况,图7仅显示弹体和TC4背板在弹体剩余速度为0时的损伤情况。

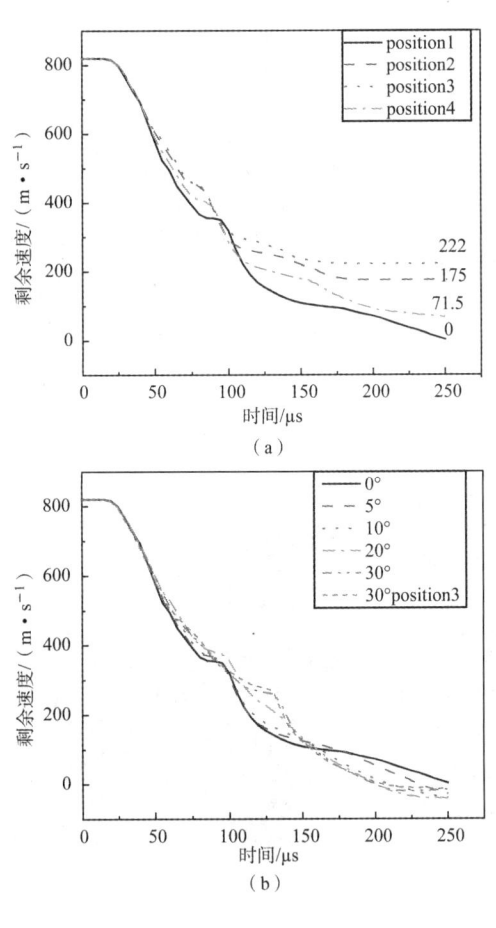

图6 弹体剩余速度
(a) 不同弹着点;(b) 不同入射角

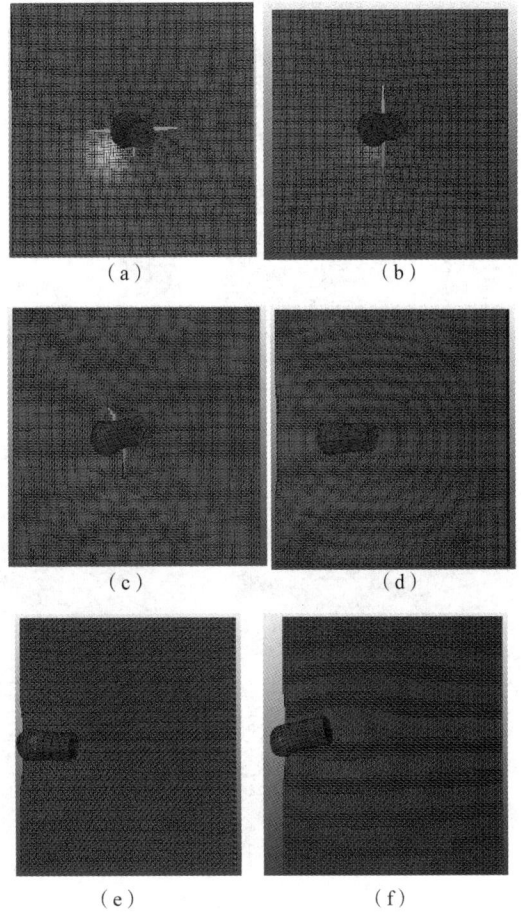

图7 不同入射角
(a) 0°;(b) 5°;(c) 10°;(d) 20°;(e) 30°;(f) 30°-position3

如图 7（a）所示，由于陶瓷球的弧面结构，即使弹着点在球心位置垂直入射，弹体也会发生一定偏转，充分表明了密排陶瓷球结构在致使弹体偏航，增加侵彻路程上的优越性。比较图 7（a）~（e）发现，随着入射角的增大，弹体偏航效果越来越明显，当入射角增大到 30°时，弹体偏转近乎 90°，相较子弹垂直侵彻靶板，侵彻路程增加一倍以上，并且弹体由于偏航作用，逐渐向靶板边缘运动，因而靶板周边的约束在此时更显重要。图 6（b）所示为不同入射角对应弹体剩余速度，对比实验 2、3、4，得出靶板倾斜布置，使弹体带有一定入射角时，可以更好地发挥靶板的抗侵彻性能。6 组实验弹体最终速度都降为 0，分别为 $t=0.25$ μs，$t=0.23$ μs，$t=0.21$ μs，$t=0.20$ μs，$t=0.20$ μs，$t=0.20$ μs 时，表明入射角越大，靶板防护性能越好。分析速度曲线拐点（弹体侵彻 TC4 背板）出现先后顺序，同样表明入射角越大，靶板防护性能越好，尤其当入射角为 30°时更加明显。比较图 7（e）（f）和图 6 中 30°，30° - position3 曲线发现，当入射角为 30°时，弹体入射位置为 position1 或 position3 反映在靶板的抗侵彻性能上不再有很大差别，此时入射位置的影响被降到最小，而入射角为主要影响因素。

图 8 显示了 TC4 背板在弹体从不同入射角打击速度降为 0 时刻的损伤情况，损伤程度通过等效塑性应变表示，右边的颜色标尺从蓝色到红色意味着损伤程度越来越严重[9]。其中图 8（a）~（c），TC4 背板均发现裂纹存在，且随着入射角增大，裂纹扩展的范围和损伤区域越来越小。而图 8（e）和（f）损伤程度相近，TC4 背板仅发生隆起而未发现穿孔。因而可以得出和图 7 分析所得相同结论。

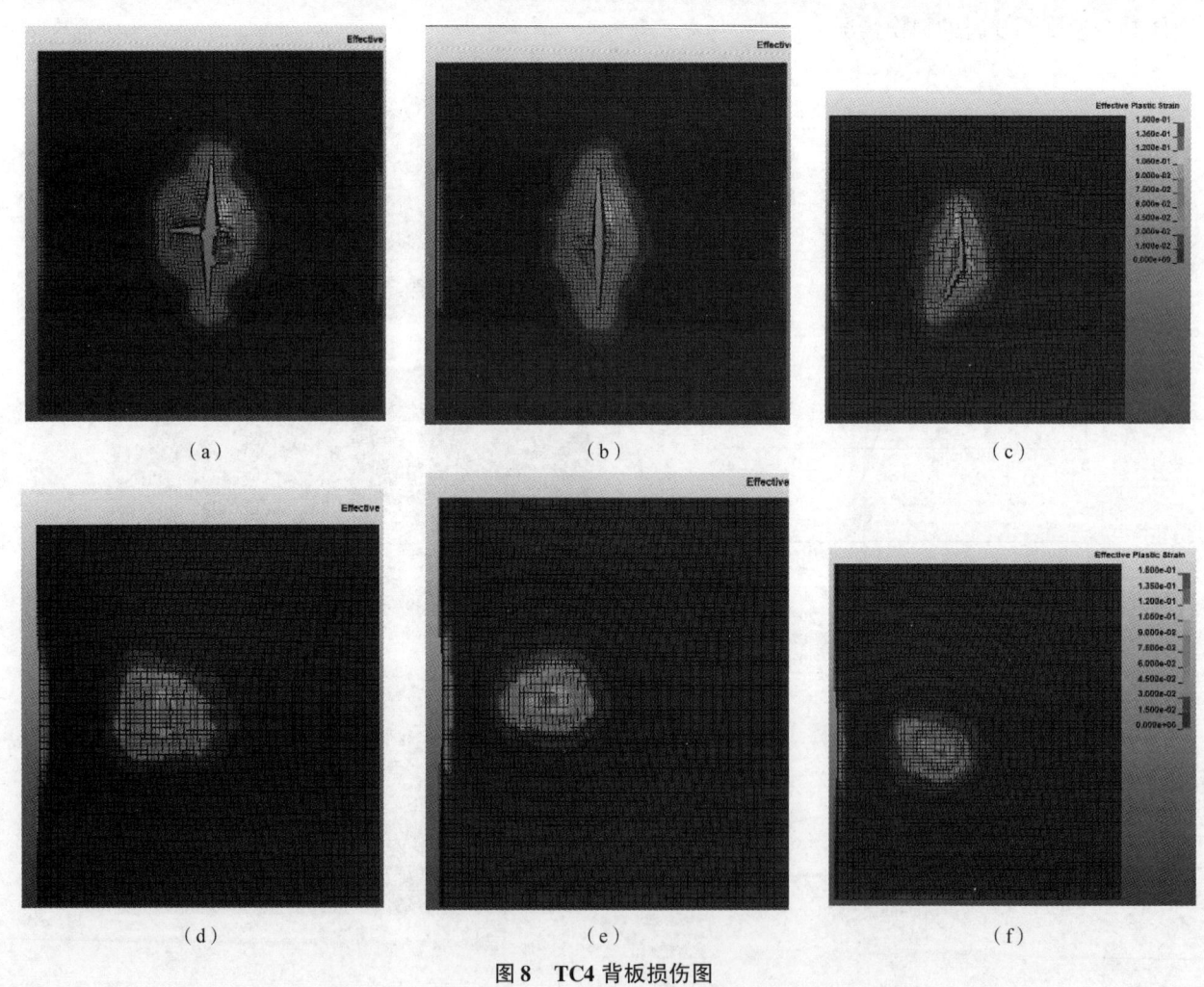

图 8　TC4 背板损伤图

(a) 0°；(b) 5°；(c) 10°；(d) 20°；(e) 30°；(f) 30° - position3

3　结论

本文通过有限元数值模拟手段重点分析讨论了密排陶瓷球结构相较于传统的以陶瓷板作复合靶板面

板的优越性,以及不同弹着点位置和不同入射角下密排陶瓷球(水泥基)复合靶板的防护性能,得出以下结论:

(1)密排陶瓷球结构相较于传统陶瓷面板,在弹体与靶板作用过程中弹着点附近陶瓷球失效,而周围部分仍能保持原有抗弹性能,整个陶瓷层具有很强的防弹能力,可以有效地防止裂纹大面积扩展至整块陶瓷板,克服了防弹陶瓷板破碎后整体失效的缺点,可以大大提高抗多发弹性能,同时有效减少侵彻过程中陶瓷的飞溅,减少了侵彻深度,增加了侵彻路程和靶板耗能,提高了防护性能。

(2)对于弹体高速侵彻密排陶瓷球靶板 4 种不同的弹着点,position1(球心)位置抗弹性能最优,position4(偏离球心 $\sqrt{2}/4d$ 距离,d 为陶瓷球直径)次之,position2(两球间隙)再次之,position3(三球间隙)最薄弱。

(3)随着入射角的增大,弹体偏航效果越来越明显。入射角越大,靶板防护性能越好。当入射角为 30°时,入射角对靶板抗侵彻性能的影响比弹着点位置的影响更加重要。

参 考 文 献

[1] 满蓬. 氧化铝基陶瓷复合装甲面板与背板的配置效应研究 [D]. 南京:南京理工大学,2012.

[2] 刘伟兰. 三明治结构背板对陶瓷复合装甲的抗弹影响与仿真研究 [D]. 南京:南京航空航天大学,2016.

[3] 尚晓江,苏建宇. ANSYS/LS – DYNA 动力分析方法与工程实例 [M]. 北京:中国水利水电出版社,2006.

[4] Serjouei A, Chi R, Zhang Z, et al. Experimental validation of BLV model on bi – layer ceramic – metal armor [J]. Int J Impact Eng. , 2015 (77):30 – 41.

[5] Li J Z, Zhang L S, Huang F L. Experiments and simulations of tungsten alloy rods penetrating into alumina ceramic/603 armor steel composite targets [J]. Int J Impact Eng. , 2017, 3 (101):1 – 8.

[6] Johnson G R, Cook W H. Fracture characteristics of three metals subjected to various strains, strain rates, temperatures and pressures [J]. Eng Fract Mech, 1985, 21 (1):31 – 48.

[7] Lai J Z, Yang H R, Wang H F, et al. Penetration experiments and simulation of three – layer functionally graded cementitious composite subjected to multiple projectile impacts [J]. Constr Build Mater, 2019 (196):499 – 511.

[8] Bandaru A K, Chavan V V, Ahmad S, et al. Ballistic impact response of Kevlar© reinforced thermoplastic composite armors [J]. Int J Impact Eng. , 2016 (89):1 – 13.

[9] Liu J, Wu C Q, Li J, et al. Ceramic balls protected ultra – high performance concrete structure against projectile impact – A numerical study [J]. Int J Impact Eng, 2019 (125):143 – 162.

国外水陆两用超空泡枪弹发展研究

杨晓菡,闵 睿,王智鑫

(北方科技信息研究所,北京 100089)

摘 要:传统的可在水下发射的枪械设计较为笨重,且射程近。另外在水下发射的枪械在陆上使用也极其不便。挪威DSG技术公司利用超空泡技术,目前已经研制出5.56 mm、7.62 mm和12.7 mm三种北约制式口径的Cav-X全系列超空泡子弹,这些弹药可完全由普通制式枪械发射,并可在水下发射,能更好地对付多层目标,另外还可作为硬杀伤手段对付极具挑战性的鱼雷目标。

关键词:超空泡;子弹;水下发射

0 引言

在水下枪械设计方面,对枪械高速度的追求多年来因水介质的物理特性受到限制,直到超空泡技术的出现,这种局面才有了改观的可能。超空泡枪弹是以超空泡物理特性为基础开发研制的,弹头采用特殊设计,从而在物体四周形成水蒸气泡(空洞),从根本上改变了水中枪械的阻力特性,实现了水下高速运动。

1 超空泡技术原理

超空泡是建立在瑞士科学家丹尼尔·伯努利于1738年发现的一种物理现象基础上的。即在同一流体系统(水流、气流)中,物体运动速度越快,液体对物体表面产生的压力就越小。而对于水来说,沸点也会随着压力减小而降低。水中运动的物体,其速度加快时所承受的水压力会减小,当水压力减小到与水蒸气压力相等时,水就会汽化成空泡。超空泡就是空泡的一种极端形式,当物体在水中的运动速度超过185 km/h后,在其尾部会形成一个奇异的大型水蒸气泡,将物体与水接触的部分包住,这样物体接触的介质就由水变成了空气,物体表面会形成大型空气泡,空泡长度与物体的运动速度有关,物体能在自己产生的长气泡内部以最小的阻力高速前进。

从形成原因来看,超空泡分为自然超空泡和人工通气超空泡两种。实现超空泡一般有三种途径:一是提高物体运动速度;二是降低流场压力;三是在低速情况下,可以利用人工通气的方法保持空泡内部压力。通过前两种方法形成的为自然超空泡,最后一种为通气超空泡。

2 挪威DSG技术公司超空泡子弹

经过10年的研制,2016年挪威DSG技术公司已开始在加利福尼亚州为10个北约成员国生产其研制的超空泡多环境弹药,该弹药可在水下发射并可更好地对付多层目标。

2.1 早期超空泡子弹

挪威DSG技术公司早在2012年便研制出7.62 mm超空泡子弹。从结构来看,这种枪弹由黄铜弹壳、底火、发射药和弹头组成。其结构组成与普通枪弹并无任何不同,只是弹头经过了特殊设计。该弹头为实心结构,由黄铜棒经精密车制而成,表面粗糙度较小,由圆柱体部分和头部三段锥体组成。其中,第一锥体位于弹头顶端,锥角较大,高度较低;第二锥体锥角较小,高度稍高;而第三锥体锥角最小,高

作者简介:杨晓菡(1983—),女,从事火炮轻武器方面情报咨询研究,E-mail:yangxiaohan6029@163.com。

度最高。正是弹头顶端的这种特殊形状,保持了弹头在水中运动时形成超空泡的能力,以此降低了弹头飞行的阻力,达到在水中飞行的速度要求。

2.2 采用 Cav – X 技术超空泡子弹

2017 年 10 月在美国陆军协会年会期间,挪威 DSG 技术公司展出了其研制的 Cav – X 全系列超空泡子弹,这些弹药可由普通制式枪械发射,并可在水下发射。此次展出的这些样弹采用了 DSG 技术公司的 Cav – X 技术,该技术经改进可用于各种弹药。当以超过 100 m/s 的速度飞行的目标接触到液体时,目标后方的液体压力降低至液体的蒸汽压以下,从而在目标四周形成水蒸气泡。Cav – X 弹药配有空泡弹芯,在水中能够形成超过弹丸大小的空洞,因此空洞中的水阻力仅作用于前缘位置。另外,这使得弹药能够更可靠地在水中进出,因此低角度射击将不会导致水面跳弹,从而也不会对友军或平民舰船造成危险。这意味着大口径 Cav – X 弹药可用于防御从水面或水下平台来袭的鱼雷威胁。例如,配装"密集阵"防空武器的舰船能够以对付来袭导弹的方式对付来袭鱼雷,无须担心弹药将在水面跳弹。Cav – X 超空泡子弹包括 5.56 mm、7.62 mm 和 12.7 mm 三种北约制式口径。超空泡子弹能够对水下目标有较大的杀伤力,这主要源于弹头尖端的特殊设计,以及由此产生的超空泡效应,使得子弹在水中能够高速"飞行",而不是慢速"游泳"。普通子弹在入水后由于受到阻力,会出现翻滚和偏转,而 Cav – X 超空泡子弹的特殊设计能够保证子弹在水中仍然直线运动,大幅提高了射击精确度和有效性。

Cav – X 超空泡子弹具有多种口径(图 1),其中 5.56 mm 超空泡子弹的标准有效射程为 700 ~ 900 m(空中)和 10 ~ 11 m(水中),亚声速飞行时的有效射程为 600 m(空中)和 12 ~ 14 m(水中);7.62 mm 超空泡子弹的标准有效射程为 1 100 m(空中)和 20 ~ 22 m(水中),亚声速飞行时的有效射程为 500 m(空中)和 12 ~ 14 m(水中);12.7 mm 超空泡子弹的标准有效射程为 2 200 m(空中)和 60 m(水中),但亚声速飞行结构配置

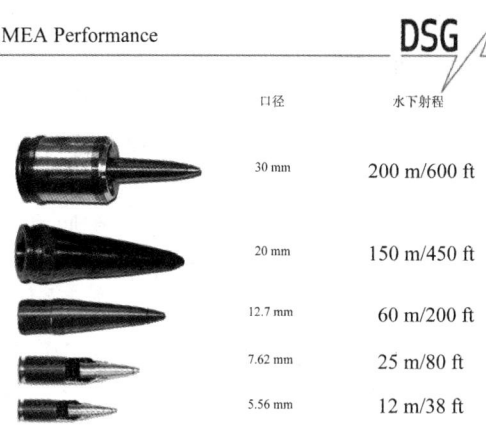

图 1 各种口径 Cav – X 超空泡子弹水下射程

不适用于这一口径。此外,DSG 技术公司还计划研发 14.5 ~ 27 mm、30 ~ 57 mm 和 76 ~ 155 mm 三大系列的 Cav – X 超空泡弹药。

2.3 Cav – X 超空泡子弹应用前景

挪威 DSG 公司研发的 Cav – X 系列弹药的初衷来自美国海军的要求,指出必须使水面舰艇具备反制敌方蛙人渗透和小型无人水下航行器的低成本武器。目前美国海军一般使用 20 mm 或者 30 mm 速射炮执行此类任务,但存在威力过剩和成本较高等缺点。美国海军水面作战中心的部分舰艇已经对 Cav – X 枪弹进行了实弹测试,效果令人满意。Cav – X 的价格极具竞争力,大大低于小口径速射炮(弹药),与同口径的顶级高精度弹药相当,该系列弹药的另一个特点是高通用性,除可用于各型轻武器外,还可用于固定翼飞机和旋翼机的机枪吊舱,执行空战和对地支援任务,未来可能研发的水下枪械也可以使用该弹。同时,该弹即使以极小入射角向水中射击,也不会产生跳弹威胁人员和船只安全。

正常情况下,子弹射入水中时其精度和速度都会显著下降,但超空泡子弹能保持精度和速度。目前,挪威 DSG 技术公司可以生产三种载荷的弹药:最大载荷、中型载荷和亚声速,具体取决于客户的预期应用情况,从而使用户能够采购专用于海事或濒海环境,或者专用于对付多层或装甲目标的弹药。这使蛙人能够用装有 Cav – X 子弹的步枪从水下向哨兵射击。

迄今为止,能对付多层目标一直是 Cav – X 弹药的主要卖点,因为该弹穿透初始层后不会分解。另一大卖点是,作为硬杀伤手段,Cav – X 子弹甚至可以对付极具挑战性的鱼雷目标。除了供蛙人使用外,

装备有 12.7 mm 口径机枪的无人潜航器使用 12.7 mm 口径的 Cav – X 子弹可以造成毁灭性的效果。12.7 mm 口径的 Cav – X 子弹具有强大的穿透力,这意味着无人潜航器有可能发射超空泡子弹来摧毁船体声呐,甚至在水面上盘旋的直升机。目前,DSG 公司还计划研发 14.5～27 mm、30～57 mm 和 76～155 mm 三大系列的 Cav – X 弹药,专用的水下枪炮项目也在秘密开展中。

3 俄罗斯水陆两用 ADS 突击步枪

2013 年,俄罗斯图拉仪器仪表设计局宣布制造出了首例在水下和陆地上都能使用的 ADS 水陆两用突击步枪,如图 2 所示。操作者只需更换一下弹匣,就可以实现水陆两用的转换。在陆地上,使用传统弹药;在水下则换成专用的水下弹药。在专用的弹药方面,ADS 水陆两栖突击步枪标志着水下枪械有了变革性的新发展,因为 ADS 发射的是子弹,而不是箭形弹头。

ADS 突击步枪发射的子弹会在水中产生气泡,这一科技可能与俄罗斯设计的风暴高速鱼雷在水中移动时所采用的超空泡技术是基于同样的原理。ADS 专用弹药在水下发射时所产生的空气泡会形成一种类似的超空泡,减少子弹在水下受到的摩擦,从而避免速度降低。因此,与之前的水下枪械相比,ADS

图 2 配装 40 mm 下挂榴弹发射器的 ADS 5.45 mm 水下突击步枪

突击步枪在水下具备更远的射程以及更高的精准度。根据相关报道,ADS 突击步枪在水深 30 m 处的有效射程可达 25 m 左右,在水深 20 m 处的有效射程为 18 m。

为了避免使用两种不同类型的弹匣和一个过长的机匣来容纳不同尺寸的弹匣,ADS 发射标准的 5.45×39 mm 枪弹,包括 7N10 和 7N22 高性能枪弹以及 5.45×39 mm PSP 水下弹。为使两个装有不同发射药的枪弹能够发射,位于拉机柄前端的气体调节器可以使用折叠金属环旋转。调节器标有 ВОДА´(水)和 ВОЗДУХ´(空气)。新开发的 PSP 枪弹保留了 APS 的长镖状弹的概念,但 PSP 镖状弹头相当短,主要位于弹壳内,其总长度可在制式 AK – 74 弹匣中使用。目前已经为 PSP 研发了战斗和训练弹,分别为 16 g 和 8 g。目前 ADS 突击步枪已经成功通过了俄罗斯海军特种部队的测试。

4 结论

从两栖枪械角度来说,俄罗斯设计的水陆两栖步枪处于世界领先地位,其推出的 ADS 水陆两栖步枪能够发射两种枪弹,在水下使用时发射 5.45×39 mm PSP 水下步枪弹,在陆上使用时发射 5.45×39 mm 枪弹,这种设计在世界上尚属首次。但这种步枪在水下和陆上使用两种不同的枪弹,这无疑给士兵的弹药携行带来了新问题,而挪威 DGS 公司独树一帜地推出了既能在陆上使用,又能在水下使用的 Cav – X 超空泡弹药系统,能够对付多层目标,并有效减小了弹头在密度远大于空气的水下环境中的飞行阻力。通过特殊的外形结构设计,比较彻底地解决了弹头从一种介质射入另一种密度和阻力均不相同的介质时存在的不稳定问题。此外,这种弹药的尺寸与北约制式枪弹的尺寸保持通用,北约大多数枪械甚至不需要改装便可直接发射该弹,因此该枪弹自身所具备的技术优势和发展前景都十分值得关注和借鉴。

参 考 文 献

[1] Shooting Underwater: DSG Technology CAV – X Air to Water Rounds.
[2] DSG Technology (DSGT) – Bullets that work from air to water and from water to air. http://www.defence – and – security.com
[3] 三土,明光. 让枪弹穿行于水陆间:挪威 DSG 公司多环境弹药系统. 轻兵器. 2012(10)下.

美国陆军研制中口径步枪和机枪

王智鑫,齐梦晓,刘 婧

(北方科技信息研究所,北京 100089)

摘 要:美军在近几场局部战争中暴露出 5.56 mm 枪械中远距离杀伤力不足的问题,美军尝试通过对 5.56 mm 枪弹进行改进来解决这一问题,但效果并不理想,故转而寻求中口径枪弹,目前正在研制 6.8 mm 步枪和机枪。

关键词:6.8 mm;中口径;步枪;机枪

0 引言

2018 年 10 月,美国陆军发布了一份关于配用全新 6.8 mm 步枪弹的下一代班组武器草案,草案中涉及两个项目,分别是下一代班组武器 - 步枪和下一代班组武器 - 自动步枪。下一代班组武器 - 步枪计划替换陆军现役 M4 系列 5.56 mm 卡宾枪,下一代班组武器 - 自动步枪计划替换陆军现役 M249 式 5.56 mm 机枪。

1 5.56 mm 是全球使用最广的枪械口径

20 世纪 60 年代,美军为满足越战需求,率先装备 5.56 mm 步枪和机枪,之后北约国家也开始陆续列装 5.56 mm 枪械,俄罗斯则采用 5.45 mm 口径。

1.1 为满足越战需求,美军 1967 年开始列装 5.56 mm 步枪

第二次世界大战后,根据战时的经验和研究,许多国家都开始研制和装备突击步枪。苏联首先采用了 7.62 mm×39 mm 中间威力步枪弹,并在其基础上研制了著名的 AK – 47 突击步枪,而一些欧洲国家也在研制类似的武器,但美国仍然坚持步枪远射程的理念。1953 年,北约把 7.62 mm×51 mm 步枪弹确定为北约标准步枪弹。

1961 年,美军出兵越南,由于 M14 自动步枪很笨重,在越南丛林里作战时不方便携带,因此急需换装新口径步枪。但美国并没有像德国、苏联那样去发展一种自己的中间威力枪弹,而是采用了 M193 式 5.56 mm 小口径步枪弹,从而首开世界上装备小口径军用步枪弹的先河。

至今仍有人质疑当年美国小口径步枪弹的选型过程,因为 M193 步枪弹和 M16 步枪得以脱颖而出,有很大一部分原因是为满足紧急作战需求,并非进行详细研究和对比后做出的选择。不过新的 5.56 mm 突击步枪在实战应用中的确体现出了一些传统大威力和中间威力步枪弹无法比拟的优点,特别是弹药质量轻、杀伤效果强,这也是 5.56 mm 枪弹得以应用至今的主要原因。

1.2 M193 缺点明显,北约 1980 年将 SS109 确定为北约标准 5.56 mm 步枪弹

M193 步枪弹存在远距离侵彻能力过低、弹丸稳定性不好、特种弹较少且加工工艺性差的明显缺点。因此美国在其基础上加大弹丸质量,增加提高侵彻能力的钢芯,相继改进出 XM193 和 XM777 等弹种,但由于发射时所需的枪管缠距不同,又产生了通用性的问题。在经过对比研究后,北约于 1980 年 10 月宣布,采用比利时 FN 公司研制的 SS109 枪弹作为标准的北约通用小口径枪弹(美国称为 M855 枪弹),虽然其弹丸结构与 M193 不同,但可以通用。

2 5.56 mm 步枪适合近距离作战，但中远距离威力不足

轻武器小口径化的最大优势是在减轻士兵负重的同时增加携弹量，提升射击精度和士兵的机动性，且有利于战时后勤保障。但是，当缺乏重武器支援的轻步兵成为作战主力时，5.56 mm 步枪弹的缺陷被完全暴露。

2.1 减轻士兵负重，大幅提升携弹量

美军 M4 卡宾枪空重仅 3 kg，M855 步枪弹重 12.3 g，一个装满 30 发枪弹的弹匣重约 490 g；而发射 7.62 mm 中间威力步枪弹的 AK-47 空重 3.47 kg，M43 步枪弹重 16.3 g，一个装满 30 发枪弹的弹匣重约 819 g。美军目前的单兵弹药基数为 9 个弹匣，270 发步枪弹，总重约 7.41 kg（包括 M4 卡宾枪）。如果负重不变，换成 AK-47 则只能携带 4.8 个弹匣，144 发步枪弹；如果携弹量不变，换成 AK-47，则负重将高达 10.8 kg。9 个弹匣只是美军的参考值，如果作战需要，还可携带更多步枪弹，因此，5.56 mm 步枪弹不仅能减轻士兵负重，还能使携弹量成倍增加。

2.2 精度高，威力大

5.56 mm 步枪弹最突出的优点是后坐力小，因此更容易操控和使用武器，进而提高了武器的射击精度和点射命中率。此外，5.56 mm 步枪弹初速高，弹头进入肌肉组织后翻滚、变形、碎裂，往往会形成一个远大于弹头体积的空腔，对人体造成严重伤害，其杀伤力比发射 7.62 mm 中间威力步枪弹的 AK-47 更大。

2.3 侵彻砖墙和其他障碍物的能力不足

M193 步枪弹在越南战争中可轻松穿透普通竹房茅屋的墙壁后杀伤敌人，特别适合经常有近距离接触的丛林遭遇战，但中远距离的侵彻能力很差。M855 是在 M193 的基础上改进而来，其侵彻能力虽有所提升，但在索马里的巷战中，美军发现 M855 缺乏侵彻砖墙和其他障碍物的能力，这在城市地形中是很普遍的问题。只要敌人隐藏在障碍物后，美军士兵除使用面杀伤武器外，基本没有别的办法。

2.4 中远距离杀伤力不足

5.56 mm 步枪弹的弹头轻，初速高，近距离命中人体时由于弹头失稳翻滚而造成较大的创伤。但翻滚和碎裂的效果与命中软目标时的速度成正比。当目标距离较远时，由于弹头的存速大为降低，此时 5.56 mm 弹头在软目标体内的杀伤效果也会大为降低。因此，要保证 5.56 mm 步枪弹杀伤力的关键是命中目标时的速度。当 M855 步枪弹从枪管长 508 mm 的 M16A2 步枪上发射时，在 200 m 内仍有相当高的存速，但从枪管长 368 mm 的 M4 卡宾枪上发射时，由于初速降低，导致在 100 m 外的存速也大为降低。

阿富汗战场野战居多，步兵部队的交战距离有一半超过 300 m，5.56 mm 步枪弹的射程问题十分突出，远距离杀伤力很差。美军步兵目前主要使用的是 M4 系列卡宾枪，为方便出入车辆和保持在城市巷战中的便携性，其枪管长度只有 368 mm，因此弹头出现翻滚和碎裂的距离减少到 100 m 左右。反观与美军交战的敌方士兵，则使用的是 AK-47、RPK 等枪械，这些枪械发射 M43 式 7.62 mm 中间威力步枪弹，无论在射程还是远距离杀伤力方面都更有优势。当塔利班使用 RPK 机枪和"德拉古诺夫"狙击步枪从远距离向美军巡逻队射击时，美军常常陷入射程不足而无法还击的尴尬境地。此外，随着光学瞄准具的大量装备，远距离瞄准已经不成问题，美军 M4 的远程精度都很高，但击中了敌人也不能造成有效杀伤，小口径枪弹杀伤力明显不足。

3 美军曾探索多种解决方案，但效果都不理想

虽然加长枪管可解决部分问题，但特种部队和轻步兵都已经习惯了使用更轻、更短的 M4 卡宾枪，

因为这种武器在城市地形或进出装甲车、直升机时都相当灵活,而且质量轻,对于经常要徒步作战的轻步兵来说,携带 M4 更轻松。如何让短枪管的卡宾枪具有和长枪管步枪一样甚至更好的性能,是美军目前急需解决的问题。美军更倾向于对现役 5.56 mm 步枪弹进行改进以提升性能,但增大口径才是更好的选择。

3.1 改进 M855

为提升 5.56 mm 步枪弹的射程和杀伤力,美军在 M855 步枪弹的基础上进行了改进,推出 M855A1 步枪弹。由于美军的轻武器训练每年会使大约 2 000 t 铅散布在自然环境中,对环境造成很大污染。因此,M855A1 步枪弹一开始研制就确定采用无铅结构,而且把解决 M855 步枪弹在中远距离上停止作用不够的缺点也列入目标之一。

研制过程中,最初试验的是钨和尼龙的复合弹芯,但效果表现不佳,而且在试验中发现,钨合金一样对环境有害。于是改用钢和铋锡合金的复合弹芯,在早期试验中发现,这种枪弹确实比 M855 步枪弹能更有效地穿透车门或其他轻型障碍物,但在 2009 年 7 月的试验中发现铋锡合金对高温环境敏感,弹道性能变得很差。由于弹芯熔化问题,原定的生产计划被中止,研制人员不得不再一次寻找新的弹芯材料,最后决定用铜来代替铋锡合金。

M855A1 的全弹尺寸并未改变,弹头质量也仍为 4 g,但弹尖涂色由原来 M855 步枪弹的绿色改为钢芯保护层的青铜色,弹芯材料由原来的铅改为铜,而弹尖的钢芯更加坚硬。新型 SMP – 842 发射药添加了除铜剂和火焰抑制剂,能消除膛线挂铜和减小枪口火焰。膛压、弹头初速的增加以及新型弹头的设计,使 M855A1 的侵彻力提高一倍多,对遮蔽物后的目标仍有较强的杀伤力。此外,对汽车车门、挡风玻璃以及凯夫拉织物等目标物的侵彻实验表明,M855A1 有着远高于 M855 步枪弹的侵彻力。但 M855A1 对有生目标的杀伤力并没有较大的提升。

2010 年 6 月,美国陆军皮卡汀尼兵工厂将第一批 M855A1 步枪弹交付美国陆军,陆军立即将这批枪弹配备给在阿富汗的作战部队进行测试,其表现超出所有人的预期,M855A1 步枪弹无论是对硬目标的侵彻能力、命中精度还是杀伤效果都比 M855 步枪弹有较大的提高。

3.2 采用"重弹头"

提高 5.56 mm 步枪弹杀伤力的最简单方法就是增加弹头质量,这种做法已经被美国特种部队少量采用,典型代表是已经在阿富汗和伊拉克使用的 Mk262 比赛弹。这种 5 g 重的"开尖弹"的弹头在较远距离上也能有效杀伤无防护的敌方人员,使用开尖弹的结构是由新的比赛弹加工方法导致的,这种开尖弹是把被甲从弹尾向弹尖方向包上去,最后导致弹尖上有一个小孔。这样的工艺比起传统的从后方将弹芯挤入被甲的方式可以减少铅芯的形变,从而提高弹头精度。但开尖的设计使其穿透砖墙、车辆和其他"硬"目标障碍物的能力不如全被甲弹。如果设计一种 5 g 重的普通结构全被甲弹,可以有效地解决问题,而且成本也会降低。

3.3 采用卡宾枪专用步枪弹

Mk318 步枪弹是专门针对短枪管步枪发射 5.56 mm 步枪弹而研制的专用弹药,弹头重 4.02 g,与 M855 步枪弹相同,但弹头结构设计成"破障弹"的形式。虽然和 Mk262 一样是开尖弹的设计,但其前半段为铅芯,后半段为整体式的厚铜底。这种设计使 Mk318 在穿过挡风玻璃、车门和其他障碍物后的杀伤力比 Mk262 和 M855 更强。虽然 Mk318 是专门为特种部队研制的,但美国海军陆战队注意到这种枪弹能极大地提高 M4 卡宾枪的作战性能,因此在 2010 年初就订购了 20 万发 Mk318 提供给驻扎在阿富汗的远征旅使用。不过由于 Mk318 的价格比 M855 步枪弹昂贵,所以海军陆战队只是把它作为 M4 卡宾枪的制式弹药,与 M855 步枪弹并列装备。

3.4 增大口径

对现役 5.56 mm 步枪弹进行各种改进只是权宜之计，由于口径的限制，在侵彻力和杀伤力方面很难兼顾，因此性能很难有大幅提升，适当增大口径才是更好的选择，为此，美国陆军开始测试新型口径步枪弹。

这次测试的步枪弹中，6.5 mm "克里德莫尔" 步枪弹是专门为远程射击而设计的步枪弹，弹头重 8 g，初速为 920 m/s，在 914 m 距离上依然具有较大的杀伤力和较高的精度；6.6 mm "雷明顿" 步枪弹具有较好的抗风偏能力，且后坐力较小，该弹弹头重 8 g，初速只有 880 m/s；6.7 mm 美国枪弹的弹头重 9 g，初速高达 980 m/s，击中人体后，翻滚和碎裂效果更好。

4 6.8 mm 步枪弹可提升中远距离杀伤力，且对士兵负重影响较小

早在 2017 年 5 月，美国陆军就对 6 种介于 5.56 mm 和 7.62 mm 之间的中口径步枪弹进行测试，测试的步枪弹包括 6.6 mm "雷明顿" 步枪弹、6.5 mm "克里德莫尔" 步枪弹、6.7 mm 美国枪弹以及包括埋头弹在内的其他非商业中口径步枪弹，最终，美国陆军选定 6.8 mm 为新型步枪和机枪的理想口径。

通常情况下，6.8 mm 步枪弹比 5.56 mm 步枪弹略重，比北约制式 7.62 mm 步枪弹轻。但美陆军将在 6.8 mm 步枪弹上采用轻量化技术，据称其质量比现役 5.56 mm 步枪弹还要轻 10%，因此不会对士兵负重和携弹量有任何影响。虽然新型 6.8 mm 步枪弹还在研制中，但对现有中口径步枪弹的测试表明，中口径步枪弹的初速普遍超过 900 m/s，精度和杀伤力方面甚至超过北约制式 7.62 mm 步枪弹。例如，6.5 mm "克里德莫尔" 步枪弹是专门为远程射击而设计的步枪弹，弹头重 8 g，初速为 920 m/s，在 914 m 距离上依然具有较大的杀伤力和较高的精度；6.6 mm "雷明顿" 步枪弹具有较好的抗风偏能力，且后坐力较小，该弹弹头重 8 g，但初速只有 880 m/s；6.7 mm 美国枪弹的弹头重 9 g，初速高达 980 m/s，击中人体后，翻滚和碎裂效果更好。

5 结论

对于制式步枪口径变更的问题，任何一个国家都会慎之又慎。5.56 mm 口径已使用半个多世纪，形成了庞大的小口径武器家族，巨大的库存和多年的巨额投资都为新口径武器的全面换装设置了障碍。虽然在近几场局部战争中，美军已频繁抱怨 M4 式 5.56 mm 卡宾枪中远距离杀伤力不足，但美国军方始终没有下定决心研制和列装中口径枪械。但随着作战环境的变化，以及许多国家都为士兵配备了性能先进的防弹衣和防弹头盔，使得 5.56 mm 步枪弹已无法满足未来作战需求，为此，美陆军开始测试各种中口径枪弹，最终选定 6.8 mm 口径并开始研制中口径步枪和机枪。未来，随着美军中口径枪械的列装，很可能会引起全球中口径枪械换装浪潮。

参 考 文 献

[1] Todd South, New Rifle, bigger bullets: Inside the Army's Plan to Ditch the M4 and 5.56, www.armytimes.com, 2017.5.

[2] Confirmed: US Army Ditching 5.56mm for 6.8mm in New Weapon Systems, www.tactical-life.com, 2018.10.

[3] 曹晓东. 点面结合, 精确有效: 近战呼唤更强轻武器 [J]. 轻兵器, 2008 (11).

[4] 美军轻武器调整: 为击穿防弹衣步枪口径变大 [N]. 北京晚报, 2017-08-01.

上网板对滤毒罐气动特性影响数值模拟研究

司芳芳[1]，皇甫喜乐[1]，叶平伟[1,2]，王立莹[1]，王泠沄[1]，吴 琼[1]

（1. 防化研究院，北京 100191；2. 国民核生化灾害防护国家重点实验室，北京 102205）

摘 要：为了研究滤毒罐上网板结构优化的设计依据，采用数值模拟方法研究了不同上网板结构对某新型滤毒罐气动特性影响。采用三维纳维－斯托克斯方程和低雷诺数修正 $k-\varepsilon$ 湍流模型求解，主要分析了同一气流流量下，上网板开孔分别为辐射状、圆形、方形和正六边形对滤毒罐通气阻力、吸附层流场结构的影响。研究结果表明，上网板开孔为辐射状时，对吸附层遮挡面积最小，滤毒罐通气阻力最小，吸附层利用率最高；而上网板开孔为圆形时，对吸附层遮挡面积最大，滤毒罐通气阻力最大。

关键词：滤毒罐；气动特性；通气阻力；上网板

中图分类号：TJ02 **文献标识码**：A

Numerical simulation of the upper sieve diaphragm influence on the aerodynamic characteristics of a gas mask canister

SI Fangfang[1], HUANGFU Xile[1], YE Pingwei[1,2]
WANG Liying[1], Wang Lingyun[1], WU Qiong[1]

(1. Research Institute of Chemical Defense, Beijing 100191, China;
2. State Key Laboratory of NBC Protection for Civilian, Beijing 102205, China)

Abstract: In order to study the design basis of the upper sieve diaphragm of a gas mask canister, the influence of different upper sieve diaphragm structures on the canister's aerodynamic characteristics was studied by using computational fluid dynamics methods. The three-dimensional Navier-Stokes equation and low Reynolds number correction k-ε turbulence model were employed. The influence of radial, circular, square, and regular hexagonal holes on the pressure drop and the flow field are analyzed under the same flow rate. The results show that when the hole of the upper sieve diaphragm is radial, the shielding area of the adsorption layer is the smallest, the pressure drop is the smallest, and the utilization rate of the adsorption layer is the highest. When the hole of the upper sieve diaphragm is circular, the shielding area of the adsorption layer is the largest, and the pressure drop is the largest.

Keywords: canister; aerodynamic characteristics; pressure drop; upper sieve diaphragm

0 引言

单兵核生化防护装备中最核心的单元装备之一是防毒面具滤毒罐，它主要由滤烟层（过滤层）和吸附层（吸收层）两部分构成，以确保对灰尘、气溶胶的过滤和毒剂的吸收。在核、生、化作战条件下，经过滤毒罐脱除空气中化学毒剂、生物战剂、有毒气溶胶和放射性灰尘，以保持新鲜空气的补充，为指战员正常的生存需要和执行作战任务提供不可缺少的基本保障条件。滤毒罐的发展目标是降

作者简介：司芳芳（1985—），女，助理研究员，博士，主要从事核生化防护装备数值仿真研究。

低通气阻力，拓展综合防护功能，提高装填材料的利用率。为了达到这一目标，可以通过以下两方面来进行：一是提升装填材料的滤毒性能；二是优化滤毒罐内部结构。优化滤毒罐结构必须考虑滤毒罐气动特性。

滤毒罐主要由壳体、滤纸、活性炭、分气片和网板等组成。研究滤毒罐的气动特性，重点是研究滤纸和活性炭等多孔介质内部流场结构。影响其气动特性的主要因素有滤毒罐的壳体结构、网板结构、装填方式、炭层厚度、入流流量等。由于滤纸和活性炭等多孔介质的不透光性，不能用实验方法来观察其内部流动，进而不能确定优先流（由于过度吸附导致吸附失效）和死区（由于气体不流过或滞留时间过长导致吸附不充分或基本无吸附）的区域。随着计算机和数值方法的快速发展，采用计算流体力学（CFD）方法能详细刻画多孔介质内部流场结构[1~6]，使过滤和吸附层内部气流分布可视化，确定死区和优先流区的区域，为设计出滤纸和活性炭利用率更高的结构提供理论依据。Yin Chia Su 和 Chun Chi Li 等[7~9]采用 CFD 方法对 62A 滤毒罐进行三维数值模拟，主要研究了网板上开孔方式和吸附层厚度对滤毒罐通气阻力和吸附层死区范围的影响。防化研究院的李小银、黄强、王立莹等长期进行防毒面具和滤毒罐结构的研究，并采用 CFD 方法数值模拟研究了滤毒罐内多孔介质气动特性和弧形罐气动特性[10,11]。

在前期弧形罐研究工作的基础上，本文对某新型滤毒罐上网板结构进行了优化设计研究。本文主要采用 CFD 方法数值模拟研究上网板开孔为辐射状、圆形、方形和正六边形结构时对滤毒罐气动特性影响，重点研究吸附层气流分布情况，从理论上深入剖析，为滤毒罐上网板结构优化提供理论依据，加快滤毒罐的更新换代。

1 数值模拟方法

1.1 控制方程

控制方程是三维雷诺平均 Navier – Stokes（纳维 – 斯托克斯）方程。某新型防毒面具滤毒罐实测气流流量 $Q = 45$ L/min，相应雷诺数约 2 700，因此需要考虑湍流的影响，采用低雷诺数修正 $k - \varepsilon$ 湍流模型。边界条件和数值计算方法等与文献［10］一致，具体参见文献［10］。

为了研究多孔介质区域内优先流和死区位置，必须考虑气体在过滤器中的停留时间，以确保活性炭被充分利用，本研究引入空气龄指数来确定滤毒罐防护能力的保持情况。空气龄是指空气到达空间某点经历的时间，反映了空间内空气的新鲜程度，空气龄越大相对应空气滞留时间越长，空气龄越小代表空气越新鲜。空气龄的引入可以大大缩短计算时间，空气龄方程为

$$\frac{\partial}{\partial x_i}(\rho u_i \tau) = \frac{\partial}{\partial x_i}\left(\frac{\mu_{\text{eff}}}{\sigma_\tau}\frac{\partial \tau}{\partial x_i}\right) + \rho \tag{1}$$

式中：τ——当地平均滞留时间；

$\mu_{\text{eff}} / \sigma_\tau$——湍流模型中的当地实际扩散系数；

$\mu_{\text{eff}} = \mu_l + \mu_t$（$\mu_{\text{eff}}$ 是有效黏度，μ_l 是分子黏度，μ_t 是紊动黏度），$\sigma_\tau = 1$。

1.2 网格和研究模型

本文主要研究 4 种上网板结构对滤毒罐气动特性影响，上网板开孔方式如图 1 ~ 图 4 所示，分别为辐射状孔（模型 A1）、圆孔（模型 B1）、方孔（模型 C1）和正六边形孔（模型 D1）。

为了简化计算，本文研究省略多褶滤纸的影响，把过滤层视为单一层，且假定多滤层和吸附层这两个多孔介质层为均匀的；由于所有模型都是左右对称的，所以仅模拟 1/2 结构。本文重点研究上网板结构对吸附层气动特性影响，因此所有模型滤纸高度和褶数一样，吸附

图 1 滤毒罐上网板为辐射状孔板（模型 A1）

层高度一致。所有模型的数值模拟均采用非结构网格，在壁面附近适当加密。由于滤毒罐模型的网格结构类似，本文仅给出模型 A 的网格示意图，如图 5 所示。

图 2　滤毒罐上网板为圆形孔板（模型 B1）

图 3　滤毒罐上网板为方形孔板模型（模型 C1）

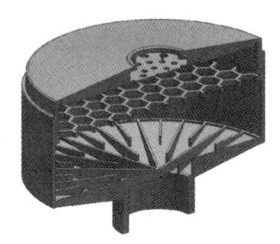

图 4　滤毒罐上网板为正六边形孔板（模型 D1）

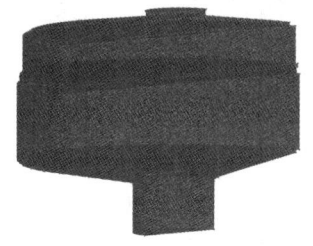

图 5　模型 A1 网格

1.3　多孔介质参数

滤纸和活性炭都是多孔介质，是滤毒罐通气阻力的主要来源。滤毒罐数值模拟时气流流量相对应的雷诺数要增加对流项以考虑惯性影响，而达西方程仅考虑黏度影响，因此选用 Forchheimer 方程。

$$-\frac{\Delta p}{L} = \alpha\mu V_s + \beta\rho V_s^2 \tag{2}$$

式中：Δp——多孔介质区域的通气阻力；

L——流经方向的长度；

μ——流体黏度；

V_s——进入多孔介质区流体的表面速度；

α——多孔材料或黏度参数的渗透率倒数；

β——惯性参数。

当 V_s 很低或雷诺数很小时，惯性效应远远小于黏效应。

滤毒罐滤烟层采用机折玻纤纸，高度为 12 mm，褶层数为 43；吸附层为 ASZM – TEDA 型无铬浸渍炭（椰壳破碎炭），该材料能够对经典毒剂，如沙林、氯化氰、氢氰酸以及光气等进行广谱、高效防护。该材料粒度范围为 12 ~ 30 目，装填层高度为 26 mm，具体的参数值如表 1 所示。

表 1　滤毒罐装填活性炭的主要物理性能

项目		实测值
颗粒直径（12 ~ 30 目）/%	> 1.2 mm	1.5
	0.7 ~ 1.2 mm	97.8
	< 0.7 mm	0.7
堆积重/(g·m^{-3})		0.48
孔体积/(cm^3·g^{-1})		0.5

续表

项目	实测值
BET 比表面积/(m² · g⁻¹)	1 050
水分含量/%	1.5
灰分/%	4.5
微孔容积/(cm³ · g⁻¹)	0.32

通过实验测得机折玻纤纸和 ASZM – TEDA 型无铬浸渍炭不同气流流量下的通气阻力，利用曲线拟合获取滤烟层及吸附层 Forchheimer 方程中的参数。

滤烟层的多项式是

$$-\frac{\Delta p}{L_1} = \alpha_1 \mu V_s + \beta_1 \rho V_s^2$$
$$= 50\,262 V_s + 91\,063\, V_s^2 \tag{3}$$

吸附层的多项式是

$$-\frac{\Delta p}{L_2} = \alpha_2 \mu V_s + \beta_2 \rho V_s^2$$
$$= 51\,228\, V_s + 153\,379\, V_s^2 \tag{4}$$

滤烟层系数为

$$\alpha_1 = 2.81 \times 10^9\, m^{-2},\ \beta_1 = 0.75 \times 10^5\, m^{-1}$$

吸附层系数为

$$\alpha_2 = 2.86 \times 10^9\, m^{-2},\ \beta_2 = 1.25 \times 10^5\, m^{-1}$$

2 结果分析

为了具体分析上网板开孔方式对滤毒罐气动特性的影响，重点研究了 $Q = 45$ L/min 时 4 个模型的气动特性。

表 2 滤毒罐模型通气阻力

模型	上网板遮挡面积/mm²	通气阻力/Pa
模型 A1	2 013.55	238.2
模型 B1	6 860.47	251
模型 C1	4 440.28	240.8
模型 D1	3 183.38	239.7

表 2 给出了不同模型的上网板遮挡面积和通气阻力。从表 2 可以看出，模型 A1 的上网板遮挡面积最小，相应开孔面积最大，剩下的依次是 D1、C1、B1；模型 A1 的通气阻力最小，其次是模型 D1，模型 A1、C1 和 D1 的通气阻力相差较小，模型 B1 的通气阻力最大。由此可见，上网板开孔面积增大时，对吸附层遮挡面积减小，滤毒罐的通气阻力减小。

图 6 ~ 图 9 分别给出了 4 个模型的空气龄等值线分布。图 10、图 11 给出了不同模型吸附层高度 h 分别为 13 mm、21 mm 处横截面上空气龄对比。图 12 给出了不同吸附层高度 $x = 0$ 截面上气流滞留时间分布。从这些图中可以看出，4 个模型在吸附层同一横截面处空气龄不均匀，外侧区域空气龄均较大，相应气流停滞时间较长，易造成活性炭利用不充分；而在 $r/R = 0.5 \sim 0.6$ 之间区域空气龄较小，相应气流停滞时间较短，在该区域毒剂易穿透。模型 D1 吸附层中心 $r/R = 0 \sim 0.2$ 之间区域空气龄相对其他模型偏大，结合图 13 可以看出，上网板为正六边形时对中心区域气流产生一定的阻挡作用，气流在中心区域

滞留时间增长，易形成死区，相应中心区域活性炭利用低，滤毒罐防护时间缩短。模型 A1 吸附层横截面上的空气龄分布比其他三个模型相对均匀。由此可见，上网板为辐射状孔板时，吸附层空气龄分布相对均匀，活性炭利用率最高。

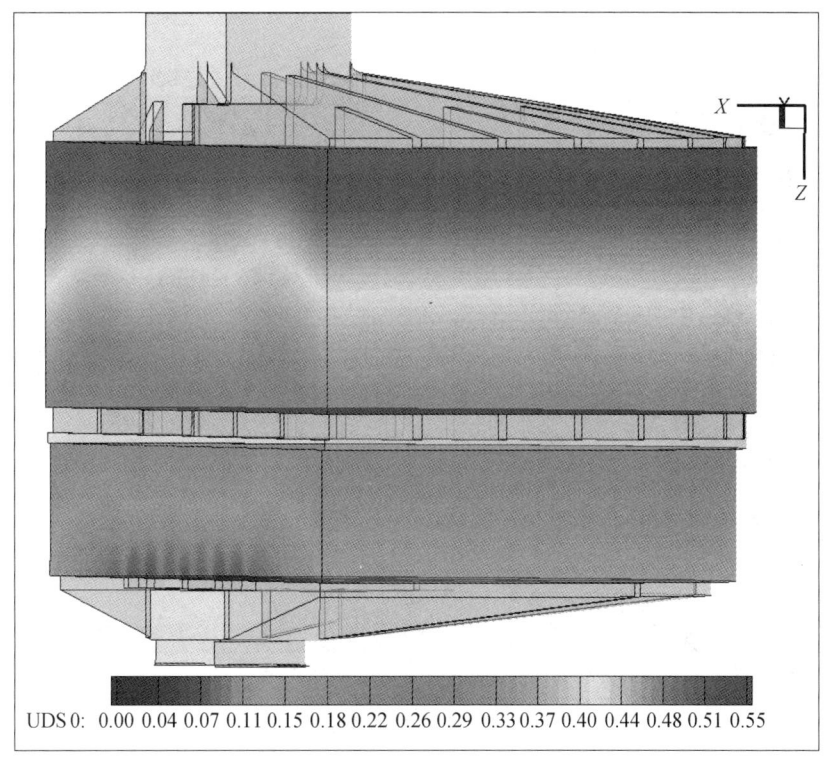

图 6　模型 A1 空气龄等值线分布

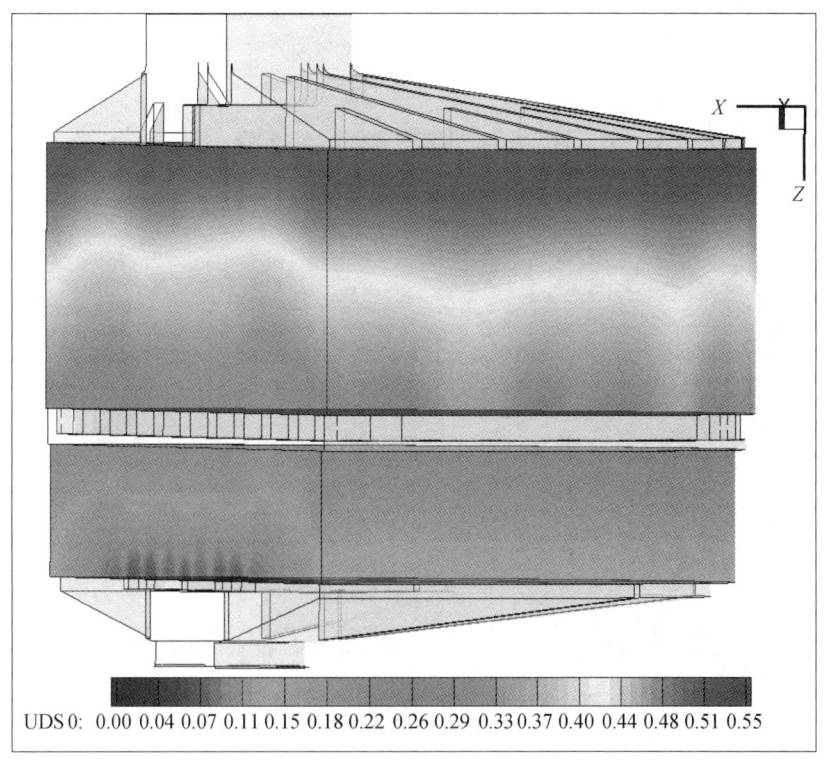

图 7　模型 B1 空气龄等值线分布

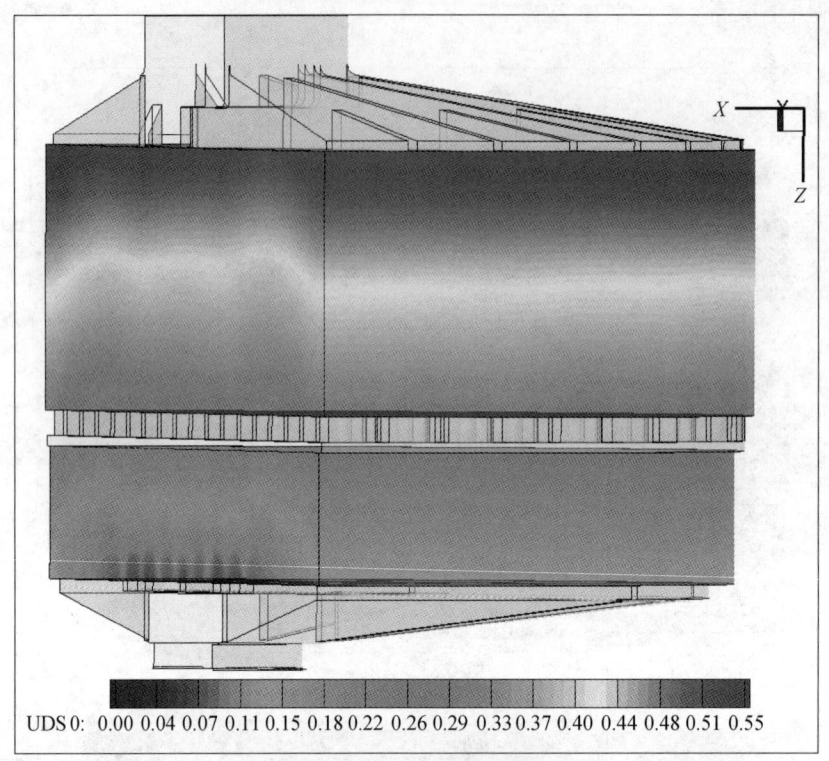

图 8　模型 C1 空气龄等值线分布

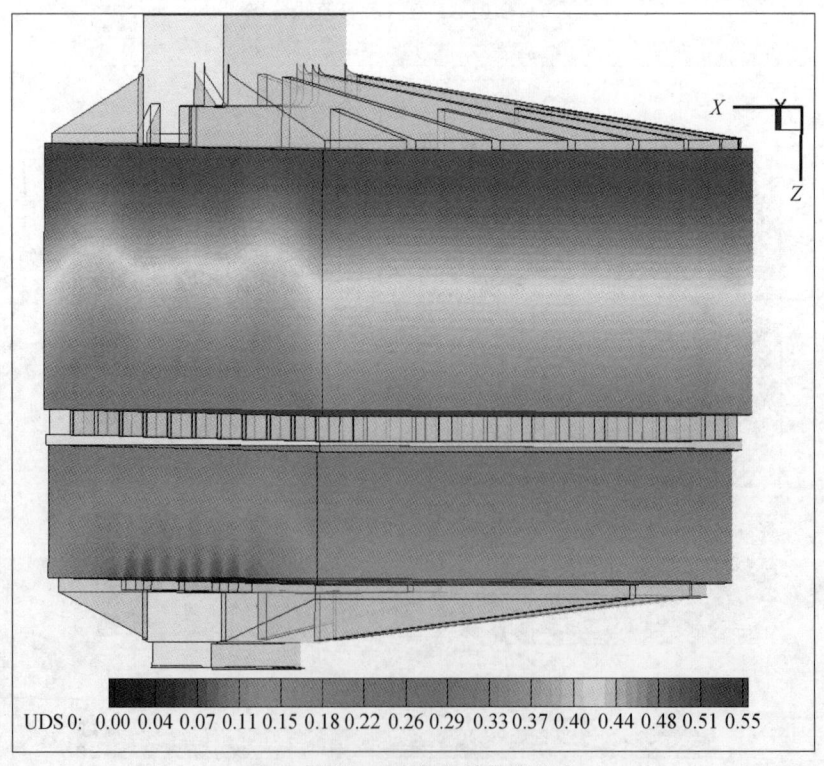

图 9　模型 D1 空气龄等值线分布

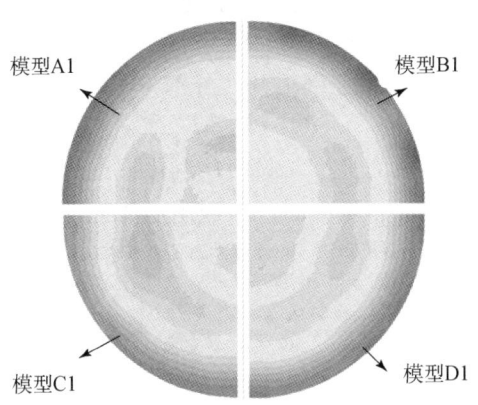

图 10　吸附层 $h = 13$ mm 处横截面上不同模型空气龄对比

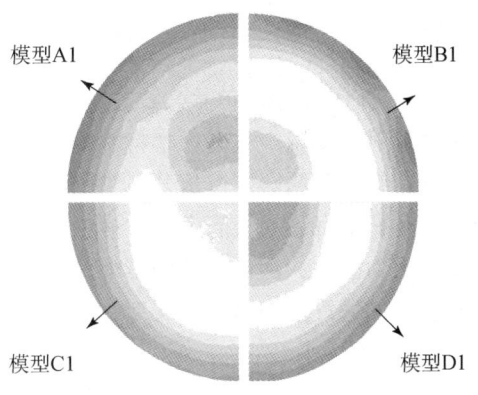

图 11　吸附层 $h = 21$ mm 处横截面上不同模型空气龄对比

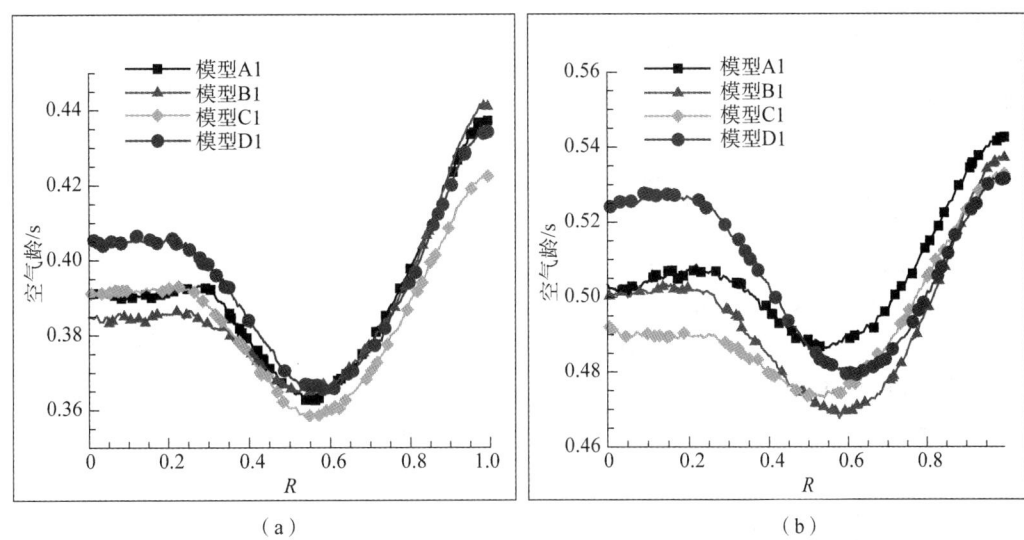

图 12　吸附层 $x = 0$ 截面上不同吸附层高度气流空气龄分布

(a) $h = 13$ mm；(b) $h = 21$ mm

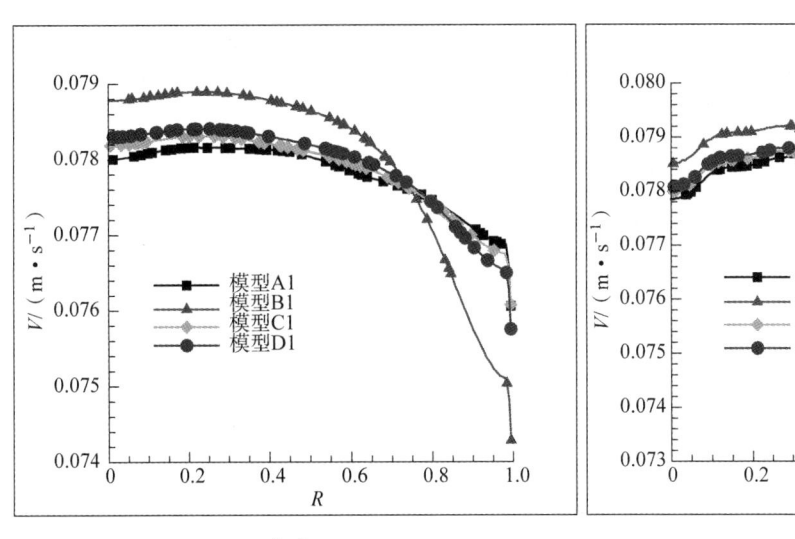

图 13　吸附层 $x = 0$ 截面上不同吸附层高度速度分布

(a) $h = 13$ mm；(b) $h = 21$ mm

3 结论

本文采用 CFD 方法研究了 4 个滤毒罐的气动特性,主要考察了上网板开孔分别为辐射状、圆形、方形和正六边形对滤毒罐空气动力学特性的影响。

数值模拟结果表明,上网板开孔为辐射状时,滤毒罐通气阻力最小,吸附层利用率最高;而上网板开孔为圆形时,滤毒罐通气阻力最大。由此可见,上网板开孔面积增大时,对吸附层遮挡面积减小,滤毒罐的通气阻力减小,活性炭利用率最高。下一步我们将进一步研究滤毒罐其他组件结构的影响,进一步降低滤毒罐的通气阻力,提高滤纸和活性炭的利用率。

参 考 文 献

[1] Subrenat A., Bellettre J., Le Cloirec P. 3-D numerical simulations of flow in a cylindrical pleated filter packed with activated carbon cloth [J]. Chemical Engineering Science, 2003 (58): 4965-4973.

[2] Baléo J. N., Le Cloirec P. Numerical simulation of the spatial distribution of mean residence time in complex flow through porous media [J]. Progress of Theoretical Physics, 2000, 138 (Suppl.): 690-695.

[3] Baléo J. N., Subrenat A., Le Cloirec P. Numerical simulation of flows in air treatment devices using activated carbon cloths filters [J]. Chemical Engineering Science, 2000 (55): 1807-1816.

[4] M. Mößner, R. Radespiel. Flow simulations over porous media – Comparisons with experiments [J]. Computers and Fluids, 2017 (1): 1-13.

[5] Li X. T., Li D. N., Yang X. D., et al, Total air age: an extension of the air age concept [J]. Building and Environment, 2003 (38): 1263-1269.

[6] Andrada Jr. J. S., Costa U. M. S., Almeida M. P., et al. Inertial effects on fluid flow through disordered porous media [J]. Physical Review Letters, 1999, 82 (26): 5249-5252.

[7] Chun Chi Li, Yin Chia Su. CFD simulation of a gas mask filter in three realistic breathing patterns [J]. Journal of Flow Visualization & Image Processing, 2009 (16): 201-219.

[8] Chun Chi Li. Aerodynamic behavior of a gas mask canister containing two porous media [J]. Chemical Engineering Science, 2009 (64): 1832-1834.

[9] Yin chia Su, Chun Chi Li. Computational fluid dynamics simulations and tests for improving industrial-grade gas mask canisters [J]. Advances in Mechanical Engineering, 2015, 7 (8): 1-14.

[10] 司芳芳,叶平伟,皇甫喜乐,等. 弧形滤毒罐气动特性 3D 数值模拟研究 [J]. 兵器装备工程学报, 2019, 40 (1).

[11] 司芳芳,皇甫喜乐,叶平伟. 滤毒罐内多孔介质的气动特性数值模拟研究 [J]. 计算机仿真,(已录用,待发表).

刻槽参数对半预制破片飞散特性的影响规律研究

李兴隆[1,2]，吕胜涛[1,2]，陈科全[1,2]，高大元[1,2]，路中华[1,2]，
黄亨建[1,2]，陈红霞[1,2]，寇剑锋[1,2]，陈　翔[1,2]

（1. 中国工程物理研究院化工材料研究所，四川　绵阳　621900；
2. 中国工程物理研究院安全弹药研发中心，四川　绵阳　621900）

摘　要：为了研究半预制破片刻槽参数对破片成型与飞散特性的影响，通过有限元软件LS－DYNA建立了数值仿真模型。以刻槽相对深度和刻槽角度为设计变量，通过数值计算与理论计算结果的对比，得到半预制破片刻槽参数对破片初速、破片质量损失率的影响规律，并通过试验进行验证。结果表明，刻槽相对深度越小，破片相对质量损失率越小，壳体破碎程度更大，则破片总个数越多，但能穿透靶板的有效破片数减小；相同刻槽深度情况下，当刻槽角度为60°时，破片损失的质量最大。随着刻槽深度的增加，破片初速呈增大的趋势；相同刻槽深度情况下，随着刻槽角度的增加，破片初速越大。

关键字：爆炸力学；半预制破片；数值模拟；破片速度

中图分类号：O385；TJ410.33　**文献标识码**：A

Effect of groove parameters on dispersion characteristics of pre－formed fragment

LI Xinglong[1,2], LV Shengtao[1,2], CHEN Kequan[1,2], GAO Dayuan[1,2], LU Zhonghua[1,2],
HUANG Hengjian[1,2], CHEN Hongxia[1,2], KOU Jianfeng[1,2], CHEN Xiang[1,2]

(1. Institute of Chemical Materials, CAEP, Mianyang 621900, China;
2. Robust Munitions Center, CAEP, Mianyang 621900, China)

Abstract: For the purpose of study the effect of groove parameters on dispersion characteristics of pre－formed fragment, the numerical simulation model was established bynonlinear dynamics software LS－DYNA. Relative depth of groove and groove angle were set as design variables, the effect of groove parameters on fragment velocity and fragment mass loss were obtained by simulation and calculation results, and the test was carried out. The results show that, the relative mass loss rate of fragment is smaller when relative groove depth is smaller, and the broken lever is larger, which lead to more fragments, while the number of fragments which penetrated target is less. In the condition of same groove depth, the mass loss of fragment is largest when the groove angle is 60°. The velocity of fragments is increased along with the increasing of groove depth; In the condition of same groove depth, the fragments velocity is larger along with the increasing of groove angle.

Keywords: explosion mechanics; pre－formed fragment; numerical simulation; fragment velocity

0　引言

半预制破片技术可以控制壳体破碎形成破片的形状、尺寸、初速和能量，从而提高杀伤战斗部的

基金项目：国家自然科学基金面上项目（11572359）资助。
作者简介：李兴隆（1988—），男，研究实习员，博士，从事弹药工程与数值模拟研究，E－mail: lixinglong@caep.cn。

威力。常用的半预制破片技术包括壳体内表面刻槽、壳体外表面刻槽、装药表面刻槽、壳体内嵌金属罩等。其中，壳体内表面刻槽后生成的破片控制效果好，加工工艺简单，已经成为常用的预控破片技术。

彭正午等[1]运用AUTODYN软件，对壳体外刻槽的预控破片战斗部在不同槽深和槽宽时的破片形成过程进行数值模拟，得出了槽深和槽宽对预控破片的有效破片生成率、破片平均速度和破片质量损耗的影响规律。吴成等[2]研究了在内爆轰载荷下V形槽战斗的临界断裂准则。张雁思等[3]采用SPH算法对爆破战斗部壳体破碎过程进行数值仿真，同时通过基于Mott破片分布理论的Stochastic模型，计算获得了壳体破碎过程及其破碎后所形成破片的质量分布和初速。陈炯等[4]研究了不同装填比、壳体壁厚对壳体破碎率的影响。王秦英等[5]利用ANSYS/LS-DYNA对制导战斗部破片飞散特性进行数值模拟，通过后处理软件LS-PREPOST分别输出预制破片、半预制破片在爆轰作用下的飞散状态。杨云川等[6]利用ANSYS/LS-DYNA有限元软件对某底凹预制破片弹壳体的膨胀和预制破片的飞散过程进行了数值模拟，得到了预制破片初速和飞散方向角沿弹轴分布曲线。史志鑫等[7]运用ANSYS/LS-DYNA有限元分析软件模拟了预制破片的飞散过程和战斗部中EFP的成型效果，比较了4种形状的预制破片对破片的飞散速度、战斗部中装填预制破片数量和破片飞散效果的影响。雷灏等[8]应用爆轰波传播理论和Gurney假设对半预制破片初速进行理论预测，并运用有限元动力分析软件LS-DYNA对某型半预制破片战斗部破片初速度沿轴向分布情况进行数值模拟。刘桂峰等[9,10]利用AUTODYN-3D软件对50SiMnVB钢战斗部的破片形成进行了三维数值模拟，对比分析了不同刻槽参数对壳体断裂的影响。随着刻槽深度增加、刻槽间隔增大，主破片形成率和质量占有率增大，破片控制效率提高，刻槽宽度对其影响不明显；破片控制效率是刻槽深度和刻槽间隔共同作用的结果。张高峰等[11]研究了刻槽深度对壳体爆炸过程质量损失率的影响规律。

对于壳体内刻槽技术，刻槽相对深度、刻槽角度参数对破片质量损失率、破片初速的影响未见相关报道。本文通过数值模拟，研究了不同刻槽参数对主破片形成率与破片初速的影响规律，最后进行了静爆威力试验，获得了破片侵彻靶板的威力数据，仿真和试验结果为半预制破片战斗部设计提供数据支撑和参考。

1 仿真计算模型及仿真方案

为了研究半预制破片的刻槽参数对破片成型与飞散特性的影响，采用有限元分析软件LS-DYNA建立了数值仿真模型，开展了战斗部静爆威力数值模拟研究。

1.1 仿真模型

考虑到模型结构的对称性，建立1/4模型进行分析。圆柱形壳体厚度为h，$h=3$ mm；壳体外径为D，$D=90$ mm；壳体内刻V形槽，V形槽深度为δ，mm；刻槽角度为θ；刻槽间距为a，$a=3.5$ mm。壳体材料为30CrMnSi，炸药材料选用B炸药。炸药和空气采用欧拉算法，壳体采用拉格朗日算法，战斗部起爆方式为顶端面中心起爆。仿真模型如图1所示，内刻槽壳体模型如图2所示。

1.2 材料参数

数值计算中材料模型如表1所示，其中，B炸药选用高能炸药模型和炸药JWL状态方程，材料模型参数如表2所示。壳体材料30CrMnSi选用JOHNSON_COOK材料模型和GRUNEISEN状态方程。

1.3 仿真方案

以刻槽相对深度和刻槽角度为设计变量，设计了两组仿真方案分别进行计算，如表3与表4所示。

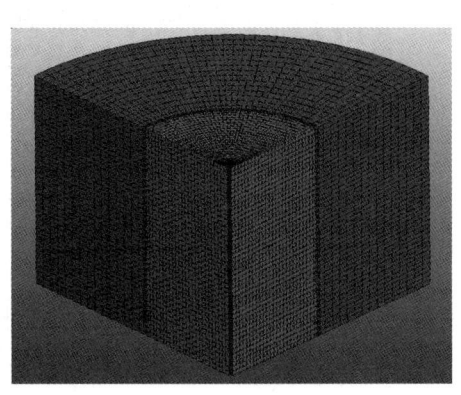

图 1 仿真模型

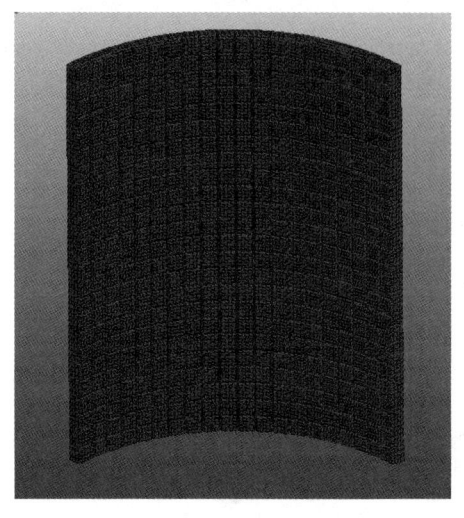

图 2 内刻槽壳体模型

表 1 数值模拟中材料模型

成分	材料	材料模型	状态方程
壳体	30CrMnSi	JOHNSON_COOK	EOS_GRUNEISEN
炸药	B 炸药	HIGH_EXPLOSIVE_BURN	EOS_JWL

表 2 B 炸药材料参数[12]

材料	$\rho/(g \cdot cm^{-3})$	$v/(cm \cdot \mu s^{-1})$	P_{CJ}/GPa	A	B	R_1
B 炸药	1.717	0.798	29.5	5.422	7.67×10^{-2}	4.2
材料	R_2	ω	$E_0/(J \cdot kg^{-1})$	V_0/cm^3		
B 炸药	1.1	0.34	8×10^6	1.0		

注：ρ 为质量密度；v 为爆炸速度；P_{CJ} 为查普曼·焦耳压力；E_0 为初始内能；V_0 为初始相对体积；A，B，R_1，R_2 和 ω 为输入常数。

表 3 刻槽相对深度仿真方案

序号	h/mm	δ/mm	$\theta/(°)$
1	3	0.5	30
2	3	1	30
3	3	1.5	30
4	3	2	30
5	3	2.5	30

表 4 刻槽角度仿真方案

序号	h/mm	δ/mm	$\theta/(°)$
1	3	1.5	30
2	3	1.5	45
3	3	1.5	60
4	3	1.5	75
5	3	1.5	90

2 数值模拟结果

对以上仿真工况分别开展数值仿真计算,计算终止时间为 60 μs,通过后处理软件 LS_PREPOST 对仿真结果进行分析。图 3 所示为爆轰发生 60 μs 后破片的成型图。由图 3 得知,整体上破片沿着刻槽方向断裂,空间分布均匀、规则;壳体两端的破片破碎性更好,壳体中间处破片有粘接的情况。

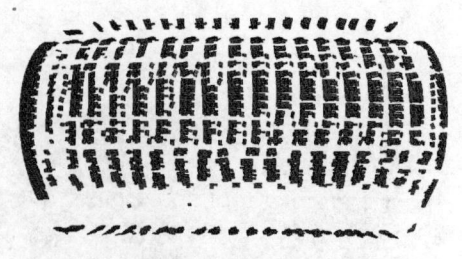

图 3 破片成型

2.1 刻槽参数对破片质量损失率的影响规律

刻槽相对厚度、刻槽角度不同都会造成壳体的断裂迹线不同,从而对壳体的破碎率、质量损失率等破片成型参数产生影响。由统计仿真结果中破片初始质量和破片成型后的质量可得到破片质量损失率。

固定刻槽角度为 30°,以刻槽相对深度为变量开展数值仿真计算。刻槽相对深度对破片质量损失和质量损失率的影响如图 4、图 5 所示。其中,m_F 为破片质量,g;c 为刻槽相对深度;R 为破片质量损失率。由图 4、图 5 得知,刻槽深度越小,损失的破片质量越多,但是破片相对质量损失率越小,最小破片损失率在 50% 左右。因为刻槽深度越小,则破片总质量越大,因此破片相对质量损失率越小。

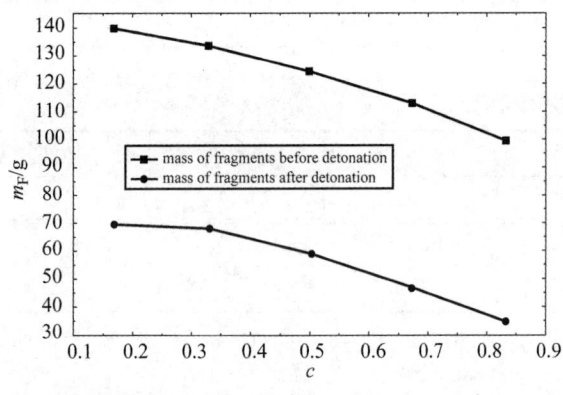

图 4 刻槽相对深度对破片质量损失的影响

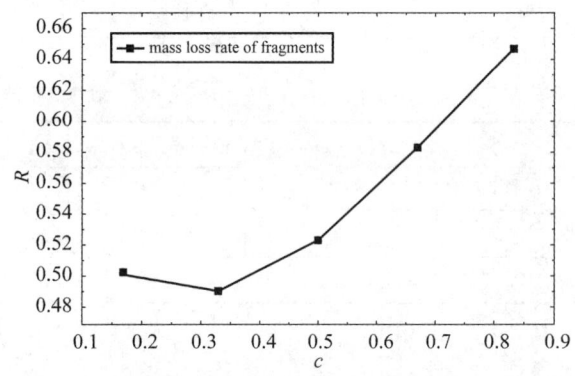

图 5 刻槽相对深度对破片质量损失率的影响

固定刻槽相对深度 $c=0.5$,以刻槽角度为变量,开展 5 组仿真计算,统计破片质量损失与质量损失率,如图 6、图 7 所示。其中,θ 为刻槽角度,(°)。由图 6、图 7 得知,当刻槽角度为 60°时,破片损失的质量最大,且质量损失率最大,达到 60% 以上。

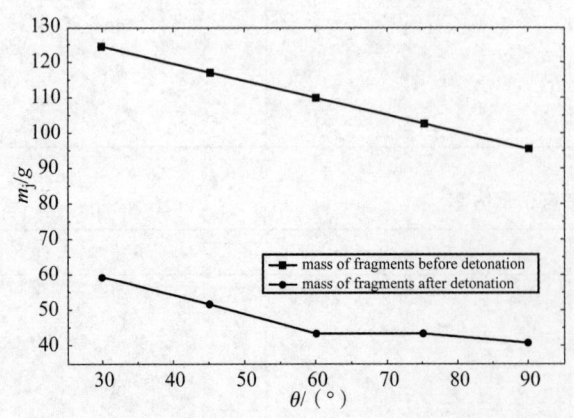

图 6 刻槽角度对破片质量损失的影响

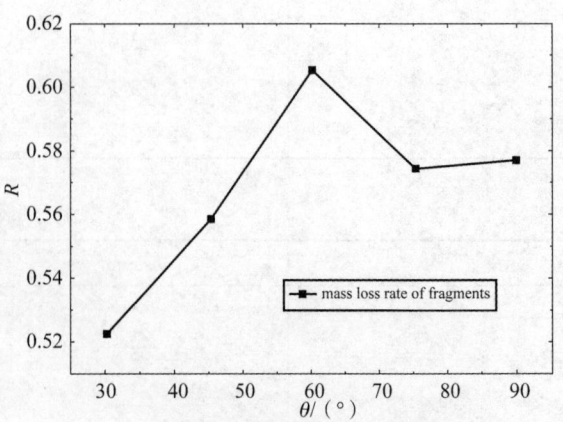

图 7 刻槽角度对破片质量损失率的影响

2.2 刻槽参数对破片初速的影响规律

为了与仿真计算的破片速度进行对比，首先通过 Gurney 公式对破片初速进行了计算。破片初速可由 Gurney 公式计算：

$$v_p = \sqrt{2E}\left(\frac{m_\omega/m_s}{1+0.5 m_\omega/m_s}\right)^{1/2} \tag{1}$$

式中，$\sqrt{2E}$ 为 Gruney 常数，取决于炸药性能。本研究对象为 B 炸药，对于 B 炸药，$\sqrt{2E} = 2\,682$ m/s；m_ω 为装药质量；m_s 为壳体质量，g。

固定刻槽角度为 30°，以刻槽相对深度为变量，开展 5 组数值仿真计算，统计破片在 60 μs 的破片速度，并与 Gurney 公式计算的破片速度进行对比，所得结果如图 8 所示。由图 8 得知，随着刻槽深度增加，破片初速呈增大的趋势，仿真值与理论计算值的趋势一致，分析原因认为，刻槽深度越大，则壳体越容易破碎，炸药爆轰的能量中壳体破碎消耗的越少，因此用于加速破片的能量越多，则破片初速越大；理论计算速度大于数值仿真值，这是因为 Gurney 公式对于长径比越大的装药，其计算精度越高，而本文的装药长径比小，因此计算存在一定误差。

另外，固定刻槽相对深度 $c = 0.5$，以刻槽角度为变量进行数值仿真计算，统计破片初速仿真值与理论值，对比结果如图 9 所示。由图 9 得知，随着刻槽角度的增加，破片初速越大，仿真值与理论值的趋势一致，分析原因认为，刻槽角度越大，则有效装药的质量越大，而壳体的质量相对越小，因此，更多的能量用于加速质量更少的破片，则破片初速越大。

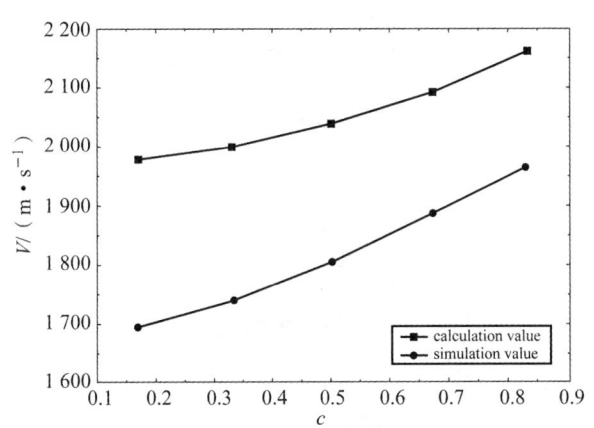

图 8　刻槽相对深度对破片初速的影响

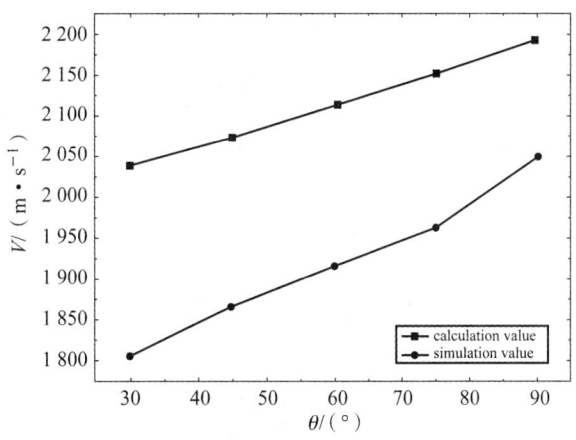

图 9　刻槽角度对破片初速的影响

3　试验验证

为了验证仿真的准确性，设计了静爆威力试验，通过破片对钢板靶的侵彻，观测破片的成型率。试验由带壳装药试验件、起爆装置、钢板靶和靶板支架等组成，试验场地布置如图 10 所示，其中试验件距离地面高 0.5 m，钢板靶中心与其试验件质心平齐，钢板靶为 3 块规格 1 m×1 m 的 Q235 钢。

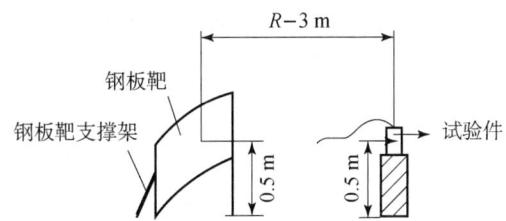

图 10　破片对钢板侵彻能力测试示意图和场地布图

试验方案中以壳体刻槽参数为设计变量，共开展了 3 发试验，试验方案如表 5 所示。

表5 试验方案

序号	h/mm	δ/mm	θ/(°)
1	3	1.5	30
2	3.5	1.5	30
3	3.5	1.5	30

根据试验方案中的工况,分别开展3轮静爆威力试验,靶板上穿孔用白色喷涂标记,试验结果如图11~图13所示,统计试验结果如表6所示。

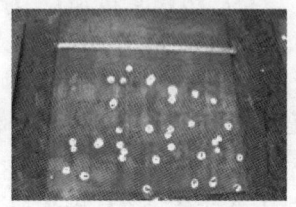
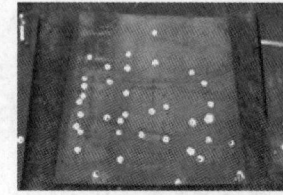
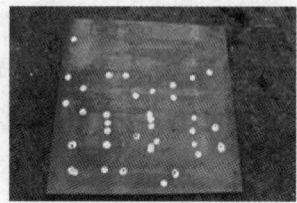

图11 试验1钢板靶毁伤效果图

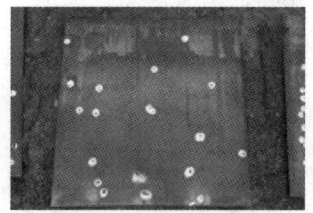
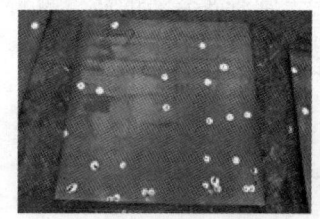
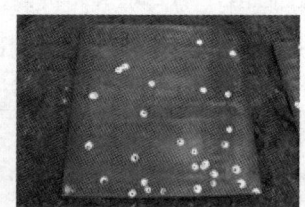

图12 试验2钢板靶毁伤效果图

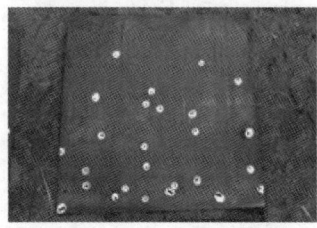
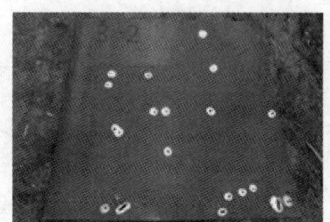
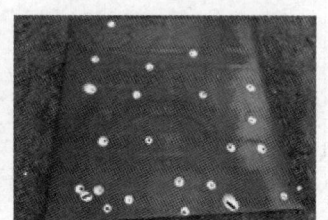

图13 试验3钢板靶毁伤效果图

表6 试验结果统计

序号	c	n_a	n_b	n_T
1	0.5	111	188	299
2	0.43	78	258	336
3	0.43	71	270	341

其中,c为刻槽相对厚度;n_a为穿透靶板的破片个数;n_b为未穿透靶板的破片个数,即靶板上的鼓包数;n_T为破片总个数。由表6得知,刻槽相对深度越小,则破片总个数越多,但能穿透靶板的有效破片数减小;鼓包的个数即壳体沿着迹线方向断裂的残余破片数,由于断裂不规则,很多破碎程度较大,因此无法穿透靶板,形成靶板上的鼓包;另外,试验2与试验3结果相似度很高,说明试验一致性较好。

4　结论

（1）刻槽相对深度越小，破片相对质量损失率越小；相同刻槽深度情况下，当刻槽角度为60°时，破片损失的质量最大。

（2）随着刻槽深度增加，破片初速呈增大的趋势；相同刻槽深度情况下，随着刻槽角度的增加，破片初速越大。

（3）刻槽相对深度越小，壳体破碎程度更大，则破片总个数越多，但能穿透靶板的有效破片数减少。

参 考 文 献

[1] 彭正午，张庆，王晓鸣，等．刻槽参数对预控破片形成情况的影响研究［J］．火工品，2013（1）：17-20.

[2] 吴成，倪艳光，张渝霞．内刻V形槽半预制破片战斗部壳体的断裂准则［J］．北京理工大学学报，2008，28（7）：569-572.

[3] 张雁思，戴文喜，王志军．基于SPH算法的爆破战斗部壳体破碎数值仿真研究［J］．Ordnance Material Science and Engineering，2015，38（5）：85-88.

[4] 陈炯，袁书强，周春华，等．高能束控制破碎钨合金壳体破碎效果研究［J］．兵器材料科学与工程，2010，33（6）：62-64.

[5] 王秦英．制导火箭弹战斗部破片威力设计研究［D］．太原：中北大学，2017.

[6] 杨云川，厉相宝，万仁毅．预制破片初速和飞散角的数值模拟［J］．弹箭与制导学报，2009，29（4）：96-102.

[7] 史志鑫，尹建平，王志军．预制破片的形状对破片飞散性能影响的数值模拟研究［J］．兵器装备工程学报，2017，38（12）：31-36.

[8] 雷灏，姚志敏，尉广军，等．基于Gurney公式的半预制破片飞散特性研究［J］．爆破，2014，31（1）：38-41.

[9] 刘桂峰，张庆，沈晓军，等．刻槽参数对破片形成的影响［J］．弹道学报，2014，26（2）：63-66.

[10] 刘桂峰．激光加工壳体破片形成及杀伤威力研究［D］．南京：南京理工大学，2015.

[11] 张高峰，李向东，周兰伟，等．对称刻槽预控破片战斗部壳体爆炸过程质量损失率研究［J］．兵工学报，2018，39（2）：254-260.

[12] 赵长啸，钱芳，徐建国，等．药型罩结构参数对整体式MEFP成型的影响［J］．含能材料，2016，24（5）：485-490.

内圆弧半径对小锥角聚能装药射流形成影响的数值模拟

韩文斌,张国伟

(中北大学机电工程学院,山西 太原 030051)

摘 要：利用 ANSYS/LS-DYNA 软件对某特定结构小锥角药型罩聚能装药在顶部内圆弧半径不同的情况下射流的形成过程及侵彻装甲钢进行数值模拟。仿真结果表明，在小锥角药型罩口径、材料及壁厚确定的情况下，随着顶部内圆弧半径的增大，射流的长度、头部速度逐渐减小，长径比逐渐增大；射流侵彻装甲钢开孔口径逐渐增大，但对靶板的侵彻深度降低。

关键词：内圆弧半径；小锥角聚能装药；射流形成；侵彻；数值模拟

中图分类号：TG156　**文献标识码**：A

Numerical simulation of the influence of inner arc radius on the formation of small cone angle shaped charge jet

HAN Wenbin, ZHANG Guowei

(School of Mechanical and Electrical Engineering, North University of China, Taiyuan 030051, China)

Abstract: The formation process of jet and its penetration into armored steel of shaped charge with small cone angle liner with different top arc radius were simulated by ANSYS/LS-DYNA software. The simulation results show that when the diameter, material and wall thickness of the small cone angle liner are determined, the length and velocity of the jet decreases gradually with the increase of the top arc radius, and the ratio of length to diameter increases gradually.

Keywords: inner arc radius; small cone angle shaped charge; jet formation; penetration; numerical simulation

0 引言

在现代军事战争中，坦克、装甲车等装甲目标扮演的角色越来越占主导地位，用于侵彻这类高防护装甲钢板的破甲弹也越来越受关注。影响射流成型的因素很多，包括炸药性能、装药结构、药型罩材料性能及结构参数、起爆方式等。要想有效控制射流成型参数，必须掌握各影响因素对其成型的影响规律[1]。国内外对此进行过较为深入的数值模拟和试验研究。李伟兵等[2]通过改变弧锥结合罩的圆弧曲率半径、锥角和壁厚，对比分析了形成侵彻体性能规律；唐蜜等[3]计算分析了药型罩曲率半径、药型罩壁厚、装药长径比、壳体厚度4种因素对爆炸成型弹丸速度的影响规律；陈忠勇等[4]通过改变罩高对比分析了侵彻体的长度、长径比，头部直径和头部速度的变化规律。

以往的研究中，一般以曲率半径、壁厚来描述药型罩的结构。本文运用 ANSYS/LS-DYNA 软件，

基金项目：国家863计划项目（No.1234567）。

作者简介：韩文斌（1995—），男，硕士研究生，E-mail：1115083842@qq.com。

建立合理的数值仿真模型，通过改变药型罩顶部圆弧半径，比较不同弧锥结合比对小锥角药型罩射流的头部速度及侵彻靶板影响进行仿真。通过仿真计算与分析，得出小锥角药型罩侵彻钢靶与圆弧半径，射流成型及侵彻钢靶的变化规律。

1 计算模型

1.1 仿真模型

本次仿真计算模型如图 1 所示：药型罩形状为弧锥结合罩，装药直径 D 为 50 mm，装药长径比为 1.2，壳体厚为 4 mm。药型罩壁厚为 2 mm，锥角为 60°。起爆方式为装药中心点起爆。炸高为 3D。聚能装药均为轴对称结构，故建立 1/4 模型，如图 2 所示，单位制为 cm - g - μs。炸药、药型罩、空气、水采用多物质 ALE 算法，壳体、靶板采用 Lagrange 算法，二者采用 CONSTRAINED_LAGRANGE_IN_SOLID 进行流固耦合。所有单元均采用 8 节点实体单元 solid164。为了提高计算效率以及防止壳体网格变形过大而导致计算出错，在 30 μs 时进行重启将壳体删除，此时壳体对装药的聚能效应已经可以忽略。

图 1 小锥角药型罩聚能装药

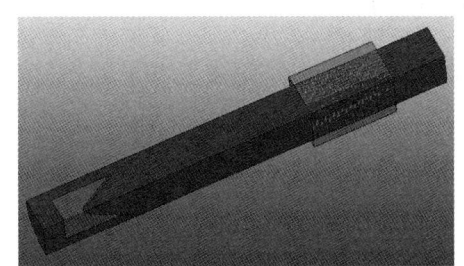

图 2 侵彻靶板 1/4 有限元模型

整个模型共创建 5 个 part。part1 为主装药；part2 为药型罩；part3 为靶板；part4 为壳体；part5 为空气。靶板厚度为 80 mm，空气长度取 390 mm。

1.2 材料模型

药型罩的材料为紫铜，材料模型选用 PLASTIC KINEMATIC。材料具体参数如表 1 所示。

表 1 药型罩材料参数

材料	密度/(g·m^{-3})	弹性模量/MPa	泊松比	屈服应力/MPa
紫铜	8.96	1.37	0.345	0.000 9

聚能装药采用 B 炸药，用 MAT_HIGH_EXPLOSIVE_BURN 的材料模型，用 EOS_JWL 状态方程进行描述。此方程是 Jones – Wilkins – Lee 研究得到的，并假定爆轰前沿以常速率传播。JWL 状态方程定义压力为相对体积 V 和单位体积的初始能量 E 的函数。

$$p = A\left(1 - \frac{\omega}{R_1 V}\right)e^{-R_1 V} + B\left(1 - \frac{\omega}{R_2 V}\right)e^{-R_2 V} + \frac{\omega E}{V}$$

式中：参数 ω、A、B、R_1 和 R_2 为表征炸药特性的常数，该状态方程能很好地描述高能炸药，因为它在涉及结构金属加速度的应用中可以确定炸药的爆轰压力[5,6]。材料参数如表 2 所示。

表 2　B 炸药的材料参数

材料	$\rho/(\text{g}\cdot\text{cm}^{-3})$	$v/(\text{cm}\cdot\mu\text{s}^{-1})$	P_{CJ}/GPa	V_0/cm^3	A	$E_0/(\text{J}\cdot\text{kg}^{-1})$
B 炸药	1.717	0.798	0.295	1.0	5.242 3	0.085

壳体用 7039 铝，靶板采用 4340 钢，其材料参数全部来自 Autody 材料库。空气采用空物质材料（NULL）描述，对应的状态方程为多线性状态方程。通常视空气为理想气体。靶板材料为甲钢采用 MAT PLASTIC KIN – EMATIC 模型。

2　数值模拟分析

2.1　不同内圆弧半径对小锥角药型罩射流成型的影响

炸药爆轰后，对药型罩施加了瞬时的冲击载荷使罩单元压垮，随着药型罩顶部圆弧半径的增大，罩单元在压垮的过程中，罩物质的拉伸空间逐渐缩小，其汇聚于药型罩轴线处时罩物质拉伸程度逐渐降低，因此形成的射流的长度及长径比都逐渐减小。图 3 中 (a) ~ (h) 分别为小锥角药型罩顶端内圆弧半径为 0、1 mm、3 mm、5 mm、7 mm、9 mm、11 mm、13 mm 时在 60 μs 所形成的金属射流刚侵彻钢靶的头部速度云图。从图中可以得出，随着小锥角药型罩顶部圆弧半径的增大，射流到达靶板的头部速度逐渐减小；射流头部直径无太大差异，约为 4 mm 且都成型很好；且提高了对药型罩的利用率。图 3 (a) 中，当小锥角药型罩无顶部圆弧半径时，所形成的射流在 60 μs 时，射流头部速度可以达到 4 400 m/s 左右，此时射流已经开始侵彻靶板，并有一定的开孔深度；而图 3 (b) 中当小锥角药型罩顶部内圆弧半径为 1 mm 时，所形成的射流在 60 μs 时，射流头部速度达到 4 000 m/s 左右，此时射流刚与靶板接触；图 3 (h) 中当小锥角内圆弧半径增大到 13 mm 时，所形成的射流在 60 μs 时射流头部速度达到 2 800 m/s 左右，此时射流距离侵彻靶板还要一段时间。

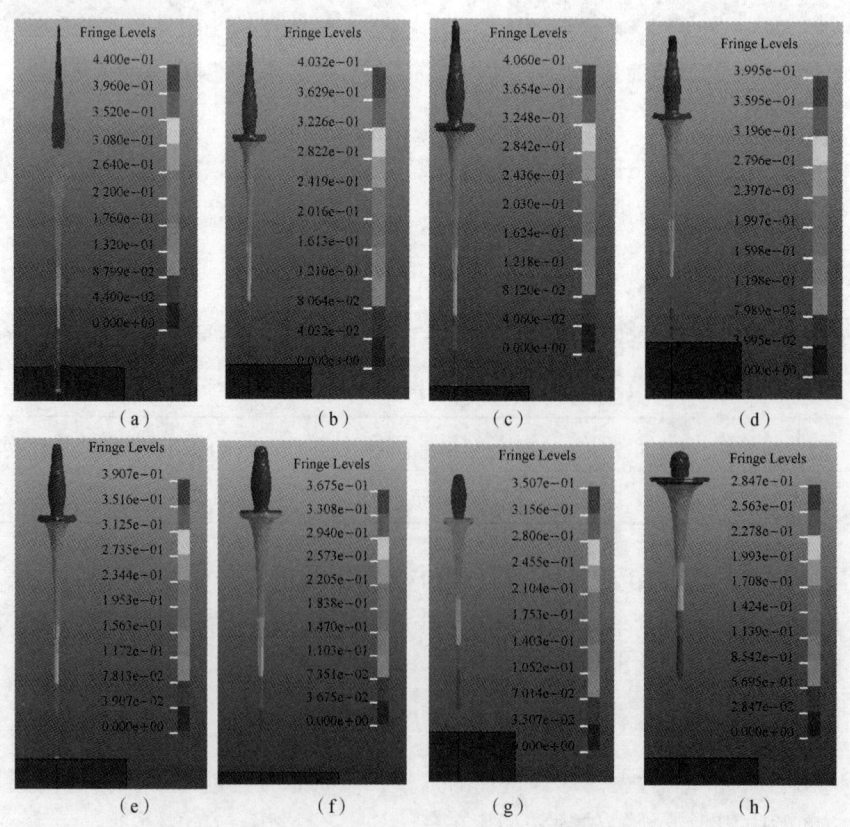

图 3　60 μs 时不同顶部内圆弧半径形成的射流速度云图

(a) 0; (b) 1 mm; (c) 3 mm; (d) 5 mm; (e) 7 mm; (f) 9 mm; (g) 11 mm; (h) 13 mm

2.2 不同圆弧半径药型罩侵彻靶板的情况

图 4 中 (a)、(b)、(c)、(d) 分别是 250 μs 时小锥角药型罩顶端内圆弧半径为 0、1 mm、7 mm、13 mm 时对靶板的侵彻情况。从图中可以得出，当小锥角药型罩顶端无圆弧时，形成的射流侵彻靶板的入口处直径约为 18 mm，开孔直径约为 8 mm，极限穿深约为 60 mm；当小锥角药型罩顶端圆弧半径为 1 mm 时，形成的射流侵彻靶板的入口处直径约为 20 mm，开孔直径约为 10 mm，极限穿深约为 50 mm；当小锥角药型罩顶端圆弧半径为 7 mm 时，形成的射流侵彻靶板的入口处直径约为 22 mm，开孔直径约为 10 mm，极限穿深约为 48 mm；当小锥角药型罩顶端圆弧半径为 13 mm 时，形成的射流侵彻靶板的入口处直径约为 25 mm，开孔直径约为 11 mm，极限穿深约为 44 mm。具体见表 3。

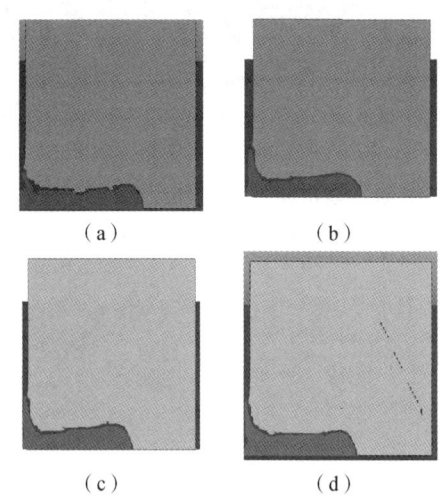

图 4 不同顶部内圆弧半径药型罩对靶板的侵彻效果
(a) 0; (b) 1 mm; (c) 7 mm; (d) 13 mm

表 3 试验中小锥角药型罩对靶板的侵彻效果

内圆弧半径/mm	入口处直径/mm	开孔直径/mm	极限穿深/mm
0	18	8	60
1	20	10	50
3	22	10	49
5	22	10	49
7	22	10	48
9	24	11	47
11	24	11	47
13	25	11	44

3 结论

（1）在小锥角药型罩壁厚、材料、口径及锥度确定的情况下，采用装药中心点起爆，随着药型罩顶部圆弧半径、紫铜罩对靶板的开孔直径增大，侵彻深度降低。同时对药型罩的利用率呈现出先增高后降低的趋势。

（2）比较靶板开孔口径和侵彻深度随内圆弧半径的变化率得出小锥角药型罩顶部圆弧半径应为 0 – 3 mm 之间比较合适。

参 考 文 献

[1] 胡书堂, 王凤英. 药型罩对聚能破甲效应的影响浅析 [J]. 四川兵工学报, 2006 (06): 30 – 32.
[2] 李伟兵, 王晓鸣, 李文彬, 等. 弧锥结合罩的结构参数对 EFP 成型的影响 [J]. 火工品, 2008 (06): 48 – 53.
[3] 唐蜜, 柏劲松, 李平, 等. 爆炸成型弹丸成型因素的正交设计研究 [J]. 火工品, 2006 (05): 38 – 40 + 44.

[4] 陈忠勇,李文彬,高旭东,等.药型罩结构参数对侵彻体成型的影响[J].四川兵工学报,2011,32(02):12-15.
[5] 王立蒙,张国伟.不同锥角药型罩的金属射流性能仿真分析[J].机械工程与自动化,2016(02):91-93.
[6] 陈智刚,赵太勇,侯秀成.聚能装药金属射流形成技术研究[J].爆破器材,2004(02):4-7.

中大口径杀爆弹炸药装药技术发展现状分析

郭尚生[1]，李志锋[2]，李玉文[1]，李 松[1]，刘晓军[1]，朱晓丽[1]

(1. 辽沈工业集团有限公司；
2. 陆装沈阳局驻七二四厂军代室，沈阳 110045)

摘 要：介绍了国内外高能炸药装药技术发展现状，总结分析我国分次压装、分步压装、熔注装药等高能炸药装药研究进展情况，通过对典型杀爆弹装填不同炸药的威力水平及中大口径杀爆弹技术发展趋势分析，预测未来炸药装药需求，提出我国杀爆弹炸药装药技术发展建议。

关键词：榴弹；高能炸药；压装；注装

中图分类号：TJ410 **文献标志码**：A

Analysis of development status of explosive charging of middle and large caliber HE projectile

GUO Shangsheng[1], LI Zhifeng[2], LI Yuwen[1], LI Song[1], LIU Xiaojun[1], ZHU Xiaoli[1]

(1. Liaohen Industries Grop Co., Ltd; 2. Army Rep Office in
Factory 724 of Shenyang Bureau 110045, China)

Abstract: This paper introduces the development status of high – energy explosive at home and abroad and further summaries and analyses the domestic development status of high – energy explosive charging like time – by – time charging, step – by – step charging and cast – charging, By analysing the power of typical HE projectile charged different explosive and the technology development trend of middle and large caliber HE projectile, forecasts future explosive charging demand and gives the advices of explosive charging development in home.

Keywords: howitzer; high – energy explosive; press – charging; cast – charging

0 引言

随着社会进步和高科技的发展，为提高战斗部威力，达到高效毁伤的目的，弹药装药技术逐步向着装填高能炸药和自动化方向发展，提高装填高能炸药装药工艺技术水平，确保射击时安全和爆炸时作用可靠成为现代装药工艺技术的发展方向。杀伤爆破弹(简称杀爆弹)具有综合的用途，既可对付土木工事、装备器材，又可对付人员、车辆，兼具爆破及破片杀伤双重作用[1]。装填高能炸药是提高杀爆弹战斗部威力的有效途径，俄罗斯以发展压装高能含铝炸药为主，美国等西方国家以发展注装药和分次压装药技术为主。"十五"以来，我国紧跟世界各国炸药装药技术发展，在熔注和压装药技术方面得到发展，常规杀爆弹威力水平有所提升，但是较国外仍然存在差距，特别是在熔铸或浇装固化不敏感炸药方面国内刚起步，正式装备基本处于空白状态。

作者简介：郭尚生(1966—)，男，本科，E – mail：735560940@ qq. com。

1 国外杀爆弹炸药及装药技术发展现状[2~5]

1.1 压装药技术发展现状

螺旋压装药为早期的压装工艺,其优点是生产能力大、机械化程度高,缺点是螺杆转动与炸药产生强烈的摩擦,因此不能应用于摩擦感度大的炸药。钝感的混合炸药因钝感膜容易被破坏,含有金属粉的炸药也容易损坏螺杆,故这类炸药均不适用于螺旋装药。目前主要用于 82~160 mm 的迫击炮弹、76~152 mm 的榴弹装填梯恩梯、铵梯与梯萘炸药,不能装填高能炸药。

国外分次压装工艺(或普通压装工艺)技术成熟,各种压药机吨位形成系列化,相应的模具设计和装药工艺日趋成熟。目前美国典型战斗部压药工厂压药机(图1)5~800 t 不等,炸药从静态压力及可获得炸药表面 20 000 psi 的压力,可以获得 98% 的最大相对密度,足以满足各种装药的需求。压装方法包括单冲头 500 t 压力机到多冲头高压压药机,可以装填 76~155 mm 的弹药。能够采用压装法进行装填的炸药品种包括:LX-14、A3 和 A5 炸药、B 炸药、H6、PAX-2A、PBXW-11 和 -17、PBXN-5、TNT 和奥克托尔炸药。除了压药机的系列化之外,自动压药机也已问世,BAE 系统公司安装一种自动旋转压药机压制出来的药柱(图2)可以得到均匀的密度和高装填密度,炸药采用 ROWANEX3601 不敏感炸药,通过包覆的炸药造型粉具有良好的加工性能。最近美国陆军公布了一种大型弹药的压装工艺,冲压杆带有螺纹,可能属于分步压装工艺。

图1 美国衣阿华陆军弹药厂的 800 t 压药机

图2 BAE 系统公司的自动旋转压药机压制出来的药柱

俄罗斯的炮弹装药普遍采用压装工艺,并于 20 世纪 80 年代研制出一种全新的压装药设备——分步压装机,主要装填以 RDX 为主体的高能混合炸药,如 A-IX-II 炸药,使同类弹药比装填 TNT 时的威力提高 30% 以上,有效提高了发射安全性和弹药的威力,给弹药行业带来了革命性的进展。乌克兰顿涅茨克国营化学制品厂是乌克兰乃至苏联最大的装药专业厂,具有先进可靠的装药技术条件及质量检测手段,其拥有的全自动分步压装药(捣装)技术代表装药技术发展的一个方向。

1.2 熔铸装药技术发展现状

国外注重熔铸装药工艺的研究与应用,在装药工艺上采用热探针补药、真空注药、自动程序降温等保障措施,以提高装药质量;从传统的熔铸 B 炸药向熔铸高能、不敏感炸药方向发展,发展了 PAX、IMX 等系列的熔铸不敏感炸药。其中美国重视程度最高,取得成果最大,代表国际先进水平,研制了满足工艺要求的 DNAN 基熔铸炸药、TNT/NTO 熔铸炸药和以蜡为基的 MNX-194 熔铸炸药,以取代原 TNT 或 B 炸药。加拿大、法国及南非等国家也在熔铸装药工艺方面进行了大量的研究与应用。美国皮卡汀尼兵工厂建有一个高能熔铸炸药小规模生产车间,车间内有 189 L、284 L 熔融浇注系统。189 L 熔融浇注系统主要包括格栅熔融炉、固体填料加料器、189 L 熔融釜、4 喷嘴加注机和冷却箱,能满足陆军 155 mm M107 和 M795 弹丸小规模炸药装填需要,每天能装填 16 枚弹。目前,美国陆军还用此系统生产

PAX/AFX-196 炸药，装填 155 mm 不敏感弹药。正在开发新型压力浇铸系统，以满足黏度较大的熔铸不敏感炸药装填需求。284 L 熔融浇注系统主要包括炸药格栅熔融炉 284 L 熔融釜、16 喷嘴加注机和蒸汽加热冷却箱，当前该系统的主要任务是优化 PAX-21 炸药在 60 mm 迫击炮弹中的装填和冷却工艺。

1.3 浇注 PBX 炸药装药技术现状

浇注高聚物黏结炸药（PBX）具有能量大、强度高、物化安定性好、易损性低、成型性优良的特点，适合于装填大型弹体和药室比较复杂的弹体，克服了 TNT 熔铸炸药脆性大，强度低，易产生缩孔、裂纹和易渗油等严重缺点，故浇注 PBX 可耐高速飞行中的气动加热，也能经受热炮管的高温加热反应，保证了发射安全性。浇注 PBX 炸药可牢固黏附于壳体，装填炸药与壳体无空隙，两者之间没有相对旋转，改善了飞行弹道性能，而熔铸炸药装填导弹或炮弹时易与壳体分离并产生间隙，在发射时易早炸。

基于对不敏感弹药的高度重视，国外 PBX 炸药浇注固化工艺取得了突破性进展，浇注 PBX 炸药已经成为不敏感弹药的标准制式装药类型，并逐步取代 TNT 类熔铸炸药装填多种口径的炮弹。法国、英国、德国、美国均采用浇注 PBX 炸药，并将浇注固化工艺的自动化、连续化改造作为研究重点（图3）。

目前，美国发展的浇注炸药 PBXN-110（88% HMX，12% 黏结剂）具有相当强的破甲能力，而且易损性低，密度为 1.68 g/cm³，用于 M87 迫击炮战斗部中。美国陆军新研制鉴定的 IMX 系列不敏感浇注炸药配方，大都使用 NTO 替代或部分替代 RDX，这些新配方已经取代各种炮弹中的传统 TNT 炸药和 B 炸药，已结合美国现役的大口径炮弹和各种炮击炮弹进行了大量型号鉴定试验，并开始装备。欧洲含能材料公司（EURENCO）在浇注 PBX 炸药方面一直处于世界领先地位，可进行 155 mm 榴弹、120 mm 坦克炮弹、各种迫击炮弹的大规模生产。2006 年 6 月，该公司位于法国南部的 Sorgues 工厂的一新生产车间开始运行，这个新工厂可大规模生产浇注 PBX 炸药及装药，供 155 mm 火炮、120 mm 坦克炮和迫击炮的不敏感弹药使用。最新的车间每年就可生产 5 万枚 155 mm 炮弹或 10 万枚 120 mm 炮弹用的炸药。这条生产线总投资约 700 万欧元，采用的是一种新的连续生产工艺，即"双组分"工艺。BAE 系统公司是 EURENCO 的主要竞争对手，其浇注 PBX 的研究和开发历史悠久，该公司在 2006 年扩建新增一条大容量生产线，新生产线每年可生产 800~900 t 的 PBX 炸药，生产线推出的首批不敏感炮弹之一是 BAE 公司的 L50 155 mm 不敏感榴弹，到 2008 年的总需求量已经达到 5 万发。

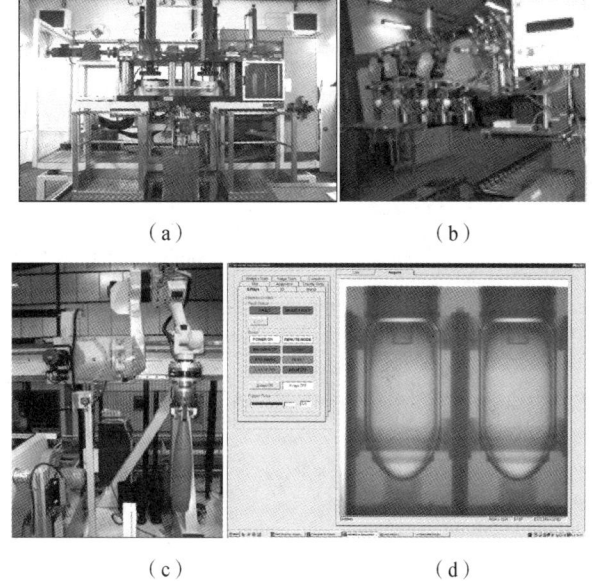

图 3　浇注固化工艺设备
(a) 双组分混合设备；(b) 传送系统和四头装药系统；
(c) 运转机器人；(d) 检测软件

2　国内高能炸药装药技术发展现状

2.1　分次压装药技术研究进展

国内分次压装药技术成熟，主要分为直接分冲压装和成型药柱分装两种。直接分冲压装采用人工换冲法分 6~8 次完成战斗部压药工作，其工艺简单，装药疵病少，发射安全可靠性高，但药柱中心密度高，边部密集偏低，降低威力。采用压装 DHL-1 炸药，装填密度达到 1.7 g/cm³ 以上，压装 JHL-2 炸药的装药工艺研究，装填密度达到 1.85 g/cm³。成型药柱分装工艺将战斗部装药分成若干份，采用模具压制成药柱再装入弹体,一般应用于结构复杂、弹壁薄的弹药,其药柱装药密度均匀,有利于提高威力,但其工艺复杂且成本高,药柱粘接处理不当影响射击安全。

目前装药设备主要有 100 t、300 t、600 t、800 t 等压药设备,在完成各型榴弹战斗部装药的同时,可完成传爆药柱、扩爆药柱及末敏弹聚能装药成型药柱压制工作。但现有分次压装工艺(图4)控制精度低,手工操作,换冲频繁,工人劳动强度大,生产效率低,存在不安全因素,不适应未来发展需求。为加快与其相适应的工艺自动化改进步伐,在自动化方面进行了尝试并积累了一定的经验,实现了自动换冲、自动称药、自动倒药及故障弹自动报警等功能。

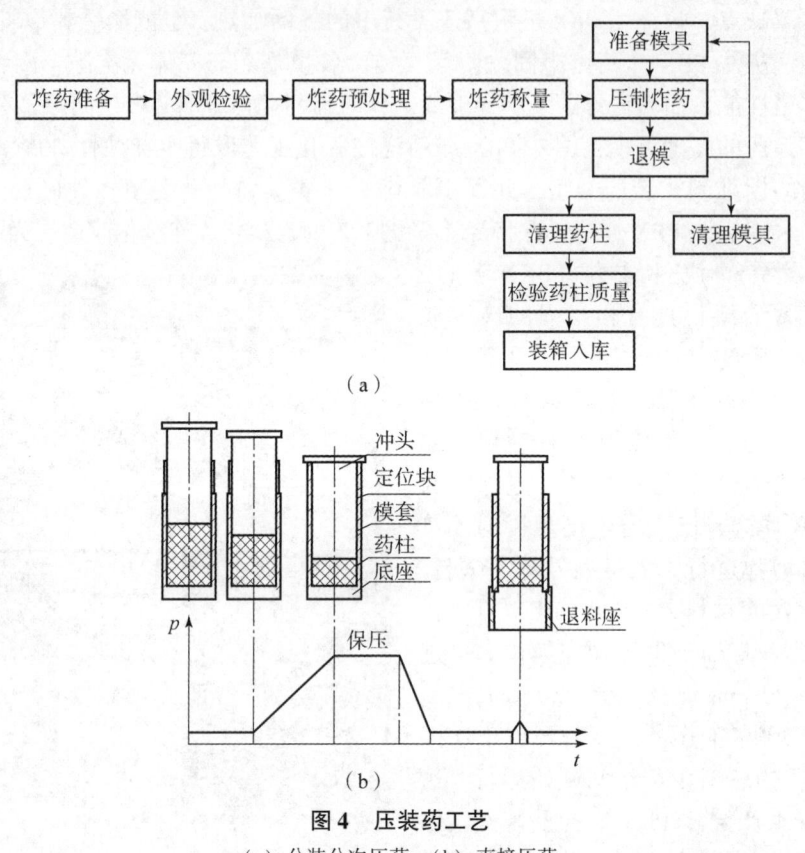

图 4 压装药工艺

(a)分装分次压药;(b)直接压药

2.2 分步压装药技术研究进展

我国于2000年从乌克兰引进分步压装机(图5),在经历了仿研、优化改进后,从工作可靠性、使用安全性上得到了较大的提升,我国主要弹药厂均建立了分步压装工艺设备,主要用于大中口径杀伤爆破弹装填 DHL-1 炸药。近年来国内开展了分步压装 RL-F 炸药工艺研究,该炸药具有流散性好、粉尘飘扬量少等特点,同时能量不低于现使用的 DHL-1 炸药。但该装药工艺不能用于压装流散性较差的高能炸药(如 JHL-2 炸药),需要进一步开展适合分步压装工艺的高能炸药及装药技术研究工作。

2.3 熔铸装药工艺研究进展

熔铸装药适合弹药尺寸大、弹体内腔结构尺寸复杂,弹体壁较薄的弹体装药,在发展压装药的同时,应同步发展熔铸装药工艺技术,以适应未来多变的高能毁伤战斗部发展需求。国内多个弹药生

图 5 分步压装机

产厂家具有成熟的熔铸装药生产线,主要装填 TNT 炸药、B 炸药及改性 B 炸药等。近年来,随着不敏感弹药的需求日益迫切,国内开展了以 DNAN 为载体的高能炸药熔铸工艺研究工作,完成了 RDX/DNAN、HMX/DNAN 等多系列装药配方及装药工艺研究,但在中大口径杀爆弹上暂未形成正式装备能力。

2.4 其他装药工艺研究进展

国内正在进行中大口径榴弹用浇注固化 PBX 炸药装药工艺研究。开发了中大口径杀爆弹用浇注固化 PBX 炸药及与其匹配的浇注固化工艺,进行炸药配方、浇注工艺、威力匹配、发射安全性以及勤务处理安全性研究。

同时,积极跟踪国际先进装药技术发展,开展双螺挤压装药、压滤装药及等静压压药等装药工艺技术。

3 典型杀爆弹战斗部装药应用及威力水平

3.1 高能炸药应用种类及特性分析

国内主要有螺装 TNT,熔铸 RHT-5 炸药,压装 DHL-1、JHL-2 以及其他以 RDX 为主炸药的高能含铝炸药。我国大中口径杀爆弹常用炸药如表 1 所示。

表 1 各炸药主要性能对比

炸药种类	典型密度/(g·cm^{-3})	爆速/(m·s^{-1})	TNT 当量/%
TNT	1.53	6 622	—
改性 B 炸药	1.65	7 600	129
A-IX-II	1.75	7 898	147
RL-F	1.766	7 951	153
JHL-2	1.88	7 912	171

3.2 典型杀爆弹威力水平

近十年来我国大口径榴弹用高能炸药装药技术已得到一定的发展,从装填 TNT 炸药逐步发展为装填以 RDX 为主要组分的高能含铝炸药或 B 炸药类,弹药威力得到大幅度的提高(表 2)。但是,国外高能混合炸药已从应用 RDX、HMX 过渡到应用 CL-20[6],这些新炸药有力地促进了弹药威力提高和更新换代。因此,我国与以美国为首的发达国家仍然有很大差距。

表 2 两种典型杀爆弹杀伤威力试验结果

弹药名称	装药工艺及炸药	装药量/kg	破片初速/(m·s^{-1})	有效破片数量/块	平均破片质量/g	杀伤面积/m^2
杀爆弹 1	螺装 TNT 炸药	3.27	1 308.98	2 196	4.01	1 418
	熔铸 B 炸药	3.75	1 439.9	2 772	3.95	1 835
	分步压装 RL-F 炸药	3.80	1 680.10	2 048	4.07	1 897
杀爆弹 2	熔铸 TNT	8.02	1 489	4 143	7.83	2 587
	熔铸 B 炸药	8.6	1 702	5 032	6.59	3 669
	浇注固化 PBX	8.6	2 078	5 473	6.41	3 898

3.3 杀爆弹装药需求分析

随着弹丸总体技术的复杂化，其战斗部有效载荷将相对减少，同时随着射程的增加，散布增大及对目标防护特性的提高等，都要求必须采取高效毁伤战斗部来提高武器装备对目标的毁伤能力。对于不同的毁伤方式和作用对象而言，对炸药性能的要求各不相同。对于爆破型战斗部，要求具有较高的冲击波超压和冲量；对于破片式杀伤弹药，破片的速度、动能和分布是决定毁伤效果的重要参数，要求炸药对破片具有较高的加速能力[7]。

经分析，未来大口径杀爆弹装填炸药主要以高能混合炸药为主，并具有高威力、低感度、低易损性的特点。为缩小我国杀爆弹威力与国外的差距，其装药能量较以往的 TNT 装药可提高 70% 以上，较 A‐Ⅸ‐Ⅱ 可提高 17% 以上，其杀爆弹威力可提高 30%~50%。同时，高能炸药的应用弥补了复合增程弹、弹道修正弹战斗部有效载荷少于普通榴弹的缺点，使其综合威力性能与其普通榴弹相当。

4 我国杀爆弹炸药装药技术发展建议

4.1 压装新型高能混合炸药技术

目前大口径榴弹压装炸药的主要组分是 RDX，与国外采用 HMX、CL‐20 等高能炸药的差距大，应加快以球化 RDX、HMX 及 CL‐20 等高能炸药为主要组分的高能混合炸药的开发，并结合典型产品进行装药工艺研究。

4.2 熔注新型高能炸药技术

国外发展蜡基、TNAZ、DNAN 基加 RDX、HMX、CL‐20 等熔注炸药，如法国 HMX 基 XF 系列熔注炸药。为缩短差距，应加快以 HMX、CL‐20 为成分的多系列熔注装药用高能炸药，以满足未来具有复杂结构、壳体较薄的杀爆弹战斗部研发需求。

4.3 装填低易损、不敏感炸药技术

战斗部装填高威力、低易损炸药是未来装甲车辆、舰载、机载弹药的发展方向，国内外市场需求广泛。而我国中大口径杀爆弹在此方面刚刚起步。根据战斗部高威力、不敏感发展要求，要加快不敏感特性的单质炸药、混合炸药以及与其相适应装药工艺研究，建议重点发展分步压装工艺。

参 考 文 献

[1] 魏惠之，朱鹤松，汪东晖，等. 弹丸设计理论[M]. 北京：国防工业出版社，1985.
[2] 张欲立，张偲严，李琳琳，等. 含铝炸药装药工艺装备现状与发展势[J]. 兵工自动化，2013，32(1)：60‐63.
[3] 雷林，伍凌川，张博，等. 国外战斗部装药生产装备现状及发展趋势[J]. 兵工自动化，2015，34(8)：32‐36.
[4] 张方宇. 我国弹药生产技术和装备发展现状及发展对策初探[J]. 兵工自动化，2008，27(4)：1‐7.
[5] 崔庆忠，刘德润，徐军培. 高能炸药与装药设计[M]. 北京：国防工业出版社，2016.
[6] 王晓峰. 军用混合炸药的发展趋势[J]. 火炸药学报，2011，34(4)：1‐4.
[7] 徐露萍，李邦贵，胡米，等. 国外高效毁伤技术简析[J]. 飞航导弹，2010(12)：71‐75.

一种基于图像的冲击波波阵面参数测量方法研究

叶希洋，苏健军，姬建荣，申景田

(西安近代化学研究所，陕西 西安 710065)

摘 要：高速摄影作为冲击波测试的一种重要辅助手段，可以观测冲击波波阵面的传播过程。本文介绍了一种基于MATLAB的图像处理方法，通过对高速摄影结果进行处理，推算出距爆心不同距离处的冲击波压力，并经过拟合得到冲击波压力随距离衰减曲线。将拟合曲线与理论曲线进行对比，两者吻合程度较高。将拟合结果与电测法测试结果进行对比，排除电测法中的异常数据后，两者对比误差小于9%。利用图像法进行冲击波测试是一种可行手段。

关键词：冲击波超压；图像法；冲击波波阵面；电测法

中图分类号：O384　**文献标志码**：A

Research on image – based measurement method of shock wave wavefront parameters

YE Xiyang, SU Jianjun, JI Jianrong, SHEN Jingtian

(Xi'an Modern Chemistry Research Institute, Xi'an 710065, China)

Abstract: As an important auxiliary means of shock wave testing, high – speed photography can observe the propagation process of the shock wave front. This paper introduces an image processing method based on MATLAB. By processing the high – speed photography results, the shock wave pressure at different distances from the core is calculated, and the shock wave pressure decreases with distance. The fitted curve is compared with the theoretical curve, and the degree of agreement is high. Comparing the fitting results with the electrical test results, and eliminating the abnormal data in the electrical test method, the contrast error between the two is less than 9%. The use of image method for shock wave testing is a feasible means.

Keywords: shock wave overpressure; image method; shock wave front; electrical measurement

0 引言

冲击波在介质中传播时，会导致介质的压强、密度等物理性质发生突跃式改变，介质原始状态和扰动状态的交界面就是冲击波波阵面[1]。研究冲击波波阵面意义重大，一方面，通过波阵面的形状以及传播速度，可以了解冲击波传播规律，推算出冲击波参数；另一方面，在评估冲击波对目标的毁伤情况时，波阵面与目标的耦合情况对毁伤效果也是有影响的。

对于冲击波波阵面传播规律，国内外已开展大量研究，其采用的方法主要有数值模拟法、电测法和光测法。杨莉等[2]应用流体动力学分析软件建立沉底装药水下爆炸仿真计算模型，得到了沉底装药水下爆炸冲击波传播作用规律：沉底装药水下爆炸冲击波传播满足指数衰减规律。赵蓓蕾等[3]利用ANSYSY/LS – DYNA软件对炸药近地爆炸进行数值仿真，重点分析了不同高度的近地爆炸地面冲击波传播规律，仿真结果与叶晓华公式吻合较好。王荣波等[4]采用石英光纤探针阵列对一点起爆的爆轰波阵面进行了测

作者简介：叶希洋（1994—），男，硕士研究生，E – mail: 1229181579@qq.com。

量,测量到 3 条不同直径上的波形,并利用所测数据绘出爆轰波阵面的三维形状图。

光测法是目前研究波阵面最主要的方法,原理是通过高速相机记录爆轰过程,得到波阵面图像。谭多望等[5]利用高速扫描相机测量药柱中的爆轰波波阵面形状,分析了钝感炸药爆轰波的传播与波阵面曲率之间的关系。郭刘伟等[6]采用高速扫描照相技术及电探针测速技术获取了高温 60 ℃环境下 TATB 基钝感炸药三种直径药柱爆轰波形状和波速。J. G. Anderson[7]在爆心后方布置黑白相间的条形背景布,利用波阵面造成的光的折射现象,使用高速相机拍摄到了波阵面的传播过程。

三种方法中,数值模拟法最为简单便捷,但是缺少实验数据支撑,只能用于理论分析。电测法应用过程中需要布设大量的传感器,而且传感器易受环境的影响,数据采集可靠性不高[8]。光测法虽然能看到冲击波波阵面的传播过程,但由于空气中波阵面识别度有限,很难得到冲击波的更多信息。由于爆炸产物的影响,冲击波在反射、绕射时的波阵面也很难观测到。因此,本文提出了一种基于高速摄影的图像法,通过对高速摄影图像进行处理,得到波阵面轨迹,推算出冲击波波阵面参数。

1 图像法介绍

采用图像法具体过程如下:设高速摄影结果相邻两帧图像时间间隔为 n,截取 $T-n$、T、$T+n$ 三个时刻的图像。利用 MATLAB,对相邻时刻的两幅图像进行二值化处理,再进行图像相减,检测出两幅图像的差异信息,分别得到 T、$T+1$ 时刻的波阵面图像。选定一合适方位(一般选水平或者垂直)后,分别读取两幅图像在该方位上的波阵面距爆心的像素值,将两个像素值的差值换算成实际距离,得到冲击波在 $T \sim T+n$ 时间段内的传播距离,从而计算出该时间段内冲击波的平均传播速度。在 n 足够小的情况下,可以将得到的平均速度视为 $T+n$ 时刻的冲击波速度,并通过冲击波相关理论推算出冲击波压力等参数。

通过图像法,可以很明显地观察到爆炸过程中,冲击波波阵面的演化过程。尤其在研究冲击波遇到障碍物发生的反射、绕射情况时,图像法能发挥很大作用。在没有其他冲击波测试手段时,可以通过图像法获取不同距离点的压力,拟合出冲击波压力与爆心距的关系曲线。在存在其他测试手段时,可以将图像法作为一种辅助与补充手段,获取并验证关键点的压力。

同时图像法也存在一些问题。由于炸药起爆时间极短,且伴随着强光,高速摄影很难获取近距离爆炸图像,使得图像法只能获取距爆心一定距离后的波阵面图像。图像法对高速摄影系统的性能也有很高的要求。一方面,高速摄影系统的帧数越高,图像法计算出的冲击波平均速度就越趋近于瞬时速度,结果就越精确。另一方面,高速摄影图像的像素越高,图像法得到的结果的误差就越小。

2 试验

2.1 样品及仪器

试验装药为 TNT,装药形式为球形装药,装药质量为 1 kg,装药密度为 1.63 g/cm³。传爆药采用 5 g 的 C4 炸药,起爆方式为中心起爆,采用 8 号雷管起爆。

高速摄影系统性能指标满足:采集帧频正面为 10 000 帧/s;存储长度可以完整记录火球起爆到湮灭的整个过程。数据采集仪性能指标满足:单通道冲击波采样速率为 1 MS/s;单通道记录长度为 500 ms;带宽为 4M;A/D 分辨率为 14 bit。冲击波传感器量程为 3 450 kPa,谐振频率大于 500 kHz,上升时间小于 4 μs。

2.2 试验方案

试验时,采用自由场爆炸的方式,试验布局如图 1 所示。将被测炸药试样放置在 3 m 高度的支架上,在距试样 100 m 处布设高速摄影仪。冲击波传播过程中,空气密度的增加会使光发生折射,导致高速摄影仪拍摄不够清晰。因此,在试样背面距离试样 5 m 处布设高 7 m、宽 8 m 的条纹背景布,用于辅助拍摄爆炸冲击波的传播过程。试验时沿 0°～90°范围内布设 12 个传感器，分 4 路分别放置在距爆心距离 1 m、2 m、3 m 处，4 路传感器之间的夹角为 30°。试验现场布局如图 2 所示。

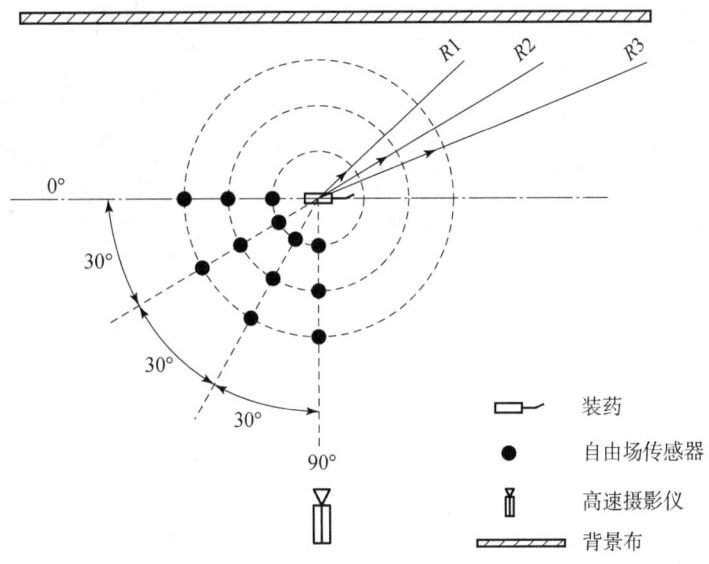

图 1 试验布局示意

图 2 试验现场布局

3 结果与分析

3.1 图像法测试结果

利用高速摄影系统得到球形装药爆炸过程，其中，700 μs 后图像才不受强光影响。截取 700 μs 后每一帧图像，选取其中 4 个时刻的图像，如图 3 所示。

对截取到的连续时刻的图像进行处理，得到每个时刻的波阵面图像。选取其中 4 个时刻的图像，如图 4 所示。

得到波阵面图像后，读取每一幅图像上与爆心处于同一水平线上的波阵面处的像素，将像素差换算成实际距离，推算出冲击波速度，依据式（1），进一步得到冲击波波阵面超压[9]：

$$P = \frac{7}{6}\left(\frac{D^2}{c^2} - 1\right)P_0 \tag{1}$$

式中：D——根据图像法得到的波阵面速度；

P_0——空气压强，为冲击波波阵面超压。

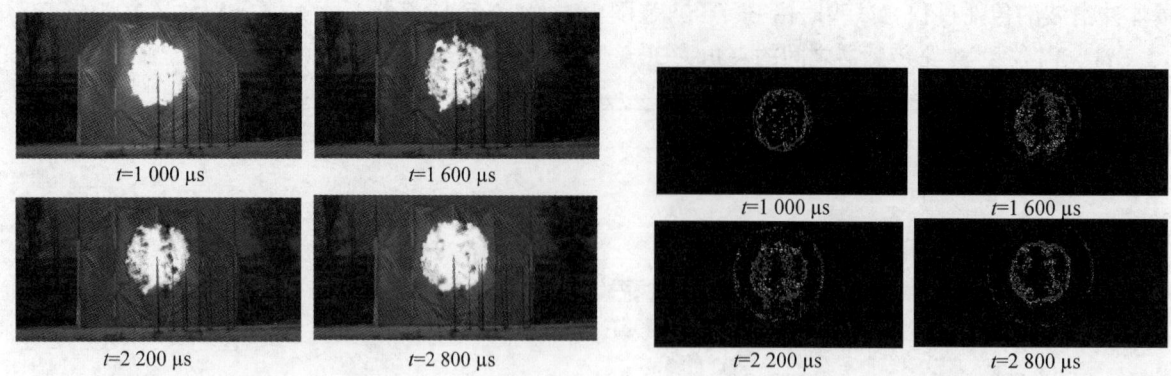

| 图3 爆炸图像 | 图4 波阵面图像 |

由于 700 μs 之前的图像无法处理,因此只得到了距爆心 1.3 m 之后的冲击波压力随距离衰减曲线,如图 5 所示。

可以看到图像法得到的不同点的冲击波压力存在一致现象,而且随着距离的增加,冲击波压力相同的点的个数也增加。这是由于距离越远,波阵面对应像素的变化就越小,图像像素的限制使得不同点压力虽然不同,但是读取的像素差却是相同的。曲线中冲击波压力存在跳跃现象,这可能是读取波阵面像素时不够准确造成的。去除异常点,将曲线进行拟合,拟合方程形式为

$$P = \frac{A}{r^3} + \frac{B}{r^2} + \frac{C}{r} \tag{2}$$

式中:r——爆心距;

A,B,C——拟合参数。

拟合后的曲线方程为

$$P = \frac{0.5256}{r^3} + \frac{0.3872}{r^2} + \frac{0.0688}{r} \tag{3}$$

曲线如图 6 所示。

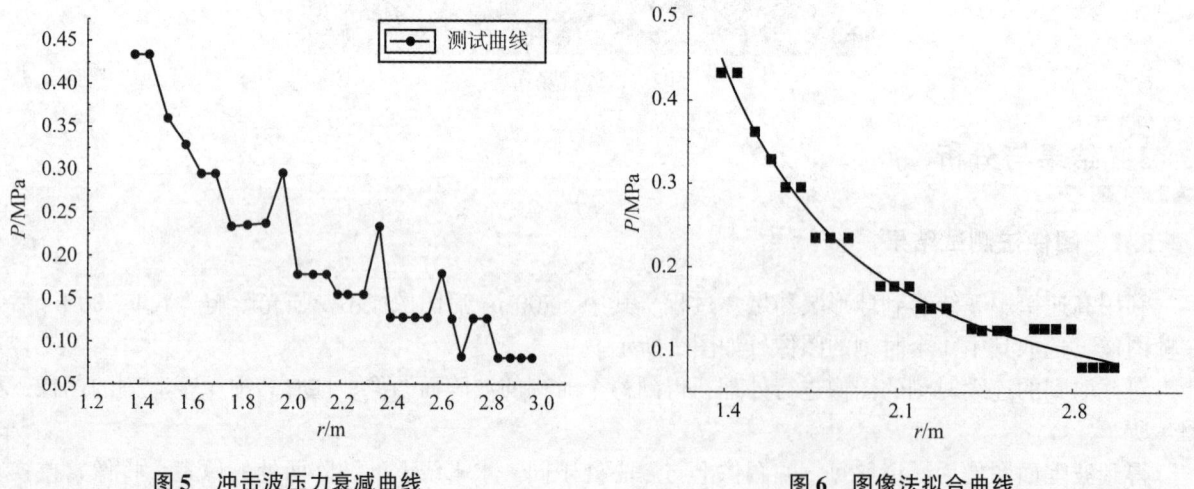

| 图5 冲击波压力衰减曲线 | 图6 图像法拟合曲线 |

3.2 测试结果分析

首先将图像法得到的拟合结果与理论公式进行对比。由于本实验只考虑冲击波在空气中的传播过程,因此可采用经典的叶晓华修正公式[10]:

$$P = \frac{0.7}{\bar{r}^3} + \frac{0.27}{\bar{r}^2} + \frac{0.084}{\bar{r}} \tag{4}$$

式中：$\bar{r}$——对比距离。

由于本实验采用 1 kg TNT 起爆，因此 $\bar{r} = r$。

将得到的试验拟合曲线与理论曲线进行对比，如图 7 所示，可以发现两者吻合程度较高。

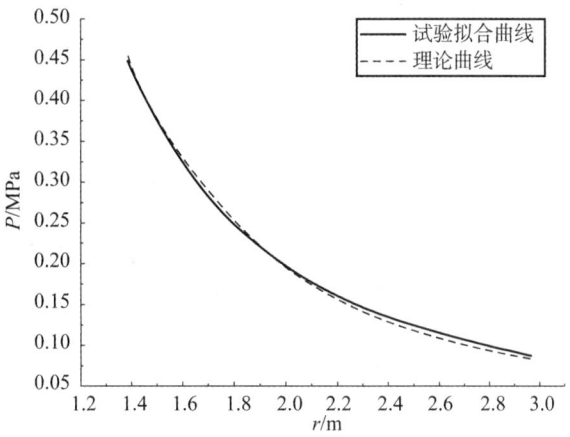

图 7　试验曲线与理论曲线对比

接着将图像法得到的拟合结果与电测法的结果进行对比，如表 1 所示。

在距爆心 1 m 处，0°和 90°方向上未测得数据，其余方向上的传感器数据与图像法超压数据的误差在 4% 以内。在距爆心 2 m 处，0°方向的传感器测试结果出现削波情况，30°和 60°方向的测量误差小于 9%。90°方向的测量误差达到 32%，可以将其视为异常数据。在距爆心 3 m 处，0°和 30°方向上的测量误差分别为 53% 和 36%，可以将其视为异常数据。60°和 90°方向上的测量误差小于 7%。

表 1　超压对比

距离/m	角度/(°)	传感器超压/MPa	图像法超压/MPa	测量误差/%
1	0	**	0.981 7	**
	30	0.962		2.0
	60	0.947		3.7
	90	**		**
2	0	削波	0.196 9	**
	30	0.215		8.4
	60	0.202		2.5
	90	0.289		32
3	0	0.056	0.085 4	53
	30	0.062 6		36
	60	0.091 4		6.6
	90	0.087 3		2.2

将传感器测试结果与图像法测试结果进行对比，在去除异常数据后，对比误差小于 9%，可以认为利用图像法测量冲击波超压是可行的。图像法可以作为电测法的一种辅助和补充手段。一方面，如果两种方法对比时个别数据的对比误差过大，可以将其视为异常数据；另一方面，电测法在出现数据缺失和削波的情况时，可以利用图像法进行补充。

4　结论

本文利用图像法对高速摄影结果进行处理，可以直观得到波阵面的演化过程，推算出在距爆心不同距离处的冲击波压力，并通过拟合得到了冲击波压力随距离衰减曲线。将得到的拟合结果与理论结果进行对比，两者吻合程度较高。将图像法拟合数据与传感器测试数据进行对比，可以发现传感器测试中的异常数据。在去除异常数据后，两者对比误差小于9%，可以表明，图像法测试结果与电测法结果相近，可以作为冲击波测试的一种重要辅助手段。

参 考 文 献

[1] 赵新颖,王伯良,李席. 温压炸药在野外近地空爆中的冲击波规律 [J]. 爆炸与冲击,2016 (1): 38 – 42.
[2] 杨莉,汪玉,杜志鹏,等. 沉底装药水下爆炸冲击波传播规律 [J]. 兵工学报,2013,34 (1):100 – 104.
[3] 赵蓓蕾,崔村燕,陈景鹏,等. 近地爆炸地面冲击波传播规律的数值研究 [J]. 四川兵工学报,2015,36 (09):45 – 48.
[4] 王荣波,田建华,李泽仁,等. GI – 920 炸药爆轰波阵面的光纤探针测量 [J]. 火炸药学报,2006,(02): 7 – 9 + 14.
[5] 谭多望,方青,张光升,等. 钝感炸药直径效应实验研究 [J]. 爆炸与冲击,2003,23 (4):300 – 304.
[6] 郭刘伟,刘宇思,汪斌,等. 高温下 TATB 基钝感炸药爆轰波波阵面曲率效应实验研究 [J]. 含能材料, 2017,25 (2):138 – 143.
[7] J. G. Anderson, G. Katseli, C. Caputo. Analysis of a generic warhead part I: experimental and computational assessment of free field overpressure [A]. Science & Technology,2003,187 (1 – 3):222 – 234.
[8] 李丽萍,孔德仁,苏建军. 毁伤工况条件下冲击波压力电测法综述 [J]. 爆破,2015,32 (2):39 – 46.
[9] 张挺. 爆炸冲击波测量技术 [M]. 北京:国防工业出版社,1984.
[10] 隋树元,王树山. 终点效应学 [M]. 北京:国防工业出版社,2000.

战斗部新型复合隔热涂层材料热防护效应研究

宋乙丹[1,2]，黄亨建[1,2]，陈科全[1,2]，陈红霞[1,2]，寇剑锋[1,2]，陈 翔[1,2]

(1. 中国工程物理研究院安全弹药研发中心，四川 绵阳 621999；
2. 中国工程物理研究院化工材料研究所，四川 绵阳 621999)

摘 要：对一种用于舰载导弹战斗部的新型复合阻燃隔热涂层材料的热防护效应进行了研究。通过数值仿真分析，对该复合阻燃隔热涂层材料在不同升温速率下的热防护性能进行了研究，基于仿真结果，对涂覆该复合阻燃隔热涂层的试验件进行了快速烤燃试验研究，对该种材料的热防护效果进行验证。数值分析及试验结果表明，该复合阻燃隔热涂层材料的热防护效果显著，能够显著降低战斗部在火烧刺激下壳体内表面的温升速率，有效延缓装药的点火反应时间，为火灾情况下的弹药救援及处理赢得时间。

关键字：阻燃隔热；涂层；快烤；热防护；数值仿真

0 引言

现代战争中，舰艇、航母等大型作战平台装备了各类武器与弹药。这些弹药带来强大杀伤威力的同时，也会因撞击、高温等带来重大安全隐患。从近几十年美欧及俄罗斯航母发生的一系列重大安全事故来看，火灾引发武器弹药爆炸是导致舰艇、人员毁伤的主要原因[1~3]。对舰载战斗部进行热防护设计，延缓战斗部在热刺激下的反应时间，降低其反应等级是避免舰艇在火灾时发生不可挽回事故的重要举措。对于我国目前现役舰载弹药，发展战斗部外部阻燃隔热防护材料对于有效提升舰载弹药安全性，延缓热刺激下弹药反应时间具有重要意义。

美欧等发达国家在热防护涂层研究方面起步较早，已应用于飞行器的弹头、弹体等外表面以及发动机燃烧室衬里的防热保护，同时很多地面设施也采取涂层防热保护措施，例如法国宇航公司为其战略导弹研制了成分为硅树脂和中空二氧化硅颗粒的可喷涂防热涂料；俄罗斯在其C-300导弹上使用了牌号为BШ027的阻燃隔热防护涂层；美国双子星座号宇航飞行舱的防热层采用了Dow Corning生产的16.5 mm厚的玻璃纤维增强有机硅树脂，在飞行中能够经受住进入火星大气层时摩擦生热（温度约为2 700℃）的考验[4~6]。目前国内有关用于战斗部外热防护涂层的研究正处于起步阶段，鲜有相关的公开报道。

本文针对舰载弹药面临火灾时的热防护需求，对某种新型阻燃隔热复合涂层材料的热防护性能进行研究，分析了快速烤燃环境下该种材料的热防护效果及其对装药反应延迟时间的影响。

1 数值仿真研究

1.1 物理模型

炸药烤燃时受热会发生热分解反应，当烤燃进行到一定阶段后，环境温度较高，热分解反应所产生的热量不能及时散失到环境中，系统的温度会不断升高，最后导致热点火的发生。

为了方便计算，需要对炸药的烤燃过程作如下假设：
(1) 炸药是均质固相，化学反应为零级反应，炸药装药不会发生相变，反应物没有消耗。
(2) 反应区内仅存在热传导，反应物质无运动，因此无对流传热。
(3) 炸药装药的热作用过程是一个包含内热源的非稳态导热过程。

作者简介：宋乙丹（1992—），女，硕士，研究方向为安全弹药研发设计，E-mail：syidan163@163.com。

(4) 反应区内的边界不会使物质渗透，边界处的热交换满足牛顿冷却定律。

(5) 忽略气体产物对传热的影响，反应混合物中固体物质的物理参数（导热系数、比热容、密度）相同，化学特性（活化能、指前因子、反应热）在反应过程中保持不变。

根据以上假设，炸药烤燃过程在直角坐标系下的基本表达式为[7,8]

$$\rho C \frac{\mathrm{d}T}{\mathrm{d}t} = \lambda \left(\frac{\partial^2 T}{\partial x^2} + \frac{\partial^2 T}{\partial y^2} + \frac{\partial^2 T}{\partial z^2} \right) + S \tag{1}$$

式中：ρ——炸药密度，kg/m^3；

C——比热容，$J/(kg \cdot K)$；

T——温度，K；

t——时间，s；

λ——导热系数，$W/(m \cdot K)$；

S——炸药自热反应放热源项，可由 Arrhenius 方程来表示：

$$S = \rho Q \frac{\mathrm{d}a}{\mathrm{d}t} \tag{2}$$

式中：Q——分解反应热，J/kg；

a——炸药已反应的质量分数。

式（1）可采用 Frank – Kamenetskii 反应表示：

$$S = \rho Q Z \exp\left(-\frac{E}{RT} \right) \tag{3}$$

式中：Z——指前因子，s^{-1}；

E——活化能，J/mol；

R——普朗克气体常数，$J/(mol \cdot K)$，R 一般取 8.314。

1.2 数值模拟方法验证

利用文献［9］中的典型烤燃试验结果，对前述炸药烤燃数值计算方法进行验证。试验系统包括烤燃试验弹、加热炉、控温仪和热电偶等，如图 1 所示。烤燃试验弹壳体尺寸为 $\phi 46\ mm \times 56\ mm$，壁厚为 3 mm，两端端盖均采用螺纹与弹体连接。从室温 22 ℃开始，以 1 K/min 的恒定速率升温，直至烤燃弹发生反应，得到了药柱中心（测点 A）和弹体外壁（测点 C）温度随时间的变化曲线。

采用 UG 软件建立炸药烤燃试验弹的三维计算模型，通过 ICEM 对模型进行非结构化网格的划分，炸药自热反应源项 S 通过 C 语言编写的用户自定义程序 UDF 加载到 FLUENT 主程序中。将烤燃弹壳体外壁设置为加热边界，壳体和炸药之间为耦合的热传导界面，即壳体内侧与炸药接触面的温度和热流均连续。有限元模型如图 2 所示，烤燃弹壳体和端盖材料均为 45 号钢，装填 PBX 炸药（RDX 64%，Al 20%，黏合剂 16%），材料的热物性参数如表 1 所示[9]。

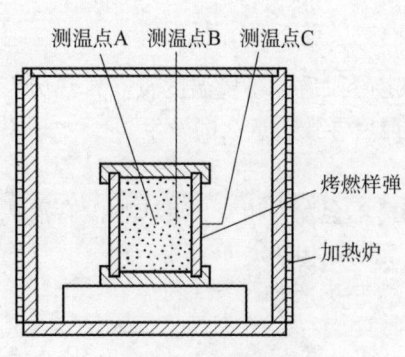

图 1 烤燃弹示意

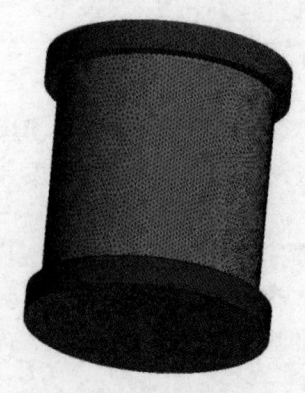

图 2 烤燃试验弹非结构网格划分

表1 材料的热物性参数[9]

材料	密度 r /(kg·m^{-3})	比热容 C /(J·kg^{-1}·K^{-1})	导热系数 l /(W·m^{-1}·K^{-1})	反应热 Q J/kg	活化能 E /(J·mol^{-1})	指前因子 Z /(s^{-1})
炸药	1 640.0	1 330.0	0.25	2.09×10^6	2.0×10^5	3.17×10^{18}
钢	8 030.0	502.48	16.27	—	—	—

图3 所示为本文数值模拟结果与试验值和文献［9］计算结果的对比，炸药点火时间及其A、C两点温度对比如表2 所示。可以发现，开始加热后的一段时间内数值模拟结果与试验结果存在一定误差，这主要是因为本文在计算时未考虑炸药的非均匀性和相变。随着炸药温度的逐渐增高，炸药相变等对烤燃弹热传导的影响可以忽略，此时数值模拟结果与试验值和文献结果均吻合较好。根据牛余雷等[13]的研究，实际烤燃过程中发生相变的炸药只有一小部分，而炸药的点火时间和点火温度是工程设计校验所关心的。因此，数值模拟得到的点火时间和特征点温度与试验结果较吻合，表明利用本文的数值模拟方法可以得到合理的结果。

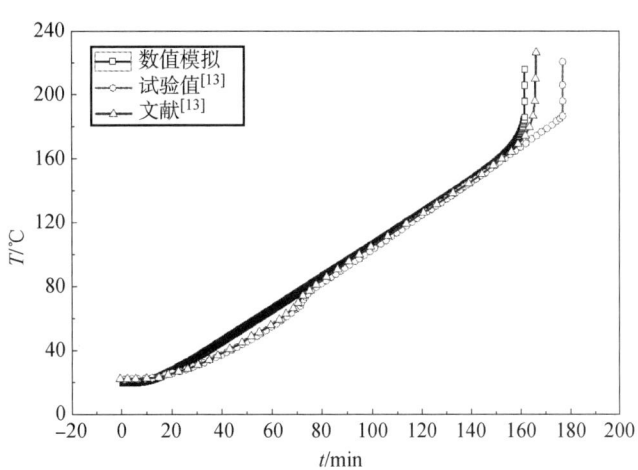

图3 烤燃试验数值模拟与试验结果对比
（升温速率1 K/min，测点A）

表2 炸药烤燃试验计算结果与试验结果对比

方法	点火时间 /min	相对误差 /%	A处温度 /℃	相对误差 /%	C处温度 /℃	相对误差 /%
文献试验[9]	176.0	—	185.2	—	194.8	—
文献仿真[9]	164.8	-6.4	183.1	-1.1	183.2	-6.0
本文计算	163.5	-7.1	192.7	+4	183.6	-5.7

1.3 涂层对战斗部烤燃响应特性影响的数值模拟

采用Fluent对不同升温速率下有涂层和无涂层试验弹体的快速烤燃过程进行数值模拟分析。弹体采用柱壳装药结构，主要由壳体、装药、上端盖和下端盖组成，如图4 所示。弹体结构尺寸为 $\phi 94$ mm × 120 mm，壳体、上下端盖的材料均为30CrMnSiA，壳体壁厚为8 mm，上下端盖壁厚为10 mm，药柱尺寸为 $\phi 50$ mm × 100 mm，装药为GH-1。

在数值计算过程中，由于烤燃弹的上下端盖与壳体通过螺纹的连接部分对烤燃结果影响较小，因此在计算的过程中将螺纹部分简化，最终将烤燃弹壳体及端盖部分简化为圆柱体结构，烤燃弹简化模型及结构网格如图5 所示，各材料的热物性参数如表3 所示。

分别以1 ℃/min、5 ℃/min、10 ℃/min、20 ℃/min、30 ℃/min、40 ℃/min、80 ℃/min的升温速率对涂覆5 mm厚涂层的试验弹进行升温，直至发生点火响应，在UDF程序中设置烤燃起始温度为20 ℃。分别在炸药柱中心处、$R/2$ 处以及炸药柱与壳体壁面接触处设置温度随时间变化的监测点。

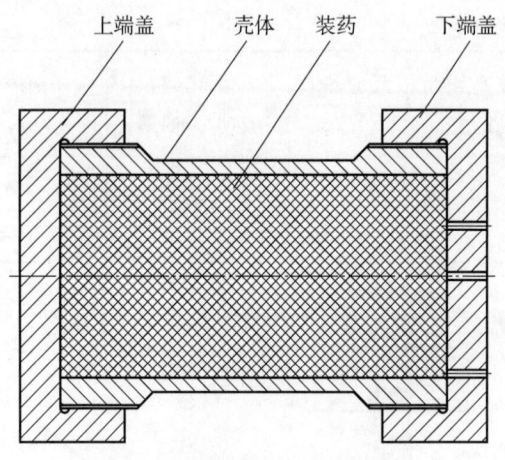

图4 弹体装药结构基本结构

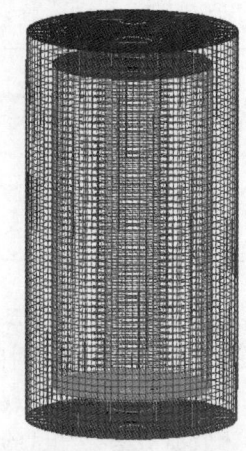

图5 烤燃弹简化模型及结构网格示意图

表3 材料热物性参数

材料	密度/(g·cm⁻³)	导热系数/(W·m⁻¹·K⁻¹)	比热容/(J·kg⁻¹·K⁻¹)
30CrMnSiA	7.85	45.6	515
GH-1	1.65	0.197	1 090
防护层	1.2	0.125	1 283

1.4 计算结果分析

表4和表5分别给出了有无涂层试验弹在不同热刺激强度下炸药的反应时间及温度数据。可以看出，随着热刺激强度的增强，炸药发生点火的时间明显缩短。且热刺激强度对于炸药点火时的环境温度也存在影响，随热刺激强度增强，炸药点火前药柱外表面的温度逐步升高，但药柱内部最高温度在逐渐降低，即随热刺激强度的增大，炸药反应前药柱内部的温度梯度越大。

表4 无隔热涂层炸药在不同热刺激强度下的数据

升温速率/(℃·min⁻¹)	点火时间/min	点火前药柱最高温度/℃	炸药柱$R/2$处温度/℃	点火时药柱外表面最高温度/℃
1	178.95	262.344	190.67	199.04
5	39.56	—	136.2	217.8
10	20.51	313.96	96	224.94
20	10.66	308.16	95.42	232.42
30	7.28	305.11	43.8	237.35
40	5.57	299.9	35.08	240.96
80	2.93	270.43		

表5 有涂层炸药在不同热刺激强度下的数据

升温速率/(℃⁻¹·min⁻¹)	点火时间/min	点火前药柱最高温度/℃	炸药柱$R/2$处温度/℃	点火时药柱外表面最高温度/℃
5	62	319.5	143.45	217.61
10	39.84	287.4	115.5	223
20	26.41	277.05	88.53	227.85
30	21.03	274.3	74.61	230.8
40	17.97	270.9	65.84	232.8
80	12.7	—	49.84	235.8

图 6 和图 7 分别给出了有无涂层试验件在不同升温速率下炸药点火时的药柱截面温度云图。可以看出，由于所选升温速率均较高，导致炸药点火前壳体的温度始终大于药柱内任意一点的温度，在整个过程中，热量总是从外部传入药柱，因此点火位置主要在壳体与药柱接触端面的边缘。

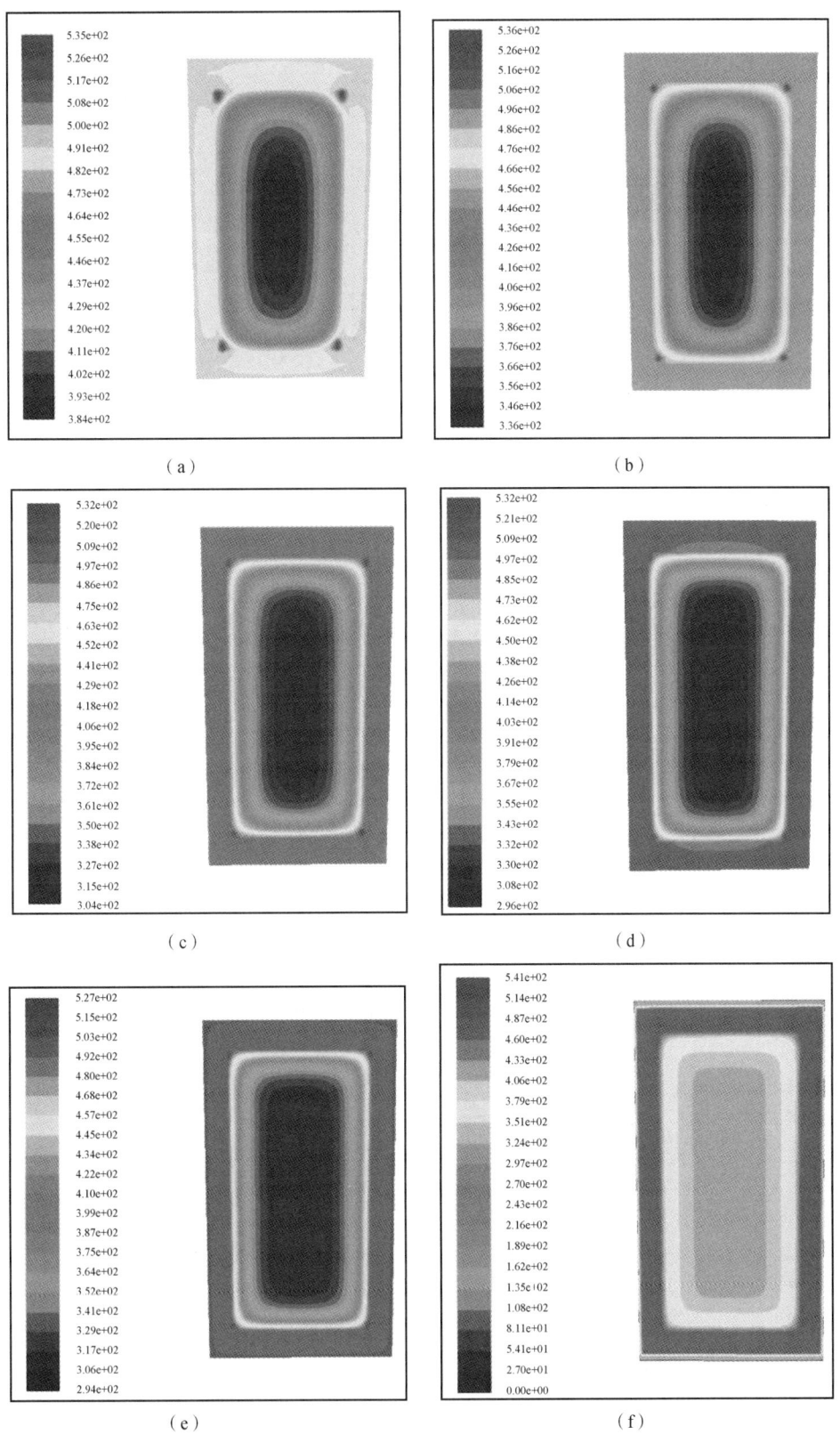

图 6　无涂层试验件温度云图

(a) 5 ℃/min；(b) 10 ℃/min；(c) 20 ℃/min；(d) 30 ℃/min；(e) 40 ℃/min；(f) 80 ℃/min

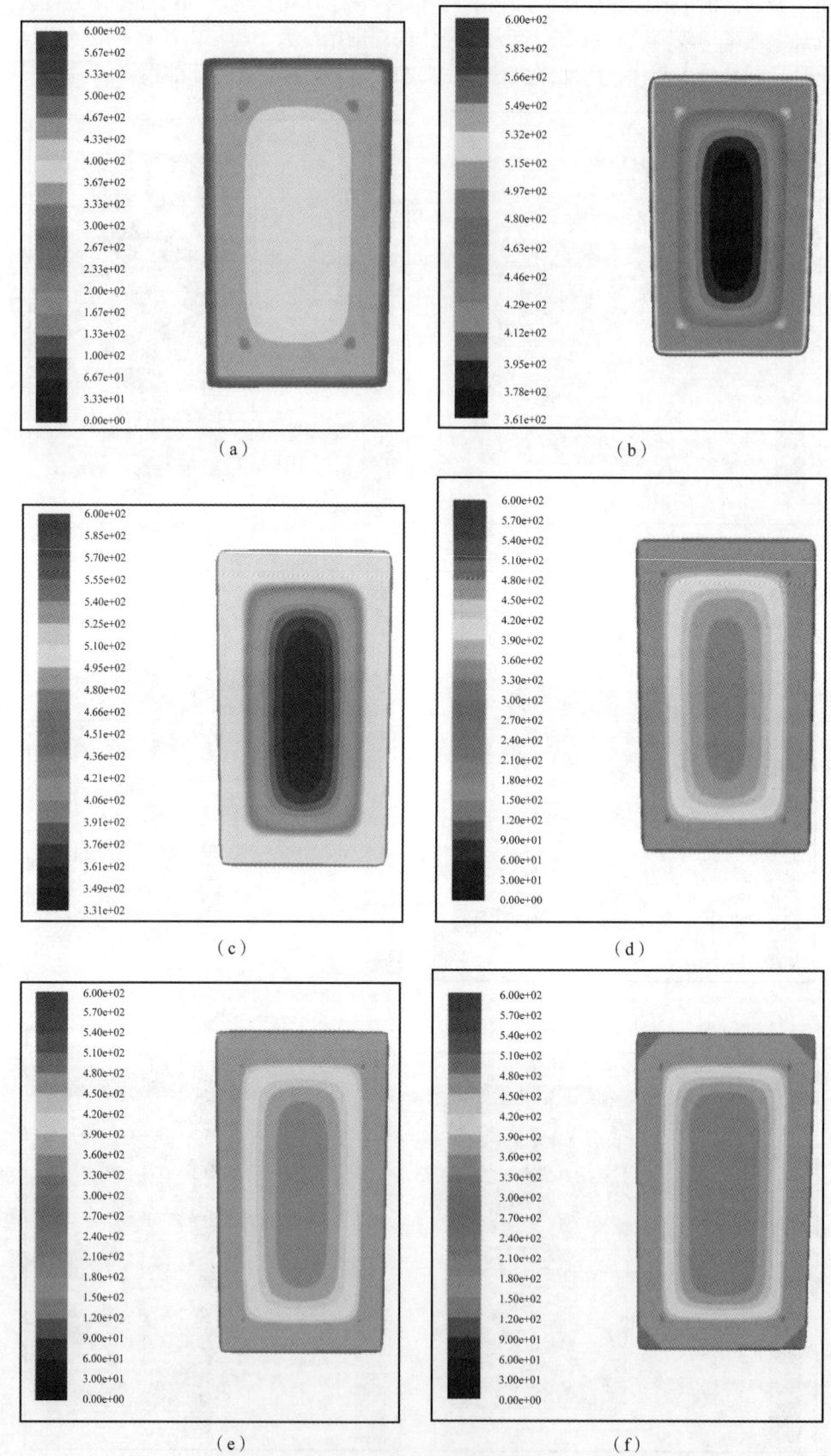

图7 有涂层试验件温度云图

(a) 5 ℃/min;(b) 10 ℃/min;(c) 20 ℃/min;
(d) 30 ℃/min;(e) 40 ℃/min;(f) 80 ℃/min

图 8 给出了有无涂层炸药的反应时间随热刺激强度的变化。可以看出，有涂层时炸药的反应时间明显延长。在升温速率为 5 ℃/min 时，延长时间约为无涂层的 57%；10 ℃/min 时，延长时间约为 95%；20 ℃/min 时，延长时间约为 148%；30 ℃/min 时，延长时间约为 189%；40 ℃/min 时，延长时间约为 222.6%；80 ℃/min 时，延长时间约为 333.5%。因此，可以得到，战斗部外部涂覆该种复合涂层材料能够使得炸药的反应时间明显得到延长，且随着升温速率的增大，相同升温速率下，有涂层相比无涂层状态试验件能够提升的反应时间比值更高。炸药点火前药柱内部最高温度在有隔热涂层的状态下比无隔热时得到显著降低，这也说明给战斗部涂覆该种热防护材料能够明显延长其发生反应的时间。

图 9 给出了炸药点火前药柱表面最高温度随温升速率的变化情况，可以看出，有涂层时药柱表面的最高温度远低于无涂层的状态，且随着升温速率的增大，药柱表面温度差值也越大，说明涂覆该阻燃隔热复合涂层对于战斗部在火灾中具有有效的热防护作用，且随着温升速率的增大，其防护效果更好。

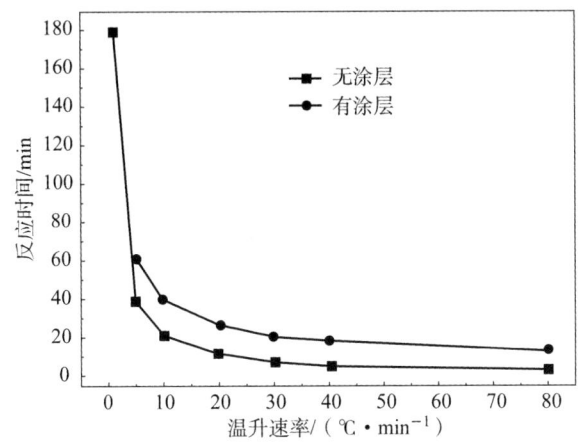 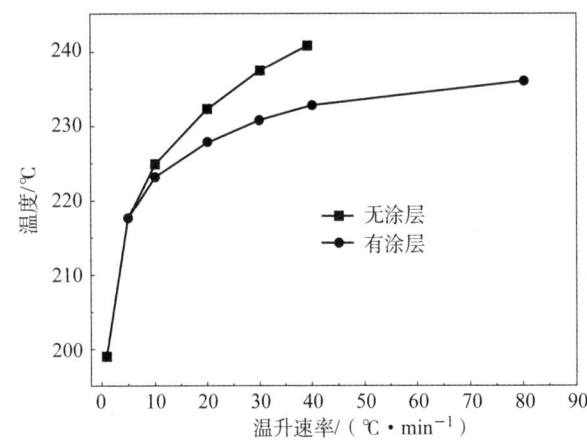

图 8　炸药点火时间随热刺激强度变化图　　　图 9　炸药点火前药柱外表面温度随热刺激强度变化

通过对比有、无涂层炸药反应前的温度云图，可以发现，有涂层时炸药内部温度分布比无涂层状态更均匀。在所选热刺激强度下，壳体有无隔热涂层材料不会引起炸药点火位置的变化，炸药发生点火区域均位于药柱两端外围与壳体接触处。但是，带隔热涂层的装药，其药柱内部温度梯度明显低于不带隔热涂层的带壳装药。带隔热涂层的壳体及内部装药温度远低于涂层表面的温度，这也说明，该种隔热材料对控制传入壳体内部的温度具有良好的效果。

2　高温燃气烤燃试验研究

试验件由无装药弹体和不同厚度阻燃隔热复合涂层组成。本次试验根据试验件涂层厚度分为 3 个状态：1# (8 mm)、2# (8 mm)、3# (6 mm)，试验弹由壳体和端盖组成，壳体厚度为 8 mm，端盖厚度为 10 mm，壳体与端盖之间由螺纹连接，如图 10 所示。

参照美军标 MIL-STD-2105D 对火烧试验的加载条件，火焰需完全包覆试验件，且在点火 30 s 内火焰温度达 823 K，试验过程中火焰温度保持在 823～1 123 K 之间，因此，选用高温燃气喷管进行快速烤燃试验，示意图如图 11 所示。该燃气喷管装置共有 3 个火焰喷管，通过仪器可精确地调控每个喷管的火焰温度、热流量等，本次试验以 1 200 ℃ 的温度对试验件进行恒定加热，加热时间为 20 min。在弹体内壁安装热电偶，通过检测壳体内壁温度随时间的变化过程确定该涂层材料的实际热防护效果。

图 12 给出了试验件壳体内表面温度随时间的变化趋势。可以看出，涂层厚度越厚，试验件壳体内壁面的温度越低，且其升温速率越慢。对于 6 mm 涂层试验件，在加热 10 min 时其内壁温度约为 100 ℃，当加热时间达 15 min 时，其内壁面温度约为 150 ℃，可以看出，对于炸药发生反应时的温度来说，6 mm 该种复合涂层材料已具备足够的热防护性能。

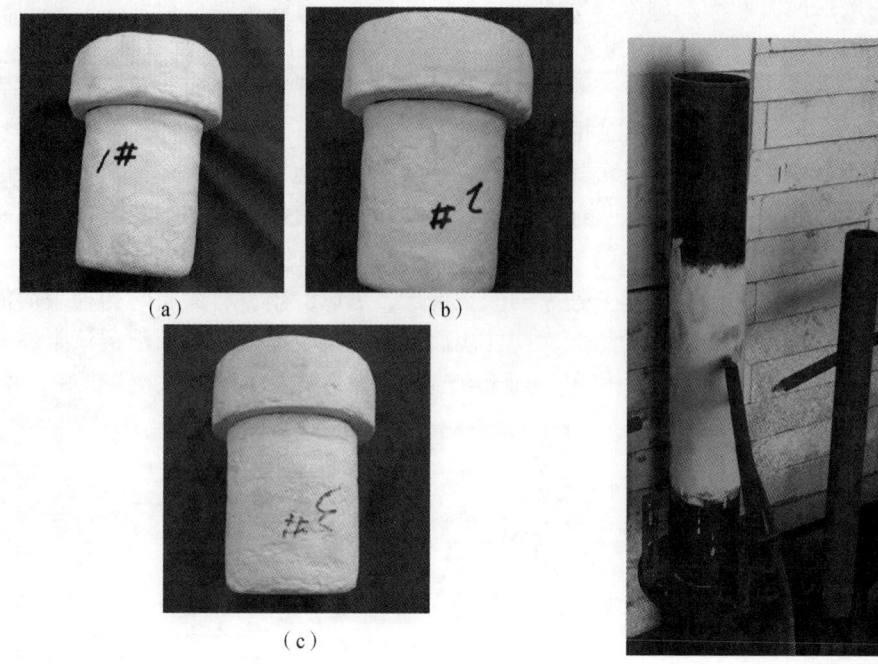

图10 无装药试验件
(a) 1#; (b) 2#; (c) 3#

图11 高温燃气喷管试验示意

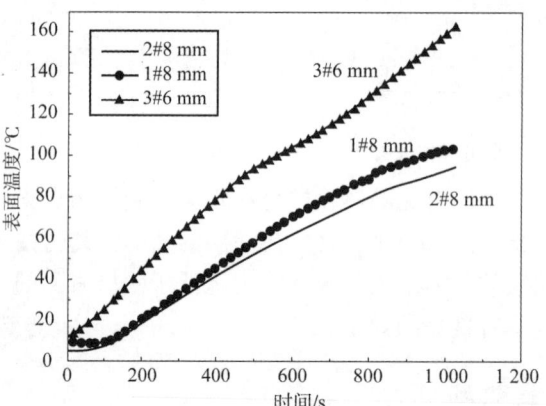

图12 试验件壳体内表面温度随时间的变化趋势

3发试验件的表面阻燃隔热材料在试验后均发生了龟裂，这主要是涂层受热后发生膨胀所致，如图13所示。同时，弹体表面均覆盖了一层黑色碳层，该碳层具有较高的红外发射率，可对外部热量进行一定程度的反射，而且碳层在烧蚀过程中还会向外扩散一部分涂层分解产物，同时接受氧化和冲刷等出现表面下降的现象。因此，经过涂层的分解和热发射作用，外界热量被消耗，在这种复杂的热平衡过程中，涂层对基底起到了热保护的作用，进而大大提高了涂层的阻燃隔热性能。

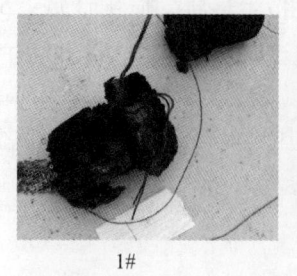
1#

2#

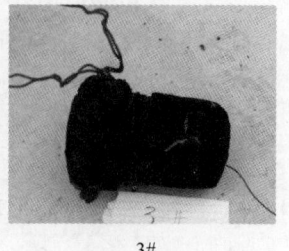
3#

图13 试验后试验件表面涂层状态

3 结论

通过数值分析及烤燃试验对某新型阻燃隔热复合涂层材料的热防护性能进行了研究,得到如下结论:

(1) 通过数值分析可以发现,战斗部外部涂覆该种阻燃隔热复合涂层材料能够使得炸药的反应时间明显得到延长,且随着升温速率的增大,能够提升的反应时间比值更高;炸药点火前药柱外表面的最高温度在有隔热涂层的状态下比无涂层试验低,结果表明该材料热防护效果明显,对延缓弹体装药的反应时间效果显著。

(2) 高温燃气烤燃试验结果表明,6 mm 厚的涂层试验件,加热 10 min 时其内壁面温度约为 100 ℃,考虑炸药在快速烤燃条件下点火温度为 130~160 ℃,6 mm 涂层材料已具备足够的热防护作用。且涂层厚度越厚,试验件壳体内壁面的温度越低,升温速率越慢,涂层热防护性能与其厚度正相关。

参 考 文 献

[1] 李广武,赵继伟,杜春兰,等. 常规导弹弹药安全性考核与技术 [M]. 北京:中国宇航出版社,2015.
[2] 刘鹏翔,王兵. 美国航母火灾历史及启示 [J]. 舰船科学技术,2010,32 (09):133 - 139.
[3] 褚政,金焱. 外军航母火灾事故分析及对策研究 [J]. 舰船电子工程,2016,36 (05):18 - 11.
[4] 颜梅,江金强,施伟,等. 有机硅耐烧蚀材料的研究进展 [J]. 有机硅材料,2001,15 (2):24 - 27.
[5] 唐红艳,王继辉,冯武,等. 耐烧蚀材料的研究进展 [C]. // 玻璃钢学会第十五届全国玻璃钢/复合材料学术年会,2003.
[6] 王洪波,钱立新,牛公杰,等. 新型隔热弹衣材料热防护效应研究 [J]. 功能材料,2017,10 (48):71~76.
[7] 王沛,陈朗,鲁建英,等. 炸药火烧烤燃试验和数值模拟计算 [C]. // 第四届全国计算爆炸力学会议论文集,347 - 354.
[8] 冯长根,张蕊,陈朗. RDX 炸药热烤 (Cook - off) 试验及数值模拟 [J]. 含能材料,2004,12 (4):193 - 198.
[9] 牛余雷,南海,冯晓军,等. RDX 基 PBX 炸药烤燃试验与数值计算 [J]. 火炸药学报,2011,34 (1):32 - 36.

一种轻质吸能防弹结构的研究

王 琳[1], 崔 林[1,2], 杨 林[1], 李国飞[1], 王志强[1],
徐鸿雁[1], 徐 海[1], 郭一谚[1], 庄 杰[3]

(1. 中国兵器科学研究院 宁波分院, 山东 烟台 264003;
2. 冲击环境材料技术重点实验室, 山东 烟台 264003;
3. 内蒙古北方重工业集团有限公司试验基地)

摘 要: 高防护能力、轻质是复合装甲综合防护能力提升的重要目标。在传统抗弹性能设计基础上,对轻质吸能复合装甲结构进行了研究,通过数值计算和仿真分析建立了一种轻质吸能防弹结构,以同等面积下质量≤12.8 kg,100 m/0°可有效防护7.62 mm穿甲燃烧弹对该结构进行考核,并通过靶试试验验证了该结构的可行性。

关键词: 高防护能力;抗弹性能;轻质吸能防弹结构

中图分类号: **文献标识码**: A

Research on a lightweight energy – absorbing bulletproof structure

WHANG Lin[1], CUI Lin[1,2], YANG Lin[1], LI Guo Fei[1], WANG Zhi Qiang[1],
XU Hong Yan[1], XU Hai[1], GUO Yi Yan[1], ZHUANG Jie[3]

(1. Ningbo Branch of China Academy of Weapons Science, Yantai 264003, China;
2. Key Research Laboratory of Impact Environmental Material Technology, Yantai 264003, China;
3. Test base of Inner Mongolia north heavy inducties group corp. ITD)

Abstract: High protection capability and light weight are important goals for the comprehensive protection of composite armor. Based on the traditional anti – elastic design, the lightweight energy – absorbing composite armor structure is studied. Through numerical calculation and simulation analysis, a lightweight energy – absorbing and anti – ballistic structure is established. The structure can be effectively protected against 7.62mm armor – piercing ammunition by weight less than 12.8kg and 100m/ 0° in the same area, and the feasibility of the structure is verified by the target test.

Keywords: high protection capability; anti – elastic; lightweight energy – absorbing composite armor structure

0 引言

防弹结构是装甲防护系统的基础,是军事武器设计的关键技术之一[1]。为了提升我国未来轻型装备的战场生存能力和遂行使命能力,迫切需要实现车辆减重,而实现防护系统复合装甲轻量化是实现车辆整体减重的重要手段,这就要求我们在以往研究成果的基础上,研制具有更高防护能力、更轻质量的防护材料及结构。

作者简介: 王琳 (1991—), 女, 硕士研究生, E – mail: wangling_0605@126.com。

1 轻质防弹技术研究

防弹材料与结构的抗弹效应是装甲结构设计中需要考虑的重要设计因素[2]。合理应用抗弹效应可在质量、尺寸等约束条件限制下,大幅度提高装甲的抗弹能力。目前新型抗弹效应和机理研究是在传统的抗弹效应研究基础上,从吸能、阻抗匹配和特殊耗能机制角度,通过理论计算和仿真验证全面系统地进行抗弹性能优化设计。

1.1 轻质防弹材料匹配研究

抗弹效应主要指装甲各机构、材料性能等因素对抗弹性能的影响。传统的抗弹效应主要包括倾角效应、间隙效应、厚度效应、尺寸效应、形状效应和方向效应等。随着装甲防护研究的深入和技术领域的拓展,约束、界面、阻抗、吸能等新型抗弹效应出现了进一步的研究成果。如金属空心球复合材料、点阵材料等均有较强的吸能效应。图1所示为空心球复合材料动态压缩试验照片,图2所示为复合装甲结构中空心球复合材料层的能量吸收特性。

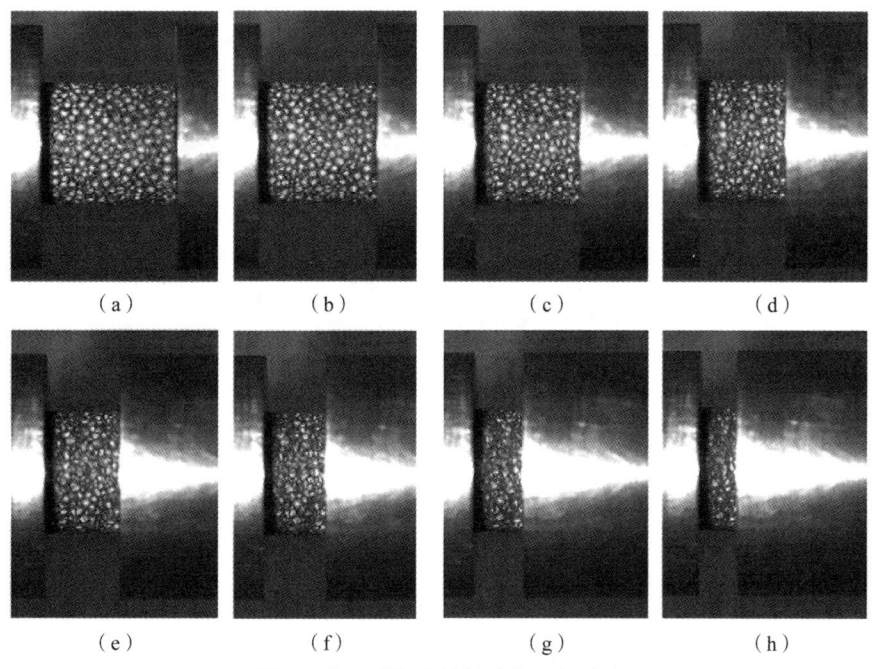

图1 空心球复合材料动态压缩试验

(a) 0;(b) 12.7%;(c) 24.7%;(d) 35.2%;(e) 45.6%;(f) 53.8%;(g) 63.7%;(h) 70.9%

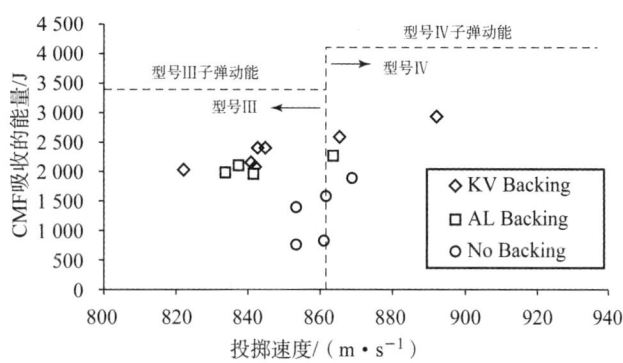

图2 复合装甲结构中空心球复合材料层的能量吸收特性

因此,在复合装甲结构设计时,应针对各级弹种威胁,开展典型防弹材料的约束、界面、阻抗、吸能等抗弹效应研究,寻找其影响因素及影响规律,为设计过程提供依据和数据。

1.2 复合结构设计计算及优化

关于复合装甲的优化设计计算，最早是 Florence[3] 提出的分析设计方法，解决了两层轻质装甲针对抗弹碰撞的设计问题。在 G. Ben – Dor[4] 和 Zouheir Fawaz[5] 等科学家对此理论进一步研究的基础上，本文将实际弹靶过程中陶瓷受到弹丸冲击时产生的表面驻留效应引入 Florence 模型，得到更贴合实际的 Florence 改进公式。

表面驻留条件是指面板厚度（h_1）和背板厚度（h_2）的变化改变了面板内应力状态，改变了关键区域材料完全损伤强度的持有时间，从而影响表面驻留持续时间，针对中小口径枪炮弹，随着弹径的增大，面板与背板厚度比 λ 值有减小的趋势，要求 λ 最佳值介于 0.6～1.6 之间，即 $0.6 \leq \lambda = h_1/h_2 \leq 1.6$。在该改进模型中，弹靶作用时发生表面驻留是一种高的耗能形式，表现在弹体质量减少、速度下降，弹体动能迅速消耗。因此在复合结构设计中，必须调整 λ 值以使复合结构靶板能够充分并高效利用表面驻留效应。

$$h_1/h_2 = \lambda \tag{1}$$

$$v_{\text{lpg}} = \sqrt{\frac{\alpha\pi\varepsilon_2\sigma_2 h_1(a_p+2h_1)^2[m_p+\pi(\rho_1 h_1+\rho_2 h_1/\lambda)(a_p+2h_1)^2]}{0.91\lambda m_p^2}} \tag{2}$$

根据对防弹材料、结构的参数测定，代入上述公式中，计算相应防弹材料、结构的厚度匹配关系，根据得出的厚度匹配关系计算相应复合结构的防护系数，根据防护系数对计算出的复合结构进行优选，并进行效能评估。

防护系数计算按下述公式进行：

$$N = (T_b \cdot \rho_g)/(T_t \cdot \rho_t) \tag{3}$$

式中：N——防护系数；
T_b——弹丸射击标准均质装甲钢半无限靶时的穿入深度；
ρ_g——装甲钢的密度；
T_t——同一弹丸射击复合结构时的穿入深度；
ρ_t——复合结构的密度。

1.3 轻质防弹结构材料优选

1）主选材料及其功能分析。

根据各防护级别复合装甲需达到的防护能力及项目面密度指标要求，结合对防弹材料和结构的优选、优化结果，分析各防御弹种复合装甲主选材料。

陶瓷类材料主要用于轻质高效防弹结构的面板，其作用为弹丸击中背板前破坏、破碎、侵蚀、阻止或者制约弹丸，弹丸在陶瓷面板的作用下会钝化或破坏，能量、质量均有所减少，从而降低了继续侵彻的能力。

金属类材料主要用于轻质高效防弹结构的背板，主要起到约束、支撑陶瓷块的作用，同时能够捕捉陶瓷和弹丸碎片的剩余能量，实现对来袭弹丸的防护。

2）中间层材料及其功能分析。

金属类材料和抗弹陶瓷材料作为主选材料进行复合装甲设计时，在复合装甲结构中间加入吸能夹层可提高其抗弹性能，而不同吸能夹层的厚度对抗弹性能也有一定的影响。在以往的研究成果中，以氧化铝陶瓷和685装甲钢为主选材料，以 7.62 mm 穿甲燃烧弹进行试验考核，最终得到的复合装甲质量与陶瓷厚度关系，如图3所示。经过试验验证 6 mm 氧化铝陶瓷

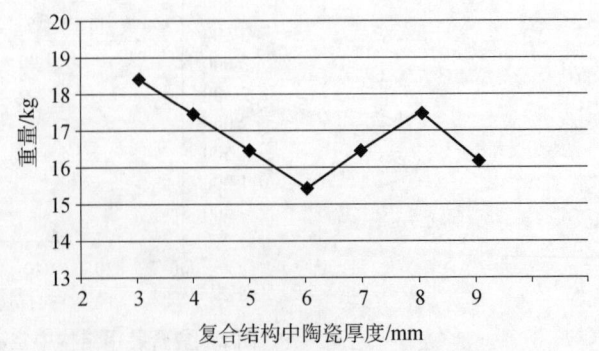

图 3 防 7.62 mm 穿甲燃烧弹复合装甲面密度与陶瓷厚度关系

+4 mm 685 装甲钢的防护结构不能有效防护 7.62 mm 穿甲燃烧弹，因此本文通过在 6 mm 氧化铝陶瓷+4 mm 685 装甲钢结构中加入不同材料、不同厚度的吸能夹层来实现有效防护，从而分析吸能夹层的防护效益。

由于指标限制，优选泡沫铝、超高分子量聚乙烯纤维、聚合橡胶、芳纶纤维、聚四氟乙烯等轻质材料作为轻质吸能夹层进行仿真分析，夹层厚度统一为 16 mm，仿真结果如图 4 所示。

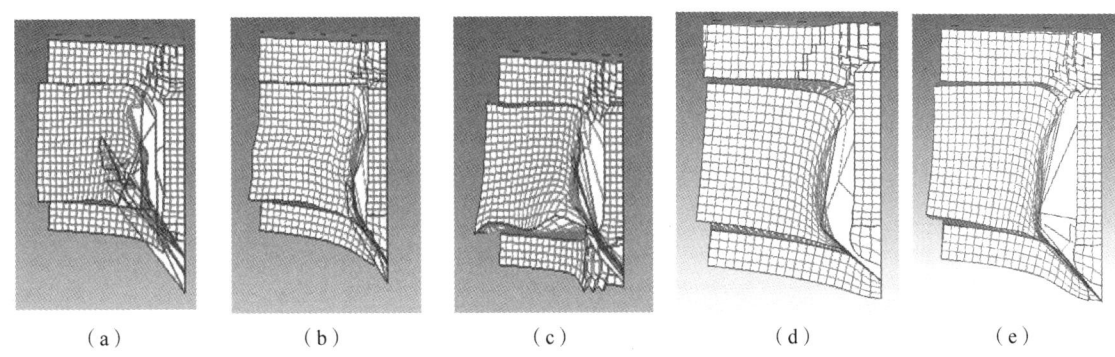

图 4　不同吸能夹层仿真结果
（a）橡胶夹层；（b）芳纶夹层；（c）PE 夹层；（d）泡沫铝夹层；（e）聚四氟乙烯夹层

从图 4 可以看出，选用 16 mm 泡沫铝作为吸能夹层，6 mm 氧化铝陶瓷+4 mm 685 装甲钢能够有效防御 7.62 mm 穿甲燃烧弹，其他材料未能提升该结构的防护效益。

针对泡沫铝吸能夹层，开展夹层厚度仿真分析，在 16 mm 厚度基础上，每隔 2 mm 进行数值仿真，计算结果如图 5 所示。

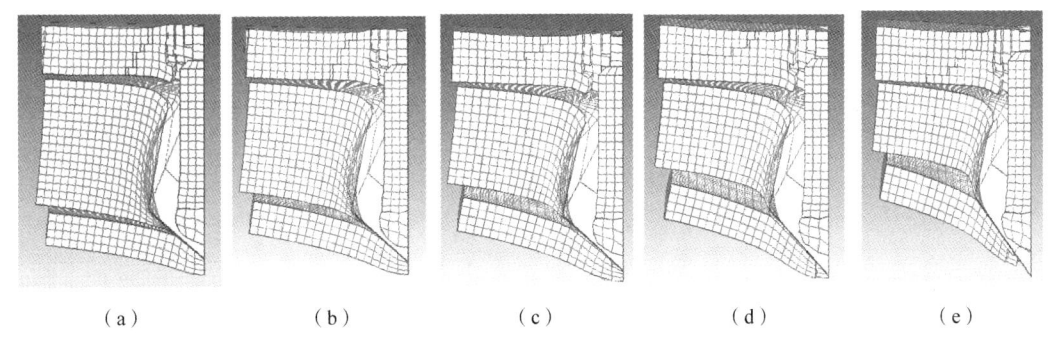

图 5　不同厚度泡沫铝夹层仿真结果
（a）夹层厚度 16 mm；（b）夹层厚度 14 mm；（c）夹层厚度 12 mm；（d）夹层厚度 10 mm；（e）夹层厚度 8 mm

从图 5 可以看出，选择泡沫铝作为吸能夹层，厚度为 12 mm 时，可满足防护需求。

2　轻质防弹结构的建立

针对 100 m 0°法线角防 53 式 7.62 mm 穿燃弹，同时要求复合装甲质量≤12.8 kg，由本文 2.3 节分析，面板材料选择氧化铝陶瓷可满足防护要求，且氧化铝陶瓷还具有烧结性能好、制品尺寸稳定、表面粗糙度小、价格便宜等优点。

对于中小口径枪炮弹，$0.6 \leqslant \lambda \leqslant 1.6$，且复合装甲质量≤12.8 kg，代入改进的 Florence 模型中，根据理论计算得到满足要求的几种复合结构。

对得到的各种复合装甲结构进行抗 7.62 mm 穿燃弹仿真计算，可得到以下结论：

（1）钛合金作为背板材料能够为陶瓷面板提供足够的支撑强度，但其材料自身的特性要求进行结构设计时需要留出足够的余量防止其崩裂。

（2）超高分子量聚乙烯纤维板作为背板需要足够的厚度以保证为陶瓷面板提供足够的支撑强度，同时该材料通过分层和鼓包分散侵彻弹丸能量,抗多发弹能力较差。

(3) 装甲钢作为背板时,其本身的高硬度(即高强度)可抵抗中、小口径穿甲武器及弹片的攻击,且生产成本低,具有高的效费比,但其密度大,同等抗弹能力下质量较大。

以本文 2.3 节吸能层设计的方法为例,在得到的各主材复合装甲结构的基础上对其中间吸能层进行了结构设计并进行了仿真计算,最终得到了 15.5 mm 轻质防弹复合结构,该结构主选材料为氧化铝陶瓷和钛合金。

3 试验验证

为验证本文 15.5 mm 轻质防弹复合结构的有效性,设计了以下三个方案进行靶试试验。

方案一:15.5 mm 复合结构,质量为 12.32 kg,主选材料为氧化铝陶瓷和钛合金。

方案二:24 mm 复合结构,质量为 19.23 kg,主选材料为氧化铝陶瓷和钢板。

方案三:29 mm 复合结构,质量为 19.97 kg,主选材料为氧化铝陶瓷和钢板。

其中,方案一、方案二和方案三均采用了吸能夹层,方案一满足质量≤12.8 kg,主选材料为氧化铝陶瓷和钛合金,而方案二和方案三主选材料为氧化铝陶瓷和钢板,较方案一质量过大;方案二和方案三主材厚度相同,区别在于中间吸能夹层厚度不同。

试验采用室外 100 m 靶道、0°法线角进行,试验用弹为 53 式 7.62 mm 穿甲燃烧弹,对上述三个方案进行靶试试验验证,试验结果如表 1 和图 6 所示。

表 1 试验结果

靶板号	结构	质量/kg	弹种	射距/m	法线角/(°)	弹序	弹速/(m·s^{-1})	基板损伤情况	备注
1-1	15.5 mm 复合结构	12.32	53 式 7.62 mm 穿甲燃烧弹	100	0	1	800.3	2 级	合格
						2	800.0	2 级	合格
						3	801.5	2 级	合格
						4	804.1	2 级	合格
						5	801.9	8 级	不合格
						6	—	—	打靶架,无效
						7	—	—	与弹 2 距近,无效
						8	806.7	2 级	合格
						9	802.1	2 级	合格
1-2	15.5 mm 复合结构	12.32	53 式 7.62 mm 穿甲燃烧弹	100	0	1	801.7	2 级	合格
						2	800.7	2 级	合格
						3	803.3	2 级	合格
						4	800.3	2 级	合格
						5	805.2	2 级	合格
2	24 mm 复合结构	19.23	53 式 7.62 mm 穿甲燃烧弹	100	0	1	809.9	2 级	合格
						2	801.7	2 级	合格
						3	800.5	5 级	不合格
						4	801.6	2 级	合格
						5	801.3	2 级	合格
						6	800.8	2 级	合格

续表

靶板号	结构	质量/kg	弹种	射距/m	法线角/(°)	弹序	弹速/(m·s^{-1})	基板损伤情况	备注
3	29 mm 复合结构	19.97	53式7.62 mm 穿甲燃烧弹	100	0	1	800.9	2级	合格
						2	801.6	2级	合格
						3	801.7	2级	合格
						4	800.6	—	与弹3重孔,无效
						5	800.3	—	
						6	800.1	2级	合格
						7	800.5	2级	合格
						8	800.8	2级	合格

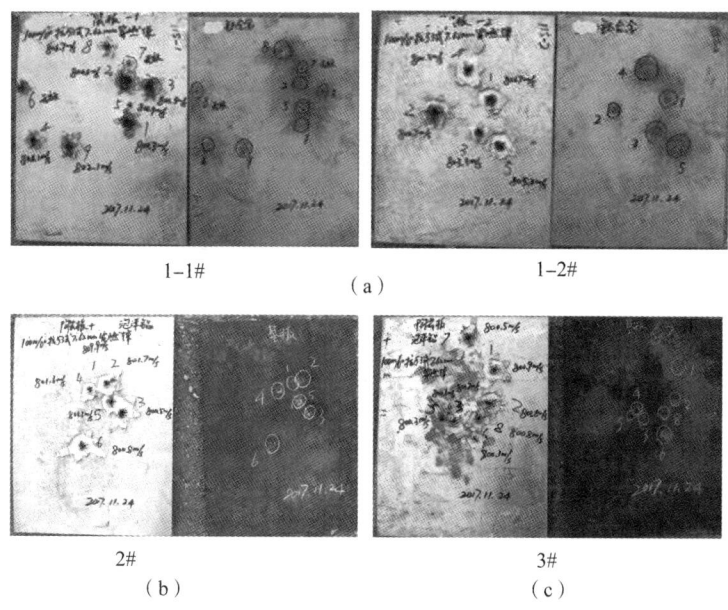

图6 抗7.62 mm穿甲燃烧弹摸底试验照片

(a) 方案一 15.5 mm复合结构;(b) 方案二 24 mm复合结构;(c) 方案三 29 mm复合结构

从试验结果可以看出:

(1) 方案一考核了两块靶板,1-1号靶板第5发弹为不合格损伤,现场分析其弹着点位于1、2、3发弹内部,该区域陶瓷破坏较严重,且从背板弹坑来看,其与第1发弹的间距和第7发弹与第2发弹的间距相近,因此进行了1-2号靶板的靶试试验,试验结果均为合格损伤。方案二有一发弹为不合格损伤,方案三均为合格损伤。

(2) 方案三中第1发弹和第2发弹在陶瓷面板上的弹坑边缘已经重合,根据相关国家军用标准,第2发弹位于无效区域,但该结构仍能实现有效防御,说明增加吸能夹层对复合结构抗弹性能有利。

(3) 方案二和方案三主材相同,而方案三吸能层较方案二厚,从靶试试验结果说明增大夹层厚度对提升复合结构的抗弹性能有利。

(4) 本文所设计的15.5 mm轻质防弹结构100 m/0°可有效防住7.62 mm穿甲燃烧弹,且该结构质量为12.32 kg,满足质量≤12.8 kg且减重了3.75%,有效实现了复合结构的轻量化设计。

4 结论

本文在传统抗弹性能设计的基础上,对轻质高吸能复合装甲结构进行了研究,通过仿真分析验证了吸能夹层对防弹性能的提升，并通过理论和仿真计算得到一种质量为 12.32 kg、厚度为 15.5 mm 的轻质吸能防弹结构，以 7.62 mm 穿甲燃烧弹进行靶试试验考核，验证了该结构的有效性，并在已有的研究成果上同等面积下有效减重 3.75%，实现了该复合结构的轻量化设计。

参 考 文 献

[1] 张自强. 装甲防护技术基础 [M]. 北京: 兵器工业出版社, 2000: 5 - 59.

[2] 韩辉, 李军, 焦丽娟, 等. 陶瓷 - 金属复合材料在防弹领域的应用研究. 材料导报, 2007, 21 (2): 34 - 37.

[3] Florence A L. Interaction of projectiles and composite armor. Part2. AMMRC - CR - 69 - 15, Stanford Res Inst, Menlo Park, California. 1969.

[4] G. Ben - Dor, A. Dubinsky, T. Elperin. Improved Florence model and optimization of two - component armor against single impact or two impacts [J]. Composite Structures, 2009 (88): 158 - 165.

[5] Zouheir Fawaz, Kamran Behdinan, Yigui Xu. Improved Florence model and optimization of two - component armor against single impact or two impacts [J]. Composite Structures, 2006 (73): 253 - 262.

线圈感应式拦截器发射仿真计算分析

陈思敏,黄正祥,祖旭东,肖强强,贾 鑫,马 彬

(南京理工大学 机械工程学院,江苏 南京 210094)

摘 要:主动电磁装甲是在电磁发射技术基础上发展起来的一种新型近程硬杀伤拦截系统,具有反应速度快、精度高、方向可控、能源简易等优点。为了进一步研究线圈感应式拦截器发射系统中拦截弹的发射过程,优化提高拦截器发射效率,建立了拦截器二维仿真模型,分别对线圈尺寸、线圈类型、底座材料、底座和线圈间距以及外电路中电感对发射速度的影响进行了仿真分析。此外,通过三维仿真模型对拦截弹发射后的运动姿态进行仿真分析。在外电路不变的情况下对发射速度为48.14 m/s的拦截器线圈拦截器进行优化,优化后拦截弹的发射速度提升至123.07 m/s,在此基础上进一步将外电路电感由18 μH 降低到8 μH 和1 μH,发射速度分别提高到150.89 m/s 和190.89 m/s。

关键词:线圈感应式;电磁;仿真优化;飞行姿态

中图分类号:TJ410   **文献标志码**:A

Simulation analysis of coil induction interceptor launch

CHEN Simin, HUANG Zhengxiang, ZU Xudong, XIAO Qiangqiang, JIA Xin, MA Bin

(School of Mechanical Engineering, Nanjing University of Science and Technology, Nanjing 210094, China)

Abstract: Active electromagnetic armor is a new short-range interception system developed on the basis of electromagnetic launching technology. It has the advantages of fast response, high precision, controllable direction and simple energy. In order to further study the launching process of interceptor projectile in the launching system of coil induction interceptor and optimize the launching efficiency of interceptor, a two-dimensional simulation model of interceptor is established. The effects of coil size, coil type, base material, base and coil spacing and inductance in external circuit on launching speed are simulated and analyzed respectively. In addition, the three-dimensional simulation model is used to simulate the attitude of the interceptor after launching. The coil interceptor of 48.14m/s interceptor is optimized under the condition of unchanged external circuit. After optimization, the launching speed of interceptor is increased to 123.07 m/s. On this basis, the inductance of external circuit is further reduced from 18 μH to 8 μH and 1μH, and the launching speed is respectively increased to 150.89 m/s and 190.89 m/s.

Keywords: coil induction; electromagnetic; simulation optimization; motion attitude

0 引言

现如今坦克和装甲车辆等现代装甲车辆仍然是地面战场上的主要突击兵器和装甲部队的基本装备,随着坦克及装甲车辆在陆战中的地位日益巩固,针对反坦克等装甲车辆的各种武器装备也在迅速发展,

---

基金项目:2018年江苏省研究生科研与实践创新计划立项项目(No: KYCX18_0469)。
作者简介:陈思敏(1993—),男,博士研究生,E-mail:903533573@qq.com。

对坦克装甲车的防护能力提出了更高要求[1,2]。

电磁发射拦截系统是一种用于装甲车辆的新概念主动防护系统。随着脉冲功率源技术、脉冲强磁场技术、新材料应用技术、控制技术的发展,各国均将电磁发射技术作为未来主动防护技术的研究方向,改变了传统基于增强抗击打能力的装甲防护的思路。与使用如火箭或小型榴弹的传统主动防护系统相比,基于单级线圈电磁发射原理的主动电磁装甲防护系统具有能源安全简易、结构轻便、反应速度快及方向可控等优点。当发现来袭目标时,电磁发射拦截系统通过发射拦截板撞击来袭目标,造成来袭目标的毁坏或偏转,以达到防御的目的。[3~5]

电磁发射拦截系统主要由探测系统、控制系统、拦截弹发射器和拦截弹组成。其中拦截弹发射器由高功率脉冲电源(电容器组)、高压开关、驱动线圈、绝缘加固材料和底座组成。对于电磁拦截系统而言,拦截弹的发射速度是拦截效果的一个重要性能指标。2010 年,S. V. Fedorov 等[6]发表的文章中公开了试验结果,将 0.52 kg 的铝制圆盘以 175 m/s 的初速发射出去。国内王成学等[7]将质量为 750 g 的拦截弹加速到 70 m/s,张涛等[8]所研究的方向可控的电磁发射器可将质量为 1.3 kg 的拦截弹加速到 60 m/s。但是目前电磁发射拦截器的效率仍有待提高。综合已有的研究成果可知,不同的装置结构参数对拦截板的发射速度会产生一定影响,而对诸如发射线圈类型,不同底座材料、尺寸以及外电路电感等因素对发射初速的研究不多,因此本文通过仿真计算对电磁拦截器发射效率进行优化以提高发射速度。

1 发射过程

在拦截器发射的实际过程中,由于电磁结构耦合以及运动过程的相互影响,脉冲驱动拦截器数学模型非常复杂,为了便于分析拦截器发射过程,作如下几点假设[9]:

(1) 线圈及拦截弹不发生弹塑性变形;
(2) 放电回路中的参数不变,不考虑温度变化带来的电阻变化等;
(3) 拦截弹在运动过程中忽略空气阻力以及重力的影响;
(4) 螺线圈近似为多个同心环形线圈;
(5) 不考虑趋肤效应、邻近效应等对电流密度分布的影响,认为电流在截面上均匀分布。

1.1 电路方程

当高压脉冲放点开关闭合后,电容器将在回路中产生强脉冲电流。脉冲电流流过线圈时,将在发射体上产生傅科电流。图 1 所示为拦截器的等效电路图。

图 1 中,C 为高压脉冲电容器,R_0、R_1、R_2 和 R_3 分别为回路固有电阻、发射线圈电阻、发射体电阻和底座电阻;L_0、L_1、L_2 和 L_3 分别为回路固有电感、发射线圈电感、发射体电感和底座电感;M_1 为发射线圈和发射体之间的互感,M_2 为发射线圈和底座之间的互感;i_1、i_2 和 i_3 分别为回路中的电流、发射体中感应电流和底座中的感应电流;U 为高压脉冲电容器电压。等效电路方程如下:

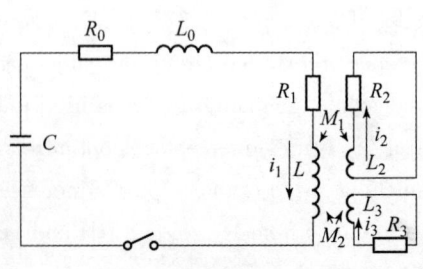

图 1 等效电路

$$(L_0 + L_1)\frac{di_1(t)}{dt} + (R_0 + R_1)i_1(t) - U + \frac{1}{C}\int_0^t i_1(t)dt - M_1\frac{di_2(t)}{dt} - M_2\frac{di_3(t)}{dt} = 0 \tag{1}$$

$$L_2\frac{di_2(t)}{dt} + R_2 i_2(t) - M_1\frac{di_1(t)}{dt} = 0 \tag{2}$$

$$L_3\frac{di_3(t)}{dt} + R_3 i_3(t) - M_2\frac{di_1(t)}{dt} = 0 \tag{3}$$

1.2 拦截弹受力分析

当电容器放电时，发射线圈内产生脉冲电流，变化的电流带来磁场的变化，使位于发射线圈上方的拦截弹感应出环状涡流[10]。由洛伦兹定律，拦截弹上产生的电流在磁场中所受到的电磁力为[11]

$$dF = Idl \times B \tag{4}$$

式中：dl——电流元中电流密度方向；

B——电流元所在磁场，由毕奥萨伐尔定律给出：

$$B = \frac{\mu_0}{4\pi} \int \frac{J \times n}{n^2} d\Omega \tag{5}$$

式中：μ_0——真空磁导率，值为 $4\pi \times 10^{-7}$ H/m；

J——电流密度矢量；

n——源点到场点距离；

Ω——电流源体积。

由于发射线圈为环形，根据磁场分布的轴对称性，发射过程中拦截弹内产生环形电流以拦截弹为的圆心为中心，取一圆环。由式（1-3）可得到拦截弹中任一微元所受轴向电磁力为[12]

$$dF_z = \frac{r^2 \sigma \delta}{2} \frac{d\bar{B}_z}{dt} B_\rho dr d\theta \tag{6}$$

式中：$\bar{B}_z$——穿过以拦截弹为圆心，半径为 r 的圆环的平均轴向磁感应强度；

δ——拦截弹上感应涡流深度；

σ——拦截弹的材料电导率；

B_ρ——半径 r 处的磁感应强度径向分量。

由于对称性，半径相同圆环的磁感应强度 B_ρ 分量相同，因此某一时刻拦截弹所受轴向合力为

$$F_z = \int_0^R r^2 \sigma \delta \pi \frac{d\bar{B}z}{dt} B_\rho dr \tag{7}$$

式中：R——感应涡流半径。

实际中发射线圈内的电流密度由于趋肤效应等影响在截面上是非均匀分布的[13,14]，发射过程中拦截弹上产生的感应电流也会对发射线圈的电流分布产生影响。用解析的方法很难考虑发射过程中诸多因素的影响并准确地计算电流密度分布以及非均匀磁场，故借助有关仿真软件进行计算。

2 有限元仿真分析

2.1 二维瞬态场仿真

使用仿真软件 Ansys Maxwell 建立二维轴对称结构有限元模型，将矩形截面按照阿基米德螺旋线绕制而成的发射线圈简化为矩形截面同轴线圈。由于简化后的电磁拦截器为轴对称结构，因此只需建立二分之一模型。仿真模型如图 2 所示。

将线圈材料定义为铜，类型为实心，拦截弹材料为铝，底座材料为钢。飞板半径为 51 mm，发射线圈中心初始距离 $b = 10$ mm，匝间距 $x = 2$ mm，线圈匝数为 10，线圈高度为 $h = 20$ mm，宽度为 $a = 2$ mm，底座高度为 34 mm，外径为 61 mm，壁厚为 10 mm，底座底部厚度为 10 mm。外电路中高能脉冲电容器的额定电压为 28.7 kV，额定电容为 80 μF，外电感为 18 μH，电阻为 25 mΩ。仿真设置中考虑涡流的影响。

拦截弹在 56 μs 时受到最大的电磁力，位移为 0.28 mm。随后受到的电磁力不断振荡减小，最终在 300 μs 时达到最大的运动速度 48.14 m/s，此时位移为 9.76 mm。图 3、图 4 和图 5 分别为仿真得到的拦截弹发射速度随时间变化曲线、电磁力随时间的变化曲线以及拦截弹位移随时间变化曲线。

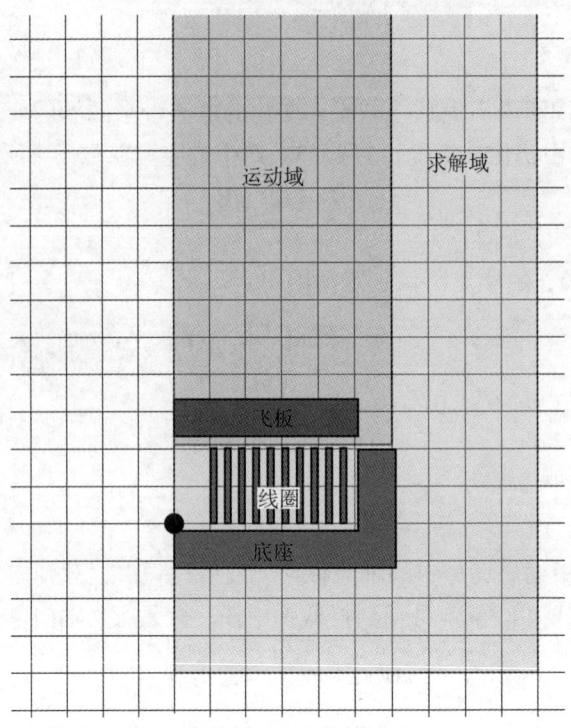

图2 二维仿真模型

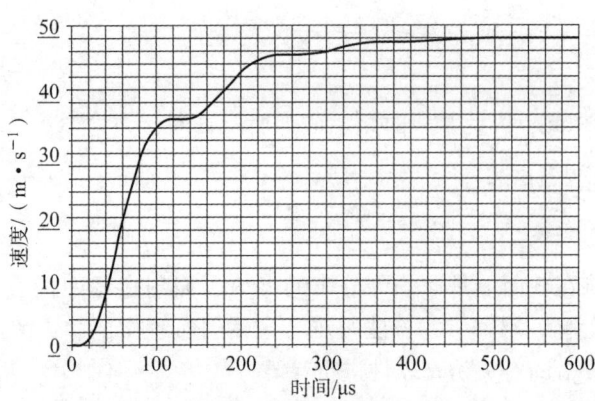

图3 拦截弹速度随时间变化曲线

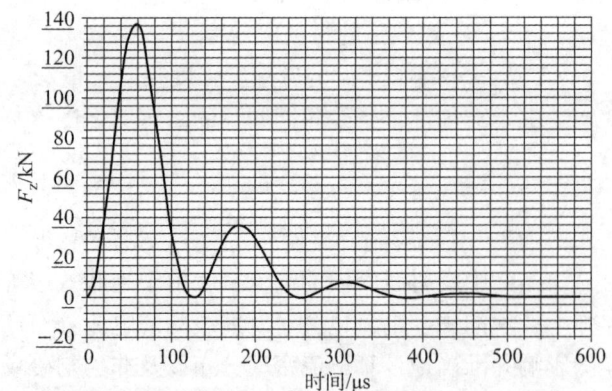

图4 电磁力随时间变化曲线

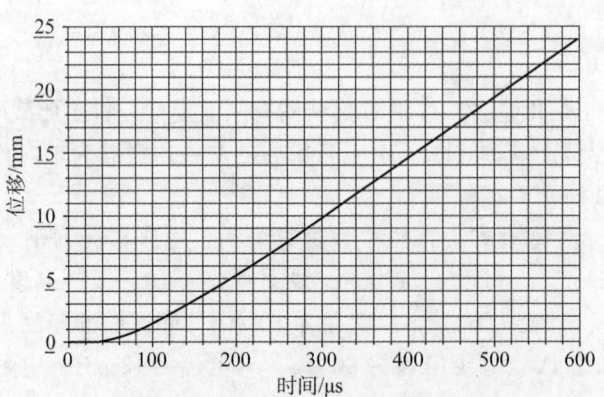

图5 拦截弹位移随时间变化曲线

文献[9]中相同工况下试验得到发射速度为45 m/s，仿真中，拦截弹的最终发射速度为48.14 m/s，两者的相对误差为7%，仿真结果与试验结果符合较好，说明简化模型减少计算量的同时可以保证一定的准确性。

2.2 线圈尺寸对发射速度影响

为分析线圈高度对发射速度的影响，拦截弹尺寸和底座尺寸不变，取线圈宽度 $a=2$ mm，线圈间距 $x=2$ mm，线圈高度 h 分别为 10 mm、15 mm、20 mm、25 mm 和 30 mm。图 6 所示为不同线圈高度下的拦截弹速度曲线，表 1 所示为不同线圈高度下最终发射速度。

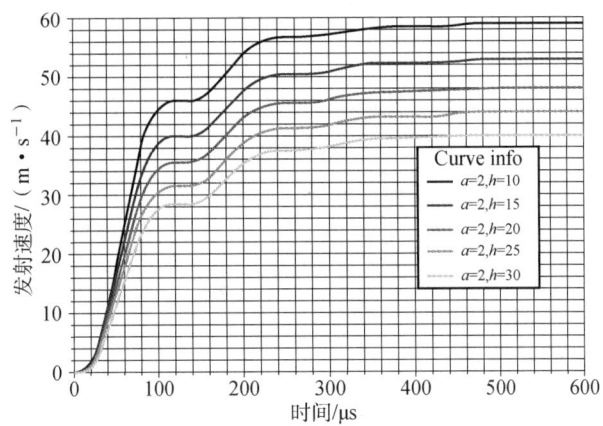

图 6　$a=2$ mm 时不同线圈高度下的拦截弹速度曲线

表 1　不同线圈高度下拦截弹的最终发射速度

高度 h/mm	速度 $v/(m \cdot s^{-1})$	高度 h/mm	速度 $v/(m \cdot s^{-1})$
10	59.17	25	43.96
15	53.16	30	40.38
20	48.14		

由表 1 可知，线圈高度从 10 mm 增大到 15 mm 时，拦截板速度减小 6.01 m/s；从 15 mm 增大到 20 mm 时，速度减小 5.02 m/s；从 20 mm 增大到 25 mm 时，速度减小 4.18 m/s；从 25 mm 增大到 30 mm 时，速度减小 3.58 m/s。说明随线圈高度增加，拦截板速度减小放缓。

分析线圈径向宽度对飞板速度的影响，取线圈高度 $h=10$ mm，在 $a+x=4$ mm 的条件下，线圈宽度 a 分别为 0.5 mm、1 mm、1.5 mm、2 mm、2.5 mm、3 mm。图 7 所示为下拦截弹在不同线圈宽度下的速度曲线，表 2 所示为不同线圈宽度下最终发射速度。

表 2　不同线圈宽度下拦截弹的发射速度

宽度 h/mm	速度 $v/(m \cdot s^{-1})$	宽度 h/mm	速度 $v/(m \cdot s^{-1})$
0.5	45.46	2.0	48.14
1.0	47.53	2.5	47.47
1.5	48.25	3.0	46.23

由表 2 可知，线圈宽度从 0.5 mm 增大到 1.0 mm 时，速度增加 2.07 m/s；从 1.0 mm 增大到 1.5 mm 时，速度增加 0.72 m/s；从 1.5 mm 增大到 2.0 mm 时，速度减小 0.11 m/s；从 2.0 mm 增大到 2.5 mm 时，速度减小 0.67 m/s；从 2.5 mm 增加到 3.0 mm 时，速度减小 1.24 m/s。说明在 $a+x=4$ mm 的条件下，线圈宽度对发射速度呈现先增大后减小的趋势。图 8 所示为不同线圈宽度下发射速度随高度变化的曲线，在 $a+x=4$ mm 的条件下，线圈宽度的变化对发射速度影响不大且发射速度随高度变化的关系近似为斜率为 -0.92 的线性关系，如图 8 所示。

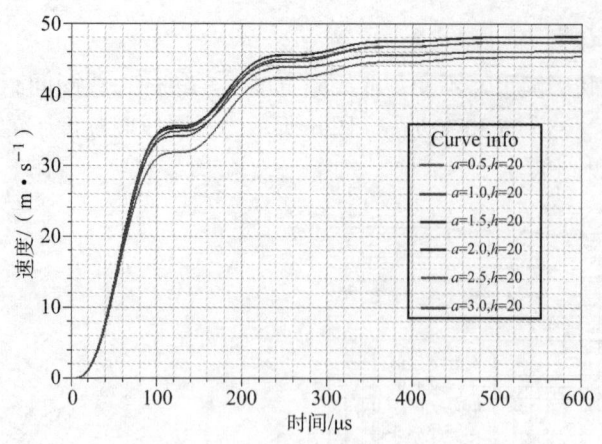 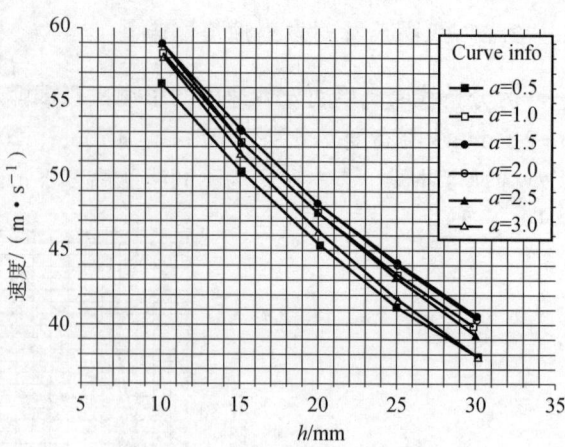

图7　$h=20$ mm 时不同线圈宽度下的拦截弹速度曲线　　图8　不同线圈宽度下发射速度随高度变化的曲线

2.3 线圈类型对发射速度的影响

在高频下，导体内由于趋肤效应的影响电流密度会集中分布在导体表面趋肤深度内。随着频率的升高，趋肤深度越小，电流密度分布更加集中，从而使导体内的等效电阻增加[15,16]。拦截发射器的电源为高压脉冲电容器，这就导致了发射过程中线圈中阻性损耗会很大程度地增加。但是电流密度在表面的集中分布又可以增加拦截弹上的磁场强度，增强发射时的电磁力。因此对实体导体和导线束两种不同的发射线圈类型进行仿真分析，拦截弹、线圈和底座尺寸不变。

图9中红色曲线为采用实心线圈的拦截弹发射过程中的运动速度，最终发射速度为48.14 m/s，蓝色曲线为导线束线圈的拦截弹发射过程中的运动速度，发射速度为37.67 m/s。两种线圈在发射过程中 40 μs 时线圈截面电流密度分布如图10所示。

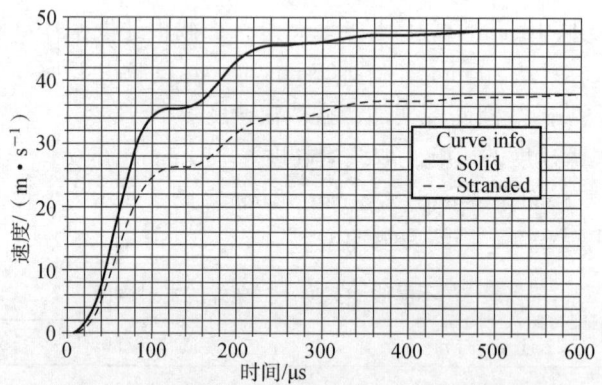

图9　不同线圈类型下拦截弹速度随时间变化曲线

从图中很明显可以看出，实心线圈中截面电流密度分布不均匀，由于趋肤效应和邻近导体引起的感应电流，电流密度主要分布在上、下表面附近，进而增强了磁场强度。故脉冲电流下实心线圈虽然由于趋肤效应较导线束线圈有更高的损耗，但电流密度的集中反而提高了拦截器的能量转换效率，增加了拦截弹的发射速度。

2.4 底座材料和底座线圈间距对发射速度的影响

分析底座材料电导率以及相对磁导率对拦截器发射速度的影响，选取不同的电导率和磁导率进行仿真分析。线圈宽度为2 mm，匝间距为2 mm，高度为20 mm。电导率及相对磁导率的参数和相应的仿真计算结果如表3所示。

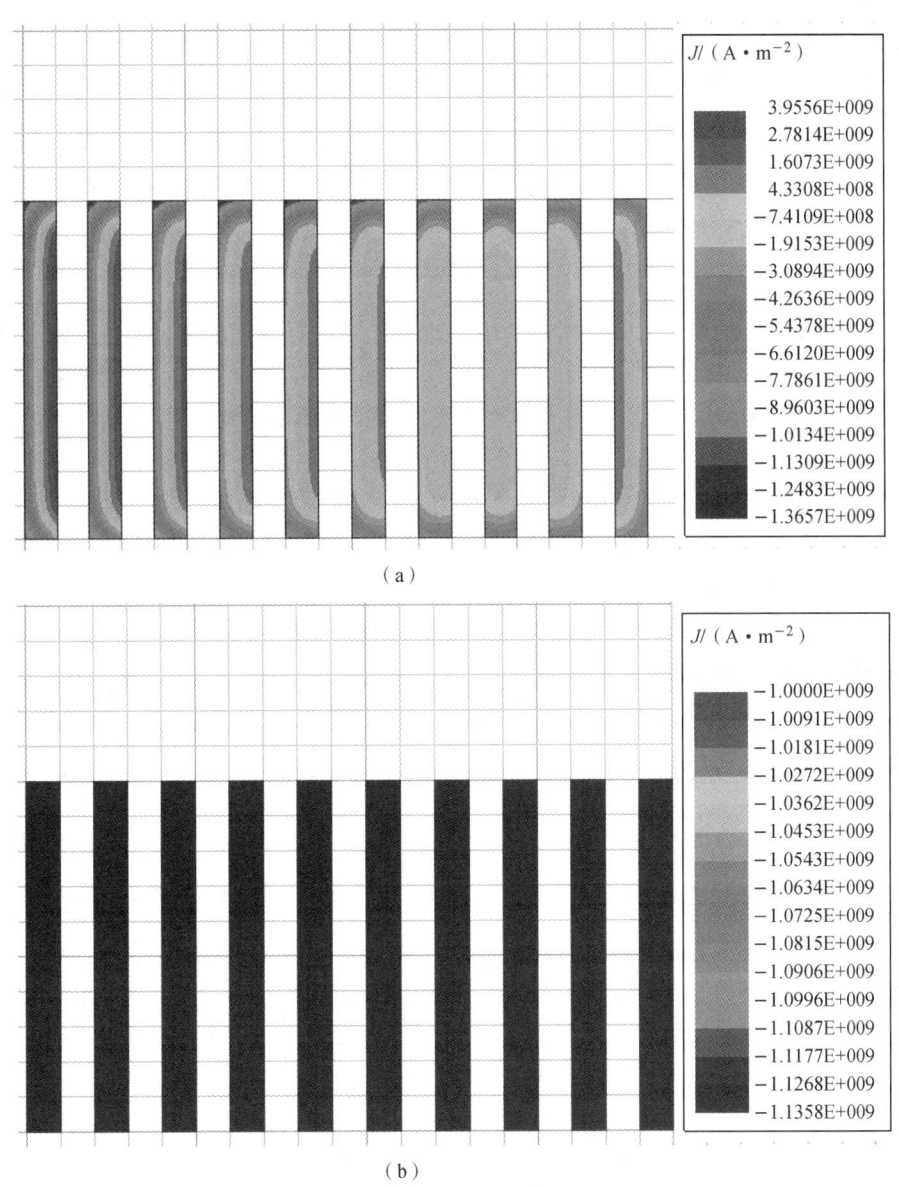

图 10　不同线圈类型电流密度分布

（a）实心线圈电流密度分布；（b）导线束线圈电流密度分布

表 3　不同底座材料参数及其仿真结果

仿真编号	材料	电导率/(10^7 S·m^{-1})	相对磁导率	发射速度/(m·s^{-1})
1	不锈钢	0.11	1	51.93
2		0.11	20	76.72
3		0.11	100	88.35
4		0.11	2 000	98.91
5	铜	5.8	0.999 991	36.56
6		5.8	20	43.17
7		5.8	100	43.56
8		5.8	2 000	43.94

续表

仿真编号	材料	电导率/(10^7 S·m^{-1})	相对磁导率	发射速度/(m·s^{-1})
9	空气	0.05	1	59.40
10		0.2	1	47.94
11		1	1	40.62
12		0	1	78.66

从表3中的仿真结果可以看出，底座材料的电导率和相对磁导率对拦截器的发射效率有很大的影响。磁导率相同的情况下，电导率的增加会降低拦截弹的发射速度。图11所示为底座材料相同电导率、不同磁导率下拦截弹的发射速度曲线，图12所示为磁导率为1时不同电导率下拦截弹的发射速度曲线。

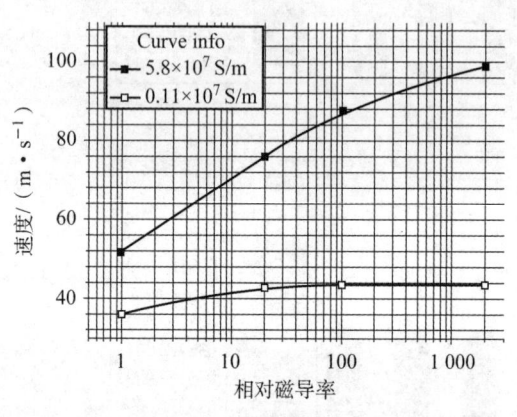

图11 不同相对磁导率下拦截弹的发射速度曲线　　图12 不同电导率下发射速度曲线

电导率越高底座导电性能越好，导致底座涡流损耗更大，降低了拦截器的能量利用率。相对磁导率越高，对磁场的屏蔽性能越好，减少了磁场扩散，提升发射速度。从图11中可以看到底座为电导率 5.8×10^7 S/m 的导电性能好的导体时，磁导率的变化对最终发射速度影响较小，2 000 与 0.99 相对磁导率下的发射速度仅相差 7.38 m/s，而当底座电导率为 0.11×10^7 S/m 时，随着磁导率的增加，拦截弹的发射速度迅速增加，2 000 相对磁导率下的发射速度较相对磁导率1时提高 46.98 m/s。由图12和表3可以看出底座材料有不同的磁导率时，电导率的增加都使拦截器的发射效率有很大程度的降低。相对磁导率为 2 000、100 和 20 时，电导率为 5.8×10^7 S/m 和 0.11×10^7 S/m 的发射速度分别相差 54.97 m/s、44.79 m/s 和 33.55 m/s。

底座壁厚为 10 mm，底部厚度为 10 mm。表4所示为底座电导率为 5.8×10^7 S/m，相对磁导率为1时，不同底座线圈间距下的发射速度。表5所示为底座电导率为0，相对磁导率为 2 000 时，不同底座线圈间距下的发射速度。

表4　电导率为 5.8×10^7 S/m，相对磁导率为1时不同间距下的发射速度　　mm

轴向间距	侧向间距					
	3	8	13	18	23	28
4	36.6	40.63	42.48	43.37	43.78	43.98
9	46.09	52.22	55.34	56.95	57.79	58.26
14	49.80	57.07	60.99	63.14	64.37	65.08
19	51.44	59.29	63.74	66.29	67.79	68.75
24	52.18	60.40	65.14	67.96	69.70	70.77
29	52.55	60.94	65.88	68.88	70.76	71.95

表 5　电导率为 0，相对磁导率为 2 000 时不同间距下的发射速度　　　　　　　　　　　　　mm

轴向间距	侧向间距					
	3	8	13	18	23	28
4	102.99	102.07	101.13	100.44	99.94	99.59
9	96.97	96.17	95.33	94.69	94.23	93.87
14	92.50	91.77	91.04	90.49	90.07	89.77
19	89.42	88.66	87.98	87.51	87.15	86.89
24	87.35	86.54	85.84	85.38	85.06	84.84
29	86.00	85.10	84.34	83.88	83.58	83.39

底座壁厚和底部厚度不变时，分析表 4 中的结果可以看出，当底座材料电导率较大、磁导率较小时，随着底座线圈轴向和径向间距的增加，拦截弹的发射速度也增加。从侧向间距 3 mm、轴向间距 4 mm 时的 36.6 m/s 提高到侧向间距 28 mm、轴向间距 29 mm 时的 71.95 m/s，并且提高幅度减缓，说明随着线圈和底座间距的增加，在底座上由于涡流产生的损耗减少。由表 5 可以看出，底座材料的相对磁导率较高，电导率很小时，发射速度随着间距的增加而减小，与表 4 中的结果呈相反的趋势，从最初的 102.99 m/s 下降到 83.39 m/s。因此线圈拦截器底座应选取磁导率高而电导率小的材料，且底座与线圈间距要小。

2.5　外电路电感对发射速度的影响

分析不同外电路电感、拦截弹、线圈和底座尺寸不变，取 L_0 为 1 μH、8 μH、18 μH、28 μH、38 μH 和 50 μH 进行仿真计算，得到的发射速度如图 13 所示。

随着外电路电感的增加，拦截器发射速度逐渐降低，图 14 所示为电感 1 μH、18 μH 和 50 μH 回路中的电流曲线。从图 14 可以看出，随着外电路电感的降低，脉冲电流峰值升高，电容器的放电时间减少，拦截弹上单位之间内磁通量的变化更大，由此提高了拦截弹的发射速度。因此，为了使拦截弹获得更大的动能，应尽可能减少外电路中的电感。

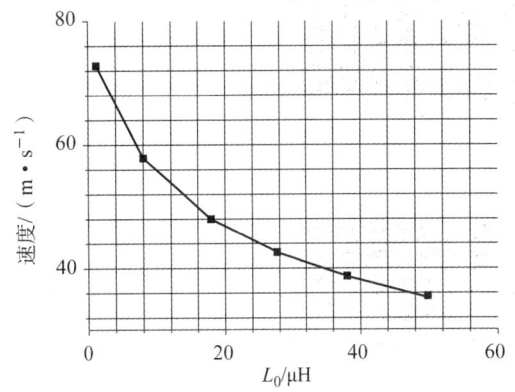

图 13　发射速度随外电感变化曲线

2.6　三维瞬态场仿真

使用仿真软件 Magnet，将矩形截面按照阿基米德螺旋拉线拉伸形成发射线圈实体，线圈高度为 20 mm，宽度为 2 mm，匝间距为 2 mm，拦截弹和底座尺寸不变，建立三维全模型进行仿真计算，仿真模型如图 15 所示。

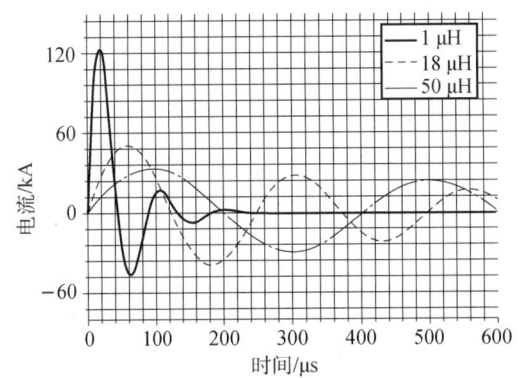

图 14　放电电流随时间变化曲线

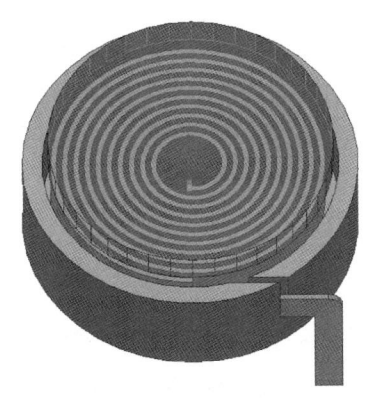

图 15　三维仿真模型

仿真得到拦截弹的发射速度沿轴向的速度分量为42.9 m/s,垂直于轴向的速度分量为2.5 m/s,拦截弹的角速度为16.2 rad/s。最终的发射速度为43 m/s,与相同工况下文献[9]仅相差4.4%。相比于二维仿真模型,三维仿真模型可以考虑螺旋线圈不对称性的影响。从仿真结果可以看出,拦截弹并不能一直保持平行运动,而是在飞行过程中会发生旋转。

2.7 拦截器优化

对拦截器进行优化,拦截弹和底座尺寸不变,将线圈材料定义为铜,类型为实心,拦截弹材料为铝,底座材料电导率为0,相对磁导率为2 000,线圈匝数为10,线圈高度为 $h = 10$ mm,宽度为 $a = 2$ mm,外电路中高能脉冲电容器的额定电压为28.7 kV,额定电容为80 μF,外电路电感为18 μH,电阻为25 mΩ。优化后得到拦截器的发射速度为123.07 m/s,较原先提高74.93 m/s。在此基础上降低外电路电感为8 μH和1 μH,发射速度分别提高到150.89 m/s和190.89 m/s。

3 结论

(1) 建立了线圈感应式拦截器的二维仿真模型,对线圈结构、线圈类型、底座材料、底座与线圈间距和外电路电感对拦截器发射速度的影响进行仿真分析。结果表明,降低线圈高度可以提高线圈中的电流密度,增加拦截弹上磁通量的变化量,从而提高发射速度,高度为30 mm时发射速度为40.38 m/s,高度为10 mm时为59.17 m/s,相差18.79 m/s;在拦截弹尺寸、线圈匝数不变的情况下,线圈宽度对发射速度的提升不大,最大发射速度与最小发射速度仅相差2.79 m/s;实体线圈和导线束线圈下拦截弹的发射速度分别为48.14 m/s和37.67 m/s。实体线圈相比于导线束线圈,由于趋肤效应的影响,电流密度集中在表面,从而提高了拦截弹的发射速度。

(2) 对于底座材料,电导率越低,磁导率越高,拦截器最终能量利用率越高。底座与线圈间距在底座为高电导率材料时,间距越大,越能减少底座上的涡流损耗;在底座为低电导率、高磁导率材料时,间距越小,越能减少磁场扩散,提高发射速度。减小外电路电感,可以提高脉冲电流的峰值以及减少高压脉冲电容器的放电时间,提高拦截弹的最终发射速度。

(3) 建立三维仿真模型,考虑螺旋线圈不对称性的影响,仿真计算得到拦截弹不同方向的速度分量以及飞行运动过程中的旋转速度。

(4) 在外电路不变的情况下对发射速度为48.14 m/s的拦截器线圈拦截器进行优化,优化后拦截弹的发射速度提升至123.07 m/s,在此基础上进一步将外电路电感由18 μH降低至8 μH和1 μH,发射速度分别提高到150.89 m/s和190.89 m/s。

参考文献

[1] 房凌晖,郑翔玉,蔡宏图,等. 坦克装甲车辆防护技术发展研究[J]. 四川兵工学报,2014,35(03):23-26.

[2] 曲东森,曹延杰,王成学,等. 电磁发射拦截系统发展研究[J]. 微电机,2016,49(11):98-102.

[3] 孙鹏,李书灵,梁志伟,等. 电磁连续发射器的动态性能分析和实验研究[J]. 高电压技术,2015,41(06):1 865-1 872.

[4] Chengxue W, Cui S, Yanjie C, et al. Research on performance affected by material changing of pedestal and interception projectile in the active EM armor [C] //2014 17th International Symposium on Electromagnetic Launch Technology, IEEE, 2014: 1-5.

[5] Sterzelmeier K, Brommer V, Sinniger L. Active armor protection – conception and design of steerable launcher systems fed by modular pulsed – power supply units [J]. IEEE Transactions on Magnetics, 2001, 37 (1): 238-241.

[6] Fedorov S V, Babkin A V, Ladov S V. Theoretical analysis of system of electro – magnetic acceleration of metal

plates [C] //25th International Symposium on Ballistics, 2010, 5: 638-645.

[7] 王成学, 薛鲁强, 陈学慧, 等. 方向可控电磁发射器拦截弹发射过程研究 [J]. 微电机, 2012, 45 (05): 7-11.

[8] Zhang T, Dong W, Guo W, et al. Spatial movement analysis on the intercepting projectile in the active electromagnetic Armor [J]. IEEE Transactions on Plasma Science, 2017, 45 (7): 1302-1307.

[9] 王叶中, 黄正祥, 祖旭东, 等. 电磁驱动飞板技术理论及试验研究 [J]. 弹道学报, 2014, 26 (01): 78-84.

[10] Jiao S, Liu X, Zeng Z. Intensive study of skin effect in eddy current testing with pancake coil [J]. IEEE Transactions on Magnetics, 2017, 53 (7): 1-8.

[11] David J. Griffiths. 电动力学导论 [M]. 北京: 机械工业出版社, 2014.

[12] 胡金锁. 电磁装甲技术概论 [M]. 北京: 兵器工业出版社, 2015.

[13] 黄晓生, 陈为. 线圈高频损耗解析算法改进及在无线电能传输磁系统设计的应用 [J]. 电工技术学报, 2015, 30 (8): 62-70.

[14] Nan X, Sullivan C R. Simplified high-accuracy calculation of eddy-current loss in round-wire windings [C] //2004 IEEE 35th Annual Power Electronics Specialists Conference (IEEE Cat. No. 04CH37551). IEEE, 2004, 2: 873-879.

[15] 张小林, 徐精华. 趋肤效应下传输线高频交流电阻的分析 [J]. 江西科学, 2008, 26 (06): 873-875.

[16] 卢秋朋, 张清鹏, 秦润杰. 传输线中趋肤效应的介绍及仿真 [J]. 电子测量技术, 2015, 38 (06): 27-30.

钨丝增强锆基非晶复合材料弹芯威力仿真计算分析

王议论,任创辉,吴晓斌,刘 富

(国营第803厂,陕西 西安 710043)

摘 要:通过试验数据和数值模拟结果对比,分别建立对钨合金和钨丝增强锆基非晶复合材料作为弹芯的制式穿甲弹结构模型,运用AUTODYN仿真计算软件,得到这两种材料作为弹芯材料的某穿甲弹的威力差异,为钨丝增强锆基非晶复合弹芯材料研究提供理论基础。

关键词:穿甲弹;弹芯;钨丝增强锆基非晶复合材料;AUTODYN

The simulation and analysis of core power about tungsten wire amorphous composite material

WANG Yilun, REN Chuanghui, WU Xiaobin, LIU Fu

(State Run 803 Factory Design Department Three, Xi'an 710043, China)

Abstract: By comparing the experimental data with the numerical simulation results, the structural models of armor – piercing projectiles with tungsten alloy and tungsten wire reinforced zirconium – based amorphous composite as core were established respectively. The power difference between the two materials as core materials was obtained by using AUTODYN simulation software, which provided theoretical basis for the research of tungsten wire reinforced zirconium – based amorphous composite core materials.

Keywords: armor – piercing projectiles; core; tungsten wire reinforced zirconium – based amorphous; AUTODYN

0 引言

穿甲弹的侵彻过程是一个相当复杂的瞬态物理和力学过程,当穿甲弹侵彻体外形结构、初速等确定后,侵彻体的材料就成为影响穿甲威力的主要因素。目前,国内外大量装备的穿甲弹弹芯均为钨合金材料,近年来,钨合金在变形强化技术、动态性能、绝热剪切机制等方面有了长足的发展,但对穿甲威力的提高幅度已经接近极限。为了提高穿甲威力,寻求一种更为先进的弹芯材料势在必行。经过近几年的相关研究,目前采用的是一种以钨丝为增强相,以锆基非晶合金为基体的新型复合材料,重点围绕钨丝增强锆基非晶复合材料开展凝固过程控制、复合材料的设计、界面特性、宏微观力学性能等方面的研究,取得了实质性进展。为了节约研制费用、加快研制进度,本文在小口径钨丝增强锆基非晶复合材料和钨合金材料穿甲靶试结果的基础上,分别对上述两种材料进行仿真模型建立和对比计算分析,符合出这两种材料仿真计算的相关参数。并据此分别建立采用以上材料的制式某穿甲弹弹芯结构模型,并对其穿甲威力进行了仿真计算,进而探索两种材料在穿甲弹上的威力差异,为钨丝增强锆基非晶复合材料在四代坦克穿甲弹的应用研究提供技术支撑。

基金项目:国家973项目。

作者简介:王议论,男,研高工。

1 仿真计算模型

1.1 几何模型

1.1.1 几种假设

(1) 由于穿甲弹属于轴对称体,因此将侵彻体连同靶板沿对称轴刨开,取其中一半研究。
(2) 靶板的厚度远大于侵彻体的直径,故靶板可看作半无限靶。
(3) 为了方便计算和加快速度,模型中弹径、齿、倒角、圆弧等结构的细小变化在模型中采取简化处理,但保持侵彻体质量相同。
(4) 由于整个穿甲过程时间很短,所以将整个过程作为绝热过程处理。

1.1.2 小口径穿甲弹几何模型

1) 已知数据。
不同材料弹芯的某小口径穿甲弹结构和靶试数据如下:
(1) 飞行弹体结构图(图1)。
(2) 靶试结果。

钨合金弹芯靶试结果:初速 $V_0 = 1\,554$ m/s,水平穿深为 55.75 mm。

钨丝非晶复合材料弹芯靶试结果:初速 $V_0 = 1\,555$ m/s,水平穿深为 65.25 mm。

2) 几何模型建立。
根据以上数据,建立某小口径穿甲弹几何模型(图2)。

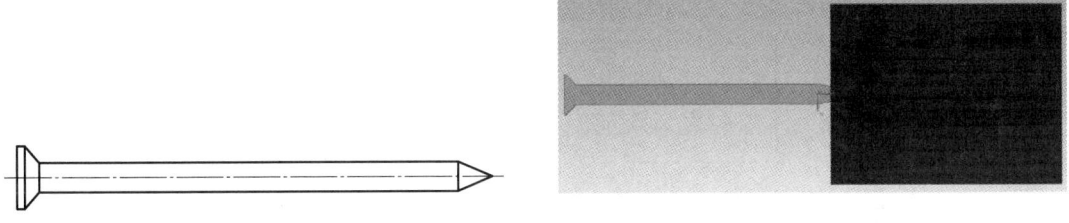

图 1 某穿甲弹飞行弹体结构　　　　图 2 某小口径穿甲弹穿甲模型

1.1.3 某穿甲弹几何模型

依据某穿甲弹结构尺寸和穿甲靶板结构,依照 1.1.1 假设简化后分别建立其侵彻水平厚度 500 mm HRA 和 600 mm HRA 穿甲几何模型,如图 3 所示。

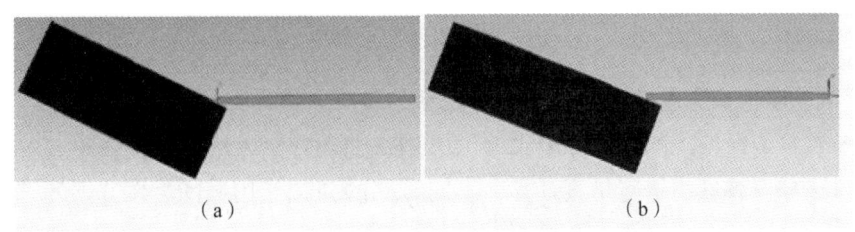

(a)　　　　(b)

图 3 某穿甲弹穿甲模型

(a) 靶板 220 mm/63.9°水平深度 500 mm;(b) 靶板 220 mm/68.5°水平深度 600 mm

1.2 计算所用材料参数及模型

靶板材料均质轧制钢板和钨合金材料的密度、状态方程、强度模型及破坏准则取自 AUTODYN 材料数据库(表1)。钨丝增强锆基非晶复合材料参数为小口径穿甲弹试验数据符合值。

表1 计算用材料参数及模型

材料名称	密度/(g·cm⁻³)	状态方程	强度模型	破坏准则	侵蚀
Steel 4340	7.83	linear	Johnson–Cook	Johnson–Cook	Erosion
TUNG. ALLOY	17.45	Shock	Johnson–Cook	Plastic strain	Erosion
TUNG. CR	17.1	Shock	Johnson–Cook	Plastic strain	Erosion

2 仿真计算过程及结果分析

2.1 两种材料弹芯的小口径穿甲弹威力验证

2.1.1 钨合金材料弹芯小口径穿甲弹威力仿真

依据1.1.2中的有关数据和图2的穿甲模型,运用AUTODYN仿真软件,对钨合金材料作为弹芯的某小口径穿甲弹威力进行仿真计算,不同时刻的弹靶作用截图如图4所示,穿甲过程能量变化曲线如图5所示。

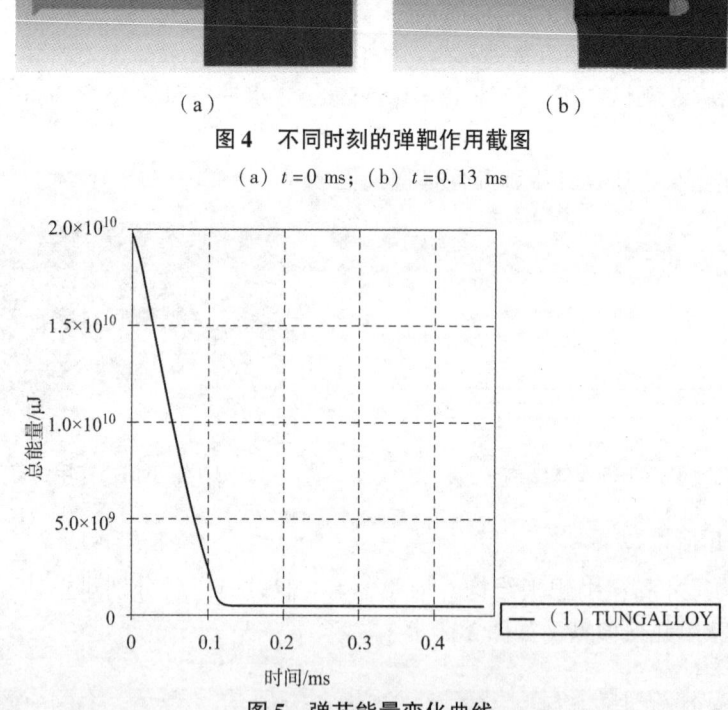

图4 不同时刻的弹靶作用截图

(a) $t=0$ ms;(b) $t=0.13$ ms

图5 弹芯能量变化曲线

2.1.2 钨丝增强锆基非晶复合材料弹芯小口径穿甲弹威力仿真

依据1.1.2中的有关数据和图2的穿甲模型,运用AUTODYN方法,对钨丝增强锆基非晶复合材料作为弹芯的某小口径穿甲弹威力进行仿真计算,不同时刻的弹靶作用截图如图6所示。穿甲过程能量变化曲线如图7所示。

图6 不同时刻的弹靶作用截图

(a) $t=0$ ms;(b) $t=0.13$ ms

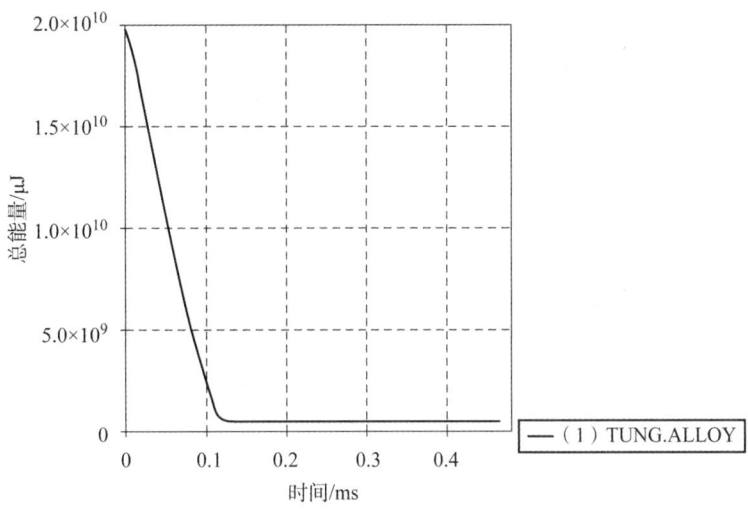

图 7　弹芯能量变化曲线

2.1.3　仿真结果分析

根据仿真结果，经软件自带工具进行测量计算，得到相同初速时两种材料弹芯某小口径穿甲弹的穿深结果对比如表 2 所示。

表 2　两种材料弹芯威力仿真结果

材料	初速/(m·s^{-1})	穿深		
		试验结果/mm	仿真结果/mm	两者误差/%
钨合金材料	1 351	55.75	54.58	2.1
钨丝增强锆基非晶复合材料		65.25	63.76	2.2

上述仿真计算的目的在于用和试验结果较吻合的仿真结果，符合出钨丝增强锆基非晶复合材料的相关参数，从仿真计算结果看，和试验比较吻合，故所符合出的材料参数基本可信。

2.2　两种材料的某穿甲弹侵彻 500 mm HRA 仿真计算

2.2.1　钨合金材料弹芯某穿甲弹侵彻 500 mm HRA 仿真计算

侵彻体着靶速度为 1 410 m/s。靶板厚度为 220 mm，倾角为 63.9°，初速设定截图如图 8 所示。

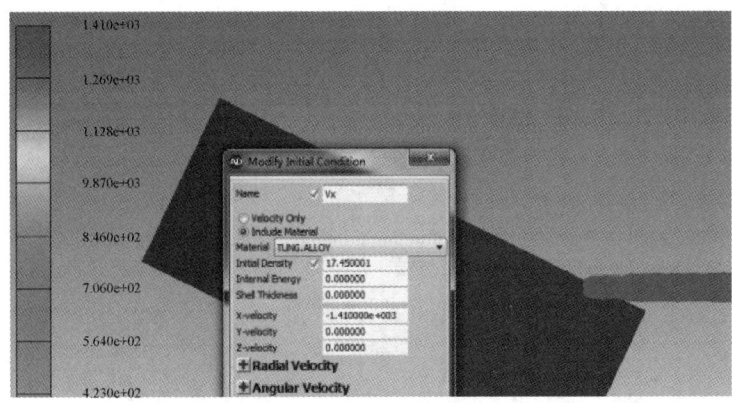

图 8　初速设定截图

不同时刻的弹靶作用截图如图 9 所示，穿甲过程能量变化曲线如图 10 所示。

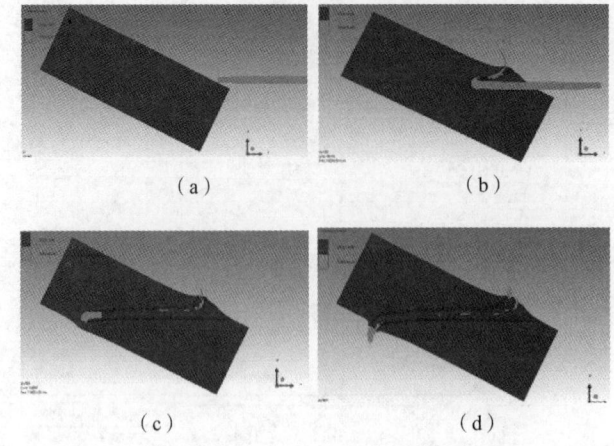

图 9　不同时刻的弹靶作用截图

(a) $t=0$ ms; (b) $t=0.25$ ms; (c) $t=0.75$ ms; (d) $t=1.0$ ms

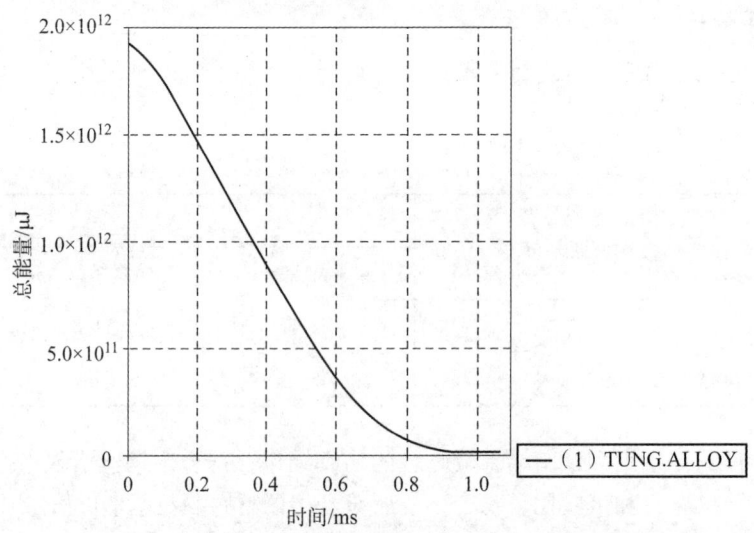

图 10　弹芯能量变化曲线

2.2.2　钨丝增强锆基非晶复合材料穿甲结果

侵彻体着靶速度设定为 1 340 m/s，靶板厚度为 220 mm，倾角为 63.9°，初速设定截图如图 11 所示。

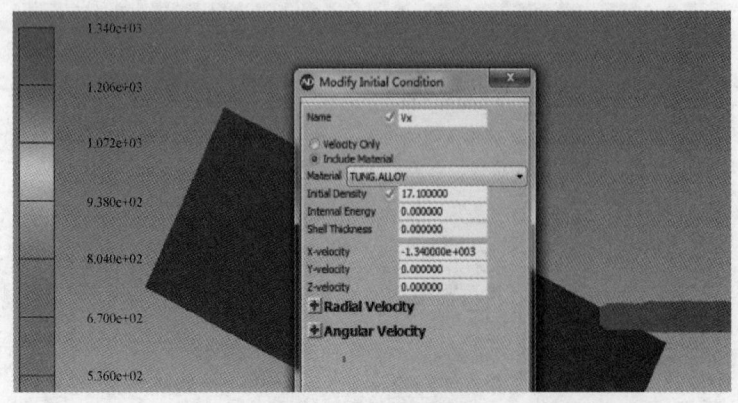

图 11　初速设定截图

不同时刻的弹靶作用截图如图 12 所示,穿甲过程能量变化曲线如图 13 所示。

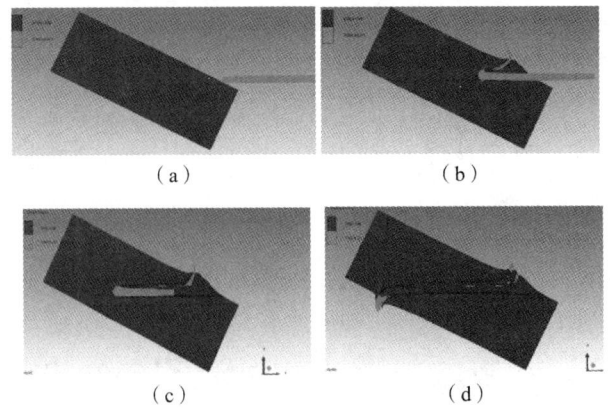

图 12　不同时刻的弹靶作用截图

(a) $t=0$ ms;(b) $t=0.25$ ms;(c) $t=0.6$ ms;(d) $t=1.0$ ms

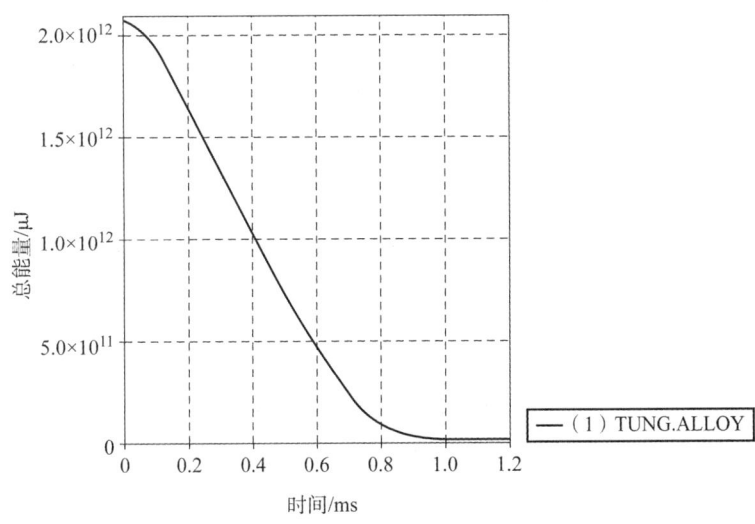

图 13　弹芯能量变化曲线

2.2.3　仿真结果

两种材料弹芯的某穿甲弹侵彻 220 mm/63.9°(相当于水平深度 500 mm) HRA 的极限穿透速度结果对比如表 3 所示。

表 3　两种材料威力仿真结果

材料	极限穿透速度		
	试验结果 $V_{90}/(\mathrm{m \cdot s^{-1}})$	仿真结果 $V_{90}/(\mathrm{m \cdot s^{-1}})$	两者误差/%
钨合金材料	1 406.9	1 410	0.2
钨丝增强锆基非晶复合材料	—	1 340	—

从上述结果来看,钨合金材料的仿真计算结果和产品的实际威力水平相当,在此基础上建立的钨丝增强锆基非晶复合材料计算结果基本可信。由此可见,在某穿甲弹结构基础上,弹芯如果采用钨丝增强锆基非晶复合材料,其限穿透速度可降低 70 m/s,降幅达 4.96%。

2.3　两种材料的某穿甲弹侵彻 600 mm HRA 仿真计算

2.3.1　钨合金材料弹芯某穿甲弹侵彻 600 mm HRA 仿真计算

侵彻体着靶速度为 1 410 m/s,靶板厚度为 220 mm,倾角为 68.5°。

不同时刻的弹靶作用截图如图 14 所示。穿甲过程能量变化曲线如图 15 所示。

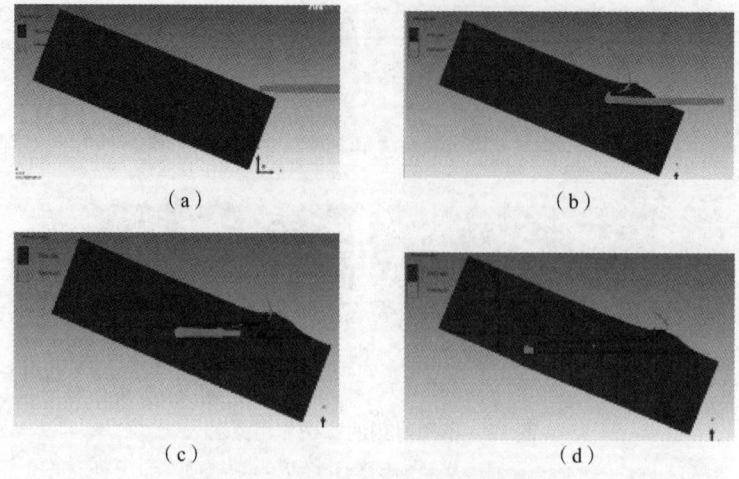

图 14　不同时刻的弹靶作用截图
(a) $t=0$ ms；(b) $t=0.25$ ms；(c) $t=0.75$ ms；(d) $t=1.0$ ms

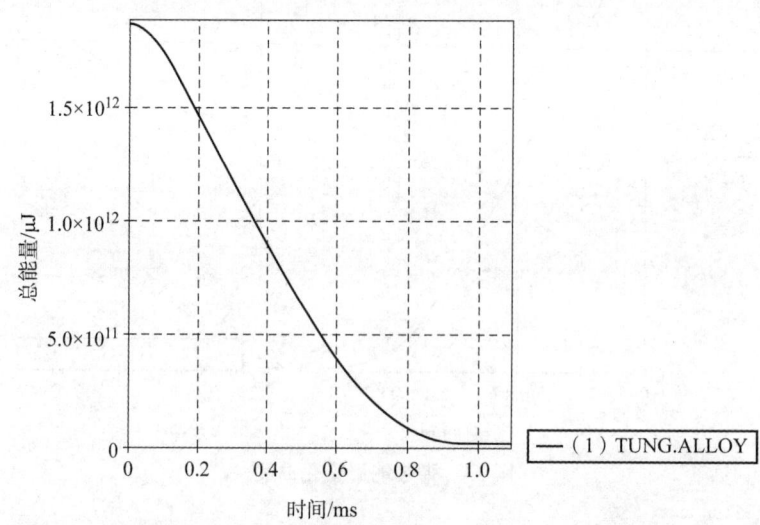

图 15　弹芯能量变化曲线

2.3.2　钨丝增强锆基非晶复合材料弹芯某穿甲弹侵彻 600 mm HRA 仿真计算

侵彻体着靶速度为 1 410 m/s，靶板厚度为 220 mm，倾角为 68.5°。

不同时刻的弹靶作用截图如图 16 所示，穿甲过程能量变化曲线如图 17 所示。

2.3.3　仿真结果

两种材料弹芯的某穿甲弹结构以 1 410 m/s 相同的初速侵彻 220 mm/68.5°（相当于水平深度 600 mm）HRA 穿深结果对比如表 4 所示。

从上述结果来看，钨合金材料弹芯的某穿甲弹穿深仿真计算结果和产品的试验结果相当，在制式某穿甲弹结构基础上，弹芯如果采用钨丝增强锆基非晶复合材料，其威力水平可提高 7.9%。

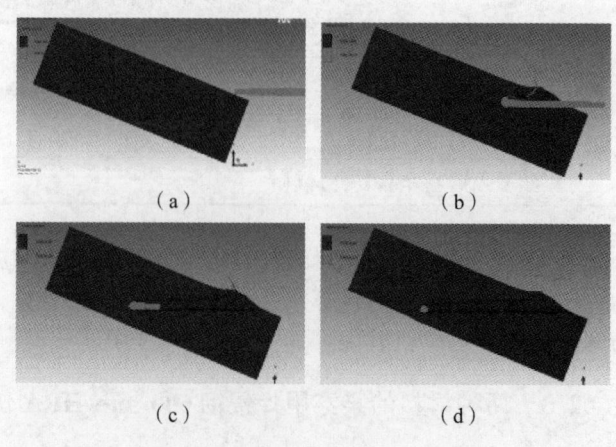

图 16　不同时刻的弹靶作用截图
(a) $t=0$ ms；(b) $t=0.25$ ms；(c) $t=0.75$ ms；(d) $t=1.0$ ms

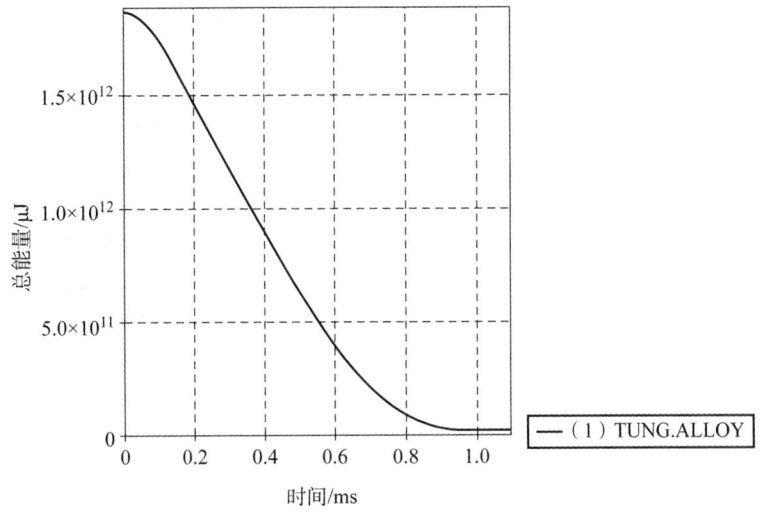

图 17　弹芯能量变化曲线

表 4　两种材料穿深仿真结果对比

材料	穿深		
	试验结果/mm	仿真结果/mm	两者误差/%
钨合金材料	500	504	0.8
钨丝增强锆基非晶复合材料	—	546	—

3　结论

本文结合某小口径穿甲弹的钨合金材料和钨丝增强锆基非晶复合材料两种弹芯的穿甲威力试验结果，进行了这两种材料弹芯结构的某制式穿甲弹威力仿真计算，得到以下结论：

（1）某制式穿甲弹侵彻 220 mm/63.9°（相当于水平深度 500 mm）HRA 时，钨丝增强锆基非晶复合材料弹芯结构比钨合金材料弹芯结构的极限穿透速度可降低 4.96%。

（2）当两种材料弹芯的某制式穿甲弹以相同的初速侵彻 220 mm/68.5°（相当于水平深度 600 mm）HRA 时，钨丝增强锆基非晶复合材料弹芯结构比钨合金材料弹芯结构穿深可提高 7.9%。

（3）结合仿真结果和国内外有关文献资料和试验数据可知，钨丝增强锆基非晶复合材料因为具有高密度、高强度和高的动态断裂韧性，侵彻装甲时具有高的绝热剪切敏感性，其侵彻性能优于钨合金材料，是一种极具应用前景的新一代高效毁伤战斗部材料，此材料用于我国穿甲弹弹芯上，可以大幅提高其穿甲威力。

参 考 文 献

[1] Century Dynamics lnc. Interactive Non-linear Dynamic Analysis Software AUTODYNTM User Manual. Revision 4.3. 2003.
[2] Johnson G R Journal of Applied Mechanics, 1976, 439.

强磁加载药型罩形成射流的仿真方法研究

豆剑豪,贾 鑫,黄正祥,马 彬

(南京理工大学 机械工程学院,江苏 南京 290014)

摘 要:传统聚能装药是依靠炸药爆轰压垮金属药型罩来形成金属射流,而强磁加载药型罩是利用电磁力压垮药型罩形成金属射流,是一种全新的射流成型方法。以加载模型等效为 RCL 电路模型,结合麦克斯韦方程组,推导出电磁力的计算公式。采用"电-磁-力"耦合模拟算法,利用 Ansoft Maxwell 和 Autodyn 仿真软件,分别对文献[5]中变壁厚圆锥药型罩电磁加载过程中电路、电磁场以及电磁力压垮药型罩形成射流进行了数值仿真,得到了较好的射流形态,其中射流头部速度为 8 477 m/s,尾部速度为 3 370 m/s。结果表明,射流形态与实验结果较为吻合,射流头部速度相对误差为 8.8%,验证了该仿真方法的可行性。

关键词:兵器科学与技术;电磁场;射流;数值仿真

中图分类号:TJ410.1　**文献标志码**:A

Research on simulation method for the jet forming of shaped liner driven by strong electromagnetic energy

DOU Jianhao, JIA Xin, HUANG Zhengxiang, MA Bin

(School of Mechanical Engineering, Nanjing University of Science and Technology, Nanjing 210094, China)

Abstract: The traditional shaped charge is by the explosive detonation driving the shaped charge liner to form the jet. Electromagnetic driving is a new way to drive liner by electromagnetic force to form jets. we equivalent the driving model with the RCL circuit model, and combine with Maxwell equations, the calculation formula of electromagnetic force is deduced. Then we use a Coupled Electro - Magnetic - Force simulation method by Ansoft Maxwell and Autodyn to make simulation study of the circuit, electromagnetic field and the liner driven by electromagnetic force of the variable - thickness conical shaped liner in reference 5. And we got good jet shape and the jet tip velocity is 8 477 m/s, jet tail velocity is 3 370 m/s. The result shows that the jet shape is well fit with the experimental results, and the relative error of jet tip velocity is 8.8%, which verifies the correctness of the simulation method.

Keywords: armament science and technology; electromagnetic field; jet; numerical simulation

0 引言

受到聚能装药结构特点和成型机理的限制,现阶段聚能装药的炸药能量利用率较低,在不增加装药量和装药直径的情况下,难以大幅提高射流质量和速度,严重制约了聚能射流毁伤效能的提高。电磁驱动药型罩形成射流技术是指利用强电流通过药型罩时产生的磁场与其作用产生的电磁力压垮药型罩形成

基金项目:国家自然科学基金青年项目(No.11602110);江苏省研究生科研与实践创新计划项目(No. KYCX18_0471)。

作者简介:豆剑豪(1994—),男,博士研究生,E-mail:njustdjh@163.com。

射流。由于电磁力垂直作用于药型罩，且力的大小与电流大小直接相关，所以该种加载方式的能量利用率高，且易于控制，在能量利用率、药型罩结构设计、加工工艺、成型机理方面明显优于传统炸药加载方式，具有更重要、鲜明的研究意义。

目前国内外对该种加载方式研究较少，国内杨礼兵、张征伟、宋盛义等[1,2]对电磁驱动固体套筒的内爆进行了详细的研究，验证了电磁加载可以对固体套筒进行压垮，未涉及药型罩压垮及射流成型。夏明[3]研究了磁爆加载下薄壁金属管的冲击变形，观察到金属管压缩变形。国外 Grace、Degnan[4,5]对电磁加载药型罩形成射流进行了试验与仿真研究，得到了头部速度高、射流形态好的射流。

为了进一步研究电磁加载药型罩形成射流，本文利用 Ansoft Maxwell 和 Autodyn 软件，对强磁加载药型罩形成射流进行了数值仿真研究，验证电磁加载的可行性，与理论模型和试验结果相互印证。

1 电磁力计算

电磁压垮药型罩的原理如图 1 所示，强电流沿轴向方向流过金属药型罩，产生环向磁场，电流与磁场作用产生安培力，由右手定则，安培力垂直于药型罩表面，力作用在药型罩上后，药型罩向轴线压垮，并在轴线处碰撞形成杆体和射流。

电磁驱动药型罩压垮装置可以等效为 RCL 电路模型[5]，如图 2 所示。其中，C_B 是电容器工作时的串并联电容，L_B 是装置总电感，R_B 是回路总电阻，L_1 是药型罩装置，K 是闭合开关。

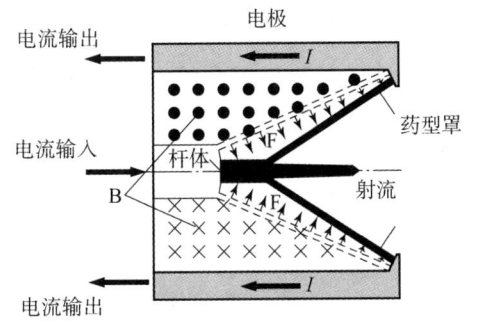

图 1 电磁压垮药型罩示意

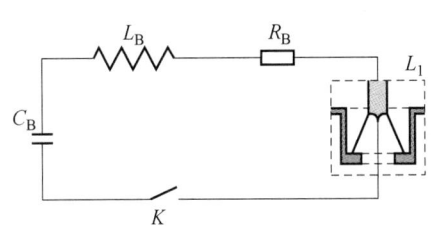

图 2 电路等效模型

根据电路的特性，放电电流可以表示为

$$I = \begin{cases} \dfrac{U}{\omega L}e^{-\zeta t}\sin(\omega t) & t \leq t_p \\ 0 & t > t_p \end{cases} \tag{1}$$

式中：脉冲持续时间（半周期）$t_p = \dfrac{\pi}{\omega}$，衰减系数 $\zeta = \dfrac{R}{2L}$，振荡频率 $\omega = \sqrt{\dfrac{1}{LC} - \left(\dfrac{R}{2L}\right)^2}$。假设电磁场为准静态电磁场，由麦克斯韦方程[6]可求得磁感应强度 B

$$B_\varphi = \dfrac{\mu_0 i}{2\pi r} \tag{2}$$

式中：μ_0——真空磁导率；

i——电流；

r——罩微元半径。

磁场与电流作用产生压垮药型罩的安培力 $F = BIL$。如图 3 所示，任取一罩微元，该罩微元为圆环形，强电流沿轴向方向流过金属药型罩表面，电流由纸面向外，产生环向磁场，电磁力垂直于磁感应强度和电流指向圆心，图 3 中清楚显示了电流、磁感应强度及电磁力的方向。由式（2）可以看出，磁感应强度与半径及该半径内的电流大小有关，故磁感应强度在径向方向上各不相同，故电磁力在径向方向上也不同，需要用积分的方法求出药型罩受到的电磁力。

对该罩微元在径向方向上再取一微元层，任一层微元所受的电磁力为

$$dF = \frac{\mu_0 i(r^2 - r_1^2)}{2\pi r(r_2^2 - r_1^2)}di \tag{3}$$

式中：r——该微元层微元的半径；
r_1——罩微元的内径；
r_2——罩微元外径；
di——层微元上流过的电流，不考虑趋肤效应，di 为

$$di = \frac{2ir dr}{r_2^2 - r_1^2} \tag{4}$$

将式（4）代入式（3）并在径向方向上对 dF 进行积分可得到罩微元所受到的电磁力：

$$F = \frac{\mu_0 i^2 (r_2 + 2r_1)}{3\pi (r_2 + r_1)^2} \tag{5}$$

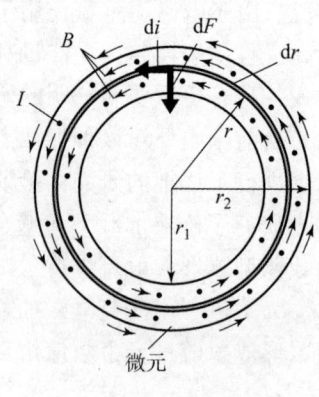

图 3　罩微元电磁力示意

2　数值仿真模型

作为验证，对文献 5 中变壁厚圆锥罩进行数值仿真，药型罩的结构参数如图 4 所示。

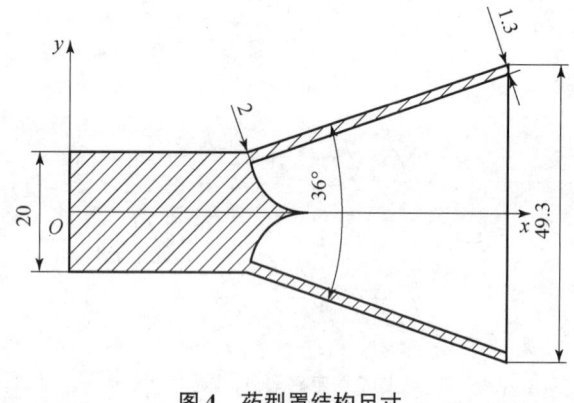

图 4　药型罩结构尺寸

2.1　电磁场仿真模型

本节用 Ansoft 软件对电流以及电流产生的电磁场进行静态数值仿真。仿真模型按照试验中实际相关参数进行建模，试验所用药型罩参数如图 4 所示，电参数如表 1 所示。此处给出了圆锥罩的仿真模型，如图 5 所示。

表 1　电路参数

电压/kV	总电感/μH	总电阻/mΩ	电容/μF
40	32	1.5	1 300

仿真过程中，根据电参数对外电路程序进行设置，得到与实际相吻合的电路工况。外电路主要由电容器组、传输导线和负载三部分组成，主要电参数为电阻、电感、电容以及电容两端电压，外电路设置如图 6 所示。

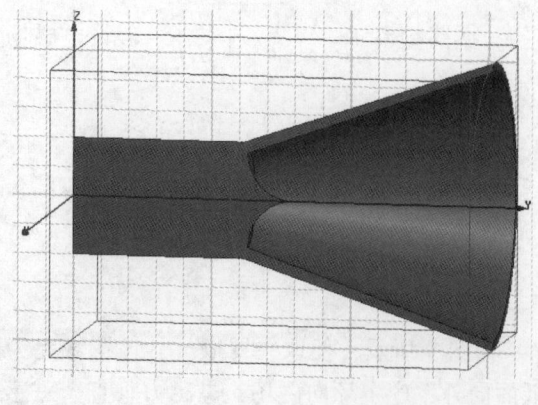

图 5　仿真模型示意图

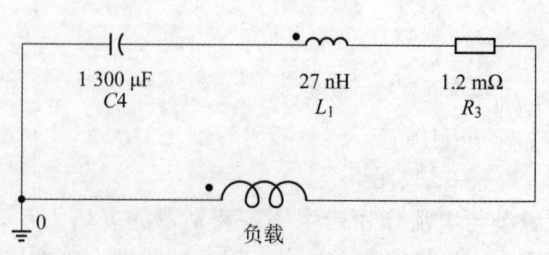

图 6　外电路设置

2.2 动力学仿真模型

药型罩薄壁部分采用 Lagrange 网格，在拉格朗日网格上施加电磁力，药型罩剩余部分采用 Euler 网格，空气域用 Euler 网格填充，如图 7 所示。药型罩选用无氧铜，状态方程为 Liner，强度模型为 Johnson–cook 强度模型。

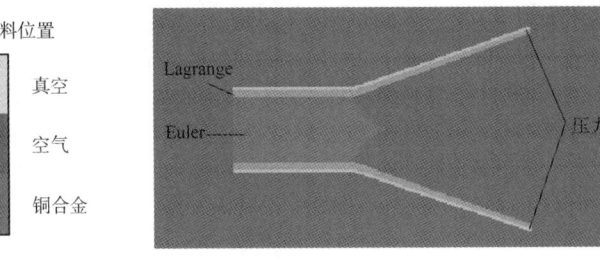

图 7 药型罩模型

3 数值仿真结果讨论

3.1 Ansoft 仿真结果讨论

图 8 所示为仿真和理论计算得到的电流波形图，电流参数如表 2 所示。

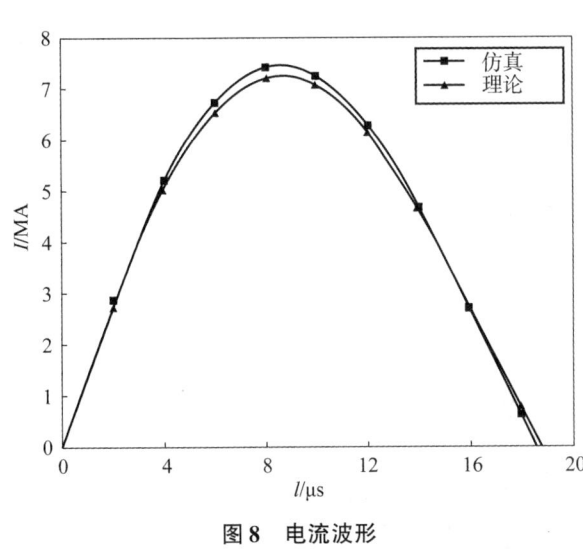

图 8 电流波形

表 2 电流参数

项目	峰值电流/MA	电流持续时间/μs
仿真	7.45	18.4
理论	7.25	18.8
实验	7.23	16

由图 8 可以看出，仿真和理论计算得到的电流波形基本一致，仿真得到峰值电流为 7.45 MA，电流持续时间为 18.4 μs，由式（1）计算得到峰值电流为 7.25 MA，电流持续时间为 18.8 μs，文献［5］中试验测得峰值电流为 7.23 MA，电流持续时间约 16 μs，三者吻合较好，说明 Ansoft 对电路计算结果的可信性。

图 9 所示为 8 μs 时电磁场的空间分布情况，可以看出，同一时刻，空间位置距离药型罩轴线越近，磁感应强度越大，且磁感应强度方向为药型罩的圆周方向，与式（2）一致。

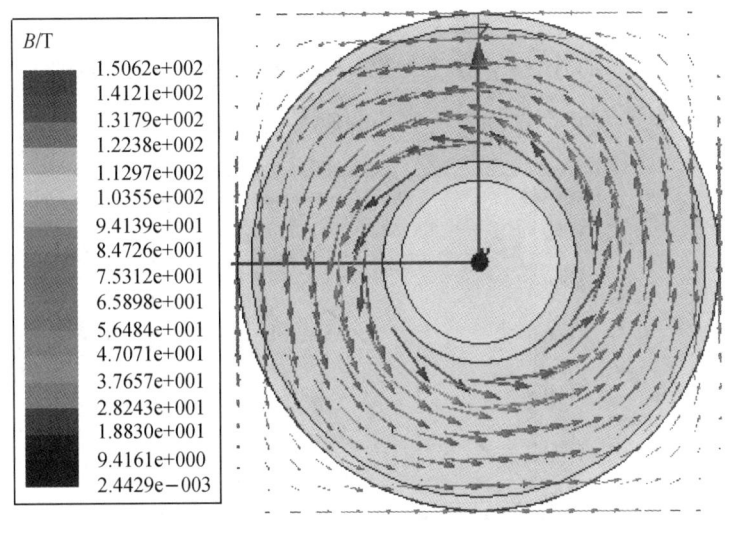

图 9 $t=8$ μs 时的电磁分布图

3.2 Autodyn 仿真结果讨论

1 μs 时，药型罩的变形情况如图 10 所示，药型罩的速度如图 11 所示，此时电磁力对药型罩的等效作用完成，药型罩后续依靠惯性压垮至轴线处碰撞形成射流。

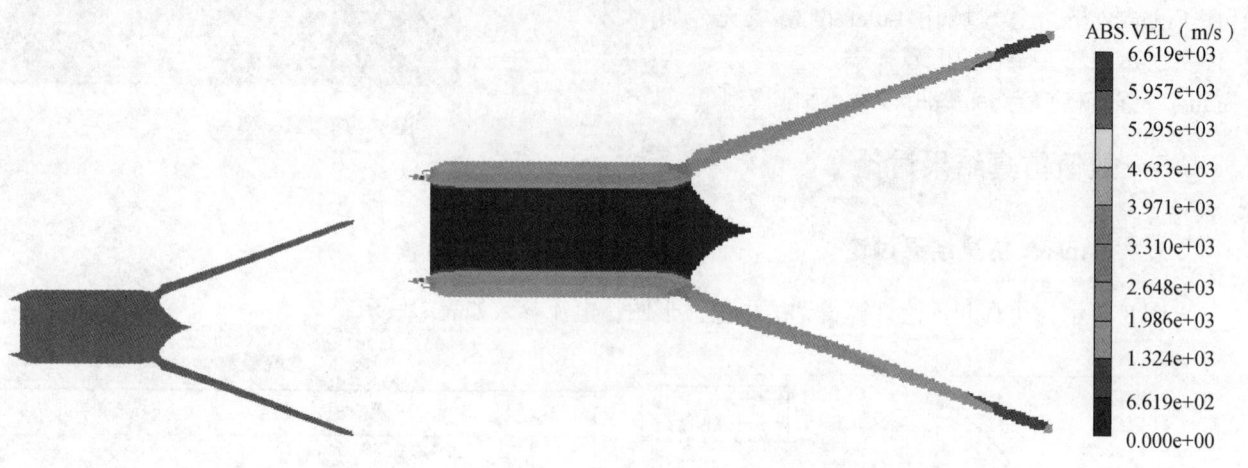

图 10　1 μs 时药型罩的变形情况　　　　　图 11　1 μs 时的药型罩速度

图 12 展示了圆锥罩在 13 μs 以及 17 μs 时仿真与文献 [5] 中 X 光试验结果，可以看出仿真的射流形态与 X 光展示的射流形态较为接近，一定程度上说明仿真的可信度。

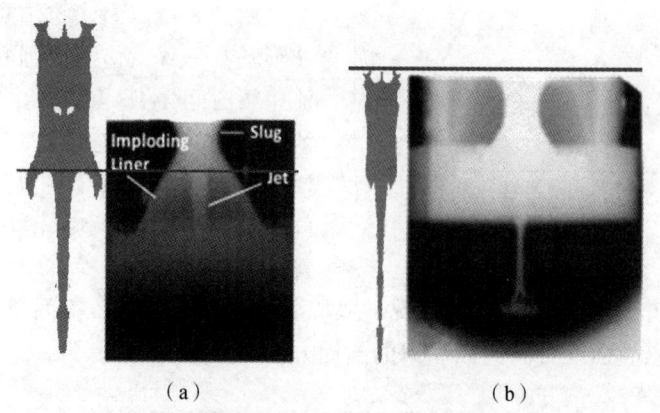

图 12　仿真与实验结果

(a) $t=13$ μs，仿真（左）和试验（右）的射流形态；(b) $t=17$ μs，仿真（左）和试验（右）的射流形态

图 13 所示为仿真得到的从射流尾部到射流头部的速度变化图。

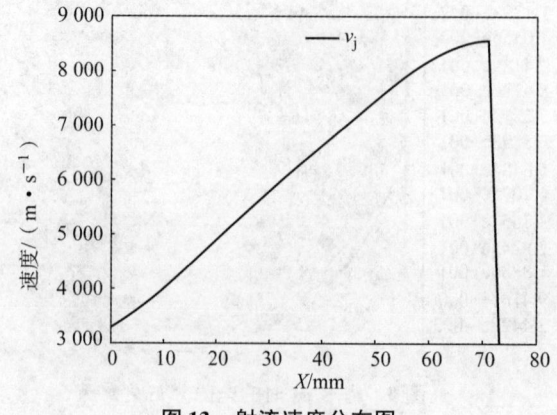

图 13　射流速度分布图

仿真与试验的射流参数如表3所示。

表3 射流参数

项目		头部速度/(m·s^{-1})	相对误差/%	尾部速度/(m·s^{-1})	相对误差/%
圆锥罩	仿真	8 477	—	3 370	—
	实验	9 300	8.8	4 000	16

由图13可以看出,射流尾部到射流头部,射流速度呈近似线性变化,射流长度约70 mm。从表3可以看出,圆锥罩仿真出头部速度为8 477 m/s,文献中的试验结果为9 300 m/s,相对误差为8.8%,尾部速度为3 370,相对误差为16%,尾部的相对误差较大,可能原因是射流尾部定义不明确,测量所取位置不同导致射流尾部速度相差较大。在误差允许的范围内,该仿真方法可以较为准确地模拟电磁加载药型罩形成射流。

4 结论

(1) 本文通过Ansoft软件对静态电路参数以及电磁场的分布进行了数值仿真,仿真得到的电流参数与理论计算和试验结果吻合较好,且电磁场的分布与理论公式一致。

(2) 本文用等效力的方法通过Autodyn软件对电磁加载药型罩形成射流进行仿真,得到了射流形态以及射流速度分布,其中圆锥罩射流头部速度与文献5中的试验结果误差为8.8%,尾部速度与文献[5]中的试验结果误差为16%,在误差允许的范围内,认为仿真结果具有一定的准确性。

参 考 文 献

[1] 杨礼兵,孙承纬,丰树平,等. FP-1直接驱动套筒内爆技术研究 [J]. 爆炸与冲击,1998,18 (4):338-343.

[2] 宋盛义,杨礼兵,陈刚,等. 电磁内爆套筒动力屈曲的实验和数值模拟 [J]. 爆炸与冲击,2005,25 (5):423-429.

[3] 夏明. 磁爆加载作用机理研究 [D]. 南京:南京理工大学,2013.

[4] J. H. Degnan, W. L. Baker, M. L. Alme, et al. Multimegajoule electromagnetic implosion of shaped solid-density liners [J]. Fusion Technology, 1995, 27 (2):115-123.

[5] F. Grace, J. Degnan, C. Roth, et al. Shaped charge jets driven by electromagnetic energy [C]. 28th International Symposium of Ballistic

[6] (美) 格里菲斯. 电动力学导论 [M]. 贾瑜,胡行,孙强,译. 北京:机械工业出版社,2013.

浅析弹药包装轻量化的重要性

郭 颂[1]，金海龙，路修嵘

(黑龙江北方工具有限公司，黑龙江 牡丹江 157000)

摘 要：在现代战争中，弹药一直是各种武器系统中最主要的杀伤单元，也是战争中消耗最大的军事资源。而弹药包装作为平常和战时弹药运输、储存的载体，不仅要能降低对温、湿度控制的要求，更要满足作战使用勤务处理过程中的战术和安全性要求，这就是弹药包装与其他包装的本质区别。因此，弹药包装对现代战争条件下高度机械化的战场快速保障系统具有十分重要的经济效益和军事效益。随着弹药包装技术的不断发展，在能保证其各种性能的前提下，弹药包装的轻量化显得尤为重要。我们要充分认识到目前我国弹药包装的现状和不足，要积极借鉴和掌握国外的先进包装技术和方法，使弹药包装的改革向着轻量化快速发展。

关键词：弹药包装；形势；弹药箱；轻量化

中图分类号：TJ04 **文献标志码**：A

Brief analysis of the importance of lightweight ammunition packaging

GUO Song[1], JIN Hailong, LU Xiurong

(Heilongjiang North Tools Co., Ltd., Mudanjiang, 157000, China)

Abstract: In modern warfare, ammunition has always been the most important unit of destruction in all kinds of weapon systems, and it is also the largest military resource consumed in warfare. Ammunition packaging, as the carrier of transportation and storage of ordinary and wartime ammunition, should not only reduce the requirement of temperature and humidity control, but also meet the tactical and security requirements in operational service processing. This is the essential difference between ammunition packaging and other packaging. Therefore, ammunition packaging has very important economic and military benefits for the highly mechanized battlefield rapid support system under modern war conditions. With the continuous development of ammunition packaging technology, under the premise of guaranteeing its various properties, lightweight ammunition packaging is particularly important. We should fully recognize the current situation and shortcomings of ammunition packaging in our country. We should actively learn and master advanced packaging technology and methods from foreign countries, so as to make the reform of ammunition packaging towards lightweight and rapid development.

Keywords: ammunition packaging; situation; ammunition chest; lightweight

0 引言

在现代战争中，弹药一直是各种武器系统中最主要的杀伤单元，也是战争中消耗最大的军事资源。而弹药包装作为平常和战时弹药运输、储存的载体，不仅要能降低对温、湿度控制的要求，更要满足作战使用勤务处理过程中的战术和安全性要求，这就是弹药包装与其他包装的本质区别。因此，弹药包装

作者简介：郭颂（1984—），男，工程师，学士，E-mail: gs.xinfan@163.com。

对现代战争条件下高度机械化的战场快速保障系统具有十分重要的经济效益和军事效益。随着弹药包装技术的不断发展，在能保证其各种性能的前提下，弹药包装的轻量化显得尤为重要。

1 国外弹药包装形势

西方国家历来十分重视弹药包装的研究与开发，把包装工作作为武器装备制造生产不可分割的一部分和重要工作环节。20世纪80年代初就已开始炮弹塑料包装箱的研究，并经历了从小口径炮弹到中小口径，直至大口径炮弹这一过程。自20世纪90年代以来，美、俄、英、德等国都制定和实施了一系列规划，使其弹药包装有了长足进展，取得了显著成效。他们不仅建立了完整的包装管理和运行体制，采用新型包装材料，不断改进包装的结构和设计，同时还十分重视军用包装的规范化和标准化。到1999年，美军的各型炮弹塑料包装箱的比例已达到65%左右。

目前美军正大量开发各种耐寒薄膜、防滑薄膜、防腐薄膜、高屏蔽薄膜等多功能性复合薄膜，以适应各种弹药的包装需要。同时美军不断地发展各种新型材料在弹药包装上的应用，以提高储存、运输、使用性能。近年来，美军还成功地研制了采用环氧玻璃纤维增强塑料制作的弹丸筒及药筒，具有很强的抗冲击性、抗老化性及高低温适应性。

德国研制了一种包装炮弹的新塑料筒，该塑料筒由筒体、筒底、筒盖、内衬纸筒和弹性材料密封环组成，对弹药起到了较好的防护效果。

欧洲开发了一种包装、运输和储存三用的棉布袋散装火药的塑料包装筒，其特点是具有足够的强度和优良的抗挤压性能，筒盖和筒底加入碳粉、金属粉、金属纤维的聚乙烯塑料制成。国外还大量应用以塑料成膜剂为基材通过添加增塑剂、缓蚀剂、矿物油、防霉剂、稳定剂等制成的塑料来封存弹药。

2 国内弹药包装形势

长期以来，我国在弹药包装上基本沿用苏联模式的包装体制，多以松木板为原料加工箱体，弹药进行涂油密封。木质箱一般只能保证正常勤务处理的安全性和规范环境下的储存要求，它有如下不足之处：它的质量较大，限制了每个作战单元携带弹药的数量；耐腐蚀性差，特别是在野外存放时，易于变形、破损和虫蛀；箱体的防潮性、阻隔有害气体的能力都很差，如不能提供良好的弹药保存环境，大大缩短了弹药的保存期。

20世纪90年代，我军弹药包装有了新的发展，出现了铁包装箱。这种包装强度高、结实耐用、密封性比较好，但是由于包装自身质量大，搬运困难，野蛮搬运现象时有发生，容易使包装发生变形，严重的情况下会造成对弹药的挤压，且不利于战时机动性。同时钢制箱的环境适应性差，容易腐蚀生锈。

随着国家经济环境的改变，林木资源的减少和对西方国家武器系统的再认识，弹药包装的研究逐渐受到重视。国内有关单位相继开展了弹药塑料包装箱的研制开发工作，近年来还采用玻璃钢、工程塑料等非金属材料制作各种枪弹包装箱和坦克、跑车、输弹车用弹丸筒及药包筒，这些非金属弹丸筒具有质量轻、强度高、耐化学腐蚀性好、弹丸筒一致性好、装配方便、生产效率高、勤务维修性好等特点。有关院所已利用热塑性或热固性塑料经挤出吹塑或注射成型加工方法，制成了弹药塑料包装箱（筒），主要有聚乙烯塑料筒、聚丙烯塑料筒、PVC塑料箱（筒）、ABS塑料箱（筒）、PBT塑料箱（筒）、PA塑料箱（筒）等。

3 弹药包装发展趋势

随着战争不断升级，弹药包装在勤务处理中，尤其是在短时间、长距离的战争运输过程中，弹药包装的质量显得极其重要。

丹麦一家公司，专利设计和特殊开发了一种树脂原材料并应用到M2A1弹药箱上，质量仅为0.75 kg，而钢制M2A1弹药箱为2.5 kg，减重70%。

以包装100万发勃朗宁机枪弹为例，需要1万个M2A1包装箱，使用轻量化弹药箱质量将减少17.5 t。

食人鱼 5 型装甲车，装载 100 个钢制 M2A1 弹药箱的油耗为 2.6 km/L，可行驶 780 km。将钢制弹药箱换成轻量化弹药箱，可节省 175 kg 载重量，转换为额外的燃油，可多行驶 450 km。

2001—2007 年间，超过 3 000 名美国士兵和承包商在阿富汗和伊拉克的燃料供应车队——陆军环境警察研究所的袭击中丧生或受伤。如果采用轻量化弹药箱，5 年内燃油消耗量将大约减少 10%，可能使同一时期与燃油有关的再补给伤亡减少 35 人。

美国海军陆战队 2015 年研究了减重弹药箱的效果，结果是："如果钢制弹药箱换成轻量化弹药箱，总飞行时间将增加 30~45 min。"

2010 年，丹麦军队向阿富汗运送了 8.5 万个 M2A1 钢制弹药箱，总质量约 212.5 t。如果采用轻量化弹药箱，质量仅为 63.75 t，将节省 148.75 t 空运费用。

4 结论

弹药包装的轻量化，在现代战争中，越来越重要。我们要充分认识到目前我国弹药包装的现状和不足，要积极借鉴和掌握国外的先进包装技术和方法，使弹药包装的改革向着轻量化快速发展。

参 考 文 献

[1] 高廷如，高欣宝，傅孝忠. 我军弹药包装现状与发展设想 [J]. 中国包装，2000，20 (2)：34-37.
[2] 高欣宝，戴祥军. 部队库存弹药的包装现状分析及改进设想 [J]. 包装工程，1994，15 (5)：210-213.
[3] 蔡建，陈一农，陈翰林. 塑料在兵器包装上的应用 [J]. 包装工程，2003，24 (5)：95-97.
[4] 刘志扬，王来芬，伊芳，等. 弹药包装技术发展探讨 [J]. 包装工程，2002，23 (2)：34-35.
[5] 易胜，杨岩峰，陈愚. 外军弹药包装发展研究 [J]. 包装工程，2012，33 (1)：129-133.
[6] 肖冰，黄晓霞，彭天秀. 国外弹药包装的现状与发展趋势 [J]. 包装工程，2005，26 (5)：220-222.

某火工装置飞行试验入水熄灭原因研究

肖秀友,吴护林,姜 波,詹 勇,周 峰,
钟建华,刘顺尧,张云翼

(西南技术工程研究所,重庆 400039)

摘 要:针对某火工装置在飞行试验中出现入水后熄灭现象,对装药进行了水下燃烧等试验研究,研究结果表明,药剂具有较好的水下燃烧性能。对于飞行中入水熄灭问题,分析认为主要是受气象条件影响,在伞的拖拽下,灌入的水不断冲刷燃面,导致燃面温度无法维持在燃点以上,从而熄灭。

关键词:燃烧;降落伞;熄灭

中图分类号:TG534;**文献标志码**:A

Research on quenching reasons to some fire device entering water in flight experiment

XIAO Xiuyou, WU Hulin, JIANG Bo, ZHAN Yong, ZHOU Feng,
ZHONG Jianhua, LIU Shunyao, ZHANG Yuyi

(Southwest Institute of Technology, Chongqing 400039, China)

Abstract: According to the quenching phenomena of some fire device entering water in flight experiment, experiments such as charge burning in water are done. Experiment results show that the charge has excellent burning performance in water. The main reason of quenching in flight experiment while into water is the long duration towing of parachute. On this condition, water pours into case and swash the burning surface constantly, so temperature of the burning surface can't be kept above burning point, then quench happens.

Keywords: combustion; parachute; quench

0 引言

火工装置,通常的工作环境及工作状态较单一,不是空中工作,就是水下工作。空中工作的火工装置如底排的燃烧稳定性有较多的研究[1-4],主要研究成果为:高速旋转下,装药燃速会有一定程度的增加,且燃面不再平整;瞬态泄压对装药燃烧稳定性有较大的影响;高过载的冲击作用可能导致裂纹产生,从而引起燃烧异常。水中燃烧研究表明[5,6],高温微粒的尺寸越大,温度越高,在水中不仅会出现垂直方向的径向运动,还会出现无方向性的横向摆动;高温颗粒表面会出现汽化现象,形成微量的气泡,导致水体内会出现强烈的压力脉动。对于先在空中燃烧工作,入水翻转后漂浮于水面继续燃烧工作的火工装置,目前国内还无相关报道。本文针对该类型的某火工装置,在飞行试验入水熄灭问题开展初步分析研究。

基金项目:海军型号项目。

作者简介:肖秀友(1971—),男,博士,研究员级高工,E-mail:xiaoxiuyou002@126.com。

1 火工装置基本结构及工作过程

根据任务书规定的技术指标要求，火工装置应具备空中缓降燃烧，入水翻转后漂浮于水面继续燃烧工作，设计的火工装置结构如图1所示，该火工装置主要由外壳体、内壳体、烧蚀层、药柱、点火药盒、药盒固定支架和封口板等组成。外壳底部的4个支耳与伞舱连接。

工作过程：发射与母弹分离后，经一定延时，伞舱释放阻力伞，降低装置下落速度，按设计的速度稳定降落。开伞后一定时间，控制器输出点火信号，点燃火工装置的点火药盒，进而点燃药柱。在高温燃气作用下，封口板打开，火焰从喷口喷出，形成特征信号。入水时，由于高温燃气的作用，防止大量的水灌入装置内腔。水对燃气排放的堵塞作用形成翻转力矩，使装置迅速翻转。由于装置设计的排水质量大于重量，所以能保证装置漂浮于水面继续燃烧工作。

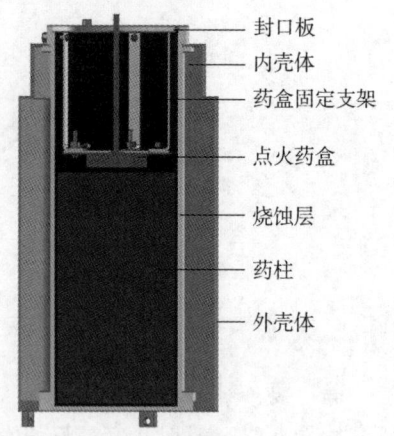

图1 装置结构

2 飞行试验入水熄灭现象及原因初步排查

2018年，在飞行试验时，出现一发射装置入水后熄灭现象。试验时气象条件：环境温度为0，风速为6 m/s。初步分析认为，导致装置入水熄灭的原因有：壳体破裂，水灌入无法漂浮燃烧；装置浮力不足，导致无法漂浮而熄灭；装药燃烧不稳定；装药水下燃烧能力不足等。

回收产品如图2所示。结果表明，装置壳体结构完整；装药还有部分药柱未燃烧，燃面平整。将装置放入静止水中，可漂浮于水中，证明装置具有足够的漂浮能力。因此可以排除壳体破坏及浮力不够的熄灭原因。

3 装药入水熄灭其他原因排查

为排查飞行试验装置入水熄灭原因，进行了装置水下燃烧试验、模拟入水燃烧试验、药条水中燃烧试验、药条动态入水燃烧试验等。

图2 回收的装置及静漂测试
(a) 回收的装置；(b) 静漂测试

3.1 水下燃烧试验

在装置底部支耳孔系上拉绳，穿过锚体的拉环，先将锚体沉于池底，调整拉绳长度，使装置静止漂浮于水面。为避免点火药盒点火瞬间冲击使装置下沉入水，取消封口板及药盒，采用药包点火。点火燃烧后，将装置拉入水中，观察燃烧现象（图3）。试验结果表明，装置在水中能稳定持续燃烧，装药燃烧完全，燃烧完后壳体完整。因此可以排除装置入水后不能持续燃烧的原因，但没有考虑入水过程对燃烧的影响。

3.2 模拟入水燃烧试验

为验证入水过程对燃烧的影响，对装置进行了模拟入水燃烧试验（图4）。将装置与伞舱连接，通过拉绳吊挂于水池上方，口部离水面高度为1.2 m（模拟入水速度为4.9 m/s）。点火燃烧15 s后释放拉绳，装置自由下落入水池。试验结果表明，装置入水后能快速翻转，翻转后漂浮于水面继续燃烧。模拟入水试验表明，在该种入水状态下，不会导致装置熄灭。

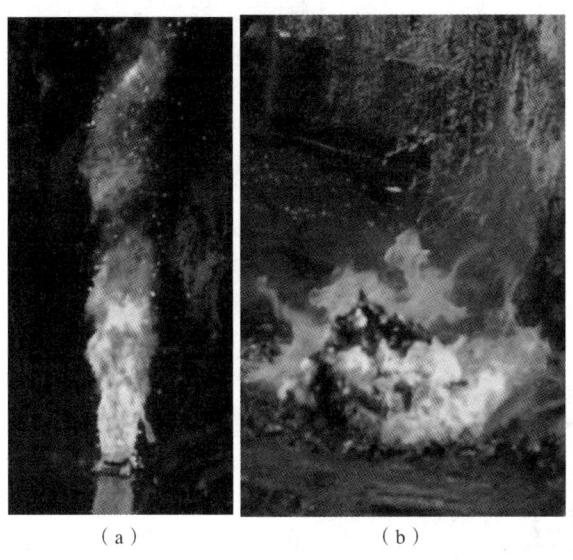

图 3　水下燃烧试验

(a) 静漂燃烧；(b) 水下燃烧

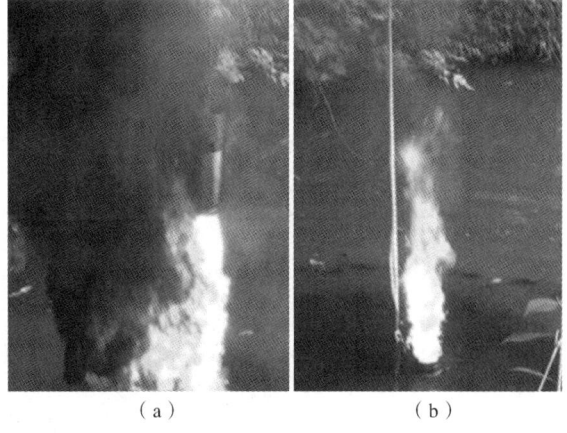

图 4　模拟入水燃烧试验

(a) 释放前燃烧；(b) 释放后静漂燃烧

3.3　药条水中燃烧试验

由于装置具有外壳，装药离口部有较远的距离，入水过程时间短，水对装药的燃烧影响较小。为验证装药在水中的燃烧情况，对长度约 75 mm，截面为 7 mm × 7 mm 的装药药条进行了不同条件下的燃烧性能初步试验（图 5）。除点火端面外，药条包覆一遍。将药条竖直固定于水中，点火端面露出水面 2 ~ 3 mm。点火后记录药条燃烧时间，根据药条长度及燃烧时间计算燃速。试验结果如表 1 所示。

图 5　药条在冰水中燃烧试验

(a) 点火前；(b) 在冰水中燃烧

表 1　不同条件下水中燃速　　　　　　　　　　　mm/s

药条温度	常温	60 ℃	−40 ℃
常温水中燃速	2.42，2.42，2.42	2.42，2.42，2.34	2.42，2.5，2.34
平均燃速	2.42	2.39	2.42
0 ℃水中燃速	2.21，2.27，2.27	2.34，2.27，2.34	2.21，2.27，2.21
平均燃速	2.25	2.32	2.23

由于测试的数量有限,测试方法较粗糙,燃烧时间主要靠人为判断,因此测试数据的准确性有待提高。但试验结果表明,在试验条件下,-40 ℃药条可以在 0 ℃水中持续燃烧,表明装药在水中具有稳定的燃烧能力;装药的温度越低,燃烧环境的温度越低,燃速越低。

3.4 药条动态入水燃烧试验

不同温度药条在静止水中燃烧试验表明,药条具有较好的水中燃烧性能,但无法模拟装置具有一定入水速度的实际工作过程,为此,进行了不同温度药条点火后模拟入水试验。采用上述尺寸的药条,对常温及 -40℃下的药条,点燃后以点火端向上或向下,距水面高度 1.5 m 左右释放,掉入常温或 0 ℃的水中(图 6)。试验表明,药条落入水中后可以持续燃烧,表明装药燃烧具有较好的抗水流冲击能力。

图 6　药条入水燃烧试验
(a) 点火端向上入水;(b) 点火端向下入水

4　飞行试验入水熄灭原因分析

前述试验表明,回收装置壳体完整,可排除壳体损坏导致熄灭的原因;装置可漂浮于水面,可排除浮力不足导致熄灭的原因;装置模拟入水及水下燃烧试验表明,在无拖拽下装置可迅速翻转,漂浮于水面继续燃烧,可排除翻转能力不够的原因;药条在静止水中及入水燃烧试验表明,装药具有较强的抗水燃烧能力。因此,飞行试验入水熄灭的主要原因是伞的拖拽作用。

装置在竖直状态下入水时,因排气堵塞,随入水深度增加,燃气所占的空间逐渐缩小,而燃烧在持续进行,因此内部压力不断增大,形成较大的翻转力矩,在波浪的晃动作用下,装置迅速翻转,漂浮于水面。在翻转过程中,即使有少量水灌入,但由于装药燃烧温度高,灌入水迅速汽化,对燃面的稳定燃烧无明显影响。

飞行试验时,装置入水后,由于风的作用,伞对装置形成较大的侧向拉力,入水后装置呈倾斜状态(图 7)。在此条件下,燃气排气较通畅,内部压力低,水容易涌入,从而对燃面形成反复冲刷作用,对燃面进行持续降温,最终导致燃面熄灭。

图 7　装置入水状态

5 结论

针对该火工装置飞行试验入水熄灭现象,进行了原因排查。排查试验表明,装置在正常入水条件下具有翻转浮燃能力,装药具有较好的入水燃烧性能。飞行试验中,导致装置入水熄灭的根本原因是伞的拖拽,使装置倾斜于水面,水反复涌入,从而对燃面不断冲刷,导致无法维持燃点而熄灭。

参 考 文 献

[1] 张炎清,马宏伟,孟仁宾. 底排药剂燃烧速率影响因素试验研究 [J]. 弹道学报,1997,9 (2):80 - 83.
[2] 丁则胜,刘亚飞,罗荣,等. 环境压力对底排性能的影响机理研究 [J]. 空气动力学学报,1998,16 (2):141 - 146.
[3] 崔艳丽,马宏伟,张炎清. 利用 X 光高速摄影研究底排药剂燃烧特性 [J]. 弹道学报,2002,14 (2):93 - 96.
[4] 陆春义. 底排装置强非稳态研究 [D]. 南京:南京理工大学,2009.
[5] A A Gubaidullin,I N Sannikov. The dynamics of a vapour bubble containing a hot particle in pressure wave [J]. Thermo - physics and Aeromechanics,2007,14 (1):37 - 45.
[6] Leonid Dombrovsky. Large - cell model of radiation heat transfer in multiphase flows typical for fuel - coolant interaction [J]. International Journal of Heat and Mass Transfer,2007,50:3401 - 3410.

拦截系统对高速厚壳战斗部弹药毁伤模式分析

周 莲[1]，王金相[2]，宋海平[1]，王文涛[1]，
陈日明[1]，张亚宁[1]，杨 阳[1]

(1. 中国北方车辆研究所，北京 100072；2. 南京理工大学，江苏 南京 210094)

摘 要：主动拦截系统是一种弹道拦截武器，通过拦截弹药爆炸形成的毁伤元杀伤场与来袭目标弹药的弹道在时间、空间上的重合，实现对目标弹药的毁伤。针对主动拦截系统对高速厚壳战斗部弹药的毁伤能力，提出了基于目标弹药易损性分析、拦截弹药毁伤能力研究相结合的毁伤模式及毁伤能力构建方法。通过大量数值仿真计算及实弹拦截试验验证主动拦截系统对典型反坦克弹药毁伤能力。

关键词：主动防护；拦截；毁伤能力
中图分类号：TJ **文献标识码**：A

The analysis of the anti-tank ammunition damage pattern for the active protection system

ZHOU Lian[1], WANG Jinxiang[2], SONG Haiping[1], WANG Wentao[1],
CHEN Riming[1], ZHANG Yaning[1], YANG Yang[1]

(1. NOVERI, Beijing 100072, China; 2. HJUST, Nanjing 210094, China)

Abstract: The active protection system is a ballistic interceptor weapon that intercept the target ammunition by damage element that is released by countermeasure explosion on the target ammunition trajectory. Based on the vulnerability for the target ammunition and the study of the damage capability for the countermeasure, the countermeasure construction method is proposed. Based on the numerical simulation and the experiment of intercept the anti-tank ammunition, the damage pattern for the Active Protection System is verified.

Keywords: active protection; intercept; mutilate ability

0 前言

拦截型主动防护系统是一种弹道拦截武器，通过发射拦截弹药的方式，在来袭目标弹药飞行弹道上提前拦截、摧毁来袭弹药，对于工程研制和技术研究而言，是一个涉及雷达探测、信息处理与轨迹拟合解算、武器稳定控制、弹药毁伤等多学科交叉的复杂系统。拦截弹药对目标弹药的毁伤能力、目标弹药的易损性联合作用下形成的拦截型主动防护系统毁伤模式和毁伤能力是衡量系统拦截能力的重要指标[1]。

拦截弹药对目标弹药的毁伤分为击毁、击爆和击伤。击毁是目标弹药在拦截弹爆轰波作用下瞬间解体；击爆则是目标弹药被击中引信提前正常起爆、侵彻装药形成侵爆或冲击波作用于装药形成冲击引爆；击伤则是拦截弹药毁伤元击尚目标弹药引信、装药使其无法正常起爆或无法形成完整射流[2]。

作者简介：周莲（1982—）、女，副研究员，工学学士，综合防护。

1 拦截弹药毁伤威力场构建

采用迎面定向飞散毁伤元的主动拦截系统，拦截弹药炸角 α 固定，拦截弹药发射角度 θ 取决于发射弹药平台的姿态，毁伤距离 D 取决于拦截弹药从发射点到起爆点的引信作用时间和拦截弹飞行速度。

如图 1 所示，拦截弹迎面飞行，毁伤元能够作用于进入以起爆点 P 为起点，拦截弹飞行方向为法线的炸角 α 空域内的威胁目标弹药。对于空间不同方向，来袭目标保持相同的交汇线长度。

设拦截弹药自发射点 L，飞行距离 D 至 P 点起爆，毁伤元飞行距离 R 后，在端面 E，具备拦截破甲弹的交汇边界条件（图 2），即刚好只有 1 枚毁伤元命中破甲弹。

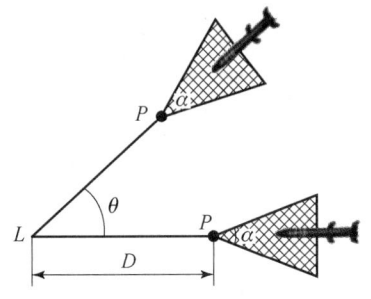
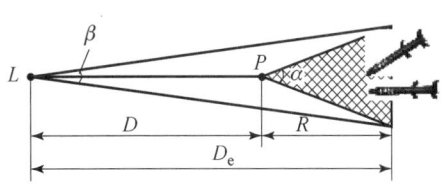

图 1　迎面定向飞散交汇示意　　　图 2　拦截威力场与外弹道空间布局

拦截弹药起爆后，破片分布密度随着弹丸飞散逐渐变小（图 3）。在能够保证弹丸与目标弹药交汇的破片分布端面上，每 3 个破片形成的闭合三角形与系统拦截目标弹药的口径的关系应满足图 4 所示的空间几何关系，这样方可保证目标弹药一定会被至少 1 颗毁伤元命中。[3]

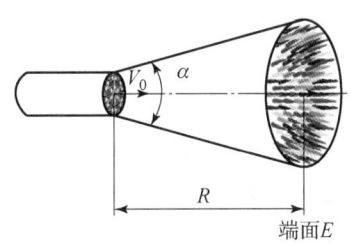
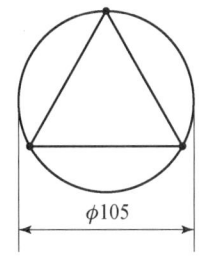

图 3　拦截弹爆炸与威力场毁伤　　　图 4　针对 105 mm 破甲弹交汇端面 D 的
　　　　元端面空间布局　　　　　　　　　　　毁伤元分布示意

若拦截弹在 P 点爆炸后形成满足对 L 点 10° 覆盖角的爆炸半径 a：

$$a = (D+R) \times \tan\left(\frac{\beta}{2}\right) \quad (1)$$

则在半径为 a 的圆形威力场内满足毁伤元分布，如图 5 所示。

2 系统针对典型反坦克弹药毁伤能力分析判据及方法

炸药一般情况下不会发生自爆现象，除非在外界能量的激发下才会发生爆炸，例如用雷管激发或者强烈冲击，等等。屏蔽炸药在强烈的冲击作用下会发生爆炸，爆炸判据的建立以及建立理论计算模型求解出使屏蔽炸药发生爆炸的冲击物体的临界速度就显得很有必要。

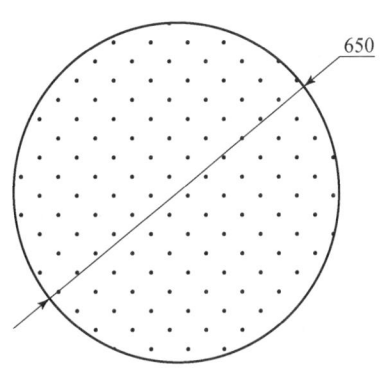

图 5　端面 E 威力场示意

2.1 炸药冲击起爆判据

均质炸药的冲击起爆主要为热机制，现多采用临界起爆压力（或温度）作为炸药的起爆判据，如表1所示。

表1 常见均质炸药起爆判据

炸药	临界起爆压力/GPa		延迟时间 $t/\mu s$	冲击波温度 T/K	初始温度 $T_0/℃$
	试验	计算			
硝基甲烷	9.3	11.5	1.0	1 200	20
太安晶体	11.2	12.2	0.3	700	25
三硝基铵晶体	17.0	16.2	1.0	770	20
特屈儿晶体	—	15.0	1.0	810	20
梯恩梯晶体	—	18.0	0.7	1 000	20
梯恩梯晶体	12.5	12.5	0.7	1 000	85
硝化甘油液体	—	12.0	0.3	760	20

对非均质炸药起爆冲击起爆问题，高能炸药冲击起爆判据，广泛适用于平面一维应变条件下的炸药的短脉冲冲击起爆问题。

$$p^2\tau = C \qquad (2)$$

式中：p——炸药界面的冲击压力；

τ——在强冲击作用下炸药冲击转爆轰的时间；

C——与被作用炸药相关的参数。

在强烈的冲击下，屏蔽炸药发生的爆炸的准则可以近似看作屏蔽炸药与靶板所接触的部位的压力 p 是否达到了使该屏蔽炸药发生爆炸的临界起爆压力 p_c，如果 $p \geq p_c$，则该屏蔽炸药就会发生爆炸；反之则该炸药安定。

如果屏蔽炸药与靶板的接触部位的压力 p 没有该屏蔽炸药的临界起爆压力 p_c，但是接触面处的低压力长时间对炸药持续作用，也会有使被作用炸药发生爆炸的可能。针对这种情况，引发屏蔽炸药发生爆炸的条件可描述为

$$p^n\tau = C \qquad (3)$$

$p - \tau$ 判据广泛适用于一维短脉冲对非均质炸药的冲击起爆，一些常见非均质炸药临界起爆条件如表2所示。

表2 常见非均质炸药起爆判据

炸药	密度/(g·cm^{-3})	临界起爆压力/GPa	引爆乘积/(GPa^2·μs)	临界起爆能量/(cal·cm^2)
PETN	1.6	0.91	1.25	4
PBX - 9404	1.84	6.45	4.7	14
TNT	1.65	10.4	10	34
RDX	1.45	0.82	1.0	19
Comp B	1.715	—		35
Comp B—3	1.73	5.63		29
TATB	1.93			72 ~ 88
DATB	1.676			39

若对炸药作用的是强冲击波，那么该炸药发生爆炸的条件为：

2.2 冲击起爆参数计算

拦截弹药毁伤元对一定厚度的隔板下面的屏蔽炸药进行斜冲击使其发生爆炸的理论分析模型示意如图 6 所示。

毁伤元破片直径为 d，总体长度为 L，斜冲击的初始速度为 v_0，角度为 θ，屏蔽靶板采用金属靶板，厚度为 h_1，屏蔽炸药的厚度为 h_2，EFP 破片首先会撞击金属壳体，之后会在破片和金属壳体中产生两道冲击波，这两道冲击波的速度为 D_f 和 D_t，毁伤元和壳体的密度分别为 ρ_f 和 ρ_t，毁伤元和壳体中的冲击波压力为 p_f 和 p_t，毁伤元和壳体产生质点速度为 u_f 和 u_t。利用冲击波前后质量守恒方程和动量守恒方程，可以求解出破片和壳体中初始冲击波压力表达式：

对于毁伤元：

$$p_f = \rho_f D_f u_f \tag{4}$$

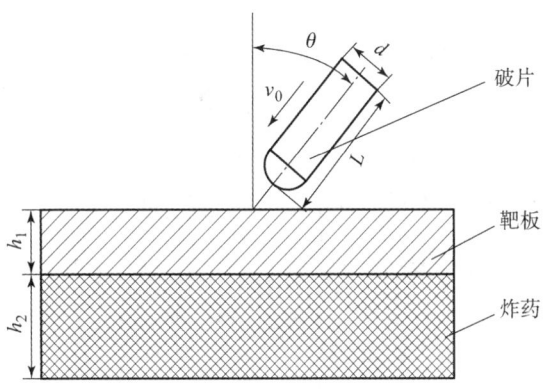

图 6 斜冲击起爆的示意[4]

对于目标弹药战斗部壳体：

$$p_t = \rho_t D_t u_t \tag{5}$$

由连续边界条件可知：

$$v_0 = v_f + u_t \tag{6}$$

$$p_f = p_t \tag{7}$$

利用线性 Hugoniot 关系来表示材料中冲击波速度与质点速度之间的关系：

$$D_f = a_f + b_f u_f \tag{8}$$

$$D_t = a_t + b_t u_t \tag{9}$$

式中：a_f、b_f 和 a_t、b_t——根据 Hugoniot 关系式得出的破片和壳体的冲击压缩经验常数。

联立式（3）~式（8）就可以求出 p_f、p_t、u_f、u_t。

2.3 冲击波在炸药和靶板界面上的反射与透射

波阻抗是每种材料都具有的固有属性，由于波阻抗的作用，毁伤元与金属壳体作用之后，壳体中产生的冲击波在靶板中向下传播时会发生衰减现象，该冲击波的衰减规律为

$$p_i = p_t e^{-ax} \tag{10}$$

式中：p_i——冲击波通过靶板一定距离后的强度；

x——冲击波在靶板中传播的距离（$x = h/\cos\theta$，h 为金属壳体厚度）；

a——冲击波在金属壳体中传播时的衰减参数，参考式（3）就可以求出冲击波传播一定距离之后相应的质点速度 u_i。

冲击波传播到壳体与炸药的接触面时，因为金属壳体的波阻抗要比炸药的波阻抗大很多，所以在二者的接触面处冲击波将会产生卸载的现象，冲击波卸载之后将会向金属壳体中传播反射的稀疏波，而向炸药中传播透射波。根据二者界面上的动量守恒定律以及连续条件，便可以通过理论计算的方法求出传播到炸药中透射波的压力 p_e 以及其质点速度 u_e，其计算公式如下：

$$\rho_e(a_e + b_e u_e)u_e = \rho_t[a_t + b_t(2u_i - u_e)](2u_i - u_e) \tag{11}$$

$$p_e = \rho_e(a_e + b_e u_e)u_e \tag{12}$$

式中：a_e、b_e——被作用的炸药 Hugoniot 参数。

通过式（9）~式（11）就可以求出传播到屏蔽炸药中透射波的压力 p_e 以及质点速度 u_e。

预制破片采用钨合金材料，炸药为钝黑铝炸药，靶板材料为50SiMnVB（表3），按图2所示得弹目交汇模型可计算得出壳体和炸药界面的冲击波压力为5.436 GPa。

表3 材料参数

项目	材料	密度/(g·cm^{-3})	a/(km·s^{-1})	b
毁伤元	钨合金	16.8	4.066	1.368
靶板	50SiMnVB 钢	7.83	4.567	1.490
炸药	钝黑铝	1.75	2.430	2.570

3 对炮射破甲弹毁伤能力分析

拦截型主动防护系统针对的典型目标弹药主要包括反坦克火箭弹、反坦克导弹、破甲弹和杀爆弹。而反坦克火箭弹、反坦克导弹又属于低速、薄战斗部壳体、自推式弹药，破甲弹及杀爆弹属于高速、厚战斗部壳体、射击式弹药，若针对高速、厚战斗部壳体的毁伤能力能够实现，那么针对反坦克火箭弹、反坦克导弹等低速、薄战斗部壳体的弹药的毁伤也同样能够轻而易举地实现。故而，本文将主要针对大壁厚屏蔽装药炮射破甲弹的毁伤能力进行分析。

3.1 炮射破甲弹的易损性分析

拦截弹对其毁伤形式主要为对目标弹体的侵彻引爆、对目标弹装药的冲击引爆和对目标弹引信的破坏或提前触发，使目标弹药的战斗部解体、失去功能或性能大幅度降低等形式。根据目标弹药的特性差异，具体如下：

（1）在密集破片和冲击波联合作用下，拦截弹幕与破甲弹触发引信（压电引信、储电式机电引信、电容感应引信）正面交汇，破片穿过弹体中心的引信孔，击中引信，使引信提前触发，引爆战斗部，射流提前形成，破甲威力大幅度下降。

（2）在密集破片和冲击波联合作用下，将触发引信打坏，使其失效，则战斗部不能起爆，弹体撞击到车辆外表面，对车辆损伤很小。

（3）高能破片和冲击波联合作用到破甲弹弹体，对破甲弹弹体进行侵彻，产生侵爆或冲击引爆。

（4）冲击波作用到破甲弹侧向弹体，导致破甲弹偏航，无法击中本体车辆。

针对炮射破甲弹的 KK 级毁伤树（图7、图8和表4）建模如下[5]：

在实际拦截过程中，上述毁伤模式可能单独出现，也可能联合出现。由于目标弹药引信截面积相比于弹体较小，实现 B2 存在一定概率；系统需要采用高能量的破片对炮射破甲弹战斗部装药实现 B1 的侵爆和冲击引爆。

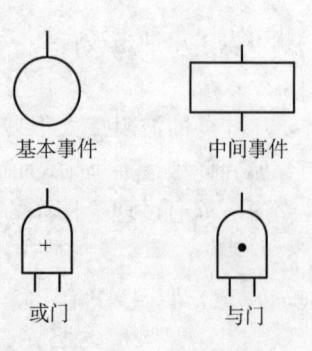

图7 毁伤树符号含义描述

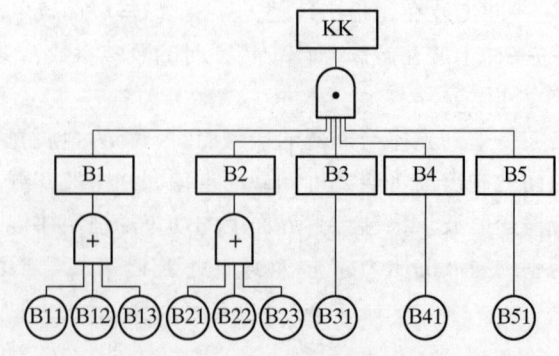

图8 毁伤树结构图

表 4 毁伤树模式说明

部件级	事件级	毁伤事件描述
B1		战斗部毁伤
	B11	机械毁伤，结构解体
	B12	破片侵彻战斗部，引爆战斗部装填物，战斗部侵爆
	B13	破片作用于战斗部，破片能量传递引爆战斗部装填物，战斗部冲击引爆
	B14	破片作用于战斗部装药和药型罩，破甲战斗部不能正常形成射流，对坦克装甲车辆破甲性能将大幅度下降
B2		引信毁伤
	B21	机械毁伤，结构解体
	B22	冲击波形成的压力场使触发引信提前作用，引爆弹药
	B23	破坏非触发引信计时机构（火药时间引信、机械时间信息）使引信提前作用，引爆弹药
	B24	破片作用于引信，引信损毁导致失效，无法起爆战斗部
B3		投射部毁伤
	B31	机械毁伤，结构解体
	B32	作用于发射后随弹飞行的投射部 – 火箭发动机，发动机损伤，弹药偏航 自推式弹药火箭发动机工作停止前毁伤有效，然而由于主动拦截系统作用距离一般在车辆平台一定防护范围内，在拦截弹药作用于自推式弹药火箭发动机已经赋予了反坦克目标弹药预定飞行速度
B4		导引部毁伤
	B41	机械毁伤，结构解体
	B42	无控弹药导引部毁伤，依靠惯性飞行弹药远距离毁伤有效，近距离毁伤已无法改变反坦克弹药弹道
	B43	控制弹药制导部毁伤，制导部锁定目标前远距离毁伤有效，近距离毁伤已无法改变反坦克弹药弹道
B5		稳定部毁伤
	B51	机械毁伤，结构解体
	B52	尾翼稳定部毁伤，近距离毁伤改变反坦克弹药弹道，反坦克弹药偏航

3.2 毁伤能力仿真

105 mm 破甲弹肩部为变壁厚结构，厚度为 10 ~ 30 mm，内部药型罩为变壁厚结构，厚度为 2 ~ 3 mm（图 9 ~ 图 10）。[6]

毁伤元速度为 2 800 ~ 3 000 m/s，目标速度为 1 000 m/s，故针对迎面拦截模式，取交汇速度 3 800 ~ 4 000 m/s。

计算采用三维计算模型，算法采用 ALE 算法，网格划分尺寸为 1 mm 划分 1 段，其中空气域与起爆药为 Euler 网格，靶板与 EFP 采用 Lagrange 网格（图 11 ~ 图 14）。

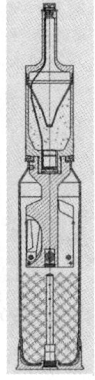

图 9 105 mm 破甲弹外形及结构

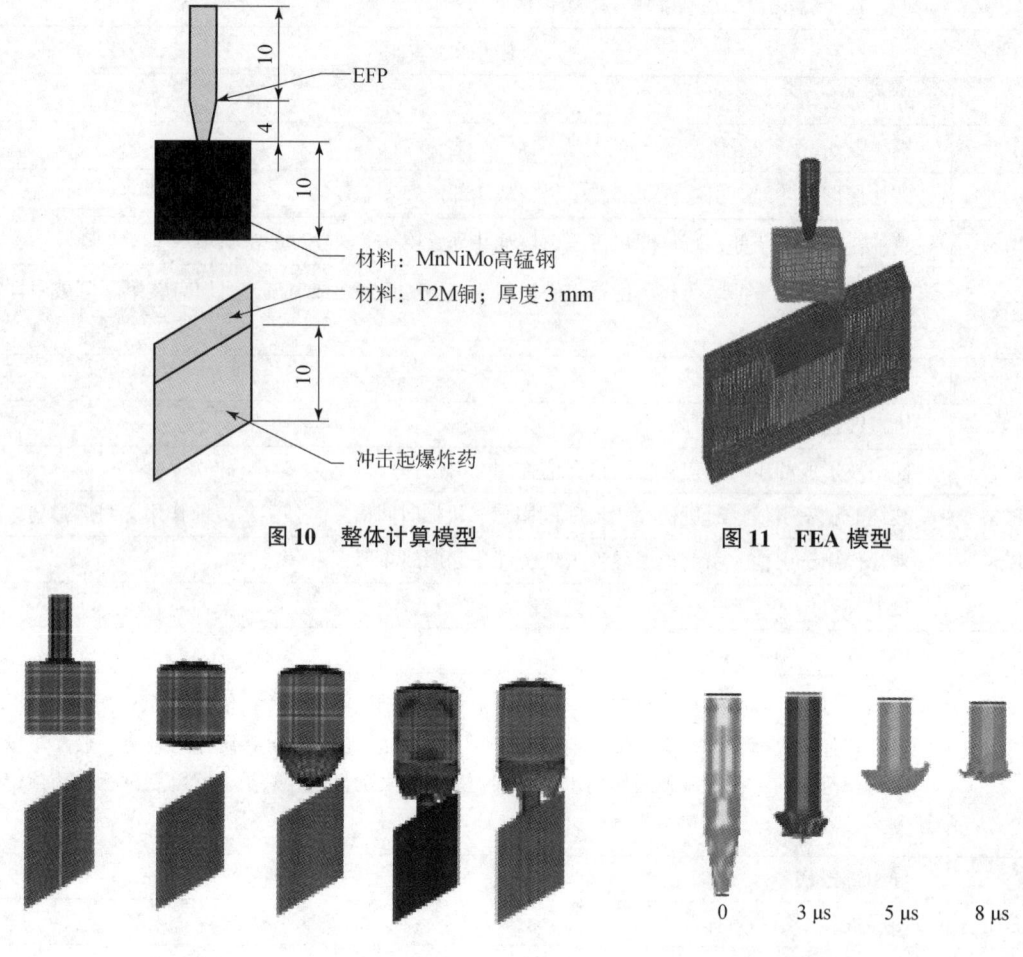

图 10 整体计算模型　　　　图 11 FEA 模型

图 12 不同时刻的计算结果　　图 13 EFP 质量变化时程

从计算结果可见,当 EFP 和目标交汇速度为 3 800 m/s 时,EFP 可有效地穿透两层,同时引爆底部的炸药。这种情况下,由于炸药被提前引爆,且由于引爆点靠近药型罩壁,故不能形成完整射流或提前形成射流,弹药也将在提前引爆的炸药作用下解体,形成不规则破片[7,8]。

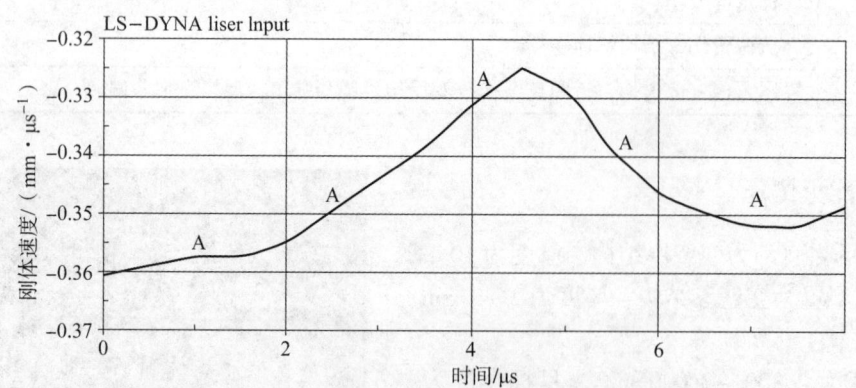

图 14 EFP 速度(交汇速度为 3 800 m/s) 变化时程曲线

4 系统针对炮射破甲弹的毁伤能力试验验证

拦截弹药与目标弹药采用动态试验,相向飞行,拦截弹药发射架后方放置后效靶板,用于测量目标弹在交汇距离外被提前引爆后对钢板的侵彻后效,试验布置如图 15 所示。通过高速摄影提取时间轴数据并参与系统试验参数运算。拦截弹药爆炸产生的 MEFP 毁伤元速度可达 2 800 ~ 3 000 m/s,叠加 105 mm

炮射破甲弹末端速度约为 1 000 m/s，与数字仿真运算的 3 800 m/s 的交汇速度相吻合[9]。

通过实弹拦截试验验证拦截弹药对炮射破甲弹目标弹药战斗部装药的侵爆和冲击引爆能力。如图 15 所示，毁伤元击中破甲弹引信，炮射破甲弹提前引爆并正常形成射流。如图 16 所示，毁伤元引爆破甲弹装药，射流变形分散，破甲能力降低。

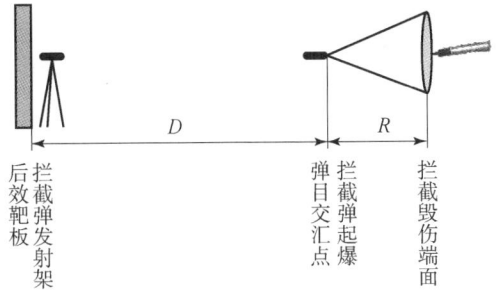

图 15 试验布置示意

5 结论

通过对高速、厚战斗部壳体的炮射破甲弹易损性分析，提出了拦截弹药毁伤元分布场的构建方法。通过有针对性地模拟交汇时刻边界条件进行数值计算，仿真拦截弹药设计的可行性。

试验验证表明：

（1）通过 MEFP 毁伤元拦截弹药和炮射破甲弹的动态拦截试验验证主动拦截系统针对高速、厚战斗部壳体的毁伤能力能够实现，采用相同的毁伤模式和拦截方式也能够实现对反坦克火箭弹、反坦克导弹等低速、薄战斗部壳体的弹药的毁伤，从而验证了主动拦截系统对典型反坦克弹药的毁伤模式可行。

（2）主动拦截系统针对高速、厚战斗部壳体的毁伤模式一（图 16）：在系统交汇距离外毁伤元击中引信，来袭弹药提前引爆正常形成射流，在交汇距离处产生的射流残余穿深下降，降低了破甲威力。

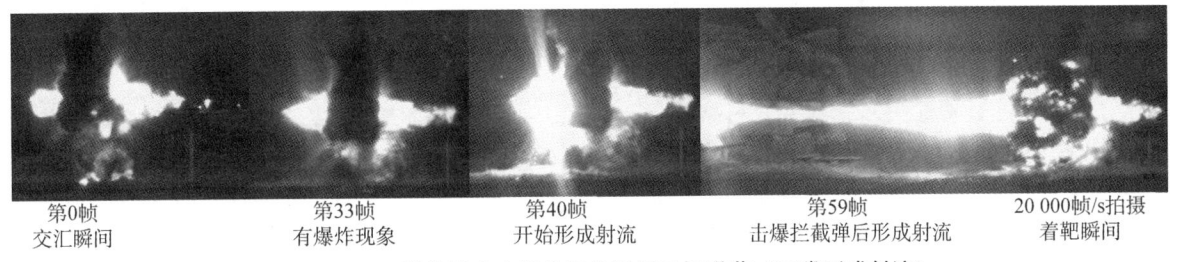

图 16 MEFP 毁伤元击中引信提前引爆目标弹药（正常形成射流）

（3）主动拦截系统针对高速、厚战斗部壳体的毁伤模式二（图 17）：在系统交汇距离外毁伤元击中并引爆装药，来袭弹药形成的射流变形，如图 18 所示，射流在击中交汇距离外的后效靶板后，对后效靶板产生了分散性的不同穿深的侵彻，大大降低了破甲威力。

图 17 MEFP 毁伤元击中装药引爆目标弹药（射流变形）

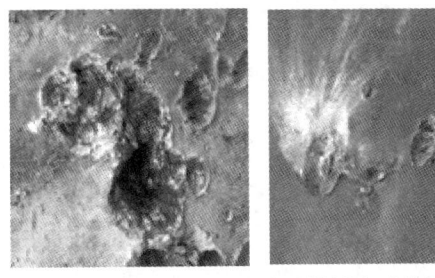

图 18 装药引爆形成的大小不同的分散性射流对装甲钢板侵彻效果降低

参 考 文 献

[1] 李春明,宋海平,辛建国. 主动防护系统原理与设计 [M]. 北京: 兵器工业出版社, 2015.
[2] STANAG 4686 (EDITION 1) – PERFORMANCE LEVEL OF DEFENSIVE AIDS SUITES (DAS) FOR ARMOURED VEHICLES 装甲车辆主动防护系统性能水平 [S].
[3] 宋海平,王金相,等. 一种基于近炸引信的 MEFP 拦截弹药 [P]. 中国: 201618005544.7, 2016.
[4] 王金相,等. 子弹丸高速驱动爆炸装置 [P]. 中国: ZL201110013019.6, 2011.
[5] 周莲,孙铭礁,刘昭涛. GF 报告 [R]. 主动拦截系统毁伤模式研究, 2016.
[6] 李向东,等. 弹药概论 [M]. 北京: 国防工业出版社, 2010.
[7] 王金相,等. 定向加速型多毁伤元战斗部 [P]. 中国: ZL201318002396.X, 2013.
[8] 王金相,等. 用于对目标进行环形切割的药型罩及其装药方法 [P]. 中国: ZL201318003329.X, 2013.
[9] 翁佩英,等. 弹药靶场试验 [M]. 北京: 兵器工业出版社, 1995.

基于弹性聚合物涂层的墙体抗爆能力研究

张燕茜,安丰江,柳 剑,张龙辉,廖莎莎,吴 成

(北京理工大学 爆炸科学与技术国家重点实验室,北京 100081)

摘 要:提高墙体的抗爆及阻碍碎砖块飞溅的能力是一个急需解决的问题,喷涂聚脲进行防护有很好的应用前景,为了分析墙体严重破坏的过程及影响聚脲防护效果的因素,针对砖墙防护对象,基于Autodyn对不同类型毁伤源作用下无防护和有防护砖墙的毁伤效应进行了仿真计算。分析了砖墙结构在冲击波、破片不同模式作用下的毁伤特性以及聚脲防护层的不同喷涂方式、喷涂厚度、附着力等因素对防护效果的影响规律。研究表明,冲击波毁伤源是使无防护墙体破坏并产生造成后续杀伤作用的碎砖块的主要原因。而聚脲对三种形式的毁伤源均有防护作用,体现在兜住碎砖块,阻碍碎砖块飞溅对墙后人员造成伤害。对有防护墙体,聚脲对三种形式的毁伤源均有防护作用,背爆面喷涂2 mm的聚脲就能有符合需求的防护效果,并且随着厚度增加到4 mm和附着力增加到6 MPa时,防护效果略有增强。

关键词:兵器科学与技术;聚脲弹性体;抗爆防护;毁伤评估;冲击波

中图分类号:TG156   **文献标志码**:A

Anti-blast characteristics of brick wall with elastic polymer coating

ZHANG Yanxi, AN Fengjiang, LIU Jian, ZHANG Longhui,
LIAO Shasha, WU Cheng

(State Key Laboratory of Explosion Science and Technology, Beijing Institute of
Technology, Beijing 100081, China)

Abstract: Improve wall antiknock and hinder the brick bat flying ability is an urgent need to solve problem, polyurea spraying adopted to improve the protection has very good application prospect, in order to analyze the process of wall damage and the factors that influence the polyurea protective effect against a brick wall protection object, based on Autodyn unprotected under the action of the different types of damage source and a protective brick wall, and the simulation of the damage effect. The damage characteristics of brick wall structure under different modes of shock wave and fragmentation, and the influence of different spraying methods, spraying thickness and adhesion of polyurea protective layer on the protection effect are analyzed. The research shows that the shock wave damage source is the main reason for the destruction of the unguarded wall and the subsequent killing effect. And polyurea has protective effect on the three types of damage sources, which is reflected in holding broken brick blocks and preventing the splash of broken brick blocks from causing damage to the personnel behind the wall. For the protective wall, polyurea has protective effect on the damage sources of the three forms. 2mm polyurea sprayed on the back surface can meet the needs of the protective effect, and with the increase of thickness to 4mm and adhesion to 6 MPa, the protective effect is slightly enhanced.

Keywords: ordnance science and technology; polyurea elastomer; anti-blast protection; damage assessment; blast wave

---

作者简介:张燕茜(1997—),女,研究生。E-mail:3051540480@qq.com。

0 引言

当建筑物受到袭击时,造成人员伤亡的原因以墙体等结构的碎裂飞溅损伤为主,因此墙体抗爆非常重要。而在我军已有工事和已经成型的建筑物的基础上,现有加固方法的应用均存在一定困难,如何提高其抗爆能力成为一大难题。另外,在海军防护领域中,军事设施长期处于"三高"的海况中,还需要考虑防护材料的环境使用性能,使用范围受到一定限制。在这种需求下,近期,英国、美国和以色列等国海军开始跟进新型抗爆涂料的研究和在军事设施加固上的应用,发现这种以聚脲为代表的抗爆弹性聚合物涂料在军事设施加固领域有很好的应用前景。因此,本文针对已成形的建筑结构——砖墙,选用聚脲弹性体(PU)喷涂墙体的表面,来进行弹性聚合物涂层对墙体防护能力的研究。

在爆炸防护领域,现有的加固设计主要有三明治结构、多层结构、复合材料板加固等,但喷涂聚脲的方式在已建成的军事工事的防护应用上优势明显。由于聚脲作为冲击涂层的应用,学者们首先在极端条件下对其性能进行了大量研究,例如高应变率和高压。T. C. Ransom 等[1]采用布里渊散射法,测定了 13.5 GPa 压力下聚脲的力学性能,对模拟高压力、高加载速率条件下的聚脲具有一定的参考价值。邓希旻等[2]基于霍普金森杆发射系统的低速冲击试验,探讨了聚脲金属复合结构在低速冲击下的动态响应。Timothy C. Ransom 等[3]测量了聚脲在压力高达 6 GPa 时其密度缩放对于高达 50% 的密度变化仍然有效,可以作为模拟材料高应变速率、高压力动力学的势参数选择的指导。代利辉等[4]根据材料的动态力学特性试验和水下爆炸试验的结果得知,聚脲能够用于增强防护结构、提供良好的抗爆防冲击性能,与材料自身的非线性力学行为有重要关系。其次,在聚脲的分子结构领域的研究中,Taeyi Choi 等[5]研究了单轴应变对聚脲相分离组织和分子动力学的影响。P. J. Gould 等[6]用基团相互作用模型对分段聚脲(尿素)进行了建模,并发现了爆炸/弹道保护具体应用设计的最佳结构。N. Iqbal 等[7]将脂肪族和芳香族扩链剂引入聚脲的胺类共反应物侧,对聚脲的力学性能进行了优化,并发现了聚脲的柔韧性允许其弯曲,从而防止开裂的混凝土砖变成二次碎片的危险。除此之外,许多学者也从抗爆防护设计毁伤源角度做了相关研究。Ulrika 等[8]采用数值模拟的方法,研究了钢筋混凝土墙的爆破和裂缝联合加载效应,发现复合加载具有协同效应。Yau Jia Ming Spencer 等[9]从试验结果和仿真数据得出,爆炸与碎片加载相结合的损伤要大于单独的加载。Kong 等[10]探讨了冲击波和碎片冲击载荷对多层防护结构的协同作用。Jun Li 等[11]建立了超高压混凝土和新混凝土在爆炸荷载接触作用下的合理数值模型。孔祥韶、朱学亮和许帅等[12-14]利用试验研究和数值模拟相结合的方法,对聚脲弹性体复合结构的抗冲击防护性能进行了研究。赵鹏铎等[15,16]针对聚脲涂层复合材料和钢板,研究了其抗破片侵彻及抗爆性能。

针对弹性聚合物对建筑的抗爆和加固设计和防护效果的研究越来越多,但缺乏对砖墙结构、多毁伤源和聚脲喷涂工艺对防护效果影响的研究。因此作者针对现有砖墙抗爆与防护需求,基于数值模拟手段,开展冲击波、破片、冲击波与破片联合作用等不同毁伤源条件下结构损伤特性研究,系统分析了喷涂方式、喷涂厚度、附着力等因素对防护效果的影响。

1 仿真模型建立

在数值模拟的研究中,仿真设置对仿真研究结果有很大影响。本章阐明研究的仿真设置,列出研究的仿真工况。

1.1 仿真设置

在实际的建筑物中,内填充墙一般为 12 墙,为研究该墙体的抗爆能力,建立 12 墙和加固 12 墙。在模拟过程中,由于我国房屋建筑的层高一般为 3 m 左右,所以建立砌体填充墙部件的几何尺寸为 955(1 910)mm × 3 400 mm × 115 mm 的砖墙,利用 x 轴对称建立一半宽度的砖墙,并设置砖墙 Lagrange 网格大小为 5 mm × 5 mm × 5 mm。砖块以 KP1 型空心砖块为原型,具体尺寸为 240 mm × 90 mm × 115 mm,在墙体长度 x 轴方向放置 4 块(8 块),高度 y 轴方向放置 30 块,厚度 z 轴方向放置 1 块,砖块间的水泥砂浆厚度均为 10 mm，砖墙具体模型如图 1 所示[17]。

为模拟联合作用下的冲击波的传播与毁伤，需要建立一个 Euler 空气域。因此该空气域的尺寸为 955 mm×3 440 mm×840 mm，为了计算效率，网格设置为 10 mm×10 mm×10 mm，具体空气域模型如图 2 所示。并且为模拟联合作用载荷中的冲击波作用，将 45 kg 的 TNT 炸药设置在与墙体中心同一位置并距离墙体迎爆面 0.5 m 处，并选择映射的方法，建立炸药冲击波墙体的流固耦合模型，其示意图如图 2 所示。

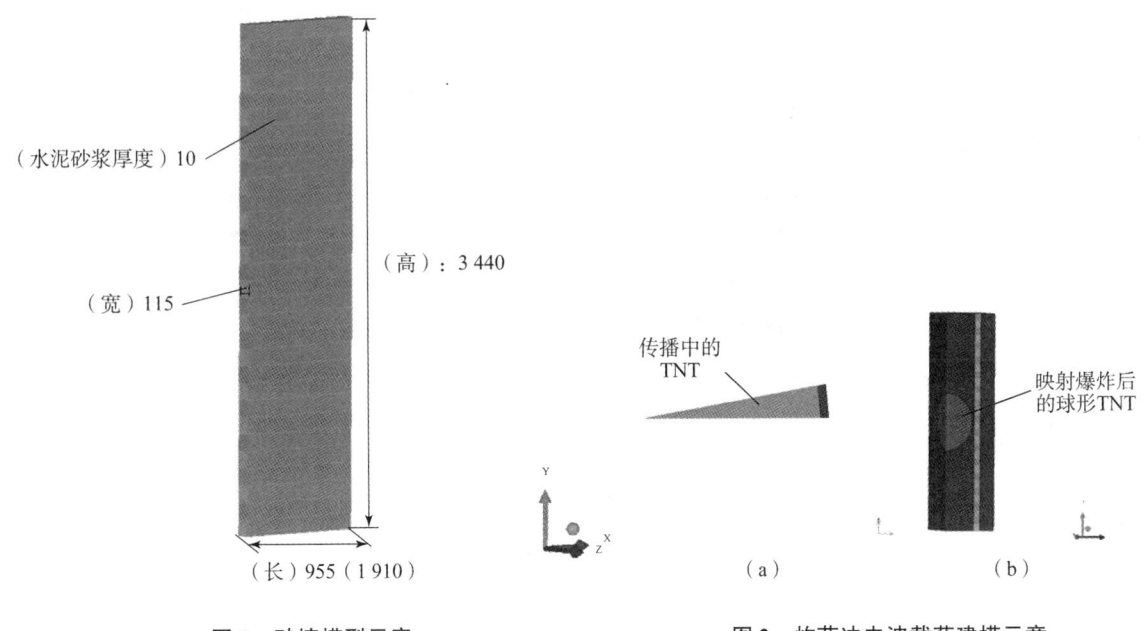

图 1　砖墙模型示意

图 2　炸药冲击波载荷建模示意
（a）冲击波二维模型；（b）冲击波映射三维模型

爆炸破片载荷使用的破片为质量为 9 g 的立方体预制破片，材料为钢，密度为 7.83 g/cm³，立方体边长约为 10.405 150 mm，破片与墙体遭遇时的密度约为 9 块/m²，每块破片的网格设置为 1 mm×1 mm×1 mm，具体破片模型如图 3 所示[18]。

现有研究结果显示，聚脲直接喷涂在墙体的背爆面或双面，厚度在 2~4 mm 就能有较好的防护效果。因此采取喷涂聚脲的方式加强墙体的抗爆能力，聚脲均匀地直接喷涂在墙体的双面或背面，厚度根据需要定为 2 mm 或 4 mm，聚脲防护膜的网格设置为 10 mm×10 mm×0.6 mm，具体聚脲模型如图 4 所示。

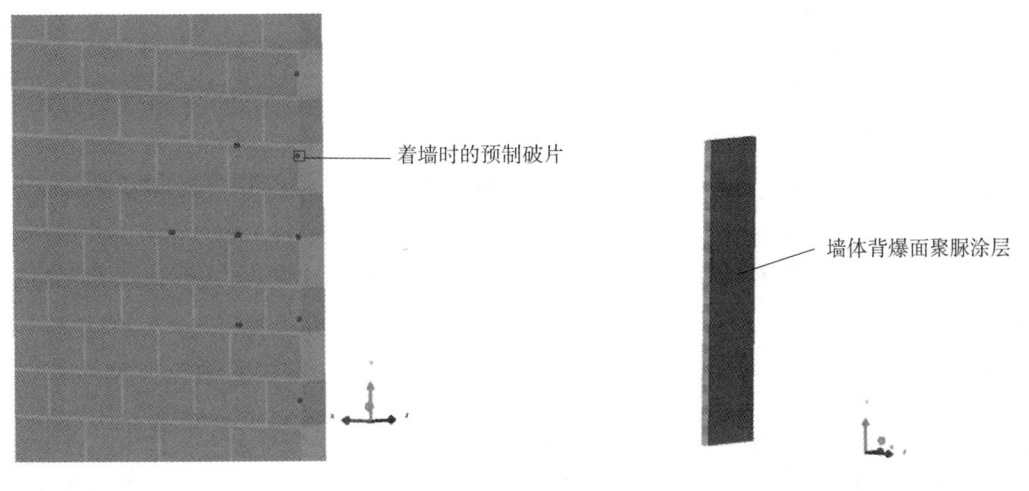

图 3　破片模型示意

图 4　聚脲模型示意

定义爆炸载荷所作用的砖墙时，要约束墙体四周的速度与位移。在 Autodyn 仿真中，建立较长的砖墙（1.91 m）并约束墙体的四个边三维总体速度为 0 来近似实现。除此之外，利用关于 x 轴对称来建立模型，需要在对称面上设置沿 x 轴方向的墙体和破片速度为零。同时，给欧拉域中除了球形 TNT 对称面和地面之外的三个面加上欧拉空气流出边界，模拟无限的空气域。设置边界的具体情况如图 5 所示。

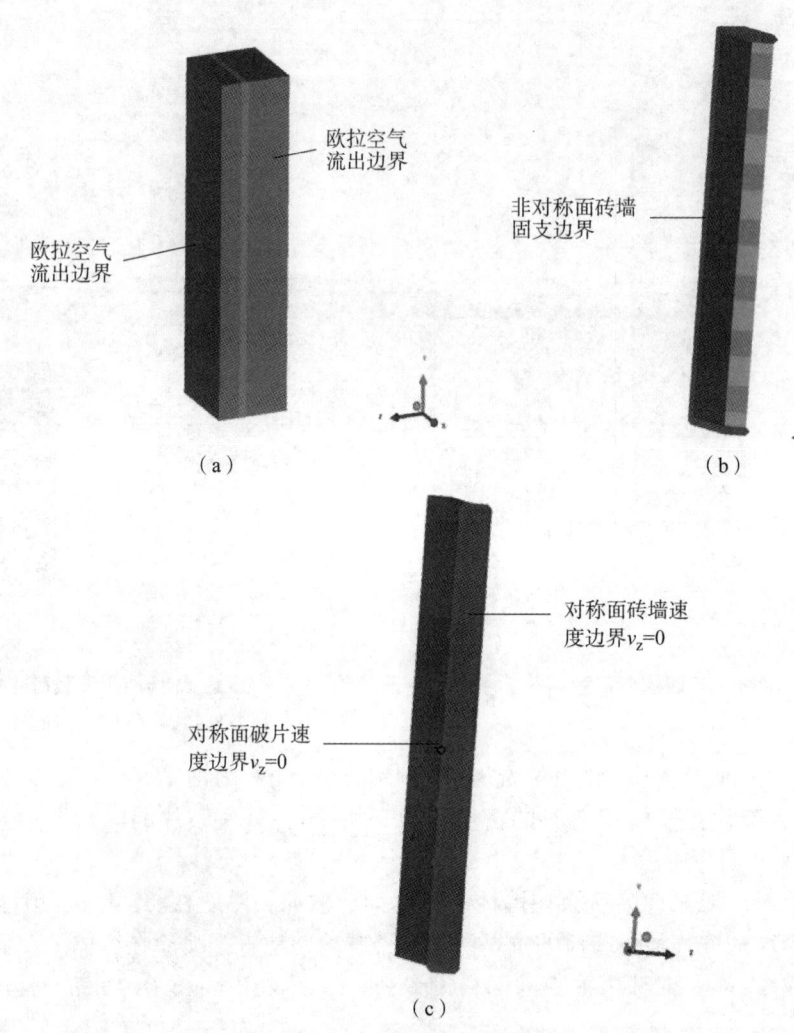

图 5 数值仿真边界设置

（a）欧拉空气流出边界设置；（b）砖墙四周固定边界条件设置；（c）砖墙对称面速度边界条件设置

同样，在模拟破片毁伤的终点效应时，由于是直接加载破片与墙体遭遇时的存速，所以要给钢破片施加对应存速的初始条件 v_z。

最后，关于拉格朗日/拉格朗日的接触问题和欧拉/拉格朗日的耦合问题，设定拉格朗日模型间的间隙为 0.2 mm，接触为刚性接触。而在聚脲与墙体间附着力的研究过程中，在接触界面下的面接触中设置失效正应力来定义附着力。研究选择 Autodyn 中的完全耦合，同时打开欧拉子循环，避免时间步长过小而引起过多的耗散。

1.2 仿真工况

关于数值模拟研究的工况设置，首先，为确定冲击波、破片单独作用及联合作用下，墙体碎砖块飞溅情况的严重程度，即适合进行下一步墙体聚脲防护研究的毁伤源条件，设置冲击波毁伤源如下，固定爆距 0.5 m，利用 5~45 kg TNT，不同对比距离下设置冲击波工况，由于仿真运行的实际情况限制，所有工况均运行至 1.2 ms。具体如表 1 所示。

表 1 单一冲击波毁伤源无防护墙体抗爆效果工况

仿真序号	#1	#2	#3	#4
TNT 当量/kg	5	20	30	45
对比距离/m	0.292	0.184	0.161	0.136
仿真效果图				

然后，针对冲击波单独作用毁伤较严重的工况，设置有防护墙体聚脲防护效果对比研究的工况，具体如表 2 所示。

表 2 冲击波毁伤源有无聚脲防护墙体对比工况

仿真序号	毁伤源	喷涂情况
#11	冲击波单独作用	无防护
#12		双面喷涂 2 mm 聚脲

设置破片毁伤源如下，仿真带壳装药选用某试验弹，该弹采用直径为 126 mm 的奥克托尔装药（装药密度为 1.82 g/cm³，爆速为 8 480 m/s，Gurney 常数为 2 830 m/s），药柱长径比为 2，药柱外侧黏附重 9 g 的钢立方体破片，周向紧密排列 50 枚，模型的装填比 $\beta = 0.93$，距弹轴 1.6 m 处破片最大速度为 2 000 m/s[18]。同时根据破片弹道速度衰减规律求得破片撞击墙体时的存速如式（1），其中破片速度衰减系数公式如式（2）：

$$V_x = V_0 \cdot e^{-\alpha x} \tag{1}$$

$$\alpha = \frac{C \cdot x \cdot \rho \cdot S}{2q} \tag{2}$$

式中：V_x——存速；

α——破片衰减系数；

x——破片飞行弹道距离。

在破片毁伤源的仿真计算中，试验弹不变，在四种不同爆距下爆炸，利用式（1）和式（2）计算破片不同着墙速度，建立三种工况。由于仿真运行的实际情况限制，所有工况均运行至 0.4 ms，具体如表 3 所示。

表 3 单一破片毁伤源无防护墙体抗爆效果工况

仿真序号	#5	#6	#7
爆距/m	2.1	6.6	11.6
着墙速度/(m·s⁻¹)	1 987.769	1 881.003	1 769.087

仿真序号	#5	#6	#7
仿真效果图			

然后，针对破片单独作用毁伤较严重的工况，设置有防护墙体聚脲防护效果研究的工况，具体如表4所示。

表4 破片毁伤源有无聚脲防护墙体对比工况

仿真序号	毁伤源	喷涂情况
#13	破片单独作用	无防护
#14		双面喷涂2 mm聚脲

设置冲击波-破片联合作用毁伤源如下，采取以上两种冲击波、破片毁伤较为严重的工况，针对冲击波、破片的不同到达顺序，设置三种仿真工况，由于仿真运行的实际情况限制，所有工况均运行至0.6 ms，具体如表5所示。

表5 联合毁伤源无防护墙体抗爆效果工况

仿真序号	#8	#9	#10
作用顺序	冲击波先作用0.4 ms	同时作用	破片先作用0.4 ms
总体仿真效果图	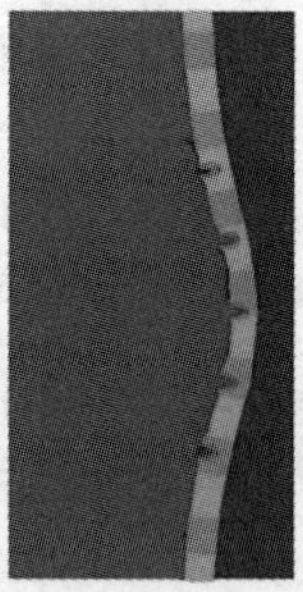	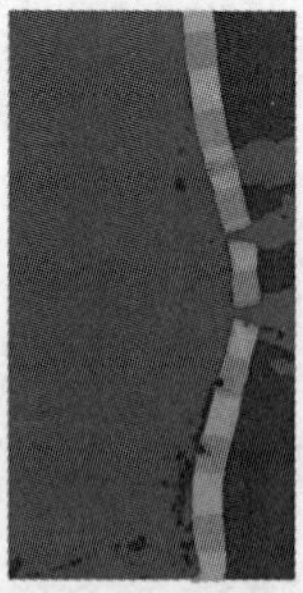	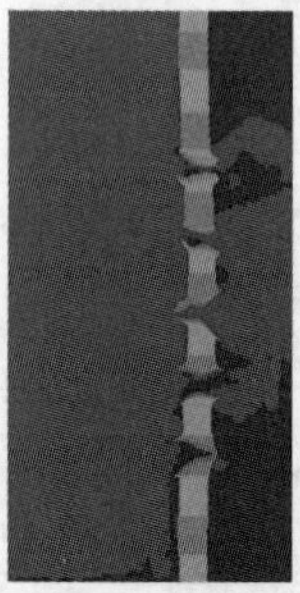

然后，针对毁伤较严重的工况，设置有防护墙体聚脲防护效果研究的工况，具体如表6所示。

表6 联合毁伤源有无聚脲防护墙体对比工况

仿真序号	毁伤源	喷涂情况
#15	冲击波破片同时到达联合作用	无防护
#16		双面喷涂2 mm聚脲

最后，针对45 kg TNT产生的冲击波毁伤源，设置相应工况研究影响聚脲防护效果的三大主要因素，

具体如表7所示。

表7 不同聚脲喷涂方式下的墙体宏观破坏情况

仿真序号	喷涂工艺
#17	双面2 mm
#18	背爆面2 mm
#19	背爆面2 mm
#20	背爆面4 mm
#21	3 MPa
#22	4 MPa
#23	6 MPa

2 材料模型

在数值模拟的研究中,材料模型的选取对仿真计算结果有很大影响。本章阐明研究选取的材料模型,并且列出材料的状态、强度和失效方程及重要参数。本文聚焦的聚脲对墙体抗爆加固设计及防护能力研究,主要涉及空气、砖块、水泥砂浆、梯恩梯、聚脲和钢这六种材料,其整体材料模型如表8所示。

表8 仿真研究材料模型

材料	状态方程	强度方程	失效方程	侵蚀模型
空气	Idea Gas	None	None	None
砖块	P alpha	RHT Concrete	RHT Concrete/ Principal Stress	Geometric Strain
水泥砂浆	Compaction	MO Granular	Hydro (Pmin)	Geometric Strain
梯恩梯	JWL	None	None	None
聚脲	Linear	Piecewise JC	Principal Strain	Geometric Strain
钢	Linear	Johnson Cook	Johnson Cook	Geometric Strain

其中,空气、水泥砂浆、钢和梯恩梯炸药与Autodyn材料库中加载的默认材料模型Air、SAND、Steel 4340和TNT基本相同,其中水泥砂浆和钢材料为体现变形增加了参数为2的几何侵蚀模型,其余设置均不变,更多的细节可以在Autodyn理论手册(2019)中找到,因此简单列出方程,不再进行深入介绍。

2.1 炸药材料模型

TNT状态方程采用JWL状态方程,见式(3)。

$$P = A\left(1 - \frac{\omega\eta}{R_1}\right)e^{-\frac{R_1}{\eta}} + B\left(1 - \frac{\omega\eta}{R_2}\right)e^{-\frac{R_2}{\eta}} + \omega\rho e \tag{3}$$

式中:A,B,R_1,R_2,Ω——经验常数;

ρ——密度;

ρ_0——参考密度;

$\eta = \rho/\rho_0$;

e——比内能。

2.2 空气材料模型

空气状态方程为理想气体状态方程,见式(4)。

$$P = (\gamma - 1)\rho e \tag{4}$$

式中：γ——理想气体参数；
ρ——密度；
e——比内能。

模型中所用空气材料的密度为 1.225 g/cm³，理想气体参数为 1.4。

2.3 砖墙材料模型

水泥砂浆的状态方程采用的是 Compaction 状态方程，见式（5）。

$$\alpha = \frac{\rho_s}{\rho_0} \tag{5}$$

其中，ρ_0 等于材料密度中定义的属性值，材料属性 ρ_s 是固体材料和对应的 0 压力密度完全压实材料密度。水泥砂浆的强度方程采用 MO Granular 强度方程，具体见式（6）。

$$\sigma_y = \sigma_p + \sigma_\rho \tag{6}$$

其中，三个应力分别表示总屈服应力、压力屈服应力和屈服应力密度。水泥砂浆的失效方程采用 Hydro（Pmin）失效方程，见式（7）。

$$P < P_{\min} * (1 - D) \tag{7}$$

其中，如果材料压力 P 小于规定的最大拉伸压力，就会发生失效，且材料瞬间失效。

同样，砖块的状态方程采用 P alpha 状态方程，见式（8）。

$$\alpha = 1 + (\alpha_p - 1)\left(\frac{p_s - p}{p_s - p_e}\right)^n \tag{8}$$

其中，塑性压实曲线定义的固体压实压力为 p_s，在充分压实阶段初始压实压力为 p_e，塑性压实曲线的参数为 α_p，压实指数为 n。砖块的强度方程为混凝土强度方程，这一破坏面方程可以用来代表地质材料的很多强度参数，见式（9）。

$$f(P, \sigma_{eq}, \theta, \bar{\varepsilon}) = \sigma_{eq} - Y_{TXC(P)} * F_{CAP(P)} * R_{3(\theta)} * (F)_{RATE(\bar{\varepsilon})} \tag{9}$$

本文研究应用的砖块模型基础来自 Autodyn 中的 CONC - 35MPA 材料[19]，但根据普通烧结砖的实际应用情况，将其参考密度调整为 2.5 g/cm³，并将其默认的失效方程 RHT Concrete 中的拉伸失效准则更改为主应力（Principal Stress）失效，已有的研究结果显示，这种失效准则更加贴近砖块失效的实际情况[20]，具体主应力失效模型参数见表9。

表9 主应力失效模型参数

模型变量	数值
抗拉强度	3 910 kPa
断裂能	100 J/m²
随机失效固定分布方差	16

除此之外，为了体现出墙体受到爆炸载荷作用后的墙体变形与崩落，要选取几何应变作为侵蚀模型参数设为 2。设置这个参数值时因为采用 Largrange 网格，在发生大变形时容易产生网格错误。

2.4 钢材料模型

钢材料采用 Autodyn 材料库中的 4340 钢，密度为 7.83 g/cm³，体积模量为 159 GPa，剪切模量为 77 GPa，屈服应力为 792 MPa。状态方程采用线弹性 Linear 状态方程，见式（10）。

$$p = K\mu, \mu = (\rho/\rho_0) - 1 \tag{10}$$

式中：p——压强；
K——材料的体积模量；

ρ——瞬态密度；

ρ_0——参考密度。

钢的强度方程采用 Johnson Cook 强度方程，见式（11）。

$$\sigma_{eq} = (A + B\varepsilon_{eq}^n) \cdot (1 + C\ln\bar{\varepsilon}_{eq}^*) \cdot (1 - T^{*m}) \tag{11}$$

式中：A，B，n，C，m——模型参数；

σ_{eq}——等效应力；

ε_{eq}——等效塑性应变；

$\bar{\varepsilon}_{eq}^*$——无量纲化等效塑性应变率；

T^*——无量纲化温度。

钢的失效方程采用 Johnson Cook 失效方程，见式（12）。

$$\varepsilon_f = [D_1 + D_2 e^{D_3\sigma^*}] \cdot [1 + D_4\ln\bar{\varepsilon}_{eq}^*] \cdot [1 + D_5 T^*] \tag{12}$$

其中，应变是有效断裂应变，$D_1 \sim D_5$ 是输入的常数，σ^* 是应力三轴度。

2.5 聚脲材料模型

本文研究所应用的聚脲材料针对防爆需求设计，并在民用和军用领域有较为成熟和广泛的应用，材料参数较为完整可信，其具体力学性能参数如表10所示。

该聚脲材料的强度模型是 Piecewise JC 模型，这个模型是一个修改 Johnson Cook 模型，依赖的是有效塑性应变所代表 $A+B\varepsilon_p^n$ 被屈服应力 Y 的分段线性函数和有效塑性应变 ε_p 所代替，具体强度模型应力-应变曲线如图6所示。

表10 创建聚脲材料所需力学性能参数[20]

机械性能	数值
参考密度/(g·cm^{-3})	1.26
体积弹性模量/kPa	2.57×10^6
剪切模量/kPa	9.00×10^4
比热/(J·kg^{-1}·K^{-1})	1.50×10^3
热软化指数	1.00×10^{20}
塑性应变	1.68
几何变形	1.13
应变速率常数	0.31
参考应变率	1.00

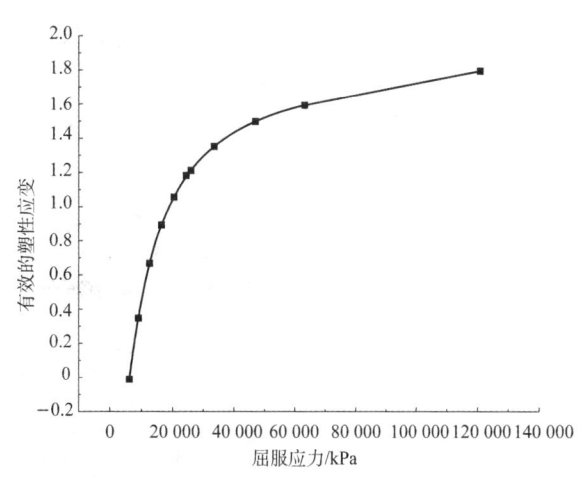

图6 聚脲的屈服应力-有效塑性应变曲线

3 结果与讨论

本章首先针对冲击波单独作用、破片单独作用和冲击波-破片联合作用下，完成了大当量下对无防护墙体毁伤效果的研究。然后，基于三种类型下较优的毁伤源工况，给无防护墙体双面喷涂了2 mm聚脲，使其成为有防护墙体，并将无防护的墙体与有防护墙体的破坏情况和后续杀伤效果进行了对比，确定了聚脲对墙体防护的具体作用机理。最后，在以上研究的基础上，选取了符合聚脲对墙体防护机理的毁伤源对应的毁伤效果最明显的工况，确定了聚脲的不同喷涂方式、厚度与附着力对墙体的防护效果的影响，并对聚脲喷涂技术进行了优化设计。

3.1 无防护墙体毁伤效果

选取45 kg TNT当量的裸装药产生的冲击波、1 987.769 m/s着墙速度的破片和该冲击波-破片同时到达并联合作用这三种毁伤较为严重的工况，进行不同毁伤源对无防护墙体毁伤效果的对比。从冲击波、破片单独作用及联合作用后，无防护墙体的碎砖块宏观飞溅情况和砖块完全损坏（红色）Damage图来看，冲击波是引起碎砖块飞溅和大面积损坏的主要原因，具体如图7所示。

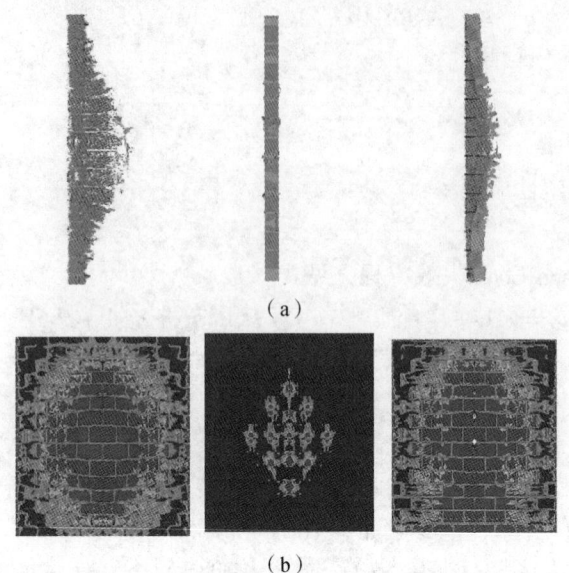

图7　不同毁伤源无防护墙体破坏对比

（a）无防护墙体的碎砖块宏观飞溅情况图（从左到右依次为：冲击波单独作用、破片单独作用和冲击波－破片联合作用）

（b）无防护墙体的砖块完全损坏Damage图（从左到右依次为：冲击波单独作用、破片单独作用和冲击波－破片联合作用）

从碎砖块数量及质量分析，分别选取不同类型的毁伤源对墙体破坏最严重的三种工况进行分析，由于分析的时刻不同，首先对数量级进行比较。破片单独作用时的碎砖块数量和墙体飞溅质量的数量级均低于有冲击波作用的毁伤源。因此可得，有冲击波作用的毁伤源对无防护墙体毁伤效果更严重，具体如表11所示。

从碎砖块飞溅剧烈程度分析，分别选取不同类型毁伤源对墙体破坏最严重的三种工况进行分析，具体如表12所示。由表12可知，破片单独作用时的碎砖块最大位移远远小于冲击波单独作用下的碎砖块最大位移。因此可得，有冲击波作用的毁伤源使无防护墙体产生碎砖块的飞溅程度更严重。

表11　不同毁伤源产生碎砖块数量及质量对比

不同毁伤源	碎砖块数量/块	墙体飞溅质量/kg
TNT当量45 kg	21 199	879
1 987.769 m/s破片	503	94
冲击波－破片同时到达	11 835	413

表12　不同毁伤源产生墙体碎砖块最大位移对比

不同毁伤源	碎砖块最大位移/mm
TNT当量45 kg	416.51
1 987.769 m/s破片	104.53
冲击波－破片同时到达	250.00

从碎砖块总动能及总动量分析，分别选取不同类型毁伤源对墙体破坏最严重的三种工况进行分析，具体如表13所示。由于分析的时刻不同，对数量级进行比较。破片单独作用时的碎砖块总动能及总动量的数量级远小于有冲击波作用的毁伤源。综上所述，冲击波毁伤源是使无防护墙体破坏并产生具有杀伤作用的碎砖块的主要原因。

表13　不同毁伤源产生碎砖块总动能总动量对比

不同毁伤源	碎砖块总动能/kJ	碎砖块总动量/(kg·m·s^{-1})
TNT当量45 kg	3 845	5 738
1 987.769 m/s破片	6	388
冲击波－破片同时到达	3 467	4 400

最后，采用同一时刻碎砖块（破片）动能 E_y 进行碎砖块对后续人员形成杀伤作用的分析。对于人员，一般要求破片动能 $E_y \geq 8 \sim 10$ kg·m，1 kg·m = 9.803 921 6 J，即对人员造成严重杀伤需要动能大于 98 J。三种不同毁伤源使墙体产生的动能大于 98 J 的碎砖块数量统计如表 14 所示。由表对比可知，破片作用产生的可以对人员产生有效杀伤的碎砖块数量远远小于含有冲击波的毁伤源。综上所述，冲击波毁伤源是使无防护墙体破坏并产生具有后续杀伤作用的碎砖块的主要原因。

表 14 不同毁伤源产生大于 98 J 碎砖块数量对比

不同毁伤源	大于 98 J 碎砖块数量/个
TNT 当量 45 kg	448
1 987.769 m/s 破片	1
冲击波 – 破片同时到达	36

3.2 有防护墙体的毁伤效果

3.2.1 冲击波单独作用

选取在有无聚脲防护的情况下，研究 45 kg TNT 裸装药产生的冲击波对墙体的破坏情况，对 1.2 ms 墙体各个位置的碎砖块的损伤情况和碎砖块的数量、质量、动能和垂直墙体高度方向上的动量进行对比分析。

为了更直观地分析墙体的损坏情况，可以借助云图显示中的 Damage 显示砖墙的损坏情况，从墙体的背面看，具体损伤情况如图 8 所示。由图 8 中两张图片的对比状态可以看出，喷涂了双面 2 mm 聚脲对墙体进行防护后，砖墙的实际损坏情况其实并没有变化，甚至还由于聚脲涂层的拉力而略有提升。但由图 8（c）可知墙体背爆面 2 mm 的聚脲涂层并没有到达其塑性应变失效极限，只是被侵蚀但并没有损坏。可以分析得出，喷涂聚脲后，墙体虽然依旧被损伤，但是被聚脲涂层包覆住了，可以对碎砖块的飞溅起到约束作用。

分析的是伤害最大致因的墙体毁伤评估变量——崩落的碎砖块。

第一，从宏观的墙体碎砖块崩落飞溅显示图来看，喷涂聚脲可以有效地兜住墙体产生的碎砖块，从而降低碎砖块飞溅伤人的概率，具体如图 9 所示。

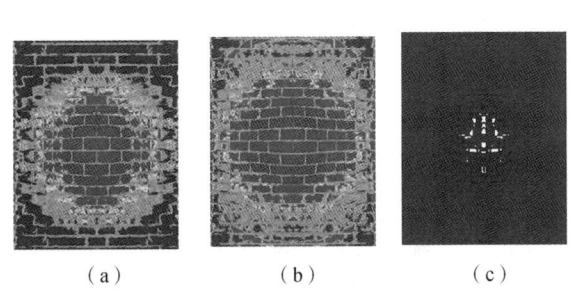

图 8 冲击波加载有无聚脲防护背爆面的损伤情况
（a）无防护；（b）双面 2 mm 聚脲；（c）背爆面聚脲涂层

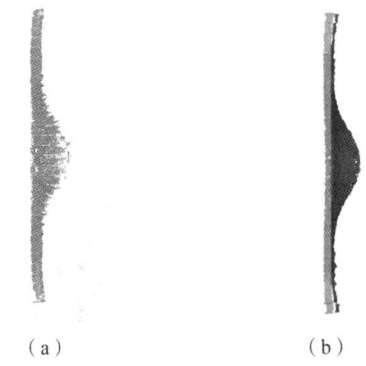

图 9 墙体碎砖块崩落飞溅显示情况
（a）无防护；（b）双面 2 mm 聚脲

第二，从碎砖块的总体数量来看，由 Autodyn 里调出的碎砖块数据分析：45 kg TNT 爆炸产生冲击波作用，喷涂聚脲防护，砖墙产生碎砖块总数量减少了 942 块，但碎砖块质量增加了 118 kg，由此可知墙体喷涂聚脲防护后，由于冲击波在双层聚脲中反射，有更多的能量用于破坏砖块，使砖墙产生的碎砖块的总数量减小，但质量与面积增加了，具体如表 15 所示。

表 15 碎砖块数量及质量统计

防护状况	碎砖块数量/块	碎砖块质量/kg
无防护	21 199	879
双面 2 mm 聚脲	20 257	1 060
差值	942	−181

第三，从全部碎砖块垂直墙体高度方向上的动量来看，45 kg TNT 产生的冲击波作用在没有喷涂聚

脲防护的墙体上产生的较高动量区间的碎砖块明显比双面喷涂聚脲的多，具体如图 10 所示。

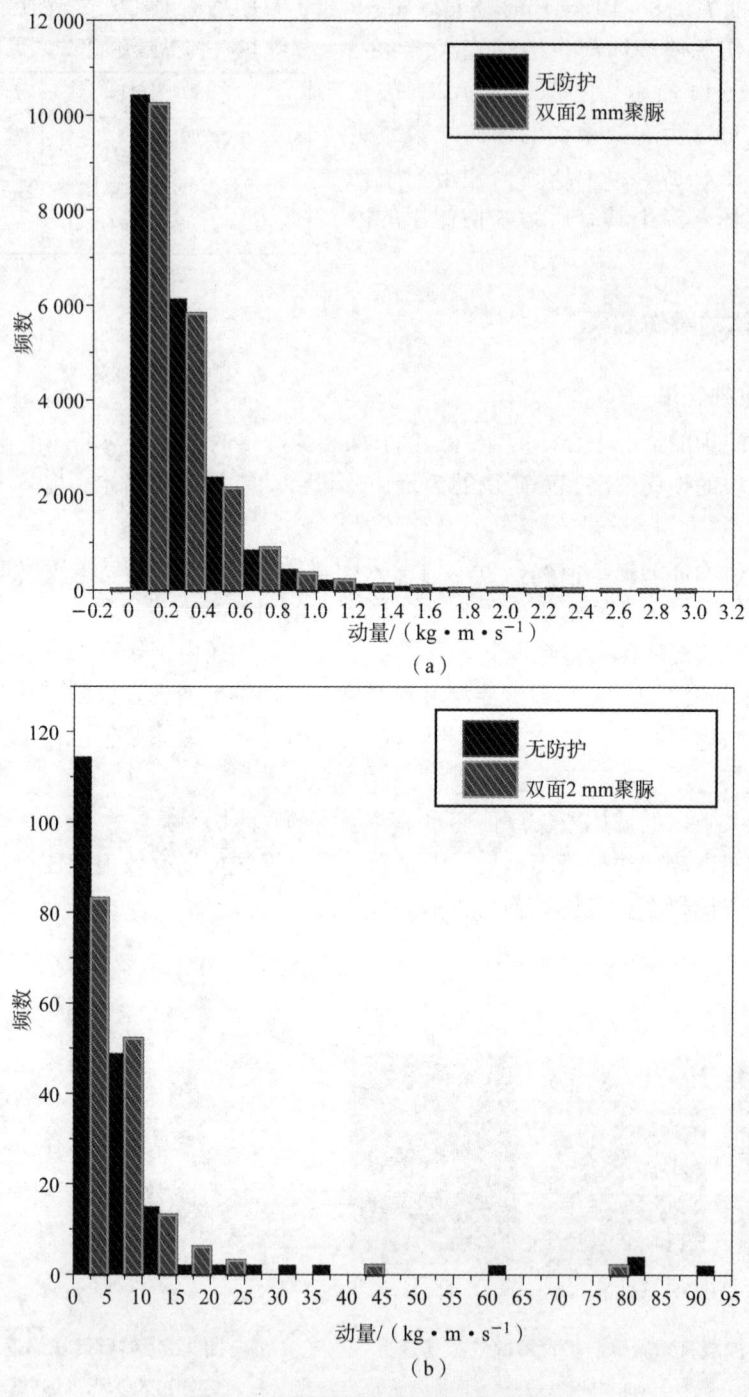

图 10　不同防护状况下的碎砖块动量
(a) 较低区间；(b) 较高区间

第四，从全部碎砖块的动能来看，双面喷涂聚脲的墙体产生的碎砖块的动能主要集中在较低动能的区间，而没有喷涂聚脲防护的墙体上产生的碎砖块动能比双面喷涂聚脲的墙体的动能大。采用同一时刻碎砖块（破片）动能 E_y 进行碎砖块对后续人员形成杀伤作用的分析。由 98 J 以上的动能分布直方图可知，双面喷涂聚脲防护 98 J 以上的碎砖块要多 27 块，但动能最大值较小，且处于被聚脲膜兜住的状态，具体分析如图 11 所示。

根据以上分析，可以发现，45 kg TNT 当量的裸装药产生的冲击波作用在墙体上，没有聚脲防护的墙体产生的碎砖块最大位移、碎砖块数量及总动量、总动能都大于有聚脲防护的墙体。同时也可以得出，有聚脲防护砖块的损伤情况并没有因此减小，所以聚脲对冲击波毁伤源对墙体的破坏有防护作用，但作用机理不是减轻砖块的损伤，而是体现在墙体产生的碎砖块的明显阻碍作用上，即"兜住"了碎砖块。

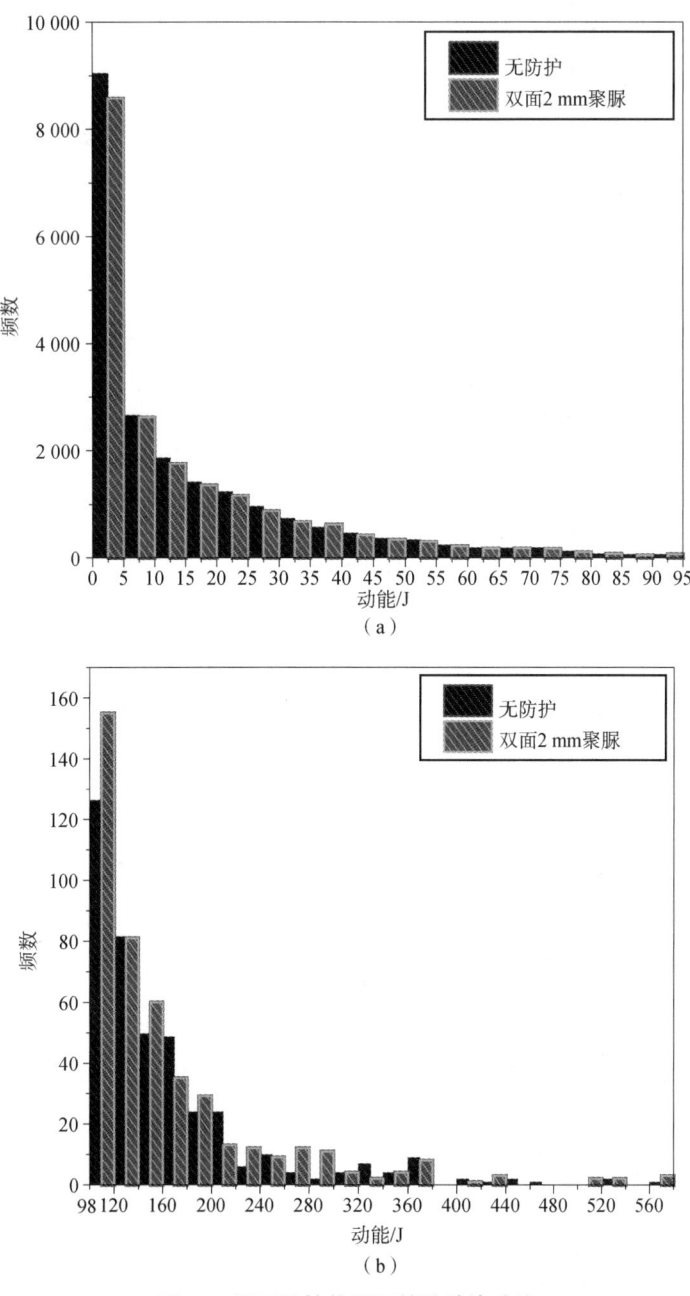

图11 不同防护状况下的碎砖块动能
（a）较低区间；（b）大于98 J区间

3.2.2 破片单独作用及冲击波–破片联合毁伤源

首先，选取在有无聚脲防护的情况下，研究带壳装药产生的方形预制破片对墙体的破坏情况，在1 987.769 m/s破片着墙速度的工况下，对0.47 ms的墙体的各个位置的碎砖块最大位移和碎砖块的数量质量和垂直墙体高度方向上的动量、动能进行对比分析。在0.47 ms时，从墙体的各个位置的位移进行数据分析，具体碎砖块最大位移值如表16所示。由墙体同一时刻碎砖块最大位移可知，喷涂聚脲后涂层会鼓起，但位移值有所减少，飞溅程度减轻，对墙体防护有一定作用。

分析的是伤害最大致因的墙体毁伤评估变量——崩落的碎砖块。

第一,从宏观的墙体碎砖块崩落飞溅显示图来看,喷涂聚脲可以有效地兜住墙体因破片产生的碎砖块,从而降低碎砖块飞溅伤人的概率,具体如图12所示。

表16 喷涂聚脲墙体碎砖块最大位移对比

喷涂情况	碎砖块最大位移/mm
无防护	107.91
双面2 mm 聚脲	97.087
差值	10.823

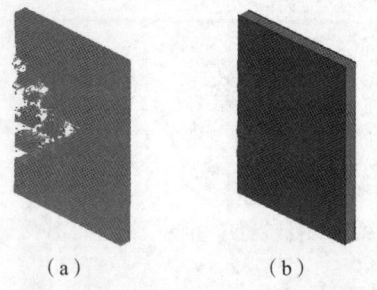

图12 墙体碎砖块崩落飞溅显示情况
(a)无防护;(b)双面2 mm 聚脲

第二,从碎砖块的总体数量来看,1 987.769 m/s 破片作用,喷涂聚脲防护,砖墙产生碎砖块总数量减少了125块,质量也减小了7.3 kg。由此可知,墙体喷涂聚脲防护后,可以使砖墙因破片产生的碎砖块的总数量及质量减小,具体如表17所示。

第三,从全部碎砖块垂直墙体高度方向上的动量来看,动量主要集中在0~0.1区间,且破片作用在没有喷涂聚脲防护的墙体上产生的动量值较大的碎砖块数量明显比双面喷涂聚脲的墙体多。可以看出,不喷涂聚脲防护的工况,拥有更多的较大动量的碎砖块,动量最大值也更高,具体分析如图13所示。

表17 碎砖块数量及质量统计

防护状况	碎砖块数量/块	碎砖块质量/kg
无防护	479	94.0
双面2 mm 聚脲	364	88.5
差值	115	5.5

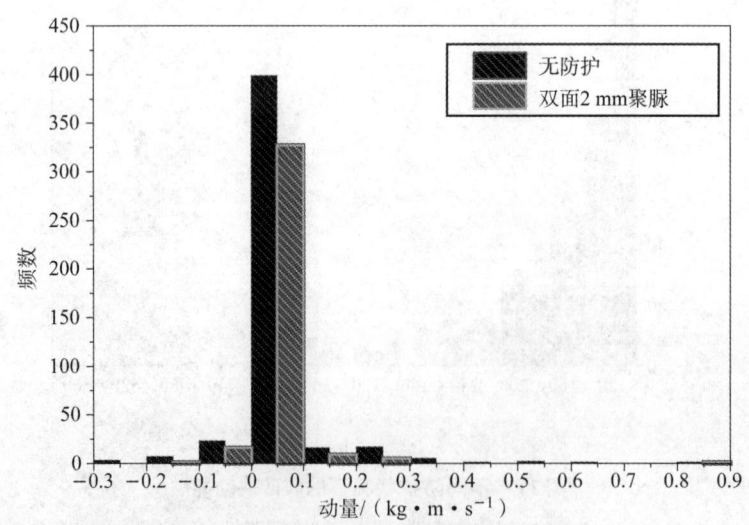

图13 不同防护状况下的碎砖块动量

第四,从全部碎砖块的动能来看,在较低区间里,动能主要集中在0~0.05区间,且破片作用在没有喷涂聚脲防护的墙体上产生的动能值较大的碎砖块数量明显比双面喷涂聚脲的墙体多。采用同一时刻碎砖块(破片)动能 E_y 进行碎砖块对后续人员形成杀伤作用的分析,发现破片单独作用时,有、无防护下均只有一块碎砖块的动能大于98 J,可以对人员造成有效杀伤,远远小于有冲击波作用的毁伤源,具体分析如图14所示。

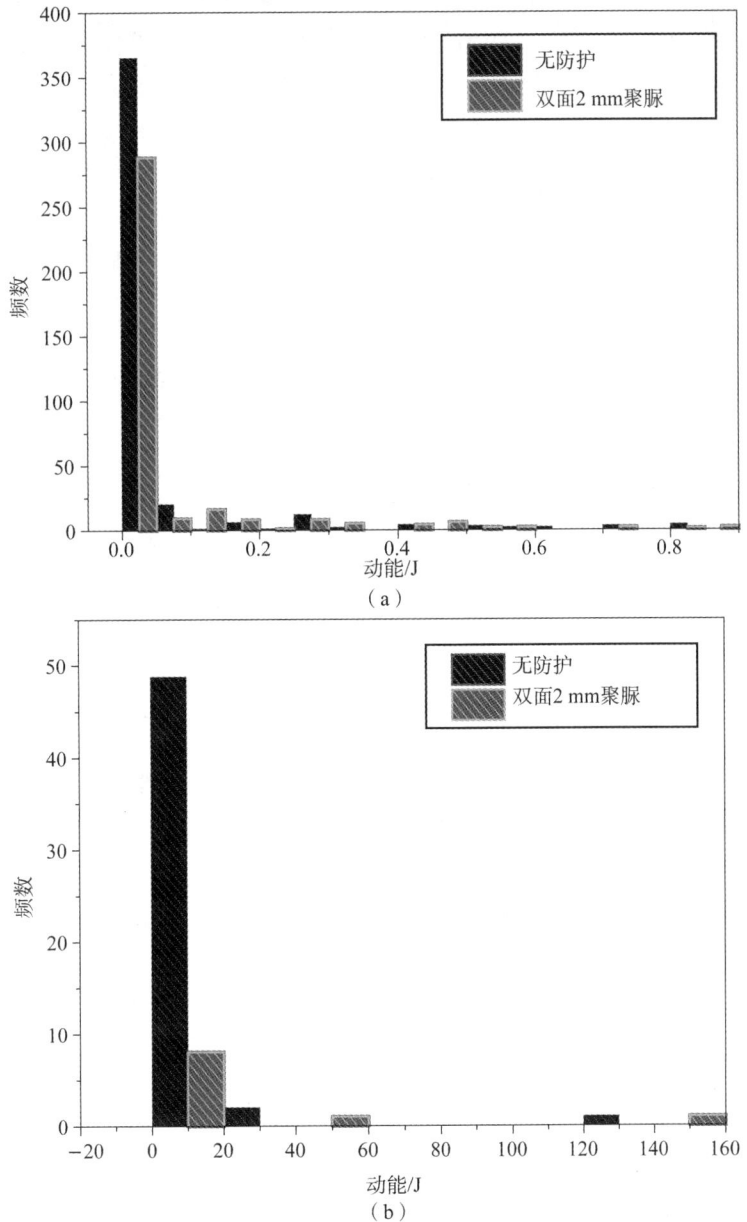

图 14　不同防护状况下的碎砖块动能
(a) 较低区间；(b) 较高区间

最后，调出不同防护状况下的碎砖块的总动量、总动能，对比发现，不喷涂聚脲墙体飞溅的碎砖块的总动量与总动能也更大，具体分析如表 18 所示。

表 18　碎砖块的总动量与总动能

防护状况	碎砖块总动能/kJ	碎砖块总动量/(kg·m·s^{-1})
无防护	6 192	382.2
双面 2 mm 聚脲	820.3	202.0
差值	5 371.7	180.2

根据以上分析可以发现，破片作用在墙体上，没有聚脲防护的墙体产生的碎砖块最大位移、砖块的损伤情况和碎砖块数量、质量及总动量、总动能都大于有聚脲防护的墙体。因此可以得出，破片毁伤源下，聚脲对墙体也有防护作用。

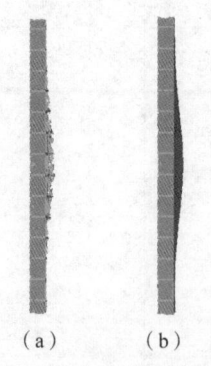

图 15 墙体碎砖块崩落飞溅显示情况
(a) 无防护；(b) 双面 2 mm 聚脲

其次，研究 45 kg TNT 装药产生的冲击波和 1 987.769 m/s 存速的破片同时到达时，冲击波 – 破片联合作用毁伤源对有无聚脲防护的墙体的不同毁伤效果，最终确定聚脲是否对这种联合毁伤源有防护效果。选取在有无聚脲防护的情况下，在 0.3 ms 时，分析伤害最大致因的墙体毁伤评估变量——崩落的碎砖块。

第一，从宏观的墙体碎砖块崩落飞溅显示图来看，在联合作用下，喷涂聚脲依旧可以有效地兜住墙体产生的碎砖块，具体如图 15 所示。

第二，从碎砖块的总体数量来看，冲击波 – 破片同时到达的联合作用，喷涂聚脲防护，砖墙产生碎砖块总数量减少了 149 块，并且质量减少了 20 kg，由此可知墙体喷涂聚脲防护后，可以使砖墙产生的碎砖块的总数量及质量减小，具体如表 19 所示。

表 19 碎砖块数量及质量统计

防护状况	碎砖块数量/块	碎砖块质量/kg
无防护	2 524	294
双面 2 mm 聚脲	2 375	274
差值	149	20

第三，从全部碎砖块垂直墙体高度方向上的动量来看，动量主要集中在 0 ~ 0.2 kg·m/s，且冲击波 – 破片联合作用在没有喷涂聚脲防护的墙体上产生的动量值较大的碎砖块数量明显比双面喷涂聚脲的墙体多，具体分析如图 16 所示。

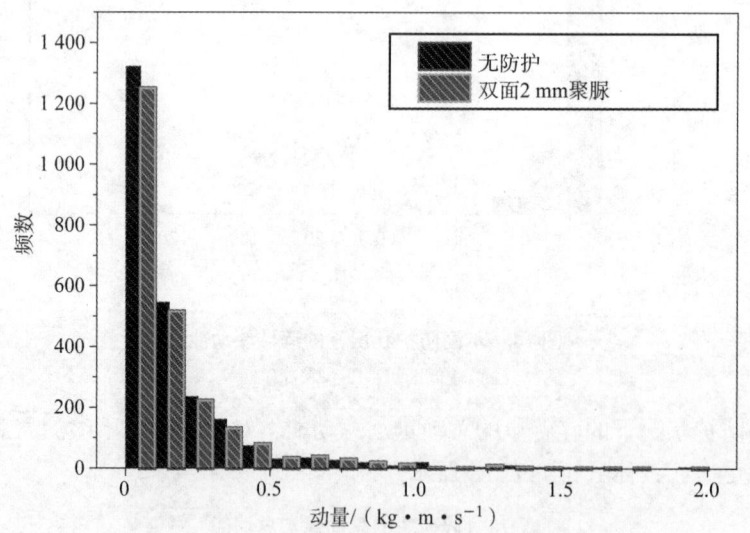

图 16 不同防护状况下的碎砖块动量

第四，从全部碎砖块的动能来看，动能主要集中在 0 ~ 10 J，且冲击波 – 破片联合作用在没有喷涂聚脲防护的墙体上产生的动能值较大的碎砖块数量比双面喷涂聚脲的墙体多，具体分析如图 17 所示。采用同一时刻碎砖块（破片）动能 E_y 进行碎砖块对后续人员形成杀伤作用的分析。无防护墙体产生 36 块，双面喷涂聚脲的墙体产生 26 块。由 98 J 以上的动能分布直方图可知，无防护墙体产生动能大于 98 J 的碎砖块在各区间都更多，且最大值更大，具体如图 17 所示。

最后调出不同防护状况下的碎砖块的总动量、动能对比，可以发现不喷涂聚脲墙体飞溅的碎砖块的总动量与总动能也更大，具体分析如表 20 所示。

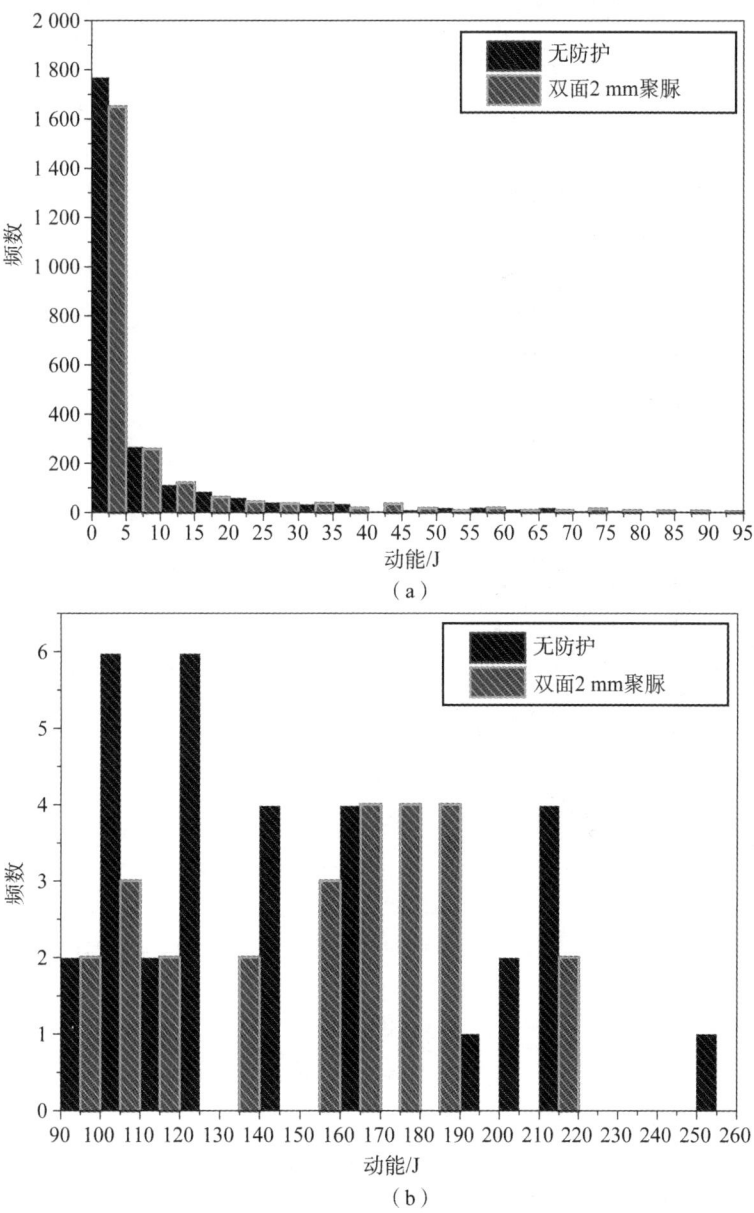

图 17 不同防护状况下的碎砖块动能

（a）较低区间；（b）大于 98 J 区间

表 20 碎砖块总动量与总动能

防护状况	碎砖块总动能/kJ	碎砖块总动量/(kg·m·s^{-1})
无防护	1 430	2 130
双面 2 mm 聚脲	1 340	2 000
差值	90	130

根据以上分析可以发现，冲击波 – 破片同时到达联合作用在墙体上，没有聚脲防护的墙体产生的碎砖块数量质量及总动量总动能都大于有聚脲防护的墙体。同时，有聚脲防护，砖块的损伤情况并没有因此减小。因此可以得出，联合作用毁伤源下，聚脲对墙体的破坏依据有防护作用，仍主要体现在对墙体产生的碎砖块有明显的阻碍作用，即"兜住"了碎砖块。

3.3 墙体抗爆加固设计及优化

3.3.1 聚脲喷涂方式对墙体破坏情况的影响

选取在不同聚脲喷涂方式下，裸炸药产生的冲击波对墙体的破坏情况，对 1.2 ms 墙体的砖块的损伤情况和碎砖块的数量、质量、动能和垂直墙体高度方向上的动量进行对比分析。

首先在 1.2 ms 时，为了更直观地分析墙体的损坏情况，借助云图显示中的 Damage 显示砖墙的损坏情况，从墙体的背面看，具体损伤情况如图 18 所示。

由图 18 中两张图片的对比状态可以看出，背爆面喷涂 2 mm 聚脲的墙体实际损坏情况其实并没有变化，反而比双面喷涂 2 mm 聚脲工况损伤程度轻，但这两种喷涂方式的聚脲涂层都没有到达其塑性应变失效极限，聚脲涂层均可以"兜住"碎砖块。

最后分析的是伤害最大致因的墙体毁伤评估变量——崩落的碎砖块。

第一，从宏观的墙体碎砖块崩落飞溅显示图来看，双面和背面两种喷涂方式都可以有效地兜住墙体产生的碎砖块，具体如图 19 所示。

(a) (b)

图 18 喷涂方式不同墙体背爆面的损伤情况
(a) 双面喷涂聚脲；(b) 背爆面喷涂聚脲

(a) (b)

图 19 墙体碎砖块崩落飞溅显示情况
(a) 双面；(b) 背爆面

第二，从碎砖块的总体数量来看，只在背爆面喷涂聚脲防护，砖墙产生碎砖块总数量增加了 2 017 块，由此可知墙体双面喷涂聚脲防护，一定程度上可以使砖墙产生的碎砖块的总数量减小，但是碎砖块的质量却增加了，具体如表 21 所示。

表 21 碎砖块数量及质量统计

防护状况	碎砖块数量/块	墙体碎砖块质量/kg
双面 2 mm 聚脲	20 257	1 060
背爆面 2 mm 聚脲	22 274	845
差值	−2 017	215

第三，从全部碎砖块垂直墙体高度方向上的动量来看，在较小的动量区间，动量主要集中在 0 ~ 0.02 kg·m/s 这个区间内，而从动量的大于 98 J 区间直方图来看，只在背面喷涂聚脲的工况下产生了更多的动量较大的碎砖块，且碎砖块的动量最大值也比双面喷涂的工况更高，具体分析如图 20 所示。

第四，从全部碎砖块的动能来看，在较小的动能区间，动能主要集中在 0 ~ 2 J 这个区间内。再由 98 J 以上的动能分布直方图可知，只在背面喷涂聚脲的工况下产生了更多的动能大于 98 J 的碎砖块，具体多 126 块，且碎砖块的动能最大值也比双面喷涂的工况更高，具体分析如图 21 所示。

最后，调出不同喷涂方式下的碎砖块的总动量、总动能，对比可以发现，不喷涂聚脲墙体飞溅的碎砖块的总动量与总动能也更大，具体分析如表 22 所示。

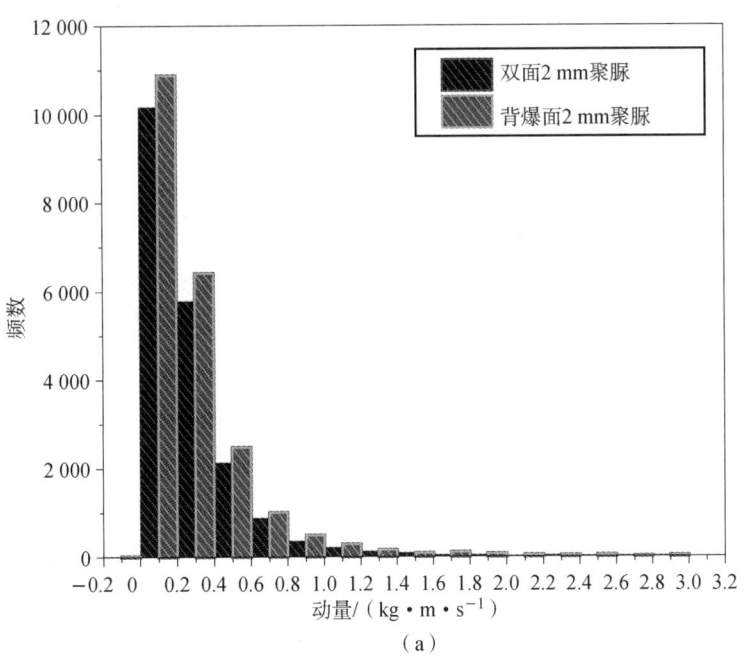

(a)

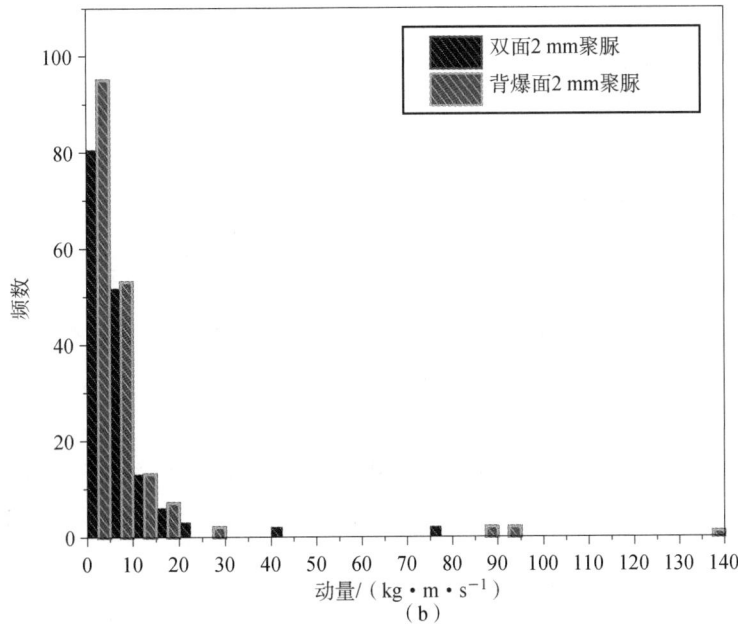

(b)

图 20　不同喷涂方式下的碎砖块动量
（a）较低区间；（b）较高区间

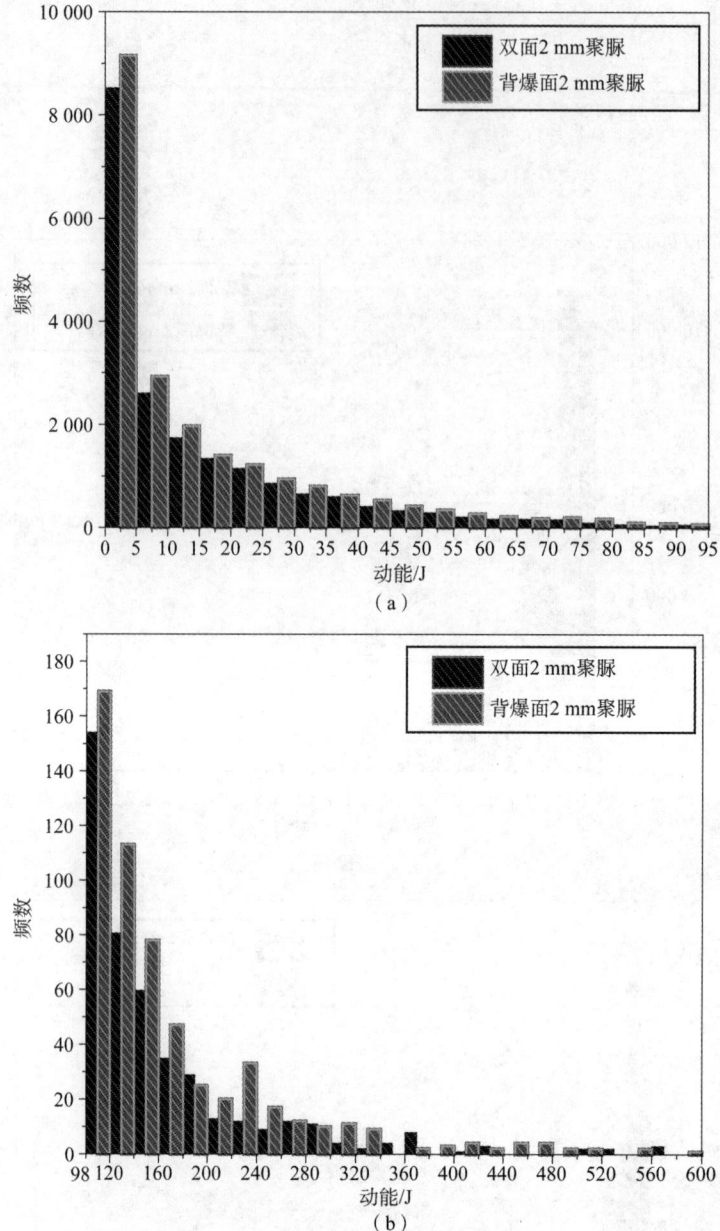

图 21 不同防护状况下的碎砖块动能

(a) 较低区间；(b) 大于 98 J 区间

表 22 墙体飞溅的碎砖块的总动量与总动能

喷涂方式	碎砖块总动能/kJ	碎砖块总动量/(kg·m·s⁻¹)
双面	3 842	60 390
背爆面	3 766	56 570
差值	76	3 820

根据以上分析，可以发现 45 kg TNT 当量的裸装药产生的冲击波作用在墙体上，只在背爆面喷涂聚脲的墙体的碎砖块数量、质量及总动量、总动能上与喷涂双面聚脲防护的墙体整体持平。

3.3.2 聚脲喷涂厚度对墙体破坏情况的影响

在不同聚脲喷涂厚度下，研究裸炸药产生的冲击波对墙体的破坏情况，对 1.2 ms 墙体的各个位置的碎砖块的数量质量、动能进行对比分析。

第一，从宏观的墙体碎砖块崩落飞溅显示图来看，无论喷涂 2 mm 或 4 mm 的聚脲均可有效地兜住墙体产生的碎砖块，具体如图 22 所示。

第二，从碎砖块的总体数量来看，45 kg TNT 爆炸产生冲击波作用，涂 4 mm 聚脲防护，砖墙产生碎砖块总数量减少了 2 779 块，并且质量也减少了 54 kg。由此可知，墙体喷涂 4 mm 聚脲防护可以使砖墙产生的碎砖块的总数量及总质量减小，具体如表 23 所示。

表 23　碎砖块数量及质量统计

防护状况	碎砖块数量/块	墙体碎砖块质量/kg
背爆面 2 mm 聚脲	22 274	845
背爆面 4 mm 聚脲	19 495	791
差值	2 779	54

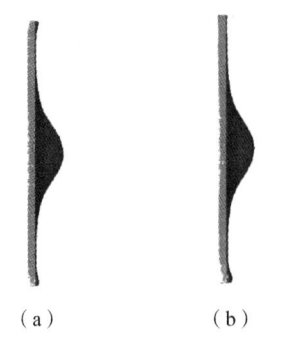

图 22　墙体碎砖块崩落飞溅显示情况
(a) 2 mm；(b) 4 mm

第三，从全部碎砖块的动能来看，在两个区间中背面喷涂 2 mm 聚脲的工况均产生了更多的碎砖块，具体多 94 块，且碎砖块的动能最大值也比喷涂 4 mm 的工况更高，具体分析如图 23 所示。

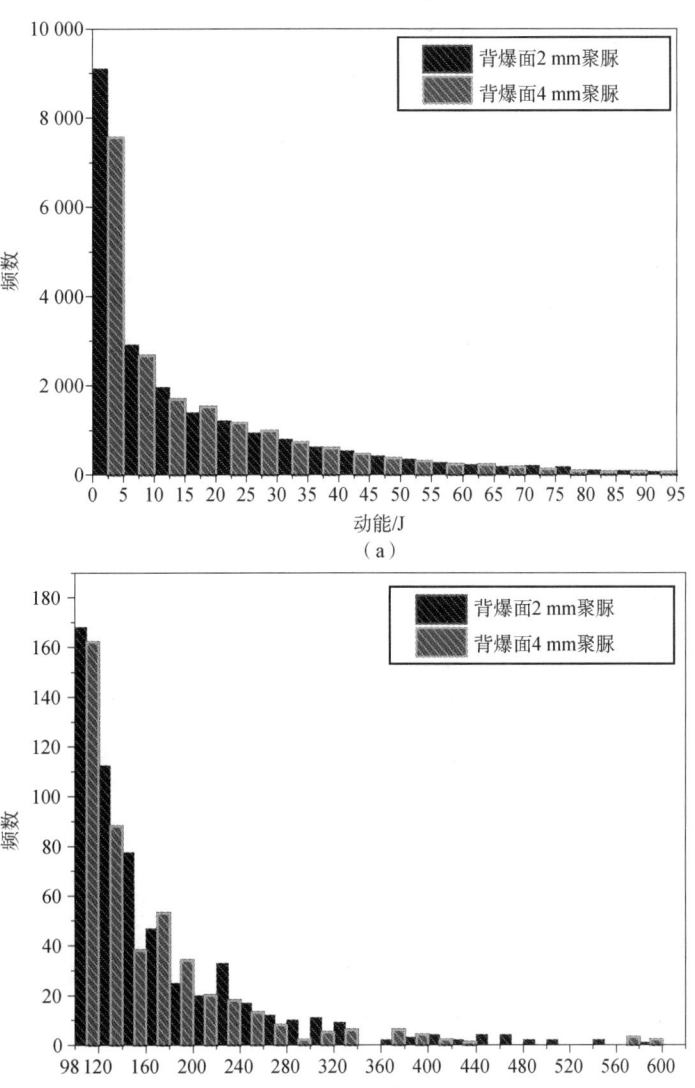

图 23　不同防护状况下的碎砖块动能
(a) 较低区间；(b) 大于 98 J 区间

最后，调出不同喷涂厚度下的碎砖块的总动量、总动能，对比可以发现，背爆面喷涂 2 mm 聚脲墙体飞溅的碎砖块的总动量与总动能也更大，具体分析如表 24 所示。

根据以上分析，可以发现 45 kg TNT 当量的裸装药产生的冲击波作用在墙体上，在背爆面喷涂 4 mm 聚脲防护的墙体产生的碎砖块数量、质量及总动能都小于背爆面喷涂 2 mm 聚脲防护的墙体，但相差不是太多。因此，聚脲喷涂厚度（2 mm 和 4 mm）对墙体破坏并产生的飞溅碎砖块的阻碍作用有影响，即更大厚度的聚脲涂层更好地"兜住"了碎砖块，但差别并不是很明显。

表 24 墙体飞溅的碎砖块的总动量与总动能

喷涂厚度	碎砖块总动能/kJ	碎砖块总动量/(kg·m·s⁻¹)
2 mm	3 766	56 570
4 mm	3 643	53 670
差值	123	2 900

3.3.3 聚脲与墙体间附着力对墙体破坏情况的影响

选取在不同聚脲与墙体间附着力下，裸炸药产生的冲击波对墙体的破坏情况，对 0.94 ms 的墙体的碎砖块的数量、质量、总动能和垂直墙体高度方向上的总动量进行对比分析。

第一，从宏观的墙体碎砖块崩落飞溅显示图来看，虽然附着力不同，但其兜住墙体产生的碎砖块的效果没有明显区别，具体如图 24 所示。

第二，从碎砖块的总体数量质量来看，可知附着力不同产生碎砖块的总数量及质量并没有明显区别，但 6 MPa 时，碎砖块的质量要稍低一些，如表 25 所示。

表 25 碎砖块数量及质量统计

附着力大小/MPa	碎砖块数量/块	墙体碎砖块质量/kg
3	23 655	585
4	23 381	587
6	23 517	575

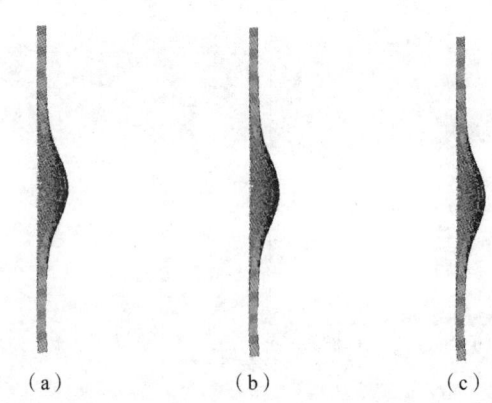

图 24 墙体碎砖块崩落飞溅显示情况
(a) 3 MPa；(b) 4 MPa；(c) 6 MPa

调出不同附着力下的碎砖块的总动量、总动能，对比可以发现，附着力为 6 MPa 时聚脲墙体飞溅的碎砖块的总动量与总动能也更大，具体分析如表 26 所示。

表 26 墙体飞溅的碎砖块的总动量与总动能

附着力/MPa	碎砖块总动能/kJ	碎砖块总动量/(kg·m·s⁻¹)
3	3 406	46 210
4	3 399	46 310
6	3 380	45 830

根据以上分析，可以发现 45 kg TNT 当量的裸装药产生的冲击波作用在墙体上，墙体与聚脲涂层间的附着力为 6 MPa 时墙体产生的碎砖块的质量和总动量及总动能相对较小，其他参量没有明显规律。

4 结论

本文针对现有砖墙抗爆与防护研究的不足，基于数值模拟手段，对聚脲弹性体的墙体抗爆加固设计及防护能力进行研究，主要得到以下结论：

（1）针对冲击波单独作用、破片单独作用和破片 – 冲击波联合作用这三种不同类型的毁伤源，进行了砖墙严重破坏时的毁伤效果的研究。通过对不同毁伤源对无防护墙体毁伤效果的对比，得出了冲击波毁伤源是使无防护墙体破坏并产生具有后续杀伤作用的碎砖块的主要原因，破片与之相比几乎可以忽略。

（2）通过不同毁伤源对有防护墙体毁伤效果的对比，发现了聚脲对三种形式的毁伤源均有防护作用，但由于冲击波作用本身引起墙体破坏与碎砖块飞溅程度更大，所以当冲击波与破片联合作用时，更多体现的是聚脲对冲击波的防护作用。研究还发现，聚脲对墙体的防护作用不是减轻砖块的损伤，而是体现在兜住碎砖块，阻碍碎砖块飞溅对墙后人员造成伤害，这也是现实需求中最迫切要达到的防护效果。

（3）在以上研究的基础上，选取了复合聚脲对墙体防护机理的毁伤源对应的毁伤效果最明显的冲击波单独作用的工况，确定了聚脲的不同喷涂方式、厚度与附着力对墙体的防护效果的影响，即背爆面喷涂 2 mm 的聚脲就能有符合需求的防护效果，并且随着厚度增加到 4 mm 和附着力增加到 6 MPa，防护效果有所增强，但并不是非常明显。因此，针对冲击波毁伤源的墙体抗爆加固设计及优化结果为：可以只在背爆面喷涂聚脲，喷涂厚度为 2 mm，聚脲涂层与墙体间的附着力在 6 MPa 附近。

参 考 文 献

[1] Ransom T C, Ahart M, Hemley R J, et al. Acoustic properties and density of polyurea at pressure up to 13.5 GPa through Brillouin scattering spectroscopy [J]. Journal of Applied Physics, 2018, 123 (19): 102 – 195.

[2] 邓希旻, 武海军, 朱学亮, 等. 聚脲金属基复合结构在低速冲击下的动态响应研究 [J]. 兵工学报, 2017 (S1): 65 – 70.

[3] Ransom T C, Ahart M, Hemley R J, et al. Vitrification and density scaling of polyurea at pressures up to 6 GPa [J]. Macromolecules, 2017: acs. macromol. 7b01676.

[4] 代利辉, 吴成, 安丰江, 等. 水下爆炸载荷作用下聚脲材料对钢结构防护效果研究 [J]. 中国测试, 2018, 44 (10): 165 – 171.

[5] Choi T, Fragiadakis D, Roland C M, et al. Microstructure and segmental dynamics of polyurea under uniaxial deformation [J]. Macromolecules, 2012, 45 (8): 3581 – 3589.

[6] Gould P J, Cornish R, Frankl P, et al. Predictive model for segmented poly (urea) [J]. EPJ Web of Conferences, 2012 (26): 04007.

[7] Iqbal, Nahid, Sharma, P. K, Kumar, Devendra, Roy, P. K. Protective polyurea coatings for enhanced blast survivability of concrete [J]. Construction and Building Materials, 2018, 04 (204): 682 – 690.

[8] 唐巨明. 浅析砌体结构存在裂缝的预防及加固措施 [J]. 四川建材, 2007, 33 (5): 52 – 53.

[9] 孔庆银. 砌体结构墙体加固方法述评 [J]. 商品与质量, 2009 (s6): 66 – 68.

[10] 王军国. 喷涂聚脲加固粘土砖砌体抗动载性能试验研究及数值分析 [D]. 合肥：中国科学技术大学, 2017.

[11] Li J, Wu C, Hao H, et al. Experimental and numerical study on steel wire mesh reinforced concrete slab under contact explosion [J]. Materials & Design, 2017 (116): 77 – 91.

[12] 孔祥韶. 爆炸载荷及复合多层防护结构响应特性研究 [D]. 武汉：武汉理工大学, 2013.

[13] 朱学亮. 聚脲金属复合结构抗冲击防护性能研究 [D]. 北京：北京理工大学, 2016.

[14] 许帅. 聚脲弹性体复合结构抗冲击防护性能研究 [D]. 北京：北京理工大学, 2015.

[15] 赵鹏铎, 黄阳洋, 王志军, 等. 聚脲涂层复合结构抗破片侵彻效能研究 [J]. 兵器装备工程学报, 2018, 39, 241 (08): 7 – 13.

[16] 赵鹏铎, 张鹏, 张磊, 等. 聚脲涂覆钢板结构抗爆性能试验研究 [J]. 北京理工大学学报, 2018 (2): 118 – 123.

[17] 张楠. 砌体填充墙抗爆性能的数值模拟 [D]. 长沙: 湖南大学, 2015.

[18] Linz P D, Fan S C, Lee C K. Modeling of combined impact and blast loading on reinforced concrete slabs [J]. Latin American Journal of Solids and Structures, 2016, 13 (12): 2266-2282.

[19] Rivera H K D. Nanoenhanced polyurea as a blast resistant coating for concrete masonry walls [J]. International Journal of Impact Engineering, 2013, 45 (6): 1023-1046.

[20] Leppänen J. Concrete subjected to projectile and fragment impacts: modelling of crack softening and strain rate dependency in tension [J]. International Journal of Impact Engineering, 2006, 32 (11): 1828-1841.

[21] Nyström U, Gylltoft K. Numerical studies of the combined effects of blast and fragment loading [J]. International Journal of Impact Engineering, 2009, 36 (8): 995-1005.

攻角对杆式动能弹毁伤多层靶影响仿真

张宝权，王瑞乾，林建民

(西北工业集团，陕西 西安 710043)

摘 要：针对采用动能杆式弹对多层间隔目标的毁伤研究中，着靶时攻角对于毁伤效果影响的问题，建立了杆式动能弹多个着靶姿态贯穿多层靶的仿真模型，使用有限元软件 Ls – dyna 进行仿真计算。通过对仿真结果的分析，得出着靶姿态对杆式弹穿多层目标影响程度的趋势。在设定的模型参数条件下，动能弹攻角越小，对多层靶逐层贯穿过程中的质量损失越小，贯穿层数多；反之攻角越大，则质量损失越大，贯穿层数急剧减少。

关键词：杆式动能弹；多层间隔靶；有限元仿真

0 引言

随着科学技术的不断发展，战场上各种武器防护装甲的防护性能不断提升，尤其是具有多层舱室结构的大型海上目标，其发动机、油箱等致命位置多位于舱室中底层，在层层舱室的保护下，采用爆炸或穿爆的方法很难对其造成致命打击。

动能是最早应用于武器的毁伤方式之一，动能毁伤弹药作为常规弹药的一个重要种类，在科学技术的不断发展下，其毁伤能力也在不断提升，对于新型复合装甲、多层装甲等目标，杆式动能弹药仍然是最直接、最有效的毁伤手段。动能弹药对目标的毁伤程度主要取决于弹药着靶的比动能以及目标的特性，弹药着靶时的攻角是影响弹药着靶比动能的重要因素。研究着靶时攻角对动能弹药毁伤程度的影响具有重要的现实意义和应用价值。

1 研究背景

关于动能弹药进行多层间隔目标毁伤，袁亚楠等[2]曾建立有限元模型进行过相关研究，但研究范围仅限于3层靶，动能弹质量为400 g，对于海上大型目标来说，其等效间隔靶不止3层，需要更大质量的动能弹来进行有效毁伤。参考钱伟长的《穿甲力学》中的理论，杆式动能弹贯穿多层间隔靶第一层属于薄板靶体问题，但对于其后的靶板来说，很难用经验公式的方法进行描述，而采用有限元仿真的方法则更加直观有效。本文建立了杆式动能弹多个着靶姿态贯穿多层靶的仿真模型，使用有限元软件 LS – DYNA 进行仿真计算。力求通过对计算结果的分析，得出着靶姿态对杆式弹穿多层目标影响程度的趋势，为子弹的工程化结构设计提供参考。

2 仿真计算

2.1 建立模型

使用三维软件 UG 建立仿真模型，如图1所示，杆式动能弹模型直径为60 mm，长度为420 mm，头部采用圆台结构，材料选用钨合金，密度为17.6 g/cm^3，质量为20 kg。多层间隔靶模型由10层厚度为20 mm，直径为1.6 m，间隔为0.8 m的装甲钢板组成。为了保证模型网格剖分具有较高的质量，建模的过程中对小尺寸倒角或者尖锐特征进行了处理。运用 ICEM，采用六面体非结构网格对模型进行剖分，剖分时尽量保证动能弹网格尺寸与间隔靶网格尺寸的差异较小，然后将网格模型导入 LS – PrePost 进行仿真条件的设置，并生成求解用 K 文件。

图 1　仿真模型

2.2　材料模型及条件设置

本文选用了目前动能弹常用的钨合金作为弹体材料,主要考虑钨合金密度大,机械性能良好,具有良好的动能承载能力及抗冲击性。间隔靶材料选用装甲钢板,装甲钢板具有良好的抗冲击能力,防弹性能良好,但其成形加工性较差,一般海上目标选用机械性能较低、可加工性良好的船用钢板。

动能弹与间隔靶均采用双线性弹塑性模型 * MAT_PLASTIC_KINEMATIC 对材料进行定义,同时加载 * MAT_ADD_EROSION 材料失效模型,设置最大拉应力 1 000 MPa 作为失效标准。材料参数由 105 mm 口径穿甲弹的实际穿甲试验结果进行材料参数的调整复核而来,图 2 和图 3 所示为穿甲试验结果与参数调整完成后的仿真结果。表 1 所示为所用材料参数。

图 2　穿甲弹试验结果

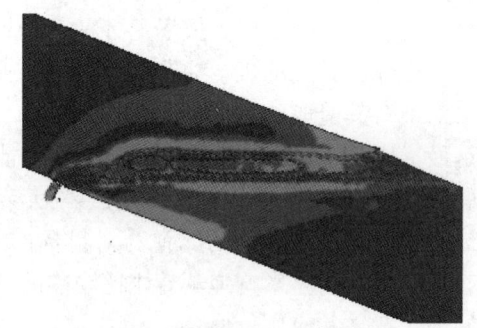
图 3　穿甲弹仿真结果

动能弹与间隔靶的接触主要设置 * CONTACT_ERODING_SURFACE_TO_SURFACE_ID 主从面失效接触,考虑动能弹在穿甲过程中产生断裂,因此设置动能弹与其自身的接触模型为 * CONTACT_AUTOMATIC_SURFACE_TO_ SURFACE_ID 面面自适应接触,自适应接触是主从面的一种特殊形式,在这种类型的接触中,当组成接触面的单元因承受过大应力应变而发生破坏时,这些单元将从接触面中删除,从而改变接触面的构形,本文仿真设置动能弹表面作为主面,间隔靶的靶板表面作为从面。然后在间隔靶靶板外围节点定义固定约束。为保证计算顺利进行,两种材料模型加载了沙漏控制。

表 1　仿真材料参数

模型	密度 /(g·cm^{-3})	弹性模量 /($\times 10^{11}$)	泊松比	屈服强度 /MPa	硬化指数	失效
动能弹	17.6	3.6	0.3	1 000	0.026	0.8
间隔靶	7.8	2.1	0.3	700	0.026	0.8

3　仿真结果及分析

3.1　仿真结果

按照以上设置条件,分别设置攻角为 0°（弹丸轴线与速度矢量夹角）、1°、3°、5° 进行仿真,记录动能弹对间隔靶的贯穿层数、速度变化情况、质量变化情况等数据进行对比，图4～图7所示分别为0°～5°攻角动能弹对间隔靶的贯穿仿真图片，图8～图11所示分别为动能弹在贯穿过程中的速度、加速度、质量以及动能变化情况。表2所示为四种典型攻角的仿真结果统计。

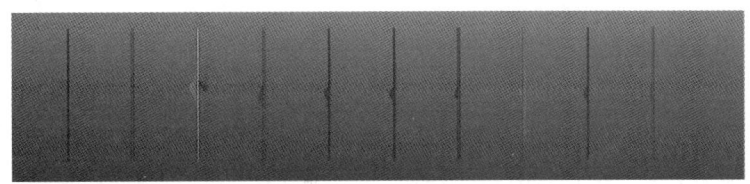

图4　0°攻角仿真结果

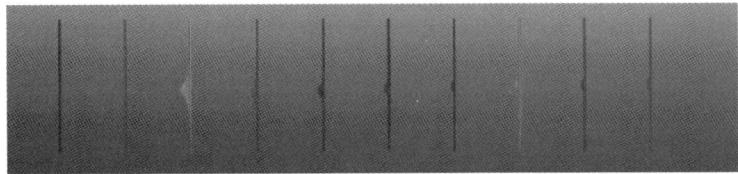

图5　1°攻角仿真结果

图6　3°攻角仿真结果

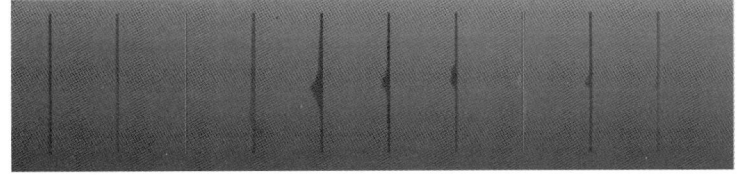

图7　5°攻角仿真结果

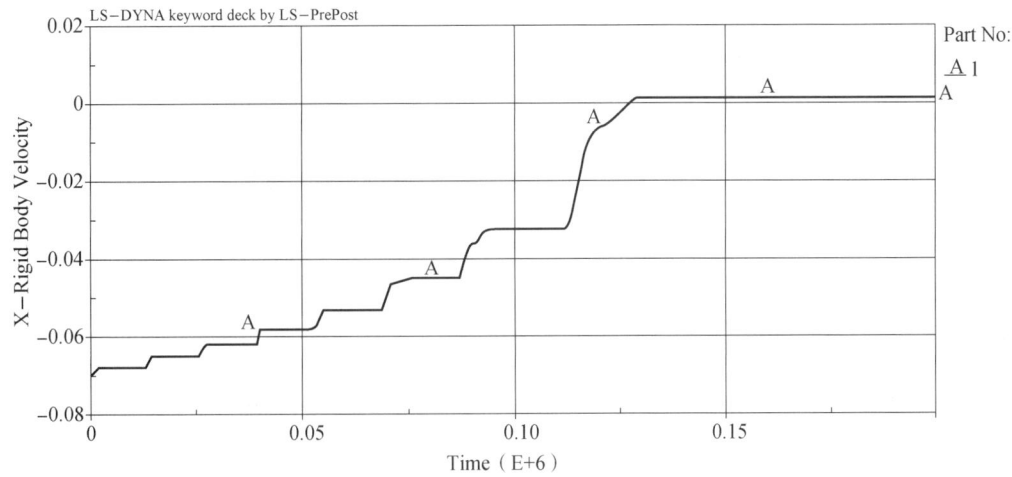

图8　速度变化情况

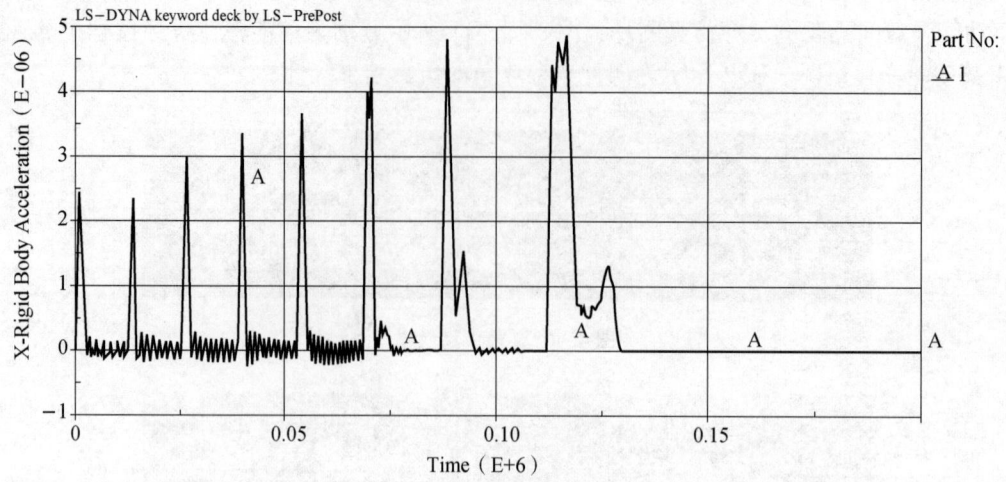

图 9　加速度变化情况

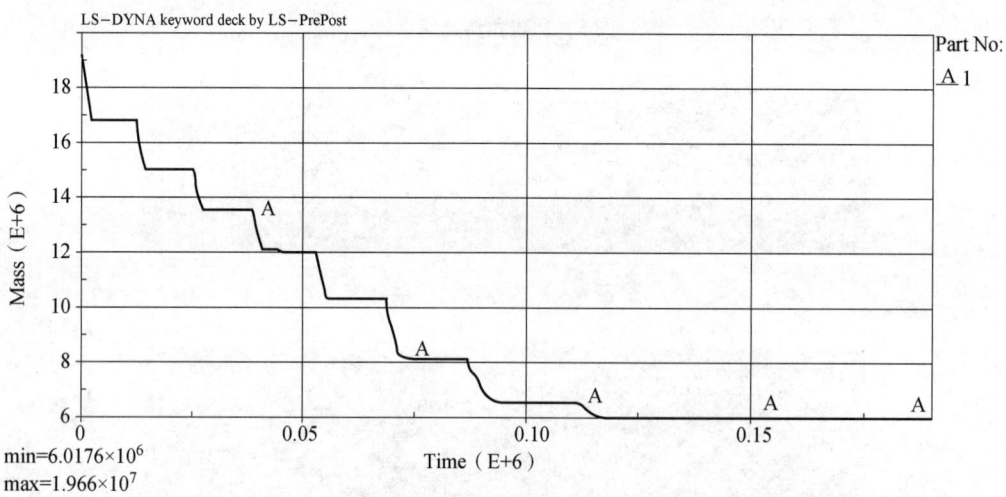

图 10　质量变化情况

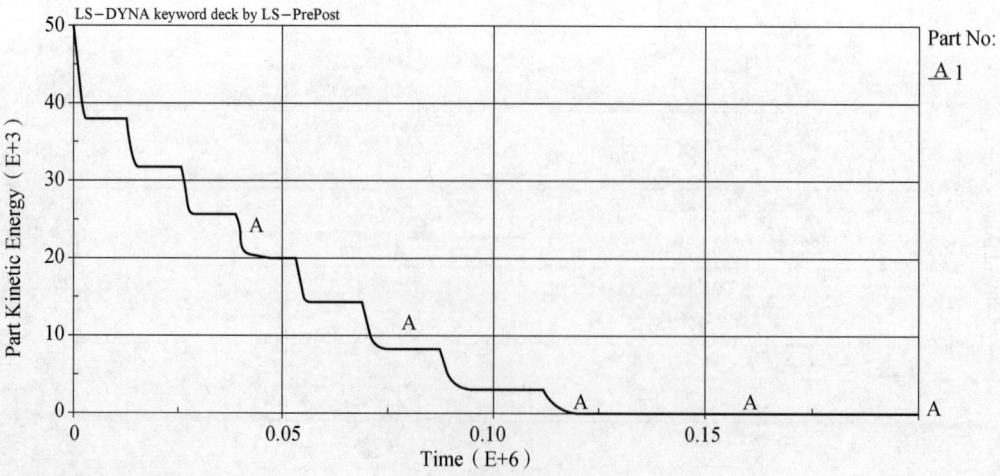

图 11　动能变化情况

表 2 典型攻角仿真结果统计

工况	着靶速度 /(m·s^{-1})	着靶攻角 /(°)	穿透层数	剩余质量 /kg	剩余速度 /(m·s^{-1})
1	700	0	7.5	6	0
2	700	1	7.5	4.2	0
3	700	3	6.5	3.5	0
4	700	5	6.5	2.6	0

备注：7.5 层表示穿透 7 层，在第 8 层上有凹坑。

3.2 结果分析

通过以上仿真结果可以看出，动能弹在穿透间隔靶的每一层时，在较大冲击阻力的作用下，速度与质量都有一定衰减，直至剩余部分速度为 0。随着着靶时动能弹的攻角增大，动能弹穿第一层间隔靶时，其弹身会受到垂直于轴线的作用力，该力达到弹身材料强度极限时会使其发生折断，导致能量分散，贯穿层数急剧减少，该力未达到弹身材料强度极限时，会使得动能弹在其后的弹道发生摆动，逐层贯穿靶板时消耗的能量增大，贯穿层数较攻角小时的贯穿层数少。

4 结论

本文在试验数据的基础上，获取了动能弹贯穿装甲钢板的仿真参数，使用该参数对不同攻角杆式动能弹贯穿多层间隔靶的情况进行仿真，分析得出攻角对杆式动能弹贯穿多层间隔靶的影响趋势：在设定的模型参数条件下，动能弹攻角越小，对多层靶逐层贯穿过程中质量损失越小，贯穿层数越多；反之攻角越大，则质量损失越大，贯穿层数急剧减少。对于实际攻击多层目标的动能弹，应在设计时充分考虑其发射或抛撒的初始条件，尽量使其在飞行达到目标时保持较小的着靶攻角，从而发挥其对目标的最优毁伤能力。

参 考 文 献

[1] 钱伟长. 穿甲力学 [M]. 北京：国防工业出版社，1984.
[2] 袁亚楠，胡健，王少龙，等. 钨合金长杆弹斜侵彻间隔靶的数值仿真与试验 [J]. 四川兵工学报，2011 (7).
[3] 时党勇，李裕春，张胜民. 基于 ANSYS/LS - DYNA8.1 进行显式动力分析 [M]. 北京：清华大学出版社，2005.
[4] LSTC. ANSYS/LS - DYNA User's Guide (ANSYS Release 7.0 documentation) [Z]. USA：LSTC，2001.
[5] LS - DYNA. LS - DYNA keyword user manual [M]. Livermore，USA：Livermore Software Technology Corporation，2003.
[6] 李健，王晓鸣，赵国志. 长杆弹垂直侵彻有限厚度靶攻角对弹道极限速度影响的研究 [J]. 兵工学报，1995 (1).

反分离弹药初步研究

殷敏鸿

(长沙深蓝未来智能技术有限公司,湖南 长沙 410205)

摘 要:反分离弹药也称防分离弹药,由容器状防排型分离探测器(复合引信)和置于其中的战斗部组成,投送到敌方目标处后,在设定时间到达前不会起爆,复合引信能感知排弹排雷排爆措施产生的信号后控制战斗部起爆毁伤目标,导致弹药无法排除失效,也无法将其从目标处安全分离,目标的存亡被我方牢牢控制。因此,反分离弹药对敌方构成高强度的迫近威慑,能迫使目标处人员撤离后再毁伤目标,或是迫使敌方妥协、接受我方意志后,我方提供密码信息使弹药不起爆。使用反分离弹药比投送到目标处就起爆的弹药具有更大的回旋空间,是一种心理战武器,更容易达到不战而屈人之兵的全胜效果,能减少或避免人员、财产、装备毁伤,降低战争残酷性,符合武器人道化的发展趋势,也可以填补致命武器与非致命武器之间的空白地带。反分离弹药还可用于我方武器装备管控,武器装备落入敌方手中或失控后,能使其可靠自毁,防止武器装备被非授权使用造成负面后果。

关键词:反排;防拆;自毁技术;非致命性武器;心理战武器

中图分类号:TJ41 **文献标志码**:A

Preliminary study on anti – separation ammunition

YIN Minhong

(Changsha Deep Blue Future Intelligent Technology Co., Ltd., Changsha 410205, China)

Abstract: The anti – separation ammunition is also called anti – separation ammunition. It consists of a container – shaped anti – discharge separation detector (composite fuze) and a warhead placed in it. After being sent to the enemy target, it will not detonate before the set time arrives. The composite fuze can sense the signal generated by the detonation and detonation measures and control the target of the warhead's detonation and damage, so that the ammunition cannot be eliminated, and it cannot be safely separated from the target. The survival of the target is firmly controlled by us. Therefore, anti – separation munitions constitute a high – intensity impending deterrent to the enemy, can force the target personnel to evacuate and then damage the target, or force the enemy to compromise and accept our will, the password information to make the ammunition not blast is provided. The use of anti – separation ammunition has a larger swing space than the ammunition that is launched to the target. It is a psychological warfare weapon, and it is easier to achieve the full victory effect of the non – war and the defeated soldiers, which can reduce or avoid the damage of personnel property equipment. Reducing the cruelty of war, in line with the development trend of weapons humanization, can also fill the gap between deadly weapons and non – lethal weapons. Anti – separation ammunition can also be used for the control of our weapons and equipment. When the weapons and equipment fall into the hands of the enemy or are out of control, they can make them self – destructive and prevent the negative consequences caused by the unauthorized use of weapons and equipment.

Keywords: anti – discharge; tampering; self – destructive technology; non – lethal weapons; psychological warfare weapons

---

作者简介:殷敏鸿(1978—),男。E – mail: ymh1945@126.com。

0 引言

进攻性武器的发展经历了由近身搏斗的棍棒、石块、刀剑等，到后来的弓箭、投石机等能向较远距离目标投掷的兵器的过程，既可以杀伤较远处的目标，又能与目标拉开距离，在杀伤敌方目标的同时较好地保护自身。相对于前述冷兵器，后来出现的枪、炮等热兵器又大大增加了对目标的毁伤距离和毁伤强度，再后来出现的导弹打击距离更远。

从武器的发展历程可以看出武器的发展规律和方向：武器越高级，毁伤能力越强，打击越精确，远距离打击能力越强，敌方目标越来越难以逃脱武器的打击，我方则可以越来越远离目标或隐藏在安全区域，越来越利于打击敌人，保存自己。因此，越是高级的武器，对敌方的威慑度越高，不战而屈人之兵的概率越高，双方的人员、财产、装备损失程度越低。

但现有武器仍然存在一个问题，即从发射弹药到毁伤目标有一定的时空距离，敌方目标多少都有躲避打击的机会，因此威慑度和威慑效果有限。武器要做到威慑度达到极致，可以通过升级为能对目标实现无人化劫持的武器，这种武器依靠现有技术的有机组合可以实现。

将现有弹药改造成反分离弹药，对目标进行无人化劫持，是使其威慑度达到极致的一种途径，也是武器发展的一种趋势和思路。

1 反分离弹药概述

1.1 概念与目的

反分离弹药也称防分离弹药，是指被投送到目标处后不会立即起爆，而是能可靠附着目标，可以在投送方设定时间内起爆，也可以被投送方解除起爆，同时具有反排、反分离特点的新型弹药。反分离弹药一旦附着或靠近目标，对方任何使弹药与目标分离或使弹药失效的企图（各种排雷、排弹、排爆措施）都会导致弹药即时起爆，毁伤目标。

反分离弹药的使用目的是在不造成敌方目标处装备财产毁伤、不杀伤敌方目标处人员的前提下，使目标无法摆脱弹药的伤害，形成对目标的无人化劫持和高强度的迫近威慑，迫使敌方决策者为保住目标而妥协，接受投送方意志，快速达到作战目的。

1.2 先进性

现有的武器如枪炮、导弹、航弹等致命性武器基本都是弹药被投送出去后立即起爆，毁伤目标或错误目标，发射弹药后就丧失了回旋余地，容易造成不可挽回的负面后果，存在相当大的弊端。但如果只是使用武器瞄准目标进行威慑，又存在威慑度不足的问题，对方会认为有躲避毁伤的机会，心存侥幸，难以妥协，最后往往还是要依靠发射弹药造成人员、装备、财产毁伤来争取达到作战目的。至于非致命性武器，因为即使击中目标也不会致命或使装备造成严重毁伤，对敌方的威慑度就更低。

反分离弹药及武器可以弥补致命性武器与非致命性武器的某些不足，填补两种武器之间的空白区域，可以理解成是具有致命功能的非致命性武器，也是一种心理战武器，给作战方提供更多选择与回旋空间。

敌方目标被反分离弹药可靠附着（劫持），没有逃脱毁伤的可能，弹药形成对敌方高强度的迫近威慑，威慑三要素中的力量、决心能获得最大限度展现，力量与决心的信息也能及时准确传递给敌方，使威慑度达到极致，给敌方造成极大的心理压力，有利于迫使敌方妥协，接受我方意志，实现无须伤人毁物的不战而屈人之兵效果。

反分离弹药大大增强了现有弹药的威慑度，减少了最终弹药起爆毁伤目标处人员和装备、财产的概率，能降低或消除战争的残酷性，减少人员、财产损失和负面社会政治后果，比直接伤人毁物的传统弹药更人道，同时也降低了己方的战争成本。技术决定战术，反分离弹药的这种特性能够促使作战方式甚至战略发生革命性变化。

此外，现有武器在监视瞄准对方目标过程中可能丢失目标，丧失战机，但发现目标后就发射弹药毁伤目标又会造成被动。由于反分离弹药投送到目标处后不会立即毁伤目标，能够将目标的存亡掌握在我方手中，我方可以发现目标后就提前投送弹药，因此不会丢失目标，大大增强我方主动权，随时把握战机。反分离弹药的出现，推动了战争由发现即摧毁向发现即劫持的转变。

1.3 技术可行性

反分离弹药的核心是防排型分离探测器，这是一种容器状复合传感器，也可以称为复合引信，可军、民两用。防排型分离探测器本身没有任何杀伤力，可以迅速感知入侵、拆卸、移动、冷冻、激光、微波、高速动能体撞击等排雷、排弹、排爆措施产生的信号，并由中央控制系统对信号进行处理后输出起爆指令。将包括核弹在内的常规或非常规弹药战斗部置于这种容器状探测器内部并简单连接和固定后，就成为具有全新功能、无法排除的反分离弹药，实现对现有弹药的人道化改造。

反分离弹药的技术基础已经成熟，某些具有一定反拆移功能的区域封锁雷弹、地雷、水雷、航弹等可以理解为反分离弹药的前身或雏形，但功能不完善，尤其是反拆功能较简单，无法应付某些排雷、排弹、排爆措施，不能做到绝对可靠地反排。尽管真正意义上的反分离弹药实物目前可能还没有出现，但应当看到，反分离弹药将传感器、计算机、通信和弹药等现有成熟技术进行创造性组合就能实现。这与当初坦克的发明有类似之处，尽管坦克是一种革命性武器装备，但坦克的零部件并不是当时的还没有出现的高新技术，只是装甲、汽车和火炮等已有成熟技术的有机组合，却产生了全新的功能效果。

2 反分离弹药的设计方案简述

容器状防排型分离探测器与置于其中的战斗部固定结合，就构成了反分离弹药。其中的关键技术是探测器，这是一种由多种传感器组成的复合传感器，或称复合引信。

现有排雷、排弹、排爆措施有三种方式：人工失效法、销毁法和转移法。具体手段包括拆弹工具、水炮和液氮冷却等，这些措施在针对弹药使用时都会产生特定信息，被相应的传感器感知，因此，无法排除的弹药是可以实现的。但现有弹药大多没有防排功能，或者防排功能不完善，如果针对其漏洞采用相应的排雷、排弹、排爆措施，仍然可以将弹药安全排除。

防排型分离探测器为容器状，具备完善的总体防排设计，包含入侵传感系统和分离传感系统两部分，构成一个复合传感器，能感知所有排雷、排弹、排爆措施产生的信息，与置于容器中的战斗部一起，实现无缝防排、反分离功能。

最外层的外壳内分布有入侵传感器和温度传感器，外壳之下是装甲实体防护层，将分离传感器、中央控制系统（如单片机）、安全保险系统、电源、战斗部等包围在中间。可以视作战对象和实际需求减少或增加传感器种类和数量、精度，设置成不同档次的反分离弹药，应对不同战场环境。

任何企图使反分离弹药失效或与目标分离的排雷、排弹、排爆措施，如移动、拆卸、液氮冷冻、水炮攻击等产生的信息，都能被探测器及时感知并传递到中央控制系统，中央控制系统发出指令使战斗部起爆，毁伤旁边的目标。

例如，人工使用拆弹工具入侵反分离弹药，企图破坏或篡改弹药内部设施，或使用激光破坏弹药时，会被弹药内的入侵传感器感知到，引起战斗部起爆。如弹药外壳为压力容器，内部气压与外部大气压不一致，拆卸工具会导致内部气压改变，被弹药内的气压传感器感知，导致战斗部起爆，即使拆弹工具能侥幸入侵弹药内，内部还有随机隐蔽设置的接近传感器等能使战斗部起爆。

使用液氮冷却反分离弹药，企图使弹药失效时会引起弹体温度急剧下降，被弹体内的温度传感器感知，导致战斗部起爆。

如果使用坚固外壳，水炮无法起作用，会使弹药内部振动传感器感知到振动后战斗部起爆。使用高速动能体攻击方式排除弹药时，会被弹药内的装甲实体防护层阻挡，内部的振动传感器感知到振动后，引起战斗部起爆。也可以不设置装甲实体防护层，战斗部采用敏感装药，高速动能体穿过装药时也就引爆了战斗部。

如果使用微波或电磁脉冲武器排除反分离弹药，会引起弹药内的相关传感器或电雷管瞬间产生电流，直接引爆战斗部。

当内部蓄电池电量不够时，会发出欠压警报，提醒敌方给电池充电，如果电量继续下降到一定程度，欠压传感装置将导致战斗部起爆。

在分离传感器方面，如果应对的是固定目标，则可以采用倾斜传感器等。如果应对的是可移动目标，如置于军舰上的反分离弹药，则可以在弹药外壳上设置透明视窗，内置移动视频侦测器、微型雷达超声波传感器等监视目标上的参照物，只要弹药与目标发生相对移动，或移动超过一定范围，控制战斗部就会起爆，可移动目标与反分离弹药在不产生相对移动的情况下整体移动时则不受影响。

通过反分离弹药外置的键盘输入不同的密码，可以对中央控制系统发出不同指令，使探测容器实现启动、解保、关闭或自毁等功能。

反分离弹药的程序控制也很重要，最简单的方式是设定弹药起爆时间，只有在设定时间到达前，敌方输入我方提供的密码，才能使中央控制系统在时间到达时不发出起爆指令。程序也可以设置为反触发机制：在设定时间到达前输入第一个密码，如果与中央控制系统内存储的第一个密码相符合，则设定时间到达时，自动开始第二段计时，如果在第二段时间到达前，输入第二个密码并与单片机内的第二个密码相符合，则时间到达后，自动开始第三段计时，以此类推，密码随机不重复，不输入密码或密码错误，时间到达时将向战斗部发出起爆指令。或者设置为：弹药的探测器启动后持续一段时间，当设定的时间到达后，探测器自动停止工作，此时可以移动和打开容器，或者在时间到达后，可以移动容器，但不能打开容器，如果要打开容器，则需要输入另外的密码。还有很多其他程序方案，可以根据需要灵活设置。

3 对反分离弹药使用及效果的理论设想

3.1 对敌使用时

反分离弹药的目标分为固定目标和可移动目标。假设敌方目标为军舰，作战时，我方将反分离弹药通过人工或无人机，甚至火炮、导弹等高速方式投送到敌方目标处，并告知弹药的性能和起爆时间等情况，军舰就被反分离弹药可靠附着（劫持），敌方不能就地诱爆弹药，任何将弹药与军舰分离，对弹药采用各种排雷、排弹、排爆措施的行为，都会使反分离弹药的复合传感器感受到排除信息后及时起爆，毁伤军舰。

敌方军舰无法摆脱反分离弹药将要造成的毁伤，除非在弹药设定起爆时间到达前向弹药输入我方提供的特定密码，或由我方遥控，才可以使反分离弹药不起爆，甚至能将弹药转移至安全处失效自毁，才能保住军舰。作战时，我方如果处于隐蔽位置或在敌方火力打击范围外，可以使敌方无法反制，效果会更好。

由于敌方军舰无法摆脱反分离弹药将要造成的毁伤，相当于被我方无人化劫持，弹药对敌方形成高强度的迫近威慑，而且威慑度会随着弹药内设定起爆时间的临近变得越来越高，在临近起爆时间到达前达到极致。同时我方还可辅以其他对敌心理战措施，这就很可能迫使敌方在权衡利弊后接受我方意志，在不造成人员伤亡、不损毁目标的情况下，我方实现作战目的。这种反分离弹药的迫近威慑还有驱离人员的作用，即使最终弹药起爆，军舰上的人员也有时间撤离，被毁伤的只是军舰。如此则大大降低了战争的残酷性，实现不战而屈人之兵，避免人员、财产毁伤带来的负面影响。

3.2 对己使用时

安防的最后一道防线是自毁。将反分离弹药附着于我方装备时，具有防止武器装备失控或滥用的作用，换言之，反分离弹药可以用于我方的武器装备的管控。将弹药与有人驾驶装备、机器人、无人机、各种武器等装备或设施、物件结合，一旦被管控对象落入敌方手中、丢失或失控，我方在无法挽回的情况下，可以遥控反分离弹药引爆，或使用弹药预设的反触发程序，如果在设定时间到达前不能输入解除密码，反分离弹药就会毁伤装备，防止装备物件落入敌方或他人手中后被滥用或泄密造成负面后果和人道灾难。

将安装有反分离弹药的重要武器装备或物件提供给盟友或下属，也可以防止武器装备物件被非授权使用，控制使用范围，使武器装备只有在我方允许的时空范围内才能使用，否则反分离弹药会导致武器装备失效自毁，防止武器装备滥用造成负面后果，也可以防止武器装备的秘密泄露。对方只能在获得我方提供的密码后，才能在规定的时间和空间使用，否则装备物件就无法使用甚至自毁。反分离弹药还可以用于军控领域，使得某些武器装备可以不销毁，只需要通过安装反分离弹药限制其功能和使用范围等。

以上用于我方武器装备的管控型反分离弹药都不存在投送问题，可以从容设置安装，更容易实现。

未来，反分离弹药还可以用于防止人工智能机器人失控或反叛，使其在失控后或有失控迹象后失效或自毁。

4 结论

反分离弹药具备技术可行性，能提高武器的威慑能力，也符合武器人道化的现代武器发展方向，有利于实现不战而屈人之兵的理想战争状态，还能用于我方的武器装备管控，使其在失控时可靠自毁，是一种可以降低战争残酷性，有广阔应用前景的新概念武器。应加强反分离弹药技术及其作战理论的研究工作，争取占领先机，为打赢未来战争增强理论和物质基础。

虽然反分离弹药具备人道功能，但仍然是一种具备毁伤能力的武器，如果在功能设置和作战使用中不加以限制，则可能造成人道灾难。因此在反分离弹药的研究、制造和使用等过程中，需要进行必要的伦理和法律控制，使其符合相关伦理道德和人道法。

参 考 文 献

[1] 殷敏鸿．反分离弹药的人道效果及法律控制．知远防务坛．网址：http://forum.defence.org.cn/viewthread.php？tid＝69069&extra＝page%3D1

[2] 殷敏鸿．防排型分离探测器：2016100451908［P］．

[3] 殷敏鸿．智能防排地雷：2008201844159［P］．

[4] 殷敏鸿．无人化劫持战与劫持武器——未来的趋势（修正版）．知远防务论坛．网址：http://forum.defence.org.cn/viewthread.php？tid＝43612

[5] 殷敏鸿．无人化劫持战与非致命性核战争理论研究．知远防务论坛．网址：http://forum.defence.org.cn/viewthread.php？tid＝38140

爆炸载荷作用下悬臂梁支撑边界的约束等效模拟方法研究

毛伯永,翟红波,苏健军,丁 刚

(西安近代化学研究所,陕西 西安 710065)

摘 要:为了探讨爆炸载荷作用下悬臂梁支撑边界的约束等效模拟方法,基于 Euler – Bernoulli 梁理论,建立了悬臂梁支撑结构的动态响应模型,以末端响应为等效量,给出了原型结构与模拟结构支撑边界的约束等效模型,并基于 Autodyn 软件对不同支撑梁结构的冲击动力学响应进行了仿真分析。结果表明,建立的等效模型可用于悬臂梁支撑边界的约束等效模拟结构设计,采用不同力学性能的材料可以实现边界约束的等效模拟设计,而相同力学性能的材料则无法实现边界约束的等效模拟设计。研究成果可为爆炸试验中悬臂梁支撑结构边界的约束等效设计提供一种新的思路。

关键词:边界约束;等效模型;爆炸载荷;动力学响应
中图分类号:O389 **文献标志码**:A

Research on constraint equivalent simulation method of cantilever beams supports boundary under blasting loading

MAO Boyong, ZHAI Hongbo, SU Jianjun, DING Gang

(Xi'an Modern Chemistry Research Institute, Xi'an 710065, China)

Abstract: In order to study the constrain equivalent simulation method of cantilever beams support boundary under blasting loading, the dynamic response model of cantilever beams support structure is established based on Euler – Bernoulli beam theory. Then taking the endpoint response as the equivalent quantity, the equivalent model of the constrain boundary between prototype structure and equivalent simulation structure is given, and the impact dynamic response of different supporting beams structures are simulated and analyzed by Autodyn software. The results show that the equivalent model can be used in the design of equivalent simulation structure of cantilever beams support boundary. The equivalent simulation of boundary constraints can be achieved by using materials with different mechanical properties, while not to be achieved by the same mechanical properties materials. The research results can provide a new idea for the constraint equivalence design of cantilever beam support boundary in explosion test.

Keywords: boundary constraint; equivalent model; blasting loading; dynamic response

0 引言

常见的复杂结构(如车辆、舰船舱室或雷达等)由多个子结构(子系统)相互耦合而成,是弹药威力评价和目标易损性分析中常见的研究对象,掌握各子结构在爆炸载荷作用下的动态特性及破坏模式对于整体结构的易损性研究具有重要意义。由于单个子结构在爆炸冲击波作用下的动态特性受相邻连接结

作者简介:毛伯永(1988—),男,博士。E – mail: maoby@ foxmail. com。

构的约束影响,对子结构的动态响应仿真或试验研究时,建立正确的边界条件是确保研究结果有意义、合理、可靠的前提。

当前,针对子结构破坏模式的试验或仿真研究时,主要采用刚性约束作为边界条件。如研究圆形或矩形薄板结构的动态特性与破坏模式时主要采用固支边界约束[1~2],研究混凝土梁结构的破坏模式时主要采用固支边界或简支边界约束[3,4]。但实际工程结构中,单个部件均以耦合连接的形式与其他结构进行连接,各结构之间的耦合约束对分析结构的冲击响应影响较大。如实际建筑工程中的梁结构并不是采用理想的刚性支承,而是具有柔性动边界,与相邻的系统相互作用,共同承受载荷;具有弱联结框架结构的梁,由于支承结构变形使梁整体发生位移,位移会引起附加惯性力,从而对结构产生较大的影响[5]。Yao等[6]在研究舱室结构的破坏模式时,虽然对舱室板结构进行一定长度(如$L/5$)的延伸处理,并通过铁丝或钢钉对延伸板的局部点进行固定,用于模拟舱室结构边界约束,但很难真实模拟相邻舱室对其边界的约束影响。

陈万祥等[7]对爆炸荷载作用下柔性边界钢筋混凝土梁的动力响应与破坏模式进行了分析,结果表明,柔性变形可使梁的破坏时间明显延迟,破坏时梁的挠度减小,加速结构振幅衰减;宋春明等[8]通过对柔性约束边界板结构的动力响应进行研究,表明边界约束的差异将直接影响到结构的动力响应及相对承载能力;张羽翔等[9]通过爆炸冲击载荷作用下不同边界尺寸对薄板变形挠度影响的仿真研究,表明不同边界尺寸影响薄板挠度。因此,研究复杂结构中单个子结构的毁伤特性时,需要考虑相邻结构约束对子结构的影响。

综上所述,对复杂结构中的子结构进行爆炸毁伤效应试验时,若采用传统的刚性约束方式作为试验边界条件,则会导致过试验或欠试验;若直接采用子结构中相邻的原型支撑结构作为边界,则开展试验的成本高,实施难度大。针对柔性边界约束的试验模拟方法,当前主要采用弹性连接件的方式进行模拟,如陈万祥等[7]利用弹簧-阻尼系统模拟钢筋混凝土梁的柔性边界,何石等[10]利用刚性转接工装加弹性连接件的方式模拟典型壁板结构的环境振动边界约束。上述方法虽然能较为准确地对子结构的柔性边界进行模拟,但考虑到弹性连接件的边界模拟结构较为复杂,不易用于复杂结构或大型结构的边界等效模拟。而等效模拟试验是用适当的尺度和相似材料制成与原型具有相似动态响应特性的试验结构,在原型实际工作状态的基础上,按照相似规律推算原型的实际状态,这种等效模拟方法能直观反映研究对象的实际变化规律[11]。结合边界约束对结构动态特性的影响特点,对原型支撑边界的约束进行等效模拟设计时,需要保证原型结构与模拟结构的支撑点处在相同载荷作用下具有相同的响应历程,从而保证模拟试验时连接子结构的动态特性不受影响,但目前基于该模拟方法的支撑边界约束等效设计理论尚未开展深入的研究。

考虑到悬臂梁是复杂结构中常见的一种子结构,为了探索边界的约束等效模拟方法的可行性,本文拟以典型悬臂梁支撑边界为研究对象,结合欧拉-伯努利梁理论,建立支撑结构的动态响应模型,并以结构末端的响应为等效量,建立悬臂梁支撑边界的约束等效模型,并基于 Autodyn 软件对不同悬臂梁支撑边界的约束等效模型进行仿真分析。

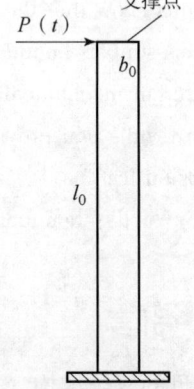

图 1 悬臂梁支撑结构示意

1 悬臂梁结构末端响应模型

为了简化问题分析的难度,假设本文所研究的悬臂梁支撑结构的上端与其他子结构耦合连接,梁的下端固定约束,其结构示意图如图 1 所示。忽略梁自身的重力、连接子结构的重力以及子结构耦合对悬臂梁动态响应的影响。因此,悬臂梁支撑边界的约束等效模拟方法可以转化为:建立原型结构与等效模拟结构支撑点处的响应关系,确保在相同载荷作用下具有相同的动态响应时间历程。

假设弹药在相邻子结构表面爆炸,冲击波载荷不直接作用于支撑结构,试验过程中边界产生破坏的概率很小，其变形主要以较大的弹性大变形和小量的塑性变形叠加而成，可以通过 Euler – Bernoulli 梁理论建立悬臂梁支撑结构的动态响应模型。设悬臂梁结构的尺寸为长 l、厚 b、宽 Δh，假设载荷 $P(t)$ 作用在距梁末端 ξ 处，则梁结构的动力学响应模型可以写成

$$\frac{\partial^2}{\partial x^2}\left(EI\frac{\partial^2 y}{\partial x^2}\right) + \rho A \frac{\partial^2 y}{\partial t^2} = P(t)\delta(x - \xi) \tag{1}$$

式中：E——材料的弹性模量；

I——中性轴的惯性矩；

ρ——密度；

A——横截面积；

$y(x, t)$——梁上距原点 x 处 t 时刻沿载荷方向的位移；

$P(t)$——外载荷。

下面采用振型叠加法对式（1）进行求解，梁的位移响应按正则振型 $Y(x)$ 展开为如下的无穷级数：

$$y(x,t) = \sum_{i=1}^{\infty} Y_i(x)\eta_i(t) \tag{2}$$

式中：$\eta_i(t)$——正则坐标。

把式（2）代入式（1）后得

$$\sum_{i=1}^{\infty}(EIY_i'')''\eta_i + \rho A \sum_{i=1}^{\infty} Y_i \ddot{\eta}_i = P(t)\delta(x - \xi) \tag{3}$$

在式（3）两边同时乘以 $Y_j(x)$ 并沿梁长对 x 积分，有

$$\sum_{i=1}^{\infty}\eta_i \int_0^l Y_j(EIY_i'')''{\rm d}x + \sum_{i=1}^{\infty}\ddot{\eta}_i \int_0^l \rho A Y_i Y_j {\rm d}x$$
$$= \int_0^l P(t)\delta(x - \xi)Y_j(x){\rm d}x \tag{4}$$

根据梁振型的正交性条件，式（4）可以写成

$$\ddot{\eta}_j + \omega_j^2 \eta_j = q_j(t) \tag{5}$$

式中：ω_j——结构第 j 阶固有频率；

$q_j(t)$——第 j 个正则坐标的广义力，可以表示为

$$q_j(t) = \int_0^l P(t)\delta(x - \xi)Y_j(x){\rm d}x = P(t)Y_j(\xi) \tag{6}$$

由于梁在初始时刻，系统处于静止状态，式（6）的解可以写成

$$\eta_j(t) = \frac{1}{\omega_j}Y_j(\xi)\int_0^t P(\tau)\sin[\omega_j(t - \tau)]{\rm d}\tau \tag{7}$$

结合式（2）和式（7），在零初始条件下的悬臂梁结构的动态响应写成

$$y(x,t) = \sum_{i=1}^{\infty}\frac{1}{\omega_j}Y_j(x)Y_j(\xi)\int_0^t P(\tau)\sin[\omega_j(t - \tau)]{\rm d}\tau \tag{8}$$

若仅考虑外载荷作用在梁的末端（$x = l$）时，梁末端的基频（$j = 1$）响应，则上式可改写为

$$y(l,t) = \frac{Y_1^2(l)}{\omega_1}\int_0^t P(\tau)\sin[\omega_1(t - \tau)]{\rm d}\tau \tag{9}$$

对于悬臂梁结构，梁的基频 ω_1 可以表示为

$$\omega_1 = 3.515\sqrt{\frac{EI}{\rho A l^4}} \tag{10}$$

梁末端一阶模态主振型 $Y_1(l)$ 可以表示为

$$Y_1(l) = C_1\{\cos(\beta_1 l) - \cosh(\beta_1 l) + \lambda[\sin(\beta_1 l) - \sinh(\beta_1 l)]\} \tag{11}$$

式中，$\beta_1 l = 1.8751$，l 为梁的长度；主振型中的常数 C_1 可由正则归一化条件得到

$$\int_0^l \rho A Y_1^2(l){\rm d}x = 1 \tag{12}$$

因此，C_1 可以改写为

$$C_1^2 = \frac{1}{\rho A d_l} \tag{13}$$

式中，d_l 的值与梁的长度有关，其表达式为

$$d_l = \int_0^l (\{\cos(\beta_1 x) - \cosh(\beta_1 x) - \lambda[\sin(\beta_1 x) - \sinh(\beta_1 x)]\})^2 \mathrm{d}x \tag{14}$$

上式中 λ 由下式确定：

$$\lambda = -\frac{\cos(\beta_1 l) + \cosh(\beta_1 l)}{\sin(\beta_1 l) + \sinh(\beta_1 l)} \tag{15}$$

2 悬臂梁支撑边界的约束等效模型

考虑到支撑结构与相邻连接子结构的连接性，这里假设原型梁结构的宽度与模拟结构的宽度相等，令原型悬臂梁结构的尺寸为 $l_0 \times b_0 \times \Delta h$，模拟结构的尺寸为 $l_1 \times b_1 \times \Delta h$，即悬臂梁结构的宽度均为 Δh，原型结构与等效模拟结构的示意图如图 2 所示。

由上文可知，若要使连接子结构具有相同的边界约束条件，则需要原型结构与模拟等效结构的支撑点处在相同载荷作用下产生相同的响应时间历程。由式（9）可知，忽略阻尼对响应幅值的影响，若在相同载荷作用下两者产生相同的响应时间历程，则首先需要保证梁的基频 ω_1 相等，即

$$\sqrt{\frac{E_1 I_1}{\rho_1 A_1 l_1^4}} = \sqrt{\frac{E_0 I_0}{\rho_0 A_0 l_0^4}} \tag{16}$$

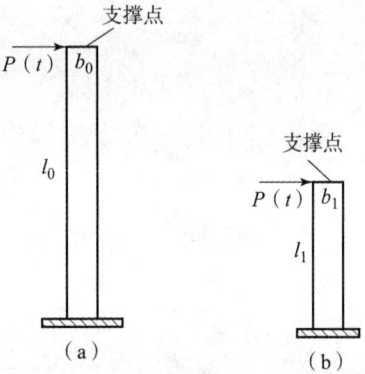

图 2 原型结构与等效模拟结构示意
(a) 原型结构；(b) 模拟结构

在此基础上，需要确保不同结构的主振型 Y_1^2 相等，对式（11）~式（15）进行整理，有

$$\frac{1}{\rho_1 A_1 d_{l1}} = \frac{1}{\rho_0 A_0 d_{l0}} \tag{17}$$

对于悬臂梁结构，d_l 的大小等于梁的长度 l，结合 $I = \Delta h b^3/12$ 与 $A = \Delta h b$，故对式（16）和式（17）进行整理得

$$\frac{b_1}{b_0} = \frac{l_1^2}{l_0^2}\sqrt{\frac{\rho_1 E_0}{\rho_0 E_1}} \tag{18}$$

$$\frac{l_1^3}{l_0^3} = \sqrt{\frac{\rho_0^3 E_1}{\rho_1^3 E_0}} \tag{19}$$

由上式可知，根据原型悬臂梁结构的尺寸、材料参数，若选用与原型结构相同力学性能的材料进行等效模拟结构设计时，模拟结构的基频和主振型不能保证同时相等；即选用与原型结构相同的材料进行设计时，无法直接实现边界约束的等效模拟。若选用与原型结构不同力学性能的材料进行支撑结构设计时，从理论上讲，根据选取材料的参数，通过式（19）确定模拟结构的长度，再结合式（18）确定厚度，即可保证两者具有相同的动态响应；即通过设计模拟结构的材料和尺寸等参数，可使模拟结构与原型结构在子结构连接处的动态响应相等。

3 仿真分析

3.1 仿真模型设计

为了验证等效模拟结构对相邻子结构边界的约束等效性，这里以某悬臂梁支撑结构为例进行仿真分

析,结构示意图如图 3 所示。基于 Autodyn 仿真软件建立二维悬臂梁模型,假设与悬臂梁相邻的子结构在爆炸作用下产生动态响应,子结构在爆炸瞬间对悬臂梁支撑处施加一定大小的冲击载荷,并使梁产生运动。因此,在仿真分析时,假设爆炸载荷直接作用在梁的顶端区域,如图 3 所示,载荷为距梁 L 处的 TNT 爆炸产生的冲击波,在软件中通过 Analytical Blast 边界加载方式对其进行加载。

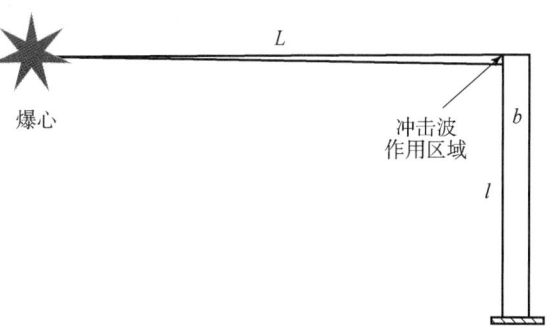

图 3 悬臂梁支撑边界仿真分析示意

3.2 相同材料等效模拟分析

由上述分析可知,当采用与原型结构相同的材料进行约束等效性设计时,无法保证结构的基频和振型函数同时相等,若要保证支撑结构具有相似的响应变化规律,可使原型结构和模拟结构的基频相等。下面对相同材料和基频下悬臂梁结构的动态响应规律进行仿真分析,材料选用 Steel – 4340,密度为 7 830 kg/m³,弹性模量为 212.68 GPa,令原型结构的尺寸长 $l_0 = 1$ m,厚 $b_0 = 0.01$ m,由基频相等可得到模拟结构厚度、长度与原型结构的比例关系,这里选用两组模拟结构进行仿真分析,分别为长 $l_1 = 0.8$ m,厚 $b_1 = 0.006\ 4$ m;长 $l_2 = 0.5$ m,厚 $b_2 = 0.002\ 5$ m。TNT 当量选用 10 kg,爆心离梁的距离 L 为 3 m。图 4 给出了不同尺寸支撑结构末端的动态响应曲线。

由图 4 可以看出,当材料和基频相等时,原型结构和模拟结构在相同爆炸载荷作用下的响应曲线具有相似的变化规律,但由于结构的主振型大小不同,导致结构末端的响应幅值不相等,且响应幅值随梁长度的减小而表现出放大的趋势。由式(9)和式(11)的计算可知,在材料和基频相等的情况下,各结构最大幅值的比值为 1∶1.95∶8,而图 4 中各仿真结果的最大幅值之比为 1∶1.961∶8.428,仿真与理论结果较为一致。但长为 0.5 m 支撑结构的响应幅值比理论结果大,且响应曲线表现出整体向右偏移,其主要原因是材料进入屈服阶段后的弹性模量与结构的应变有关,当应变较小时,材料的弹性模量属于常数,一旦应变达到一定值,材料进入塑性屈服阶段,其弹性模量随应变的增大而降低,从而导致结构的基频降低,幅值表现出向右偏移。

3.3 不同材料等效模拟分析

当选用不同材料进行支撑结构等效模拟设计时,由式(19)和式(21)可得到不同材料之间结构的等效尺寸。为了方便分析,这里选用 Al – 6061 和 Steel – 4340 两种材料分别作为原型结构和模拟结构的材料进行分析。其中,Al – 6061 材料的密度为 2 703 kg/m³,弹性模量为 71.76 GPa。设定原型支撑结构为长 1 m、厚 0.01 m 的铝合金,由式(19)和式(18)计算可知,要使等效模拟结构在相同载荷作用下具有相同的响应,等效模拟结构可设计为长 0.703 8 m、厚 0.004 9 m 的钢梁,TNT 当量选用 10 kg。图 5 给出了爆心离梁的距离 L 分别为 3 m 和 2.5 m 的情况下,原型结构和模拟结构的动态响应对比曲线。

由图 5 可以看出,在初始阶段,原型结构和等效模拟结构的变形量较小,两者具有一致的响应时间历程;而随着变形的增大,采用钢材料设计的等效模拟结构的响应幅值向右偏移,且响应幅值比原型铝合金材料结构要大。这主要是由于钢的弹性模量比铝合金大,在相同的变形下,钢材料的模拟支撑杆结构会比铝合金材的原型支撑结构提前进入塑性屈服,即弹性模量会提前降低,从而导致结构的基频降低,幅值增大。但从不同爆炸距离曲线的仿真结果可知,原型结构和模拟结构在变化规律较为一致,且响应幅值之间的误差较小时,两者具有一定的等效性。此外,考虑到爆炸效应的瞬时性,只要保证子结构支撑点处的动态响应在爆炸的瞬时具有较好的一致性,即可对相连子结构的边界约束条件进行等效模拟。可见,本文提出的悬臂梁支撑边界的约束等效模拟方法具有一定的可行性。

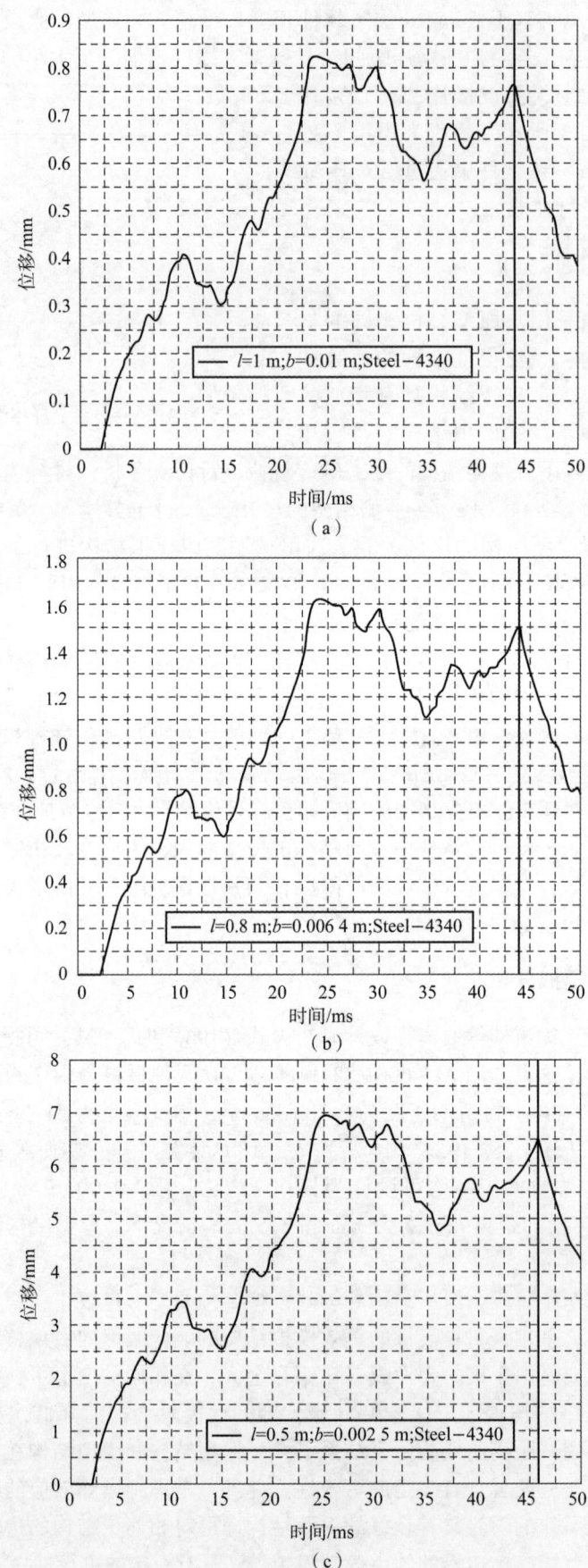

图4 原型和模拟结构的动态响应曲线（相同材料和基频）

（a）原型结构的动态响应曲线；（b）模拟结构1的动态响应曲线；（c）模拟结构2的响应曲线

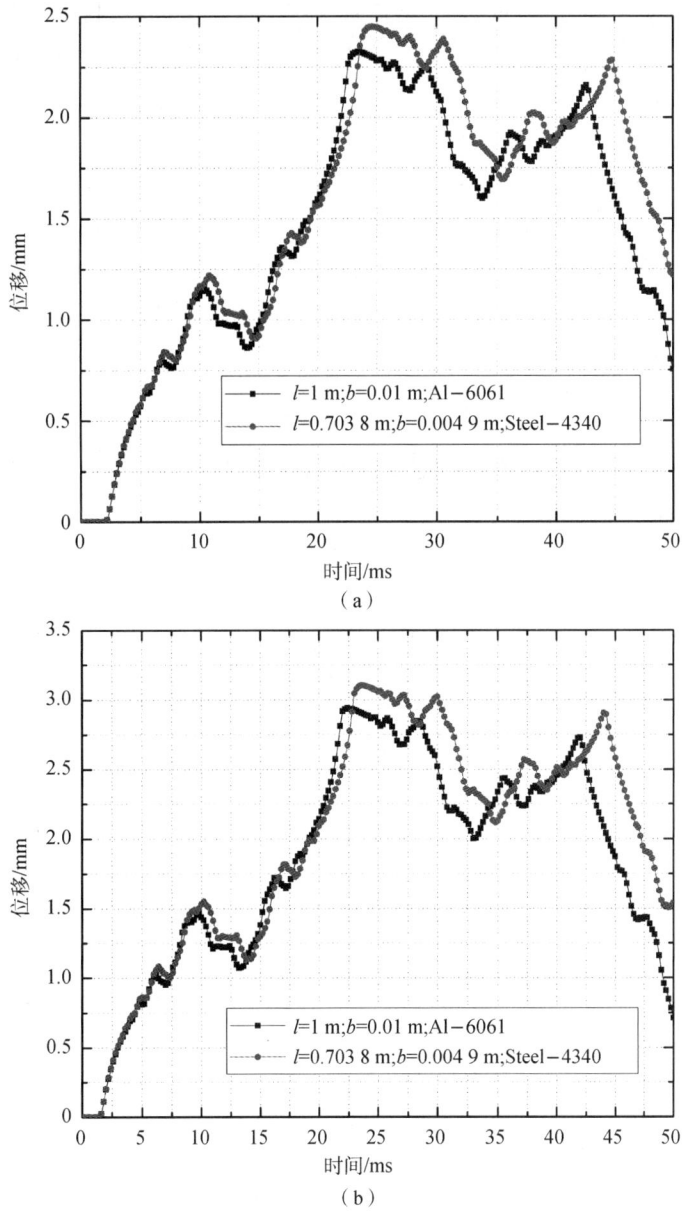

图5 不同爆心距情况下原型和模拟结构的动态响应曲线
(a) 梁端点距爆心的距离为3 m；(b) 梁端点距爆心的距离为2.5 m

4 结论

本文以典型悬臂梁支撑边界为研究对象，结合 Euler–Bernoulli 梁理论，建立了悬臂梁支撑边界的约束等效模型，并基于 Autodyn 对不同悬臂梁支撑边界的约束等效模型进行仿真验证，得到以下结论：

（1）通过仿真分析可知，本文提出的悬臂梁支撑边界约束的等效模拟方法具有一定的可行性，建立的约束等效模型可为悬臂梁支撑边界约束的等效模拟结构设计提供理论支撑。

（2）模拟结构若采用与原型结构相同的材料，则无法实现边界约束的等效性设计；而基于不同材料设计的模拟结构在理论上可实现与原型结构相似的响应频率和响应幅值。

由于本文仅对悬臂梁支撑边界的约束等效性进行探索性研究，为了简化问题的分析难度，在建立悬臂梁支撑结构的边界约束等效模型时忽略了相连子结构对悬臂梁动态响应的影响，后续研究中可进一步考虑悬臂梁末端附加集中质量的支撑结构（把相连子结构考虑成集中质量）。此外，本文仅采用了铝合金以及钢材料进行等效设计，由于材料参数确定，故等效支撑结构的尺寸也被限定，实际上可结合等效支撑结构设计尺寸的设计需求确定材料参数，然后选取适合或接近的材料进行等效设计。

参 考 文 献

[1] AUNE V, Fagerholt E, Hauge K O, et al. Experimental study on the response of thin aluminium and steel plates subjected to airblast loading [J]. International Journal of Impact Engineering, 2016 (90): 106-121.

[2] ZHENG Cheng, KONG Xiangshao, WU Weiguo, et al. Experimental and numerical studies on the dynamic response of steel plates subjected to confined blast loading [J]. International Journal of Impact Engineering, 2018 (113): 144-160.

[3] 李猛深, 李杰, 李宏, 等. 爆炸荷载下钢筋混凝土梁的变形和破坏 [J]. 爆炸与冲击, 2015, 35 (2): 177-183.

[4] 田志敏, 章峻豪, 江世永. 钢板混凝土复合梁在爆炸荷载作用下的损伤评估研究 [J]. 振动与冲击, 2016, 35 (4): 42-48.

[5] 宋春明, 王明洋, 王德荣. 柔性动边界梁的弹塑性动力响应分析 [J]. 工程力学, 2008, 25 (12): 42-47.

[6] YAO Shujian, ZHANG Duo, LU Fangyun, et al. Experimental and numerical studies on the failure modes of steel cabin structure subjected to internal blast loading [J]. International Journal of Impact Engineering, 2017 (110): 279-287.

[7] 陈万祥, 郭志昆, 叶均华. 爆炸荷载作用下柔性边界钢筋混凝土梁的动力响应与破坏模式分析 [J]. 兵工学报, 2011, 32 (10): 1271-1277.

[8] 宋春明, 王明洋, 李杰. 柔性约束边界对板抗爆动力响应的影响分析 [J]. 工程力学, 2014, 31 (9): 57-62.

[9] 张羽翔, 陈放. 边界尺寸对爆炸冲击载荷作用下薄板响应影响仿真研究 [J]. 舰船科学技术, 2018, 40 (3): 26-29.

[10] 何石, 王龙, 张治君. 一种模拟动力学边界条件的环境振动试验方法研究 [J]. 装备环境工程, 2018, 15 (9): 76-80.

[11] 范鹏贤, 王明洋, 方向. 深部工程模型试验的边界条件及其模拟方法探讨 [J]. 采矿与安全工程学报, 2016, 33 (1): 146-151.

第六部分

毁伤评估技术

火箭武器破障效能评估研究

高 源[1]，王树山[1]，梁振刚[2]，舒 彬[3]

(1. 北京理工大学，北京 100081；
2. 沈阳理工大学，辽宁 沈阳 110159；
3. 北京中恒天威防务科技有限公司，北京 100081)

摘 要：针对布设在水际滩头的轨条砦目标集群，研究破障火箭弹的终点毁伤效能评估方法。提出了破障火箭弹终点毁伤效能评估表征方法，建立了基于Monte-Carlo方法的破障火箭弹终点毁伤效能评估计算数学模型，编写了计算机仿真程序。选取某破障火箭弹进行了计算，得到了评估模型中有关条件参数对毁伤效能的影响规律。结果表明，所建立的方法和模型具有合理性和实用性，这种评估方法对于类似集群目标的毁伤效能评估具有推广价值和借鉴意义，可以为破障武器的设计及战场指挥提供技术支撑和数据参考。

关键词：毁伤评估；破障火箭弹；终点毁伤；集群目标
中图分类号：TJ421.91 文献标识码：A

Research on the effectiveness evaluation of rocket weapon

GAO Yuan[1], WANG Shushan[1], LIANG Zhengang[2], SHU Bin[3]

(1. Beijing Institute of Technology, Beijing 100081, China.
2. Shenyang ligong University, Shenyang 110159, China；
3. Beijing SinoForce Defence Sci&Tech Co., Ltd, Beijing 100081, China)

Abstract: Aiming at the target clusters of rail obstacles installed in the waterfront beach, the method of evaluating the damage efficiency of the concrete-piercing rocket projectile at the end of the ballistic was studied. A characterization method of terminal damage effectiveness of barrier-breaking rocket is presented, the mathematical model of the final damage effectiveness evaluation was established and a computer simulation program was written. The damage performance of a certain rocket was selected, and the influence law of the condition parameters on the damage efficiency was obtained. The results show that the established method and model are reasonable and practical. This evaluation method has the promotion value and reference significance for the evaluation of damage effectiveness of similar cluster targets, and can provide technical support and data reference for the design and battlefield command of obstacle-disabled weapons.

Keywords: the evaluation of damage effectiveness ; concrete-piercing rocket projectile; terminal damage; target clusters

0 引言

轨条砦作为典型的反登陆障碍物，通常以集群形式布设在水际滩头，以起到阻碍和延缓敌方登陆的作用，因此"破障"也就成为登陆作战不可避免的难题[1]。随着信息化、智能化的弹药在破障武器上的

作者简介：高源（1995—），男，硕士，E-mail: 18605811922@163.com。

应用，破障火箭弹已经成为执行破障任务的主要武器，使破障行动可以用更小的代价完成预期的作战任务。然而在基于计算机仿真的毁伤评估技术快速发展的今天，针对这类由障碍物组成的集群目标，破障火箭弹的终点毁伤效能评估手段和方法还不明确，需要在传统的毁伤效能评估方法上完善和发展。

针对武器（弹药）对集群目标的毁伤效能评估，姜广顺等[2]提出了以目标工作能力损伤情况作为目标毁伤评估的评判依据，通过构建总毁伤的广义分布函数作为目标处于无工作能力（无战斗力）状态的最短时间函数，以实现对集群目标的总毁伤的概率特性评估。刘彦等[3]和蒋海燕等[4]等研究了导弹阵地类集群目标的毁伤效能评估方法，对于导弹阵地内的指挥控制车、雷达车等目标，构成"串联"式结构，只要其中一个目标被毁伤，则导弹阵地被毁伤，阵地内所有的发射车构成"并联"式结构，全部毁坏视为阵地丧失战斗功能。赵东华等[5]针对幅员较小的集群目标，提出了以阵地内子目标的毁伤概率为基础，取所有毁伤概率的平均值作为整个集群目标的毁伤概率。刘文举和魏琳[6]针对末敏弹对集群目标的毁伤，提出了以耗弹量、毁伤目标相对数和效费比作为效能指标的计算方法。沙兆军等[7]则是针对子母弹对集群目标打击，采用集群目标中正面和纵深所有子目标的毁伤概率之和来表征整体的毁伤概率。

对于由轨条砦组成的障碍物集群目标，具有两个主要特点：一是这类集群目标中的单元目标（子目标）数量较多，功能作用相同且相互独立；二是破障作战任务是开辟登陆通路，毁伤一定的数量或比例即可达到战术指挥预期。基于以上特点，可见传统的对集群目标毁伤评估方法对此类效能评估问题适用性较差，缺乏合理的毁伤效能表征方法。本文在传统的毁伤效能评估方法基础上，研究和建立破障火箭弹终点毁伤效能评估方法及模型，以期为类似于滩头障碍物集群目标的毁伤效能评估提供参考，为破障武器的设计及战场指挥提供技术和数据支撑。

1 破障火箭弹终点毁伤效能表征方法

针对不同的弹药，其终点毁伤效能表征方法也不尽相同，对于障碍物类集群目标，基于效费比和作战效率等因素，采用带有一定制导火箭武器是目前登陆破障最好的选择。针对不同的目标类型，存在效能表征方法的差异性。对于独立的点目标，"单发毁伤概率"和"达到期望毁伤概率的用弹量"是目前主流的战斗部毁伤效能定量表征指标[8]。然而对于由多个子目标构成的集群目标，在计算了每个子目标的单发毁伤概率的基础上，需要一种合理可行的表征方法来评估整体的毁伤效能。然而对于不同种类的集群目标，基于集群目标整体和集群中子目标功能作用以及易损性的差异，其表征方法也不尽相同。对于登陆作战时所面对的障碍物集群目标，破障任务是对滩头障碍物目标集群的打击，通过毁坏一定数量或比例的障碍物目标以起到为登陆部队开辟通路的作用。因此，对于破障火箭弹的终点毁伤效能评估，需要在期望概率之前增加一个"毁伤目标数量或比例"的前提条件，即采用"达到毁伤一定比例或数量的期望概率所需用弹量"作为相应的效能评估指标。

$$N = f(\lambda, p) \tag{1}$$

式中：N——用弹量；

λ——毁伤比例；

p——期望概率。

从概率统计角度来讲，这里所指的概率，不同于传统毁伤评估中的毁伤概率，它表示"毁伤一定比例或数量"这一事件的发生概率。从工程上毁伤效能评估和实际作战指挥角度来讲，即完成预定作战期望的概率。在数理统计中，"小概率事件"和假设检验的基本思想为"小概率事件"通常指发生的概率小于5%的事件，认为在一次试验中该事件是几乎不可能发生的。在工程计算中，需要在此基础上，依据实际作战任务的需求和重要程度提出合理的期望概率。

在实际的工程计算中，毁伤目标比例或总数量不同则达到相同期望概率所需用弹量差别非常大，另一方面，造成相同比例或数量毁伤时，达到不同的期望概率所需用弹量也会存在较大的差异。而且在使用压制类武器对集群目标战术打击选择时，如果想达到100%数量上的毁伤或接近期望概率100%，所需用弹量一定会相对巨大,且难以实现。因此,在这种评估方法中,在已知集群目标中每个子目标的毁伤概率的基础上,既需要根据实际的战略决策期望来明确所需毁伤目标的比例或数量,又需要确定所期望概率,以用弹量来表征最终的毁伤效能。

2 破障火箭弹终点毁伤效能评估模型

2.1 目标模型及毁伤律

轨条砦作为反抢滩登陆的常用障碍物,放置于便于登陆的地段,阻碍敌方兵力登陆,常常成为交战时登陆作战敌我争夺的重要目标之一。由轨条砦组成的滩头反登陆区域如图1所示。

轨条砦由混凝土基座和斜置钢轨构成,一般设置在便于登陆地段,通常为2~3列,列距为7 m,间距为3.5 m。假设预开辟一个沿海岸线长度约30 m的登陆区域,构建由轨条砦构成的反登陆目标区域等效模型,轨条砦共三列,每列布置10个,由于轨条砦体积相对于整个目标区域来说较小,故在对整体集群目标分析时,可将每个轨条砦目标视为质点,以简化计算。目标区域等效模型示意图如图2所示。

对于破障火箭弹对单独轨条砦目标的毁伤,为了简化计算,可以根据轨条砦的目标易损性数据和毁伤元的威力参数,将破障火箭弹威力场简化为威力半径,轨条砦的毁伤概率为

图1 轨条砦组成的反登陆区域

$$p = \begin{cases} 1 & r \leqslant r^* \\ 0 & r > r^* \end{cases} \tag{2}$$

式中:r——目标相对于弹药炸点的距离,m;

r^*——破障火箭弹的威力半径,m。

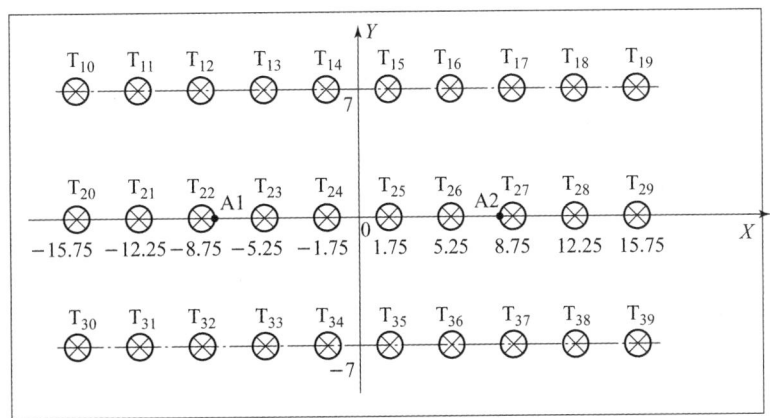

图2 目标区域障碍物排布示意

2.2 炸点分布计算模型

在毁伤效能评估中,为了得到最为接近实际的毁伤概率,一般通过计算机仿真程序对弹药实际炸点进行较大样本数量的模拟。基于大数据统计,可以认为,在"目标无对抗、系统无故障"的前提条件下,弹药的实际炸点符合正态分布规律。破障火箭弹的终点弹道落角范围为75°~85°,且多为触发引信,因此,在终点毁伤效能计算中,可以将落角简化为90°,火箭弹随机弹道的炸点与目标在同一平面。

蒙特卡洛抽样方法如下[9]:

用一对 [0, 1] 区间的均匀随机数 r_1、r_2 按以下数学式构成一对标准正态分布随机数, 即

$$\begin{cases} a_1 = \sqrt{-2\ln r_1} \cdot \cos(2\pi r_2) \\ a_2 = \sqrt{-2\ln r_1} \cdot \sin(2\pi r_2) \end{cases} \quad (3)$$

a_1、a_2 服从二维标准正态分布, 其密度函数为

$$f(a_1, a_2) = \frac{1}{2\pi} \exp\left[-\frac{1}{2}(a_1^2 + a_2^2)\right] \quad (4)$$

炮弹的相对瞄准点服从正态分布, 可模拟得到相对瞄准点的随机模型:

$$\begin{cases} x_i = x_0 + a_1(\text{CEP}/1.1774) \\ y_i = y_0 + a_2(\text{CEP}/1.1774) \end{cases} \quad (5)$$

式中: CEP——破障火箭弹的圆概率偏差;
(x_0, y_0) ——瞄准点的坐标。

2.3 毁伤概率计算模型

武器系统对目标的毁伤效率可用全概率公式描述。在假设目标无对抗、系统无故障的条件下, 根据全概率公式, 单发战斗部对独立目标的毁伤概率为[10]

$$P = \iiint G(x, y, z) \varphi(x, y, z) \mathrm{d}x \mathrm{d}y \mathrm{d}z \quad (6)$$

式中: $G(x, y, z)$ ——坐标杀伤规律, 由战斗部威力参数、目标易损性和战斗部与目标的相对位置所决定;

$\varphi(x, y, z)$ ——炸点分布密度函数, 由制导误差分布和引信启动规律确定。

采用蒙特卡洛方法对目标阵地的毁伤概率进行统计试验, 根据瞄点的选择, 抽取随机炸点的坐标给定样本容量 s, 在单一瞄点时, 每次抽样一发, 在多瞄点的打击方式下, 多个瞄准点每次各抽样一发。累计各子样的蒙特卡洛统计数据, 得到子样毁伤概率的期望估值[11,12]。每个独立障碍物目标的单发毁伤概率的蒙特卡洛估值为

$$p_a = \frac{\sum_{i=1}^{s} p_{ai}}{s} \quad (7)$$

式中: P_{ai}——第 i 个子样对第 a 个障碍物目标的单发毁伤概率。

m 发弹药打击下, 障碍物目标的毁伤概率为

$$p_k = 1 - (1 - p_a)^m \quad (8)$$

由一定数量的独立目标组成一个集群目标, 在目标破障区域内, 每个独立的障碍物目标毁伤概率不同, 引入概率统计的有关知识, 即可求得毁伤一定比例或数量的概率。设每个独立的障碍物目标的毁伤概率分别为 $p_k (k = 1, 2, \cdots, n)$。

(1) 仅毁伤 m 个障碍物目标的毁伤概率为

$$p(x = m) = \sum_{i=1}^{i=C_n^m} p_i \quad (9)$$

式中: p_i——第 i 种组合所求得的毁伤概率。

(2) 至少 m 个轨条砦目标毁伤的概率为

$$p(x \geq m) = p(x = m) + p(x = m+1) + \cdots + p(x = n) \quad (10)$$

或应用对立事件来表示:

$$P(x \geq m) = 1 - \sum_{i=0}^{m-1} P(x = l) \quad (11)$$

2.4 程序设计

基于以上数学模型，采用C#语言编制相应的破障火箭弹终点毁伤效能评估程序，程序流程如图3所示。

3 实例计算分析

基于以上方法和模型，以某破障火箭弹为例，威力场半径为7 m，CEP = 20 m，打击方案选择双瞄点打击，选取 y 轴两侧面积相同的矩形的几何中心为瞄点，瞄点坐标分别为 A_1（-7.875，0），A_2（7.875，0），如前文图2所示。针对所构建的以轨条砦组成的反登陆目标区域执行破障任务时的终点毁伤效能进行计算分析。

分别计算了在达到相同概率时，毁伤不同比例轨条砦目标所需的用弹量以及在期望概率不同时，毁伤相同比例的轨条砦所需的用弹量，针对毁伤比例80%、90%和100%时用弹量-期望概率曲线，以及期望概率85%、90%和95%时用弹量-毁伤比例曲线进行了对比分析。

由图4可以看出，在毁伤比例相同时，用弹量随着期望概率的增加而增大。在期望概率小于95%时，用弹量随期望概率的增加较为平缓，随着期望概率趋近100%，所需用弹量急剧增大，根据曲线趋势，可以预测，当概率无限趋近100%时，所需用弹量也趋于无穷。上述计算结果表明，无论是理论上数学概率统计计算还是工程上的毁伤效能评估计算，概率上的无限趋近100%都是很难实现的。当期望概率趋近100%时，用来衡量终点毁伤效能的指标-用弹量的大小就仅存在数学层面的意义，其结果对于工程上毁伤效能评估的价值意义很小。因此，在火箭弹对集群目标的终点毁伤效能评估中，应基于合理的数学概率理论以及预期作战任务的背景，提出合理的期望毁伤概率。

达到相同期望概率条件下，毁伤比例越高，所需的用弹量也会有明显增加，且在相同期望概率时，毁伤比例80%和毁伤比例90%两种条件下用弹量相差不大，达到100%毁伤比例的用弹量明显高于前两者。

由图5可以看出，在相同期望概率时，用弹量与毁伤比例成正相关，随着毁伤比例越大，所需用弹量越多，且增幅也不断增大。在达到100%毁伤比例时，所需用弹量远远大于毁伤80%时的用弹量；

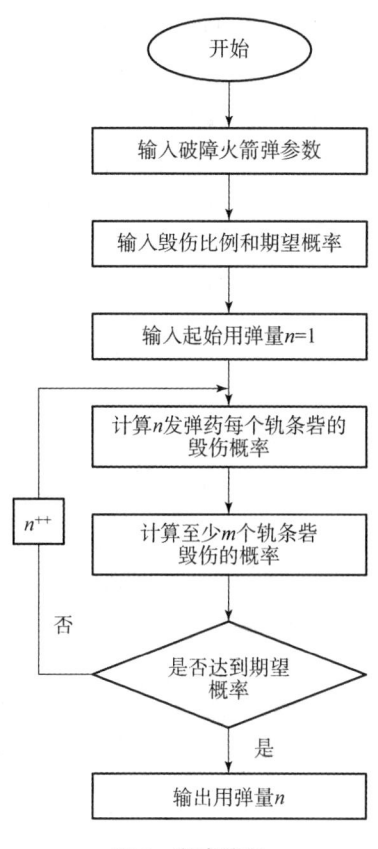

图3 程序流程

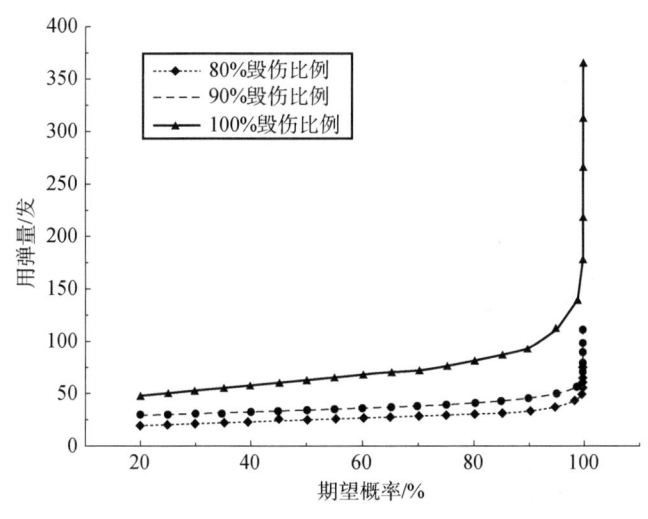

图4 用弹量与期望概率关系曲线

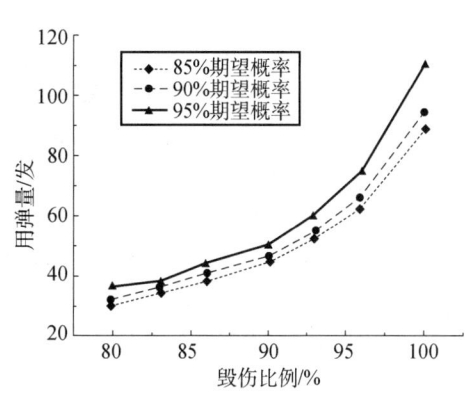

图5 用弹量与毁伤比例关系曲线

在相同毁伤比例时，期望概率越大，所需用弹量越大，所得规律与图1所述相同。基于以上数据规律，可以看出，在打击由离散独立目标组成的集群目标时，全部毁伤（毁伤比例100%）所需代价条件相对较大。对于破障任务来说，战术预期是开辟一定宽度的通路，所以，在破障火箭弹的终点毁伤效能评估中，选择80%~95%区间内的毁伤比例具有较高的工程参考价值。

综合来看，除了得到评估模型中最基本的规律性认识，也可以通过数据规律看出，对于压制类武器打击集群目标时，达到数量上100%毁伤所需用弹量相对难以接受，在实战中资源消耗巨大，不具有可操作性。另一方面，基于蒙特卡洛方法的毁伤评估模型决定了期望概率达到100%在数理上无法实现，在实际作战中，也无法做到100%战术行动的成功。计算结果符合理论预期，可以验证所建立的评估模型的合理性。

4 结论

（1）提出了以一定毁伤比例和期望概率相结合的破障火箭弹对典型障碍集群目标终点毁伤效能表征方法，建立了基于蒙特卡洛方法的评估模型。

（2）获得了某典型破障火箭弹的终点毁伤效能计算结果以及用弹量与"毁伤比例"和"期望概率"关系的规律性认识，符合理论预期，所提出的终点毁伤效能表征方法和建立的评估模型具有合理性和工程实用性。

（3）该评估方法对于类似集群目标的毁伤效能评估具有推广价值和借鉴意义，也可以为破障武器的设计及战场指挥提供技术和数据支撑。

参 考 文 献

[1] 殷宏，叶伟，张宏军，等. 破障艇作业可视化仿真与效能评估［J］. 系统仿真学报，2009（04）：1066-1070.

[2] 姜广顺，杨召甫. 集群目标毁伤效果评估法［J］. 弹箭与制导学报，2011，31（06）：117-119.

[3] 刘彦，黄风雷，吴相彬. 杀爆战斗部对导弹阵地的毁伤效能研究［J］. 北京理工大学学报，2008，28（05）：385-387.

[4] 蒋海燕，王树山，徐豫新. 末敏子母战斗部对导弹阵地的毁伤效能评估［J］. 弹道学报，2013，25（04）：79-84.

[5] 赵东华，等. 末制导炮弹对典型集群目标射击效率评定模型［J］. 火力与指挥控制，2010，35（11）：123-124.

[6] 刘文举，魏琳. 基于集群目标的末敏弹效能仿真模型［J］. 弹箭与制导学报，2015，35（01）：165-168.

[7] 沙兆军，等. 子母弹对集群目标射击效率评定模型及应用［J］. 弹道学报，2005，17（04）：84-86.

[8] Driels M. Weaponeering: conventional weapon system effectiveness［M］. 2nd Edition. American Institute Aeronautics and Astronautics（AIAA）. Education Series, Reston, 2014.

[9] 张志鸿，周申生. 防空导弹引信与战斗部配合效率和战斗部设计［M］. 北京：宇航出版社，1994.

[10] 隋树元，王树山. 终点效应学［M］. 北京：国防工业出版社，2000.

[11] 蒋海燕，王树山，李芝绒，等. 封控子母弹对桥梁目标的封锁效能评估［J］. 兵工学报，2017（02）：3.

[12] Webster R D. An anti-radiation projectile（ARP）terminal effects simulation computer program（ARPSIM）. ADA101357［R］.［S.1.］: Army Armament Research and Development, 1981.

某型试验验证装置威力性能研究

郭 帅,郭光全,郝卫红,葛 伟,毕军民,耿天翼,赵海平

(晋西工业集团有限责任公司,山西 太原 030051)

摘 要:为了对某型试验验证装置的威力性能进行研究,结合其作用原理及毁伤机理,从理论计算和实际试验两方面分析了某型试验验证装置的威力性能,得到了冲击波超压的规律,并采用超压准则对冲击波的毁伤效应进行评估,分析了目标破坏所需的毁伤半径。结果证明,计算结果与试验结果基本相符。所建立的威力计算模型和得出的试验结论可以为同类装置的设计及威力评估提供参考。

关键词:兵器科学与技术;威力计算;冲击波;毁伤效应评价准则

中图分类号:TJ410.2 **文献标志码**:A

Research on the power performance of a test verification device

GUO Shuai, GUO Guangquan, HAO Weihong, GE Wei, BI Junmin,
GENG Tianyi, ZHAO Haiping

(Jinxi Industrial Group co. LTD, Taiyuan 030051, China)

Abstract: To test device for a certain type of power performance study, combined with its action principle and the damage mechanism, from two aspects of theoretical calculation and practical test face the power of a certain type of test device performance is analyzed and obtained the rule of shock wave overpressure, and USES the overpressure criterion to evaluate the damage effect of shock wave, analyzed the target damage radius for broken. The results show that the calculated results are basically consistent with the experimental results. The power calculation model and experimental results can provide reference for the design and power evaluation of similar devices.

Keywords: weapon science and technology; power calculation; the shock waves; damage effect evaluation criteria

0 引言

现代战争"远程打击,高效毁伤"一直是世界各国竞相发展的重大技术。某型试验验证装置作为一种多用途、高效能的现代作战面毁伤武器,威力比常规炸药的爆炸冲击波的威力大得多,因此受到世界各国的高度重视。它以挥发性液体碳氢化合物与可燃金属粉的混合物为燃料,以空气中的氧气为氧化剂形成非均相爆炸性混合物——燃料空气炸药,爆炸时形成的气溶胶云雾密度比空气大,具有爆炸能量高、毁伤区域大的特性[1]。

本文在前人研究成果的基础上,首先通过理论计算,建立了数学模型,定量分析某型试验验证装置的威力性能。然后进行了相关威力试验,对理论计算结果进行验证。最后采用超压准则对冲击波的毁伤效应进行评估,分析了目标破坏所需的毁伤半径。

1 某型试验验证装置毁伤效能的数学模型

1.1 某型试验验证装置作用原理

当此装置到达目标上方并被适时引爆时,主装药在扩爆药的作用下产生扩散。其中含能组分药剂产生爆轰,爆轰产物和没有反应的金属颗粒混合物迅速膨胀,并与空气中的氧继续发生反应,形成冲击波

超压,完成作战任务。其威力相当于等量 TNT 炸药爆炸威力的 5~10 倍。

1.2 某型试验验证装置的毁伤机理

某型试验验证装置对目标的毁伤与常规炸药的爆炸冲击波对目标的毁伤机理基本相同,只是此装置的作用时间更长。可分为三个阶段[1,2]:

第一阶段产生的损伤直接与冲击波波阵面的峰值超压有关。冲击波到来时,伴随有急剧的压力突跃,该压力通过压迫作用损伤有生力量的中枢神经系统,震击心脏及其他脏器。一般而言,有生力量尤其是充有空气的器官更易受到损伤,这就是超压杀伤,同时可摧毁无防护或只有软防护的武器和电子设备等。

第二阶段指爆炸波驱动的飞行物,如破片、石块等对目标的破坏作用。

第三阶段为瞬时风和冲击波推动目标整体位移,从而造成目标损伤。

1.3 冲击波超压峰值计算

炸药在空中爆炸后,燃料瞬间转变为高温高压产物,在炸药和空气的界面处爆炸产物以极高的速度向周围飞散,强烈压缩邻近的空气介质,使其压力、密度和温度呈阶跃式升高,进而形成高能量的空气冲击波。

在进行此装置的毁伤效能评估时,首先要知道此装置爆炸后形成冲击波的超压分布,目前常用的方法有两种,一是理论计算;二是试验拟合。文中采用工程经验公式再结合此装置静爆试验结果进行修正的方法建立了威力计算模型(图1)。

首先进行装药 TNT 当量修正。对于非 TNT 装药,只需将炸药质量换算成 TNT 当量即可。

$$m_{de} = m_{des} Q_s / Q_T \tag{1}$$

图1 某型试验验证装置起爆瞬间

式中:m_{de}——该炸药的 TNT 炸药当量,kg;

m_{des}——该炸药的质量,kg;

Q_s——该炸药的爆热,kJ/kg;

Q_T——TNT 的爆热,kJ/kg,$Q_T = 4\ 187$ kJ/kg。

距爆炸中心任一距离 R 处的冲击波超压峰值可用式(2)计算:

$$\Delta P_m = 0.098\ 1 \times \left(\frac{-0.785}{\bar{R}} K^{1/3} + \frac{11.731}{\bar{R}^2} K^{2/3} + \frac{27.673}{\bar{R}^3} K \right) \tag{2}$$

式中:ΔP_m——超压峰值,MPa;

$\bar{R}$——超压计算相对距离,$\bar{R} = R/\sqrt[3]{m_{de}}$ (m/kg$^{1/3}$);

R——距炸点的距离,m;

m_{de}——TNT 炸药质量,kg;

K——修正系数。近地面爆炸时,由于地面反射,冲击波强度增强。K 取决于反射强弱的程度,对于混凝土、岩石一类的刚性地面,取 $K = 2$;对于一般土壤,取 $K = 1.8$。

以此装置为例,炸药质量为 120 kg,爆热为 7 900 kJ/kg,代入式(1)即可求出该炸药的 TNT 炸药当量 m_{de}。代入式(2)即可计算任意点超压值。

2 威力试验与分析

2.1 试验布置

试验时,冲击波超压测试仪分别布置在距爆心不同的 4 个半径方向上,两条射线方向测试装置分别距爆心 25 m、40 m、45 m、50 m,另外两条射线方向测试装置分别距爆心 25 m 和 45 m,测点布置按半径统计如表1所示。图2所示为布置情况。

表 1　测试半径及装置号统计

半径/m	测点数	装置号
25	4	Y4、Y3、C1、C6
40	2	Y1、C4
45	4	Y6、Y5、C2、C5
50	2	Y2、C3

图 2　超压测试布靶情况

2.2　试验结果及分析

图 3 所示分别为距爆心 25 m、40 m、45 m、50 m 处的 Y3 装置、Y1 装置、Y6 装置、Y2 装置的超压信号趋势图。表 2 所示为此装置试验数据记录情况。

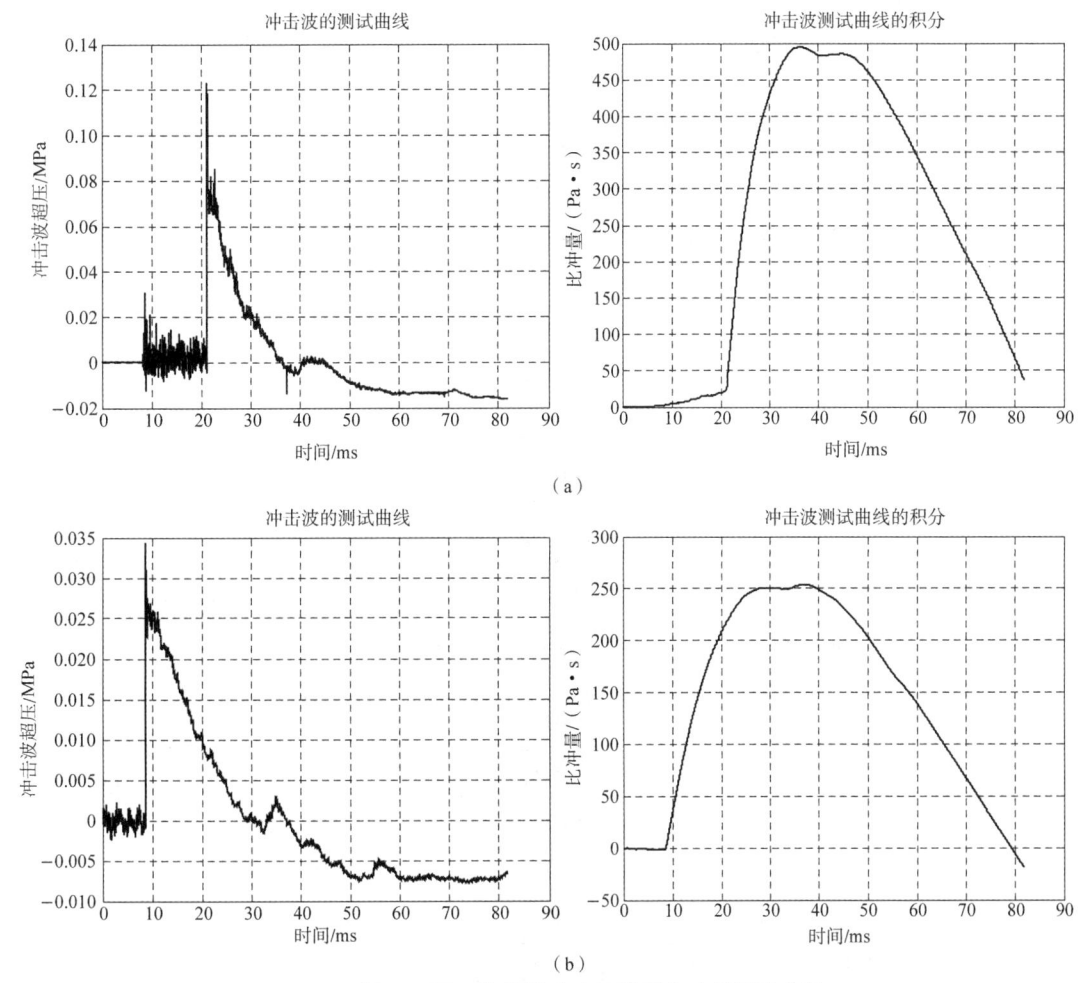

(a)

(b)

图 3　距爆心不同距离处的冲击波波形和冲量测试曲线

(a) 25 m；(b) 40 m

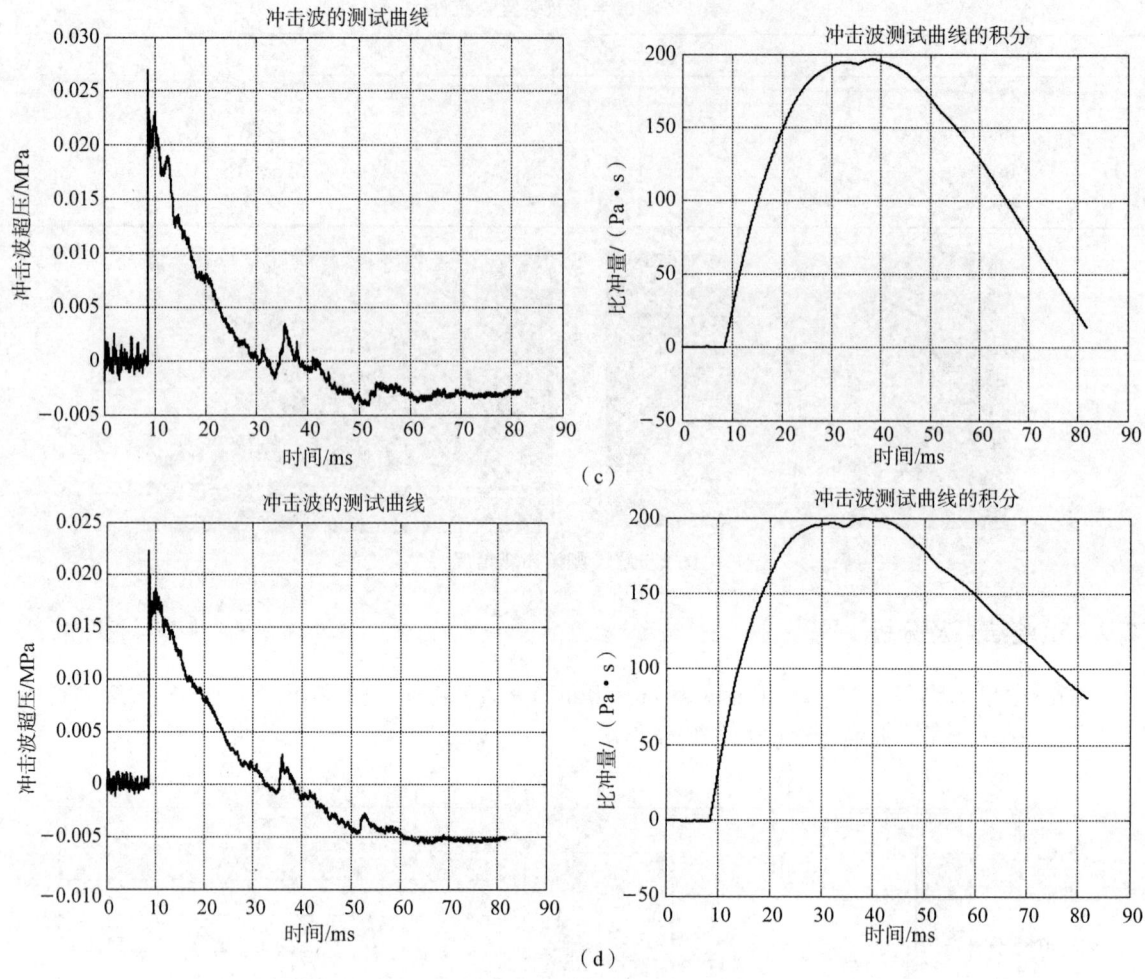

图 3　距爆心不同距离处的冲击波波形和冲量测试曲线（续）

(c) 45 m；(d) 50 m

表 2　试验数据记录

距爆心的位置/m	装置号	冲击波超压/MPa	正压区作用时间/ms	冲量/(Pa·s)
25	Y4	0.092	11	小于 500
	Y3	0.12	15	495
	C1	0.11	24	814
	C6	0.12	24	795
40	Y1	0.035	20	251
	C4	0.035	36	529
45	Y6	0.027	22	196
	Y5	0.032	11	214
	C2	0.029	39	469
	C5	0.034	42	410
50	Y2	0.022	24	194
	C3	0.026	43	423

由图 3 及表 2 可知，在距离爆心 25 m、40 m、45 m、50 m 处冲击波压力峰值平均值分别达到 0.15 MPa、0.035 MPa、0.030 MPa、0.024 MPa，而计算值分别为 0.130 MPa、0.037 4 MPa、0.030 4 MPa、0.025 MPa，总体比较接近。对冲击波超压的计算结果进行多项式拟合，由图 4 可见，计算结果与试验结果基本相符，说明所建立的毁伤效能的数学模型是合理的。

总体来说，在这段距离范围（远场）内，随着距爆心距离 R 的不断增大，冲击波超压 P 快速衰减，从 25 m 到 50 m 超压衰减近 82%。冲击波压力作用时间逐渐增大，冲量变化则呈现出波动性的特点。

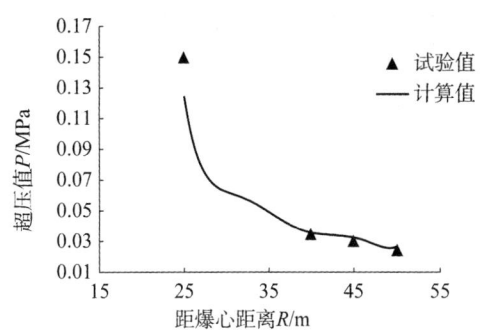

图 4　试验数据与理论计算的对比曲线

3　爆炸场毁伤效应评估

某型试验验证装置对目标的毁伤最主要的是依靠产生的空气冲击波，尤其是对人员等软目标有较好的毁伤效果。目前，冲击波对目标的毁伤效应评价准则主要有三种：超压准则、冲量准则和超压冲量准则。从理论上讲，由于超压冲量准则兼顾了超压和冲量两个因素对目标的毁伤作用，用该准则来评价冲击波对目标的毁伤效应更具科学性，但是从国内外现有的测量技术手段来看，对超压和冲量的测量误差很大，而冲量的测量误差又远远大于超压，因此大多数采用超压来评价冲击波的毁伤威力。本文将采用超压准则来评估冲击波的毁伤效应。表 3 列出了超压作用对部分目标的破坏阈值。

表 3　超压作用对部分目标的破坏阈值

目标名称	峰值破坏超压/MPa	目标名称		峰值破坏超压/MPa
玻璃安装物破坏	0.005 ~ 0.010	螺旋桨飞机遭到轻伤		0.010 ~ 0.020
1.5 层砖墙破坏	0.025	所有飞机全遭损坏		> 0.100
2.0 层砖墙破坏	0.045	火炮失去作用		> 0.150 ~ 0.200
房屋外墙有局部倒塌	0.035	雷达站无线电设备遭到破坏		≥ 0.050
一半以上房屋破坏	0.053	0.25 m 厚钢筋混凝土墙被破坏		> 0.300
全部砖墙变成碎石	0.070	野战工事被破坏		> 0.400
除地下室设备外，全部建筑物被毁	0.105	人员	轻度伤害	0.02 ~ 0.04
			中等伤害	0.04 ~ 0.05
所有建筑物全被破坏成乱石堆	0.211		严重伤害	> 0.05 ~ 0.10
			致命	0.12 ~ 0.20

根据前面对冲击波超压参数的计算，再结合表 3 对目标的毁伤数据可得，在 0 < r < 50 m 的范围内，当 r ≤ 25 m 时，可造成人员大部分死亡；当 r < 40 m 时，房屋外墙有局部倒塌；当 40 m < r < 50 m 时，1.5 层砖墙破坏，人员轻度伤害。

4　结论

（1）通过对某型试验验证装置作用原理及毁伤机理的分析，建立了超压威力的计算模型，并结合试验得出的数据进行对比分析，结果证明计算结果与试验结果基本吻合。采用超压准则评估冲击波的毁伤效应，结果证明某型试验验证装置具有良好的毁伤效果。所建立的威力计算模型可以为同类装置的初步设计及威力评估提供参考。

（2）此模型的极限使用范围还有待进一步验证。另外，此模型属于初步修正，当试验数据更多时，应进一步完善。

参 考 文 献

[1] 卢芳云，蒋邦海，等. 武器战斗部投射与毁伤 [M]. 北京：科学出版社，2013.
[2] 张国伟. 终点效应及靶场试验 [M]. 北京：北京理工大学出版社，2009.

基于光电阵列的三发弹丸同时着靶识别方法

杨久琪,董 涛,陈 丁

(西安工业大学 光电工程学院,陕西 西安 710021)

摘 要:为解决高射速身管武器测试时可能存在两发甚至三发弹丸同时着靶时的着靶坐标测量问题,提出了一种基于半导体光电探测阵列的三发弹丸同时着靶识别方法。首先建立了系统测量数学模型,之后设计并进行了原理性实验对所提方法的可行性进行验证。实验结果表明,该方法可以实现识别着靶范围≥5.04 mm三发同时着靶的弹丸,在 x 方向上的着靶坐标测量误差最大值为3.9 mm,在 y 方向上的着靶坐标测量误差为3.2 mm。因此,所提出的方法是科学、可行的。

关键词:光电测量;靶场测试;着靶坐标;多弹丸着靶识别

中图分类号:TJ012.3 **文献标志码**:A

Recognition method of three projectile hitting target simultaneously based on photoelectric array

YANG Jiuqi, DONG Tao, CHEN Ding

(School of Optoelectronic Engineering, Xi'an Technological University, Xi'an 710021, China)

Abstract: In order to solve the problem of coordinate measurement when two or even three projectiles hit the target simultaneously in the test of rapid-fire weapon, a recognition method based on semiconductor photoelectric detection array of three projectiles simultaneously hit the target is proposed. Firstly, the mathematical model of the system is established. Then, the feasibility of the proposed method is verified by a principle experiment. The experimental results show that the method can recognize three projectiles with target range (>5.04 mm) simultaneously. The maximum measurement error in x direction is 3.9 mm, and the measurement error in y direction is 3.2 mm. Therefore, the proposed method is scientific and feasible.

Keywords: photoelectric measurement; shooting range test; the target coordinate; multiple Projectiles Hitting Recognition

0 引言

射击密集度是常规身管武器性能测试中的一项重要参数,目前靶场测试中常见的射击密集度测量设备主要有六光幕交汇测量系统[1~3]、双CCD相机交汇立靶[4]、单线阵CCD立靶[5,6]、阵列声靶[7]等。虽然以上设备各有所长,可以满足不同要求的武器性能测试,但在对自动步枪、班用轻机枪等高射速武器进行射击密集度试验时,有时会出现两发弹丸甚至三发弹丸同时着靶的情况,上述的测量设备无法进行识别,这将导致实验中一些数据丢失,进而影响相关武器系统性能评估。

针对两发弹丸甚至三发弹丸同时着靶的着靶坐标测量问题,一些研究者也提出了解决方案:如北京理工大学的武江鹏、宋萍、郝创博等提出在双CCD相机交汇立靶的基础上再增加CCD相机数量实现多弹丸同时着靶识别,当增加一台相机时可识别双弹丸同时着靶,增加两台相机可实现三弹丸同时着靶识

基金项目:国家自然科学基金资助项目(61471289),陕西省科技厅重点实验室基金项目(2015SZSJ-60-2)。

作者简介:杨久琪(1994—),男(汉族),硕士研究生,主要研究方向是靶场光电测试技术,E-mail:1186270864@qq.com。

别[8];西安理工大学的董涛、华灯鑫、李言等的方案为在单线阵 CCD 立靶的基础上加以改进,利用一台彩色 CCD 相机与红、蓝、绿三台激光器配合实现三发弹丸同时着靶的识别[9];西安工业大学的王文博提出在六光幕交汇天幕立靶的基础上再增加幕面解决问题[10]。但以上方案均存在系统结构复杂、装调及校准困难等问题。由文献[11]的研究结论可知,高射速单身管武器双发弹丸同时着靶相对于单发弹丸着靶是小概率事件,而三发弹丸同时着靶相对于双弹丸同时着靶也是小概率事件,更多弹丸同时着靶的概率很小,可以忽略,因此仅需解决三发弹丸同时着靶时的识别即可。

本文提出一种基于方形半导体光电探测阵列的三发弹丸同时着靶识别方法。文中介绍了测量原理,建立了相应的数学模型,并进行原理性实验验证了所提方法的可行性。

1 测量原理

1.1 系统组成及结构

系统结构示意图如图 1 所示,系统由 4 台一字线激光光源(波长 780 nm)、若干直径为 2 mm 的半导体光电探测器件、主反射镜、滤光片、光电探测器件、中心波长 780 nm 的滤光片、方形靶架、机械支撑结构及信号处理电路模块组成。4 台激光器分别位于方形靶框的四角,而半导体光电探测器件阵列分为 4 个子阵列,每个子阵列呈"L"形布置于四台激光器的对面。每台激光器发出的光幕分别照射到与之相对的 L 型探测器件子阵列上,在中心形成正八边形有效测量探测靶面,如图 2 所示。当有弹丸穿过有效探测靶面时,分别遮挡将到达 4 个子阵列中某一位置探测器件的光线,引起其响应,通过信号处理电路进行处理,计算得到弹丸着靶坐标。

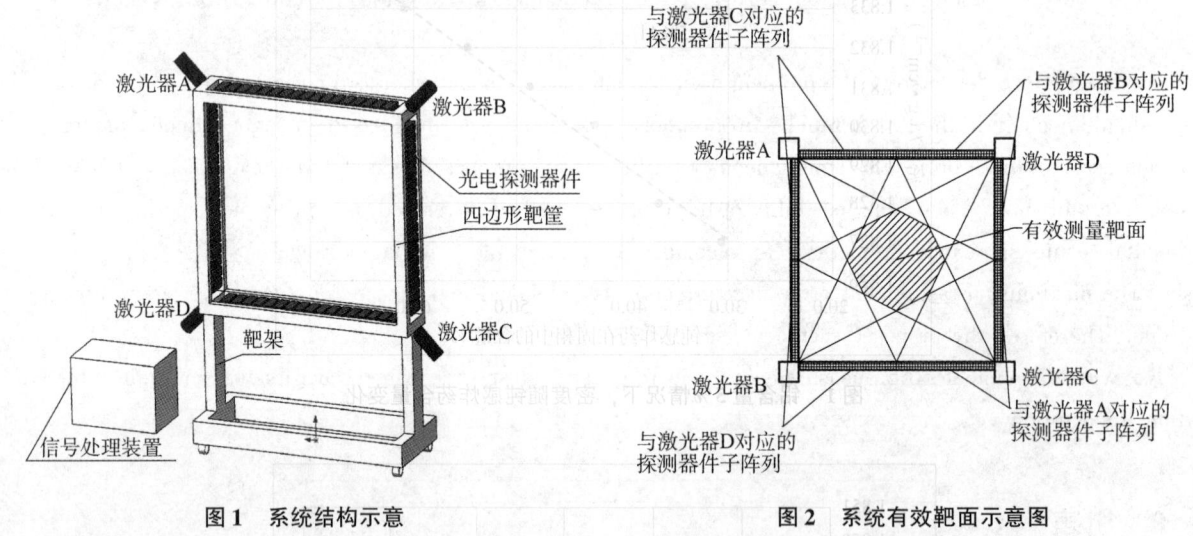

图 1 系统结构示意　　　　　　　　图 2 系统有效靶面示意图

1.2 三发弹丸同时着靶识别原理

如图 3 所示,以方形光电探测阵列中心为原点建立 XOY 坐标系。设三发弹丸分别为 P_1、P_2、P_3。4 台激光器的发光点分别为 A、B、C、D。当有三发弹丸同时着靶时,每台激光器发出的光线均有一部分被三发弹丸遮挡,故每个子阵列上都有三个位置的探测器件响应,通过信号处理可得知其坐标,故可得属于每组子阵列的三个投影点坐标,但不能直接得知每组的三个投影点坐标分别属于哪个弹丸。

连接 12 个投影点与其对应激光器发光点可得 12 条直线,分别设为直线 $L_{A_{i1}}$、$L_{B_{i2}}$、$L_{C_{i3}}$、$L_{D_{i4}}$,i_1、i_2、i_3、i_4 都等于 1,2,3。当分别属于 $L_{A_{i1}}$、$L_{B_{i2}}$、$L_{C_{i3}}$、$L_{D_{i4}}$,i_1、i_2、i_3、i_4 都等于 1,2,3 的 4 条直线交于一点时(即 4 条直线方程联立具有唯一解),其交点为真实弹着点。设出 L_{A_i}、L_{B_i}、L_{C_i}、L_{D_i},$i = 1, 2, 3$ 的方程并联立,即

· 1060 ·

$$\begin{cases} L_{A_{i_1}}: k_{i_1}x + l_{i_1}y = a_{i_1} & i_1 = 1,2,3 \\ L_{B_{i_2}}: m_{i_2}x + n_{i_2}y = b_{i_2} & i_2 = 1,2,3 \\ L_{C_{i_3}}: p_{i_3}x + q_{i_3}y = c_{i_3} & i_3 = 1,2,3 \\ L_{D_{i_4}}: r_{i_4}x + t_{i_4}y = d_{i_4} & i_4 = 1,2,3 \end{cases} \quad (1)$$

则其具有唯一解的充要条件为系数矩阵 $\boldsymbol{A}$ 的秩 $R(\boldsymbol{A})$ 与其增广矩阵 $(\boldsymbol{A}, \boldsymbol{b})$ 的秩 $R(\boldsymbol{A}, \boldsymbol{b})$ 满足 $R(\boldsymbol{A}) = R(\boldsymbol{A}, \boldsymbol{b}) = 2$，即

$$R(\boldsymbol{A}, \mathrm{b}) = R(\boldsymbol{A}, \boldsymbol{b}) = \begin{bmatrix} k_{i_1} & l_{i_1} \\ m_{i_2} & n_{i_2} \\ p_{i_3} & q_{i_3} \\ r_{i_4} & t_{i_4} \end{bmatrix} = \begin{bmatrix} k_{i_1} & l_{i_1} & a_{i_1} \\ m_{i_2} & n_{i_2} & b_{i_2} \\ p_{i_3} & q_{i_3} & c_{i_3} \\ r_{i_4} & t_{i_4} & d_{i_4} \end{bmatrix} \quad (2)$$

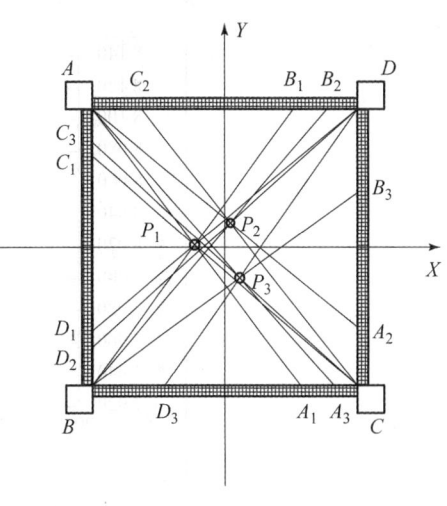

图3　系统测量原理

当弹丸触发探测器件响应时记录其数据，之后通过计算机逐个判定 i_1, i_2, i_3, $i_4 = 1$, 2, 3 时联立方程组系数矩阵 $\boldsymbol{A}$ 的秩 $R(\boldsymbol{A})$ 与其增广矩阵 $(\boldsymbol{A}, \boldsymbol{b})$ 的秩的关系，筛选出满足式（2）的三组方程组，三组方程组的解即三发弹丸弹着点坐标。

2　测量模型

假设三发弹丸同时着靶情况如图3所示，设弹着点 P_1、P_2、P_3 的坐标分别为 (x_{P_1}, y_{P_1})、(x_{P_2}, y_{P_2})、(x_{P_3}, y_{P_3})，四台激光器发光点 A、B、C、D 的坐标分别为 (x_A, y_A)、(x_B, y_B)、(x_C, y_C)、(x_D, y_D)，相应的投影点 A_1 坐标为 (x_{A_1}, y_{A_1})，A_2 坐标为 (x_{A_2}, y_{A_2}) 等。

则直线 AA_{i_1}（$i_1 = 1$，2，3）的方程如下：

$$\frac{y - y_A}{y_{A_{i1}} - y_A} = \frac{x - x_A}{x_{A_{i1}} - x_A} \quad (3)$$

同理，直线 BB_{i_2}（$i_2 = 1$，2，3）、CC_{i_3}（$i_3 = 1$，2，3）、DD_{i_4}（$i_4 = 1$，2，3）的方程如下：

$$\frac{y - y_B}{y_{B_{i2}} - y_B} = \frac{x - x_B}{x_{B_{i2}} - x_B} \quad (4)$$

$$\frac{y - y_C}{y_{C_{i3}} - y_C} = \frac{x - x_C}{x_{C_{i3}} - x_C} \quad (5)$$

$$\frac{y - y_D}{y_{D_{i4}} - y_D} = \frac{x - x_D}{x_{D_{i4}} - x_D} \quad (6)$$

通过1.2中方法可判断出弹着点 P_1 为直线 A_{A1}、B_{B1}、C_{C1}、D_{D1} 交点，因此弹着点 P_1 的坐标 (x_{p1}, y_{p1}) 即以下方程组的解：

$$\begin{cases} \dfrac{1}{x_{A_1} - x_A}x - \dfrac{1}{y_{A_1} - y_A}y = \dfrac{x_A}{x_{A_1} - x_A} - \dfrac{y_A}{y_{A_1} - y_A} \\ \dfrac{1}{x_{B_1} - x_B}x - \dfrac{1}{y_{B_1} - y_B}y = \dfrac{x_B}{x_{B_1} - x_B} - \dfrac{y_B}{y_{B_1} - y_B} \\ \dfrac{1}{x_{C_1} - x_C}x - \dfrac{1}{y_{C_1} - y_C}y = \dfrac{x_C}{x_{C_1} - x_C} - \dfrac{y_C}{y_{C_1} - y_C} \\ \dfrac{1}{x_{D_1} - x_D}x - \dfrac{1}{y_{D_1} - y_D}y = \dfrac{x_D}{x_{D_1} - x_D} - \dfrac{y_D}{y_{D_1} - y_D} \end{cases} \quad (7)$$

且满足

$$R\left(\begin{bmatrix} \dfrac{1}{x_{A_1}-x_A} & \dfrac{1}{y_{A_1}-y_A} \\ \dfrac{1}{x_{B_1}-x_B} & \dfrac{1}{y_{B_1}-y_B} \\ \dfrac{1}{x_{C_1}-x_C} & \dfrac{1}{y_{C_1}-y_C} \\ \dfrac{1}{x_{D_1}-x_D} & \dfrac{1}{y_{D_1}-y_D} \end{bmatrix}\right) = R\left(\begin{bmatrix} \dfrac{1}{x_{A_1}-x_A} & \dfrac{1}{y_{A_1}-y_A} & \dfrac{x_A}{x_{A_1}-x_A} & -\dfrac{y_A}{y_{A_1}-y_A} \\ \dfrac{1}{x_{B_1}-x_B} & \dfrac{1}{y_{B_1}-y_B} & \dfrac{x_B}{x_{B_1}-x_B} & -\dfrac{y_B}{y_{B_1}-y_B} \\ \dfrac{1}{x_{C_1}-x_C} & \dfrac{1}{y_{C_1}-y_C} & \dfrac{x_C}{x_{C_1}-x_C} & -\dfrac{y_C}{y_{C_1}-y_C} \\ \dfrac{1}{x_{D_1}-x_D} & \dfrac{1}{y_{D_1}-y_D} & \dfrac{x_D}{x_{D_1}-x_D} & -\dfrac{y_D}{y_{D_1}-y_D} \end{bmatrix}\right) = 2 \quad (8)$$

由于弹着点 P_1 为 4 条直线公共交点，故任取两条直线方程即可表示其坐标，以 AA_1、BB_1 两条直线为例，P_1 点坐标 (x_{P_1}, y_{P_1}) 为

$$\begin{cases} x_{P_1} = \begin{pmatrix} x_A(x_{B_1}-x_B)(y_{A_1}-y_A) \\ -y_A(x_{A_1}-x_A)(x_{B_1}-x_B) \\ -x_B(x_{A_1}-x_A)(y_{B_1}-y_B) \\ +y_B(x_{A_1}-x_A)(x_{B_1}-x_B) \end{pmatrix} \Big/ \begin{pmatrix} (x_{B_1}-x_B)(y_{A_1}-y_A) \\ -(x_{A_1}-x_A)(y_{B_1}-y_B) \end{pmatrix} \\ y_{P_1} = \begin{pmatrix} x_B(y_{A_1}-y_A)(y_{B_1}-y_B) \\ -y_B(x_{B_1}-x_B)(y_{A_1}-y_A) \\ -x_A(y_{A_1}-y_A)(y_{B_1}-y_B) \\ +y_A(x_{A_1}-x_A)(y_{B_1}-y_B) \end{pmatrix} \Big/ \begin{pmatrix} (x_{B_1}-x_B)(y_{A_1}-y_A) \\ -(x_{A_1}-x_A)(y_{B_1}-y_B) \end{pmatrix} \end{cases} \quad (9)$$

同理，弹着点 P_2、P_3 分别为直线 AA_2、BB_2、CC_2、DD_2 的交点与直线 AA_3、BB_3、CC_3、DD_3 的交点，故联立相应的直线方程即可解出其坐标。

3 原理性实验

为验证所提方法的可行性，采用静态实验模拟三发弹丸同时着靶。通过三个直径为 7.62 mm、长度为 80 mm 的圆柱形磁铁棒和一个贴有坐标纸的钢板模拟三发弹丸同时着靶。将贴有坐标纸的钢板放置在方形阵列光电探测系统的测量幕面后方，使得钢板与测量幕面平行且均垂直于地面。将三个模拟弹丸穿过测量幕面吸附在与系统有效测量靶面相对应的钢板平面范围内的任意位置，并使得磁铁棒与测量幕面垂直。由系统测量得到一组模拟弹丸的坐标数据，记为 (x_{P_1}, y_{P_1})、(x_{P_2}, y_{P_2})、(x_{P_3}, y_{P_3})，视为弹丸穿过幕面的测量值；由钢板上的坐标纸可以直接读得一组模拟弹丸的坐标数据，记为 $(x_{P'_1}, y_{P'_1})$、$(x_{P'_2}, y_{P'_2})$、$(x_{P'_3}, y_{P'_3})$，视为弹丸穿过幕面的真值；那么弹丸的坐标测量误差可以表示为

$$\begin{cases} \Delta x_{P_1} = x_{P'_1} - x_{P_1} \\ \Delta y_{P_1} = y_{P'_1} - y_{P_1} \end{cases} \quad (10)$$

$$\begin{cases} \Delta x_{P_2} = x_{P'_2} - x_{P_2} \\ \Delta y_{P_2} = y_{P'_2} - y_{P_2} \end{cases} \quad (11)$$

$$\begin{cases} \Delta x_{P_3} = x_{P'_3} - x_{P_3} \\ \Delta y_{P_3} = y_{P'_3} - y_{P_3} \end{cases} \quad (12)$$

重复测量 50 组数据，实验数据如表 1 所示。

表 1　静态模拟实验数据

组号	每组弹丸编号	测量靶 x_p/mm	纸靶 $x_{p'}$/mm	测量靶 y_p/mm	纸靶 $y_{p'}$/mm	误差 Δx_p/mm	误差 Δy_p/mm
1	1	-140.5	-140.3	280.2	280.7	0.2	0.5
	2	182.0	182.4	270.1	269.1	0.4	-1.0
	3	-100.6	-101.8	-150.6	-150.1	1.2	0.5
2	1	-418.2	-417.1	-286.8	-285.3	0.9	1.5
	2	356.2	354.8	87.9	86.2	-1.4	-1.7
	3	212.1	212.9	-195.4	-194.2	0.8	1.2
3	1	-245.2	-244.1	122.2	122.5	1.1	0.3
	2	-476.2	-480.1	-257.1	-259.0	-3.9	-1.9
	3	369.1	368.4	-186.2	-185.1	-0.7	-1.1
⋮	⋮	⋮	⋮	⋮	⋮	⋮	⋮
50	1	-576.7	-575.3	220.5	219.8	1.4	-0.7
	2	-236.0	-234.5	-325.7	-326.3	1.5	-0.6
	3	202.0	203.8	254.7	255.6	1.8	0.9

对实验数据进行处理可以得到，系统测量得到的两组坐标：x 坐标测量误差的绝对值最大为 3.9 mm，y 坐标测量误差的绝对值最大为 3.2 mm。当三弹丸同时着靶的两弹丸间距大于 5.04 mm 时，该测量系统就可以将其区分开，即系统针对 7.62 mm 口径弹丸识别范围 ≥5.04 mm。

4　结论

本文提出了一种利用半导体光电探测阵列构建方形阵列的三弹丸坐标光电测量方法，建立了系统数学模型，推导了着靶坐标测量公式，并进行了静态模拟实验验证。由实验数据分析计算得到，该系统识别三弹丸同时着靶时，在 x 方向上的测量误差最大值为 3.9 mm，在 y 方向上的测量误差最大值为 3.2 mm，其识别范围 ≥5.04 mm。实验结果验证了所提方法的可行性，且相对于其他测量设备系统具有成本低、结构简单、校准与调整方便等优点。

参 考 文 献

[1] 倪晋平，杨雷，田会. 基于大靶面光幕靶的两类六光幕阵列测量原理 [J]. 光电工程，2008（02）：6-11+20.

[2] Tian Hui，Ni Jinping，Jiao Mingxing. Measurement model and algorithm for measuring flight parameter of parabolic trajectory by six-light-screen array [J]. Optik，2015，126（24）：5877-5880.

[3] Li Hanshan，Gao Junchai，Wang Zemin. Object location fire precision test technology by using intersecting photoelectric detection target [J]. Optik，2014，125（3）：1325-1329.

[4] 李华，李国富，雷蕾. CCD 立靶坐标测量系统精度仿真分析 [J]. 测试技术学报，2009，23（04）：358-361.

[5] Dong Tao，Yang Jiuqi，Chen Ding，et al. Calibration method for the structure parameters of a single linear array CCD-based photoelectric detection system using a Matrix inversion transformation [J]. Optik，2018（171）：446-452.

[6] 马卫红，李瑶. 一种单线阵 CCD 立靶系统参数的标定方法 [J]. 光学技术，2015，41（01）：39-42.

[7] 冯斌，石秀华. 双三角阵声靶测试系统研究 [J]. 应用声学，2012，31（2）：140-144.

[8] 武江鹏,宋萍,郝创博,等. 带弹序的弹幕武器立靶密集度测试 [J]. 光学精密工程, 2016, 24 (03): 600-608.

[9] 董涛,华灯鑫,李言,等. 用于三发弹丸同时着靶的密集度测量方法 [J]. 光子学报, 2013, 42 (11): 1329-1333.

[10] 王文博. 天幕立靶多目标识别技术研究 [D]. 西安:西安工业大学, 2012.

[11] 陈丁,倪晋平,李笑娟. 速射身管武器外弹道弹丸同时穿过光幕概率分析 [J]. 兵工学报, 2018, 39 (2): 383-390.

光幕阵列测试系统动态信号特性分析

李轰,倪晋平,陈丁

(西安工业大学 陕西省光电测试与仪器技术重点实验室,陕西 西安 710021)

摘 要:光幕阵列各测量通道存在不均衡性,会导致阵列动态信号传输延迟出现差异,直接影响光幕阵列测试系统的总体性能。为了解决这一问题,提出一种利用半实物仿真的方法进行评估、分析光幕阵列测量通道传输特性的方法。为了简化研究,本课题采用半实物仿真平台产生两路并行模拟动态信号,通过采集后进行动态信号的时、频域分析,基于不同信号参数条件下(如不同脉宽、信噪比、滤波截止频率等)分析并获得其传输特性及相关变化规律。试验结果表明,该方法可以科学、客观地评估光幕阵列测量通道传输不均衡性,为测量通道的校准与补偿提供了依据。

关键词:光幕阵列;动态信号;信号特性;时域分析;频域分析

中图分类号:TJ12.3 **文献标志码**:A

Characteristics analysis of the dynamic signal in light screen array measurement system

LI Hong, NI Jinping, CHEN Ding

(Shaanxi Province Key Laboratory of Photoelectric Measurement and Instrument Technology, Xian Technological University, Xi'an 710021, China)

Abstract: It leads to the difference delay of array dynamic signals transmission due to unbalanced measurement channels in the light screen array, which directly affects the overall performance of the light screen array testing system. To solve the above problem, a method of evaluating and analyzing the transmission characteristics of light screen array measurement channels using semi-physical simulation is proposed. For simplicity, the semi-physical simulation platform to generate two parallel analog dynamic signals is used. Through the time and frequency domain analysis of the dynamic signals after acquisition, the transmission characteristics and related change rules of the dynamic signals based on different signal parameters (such as different pulse width, signal-to-noise ratio, filter cut-off frequency, etc.) is analyzed and obtained. The experimental results show that the method can be scientifically and objectively evaluate the transmission imbalance of the measurement channel of the light screen array, and provide a basis for the calibration and compensation of the measurement channel.

Keywords: light screen array; dynamic signal; signal characteristics; time domain analysis; frequency domain analysis

0 引言

光幕阵列测试系统(以下简称"光幕阵列")是广泛应用于身管武器性能评估的一种光电测试设备,主要包括光幕靶、天幕靶和激光靶等[1]。其探测原理都是根据不同空间几何关系构建多对光幕,当高速飞行的弹丸穿过这些光幕时,会导致光电传感器所接收到的光通量发生变化,经过信号调理电路放大、

基金项目:国家自然科学基金项目(61471289)。

作者简介:李轰(1991—),男,硕士研究生,E-mail:1195897357@qq.com。

整形、滤波等处理后，则对应输出若干个弹丸过幕信号[2~4]（又称"动态信号"）。按照特定的时间信息提取算法[5]可测量到这些动态信号时间间隔，从而获得弹丸通过光幕的精确时刻。动态信号通过处理后，虽然消除了高斯噪声，但也会造成动态性能损失，其表现为输出信号产生畸变。此外，各个测量通道的电气特性也存在差异性，这会导致信号传输延迟时间不等。这些因素所导致的部分误差将会影响弹丸过幕时刻提取[6~8]。因此，光幕阵列动态信号特性的分析是进行弹丸过幕时刻提取的基础条件，只有充分了解光幕阵列动态信号的特性，才能对光幕阵列动态测试系统进行校准与补偿，以获得准确的弹丸过幕时间信息。

传统光幕阵列校准方法多关注于光幕空间几何结构参数的方面。近年来西安工业大学在光幕阵列动态测量方面进行了初步探索。2014 年西安工业大学课题组采用控制光通量的方式来模拟动态信号变化，通过变化 LED 的光通量发出不同脉冲信号来评估光幕阵列动态性能[9]。2018 年团队通过利用半实物仿真的方式来模拟动态信号，此方法结合了全数字仿真与模拟光源验证两种方法优点，更加贴近真实环境，从而对光幕阵列的探测性能较为科学地评估[10]。目前，对于光幕阵列信号传输特性未有深层次研究。

本文在半实物仿真验证平台的基础上，对所采集到的动态信号的特性进行分析，分析在不同参数条件下其传输特性及相关变化规律，为测量通道的校准与补偿提供了依据，从而保证获得更加精确的弹丸过幕的时间信息。

1 半实物仿真验证平台

光幕阵列系统由若干个光幕组成，为了简化起见，只以两个平行光幕为研究对象（简化为"天幕靶"），以两个光幕为研究对象最终结论也可以扩展到所有光幕阵列中。半实物仿真验证平台系统组成如图 1 所示：任意波形发生器与信号采集分析模块构造半实物仿真验证平台。在 PC 上编辑生成模拟动态信号波形文件，通过 LAN 下载至任意波形发生器中。当触发信号触发任意波形发生器后，任意波形发生器产生两路具有特定时间间隔的动态信号。最终，通过信号采集与处理模块输出信号到 PC 上，并进行信号特性分析。

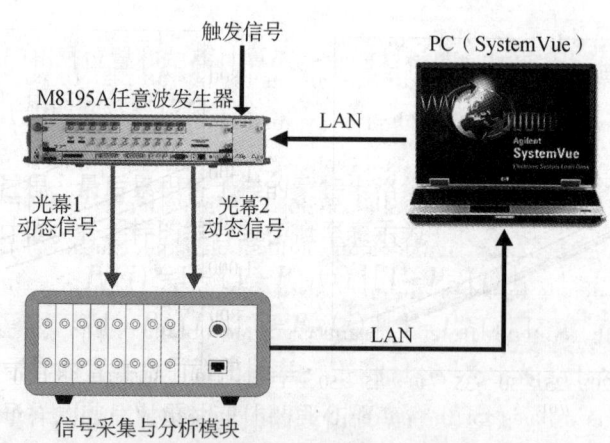

图 1　半实物仿真验证平台组成

2 动态信号时、频特性分析

2.1 同一时宽、不同信噪比时频图

每次弹丸通过光幕阵列所处环境不一致，导致动态信号信噪比不同。分析不同的噪声对动态信号测量产生的影响。在同一 50 μs 时宽下在不同信噪比 5 dB、10 dB、20 dB、30 dB 的波形图，如图 2 ~ 图 5 所示。

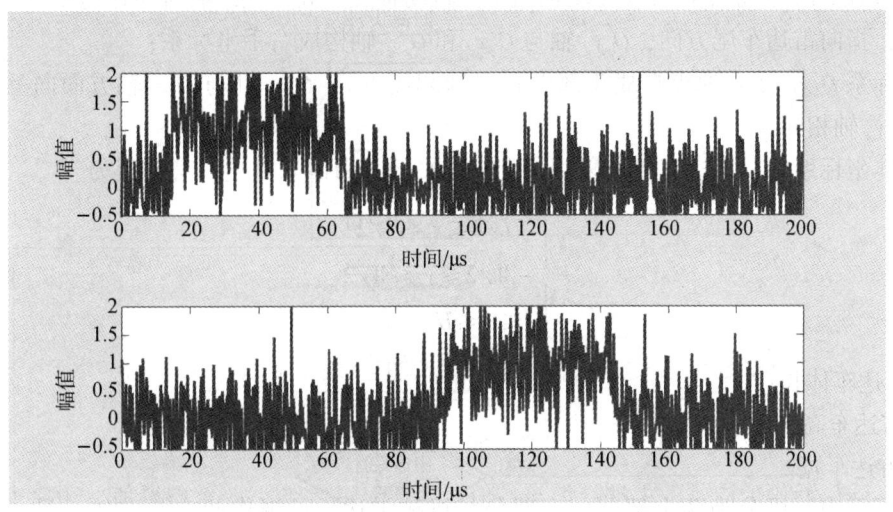

图 2　动态信号时宽 50 μs 信噪比为 5 dB 波形图

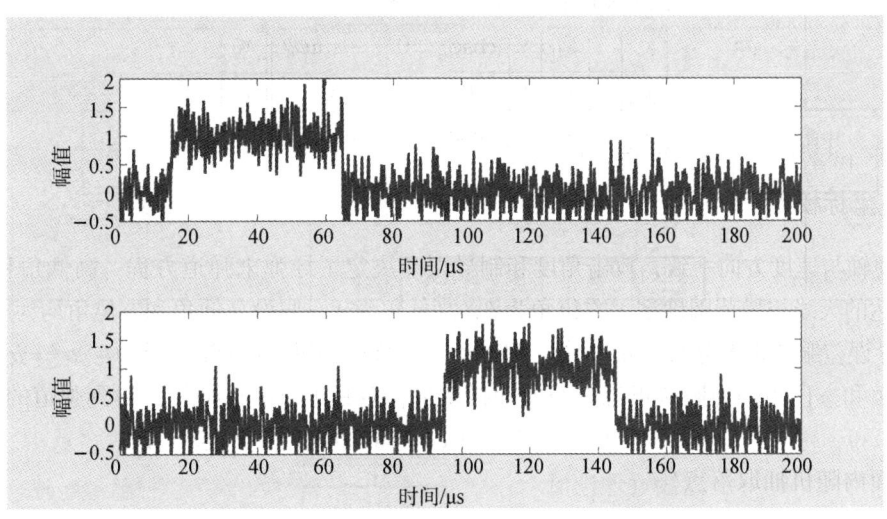

图 3　动态信号时宽 50 μs 信噪比为 10 dB 波形图

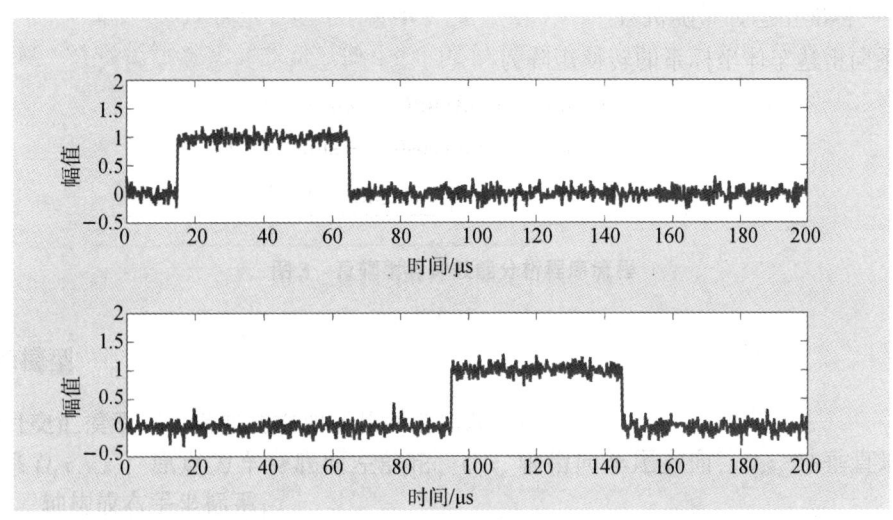

图 4　动态信号时宽 50 μs 信噪比为 20 dB 波形图

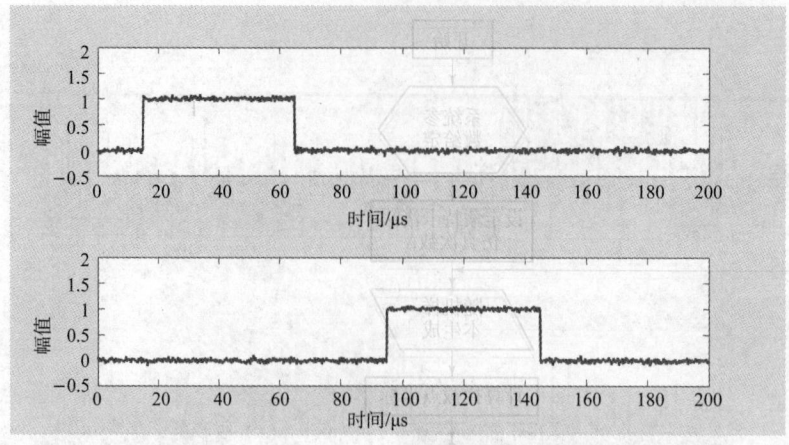

图 5　动态信号时宽 50 μs 信噪比为 30 dB 波形图

通过测量不同信噪比的信号的末端峰值与谷值,用下降沿一半法计算测量值。测量理论值为 80 μs。分析信噪比为 5 dB、10 dB、20 dB、30 dB 的信号所测量的数值可得表 1。

表 1　不同信噪比信号测量的对比图　　　　　　　　　　　　　　　　μs

序号	信噪比为 5 dB 的信号	信噪比为 10 dB 的信号	信噪比为 20 dB 的信号	信噪比为 30 dB 的信号
1	80.6	79.9	79.9	79.8
2	80.7	79.9	79.9	80.1
3	75.5	80.2	79.8	80
4	80.8	79.5	80.1	79.9
5	80	80	80.1	80

计算可得 5 dB 的测量平均值为 80.32,方差为 2.029 187 029;10 dB 的测量平均值为 79.9 μs,方差为 0.228 035 085;20 dB 的测量平均值为 79.96 μs,方差为 0.12;30 dB 的测量平均值为 79.96 μs,方差为 0.101 980 39。可见,信号信噪比越大,数值越接近理论值,测量得到的方差越小。由此可得,信噪比越大动态信号效果越好,越接近理论值。

2.2　通过低通滤波器后在不同截止频率时频图

因为动态信号通过低通滤波后造成信号损失不同,所以对应的仿真截止频率也不同。分析在不同的截止频率条件下对动态信号所产生的影响。在时宽 50 μs 下通过低通滤波器后分别在 1 000 Hz、500 Hz、200 Hz、100 Hz、50 Hz 截止频率时域图,如图 6 ~ 图 7 所示。

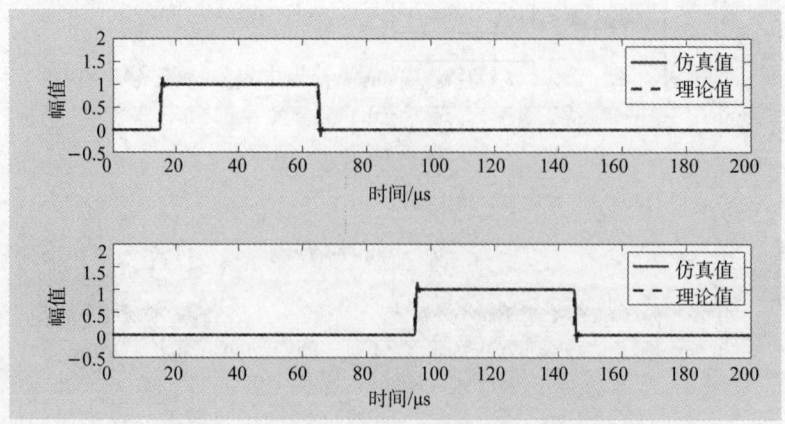

图 6　截止频率 1 kHz 的低通滤波器时频图

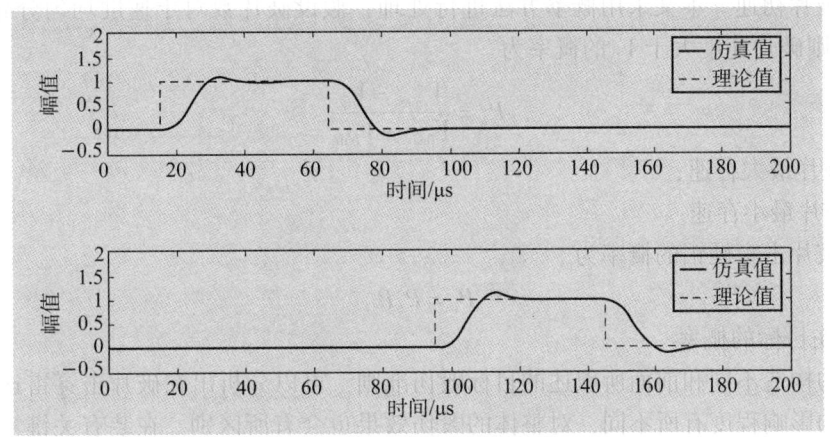

图 7　截止频率 50 Hz 的低通滤波器时频图

分别计算在不同截止频率下的过幕信号与理论值之间的误差可以得到表 2。

表 2　不同截止频率过幕信号误差

截止频率/Hz	过幕时间误差/μs
1 000	0.5
500	0.9
400	1.2
200	2.3
100	4.6
50	8.6

由表 2 可以得出，截止频率越高，则过幕信号与理论值的误差时间越小。

当信号经过不同通道时，动态信号相对应的截止频率不同，所得到测量数据就会不同。设定理论值为 80 μs。在不同截止频率情况下进行分析，设定动态信号一个通道截止频率为 50 Hz，一个通道截止频率为 1 000 Hz，时频图如图 8 所示。

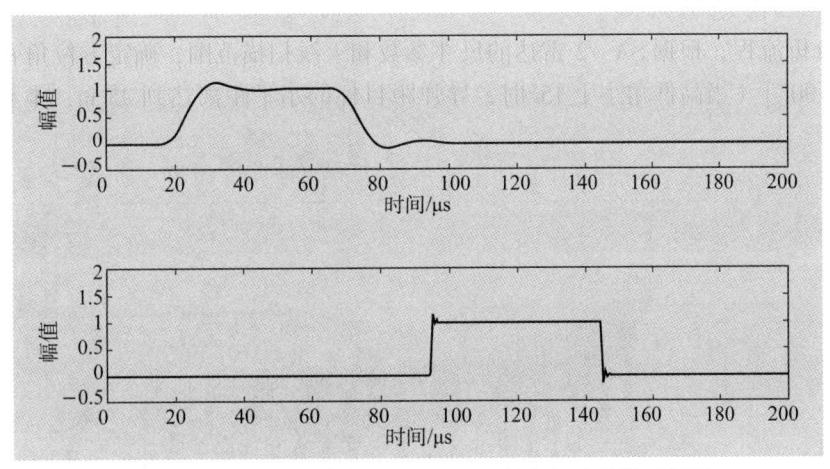

图 8　截止频率为 50 Hz 与 1 000 Hz 的低通滤波器时频图

设定动态信号两个通道截止频率都为 50 Hz，时频图如图 9 所示。

可得图 8 的测量值为 71.2 μs，图 9 的测量值为 80.4 μs。由此可知，截止频率不同动态信号的差值比截止频率相同的信号差值明显要大。分析可知，动态信号校准与补偿的重点不是还原成原始的信号特征，而是将不同测量通道的截止频率变成相同，最终得到相对精准的测量值。

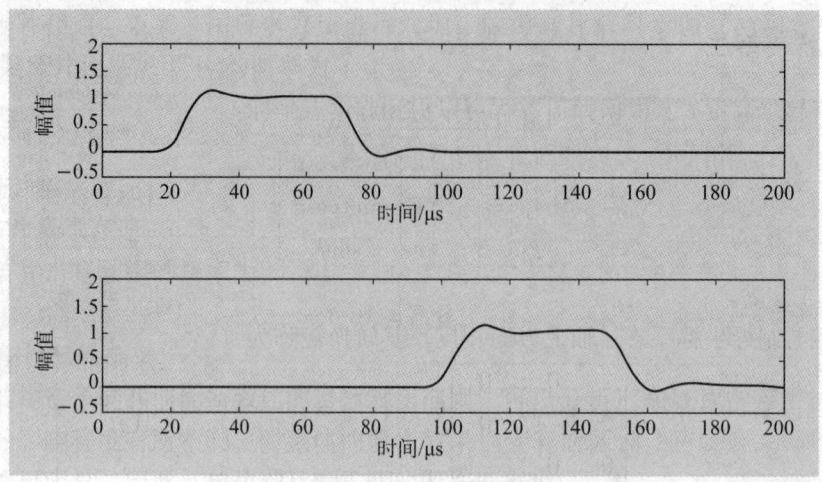

图 9 截止频率都为 50 Hz 的低通滤波器时频图

3 动态信号频域特性分析

3.1 不同时宽的频域图

由于过幕弹丸的长度不同，光幕阵列的幕厚不同，弹丸速度不同，因此造成动态信号的脉宽不同。通过分析动态信号在 10 μs、20 μs、30 μs、40 μs、50 μs 时宽的频域图得到其相关特征，如图 10 ~ 图 11 所示。

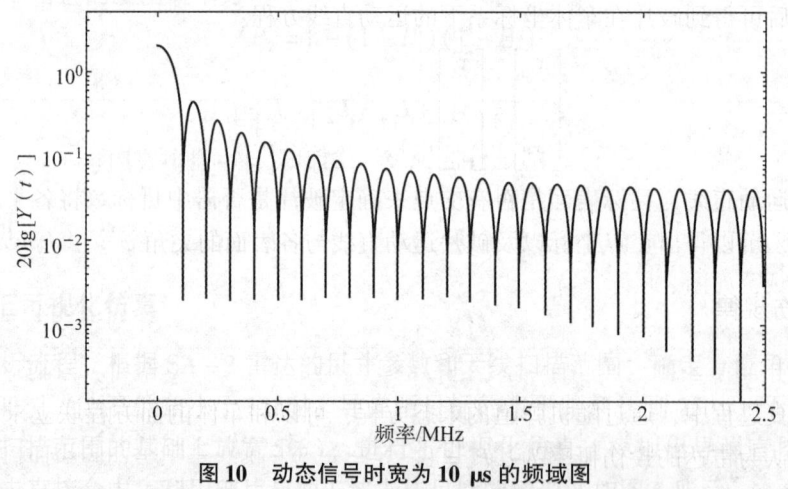

图 10 动态信号时宽为 10 μs 的频域图

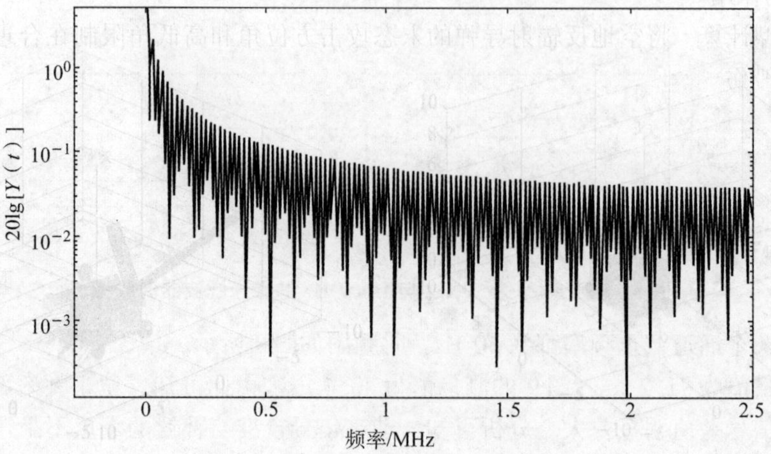

图 11 动态信号时宽为 50 μs 的频域图

通过分析不同频域图可以得出不同时宽的信号，时宽越小，频谱的带宽越大。

表3　不同时宽的仿真值与理论值差异

过幕信号时间/μs	仿真值/MHz	理论值/MHz
10	0.100 1	0.1
20	0.051 27	0.05
30	0.034 18	0.333
40	0.024 41	0.025
50	0.019 53	0.02

由表3可得，仿真的时宽的频谱值与实际理论频谱值差距不大，这就验证了半实物仿真结果的可行性。

3.2　同一时宽下不同信噪比频域图

分析不同的噪声对动态信号在频域产生的结果。分析在同一50 μs时宽下不同信噪比5 dB、10 dB、20 dB、30 dB下的频谱图，如图12~图13所示。

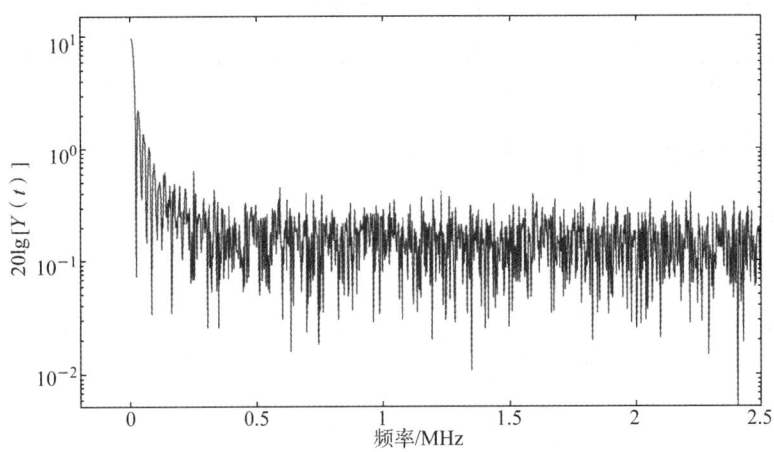

图12　动态信号时宽为50 μs 信噪比为20 dB 的时谱图

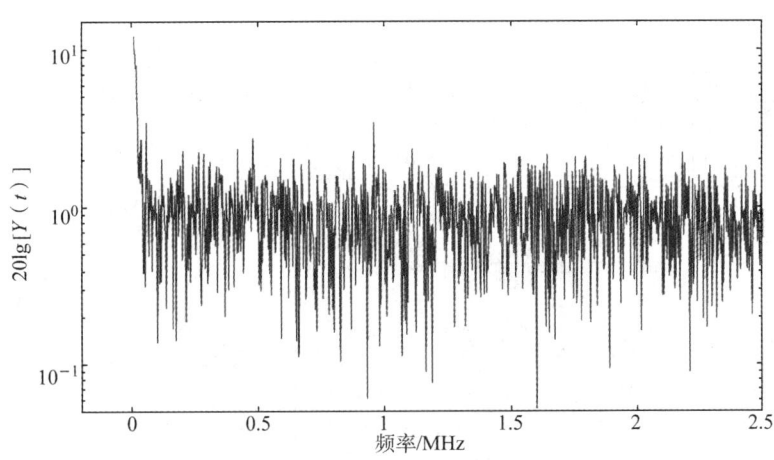

图13　动态信号时宽为50 μs 信噪比为5 dB 的时谱图

由图可得，信噪比越大，信号效果越好，频谱显示效果越好，过幕时刻提取精度越高。这与时域分析得出的结论相同。

3.3 通过低通滤波器后在不同截止频率带噪声时域与频域图

在频域条件下分析带噪声的信号通过不同截止频率的频谱图。在 50 μs 的时宽下带 10 dB 噪声信号通过低通滤波器后在截止频率分别为 1 000 Hz 和 50 Hz 的时频图，如图 14 ~ 图 15 所示。

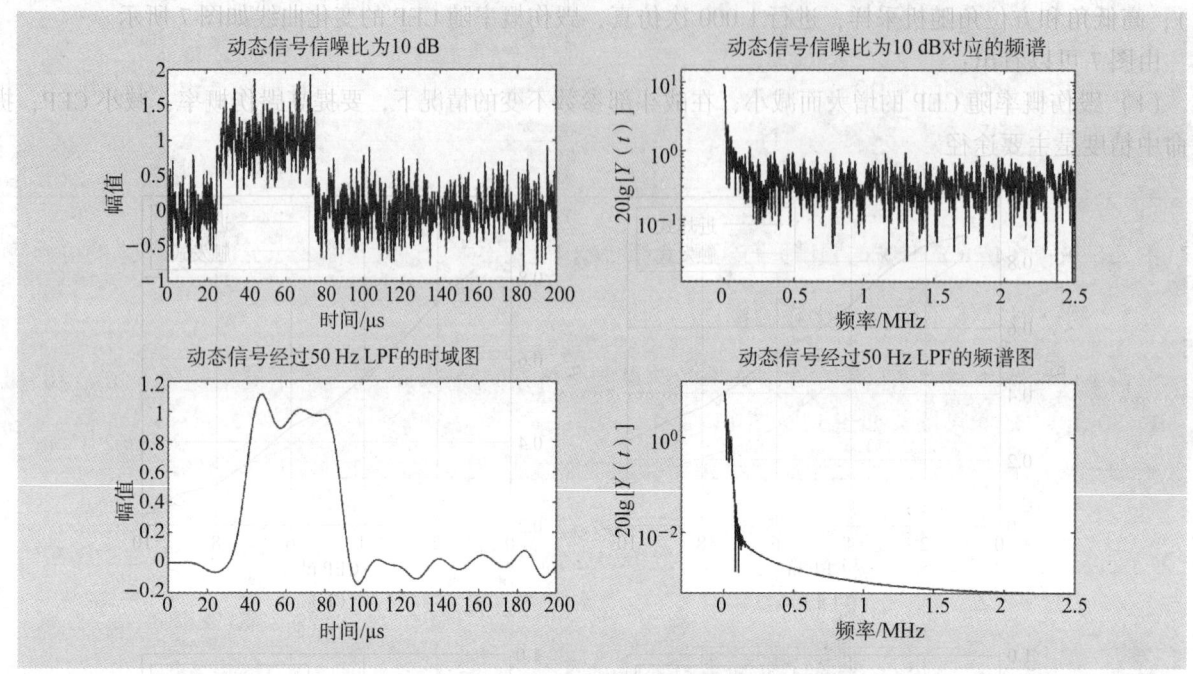

图 14　截止频率为 50 Hz 的低通滤波器时域与频域图

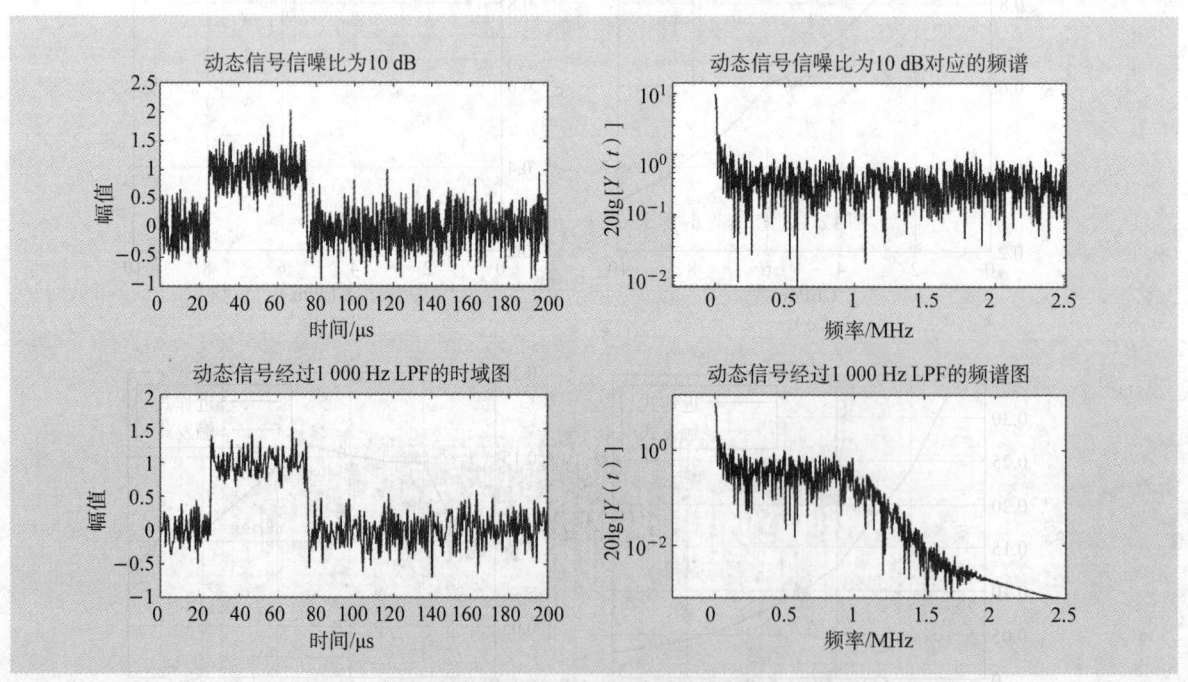

图 15　截止频率为 1 000 Hz 的低通滤波器时域与频域图

由图对比可以得到，通过低通滤波器的截止频率越低的信号，其消除噪声效果越好。

4　结论

通过对光幕阵列动态信号的分析可知，动态信号通过低通滤波器的截止频率越低，滤波后消除噪声效果越好，但是滤波后消除了信号的部分高频信息，导致信号的动态性能越差，弹丸过幕时刻提取精度（这里采用下降沿一半法）与理论值的误差越大，这就是滤波后动态信号存在的一个矛盾。而信号研究的重点在于将不同测量通道的截止频率变成相同。由上述得到的光幕阵列信号的特点，可以为以后的校准与补偿提供依据。

参 考 文 献

[1] 倪晋平. 光幕阵列测试技术与应用［M］. 北京：国防工业出版社，2014.

[2] Li H. Research on space target detection ability calculation method and spectral filtering technology in sky – screen's photo electric system［J］. Microwave and Optical Technology Letters，2016，58（5）：1035 – 1041.

[3] Sabzikar E. Optical target tracking by scheduled range measurements［J］. Optical Engineering，2015，54（4）：78 – 79.

[4] G Farca，S A Bennetts，J A Millett. Optical device utilizing ballistic zoom and methods for sighting a target：US，014424［P］. 2015 – 05 – 21.

[5] Li H，Lei Z，Wang Z，et al. Research on objection information extraction arithmetic in photo – electric detection target base on wavelet analysis method［J］. Przeglad Elektrotechniczny，2012，88（9）：157 – 161.

[6] Tian H，Ni J，Jiao M. Measurement model and algorithm for measuring flight parameter of parabolic trajectory by six – light – screen array［J］. Optik，2015，126（24）：5877 – 5880.

[7] 孙忠辉，田会，赵玉艳，等. 天幕靶响应时间一致性检测电路设计及实现［J］. 西安工业大学学报，2013，33（10）：790 – 794.

[8] Rui chen，Jinping Ni. Calibration method of light – screen plane equation of sky screen vertical target［J］，Optik，2018（155）：276 – 284.

[9] 韩茹冰. 天幕靶作用参数测试技术［D］. 西安：西安工业大学，2017.

[10] 陈丁，倪晋平，陈瑞. 光幕阵列测试系统动态信号半实物仿真［J］. 测试技术学报，2018，32（06）：7 – 13.

某钝感杀爆炸药中钝感剂对炸药能量的影响规律

杏若婷，李志华，闫 波，李领弟，孙立鹏，魏小春

(甘肃银光化学工业集团有限公司，甘肃 白银 730900)

摘 要：通过在基础配方中加入不同含量的钝感剂，采用密度液体静力称量法、爆热恒温法和绝热法、爆速电测法，测试含钝感剂的某钝感杀爆炸药的装药密度、爆热、爆速等性能，研究钝感剂对炸药能量的影响规律，最终确定某钝感杀爆炸药配方。

关键词：钝感剂；密度；爆热；爆速；炸药能量

中图分类号：TG156　**文献标志码**：　A

Effect of a blunt sensor on the energy of explosives

XING Ruoting, LI Zhihua, YAN Bo, LI Lingdi, SUN Lipeng, WEI Xiaochun

(GansuYinguang Chemical Industry Group Co. LTD, Baiyin 730900, China)

Abstract: The density of charge, explosive heat, explosive speed measurement and other properties of a blunt sensation explosive containing a blunt sensor were tested by adding a different content of passive - sensing agent to the basic formula, using the density liquid static force measurement method, explosive heat constant temperature method and adiabatic method, and explosive speed measurement method. The effects of passivity on explosive energy were studied, and the formula of a blunt killing explosive was finally determined.

Keywords: dull agent; density; detonation heat; detonation velocity; explosive energy

0 引言

某钝感杀爆炸药是国内外广泛使用的混合炸药[1~5]，其装备量占战斗部炸药装备总量的80%左右，可适用于装填大口径、异形结构的战斗部，涉及陆、海、空、火箭军各军兵种。某钝感杀爆炸药技术解决了炸药能量与安全性的矛盾，它的应用有利于提高我国弹药的战场生存能力，将显著提高我国相关武器的装备水平，其军事效益十分显著。

在某钝感杀爆炸药中加入不同含量的钝感剂，测试含钝感剂某杀爆炸药的装药密度、爆速、爆热性能，研究钝感剂对炸药能量的影响规律[6~11]，最终确定含钝感剂某杀爆炸药配方。

1 试验方法和试验条件

1.1 密度液体静力称量法

某钝感杀爆炸药药块、药柱，药柱尺寸：$\phi 20\ mm \times 20\ mm$。液体介质：高纯水，密度为 $0.999\ g/cm^3$。

作者简介：杏若婷 (1975—)，女，高工，E-mail: xinruoting@126.com。

1.2 爆热恒温法和绝热法

某钝感杀爆炸药药柱，直径为 $\phi25$ mm，质量 m 为 30 g。爆热量热仪；药柱状态：直径为 $\phi25$ mm 中心带雷管孔。

1.3 爆速电测法

某钝感杀爆炸药药柱，尺寸：$\phi20$ mm × 20 mm；装药密度：1.850 g/cm³ ± 0.005 g/cm³。雷管：8# 铝壳电雷管；电雷管与炸药药柱之间加装传爆药柱。

密度为 1.850 g/cm³ 时，爆速为 8 014 m/s。

2 结果与讨论

2.1 某钝感杀爆炸药钝感剂含量与密度关系图

采用热力学和爆炸性能计算软件对某钝感杀爆炸药基本性能进行预估。炸药密度与组分含量关系如图1~图3所示，由图可以看出，在不同钝感剂含量下炸药密度均大于 1.80 g/cm³，密度随铝粉含量增加而增加。

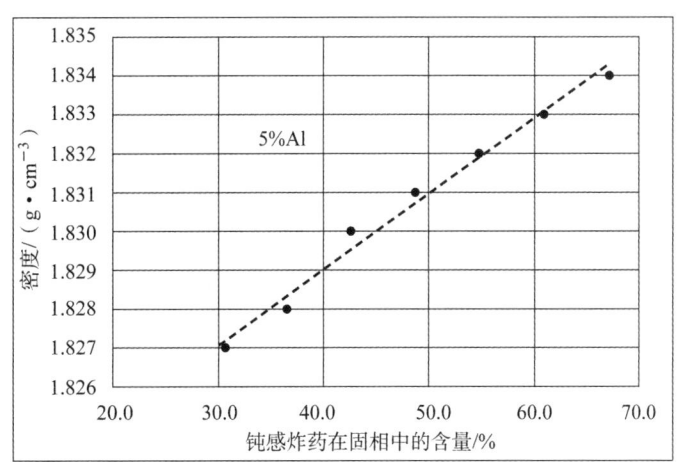

图1 铝含量5%情况下，密度随钝感炸药含量变化

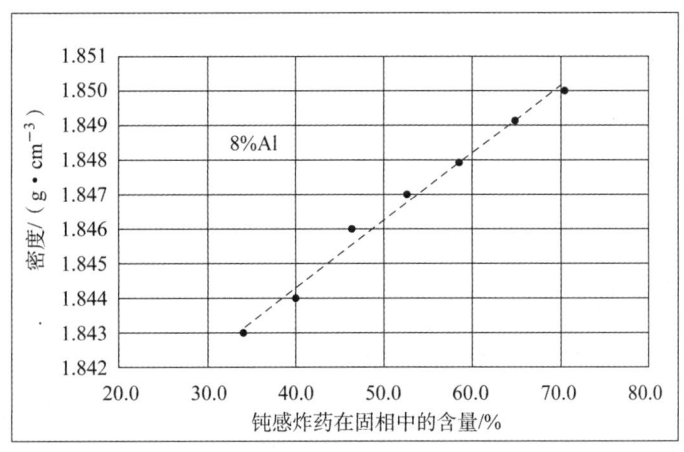

图2 铝含量8%情况下，密度随钝感炸药含量变化

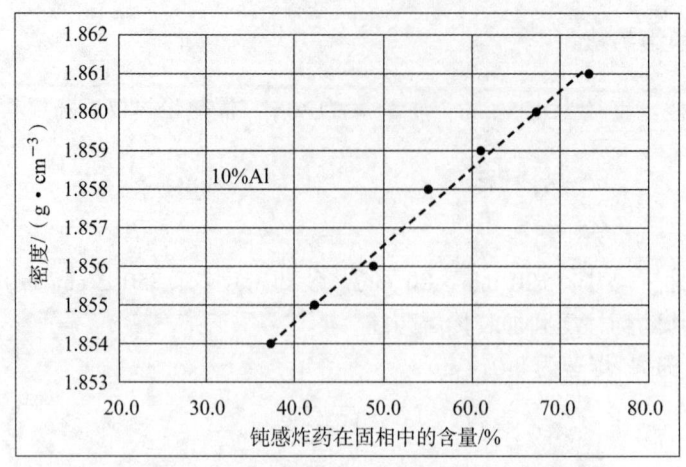

图3 铝含量10%情况下,密度随钝感炸药含量变化

2.2 某钝感杀爆炸药钝感剂含量与爆热关系图

炸药爆热与组分含量关系如图4~图6所示,随钝感炸药含量增加爆热降低,爆热随着铝粉含量的增加而增加。由图4可知,对于钝感炸药在固相中的含量35%以上时,爆热均小于6 000 kJ/kg。由图5和图6可知,当铝含量为8%和10%时,爆热均大于6 000 kJ/kg。

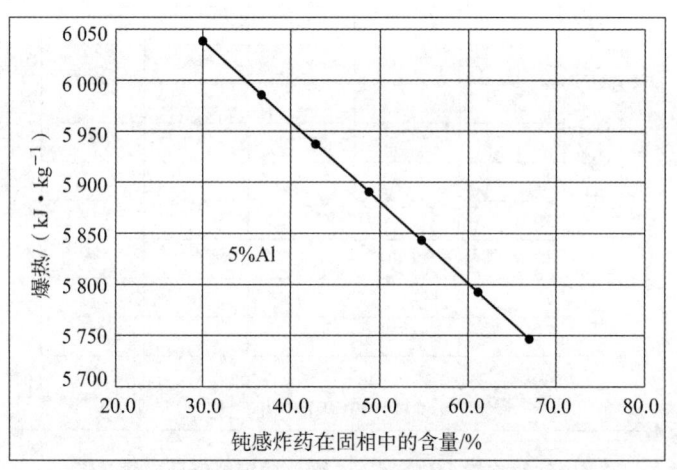

图4 铝含量5%情况下,爆热随钝感炸药含量变化关系

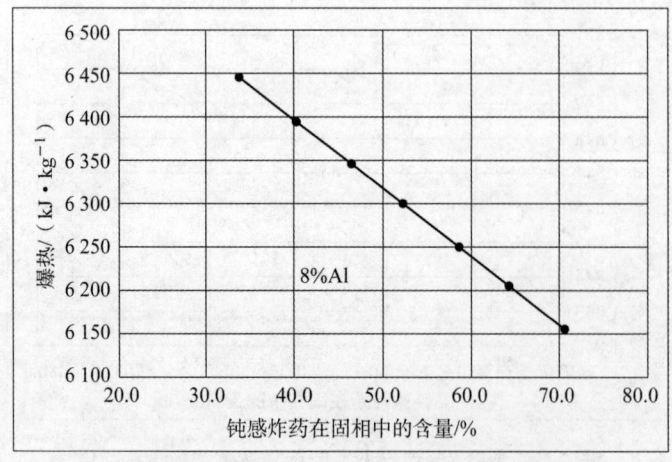

图5 铝含量8%情况下,爆热随钝感炸药含量变化关系

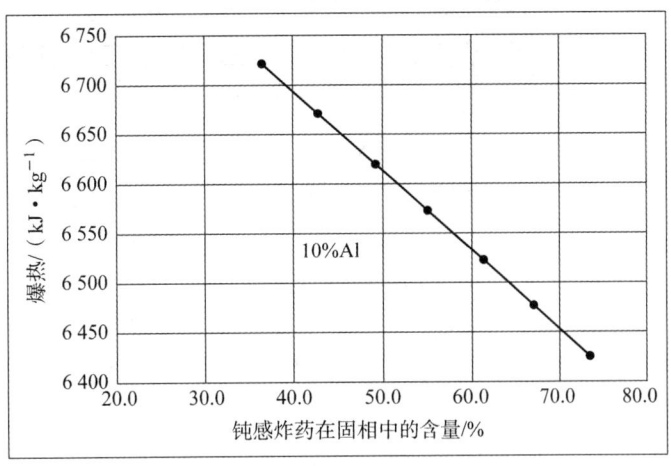

图 6　铝含量 10% 情况下，爆热随钝感炸药含量变化关系

2.3　某钝感杀爆炸药钝感剂含量与爆速关系图

炸药爆速与组分含量关系如图 7 ~ 图 9 所示，随钝感炸药含量增加爆速降低，爆速随着铝粉含量的增加而降低。由图 7 和图 8 可知，当铝含量为 5% 和 8% 时，对于钝感炸药在固相中的含量在大部分范围内，爆速均大于 8 000 m/s。由图 9 可知，当铝含量为 10% 时，对于钝感炸药的含量在大部分范围内，爆速均小于 8 000 m/s。

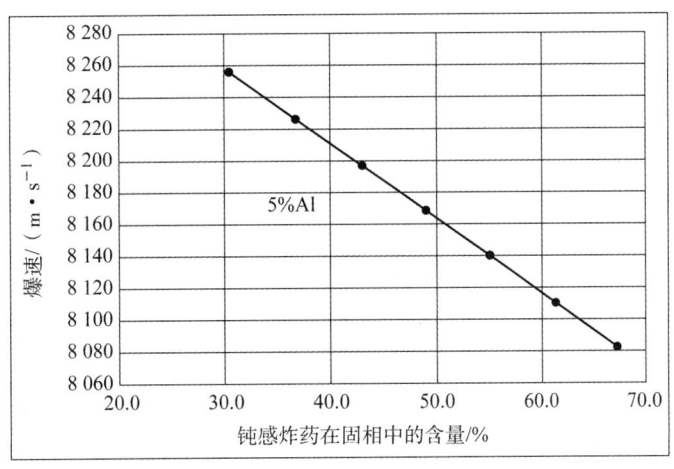

图 7　铝含量 5% 情况下，爆速随钝感炸药含量变化关系

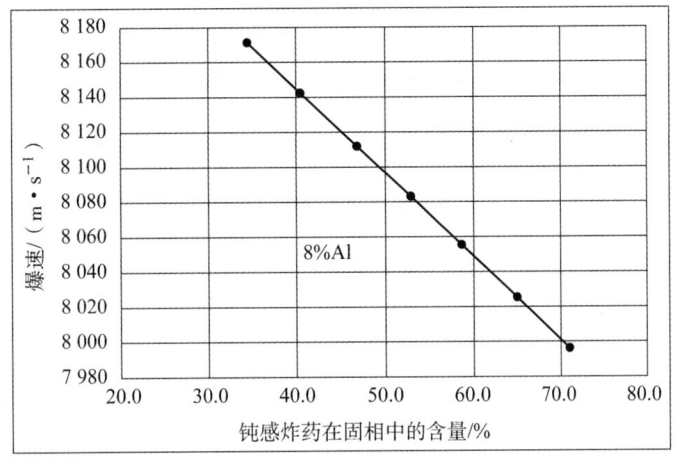

图 8　铝含量 8% 情况下，爆速随钝感炸药含量变化关系

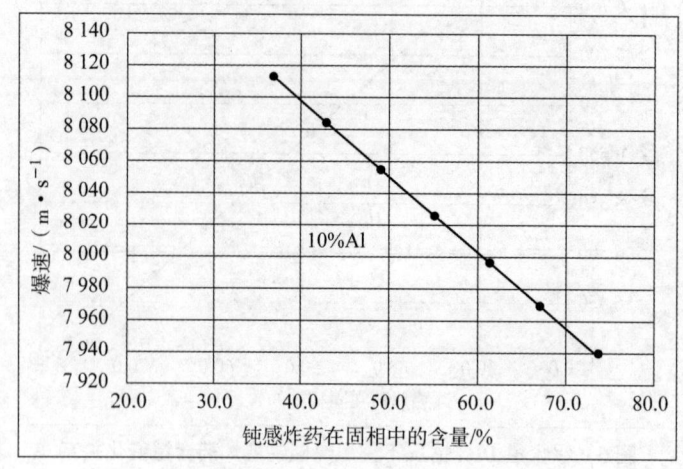

图9 铝含量10%情况下，爆速随钝感炸药含量变化关系

3 结论

依据上述计算结果，考虑到指标要求爆速（D）不小于8 000 m/s，装药密度（ρ）不小于1.80 g/cm³，爆热（Q）不小于6 000 kJ/kg，同时考虑炸药安全性，配方需尽量在较高的钝感炸药含量的前提下满足指标要求。

在基础配方中加入不同含量的钝感剂，测试含钝感剂的某钝感杀爆炸药的装药密度、爆速、爆热等性能，研究钝感剂对炸药能量的影响规律，最终确定某钝感杀爆炸药配方。

参 考 文 献

[1] 张奇，闫华，白春华. 装药发射过载动力学研究［J］. 振动与冲击，2003，22（2）：78-80.
[2] Chen X W, Fan S C, Li Q M. Oblique and normal penetration/perforation of concrete target by rigid projectiles ［J］. International Journal of Impact Engineering, 2004, 30 (6)：617-637.
[3] 王昕. 美国不敏感混合炸药的发展现状［J］. 火炸药学报，2007，30（2）：78-80.
[4] T. S. Costain, R. V. Motto. The sensitivity, performance, and material properties of some high explosive formulations ［R］. Picatinny Arsenal, 1973.
[5] 王亲会，熊贤锋，谢利科. 新型注装含铝混合炸药研究［J］. 火炸药学报，1997（1）：3-5.
[6] Li D, Zhou L, Zhang X. Partial reparametrization of the BKW equation of state for DNAN-based melt-cast explosives ［J］. Propellants Explosives Pyrotechnics, 2017, 42 (5)：499-505.
[7] 张龙. DNAN基熔铸炸药空中爆炸能量输出规律研究［D］. 北京：北京理工大学，2016.
[8] Wardle R, Lee K, Braithwaite J A P. Effects of very small particle size on processing and safety properties of energetic formulations ［J］. Mrs Proceedings, 2003, 800 (800).
[9] GJB 772A—1997 方法606.1 爆发点5s延滞期法［S］. 1997.
[10] 胡荣祖，胡启祯，等. 热分析动力学［M］. 北京：科学出版社，2001.

空地反辐射导弹毁伤评估分析

董昕瑜[1]，伍友利[2]，刘同鑫[2]，牛得清[1]

(1. 空军工程大学 研究生院，陕西 西安 710038；
2. 空军工程大学 航空工程学院，陕西 西安 710038)

摘 要：针对现代战争中打击和压制敌方雷达系统时反辐射导弹的毁伤效果问题，建立了反辐射导弹毁伤评估模型。首先提出了毁伤等级定义，确定了目标雷达的毁伤程度。然后分析了冲击波与破片的毁伤能力，并建立蒙特卡洛模型计算毁伤概率。最后将该方法应用到反辐射导弹武器毁伤评估中，进行具体分析、计算，验证了此方法的合理性和有效性。这一方法对反辐射导弹效能评估、战技指标论证及其鉴定验收有重要的理论参考价值。

关键词：兵器工程；反辐射导弹；蒙特卡洛模型；毁伤等级

中图分类号：TG156 文献标志码：A

Damage assessment and analysis of air – to – ground anti – radiation missile

DONG Xinyu[1], WU Youli[2], LIU Tongxin[2], NIU Deqing[1]

(1. College of Graduate, Air Force Engineering University, Xi'an 710038, China;
2. Aeronautics Engineering College, Air Force Engineering University, Xi'an 710038, China)

Abstract: Aiming at the damage effect of anti – radiation missiles when enemy radar systems are attacked and suppressed in modern war, the damage evaluation model of anti – radiation missiles is established. Firstly, the definition of damage level is proposed and the damage degree of a target radar is determined. Then the damage capability of shock wave and fragment is analyzed and Monte Carlo method is established to calculate the damage probability. Finally, the method is applied to the damage assessment of anti – radiation missile weapon, and the rationality and validity of the method are verified. This method has important theoretical reference value for evaluating anti – radiation missile effectiveness, demonstrating of tactical index and evaluating and accepting anti – radiation missile.

Keywords: arms Engineering; anti – radiation missile; Monte Carlo method; damage level

0 引言

在目前的空地对抗中，反辐射导弹作为一种专门用来攻击敌方雷达的武器，是压制防空系统的主要武器之一。鉴于突防和掩护的需求，能否夺取战场电磁优势，并充分发挥武器装备的效能，成为反辐射导弹的发展方向。其中，反辐射导弹对雷达实体上的毁伤最为重要，能够大大削弱敌方的作战能力，所以对反辐射导弹的毁伤效能评估就显得尤为重要。

基金项目：2017 全国博士后创新人才支持计划（BX201700104）。
作者简介：董昕瑜（1995—），男，硕士研究生，E - mail：1746247775@ qq. com。

反辐射导弹的研制与发展不能缺少实弹打靶这一重要环节。在实弹打靶之前，利用计算机模拟仿真打靶终端效应，确定反辐射导弹的打击方案和毁伤模型，能够节约靶试成本，提高靶试的试验效果。这就必须对反辐射导弹的毁伤效能进行相应的计算机模拟毁伤评估试验。本文在毁伤等级定义的基础上，分析冲击波与破片的毁伤能力，并建立蒙特卡洛模型计算毁伤概率。通过具体分析、计算，验证了此方法的合理性和有效性。这一方法对反辐射导弹效能评估、战技指标论证及其鉴定验收有重要的理论参考价值。

1 毁伤等级定义

雷达在遭到反辐射导弹攻击时，一般只考虑破片和冲击波对雷达车外部架构和内部设备造成的毁伤。雷达的毁伤大致可以分为硬毁伤和软毁伤两类，硬毁伤包括雷达车被直接摧毁和在一定的时间内无法继续执行作战任务；软毁伤则是通过更换零件与抢修在一定时间内可以恢复战斗力，对敌方雷达暂时造成一定的压制。基于以上原则，可以将雷达目标的毁伤划分为三个等级[1]：

轻度毁伤：雷达被击毁，完全丧失功能，没有修复的价值。

中度毁伤：雷达基本丧失功能，但修复后还能使用，修复时间需要 3~5 天。

重度毁伤：雷达基本丧失功能，短时间（数小时到一天）修复可恢复工作。

2 毁伤能力分析

2.1 冲击波毁伤能力分析

冲击波对于典型的毁伤作用，可以参考空气冲击波的标准公式[3]：

$$(\Delta P - P^*) \times (I - I^*) = K \tag{1}$$

式中：ΔP——空气冲击波波阵面的超压值；

I——空气冲击波的比冲值；

P^*，I^*，K——常数（在空气冲击波阵面的临界值），这三个常数取决于目标的易损性。

用 p_1 表示爆破作用产生的毁伤概率，则

$$p_1 = \begin{cases} 1 & (\Delta P - P^*) \times (I - I^*) \geq K \\ 0 & (\Delta P - P^*) \times (I - I^*) < K \end{cases} \tag{2}$$

考虑到一部分气体能量要保证破片飞散，空气冲击波波阵面的超压值可根据经过修正的萨道夫斯基公式计算[4]：

$$\Delta P = 0.926 \times \frac{W_\theta^{1/3}}{R} + 3.764 \times \left(\frac{W_\theta^{1/3}}{R}\right)^2 + 13.287 \times \left(\frac{W_\theta^{1/3}}{R}\right)^3 \tag{3}$$

空气冲击波的比冲量可通过下式计算：

$$I = 20 \times \frac{W_\theta^{2/3}}{R} \tag{4}$$

战斗部装药等效 TNT 当量 W_θ 可通过下式确定：

$$W_\theta = W_D \times f_c \tag{5}$$

式中，$W_D = K_T \times W$。

$$f_c = \begin{cases} 1 - \left(\frac{M}{W}\right)^2 / \left(1 + \frac{M}{W}\right) & 0 \leq \frac{M}{W} \leq 0.53 \\ 0.47 + 0.53 / \left(1 + \frac{M}{W}\right) & \frac{M}{W} > 0.53 \end{cases} \tag{6}$$

式中：W_θ——等效 TNT 当量的药量；

K_T——战斗部装药与 TNT 炸药的转换系数；

W——战斗部装药质量；

M——战斗部金属质量;

f_c——炸药转换系数;

R——距爆破中心的距离。

2.2 破片毁伤能力分析

不考虑导弹的攻角,假设导弹速度方向与弹轴重合时,破片的动态初速由下式计算:

$$V_d = \sqrt{V_0^2 + V_m^2 + 2V_0V_m\cos\theta} \tag{7}$$

式中:V_0——破片静态初速;

V_m——战斗部起爆时导弹的速度;

θ——破片静态飞散方向角。

破片在空中飞行时受到空气阻力的作用,飞行速度会发生衰减,破片飞行距离 l 后,破片存速按下式计算:

$$V_l = V_0 e^{-\frac{c\rho_0 k_s m_e^{2/3}}{2m_e}l} \tag{8}$$

式中:l——破片运动的距离;

V_l——破片运动距离 l 后的速度;

V_0——破片初速;

c——大气阻力系数,矩形规则破片取 $c=1.24$;

ρ_0——海平面大气密度;

m_e——单枚破片质量;

k_s——破片形状系数。

从图1、图2可以看出,由于速度衰减,破片的速度下降,但对于大、小破片在飞行20 m后其动态速度都不小于1 000 m/s。

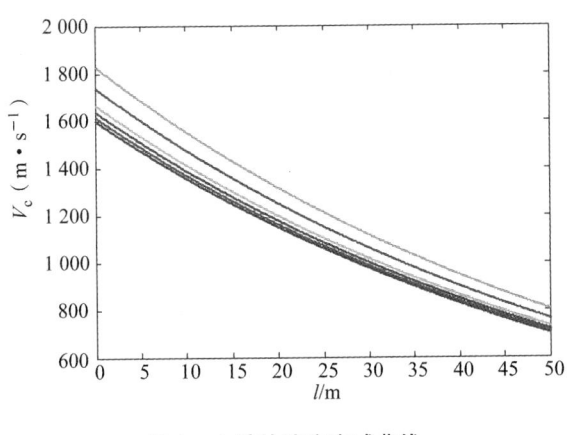

图1 小破片速度衰减曲线

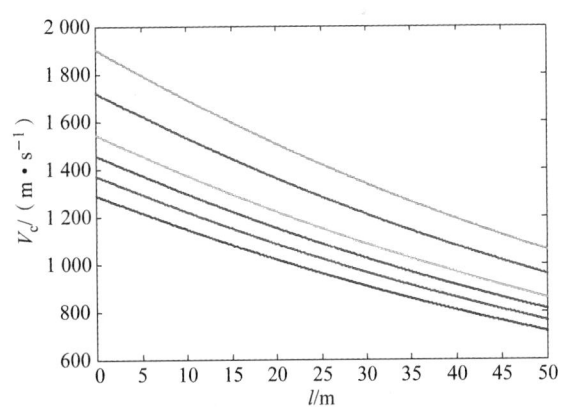

图2 大破片速度衰减曲线

破片对靶板的穿透能力与破片参数的关系为

$$h = \frac{m^{1/3}r^{2/3}V^2 \times 10^{-5}}{2mk_1k_m(L+\beta V)^2} \tag{9}$$

式中:h——破片能穿透的硬铝板厚度;

m——破片质量;

r——破片材料的密度;

V——破片与硬铝板的法向撞击速度;

k_1——破片形状系数;

k_m——硬铝板的比动能,破片达到此动能时,硬铝板可被击穿;

L，β——针对硬铝障碍物的相关常数。

破片面密度：

$$\rho_A = \frac{N}{2\pi R^2 (\cos(\theta_d - \theta_b/2) - \cos(\theta_d + \theta_b/2))} \tag{10}$$

式中：N——破片总数；

R——起爆点与目标间的距离；

θ_b——破片动态飞散角（假定与静态飞散角相同）；

θ_d——破片动态飞向角。

3 反辐射导弹作战效能分析蒙特卡洛模型

3.1 模型概述

首先在模型中作如下假设：

（1）导弹攻击的是位于开阔、平坦地带的目标。

（2）导弹末端弹道为直线弹道，弹轴与弹道直线重合（即攻角为零）。

（3）目标形体用正交平行六面体（雷达车体）和圆抛物面或平板（雷达天线）来表示。

模型计算是在导弹引爆前对弹道作最后修正，反辐射导弹以固定逼近角的直线弹道飞向目标开始的，对每个子样进行抽样模拟。每次模拟过程为：

（1）选择一攻击逼近角（包括高低角和方位角，这两个角度可固定取值也可随机抽样），确定出导弹方向，使导弹相对给定的瞄准点直线飞行。

（2）由相对于瞄准点的制导误差在制导平面内进行随机抽样，确定弹道。

（3）根据引信作用方式、启动参数、直接命中的可能性以及正常引爆前与地面碰撞的可能性等，在飞行轨迹上确定炸点。

（4）根据炸点与目标的相对位置和距离计算战斗部对目标的直接命中、破片杀伤、爆破杀伤作用的毁伤概率，以及各种毁伤作用的综合毁伤概率。

算法流程如图3所示。

每次模拟都重复这一过程，最后累积各子样的蒙特卡洛统计数据，得到综合毁伤概率以及各种毁伤作用的毁伤概率的期望估计值。各子样的综合毁伤概率表示为

$$P_k(i) = 1 - [1 - P_{DH}(i)][1 - P_{FV}(i)] \\ [1 - P_{FA}(i)][1 - P_{BV}(i)][1 - P_{BA}(i)] \tag{11}$$

式中：$P_{DH}(i)$ ——第 i 个子样的直接命中毁伤概率；

$P_{FV}(i)$ ——第 i 个子样的破片对雷达车体的毁伤概率；

$P_{FA}(i)$ ——第 i 个子样的破片对雷达天线的毁伤概率；

$P_{BV}(i)$ ——第 i 个子样的爆破作用对雷达车体的毁伤概率；

$P_{BA}(i)$ ——第 i 个子样的爆破作用对雷达天线的毁伤概率。

单发毁伤概率的蒙特卡洛估计值表示为

$$P_K = \frac{\sum_i^n P_K(i)}{n} \tag{12}$$

式中：P_K——各种毁伤作用的综合毁伤概率估值和各种毁伤作用的毁伤概率估值；

$P_K(i)$ ——每个子样的综合毁伤概率或每个子样的各种毁伤作用的毁伤概率；

n——子样数。

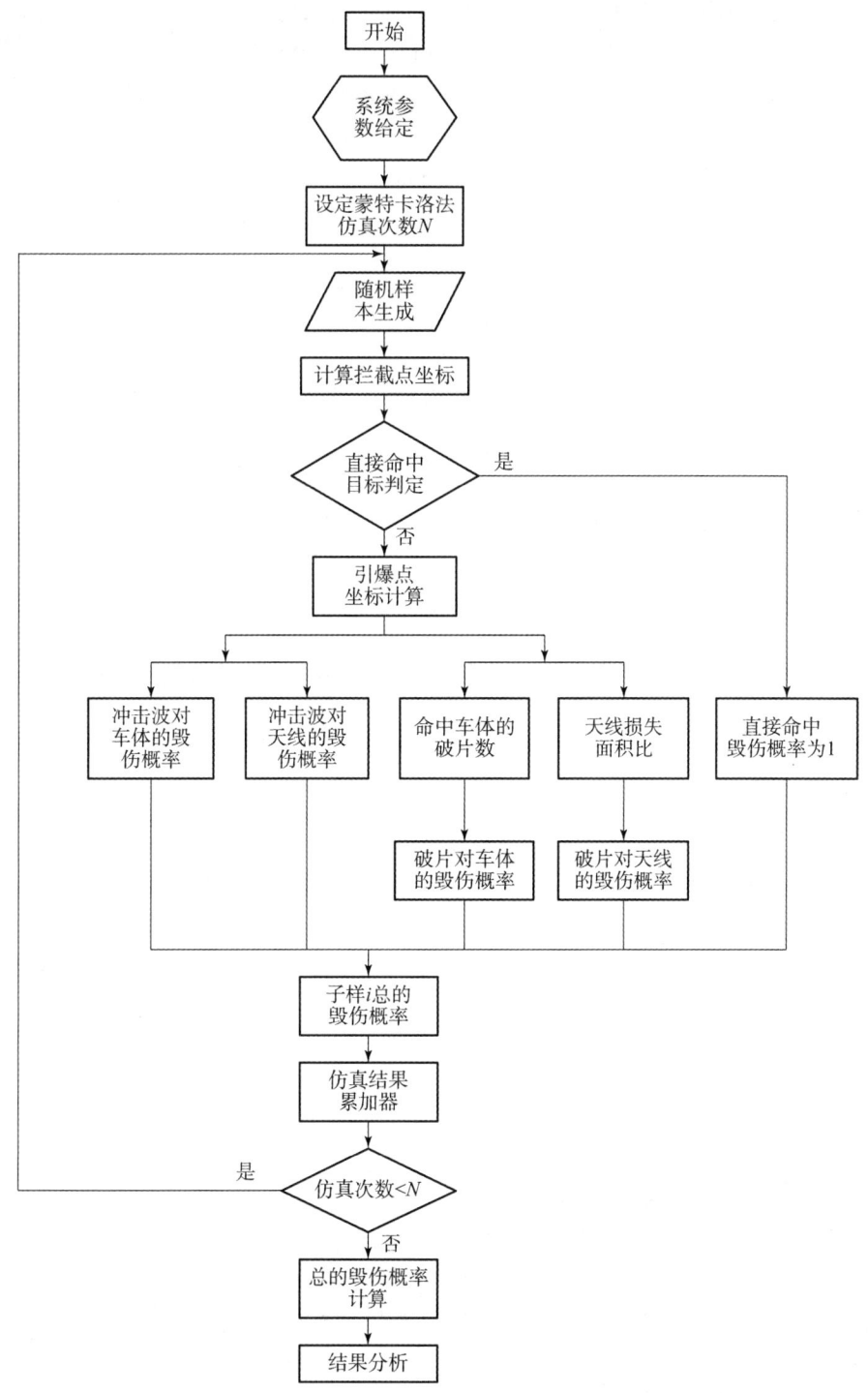

图 3 反辐射导弹效能分析程序流程

3.2 目标模型

在建立弹目交汇模型时,需要建立如下几种坐标系:

车身坐标系 $O_c x_c y_c z_c$:原点为车身底面左前轮,$O_c x_c$ 轴指向车尾方向,$O_c z_c$ 轴垂直地面向上,$O_c y_c$ 轴与 $O_c x_c$ 和 $O_c z_c$ 轴构成右手坐标系;

天线阵坐标系 $O_r x_r y_r z_r$:原点在天线转动轴和车体转动轴交点处,$O_r x_r$ 轴为阵面法向,指向天线发射方向,$O_r y_r$ 轴为阵面长度方向,$O_r z_r$ 与 $O_r x_r$ 和 $O_r y_r$ 轴构成右手坐标系;

制导坐标系 $O_zx_zy_zz_z$：原点在天线转动轴和车体转动轴交点处，O_zz_z 轴与导弹速度方向相反，O_zx_z 轴在制导平面内，指向雷达车尾方向，O_zy_z 轴与 O_zx_z 和 O_zz_z 轴构成右手坐标系；

战斗部坐标系 $O_bx_by_bz_b$：原点在战斗部中心（即起爆点），O_bz_b 轴与 O_zz_z 轴方向向反，O_bx_b 和 O_by_b 与 O_zx_z 轴和 O_zy_z 轴相同。

在雷达车体坐标系中，雷达车体可以用一个正交平行六面体来描述，其方程为

$$\begin{cases} -L/2 \leqslant x_c \leqslant L/2 \\ -W/2 \leqslant y_c \leqslant W/2 \\ 0 \leqslant z_c \leqslant H \end{cases} \tag{13}$$

式中：L——雷达车体长；

H——雷达车高；

W——雷达车宽。

在天线坐标系中，可分为两个部分。一部分是机械雷达，可视作两个长方体；另一部分是制导雷达，可视作两个半球。天线坐标系原点在雷达车体坐标系中的坐标为 (x_1, y_1, z_1)。天线安装角为 φ_0。天线坐标系与雷达车体坐标系的转换：

$$\begin{bmatrix} x_c \\ y_c \\ z_c \end{bmatrix} = \begin{bmatrix} x_1 \\ y_1 \\ z_1 \end{bmatrix} + \begin{bmatrix} \cos\varphi_0 & 0 & -\sin\varphi_0 \\ 0 & 1 & 0 \\ \sin\varphi_0 & 0 & \cos\varphi_0 \end{bmatrix} \begin{bmatrix} x_r \\ y_r \\ z_r \end{bmatrix} \tag{14}$$

3.3 炸点坐标模型一

假设导弹弹轴与速度方向一致，攻击角度和制导误差决定了导弹末弹道方程。高低角和方位角的选取依据 SA-2 雷达的天线扫描范围确定，方位角为 θ，高低角为 λ，假设高低角和方位角均为服从正态分布的随机变量。制导误差服从正态分布，其参数由 CEP 确定，横向和纵向的标准偏差为：$\sigma_x = \sigma_y = \text{CEP}/1.774$。

假设高低角和方位角均为服从正态分布的随机变量，对其进行随机抽样，得到弹道的方向为

$$J = \{\cos\lambda\cos\theta, \cos\lambda\sin\theta, \sin\lambda\} \tag{15}$$

在制导平面内随机抽取落点

$$\begin{cases} x = x_0\sigma_x \\ y = y_0\sigma_y \end{cases} \tag{16}$$

式中：x_0，y_0——标准正态分布随机数。

制导坐标系向雷达车体坐标系的转换矩阵为

$$\boldsymbol{L}_{ZC} = \begin{bmatrix} \sin\lambda & \cos\lambda\sin\theta & \cos\lambda\cos\theta \\ \cos\theta & -\sin\lambda\cos\theta & -\sin\lambda\cos\theta \\ 0 & \cos\theta & -\sin\theta \end{bmatrix} \tag{17}$$

则经过坐标转换得到目标坐标系中拦截点坐标为

$$\begin{bmatrix} x_c \\ y_c \\ z_c \end{bmatrix} = \begin{bmatrix} x_1 \\ y_1 \\ z_1 \end{bmatrix} + \boldsymbol{L}_{ZC}\begin{bmatrix} x \\ y \\ 0 \end{bmatrix} \tag{18}$$

从而可以得到随机弹道方程为

$$\frac{x - x_c}{\cos\lambda\cos\theta} = \frac{y - y_c}{\cos\lambda\sin\theta} = \frac{z - z_c}{\sin\lambda} \tag{19}$$

由弹道方程，结合引信启动规律就可以得到随机炸点坐标，对于触发引信，炸点为弹道方程与目标的交点或 $z = 0$；对于近炸引信，$z = H_b$（炸高）。

3.4 炸点坐标模型二

给定近炸引信起爆高度 z_j,根据弹道方程可以得到起爆点坐标:

$$\begin{bmatrix} x_j \\ y_j \\ z_j \end{bmatrix} = \begin{bmatrix} x_c \\ y_c \\ z_c \end{bmatrix} + \begin{bmatrix} \cos\lambda\cos\theta \\ \sin\lambda\cos\theta \\ \sin\theta \end{bmatrix} t_j \quad (20)$$

式中:$t_j = (z_j - z_c)/\sin\theta$。

战斗部坐标系与制导坐标系在 z 轴上方向相反,其转换矩阵为

$$\boldsymbol{L}_{zb} = \begin{bmatrix} 1 & 0 & 0 \\ 0 & -1 & 0 \\ 0 & 0 & -1 \end{bmatrix} \quad (21)$$

对破片的飞散方向进行适当简化,将破片飞散角划分为 8 等份,将破片飞散一周划为 90 等份。

战斗部坐标系下破片飞散直线模型如图 4 所示。

破片飞散直线方程为

$$\frac{x_b}{-\sin\alpha\sin\beta} = \frac{y_b}{\sin\alpha\cos\beta} = \frac{z_b}{\cos\alpha} \quad (22)$$

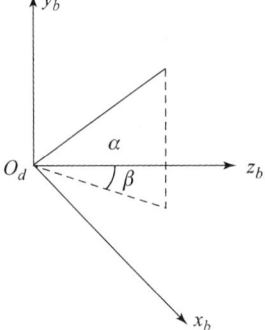

图 4 破片飞散直线模型

则在战斗部坐标系下破片的运动方向为

$$J_p = \{-\sin\alpha\sin\beta; \sin\alpha\cos\beta; \cos\alpha\} \quad (23)$$

进行坐标转换后可得到破片在车体坐标系下的运动直线方程:

$$\begin{bmatrix} x_t \\ y_t \\ z_t \end{bmatrix} = \begin{bmatrix} x_j \\ y_j \\ z_j \end{bmatrix} + \boldsymbol{L}_{zb} \cdot \boldsymbol{L}_{ZC} \cdot J_p \cdot t_t \quad (24)$$

通过判断破片运动直线与目标表面是否有交点来确定破片是否击中目标。将各平面方程与破片运动直线方程联立求解,可以得出交点坐标以及破片运动直线与各表面的夹角 φ_p。

3.5 坐标杀伤规律

1) 直接命中。

在蒙特卡洛仿真过程中,通过随机弹道的末态方程,可以和车体的面方程联立求解是否有交点,如若交汇,那么可以认为雷达的毁伤概率为:$P_3 = 1$。

2) 冲击波杀伤作用。

依据 3.3 节模型计算,将空地反辐射导弹的末态攻击方位角和高低角限制在合理的范围内,并且只考虑对天线表面的毁伤。

3) 破片杀伤作用。

(1) 单枚破片击穿硬铝的概率:

$$P_{1e} = \begin{cases} 0 & E_b < 4.7 \\ 1 + 2.65 e^{-0.3E_b} - 2.96 e^{-0.14E_b} & E_b \geq 4.7 \end{cases} \quad (25)$$

式中:$E_b = 1.02 \times 10^{-4} m_e^{1/2} V_l^2 / h$;

P_{1e}——单枚破片击穿硬铝的概率;

h——目标等效硬铝厚度。

由上述公式可知,破片击穿硬铝的概率与破片的存速密切相关,破片存速由 2.2 节公式计算,且破片存速与破片静态初速、导弹末速和作用距离有关,研制方给出了破片的速度分布,但在计算过程中依

然不能确知单枚破片初速。本文采用概率方法进行处理,假设破片数对于速度均匀分布,$E_b = 4.7$ 时破片的存速为 V_{lb},则破片速度大于 V_{lb} 的概率为

$$P_b = \frac{V_{l\max} - V_{lb}}{V_{l\max} - V_{l\min}} \tag{26}$$

式中:$V_{l\max}$——破片最大存速;

$V_{l\min}$——破片最小存速。

从而,单枚破片击穿硬铝的概率为

$$P_e = P_b P_{1e} \tag{27}$$

(2)破片杀伤目标的概率。

根据雷达车的构造不同和前面所叙述的目标毁伤准则,可以分析出在破片击穿雷达车车体不同部位时,对雷达工作的影响程度有所不同,对整体的毁伤效果也会有所区别。在装有关键零件的部位,它对破片杀伤作用反映更明显。因此,单枚破片对雷达的毁伤概率为

$$P_{1s} = P_{s|c} P_{1k} P_e \tag{28}$$

式中:P_e——单枚破片击穿车体的概率;

P_{1k}——单枚破片命中关键部件的概率;

$P_{s|c}$——破片命中关键部件后对关键部件毁伤的概率。

破片对雷达车体的毁伤概率:

$$P_c = 1 - e^{-nP_{1s}} \tag{29}$$

式中:n——命中目标的破片数。

则破片对 SA – 2 雷达的毁伤概率为

$$P_2 = 1 - (1 - P_t)(1 - P_c) \tag{30}$$

4)总的毁伤概率。

$$P_k = 1 - (1 - P_1)(1 - P_2)(1 - P_3) \tag{31}$$

若为近炸引信,则不考虑直接命中目标概率,令 $P_3 = 0$。

4 仿真分析

4.1 弹目交汇可视化仿真

基于以上的分析流程,根据 SA – 2 雷达的尺寸参数和天线扫描范围,确定方位角 $\theta \in [-60°, 60°]$,高低角 $\lambda \in [10°, 90°]$(当高低角小于 15°时,导弹距目标的水平距离达到 25 m,不利于导弹攻击,考虑随机误差后,在扫描范围的基础上放宽 5%),进行了可视化仿真,模拟出导弹直接命中目标的情形,如图 5 所示;以及未直接命中,利用破片与冲击波击伤目标的情形,如图 6 所示。

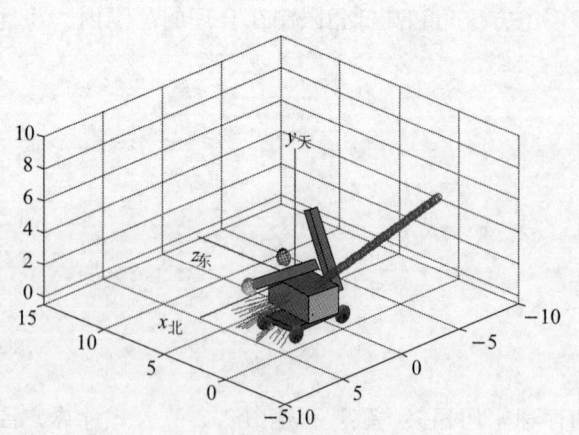

图 5 直接命中目标示意

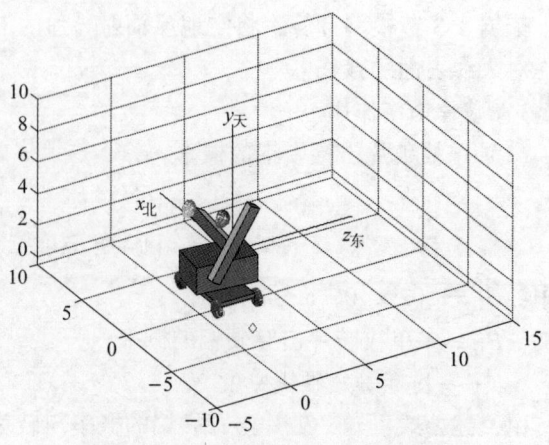

图 6 利用破片与冲击波击毁目标示意

4.2 典型条件下战斗部对 SA-2 雷达的毁伤能力评估

设定导弹末速度为 500 m/s，单枚破片命中车体关键部件的概率 $P_{1k}=0.2$（关键部件面积占车体暴露面积的 20%），破片命中关键部件后对关键部件毁伤的概率 $P_{s|c}=0.05$（毁伤关键部件需要 20 枚破片），高低角和方位角随机采样，进行 1 000 次仿真，毁伤概率随 CEP 的变化曲线如图 7 所示。

由图 7 可以看出：

（1）毁伤概率随 CEP 的增大而减小，在战斗部参数不变的情况下，要提高毁伤概率，减小 CEP，提高命中精度是主要途径。

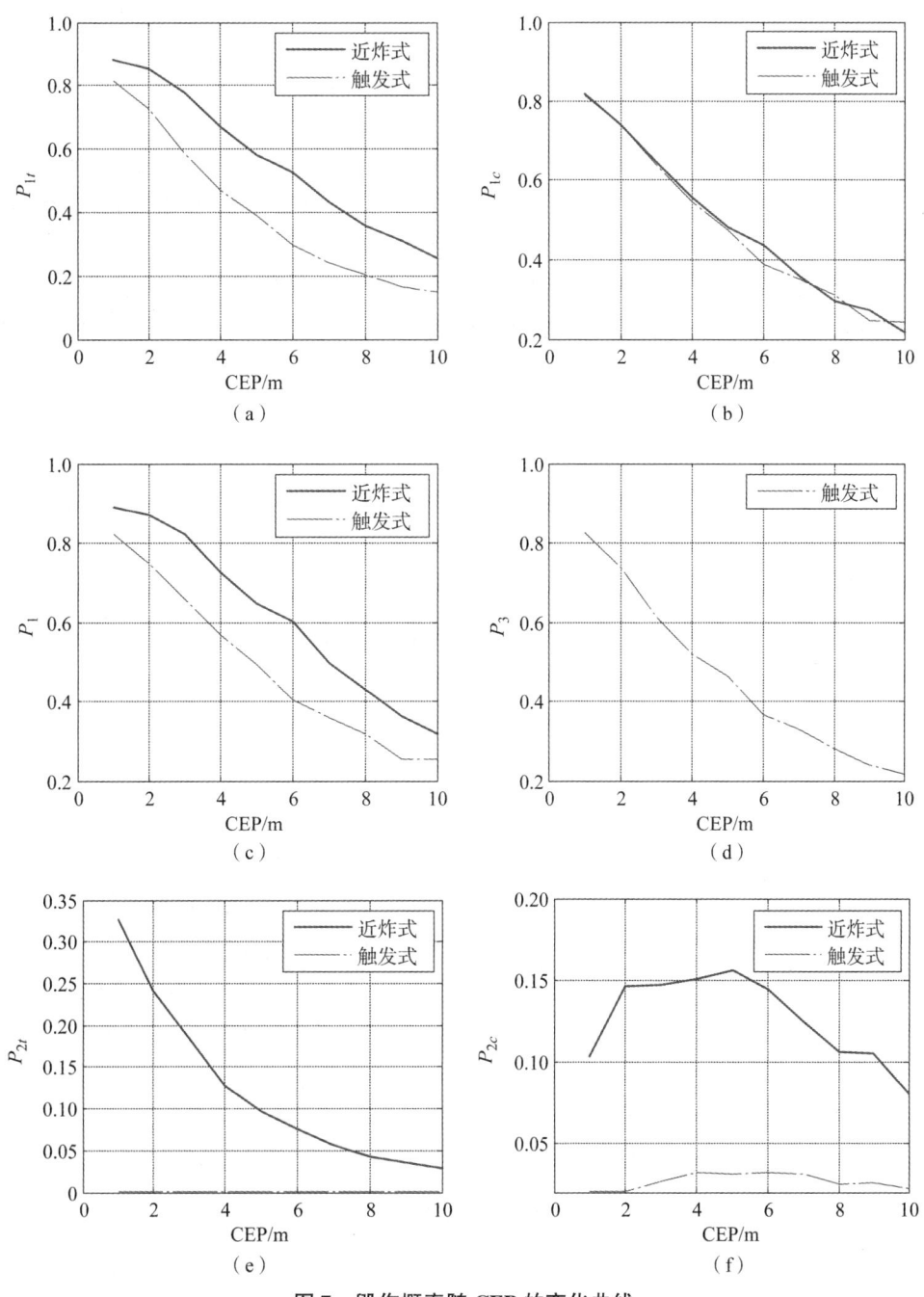

图 7　毁伤概率随 CEP 的变化曲线

(a) 冲击波对天线的毁伤概率；(b) 冲击波对车体的毁伤概率；(c) 冲击波总的毁伤概率；
(d) 直接命中的毁伤概率；(e) 破片对天线的毁伤概率；(f) 破片对车体的毁伤概率；

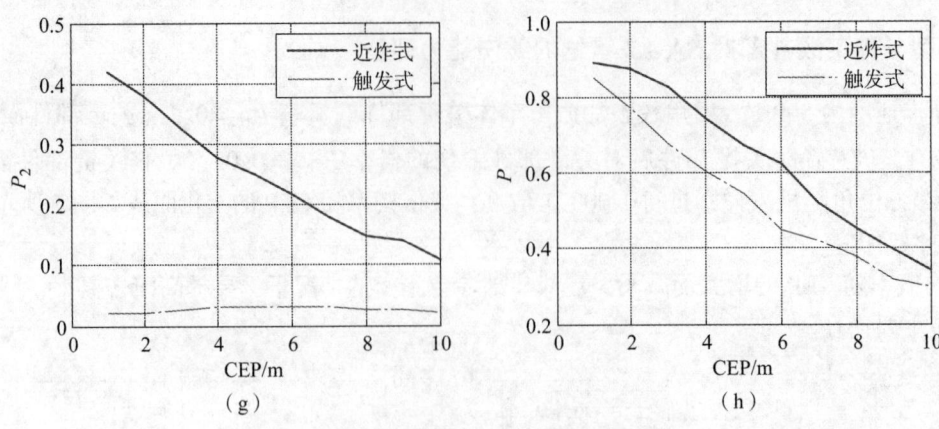

图 7　毁伤概率随 CEP 的变化曲线（续）
（g）破片总的毁伤概率；（h）总的毁伤概率

（2）对于近炸式战斗部，冲击波毁伤是战斗毁伤的主要机制，破片对天线的毁伤概率较小，是因为破片的数量较小，距离较远时，破片面密度小于使天线毁伤所需的最小破片面密度，要增大破片毁伤概率应增加破片数。

（3）对于触发式战斗部，除了冲击波，直接命中造成的毁伤也是主要毁伤因素，但破片的毁伤效果较近炸式战斗部差，这是由于触发式战斗部起爆点较低，且至少有一半的破片飞向地面无法毁伤目标，要提高毁伤概率应用采用近炸与触发引信相结合的引信。

4.3　战斗部毁伤能力随高低角的变化趋势分析

导弹末速度为 500 m/s，$P_{1k}=0.2$，$P_{s|c}=0.05$，导弹高低角在 $[10°,90°]$ 范围变化，方位角随机变化，进行 1 000 次仿真，结果如图 8 所示。

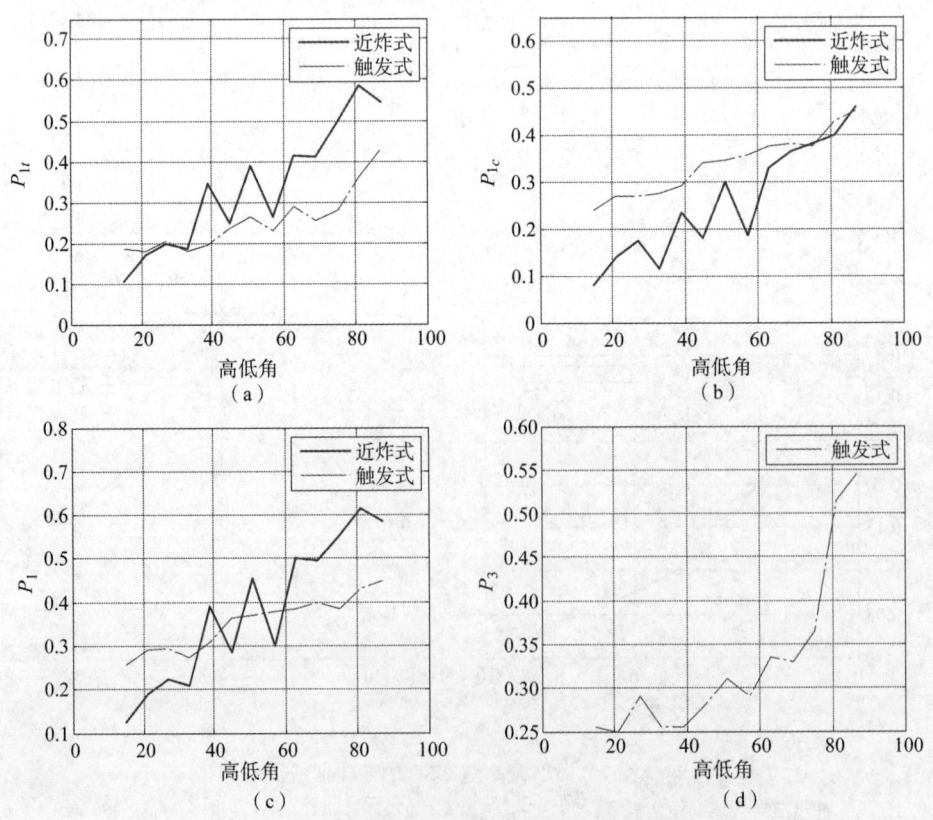

图 8　毁伤概率随高低角的变化曲线
（a）冲击波对天线的毁伤概率；（b）冲击波对车体的毁伤概率；（c）冲击波总的毁伤概率；（d）直接命中的毁伤概率

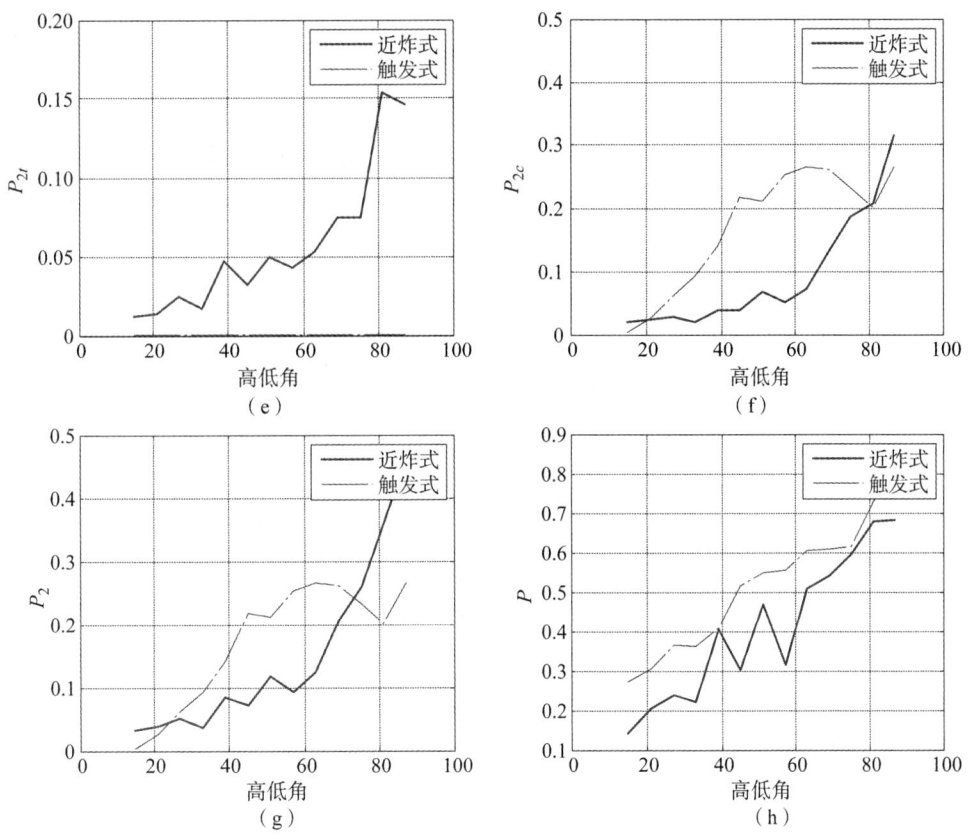

图 8　毁伤概率随高低角的变化曲线（续）

（e）破片对天线的毁伤概率；（f）破片对车体的毁伤概率；（g）破片总的毁伤概率；（h）总的毁伤概率

由图 8 可以看出，随着高低角的增加各项效能指标均增大，对于近炸引信，高低角增大会使得起爆点与目标的距离减小，使得冲击波的毁伤明显增大；对于触发引信，高低角增加会增大直接命中概率；并且高低角增加也会使得破片与目标的交汇条件变好，有更多的破片命中目标，从而使得总的毁伤概率随高低角增加而增大。

5　结语

空地反辐射导弹的毁伤评估是导弹定型、改进的重要试验过程，所以许多单位都不惜花费巨资进行实弹打靶，那么打靶试验的评估工作在依托于计算机模拟仿真的基础上就显得尤为重要。本文工作是对建立评估模型的一个探索，主要建立了反辐射导弹作战效能分析的蒙特卡洛模型，开发了反辐射导弹作战效能分析程序，对某型反辐射导弹的作战效能进行了分析。通过相关的研究与分析，可以充分地认识到在合理的计算机仿真模拟基础上，可以对空地反辐射导弹的毁伤效能有全面的评估，重点是可以分析在不同的攻击条件下，毁伤效能的变化规律。同时，也能够对靶场试验的测量手段和防护手段进行相应的改进，从而降低试验风险，节约试验成本，从高效费比的角度进一步提高空地反辐射导弹的作战效能。

参 考 文 献

[1] 傅修竹，方洋旺，刁兴华，等．空地导弹对防空雷达车的杀伤概率研究［J］．电光与控制，2014，21（10）．

[2] 李廷杰．导弹武器系统的效能及其分析［M］．北京：国防工业出版社，2000．

[3] 蔡文新，方洋旺，周晓滨，等．诱偏条件下反辐射导弹毁伤能力研究［J］．火力与指挥控制，2010

(1): 32-34.

[4] 彭征明,李支云芝,罗小明. 反辐射导弹毁伤能力评估研究 [J]. 装备指挥技术学院学报,2005,16 (3): 15-18.

[5] 桑炜森,顾耀平. 综合电子战新技术新方法 [M]. 北京:国防工业出版社,1996.

[6] Song W, He J, Wu X H, et al. Effectiveness evaluation and operational application research of anti-radiation missile decoy [M] // Proceedings of the 6th International Asia Conference on Industrial Engineering and Management Innovation, 2016.

[7] Zhou W, Luo J, Jia Y, et al. Performance evaluation of radar and decoy system counteracting antiradiation missile [J]. IEEE Transactions on Aerospace & Electronic Systems, 2011, 47 (3): 2026-2036.

[8] Dou J, Jing Z, Zhong Z. Notice of retraction capability evaluation framework of multichannel ship-to-air missile weapon system against anti-ship missile saturation attack [C] // International Conference on Computer Engineering & Technology, 2010.

[9] Chen H, Zhonghua D U, Chen L, et al. Remote anti-missile capability of gun-launched fuel-air-explosive Projectile [J]. Journal of Nanjing University of Science & Technology, 2012.

[10] 章国栋,陆廷孝,屠庆慈,等. 系统可靠性与维修新的分析与设计 [M]. 北京:北京航空航天大学出版社,1990.

[11] 关成启,杨涤,关世义. 导弹武器系统效能评估方法研究 [J]. 系统工程与电子技术,2000,22 (7): 32-36.

高速弹丸侵彻混凝土靶板等效方法研究

侯俊超，梁增友，邓德志，苗春壮，梁福地

(中北大学 理学院，山西 太原 030051)

摘 要：混凝土是地下防护结构中应用最广泛的材料，其抗高速侵彻的相关研究具有重要的现实意义。通过 ANSYS LS-DYNA 软件进行弹丸垂直侵彻贯穿混凝土靶板的数值模拟，建立混凝土靶板等效靶模型，获得混凝土靶板与等效靶的厚度转化关系。弹丸以 1 200 m/s 的速度垂直侵彻贯穿不同厚度混凝土靶板，分别获得不同厚度下混凝土靶板剩余穿透速度；以 45 钢作为等效靶材料，根据靶体吸收动能等效原则，利用相同属性、相同速度的弹丸垂直侵彻贯穿等效钢靶，获得不同厚度混凝土靶板对应的等效钢靶厚度；利用 MATLAB 进行曲线拟合，获得混凝土靶板与等效钢靶厚度转化关系曲线，并对转化关系结果进行仿真验证，将计算结果与仿真结果相比较，混凝土靶板厚度转换误差小于 10%，为混凝土靶板抗侵彻试验及等效靶研究提供理论依据。

关键词：混凝土靶板；等效钢靶；高速侵彻；数值模拟；转换关系

0 引言

在现代战争中，随着武器打击目标的能力越来越强，相应的防御体系也在迅速发展，对于具有重要战略价值的目标，其防护要求也大大提高。混凝土作为一种复合材料，通常由水泥、砂浆、碎石（骨料）及水等混合构成，具有良好的耐火性和可浇注性等性能，来源广泛。混凝土作为桥梁、地下防护结构以及其他建筑物中应用最为广泛的材料，在军事和民用方面都有极大的应用价值[1,2]。如何有效地打击混凝土这类目标，已经被各国军事部门所关注，并积极寻求有效的毁伤手段和方法。

研究高速弹丸对混凝土类目标的侵彻效应，对于有效打击敌方重要建筑以及加强自身防护能力具有重要的现实意义。因此，我国学者进行了大量有关弹丸侵彻混凝土靶板的试验以及数值模拟研究。马天宝等[3]基于大口径发射平台进行了 100 mm 口径卵形弹体高速侵彻钢筋混凝土靶体的实验，获得了弹体的侵彻深度及钢筋混凝土靶体的破坏数据。王茂英[4]利用 ANSYS LS-DYNA 对具有相同属性的弹体，以相同的入射速度，垂直侵彻和贯穿混凝土靶和钢筋混凝土靶的过程进行数值模拟，研究表明，随着弹体入射速度的增大，钢筋混凝土靶与混凝土靶的厚度比值降低，钢筋混凝土抗侵彻能力比纯混凝土抗侵彻能力增强。张明润等[5]采用数值模拟的方法，利用 LS-DYNA 建立动力学模型，分析了弹丸侵彻混凝土的过程中应力及变形的变化，以及混凝土开坑的整个过程，为实际工程中混凝土结构抗侵彻设计提供指导依据。张雪岩等[6]进行了弹体高速侵彻 C60 高强度混凝土的试验，并与弹体高速侵彻 C35 普通强度混凝土试验结果进行对比。韦宁[7]根据 Hamilton 原理和有限元理论，通过 LS-DYNA 对高速弹体侵彻混凝土靶进行了数值模拟，结果表明，弹体的速度及弹头长径比对混凝土靶的侵彻深度有较大影响。

进行混凝土靶板抗弹性能研究，在浇筑混凝土靶板过程中，为达到靶板预期的强度、刚度等要求，需要很长一段时间的准备与测试，这会影响其试验的时效性，因此建立混凝土靶板等效靶，等效替代混凝土靶板进行抗弹性能研究。考虑等效材料强度、价格以及通用性的要求，由于 45 钢强度适中，来源广泛，价格便宜等特点，故使用 45 钢作为等效材料，替代混凝土进行相关试验研究，从而大大提高试验的时效性，并节约成本。

1 等效原则的建立

关于靶板等效原则,大致可以分为以下4种,即材料强度等效原则、极限穿透速度等效原则、剩余穿深等效原则和靶体吸收动能等效原则[8]。靶体吸收动能等效原则,即将弹体在侵彻贯穿靶板过程中动能损失大小为等效指标及衡量标准,表示为

$$E_p = \frac{1}{2}m_p v_0^2 - \frac{1}{2}m_p v_r^2 \tag{1}$$

式中:m_p——弹丸质量;
　　　v_0——弹丸的初速度;
　　　v_r——弹丸剩余速度。

在数值模拟计算过程中,侵彻过程弹体损失的动能可以在已知弹丸质量、弹丸初速以及弹丸剩余速度的情况下,通过上述公式计算获得。

本文主要通过 ANSYS LS-DYNA 软件进行垂直侵彻贯穿混凝土靶板及等效钢靶的数值模拟研究,在此选用靶体吸收动能等效原则进行等效靶研究,即以相同属性、相同速度弹丸垂直侵彻贯穿厚度为 h_s 的钢靶与厚度为 h_c 的混凝土靶板,当弹丸剩余速度相同时,即认为厚度 h_s 的钢靶为厚度为 h_c 混凝土靶板的等效靶。

2 有限元模型建立

高速弹丸侵彻混凝土时,会出现成坑、裂纹和崩落的现象,利用 ANSYS LS-DYNA 软件进行非线性动力学仿真。本文采用 Lagrange 动力学算法,利用材料失效、侵蚀接触和单独失效模型等完成高速弹丸侵彻贯穿混凝土靶板动力学仿真。其中弹丸及等效钢靶采用 JOHNSON-COOK 本构模型,混凝土由于结构和材料的特殊性,本文选用 RHT 本构模型。

由于靶板及弹丸具有对称性,为节省计算时间,以及更好地表现侵彻效果,故建立1/4模型进行仿真计算,并对弹丸头部以及混凝土靶中心区域加密,剩余部分适当稀疏。选用卵形实体弹丸进行仿真,弹丸直径为93 mm,长度为249 mm,建模及网格划分如图1所示。

图1　弹体1/4模型及网格划分

混凝土靶板横截面积为720 mm×720 mm,厚度分别为20 cm、50 cm、80 cm、100 cm,以50 cm混凝土靶板为例,建模效果及网格划分如图2和图3所示,在对称面上施加对称边界约束,设置计算时间步长为5 μs。

图2　混凝土靶板网格划分

图3　混凝土靶板及弹体模型

弹丸材料选用30CrMn钢，等效靶板材料选用45钢，其参数如表1所示。

表1 30CrMn钢及45钢材料参数

材料	密度/(g·cm^{-3})	弹性模量/GPa	泊松比
30CrMn钢	7.83	205	0.3
45钢	7.84	210	0.3

混凝土材料参数如表2所示[9]。

表2 混凝土材料参数

$\rho/(g\cdot cm^{-3})$	PCO	B	E0T	T1	T2
2.314	0.6	0.0105	3.0	35.27	0
A	N	FC	Q0	D1	D2
1.6	0.61	3.5	0.6805	0.040	1.000
GC*	GT*	XI	A1/GPa	A2/GPa	A3/GPa
0.530	0.700	0.500	35.27	39.58	9.04

3 仿真结果分析

高速弹丸垂直侵彻贯穿混凝土时，首先会在靶板表面开坑，随着侵彻深度增加，靶板会逐渐产生大量裂纹，当弹丸贯穿靶板时，靶板背部出现崩落现象，以侵彻50 cm混凝土靶为例，侵彻过程如图4所示。

弹丸垂直侵彻贯穿钢靶时，与混凝土靶板相比，不会有开坑、裂纹及崩落的现象出现；弹丸完全贯穿钢靶时，钢靶中心会出现一个较圆滑的孔洞，弹丸质量损失更大，弹丸垂直侵彻贯穿钢靶过程如图5所示。

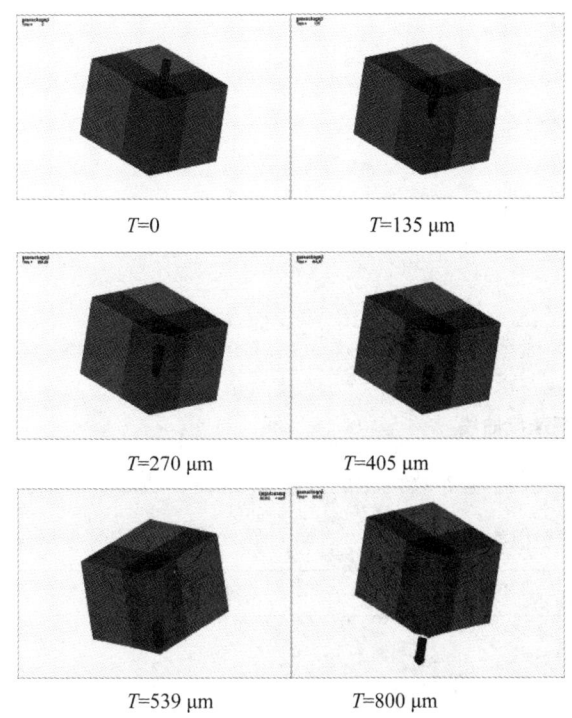

图4 高速弹丸侵彻贯穿混凝土靶板过程

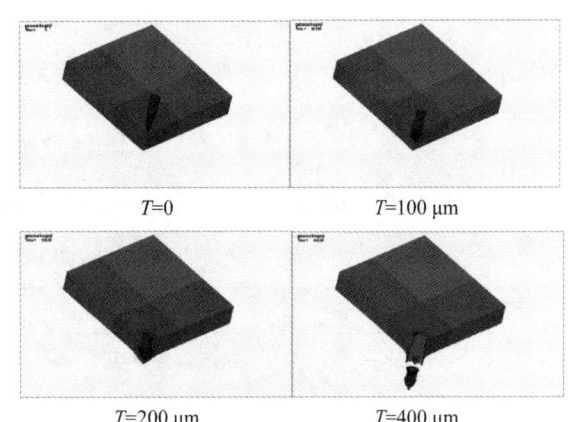

图5 高速弹丸侵彻贯穿钢靶过程

由 LS-DYNA 进行动力学仿真,获得弹丸在 1 200 m/s 的高速状态下,垂直侵彻贯穿厚度分别为 20 cm、50 cm、80 cm、100 cm 的混凝土靶板,剩余速度分别为 1 100 m/s、791 m/s、500 m/s、469 m/s,速度曲线如图 6 所示。当混凝土靶板厚度为 20 cm 时,弹丸完全贯穿靶板后,速度降低较小;当混凝土靶板厚度为 50 cm、80 cm 时,弹丸完全贯穿混凝土靶板,速度下降较快,且前半部分速度下降过程近似相同;当混凝土靶板厚度为 100 cm 时,与 80 cm 混凝土相比,弹丸速度降低较少。由此可知,在建立地下防护结构过程中,混凝土厚度应根据需求适当选取。

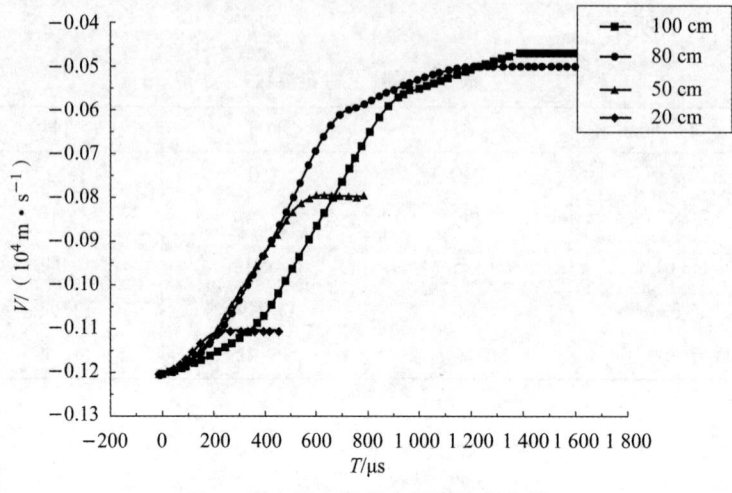

图 6 弹丸侵彻混凝土靶板速度曲线

利用相同属性弹丸以 1 200 m/s 侵彻等效钢靶,钢靶贯穿面光滑,没有裂纹出现,与侵彻混凝土靶板相比,速度下降更快。弹丸垂直侵彻贯穿等效钢靶速度曲线如图 7 所示。弹丸在较短的时间内,速度减少较大。

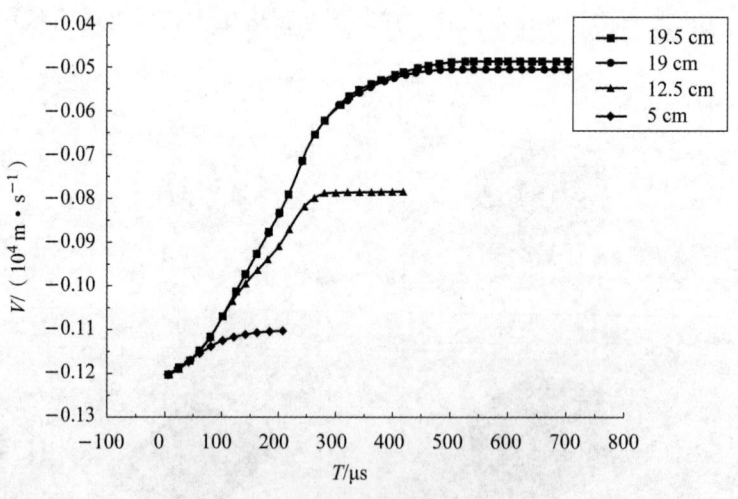

图 7 弹丸侵彻钢靶速度曲线

根据靶体吸收动能等效原则,获得 4 种厚度混凝土靶板对应等效钢靶的厚度,如表 3 所示。

表 3 1 200 m/s 状态下靶板剩余速度

混凝土靶板厚度/cm	剩余速度/(m·s^{-1})	钢靶厚度/cm	剩余速度/(m·s^{-1})
20	1 110	5	1 110
50	791	12.5	801
80	500	19	505
100	469	19.5	473

根据上述所获得厚度的离散数据，利用 MATLAB 拟合混凝土靶板与等效钢靶厚度转换关系曲线，并显示转换方程。MATLAB 中程序如下：

$$X = [20\ 50\ 80\ 100];$$
$$Y = [5\ 12.5\ 19\ 19.5];$$
$$\mathrm{Plot}(x,y,'r');$$
$$\mathrm{axis}([0\ 100\ 0\ 30]);$$

拟合所获得的曲线如图 8 所示，转换方程为

$$h_s = -4.1 \times 10^{-5} h_c^3 + 0.005\ 6 h_c^2 + 0.018 h_c + 2.7 \tag{2}$$

式中：h_c——等效钢靶厚度，cm；

h_c——混凝土靶板厚度，cm。

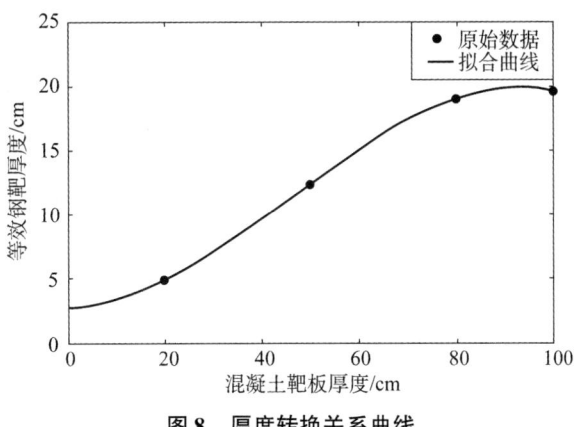

图 8　厚度转换关系曲线

分别对 30 cm、60 cm 混凝土靶板与等效钢靶的厚度转化关系进行验证，验证结果可得，仿真结果与根据转换公式计算结果相比，转换厚度误差不大于 10%。

4　结论

本文通过 ANSYS LS-DYNA 软件对弹丸垂直侵彻混凝土靶板进行数值模拟仿真，简单分析弹丸垂直侵彻贯穿混凝土靶板及等效钢靶的不同之处，弹丸贯穿两种靶板，当剩余穿透速度大致相同时，弹丸完全贯穿钢靶所损失的质量更大，速度下降更快。

根据靶体吸收动能等效原则，建立混凝土靶板等效钢靶，创建混凝土靶板与等效钢靶的厚度转换关系式。根据几组离散的仿真数据，拟合出混凝土靶板与等效钢靶之间的厚度转化关系，并利用数值模拟再次进行验证，计算结果与仿真结果误差不大于 10%，为日后混凝土抗弹试验以及等效靶研究打下基础。

参 考 文 献

[1] 薛建锋. 弹体侵彻与贯穿混凝土靶的效应研究 [D]. 南京：南京理工大学，2016.
[2] 庞洪鑫. 高速侵彻钢筋混凝土靶板的数值模拟研究 [D]. 北京：北京理工大学，2015.
[3] 马天宝，武珺，宁建国. 弹体高速侵彻钢筋混凝土的实验与数值模拟研究 [J/OL]. 爆炸与冲击：1-14 [2019-05-09]. http://kns.cnki.net/kcms/detail/51.1148.O3.20181203.1127.008.html.
[4] 王茂英，赵革，贾小志，等. 弹体侵彻贯穿混凝土与钢筋混凝土等效关系数值分析 [J]. 北京理工大学学报，2011，31（06）：631-633+651.
[5] 张明润，张咏侠，张彤，等. 高速弹丸侵彻混凝土靶板数值模拟研究 [J]. 山西建筑，2014，40（04）：49-51.

[6] 张雪岩, 武海军, 李金柱, 等. 弹体高速侵彻两种强度混凝土靶的对比研究 [J]. 兵工学报, 2019, 40 (02): 276–283.
[7] 韦宁. 高速弹体冲击侵彻混凝土靶数值模拟分析 [J]. 黑龙江交通科技, 2018, 41 (06): 11–12+15.
[8] 于蓝. 基于后效损伤的陶瓷复合装甲等效靶研究 [D]. 北京: 北京理工大学, 2016.
[9] Christian Heckötter, Jürgen Sievers. Comparison of the RHT Concrete Material Model [C]. LS–DYNA and ANSYS AUTODYN 11th European LS–DYNA Conference 2017, Salzburg, Austria.

反蛙人杀伤弹水下杀伤威力评估方法分析

魏军辉，张 俊，冯昌林

(海军研究院，北京 100161)

摘 要：以反蛙人杀伤弹水下冲击波的生物创伤评估为目标，在分析水下冲击波致生物创伤机理的基础上，通过对超压致伤、冲量致伤、能流密度致伤进行综合比较，结合美军水下冲击伤损伤特点和量效关系的研究成果，提出了基于冲量致伤和能流密度致伤理论的有效冲量致伤方法，用于评价反蛙人杀伤弹水下杀伤威力。

关键词：反蛙人杀伤弹；冲击波；超压致伤；冲量致伤；能流密度致伤

中图分类号：E917　**文献标志码**：A

Assessment case study on underwater lethality of anti-frogman fragmentation bomb

WEI Junhui, ZHANG Jun, FENG Changlin

(Naval Armament, Beijing 100161, China)

Abstract: Aiming at biological trauma assessment of underwater shock wave of the anti-frogman fragmentation bomb, the biological trauma mechanism of underwater shock wave is studied. Then, over-pressure damaging, impulse damaging and energy flux density damaging are comprehensively analyzed. Combining the characteristics and dose-effect relationship of underwater shock injury in the US Army, the method for evaluating the lethality of anti-frogman fragmentation bomb with effective impulse is proposed to evaluate the underwater lethality of anti-frogman fragmentation bomb based on impulse damaging and energy flux density damaging.

Keywords: anti-frogman fragmentation bomb; shock wave; over-pressure damaging; impulse damaging; energy flux density damaging

0 引言

在现代海战中，蛙人部队起到了不可缺少的作用。蛙人部队可以承担情报侦察、布设水雷、排除障碍和突袭舰船等多种作战任务，尤其是对驻泊在锚地和港口的作战舰艇的突袭，具有相当的隐蔽性和极强的破坏力。因此，在大型水面舰艇上需装备反蛙人武器，通过反蛙人杀伤弹在入水一定深度起爆战斗部杀伤水下蛙人。

杀伤弹在水下爆炸时，冲击波向四面扩散，水下爆炸冲击波的作用形式主要有冲击波的自由面效应、自由面的空泡水锤效应、底部效应、浅水效应和气泡载荷。

作者简介：魏军辉（1974—），男，海军研究院，工程师，硕研，研究方向为舰炮，Email：79005107@qq.com。

水下爆炸冲击波的典型生物效应主要有肺脏的损伤效应、胃肠道的损伤效应、心脏的损伤效应、其他组织器官的损伤效应。动物在水下经不同当量、不同距离炸药爆炸冲击后，主要表现为肺脏损伤范围由小变大，程度由轻变重，呈现肺挫伤、肺撕裂伤、肺血肿、血气胸甚至膈肌破裂，并得到组织病理学证实。由此可以推测，水下冲击伤早期死亡主要原因可能为肺脏损伤致呼吸衰竭[1]。

根据水下生物创伤实验研究的结果可知，水中爆炸冲击波对人体造成损伤的物理特征参数主要包括超压值、作用时间，或用冲量、能流密度等表示。目前，针对反蛙人杀伤弹国内尚没有威力评估的有效方法。因此，研究超压值、冲量、能流密度对反蛙人杀伤弹杀伤威力的影响，提出反蛙人杀伤弹威力的评估方法，对反蛙人杀伤弹的威力及效能评估具有重要的意义。

1 水下冲击波致生物创伤机理分析

冲击波主要引起人体含气器官的扩张、组织过度机械性拉伸等。当冲击波传至水底或其他刚性障碍物表面时也会引起反射，加强冲击波效应；当水中冲击波传至水与空气的界面时，会在水中形成拉伸波，削减入射波的作用。

肺仍是水下冲击波致伤和致死的靶器官，研究发现0.5 kg TN完全爆炸情况下肺损伤的发生率为100%，主要表现为不同程度的肺出血，肺出血严重者常伴有不同程度的肺水肿，肺体指数明显增加。由于肺是体内比较脆弱、柔软与含气的组织，易受到冲击波的影响。肺损伤机制主要通过三个方面[2]：①冲击波的负压引起的肺泡过速和过度扩张所致；②冲击波超压通过内爆效应而引起肺损伤；③冲击波对机体胸廓直接打击所引起的肺损伤。由此表明同空气冲击波一样，含气组织肺仍是水下冲击波致伤最敏感的靶器官。加之水下冲击波传播的速度比空气冲击波传播的速度要快3~4倍，且压力值高200倍左右，所以，对肺组织的损伤就更为严重，但腹部损伤较轻，仅见部分动物胃肠道有浆膜下出血或血肿，肝脾轻微包膜下出血[3]。因此肺损伤可能是动物早期死亡的主要原因。

与空气冲击波不同的是，水下冲击波没有负压，动压也很小，所以，负压和动压在水下冲击波致肺损伤中不占重要地位。水下冲击波致肺损伤的主要机制可能与强超压通过内爆效应和过牵效应使肺泡过速和过度扩张有关，由此引起肺泡和肺泡毛细血管的破裂。

可得出水下冲击波致生物创伤的机理[4]：肺是水下冲击波致伤和致死的主要靶器官，水下冲击波致肺损伤的机理可用血液动力的变化、内爆效应、碎裂效应、惯性作用、肺内液相与气相压力差等方面的理论进行解释，但肺致伤的最基本机理是，当冲击波直接作用于机体时，体内的液体成分基本上不会被压缩，而气体成分被大大压缩，由于胸腔内气体容积急剧减小，使局部的压力数十倍甚至数百倍地增大，超压作用后紧接着负压作用，受压缩的气泡又急剧膨胀，撕裂了气泡周围的毛细血管或微静脉，变成新的"爆炸源"，呈放射状向周围传播能量，从而使附近组织发生损伤，如导致肺泡壁、肺毛细血管撕裂、出血等。

2 致伤因素初步分析

2.1 超压致伤

水下冲击伤的生物实验表明，生物体损伤的严重程度与压力峰值呈正相关，即压力峰值越大，损伤越严重，超压值是致伤关键因素之一。

工程领域曾研究并给出水下人员的安全标准超压值为30 kPa，人员致死的压力峰值为176 kPa[5]。但考虑其主要针对大当量水下爆破，冲击波作用时间较长，因此该安全标准值用于小当量的反蛙弹等武器评估并不适用。

2.2 冲量致伤

第三军医大学的杨志焕等通过实验研究，提出冲量与致伤关系较为密切，冲量定义为

$$I = \int_{t_0}^{t_0+t_n} P(r,t)\,\mathrm{d}t \tag{1}$$

式中：t_n——冲击波正压区作用时间。

初步的量效关系分析表明，引起轻度、中度、重度和极重度冲击伤的冲量值分别为 121.1 ~ 142.0 kPa·ms、142.0 ~ 214.3 kPa·ms、247.8 ~ 322.6 kPa·ms 和 322.6 ~ 579.8 kPa·ms[4]。由表 1 数据来看，冲量致伤理论是较为合理的。

表 1 冲量 – 伤情关系

TNT /g	距爆心距离/m	n	冲量/(kPa·ms)	冲击伤伤情					
				−	±	+	╫	╫╂	╫╫
200	3.50	4	539.8	0	0	0	0	0	4
	5.00	6	341.2 ~ 354.4	0	0	0	0	1	5
	7.50	5	193.0 ~ 199.2	0	0	0	4	1	0
	8.75	3	146.3 ~ 152.1	2	0	0	1	0	0
	10.00	1	131.8	0	1	0	0	0	0
500	5.00	2	571.5 ~ 586.3	0	0	0	0	0	2
	7.50	4	316.2 ~ 325.1	0	0	0	0	1	3
	8.75	3	246.8 ~ 248.3	0	0	0	1	1	1
	10.00	3	209.8 ~ 218.3	0	0	1	2	0	0
	12.50	4	139.8 ~ 218.3	0	0	1	2	0	0
	15.00	4	139.9 ~ 144.5	1	2	1	0	0	0
	17.50	2	73.1	1	0	0	0	0	0
1 000	6.00	4	829.9 ~ 842.8	0	0	0	0	0	4
	7.50	4	470.0 ~ 476.4	0	0	0	0	0	4
	10.00	3	297.7 ~ 304.0	0	0	0	0	0	3
	12.50	5	190.9 ~ 195.2	0	0	1	2	2	0
	15.00	3	121.1 ~ 122.0	0	0	3	0	0	0
	17.50	3	106.6	0	0	2	0	1	0

注：−、±、+、╫、╫╂、╫╫ 分别代表无伤、轻微伤及轻度、中度、重度和极重度伤。

2.3 能流密度致伤

创伤弹道学的基本理论认为，能量传递时造成有生目标杀伤的主要原因：在单位时间内传递给目标的能量越大，即能量传递率越高，则目标损伤越严重。

在实际的试验中，某一点的超压、冲量都较为容易测量，但能量是分布在某一个区域内，测量尚有难度。但能量与冲量具有相关性，且对于水介质来说，其完全塑性的本构决定了冲击波能量以微元的体变能密度 $e_v = \dfrac{\sigma_m^2}{2K}$ 存在，水介质则有 $\sigma_1 = \sigma_2 = \sigma_3 = \sigma_m = -P$ 的各向压力均等特性，其中 P 为通过传感器测得的压力值。则在某一 t 时刻整个波阵面（按照球面计算）扰动区域的总能量为

$$E_v\big|_t = \int_0^r e_v \mathrm{d}v = \int_0^r \frac{P^2}{2K} \cdot 2\pi r^2 \mathrm{d}r \tag{2}$$

离散化取值可得到

$$E_v|_t = \frac{\pi}{K}\sum_1^n P_i^2 r_i^2(r_i - r_{i-1}) \quad (3)$$

即只要知道在某个时间点上压力 P 随半径 r 的分布，即压力场特性，便可计算冲击传递给目标的能量。但即使采用多个传感器，也不能保证完全反映整个压力场，且水下冲击波并非理想的球面波，因此在做推算时必须作假定及简化。

由球面波传播、衰减的模型可知，某一脉冲以球面传播时，有 $\sigma_r = \sigma_a \frac{a}{r}$，即只要知道脉冲在 $r=a$ 位置的幅值，就可推导出脉冲传播至任意半径 r 位置上的幅值。在假定冲击波传播速度不变，且每一个复杂波形可看成若干个脉冲波形叠加时，任一时刻空间域的波形可通过某一点的时域波形进行换算。

假定距离爆炸源 $r=a$ 处放置了传感器并测得如图1所示的波形，即 t_0 时刻波阵面传播至 $r=a$ 处，而 t_n 时刻波阵面则传播至 $r=c\cdot t_n$ 处，因此有 $P(a,t_0)\cdot a = P(c\cdot t_n,t_n)\cdot c\cdot t_n$；$t_0+\Delta t$ 时刻的压力幅值则对应了 $r=c\cdot(t_n-\Delta t)$ 位置上的压力，因此有

$$P(a,t_0+\Delta t)\cdot a = P[c\cdot(t_n-\Delta t),t_n]\cdot c\cdot(t_n-\Delta t) \quad (4)$$

在 $t=t_n$ 时刻，整个应力波场的总能量为半径 $[0, c\cdot t_n]$ 区域内体积变形能的总和，即

$$E_v|_{t_n} = \int_0^{c\cdot t_n} e_v dv = \int_0^{c\cdot t_n} \frac{P(r,t_n)^2}{2K}\cdot 2\pi r^2 dr \quad (5)$$

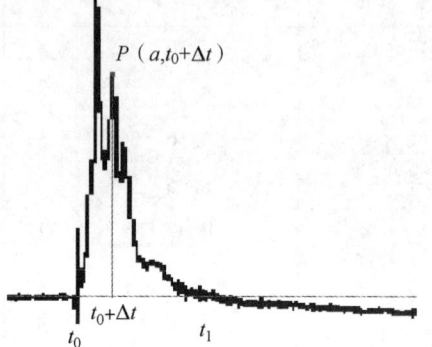

图1 水下冲击波实测压力波形

进行积分区域变换可得到

$$\int_0^{c\cdot t_n} \frac{P(r,t_n)^2}{2K}\cdot 2\pi r^2 dr = \int \frac{\pi}{K}\cdot P[c\cdot(t_n-\Delta t),t_n]^2\cdot[c\cdot(t_n-\Delta t)]^2 dr \quad (6)$$

$$= \int_{t_0+t_n}^{t_0} \frac{\pi}{K}\cdot P(a,t)^2\cdot a^2\cdot c\cdot d(-t)$$

在此需注意，在半径方向上从 0 积分至 $c\cdot t_n$，变换到时间域上是从 t_0+t_n 反向积分至 t_0，因此原来的积分因子 dr 经过变换为 $c\cdot d(-t)$，从而有

$$E_v|_{t_n} = \frac{c\cdot\pi\cdot a^2}{K}\int_{t_0}^{t_0+t_n} P(a,t)^2\cdot dt \quad (7)$$

上式与南京理工大学的苏华、陈网桦等在做水下冲击波研究中提出的爆源比冲击波能 E_s 的计算公式 $E_s = \frac{4\pi r^2}{\rho_w c}\frac{1}{W}\int_0^{t_n} P(t)^2 dt$ 具有相同的形式[6]。与冲量的定义 $I = \int_{t_0}^{t_0+t_n} P(r,t)dt$ 对比可以发现，波阵面能量在数值上与 P^2 在时间上的积分呈正相关，即与冲量也呈现正相关。

综上分析可得到如下结论：水下冲击波的冲量与波阵面能量呈现正相关，均反映了冲击波对目标传递能量并造成破坏能力的大小，因此用于评价冲击波的致伤能力都是合理的，只是做量化划分时数量可能不同。

3 水下冲击波威力评估方法

20世纪60年代末，美军在柯特兰建立水下试验场，研究了不同动物对不同 TNT 质量和不同炸药入水深度水下冲击伤的损伤特点和量效关系，基于冲击波冲量提出了生物体置于垂直体位时冲击伤的标准和安全限值。其标准认为，当冲量小于 33.79 kPa·ms 时，人员无损伤；而引起人员轻度损伤、中度损伤和重度损伤冲量阈值分别为 68.79 kPa·ms、137.93 kPa·ms 和 282.76 kPa·ms；引起人员 1% 致死和

50%致死的冲量分别为 427.59 kPa·ms 和 596.82 kPa·ms；水下人员的安全距离压力值为 29.42 kPa 或冲量小于 13.73 kPa·ms。

我国的第三军医大学野战外科研究所等研究机构通过犬、羊、兔等批量动物实验，也明确了水下冲击伤的损伤特点，即发现除肺仍是水下冲击波致伤和致死的靶器官外，腹腔脏器损伤也远较空气冲击波常见。量效关系分析表明，引起轻度、中度、重度和极重度水下冲击伤的冲量值与美军研究相似。

由此初步拟以冲击波冲量为评估参量，并考虑水下人员的安全距离压力值约为 30 kPa，提出如下"有效冲量"的评估量公式：

$$I = \int_{t_0}^{t_0+t_n} [P(r,t) - P_{\text{limit}}] dt \tag{8}$$

该评估公式表明，冲量仍然是评价致伤的主要因素，将某点测得的冲击波压力幅值减去 $P_{\text{limit}} = 30$ kPa 的下限值，小于 P_{limit} 的压力幅值为"无效"作用，大于 P_{limit} 的部分为有效冲击，用于致伤能力评估。

将表 1 给出的冲量 – 伤情关系转化为有效冲量 – 伤情等级关系，得到典型蛙人目标易损性评价表，如表 2 所示。

表 2 典型蛙人目标易损性评价表

功能区域		伤情等级					
		正常	轻度	中度	重度	极重度	死亡
		ΔI	ΔI	ΔI	ΔI	ΔI	ΔI
胸腹部	肺	≤30	30~142	142~231	231~323	323~580	≥580
	肠胃	≤30	30~142	142~231	231~323	323~580	≥580

将反蛙人杀伤弹置于水下进行静爆试验，测量不同距离水下压力值，代入有效冲量模型中，即可得到反蛙人杀伤弹水下爆破后距爆心不同距离处的有效冲量，就可以得到反蛙人杀伤弹水下爆炸后对蛙人的毁伤效果。

4 结论

本文针对水面舰艇反蛙人作战需求，以反蛙人杀伤弹水下冲击波的生物创伤评估为目标，分析了水下冲击波致生物创伤机理，针对反蛙人杀伤弹，对超压致伤、冲量致伤、能流密度致伤这三种致伤因素进行了综合比较分析，提出了用有效冲量评估反蛙人杀伤弹杀伤威力的方法，该方法可为反蛙人杀伤弹杀伤威力及效能评估提供重要支撑。

参 考 文 献

[1] 夏云宝，蔺世龙，耿承军，等. 家兔水中冲击伤的胸部 X 线表现及与病理对照 [J]. 中国医学影像技术，2010，26（9）：1652-1654.

[2] 陈海斌，王正国，杨志焕，等. 冲击波传播的三个时段模拟实验中动物肺的损伤 [J]. 爆炸与冲击，2000，20（3）：264-269.

[3] 王峰，周继红，杨志焕. 水下冲击伤伤情特点的实验研究 [J]. 创伤外科杂志，2007，9（6）：540-543.

[4] 黄建松. 水下冲击伤的特点及研究进展 [J]. 海军医学杂志，2004，25（2）：168-170.

[5] 王正国. 冲击伤 [M]. 北京：人民军医出版社，1983.

[6] 苏华，陈网桦，等. 炸药水下爆炸冲击波参数的修正 [J]. 火炸药学报，2004，27（3）：46-48，52.

激光武器毁伤效应的多物理建模与分析

孙铭远,张昊春,刘秀婷,尹德状

(哈尔滨工业大学 能源科学与工程学院,黑龙江 哈尔滨 150001)

摘 要:激光武器是一种新型的定向能武器,具有十分重要的战略意义,并将在今后战场发挥越来越重要的作用。目前,激光武器毁伤效应的评估主要是根据温度或应力单一作用进行模拟的,且对于具体物理场的计算分析仍不完善。根据Fourier的非稳态导热方程,建立了激光辐射下靶材各节点之间的迭代方程,并在此基础上分别建立了靶材温度场和应力场模型。结果表明,根据不同材料热物性的不同,对靶材的毁伤效应往往不能仅从温度或应力单一角度进行分析。此外,结合靶材许用应力与相变点温度,对激光的毁伤效应进行了评估,为实际的激光毁伤过程提供了理论依据。

关键词:激光;毁伤效应;温度场;应力场

中图分类号:TJ95 **文献标志码**:A

Multi-physical modeling and analysis of laser weapon damage effect

SUN Mingyuan, ZHANG Haochun, LIU XiuTing, YIN Dezhuang

(School of Energy Science and Engineering, Harbin Institute of Technology, Harbin 150001, China)

Abstract: Laser weapons are a new type of directed energy weapon, which is of great strategic importance and will play an increasingly important role in the future battlefield. At present, the evaluation of the damage effect of laser weapons is mainly based on the single action of temperature or stress, and the calculation and analysis of specific physical fields are still not perfect. According to Fourier unsteady heat conduction equation, the iterative equation between the targets of the target under laser irradiation is established. Based on this, the target temperature field and stress field model are established respectively. The results show that depending on the thermal properties of different materials, the cause of target damage is often not caused by temperature or stress. In addition, the damage effect of the laser is evaluated by combining the allowable stress of the target and the temperature of the phase transition point, which provides a theoretical basis for the actual laser damage process.

Keywords: laser; damage effect; temperature field; stress field

0 引言

激光武器是一种利用高亮度强激光束携带的巨大能量摧毁或杀伤敌方飞机、导弹、卫星和人员等目标的高技术新概念武器。激光武器作为新型的定向能武器,仍需不断实验与改进。然而,其实验开发过程的复杂性与昂贵的费用对研究过程局限较大。因此,对激光武器毁伤过程进行数理仿真,也逐渐成为激光武器研究的热点之一。

作者简介:孙铭远(1998—),男,本科生,E-mail:914456016@qq.com。

国内外对高能激光武器的毁伤效应进行了大量的研究。Wang 等[1]基于两个重要参数（空间和时间步长）的分析，得到瞬态温度和温度梯度场。Yilbas 等[2]通过有限元法解决压力和波动方程，对连续辐照下激光加热钢材表面的热应力特性进行了研究。Senchenkov 等[3]从微观结构转换的角度，通过 Bodner–Partom 本构模型使用有限元方法对激光辐照钢筒产生的热应力进行分析研究。Boust 等[4]在计算强激光辐照下靶材产生的反冲冲量以及材料在高速冲击波冲击下会产生的破坏效应进行了探究，进一步确定材料的破坏阈值。吴非[5]针对固体火箭发动机采用有限元的方法对强激光辐照下目标结构的热应力进行了分析计算。张昊春等[6]通过对高能激光武器作战过程的分析，将作战过程进行模块化处理并建立相应仿真模型。王超[7]采用数值方法计算了到达靶面激光对靶材的烧蚀作用。尹益辉等[8]在考虑层间温度、传热关系以及外表面气流等因素的影响下，对多层圆柱体在激光辐照下的三维瞬态温度场进行了解析解求解。马建[9]基于有限元方法对激光辐照材料的温度场进行了数值计算，并分析了有限元热分析时结果受到网格尺寸选择产生的影响。

然而，现有的研究在对激光武器毁伤效应进行建模过程中，没有对靶材的相变过程引起足够的重视，且并没有从多个角度对激光武器的毁伤效应做出评估。

本文将基于 Fourier 非稳态导热方程，考虑靶材熔化与汽化过程，进行温度与应力场建模与计算分析。同时，结合靶材许用应力与相变点温度，从温度和应力两个角度分别对激光的毁伤效应进行了评估，为实际的激光毁伤过程提供了一定的理论依据。

1 多物理场的建模

1.1 靶材温度场的物理模型

以激光毁伤人造卫星为例，对其温度场进行建模分析。高功率的激光在激光武器发射后，经过大气耗散、湍流效应、等离子效应等多种作用的衰减后，辐射到人造卫星上。其大致结构和毁伤的具体情况如图 1 所示。

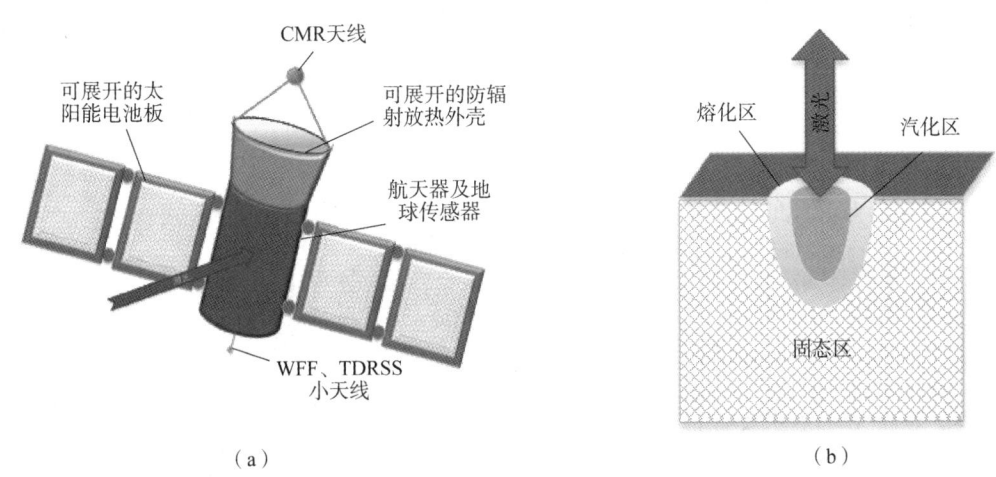

图 1　温度场物理模型
(a) 表面；(b) 内部

1.2 靶材温度场的数理模型

激光毁伤人造卫星的过程涉及激光与靶材之间复杂的物理和化学反应，为了便于建模分析，作如下假设：

(1) 在激光辐射过程中，靶材的热物性及光学特性不随温度升高而改变。
(2) 忽略靶材与周围环境的热交换作用。
(3) 激光的功率密度在其辐射区域分布均匀：

$$I_r = \begin{cases} I_0, r \leq r_0 \\ 0, r > r_0 \end{cases} \tag{1}$$

式中：r_0——激光光斑的辐射半径。

（4）激光光斑直径 d_0 远大于板厚 L，远小于热扩散长度。

1.2.1 导热微分方程

激光在辐射靶材的过程中，靶材表面不断吸收热量，而其吸收的热量又会以热传导的形式传递到靶材内部，进而形成温度场。根据能量守恒方程和傅里叶定律来建立导热微分方程：

$$\frac{\rho c}{\lambda} \frac{\partial T}{\partial t} = \frac{\partial^2 T}{\partial x^2} + \frac{\partial^2 T}{\partial y^2} + \frac{\partial^2 T}{\partial z^2} + Q \tag{2}$$

式中：ρ——密度，kg/m^3；

c——比热容，$J/(kg \cdot K)$；

λ——导热系数，$W/(cm \cdot K)$；

Q——其他源项。

对于激光辐射靶材，通常属于表面加热过程，一般不考虑其自身体热源及其他外热源的影响，即 Q 为 0。而在假设（4）中，激光的光斑直径是远大于板厚，远小于热扩散长度的，故激光辐射的数理模型可以简化为一维的情况。

此时的导热方程可简化为

$$\frac{\partial T}{\partial t} = \frac{1}{a} \frac{\partial^2 T}{\partial x^2} \tag{3}$$

式中：a 等于 $\lambda/\rho c$，反映了靶材的热扩散程度。

1.2.2 初始条件与边界条件

（1）人造卫星在遥远的太空中，其初始温度虽随其位置不断变化，但激光毁伤所需的时间非常短，因此可以认为靶材在激光辐射过程中其温度是不变的，即

$$T(z,0) = T_0 \tag{4}$$

（2）靶材外表面的换热强度：

$$-\lambda \frac{\partial T}{\partial t}\bigg|_{z=0} = Aq_{inc} \tag{5}$$

式中：A——靶材表面对激光的吸收系数，与金属材料和表面粗糙度有关；

q_{inc}——激光辐射到靶材表面的功率密度。

内表面的换热强度：

$$\lambda \frac{\partial T}{\partial t}\bigg|_{z=\delta} = 0 \tag{6}$$

1.2.3 导热微分方程的迭代推导

如图 2 所示，P 为所研究的控制节点，其中 W 为左节点，E 为右节点。现将网格划分为均匀的 n 个子区域，其中各子区域长度为 Δx，各节点之间距离为 δx，这里取 $\Delta x = \delta x = h$（空间步长）。同时为了保证整个网格内各部分的截断误差相同，在网格左右两侧各设一个虚点，具体如图 3 所示。

图 2　激光辐射区域一维网格的划分　　　　图 3　网格边界处的虚假节点

由式（3）~式（6）可推得靶材左右边界和内部迭代方程如下：

$$U_1^{t+\Delta t} = (1-2r)U_1^t + 2rU_2^t \tag{7}$$

$$U_n^{t+\Delta t} = (1-2r)U_n^t + 2rU_{n-1}^t + \frac{2Aq_{\text{inc}}\delta x}{\lambda} \tag{8}$$

$$U_P^{t+\Delta t} = (1-2r)U_P^t + r(U_E^t + U_W^t) \tag{9}$$

式中：$r = \dfrac{a\Delta t}{\Delta x^2}$，此时靶材内外部的截断误差均为 $0(\Delta x^2)$，保证了温度场计算的精确性。

激光在毁伤过程中，靶材温度往往会在极短的时间内达到其熔点，甚至汽化温度，但在前面温度场分析的过程中并没有考虑熔化和汽化潜热，以及熔化前后导热系数变化的影响，这些复杂情况将会在使用编程时分别考虑计算，具体流程如图 4 所示。

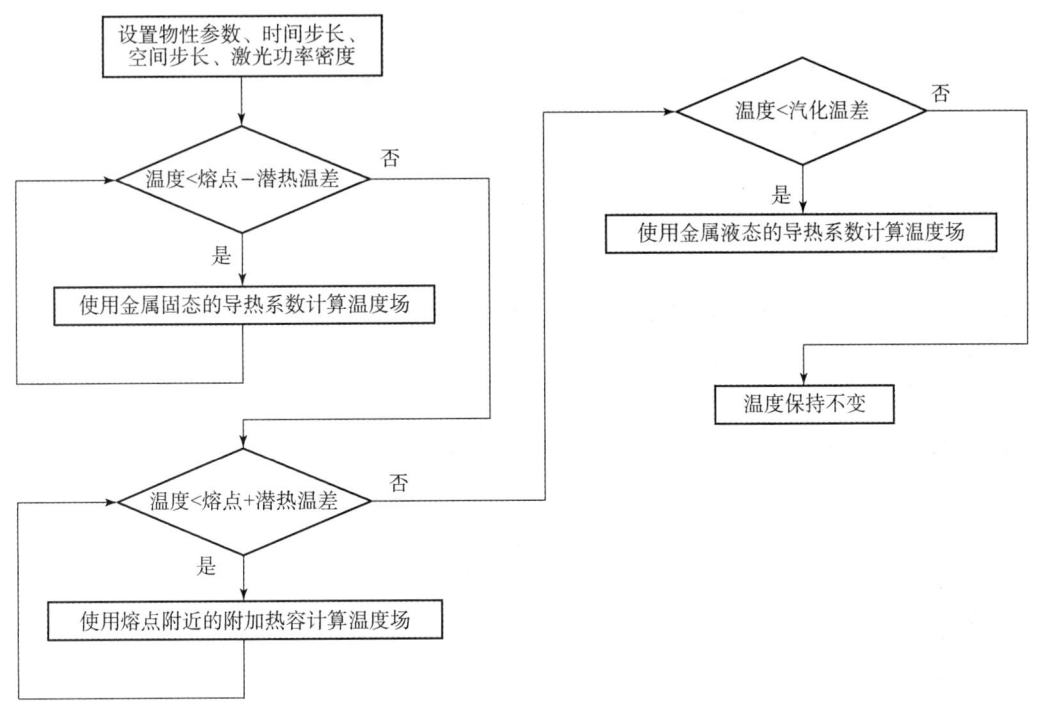

图 4 靶材温度场的计算流程

1.3 激光毁伤人造卫星应力场的建模

对于圆筒壳结构，在无外部载荷时，可以不考虑切向应力。利用边界条件、温度场，求得积分常数，那么由于温差引起的热应力在壁厚方向的分布为[10]

$$\begin{cases}
\sigma_r = \dfrac{\alpha E \Delta T}{2(1-\nu)\ln\dfrac{b}{a}}\left[-\ln\dfrac{b}{r} + \dfrac{a^2}{b^2-a^2}\left(\dfrac{b^2}{r^2}-1\right)\ln\dfrac{b}{a} \right] \\[2mm]
\sigma_\theta = \dfrac{\alpha E \Delta T}{2(1-\nu)\ln\dfrac{b}{a}}\left[1 - \ln\dfrac{b}{r} - \dfrac{a^2}{b^2-a^2}\left(\dfrac{b^2}{r^2}+1\right)\ln\dfrac{b}{a} \right] \\[2mm]
\sigma_z = \dfrac{\alpha E \Delta T}{2(1-\nu)\ln\dfrac{b}{a}}\left[1 - 2\ln\dfrac{b}{r} - \dfrac{2a^2}{b^2-a^2}\ln\dfrac{b}{a} \right]
\end{cases} \tag{10}$$

式中：σ_r——径向应力，MPa；

σ_θ——环向应力，MPa；

σ_z——轴向应力，MPa；

α——热膨胀系数，℃$^{-1}$；

E——弹性模量，GPa；

a,b,r——圆筒内径、外径和所求位置处半径；
v——泊松比；
ΔT——内外壁温差，K。

2 毁伤效应的计算与分析

2.1 温度场的毁伤效应的计算与分析

铝（Al）及其合金广泛应用于人造卫星的制造中。现取 Al 作为靶材来进行温度场的计算，其热物性参数如表 1 所示。

表 1 铝的热物性参数[11]

名称	密度 /(g·cm^{-3})	比热容 /(J·g^{-1}·℃$^{-1}$)	导热系数 /(W·cm^{-1}·℃$^{-1}$)	熔化潜热 /(kJ·g^{-1})	熔/汽化温度 /℃
Al	2.7	0.9	2.3/1.2	0.4	600/2 467

由于金属熔化前后导热系数发生了变化，所以网比 r 也发生了变化，但变化前后都应满足 $0 \leq r \leq 0.5$，考虑到 r 可能取的最大值，设空间步长 $\Delta x = 0.1$ cm，$\Delta t = 0.005$ s，数值法的计算工况如表 2 所示。

表 2 数值解的计算工况

材料厚度 d/cm	激光毁伤时间 t/s	计算次数 n	吸收系数 A
2	1.5	300	0.2

按照图 4 中的计算流程来计算温度场，取辐射到靶材的激光功率密度为 10 kW/cm^2，通过式（4）~式（7）可计算得到一维温度场随时间和空间变化的数值解，如图 5 所示。

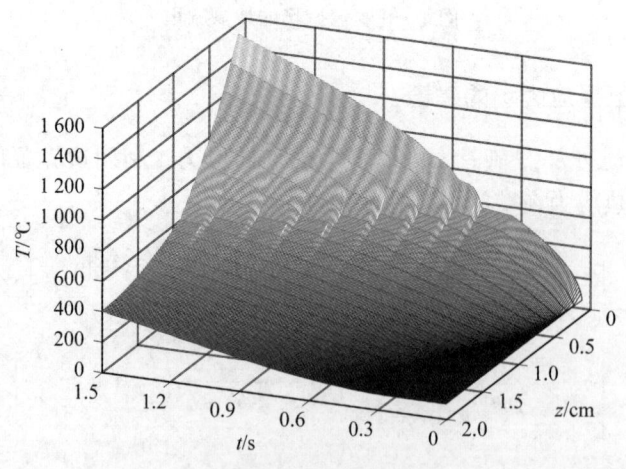

图 5 靶材的温度场分布

图 5 所示为人造卫星外壳的温度场分布，在初始阶段靶材的温度场各位置温度平稳上升；在达到熔化温度时，由于相变潜热的影响，温度将在一定的时间内维持在 600 ℃ 左右；之后由于在熔化前后靶材导热系数发生了变化，靶材温度的上升速率有了明显的提升。同时可以从图中看出，在毁伤时间内，靶材底部温度并未超出其熔化温度，因此靶材并未因温度过高而发生损毁。

为了更明显地对比靶材熔化前后导热系数变化和熔化潜热对温度场的影响，在条件不变的情况下，分别就三种情况对靶材表面的温度进行对比分析，具体如图 6 所示。

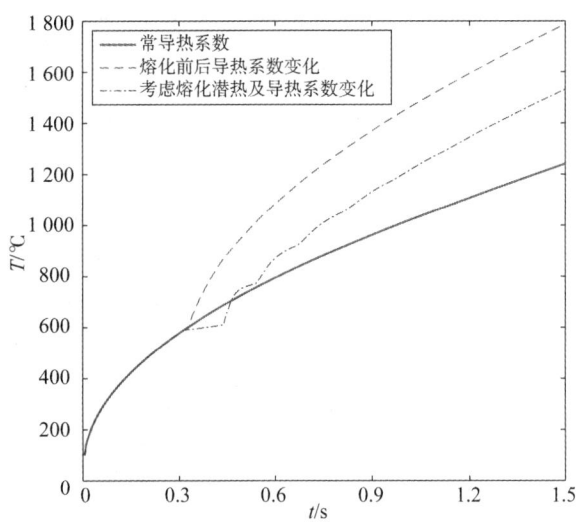

图 6　三种假设表层温度变化情况

图 6 所示为三种假设下数值计算得到靶材表面温度分布随时间的变化对比情况。其中实线为不考虑相变时表面温度的变化，虚线为仅考虑导热系数变化，而不考虑熔化潜热时表面温度的变化，点划线为同时考虑熔化前后导热系数变化及熔化潜热的影响。不难看出，除了在相变点处点画线由于相变潜热的原因，温度保持不变，而在表面金属熔化后的一段时间内，靶材的温度存在一定的波动，这是靶材内部各位置在不同时间段到达相变温度，而导致导热不均匀的现象。

2.2　应力场的毁伤效应的计算与分析

通过式（9）可以对靶材的切向应力、环向应力和径向应力进行分析计算，假设激光的功率密度为 10 kW/cm²，靶材的热物性参数和力学性能参数采用表 1 和表 3 的数据进行计算。

表 3　铝的力学性能参数[11]

名称	屈服极限 /MPa	弹性模量 E /GPa	切变模量 G /GPa	热胀系数 /(K^{-1})	泊松比
Al	300	68	26	23×10^{-6}	0.33

根据式（9）和壁面温差对圆筒壁面的径向应力、环向应力和轴向应力进行计算，计算整理可得三个方向的应力随时间和空间的变化趋势，如图 7 所示。

图 7 所示为靶材的各分应力沿壁厚方向随时间的变化情况。在相同时间内，靶材沿厚度方向径向应力逐渐减小，在靶材底层处达到最小值，同时径向应力的大小明显受温差的影响；环向应力分布规律与径向应力近似相同，但环向应力在相同时间、相同位置处要比径向应力大得多；轴向应力沿壁厚方向逐渐增大，在靶材底层处达到最大值。

对三个应力进行矢量求和，可以得到靶材沿壁厚方向随时间的变化情况，具体如图 8 所示。

图 8 所示为靶材的总应力沿壁厚方向随时间的变化情况。靶材的总应力分布与环向应力相似，但数值上为三个应力的矢量和。在激光烧蚀的过程中，靶材除了由于熔穿而被烧毁，还有可能在之前就因超出许用应力而发生力学破坏，但靶材的许用应力也是随温度而不断改变的，这就产生了靶材热应力和许用应力的耦合作用，具体如表 4 和图 9 所示。

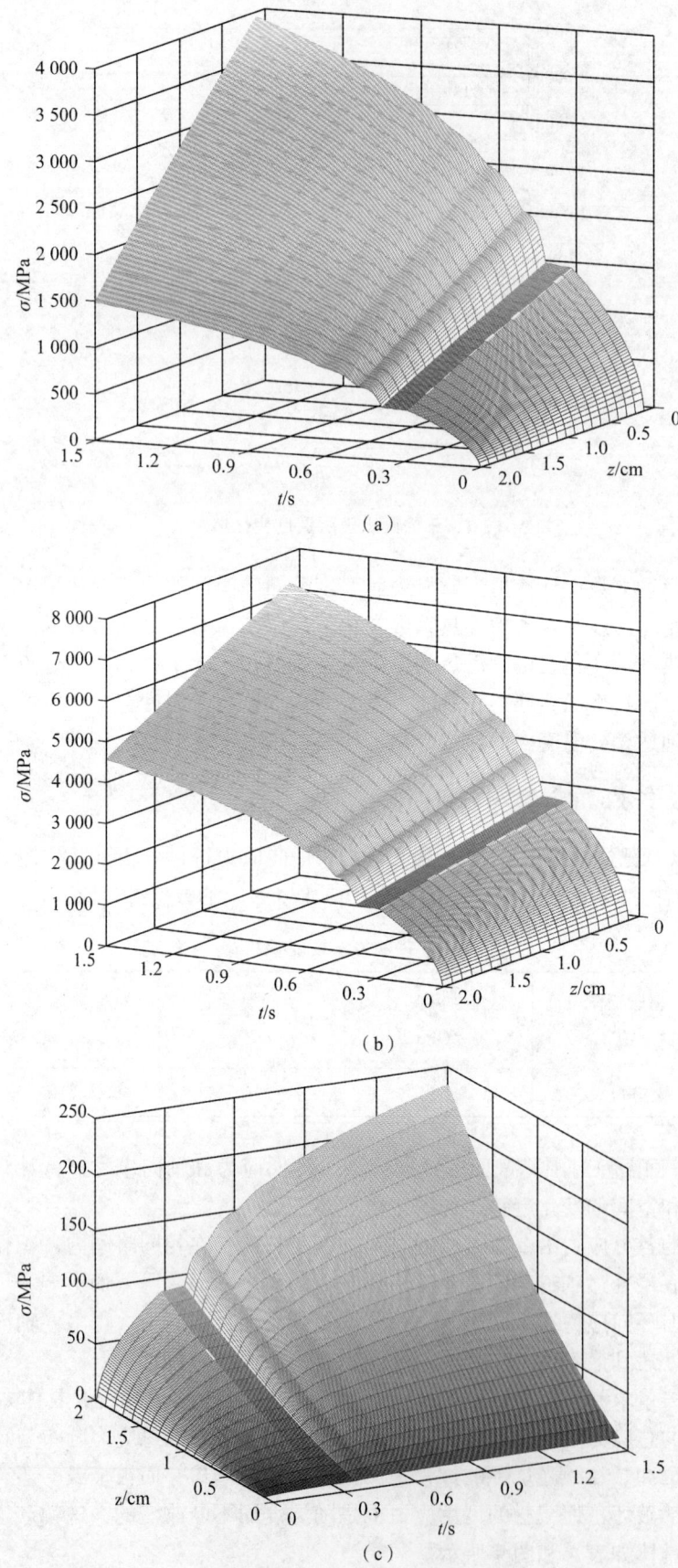

图7 靶材各分应力分布情况

(a) 径向应力;(b) 环向应力;(c) 轴向应力

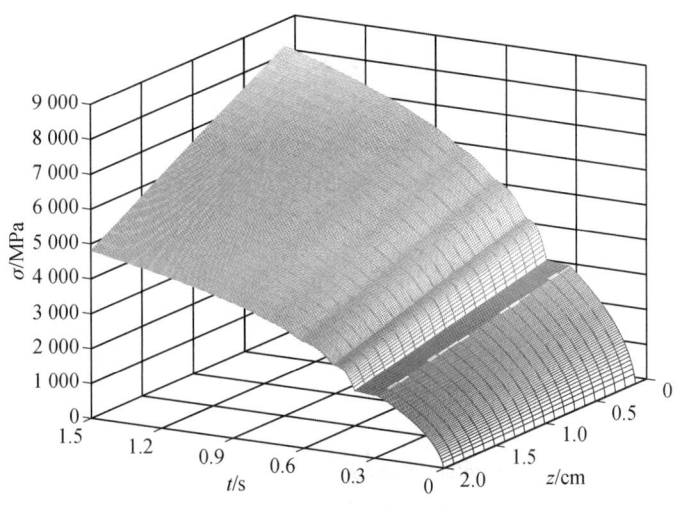

图8　靶材总应力分布情况

表4　Al 的许用应力[11]

温度/℃	70以下	100	130	160	190
许用应力/MPa	118	114	85	62	35

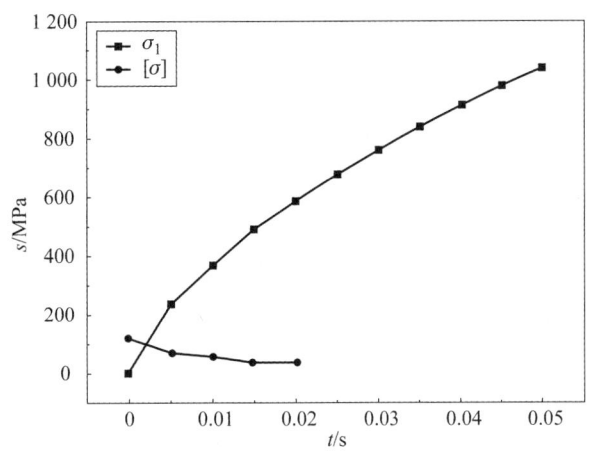

图9　靶材表面总应力和许用应力的耦合情况

图9所示为靶材表面总应力和许用应力随时间的变化曲线。靶材在强激光的辐照下，表面温度不断升高，受到的总应力也在不断变大，但其许用应力却在不断降低。在极短时间内，靶材表面的总应力已经大于许用应力，此时靶材的安全性已经无法保证，随时可能发生力学破坏。

3　结论

本文针对激光辐射过程中靶材表面的温度场和应力场建立了物理及数理模型，推导出了靶材温度的迭代方程，并得出如下主要结论：

（1）激光在毁伤过程中，根据靶材物性和热物性的不同分析可得，造成靶材损毁有可能是温度和应力共同引起的，也有可能仅有单一因素作用引起。

（2）分别对比了三种情况下靶材表面温度分布，分析了相变对靶材温度场的影响。

（3）以铝为例，同时考虑靶材熔化温度和许用应力的耦合作用，对激光的毁伤效应进行了评估，为激光的实际毁伤过程提供了一定的理论依据。

参 考 文 献

[1] Wang J J, Shen Z H, Ni X W, et al. Numerical simulation of laser-generated surface acoustic waves in the transparent coating on a substrate by the finite element method [J]. Optics and Laser Technology, 2007, 39 (1): 21-28.

[2] Yilbas B S, Faisal M, Shuja S Z, et al. Laser pulse heating of steel surface and flexural wave analysis [J]. Optics & Lasers in Engineering, 2002, 37 (1): 63-83.

[3] Senchenkov I K, Oksenchuk N D, Chervinko O P. Influence of microstructural transformations on the stress-strain state of a steel cylinder irradiated by heat pulses [J]. Journal of Mathematical Sciences, 2014, 198 (198): 147-157.

[4] Boustie M, Cottet F. Experimental and numerical study of laser induced spallation into aluminum and copper targets [J]. Appl Phys, 1991, 69 (11): 7533-7538.

[5] 吴非. 强激光辐照下结构热力效应分析 [D]. 长沙: 国防科学技术大学, 2006.

[6] 张昊春, 宋乃秋, 戴赞恩, 等. 高能激光武器目标打击的多物理场系统仿真 [J]. 应用光学, 2017, 38 (04): 526-532.

[7] 王超. 激光辐照靶材引起的等离子体热阻塞效应 [D]. 北京: 北京交通大学, 2013.

[8] 尹益辉, 王伟平, 陈裕泽. 激光辐照下多层圆柱体中三维瞬态温度场的解析解 [J]. 爆炸与冲击, 2008, 28 (01): 44-49.

[9] 马健, 赵扬, 周凤艳, 等. 基于有限元的脉冲激光辐照材料温度场研究 [J]. 激光与红外, 2015, 45 (01): 27-31.

[10] 赵杨, 张昊春, 李垚, 等. 激光辐照材料烧蚀特性的数值仿真 [J]. 化工学报, 2014, 65 (S1): 426-432.

[11] ASME. ASME B36.10-2004 (R 2010) [S]. New York: ASME, 2010.

故障诊断的发展及趋势

孟 硕，康建设，池 阔，迭旭鹏

(陆军工程大学石家庄校区 装备指挥与管理系，河北 石家庄 050003)

摘 要：简单介绍了研究故障诊断的背景状况与现实意义。分别阐释了故障诊断和故障诊断技术的概念内涵和发展变化。根据故障诊断技术的发展变化，探讨了故障诊断的分类方法，就故障诊断技术当前面临的挑战和问题对其未来的发展趋势表明了观点。

关键词：故障诊断；故障诊断技术；故障诊断方法；面临挑战；发展趋势

中图分类号：TH165　**文献标识码**：A

The development and trend of fault diagnosis

MENG Shuo, KANG Jianshe, CHI Kuo, DIE Xupeng

(Department of Equipment Command and Management, Shijiazhuang Campus,
Army Engineering University, Shijiazhuang 050003, China)

Abstract: Firstly, the paper briefly describes the background of fault diagnosis technology, practical significance and its development status at home and abroad. Then, some concepts and the process of fault diagnosis are explained in the paper. After that, the paper introduces some fault diagnosis methods and the classification of the methods. Finally, the paper points out some existing challenges of fault diagnosis and its future development trend.

Keywords: fault diagnosis; fault diagnosis technology; fault diagnosis method; classification; development trend

1. 研究背景

1.1 研究的背景和意义[1,2,4]

随着科学技术的进步和人们需求日益增加，简单的机械设备已经不能满足人们的日常需要，复杂设备应运而生，如飞机、火箭、高铁、船舶以及一些大型机电设备、数控机床等，这些都属于复杂设备。这些复杂设备本身结构复杂性和零件组成多样性等特点，导致设备在功能提高的同时，可靠性降低，故障率升高，但是对于大多复杂装备而言，故障一旦发生，不仅会造成经济性损失，还会导致灾难性的安全后果。

在航天领域，1986年美国"挑战者"航天飞机发生爆炸，致使7名宇航员遇难；2003年，巴西火箭在火箭发射台上发生爆炸，21名人员遇难；近年来，随着各国对太空领域的探索不断加深，航天器的发射数量在大大增加的同时，发射失败和发生故障的数量也随之增多。在航空交通领域，2018年10月29日，航班号为JT610的波音737客机，在起飞大约13 min之后坠毁，造成188人死亡；2019年3月10日，又一架波音737客机在起飞6 min后坠毁，机上157人全部遇难。

作者简介：孟硕（1996—），男，硕士研究生，主要从事装备维修保障理论与技术的研究。

在核能领域，1986年4月26日，乌克兰"切尔诺贝利"核电厂发生爆炸，据统计，这次事故辐射线剂量是"二战"时期爆炸于日本广岛上原子弹的400倍以上，造成经济损失2 000亿美元；2011年3月12日，受日本大地震影响，"福岛县"核电站发生泄漏，造成了灾难性的后果。

设备故障的后果是灾难性的，所以利用故障诊断技术准确及时地识别设备运行过程中发生的故障，并将之解决，对于提高设备的可靠性、维护性和安全性，保证设备正常运行，避免重大灾难具有重要意义。

1.2 国内外发展现状[4]

自工业革命机械设备出现之后，故障诊断就随之产生，但当时的故障诊断只是粗浅地借助一些专家经验和简单设备进行。故障诊断技术作为一门学科是在20世纪60年代以后才逐步发展起来的，最早是美国在1961年开始"阿波罗计划"之后，设备出现了很多故障，在1967年美国航空航天局倡导成立机械故障预防小组。

继美国之后，各国的一些专家学者也逐渐认识到故障诊断技术的重要性，在20世纪70年代之后，故障诊断技术相继在日本、英国、中国等国发展起来。日本以"新日铁"钢铁企业为首，在1971年开始学习欧美先进的故障诊断技术，并取得快速进步和发展，仅仅利用6年时间，于1976年就达到了实用化水平。目前，日本在钢铁、化工、铁路等领域的故障诊断技术都处于世界领先地位。

英国在20世纪70年代初期以R. A. Collacott博士为首在机器保健中心开始了大量故障诊断技术研究，目前，英国已经在摩擦磨损、汽车、飞机发动机等方面取得不错的效果，并处于世界领先地位。

我国的故障诊断研究则起步较晚，最早是在20世纪70年代末期由几所高校的专家教授掀起了研究故障诊断技术的浪潮，随后故障诊断技术在我国发展迅速，取得不错的成果，目前已经在铁路、冶金、电力等方面广泛应用。

2. 故障诊断及技术[1,2]

2.1 故障诊断

目前学术界对于故障诊断没有明确的定义，但具体可分为狭义和广义两类。狭义的故障诊断是指设备在故障后确定设备故障的位置、程度和范围；而广义的故障诊断涵盖的内容较为全面，具体可分为以下5点：

(1) 信号采集。信号采集也可认为是一个状态监测的过程，利用传感器等技术采集和监测被测设备的信号信息，如振动信号、声音信号和温度等。

(2) 信号处理。信号处理技术是通过对采集的信号信息进行加工、处理，得到一些能够表明故障特征信息的技术。传统的信号处理技术可分为时域分析、频域分析和时频分析三类。

(3) 特征信息提取。对信号处理后得到的故障特征信息进行分析，提取其中更容易表明故障特征的信息。

(4) 状态识别。将设备正常状态下的参数信息与提取的特征信息对比，判断设备是否故障。

(5) 故障确定。故障确定是在判断设备发生故障后，进一步确定故障的位置、程度和范围的过程。

但是由于故障诊断发展的历史原因，部分学者在故障诊断的过程中，不由自主地将故障发展的趋势和趋势预测等因素纳入故障诊断的流程中，其流程如图1所示。

而考虑到故障预测技术不断发展成熟，从传统的故障诊断流程中分离出来，逐渐发展为一门技术，故本文结合故障诊断的内容，对传统的故障诊断过程做出了一些改进，如图2所示。

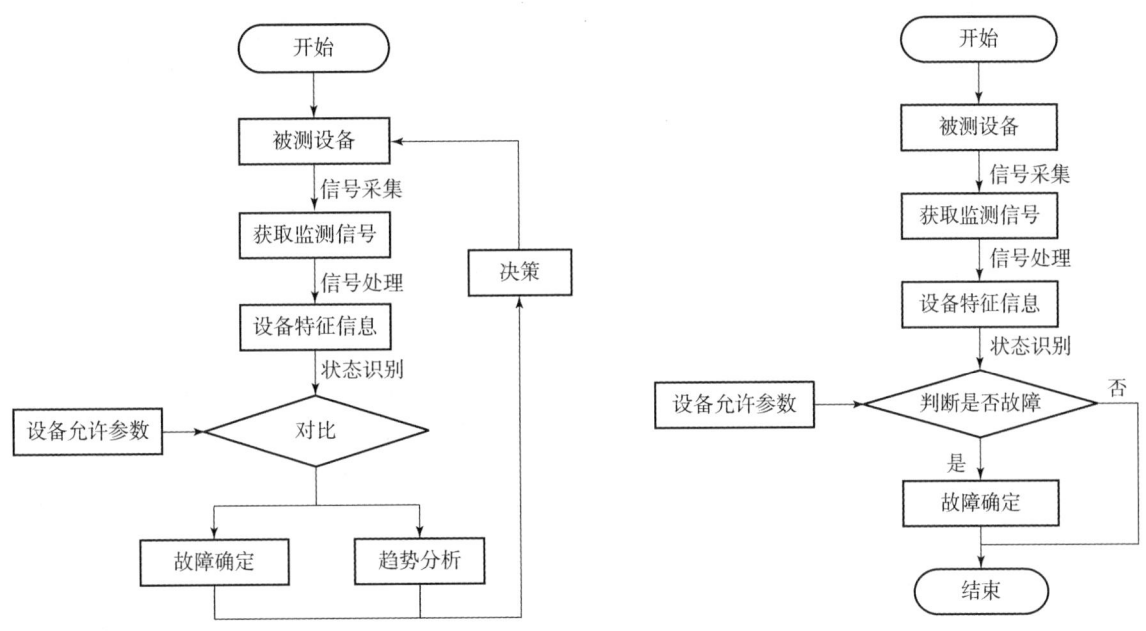

图1 传统的故障诊断流程　　　　图2 改进的故障诊断流程

2.2 故障诊断技术

故障诊断技术是指为进行故障诊断而采取的相关的技术手段。由于故障诊断定义的狭义和广义的影响，故障诊断技术也有了狭义和广义之分。狭义的故障诊断技术，根据《中国人民解放军军语》（2011版），装备故障诊断技术是指检查判断装备故障部位、程度、范围所采用的技术，包括故障检测技术、故障隔离技术、故障定位技术等。显然《军语》所言的故障诊断技术是设备在已经故障的状态下，为更加确定故障的详细情况所采用的技术。而广义的故障诊断技术是指对信号进行采集、处理、特征分析、状态识别和故障后确定故障详细信息的一系列技术。二者最大的区别是"设备是否已经故障"，前者是在设备已经故障状态下所采用的技术，而后者采用的技术包括"为判断设备是否故障"的状态监测和识别技术以及"设备故障后"确定故障详细信息的技术。

随着时间的推移，故障诊断技术根据其利用的装备设施和理论技术也逐渐形成了一套相关的体系结构，包括故障诊断理论、故障诊断的装置设备和故障诊断技术。

3. 故障诊断方法分类

面对日益复杂的装备设施和随机多样的故障问题，故障诊断的方法也不断发展，日新月异。在信号分析[9]中，从时域分析、频域分析到时频分析，用到了快速傅里叶变换（Fast Fourier Transform，FFT）、短时傅里叶变换（Short-Time Fourier Transform，STFT）[10]和小波变换（Wavelet Transform，WT）[11~15]等方法。在信号处理时，常用到的方法包括经验模态分解（Empirical Mode Decomposition，EMD）[16,17]、变分模态分解[18]、局部均值分解[19]和稀疏分解[20]等以及在上述方法的基础上不断改进和升级的多种版本。近年来，随着人工智能和计算机技术的发展，故障诊断技术不断向智能化和网络化迈进，如神经网络[21,22]、深度学习[23]、支持向量机（Support Vector Machine，SVM）[24,25]、专家系统[26]等方法。鉴于故障诊断方法种类繁多、样式多样且没有明确分类，部分专家教授对故障诊断方法进行了梳理，并从不同的角度对故障诊断的方法加以分类。

3.1 按照发展时间分类

按照发展时间分类，故障诊断方法有以下几类（图3）。

（1）原始阶段（19世纪末20世纪初）。这一阶段主要依靠专家的个人经验和一些简单的设备工具辅助进行故障诊断。

（2）基于材料寿命分析的诊断阶段（20世纪初至20世纪60年代）。这一时期的故障诊断主要是基于材料的寿命分析和估计的诊断技术，人们通过对设备材料部分性能的检测实现设备的故障诊断。

（3）基于传感器和计算机诊断阶段（20世纪60年代至今）。该阶段的技术是由美国率先发明的，通过传感器采集数据和计算机处理数据，再辅以专家提供专业知识来实现故障诊断。考虑到需要专家的参与，该阶段的诊断技术缺乏智能性。

（4）智能化诊断阶段（20世纪80年代至今）。智能化诊断是建立计算机知识库系统，以专业知识、专家经验作为知识库的输入，通过计算机的学习，推理将诊断结果作为输出的一种诊断方法。目前智能诊断方法取得了不错的效果，但距离该技术的成熟还需要一些时间。

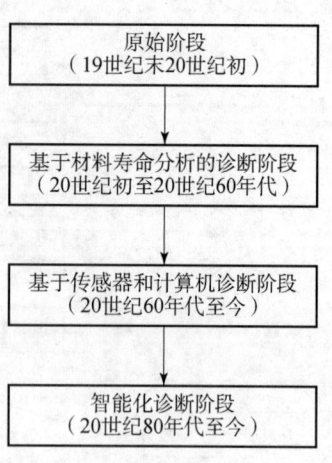

图3 按照发展时间分类

3.2 按测量的物理参数分类

故障诊断技术还可以按照测量物理参数的不同进行划分，故障诊断技术在实际应用过程中，大多都是利用不同类型的传感器测量不同种类的物理参数，具体情况如表1所示。

表1 按检测物理参数分类

检测的物理参数	诊断技术
机械振动量、机械导纳等	振动信号诊断技术
噪声、超声、声阻等	声音信号诊断技术
温度、温差、热成像等	温度诊断技术
力、力矩、应力、裂纹等	强度诊断技术
气压、液压等	压力诊断技术
能量谱、功率等	能量诊断技术
……	……

3.3 按定性和定量的方法分类

1990年德国的Frank教授[5]就提出将故障诊断的方法分为三大类，分别是基于数学模型的方法、基于信号处理的方法和基于知识的方法。但随着设备的发展变化和相关理论的深入研究，周东华教授[6,7]依据是否将数据作为诊断技术的分类输入，将故障诊断方法重新分为两大类，即定性分析方法和定量分析方法。

（1）定性分析方法。定性分类方法包括图论方法、专家系统和定性仿真。图论方法是用画图的方式表示故障结果和故障原因之间的逻辑关系的一种方法；而专家系统和定性仿真都是将专家经验和专业知识作为输入，推理结果作为输出的智能诊断方法。总而言之，定性分析方法与数据关系不大，更多的是注重逻辑关系推理的一类方法。

（2）定量分析方法。定量分析方法可分为两类，基于解析（数学）模型的方法和数据驱动的方法。基于解析（数学）的方法是在建立精确数学模型的基础上，将模型运行的期望值与实际值对比分析，进而判断是否故障的一种方法；数据驱动方法是对前者的一种补充，是在不能建立精确数学模型时应用的一种故障诊断方法，这类方法又可具体划分为机器学习、信号处理和多元统计分析等方法。

除了上述分类方法之外，还有按照故障诊断目的和故障诊断时机等多种分类方法。故障诊断的分类虽然多种多样，但遇到具体故障时，通过追本溯源，这些分类方法又会殊途同归到某一具体的诊断技术上。

4. 面临挑战和未来趋势

4.1 面临挑战

（1）不同领域、方法之间的隔阂性。当前故障诊断技术的研究大多是在传统故障诊断技术的基础上，对传统方法的拓展和延伸，而很少将其他领域和不同学科的先进方法和技术进行学习和应用，致使不同领域之间的理论方法和技术互融互通性差，隔阂性高。

（2）诊断过程的独立性。在上文故障诊断流程中指出了故障诊断技术的 5 个步骤，即信号采集、处理、特征提前、模式识别和故障确定，但就目前的应用而言，这 5 个步骤之间分化程度较高，独立性较强，衔接性和集成化程度不够，导致设备在故障诊断时花费时间较长，诊断效率不高。

（3）理论技术与实际应用的代沟性。目前，我国的故障诊断技术在理论层次和技术水平上都有长足的进步，但这些理论技术在实际应用中还存在更新换代慢、技术与实际不匹配等问题，这就容易造成理论技术与实际应用之间的代沟。

4.2 未来趋势[27~30]

从应对上文提出的关于故障诊断当前面临的挑战和解决故障诊断现存问题的角度出发，本文从宏观的理论层次和微观的诊断过程出发，对故障诊断未来的发展趋势阐述如下：

（1）理论技术层次。对现有理论方法更新完善，对现有的技术更新升级，同时跳出领域和学科的限制，学习、借鉴其他学科和领域的先进理论技术，实现跨领域、跨学科的理论技术的互融互通性。

（2）信号采集装置嵌入化。通过对传感器装置的改进，实现传感器的尺寸微型化和材料特殊化，将信号采集装置纳入装备设计阶段的考虑范畴，且在生产研制阶段投入使用，将传感器嵌入装备之中，实现信号采集装置和装备各个阶段的同步化和一体化。

（3）诊断过程集成化。将故障诊断过程集成化处理，从最初的信号采集到最终的故障确定集成一体，可大大缩短故障诊断的时间，提高诊断效率，保证设备的可靠性和安全性。

（4）诊断智能化。智能诊断技术是通过计算机系统，将诊断方法和设备的相关信息作为输入，诊断结果作为输出的一种技术，可以减少人为参与和人为误差，提高诊断效率和诊断的准确率。

（5）诊断自主化。设备本身的计算机系统能够完成从信息采集到维修决策的全过程，全程不需要人的参与，并将各阶段的状态信息、决策结果等内容输出的自主化诊断。

5. 结语

随着科技的进步，设备的复杂化、集成化程度越来越高，设备故障诊断与设备的可靠性、安全性以及经济性的关系更加紧密，设备故障诊断发挥的作用愈加不可忽视。因此，故障诊断技术的研究与发展任重道远。只有不断开拓进取，创新发展，才能在解决故障的问题上更进一步。

参 考 文 献

[1] 徐永成. 装备保障工程学 [M]. 北京：国防工业大学出版社，2013.
[2] 吕琛. 故障诊断与预测——原理、技术及应用 [M]. 北京：北京航空航天大学出版社，2012.
[3] 闻新，张兴旺，朱亚萍，等. 智能故障诊断技术 [M]. 北京：北京航空航天大学出版社，2015.
[4] 夏松波，张嘉钟，徐世昌. 现代机械故障诊断技术的现状与展望 [J]. 振动与冲击，1997，16（2）：1-5.
[5] Frank P M. Fault diagnosis in dynamic systems using analytical and knowledge - based redundancy: A survey and some new results [J]. Automatica, 1990, 26 (3): 459 – 474.
[6] 周东华，叶银忠. 现代故障诊断与容错控制 [M]. 北京：清华大学出版社，2000.

［7］周东华，胡艳艳．动态系统的故障诊断技术［J］．自动化学报，2009（6）．
［8］樊永生．机械设备诊断的现代信号处理方法［M］．北京：国防工业出版社，2009．
［9］胡广书．数字信号处理［M］．北京：清华大学出版社，2012．
［10］LIU Hongmei, LI Lianfeng, MA Jian. Rolling bearing fault diagnosis based on STFT – deep learning and sound signals［J］. Shock and Vibration, 2016.
［11］黄梦君．基于同步压缩小波的风电齿轮箱故障诊断［D］．秦皇岛：燕山大学，2017．
［12］Gao H, Liang L, Chen X, et al. Feature extraction and recognition for rolling element bearing fault utilizing short – time Fourier transform and non – negative matrix factorization［J］. Chinese Journal of Mechanical Engineering, 2015, 28（1）: 96 – 105.
［13］何正嘉，袁静，訾艳阳．机械故障诊断的内积变换原理与应用［M］．北京：科学出版社，2012．
［14］Peng Z K, Chu F L. Application of the wavelet transform in machine condition monitoring and fault diagnostics: a review with bibliography［J］. Mechanical Systems and Signal Processing, 2004, 18（2）: 199 – 221.
［15］Yan R, Gao R X, Chen X. Wavelets for fault diagnosis of rotary machines: A review with applications［J］. Signal Processing, 2014（96）: 1 – 15.
［16］Amarnath M, Praveen Krishna I R. Local fault detection in helical gears via vibration and acoustic signals using EMD based statistical parameter analysis［J］. Measurement, 2014（58）: 154 – 164.
［17］曹冲锋．基于 EMD 的机械振动分析与诊断方法研究［D］．杭州：浙江大学，2009．
［18］Li Z, Chen J, Zi Y, et al. Independence – oriented VMD to identify fault feature for wheel set bearing fault diagnosis of high speed locomotive［J］. Mechanical Systems and Signal Processing, 2017（85）: 512 – 529.
［19］Liu W Y, Zhang W H, Han J G, et al. A new wind turbine fault diagnosis method based on the local mean decomposition［J］. Renewable Energy, 2012（48）: 411 – 415.
［20］Verma N K, Gupta V K, Sharma M, et al. Intelligent condition based monitoring of rotating machines using sparse auto – encoders［C］. Prognostics & Health Management, 2013.
［21］Lu C, Wang Z, Zhou B. Intelligent fault diagnosis of rolling bearing using hierarchical convolutional network based health state classification［J］. Advanced Engineering Informatics, 2017（32）: 139 – 151.
［22］Chen Zhiqiang, Li Chuan, Sanchez René – Vinicio. Gearbox fault identification and classification with convolutional neural networks［J］. Shock and Vibration, 2015.
［23］潘磊．基于深度学习网络的风机传动系统主要部件故障诊断的研究［D］．2017．
［24］Yuan Shengfa, Chu Feilei. Support vector machines – based fault diagnosis for turbo – pump rotor［J］. Mechanical Systems and Signal Processing, 2006, 20（4）: 939 – 952.
［25］Mahadevan S, Shah S L. Fault detection and diagnosis in process data using one – class support vector machines［J］. Journal of Process Control, 2009, 19（10）: 1627 – 1639.
［26］吴今培，肖健华．智能故障诊断与专家系统［M］．北京：科学出版社，1997．
［27］齿轮与滚动轴承故障的振动分析与诊断［D］．西安：西北工业大学，2003．
［28］何俊．齿轮箱振动特性分析与智能故障诊断方法研究［D］．2018．
［29］顾晓辉．滚动轴承多目标故障特征提取与状态评估方法研究［D］．2019
［30］李蓉．齿轮箱复合故障诊断方法研究［D］．长沙：湖南大学，2013．

航母舰载机机载航空弹药安全性技术简析

张小帅,孙成志,赵宏宇,于 超,赵万强

(哈尔滨建成集团有限公司,黑龙江 哈尔滨 150030)

摘 要:针对提高航母舰载机机载航空弹药的安全性水平的要求,分析了航母舰载机机载航空弹药在舰上使用可能遇到的四类9种主要的危险因素,小结了5种刺激反应特征,并参考美军及北约不敏感弹药的标准,提出了航母舰载机机载航空弹药安全性试验的具体分类和安全性评估方法,从不敏感炸药应用和装药设计技术、战斗部热防护和反应缓解技术、战斗部冲击防护和隔爆技术等三个方面归纳了提高航母舰载机机载航空弹药的安全性水平的技术途径,对未来不敏感航空弹药的研制工作具有一定的指导意义。

关键词:航母舰载机;航空弹药;安全性技术

中图分类号:590.5010 **文献标志码**:A

The safety technology analysis of carrier aircraft borne aerial bombs

ZHANG Xiaoshuai, SUN Chengzhi, ZHAO Hongyu, YU Chao, ZHAO Wanqiang

(Harbin jiancheng group co. LTD, Harbin 150030, China)

Abstract: This paper analyzes 4 categories and 9 major hazard factors that the carrier aircraft borne aerial bombs may suffer from when it's used on board aiming at the requirements of improving the safety level of the carrier aircraft borne aerial bombs, besides summarizes 5 kinds of stimulus response characteristics, and puts forwards the specific classification of safety test and safety assessment method of the carrier aircraft borne aerial bombs with insensitive bombs standards of US army and NATO as references, finally, sums up technology methods of improving the safety level of carrier aircraft borne aerial bombs from 3 aspects, including the application and explosive – filling design technology of insensitive bombs, thermal protection and reaction alleviation technology of warhead, shock protection and explosion interrupted technology. As a result, this paper has certain guiding significance for development on insensitive aerial bombs in the future.

Keywords: carrier aircraft; aerial bomb; safety technology

0 引言

航母是我国应对日益严峻的海洋方向安全威胁环境,改善东南沿海军事斗争态势,维护国家发展利益,加快提高海军近海和远海作战能力,推进海军转型的一种重要的作战平台。航母上弹药存储量大、人员密集,生活区与弹药存储区紧密相连,一旦发生火灾,舰上的人员将无处躲藏;另外,航母飞行甲板上也特别危险,高密度的飞机起降操作,大量的燃料、弹药补给,任何一个环节发生失误引发危险都有可能将弹药直接暴露在碰撞、火焰等危险环境之中。航母一旦发生火灾或遭受敌方攻击,就会引起舰上大量航空弹药的连锁反应,将造成严重损失和巨大影响[1]。因此,航空弹药安全性是航母安全性设计需要重点考虑的问题之一。

1 航母舰载机机载航空弹药面临的主要危险因素及反应特征分析

1.1 主要危险因素

航母舰载机机载航空弹药在勤务处理、阵地准备与作战打击过程中，可能面临的主要危险因素有以下几点：

1）火灾。

日常作业不当以及飞机坠撞等都会引起航母火灾，从烤燃机理上可分为弹舱失火、舰载机燃料失火等造成的快速加热和临近弹药舱失火造成的慢速加热。

2）遭受攻击。

遭受到敌方攻击时，航空弹药会面临导弹、炮弹等高速轻型破片冲击，反舰导弹、炸弹及大口径炮弹等重型破片冲击，反舰导弹、炸弹等聚能战斗部的射流冲击，动能弹或自锻破片撞击舰艇钢板引起的碎片冲击等，还可能因为临近弹药爆炸产生的热流、冲击波、破片等综合因素引起弹药殉爆反应。

3）勤务操作意外。

其主要指装卸过程中，弹药意外从高空跌落引起的冲击，还有静电放电、雷达辐射、雷达及电磁脉冲炸弹产生的高能电磁场所引起的弹药反应等。

4）人为因素。

其特指人为故意破坏，如轻武器弹药的子弹冲击等。

美国和北约已经将上述危险因素进行了归纳、分类与总结，并根据不同刺激因素引起炸药反应的不同机理，分别建立了与之对应的试验考核方法和评估标准，如表1所示。

表1 危险因素与刺激分类对应关系

序号	危险因素	刺激分类
1	快速加热（烤燃）	热刺激
2	慢速加热（烤燃）	热刺激
3	子弹冲击	机械刺激
4	轻型破片/重型破片冲击	机械刺激
5	聚能战斗部射流冲击	机械刺激
6	碎片冲击	机械刺激
7	跌落冲击	机械刺激
8	静电放电、雷达辐射、雷击及电磁脉冲炸弹产生的高能电磁场	电或电磁刺激
9	殉爆反应	综合刺激

1.2 反应特征

由于航母舰载机机载航空弹药在结构、装药及包装等方面的差异，在受到同种外界剧烈刺激时，其战斗部的弹体、装药等行为表征各不相同，体现在全弹整体上，可分为爆轰、爆炸、爆燃、燃烧及无反应等5个等级，对应关系如表2所示。

表 2　反应特征表

反应等级	弹药壳体破裂程度及破片速度	炸药和地面炸坑
Ⅰ（爆轰）	壳体全部破裂成小破片，散布距离远；破片速度与静爆试验结果相当	无剩余炸药，地面产生大炸坑
Ⅱ（爆炸）	壳体破裂形成大块或中等破片，散布距离远；破片速度显著低于静爆试验结果	可能会剩余部分炸药，地面有明显但较小的炸坑
Ⅲ（爆燃）	壳体可能出现裂缝但不破碎形成破片，端盖冲出，残渣散布于附近区域	剩余部分甚至是大部分炸药，地面无炸坑
Ⅳ（燃烧）	壳体除燃烧熔化外不以其他形式破坏，所有材料散布距离不超过规定距离	可能剩余部分炸药，地面无炸坑
Ⅴ（不反应）	端盖可能脱离，结构发生不同程度变形和机械破碎	剩余全部炸药，地面无炸坑

2　航母舰载机机载航空弹药安全性试验与评估方法

2.1　安全性试验

参照美国 MIL – STD – 2105D《非核弹药的危险性评估试验》以及北约 STANAG 4439《引入与评价不敏感弹药的政策》、AOP – 39《不敏感弹药评估与研发指南》等的要求，可将航母舰载机机载航空弹药的安全性试验分为基本安全性试验和不敏感弹药安全性试验两大类，其中基本安全性试验包括28天温度湿度、振动、4天温度湿度、12 m跌落四项试验，不敏感弹药安全性试验包括快速烤燃、慢速烤燃、子弹撞击、碎片撞击、殉爆、金属射流六项试验[4,5]，如图1所示。

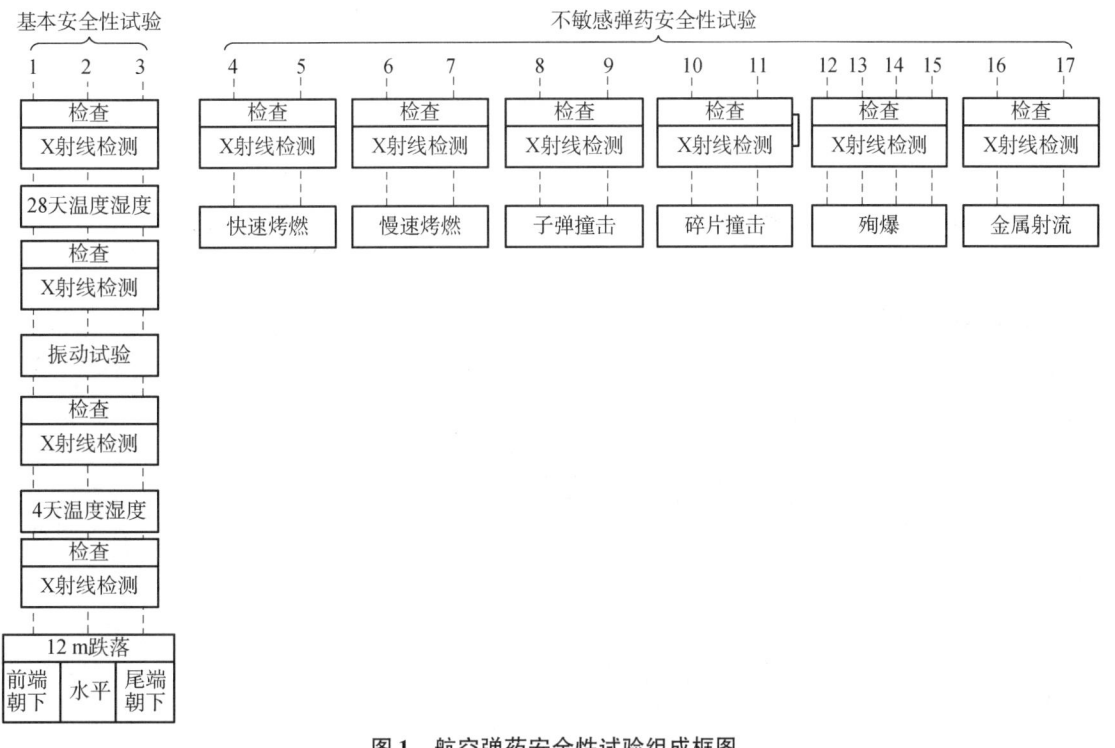

图 1　航空弹药安全性试验组成框图

2.2 评估方法

根据航母舰载机机载航空弹药安全性试验的结果，同时参照法国 DGA/IPE《不敏感弹药评价标准》要求，对航母舰载机机载航空弹药的不敏感特性进行评估与标识，具体见表3，部队可根据航母舰载机机载航空弹药的不敏感标识来制定相应的使用维护措施，也能在一定程度上确保安全性[2,3]。

表3 危险因素与刺激分类对应关系

序号	试验名称	反应等级
1	28天温度湿度试验	V
2	振动试验	V
3	4天温度湿度试验	V
4	12 m跌落试验	V
5	子弹撞击试验	II
6	破片撞击试验	II
7	快速烤燃试验	IV
8	慢速烤燃试验	IV
9	殉爆试验	II
10	空心装药射流试验	II

注：I（爆轰） II（爆炸） III（爆燃） IV（燃烧） V（不反应）

3 提高航母舰载机机载航空弹药安全性水平的技术途径

从基本原理来分析，通过降低航母舰载机机载航空弹药战斗部装药的敏感度来提高航母舰载机机载航空弹药安全性是最直接有效的手段，但是炸药感度的降低受制约较多，有的还会引起战斗部威力的降低，而毁伤效能作为航空弹药战斗部设计的基本性能，必须尽力确保[6]。因此，提高航母舰载机机载航空弹药安全性水平不能单纯依赖于炸药，应充分借鉴先进的发展思路，从不敏感炸药应用和装药设计技术、战斗部热防护和反应缓解技术、战斗部冲击防护和隔爆技术等几个方面来统筹考虑如何提高航母舰载机机载航空弹药的安全性水平。

3.1 不敏感炸药应用和装药设计技术

1) 不敏感炸药应用技术。

炸药是提高航母舰载机机载航空弹药战斗部不敏感特性的关键因素，应从提高炸药本身的钝感特性入手，同时提高炸药装药抗损伤能力和降低装药缺陷，避免装药时形成产生局部"热点"或局部能源集中的缺陷。

通过研究几种典型的不敏感炸药的物理、热化学特性，明确对比炸药的热安定性；通过开展冲击加载试验，对比研究几种炸药的动力学特性和点火、起爆机制，明确相关炸药的冲击起爆特性；并通过数值模拟技术研究炸药装药在热、冲击波、破片等作用下的响应规律，为选用合适的炸药作为航母舰载机机载航空弹药的主装药提供依据。

2) 不敏感战斗部装药技术。

采用新型装药工艺技术，减少装药疵病，避免炸药产生热点起爆；同时采用先进的装药检测技术，精确测量缺陷的体积含量（缺陷数密度）及壳体与装药之间的间隙等缺陷，如SEM切片分析、超声扫描和CT无损检测等，严格控制装药质量。

根据外界刺激下战斗部的响应模式和规律，采用模块化装药技术，降低装药的刺激响应程度，或采用双装药战斗部设计,内部为高性能装药,外层为不敏感装药,在保证航母舰载机机载航空弹药战斗部总体威力的条件下衰减殉爆反应冲击波,有效控制其敏感程度。

3.2 战斗部热防护和反应缓解技术

1)战斗部热防护技术。

根据材料热传导特性和隔热原理,在弹体表面和内壁设计热传导系数小的隔热层,以降低热传导作用,减小传入战斗部装药的热能;同时考虑在弹体与炸药装药之间设计吸热反应层,吸热反应层在温度达到一定值时开始反应,吸收大量热量,有效降低弹体与炸药装药之间的温度,起到对温度的有效隔离作用,重点对隔热材料和吸热反应层材料开展专项技术研究。

2)战斗部反应缓解技术。

根据航母舰载机机载航空弹药的特点,为了加快装药反应能量与压力的释放,并减小装药反应的烈度,战斗部可采用多种方式复合的综合缓解技术(图2)。如开设应力集中槽与弹体尾部排气孔塞,或弹壳体多组塞孔与尾部排气结构等组合形式。缓解装置在战斗部中含能材料点火前产生动作,且装置本身不包含含能材料,自身也不产生或激发任何爆炸效应,包括溶解被动排气装置和内衬套技术。溶解装置用于弹体尾部端盖位置,通过使用部分可熔材料如高分子聚

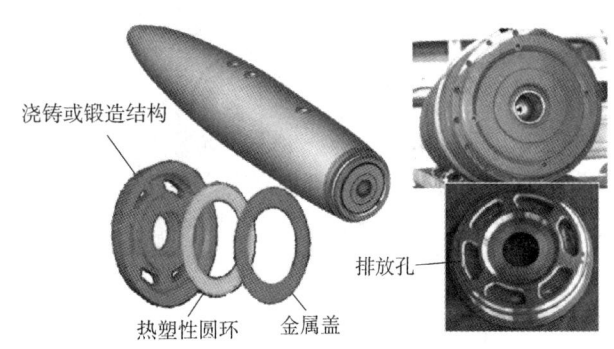

图 2　航空弹药战斗部尾部缓解结构设计

合物、低熔点金属等,在特定温度下(低于装药点火温度)熔化,形成排气通道,从而降低弹体内部压力。

3.3 战斗部冲击防护和隔爆技术

1)战斗部冲击防护技术。

根据壳体材料、缓冲材料的冲击波阻抗匹配原理,在弹体内壁复合声阻抗小的缓冲材料,以减小子弹、破片、射流的冲击及其他弹药爆轰引发的强冲击波的起爆作用。通过理论计算和试验验证来研究不同阻抗材料特性和防护层结构对冲击防护效应的影响规律,优化确定冲击防护材料和防护层结构。

此外,通过包装防护层设计降低热/力刺激源能量、隔离爆炸效应也是不敏感弹药技术的重要组成部分,防护层一般分为撞击防护、热防护和冲击/侵彻防护三类。

2)战斗部隔爆技术。

航母舰载机机载弹药多为全备弹,在弹药舱存放时也需进行必要的包装或防护,其目的不仅仅是为了方便转运,更重要的是对受刺激源进行阻挡,降低战斗部受刺激源的影响,同时还可以降低战斗部爆炸时对周围弹药的殉爆作用,在包装结构隔爆技术可以考虑采用如图3所示的技术途径。

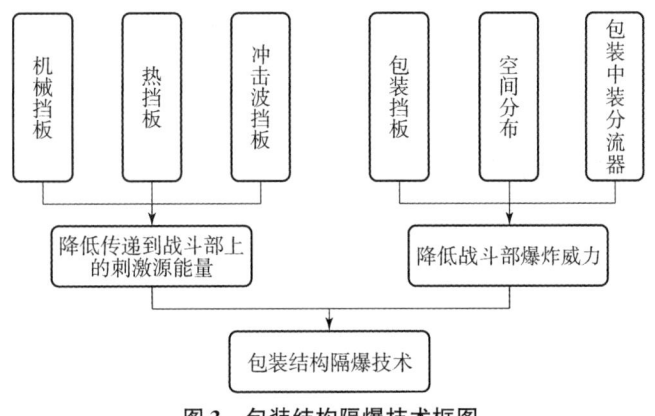

图 3　包装结构隔爆技术框图

4 结语

综上所述，本文针对提高航母舰载机机载航空弹药的安全性水平的要求，分析了航母舰载机机载航空弹药在舰上使用可能遇到的四类9种主要的危险因素，小结了5种刺激反应特征，并参考美军及北约不敏感弹药的标准，提出了航母舰载机机载航空弹药安全性试验的具体分类和安全性评估方法，最后从不敏感炸药应用和装药设计技术、战斗部热防护和反应缓解技术、战斗部冲击防护和隔爆技术等三个方面归纳了提高航母舰载机机载航空弹药的安全性水平的技术途径，对未来不敏感航空弹药的研制工作具有一定的指导意义。

参 考 文 献

[1] 赵宏宇，张小帅，孙成志. 不敏感弹药技术发展综述 [C] //总装弹头与战斗部技术专业组2014年高效毁伤技术交流研讨会论文集. 哈尔滨：哈尔滨建成集团有限公司，2014：132-134.
[2] DGA/IPE, 不敏感弹药评价标准 [S]. 法国：国防部，1993.
[3] STANAG 4439，引入与评价不敏感弹药的政策 [S]. 北约：标准化局，2010.
[4] AOP-39，不敏感弹药评估与研发指南 [S]. 北约：标准化局，2010.
[5] MIL-STD-2105D，非核弹药危险性评估试验 [S]. 美国：国防部，2011.
[6] 胡晓东，冯成良，刘俞平. 舰载战斗部不敏感技术分析 [C] //2014年含能材料与钝感弹药技术学术研讨会论文集. 重庆：重庆红宇精密工业有限责任公司，2014：198-200.

装备可用度问题分析与评估研究

郭金茂,尹瀚泽,徐玉国

(陆军装甲兵学院装备保障与再制造系,北京 100071)

摘 要:装备维修保障工作是装备保障工作的核心主体内容,是保持和提高部队装备可用度的重要保证。通过分析装备可用度相关问题,建立装备可用度评估模型,运用马尔可夫预测装备稳态可用度,并提出一系列可行措施提高装备可用度。全面提升装备可用度和部队维修保障能力,始终是装备保障领域不懈努力的奋斗目标,装备可用度分析与评估是对可用度问题的追根求源,具有十分重要的意义。

关键词:装备保障;可用度;评估模型

中图分类号:E911 **文献标志码**:A

Equipment availability analysis and evaluation research

GUO Jinmao, YIN Hanze, XU Yuguo

(Department of Equipment Support and Remanufacturing, Academy of Army Armored Force, Beijing 100071, China)

Abstract: Equipment maintenance support work is the core content of equipment support work, and is an important guarantee for maintaining and improving the availability of military equipment. By analyzing the availability of equipment, establishing equipment availability assessment, using Markov chain to predict the steady - state availability of equipment, and proposing a series of feasible measures to improve equipment availability. Comprehensive improvement of equipment availability and force maintenance support capability is always the goal of unremitting efforts in the field of equipment support. Equipment availability analysis and assessment is the root cause of the availability problem and is of great significance.

Keywords: equipment support; availability; evaluation model

0 引言

随着军队转型建设的不断深入,实战化训练的强度不断加大,武器装备训练动用频繁,装备可用度问题成为部队建设发展和战斗力提升的瓶颈,也给装备维修保障工作带来了更多挑战。

1 装备可用度问题分析

1.1 装备问题故障多

武器装备是现代科学技术的高度综合集成体,由于大量采用高新技术,系统结构愈加复杂,在设计论证阶段对使用和维修考虑不充分,装备的维修性和保障性设计不合理,导致维修难度增大,装备可用度降低。

作者简介:郭金茂(1964—),男,教授,E-mail: 391251303@qq.com。

（1）装备故障特点复杂多样。由机械类故障为主，向机电液综合故障扩展；由单一部件故障为主，向复杂系统故障扩展；由硬件故障为主，向软硬件复合故障扩展；由单装故障为主，向系统故障扩展。如某式步兵战车，计算机故障率太高，侧减速器甩油，转向问题严重，修理困难；电台音频模块、跳频模块损坏，导致通信性能严重下降，数据传输不畅。

（2）装备维修性、可靠性指标设计过于笼统。一些装备的可靠性指标低，维修性指标差，造成装备先天不足，部队装备维修困难。从列装的军械装备来看，无论是主战装备、配套装备，还是复杂武器系统，基本都采用平均无故障工作时间、平均故障修复时间等指标，且要求基本一致，不同型号、不同分系统没有相应的具体量化要求。但从部队保障实践来看，无论是无故障工作时间，还是故障修复时间，都远远超出指标要求。如某型炮兵群团射击指挥系统，平均故障间隔时间（MTBF）设计指标为≥150 h，实际使用统计为95 h，仅为设计值的63%。

（3）装备整体性能不匹配，一些使用性能达不到要求，造成故障频繁发生，也有的装备按性能使用造成过载，引发故障或损坏。如某式主战坦克配套的抢救车，因抢救车功率不足，在实施坡上拖救时，拖不动主战坦克，导致马达或绞绳传动故障，牵引钢丝绳无法正常收回，无法实施拖救。

1.2 部队维修力量薄弱

近年来，部队人员流动速度快，岗位人员调整幅度大，一专多能综合化修理要求程度高，修理人员维修技能有所弱化，不适应时代的变化。

（1）人装磨合往往需要一个较长的过程，这就造成老装备职手新、新装备岗位新、掌握装备不精通等情况。部分新职手对装备运行机理、内部结构、特殊情况下的操作使用注意事项掌握不清。在遇到复杂情况时，容易因处置经验不足而采取不得当的措施，给装备安全管理带来较大隐患。

（2）专业分工难以适应维修需求，基于专业分工的维修体制与现行装备维修保障要求矛盾凸显，面对新装备，修理人员需要掌握两到三个以上的修理专业技能，这就造成专业技能培训周期长、培训难度大的问题，出现了维修能力挂空挡的现象。

（3）现有保障条件难以适应保障需要。武器装备部署地域广阔，而且多数都处在不发达地区，部分地区军地经济反差显著，致使驻地的资源难以满足军队型号的保障需求，加之装备维修保障专项性强，部队一些技术骨干相继转行或离开，弱化了部队维修保障力量。

1.3 装备修理延误时间长

装备的使用状态往往不是"使用－修理－使用"这样简单的过程，由于部队基层维修力量匮乏，装备故障无法及时进行修理。因此，综合考虑部队实际情况，主要是以下三种因素导致修理延误的产生：

（1）保障管理延误，定期预防性维修工作不能按计划落实等，导致维修不足，造成经济损失的同时，也导致延误时间的产生。

（2）器材、备件延误，器材和备件储备不准、不足，供应不及时等，导致修理延误。

（3）修理作业延误，统筹协调作业不科学等，导致维修效率降低，维修时间延长。

因此，装备实际的使用状态为"使用－故障－延误－修理－使用"，如图1所示。装备发生轻微故障，由

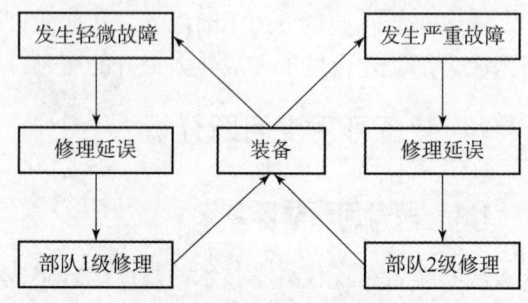

图1 装备使用过程示意

所在单位修理连进行修理，即部队1级修理；装备发生严重故障，由所在集团军修理营进行修理，即部队2级修理。其中修理延误时间一定程度上降低了装备可用度。

2 装备可用度评估模型

2.1 基本条件与假设

(1) 装备只存在"使用""修理延误""修理"三种状态,各个状态相互独立,且装备只能处于一种状态中。

(2) 装备的平均故障间隔时间 MTBF、平均保障延误时间 MLDT、平均维修时间 MTTR 皆服从指数分布。即装备故障率 $\lambda(t) = 1/\text{MTBF}$,其中 λ_1 为装备发生轻微故障的概率,λ_2 为装备发生严重故障的概率;修理保障率 $\nu(t) = 1/\text{MLDT}$,其中 ν_1 为部队 1 级修理保障率,ν_2 为部队 2 级修理保障率;装备修复率 $\mu(t) = 1/\text{MTTR}$,其中 μ_1 为部队 1 级装备修复率,μ_2 为部队 2 级装备修复率。

(3) 装备发生故障需要维修时,如缺少维修设备、器材、技术人员等,则装备停止使用,处于"修理延误状态"。

(4) 装备修复后,性能如新,各状态概率保持不变。

(5) 状态转移在很短的时间内进行,可忽略不计。

根据基本条件与假设,可知系统状态如下:

P_0:t 时刻装备处于使用状态;

P_1:t 时刻装备发生轻微故障,装备处于部队 1 级修理延误状态;

P_2:t 时刻装备处于部队 1 级修理状态;

P_3:t 时刻装备发生严重故障,装备处于部队 2 级修理延误状态;

P_4:t 时刻装备处于部队 2 级修理状态。

2.2 部队级维修装备可用度评估模型

装备的"使用 – 修理延误 – 修理 – 使用"过程可用马尔科夫过程来表示。

(1) 状态转移图。依据基本条件与假设可用状态转移图表示状态转移过程,如图 2 所示。

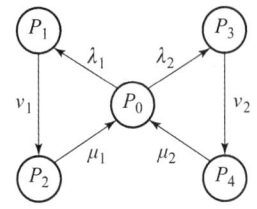

图 2 装备状态转移

(2) 状态转移矩阵。依据状态转移图可得到装备的状态转移矩阵。

$$\boldsymbol{P}(t) = \begin{pmatrix} 1-\lambda_1-\lambda_2 & \lambda_1 & 0 & \lambda_2 & 0 \\ 0 & 1-\nu_1 & \nu_1 & 0 & 0 \\ \mu_1 & 0 & 1-\mu_1 & 0 & 0 \\ 0 & 0 & 0 & 1-\nu_2 & \nu_2 \\ \mu_2 & 0 & 0 & 0 & 1-\mu_2 \end{pmatrix}$$

(3) 稳态解。当经过若干步转移后达到稳定状态时,可得

$$\begin{cases} (P_0 \quad P_1 \quad P_2 \quad P_3 \quad P_4) \begin{pmatrix} 1-\lambda_1-\lambda_2 & \lambda_1 & 0 & \lambda_2 & 0 \\ 0 & 1-\nu_1 & \nu_1 & 0 & 0 \\ \mu_1 & 0 & 1-\mu_1 & 0 & 0 \\ 0 & 0 & 0 & 1-\nu_2 & \nu_2 \\ \mu_2 & 0 & 0 & 0 & 1-\mu_2 \end{pmatrix} = (P_0 \quad P_1 \quad P_2 \quad P_3 \quad P_4) \\ P_0 + P_1 + P_2 + P_3 + P_4 \end{cases}$$

解得

$$P_0 = \cfrac{1}{1 + \cfrac{\lambda_1}{\nu_1} + \cfrac{\lambda_1}{\mu_1} + \cfrac{\lambda_2}{\nu_2} + \cfrac{\lambda_2}{\mu_2}}$$

$$P_1 = \frac{\lambda_1}{\nu_1} \times \frac{1}{1 + \frac{\lambda_1}{\nu_1} + \frac{\lambda_1}{\mu_1} + \frac{\lambda_2}{\nu_2} + \frac{\lambda_2}{\mu_2}}$$

$$P_2 = \frac{\lambda_1}{\mu_1} \times \frac{1}{1 + \frac{\lambda_1}{\nu_1} + \frac{\lambda_1}{\mu_1} + \frac{\lambda_2}{\nu_2} + \frac{\lambda_2}{\mu_2}}$$

$$P_3 = \frac{\lambda_2}{\nu_2} \times \frac{1}{1 + \frac{\lambda_1}{\nu_1} + \frac{\lambda_1}{\mu_1} + \frac{\lambda_2}{\nu_2} + \frac{\lambda_2}{\mu_2}}$$

$$P_4 = \frac{\lambda_2}{\mu_2} \times \frac{1}{1 + \frac{\lambda_1}{\nu_1} + \frac{\lambda_1}{\mu_1} + \frac{\lambda_2}{\nu_2} + \frac{\lambda_2}{\mu_2}}$$

（4）装备可用度。分析以上计算结果可知，状态 P_0 为装备的使用状态，则装备的稳态可用度为

$$A_0 = P_0 = \frac{1}{1 + \frac{\lambda_1}{\nu_1} + \frac{\lambda_1}{\mu_1} + \frac{\lambda_2}{\nu_2} + \frac{\lambda_2}{\mu_2}}$$

2.3 装备可用度评估模型参数分析

由以上结果可以分析得出，故障率 λ 与装备可用度呈负相关；修复率 μ 和修理保障率 ν 与装备可用度呈正相关。我们根据装备可用度模型通过 MATLAB 软件画出函数图像（图中 Lambda 表示故障率 λ，Nu 表示修理保障率 ν，Mu 表示修复率 μ）。

图 3 所示为当故障率 λ 取定值时，装备可用度随修理保障率 ν 和修复率 μ 的变化图像；图 4 所示为当修理保障率 ν 取定值时，装备可用度随故障率 λ 和修复率 μ 的变化图像；图 5 所示为当修复率 μ 取定值时，装备可用度随故障率 λ 和修理保障率 ν 的变化图像。

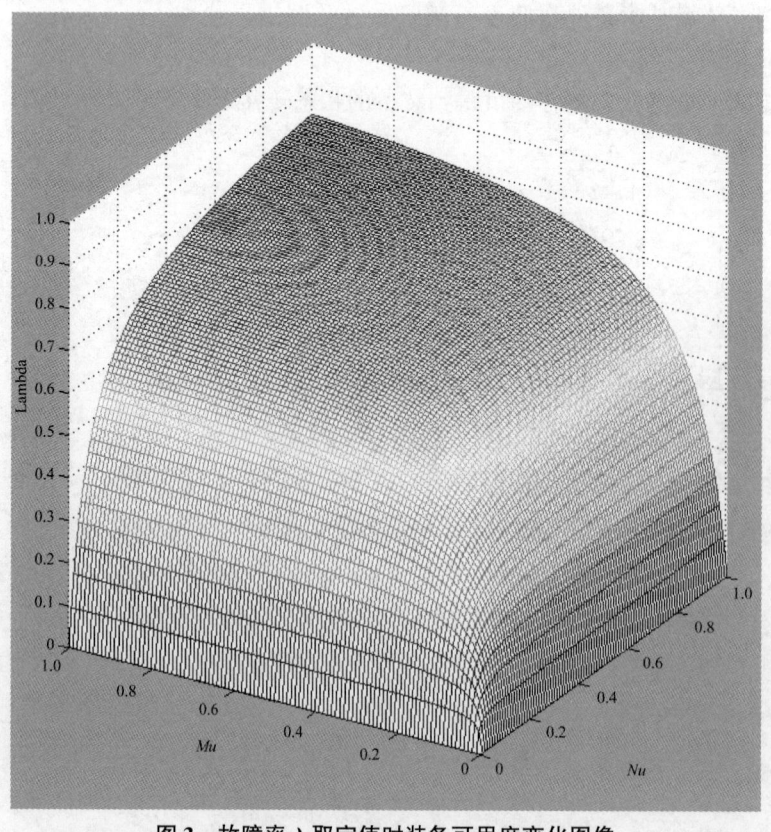

图 3　故障率 λ 取定值时装备可用度变化图像

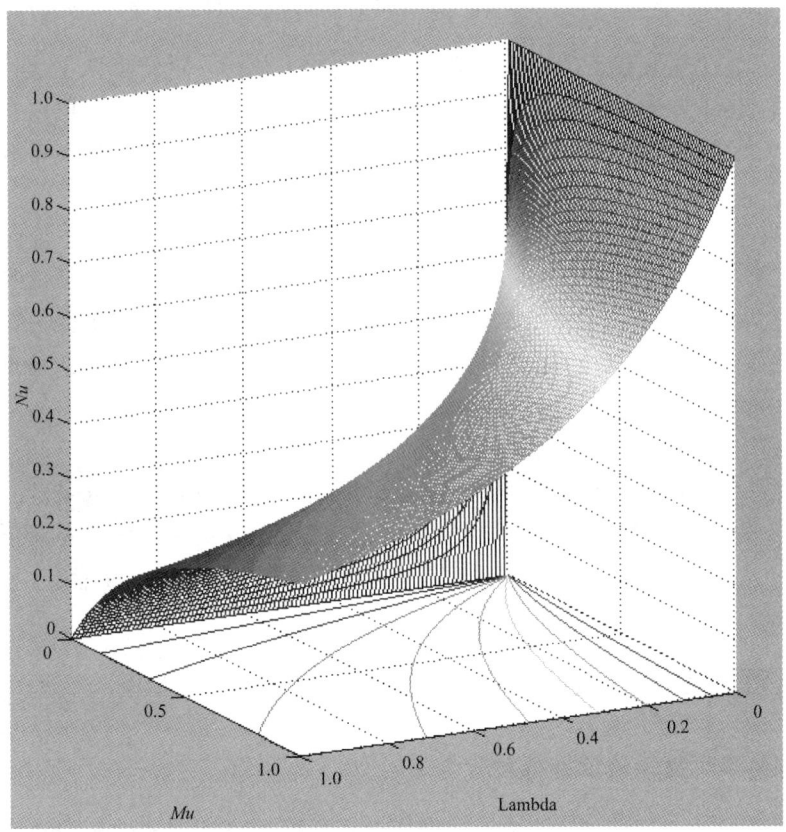

图4 修理保障率 ν 取定值时装备可用度变化图像

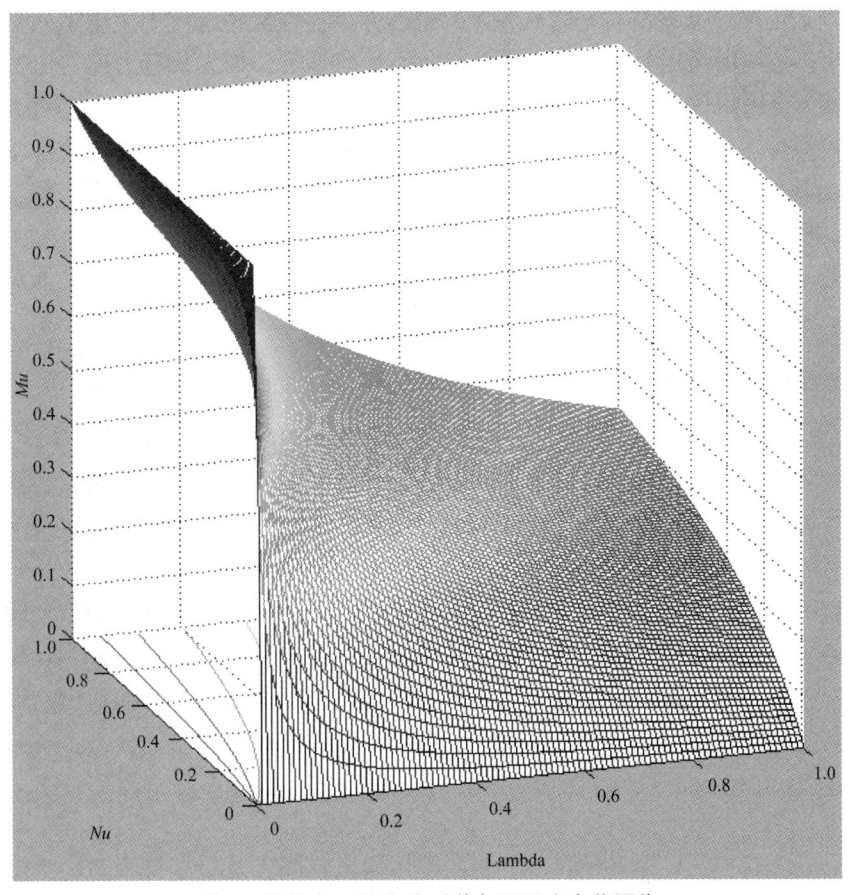

图5 修复率 μ 取定值时装备可用度变化图像

1）故障率 λ 分析。

如图4、图5所示，无论装备发生轻微故障还是发生严重故障，进行部队1级修理还是进行部队2级修理，装备可用度都会随着故障率 λ 的增长而急剧下降。而较低的故障率 λ 可以有效保持装备可用度在较高水平，不会因修理保障率 ν 和修复率 μ 的波动产生明显变化。因此降低装备故障率，是保持装备可用度的首要条件。

2）修理保障率 ν 分析。

如图3、图5所示，随着修理保障率 ν 的降低，装备可用度的下降趋势越来越明显，而保持一定的修理保障率，可以有效使装备可用度保持在较高水平。在部队1级修理延误中，主要是器材、备件不足或缺少相应维修设备等因素造成修理延误，导致修理保障率 ν_1 降低；在部队2级修理延误中，主要是装备交接或修理作业中保障管理等因素造成修理延误，导致修理保障率 ν_2 降低。

3）修复率 μ 分析。

如图3、图4所示，随着修复率 μ 的降低，装备可用度的下降趋势越来越明显，而保持一定的修复率可以有效使装备可用度保持在较高水平。在部队1级修理状态中，修复率 μ_1 的降低主要由缺少配套的故障检测设备或维修设备等因素所致；在部队2级修理状态中，修复率 μ_2 的降低主要由修理人员技术水平有限等因素所致。

3 提高装备可用度的措施

3.1 合理确定装备可靠性论证指标

从长期的可靠性研究中发现，装备全寿命周期中对可靠性和可用度产生影响的重要程度，论证和设计占70%。而论证作为设计的依据，就越发具有至关重要的作用。

（1）可靠性论证工作遵循规范、合理的程序。可靠性论证在某种程度上决定了武器装备可能具有的可靠性水平。因此，必须加强相关文件、法规、标准的贯彻落实，加大执行力度，切实贯彻落实可靠性论证工作遵循规范、合理的程序进行。

（2）提出的可靠性定量要求应完整、全面。完整、全面的可靠性定量要求包括指标约束条件（寿命剖面、任务剖面、故障判据和维修方案），参数、指标及其所属阶段和指标验证方案。提出可靠性定量要求时，必须全面考虑。

（3）重视装备部队试验、试用和服役期间的可靠性数据的收集问题，建立健全武器装备全寿命周期可靠性信息管理系统，为新装备论证、老装备改造，以及装备管理部门的决策提供技术支持。

3.2 加强维修资源共享

（1）部队保障资源设计与实际保障需求匹配。在新装备建设按照成套论证、成套设计、成套生产、成套列装的同时，同步设计和配发维修保养装备和设施，装备配套的装配、检测、调试和修理专用设备工具，满足使用分队的维护保养需求以及修理分队所需的保障资源，加强部队的自主维修保障能力和装备可用度。

（2）共享装备的图纸、工艺规范和维修实例等技术资料。装备出厂时随装使用说明、技术图纸、工艺规范和零部件目录等维修保障所需资料，能指导部队完成装备的使用操作和维护保养。

（3）维修保障技术共享。抓好部队技术骨干的进厂培训和工业部门专家的前出培训，共享维修保障技术，努力为部队培养和保持一支过硬的保障队伍。

3.3 缩短管理延误

（1）发挥计划职能作用，针对各型各类装备的使用情况不同，及时制订预防性维修工作计划，并按照制订的维修计划严抓落实情况，做好装备维修管理工作。

（2）做好组织协调工作，根据维修计划工作安排，提前做好修理人员、维修设备的组织协调工作，保证修理人员在位、维修设备充足，确保维修工作顺利开展。

（3）精细化管理维修保障工作，要通过精细化管理不断发现维修工作中的问题，解决管理流程上导致的修理延误，从而构建精简高效的装备维修保障模式，提高维修保障工作效率。

3.4 优化修理作业

（1）并行开展修理作业，根据装备故障部件不同，由各修理专业技术骨干带头，可并行分组开展修理作业，针对修理难点，可集中技术骨干，由简到繁，逐个攻关，提高修理效率，提高装备可用度。

（2）明确人员任务分工，充分利用部队级维修力量，根据修理人员专业特长，优化任务分配，保证修理作业高效进行。针对维修力量薄弱环节，加强装备维修专业训练。

（3）严格把关修理质量，针对故障装备修理全过程，由修理骨干负责把关各环节修理质量，避免修理质量差、返工的情况出现。提高修理质量，可有效延长装备使用寿命，降低装备故障再次发生的概率。

4 结语

本文在分析研究装备可用度相关问题的基础上，利用马尔科夫过程和状态转移矩阵，建立了部队级维修的装备可用度评估模型。该模型可在装备论证和研制阶段，根据装备的性能参数评估装备的使用可用度，为装备全寿命管理与使用可用度评估提供依据，对提高装备维修保障水平具有重要意义。

参 考 文 献

[1] 甘茂治,康建设,高崎. 军用装备维修工程学 [M]. 北京：国防工业出版社,2005.
[2] 李东东,于永利,张柳,等. 作战单元防空间歇任务到 MLDT 转换研究 [J]. 系统工程与电子技术, 2010, 32（9）：1907 - 1910.
[3] 周正伐. 可靠性工程基础 [M]. 北京：中国宇航出版社,2009.
[4] 刘炜,李田科,于仕财,等. 基于 GM – RBF 神经网络的导弹武器系统使用可用度评估方法研究 [J]. 装备环境工程,2013（6）：108 - 113.

爆炸冲击载荷下装甲装备舱内乘员损伤研究现状

李冈，祁敏，蔡萌，胡滨

(中国华阴兵器试验中心，陕西 华阴 714200)

摘 要：反装甲武器对装甲装备的毁伤效应一直是研究的重点，科学地认识爆炸冲击载荷作用下各类毁伤元对乘员损伤的规律是毁伤评估的前提。介绍了爆炸毁伤元及其对乘员损伤的特性。在此基础上，分别对爆炸冲击波、破片群、冲击振动、热辐射和有害气体在损伤判据标准、试验和模拟技术等方面的研究进展进行了综述，提出了有待进一步研究的问题，为今后舱内乘员毁伤效应的精确评估提供一定参考。

关键词：装甲装备；爆炸冲击波；乘员损伤；破片；损伤评估

中图分类号：O383 **文献标志码**：A

Advances in the research of occupant injury under the explosive shock loading in armored equipment cabin

LI Gang, QI Mi, CAI Meng, HU Bin

(Huayin Ordnance Test Center, Huayin 714200, China)

Abstract: The damage effect of anti-armor weapons on armored equipment has always been the focus of research. It is the premise of damage assessment to scientifically understand the damage rule of various damage elements to crew members under explosive impact load. The explosive damage element and its characteristics for occupant damage are introduced. On this basis, the research progress of explosion shock wave, fragments, shock vibration, thermal radiation and harmful gases in damage criterion, test and simulation technology are reviewed, and some problems to be further studied are put forward.

Keywords: armored equipment; explosive shock waves; occupant injury; fragments; injury assessment

0 引言

随着反装甲武器的蓬勃发展，各种高性能的反装甲武器已成为装甲装备面临的最主要威胁。近年来，先进装甲装备毁伤效应一直是反装甲武器的研究重点。反装甲武器爆炸后，将产生冲击波、破片、冲击振动等多种毁伤元，对舱内乘员造成各种损伤[1~3]。但迄今为止，国内对装甲装备舱内各类毁伤元的定量表征，以及对乘员损伤机理的研究还远不充分，有限的试验评价工作也是借助动物试验进行的[4~6]，参照试验后动物受到的损伤程度来评估可能给乘员带来的损伤，不仅没有相应的评价指标体系，而且还没有制定出相应的评价限制。

基于国内外学者的研究成果，本文对爆炸冲击载荷作用下舱内乘员的毁伤元及损伤特性进行了详细分析，阐述了各类毁伤元（冲击波、破片群、冲击振动、热辐射、有害气体等）对乘员损伤现有的判据准则，并总结其在理论分析、试验、数值仿真技术方面的研究进展，提出了今后的发展趋势，为更好地揭示爆炸冲击载荷特性及规律以及乘员毁伤机理提供借鉴和参考。

基金项目：青年科技基金项目 (1700010140.2)。

作者简介：李冈 (1990—)，男，硕士，助理工程师，主要研究方向为毁伤效应测试，E-mail: lghn90@163.com。

1 爆炸毁伤元及其作用原理

反装甲武器爆炸后，瞬间形成高温、高压的爆轰产物，爆轰产物的能量传递给空气，形成冲击波。破碎的弹片在爆轰产物的作用下向四周飞散，形成破片群。反装甲武器与舱体撞击时，造成舱体强烈振动，对乘员造成严重的振荡和冲击伤害。此外，舱内的热辐射效应、有害气体浓度也是造成乘员损伤的因素。图 1 所示为被俄制短号 - E 反坦克导弹摧毁的 M1A1 坦克。

乘员所处环境基本为密闭空间，处于装甲的保护之下。当遭受爆炸冲击载荷时与开放空间相比区别很大，主要有以下特点：

（1）爆炸冲击波叠加效应更加明显。由于装甲壁面的存在，传播到装甲内部的冲击波存在多次反射、叠加，形成复杂的冲击波[8]。

（2）破片群作用更加复杂。爆炸后，在装甲内部形成一个锥形杀伤区[9]，而且破片速度足够高，会在舱内造成多次碰撞飞散，导致乘员损伤程度更加严重。

图 1　被导弹摧毁的 M1A1 坦克

（3）各类毁伤元联合作用更加突出。乘员损伤呈现复合伤的特点，且复杂严重[10,11]。

图 2 所示为爆炸毁伤元及其对乘员的损伤特性总结。

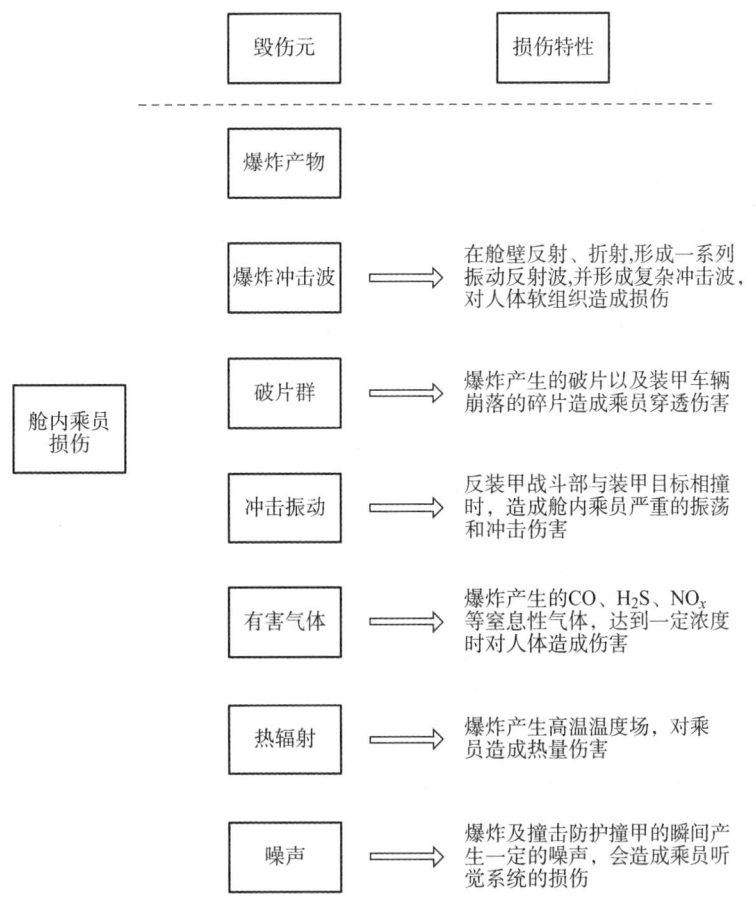

图 2　爆炸毁伤元及其对乘员的损伤特性

1.1 冲击波对乘员的损伤研究

冲击波作用于人体后，所释放出的能量造成的人体各种组织器官的损伤，称为冲击伤。目前，冲击波对人员目标的损伤效应通常用超压峰值、正压作用时间和冲量三个参量来度量。北京理工大学的王芳等[12]开展了补充试验，对人员在空气冲击波超压作用下的损伤判据阈值进行了修正，如表1所示。现有的冲击波损伤评估标准大都是在开放环境下得出来的，而装甲装备舱内属于封闭空间，用开放空间的评判标准去判断封闭空间的冲击波损伤有明显的偏差。目前，国外学者也开展了一些复杂冲击波损伤判定标准研究[13]，如最大内向胸壁速度[14]、有效峰值[15]、Injury 软件[16]等，但仍然缺乏一个简单实用的复杂冲击波人员损伤安全阈值。

表1 空气冲击波超压对人体的损伤等级[12]

损伤等级	超压值/MPa	损伤程度	损伤状况描述
一级	0.02 ~ 0.03	轻微	轻微的损伤，肺部小灶性出血
二级	0.03 ~ 0.05	中等	听觉器官损伤，中等挫伤，肺大泡形成，内脏轻度出血，骨折等
三级	0.05 ~ 0.10	严重	内脏严重损伤，可能引起死亡
四级	>0.10	死亡	可能引起大部分人员死亡

通过在模拟装甲舱内乘员位置布置压力传感器，柯文等[17]获取了80 mm破甲弹静爆射流穿透装甲舱内的冲击波数据。从数据分析结果来看，聚能射流作用下产生的冲击波波形与内爆相比更加复杂。他还指出射流近区冲击波作用明显，而射流远区受壁面反射影响，波形出现多峰现象。

Baker等[18]开展了冲击波对人员的损伤效应评估研究，提出了相对比冲量的概念，揭示了相对比冲量、冲量与人员损伤之间的关系。研究表明，相对压力和冲量越大，人员死亡的概率就越大。

Hirsh等[19]开展了冲击波超压下动物的损伤效应研究，并建立了鼓膜破裂百分比与冲击波超压的定量关系。研究结果表明，当冲击波超压达到0.034 MPa时，可致鼓膜破裂。研究还发现，即使冲击波超压较低时，也会造成临时性的听觉丧失。

吕延伟等[20]通过改造建成的生物激波管开展了生物损伤试验，发现血压随着冲击波超压的增大而降低。

Eamon等[21]研究发现舱内爆炸压力变化特性与自由场冲击波变化特性类似。Baker等[22]研究发现，密闭空间或者半封闭空间的冲击波特性可由两个阶段组成，舱内的压力分布是十分复杂的。侯海量等[23]开展了舱内内爆试验，研究发现，舱内角隅处冲击波存在明显汇聚现象。

范俊奇等[24]开展了小当量TNT舱室内爆试验，研究了舱室全封闭和有开口两种工况下绵羊的冲击波损伤效应。试验结果表明，两种工况下的爆炸冲击波波形、作用时间、峰值等信息有明显的不同。他还提出，在全封闭工况下的复杂冲击波损伤判据应该以前30 ms的冲量为主，开放工况下的损伤判据应采用前15 ms的冲量。

田壮等[25]采用火箭驱动发射的方式进行了战斗部毁伤模拟舰船舱室试验。研究了动爆冲击波测试中传感器的布设、信号的触发等关键技术，试验装置如图3所示。图4所示为测得的冲击波超压曲线，试验数据结果证明，舱内冲击波超压场的分布受到高动能和发射超压的破坏，导致冲击波的传播是非均匀的。

沈晓军等[26]试验研究了坦克舱室外静爆时冲击波分布、传播规律以及对关键部件的损伤。研究表明，冲击波传递到坦克内部时损失了大量能量，应当是由原来的峰值 ΔP 减少到 $\eta \Delta P$，η 为衰减系数。研究发现，坦克内部冲击波超压的升幅与坦克的密封性有很大关系。

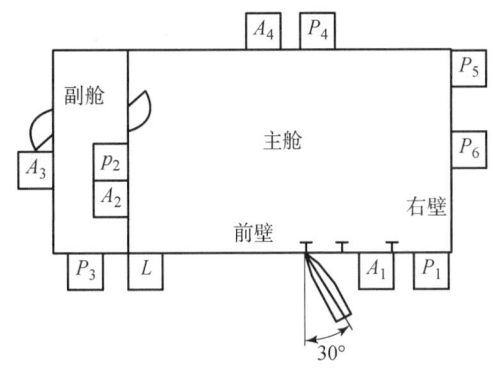

图3 测点布设

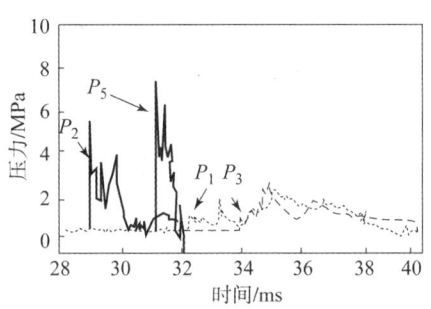

图4 测点冲击波超压曲线

利用数值模拟,可研究人体器官组织在冲击波作用下的损伤过程。周杰等[27]建立人体三维模型、Geer 等[28]建立人体胸部二维模型、A. I. D'yachenko 等[29]建立人体胸部一维模型,采用有限元软件对胸部受力过程进行了仿真计算,从而更好地揭示胸部损伤的力学机制。陈攀等[30]利用数值模拟的方法对 Sauvan 等[31]的试验数据进行了验证,爆点位置对距离爆点位置较近的区域的冲量有明显的影响。

1.2 破片对乘员的损伤研究

反装甲武器打击装甲装备后,会在装甲防护层背面形成二次破片,主要包括爆炸产生的密集弹片群和装甲材料崩落的碎片,大量的二次破片初始速度高,会对舱内乘员造成损伤。破片对人员目标的杀伤威力的衡量办法有多种,包括破片尺寸、质量分布、破片空间分布、破片初速等,目前的判据主要有动能判据、比动能判据、A-S判据[32]。

Kneubuehl 等[33]研究了破片的能量密度与人体皮肤的关系,研究发现,破片侵彻皮肤时,存在某个临界值,一旦破片的能量大于该临界值就会对皮肤造成伤害而进入体内。Grundfest[34]在大量试验的基础上建立了球形破片对骨骼的侵彻深度方程。Jordan 等[35]开展了破片侵彻复合装甲靶板的试验研究。通过发射预制破片,获得了破片质量与破片速度以及侵彻深度三者之间的关系。Finnegan 等[36]开展了不同侵彻姿态下破片的质量分布和速度分布规律研究。

李文斌等[37]试验研究了射弹大倾角穿透靶板二次破片的散布规律,研究发现,靶后破片在空间上呈椭球形分布,在回收靶板上形成椭圆形,并且其长轴和短轴与靶板倾角成余弦关系。

姚志敏等[38~40]利用脉冲X光摄影技术获取了聚能装药侵彻靶后破片的空间分布特征(破片飞散角和数量)、运动特征,试验装置如图5所示。并采用AUTODYN软件进行了数值模拟,发现计算结果与试验吻合。此外,建立了破片云的数学模型(图6),为毁伤评估提供参考。

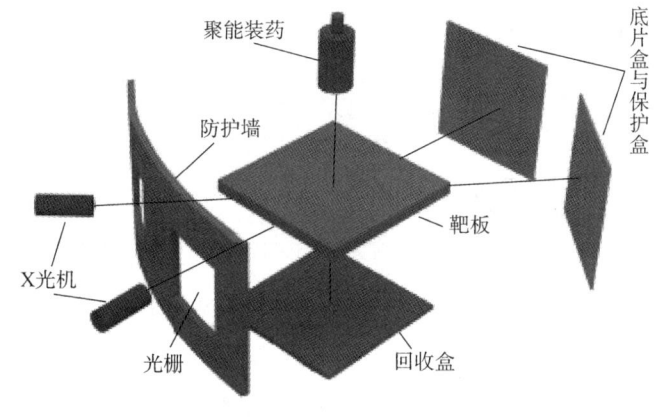
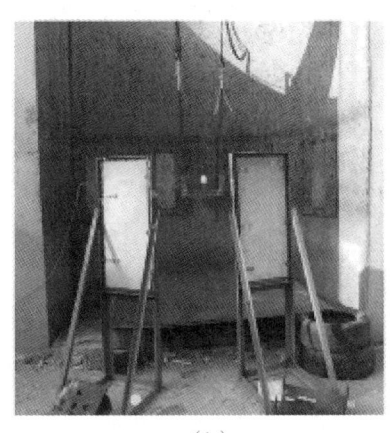

(a) (b)

图5 试验装置与现场布置

(a) 试验原理;(b) 现场布置

赵国志等[41]提出采用乘员损伤评估等效靶的试验方法，选用多层金属薄板作为乘员损伤效应靶，说明通过等效试验可获得二次破片对乘员的损伤情况。

李金明等[42]采用有限元数值模拟的方法，对球形破片侵彻明胶靶标进行了研究，并将数值模拟结果与温垚珂[43]的试验结果进行了对比。他还运用正交设计方法找出破片质量是影响侵彻深度的最主要因素。

通过利用明胶作为人体组织的替代物，莫根林等[44,45]研究了球形破片、长方形破片对人体的损伤机理，建立的模型能够为破片对人体的损伤评估提供依据。张金洋等[46]利用 CVH 数据集，建立了人体各个部位的易损性模型（图7）以及相对应的评估算法，可以

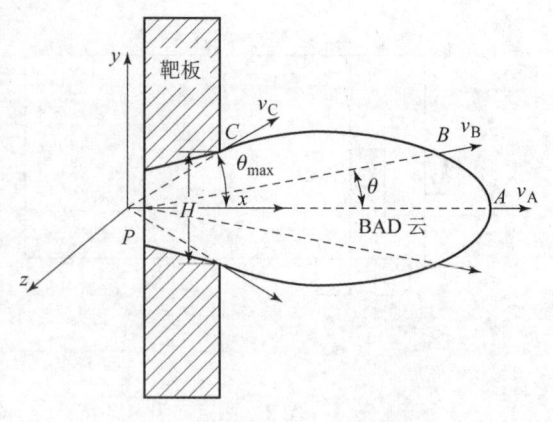

图6　靶后破片云的数学模型

为枪弹、破片侵彻人体损伤评估提供方法和手段。蒲锡峰等[47]采用 Euler – Lagrange 耦合技术对破片侵彻靶板的过程进行数值模拟，获取了破片与靶板的相互作用的动态毁伤过程。

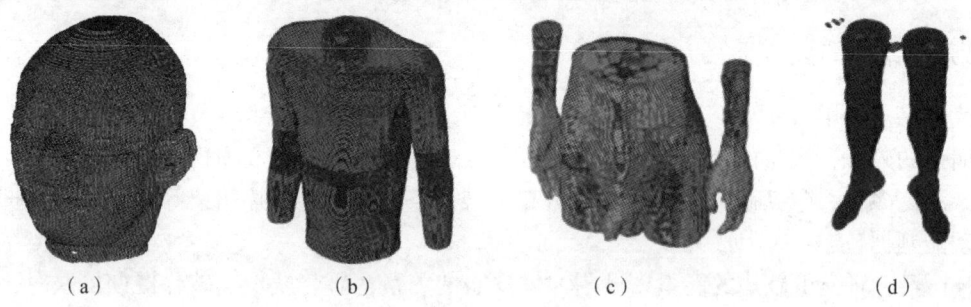

图7　人体易损性模型[46]

(a) 头部模型；(b) 胸部模型；(c) 腹部模型；(d) 下肢模型

1.3　冲击振动对乘员的损伤研究

反装甲武器即使不能穿透防护装甲，也会使装甲装备受到严重的冲击和振动。此时，通过应力波传播可以在舱室内产生强烈的振动和冲击。虽然不像破片那样对乘员进行直接的损伤和破坏，但当冲击加速度值以及其持续时间到达某一临界值时，同样可以对乘员造成损伤[48]。爆炸冲击振动与碰撞冲击振动具有相似的特征，都具有作用时间短和峰值高等特点，爆炸冲击和振动导致生物损伤已被大量试验所证实。Ramasamy 等[49,50]指出在反坦克地雷的爆炸冲击作用下，装甲装备受到的整体加速度和局部加速度很快传递到舱内乘员，对乘员的下肢、骨盆、脊柱以及头颈部造成伤害。

目前，国内评估人员冲击损伤有 GJB 2689—1996《水面舰艇冲击对人体作用安全限值》[51]，具体范围如表2所示。北大西洋公约组织在总结大量试验的基础上，制定了爆炸环境下乘员底部防护标准 AEP – 55[52]，明确了损伤阈值，如表3所示。

表2　冲击损伤安全限值和损伤阈值[51]　　　　　　　　　　　　m/s²

损伤程度	安全限值和损伤阈值	
	最大速度评估 V_{max}	平均加速度评估 A_{ave}
安全区	$V_{max} \leq 2.2$	$A_{ave} \leq 140$
轻度损伤区	$2.2 < V_{max} \leq 3.0$	$140 < A_{ave} \leq 200$
中度损伤区	$3.0 < V_{max} \leq 4.0$	$200 < A_{ave} \leq 250$
重度损伤区	$4.0 < V_{max}$	$250 < A_{ave}$

表3 AEP-55强制执行标准及界限值[52]

部位	强制标准	限值	伤害风险及说明
小腿	胫骨压力峰值	5.4 kN	10%的风险致AIS2伤害
腰胸椎	动态响应系数	17.7	10%的风险致AIS2伤害间接测量盆骨加速度计算
颈部	颈部压缩力	4 kN@0 ms; 1.1 kN@30 ms	低于该限值,不可能发生AIS3伤害;起始颈部压缩力不得超过4 kN;颈部压缩力超过1.1 kN,不能持续30 ms以上
	颈部向前弯矩峰值	190 N·m	低于该限值,不大可能发生AIS2伤害
	颈部向后弯矩峰值	57 N·m	低于该限值,不大可能发生AIS2伤害
内脏器官	胸腔壁加速度	3.6 m/s²	低于该限值,无损伤;简介测量胸壁超压计算

近年来,国内外学者对来自装甲装备底部威胁方面舱内人员毁伤情况做了大量的研究[53,54]。在试验研究方面,通常采用Hybrid Ⅲ 50百分位假人(图8)放入与车辆内部相似的空间环境中,真实地反映出人体各个部位在爆炸后的损伤情况。Pandelani等[55]利用MiL-Lx小腿测试装置(图9),试验研究了爆炸冲击载荷作用下乘员在不同坐姿时的腿部易损性,此外,还对乘员的动态毁伤变化过程进行了数值模拟。李兵仓等[56]获得了某型激光制导导弹命中坦克左侧面时舱室内效应物的损伤情况。从试验结果看,导弹虽然未能击穿钢甲进入舱室,但是强烈的冲击振动造成了部分效应物的严重损伤。

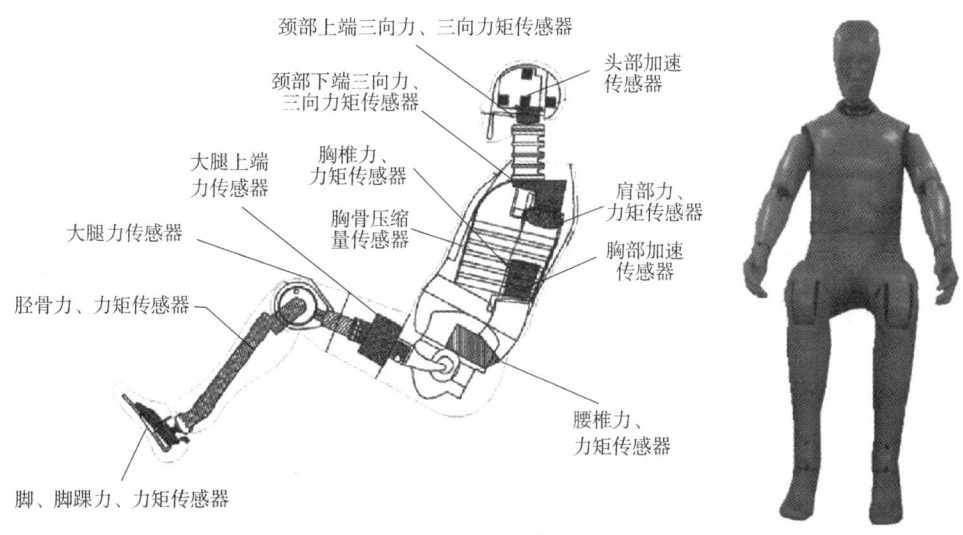

图8 Hybrid Ⅲ假人及传感器配置

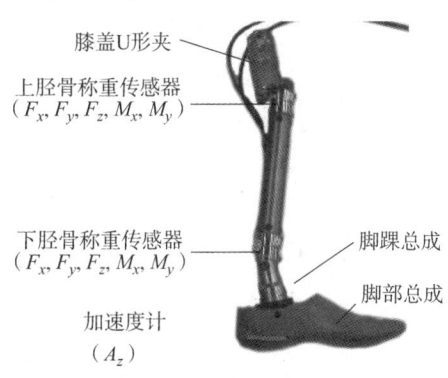

图9 MiL-Lx小腿测试装置

利用数值模拟软件,Sevagan 等[57]研究了钝撞击状态下步兵战车舱内单个乘员头部的损伤,如图10所示。Williams 等[58]研究了舱内多名乘员的损伤,利用仿真软件获取了舱内不同位置乘员在来自底部的爆炸冲击作用下的毁伤数据。南京理工大学在军用车辆底部防护方向做了大量工作[59~61],利用 LS-DYNA有限元软件开展仿真分析,利用仿真假人进行试验评价积累了大量的经验。

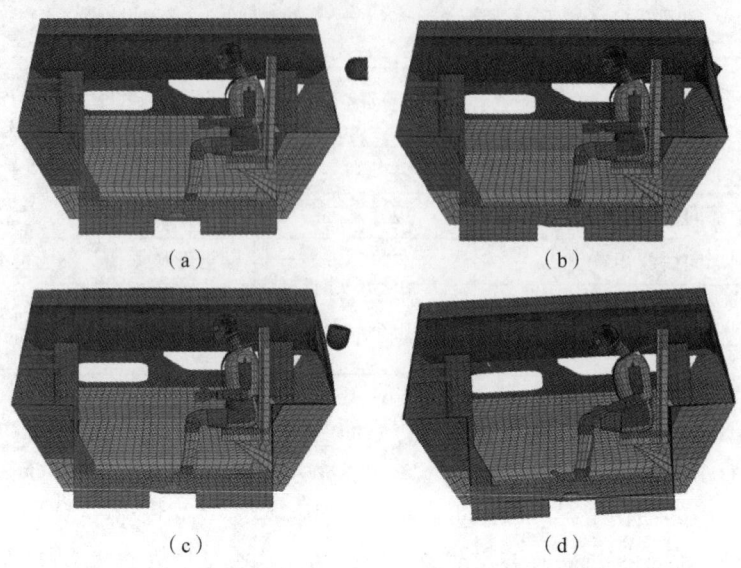

图10 以 400 m/s 的速度撞击时舱内乘员损伤的数值仿真[57]
(a) 0;(b) 3 ms;(c) 12 ms;(d) 213 ms

1.4 热辐射对乘员的损伤研究

弹药爆炸时,瞬间产生高温高压的温度场,放出大量的热量,使乘员受到热辐射的直接伤害。目前,常见的热辐射伤害准则主要包括热通量准则、热剂量准则、热通量-热剂量准则。表4所示为热剂量准则对人员的损伤数据。

表4 热剂量准则对人员的损伤阈值

热剂量/(kJ·m^{-2})	伤害效应	热剂量/(kJ·m^{-2})	伤害效应
1 030	引燃木材	250	二度烧伤
592	死亡	172	轻伤
392	重伤	125	一度烧伤
375	三度烧伤		

为了研究弹药爆炸时形成的火球辐射特性,国内外学者建立了不同的模型,常用的计算公式如表5所示。

表5 火球热辐射模型

序号	名称	公式表达式	公式字符含义
1	ILO 模型[62]	$D = 5.8W^{1/3}$ $t = 0.45W^{1/3}$	D 为火球直径,t 为火球持续时间,W 为燃料质量
2	Rakaczy 模型[63]	$D = 3.76W^{0.325}$ $t = 0.258W^{0.349}$	D 为火球直径,t 为火球持续时间,W 为燃料质量
3	BLEVE 模型[64]	$Q = E(1 - 0.058\ln L)\,Vt$	E 为火球表面热通量,L 为目标离火球中心距离,V 为视觉系数,t 为火球持续时间,Q 为热剂量

续表

序号	名称	公式表达式	公式字符含义
4	Baker 模型[65]	$Q = \dfrac{D^2/L^2}{F+D^2/L^2}bGW^{1/3}T^{2/3}$	Q 为热剂量,T 为火球温度,L 为到火球中心的距离,D 为火球直径,W 为燃料质量,F 为常量 161.7,bG 为常量
5	Martinsen 模型[66]	$I_{\text{dose}} = \int_0^{t_d} I(x,t)\,\mathrm{d}t$ $= \int_0^{t_d} \tau(x,t)\theta(x,t)E(t)\,\mathrm{d}t$	τ 为大气传输率,t_d 为火球持续时间,θ 为目标的最大几何视角,E 为火球表面辐射能,I 为热辐射剂量

研究热辐射效应的基础是爆炸火球温度和尺寸的准确测量。目前,测试爆炸场瞬态温度的方法主要包括接触法和非接触法。非接触法主要包括比色测温法和多光谱测温法。非接触法测量的是爆炸火球的表面温度,并且与被测物体的物性参数(尤其是辐射系数)紧密相关。郭学永等[67]、李秀丽等[68]、范航等[69]利用非接触法,对爆炸场温度的测试方法、原理及其系统构成进行了介绍,并根据实测结果对温度场进行了分析。对于接触法测温,爆炸场的冲击波和破片作用以及热电偶自身的动态特性,给测试增加了难度。针对爆炸场接触式测温的特殊要求,李芝绒等[70]、马红等[71]、王代华等[72]利用钨铼热电偶进行温度测试,能够满足爆炸场温度测量精度要求。对于火球尺寸的测量,常用的观测方法有高速摄影和红外热成像两种。

利用数值模拟也可以研究热辐射伤害效应,北京理工大学的庞磊等[73]利用计算流体力学研究得到了气云爆炸热辐射伤害效应的分布规律。南京理工大学的周建美[74]利用有限元软件对爆炸容器内的温度场进行了仿真计算,并获得温度场的响应规律。

1.5 有害气体对乘员的损伤研究

爆炸产生的大部分气体为 CO、H_2S、NO_x 之类的气体,这些气体达到一定浓度时,对人员造成伤害。目前,主要由有毒气体准则、氧浓度准则、浓度 – 时间准则来衡量。表 6 所示为靶场试验中采用的评定方法和标准[75,76]。

表 6 气体含量评定标准[75,76]

序号	CO 浓度/(g·dm^{-3})	评定标准
1	<0.10	对人员健康无影响,允许工作 8 h
2	0.10 ~ 0.19	允许持续工作 2 ~ 3 h
3	0.20 ~ 0.39	30 min 内人员健康和战斗力无明显影响
4	0.40 ~ 0.60	持续时间 1 min 以上,对人员健康有明显影响
5	>0.6	不允许在此浓度下工作,否则对人员健康有严重影响

近年来,对武器发射时产生的有害气体研究较多[77,78],而对爆炸产生的有害气体研究较少(尤其是对反装甲武器攻击装甲目标后舱内有害气体的研究)。徐国鑫等[79]分别使用不同口径的穿甲弹攻击经过改装的 X 型坦克,穿甲弹能完全击穿预制钢板。试验结果表明,坦克舱内有害气体主要为 CO,其浓度最高;小口径弹产生的有害气体较低,对乘员基本无影响。与张丽等[80]的研究结果相一致。西安近代化学研究所的胡岚等[81~83]开展了某温压弹爆轰气体及火药气体的试验研究,采用电化学传感器等设备进行靶场实时测试,建立了有害气体的测试评估方法,为评价毁伤效能提供参考。

2 结论

综上所述,目前针对爆炸毁伤元对舱内乘员的损伤研究还存在很多不足,需要进一步开展研究。

（1）装甲装备舱内爆炸载荷与空中自由场爆炸的差异较大。应加强舱内毁伤元特性研究，探索爆炸冲击波、破片群、冲击振动联合作用的机理与等效载荷形式。

（2）进一步研究爆炸冲击载荷作用下乘员的响应机理，丰富和完善相关的损伤指标，并指出工程可用的损伤阈值、判据和工程评估方法。此外，研究相关测试仪器设备及装置，提供高效、实用的舱内毁伤元试验测试方法，解决冲击动响应高精度测量问题，为后续开展相关研究及试验鉴定工作提供必要的手段。

参考文献

[1] 杨松年，王鑫，孙福根，等．常规空袭武器爆炸冲击波对运输车辆及人员的毁伤分析［J］．国防交通工程与技术，2012，10（1）：27-29．

[2] 尹峰，张亚栋，方秦．常规武器爆炸产生的破片及其破坏效应［J］．解放军理工大学学报（自然科学版），2005，6（1）：50-53．

[3] 李晓辉，王林，孙伟，等．杀爆弹对战术轮式车辆乘员杀伤效应分析［J］．测控技术，2006，35（增刊）：187-189．

[4] 周奇志，刘少章，刘江，等．几种反坦克武器对坦克内动物眼创伤的实验研究［J］．第三军医大学学报，2005（1）：5-8．

[5] 刘江，李兵仓，陈志强，等．反装甲武器对坦克内绵羊杀伤效应试验研究［J］．创伤外科杂志，2005，7（2）：123-126．

[6] 康建毅，赖西南，王建民，等．反装甲武器所致爆炸冲击波对某型坦克内生物杀伤能力的评估初探［C］//第七届全国创伤学术会议暨2009海峡两岸创伤医学论坛论文汇编，2009．

[7] 刘立洋，胡明，徐成，等．密闭舱室内爆炸致兔损伤的伤情分析［J］．海军医学杂志，2017，38（3）：193-198．

[8] 康建毅．复杂冲击波的生物效应与数值模拟［D］．重庆：重庆大学，2010．

[9] 刘淑慧．二次破片产生及其后效作用的数值计算方法研究［D］．武汉：华中科技大学，2013．

[10] 张子焕，许民辉，赖西南．装甲车乘员爆炸伤研究进展［J］．创伤外科杂志，2012，14（6）：561-564．

[11] 祁海林，肖伟宏，陈竺，等．装甲武器乘员战伤伤情分析及对策［J］．西北国防医学杂志，2014（4）：358-359．

[12] 王芳，冯顺山，范晓明．冲击波作用下目标毁伤等级评定的等效靶方法研究［A］．第九届全国爆炸与安全技术学术会议论文集［C］．2000：15-19．

[13] 康建毅，彭承琳，赵德春，等．复杂冲击波的非听力损伤评估研究进展［J］．爆炸与冲击，2007，27（5）：451-454．

[14] Axelsson H, Yelverton J T. Chest wall velocity as a predictor of nonauditory blast injury in a complex wave environment. [J]. Journal of Trauma, 1996, 40 (3): 31-36..

[15] Yang Z, Wang Z, Tang C, et al. Biological effects of weak blast waves and safety limits for internal organ injury in the human body [J]. Journal of Trauma, 1996, 40 (3 Suppl): 81-4.

[16] Stuhmiller J H. Biological response to blast overpressure: A summary of modeling [J]. Toxicology, 1997, 121 (1): 91-103.

[17] 柯文，陈化良，张之暐，等．聚能射流作用下模拟装甲舱室内冲击波试验研究［J］．兵工学报，2017，38（2）：202-206．

[18] Baker W E, Westine P S, Lulessz J J, et al. A manual for the prediction of blast and fragment loading on structures [R]. US Department of Energy, Washington DC, 1981.

[19] 李向东，杜忠华．目标易损性［M］．北京：北京理工大学出版社，2013．

[20] 吕延伟，谭成文，于晓东，等．不同程度冲击波对兔生理系统的损伤效应［J］．爆炸与冲击，2012，32（1）：97-102．

[21] Eamon C D. Reliablity of concrete masonry unit walls subjected to explosive loads [J]. Journal of Structural Engineering, 2007, 133 (7): 935-944.

[22] Baker W E, Cox P A, Westine P S, et al. Explosion hazards and evaluation [J]. Elservier: Elsevier Science Pub Co, 1983.

[23] 侯海量, 朱锡, 李伟, 等. 舱内爆炸冲击载荷特性实验研究 [J]. 船舶力学, 2010, 14 (8): 901-907.

[24] 范俊奇, 董宏晓, 高永红, 等. 爆炸冲击波作用下工事舱室内动物损伤效应试验研究 [J]. 振动与冲击, 2013, 32 (9): 35-39.

[25] 田壮, 杜红棉, 祖静, 等. 战斗部动爆冲击波存储测试方法研究 [J]. 弹箭与制导学报, 2013, 33 (3): 66-69.

[26] 沈晓军, 苗勤书, 王晓鸣. 爆炸冲击波对主战坦克的毁伤研究 [J]. 弹箭与制导学报, 2006, 26 (S1): 66-68.

[27] 周杰, 陶钢, 王健. 爆炸冲击波对肺损伤的数值模拟 [J]. 爆炸与冲击, 2012, 32 (4): 418-422.

[28] A. I. D'yachenko, Manyuhina O V. Modeling of weak blast wave propagation in the lung [J]. Journal of Biomechanics, 2006, 39 (11): 2113-2122.

[29] Geer A D. Numerical modeling for the prediction of primary blast injury to the lung [D]. Ontario, Canada: University of Waterloo, 2006.

[30] 陈攀, 刘志忠. 舱室内爆冲击波载荷特性及影响因素分析 [J]. 舰船科学技术, 2016, 38 (2): 43-48.

[31] Sauvan P, Sochet I, Trelat S. Analysis of reflected blast wave pressure profiles in a confined room [J]. Shock Waves, 2002, 22 (3): 253-264.

[32] 王林, 李晓辉, 刘永付, 等. 基于比动能标准的战斗部杀伤威力评价方法研究 [J]. 测控技术, 2012, 31 (增刊): 88-90.

[33] Kneubuehl B P. Wound Ballistics [M]. Amsterdam: Elsevier, 2007.

[34] 张金洋. 面向损伤评估的数字化人体建模研究 [D]. 南京: 南京理工大学, 2016.

[35] Jordan J B, Naito C J. Calculating fragment impact velocity from penetration data [J]. International Journal of Impact Engineering, 2010, 37 (5): 530-536.

[36] Finnegan S A, Schulz J C, Heimdahl O E R. Spatial fragment mass and velocity distributions for ordnance and ultra-ordnance speed impacts [J]. International Journal of Impact Engineering, 1990, 10 (1): 159-170.

[37] 李文彬, 沈培辉, 王晓鸣, 等. 射弹倾斜撞击靶板二次破片散布试验研究 [J]. 南京理工大学学报 (自然科学版), 2002, 26 (3): 263-266.

[38] 姚志敏, 刘波, 李金明, 等. 聚能装药侵彻靶后破片的空间分布特征 [J]. 工程爆破, 2015, 21 (4): 45-49.

[39] 姚志敏, 刘波, 李金明, 等. 聚能装药垂直侵彻靶后破片的散布规律 [J]. 工程爆破, 2015, 21 (5): 53-57.

[40] 刘波, 姚志敏, 李金明, 等. 聚能装药垂直侵彻靶后破片运动规律 [J]. 弹箭与制导学报, 2015, 35 (3): 71-74.

[41] 赵国志, 杨玉林. 动能弹对装甲目标毁伤评估的等效靶模型 [J]. 南京理工大学学报 (自然科学版), 2003, 27 (5): 509-514.

[42] 李金明, 刘波, 姚志敏. 典型靶后破片对明胶毁伤的数值模拟 [J]. 火工品, 2015 (3): 5-9.

[43] 温垚珂, 徐诚, 陈爱军. 高应变率下弹道明胶的本构模型研究 [J]. 兵工学报, 2014, 35 (1): 128-133.

[44] 莫根林, 吴志林, 刘坤. 球形破片侵彻明胶的瞬时空腔模型 [J]. 兵工学报, 2013, 34 (10): 1324-1328.

[45] 莫根林, 吴志林, 冯杰. 长方体破片侵彻明胶的运动模型与实验研究 [J]. 兵工学报, 2015, 36 (3): 463-468.

[46] 张金洋,温垚珂,陈菁,等. 人体易损性建模及其评估技术研究[J]. 兵器装备工程学报,2016,37(4):165-168.

[47] 浦锡锋,王仲琦,白春华,等. 用于爆炸流场与结构间相互作用分析的Euler-Lagrange耦合模拟技术[J]. 爆炸与冲击,2011,31(1):6-10.

[48] 赖西南,周林,王建民,等. 新型反装甲武器后效损伤特点的实验研究[C]// 第七届全国创伤学术会议暨2009海峡两岸创伤医学论坛论文汇编,2009.

[49] Ramasamy A, Hill A Hepper A, et al. Blast mines: physics, injury mechanisms and vehicle protection [J]. Journal of the Royal Army Medical Crops, 2009, 155 (4): 258-264.

[50] Ramasamy A, Masouros SD, Newell N, et al. In-vehicle extremity injuries from improvised explosive devices: current and future foci [J]. Philosophical Transactions of the Royal Society B: Biological Sciences, 2011, 366 (1 562): 160-170.

[51] GJB 2689—1996《水面舰艇冲击对人体作用安全限值》[S]. 1996.

[52] AEP-55 Procedures for evaluating the protection level of logistic and light armored vehicles Volume 2 [S]. Brussels: Allied Engineering Publication, 2006.

[53] 郭仕贵,张中英,刘自力,等. 反坦克车底地雷威力数值计算分析[J]. 兵工学报,2010,31(7):967-970.

[54] Grujicic M, Arakere G, Bell W C, et al. Computational investigation of the effect of up-armouring on the reduction in occupant injury or fatality in a prototypical high mobility multi-purpose wheeled vehicle subjected to mine blast [J]. Proceeding of the Institution of Mechanical Engineers Part D: Journal of Automobile Engineering, 2009, 223 (7): 903-920.

[55] Pandelani T, Reinecke D, Beetge F. In pursuit of vehicle landmine occupant protection: evaluating the dynamic response characteristic of the military lower extremity leg (Mil-Lx) compared to the Hybrid III (HIII) lower leg [C]. In: Proc. of CSIR conference 2010, pertoria, South Africa, 2010.

[56] 李兵仓,陈志强,张建军,等. 某型反坦克导弹对坦克内犬致伤效应的初步观察[J]. 第三军医大学学报,2004,26(1):15-17.

[57] Sevagan G, Zhu F, Jiang B, et al. Numerical simulations of the occupant head response in an infantry vehicle under blunt impact and blast loading conditions [J]. Proceedings of the Institution of Mechanical Engineers, Part H: Journal of Engineering in Medicine, 2013, 227 (7): 778-787.

[58] Williams. Numerical simulation of light armored vehicle occupant vulnerability to anti-vehicle mine blast [C] //7th International LS-DYNA Users Conference. Dearborn, Michigan: LSTC and ETA, 2002: 8-14.

[59] 佘磊. 某型车身底部防护结构改进及优化技术研究[D]. 南京:南京理工大学,2015.

[60] 彭兵,王显会,王磊,等. 某轻型车辆底部爆炸仿真与试验研究[J]. 科学技术与工程,2017,17(12):173-178.

[61] 龚李施. 爆炸环境下车内乘员约束系统分析与优化设计[D]. 南京:南京理工大学,2017.

[62] 李秀丽. 基于燃烧和爆炸效应的温压药剂相关技术研究[D]. 南京:南京理工大学,2008.

[63] 王丹. 风燃料空气炸药热辐射毁伤效应研究[D]. 南京:南京理工大学,2010.

[64] 姜巍巍,李奇,李俊杰,等. BLEVE火球热辐射及其影响评价模型介绍[J]. 工业安全与环保,2007,33(5):23-24.

[65] Baker W E, Cox P A, Westine P S, et al. Explosion hazards and evaluation [J]. Elservier: Elsevier Science Pub Co, 1983.

[66] 仲倩,王伯良,黄菊,等. 火球动态模型在温压炸药热毁伤效应评估中的应用[J]. 爆炸与冲击,2011,31(5):528-562.

[67] 郭学永,李斌,王连炬,等. 温压药剂的爆炸温度场测量及热辐射效应研究[J]. 弹箭与制导学报,2008(5):119-121.

[68] 李秀丽,惠君明. 温压炸药的爆炸温度[J]. 爆炸与冲击,2008,28(5):471-475.

[69] 范航. 爆炸温度场三维测量技术研究 [D]. 西安：西安工业大学，2017.
[70] 李芝绒，王胜强，苟兵旺. 密闭空间爆炸温度测试方法研究 [J]. 火工品，2012 (5)：52-56.
[71] 马红，徐继东，朱长春，等. 密封容器内爆炸实验瞬态温度测试技术 [J]. 太赫兹科学与电子信息学报，2014，12 (5)：750-756.
[72] 王代华，宋林丽，张志杰. 基于钨铼热电偶的接触式爆炸温度测试方法 [J]. 探测与控制学报，2012，34 (3)：23-28.
[73] 庞磊，张奇. 无约束气云爆炸热辐射伤害效应研究 [J]. 北京理工大学学报，2010，30 (10)：1147-1150.
[74] 周建美. 爆炸容器内炸药装药爆炸温度场的数值研究 [D]. 南京：南京理工大学，2013.
[75] 郑宁歌，邵蕊霞，高阁，等. 脱壳穿甲弹穿甲后效试验评估方法探讨 [J]. 测控技术学报，2013，27 (6)：529-534.
[76] GJB967-1990《坦克舱室一氧化碳短时间接触限值》[S]. 1990.
[77] 王学友，武海明，陈亚妮，等. 装甲车辆舱内有害气体自动监测与净化装置研究 [J]. 军事医学，2012，36 (2)：103-106.
[78] 郭强，郝向阳，杨邵勃. 坦克火炮射击时舱室有害气体动态分析及评价 [J]. 装甲兵工程学院学报，2007，21 (1)：37-39.
[79] 徐国鑫，刘江，孙伟，等. 穿（破）甲弹攻击后密闭兵器舱室有害气体观察 [J]. 解放军预防医学杂志，2004，22 (5)：389-389.
[80] 张丽，刘江，张红华，等. 反坦克武器击中坦克时舱室内有害气体测试方法的探讨 [J]. 解放军医学杂志，2003，28 (1)：17-18.
[81] 胡岚，张皋，王婧娜，等. 火药燃烧气体产物检测方法研究 [J]. 含能材料，2008，16 (5)：527-530.
[82] 胡岚，严蕊，熊贤锋，等. 耗氧效应对温压战斗部及装药的毁伤评估 [J]. 含能材料，2015，23 (2)：163-167.
[83] 胡岚，刘红妮，任春燕，等. 某温压弹爆轰气体靶场测试技术 [J]. 含能材料，2010，18 (2)：196-199.

影响狙击弹射击精度试验因素分析

李 季,甄立江,岳 刚,谢云龙,杨彦良,安 山

(国营第一二一厂,黑龙江 牡丹江 157013)

摘 要:阐述了现如今国内常规狙击弹药试验条件的优势与不足,通过对枪管固定方式、发射架结构、枪管热散、材质疲劳等方面分析,找出狙击弹药试验中对精度影响较为重要的因素,并针对几点因素进行分析,提出改进试验设备及试验方法,尽量消除试验中的外界干扰因素,从而得出更加准确的试验数据。

关键词:狙击枪弹试验;枪架;枪管温度;热散

0 引言

随着时代的进步和科技的发展,现代战争中狙击武器的应用十分广泛。因此,世界各国均致力于狙击武器的研发,国际上几乎每年都有新型狙击武器问世。世界各军事强国在致力于狙击武器研制的同时,也在进行试验设备及方法的改进和优化。我国狙击武器发展时间较西方国家短,研制中所应用的试验设备多为常规枪弹试验设备改进而来,但由于狙击武器射击精度要求高,常规试验设备及试验方法往往满足不了狙击试验需求,因此,通过分析试验设备及试验方法,提出狙击弹试验设备及试验方法改进意见,并通过试验数据验证其正确性。

1 影响因素分析

狙击枪弹试验中,内弹道稳定性是取得准确试验数据的关键条件,但往往由于多种因素干扰,无法采集到准确的试验数据。通过对试验条件的分析可知,影响内弹道的主要因素有:射击中枪管振动对精度的影响;每发射击前枪管状态及射击中枪管热散的影响;狙击弹加工精度及装配精度的影响。

1.1 枪管振动对精度的影响

狙击枪弹试验与常规枪弹试验条件类似,一般使用弹道枪进行试验,多采用固定夹持方式对枪管固定,如图1所示。

枪弹试验中,枪管承受的力是复杂的,既要承受火药气体压力,还要承受弹头在枪膛内运动的作用力、枪管后座惯性力等。

狙击枪弹试验夹持方式由常规枪弹试验器材改进而来,其优点在于夹持稳定,发射前后枪管一致性好,结构简单,易于维护。但在狙击枪弹试验中,该方式也有其不足之处,即该夹持结构全部采用刚性连接,无法将射击中枪管的振动消除,从而导致弹头在有振动变形的枪管中发射出去,导致内弹道稳定性不足,从而影响射击精度。

图1 固定式枪管夹持装置示意

1.2 枪管发射状态及枪管热散的影响

狙击枪械射击时,决定弹头转速、初速、章动角及射击精度的因素有很多,枪管是关键因素之一。枪械各零件中,枪管的工作条件是最恶劣的,其材质性能及加工精度对射击精度试验数据准确性有直接影响,并且,枪管的弹膛、线膛的尺寸,枪膛阴阳线同轴度、直线度等加工精度对射击密集度也有较大

影响。另外，枪弹试验中对枪管的装卡方法也会使枪管发生一定形变，从而增加发射系统的不确定性，以上多种因素累积作用于发射系统，从而使试验数据误差增大。

枪管的射击热散也是影响射击精度的重要因素。考虑枪管的工作环境，温度变化主要受两方面影响：一是外部环境温度；二是发射药内部发生化学反应和物理反应等综合作用。枪管在均匀热和不均匀热的情况下，均会产生热膨胀和热弯曲变形，并且在连续射击时枪管会产生热沉积，在散热不均匀的情况下进一步导致枪管变形，从而影响射击精度。另外，狙击枪弹因其要求射程较远，往往膛压较高，枪管金属疲劳现象也不容忽视。

1.3 试验弹加工、装配精度影响

狙击枪弹与常规枪弹最大的区别在于其极高的加工、装配精度，并要求极高的一致性。因此，在完成全弹设计的同时，加工、装配精度也有极高的要求。常规装配设备及方法，往往因加工、装配精度不高，影响全弹一致性，从而导致试验中无法采集准确数据，导致狙击弹研制的误差，甚至错过优秀的设计方案。关于加工精度、装配精度优化方法，主要从加严公差、工艺调整、装配温湿度以及质量、尺寸严格检验等方面着手控制。

2 解决方法

2.1 枪管固定方式改进

针对枪管刚性固定方式无法消除弹头发射时振动的问题，设计一种滑动式枪架，用以固定弹道枪管，如图2所示。

该滑动枪架设计时采用滑动导轨装置，增加了一个自由度，在枪弹发射时，枪管会沿着导轨方向有一定位移，从而有效地消除发射时枪管的大部分作用力，将大部分振动以滑动方式消除，极大地减小了枪管振动。并且，该枪架采用液压及弹簧混合装置保证机构复进，既保证每次射击的枪管位置一致性，又可根据狙击枪射击时对人的反作用力进行模拟，进一步提高试验数据的实用性。

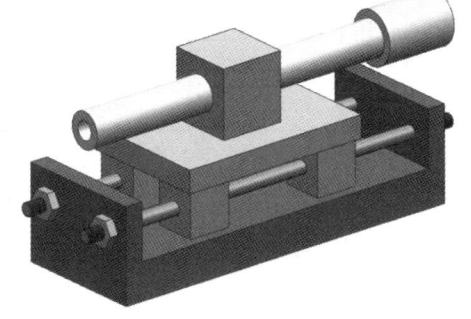

图2 滑动式枪架示意

2.2 枪弹试验方法优化

针对枪管加工精度问题，目前除了在枪械生产部门严格进行出厂前各项检验外，其他检验手段并不是很多。在射击试验时，应充分考虑枪管夹持方式，在保证装卡牢固的同时，尽量减小枪管受力，尤其不能使枪管轴向及周向受力不均，导致枪管弯曲或局部圆度变形。在保证枪管装卡直线度的同时，建议使用车工用弹簧钢环形卡套，该卡具在周向有着良好的受力均匀性。

针对枪管温度升高变形问题，主要解决方法是优化枪管材料的研究，而材料学也是目前世界上发达国家的重点研究学科。相比发达国家，我国因起步较晚、底子薄等问题，材料学等基础学科还较为薄弱，但武器装备的发展不能停滞，我国现有枪管材质普遍热变形较为严重，因此，设计一种试验方法，采用自然冷却方式使枪管降温，减缓发射频率，让枪管沉积热量有充分时间散发均匀。通过大量试验，总结出不同弹种的单发间隔时间，从而保证试验数据的准确性。

3 验证试验及试验结果分析

3.1 验证试验准备

针对以上影响因素及解决办法，设计试验进行对比分析。在进行大量前期测试试验后，选取几种较

为典型的枪弹状态进行对比试验。

（1）选取一支弹道枪静态检测全尺寸精度较高的弹道枪，试验确定其膛压、初速状态稳定，密集度较好。

（2）分别选取固定枪架、滑动枪架进行测试，试验前确定其结构稳定，滑动枪架滑动部分结构可靠，复进动作前后无偏差。

（3）通过前期试验测试出两种典型单发发射时间间隔，分别为30 s、2 min。

3.2 试验方法

采用某口径狙击弹道枪，分别装卡于固定弹道枪架、滑动弹道枪架，靶距1 000 m 射击精度数据采集；射击方式分别采用单发连续射击、单发加长间隔时间射击，试验中每组弹发射前用测温仪测枪管温度，每组用量规测枪管直线度。试验3发弹一组，测量弹着点最小圆直径（D_{100}）。

采集数据列表：

（1）固定弹道枪架，连续射击，每发弹间隔30 s，每组射击前测量枪管温度，试验数据见表1。

（2）固定弹道枪架，长时间间隔射击，间隔时间延长至2 min，每组射击前测量枪管温度，试验数据见表2。

表1

项目		枪管温度/℃	射击精度/cm
组号	1	26	32
	2	38	34
	3	53	53
	4	66	59
平均		45.75	42

表2

项目		枪管温度/℃	射击精度/cm
组号	1	27	33
	2	31	37
	3	34	25
	4	35	38
平均		31.75	33.25

（3）滑动弹道枪架，连续射击，每发弹间隔30 s，每组射击前测量枪管温度，试验数据见表3。

（4）固定弹道枪架，长时间间隔射击，间隔时间延长至2 min，每组射击前测量枪管温度，试验数据见表4。

表3

项目		枪管温度/℃	射击精度/cm
组号	1	27	28
	2	38	34
	3	55	51
	4	71	45
平均		47.75	39.5

表4

项目		枪管温度/℃	射击精度/cm
组号	1	25	19
	2	32	25
	3	33	21
	4	36	26
平均		34	22.75

3.3 试验结果及分析

射击精度汇总见表5。

表5 射击精度汇总   cm

项目	固定枪架射击精度	滑动枪架射击精度
连续射击,间隔30 s	42	39.5
长时间间隔,间隔2 min	33.25	22.75

射击精度试验数据表明,固定枪架在连续射击状态下,1 000 m射击精度为3发弹最小圆直径42 cm,即1.45MOA;滑动枪架在2 min间隔射击状态下,1 000 m射击精度为3发弹最小圆直径22.75 cm,即0.78MOA。

通过以上试验数据可以明显看出,固定枪架、滑动枪架在射速相同状态下,滑动枪架射击精度有明显上升趋势;同样,在固定方式相同状态下,长时间间隔,使枪管充分导热散热,其射击精度明显优于连续射击精度。并且,两种改进方式的效果可以交叉叠加,在应用滑动枪架,严格控制射击间隔时间的试验中,4组平均射击精度为22.75 cm,即0.78MOA,该射击精度已达到国际上狙击武器精度的较高水平。

4 结论

通过以上试验可以得出结论:在我国目前材料学基础较为薄弱的状态下,现有枪管固定方式的优化,尽量减少枪管自身振动,可以明显提升狙击枪弹射击精度;同样,枪管温度的控制也是射击精度的重要影响因素。通过优化枪管固定方式,消除枪管自身振动;严格控制射击间隔时间,降低枪管热散对试验的影响,可以更加准确地采集射击精度试验数据。

本文分析了影响狙击枪弹精度的因素,并进行试验验证,证明了试验装置及试验方法的改进优化,可以消除部分影响因素对试验数据采集的干扰,使采集到的试验数据更准确。但从根本上解决这些问题,还是应该从材料学、基础力学等基础学科研究着手。虽然我国在部分科技领域已达到世界先进水平,但很多基础学科的研究进展仍然落后于西方国家,我国工业发展常常因基础学科的短板造成核心技术的欠缺,处处受制于人。因此,未来一段时间,大力开展基础学科的研究应是我国科研重点发展方向。

参 考 文 献

[1] 刘国庆. 狙击步枪弹/枪相互作用问题研究 [D]. 南京:南京理工大学,2015.
[2] 张艳蓉. 某大口径狙击步枪枪管弯曲变形的分析与研究 [D]. 南京:南京理工大学,2016.
[3] 曹帅. 某自动步枪冷热枪状态差异分析与研究 [D]. 南京:南京理工大学,2017.
[4] 王东为. 枪管在火药气体压力作用下的径向振动 [J]. 武警技术学院学报,1994(4):28-36.
[5] 蓝维彬. 射击温度场对枪/弹相互作用及射击精度影响研究 [D]. 太原:中北大学,2018.

基于VMD的多尺度噪声调节随机共振的行星齿轮箱诊断方法

池阔[1]，康建设[1]，李志勇[2]，迭旭鹏[1]，孟硕[1]，张星辉[1]

(1. 陆军工程大学石家庄校区 装备指挥与管理系，河北 石家庄 050003；
2. 陆军工程大学石家庄校区 教学科研处，河北 石家庄，050003)

摘　要：行星齿轮箱是装备机械传动系统的重要组成部分，其故障轻则导致装备无法运转，重则导致机毁人亡。但行星齿轮箱的结构复杂，故障诱导的冲击十分微弱，难以有效诊断其健康状态。为有效诊断行星齿轮箱故障，提出基于变分模态分解（Variational Mode Decomposition，VMD）的多尺度噪声调节随机共振方法。该方法在包络分析的基础上，用VMD将包络信号分解为多个本征模态函数（Intrinsic Mode Functions，IMF），按频带次序分别调节各IMF分量均方差，叠加生成噪声调节包络信号，并输入到双稳态随机共振系统中，调节系统参数，使得系统输出的信噪比达到最大。为验证所提方法的有效性，开展行星齿轮箱齿圈磨损故障试验，采集振动加速度信号，分别采用双稳态随机共振和所提方法分析试验数据。结果表明，所提方法能够在压缩高频成分的同时有效提升低频的齿圈故障特征频率，且效果优于双稳态随机共振。

关键词：故障诊断；行星齿轮箱；变分模态分解；多尺度噪声调节；随机共振

中图分类号：TJ810.3　**文献标志码**：A

Planetary gearbox diagnosis using multi-scale noise tuning stochastic resonance based on VMD

CHI Kuo[1], KANG Jianshe[1], LI Zhiyong[2], DIE Xupeng[1], MENG Shuo[1], ZHANG Xinghui[1]

(1. Department of Equipment Command and Management, Shijiazhuang Branch of
Army Engineering University, Shijiazhuang 050003, China;
2. Teaching Research Department, Shijiazhuang Branch of
Army Engineering University, Shijiazhuang 050003, China)

Abstract: Planetary gearbox is an important part of equipment mechanical transmission system. The equipment will not operate when its fault is light, or even cause fatal accident when the fault is heavy. However, the structure of the planetary gearbox is complex and fault-induced impulses is weak, which makes it difficult to diagnose the fault effectively. To solve this problem, a multi-scale noise tuning stochastic resonance method based on variational mode decomposition (VMD) is proposed. Firstly, the envelope signal is decomposed into multiple intrinsic mode functions (IMF) by VMD. Then, the root mean square error of every IMF is tuned and according to the frequency-band order, and the noise-tuning envelope signal is generated through the mixture of all the tuned IMFs. At last, the noise-tuning envelope signal is input into the bi-stable stochastic resonance system. The system parameters are adjusted until the signal-to-noise ratio of the system output signal reach the max. To verify the effectiveness of the proposed method, the wear failure test of the gear ring of planetary gearbox was carried out, and the vibration acceleration signals were collected. Both bi-stable stochastic resonance (BSR) and

---

作者简介：池阔（1990—），男，博士研究生，E-mail: dynamicck@ emails.imau.edu.cn。

the proposed method were used to analyze the test data respectively. The results show that the proposed method can effectively enhance the gear ring fault characteristic frequency while compressing the high frequency components, and its effect is better than bi-stable stochastic resonance.

Keywords: fault diagnosis; planetary gearbox; variational mode decomposition; multi-scale noise tuning; stochastic resonance

0 引言

行星齿轮箱具有低齿隙、小体积、高效率、抗冲击、高扭重比的特点，已广泛应用于直升机、坦克、雷达等现代军事装备和风电机、核反应堆等民事设备的机械传动系统。受工作环境恶劣、所受负载复杂等因素影响，行星齿轮箱极易发生故障，轻则导致装备停机趴窝，降低任务完成率，重则机毁人亡。例如，2009年4月在苏格兰发生的G-REDL直升机坠机事故和2016年6月在挪威发生的LN-OJF直升机坠机事故，这两起事故的根源均是直升机主行星齿轮箱故障。图1展示了LN-OJF直升机事故中损坏的直升机主旋翼和行星齿轮箱的行星架及太阳轮。为避免类似事故发生，减少财产损失，行星齿轮箱故障诊断势在必行。

(a)　　　　　　　　　　　　　　　(b)

图1　LN-OJF直升机事故

(a) 主旋翼；(b) 行星架和太阳轮

相比于定轴齿轮箱，行星齿轮箱结构更加复杂。定轴齿轮箱的齿轮仅绕自身中心轴自转。而行星齿轮箱的行星轮不仅绕自身中心轴自转，还绕着太阳轮中心轴公转。这些种特殊的结构导致行星齿轮箱的振动信号具有以下特点：

（1）多个行星同时与太阳轮和齿圈啮合，同时激励出多个相似振动信号。这些振动信号相位不同，相互耦合，相互抵消。

（2）振动能够通过多个传递路径从齿轮啮合点传递到传感器。受传递路径的能量消耗和噪声干扰，振动必然遭到一定程度的削弱和劣化。

（3）行星齿轮箱传动比大，导致一些部件的故障特征频率较小，容易淹没在强大的噪声背景中[1]。因此，行星齿轮箱振动信号十分复杂，其故障诊断十分困难。

目前，行星齿轮箱故障诊断方法多基于稳态下的振动信号。Barszcz等[2]采用谱峭度探测风机行星齿轮箱轮齿裂纹故障。Feng等[3]提出了基于集合经验模态分解和能量算子的解调方法，并用于风机行星齿轮箱的故障诊断。Zhang等[4]提出基于alpha稳态分布的形态滤波方法，用于诊断核电站行星齿轮箱故障。杨大为等[5]采用变分模态分解和多尺度熵偏均值提取行星齿轮箱的故障特征。丁闯等[6]提出一种新的特征参数提取方法——线性量子信息熵，并用于提取行星齿轮箱的故障诊断。除振动加速度信号外，声发射信号和扭矩振动信号也用于诊断行星齿轮箱故障。Khazaee等[7]采用离散小波变换分别分析行星齿轮箱的振动加速度信号和声发射信号，提取相应的特征参数。扭矩振动信号对行星齿轮箱振动传递路径的幅值调制不敏感。Yoon等[8]采用时域同步平均预处理扭矩振动信号，并提取相应的故障特征参数。

但是由于行星齿轮箱故障诱导的冲击信号十分微弱,其故障诊断仍需要进一步研究。

上述大部分方法多通过删除或压缩噪声的方式提升故障特征。不同于这些噪声删除方法,随机共振是一种噪声有益方法,能够同时压缩噪声和提升微弱故障信号,适合微弱信号的探测。自随机共振提出后,其就开始应用于图像处理[9]、能量收集[10]、海洋环境下的微弱信号探测[11]等。根据绝热近似理论,随机共振仅能探测低频信号(<1 Hz)。工程信号多为高频信号,不满足绝热近似理论的要求。为解决该问题,大参数 SR 被提出来,如参数归一化随机共振[12]、变步长随机共振[13]、变尺度随机共振[14]等。这些方法均将高频信号转化为低频信号,以满足绝热近似理论的限制条件。

双稳态随机共振是最经典的随机共振,由一阶朗之万方程、双稳态势函数、微弱周期信号和高斯白噪声组成,已用于齿轮和轴承的故障诊断中[12~14]。噪声类型是影响随机共振效果的重要因素。现阶段大部分随机共振研究多集中在高斯白噪声背景下的随机共振。然而除高斯白噪声外,色噪声也能实现随机共振现象,如带限噪声[15]、$1/f$ 噪声[16]等。色噪声诱导的随机共振效果有时甚至优于高斯白噪声诱导的随机共振效果。He 等[16]提出基于离散小波变换的多尺度噪声调节随机共振,将噪声调节为近似 $1/f$ 型噪声,并用于轴承的故障诊断。然后,He 等[17]进一步分析了多尺度噪声调节随机共振各参数对随机共振效果的影响。Lu 等[18]提出次序多尺度噪声调节随机共振,用于轴承故障诊断。该方法采用无限脉冲响应滤波器阵列替代了离散小波变换。噪声仍被调节为近似 $1/f$ 型噪声。

在噪声调节方法中,噪声多通过离散小波变换分解被调节为近似 $1/f$ 型噪声。但是,离散小波变换将信号分解为固定归一化频带的小波系数。而变分模态分解能够将信号分解为自适应带宽的本征模态函数分量,比离散小波变换更加灵活。多尺度噪声调节随机共振多应用于轴承故障诊断。本文提出基于变分模态分解的多尺度噪声调节随机共振,并用于行星齿轮箱故障诊断。

1 双稳态随机共振

双稳态随机共振(Bi-stable Stochastic Resonance,BSR)是最经典的随机共振,可表述为:在双稳态系统中,微弱信号和噪声信号协同作用下,使得微弱信号显著增强的现象。该现象可用朗之万方程(Langevin Equation,LE)描述:

$$\frac{dx}{dt} = -\frac{dU(x)}{dx} + S(t) + \Gamma(t) \tag{1}$$

式中:x 表示粒子运动轨迹;$S(t) = A_0 \sin(2\pi f_d t)$ 为微弱驱动信号(驱动频率为 f_d,幅值为 A_0);$\Gamma(t) = (2D)^{1/2}\varepsilon(t)$ 为高斯白噪声(Gaussian White Noise,GWN),D 为噪声强度,$\varepsilon(t)$ 为标准 GWN(均值为 0,方差为 1);$U(x)$ 为双稳态势函数,可表示为

$$U(t) = -\frac{a^2}{2}x^2 + \frac{b^4}{4}x^4 \tag{2}$$

式中:a 和 b 为双稳态势函数的参数,且 $a \in \mathbf{R}^+$,$b \in \mathbf{R}^+$。$U_B(x)$ 形状如图 2 所示。显然,$U_B(x)$ 具有两个势阱(极小值)和一个势垒(极大值),且 $x_m = (a/b)^{1/2}$,$\Delta U = a^2/(4b)$,$x_b = 0$。

将式(2)代入式(1),得双稳态随机共振的 LE 为

$$\frac{dx}{dt} = ax - bx^3 + S(t) + \Gamma(t) \tag{3}$$

令 $z = \sqrt{b/a}x$,$\tau = at$,则式(3)归一化为

$$\frac{dz}{d\tau} = z - z^3 + \sqrt{\frac{b}{a^3}}\left[S\left(\frac{\tau}{a}\right) + \Gamma\left(\frac{\tau}{a}\right)\right] \tag{4}$$

在工程实际中,所采集的信号多为离散信号 s,同时包含了驱动信号 S 和噪声信号 Γ,即 $s = S + \Gamma$。采用 5 阶 Runge-Kutta 法求解式(4):

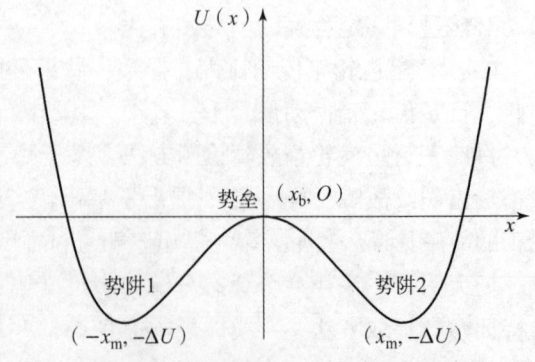

图 2 双稳态势函数形状示意

$$\begin{cases} \dfrac{\mathrm{d}z}{\mathrm{d}t} = f(n,z\mid K,s) = z - z^3 + Ks; z_1 = 0; \\ k_1 = f(n,z_n\mid K,s_n); k_2 = f\left(n,z_n + \dfrac{H}{2}k_1\,\Big|\,K,s_n\right) \\ k_3 = f\left(n+1,z_n + \dfrac{H}{2}k_2\,\Big|\,K,s_{n+1}\right) \\ k_4 = f\left(n+1,z_n + \dfrac{H}{2}k_3\,\Big|\,K,s_{n+1}\right) \\ k_5 = f(n+1,z_n + Hk_4\mid K,s_{n+1}) \\ z_{n+1} = z_n + \dfrac{H}{6}(k_1 + k_2 + 2k_3 + k_4 + k_5) \end{cases} \quad (5)$$

式中：$K=\sqrt{b/a^3}$ 表示幅值增益；$H=a/f_s$ 表示积分步长；f_s 为采样频率。显然，当输入信号 s 固定时，参数 (H,K) 的取值决定了随机共振输出 z。

随机共振效果可用信噪比（Signal-to-Noise Ratio，SNR）进行评价，其定义如下：

$$\mathrm{SNR} = 10\log\left(\dfrac{A_\mathrm{d}}{A_\mathrm{n}}\right) \quad (6)$$

式中：A_d 和 A_n 分别为驱动信号和噪声信号的功率。

输出 z 的 SNR 越大，随机共振效果越好。因此，可建立搜索最优参数 (H,K) 的目标函数：

$$(H,K) = \arg\max[\mathrm{SNR}(z)] \quad (7)$$

2 基于 VMD 的多尺度噪声调节

2.1 变分模态分解

变分模态分解（Variational Mode Decomposition，VMD）是一种新的信号分解方法。其能够将信号分解为 K 个本征模态函数（Intrinsic Mode Functions，IMF）之和，通过对约束变分问题求解使得每个 IMF 的估计带宽最小。该约束变分问题如下：

$$\begin{cases} \min\limits_{\{u_k\},\{\omega_k\}}\left\{\sum\limits_{k=1}^{K}\left\|\partial_t\left[\left(\delta(t)+\dfrac{\mathrm{j}}{\pi t}\right)*u_k(t)\right]\mathrm{e}^{-\mathrm{j}\omega_k t}\right\|_2^2\right\} \\ \mathrm{s.t.} \quad \sum\limits_{k=1}^{K}u_k(t) = x(t) \end{cases} \quad (8)$$

式中：信号 $x(t)$ 被分解为 K 各 IMF 分量之和，$u_k(t)$ 和 ω_k 为第 k 个 IMF 分量及其中心角频率，$*$ 表示卷积，$\delta(t)$ 为 Dirac 函数。

通过引入二次惩罚因子 α 和拉格朗日乘法算子 $\lambda(t)$，可将约束变分问题转化为扩展的拉格朗日函数：

$$L(\{u_k\},\{\omega_k\},\lambda) = \alpha\sum_{k=1}^{K}\left\|\partial_t\left[\left(\delta(t)+\dfrac{\mathrm{j}}{\pi t}\right)*u_k(t)\right]\mathrm{e}^{-\mathrm{j}\omega_k t}\right\|_2^2 + \\ \left\|x(t) - \sum_{k=1}^{K}u_k(t)\right\|_2^2 + \left[\lambda(t),x(t) - \sum_{k=1}^{K}u_k(t)\right] \quad (9)$$

利用惩罚算子交替方向法，迭代更新 $u_k(t)$、$\omega_k(t)$ 和 $\lambda(t)$，求取扩展的拉格朗日函数 L 的鞍点。$u_k^{n+1}(t)$ 的更新求解过程如下：

$$u_k^{n+1}(t) = \mathrm{argmin}\left\{\alpha\sum_{k=1}^{K}\left\|\partial_t\left[\left(\delta(t)+\dfrac{\mathrm{j}}{\pi t}\right)*u_k(t)\right]\mathrm{e}^{-\mathrm{j}\omega_k t}\right\|_2^2 + \\ \left\|x(t) - \sum_{i\neq k}u_i(t) + \dfrac{\lambda(t)}{2}\right\|_2^2\right\} \quad (10)$$

利用傅里叶等距变换,将式(10)转换到频域求解,即

$$\hat{u}_k^{n+1}(\omega) = \mathrm{argmin}\{\alpha\|\mathrm{j}\omega[(1+\mathrm{sgn}(\omega+\omega_k)\cdot\hat{u}_k(\omega+\omega_k)\|_2^2 + \left\|\hat{x}(\omega)-\sum_{i\neq k}^K\hat{u}_i(\omega)+\frac{\hat{\lambda}(\omega)}{2}\right\|_2^2\} \quad (11)$$

式中:$\hat{\lambda}$ 表示傅里叶变换。

求解式(11)的问题,得到

$$\hat{u}_k^{n+1}(\omega) = \frac{\hat{x}(\omega)-\sum_{i\neq k}^K\hat{u}_i(\omega)+\dfrac{\hat{\lambda}(\omega)}{2}}{1+2\alpha(\omega+\omega_k)^2} \quad (12)$$

同理,中心频率 $\omega_k^{n+1}(t)$ 迭代更新方法如下:

$$\omega_k^{n+1} = \frac{\int_0^\infty \omega|\hat{u}_k(\omega)|^2\mathrm{d}\omega}{\int_0^\infty |\hat{u}_k(\omega)|^2\mathrm{d}\omega} \quad (13)$$

拉格朗日乘法算子迭代更新方法如下:

$$\hat{\lambda}^{n+1}(\omega) = \hat{\lambda}^n(\omega) + \tau\left[\hat{x}(\omega)-\sum_{k=1}^K\hat{u}_k^n(\omega)\right] \quad (14)$$

式中:τ 为更新因子。

当满足式(15)所示条件时,迭代停止:

$$\sum_{k=1}^K \|\hat{u}_k^{n+1}-\hat{u}_k^n\|_2^2 / \|\hat{u}_k^n\|_2^2 < e \quad (15)$$

式中:e 为判别精度。

在原始的 VMD 算法中,中心频率 ω_k 和 IMF 分量的带宽均自适应调整。如若固定各 IMF 分量的中心频率不变,即省略式(13)所示的中心频率 ω_k 的迭代更新,则可以将信号 x 分解为 K 个中心频率为初始中心频率且自适应带宽的 IMF 分量。经过修改的 VMD 算法如图 3 所示。

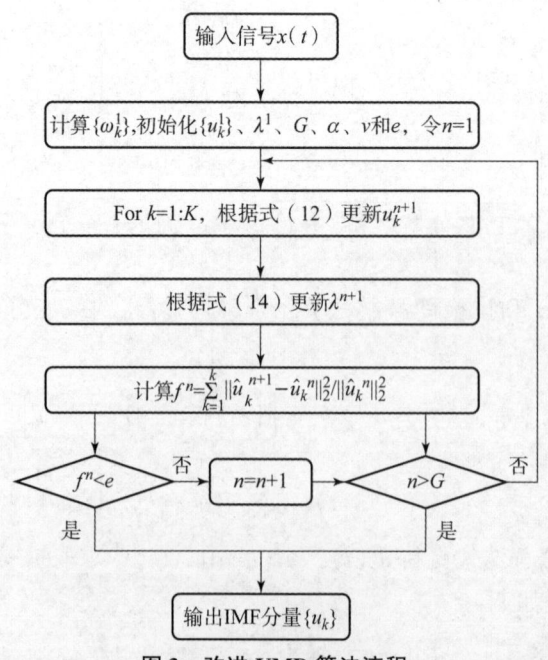

图 3　改进 VMD 算法流程

令各 IMF 分量的中心频率为 [500, 1 500, 2 500, 3 500] Hz,对信号 $x(t)$ 进行分解,结果如图 4 所示。显然,信号 $x(t)$ 被分解为 4 个等带宽、中心频率为所设中心频率的 IMF 分量。

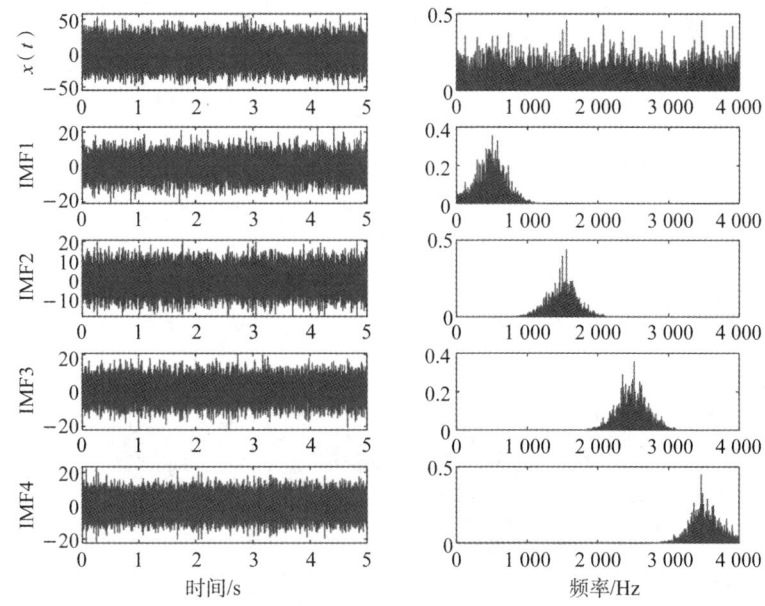

图 4 改进 VMD 算法分解结果

2.2 多尺度噪声调整

假设信号 $x(t)$ 被分解为 K 个 IMF 分量,各 IMF 分量的中心频率 ω_k 依次从低到高排列,即

$$u = \{u_1, u_2, \cdots, u_K\} \tag{16}$$

低频信号往往显著影响随机共振效果。为降低低频信号的影响,故将驱动信号 S 分解到第 $k>1$ 个 IMF 分量 u_k,并删除前 $k-1$ 个 IMF 分量,得

$$u = \{u_k, u_{k+1}, \cdots, u_K\} \tag{17}$$

基于 VMD 的多尺度噪声调节如下:

$$\tilde{u}_n = \begin{cases} \dfrac{\tilde{u}_n}{\text{rms}[\tilde{u}_n]}, & n = k \\ \dfrac{\alpha}{\pi} \dfrac{\tilde{u}_n}{\text{rms}[\tilde{u}_n]} \left[\arctan\left(n - \dfrac{k+K}{2}\right) + \dfrac{\pi}{2}\right], & n = k+1, \cdots, K \end{cases} \tag{18}$$

式中:$\tilde{u}_n$ 为调节后的 IMF 分量,rms[·] 为均方根,$\alpha > 0$ 为常数。经过调节后,各 IMF 的方差为

$$\text{var}[\tilde{u}_n] = \begin{cases} 1, & n = k \\ \dfrac{\alpha}{\pi}\left[\arctan\left(n - \dfrac{k+K}{2}\right) + \dfrac{\pi}{2}\right], & n = k+1, \cdots, K \end{cases} \tag{19}$$

经过调节后,新的 IMF 分量变为

$$\tilde{u} = \{\tilde{u}_k, \tilde{u}_{k+1}, \cdots, \tilde{u}_K\} \tag{20}$$

将 $\tilde{u}$ 进行叠加,构造基于 VMD 的噪声调节信号:

$$\tilde{x}(t) = \sum_{n=k}^{K} \tilde{u}_n(t) \tag{21}$$

在上述双稳态随机共振和基于 VMD 的多尺度噪声调节理论的基础上,构造基于 VMD 的多尺度噪声调节随机共振的行星齿轮箱故障诊断流程,如图 5 所示。

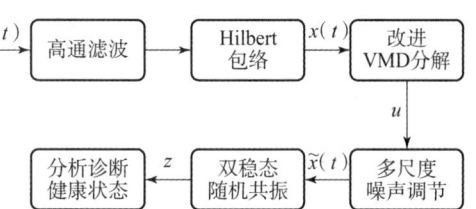

图 5 基于 VMD 的多尺度噪声调节随机共振的行星齿轮箱故障诊断流程

3 案例验证

3.1 试验方案

行星齿轮箱预植故障试验台如图6所示。试验台由一台4 kW三相异步电动机、力矩转速传感器、单级行星传动齿轮箱（型号为NGW-11）、磁粉制动器组成。每部分通过联轴器连接。齿轮箱振动加速度数据通过NI数据采集系统采集。该系统由4个压电式加速度传感器（Dytran 3056B4型，放置位置如图7所示）、PXI-1031机箱、PXI-4472B数据采集卡和LabVIEW软件组成。NGW-11型行星齿轮箱的结构、主要参数和故障特征频率计算公式分别如图8、表1和表2所示。行星齿轮箱预植故障为齿圈磨损故障，如图9所示。

图6 行星齿轮箱预植故障试验台

图7 传感器位置

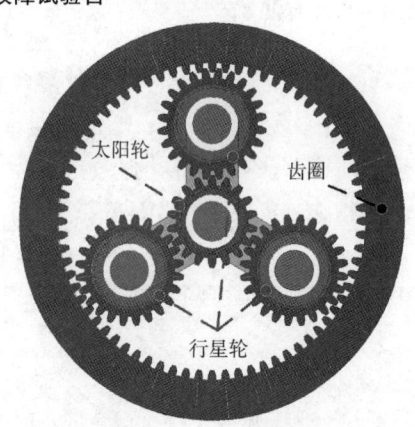

图8 行星齿轮箱结构

表1 NGW-11行星齿轮箱参数

项目	太阳轮 Z_S	齿圈 Z_R	行星轮 Z_P
齿数（轮数）	13（1）	146（1）	64（3）

表2 行星齿轮箱相关频率计算公式

名称	计算公式
传动比	$i_{12} = Z_R/Z_S + 1$
行星架转速	$f_{rc} = n_1/i_{12}$
齿轮啮合频率	$f_m = f_c Z_R$
太阳轮故障频率	$f_S = N f_m / Z_S$
齿圈故障频率	$f_R = N f_m / Z_R$
行星轮故障频率	$f_{P1} = f_m/Z_P$，$f_{P2} = f_m/Z_P$.

注：N为行星轮数量，n_1为输入轴转频。

图 9 预植的齿圈磨损故障

3.2 数据分析

设置采样频率 $f_s = 4\,000$ Hz，采样时间 $t = 10$ s，电机转频 $n_1 = 20$ r/s，采集行星齿轮箱齿圈预植故障的振动数据。根据电机转频、行星齿轮箱参数（表1）和相关频率计算公式（表2），得行星齿轮箱相关频率，如表3所示。

表 3　行星齿轮箱相关故障频率　　　　　　　　　　　　　　　　　　　　　　　　　　　Hz

n_1	f_{rc}	f_m	f_s	f_R	f_{P1}	f_{P2}
20	1.64	239 351	55.27	4.92	3.74	7.48

分析3号传感器（竖直方向）所采集的振动信号，其时域图和功率谱分别如图10（a）和（b）所示。从图10（a）可知，原始信号的幅值经过了调制。从图10（b）可知，原始信号中包含了较强的啮合频率 f_m。采用高通滤波器（截止频率为300 Hz）滤除原始信号低频成分，采用Hilbert变换求取包络信号，如图10（c）所示。从图10（c）可知，包络信号存在一定的冲击成分。绘制包络信号功率谱，如图10（d）和（e）所示。从图10（d）可知，啮合频率 f_m 及其谐波 $2f_m$ 占包络信号的主要成分，齿圈故障特征频率 f_R 淹没在强大的噪声中。从图10（e）可知，在低频区域，行星架转频 f_{rc} 占主要成分，但可观测到微弱的齿圈故障频率 f_R 及其被行星架转频 f_{rc} 调制的频率 $f_R \pm f_{rc}$。

作为对比，分别采用双稳态随机共振和基于VMD的多尺度噪声调节随机共振进一步分析包络信号。采用高通滤波器（截止频率3 Hz）滤除低频信号，并将滤波信号输入的双稳态随机共振，采用布谷鸟搜索算法自适应地调节参数 (H, K)，使得输出信号的信噪比最大，得双稳态随机共振输出，如图10（f）和（g）所示。从图10（f）可知，大部分高频成分被滤除，低频成分被保留。从图10（g）可知，齿圈故障特征频率 f_R 得到提升，信噪比提高到 $-4.779\,8$ dB。

采用基于VMD的多尺度噪声调节随机共振分析包络信号。设置各IMF分量的中心频率分别为 $[1.61, 4.92, 10, 100, 200, 300, \cdots, 1\,800, 1\,900]$ Hz，采用VMD进行分解。齿圈故障特征频率 f_R 被分配到IMF2中。删除IMF1，令 $\alpha = 0.1$，并采用式调整各IMF分量，采用式将各IMF分量叠加，生成噪声调节信号，并输入到双稳态随机共振。采用布谷鸟搜索算法自适应地调整参数 (H, K)，使得随机共振输出信号的信噪比达到最大，得多尺度噪声调节随机共振输出，如图10（h）和（i）所示。从图10（h）可知，跟双稳态随机共振类似，高频成分也被消除了。对比图10（f）和（h）可知，噪声调节随机共振的输出更加平滑，高频成分滤除得更加彻底。从图10（i）可知，齿圈故障特征频率 f_R 得到提升，信噪比提高到 $-3.782\,9$ dB，高于双稳态随机共振输出信噪比。因此，基于VMD的多尺度噪声调节随机共振方法优于双稳态随机共振。

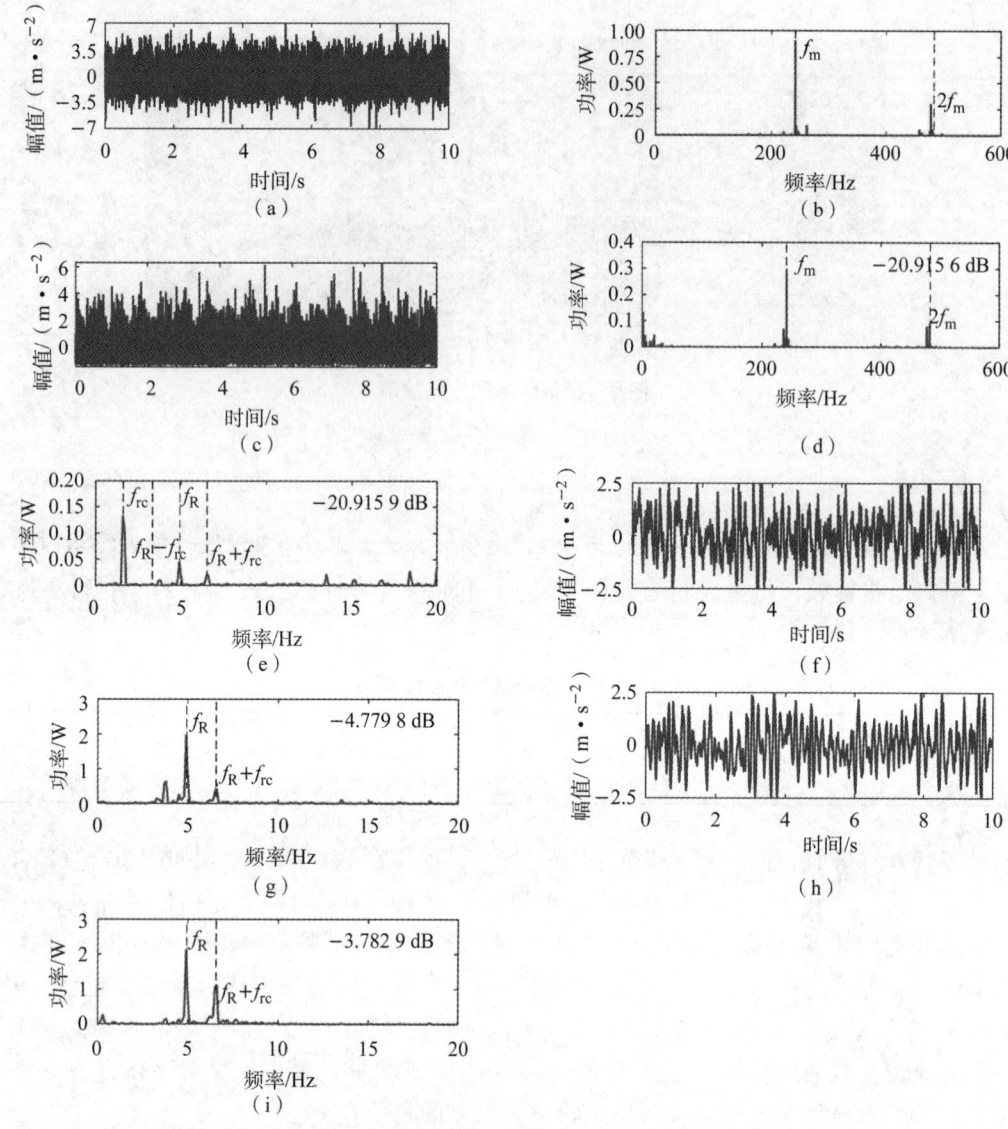

图 10　行星齿轮箱齿圈磨损振动信号分析结果

（a）原始信号时域图；（b）原始信号功率谱（[0,600] Hz）；（c）包络信号时域图；
（d）包络信号功率谱（[0 600] Hz）；（e）包络信号功率谱（[0 20] Hz）；
（f）BSR 输出时域图；（g）BSR 输出功率谱（[0 20] Hz）；（h）噪声调节随机共振的输出时域图；
（i）基于 VMD 噪声调节随机共振的输出功率谱（[0 20] Hz）

4　结论

本文提出了基于 VMD 的多尺度噪声调节随机共振方法，并用行星齿轮箱的齿圈磨损故障数据验证所提方法的可行性。得到的结论如下：

（1）改进的 VMD 方法能够将信号分解到指定中心频率的 IMF 分量。

（2）基于 VMD 的多尺度噪声调节方法能够实现信号噪声的调节，促进随机共振对微弱信号的提升。

（3）多尺度噪声调节随机共振方法对微弱信号的提升效果优于双稳态随机共振。

参 考 文 献

[1] Lei Y, Lin J, Zuo M, et al. Condition monitoring and fault diagnosis of planetary gearboxes: A review [J].

Measurement, 2014 (48): 292-305.

[2] Barszcz T, Randall R B. Application of spectral kurtosis for detection of a tooth crack in the planetary gear of a wind turbine [J]. Mechanical Systems and Signal Processing, 2009, 23 (4): 1352-1365.

[3] Feng Z, Liang M, Zhang Y, et al. Fault diagnosis for wind turbine planetary gearboxes via demodulation analysis based on ensemble empirical mode decomposition and energy separation [J]. Renewable Energy, 2012 (47): 112-126.

[4] Zhang X, Kang J, Xiao L, et al. Alpha stable distribution based morphological filter for bearing and gear fault diagnosis in nuclear power plant [J]. Science and Technology of Nuclear Installations, 2015, 1-15.

[5] 杨大为, 赵永东, 冯辅周, 等. 基于参数优化变分模态分解和多尺度熵偏均值的行星变速箱故障特征提取 [J]. 兵工学报, 2018, 39 (09): 1683-1691.

[6] 丁闯, 冯辅周, 张兵志, 等. 行星变速箱振动信号的线性量子信息熵特征 [J]. 兵工学报, 2018, 39 (12): 2306-2312.

[7] Khazaee M, Ahmadi H, Omid M, et al. Feature-level fusion based on wavelet transform and artificial neural network for fault diagnosis of planetary gearbox using acoustic and vibration signals [J]. Insight, 2013, 55 (6): 323-330.

[8] Yoon J, He D, Hecke B V. On the use of a single piezoelectric strain sensor for wind turbine planetary gearbox fault diagnosis [J]. IEEE Transactions on Industrial Electronics, 2015, 62 (10): 6585-6593.

[9] Yang Y, Jiang Z, Xu B, et al. An investigation of two-dimensional parameter-induced stochastic resonance and applications in nonlinear image processing [J]. Journal of Physics A: Mathematical and General, 2009 (42).

[10] Mcinnes C R, Gorman D, Cartmell M P. Enhanced vibrational energy harvesting using non-linear stochastic resonance [J]. Journal of Sound and Vibration, 2008, 318 (4): 655-662.

[11] 董华玉, 张晓兵, 玄兆林. 非高斯水下噪声中微弱线谱信号的符号函数型随机共振检测 [J]. 兵工学报, 2008, 29 (03): 318-322.

[12] 张晓飞, 胡莺庆, 胡雷, 等. 基于倒谱预白化和随机共振的轴承故障增强检测 [J]. 机械工程学报, 2012, 48 (23): 83-89.

[13] Li Q, Wang T, Leng Y, et al. Engineering signal processing based on adaptive step-changed stochastic resonance [J]. Mechanical Systems and Signal Processing, 2007, 21 (5): 2267-2279.

[14] 时培明, 丁雪娟, 韩东颖. 基于变尺度频移带通随机共振的多频微弱信号检测方法 [J]. 计量学报, 2013, 34 (3): 282-288.

[15] Zhang X, Hu N, Lei H, et al. Multi-scale bistable stochastic resonance array: A novel weak signal detection method and application in machine fault diagnosis [J]. Science China Technological Sciences, 2013, 56 (9): 2115-2123.

[16] He Q, Wang J, Liu Y, et al. Multiscale noise tuning of stochastic resonance for enhanced fault diagnosis in rotating machines [J]. Mechanical Systems and Signal Processing, 2012 (28): 443-457.

[17] He Q, Wang J. Effects of multiscale noise tuning on stochastic resonance for weak signal detection [J]. Digital Signal Processing, 2012, 22 (4): 614-621.

[18] Lu S, He Q, Hu F, et al. Sequential multiscale noise tuning stochastic resonance for train bearing fault diagnosis in an embedded system [J]. IEEE Transactions on Instrumentation & Measurement, 2014, 63 (1): 106-116.

面向陆军装备体系的鉴定试验框架研究

曹宏炳,贾严冬,赵军号

(陆军装备部驻北京地区军事代表局驻北京地区第七军事代表室,北京 100854)

摘 要:分析了陆军装备体系的基本内涵及特点,提出了陆军装备体系的集成架构;根据新的装备鉴定试验要求,分析了装备体系在寿命周期不同阶段的鉴定试验类型和特点;基于螺旋式装备发展模式,提出了装备体系全寿命周期内的鉴定试验框架,分析了其发展趋势。该研究有助于确定陆军装备体系的建设标准,提高陆军装备体系的建设质量和效能,确保陆军装备体系持续健康地发展。

关键词:装备体系;鉴定试验框架;寿命周期;螺旋式模型

中图分类号:E917 TJ01 **文献标志码**:A

Research on identification test framework of army equipment SoS

CAO Hongbing, JIA Yandong, ZHAO Junhao

(No. 7 Military Representative Office in Beijing District, Beijing Regional Military Representative Bureau of Army Equipment Department, Beijing 100854, China)

Abstract: The basic connotation and characteristics of the Army equipment system of systems (SoS) is analyzed, and the integrated architecture of the systems is proposed. According to the requirements of the new weapons and equipment identification test, the types and characteristics of the identification test of the equipment system at different stages of its life cycle are analyzed. Based on the spiral development model of weapons and equipment, the identification test framework within the whole life cycle of the equipment system is proposed and its development trend is analyzes. This research will help determine the construction standards of the army equipment SoS, improve its quality and effectiveness, and ensure the sustainable and healthy development of the army equipment SoS.

Keywords: equipment System of Systems; identification test framework; life cycle; spiral model

0 引言

我国陆军成为一个独立军种后,陆军装备体系建设进入到新的历史时期,目前陆军正在按照机动作战、立体攻防的总要求,加快由区域防卫型向全域作战型转变,这些要求是我国陆军新一代装备体系建设与发展的顶层引领。当前及今后一段时间内,如何将这支传统的机械化和半机械化的部队转型为一支适应信息化战争需求的、具有战争全频谱能力的、以基于信息系统的体系作战为主要作战样式的现代联合作战武装力量,实现基于体系、融入联合、走向世界、迈向智能的建设目标,成为陆军装备体系建设将面临的新挑战。

作者简介:曹宏炳(1967—),男,高级工程师,博士,陆军试验训练基地专咨委委员,研究领域战斗车辆计算平台、地空导弹试验与检验技术,E-mail:caohongbing@hit.edu.cn。

装备的建设离不开装备的试验鉴定与效能评估，而传统的装备鉴定试验着重于对单装、单型装备的性能鉴定，没有从成系统与体系的视角进行作战试验、在役考核和一体化联合试验，对装备在装备体系的作战效能、作战适用性、体系贡献率进行系统性的考核与评估，在基于信息系统的体系作战样式中，难以保证所列装的装备"好用、管用、耐用和实用"。因此在新的鉴定试验体系下，从陆军装备体系的视角，在装备体系全寿命周期，研究以装备体系的性能鉴定、作战试验、在役考核和一体联合试验为主要内容的鉴定试验框架，意义重大。

1 新型陆军装备体系及集成架构

1.1 体系及体系工程

体系概念在西方国家称为"System of Systems（SoS）"或"Federation of System"，即系统之中的系统或者系统联邦，是由若干复杂系统构成的多个大规模的、共同作用的分布式系统。在国内将体系定义为"若干有关事物或某些意识互相联系而构成的一个整体"，也称作复杂巨系统。体系实质是由众多为实现共同目标的异构系统组成的、协同工作的超系统或者复杂巨系统，在体系中这些系统本身相互独立、相互作用、复杂、能够脱离体系其他构成要素而独立运行，例如像我国载人航天工程就是一个体系，它包括航天员系统、空间应用系统、载人飞船系统、运载火箭系统、发射场系统、测控通信系统和着陆场系统等，而载人航天工程中的"神舟"载人飞船不是体系，而是体系的构成要素。

体系的内涵包括了使命任务、目标、能力、标准、服务、数据以及信息等，其中体系中最核心的要素是使命任务及能力，对体系形成影响最大的是目标要素，其中使命任务牵引能力建设的标准，目标要素决定能力的生成或涌现。体系具有组成个体的独立性、组成个体的异构性、个体间关系复杂性与演进性、边界模糊与动态性、地理区域的分布性、涌现性行为非线性、个体行为影响的关联性、自组织性与适应性等特征。从体系工程的视角来看，它包括体系需求分析、体系结构设计、体系开发与演化、体系集成、体系测度与评估优化、体系运行管理、体系应用等技术领域。

1.2 装备体系

装备体系是由功能上相互联系、性能上相互补充的各种武器系统，按一定结构综合集成的更高层次的装备系统。像美军有未来战斗系统是一个典型的装备体系。装备体系与单一型号的武器系统相比，它是根据军事需求、经济和技术可能，由一定数量和质量相互关联、功能互补的多种装备组成的系统簇，是系统之中的系统，它的物理规模更加庞大与复杂，边界模糊，功能更加完备、体系要素之间的依存度更高，所有系统的运行促使体系目标或使命的实现。从联合作战的视角看，体系关注的是指挥、控制、计算、通信和信息系统，以及情报、侦察和监视（ISR）系统间的互操作性和协同作用。装备体系会随着时代的不同，因军事需求的变化和科学技术的发展，其体系中构成要素逐步演化，体系所涌现出的功能和能力会随着新要素的加入与新技术的嵌入而不断完善得到增强；同时装备体系不再限定于刚性的系统目标和边界，而更关注装备体系的演化能力和对未来作战样式的适应性，因此装备体系的发展是一个动态的过程。

1.3 陆军装备体系及其集成架构

现代陆军装备体系是陆军传统装备从机械化迈向信息化以及智能化过程所出现的新形态，是陆军装备在机械化与信息化复合叠加建设基础上，通过数字化、系统集成及网络化等高新技术的改造，整体结构与功能实现一体化的结果。因此新型陆军装备体系将会是具有明显信息化和智能化特征的现代装备体系，并由战斗装备、综合电子信息系统装备、保障装备三个部分构成，战斗装备更突出了非对称性制胜的新质作战能力。

陆军装备体系的建设是一项体系工程，从体系工程的视角看，它包括了新型陆军装备体系的需求与顶层设计、体系的集成与构建以及体系的运行与演化三部分，其中陆军装备体系的集成与构建如图 1 所示，由上至下包括了使命层、任务层、能力层、体系层、平台层和系统层，它基于现有陆军装备体系，在新的陆军使命任务牵引以及作战能力建设要求下，通过综合集成而实现。

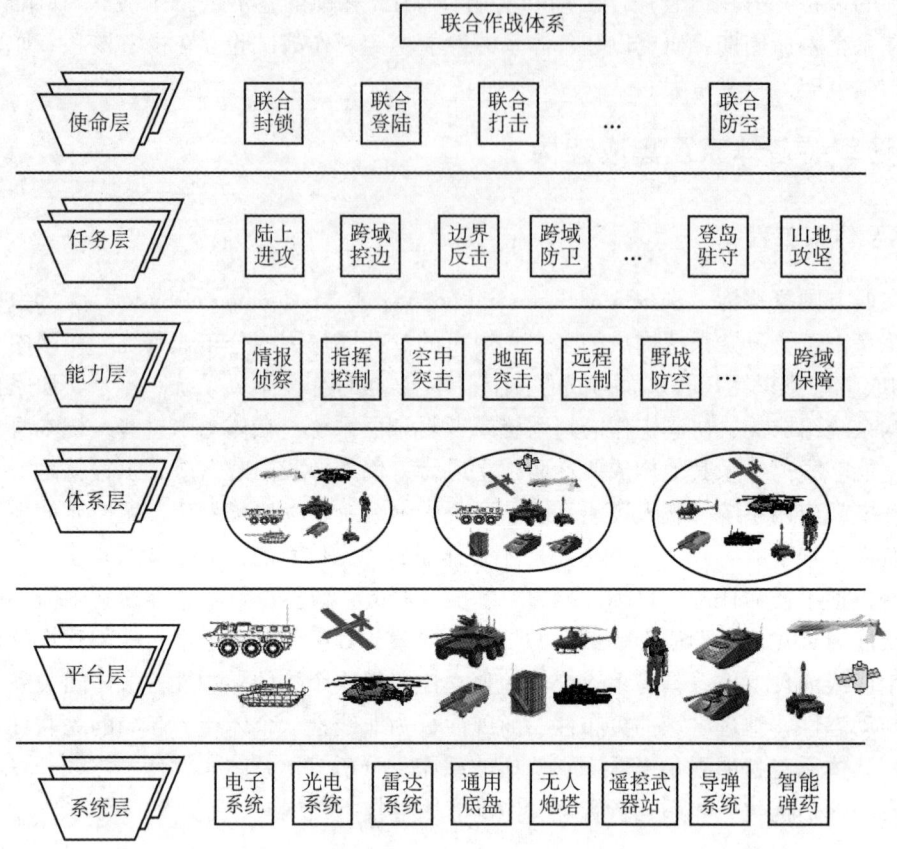

图 1　陆军装备体系的集成与构建

1.4　陆军装备体系的建设特点

新一代陆军装备体系建设要以新型陆军使命任务为牵引，按照陆军装备数字化、立体化、特战化、无人化和智能化的建设总体要求，以陆军一体化的情报获取与侦察能力、指挥与控制能力、快速机动能力、精确打击能力、支援与持续作战能力和可靠防护能力作为建设目标，保障新型陆军由一支传统的区域防卫型力量转变为全域机动作战型力量。在新一代陆军装备体系的建设中，需要将陆军部队使命任务作为装备体系研制的关注焦点，满足新型陆军灵敏多能、立体突击、无人攻击、远程制敌、攻防兼备以及联合协同的作战需求，以特种作战、拔点夺要、战略破袭、空中突击、精确打击和网电对抗失能致瘫等新型作战样式为牵引，以提高新型陆军部队精确作战、立体作战、全域作战、多能作战、持续作战、非对称作战的能力需求为目标，来加速推动新一代陆军装备体系的建设。

2　陆军装备体系鉴定试验要求及程序

2.1　陆军装备体系作战能力评估指标体系

完善传统单平台的机动、火力、防护、C3I 等性能评价指标体系，建立从"营房到战场"和"从仓库到战场"全作战任务剖面的战技性能、系统效能、作战效能与适用性、体系贡献率、体系融合度等全维度的考核评估指标体系，建立从系统、平台、体系及网络、一体化联合四级作战能力的评估标准。打破基于单一型号考核评估的思维定式，适应基于信息系统体系作战和联合作战的需求，建立面向陆军战术战役合成作战、战术战役联合作战的作战能力评估标准，对战术单元、体系作战、合成作战到联合作战四个层次的作战能力、可用性、可塑性、可重组性、作战效能与适用性进行评估。

基于体系的合成作战是陆军一种高层次的作战要求，对其评估超越了对装备层面的系统性能与系统效能等方面的要求。由于在合成作战运用过程中，按作战能力编组、按作战需要合成，考核对象侧重于合成作战平台域、合成力量模块以及一体化合成作战环境等，建立体系协同指挥、体系互操作、体系生存、体系重组、体系安全、合成作战环境信息对抗（特别是非互联网协议数据传输、工业控制系统、多谱网络威胁和定制化系统攻击等）、体系保障、体系贡献率、平台人机工效等作战效能与作战适用性以及装备体系经济性的评估指标。

在诸军种联合作战中，由于各兵种之间的装备体系与使命和作战任务紧密结合，因一体化聚合和综合集成而涌现出了高层次的联合体系作战能力和综合作战能力，因此在该层次的评估指标体系中，突出联合作战环境下装备体系之间的联合指挥、互联互通、协同互操作、联合重组、战场电磁兼容、战场生存、信息对抗及安全等方面，对联合作战的作战能力、作战效能、作战适用性以及体系贡献率进行评估。

2.2 新的装备研制管理程序

针对传统装备研制模式存在的不足，我军重新制定并完善装备研制管理程序，将装备型号寿命周期分为包括预先研究、立项论证、工程研制、性能试验、小批量试生产、作战试验、列装定型、全速生产与大规模部署、作战运用、在役考核、一体化联合试验、技术升级改造、退役等多个阶段。装备经过立项论证、工程研制、基地试验或性能试验后，开始小批量生产，通过部队试用或者作战试验，完成列装定型并进入全速生产部署阶段，装备大规模列装作战部队后，组织在役考核和一体化联合试验。这种新的装备研制管理程序，突出在不同阶段考核的要求，增加了作战试验、在役考核和一体化联合试验等环节，提高了装备列装定型的门槛，同时使得装备作战需求发生变化时进行螺旋迭代升级成为现实，也缩短了装备体系战斗力生成的周期。

2.3 新型装备试验鉴定体系

新的装备鉴定试验体系突出了全寿命试验的特点，在装备体系寿命周期的不同阶段中，鉴定试验分为性能试验、作战试验、在役考核和一体化联合试验，这四类鉴定试验的有机衔接、层层递进，突出贴近实战、联合与体系的特点。同时充分发挥军种主建的新职能和新机制，确立试验监管机构在新一代陆军装备体系建设质量鉴定考核的主体作用，在装备全寿命周期内，组织好性能试验、作战试验、在役考核和一体化联合试验，以此提高陆军装备体系的建设标准和质量水平。

2.3.1 性能鉴定试验

性能鉴定试验的对象是单装、单型号和单系统，性能鉴定试验着重考核装备性能指标的达到程度，突出对装备的边界条件和极限性能以及通用质量要求的考核，把住装备优生关和能力关。

2.3.2 作战试验

作战试验考核的对象是系统与体系，着重考核作战效能、作战适用性、体系贡献率以及战场安全性等。在作战试验中，依据实战化的考核标准，在不同地理环境和多样气象条件下，构建贴近实战战场的环境和对抗条件，设置强对抗试验项目，按照成建制、全系统、全作战流程展开试验，专业化的红蓝对抗部队（也即作战试验部队）深度参与并提出评价意见，充分验证装备完成使命任务的能力，摸清装备在典型作战任务剖面下的作战效能和适用性底数，并通过作战试验创新战法和作战样式，提高装备列装定型的门槛。作战试验考核对象以武器系统或者典型作战体系为主，像野战自行高炮武器系统或者防空导弹武器系统，典型作战体系像陆军合成旅级野战防空作战体系，包括空情预警探测雷达、营（连）指挥控制车辆和防空导弹武器系统火力单元；考核对象需要辅以战场协同作战要素，如野战防空火力单元、友邻便携式导弹作战单元以及战场保障系统等，以成系统作战应用和合成作战体系作战应用构想考核场景，组成典型战术级作战应用体系。作战试验突出在复杂电磁环境与战场网络环境下的考核，建立不同对抗层级与对抗强度的电子靶场与网络靶场考核标准，对作战效能、作战适用性和战场安全性进行评估。

2.3.3 在役考核

在役考核着重考核装备的质量稳定性、人机适用性、适配性、适编性和经济性，在装备在役考核中，突出使用部队的主体作用，做好装备考核方案，选择多支不同任务的部队和不同地域的部队，以及驾驭装备能力强的部队，组织实施考核，获得全面的考核数据，进行综合评估。

陆军装备的在役考核，可以突破仅对单装、单型装备考核的要求，结合作战部队任务，把握装备体系战斗力生成的主线，适时组织合成装备体系在役考核，陆航装备体系在役考核，炮兵装备体系、野战防空装备体系在役考核，特种作战装备体系在役考核，电子作战装备体系在役考核等不同的体系功能性要素在役考核。另外陆军装备体系的在役考核，结合部队演训任务和体系训练，实施不同装备体系的协同在役考核，考核合成作战体系内，不同装备体系的协同作战效能、作战适应性、体系贡献率、互联与互操作、战场体系重构、战场体系生存等试验内容。

在装备在役考核中，提高使用部队对装备建设的话语权，建立装备动态技术状态管理新机制，能够根据作战部队的使用需求和在役考核评估结果，及时对装备进行设计优化和技术升级改进，让使用部队对装备拥有最佳的"评价权"和最终的"投票权"。

2.3.4 一体化联合试验

在一体化联合试验中，依托战区部队，组建战役和战略层级的试验作战力量，按照任务背景，根据主要作战对手设置作战想定，考核评估联合作战陆军装备体系的作战效能、适用性以及体系贡献率，突出联合作战中陆军装备体系融合度、联合作战体系跨域互操作、联合作战体系重组、战场生存等方面的评估；通过一体化联合试验创新联合作战的新战法，孵化联合作战装备体系的潜能，达到设计"今天"战争新版本、演绎"明天"作战新样式、打造"后天"军队的目的。

3 装备体系全寿命周期内的鉴定试验框架

3.1 螺旋式装备体系建设模式

螺旋模型符合人类认知世界的规律，是一个从理论到实践，再从实践到理论升华的循环往复、迭代上升的发展过程。通过借鉴现代软件工程经验和软件开发螺旋模型，在装备工程研制阶段，除了完成传统的性能试验外，增加了作战试验，进行全系统的作战效能和作战适用性评估，以确定是否达到列装定型标准；在装备大规模列装部署后，组织在役考核和一体化联合试验，考核评估适用性、适配性、适编性、体系融合度、跨域互操作以及体系贡献率等，在寿命周期的不同阶段，通过持续不断的考核与评估，能够实现对装备进行多次迭代，使高级作战概念螺旋上升地转化为适用现代作战需求的作战能力。

3.2 全寿命周期的装备体系鉴定试验框架

根据新型装备鉴定试验要求，需要将装备研制模式进行改变，由传统的瀑布式研制模式转变为螺旋研制模式，遵从基本瀑布模型，按照需求—架构—设计—开发—试验—部署—评估的路线，在装备寿命周期的不同阶段进行多次迭代，以满足用户的作战需求。这种研制模式最大的价值在于整个研制过程是迭代和风险驱动的，将用户需求的变化与用户对系统的评估有机地融合到开发过程，将瀑布模型的多个阶段转化到多个迭代过程中，以减少项目的风险，满足用户需求的变化。装备体系全寿命周期鉴定试验框架如图 2 所示。

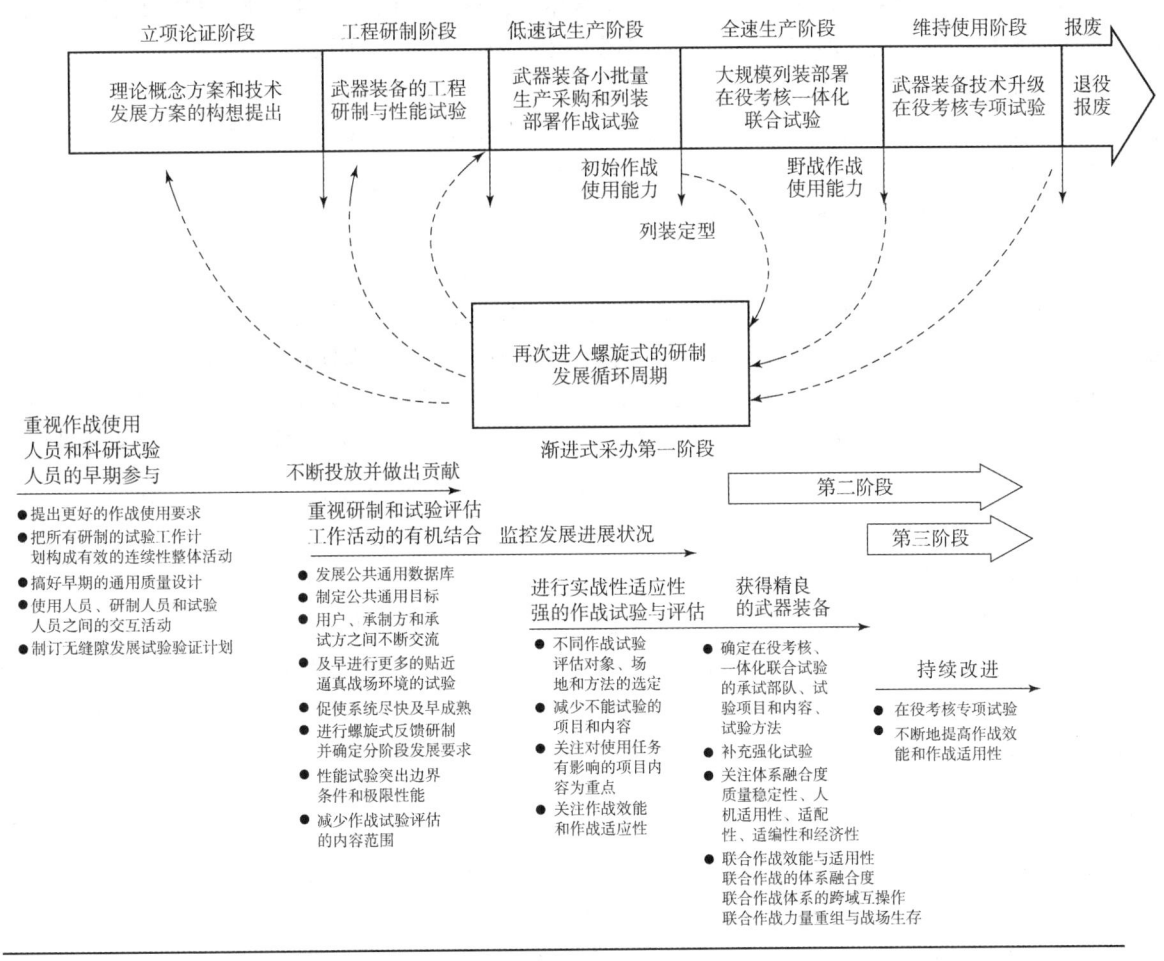

图 2　陆军武器装备全寿命周期内鉴定试验框架

从型号寿命周期看，在装备体系大规模列装使用部队后，作战部队使命任务的调整和作战需求的变化以及新的作战样式，必然导致军事需求的新变化，需要将新技术应用到装备中，持续不断地提高装备的性能和作战效能，并通过装备在役考核和一体化联合试验进行试验验证，这个过程也是一个不断迭代螺旋式的发展过程。

装备体系寿命周期，也是一个在军民融合、军种联合的基础上，从研制、订购与生产到部署不断迭代更新、体系综合集成、技术持续升级的发展过程，在这个过程更需要突出作战部队在装备体系建设与发展、作战运用过程中的主导作用，这是陆军装备体系转型建设的改革创新。

3.3　鉴定试验的发展趋势

3.3.1　以使命任务牵引装备体系试验能力建设

陆军大型复杂装备的研制以及陆军新一代装备体系的建设，离不开鉴定试验的支撑。由于陆军使命任务的变化是一个动态的发展过程，由此带来装备体系的不断演进，具体表现在不断有新的对象加入和陈旧对象的淘汰，以及对原有对象的改造以适应新的能力要求。由于使命任务的变化需要对加入的新对象进行鉴定，鉴定试验的能力建设需要跟得上使命任务要求的变化，确保新对象以及改造对象在体系中的作战效能与贡献率不断上升。在性能试验、作战试验、在役考核和一体化联合试验等鉴定试验中，鉴定试验能力的提升需要贯穿于装备体系的全寿命周期中。

3.3.2　构建装备体系试验逼真的战场试验环境

面向陆军装备体系的鉴定试验标准要贴近实战，需要构建鉴定试验考核的逼真战场环境，主要包括对抗环境和电磁环境。对抗环境包括战术想定、被试装备、陪试装备、敌方威胁与靶标以及红蓝对抗部队等要素。靶标是一种威胁模拟系统，主要对装备搜索、捕获、跟踪、攻击的典型对象的物理特性、反射特性、运动特性以及干扰与对抗性能等进行模拟，复现装备要面临的作战对象和环境，是装备体系作战试验鉴定对抗环境的重要组成部分，也是陆军装备体系鉴定试验相对比较薄弱的环节。对具有高度信息化特征的陆军装备体系进行贴近实战的考核评估，需要放在复杂电磁环境，紧贴电磁对抗与信息对抗，评估陆军装备体系的作战效能、作战适应性和战场安全性等。

3.3.3 重视无人自主系统的鉴定试验

随着无人自主系统在陆军装备体系中逐步应用，建立无人化自主系统全寿命周期的评估指标体系，将评估对象从平台的硬件为主，转向具有自学习和自适应能力的软件行为能力为主，评估标准由传统的定量性能指标转向自主能力演进指标；由于无人自主系统存在着寿命周期内自我进化能力的评估需求，在考核评估中需要依托逼真的网络战和电子战等对抗环境，以及寿命周期内系统开发、试验和部署阶段积累的大数据训练环境，按照构建、试验、变更、修改、再试验、再变更的迭代模式，建立自主系统持续"验证与确认"的考核评估新模式；同时对于自主系统的训练与考核，建立防范自主系统被"污染数据"入侵的规则、机制和政策，阻断自主系统在寿命周期内自我进化中"变异"的可能。

3.3.4 鉴定试验的"左移"计划

在工程研制阶段进行研制试验和基地性能鉴定试验中，可以先期引入作战任务环境，对装备的互操作性、网络安全性和可靠性等试验项目提前组织进行，尽早发现并解决装备存在的缺陷；在作战试验中，适时对单装、单型和单系统的体系贡献率作出适合的评估；在在役考核中，适当增加合成体系与联合作战体系作战效能、作战适用性、体系贡献率以及体系重构、体系战场生存的考核评估。

4 结论

从装备体系的视角研究陆军装备的建设与发展问题，架构陆军装备体系全寿命周期的鉴定试验框架，把握不同鉴定试验类型的特点和要求以及发展趋势，对持续改进和提高陆军装备体系的作战效能、作战适用性、联合作战的体系贡献率，促进陆军装备体系建设的质量具有重要的意义。

参 考 文 献

[1] [英] 戴瑞克·希金斯. 系统工程：21世纪的系统方法论 [M]. 朱一凡, 等, 译. 北京：电子工业出版社, 2017.

[2] [美] Mo Jamshidi. 体系工程：基础理论与应用 [M]. 许建峰, 等, 译. 北京：电子工业出版社, 2016.

[3] 杨德鑫, 王超. 构建适应新型陆军的装备体系 [N]. 解放军报, 2016-03-29 (6).

[4] 游光荣, 初军田, 吕少卿, 等. 关于武器装备体系研究 [J]. 军事运筹与系统工程, 2010, 24 (04): 15-22.

[5] 曹宏炳, 任永胜, 贾严冬. 陆军新一代装备体系建设的思考 [C] //2018新型陆军论坛会议论文集, 2018.

[6] 曹宏炳, 周侃, 贾严冬, 等. 野战防空导弹武器系统在役考核强化试验的实践与探索 [C] //2018新型陆军论坛会议论文集, 2018.

高应变率下复合炸药的力学性能试验研究

郭洪福,周 涛,张丁山,袁宝慧*

(西安近代化学研究所,陕西 西安 710065)

摘 要：针对复合炸药8701的力学性能进行了Hopkinson试验研究,通过高速摄影获取8701样品在加载过程中的响应图像,并运用环境扫描电镜对其碎片进行了分析。试验研究发现,在高应变率(400s-1)加载条件下8701样品呈脆性断裂状态,材料的断裂应力为35 MPa,断裂应变为0.01。从加载图像发现8701样品的侧面有两条与轴向成45°的断裂线,这种现象与玻璃等脆性材料的断裂特性相似。从8701的碎片可以看出,8701样品的断裂模式主要包含RDX晶粒的断裂以及黏结剂界面的脱粘。

关键词：复合炸药;断裂;SEM

Experimental study on mechanical properties of composite explosives on high strain rate loading

GUO Hongfu, ZHOU Tao, ZHANG Dingshan, YUAN Bao hui*

(Xi'an Modern Chemistry Research Institute, Xi'an 710065, China)

Abstract: Hopkinson test is carried out on the mechanical properties of composite explosive 8701 in this paper. Response images of 8701 samples during loading were obtained by high – speed photography, and their fragments was analyzed by environmental scanning electron microscopy (SEM). It was found that 8701 samples present brittle fracture under high strain rate (400s – 1) loading. The fracture stress is 35MPa and the fracture strain is 0.01. From the loading image, it is found that there are two fracture lines on the side of 8701 sample, which are 45 degrees from the axial direction. This phenomenon is similar to the fracture characteristics of brittle materials such as glass. The fracture mode of 8701 sample mainly includes the fracture of RDX grain and debonding of bonding agent interface.

Keywords: composite explosive; fracture; SEM

0 引言

复合炸药是常规武器系统常用的高能填充物,其力学性能以及断裂行为受应变率的影响非常大[1-5]。因此,研究复合炸药的应变率效应以及断裂行为,是认识其点火机理、研究炸药安全性的前提和基础。Çolak从试验中获取了浇注复合炸药的非线性黏弹性行为[6]。Siviour等研究了应变率对材料力学性能的影响,试验发现应力和应变率的对数呈线性关系[7]。Idar等和Guerain等研究发现,在冲击压缩下PBX9501和IHE的炸药晶体都发生了严重的损伤,断裂形式有HMX和TATB晶体的穿晶断裂,同时也产生黏结剂与炸药晶体的界面脱粘[8,9]。Chen等研究了高应变率低温条件下PBX炸药的动态力学性能,试验发现温度对PBX炸药的压缩强度影响较为明显[10]。Tasker等[11]运用Hopkinson试验技术研究了PBXW-128在高应变率下的动态拉伸力学性能。Hoffman[12]研究了不同的固体推进剂在高应变率下的力学性能,从试验结果中分析得出材料的有效模量、应力强度与应变率的关系。Gray Ⅲ等对PBX9501在不同温度条件下的冲击压缩断口的细观观察表明,常温(17 ℃)以及低温(-40 ℃)下,试件的破坏特征都是既有 HMX 晶体的断裂，也有黏结剂的断裂[13]。Grantham 等用塑料黏结糖（Polymer Bonded Sugar，PBS）代替炸药来研究高应变率下的力学性能，研究人员对 PBS 和黏结剂聚丁二烯（Hydroxyl Terminated Polybutadiene，HTPB）在 2 000 s^{-1}加载应变率下的 PBS 进行了力学性能的研究[14]。

针对复合炸药力学性能的研究主要集中在应变率引起的力学性能变化，在高应变率下的损伤研究较少。本文基于 SHPB 试验技术以及高速摄影技术研究在高应变率加载条件下的 8701 样品的力学性能变化，并通过扫描电子显微镜（SEM）研究 8701 样品的断裂机理。

1 HOPKINSON 实验

1.1 试验方法

本次 8701 样品力学性能试验通过 hopkinson 杆进行加载，8701 样品通过 8701 造型粉压制而成，造型粉的扫描电镜图片如图 1 所示。从图中可以看出，造型粉是被黏结剂包裹的炸药颗粒聚集而成，结构比较松散。图 2 所示为通过压机压制而成的实验样品。

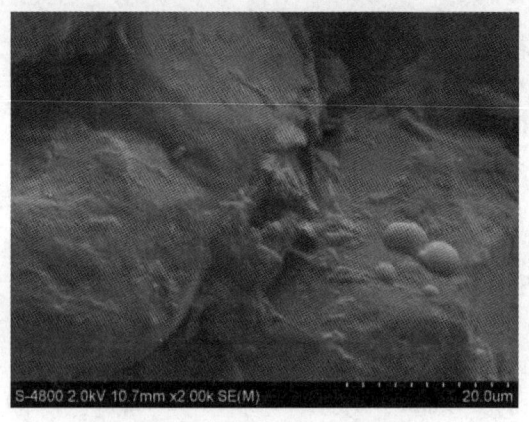

图 1　8701 造型粉扫描电镜图片

图 2　8701 试验样品

1.2 试验结果

图 3 所示为 8701 样品在应变率为 400 s^{-1}时的应力 - 应变曲线。

从图 3 可以看出，在高应变率加载下，应力随应变增加而迅速增大。材料在 400 s^{-1}应变率加载过程中，材料的弹塑性变形比较缓慢，在应力达到 35 MPa时，材料发生了断裂，之后破碎的 8701 仍未失去抵抗力和变形的能力，材料仍能够承受一定的力和变形。

图 4 所示为 PBX 在加载过程中拍摄的图片。试验在保证拍摄速度的同时保证了完整的拍摄视野，

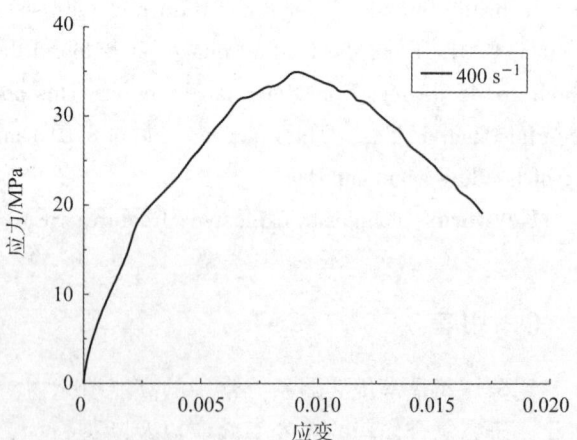

图 3　8701 高应变率下的应力 - 应变曲线（400 s^{-1}）

试验中所采用的高速摄影参数为：拍摄频率 100 000 帧/s，两幅照片最小间隔时间是 10 μs，分辨率为 320×192 像素，LED 灯放置在样品的上方。

入射波未加载样品时，样品表面看上去非常光洁，如图 4（a）所示。图 4（b）与图 4（a）相比，样品在径向方向发生了变形，样品的表面与未加载时相比没有太大的变化。在 20 μs 时，裂纹出现在样品的表面上，其中有两条与轴线成 45°夹角的裂纹线。这一现象与脆性材料的破坏模式非常相似[14,15]。在 30 μs 时，样品表面的裂纹明显增多。图 4（e）和图 4（f）显示样品已经完全破碎。

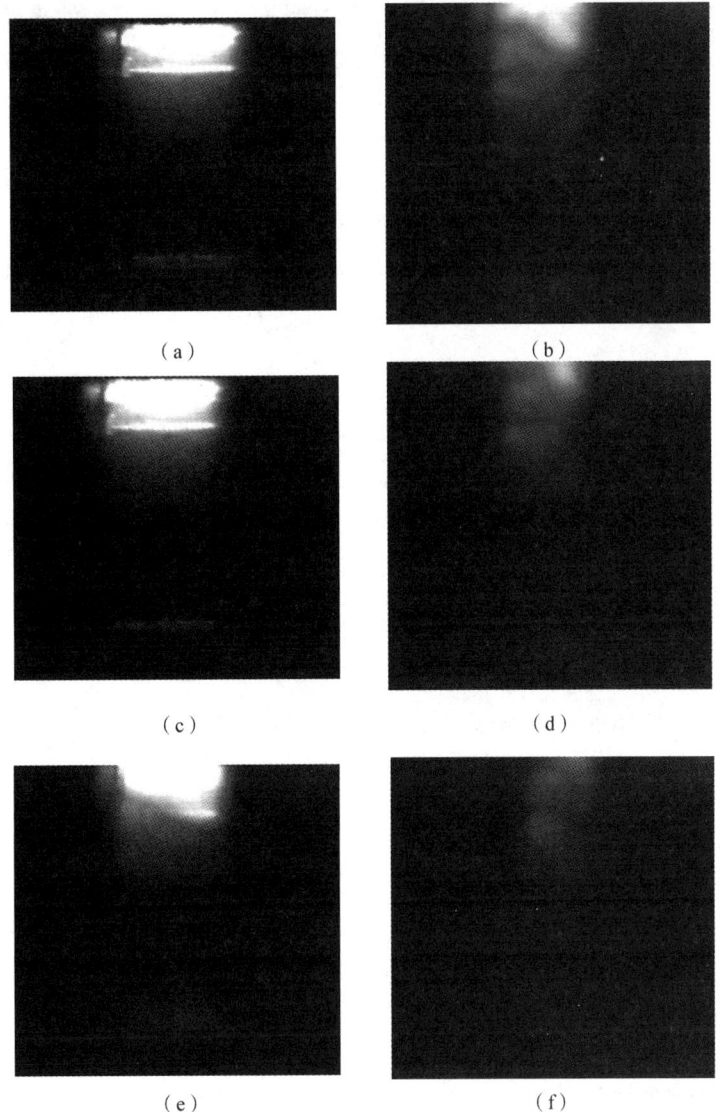

图 4　8701 在高应变率加载过程中的高速摄影

(a) 0; (b) 10 μs; (c) 20 μs; (d) 30 μs; (e) 40 μs; (f) 50 μs

图 5 所示为 8701 样品试验后的碎片通过 SEM 获得的图像。

图 5　8701 试验后碎片的 SEM 图像

从图 5 可以看到 RDX 颗粒断裂后的碎片以及黏结剂界面脱粘之后产生的小碎片。因此，8701 样品在常温下的断裂包含两种断裂状态：RDX 颗粒的断裂以及黏结剂界面的脱粘。

2 结论

从实验可以看出，8701 样品在高应变率加载下呈脆性性质，材料的断裂应力为 35 MPa，断裂应变为 0.01。8701 样品在加载过程中表面有两条与直径方向呈 45°夹角的裂纹，这一现象与 Griffith 获得的玻璃破坏模式相似[14]，是脆性材料断裂的固有特性。从 8701 样品的断裂碎片可以看出，其断裂模式主要包含 RDX 晶粒的断裂以及黏结剂界面的脱粘。

参 考 文 献

[1] 王昕捷. 高能炸药晶体尺度的细观力学-点火反应研究 [D]. 北京：北京理工大学，2017.

[2] Funk D J, Laabs G W, Peterson P D, et al. Measurement of the stress/strain response of energetic materials as a function of strain rate and temperature: PBX 9501 and Mock 9501 [C] // American Institute of Physics, 1996: 145–148.

[3] Govier R K, Iii G T, Blumenthal W R. Comparison of the influence of temperature on the high–strain–rate mechanical responses of PBX 9501 and EDC37 [J]. Metallurgical & Materials Transactions A, 2008, 39 (3): 535–538.

[4] Qin J, Lin Y, Lu F, et al. Dynamic compressive properties of a PBX analog as a function of temperature and strain rate [C] // Springer New York, 2011: 141–146.

[5] Darla Graff Thompson, Racci Deluca, Brown G. Time–temperature analysis, tension and compression in PBXs [J]. Journal of Energetic Materials, 2012, 30 (4): 299–323.

[6] Çolak O U. Mechanical behavior of polymers PBXW–128 and PBXN–110 under uniaxial and multiaxial compression at different strain rates and temperatures [J]. Journal of Testing & Evaluation, 2004, 32 (5): 390–395.

[7] Siviour C R, Walley S M, Proud W G, et al. Mechanical behaviour of polymers at high rates of strain [J]. Journal De Physique IV, 2006, 134: 949–955.

[8] Idar D J, Lucht R A, Straight J W, et al. Low amplitude insult project: PBX 9501 high explosive violent reaction experiments [J]. Impact Tests, 1998.

[9] Guerain M, Forzy A, Lecardeur A, et al. Structural defect evolution of TATB–based compounds induced by processing operations and thermal treatments [J]. Propellants Explosives Pyrotechnics, 2016, 41 (3): 494–501.

[10] Chen D D, Fang–Yun L U, Lin Y L, et al. Effects of strain rate and temperature on compressive properties of an aluminized PBX [J]. Chinese Journal of High Pressure Physics, 2013, 27 (3): 361–366.

[11] Tasker D G, Dick R D, Wilson W H. Mechanical properties of explosives under high deformation loading conditions [C] // 10th American Physical Society Topical Conference on Shock Compression of Condensed Matter. Massachusetts: American Institute of Physics, 1998, 429 (1): 591–594.

[12] Hoffman H J. High–strain rate testing of gun propellants [R]. 1989: AD–A208826.

[13] Gray Iii G T, Idar D, Blumethal W R, et al. High– and low–strain rate compression properties of several energetic material composites as a function of strain rate and temperature [J]. Office of Scientific & Technical Information Technical Reports, 1998.

[14] Grantham S G, Siviour C R, Proud W G, et al. High–strain rate Brazilian testing of an explosive simulant using speckle metrology [J]. Measurement Science & Technology, 2004, 15 (9): 1867.

[15] Wiegand D A, Pinto J, Nicolaides S. The mechanical response of TNT and a composite, composition B, of TNT and RDX to compressive stress: I uniaxial stress and fracture [J]. Journal of Energetic Materials, 1991, 9 (1–2): 19–80.

[16] 李俊玲. PBX 炸药装药的力学性能及损伤破坏研究 [D]. 长沙：国防科学技术大学，2012.

扇形体预制破片穿甲威力试验研究

赵丽俊[1,2]，郝永平[1]，刘锦春[2]，黄晓杰[2]，李晓婕[2]

(1. 沈阳理工大学 装备工程学院，辽宁 沈阳 110159；
2. 北方华安工业集团有限公司 (123厂)，黑龙江 齐齐哈尔 161046)

摘 要：现代战争的特点是机械化程度高、装甲防护能力强，战场上直接暴露的有生力量已极为有限，随着地面压制武器的发展，普通杀伤爆破弹破片的毁伤效能已无法满足打击装甲车辆的要求。只有提高破片的毁伤能力，才能达到攻击装甲车辆内的有生力量和通信设施的目的。为了进一步提高杀爆弹的杀伤威力和破片穿甲威力，研制具有打击轻型装甲车辆的预制破片弹是十分必要的。目前预制破片已广泛应用在榴弹、导弹战斗部等杀伤武器上，以某预制破片弹为例，对扇形体预制破片的初速、着速、极限穿甲速度、穿甲密度和穿甲率等性能进行了理论计算与试验研究，试验结果表明，理论计算结果与验证试验结果基本吻合。

关键词：预制破片；初速；着速；穿甲威力
中图分类号：TJ413.+4 **文献标识码**：A

Segment precasting fragment power test and research

ZHAO Lijun[1,2], HAO Yongping[1], LIU Jinchun[2], HUANG Xiaojie[2], LI Xiaojie[2]

(1. Equipment engineering college of Shenyang university of technology, Shenyang 110159, China.
2. The Test Base of 123 Factory, North Hua'an Industrial Group Co.,
Ltd., Qiqihar 161046, China)

Abstract: Modern war is characterized by high mechanization degree and strong armor protection ability, and the effective forces directly exposed on the battlefield are extremely limited. With the development of ground suppression weapons, the damage efficiency of ordinary anti-personnel blasting shells and fragments can no longer meet the requirements of attacking armored vehicles. Only by increasing the damage ability of the fragments can we attack the effective power and communication facilities inside the armored vehicles. In order to further improve the killing power and armor piercing power of explosive ordnance, it is necessary to develop prefabricated fragmentation ordnance with striking light armored vehicles. Now the preformed fragment has been widely used on the grenade, missile warhead destruction weapons, based on the play, for example, a prefabricated fragment of prefabricated segment fragment velocity, the speed, speed limit wear armor and wearing armor density and wear properties, such as a rate on the theoretical calculation and experimental study, the test results show that the theoretical calculation results basically match the experiment results.

Keywords: prefabricated fragment; initial velocity; target speed; penetrating armor power

---

作者简介：赵丽俊 (1980—)，男，内蒙古人，高级工程师，在读博士，研究方向为终点弹道和毁伤理论，E-mail: zhaolijun800810@163.com。

0 引言

现代战争的特点是机械化程度高、装甲防护能力强,战场上直接暴露的有生力量已极为有限,几乎所有目标都具有一定的防护能力,普通杀爆弹在现代战争中的毁伤能力已十分有限。随着预制破片弹的广泛使用,武器系统战斗力有效增强。因而研究预制破片的速度衰减规律是必要的。预制破片弹爆炸后,在爆轰波的作用下,预制破片的飞行速度相继加速,当预制破片所受空气阻力与爆轰产物气体对预制破片的推力相平衡时,预制破片的速度达到最大,此后,预制破片的速度将会逐渐衰减,当速度衰减到很小时,预制破片就不再具有杀伤目标的能力了。文章研究了扇形体预制破片在爆轰波作用过程中的衰减规律,为预制破片弹预制破片结构设计和杀伤威力设计提供依据。

1 研究方法

通常预制破片弹所打击的目标均为轻型均质装甲,针对不同厚度的装甲目标,在不同靶距条件下计算预制破片对装甲钢板的侵彻能力,采用工程计算方法对预制破片的杀伤威力进行理论计算,并通过实弹搭载预制破片试验验证扇形体预制破片的衰减规律和穿甲能力。

1.1 预制破片初速

搭载预制破片的弹丸爆炸,在爆轰波的作用下,预制破片被驱动加速,预制破片的初速取决于炸药的爆速及炸药的装填系数等,预制破片初速由式(1)计算。

$$v_{p0} = \frac{D}{2}\sqrt{\frac{\alpha}{2-\alpha}} \tag{1}$$

式中:α——装填系数;
D——炸药爆速,m/s。

1.2 预制破片的着速

预制破片在空气中运动时受三个力的作用,一个是预制破片自身重力,一个是爆轰波对预制破片的作用力,另一个是空气对预制破片的阻力。由于预制破片初速高、运动时间短,预制破片自身重力可以忽略不计,预制破片只受空气阻力而速度衰减。预制破片的运动方程为

$$m_f v \frac{dv}{dx} = -\frac{1}{2}C_D \rho_a S v^2 \tag{2}$$

式中:x——破片飞行距离,m;
ρ_a——当地空气密度,kg/m³;
S——迎风面积,m²;
v——预制破片速度,m/s;
m_f——预制破片质量,g;
C_D——气动阻力系数。

对式(2)取定积分,有

$$\int_{v_0}^{v_x} \frac{dv}{v} = -\frac{C_D \rho_a S}{2m_f}\int_0^x dx \tag{3}$$

于是预制破片在不同距离时的着速为

$$v_x = v_0 e^{-\frac{C_D \rho_a S}{2m_f}x} \tag{4}$$

式中:v_x——破片飞行 x 的存速,m/s;

x——破片飞行距离，m；
ρ_a——当地空气密度，kg/m³；
S——迎风面积，m²；
v_0——预制破片初速，m/s；
m_f——预制破片质量，kg；
C_D——气动阻力系数。

1.3 预制破片衰减系数

不同形状的预制破片，在空气中受到的飞行阻力不同，研究预制破片的速度衰减规律，需要计算预制破片的衰减系数，预制破片的衰减系数由式（5）计算。

$$\alpha = \frac{C_D \rho_a S}{2 m_f} \quad (5)$$

式中：α——预制破片衰减系数；
ρ_a——当地空气密度，kg/m³；
S——迎风面积，m²；
m_f——预制破片质量，kg；
C_D——气动阻力系数。

称 α 为预制破片速度衰减系数，其量纲是（1/m），α 的物理意义是预制破片在飞行过程中保存速度的能力；α 值越大，表明预制破片保存速度的能力越小，速度衰减快；反之，α 值越小，表明预制破片保存速度的能力越大，速度衰减慢。

1.4 预制破片迎风面积 S

由于预制破片在飞行过程中做无规则的翻滚、旋转运动，自身的取向变化不定，故迎风面积的确定比较困难。一般按均匀取向理论，采用预制破片平均迎风面积计算。对于规则的预制破片，平均迎风面积可取整个表面积的 1/4。对于不规则的预制破片，可由试验测出迎风面积，或将其近似成规则预制破片处理，对于各种不同形状的规则预制破片，均可推导出相应的形状系数 φ 和预制破片质量 m_f 与预制破片迎风面积 S 的关系式。各种形状预制破片形状系数 φ 值如表 1 所示。

$$S = \varphi m_f^{2/3} \quad (6)$$

式中：φ——破片形状系数 φ，m²·kg$^{-2/3}$；
m_f——预制破片质量，kg。

表 1 预制破片形状系数 φ 值

预制破片形状	φ/(m²·kg$^{-2/3}$)	预制破片形状	φ/(m²·kg$^{-2/3}$)
球形	3.07×10^{-3}	平行四边形	$(3.6 \sim 4.3) \times 10^{-3}$
立方体	3.09×10^{-3}	菱形	$(3.6 \sim 4.3) \times 10^{-3}$
圆柱形	3.35×10^{-3}	长方形	$(3.6 \sim 4.3) \times 10^{-3}$

1.5 气动阻力系数 C_D

由空气动力学可知，气动阻力系数 C_D 值取决于预制破片的大小、形状和速度。C_D 值通常先由风洞试验测出给定气流速度下物体所受的阻力，然后根据迎风面积可计算出来。

当马赫数（1 Ma = 340 m/s）$Ma > 1.5$ 时，C_D 随 Ma 的增加而缓慢下降。各种形状预制破片的 C_D 值如表 2 所示。

表 2　气动阻力系数 C_D 值

预制破片形状	C_D
球形	0.97
方形	$1.72 + \dfrac{0.3}{Ma^2}$ 或 $1.285 + \dfrac{1.054}{Ma} - \dfrac{0.923}{Ma^2}$
圆柱形	$0.806 + \dfrac{1.323}{Ma} - \dfrac{1.12}{Ma^2}$
菱形	$1.45 - 0.0389Ma$

当马赫数 $Ma > 3$ 时，C_D 一般取常数。各种形状预制破片的 C_D 值如表 3 所示。

表 3　气动阻力系数 C_D 值

预制破片形状	球形	圆柱形	规则矩形和菱形	不规则矩形和菱形
C_D	0.97	1.17	1.24	1.50

1.6　当地空气密度 ρ_a

当地空气密度通常指预制破片飞行在高空中的气体密度，它随离开海平面高度而定，一般表达式为

$$\rho_a = \rho_{a0} H_y \tag{7}$$

式中：ρ_{a0}——海平面处空气密度 1.226 kg/m^3；

H_y——空气密度随海拔高度变化的修正系数：

$$H_y = \begin{cases} \left(1 - \dfrac{H}{44.308}\right)^{4.2558}, & H \leqslant 11 \text{ km} \\ 0.279 e^{-\frac{H-11}{6.318}}, & H > 11 \text{ km} \end{cases} \tag{8}$$

1.7　极限穿靶速度

根据装甲钢板的力学性能，查得其抗拉强度 $[\sigma_b]$，采用着靶动能与剪切功相等的原则进行极限穿透速度计算，计算公式如式（9）所示。

$$\frac{1}{2} m_p v^2 = 1.2 \times \frac{1}{2} [\sigma_b] s t \tag{9}$$

由式（9）得

$$v = \sqrt{\dfrac{2 \times 1.2 \times \dfrac{1}{2} \times [\sigma_b] s t}{m_p}} \tag{10}$$

式中：v——预制破片极限穿靶速度，m/s；

m_p——预制破片质量，g；

$[\sigma_b]$——均质装甲钢板抗拉强度，MPa；

s——预制破片剪切靶板的剪切面积，m^2；

t——均质装甲钢板厚度，m。

1.8　某型预制破片弹穿甲威力工程计算

某型预制破片弹穿甲威力技术要求，预制破片在距爆心 15 m 处，能够击穿 12 mm 厚的均质装甲钢板。为满足威力要求，在工程设计时，只要使预制破片在 15 m 处的着速大于其极限穿甲速度且穿甲后剩余能量大于标准杀伤动能 98 J，视为满足穿甲威力要求，穿甲威力性能计算结果如表 4 所示。

表4 预制破片穿甲威力设计参数及计算结果

初速/(m·s^{-1})	着靶速度/(m·s^{-1})	极限穿靶速度/(m·s^{-1})	单枚预制破片质量/g	单枚预制破片规格/mm³	迎风面积/m²
1 344.41	1 189.15	1 047.21	8.00	7.7×7.7×7.7	8.89×10^{-5}
阻力系数	速度衰减系数/(ln^{-1})	剩余速度/(m·s^{-1})	着靶动能/J	穿靶动能/J	剩余动能/J
1.24	8.181×10^{-3}	142.9	5 840.1	4 527.3	1 312.7

2 验证试验

验证试验以某杀爆弹为载体搭载预制破片,采用外置预制破片结构,单枚预制破片形状为扇形体(近似为立方体),预制破片如图1所示,由薄壁钢质套筒固定预制破片,在距弹丸爆心15 m处放置三块12 mm厚的均质装甲钢板,采用通靶、断靶结合的方式测试预制破片的初速、15 m处着速及装甲靶板后1 m处的剩余速度,同时兼测预制破片的穿透密度和穿甲率,试验布置示意如图2所示,试验现场情况如图3所示,预制破片穿甲情况如图4所示,试验数据如表5所示。

图1 预制破片照片

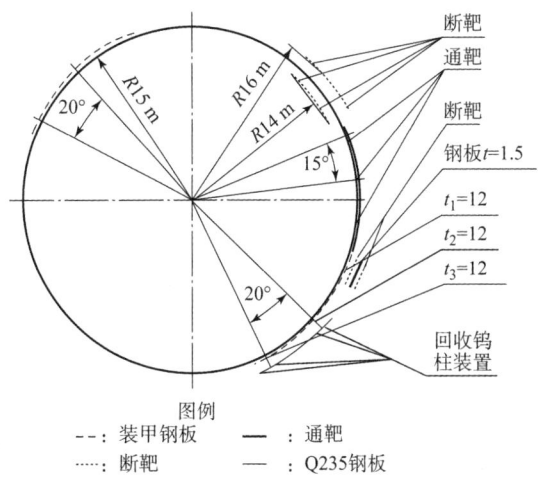

图2 试验现场布置示意

图3 试验现场情况

(a)

(b)

图4 预制破片穿甲情况

(a)穿靶照片;(b)回收预制破片

表5 威力试验结果

弹号	靶号	着靶数/枚	透孔数/枚	着靶密度/(枚·m⁻²)	穿靶密度/(枚·m⁻²)
1#	1#	15	14	5	4.6
	2#	13	13	4.3	4.3
	3#	12	12	4	4
2#	1#	14	14	4.6	4.6
	2#	12	12	4	4
	3#	13	13	4.3	4.3

穿透率/%	初速/(m·s⁻¹)	15 m 着速/(m·s⁻¹)	靶后剩余速度/(m·s⁻¹)	剩余能量/J
93				
100	1 397.1	1 242.7	146.7	888.8
100				
100				
100	1 352.4	1 217.4	134.6	748.3
100				

试验结果表明，该型预制破片弹预制破片理论设计初速、着速及穿甲性能与靶场试验测得的初速、着速及剩余速度等参数基本吻合，预制破片的穿甲率较好，说明预制破片的形状选择、质量设计符合设计要求，由回收得预制破片可以得到其穿甲后的质量损失率较低，具有较大的后效剩余动能，由于试验方法不同和测量误差的存在，理论计算结果与试验结果存在一定的误差。

3 结论

（1）通过理论计算和验证试验，本文研究了扇形体预制破片形状、迎风面积、预制破片质量、气动力系数及当地空气密度对其速度衰减规律的影响和对均质装甲钢的穿甲性能的影响，理论计算结果和静爆试验结果基本吻合，扇形体预制破片设计参数满足穿甲技术要求。

（2）预制破片的衰减系数 α 与气动系数 C_D 成正比，随之增大而预制破片的速度衰减增大，随之减小而预制破片的速度衰减减小；预制破片的衰减系数 α 与迎风面积成正比，随之增大而预制破片的速度衰减增大，随之减小而预制破片的速度衰减减小；预制破片的衰减系数 α 与当地空气密度 ρ_a 成正比，随之增大而预制破片的速度衰减增大，随之减小而预制破片的速度衰减减小；预制破片的衰减系数 α 与预制破片的质量成反比，随之增大而预制破片的速度衰减减小，随之减小而预制破片的速度衰减增大。

（3）文章是在静态条件下对预制破片的速度衰减规律进行探讨与研究，而实际作战中弹丸是在空中爆炸，预制破片的运动不仅有轴向速度，还有随弹丸旋转的切向速度，运动形式较为复杂，对于预制破片在动态条件下的速度衰减规律和穿甲性能，还需要通过动爆试验进一步研究。

参 考 文 献

[1] 王儒策,赵国志. 弹丸终点效应 [M]. 北京：北京理工大学出版社,1993.
[2] 魏惠之,朱鹤松,等. 弹丸设计理论 [M]. 北京：国防工业出版社,1985.
[3] 隋树元,王树山. 终点效应学 [M]. 北京：国防工业出版社,2000.

第七部分

兵器装备先进制造技术

U 型壳体零件加工变形控制方法

张雄飞, 王银卜, 杨全理

(西安应用光学研究所, 陕西 西安 710065)

摘 要: 以微应力辅助支撑, 悬臂双侧打表保证零件装夹无应力变形为核心, 同时通过优化走刀轨迹和切削参数相组合的方法, 解决传统装夹方法难以保证 U 型壳体类零件的加工精度的难题, 将加工精度由 IT8 级提高到 IT6 级。

关键词: 微应力辅助支撑; 装夹无应力变形

中图分类号: TG **文献标志码**: A

Control method for machining deformation of U-shaped shell Parts

ZHANG Xiongfei, WANG Yinbu, YANG Quanli

(Xi'an Institute of Applied Optics, Shanxi, Xi'an, 710065, China)

Abstract: With micro – stress support and cantilever double – side table setting to ensure stress – free deformation of parts clamping as the core, and by optimizing the combination of tool trajectory and cutting parameters, the traditional clamping method can not guarantee the processing accuracy of U – shaped shell parts, and the processing accuracy is improved from IT8 to IT6.

Keywords: micro – stress assisted support; clamping stress – free deformation

0 引言

U 型壳体类零件 (图 1) 是我单位机载、舰载等观瞄产品的重要承载部件。近年来,随着产品技术等级不断提高和产品的轻量化, 传统装夹方法已难以保证加工精度。实际试制生产中零件质量难以控制, 给产品交付造成严重困难。本文通过改变零件装夹方法、增加辅助支撑、优化走刀轨迹、选用合理切削参数等方法, 来保证零件的尺寸及形位公差要求, 从而保证加工精度。

 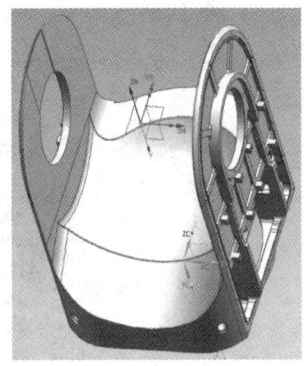

图 1 应用某产品及零件模型

作者简介: 张雄飞 (1984—), 男, 工程师/技师, 179907234@qq.com。

1 U型壳体零件分析及加工中存在的问题

零件的关键尺寸如图2所示。

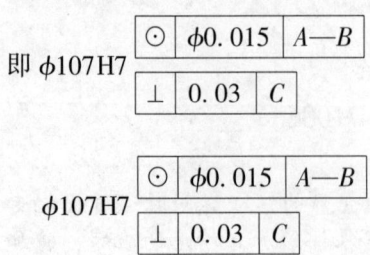

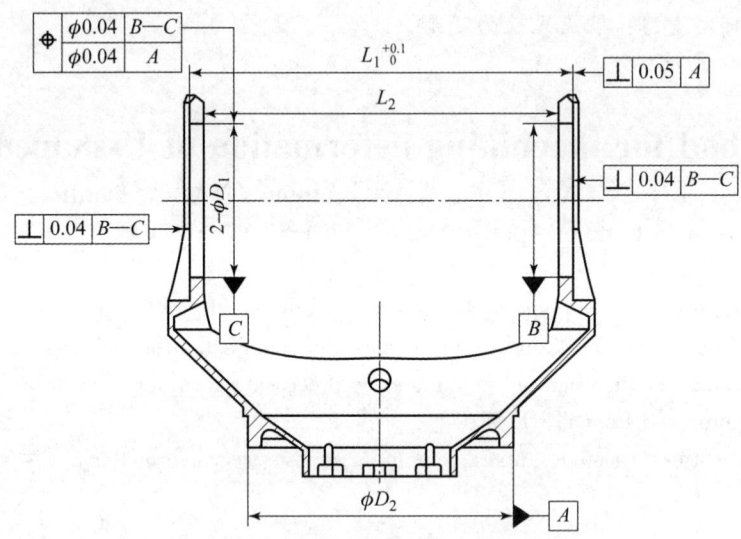

图2 U型壳体零件的关键尺寸

U型壳体零件在加工过程中的主要问题是刚性差,在刀具切削零件表面时,产生颤动,使零件表面发生过切,形成锯齿状颤纹,零件的尺寸公差、形位公差等无法保证,具体问题如图3所示。

图3 U型壳体零件加工存在的问题

2 原有装夹方式分析

如图4所示,在零件的内腔配合弧形支撑板,用胶固定在侧壁。这种支撑方法的缺点是对弧形支撑板的长度尺寸有严格的配合要求,且不通用,配合组装效率低。同时,此种支撑属于填充类,在加工完零件取下支撑后两侧悬臂依然会回收变形,形位及尺寸精度还是难以保证。

3 技术原理

3.1 微应力装夹方法

根据零件的三个定位点制作平面工装板并将其固定在工作台上,零件在自由状态下放在工装板上,在工装板背面用螺钉轻拉,使装夹力方向与重力方向一致,在拉紧过程中,在悬臂侧面压表观察,调整拉钉保证表针无跳动,获得微应力装夹方法。

图4 同行业内刚性增强方法

3.2 增加微应力辅助支撑,提高零件刚性

3.2.1 分析悬臂端结构

在零件的左边有工艺台,刚性较好。最顶端和右边属于悬臂端,在此区域选择分中位置,取刚性最差的区域,作为增加零件刚性的点,如图5所示。

3.2.2 铝块粘贴方法

两侧壁在自由状态下,用速干胶粘贴两块铝板,如图6所示,两侧铝块的端面要共面,以免粘贴横梁时受力不均。

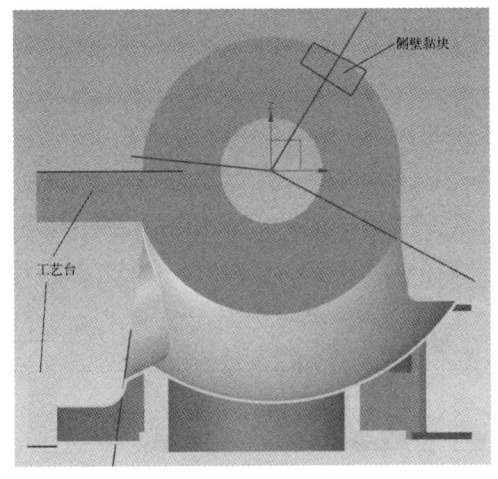

图5 刚性最差点

图6 粘贴铝块

3.2.3 无应力支撑

将横梁轻轻放在铝块的端面,最好在U型的两端各压表一块,在横梁与铝板的接触面滴上速干胶,观察有无支撑应力,如图7所示。

3.3 优化走刀轨迹

在孔端面加工时,由于端面有减重槽,生成的程序中很大一部分为空走刀,容易引起振动,形成颤纹。优化后的程序是沿零件轮廓按75%的步距，形成走刀轨迹，这种走刀光滑、匀速，加工效果良好。

3.4 选用合理切削参数

由于采用以上装夹方法后，零件的刚性非常好，所以在选择切削参数时可以选择高转速 S，大的进给速度 F。我们选择了12铣刀，根据测试经验转速 S 给定为 8 150 r/min，进给速度 F 为 3 500 mm/min，加工出来的表面粗糙度完全可以达到图纸的要求，如图8所示。

图7 安装好后观察有无应力变形

图8 表面粗糙度 Ra1.6

3.5 效果检测

如表1所示，通过对改善前和改善后的粗糙度及形位公差进行对比，发现增加微应力辅助支撑在U型壳体零件中起到了关键的作用，这是U型壳体类零件加工变形控制的核心方法。改进前和改进后合格率对比如表2所示。

表1 粗糙度及形位公差对比

项目	图纸要求	改善前	改善后
表面粗糙度/μm	1.6	3.2	1.6
端面垂直度	0.03	0.05	0.01
两侧孔的同轴度	ϕ0.015	ϕ0.04	ϕ0.008
	ϕ107H7	ϕ107.02	ϕ107.02
	ϕ115H7	ϕ115.025	ϕ115.025

表2 改进前和改进后合格率对比　　　　　　　　　%

一次交检合格率	返修后合格率	改进后一次交检合格率
80	90	99

4 创新点

4.1 微应力装夹法

零件在自由状态下放在工装板上，在工装板背面用M10的螺钉轻拉，经过压表观察，该方法有效地控制了零件的装夹变形。

4.2 微应力辅助支撑

零件装夹后在悬臂端内两侧粘贴了两块平行的连接块，装夹好后，在连接块的上端粘贴横梁，通过压表观察（图9），在操作的过程中保证表针无跳动。

图9 压表观察有无应力

5 结束语

加工精度由IT8级提高到IT6级，任务节点得以保证，同时极大地降低了工人的劳动强度（装夹），产生了可观的经济效益。此方法现已广泛应用在薄壁类、框架类零件的精加工中。

参 考 文 献

[1] 张旺. U形零件的加工工艺方案设计 [J]. 电子工程, 2014 (001): 10-12.

[2] 邢绍美. 框架零件的加工 [J]. 航天返回与遥感, 1999, 20 (2): 63-67.

[3] 俸跃伟, 李冬梅. 辅助支承夹具在薄壁机匣加工中的应用 [J]. 航空宇航科学与技术, 2014 (003): 13-16.

[4] 张磊, 陈克勤. 复杂薄壁件装夹变形控制研究 [J]. 长春理工大学学报（自然科学版）, 2014 (004): 25-27.

10 mm² 以上线缆铅锡焊接技术

卢冬影，李　钰，崔　盈，任苏萍，刘维娜

（西北机电工程研究所，陕西 咸阳 712099）

摘　要：根据电子技术常见焊接问题进行分析，针对 10 mm² 以上线缆短路、虚焊、线束歪斜、硬化的焊接问题，从焊接时间控制范围、线束焊接歪斜及相邻焊接杯口短路方面提出解决办法，从可操作性出发，创新性提出 10 mm² 以上线缆焊接操作方法，改进了线缆焊接技巧，焊接合格率99%，对提高线缆的可靠性焊接提出独到见解，对同行业的线缆焊接具有一定的指导意义。

关键词：10 mm² 以上线缆；防短路焊接

Lead tin welding technology for cables above 10 mm

LU Dongying, LI Yu, CUI Ying, REN Suping, LIU Weina

(Northwest Institute of Mechanical and Electrical Engineering, Xianyang 712099, Chian)

Abstract: Based on the analysis of common welding problems in electronic technology, some solutions to the problems of short circuit, false welding, twisted and hardened wire cables above 10 mm is put forward. Starting from operability, the innovative method of welding cables above 10mm is proposed, the cable welding technique is improved, the welding pass rate is 99%, and the unique insights are proposed to improve the reliability of cable welding, and it has certain guiding significance for cable welding in the same industry.

Keywords: cable over 10 mm² ; short circuit proof welding

0　引言

当前，国内外的微电子焊接机械化、自动化水平已经获得飞速发展并进入一个新的阶段。但是手工焊接始终无法替代，10 mm² 以上线缆铅锡焊接过程中，没有发现使用防短路、防抖动焊接过程。面对军品科研项目，在产品质量要求高的严峻形势下，传统的焊接方法耗时长、效率低，已无法满足需求，10 mm² 以上线缆铅锡焊接技术已成为一个重要公关课题。

在电子产品生产加工过程中，10 mm² 以上线缆的焊接经常出现线束虚焊、脱落、线束硬化、电流达不到指定要求、电磁兼容性差等现象，对后续调试造成了极大的困扰。作者结合多年实践经验，制作线束固定工装及接插件杯口防短路工装，达到防抖动、防短路目的，提炼出 10 mm² 以上线缆焊接技术。

1　10 mm² 以上线缆的技术原理探索

10 mm² 以上线缆的铅锡焊接主要取决于烙铁头的焊接温度以及焊接时间，但是在实际操作过程中，由于线束长度、自重以及线束放置歪斜等因素造成焊接困难，该操作法主要从焊接温度、焊接时间、线束固定及防短路措施等四个方面进行改进和创新。

1.1　烙铁头焊接温度变化

正常情况下焊锡熔点为183 ℃，其在180～190 ℃熔化，烙铁头部位温度为320 ℃，实际焊锡温度在240～260 ℃，当焊接线束相对较粗时，焊接温度应该相应增加，烙铁的温度也相应增加30～80 ℃。但是为了提高焊接效率而将焊接温度提高,有时反倒会使焊接效率降低,从而影响焊接质量。烙铁头焊接温度—时间变化曲线如图1所示。

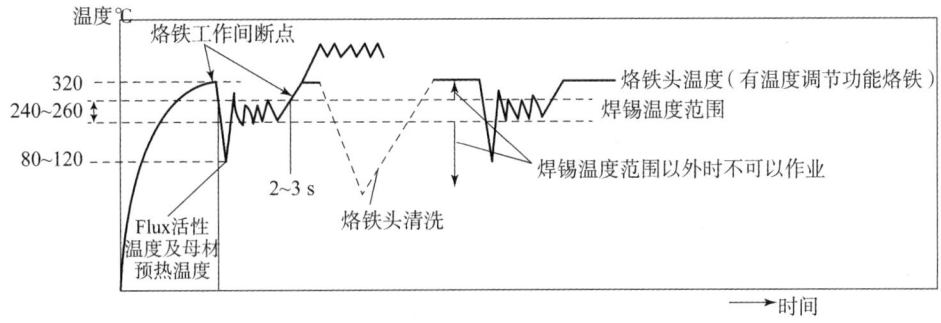

图1 烙铁头焊接温度—时间变化

根据通用工艺要求,焊接温度控制在350~360 ℃,由于10 mm² 以上线束自身体积大、热传递慢,加上接插件及外界环境的热损失,实际焊接温度控制在320~350 ℃,对使用焊台不同温度进行试验统计,得出以下结论:焊接10 mm² 以上线缆时,在焊接基本要求320 ℃的基础上高出50 ℃时最容易形成良好的结合层,焊出合格的焊点。相关最佳温度如表1所示。

表1 最佳温度

	320 ℃以下	扩散不足,假焊
焊锡状态	320~350 ℃	抗拉强度大
	360~380 ℃	生成合金(最佳效果)
助焊剂(松香)	210 ℃	开始分解
线束焊接	400 ℃以上	线束吃锡现象

1.2 烙铁焊接时间控制范围

同样温度条件下,加热时间也是重要的因素,从理论上讲,扩散是由温度和时间来决定的,但是手工焊接时应使温度保持一定,根据润湿状态来决定时间。如图2所示,液化时间短,当焊接温度到达实际温度时焊点快速形成,加热时间过长,焊点发白,表面粗糙无光泽;加热时间短,出现冷焊或虚假焊现象。

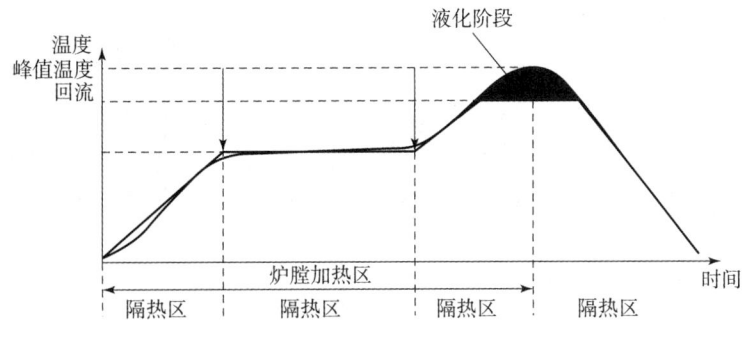

图2 时间-温度曲线

1.3 焊接温度-时间关系

经过多次试验操作得出:焊接10 mm² 以上线缆时,在焊接基本要求320 ℃的基础上高出50 ℃时,当焊锡完全润湿线束保持4~6 s之后,烙铁快速向上撤离,最容易形成良好的结合层,焊出合格的焊点(图3)。

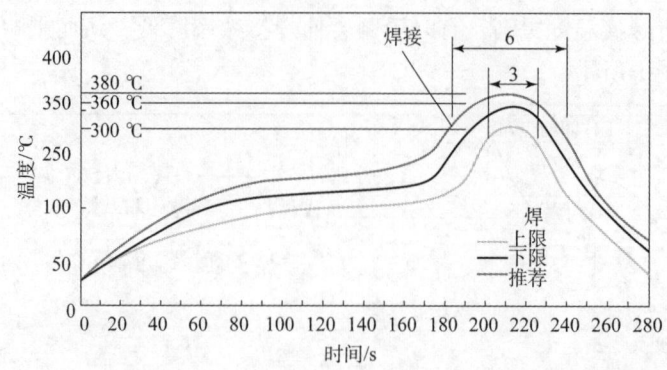

图3 焊接时间-温度曲线

2 10 mm² 以上线缆焊接防抖动探索

2.1 线缆传统焊接方法分析

在线束定位时,我们采用的是传统的台钳夹持固定插座(图4)以便进行加工,根据插座松紧度,通过肉眼的观察能力来判断线束焊接平整度,因为焊接时要一手拿焊锡丝,一手拿烙铁,焊接时线束容易出现弯曲,在焊锡熔化没有凝固时还容易出现线束脱落现象,出现晃动时容易形成虚假焊现象。线束焊接效率低,质量无法管控。

图4 传统固定方法

2.2 制作防抖动夹持工装

10 m² 以上线缆有多种规格粗细不一致的外皮包装,根据实际生产情况利用铝板制作滑动式可调节线缆夹持工装,将 10 m² 以上线缆的线束固定,卡紧,如图5所示。

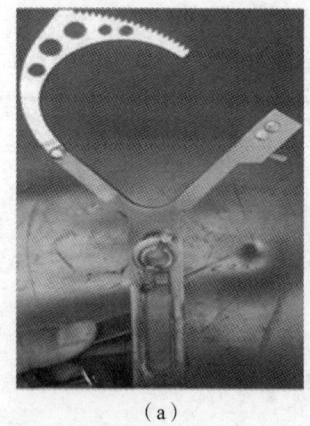
(a)

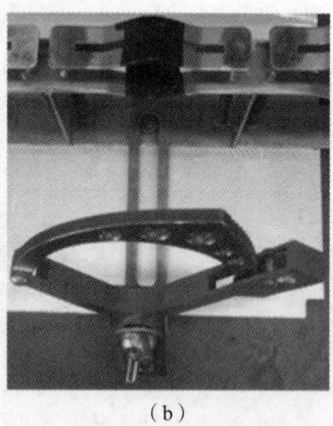
(b)

(c)

图5 防抖动夹持工装
(a)可调节控制大小;(b)线束固定工装;(c)线束固定后效果

2.3 防抖动夹持工装效果检验

通过操作实践,经多人使用,"可调节线缆夹持工装"操作简单,一次安装到位,无须调节及多次返工操作,安装定位准确,减少了操作者在 10 m² 以上线缆线束焊接时线束焊接歪斜,不断反复操作带来的烦恼,降低了劳动强度,提高了操作的效率及质量,如图6所示。焊接时间从原先的 10~15 min 降到 2~5 min,效率提高 3~5 倍,得到了大家的一致认可,被广泛采用。

图 6　效果对比

3　10 mm² 以上线缆焊接防短路探索

3.1　线缆传统焊接方法

由于接插件型号不同，内部形状不同，接插件焊接杯口紧密程度不同，在 10 m² 以上线缆焊接过程中，焊接时间过长或温度过高时，会引起焊锡形成熔融状态，在重力和万有引力作用下，瞬间流出，与其他被焊杯口连接，造成短路，如图 7 所示。

为了解决这一难题，采用传统的使用酒精棉球把接插件杯口外的空间填满（图 8），由于酒精棉比较软，还有流锡现象。又使用了胶木板垫板，卡在接插件杯口底下，虽然底部没有流锡现象，但是由于胶木板垫板是直的，两侧还有挂锡现象。

 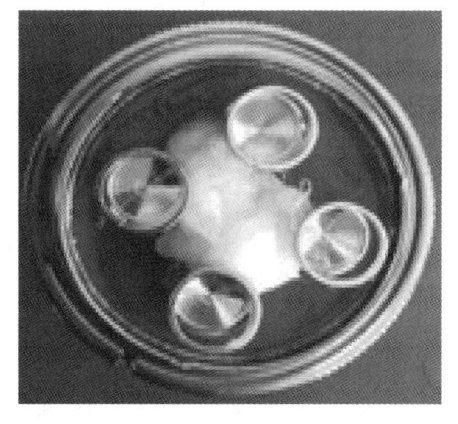

图 7　焊接后短路示意　　　　　图 8　传统操作方法

3.2　10 mm² 以上线缆防短路实践与应用

在制作过程中，我们结合了酒精棉球的柔性和绝缘胶木板的硬度两种优点，使用具有一定坚硬度和厚度的绝缘橡胶，根据插座内部焊接形状进行镂空处理，将外围焊接口遮挡物减掉，保持被焊接口无杂物，以免影响焊接质量，根据不同型号的接插件芯数有 1~5 芯，分别制作了接插件防短路绝缘卡扣。

如图 9 所示，三芯与四芯防短路绝缘卡扣在使用前进行安装卡紧，避免焊接时锡流出，造成短路现象。

使用"防短路装置"焊接线束，只需在焊接前将防短路绝缘垫装入插座内部，操作简单方便，如图 10 所示。焊接好线束后使用尖嘴钳拆下即可。这个操作过程仅仅需要 2 min。

通过以上图片对比明显可以看出，此改善减少了操作步骤，降低了操作者的劳动强度，提高了产品加工效率及产品质量。

图 9　防短路焊接工装

图 10　使用工装焊接效果

3.3　10 mm² 以上线缆的效果检验

通过多次操作实践，"接插件防短路工装"操作简单，安装方便，减少了操作者在焊接插座线束时出现的流锡及线束短路现象，消除了操作者反复修改带来的烦恼，降低了劳动强度，提高了焊接质量，并且焊接调整时间从原先的 12~18 min 降低到 4~6 min，效率提高 3 倍。在加工过程中，该焊接方式得到了大家的一致认可，被广泛应用。使用工装焊接前后效果对比如图 11 所示。

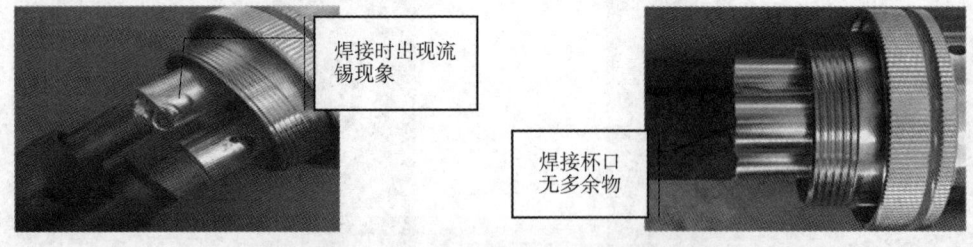

图 11　使用工装焊接前后效果对比

4　10 mm² 以上线缆铅锡焊应用和推广

10 m² 以上线缆铅锡焊接技术，解决了焊接出现的质量问题，杜绝了焊点之间的短路问题，2018 年 10—12 月使用 10 m² 以上线缆防短路焊接操作法焊接线缆，并对焊接 10 m² 以上线缆的焊接质量进行统计，结果如表 2 所示。

表 2　焊接质量统计

项目		焊接插座/个	合格品/个	不合格品/个	合格率/%
月份	10	75	74	1	98.7
	11	83	83	0	100
	12	62	61	1	98.4
合计		220	218	2	99

据统计，使用该操作法焊接 10 m² 以上线缆的焊接合格率为99%。

"10 m² 以上线缆铅锡焊接技术"，不仅解决了在军品生产以及调试售后维修中线缆的焊接及返修问题，而且提高了生产效率，节约了时间，操作简单方便；在大家的运用过程中，取得了较好的反映和效果，准备将该方法推广到其他多芯接插件的焊接，并做好标记方便焊接。

该焊接技术为"10 m² 以上线缆的铅锡焊接"做出了探索，具有较强的质量防范意识，很强的实用性和领先性，可满足多规格接插件的焊接。经实践证明，该技术具有很强的操作性、推广性及实用性，可以进一步保障焊接质量，提高劳动生产率，改善劳动条件和减少熟悉技术工人的依赖性。

参 考 文 献

[1] 李亚江. 焊接原理及应用 [M]. 北京：化学工业出版社，2008.
[2] 张彦华. 焊接结构原理 [M]. 北京：北京航空航天大学出版社，2011.
[3] 沈百渭. 无线电装接工 [M]. 北京：中国劳动社会保障出版社，2016.
[4] 赵丽玲. 焊接方法与工艺 [M]. 北京：机械工业出版社，2014.

某型高精狙步枪精度系统提升工程

陈超博[1]，杨晓玉[2]，雷敬[3]

(1. 陆军装备部重庆军代局驻重庆地区第一军代室；
2. 陆军装备部重庆军代局综合处；3. 陆军装备部重庆军代局驻重庆地区第五军代室)

摘 要：针对我国高精度狙击步枪精度不足的现状，采用毛坯优化、工艺改进、加工过程控制、提高人枪结合和加强检验等方法对某型高精狙影响射击精度的关键零部件进行改进，提升了整个系统的性能，有效地解决了国产狙击步枪精度差的缺点，对我国轻武器的发展具有一定的现实意义。

关键词：枪械；狙击步枪；精度；优化；制造；人枪结合

中图分类号：TJ22 **文献标志码**：A

Precision system improvement of a high precision sniper rifle

CHEN Chaobo[1], YANG Xiaoyu[2], LEI Jing[3]

(1. Chongqing Military Agency of Army Equipment Department stationed in Chongqing First Military Agency;
2. Chongqing Military Agency Comprehensive Office of Army Equipment Department;
3. Chongqing Military Agency of Army Equipment Department stationed in
Chongqing Fifth Military Agency of Chongqing Area)

Abstract: Aiming at the present situation of inadequate precision of high precision sniper rifle in our country, the key parts of a high precision sniper rifle by means of blank optimization, process improvement, process control, combination of man – gun and strengthening inspection is improved, improves the performance of the whole system and effectively solves the domestic sniper step. The disadvantage of poor gun accuracy has certain practical significance for the development of light weapons in China.

Keywords: gun; sniper rifle; accuracy; optimization; manufacturing; combination of man and gun

0 前言

现代化战争既需要新型飞机、坦克与导弹等重型武器装备，也离不开近距离较量的轻武器装备。从古至今，无论战争形态如何变化，轻武器的作用都不可替代。我国高精度狙击步枪的研制与生产起步较晚，国内现役某型7.62 mm狙击步枪和某型5.8 mm狙击步枪虽然在设计思想上强调有效射程内的火力压制与一定程度上精确打击并重，但这两型狙击步枪均没有专门设计与枪械高度匹配的高精度弹，而且均采用了半自动方式，这种方式在击发过程中会对弹头和枪械带来各种扰动，这就导致了火力有余而精度有所不足。

随着高精度狙击步枪的不断发展，自2009年国内首款高精度狙击步枪系统诞生以来，我国自主生产的狙击步枪频频在国际军事大赛上取得傲人成绩，一改过去国内无高精度狙击步枪的历史，为国家争得了荣誉，彰显了国产狙击步枪系统的实力。这不仅要归功于枪械设计理念的进步，更要归功于设计水平的不断大幅提升以及制造水平的不断提高。对于整个高精狙步枪系统而言，枪弹镜的匹配、枪械关重零

作者简介：陈超博（1980—），男，高级工程师，从事枪械产品质量监督工作多年，E-mail：zhangsan@email.com。

件的设计、人枪结合的舒适性和设计完成后的各项试验都是提升整个系统性能的关键因素,也是本文重点进行优化的项目。

1 枪弹镜等系统理念的提升

我军以往的狙击步枪主要是以白光瞄准镜为主,而且倍率以低倍为主,其远距离狙击和夜间作战尤为吃力;所用弹种也不是传统意义上的高精度弹,多使用普通弹,考核指标上也沿用苏联自动步枪 R50 (半数射弹散布密集度),这些都会导致在设计之初战技指标要求不高,进而导致生产出厂的精度指标也并不高。

以往,谈论步枪精度时,往往会出现重枪而轻系统的情况,对其他配套系统的重视程度不高,当然枪的好坏是非常重要的一环,但是其他配套系统也会对枪械精度起到锦上添花的作用。而新型的高精度狙击步枪系统由枪、弹道解算仪及支架、白光瞄准镜、微光图像增强仪、高精度弹以及用于携行的背装具、枪箱组成,这一系统的配备和国际上的主流高精度狙击枪保持了一致。

高精度狙击步枪以白光瞄准镜为主瞄具,白光瞄准镜安装在皮卡丁尼导轨上,枪镜校准后不再拆卸。相比旧式的狙击步枪需要反复拆装,高精度狙击步枪既减少了反复校准的麻烦,又提升了武器的瞄准精度;配备了微光图像增强仪,起到了夜间图像增强的作用,夜间作战能力得到增强,并且微光图像增强仪串列安装在白光瞄准镜前方,射手仍然通过白光瞄准镜实施夜间瞄准;弹道解算仪具备精确测距、环境参数测量和弹道结算等功能,可大幅度提高武器系统的首发命中概率。高精度弹保证了枪弹的高度匹配,减少了初速、膛压等方面的跳差;背装具和枪箱则便于武器系统的携行和运输。这些改进都有力地提升了狙击步枪系统的作战能力。

2 枪械关重零件的优化与改进

一把好的高精度狙击步枪,在结构上影响其精度的因素主要有:高精度的枪管、平稳对称的枪机以及安全可靠的扳机结构。下面分别介绍枪管精度提升、枪机平稳性提升和扳机结构可靠性提升的优化过程。

2.1 枪管的制造过程是打造顶尖狙击步枪的关键

与一般步枪相比,狙击步枪的枪管具有更粗、更长的特点,一方面是为了枪管增大热容量和刚度,减小枪管热变形和在射击过程的枪口跳动;另一方面是使弹药击发后的能量得到最大化的利用,降低弹丸出枪口的初始扰动。这也是狙击步枪采用重型枪管的原因。这些要求也在某种程度上增加了高精度枪管的制造难度,下面从毛坯的选择和用料、线膛精锻工艺的优化两方面开始研究。

毛坯的优化与精化:对精锻成形枪管来说,其精锻前毛坯的状态直接影响成形后枪管的同轴度、尺寸精度和内膛表面质量等,这是非常关键的过程。首先,通过对入厂材料的检验与分析,优选性能稳定、杂质含量少的优质材料批作为狙击步枪枪管专用材料;其次,根据枪管毛坯尺寸设计专用的装具,将枪管排列有序地竖直插放在专用装具内进炉进行处理,并定期对装具的变形情况进行检查和校正,以减小枪管在热处理过程中的变形;最后,严格检测控制,对每炉枪管的硬度进行 100% 的硬度检测,波动范围控制在 20HB 内,并在其中选取硬度在上、下极限的枪管进行金相组织和机械性能检测,确保每根枪管均能满足要求。

线膛的高精度精锻成形:线膛的精锻加工是一个相当复杂的材料塑性流动过程,除了精锻毛坯本身的加工质量外,其还与芯轴、锤头、毛坯硬度、精锻过程的工艺参数等有密切关系,因而在研制阶段就开展了精锻成形对射击精度的影响研究,通过反复工艺研究,确定了芯轴、锤头精密制造方法与规范以及高精度的精锻成形总体工艺方案,并通过对芯轴的检测优选 + 枪管精锻成形 + 成枪精度试验,精选出高精度芯轴,再在每批枪管精锻前根据毛坯的前期加工情况进行分析,对精锻成形工艺参数修正后进行试锻、检测,确定当前批的工艺参数,确保每批枪管精锻成形尺寸波动在 0.005 mm 内,与国外比赛级枪管的精度等级（0.000 2 in① 的公差）相当。完成精锻成形的枪管送到热处理车间进行去应力回火，回火后的枪管经人工校直后再到机加车间进行后续加工。

每根枪管还需在特殊的试验设备上射击 2 发高压弹，一方面是为了检查枪管在生产过程中是否存在影响其使用安全的缺陷，另一方面是检验枪管的强度，避免在实际使用中，即使环境等因素影响而导致枪弹膛压出现异常，也能保证枪管有足够的使用安全性。

2.2 运动流畅平稳一致的枪机

枪机是狙击步枪的"心脏"。狙击手通过枪机推枪弹入膛，用手掌下压枪机柄使闭锁面贴合，扣动扳机，击针击发底火，整个过程要求枪机运动流畅、击针击发动作平稳一致。普通狙击步枪的枪机大多是通过加工中心几十道的工序进行加工，其流程相当漫长，很难保证加工精度。为此我们对其枪机的工艺进行了改进。

首先，在零件加工前建立各工序的三维模型，进行 CAM 编程，创建加工系统三维模型，并应用 Vericut 对加工过程进行仿真验证，确保程序正确后才能上五轴加工中心进行加工；其次，加工出来的枪机与其相配的机匣进行一一对应的手工打磨，保证其间运动配合面的间隙在 0.03 mm 以内，两闭锁齿的贴合面积比均不少于 90%，确保枪机弹底窝与枪管轴心线一致；最后，枪机的表面处理，为了确保枪机表面在整个寿命周期能保持足够光滑以及满足特种环境下的防腐性能要求，采用了磁控溅射氮化铬工艺，在氮化铬处理中需特别关注枪机的变形问题，操作中需对磁控溅射的温度、零件摆放方式和位置进行研究并加以管控。

通过优化枪机保证了枪机与机匣的闭锁面充分贴合、枪机弹底窝与枪管轴心线一致，供弹路线为一条直线，无论机构动作快与慢都不会出现一般步枪的顶弹故障，确保枪弹进膛后不会偏离弹膛轴线。

2.3 做工精巧且安全可靠的扳机

图 1　扳机基本构造

扳机对于狙击手的狙击至为重要（图 1）。要达到精确射击的目的，如果过于敏感，轻轻触动扳机就击发了，有可能造成伤及无辜的后果；反之，如果扳机力过大或簧力较硬，需要较大的力才能实现击发，则会影响射击精度。新型高精度狙击步枪采用扳机力、扳机行程均可调的二道火扳机设计：一道火扳机行程较大，扳机力较小，主要起到消除扳机行程松弛量，做好击发前准备的作用，当感觉扳机力加大时，就开始进入二道火扳机行程，提醒狙击手此时再稍微用力扣动扳机就"击发"了，且扳机必须非常敏感，同时又要易于人为控制。

在加工中，首先，采用高精度数控加工设备来保证零件的外形尺寸精度和各孔间的位置度；其次，在装配中进行精确调校和打磨。通过一点点地调节扳机力和二道火调节螺钉，调整扳机体、击发杠杆体的相对位置，对扳机簧、击发杠杆的簧力进行仔细的匹配和调校，确保扳机力在 8~17 N 范围内可调，而且调校方便可靠；通过对扳机体与击发杠杆体、阻铁体与扳机体和击发杠杆体间的配合作用面进行精细打磨，保证扣动扳机实现击发时干净利落，不拖泥带水。

---

① 1 in = 2.54 cm。

2.4 让枪与身体完美结合的枪托

为了达到高精度射击的目的，狙击步枪必须与狙击手做到完美结合，使之成为狙击手身体的一部分。枪托就是完成枪与狙击手结合的组成部分，如图2所示。

一方面，枪托作为枪身的基座，射击时需承担枪身传递过来的后坐力，要求其连接部位必须贴合精密、可靠，不允许有丝毫松动；另一方面，枪托作为与狙击手的延伸体，如果能按照狙击手的体形大小进

图2 枪托基本构造

行定做当然效果是最好的，但这在批量生产中又不可能实现，只能通过人机交互界面的可调设计来保证枪与狙击手的结合。因而枪托体设计采用高性能工程塑料整体注塑成形，前部镶嵌枪身定位嵌件，用于与枪身的牢固定位连接；后部镶嵌托底定位嵌件，用于连接支撑托底、贴腮和后支撑，实现枪托长度、贴腮和后支撑可调功能。

在枪托制作时主要解决两个问题，一是前镶嵌件在成形过程的定位精度问题，二是超长枪托的变形问题。通过对枪托成形仿真分析，根据注塑成形时镶嵌件的受力情况以及整体枪托的变形趋势，设计制作了与嵌件配合度高的模具以及专用校型工装，并在制作前用专用前镶嵌件检具对前镶嵌件进行100%的检测筛选，在注塑成形和人工时效过程中，严格按照制定工艺路线和工艺参数进行成形和时效处理，确保枪托的加工质量。在枪身与枪托装配时，则通过专业人员对配合部位进行手工打磨，确保枪身与枪托紧密结合，装配后不允许有丝毫松动。

3 严格把关的各项试验

一款好的狙击步枪，不但要有好的设计理念，高超工艺制造水平，严格的质量控制，还要经得起各种条件下的试验考核。该型高精度狙击步枪通过了高温、低温、淋雨、扬尘、淋雨、盐雾、高原等环境下的适应性严格考核；在其他试验中，对寒区、常温区、风沙、高原、热海区等自然条件环境下满足战术技术指标的能力进行了考核。试验表明，新型的高精度狙击步枪环境适应性满足我国高原、戈壁沙漠、沿海等各类地区，以及严寒、高温、湿热等各类气候条件下的使用要求。

要给使用者提供真正意义上的顶尖狙击步枪，除了严格的定型试验测试与考核外，每支枪出厂前还必须进行100 m精度测试试验。在100 m精度试验靶场，将安装了白光瞄准镜的狙击步枪放在试验架上由射手抵肩进行瞄准射击，3靶3发平均精度要求在1 MOA内，为了确保出厂的每支狙击步枪均能有较高的精度水平，将精度合格标准提高到了连续3靶的单靶精度均在0.9 MOA以内，大部分的单靶精度都在0.6 MOA以内，实际测试试验中单靶最好精度可以达到0.2 MOA、0.3 MOA甚至更好，3发弹几乎从一个弹孔通过。

4 结论

高精度是狙击步枪追求的永恒主题，除了专用瞄准镜和狙击弹等配套产品的不断进步外，对狙击步枪制造工艺的不断研究、优化和提高才是支撑狙击步枪向前持续发展的动力和基础。我国高精度狙击步枪研发和生产起步晚、时间短，从2008年北京奥运会国内无高精度狙击步枪执行安保任务，到近几年国产高精度狙击步枪在国际狙击手大赛上频频亮相、摘金夺银，在短短不到十年的时间，不仅实现了零的突破，也推动了轻武器加工技术的长足进步。虽然目前国产高精度狙击步枪总体性能与外观品质与国外产品还有差距，但我们相信，通过对狙击步枪的不断优化，通过对先进加工技术的不断探索研究和应用，国产高精度狙击步枪一定会在世界狙击步枪历史上留下浓墨重彩的一笔。

The influences of craft parameters on surface morphology and structure of NdFeB thin films

GUO Zaizai[1*], CAO Jianwu[1], YAN Dongming[1], LIU Fafu[1], YANG Shuangyan[1], FU Yudong[2,3]

(1. Yantai Branch, China Ordnance Materials & Engineering Research Institute, Yantai, 264003, China;
2. College of Materials Science and Chemical Engineering, Harbin Engineering University, Harbin, 150001, China;
3. School of Materials Science and Engineering, Harbin Institute of Technology, Harbin, 150001, China)

中图分类号：TG143　文献标志码：A

Abstract: The NdFeB thin films were prepared by magnetron sputtering, and the influences of craft parameters on surface morphology and structure of NdFeB thin films were researched and analyzed. The results show that the deposition rate, surface morphology and microstructure of the films are related to sputtering power, argon pressure and sputtering times. According above all the best magnetron sputtering process is given to form the NdFeB thin films under the condition.

Keywords: magnetron sputtering; NdFeB thin film; craft parameters; surface morphology

0 Introduction

NdFeBmagnets[1] show excellent hard magnetic properties with high-energy product, and their thin film magnets are good candidate for the Microelectromechanical system (MEMS), millisize motors or actuators[2], magnetic recording media[3] and micropatterning applications[4]. In this paper, magnetron sputtering is used to prepare NdFeB thin film, and the influences of craft parameters on surface morphology and structure of NdFeB thin film are researched and analyzed.

1 Experimental procedure

The growth of films was carried out in a high-vacuum chamber equipped with multiple sputtering guns. The base pressure of the chamber was better at 4.0×10^{-4} Pa and the Ar gas pressure was kept at 0.2~1.2Pa during sputtering. A target with a nominal composition of $Nd_2Fe_{14}B$ and a commercial Mo target of 99.9% purity were used.

Films were prepared with DC sputtering method on Si (100) substrates. The substrates were cleaned in ultrasonic bath using acetone and alcohol at least for 30 min. The Nd-Fe-B target was cleaned prior to deposition at least for 30 min to eliminate the oxide layer on the target surface. In order to protect the Nd-Fe-B layer from oxidation, Mo was used as buffer and cover layer. The craft parameters of NdFeB thin films are shown in Table 1.

Biography: Guo Zaizai, Senior Engineer, No. 52 Institute of China North Industry Group, Yantai Branch, Yantai, 264003, China, E-mail: guozaizai@163.com。

Tabl. 1 The craft parameters of NdFeB thin films

Base pressure/Pa	Sputtering gas/ Pa	Sputtering power/ W	Target – substrate distance/ mm
$<4.0\times10^{-4}$	0.2 ~ 1.2	20 ~ 150	40 ~ 100

Deposition rate calibration of the films was measured by weighing. The phase structures were determined by X – ray diffraction (XRD) measurements with Cu Kα radiation. The microstructures were studied by scanning electron microscopy (SEM). The surface topography was analysed by Atomic Force Microscopy (AFM).

2 Result and discussion

2.1 The influences of craft parameters on deposition rate of NdFeB thin films

The surface morphology and structure of NdFeB thin film are strongly dependent onDR[5]. The experimental results indicate that with increasing sputtering power, deposition rate increases; with increasing target – substrate distance, DR decreases generally. The thickness of films is directly proportional to sputtering times. Fig. 1 shows the relationship between argon pressure and thickness of the thin films. It is found that DR first increases slowly when argon pressure <0.6 Pa, reaches a maximum ($P_{Ar}=0.6$ Pa), and finally decreases sharply with increasing argon pressure.

2.2 Surface morphology of NdFeB thin film

Fig. 2 shows the planar view SEM images of as – deposited NdFeB thin films. The as – deposited film exhibits a smooth surface, and the grains cannot be distinguished from each other on the SEM image, as seen in Fig. 2.

Fig. 3 shows the effects of sputtering power to NdFeB thin films three – dimensional AFM images. Sputtering powers are 40 W, 80 W and 120 W, respectively, as seen in Fig. 3(a), (b), (c). The NdFeB thin film exhibits smoother and denser. The grain size is small and the distribution is uniform, as seen in Fig. 3(a). The grain size is bigger and the films become columnar structure in Fig. 3(b). The distribution of grains is in uniform. When sputtering power is 120 W, the NdFeB thin film exhibits relatively large elongated grains without preferential orientation, their surface topography presents a rather inhomogeneous morphology. It is concluded from the AFM images that with increasing the sputtering power, the size of the surface grains increases monotonically and the roughness descends sharply. When sputtering power is 120 W, the film surface is seen to be very rugged, reflecting the irregular grain growth of $Nd_2Fe_{14}B$.

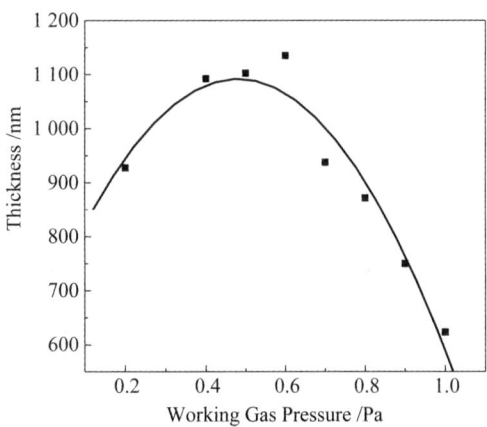

Fig. 1 The relationship between argon pressure and thickness of the thin films

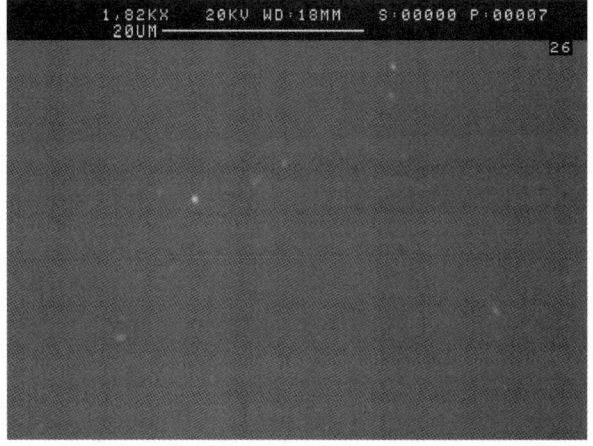

Fig. 2 The SEM images of NdFeB thin films

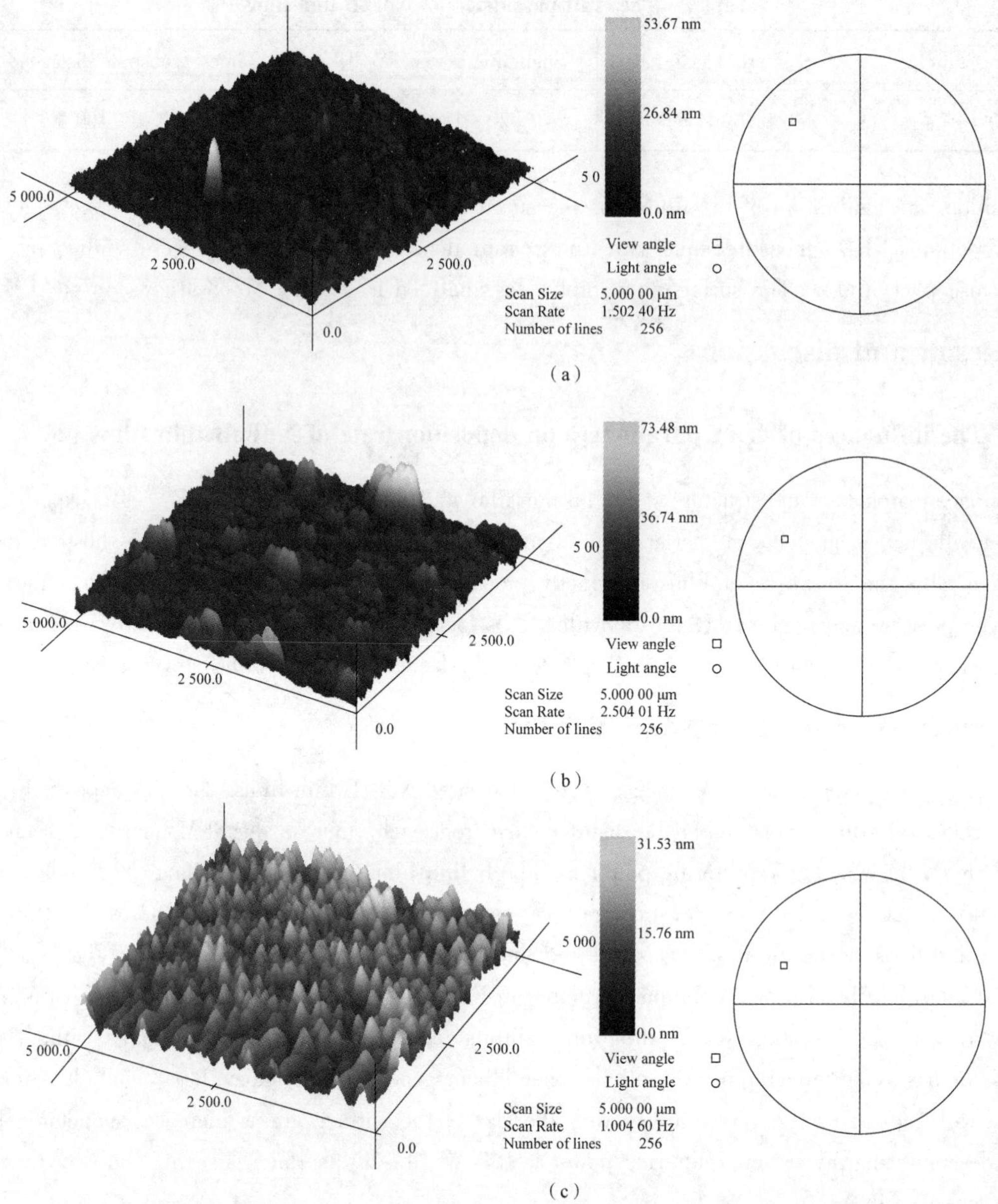

Fig. 3 The effects of sputtering power to NdFeB thin films three – dimensional AFM images

(a) Sputtering power = 40 W; (b) Sputtering power = 80 W; (c) Sputtering power = 120 W

Fig. 4 shows the effects of sputtering power to RMS of the thin films. With increasing sputtering power, RMS of the thin films increases monotonically. RMS is the highest (RMS = 4.742 nm) for the film with sputtering power is 120 W and drops significantly to 2.425 nm for films with sputtering power is 40 W. RMS is below 5 nm for all the NdFeB thin films, as seen in Fig. 4. It reveals the films have displayed excellent surface quality by magnetron sputtering method.

2.3 The phase structure of NdFeB thin film

When the influences sputtering power on the phase structure of NdFeB thin film are investigated, the all sputtering pressures are 1.0 Pa in the experiment. [Mo(50 nm)/NdFeB(80 nm)/Mo

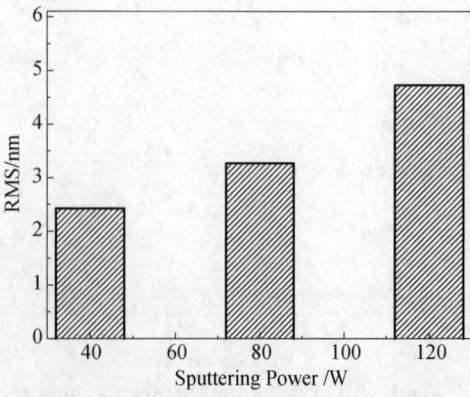

Fig. 4 The effects of sputtering power to RMS of the thin films

(50 nm)] - type films are deposited at the room temperature and then annealed at 600 ℃ for 20 min. The samples are annealed in a 1.0×10^{-3} Pa vacuum to protect neodymium from oxidization.

Fig. 5 shows XRD patterns of Mo (50 nm)/NdFeB (800 nm)/Mo (50 nm) thin films sputtered at different sputtering power. It is found that phase constitutions of the thin films are sensitive to sputtering power. Mo grows with (110) orientation in all the films. When sputtering power is 50 W, α - Fe (100) exists in the film. Similar results were reported by Panagiotopoulos et al. in the Nd - (Fe, Ti) thin film[5]. They reported that when sputtering power was low, the ThMn12 phase did not form and only α - Fe appeared in the XRD patterns. When sputtering power increases to 100 W, peaks of $Nd_2Fe_{14}B$ appear. When sputtering power is 130 W, the main phase is the tetragonal $Nd_2Fe_{14}B$ phase and the strongest peak is $Nd_2Fe_{14}B$ (311) for the films. When sputtering power is 150 W, the $Nd_2Fe_{14}B$ (006) peak exists in the film, however α - Fe (100) peaks disappear, which indicates the existence of a perfect c - axis texture in the film. In addition, the Nd - rich phase is observed in the XRD patterns for sputtering power is 150 W. It is concluded that in order to obtain the $Nd_2Fe_{14}B$ phase with c - axis texture, sputtering power should be larger than a certain value.

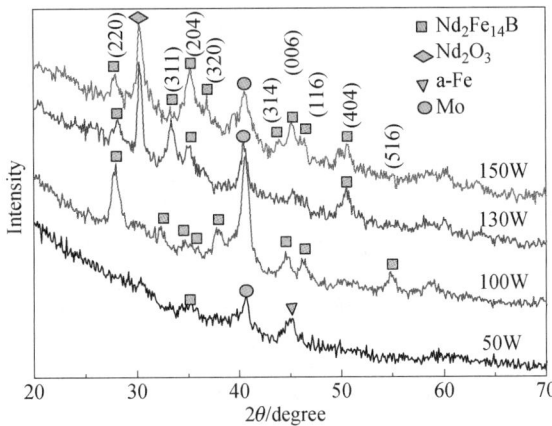

Fig. 5 X - ray diffraction patterns of Mo (50 nm)/NdFeB (800 nm)/Mo (50 nm) thin film deposited at different sputtering power

3 Conclusions

Magnetron sputtering is used to prepare NdFeB thin film. It has been found that the deposition rate, surface morphology and microstructure of NdFeB thin films are strongly dependent on the craft parameters. With increasing sputtering power, the deposition rate increases monotonically, which results in the increases of the grain size and the roughness. With increasing argon pressure, the deposition rate increases first and then decreases. However, the surface morphology of NdFeB thin films is independent on the argon pressure. For the films sputtered at low sputtering power, α - Fe appears in the XRD patterns and the $Nd_2Fe_{14}B$ peaks are fewer. For the films sputtered at high sputtering power, α - Fe phase disappears and a large amount of $Nd_2Fe_{14}B$ phase exists in the film.

References

[1] M. Sagawa, S. Fujimura, N. Togawa, H. Yamamoto, Y. Matsuura, J. Appl. Phys. 55 (1984) 2083.

[2] S. Yamashita, J. Yamasaki, M. Ikeda, N. Iwabuchi, J. Appl. Phys. 70 (1991) 6627.

[3] R. Chandrasekhar, D. C. Mapps, K. O'Grady, J. Cam - bridge, A. Petford - Long, R. Doole, J. Magn. Magn. Mater. 196 - 197 (1999) 104.

[4] H. Lemke, T. Lang, T. Goddenhenrich, C. Heiden. Micro patterning of thin Nd - Fe - B films [J]. Journal of Magnetism and Magnetic Materials, 1995, 148 (3): 426 - 432.

[5] S. L. Chen, W. Liu. Microstructure and magnetic properties of anisotropic Nd - Fe - B thin films fabricated with different deposition rates [J]. Journal of Magnetism and Magnetic Materials, 2006, 302 (2): 306 - 309.

钢丝绳压接固定研究

闫颢天,张文广,朱佳伟,姜 旭

(北方华安工业集团有限公司 科研二所,黑龙江 齐齐哈尔 161046)

摘 要:为提高某产品照明弹在高过载下的使用可靠性,对钢丝绳连接用的压接管进行优化设计,采用限位压接工艺,利用钢丝绳和压接管之间的摩擦作用将压接管与钢丝绳牢固结合,通过优化压合尺寸、工艺等方法,并经过试验验证了优化的压接管的固定参数。试验结果表明,该固定方式强度高、安全可靠,能够满足军用装备的作战要求,便于批量生产。

关键词:钢丝绳端头;压接管;压合尺寸

中图分类号:TJ03 **文献标志码**:A

Abstract: The crimp connector which is used to connect the steel wires is an optimization design to promote the reliability under high overload of some illuminating projectile. The design includes locating crimp technology, which can securely joint the crimp connector with the steel wire by the function of friction between them, as well as the optimized crimp size and technology. The optimized fixed parameter of the crimp connector is test verified. The test result indicates: the connector has high strength and is safe and reliable, which can satisfy the combat requirements of the military equipment and is convenient for mass production.

Keywords: steel wire ends; crimp connector; crimp size

0 引言

随着我军火炮口径、射程、精度等指标的提高,引领弹药的设计技术不断提升。新型照明弹的作战指标也在不断提高,对照明弹所采用的钢丝绳抗过载要求也随之加大。现有钢丝绳的固定方式的抗过载余量也在不断压缩。老产品的钢丝绳因过载余量大,所以在对钢丝绳固定尺寸上未做深入的优化设计。而某型号照明弹选用的钢丝绳在高过载情况下,由于弹内容积限制,选用的钢丝绳不能过粗,其抗过载余量很小,而在钢丝绳的固定时,参照之前的经验控制压合尺寸,钢丝绳压接后的破断拉力不能百分之百地满足设计指标,进而直接影响该型号照明弹的开伞可靠性。基于此,笔者对钢丝绳的固定尺寸进行优化设计。

1 钢丝绳的固定方式种类

作为某型照明弹的一个关键技术,钢丝绳的固定强度直接影响到系统的可靠性。目前,钢丝绳的固定方式有编结法、绳卡固定法、斜楔固定法、压接法和灌注法等。现阶段我厂照明弹所采用的钢丝绳的固定方法均为压接法。

作者简介:闫颢天(1988—)男,工程师,学士,E-mail:262906851@qq.com。

笔者主要针对压接管的固定方式、加工尺寸、压接工艺等进行优化设计，并采用可靠的压接工艺和试验方法，将压接管和钢丝绳牢固结合，使其在满足钢丝绳不断裂的前提下，压接端不窜动，不脱离。

2 压接管的固定设计

2.1 压接管的固定原理

压接管的固定原理是将钢丝绳与绳头结合，穿入压接管中，外部施加压力，使压接管在常温下发生塑性变形，钢丝绳股之间挤满金属合金，利用金属合金与钢丝绳之间的摩擦作用承受轴向载荷。

2.2 压接管的受力分析

如图1所示，笔者结合压接管的受力情况，对其进行受力分析。钢丝绳在承受拉力 F 时，绳端有可能从压接管内孔中脱出，在压接管正压力 P 的作用下，钢丝绳之间以及钢丝绳与压接管之间产生摩擦力 F_1 阻止钢丝绳脱出。为了提高连接强度，故要求压接管与钢丝绳之间的摩擦力不小于钢丝绳的破断拉力，即 $F_1 \geq F$，$F_1 = up$，其中 u 为摩擦系数，只需控制正压力 P，即可实现 $F_1 \geq F$。根据分析可知，压接方式、模具以及压接管是影响正压力 P 的三要素。因此，为满足压接管的连接强度，需要合理设计压接方式、模具以及压接管尺寸。

2.3 压接方式设计

压接管压接有限力法和限位法两种方式。限力法压接对钢丝绳的损伤较小，但在实际操作中难以控制，实现难度较大，故在实际应用中普遍采用限位法来压接压接管。笔者采用限位法进行研究。

限位法压接原理：压接管与钢丝绳截面积之和略大于压接后压接管与钢丝绳截面积之和。因为钢丝绳本身存在一个捻制折减系数 $K = 0.92$ 和直径允许最大偏差 6%，考虑到直径允许偏差是不确定的，设计时忽略直径偏差的影响。压接管压接前后截面如图2所示。压制后压接管厚度为一定尺寸，必须达到设计要求。

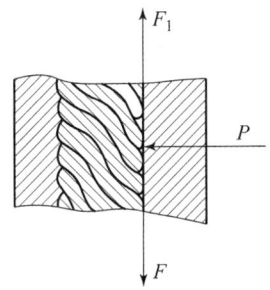

图1 钢丝绳在压接管中的受力

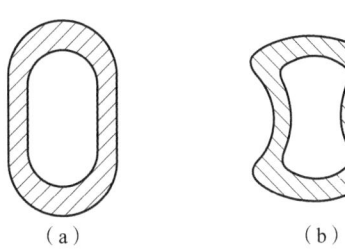

图2 压接管压接前后截面
（a）压接前；（b）压接后

2.4 模具设计

如图3所示，模具由上模、下模、左右滑块和连接柱等组成，可根据实际需要设计模具的大小、形状。将钢丝绳与压接管结合，放入模具中，固定下模，油压机对上模施加一定压力，即可完成对钢丝绳与压接管的压接，还可根据最终试验情况对模具的大小进行优化、修正。

2.5 压接设备

该部件在试验或批量生产时，可以选用油压机进行压制，以提高效率。

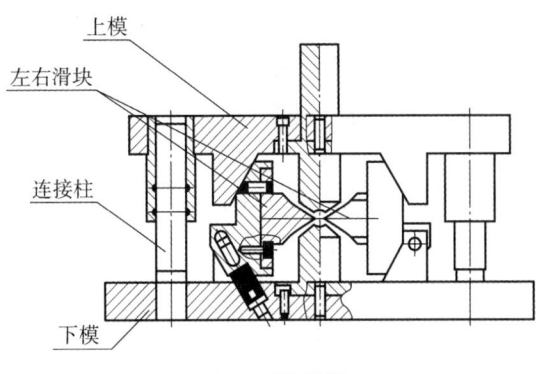

图3 压接模具

2.6 压制步骤及流程

准备所需不同规格大小的压接管、钢丝绳、压接模具、卡尺等测量工具;选用适当规格的油压机。具体试验步骤如下:

(1) 按照设计要求,截剪相应长度的钢丝绳。
(2) 将钢丝绳两端套上压接管。
(3) 将模具固定在油压机上,组合完成后将压接管放入模具中。
(4) 压合压接管。
(5) 取出压接管,测量压接管压制后的厚度,达到试验设计要求即可。

2.7 压接管试验设计

2.7.1 试验设计目的

为了让压接管连接强度达到最优,需要通过一系列试验来验证各个因素对压接管连接强度的影响。为了避免全面试验,且在较少的试验次数中找出最优组合,采用正交试验法进行试验设计。通过试验将测得的试验数据采用极差分析法得出试验因子主次和最优组合。为了避免因子水平的变化和误差对试验指标的影响,以及判断试验因子和交互作用的主次与显著性,加入了方差分析。

正交试验法仅能得出因子的主次和本次试验设计中的最优组合,不能得出具体指标,但可以通过试验数据得出因子指标图,得出指标变化趋势,为进一步试验提供方向。通过多次优化因子、破断拉力试验,即可得到合理的压接管尺寸。

2.7.2 试验指标

试验指标是用来衡量试验效果的指标。试验设计中,能直接反映效果的试验数据是钢丝绳压接后的破断拉力。但是,由于钢丝绳最小破断拉力随钢丝绳种类、直径等变化而变化,同时也不是整数,为了更方便整理试验数据,笔者引入一个定量指标——钢丝绳压接后平均破断力率。在得出平均破断力率之前,先引入一个中间指标——钢丝绳破断力率,即

$$钢丝绳破断力率 = \frac{试验破断拉力}{钢丝绳最小破断拉力} \times 100\%$$

通过钢丝绳破断力率可以直观地反映本次试验的效果。如果试验样本过少,试验结果存在很大的偶然性,无法说明试验结果的真实性。所以,在试验设计中,每组试验进行 3 次。最终反映试验效果的试验指标钢丝绳平均破断力率为

$$钢丝绳平均破断力率 = \frac{3 次破断力率之和}{3}$$

2.7.3 试验因素

试验因素又称因子,是对试验指标产生影响的原因。本次试验设计只考虑几个可控因素,对于其他不可控因素以及干扰因素,可以在后期研究中深入分析。

通过分析可知,影响压接管压接强度的因子可能是以下几个:压接管材料、压接管壁厚、压接管长度、压制截面差、压力、压后形状等。考虑到试验次数以及正交试验表格的设计,本次试验设计只考虑截面差、压接管壁厚、压接管长度和压接管材料因子,并依次定义为 A、B、C、D。

2.7.4 破断拉力试验

2.7.4.1 试验因子

A:压接管压扁后尺寸。$A1$:1~4 mm;$A2$:8~12 mm;$A3$:14~18 mm;$A4$:24~28 mm。
B:压接管壁厚。$B1$:1.75 mm;$B2$:2.25 mm;$B3$:2.75 mm;$B4$:3.25 mm。
C:压接管长度。$C1$:16 mm;$C2$:20 mm;$C3$:24 mm;$C4$:28 mm。
D:压接管材料。$D1$:10#钢;$D2$:15#钢;$D3$:20#钢;$D4$:铝合金。

2.7.4.2 试验分组

正交试验前,需要进行钢丝绳破断拉力试验,根据试验数据设计正交试验,验证各试验因子对钢丝

绳破断拉力的影响。选用 6X37 + IWS 钢丝绳进行破断拉力试验，其最小破断拉力为 30 kN，具体试验分组如表 1 所示。

表 1 试验分组

试验序号	试验方案				试验分组
	第1列：压制后尺寸 A/mm	第2列：压接管壁厚 B/mm	第4列：压接管长度 C/mm	第5列：压接管材料 D	
1	13.8 ~ 14.2	1.75	16	10#钢	$A1B1C1D1$
2	13.8 ~ 14.2	2.25	20	15#钢	$A2B2C2D2$
3	13.8 ~ 14.2	2.75	24	20#钢	$A3B3C3D3$
4	13.8 ~ 14.2	3.25	28	铝合金	$A4B4C4D4$
5	14.0 ~ 14.6	1.75	16	10#钢	$A2B1C1D1$
6	14.0 ~ 14.6	2.25	20	15#钢	$A2B2C2D2$
7	14.0 ~ 14.6	2.75	24	20#钢	$A2B3C3D3$
8	14.0 ~ 14.6	3.25	28	铝合金	$A2B4C4D4$
9	14.8 ~ 15.2	1.75	16	铝合金	$A3B1C1D4$
10	14.8 ~ 15.2	2.25	20	20#钢	$A3B2C3D3$
11	14.8 ~ 15.2	2.75	24	10#钢	$A3B3C3D1$
12	14.8 ~ 15.2	3.25	28	15#钢	$A3B4C4D2$
13	15.4 ~ 16.0	1.75	16	10#钢	$A4B1C1D1$
14	15.4 ~ 16.0	2.25	20	15#钢	$A4B2C2D2$
15	15.4 ~ 16.0	2.75	24	20#钢	$A4B3C3D3$
16	15.4 ~ 16.0	3.25	28	铝合金	$A4B4C4D4$

2.7.4.3 试验数据结果

随机配合 4 个因子，最终试验数据如表 2 所示。

表 2 破断拉力试验记录

试验序号	钢丝绳试验数据			
	最大拉力/kN	最小拉力/kN	平均拉力/kN	平均破断拉力率/%
1	15.0	14.0	14.5	48.3
2	17.2	16.4	16.8	56.0
3	18.5	18.1	18.3	61.0
4	19.4	18.2	18.8	62.7
5	23.6	22.7	23.2	77.2
6	25.7	24.2	25.0	83.2
7	26.4	25.1	25.8	85.8
8	28.1	26.5	27.3	91.0
9	25.6	23.8	24.7	82.3
10	32.6	31.4	32	107

续表

试验序号	钢丝绳试验数据			
	最大拉力/kN	最小拉力/kN	平均拉力/kN	平均破断拉力率/%
11	33.4	33.2	33.3	111
12	33.0	32.1	32.6	109
13	28.0	26.3	27.2	90.5
14	28.2	27.3	27.8	92.5
15	27.6	26.8	27.2	90.5
16	28.6	27.2	27.9	93.0

随机选取试验 6 第 1 组、试验 11 第 3 组和试验 15 第 2 组试验结果进行分析。从试验结果可以看出：

（1）试验 6 第 1 组的最大拉力为 25.7 kN，而后由于钢丝绳在压接管中发生串动，钢丝绳未被拉断，因此该组的压接管试验因子取值不合理。

（2）试验 11 第 3 组的最小破断拉力为 33.2 kN，压接管的链接强度达到要求，即在 30 kN 静载拉脱力的作用下，压接管与钢丝绳不得抽动，钢丝绳不得断裂，压接管的因子组合取值合理。

（3）试验 15 第 2 组最大破断拉力为 28.6 kN，未达到钢丝绳规定的破断拉力，而钢丝绳断裂，造成此结果的原因分析为压接管压合过大，破坏了钢丝绳本身的强度，因此该组的压接管试验因子取值不合理。

2.7.4.4 正交试验表格

本次试验设计存在 4 个因子，在选择正交试验表格时，选择 L16（4⁵）正交表格，最多可以安排 5 个因子，做 16 次试验，把因子 A、B、C、D 分别安排在 1、2、4、5 列中，第 3 列为空，可以理解为随机误差对试验的影响，详见表 3、表 4。

表 3 钢丝绳压接管正交试验设计

试验序号	试验方案 试验分组	试验结果 平均破断拉力率/%
1	A1B1C1D1	48.3
2	A2B2C2D2	56.0
3	A3B3C3D3	61.0
4	A4B4C4D4	62.7
5	A2B1C1D1	77.2
6	A2B2C2D2	83.2
7	A2B3C3D3	85.8
8	A2B4C4D4	91.0
9	A3B1C1D4	82.3
10	A3B2C3D3	107
11	A3B3C3D1	111
12	A3B4C4D2	109
13	A4B1C1D1	90.5
14	A4B2C2D2	92.5
15	A4B3C3D3	90.5
16	A4B4C4D4	93.0

表 4　正交试验方差、极差分析

因子	K_{1j}	K_{2j}	K_{3j}	K_{4j}
第1列（A）	301.67	319.33	382.27	312.13
第2列（B）	294.47	327.87	341.87	351.20
第3列	320.60	306.13	333.73	348.93
第4列（C）	241.67	350.27	339.73	383.73
第5列（D）	317.67	340.93	340.80	316.00
因子	R_j（K）	S_j	f_j	S_j
第1列（A）	80.60	990.59	3.00	330.20
第2列（B）	56.73	463.06	3.00	154.35
第3列	42.80	237.10	3.00	79.03
第4列（C）	142.07	2 797.58	3.00	932.53
第5列（D）	24.93	114.77	3.00	48.26
因子	Q_j	K	P	
第1列（A）	109 132.89			
第2列（B）	108 605.36			
第3列	108 379.40	1 315.4	108 142.3	
第4列（C）	110 939.88			
第5列（D）	108 287.07			
因子主次		C A B D		
最优组合		C3 A3 B3 D1		

2.7.5　试验结果分析

根据正交试验，通过方差和极差分析，可以得出压接管各因子对连接强度的影响，找出对压接管连接强度影响最大的因子，然后进行先后排序，该试验表明在同等条件下，影响最大的为压接管长度，影响最小的是压接管材料。因此，设计压接管时，即可优先考虑影响大的因子，最终得到最优的钢丝绳组合。由表3、表4可以看出，第10、11、12三组均可以满足设计要求，但考虑生产、组装的合理、可靠性等因素，最优组合为第11组，可以满足批量生产和广泛使用。

3　结论

由以上分析可以看出，通过合理设计压接方式、模具、压接管等，钢丝绳的装夹余量小，节约钢丝绳；压接管体积小，质量轻，造型美观；关键环节，可以将压接管和钢丝绳牢固结合，连接强度达到钢丝绳破断力。相比于其他固定方式，压接管固定具有明显的优势和特点：

（1）连接强度高，安全可靠。
（2）钢丝绳的装夹余量小，节约钢丝绳。
（3）工艺简单，成本低；劳动强度小，生产效率高。

最终确定的压接管尺寸如图4所示。

综上所述，只要合理地控制压接管的压合尺寸，就能满足设计要求，提高装备的可靠性和使用率。

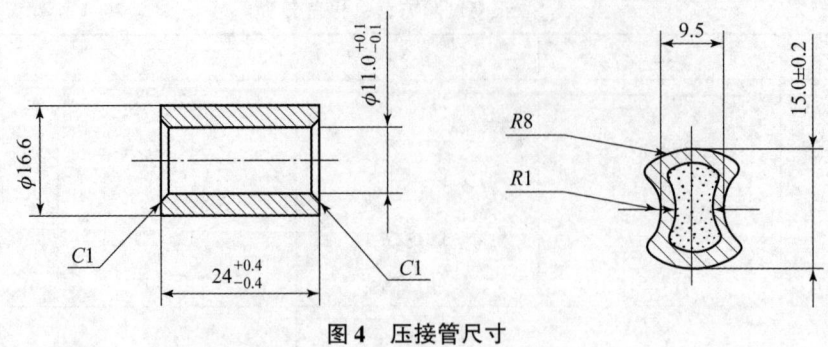

图 4 压接管尺寸

参 考 文 献

[1] GB/T 6946—2008. 钢丝绳铝合金压制接头 [S]. 北京：中国标准委员会，2008.
[2] GB/T 8358—2006. 钢丝绳破断拉伸试验方法 [S]. 北京：中国标准委员会，2006.
[3] JG 5091—1997. 钢丝绳柱形压制接头 [S]. 北京：中国标准建设部，1997.
[4] 贾志权. 常用钢丝绳端部的固定方法 [J]. 建筑机械化，1983，4（4）：22-23.
[5] 曹长兴，吴国梅. 钢丝绳铝合金压制接头的失效分析 [C]//全国地方机械工程学会学术年会，2015.
[6] 尤光辉，张宪，钟江，等. 电梯曳引钢丝绳力学分析及试验研究 [J]. 机电工程，2015，32（11）：1412-1417.

38CrSi 钢平衡肘开裂失效分析

滕俊鹏[1,2]，周堃[1,2]，王长朋[1,2]，苏艳[1,2]，朱玉琴[1,2]

(1. 西南技术工程研究所，重庆 400039；
2. 重庆市环境腐蚀与防护工程技术研究中心，重庆 400039)

摘 要：研究 38CrSi 平衡肘断裂失效原因。方法是通过化学成分分析、力学性能分析、断口扫描分析、显微组织分析及硬度分析等测试手段，对 38CrSi 平衡肘的断裂模式及失效原因进行分析。结果表明，平衡肘失效件原始材料符合制造要求，未发现过量杂质或缺陷，平衡肘的断裂类型为疲劳断裂，其表面硬度、芯部硬度、屈服强度、抗拉强度均未达到技术要求。热套过程中温度过高，保温时间过长，使高频淬火马氏体出现了中温转变，表面硬度下降，疲劳强度降低，同时在冷却过程中，由于冷却速度不够，芯部铁素体量偏多，导致试件力学性能降低，需适当调整热处理工艺提高试件可靠性。

关键词：38CrSi；平衡肘；断裂；失效分析
中图分类号：TG142　**文献标识码**：A

Crack failure analysis of 38CrSi steel balance elbow

TENG Junpeng[1,2], ZHOU Kun[1,2], WANG Changpeng[1,2], SU Yan[1,2], ZHU Yuqin[1,2]

(1. Southwest Technology and Engineering Research Institute, Chongqing 400039, China;
2. Chongqing Engineering Research Center for Environmental Corrosion
and Protection, Chongqing 400039, China)

Abstract: Objective to investigate the fracture reasons of 38CrSi balance elbow. The methods are the fracture modes and the failure reasons are analyzed by means of chemical composition analysis, mechanical performance analysis, SEM analysis, microstructure analysis and hardness analysis. Results show that the original material of the balance elbow meets the manufacturing requirements. No excessive impurities or defects are found. The fracture type is fatigue fracture. Its surface hardness, core hardness, yield strength and tensile strength all fail to meet the technical requirements. Conclusions In the process of heat preservation, the temperature is too high, and the time is too long. Mid – temperature changes in the high frequency quenching martensite appeared. Surface hardness and fatigue strength are reduced. In the cooling process, because the cooling speed is not enough, excessive ferrite content leads to the decrease of mechanical properties. Appropriate adjustments of heat treatment process can improve reliability of the specimen.

Keywords: 38CrSi; balance elbow; fracture; failure analysis

0 引言

平衡肘是履带式装甲车极其重要的组成部分，由负重轮轴、平衡肘体和花键轴三部分组成，其装配图如图 1 所示[1]。在车体运动过程中，负重轮由于外部地形变化将承受强烈的颠簸和冲击，平衡肘将负重轮运动时产生的冲击能量传递给扭力轴，扭力轴产生形变吸收部分能量和冲击，层层递进，最终减小

作者简介：滕俊鹏（1992—），男，硕士研究生，E-mail：313691172@qq.com。

车体内各机构及行动零部件所受冲击力,减小车体震动,避免因动载超荷而产生破坏[2,3]。

装甲车辆使用环境复杂多变,常在各种地势环境下高速运动,同时,装甲车辆多具有庞大的体型及质量,平衡肘及其各部件的强度和疲劳寿命就显得尤为重要,一旦平衡肘出现疲劳损伤或断裂,其后果将不堪设想,严重时甚至导致装甲车辆无法正常运行,直接失去机动能力,因此平衡肘的质量及可靠性将直接影响装甲车辆的正常安全行驶[4,7]。

某型装甲车平衡肘在服役过程中出现断裂,本文对该平衡肘进行了失效分析,以探究其失效根本原因。

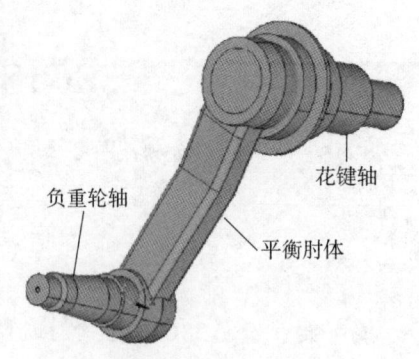

图1 平衡肘装配

1 试验方法

平衡肘材料为38CrSi,其制造工艺为:下料→型锻→机加工→淬火→机加工→高频淬火。技术要求:调制处理,调制硬度(HRC)为33~38,内花键高频淬火硬度(HRC)≥50。

采用ICP分析仪对平衡肘化学成分进行分析,采用Quanta200型环境扫描电子显微镜进行断口形貌分析,采用Observe.A1m型倒置式金相显微镜观察试件表层及芯部金相组织,参照GB/T 228—2002《金属材料 室温拉伸试验方法》[8],采用WDW-5型拉伸试验机对试件进行力学性能测试,采用HR-150 A型洛氏硬度计、HM-MT1000型数字显微维氏硬度计对试件进行硬度测试。

2 试验结果

2.1 宏观分析

对断裂平衡肘断面进行宏观观测,其断口形貌如图2所示,断口表面腐蚀严重,断口疲劳扩展区面积占整个断面的95%以上,可见明显疲劳贝壳纹自裂纹源向芯部扩展,疲劳区条纹宽窄不一,呈不规则分布,说明平衡肘工作时所受载荷应力不断变化,裂纹的扩展随载荷应力的增加而加快。

2.2 材料化学成分和金相组织分析

在平衡肘试件上靠近断口处截取试样进行化学成分分析,分析结果如表1所示。结果表明,平衡肘材料各元素含量均在38CrSi钢标准成分要求范围内。

图2 断裂试件宏观形貌

表1 化学成分分析结果(质量分数)   %

化学元素	C	S	Si	Mn	Cr	P
实测成分	0.41	0.005	1.07	0.35	1.38	0.014
38CrSi钢标准成分	0.35~0.43	≤0.035	1.00~1.30	0.30~0.60	1.30~1.60	≤0.035

从试件断面纵向取样后进行金相组织分析,按标准GB/T 10561—2005《钢中非金属夹杂物含量的测定标准评级图显微检验法》[9]对金相试样抛光后评定材料中非金属夹杂物含量,其结果如表2所示,硫化物类、氧化铝类、硅酸盐类、球形氧化物类非金属夹杂物均为0.5级,单颗粒球状类非金属夹杂物为1级。同时观察断面金相组织并根据GB/T 13299—1991《钢的显微组织评定方法》[10]判断各区域金相组织,各区域金相组织如图3所示,样品表层及次表层(距表面0.5 mm)金相组织均为屈氏体和少量铁素体,过渡区金相组织为细回火马氏体和少量屈氏体,芯部金相组织为保持马氏体位相的回火索氏体和

一定量的铁素体。

表 2　材料非金属夹杂物评级

非金属夹杂物类型	硫化物类	氧化铝类	硅酸盐类	球状氧化物类	单颗粒球状类
级别	0.5 级细系	0.5 级细系	0.5 级细系	0.5 级细系	1 级

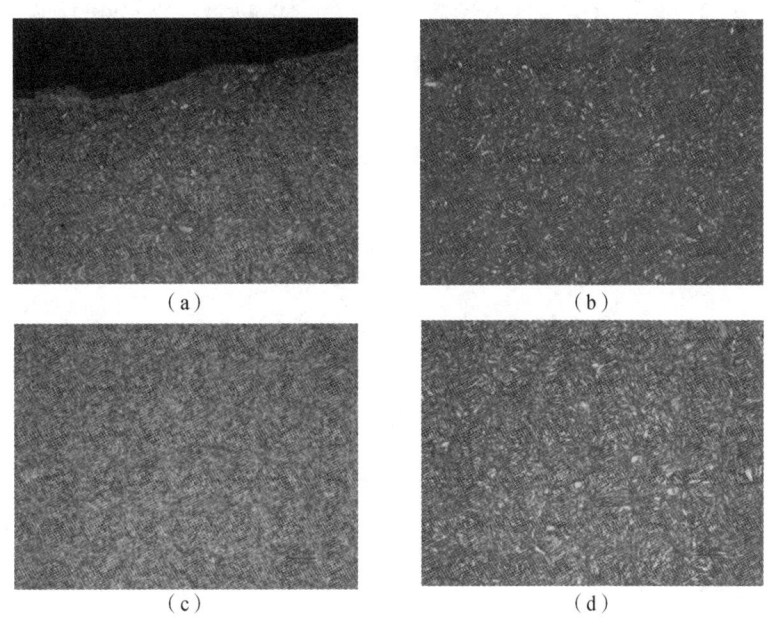

图 3　断口显微照片

(a) 表层金相组织（500×）；(b) 次表层金相组织（500×）；
(c) 过渡区金相组织（500×）；(d) 芯部金相组织（500×）

2.3　断口分析

疲劳开裂常发生在承受波动应变和交变载荷的构件中，环境介质、材料表面状态、构件结构设计等因素均可能导致试件表面或基体内出现缺陷，在受力条件下，缺陷处极易产生应力集中现象，从而优先于未存在缺陷处形成裂纹源，影响试件疲劳寿命。

试件整个断口腐蚀严重，经除锈液清洗后在扫描电镜下观察。平衡肘试件断口形貌如图 4 所示。试件裂纹起始于内花键直纹的根部，呈放射状扩展，裂纹源有裂纹扩展相遇形成的台阶纹，断口被氧化，看不出断口的真实形貌，但扩展纹路连续，未发现原始裂纹、非金属夹杂、折叠等原始缺陷痕迹。

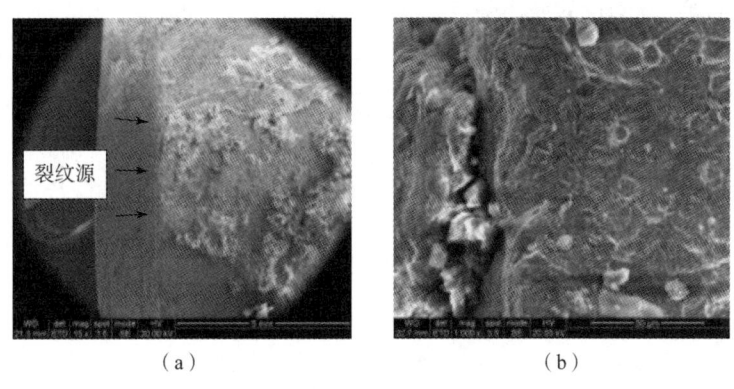

图 4　断口形貌 d

(a) 断口形貌（15×）；(b) 裂纹源形貌（1 000×）

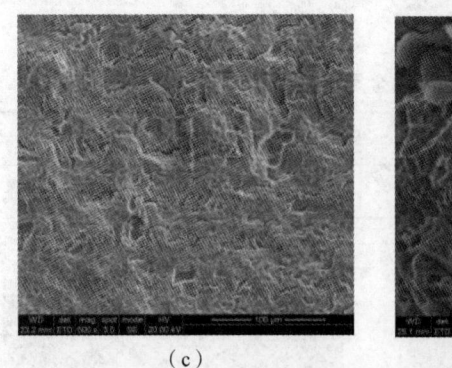
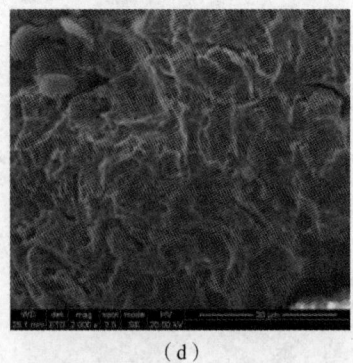

(c)　　　　　　　　　　　　　(d)

图4　断口形貌d（续）

(c)扩展区断口形貌（500×）；(d)断裂区断口形貌（2 000×）

2.4 硬度测试

测试平衡肘试件表面及芯部洛氏硬度，同时利用显微维氏硬度计测试试件自表面至芯部的维氏硬度梯度，其结果如表3、表4所示。试件硬化层深度为3.10 mm，高频相变层为4.40 mm，过渡层约为1.30 mm，表面与芯部硬度均低于技术要求，未达到外硬内韧的效果。

表3　断裂试件表面及芯部硬度

位置	表面	芯部
实测硬度/HRC	47.0　47.5　47.5	31.5　31.0　31.0
技术要求硬度/HRC	≥50	33~38

表4　断裂试件表面至芯部硬度梯度

距表面距离/mm	0.05	0.15	0.30	0.50	0.80	1.10	1.30	1.50	1.70	1.90	2.10
硬度/$HV_{0.5}$	500	495	481	496	483	497	495	507	502	500	507
距表面距离/mm	2.30	2.50	2.70	2.90	3.10	3.20	3.30	3.40	3.50	3.60	—
硬度/$HV_{0.5}$	500	511	493	405	385	356	366	375	369	363	—

2.5 力学性能试验

按照GB/T 228—2002《金属材料 室温拉伸试验方法》，横向截取部分平衡肘试件进行力学性能试验，试验结果如表5所示。断裂件的屈服强度、抗拉强度均低于技术要求，这与芯部组织铁素体量偏多密切相关。力学性能试验结果和显微组织基本吻合。

表5　断裂试件力学性能

项目	$R_{p0.2}$/MPa	R_m/MPa	δ/%
断裂试件	768	912	13.7
技术要求	850	1 000	12.0

3 分析与讨论

通过对断裂平衡肘在化学成分、力学性能、断口、金相及硬度等几个方面的分析可知，平衡肘失效件原始材料符合制造要求，未发现过量杂质或缺陷，平衡肘的断裂类型为疲劳断裂，疲劳贝壳纹自裂纹源向芯部扩展，疲劳区条纹不规则分布，平衡肘工作时所受载荷应力不断变化。平衡肘断裂件的表面硬度、芯部硬度、屈服强度、抗拉强度均低于技术要求。

试件高频淬火层主要为屈氏体，过渡层为1.30 mm，热套过程中温度过高，保温时间过长，使高频淬火马氏体出现了中温转变，表面硬度下降，疲劳强度降低，在循环应力作用下，直纹根部应力集中处极易萌生裂纹。

平衡肘芯部金相组织显示，芯部显微组织为回火索氏体，但平行针形铁素体含量偏多，并含有少量小块状铁素体。小块状铁素体呈游离状，为锻造后调质耐淬火加热过程中奥氏体化程度不高所致，保留了沿原奥氏体晶界分布的特征。同时在冷却过程中，由于冷却速度不够，从奥氏体中析出片状铁素体，使高温回火后铁素体量偏多，与正常的锻造—调质处理的显微组织之间存在差异，从而使钢的强度降低[3]。对于平行针形铁素体，平行束构成其基本单元，束中铁素体晶体学特征一致。因此，在解理裂缝扩展过程中，一旦初裂缝进入束中，便可满足向束中所有铁素体扩展的晶体学条件，从而导致解理断裂抗力下降[11]。

4 结论

平衡肘断裂类型为疲劳断裂，裂纹扩展过程中受力波动较大，疲劳裂纹扩展面积较大，疲劳纹路宽窄不一。试件直纹齿根部表面及芯部硬度偏低，整体力学性能较差，未达到外硬内韧的效果，在较大循环应力作用下，裂纹在直纹齿根部应力集中处萌生并向芯部扩展，从而发生疲劳断裂。为减少平衡肘断裂失效问题，提出相关建议如下：

（1）制定相关企业标准，提高制造水平，尽量避免材料加工时产生任何形式的缺陷。

（2）依据平衡肘产品的实际使用环境，合理选择平衡肘的材料，适当调整平衡肘结构设计，降低平衡肘所受疲劳应力，从而提高平衡肘可靠性。

（3）若继续保持原材料及原热处理工艺，则可适当降低热套过程温度，适当加快淬火后冷却速度，减少高温回火后铁素体含量，使平衡肘硬度及力学性能达到相关技术要求。

参 考 文 献

[1] 杨建辉. 装甲车辆平衡肘载荷识别与载荷谱测试研究 [D]. 太原：中北大学，2010.
[2] 史文. ZTC10钛合金平衡肘断裂分析 [J]. 失效分析与预防，2016，11（5）：300-303.
[3] 周克维. 平衡肘断裂失效分析 [J]. 物理测试，1991（4）：61-64.
[4] 黄殿伟. 坦克平衡肘故障模式及其可靠性 [C]//疲劳与断裂2000—第十届全国疲劳与断裂学术会议论文集，2000.
[5] 陈涛. 某车用平衡肘断裂原因分析 [J]. 大型铸锻件，2018，000（4）：44-45，51.
[6] 张明. 某高速履带车平衡肘与减振器连接耳结构改进设计 [J]. 车辆与动力技术，2005（1）：35-38.
[7] 陈千圣. 国产主战坦克平衡肘疲劳强度及可靠性分析 [J]. 兵工学报（坦克装甲车与发动机分册），1987（03）.
[8] GB/T 228—2002，金属材料 室温拉伸试验方法 [S].
[9] GB/T 10561—2005，钢中非金属夹杂物含量的测定标准评级图显微检验法 [S].
[10] GB/T 13299—1991，钢的显微组织评定方法 [S].
[11] 黄正. 铁素体形态和分布对低碳钢低温断裂行为的影响 [J]. 金属学报，1987，23（3）：223-227.

3D打印在兵器领域的应用现状及展望

黄声野，明平才

（中国兵器装备研究院 3D打印技术研究中心，北京 102209）

摘 要：3D打印技术在轻量化和定制化制造方面具有突出优势，对推进兵器产品的创新设计和制造有重大意义。本文重点分析了智能化战场快修系统、火炮轻量化、士兵系统外骨骼定制、导弹战斗部壳体创新设计等方面的应用特点，阐述了如何充分利用3D打印技术特点提升装备性能，基于对当前3D打印在兵器领域应用研究中存在问题的分析，提出了重点开展低成本批量化制造、特色材料的打印工艺、打印件动态力学性能、打印件检测等技术研究等建议。

关键词：3D打印；增材制造；战场快修；火炮轻量化；外骨骼；战斗部壳体；动态力学性能

中图分类号：TG669　　**文献标志码**：A

Status and prospects on application of 3D printing technology in ordnance

HUANG Shengye, MING Pingcai

(3D Printing Research Center, China South Industry Academic, Beijing 102209, China)

Abstract: 3D printing technology has significant advantage in lightweight and customized manufacture, and has great significance to promote creative design and manufacture of weapon equipment. Characteristic applications in intelligent field rapid repair system, artillery lightweight design, exoskeleton system customization of soldier system, and creative design for missile warhead shell are analyzed, and the way to improve equipment performance by using 3D printing technology is introduced. Based on the analyses of 3D printing technology problem in armament application and research domain, focused research in lowcost mass manufacturing, characteristic material printing process, dynamic mechanical properties of printed parts, and printed parts detection are suggested.

Keywords: 3D printing; additive manufacture; field rapid repair; artillery lightweight design; exoskeleton; warhead shell; dynamic mechanical properties

0 前言

3D打印学名增材制造（Additive Manufacturing，AM），是在三维数字模型的基础上，通过将材料逐层累加制造零件的技术，是计算机技术、先进材料技术和精密加工制造技术精密结合的产物[1]。应用增材制造技术可以制造传统加工方法难以实现的高阶曲面、内部流道、空间网格等结构，在轻量化、定制化制造方面有突出优势，因而在航空航天、医疗卫生、模具制造等领域已经有众多的应用[2-4]，并且逐步实现零部件的直接生产。随着增材制造技术的不断成熟，其在兵器装备中的应用研究逐渐增多，未来必将对提升兵器工业领域的创新设计能力和先进制造能力、提高装备的性能起到重大作用。

基金项目：中国科协青年人才托举工程（No. 2017QNRC001）、北京市优秀人才项目。
作者简介：黄声野（1974—），男，博士，研高工，主要从事增材制造应用技术研究，E-mail：huangshengye@126.com。

1　3D 打印在兵器领域的应用现状

近年来，3D 打印在航空航天、医疗卫生领域的应用越来越多，已经在许多实际装备或产品中得到了应用，部分零件实现了量产。而在兵器领域尚未以研发阶段应用为主，相关的报道概括起来包括以下四个方面：

1.1　战场维修

据称美军的远征移动实验室已经装备战场[5]，也称为 ELM 实验室（图1），其外形是一个 20 英尺的标准集装箱，其中装备了 3D 打印机、计算机辅助铣削机、激光切割器、等离子切割器和水刀等。该实验室还包含发电机、空调系统及卫星通信设备，造价 280 万美元。此外，美国陆军军备研发与工程中心开发了 3D 打印套件 R - FAB[6]，用于美国士兵现场打印临时替换件。美国海军陆战队也装备了便携式战场 3D 打印实验室 X - FAB[7]，大小为 20 英尺 × 20 英尺，包括四台 3D 打印机、一台扫描仪和 CAD 软件，可以现场快速制造替换零件。

图1　美军的远征移动实验室（ELM）

1.2　枪械打印

美陆军装备研发与工程中心测试了 3D 打印榴弹发射器 RAMBO 并获得成功[8]（图2）。RAMBO 基于 M203A1 榴弹发射器原型设计，除了弹簧和紧固件之外，其余 50 多个零部件均由 3D 打印技术制造。2013 年 11 月，美国得克萨斯州的 Solid Concepts 公司以经典的 M1911 为模型打印的手枪组成元件超过 30 个（图3），使用了几种不同的不锈钢[9]。仅仅十几天之后，该公司又宣布了使用 Inconel 625 材料制造 3D 打印的 M1911 手枪[10]（图4）。美国 Sintercore 公司为其格洛克 43 手枪打印了增容弹夹 3DPlus2[11]（图5），可使格洛克 43 增加两发子弹容量。Sintercore 公司称该增容弹夹不仅坚固耐用，而且比该手枪原厂产的弹夹强度更高。Tronrud Engineering 公司推出了新型纯钛的枪口制退器[12]（图6），很多职业射击运动员认为这种新型枪口制退器能够显著减小后坐力和枪口上跳幅度，便于快速进行瞄准，从而提高射击成绩。俄罗斯卡拉什尼科夫集团为保持其在武器创新研发中的领先地位，与金属制造商 Stankoprom 合作，开展多种武器的零部件的 3D 打印制造，包括冲锋枪和手枪，目前 3D 打印主要用于研发阶段样件的快速制造[13]。

图2　3D 打印的榴弹发射器 RAMBO

图 3　用不锈钢 3D 打印的 M1911

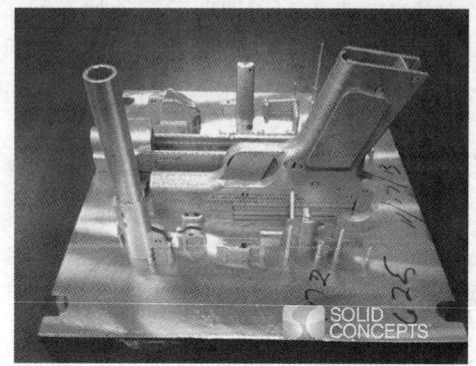

图 4　用 Inconel 625 材料 3D 打印的 M1911　　图 5　装配了 3DPlus2 增容弹夹的格洛克 43 手枪

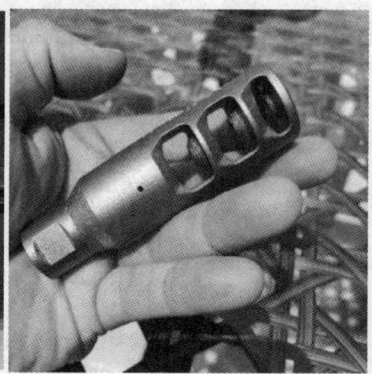

图 6　3D 打印的钛合金枪口制退器

1.3　弹药打印

俄罗斯先期研究基金会（Fund for Perspective Research）对使用 SLM 技术制造的子弹（图 7）进行了测试[14]，结果显示子弹具有必要的强度，与传统工艺制造的弹药一样有效。

美国空军研究实验室（AFRL）正在研究下一代巨型炸弹 MOAB（Massive Ordnance Air Burst）。现在的 MOAB 外壳厚度达 2 in，影响了冲击波作用半径。该项研究拟基于 3D 打印制造技术优化炸弹壳体，通过在炸弹内部设置重叠的钻石状纹路加强壳体强度，同时降低外壁厚度，以期在不降低原有威力的情况下，降低炸弹质量，减小炸弹的尺寸[15]（图 8）。

1.4　导弹打印

雷神公司宣称可以用 3D 打印技术制造导弹上的所有部件，包括复杂电子电路和微波器件。雷神、洛克希德·马丁、欧洲导弹集团等军工企业巨头均在寻求利用 3D 打印技术制造性能更好的轻量级导弹组件的可能。

 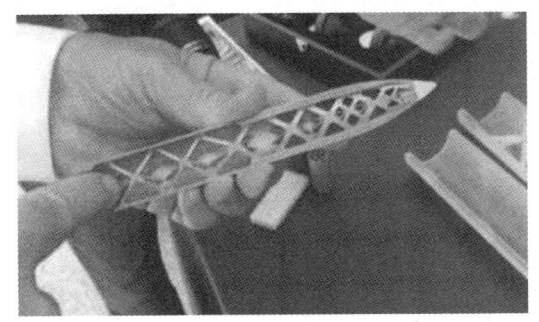

图 7　3D 打印的子弹　　　　　　图 8　结构优化后的巨型炸弹的 70∶1 模型

2　3D 打印技术在兵器领域未来的重点应用方向

2.1　基于 3D 打印的战场快修系统

信息化条件下的局部战争具有突发性、快速性、高强度、高消耗等特点，对装备的战场抢修能力提出了更高的要求。战场环境的瞬息万变使得缩短维修时间、快速恢复战斗力有着重要意义[16,17]。

为了战时对损坏装备进行快速维修，野战部队往往需要携带许多备件。但是备件带多了影响部队的机动性，而备件带少了容易陷入"带的用不上，要的没带来"的窘境。如果依靠后方筹措运到前线，不仅费时费力，而且运输车队成为易受袭击的目标，需要分兵保护，影响部队战斗力。

以 3D 打印设备为重要组成部分，可构建智能化自动化的战场零件快修系统。系统将包括三维测试系统、诊断专家系统、工艺设计平台、加工中心、检测评估平台、质量档案管理系统和数据分析系统。三维测试系统用于对受损零件进行快速三维扫描，进行无损检测，探查零件内部和表面的裂纹、凹坑等缺陷，通过逆向建模得到受损零件的三维数字模型。诊断专家系统将受损零件的数字模型与该零件的原始设计模型进行对比，结合实际使用的性能要求、历史维修数据等进行仿真分析，评估损伤对性能的影响，据此判断损伤类型和级别，提出维修的方案建议，包括打印工艺类型、工艺参数、设备选型、材料选择、精度要求、力学性能要求等，作为下一步工艺设计的输入条件。工艺设计平台将需要打印的数字模型进行切片、路径规划、设置打印参数等处理，给出加工文件，同时给出打印零件的后处理方案，包括热处理、热等静压、冷等静压、表面处理、配合面精加工等。加工中心包括 3D 打印设备和用于后处理的机加设备，根据工艺设计平台给出的加工文件进行零件的打印成形或修复，并进行后处理。检测评估平台将完成后处理的零件进行尺寸测量、无损检测等测试，判断是否合格。质量档案管理系统将上述每一步的操作都同步形成质量记录，并保存到数据库。数据分析系统负责数据库管理和大数据统计分析，一方面将分析结果提供给诊断专家系统用于受损零件的评估，另一方面将统计结果反馈到装备研发和生产环节，为提高研发新产品的创新能力、改进生产工艺提供参考。

2.2　士兵系统外骨骼的轻量化、个性化制造

世界各个国家都面向未来战争大力发展适合自己的士兵系统，例如美国的陆地勇士（Land Warrior）计划、俄罗斯的狼/士兵 2000 系统（Project - Wolf/Soldier 2000）、法国的未来步兵（FELIN）和以色列的"阿诺格"计划（Project Anog）等。各个国家的士兵系统各有区别，但基本上都包含通信、生命维持、感知、防护、攻击武器等先进装备，使得单兵的作战和生存能力得到大幅度提升。但是由于携带的装备多，尽管采用了使用轻量化材料、进行减重设计等减重措施，单兵的负载还是太重，不利于快速或持久行动。外骨骼是一种可穿戴机器人[18]，可大幅提升士兵的负载能力和运动能力，也可成为各种武器的支架，从而大幅提升士兵的作战能力。作为一种穿戴式的机械装置，外骨骼在设计和制造上兼有轻量化和个性化的需求。通过轻量化设计可减轻外骨骼自身质量，提高适用性。与此同时，根据使用者的身体特点进行个性化的设计和制造，使外骨骼与士兵的肢体有更好的运动配合，从而更充分地发挥外骨骼

的作用。3D打印技术擅长制造传统工艺难以实现的复杂结构，适合个性化地打造各种拓扑优化后得到的异形结构，为实现士兵系统的装备和外骨骼零件的减重和个性化设计提供了巨大的创新空间。

2.3 火炮零件的轻量化设计与制造

现代及未来战争具有突发性、速决性和多维性等特点，作为重火力的火炮，势必要向着更大的威力、更强的防护能力和更先进的火控及通信能力发展。满足这些要求，则会增加火炮自重，从而影响机动性。因此，轻量化设计和制造成为火炮研究的重要内容[19]。各军事强国都在积极开展火炮轻量化研究，以期在满足火力、装甲防护要求和射击安全性、稳定性的前提下，尽可能地降低火炮质量。以往通过使用轻量化的材料、对零部件进行结构优化[20]，已经显著降低了火炮的质量。要进一步进行减重，拓扑优化是重要途径。虽然拓扑优化可以得到最优的轻量化结构，但是由于其结构布局主要取决于传力路径，因此经过拓扑优化得到的往往是异形结构，传统制造方法较难实现，这在很大程度上限制了火炮零件进一步轻量化。基于3D打印技术，可以对火炮的炮塔、上架等重要零件进行以轻量化为目的的拓扑优化设计，进一步降低质量，然后进行3D打印成形。

2.4 半预制破片战斗部壳体创新设计与制造

杀伤战斗部是现代和未来战争的主用战斗部类型之一，主要是在高能炸药爆炸作用下形成大量高速破片，利用破片对目标的高速碰击、洞穿、引燃和引爆作用毁伤目标[21]。

根据破片的生成途径，破片杀伤战斗部可分为自然、半预制和全预制破片战斗部三种类型。第一类是自然破片战斗部，其破片是在爆轰作用下壳体膨胀、断裂、破碎而成，该类战斗部形成的破片初速高，但破片的大小不均匀，形状不规则，在空气中飞行时速度衰减快。第二类是半预制破片战斗部，也称为预控破片战斗部，通常采用壳体刻槽或增加内衬等技术措施，预先设置爆炸时的破裂部位，从而形成破片。这类战斗部的特点是形成的破片大小均匀。第三类是全预制破片战斗部，是将已制造好的破片粘接在战斗部壳体的内腔或炸药的外衬上，炸药爆炸后，驱动破片高速飞散毁伤目标。内衬可以是薄铝板、薄钢板或玻璃钢。预制破片形状有圆柱形、立方形、瓦片形和球形。

在装填系数相同的情况下，全预制式战斗部的破片初速较低。这是因为炸药爆炸后，产生的气体较早逸出，破片被抛出前膨胀加速时间短。半预制破片可以获得比预制破片更高的初速，在半预制破片设计和制造工艺较好的情况下，能在爆炸后形成大小均匀一致的破片，因此，提高半预制破片杀伤战斗部的设计和制造技术是提高杀伤战斗部威力的有效途径。

为了控制破片飞散场，通常战斗部壳体表面为高阶曲面。对半预制破片战斗部而言，需要在曲面上进行精密刻槽，加工难度非常大，严重限制了这种战斗部的发展。利用3D打印技术制造复杂结构的优势，可以解决复杂战斗部制造的问题，从而推进我国战斗部性能的大幅提升。

3 存在的问题及重点研究方向

3D打印是一种创新性的智能制造技术，必将大幅提高未来兵器领域的设计和制造水平，但是当前在兵器领域的应用还很少，深度也不够深，主要原因是技术特点与兵器领域制造需求之间存在一定的差距，以及与兵器零件使用特点相关的3D打印技术基础研究不足等。

3.1 当前3D打印制造能力不足，需开展新型的低成本、高效率、大幅面3D打印设备和工艺研究

兵器领域多数产品具有单件价值低、产品批量大的特点。而当前3D打印由于设备、材料费用高，打印成形效率还不够高，适合单件制造或小型零件的批量制造，在对成本和效率敏感的兵器行业难以推广。

另外，兵器领域还存在许多尺寸较大且迫切需要减重的零件，例如炮架等，希望通过拓扑优化进行

轻量化设计后用3D打印来制造。但是常规铺粉式3D打印设备的加工尺寸为250～300 mm，无法满足需求。近年来出现的采用多振镜加多光源的铺粉式3D打印设备，通过打印区域拼接，拓展了加工幅面。但是使用了多个激光器和振镜，导致设备成本较高，而且由于振镜本身的长度大于它所对应的加工幅面的边长，打印区域无法向两个互相垂直的方向同时拓展拼接，也在相当程度上限制了它的应用范围。

因此，有必要通过创新设计实现低成本的米级尺寸加工幅面的铺粉式3D打印设备。研究重点包括从结构和控制上重点解决大重量成形仓升降精密定位技术、大幅面均匀铺粉技术，从扫描光路上研究实现低成本、高效率光束扫描系统，并从工艺上重点解决因幅面增大带来的成形件变形、开裂、内部缺陷等问题。

3.2 面向兵器应用特点的基础研究不足，需加强特种材料3D打印工艺以及3D打印材料应力应变规律研究及其机理研究

一是部分兵器领域特有材料的3D打印工艺研究不足。3D打印过程中，金属材料被熔化，并在较短的时间里凝固，所形成的组织结构较铸、锻件或轧制件都有很大不同，力学性能也有很大差异。因此需要根据3D打印件的各项力学性能参数进行零件的设计、仿真，才能得到真正合格的3D打印零件。目前，对于应用比较普遍的材料，尤其是航空航天领域使用较多的材料，如钛合金、高温合金、铝合金等，其打印件力学性能研究比较多[22]，而对于炮钢等兵器领域特色的材料，相关的基础研究和数据积累不足，造成了3D打印在兵器领域应用的困难。

二是对3D打印成形件在高应变率条件下的响应规律研究欠缺。枪、弹、炮中部分零件需要工作在强冲击等高应变率条件下，其仿真设计需要以本构方程为支撑，而本构方程的各项参数需通过动态力学性能的测试分析获得。也就是说，3D打印成形件高应变率条件下的应力应变规律对兵器领域相当一部分零件的设计至关重要。当前，关于3D打印件的静态强度、韧性等力学性能的研究多，而动态力学性能研究则几乎未见报道。

3.3 3D打印零件内部冶金质量的检测手段和标准有待加强

3D打印构件的内在缺陷控制问题是确保3D打印构件质量的关键，而如何更为精确地检测缺陷则是基础。相对于传统制造，3D打印构件内部缺陷的形成原因和特点都有所不同，适用于3D打印成形件的缺陷检测手段和标准还需要通过大量研究来建立。不仅如此，兵器领域的许多零件需耐受高温、高压、高过载、强冲击、高速摩擦等工况中的一种或几种，3D打印制造的零件能否满足这些条件下的使用要求，需要有针对性地建立包括内部冶金质量在内的各项检测手段和评价标准，以指导支撑3D打印技术在兵器领域的应用。这些研究包括但不限于3D打印特有的内部冶金缺陷的基本特征、形成机理及控制方法、缺陷损伤容限特性，以及内部缺陷无损检验方法与评价标准等。

4 结论

3D打印技术具有制造精密复杂结构和大型整体构件的特长，在兵器装备的维修保障、产品零件的优化设计与制造方面，具有重要的意义和应用前景。为充分利用3D打印技术，进一步推进兵器武器的创新发展，需要结合兵器领域的应用特点，在低成本批量化打印设备和工艺、特色材料的打印工艺、打印件的力学性能、打印件的检测技术等方面长期开展扎实深入的研究。

参考文献

[1] 蔡志楷，梁家辉. 3D打印和增材制造的原理及应用（第4版）[M]. 北京：国防工业出版社，2017.
[2] 林鑫，黄卫东. 应用于航空领域的金属高性能增材制造技术[J]. 中国材料进展，2015，34（9）：684－688.
[3] 姜杰，朱莉娅，杨建飞，等. 3D打印技术在医学领域的应用与展望[J]. 机械设计与制造工程，2014，43

(11): 5-9.

[4] 王颖, 袁艳萍, 陈继民. 3D打印技术在模具制造中的应用 [J]. 电加工与模具, 2016 (增刊1): 14-17.

[5] David J. Hill. 3D printing on the frontlines — army deploying ＄2.8M mobile fabrication labs [EB/OL]. 2013, https: //singularityhub. com/2013/02/28/3d-printing-on-the-frontlines-army-deploying-2-8m-mobile-fabrication-labs/

[6] Benedict. US Army's new 'R-FAB' system allows soldiers to 3D print stopgap solutions in the field [EB/OL]. 2017, http: //www. 3ders. org/articles/20170727-us-armys-new-r-fab-system-allows-soldiers-to-3d-print-stopgap-solutions-in-the-field. html

[7] Bridget O'Nel. X-FAB: marines evaluate portable 3D printing facility for maintenance battalions [EB/OL]. 2017, https: //3dprint. com/185063/x-fab-3d-printing-facility/

[8] Kyle Mizokami, The U. S. army 3D-printed a grenade launcher and called it R. A. M. B. O. [EB/OL]. 2017, https: //www. popularmechanics. com/military/weapons/advice/a25592/the-us-army-3d-printed-a-grenade-launcher-it-calls-rambo/

[9] David Reeder. Just printed: solid concepts 3D-printer metal 1911 [EB/OL]. 2013, https: //www. recoilweb. com/just-printed-solid-concepts-3d-printed-metal-1911-35037. html

[10] Max slowik. Solid concepts 3D-printed 1911 gets version 2.0 [EB/OL]. 2013, https: //www. guns. com/news/2013/11/20/solid-concepts-3d-printed-1911-gets-version-2-0.

[11] Max slowik. Sintercore taking pre-orders for 3Dplus2 glock 43 mag estension [EB/OL]. 2015, https: //www. guns. com/news/2015/07/20/sintercore-taking-pre-orders-for-3dplus2-glock-43-mag-extension-video.

[12] Eric B. The Salen 3Dprinted titanium compensator [EB/OL]. 2018, https: //www. thefirearmblog. com/blog/2018/07/25/the-salen-3d-printed-titanium-compensator/#disqus_thread.

[13] Benedict. Russian arms manufacturer Kalashnikov Concern targets 3D printed assault rifle [EB/OL]. 2016, https: //www. 3ders. org/articles/20160217-russian-arms-manufacturer-kalashnikov-concern-targets-3d-printed-assault-rifle. html

[14] 俄罗斯先期研究基金会完成3D打印弹药测试 [EB/OL]. 2016, http: //www. dsti. net/Information/News/102140

[15] Clare Scott, The Next "Mother of All Bombs" May Be Smaller, Lighter and 3D Printed, 2017, https: //3dprint. com/175248/3d-printed-bombs-moab/

[16] 翁辉, 徐海珠, 陈晓山. 基于Petri网的装备战场抢修系统建模研究 [J]. 计算机技术与发展, 2010: 20 (3) 176-179.

[17] 訾飞跃, 李坡, 张志雄. 3D打印技术与装备快速维修保障 [J]. 兵器材料科学与工程, 2018, 41 (4): 106-110.

[18] 李会营, 王惠源, 张鹏军, 等. 外骨骼装备在未来单兵系统中的应用前景 [J]. 机械设计与制造, 2012 (3): 275-276.

[19] 窦培明, 胡双启, 潘玉田. 国外新型轻质复合材料在火炮上的应用与发展 [J]. 机械管理开发, 2005 (5): 58-61.

[20] 张海航, 于存贵, 唐明晶. 某火炮上架结构拓扑优化设计 [J]. 弹道学报, 2009, 21 (2): 83-85.

[21] 周兰庭, 张庆明, 龙仁荣. 新型战斗部原理与设计 [M]. 北京: 国防工业出版社, 2018.

[22] 李俊峰, 魏正英, 卢秉恒. 钛及钛合金激光选区熔化技术的研究进展 [J]. 激光与光电子学进展, 2018 (1): 29-46.

某型子母弹尾部密封结构的可靠性与安全性研究

唐 辉，李晓婕，黄晓杰，赵东志

(北方华安工业集团有限公司科研一所，黑龙江 齐齐哈尔 161046)

摘 要：身管武器的发射原理为在密闭药室中点燃发射药或推进剂，使其剧烈燃烧产生火药气体形成瞬时高压，将弹丸高速推出身管。在此过程中，火药气体直接与弹丸接触，由于大多数弹丸的弹体内部通常装有炸药及其他火工品，因此在此类弹丸设计时要求密封设计，防止火药气体进入弹体内部引起弹丸解体或爆炸。通过对某型子母弹尾部密封结构各组成部分的理论分析及试验研究，验证了该密封结构的可靠性与安全性。

关键词：子母弹；密封；可靠性；安全性

Research on reliability and safety of hermetically – sealed structure of shell

TANG Hui, LI Xiaojie, HUANG Xiaojie, ZHAO Dongzhi

(The first Institute, North Hua'an Industrial Group Co., Ltd., Qiqihar 161046, China)

Abstract: The working principle of artillery is that the gun propellant intensely combust in the tightly closed chamber and produce large amount of propellant gas. The high pressure of propellant gas push the projectile out in a very high speed. Propellant gas directly contact with projectile in the process of shooting, most projectile contains explosive and other initiating explosive device, so conventional ammunition must be firmly sealed. we did theoretical research and experiment on the sealed part at afterbody of the projectile to ensure reliability and safety.

Keywords: shrapnel; sealed; reliability; safety

0 引言

本文研究的某型子母弹为坦克炮用子母弹（以下简称子母弹），其子弹药主要由炸药、子弹引信以及壳体组成，子弹药采用弹体尾部装填方式装入母弹，这就使得弹体内腔与外部连通，为了阻断火药气体与子弹药的接触，必须对全弹进行密封设计，以保证弹丸发射的安全性。火药气体从子母弹尾部将其推出炮膛，因此，弹丸尾部密封结构的可靠性与安全性尤为重要。

1 尾部密封结构构成

子母弹的尾部密封结构主要由密封圈、弹体和尾杆组成，其结构示意图如图1所示。密封圈为航空橡胶制品，弹体材料为合金钢，尾杆为铝制。

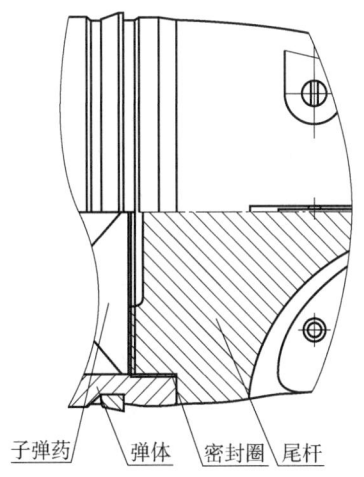

图1 子母弹尾部密封结构示意

作者简介：唐辉（1990—），男，工程师，学士，E-mail：190696032@qq.com。

2 密封可靠性与安全性理论分析

2.1 密封圈

密封圈为四棱圆环，材料为航空橡胶 5171。

子母弹的储存年限长，在弹丸装配及包装工作完成后，会经历出库、入库、转运、储存及作战使用等一系列过程，在这些过程中，环境温度的差异会造成弹丸各个部件热胀冷缩。在标准实验室环境温度为 20 ℃情况下，线膨胀系数：

$$\alpha = \Delta L / (L \times \Delta T) \tag{1}$$

式中：ΔL——长度变化值；
ΔT——温度变化值；
L——初始长度。

由于铝尾杆与合金钢弹体的热膨胀系数不同（表1），密封圈所受的挤压力大小会不断变化。密封圈在多次交变载荷作用下会发生疲劳。

表1 不同材料的热膨胀系数

金属类别	热膨胀系数（20~100 ℃）/（$10^{-6} \cdot ℃^{-1}$）
合金钢	10.6
铝	23.6
橡胶	100

在子母弹总装过程中，给尾杆施加紧固扭矩 T_f，弹性区内紧固扭矩与预紧力的关系为

$$T_f = K F_f d \tag{2}$$

$$K = \frac{1}{2d}\left(\frac{P}{\pi} + \mu_s d_0 \sec\alpha + \mu_w D_w\right) \tag{3}$$

接触的支承面是圆环状时：

$$D_w = \frac{2(d_w^3 - d_h^3)}{3(d_w^2 - d_h^2)} \tag{4}$$

式中：T_f——紧固扭矩；
K——扭矩系数；
F_f——初始预紧力；
d——螺纹公称直径；
P——螺距；
μ_s——螺纹摩擦系数；
d_0——螺纹中径；
α——螺纹牙侧角；
μ_w——支承面摩擦系数；
D_w——支承面摩擦扭矩的等效直径；
d_w——支承面外径；
d_h——支承面内径。

对密封圈与尾杆和弹体密封面的接触面施加换算后的预紧力，进行疲劳分析，仿真计算结果如图 2~图 5 所示。

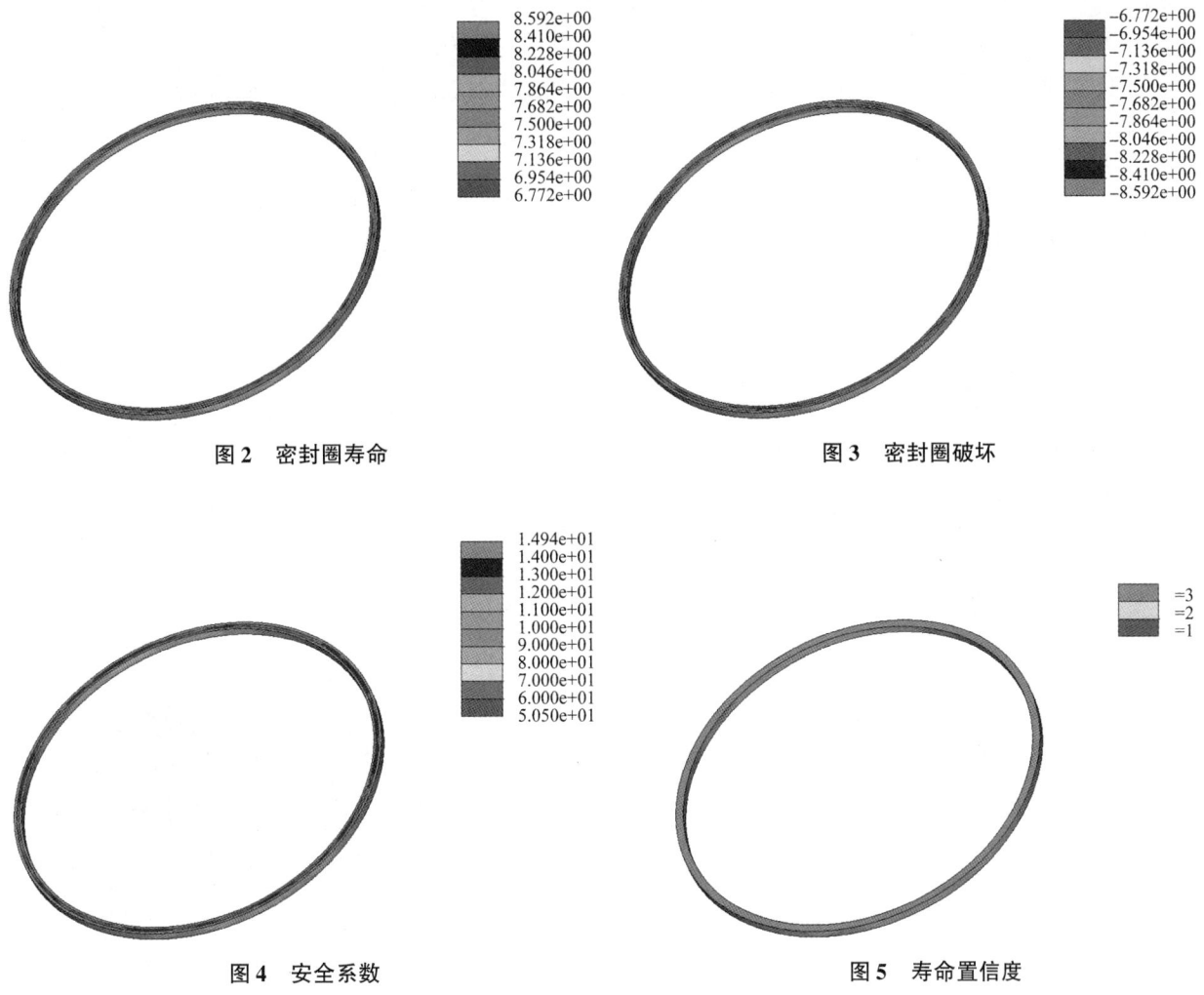

图 2 密封圈寿命　　图 3 密封圈破坏

图 4 安全系数　　图 5 寿命置信度

2.2 弹体与尾杆

弹体与尾杆通过螺纹连接。为了使毁伤效率最大化，子母弹的总体结构分配给抛撒机构的空间较小，导致抛撒药量较少，为了使抛撒药包产生的火药推力能够将子弹药可靠抛出弹体，螺纹设计长度较短，螺纹牙数少。除了依靠密封圈以外，弹尾主要是通过螺纹配合来实现密封功能，为了保证弹丸的密封性，选用了细牙螺纹，细牙螺纹相较于粗牙螺纹密封性更好。

由于弹体材料为合金钢，尾杆为铝制，二者力学性能相差 2 倍，当受力相同时，尾杆螺纹更易被剪切，为此需对尾杆螺纹进行强度校核，螺纹剪应力 τ 的校核公式为

$$\tau = \frac{F_s}{K_z \pi d_1 b Z} \tag{5}$$

式中：F_s——计算推力；

K_z——螺纹受力不均匀系数；

d_1——螺纹内径；

b——牙根宽；

Z——螺纹旋合圈数。

金属加工实际情况下，螺纹密封面难以保证是完全光滑的，且弹体与尾杆的螺纹为刚性接触，所以即便是过盈配合后的密封面之间仍会存在微小的间隙口，无法使弹丸内腔可靠密闭。

根据流体力学，流体通过间隙时所产生的局部阻力取决于泄漏路径 l 的长度和间隙截面积，当接触面的接触应力 P_l 越大时，间隙的截面积就越小，可表示为

$$\Delta R \propto \int P_t \mathrm{d}l \tag{6}$$

该阻力相当于沿泄漏路径累积的接触应力。因此,该接触面的临界密封压力 P_{cr} 可以表示为

$$P_{cr} \leq K_0 \int P_t \mathrm{d}l \tag{7}$$

从上式可以看出,接触面的临界密封压力正比于接触压力。为提高密封性能,接触应力尽可能的大,使泄漏路径的面积较小。

为进一步减小泄漏面积,提高尾部密封结构的可靠性与安全性,在弹体和尾杆螺纹上分别涂抹硅橡胶,起到辅助密封作用。

3 密封可靠性与安全性试验研究

尾部密封结构的可靠性模型是一个串联系统,任何一个零部件失效均会造成密封性能大幅下降,其可靠性模型如图6所示。

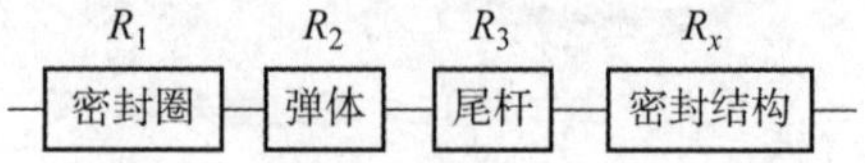

其根据子母弹前期研制的累积试验数据和设计裕度,可确定尾部密封结构各零部件的可靠度。

图6 尾部密封结构的可靠性模型

弹丸发射时,其尾部密封结构的可靠度可以由以下公式推出:

$$R_x = \prod_{i=1}^{n} R_i$$

对子母弹尾部密封结构的密封性进行试验验证,在弹体内腔尾杆端面粘贴少许脱脂棉,总装完成后,对全弹进行气密性检查,经多发火炮射击试验后将弹丸回收,拆解弹尾,观察脱脂棉是否有熏黑现象。

若脱脂棉出现熏黑现象,则说明火药气体进入弹丸内腔,尾部密封结构密封性不满足设计要求;反之,则满足设计要求。

经试验后拆解,子母弹全弹结构未出现解体和爆炸等现象,弹尾拆解情况如图7所示,经观察,脱脂棉未出现熏黑现象。

图7 回收弹丸情况

4 结论

经理论分析,密封圈疲劳寿命满足使用年限要求,交变应力引起的破坏百分比在允许范围内,疲劳安全系数远大于1,密封圈寿命置信度足够。弹体与尾杆螺纹设计合理,连接紧固,泄漏面积足够小,密封性能好,硅橡胶物理性能满足使用要求。

经试验验证,子母弹全弹结构正常,未出现弹丸解体、爆炸及其他异常现象,脱脂棉未出现熏黑现象,子母弹尾部密封结构作用正常,可靠密闭。

子母弹尾部密封结构的密封可靠性与安全性高,满足设计要求。

参 考 文 献

[1] 辛纪元,吴广瀚,邹天下,等. 特殊螺纹接头密封性能与结构分析 [J]. 石油矿场机械,2015,44 (06):29-33.

[2] 王志军,尹建平. 弹药学 [M]. 北京:北京理工大学出版社,2005.

[3] 魏惠之,朱鹤松,汪东辉. 弹丸设计理论 [M]. 北京:国防工业出版社,1985.

[4] 叶加星,李夕强,李军,等. 一种螺纹快接接口的结构设计及密封性影响分析 [J]. 液压气动与密封,2015,35 (06):21-23.

[5] 齐清兰,霍倩. 流体力学 [M]. 北京:水利水电出版社,2012.

[6] 杨晶,刘云. 机械工程材料基础 [M]. 北京:兵器工业出版社,2002.

绝热片粘贴的工艺性能研究

任孟杰，张玉良，王 倩，黄 林，王晓芹，周 峰

(西安北方惠安化学工业有限公司，陕西 西安 710302)

摘 要：针对绝热片晾置过程中出现收缩的现象，研究了晾置时间与三元乙丙(EPDM)绝热片收缩率、绝热片门尼黏度的关系。针对大长径比的小口径发动机绝热层难以直接粘贴于燃烧室内壁的问题，研究了预制成型绝热片的保温温度与门尼黏度的关系。实验结果表明，当绝热片的晾置时间为60 h，预制成型绝热片的保温温度为100~130 ℃时，绝热层粘贴的工艺性能最佳。该结果可以为实际生产中的绝热层粘贴提供理论依据。

关键词：三元乙丙绝热片；门尼黏度；收缩率；工艺性能

Study on process performance of thermal insulation

REN Mengjie, ZHANG Yuliang, WANG Qian,
HUANG Lin, WANG Xiaoqin, ZHOU Feng

(Xi'an North Hui'an Chemical Industry Co., Ltd, Xi'an 710302, China)

Abstract: Aiming at the phenomenon of shrinkage during the drying process of the insulation sheet, the relationship between the shrinkage of EPDM insulation film, the Mooney viscosity of the insulation and placement time was studied. Aiming at the problem that the small – diameter engine insulation layer with large aspect ratio is difficult to be directly attached to the inner wall of the combustion chamber, the relationship between the insulation temperature of the prefabricated insulation sheet and the Mooney viscosity was studied. The experimental results show that when the placement time of the insulation sheet is 60 h and the insulation temperature of the preformed insulation sheet is 100 – 130 ℃, the bonding process performance of the insulation layer is best. This result can provide a theoretical basis for the adhesion of the thermal insulation layer in actual production.

Keywords: EPDM insulation film; Mooney viscosity; shrinkage; process performance

0 引言

固体火箭发动机以其高速、大比冲和机动能力强的特点成为现代战争中极具发展前景的武器动力装置之一。固体火箭发动机由燃烧室、推进剂药柱、喷管、点火器4个主要部分组成，在其工作过程中，燃烧室往往要承受3 000 K以上的高温和3~10 MPa甚至更高的内压作用，为保证发动机的正常工作，需要在壳体内壁粘贴绝热层[1]。显然，绝热层应具备较高的耐烧蚀性以抵御发动机在工作过程中产生的高温燃气对发动机内壁的冲刷作用。

现有的绝热层粘贴方式为分层、分片、手工粘贴，因此绝热层应具备良好的工艺性能，以满足绝热层材料易于施工在燃烧室内壁的要求。

绝热层为合成材料，通过向基体材料中添加纤维并充填颗粒或粉末状填料来制得力学性能、烧蚀性

作者简介：任孟杰(1992—)，硕士，助理工程师，主要从事复合固体火箭发动机热防护材料的设计研究，E – mail:83859.199@qq.com。

能、工艺性能等各项性能良好的绝热材料。研究结果表明，向橡胶基体材料中添加纤维可以提高绝热材料的耐烧蚀性[2]，然而另一方面，纤维的加入也会使得绝热层产生应变。本文主要研究了绝热片的晾置时间、保温温度对三元乙丙绝热片（EPDM）工艺性能的影响。

1 绝热片晾置时间对三元乙丙绝热片（EPDM）工艺性能的影响

1.1 绝热片晾置时间对收缩率的影响

三元乙丙绝热片中因加入纤维之后，内应力较基体橡胶更大，故更容易产生应变。因此绝热片往往需要进行晾置以释放其中的收缩应力，保证绝热材料施工于燃烧室内壁后的热处理过程中，绝热片与燃烧室内壁粘贴紧密。

将外购的三元乙丙绝热材料在开放式炼胶机上薄通5次后打三角包，静置24 h后，再在开放式炼胶机上出成厚度为3.0 mm的绝热片，对绝热片进行晾置后观察发现，晾置时间与绝热片的收缩率关系如图1所示。

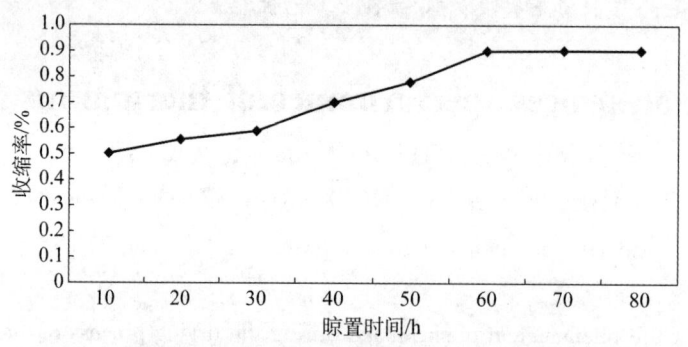

图1 不同晾置时间与绝热片收缩率的关系

从图1可以看出，收缩率随着绝热片晾置时间的增加而上升，当晾置时间超过60 h时，绝热片的收缩率随晾置时间的增加而趋于稳定，这可能是因为橡胶基体先受到应力，通过纤维末端或纤维/基体界面传递到纤维上，宏观表现为绝热片收缩，随着晾置时间的增加，橡胶—纤维—橡胶间的应力已经达到一种平衡状态，因此宏观表现为绝热片收缩缓慢或不收缩。图2所示为纤维在橡胶基体材料中的分布。

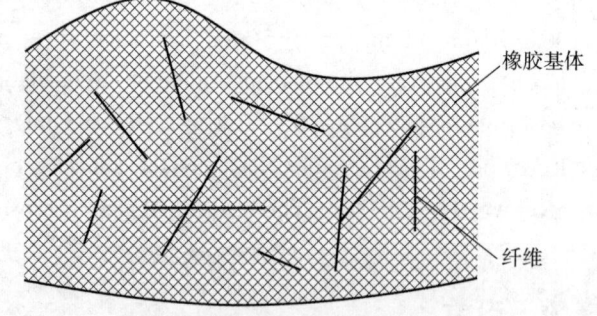

图2 纤维在橡胶基体材料中的分布

1.2 绝热片晾置时间对门尼黏度的影响

橡胶或胶料在加工过程中的流动会受到内部阻力的作用，这个内部阻力就是门尼黏度（简称黏度）[3]。门尼黏度的大小通过门尼值表示，门尼值越大，表明橡胶的黏度越大，流动性越差；门尼值越小，则橡胶的黏度越小，流动性越好。

将三元乙丙绝热材料出成3.0 mm的绝热片并制成试片，测定绝热片晾置时间与门尼黏度的关系，结果如表1、图3所示。

表1 不同晾置时间后绝热片门尼值测试结果

序号	晾置时间/h	门尼值
1	10	71

续表

序号	晾置时间/h	门尼值
2	20	72
3	30	73
4	40	75
5	50	76
6	60	80
7	70	85
8	80	89

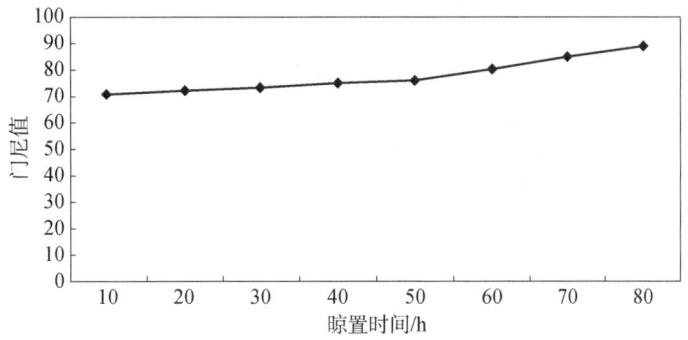

图3 不同晾置时间后绝热片门尼值测试结果

从表1、图3可以看出，随着绝热片晾置时间的增加，门尼黏度也会随之上升，当晾置时间大于50 h后，门尼黏度随绝热片晾置时间的增加而上升速度显著增加。考虑到绝热片晾置时间对收缩率及门尼黏度的影响，最终选择60 h为绝热片的最佳晾置时间。

2 绝热片加热温度对三元乙丙绝热层（EPDM）工艺性能的影响

对于大长径比的小口径发动而言，由于燃烧室长而口径小，绝热层往往需要通过模具模压成预制形状后，再通过在燃烧室内壁涂刷胶粘剂，将预成型的绝热层紧密贴合于燃烧室内壁上。预成型的绝热层制备过程中的一个关键参数为预制温度，将出片厚度为3.0 mm的绝热片置于平板硫化机上进行加热，对平板硫化机设置不同的保温温度，分别测定不同保温温度后绝热片的门尼黏度，结果如表2、图4所示。

表2 不同温度对绝热片门尼值的影响

序号	保温温度/℃	门尼值
1	80	107
2	90	95
3	100	81
4	110	77
5	120	89
6	130	100
7	140	111
8	150	123
9	160	125
10	170	126

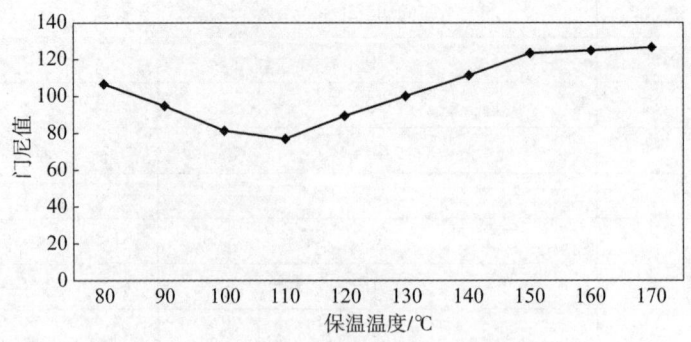

图4 不同温度对绝热片门尼黏度的影响

从表2、图4可以看出,随着保温温度的升高,绝热片的门尼黏度先下降后上升,这可能是因为当温度较低时,随着温度的上升,绝热片内的分子开始做热运动(属于物理变化),且运动速度随温度的上升而逐渐加快,因此门尼黏度下降,绝热片流动性加强。随着温度继续上升,绝热片内的分子开始发生交联反应(属于化学变化),生成稳定的网状结构高分子链,因此门尼黏度上升,流动性变差。

绝热片黏度过大,与燃烧室内壁粘贴后容易产生缝隙,造成绝热层脱粘;绝热片黏度过小,流动性大,不易成型,与燃烧室内壁粘接的可操作性差,因此绝热片的预成型最佳保温温度为100～130 ℃。

3 结论

(1)绝热片收缩率会随着晾置时间的增加而上升,当晾置时间大于60 h时,绝热片的收缩率随晾置时间的增加而趋于稳定。

(2)绝热片的门尼黏度会随着绝热片晾置时间的增加而上升,当晾置时间大于50 h后,门尼黏度随绝热片晾置时间的增加而上升速度显著增加。综合考虑绝热片晾置时间对收缩率及门尼黏度的影响,选择60 h为绝热片的最佳晾置时间。

(3)随着绝热片预成型保温温度的升高,绝热片的门尼黏度先降低后升高,选择100～130 ℃为绝热片的预成型最佳保温温度。

参 考 文 献

[1] 王华芳,刘高恩,林宇震.高压燃烧室的冒烟测量[J].燃气涡轮试验与研究,2001,14(3):34-37.

[2] 白湘云,王立峰,吴福迪.耐烧蚀填料对三元乙丙橡胶内绝热材料性能的影响[J].宇航材料工艺,2004,34(4):25-28.

[3] 凌玲,陈德宏,陈梅,等.芳纶纤维对EPDM绝热层力学行为的影响[J].固体火箭技术,2016,39(4):555-559.

S30408 奥氏体不锈钢膨胀节的失效原因分析及组织表征

张志伟[1]，刘素芬[1]，李兆杰[2]，张　杨[1]，王　凡[1]，孙远东[1]

(1. 中国兵器工业第五二研究所，内蒙古　包头　014034；
2. 包头稀土研究院，内蒙古　包头　014034)

摘　要：研究了 S30408 亚稳态奥氏体不锈钢膨胀节由于在冷变形过程中诱发马氏体转变及其对合金性能的影响。结果表明，该膨胀节波峰处的失效特征为脆性开裂。该处冷变形量较大，形变诱发的铁磁相马氏体数量较多，导致该处材料硬度高，塑性、韧性低，是其脆性开裂的主要原因。分析认为，该膨胀节波峰处未在合理的温度范围内进行冷变形，造成该处冷变形量较端部大，主要以马氏体转变及其变形为主，形变诱发的数量较多，马氏体为铁磁相，从而使膨胀节应对环境结构变形的能力不足，安装使用后，因不能满足环境结构的应力变化而导致其发生开裂现象。

关键词：奥氏体不锈钢；冷变形；马氏体转变；微观组织
中图分类号：TG172.7　**文献标识码**：A

Failure analysis and microstructure characterization of expansion joint of S30408 austenitic stainless steel

ZHANG Zhiwei[1], LIU Sufen[1], LI Zhaojie[2], ZHANG Yang[1], WANG Fan[1], SUN Yuandong[1]

(1. No. 52 Institute of China Ordnance Industry, Baotou 014034, China;
2. Baotou Research Institute of Rare Earths, Baotou 014034, China)

Abstract: It was studied that the effect of martensite transformation induced by cold deformation on the properties of S30408 metastable austenitic stainless steel expansion joint. It shows that the failure characteristic is brittle cracking at the wave crest of the expansion joint. And the main reason for brittle cracking is the large amount of cold deformation and the large amount of ferromagnetic martensite induced by cold deformation, which results in the high hardness, low plasticity and toughness of the material. The analysis shows that the cold deformation at the peak of the expansion joint is not carried out in a reasonable temperature range, resulting in a larger cold deformation than the end of the joint, mainly martensite transformation and deformation, and a larger number of martensite induced by deformation is ferromagnetic phase, so that the expansion joint has insufficient ability to cope with the deformation of the environmental structure. After installation and use, the expansion joint can not meet the stress changes of the environmental structure. It causes cracking.

Keywords: austenitic stainless steel; cold deformation; martensite transformation; microstructure

0　引言

强塑性变形（Severe Plastic Deformation，SPD）是有效细化组织并获得亚微米/纳米结构的先进材料制备技术，能大幅度提高材料强度并保证可观塑性，如等径挤压[1~5]、累积叠轧[6~8]、强烈扭转变形[9,10]及低温变形[11,12]等。

作者简介：张志伟（1983—），男，硕士，助理研究员，主要从事金属材料及失效分析方面的研究工作，E-mail：zhzhwhero@126.com。

通过对室温及中高温变形过程中马氏体转变的研究发现，马氏体转变量随应变率增加而降低[13]，同时形变严重区域的马氏体转变量会更高，拉伸变形比扭转/压缩变形更有利于马氏体的转变[14]。可见，马氏体转变与所施加变形的严重性及形变均匀性存在密切关系，变形温度的选择也影响其转变程度[15]。本工作通过对具有代表性意义的典型特征 S30408 亚稳态奥氏体不锈钢冷变形过程中诱发马氏体转变及其对显微组织和合金性能的影响进行深入研究，认识和理解其变形行为及内在机制，为不锈钢的冷变形在工程应用方面提供有益参考。

1 失效设备概况及实验方法

1.1 失效设备概况

氢气预热器设备还未投入使用，在安装调试阶段即发生壳程膨胀节开裂事故。

该筒体膨胀节属于卧式单波单层（壁厚 7 mm）无丝堵大波高膨胀节，整体冲压成型，工程直径为 600 mm，设计压力为 1.6 MPa，材料为 S30408（0Cr19Ni9）。热处理要求为固溶处理。

1.2 实验方法

主要检测内容、检测部位和检测依据如表 1 所示。

表 1 检测内容、检测部位和检测依据

检测内容	检测部位	检测依据	检测设备
宏观特征分析	开裂部位	无	无
断口特征分析	波峰及端部	无	德国 Stemi 508 式体式显微镜
化学成分分析	波峰开裂附近	GB/T 20123—2006、SN/T 2718—2010	德国斯派克 ICP - AES 电感耦合等离子体发射光谱仪、美国力可 CS - 744 碳硫分析仪
硬度（HV1）分析	波峰及端部	GB/T 4340.1—2009	中荷沃伯特 402MVD 显微维氏硬度计
显微组织及缺陷分析	波峰、端部、断口处	GB/T 13298—2015	德国蔡司 Observer.A1m 倒置金相显微镜
XRD 铁磁相分析	波峰及端部	$2d\sin\theta = n\lambda$	荷兰帕纳科 XRD 衍射仪

2 实验结果

2.1 宏观检验

从图 1 膨胀节形态示意图中可以看出，开裂位置在波峰处，裂纹以平直角度呈现，沿波峰的最大直径处扩展，裂纹周围光滑无机械损伤，开裂处也未见明显变形。

将磁性铁放在膨胀节表面，可测试到该膨胀节具有明显的铁磁性，且该磁性铁在不同区域受到的磁力大小不同，波峰处受到的磁力最大。这种现象说明该处已经不是正常的工件工作环境，该膨胀节内部存在着一定的"分子场"，使该膨胀节产生了一定的磁性。

开启裂纹，从图 2 (a)、(b)（(b) 为 (a) 的局部放大图）中可以看出，断面以撕裂棱、放射状条纹和锯齿状台阶为主，无塑性变形特征，其断口特征表现为宏观脆性断口；从图 2 (c) 中可以看出，部分断面中间有分层特征。

图 1 膨胀节开裂位置和形态

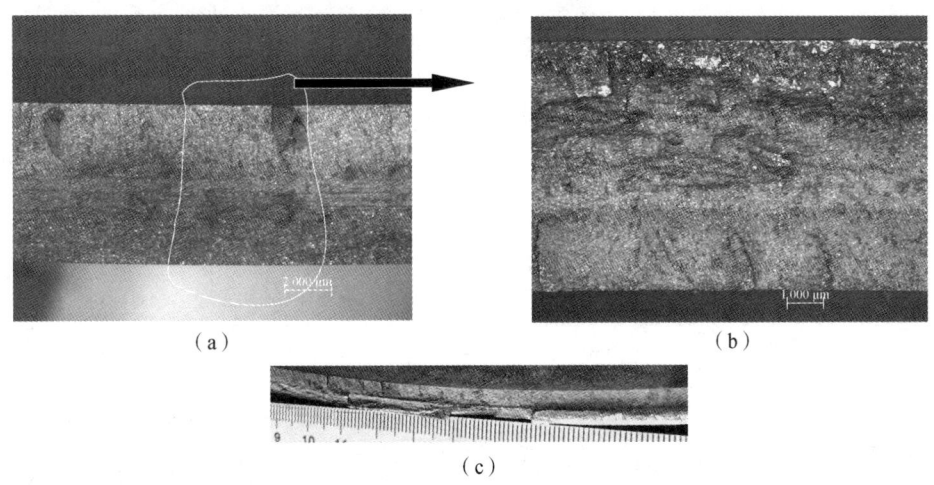

图 2　宏观断口形貌
(a) 断口宏观特征形貌；(b) 断口宏观特征形貌；(c) 断口分层特征

为确定断口分层是由材料本身缺陷引起的还是过载引起的，继续以下实验。

2.2　化学成分分析

在波峰开裂附近取样，对该膨胀节做化学成分分析，结果如表 2 所示。表 2 中的结果表明，化学成分符合 GB/T 3077—2015 标准中的要求。

表 2　膨胀节化学成分分析结果（质量分数）　　　　　　　　　　　　　　%

元素	C	S	Si	Mn	P	Cr	Ni	N
测定值	0.058	0.0039	0.358	1.01	0.024	18.42	8.00	0.032
GB/T 3077—2015 标准值	≤0.08	≤0.015	≤0.75	≤2.00	≤0.035	18.0~20.0	8.0~10.5	≤0.10

2.3　硬度（HV1）分析

对膨胀节进行硬度检验，结果如表 3 所示。从表 3 中可以看出，波峰处（磁性大的区域）硬度明显高于端部（磁性小的区域），且两处硬度值均高于 GB/T 24511—2017 要求。

表 3　膨胀节硬度检测结果　　　　　　　　　　　　　　HRC

检测部位	端部（磁性小的区域）			波峰处（磁性大的区域）		
硬度值	236.0	238.9	244.2	351.2	394.4	368.7
GB/T 24511—2017 标准值	≤210					

2.4　显微组织分析

在断口附近处取样检测（基体）非金属夹杂物、晶粒度、显微组织，结果如表 4 所示。从表 4 中可以看出，没有明显的冶金及工艺缺陷。

2.5　断口边缘及缺陷分析

对断口边缘进行观察，由图 3（a）中可以看出，断口边缘部位显微组织无明显塑性变形；从图 3（b）（（b）为（a）的局部放大图）中可以看出，裂纹沿马氏体晶界扩展。

表4 金相检测结果

检测部位	晶粒度（级）	显微组织等级	非金属夹杂物				
			A	B	C	D	DS
			细系	细系	细系	细系	单颗粒球状类
基体	8级	奥氏体+马氏体+铁素体 铁素体含量2%~5%	0	0	1	0.5	0
检测依据	GB/T 6394—2017	GB/T 13298-2015	GB/T 10561—2005				

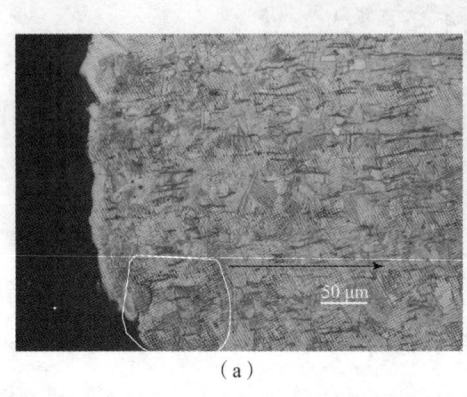
(a)

(b)

图3 断口边缘显微组织
(a) 断口边缘微观形貌；(b) 裂纹扩展微观形貌

观察心部显微组织，发现在奥氏体基体中马氏体（铁磁相）分布不均匀，有的呈条带状，有的呈团状，形态分布特征如图4所示。该特征说明，壁厚7 mm的膨胀节形变量变化较大。

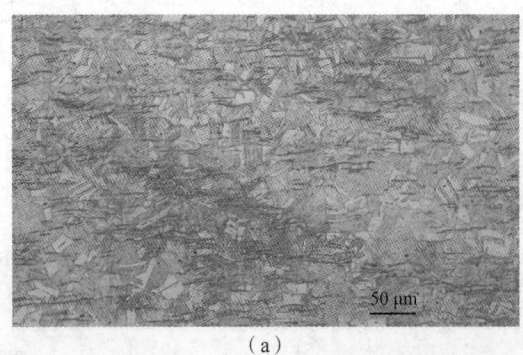
(a)

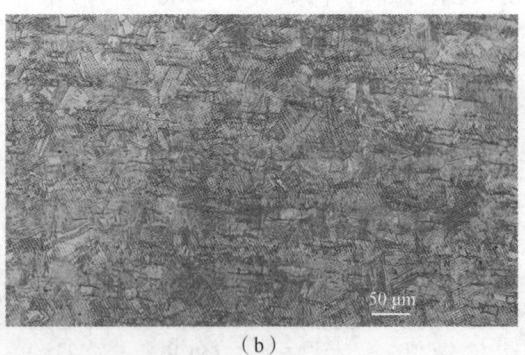
(b)

图4 马氏体（铁磁相）微观分布特征
(a) 马氏体（铁磁相）呈条带状分布；(b) 马氏体（铁磁相）呈团状分布

从有分层断面处取样，对其进行观察。从图5中可以看出，其断面处显微组织显示分层区域奥氏体组织数量较多，马氏体（铁磁相）分布于奥氏体区域中间，呈条带状分布。该特征说明，板材中间存在一个冷变形量小的区域，进一步说明壁厚7 mm的膨胀节形变量变化较大。

2.6 XRD铁磁相分析

在端部（磁性小的区域）和波峰处（磁性大的区域）分别取样，测定铁磁相含量。由于该膨胀节的不同部位变形量不同，因此不同部位铁磁相含量也是不同的。

端部（磁性小的区域）铁磁相含量：5%~9%，典型谱线形态如图6（a）所示；波峰处（磁性大的区域）铁磁相含量：43%~50%，典型谱线形态如图6（b）所示。

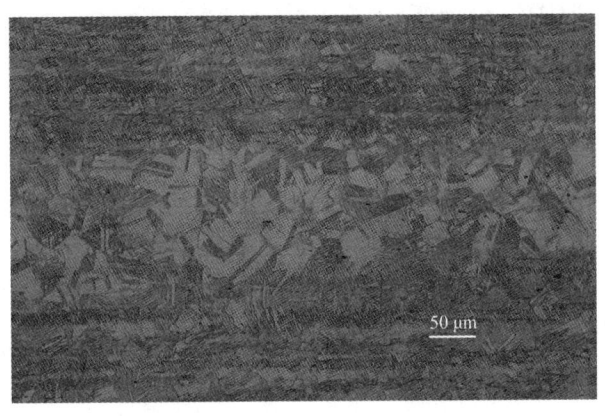

图5　分层断面处的显微组织

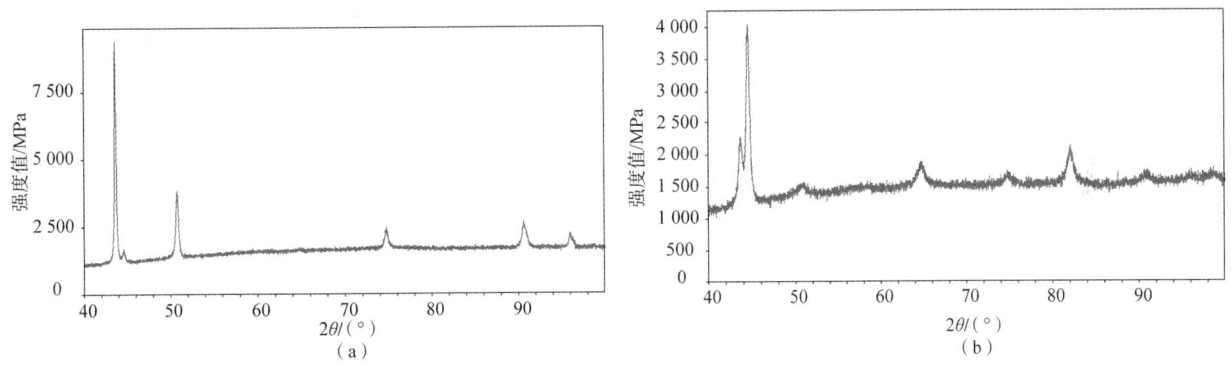

图6　冷变形后膨胀节 XRD 谱线

(a) 端部（磁性小的区域）的 XRD 谱；(b) 波峰处（磁性大的区域）的 XRD 谱

3　结果分析

首先，在宏观检验时，发现该膨胀节具有明显的铁磁性，而该膨胀节材质为 S30408，该材料属于奥氏体型不锈钢，理想状态下显微组织为奥氏体，因此，其应该是无磁性的。但实际生产过程中，该材料通常会含有少量铁素体，而铁素体有磁性，因此 S30408 材料一般也会有轻微的铁磁性。但是，铁素体含量过高会损害奥氏体钢的可锻性，特别是用于大锻造比的锻件，通常铁素体限制在 3%~8%；同样道理用于冷变形的奥氏体不锈钢，如冷伸压、深冲压、冷拔冷挤压的奥氏体钢应进一步限制铁素体含量，通常限制在 5% 以内。该膨胀节材料中铁素体含量为 2%~5%，基本符合奥氏体不锈钢冷冲压工艺的材料要求。

那么，该膨胀节明显的铁磁性又是从何而来呢？从微观组织分析中可以看出，该膨胀节显微组织中含有分布不均匀且形态各异和夹在奥氏体区域中间的马氏体，这些马氏体就是显微组织中的铁磁相，就是该膨胀节铁磁性的来源。

那么，这些马氏体又是从何而来的呢？S30408 属于亚稳态奥氏体不锈钢，其在塑性变形时产生的位错会堆垛并发展成具有 ε 马氏体结构的微观束状组织，并在束状组织的交接处开始形成 α' 马氏体相[15]，且陆世英等[16,17]已报道 304 奥氏体不锈钢中形变诱发的马氏体主要为 ε 和 α' 两种马氏体。形变可诱发马氏体相变，其中形变温度对马氏体转变量的影响是：随着转变温度的升高，马氏体转变量呈下降趋势，175 ℃ 是形变诱发马氏体相变的转折点，在高于 175 ℃ 的环境中，马氏体转变量缓慢降低，当达到 275 ℃ 时马氏体转变量趋于零。

实验结果数据精准良好，从整个实验结果可以清晰地看出，形变诱发马氏体相变虽然提高了材料的硬度和强度，但也牺牲了材料的塑性和韧性，使材料产生了"加工硬化"现象，当形变诱发马氏体超过一定数量时，必然会使材料性能恶化，严重影响构件的加工和使用性能。

从对该膨胀节端部及波峰部分硬度测定结果和 XRD 测定铁磁相含量结果分析可得，波峰处冷变形量最大，诱发转变的马氏体数量较多；端部冷变形量相对较小，诱发转变的马氏体数量相对较少。而 GB/T 24511—2017 标准中要求 S30408 不锈钢 HV 不大于 210，同时 GB 16749—1997 也要求膨胀节材料应是软态的，说明 S30408 冷变形过程中要考虑材料硬度的变化对构件使用性能的影响。

图 7 所示为不同轧制变形后 304 不锈钢马氏体转变量和硬度变化[18,19]。可以看出，马氏体转变量随变形量的增加而增加（图 7（a）），同时加工硬化现象越来越显著，致使合金硬度显著提升（图 7（b））；图中硬度值为 400 HV 处时，对应的材料变形量约为 50%，由此可知，该膨胀节波峰处变形量在 45%~50% 之间。

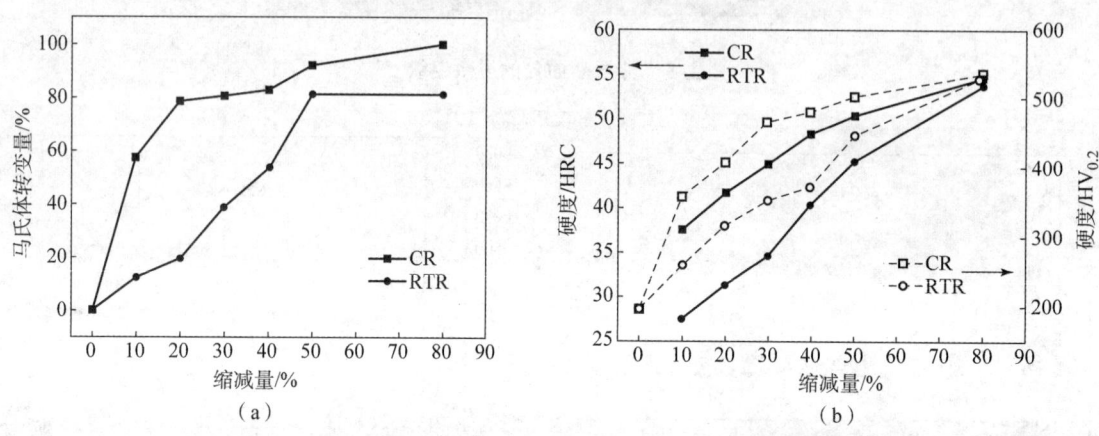

图 7　不同轧制变形后 304 不锈钢马氏体转变量和硬度变化

该膨胀节制造标准为 GB 16749—1997，虽然标准中对冷成型后的膨胀节要求是不进行热处理，但是 GB 16749—2018 修订了该条款，要求冷变形量大于 15% 以上应进行退火处理，进一步说明材料的冷变形量要控制在一定范围内（小于 15%），超过该范围则要通过热处理退火来恢复材料的韧塑性。

综合以上分析，该膨胀节波峰处未在合理的温度范围内进行冷变形，造成该处冷变形量较端部大，主要以马氏体转变及其变形为主，形变诱发的数量较多，马氏体为铁磁相，从而使膨胀节应对环境结构变形的能力不足，安装使用后，因不能满足环境结构的应力变化而导致其发生开裂现象。

4　结论

（1）该膨胀节材料的化学成分符合 GB/T 24511—2017 标准中 S30408 要求。

（2）该膨胀节波峰处的失效特征为脆性开裂；该处冷变形量较大，形变诱发的铁磁相马氏体数量较多，导致该处材料硬度高，塑性、韧性低，是其脆性开裂的主要原因。

5　建议

（1）严格控制膨胀节的加工和成型温度。

（2）安装前可通过硬度、铁磁相含量测定的方法选择合格的膨胀节，避免不符合要求的产品被安装于生产线中。

参考文献

[1] Valiev R Z, Krasilnikov N A, Tsenev N K. Mater Sci Eng, 1991, A137: 35.

[2] Valiev R Z, Kozlov E V, Ivanov Y F, Lian J, Nazarov A A, BaudeletB. Acta Metall Mater, 1994, 42: 2467.

[3] Furukawa M, Horita Z, Nemoto M, Valiev R Z, Langdon T G. Acta Mater, 1996, 44: 4619.

[4] Neishi K, Horita Z, Langdon T G. Mater Sci Eng, 2002, A54: 325.
[5] Lee S, Utsunomiya A, Akamatsu H, Neishi K, Furukawa M, Horita Z, Langdon T G. Acta Mater, 2002, 50: 553.
[6] Saito Y, Tsuji N, Utsunomiya H, Sakai T, Hong R G. Scr Mater, 1998, 39: 1221.
[7] Tsuji N, Saito Y, Utsunomiya H, Tanigawa S. Scr Mater, 1999, 40: 795.
[8] Tsuji N, Ito Y, Saito Y, Minamino Y. Scr Mater, 2002, 47: 893.
[9] Abdulov R Z, Valiev R Z, Krasilnikov N A. J Mater Sci Lett, 1990, 9: 1445.
[10] Valiev R Z, Ivanisenko Y V, Rauch E F, Baudelet B. Acta Mater, 1996, 44: 4705.
[11] Lee Y B, Shin D H, Nam W J. J Mater Sci, 2005, 40: 797.
[12] Weiss M, Taylor A S, Hodgson P D, Stanford N. Acta Mater, 2013, 61: 5278.
[13] Das A, Tarafder S. Int J Plast, 2009, 25: 2222.
[14] Lebedev A A, Kosarchuk V V. Int J Plast, 2000, 16: 749.
[15] Hänninen H E. Int Mater Rev, 1979, 24: 85.
[16] 陆世英. 不锈钢 [M]. 北京: 原子能出版社, 1995.
[17] 陈德和. 不锈钢的性能与组织 [M]. 北京: 机械工业出版社, 1997.
[18] 史金涛, 侯陇刚, 左锦荣. 304奥氏体不锈钢超低温轧制变形诱发马氏体转变的定量分析及组织表征 [J]. 金属学报, 2016, 52 (8): 945-955.
[19] Shintani T, Murata Y. Acta Mater, 2011, 59: 4 314.

基于传动精度的滚珠丝杠副优化设计

王玉成,陈永伟,顾广鑫,朱磊,王博

(西安现代控制技术研究所,陕西 西安 710065)

摘 要:滚珠丝杠副的设计计算方法多以表选法为主。综合考虑了结构参数对滚珠丝杠传动精度的影响,以滚珠丝杠副传动精度为目标函数建立优化模型,以静载荷、动载荷及稳定性等作为约束条件,利用Matlab程序实现滚珠丝杠的优化设计。通过对某车载发射装置中的滚珠丝杠副进行优化,使其在满足强度、稳定性、效率等要求的前提下实现传动误差最小。结果表明,优化后的精度得到显著提升,为滚珠丝杠副的设计提供了一种新的思路和方法。

关键词:滚珠丝杠副;传动精度;目标函数;优化设计

中图分类号:TJ768.2 **文献标志码**:A

Optimal design of ball screws based on transmission accuracy

WANG Yucheng, CHEN Yongwei, GU Guangxin, ZHU Lei, WANG Bo

(Xi'an Modern Control Technology Research Institute, Xi'an 710065, China)

Abstract: The design and calculation of ball screw are mostly based on the method of table selection. The influence of structural parameters on the transmission accuracy of ball screw is considered comprehensively, taking the static load, dynamic load and stability of ball screw as the constraints and the transmission accuracy as the objective function, its optimization model is established and the ball screw optimization design is realized using Matlab. Under the strength, the stability and the efficiency meeting the requirements, the ball screw of the vehicle borne launcher is optimized for reducing the transmission error. The optimization results show that the transmission accuracy of the ball screw has been greatly improved, which provides a new idea and method for the future design of the ball screw.

Keywords: ball screw; transmission accuracy; objective function; Optimum design

0 引言

滚珠丝杠副具有良好的传动特性,广泛应用于航天航空、船舶、兵器、重型机械等军工及民用领域。作为关键传动部件,它的传动精度影响着整个传动系统的精度,尤其是在重载条件下,由弹性变形所引起的传动误差已经达到不可忽视的量级,因此,在设计滚珠丝杠时,传动精度也是考量的重要指标。

本文以某型车载发射装置高低传动机构中的滚珠丝杠副为研究对象,基于Matlab优化工具箱,以滚珠丝杠副单向传动过程中的综合极限误差最小为目标函数,考虑了动载荷、静载荷、稳定性、效率和几何尺寸等要求,进行了优化设计。

1 结构参数与工况数据

本文以某车载发射装置中的滚珠丝杠副为对象进行分析,预紧方式为增大钢球直径,安装方案为一

作者简介:王玉成(1987—),男,汉族,工程师,硕士,研究方向:地面发射装置设计,E-mail:740067519@qq.com。

端固定一端自由，材料为轴承钢。文中所使用的符号含义以及相关参数如表1所示。

表1 滚珠丝杠副参数

相关参数	值
螺母到固定端的距离 L_1/mm	450
滚珠直径 D_w/mm	5.953
滚珠圈数×列数 i	5
有效承载滚珠比 w	0.7
滚道曲率比值 t	1.04
接触角 β/(°)	45
螺旋角 λ/(°)	5.68
公称直径 d_0/mm	32
丝杠副预紧力 P_q/N	5 667
弹性模量 E/MPa	210 000
泊松比 μ	0.3
剪切模量 G/MPa	80 769
工作负载 F_a/N	17 000
导程 P_h/mm	10
传动效率 η	0.96
丝杠扭转段的距离 L_3/mm	455

2 优化模型的建立

2.1 选取设计变量

设计变量应尽可能选择对目标函数影响显著的独立变量，滚珠丝杠副中，公称直径 d_0、滚珠直径 D_w 和导程 P_h 是影响传动精度的重要参数，而且它们的大小和滚珠丝杠副的疲劳强度、静强度、稳定性和效率等直接相关。因此，选取公称直径 d_0、滚珠直径 D_w 和导程 P_h 这三个参数为设计变量，其他参数均按照工况数据，建立表达式

$$\boldsymbol{X} = \begin{bmatrix} d_0 & D_w & P_h \end{bmatrix}^T = \begin{bmatrix} x_1 & x_2 & x_3 \end{bmatrix}^T \tag{1}$$

2.2 建立目标函数

目标函数反映的是客户需求，针对不同的需求，可以选取不同的目标函数。以滚珠丝杠副的传动精度为目标，构建设计变量与传动精度之间的数学表达式，单向传动综合极限误差数学模型为

$$\delta = \delta_a + \delta_1 + \delta_2 + \delta_3 + \delta_4 \tag{2}$$

式中：δ_1——丝杠轴向变形造成的误差；

δ_2——丝杠的扭转变形角造成的误差；

δ_3——支承轴承轴向变形误差；

δ_4——螺栓轴向变形误差。

因为 δ_3 和 δ_4 分别是支承轴承和螺栓的轴向变形误差，它们的表达式中不含设计变量，与滚珠丝杠副的结构参数没有关系，所以目标函数中将其舍去。

考察接触变形误差 δ_a 这一项。滚珠丝杠副接触点主曲率如表 2 所示[1~6]。

表 2 主曲率计算公式

项目	ρ_{11}	ρ_{12}	ρ_{21}	ρ_{22}
滚珠与丝杠滚道面	$\dfrac{2}{D_w}$	$\dfrac{2}{D_w}$	$-\dfrac{2}{tD_w}$	$\dfrac{2\cos\beta\cos\lambda}{d_0 - D_w\cos\beta}$
滚珠与螺母滚道面	$\dfrac{2}{D_w}$	$\dfrac{2}{D_w}$	$-\dfrac{2}{tD_w}$	$-\dfrac{2\cos\beta\cos\lambda}{d_0 - D_w\cos\beta}$

其中

$$B + A = \frac{1}{2}(\rho_{11} + \rho_{12} + \rho_{21} + \rho_{22})$$

$$B - A = \frac{1}{2}\sqrt{(\rho_{11} - \rho_{12})^2 + (\rho_{21} - \rho_{22})^2 + 2(\rho_{11} - \rho_{12})(\rho_{21} - \rho_{22})} \quad (3)$$

则主曲率函数为

$$F(\rho) = \frac{B - A}{B + A} \quad (4)$$

根据 Hertz 理论，增大钢球预紧下的变形量计算公式为

$$\delta_a = K\left[(F_q + F_a)^{\frac{2}{3}} - F_q^{\frac{2}{3}}\right] \quad (5)$$

其中 K 为接触变形系数

$$K = \left(\frac{9(E')^2}{16\left(i\dfrac{\pi d_0}{D_w}w\right)^2 (\sin\beta\cos\lambda)^5}\right)^{\frac{1}{3}} \left[n_{\delta s}(A_s + B_s)^{\frac{1}{3}} + n_{\delta n}(A_n + B_n)^{\frac{1}{3}}\right] \quad (6)$$

这里 $n_{\delta s}$ 和 $n_{\delta n}$ 为 Hertz 接触系数（下标 s 表示滚珠和螺母接触点，n 表示滚珠和丝杠接触点），根据相关文献[7~9]，它的求解过程需要解与主曲率函数 $F(\rho)$ 相关的一个超越方程。主曲率函数 $F(\rho)$ 是关于结构参数的函数，因此，$n_{\delta s}$ 和 $n_{\delta n}$ 不是常量，而是和结构参数相关的变量，它们只能通过数值解法获得具体值，不能得到解析表达式，这就为目标函数的构建带来了麻烦。

为了获得 Hertz 接触系数 n_δ 和结构参数之间的数学关系，这里利用 Matlab 进行曲线拟合，对主曲率函数 $F(\rho)$ 和 Hertz 接触系数 n_δ 采用数值拟合的方法，在一定的精度范围内求出 n_δ 关于 $F(\rho)$ 的解析表达式，从而得到 n_δ 和结构参数之间的数学关系。

主曲率函数的取值范围为 $0 \leq F(\rho) \leq 1$，所以，当 $F(\rho)$ 在 0 到 1 之间变化时，可以获得 n_δ 随 $F(\rho)$ 的变化曲线，如图 1 所示。

由图 1 可知，当 $F(\rho)$ 在 0~0.6 范围变化时，n_δ 走势平滑；当 $F(\rho)$ 在 0.5~0.9 范围变化时，n_δ 走势比较陡峭；而当 $F(\rho)$ 在 0.9~1 范围变化时，n_δ 变化十分剧烈。为了减少拟合所用的时间，并且使拟合后的函数更逼近真实情况，需要在变化剧烈的地方取较多的点，而在变化平滑的地方取较少的点。以非均匀的间隔在 0~1 之间总共取得 87 个 $F(\rho)$ 的值，然后分别计算其对应的 Hertz 接触系数 n_δ，得到 87 个点，拟合结果如图 2 所示。

接触系数 n_δ 和主曲率函数 $F(\rho)$ 的拟合关系为

$$n_\delta = \frac{108.4F(\rho)^5 - 126F(\rho)^4 + 24.47F(\rho)^3 - 34.99F(\rho)^2 - 94.78F(\rho) + 122.9}{F(\rho)^4 + 106.3F(\rho)^3 - 215.8F(\rho)^2 - 3.98F(\rho) + 112.8} \quad (7)$$

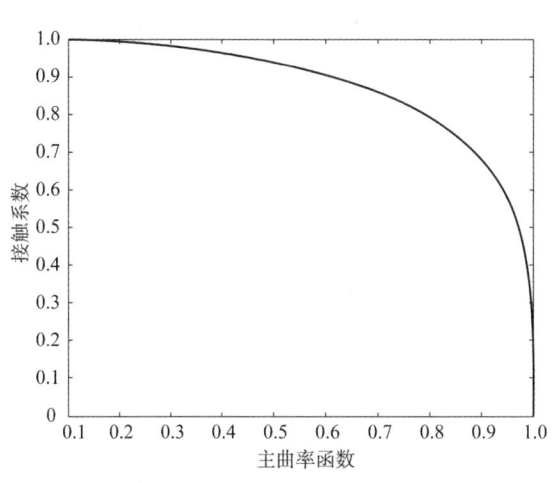

图 1 接触系数随主曲率函数变化曲线

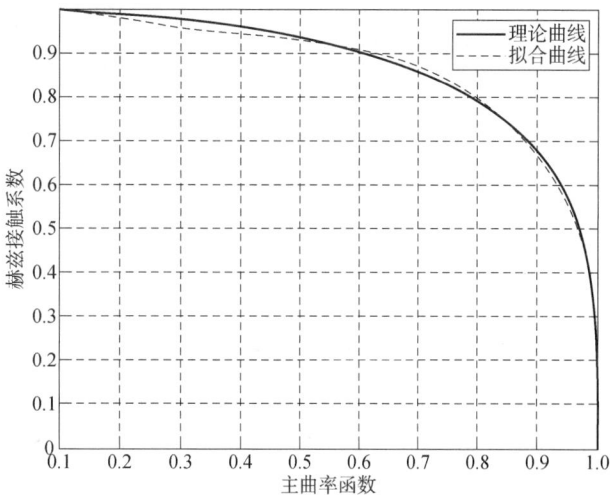

图 2 拟合曲线

为了验证拟合后接触变形公式的正确性,以滚珠丝杠副为例,取外载荷、滚珠直径、接触角、导程、滚道曲率比、公称直径等为变量,当其发生变化时,利用拟合表达式求解的近似接触变形和利用数值解法求得的精确接触变形的对比如图 3 所示。

由对比图可以看出,利用拟合函数所求解出来的轴向接触变形与精确解的变化趋势一致,两者数据吻合非常好,这进一步说明了利用拟合函数求解接触变形的有效性。

把滚珠丝杠副的相关参数代入公式,可得 $F(\rho)_s$、$A_s + B_s$、$F(\rho)_n$、$A_n + B_n$,然后将 $F(\rho)_s$ 和 $F(\rho)_n$ 代入式(5),就得到了 $n_{\delta s}$ 和 $n_{\delta n}$ 的拟合表达式,根据式(3)就可求得 δ_a 的数学表达式。

丝杠轴向变形误差 δ_1 的计算公式为

$$\delta_1 = \frac{4F_a L_1}{\pi [d_0 + (tD_w - D_w)\sin\beta - tD_w]^2 E} \tag{8}$$

丝杠扭转变形造成的误差 δ_2 计算公式为

$$\delta_2 = \frac{8L_3 F_a d_0^2 (\tan\lambda)^2}{\pi [d_0 + (tD_w - D_w)\sin\beta - tD_w]^4 G\eta} \tag{9}$$

综上,以单向传动误差最小建立的目标函数为

$$f(x) = \delta_a + \delta_1 + \delta_2 \tag{10}$$

2.3 约束条件的确立

为了使设计的滚珠丝杠副满足工程需要,必须根据工况条件对设计变量进行约束,使其满足一定的强度、寿命、稳定性和效率的要求。

1) 动载荷约束。

根据程光仁等[10]的研究,动载荷的约束条件为

$$g_1(x) = K_h K_F K_H F_a - C_{oa} \leq 0 \tag{11}$$

式中:K_h 为寿命系数,K_F 为载荷系数,K_H 为硬度系数,这些系数根据工况条件均可以在文献[10]中查表得到;F_a 为轴向工作载荷;C_a 为额定动载荷,C_a 的计算公式为

$$C_a = C_i i^{0.86}$$

$$C_i = C_s \left[1 + \left(\frac{C_s}{C_n}\right)^{\frac{10}{3}}\right]^{-0.3}$$

$$C_s = f_c (\cos\beta)^{0.86} \left(\frac{\pi d_0}{D_w} w\right)^{\frac{2}{3}} D_w^{1.8} \tan\beta (\cos\lambda)^{1.3}$$

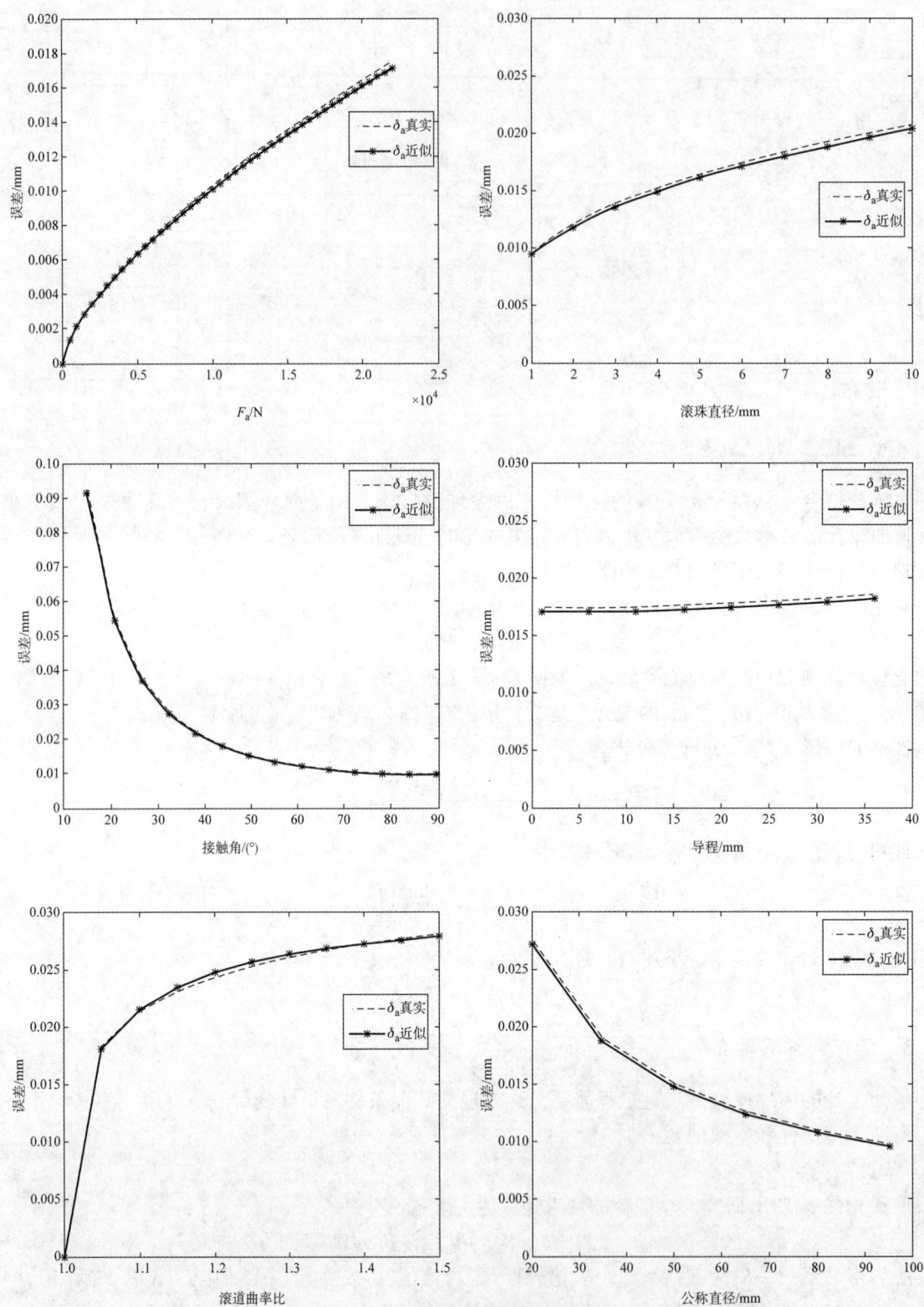

图3 拟合解与精确解对比

$$f_c = 9.32 f_1 f_2 \left[\frac{1}{1 - \frac{1}{t_s}} \right]^{0.41}$$

$$f_1 = 10 \left(1 - \frac{\sin\beta}{3} \right)$$

$$f_2 = \frac{\gamma^{0.3}(1-\gamma)^{1.39}}{(1+\gamma)^{1/3}}$$

$$\gamma = \frac{D_w \cos\beta}{d_0}$$

$$\frac{C_s}{C_n} = f_3 \left(\frac{2 - \frac{2}{t_n}}{2 - \frac{2}{t_s}} \right)^{0.41}$$

$$f_3 = \left(\frac{1-\gamma}{1+\gamma} \right)^{1.723}$$

$$\lambda = \arctan\left(\frac{P_h}{\pi d_0} \right)$$

2）静载荷约束。

额定静载荷是使滚珠与滚道承受最大接触应力处产生不大于万分之一滚珠直径的永久变形量的情况下，所允许的最大静载荷。滚珠丝杠副的静载荷约束为

$$g_2(x) = K_F K_{H'} F_a - C_{oa} \leqslant 0 \tag{12}$$

式中：K_F为载荷系数，$K_{H'}$为硬度系数，这些系数根据工况条件均可以在文献[10]中查表得到；F_a为轴向工作载荷；C_{oa}为额定静载荷，其计算公式为

$$C_{oa} = k_0 \left(\frac{\pi d_0}{D_w} w \right) i D_w^2 \sin\beta \cos\lambda$$

$$\lambda = \arctan\left(\frac{P_h}{\pi d_0} \right)$$

$$k_0 = \frac{27.74}{D_w \sqrt{(\rho_{11} + \rho_{21})(\rho_{12} + \rho_{22})}}$$

$$\rho_{11} = \rho_{12} = \frac{2}{D_w}$$

$$\rho_{21} = -\frac{2}{t D_w}$$

$$\rho_{22} = \frac{2\cos\alpha\cos\lambda}{d_0 - D_w \cos\alpha}$$

3）稳定性约束。

丝杠为细长杆，在外载荷作用下可能丧失稳定性，因此要对其压杆稳定性进行计算，计算公式为

$$g_3(x) = n F_a - m \frac{(d_0 - D_w)^4}{L^2} \leqslant 0 \tag{13}$$

式中：n为许用稳定安全系数，m为支承系数，L为支承距离，根据文献[10]查表获得。

4）效率约束。

高效率是滚珠丝杠副的一大特点，因此在设计时要对其效率进行一定的约束，这里约束其效率大于97%，约束方程为

$$g_4(x) = 0.97 - \frac{\tan\lambda}{\tan(\lambda + \rho)} \leqslant 0$$

$$\lambda = \arctan\left(\frac{P_h}{\pi d_0}\right) \tag{14}$$

式中：ρ 为摩擦角，一般取 $\tan\rho = 0.003$。

5）螺旋升角约束。

螺旋升角一般取值为 $2° \sim 7°$，其约束方程为

$$g_5(x) = \arctan\left(\frac{P_h}{\pi d_0}\right) - 0.1222 \leq 0$$

$$g_6(x) = 0.0349 - \arctan\left(\frac{P_h}{\pi d_0}\right) \leq 0 \tag{15}$$

6）滚珠直径约束。

$$g_7(x) = D_w - 23.8 \leq 0$$
$$g_8(x) = 1.5 - D_w \leq 0 \tag{16}$$

7）公称直径约束。

考虑到机构的尺寸不宜过大，对其公称直径进行约束：

$$g_9(x) = d_0 - 40 \leq 0$$
$$g_{10}(x) = 10 - d_0 \leq 0 \tag{17}$$

8）导程约束。

$$g_{11}(x) = P_h - 40 \leq 0$$
$$g_{12}(x) = 1 - P_h \leq 0 \tag{18}$$

至此，以传动精度为侧重点的优化数学模型可表示为

$$\begin{cases} X = [d_0 \quad D_w \quad P_h]^T = [x_1 \quad x_2 \quad x_3]^T \\ \min f(x) \\ \text{s. t. } g_i(x) \leq 0, i = 1, 2, \cdots, 12 \end{cases} \tag{19}$$

2.4 Matlab 求解及结果分析

Matlab 优化工具箱是求解各类优化问题的专业软件，本案例是在非线性约束条件下求解目标函数的最小值，因此选择 fmincon 函数。具体过程分为以下几个步骤：

（1）根据式（10）编写目标函数数学表达式的 m 文件，函数名为 optfun.m（由于程序较长，此处略）。

（2）根据式（11）~式（18）编写约束条件的 m 文件，函数名为 mycon.m（由于程序较长，此处略）。

（3）编写调用 fmincon 主程序的 m 文件，程序内容如图 4 所示。

最终运行结果如图 5 所示。

```
clear
clc
x0=[32 5.953 10];%赋初值
L=[6 1.5 1];%变量下限
U=[40 23.8 40];%变量上限
[x,fval]=fmincon(@optfun,x0,[],[],[],[],L,U,@mycon)%调用主程序优化
```

```
x =
    40.0000    4.7178   12.3100

fval =
    0.0504
```

图 4　matlab 程序文件　　　　　　　　图 5　优化结果

由图 5 可知，优化后的公称直径 $d_0 = 40$ mm，滚珠直径 $D_w = 4.7178$ mm，导程 $P_h = 12.31$ mm。国家相关标准对滚珠丝杠副的这三个参数的公制系列做出了规定，一般选择参数要符合公制系列，因此在公制系列中选择和优化后参数值相近的数值，这才是最终的设计结果。经选择，最终的设计尺寸为 $d_0 = 40$ mm，$P_h = 12$ mm，$D_w = 4.763$ mm。

将最终尺寸代入式（11）~式（18）约束条件中，经验证满足约束条件。将最终尺寸代入式（6）

中，得到优化后的单向综合传动误差为 0.050 5 mm，较原来的 0.087 6 mm 减少了 42%。

当外载荷 F_a 变化时，优化前传动误差曲线和优化后误差曲线的对比如图 6 所示，可以看出优化后的误差明显低于优化之前，这说明了优化设计方法的优越性。

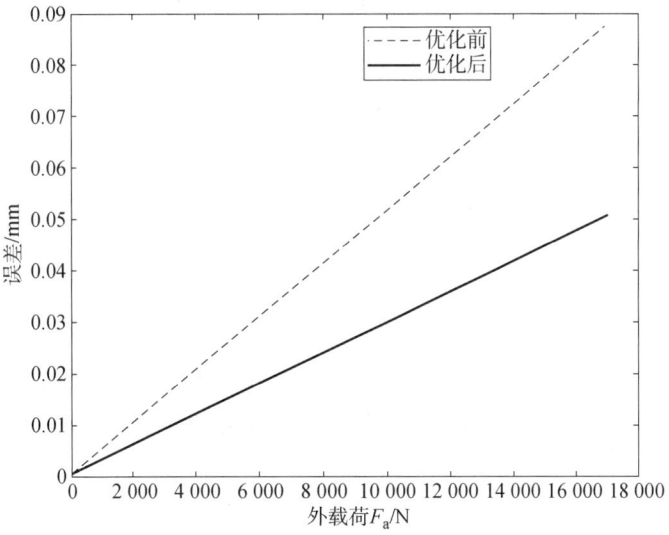

图 6　传动误差参数对比

3　结论

本文基于 Matlab 优化工具箱，以滚珠丝杠副单向传动过程中的综合极限误差最小为目标函数，考虑了动载荷、静载荷、稳定性、效率和几何尺寸等要求，进行了优化设计。结果表明，优化后的丝杠副不仅满足各项性能指标，而且传动精度比原来提高了 42%，体现了优化设计方法的优越性。

在简化目标函数的过程中，由于接触变形数学公式中 Hertz 接触系数和结构参数之间的关系不是显式的，而主曲率函数是关于结构参数的显式表达式，所以对 Hertz 接触系数和主曲率函数进行了拟合处理，从而得到了 Hertz 接触系数和结构参数之间的解析表达式。这里得到的式（5）拟合关系式并不是只针对滚珠丝杠副的，它具有普遍适用性，所有基于 Hertz 理论求解接触变形量的情形都可采用此结果，可以大幅提高计算效率。

参 考 文 献

[1] 李凌丰, 刘彩芬, 等. 滚珠丝杠副轴向变形分析 [J]. 中国机械工程, 2011, 22 (7): 762–766.
[2] 吴长宏. 滚珠丝杠副轴向接触刚度的研究 [D]. 长春: 吉林大学, 2007.
[3] 姬坤海, 殷国富, 王万金. 基于赫兹接触的滚珠丝杠副结合部刚度特性分析 [J]. 组合机床与自动化加工技术, 2015 (8): 1–4.
[4] 牟世刚. 高速螺母驱动型滚珠丝杠副动力学特性研究 [D]. 济南: 山东大学, 2013.
[5] 王丹, 王文竹, 孙志礼, 等. 滚珠丝杠副接触变形影响因素分析 [J]. 东北大学学报, 2011, 32 (4): 567–570.
[6] 陆振华. 滚珠丝杠副接触弹性变形和反向间隙对切削加工的影响分析和应用研究 [D]. 杭州: 浙江大学, 2012.
[7] 尹美. 滚动轴承接触分析 [D]. 长沙: 湖南大学, 2012.
[8] 桑鹏飞. 风力发电机组变桨距轴承性能分析与研究 [D]. 北京: 华北电力大学, 2011.
[9] 马强. 滚动轴承的特性分析及试验研究 [D]. 西安: 西安理工大学, 2014.
[10] 程光仁, 施祖康, 张超鹏. 滚珠螺旋传动设计基础 [M]. 北京: 机械工业出版社, 1987.

RDX 自动化处理系统的研究应用

刘昌山,张玉良,黄 林,张卫斌,任孟杰,王 倩

(西安北方惠安化学工业有限公司,陕西 西安 710302)

摘 要：RDX 自动化处理系统是一套纯气动自动化系统,实现了 RDX 的自动输送、加料、过筛等操作,对处理过程中产生的静电进行了量化控制,摆脱了生产过程中人工操作的危险,提高了工厂的自动化水平和安全防护能力。

关键词：气动自动化系统；静电；量化控制；安全

Research and application of RDX automatic processing system

Abstract: RDX automatic processing system is a pure pneumatic automatic system, which realizes the automatic transmission, feeding, screening and other operations of RDX, and quantitatively controls the static electricity generated in the process of processing, getting rid of the danger of manual operation in the production process, and improving the automation level and safety protection ability of the factory.

Keywords: pneumatic automatic system; static electricity; quantitative control; safety

0 引言

RDX 是一种应用广泛、性能良好的高能单质炸药,其化学性质比较稳定,遇明火、高温、振动、撞击、摩擦等引起燃烧爆炸,是一种爆炸力极强大的烈性炸药,比 TNT 猛烈 1.5 倍。RDX 摩擦感度为 76%,撞击感度为 80%（10 kg,25 cm）,静电感度为 3.14 A[1]。黑索今粉尘最大允许浓度为 1.5 mg/m³[2]。在生产过程中,需要人工参与对 RDX 进行过筛、称量工作,存在较大的安全隐患。

我公司以安全化、自动化、无人化为目的,研究了一种纯气动控制的自动化处理系统,对 RDX 过筛工房进行了全面安全改善。系统设计严格按照国标、国军标及参照国外相关标准执行,系统关键技术是经过调研和引用已获课题研究成果及成熟工艺技术,为保证系统的可靠性,在硬件配套上选用国内外优质产品。

1 系统组成

RDX 自动化处理系统由输送转盘、夹持装置、提升机构、翻转倒料装置、物料过筛除杂装置、称量装置、抽风除尘装置、控制系统、静电在线检测装置、视频监控系统、远距离自动控制系统等组成。

1) 输送转盘。

物料输送转盘由转盘、底座、旋转驱动装置（主要由气动马达和减速装置组成）、定位机构、防护罩、料桶工装组成。转盘由沿圆周分布的轴承支承并定心,由旋转驱动装置带动转盘运转,由定位机构将转盘定位。防护罩将运动部件整体罩住,防止飞扬的物料进入运动的机件内。

2) 夹持装置。

夹持装置主要通过气缸带动下板由下向上托起料桶,料桶口壁与气缸上端预设卡槽锁紧,完成夹紧

作者简介：刘昌山（1991—）,本科,助理工程师,主要从事固体火箭发动机工艺技术,E-mail: 1102839081@qq.com。

操作。

3）提升机构。

提升机构由两侧的导轨、具有自锁性能的减速机构、夹持装置、定位装置等组成，提升动力采用气动马达驱动。齿型同步带和导柱的工作面用封闭的防护罩防护，以防止粉尘进入机械摩擦面造成危险。

4）翻转倒料装置。

翻转倒料装置由翻转架、气动马达及减速装置和机架等组成。当料桶提升到位后，翻转架自动翻转，通过气动马达及减速装置控制翻转速度，将物料缓慢倒入过筛除杂装置中。系统可根据负载情况使料架按不同速度带动料桶翻转，使物料相对均匀地倒出。倒料完毕后，翻转架复位，料桶被送料机构和提升装置送回一层物料输送转盘原位。

5）物料过筛除杂装置。

物料过筛除杂装置为斜面振动筛，动力由隔墙防爆电机提供。在筛粉机有机玻璃视窗上方安装防爆摄像头，实时监控筛网上物料过筛及下料情况。

6）称量装置。

称量装置为防爆地上衡，选用托利多产品，采用安全栅和本安型称重仪组成本安回路。

7）抽风除尘装置。

抽风除尘装置将倒料产生的粉尘通过现场抽风管道抽至玻璃钢湿法除尘装置中，采用水幕除尘方式将粉尘收集。

8）控制系统。

自动过筛系统主控制采用PLC程序控制器，并进行相关量制转化、逻辑控制和信号输出，采用通信方式连入上位工控机进行系统组态和集中生产过程控制、分析现行数据和记录过程工艺参数值，计算机组态画面显示系统工作状态，当参数异常时及时报警并中断相关动作。系统主操作设在控制室，现场设有防爆操作箱，方便设备调试及维修使用。为保证系统安全性，控制室和现场均设有急停按钮，在紧急情况下对系统进行急停操作。

9）系统静电在线检测装置。

在翻转倒料、下料过程采用静电检测以进行静电在线检测，静电检测仪选用美国ME公司的非接触式本安静电检测传感器。

10）视频监控系统。

视频监控系统主要是通过视频监控对各个工位操作进行全方位观察，保证各个部分的操作安全可靠。

11）远距离自动控制系统。

炸药自动过筛装置自动化处理系统是集粉体定量加料和过筛等生产技术、静电在线检测技术、机械传动定位、自动称量闭环控制等综合性学科应用。系统主控制采用PLC程序控制器，并进行相关量制转化、逻辑控制和信号输出，采用通信方式连入上位工控机进行系统组态和集中生产过程控制，分析现行数据和记录过程工艺参数值，计算机组态画面显示系统工作状态，当参数异常时及时报警并中断相关动作。

2　系统特点

1）物料输送转盘。

物料输送转盘设置有空位检测功能，因为每次料桶不可能放满全部工位，而且放置位置随意，所以增加桶位检测功能有利于提高系统处理效率，使处理智能化。

2）静电检测装置。

在翻转倒料口、下料口中安装静电检测探头，进行静电在线检测，实时显示物料间摩擦产生的静电。此装置可设置静电报警值，静电超标会自动报警，所有操作过程停止。

3）加湿装置。

工房设有加湿器，当工房湿度低于报警值时，可以通过手动和自动两种方式开启加湿器，增加湿度，能够有效保证RDX过筛工房相对湿度不低于65%的安全要求。

3　系统可靠性

（1）系统采用纯气动控制，避免产生电器火花的可能，安全可靠。

（2）限位采取光电和机械两种，增强了设备运行的可靠性。

（3）系统设置温度报警、湿度报警、压力报警、静电报警，对系统过程进行安全保护。报警后，系统操作自动停止。

（4）工房现场和远程控制室均设有急停按钮，在设备故障或异常时，按下急停，系统暂停所有设备状态保持现状。

（5）停电停气等异常状态发生时，急停报警，设备自锁，所有设备状态保持现状等待处理。

4　结论

RDX自动化处理系统性能良好，安全可靠，操作性强，摆脱生产过程中人工操作的危险，提高了工厂的自动化水平和安全防护能力，可大范围推广应用。

参 考 文 献

[1] 欧育湘. 炸药分析 [M]. 北京：兵器工业出版社，1974.
[2] 舒银光，等. 黑索今 [M]. 北京：国防工业出版社，1974.

含 Ce - AZ80 稀土镁合金电子束焊接接头组织性能研究

王雅仙[1,2]，马 冰[1,2]，石 磊[1,2]，张迎迎[1,2]，王 英[1,2]，杜乐一[1,2]

(1. 中国兵器工业集团第五二研究所，内蒙古 包头 014030；
2. 中国兵器科学研究院宁波分院，浙江 宁波 315103)

摘 要：结合电子束焊接优点并通过 OM、SEM、XRD 和性能测试等手段研究了含 Ce 的 AZ80 稀土镁合金焊接接头显微组织与力学性能。研究结果表明，AZ80 稀土镁合金焊接接头母材区域和焊缝区域都存在 Al-Ce 相，它们分别为针状 $Al_{11}Ce_3$ 相和点状 Al_3Ce 相，且焊缝区的稀土相在尺寸和数量上都小于母材，因此焊缝区的晶粒与母材相比得到显著细化；焊接接头拉伸试样均断裂在母材的位置且抗拉强度为 184.6MPa、屈服强度为 87.8MPa、断后伸长率为 5.2%，与基体的拉伸性能相当，因此说明焊接接头焊缝的力学性能要优于母材；焊接接头的拉伸断口呈混合断裂特征。

关键词：AZ80 稀土镁合金；Ce；电子束焊接；显微组织；力学性能

中图分类号：TG406

Study on microstructure and properties of electron beam welded joints of rare earth magnesium alloy containing Ce - AZ80

WANG Yaxian[1,2], MA Bing[1,2], SHI lei[1,2],
ZHANG Yingying[1,2], WANG Ying[1,2], DU Leyi[1,2]

(1. Fifty - second Research Institute of China Weapons Industry Group, Baotou 014030, China;
2. Ningbo Branch of China Ordnance Academy, Ningbo 315103, China)

Abstract: The microstructures and mechanical properties of the welded joint of AZ80 rare earth magnesium alloy containing Ce were studied by OM, SEM, XRD and performance test. The results show that there are Al - Ce phases in the base metal and weld zone of AZ80 RE - Mg alloy welded joints, which are needle - like $Al_{11}Ce_3$ phase and dot - like Al_3Ce phase respectively, and the RE phases in the weld zone are smaller in size and quantity than those in the base metal, so the grains in the weld zone are significantly refined compared with the base metal; the tensile specimens of welded joints are all fractured in the base metal position and the tensile strength is 184.6MPa. The yield strength is 87.8 MPa and the elongation after fracture is 5.2%, which is equivalent to the tensile properties of the matrix. Therefore, the mechanical properties of welded joints are better than those of base metal. The tensile fracture of welded joints is characterized by mixed fracture.

Keywords: AZ80 rare earth magnesium alloy; Ce; electron beam welding; microstructures; mechanical properties

0 引言

进入 21 世纪以来，国内外高性能镁合金材料的应用前景越来越广泛，随之结构件的焊接工艺也受到

作者简介：王雅仙（1994—），女，在读硕士研究生；现主要研究镁合金电子束焊接技术，E - mail: wyx_1220@126.com。

极大的关注，其中与镁合金材料及构件成形匹配的焊接技术研究仍然存在诸多问题，例如传统的焊接工艺总是不可避免地产生孔洞、热裂纹和氧化等缺陷。电子束焊接技术（EBW）是在真空状态下工作的，可以克服焊接过程中合金的严重氧化现象，消除焊接接头中的氧化夹杂缺陷，另外，它所形成的焊缝具有深宽比大、接头强度高、结构变形小等优良特性，因此非常适合化学活性较大的镁合金材料的焊接[1~4]。

目前，EBW主要用于焊接AZ系镁合金[5,6]和少量稀土系镁合金[7,8]，研究工艺变化对焊接接头组织及力学性能的影响越来越广泛，但是针对含Al较高的AZ80-RE镁合金电子束焊接的相关文献则特别少。有研究表明[9]，AZ80镁合金是商业变形Mg-Al合金中强度最高且唯一可以进行淬火时效强化的合金，稀土元素Ce的加入能够和合金中的Al元素生成高熔点的铝铈化合物，不但可以降低α-Mg基体中Al的含量，而且使得第二相β-Mg17Al12的数量也减少了，这将直接导致合金的强度变低。因此，本文结合稀土镁合金的特点和电子束焊接的优点，以AZ80+Ce镁合金为研究对象，通过真空电子束焊接技术研究焊接后添加稀土元素Ce的AZ80镁合金焊接接头的组织与性能变化，为真空电子束焊接稀土镁合金的应用提供试验基础。

1 试验

试验采用AZ80镁合金经电阻炉熔炼后再精炼，之后加入稀土元素搅拌静置，降温除铁后再升温，利用半连续铸造工艺浇铸成$d=95$ mm的铸锭，表1所示为合金的实际测试成分。焊接前对试样表面进行车削加工，再用丙酮清洗表面的污染物，采用法国进口的MEDARD48型中压数控电子束焊机对AZ80稀土镁合金试样进行焊接，主要焊接参数如表2所示。

表1 合金的实际化学成分

Alloy	质量分数/%								余量
	Al	Zn	Mn	Ce	Fe	Ni	Si	Cu	
AZ80+Ce	8.01	0.48	0.11	0.92	0.004 4	0.000 63	0.020	0.002 4	90.45

表2 电子束焊接参数

加速电压U/kV	电子束流I_b/mA	焊接速度v/(m·min^{-1})	聚焦电流I_f/mA	真空度/mbar
60	45~48	0.8	2.85~2.90	4×10^{-4}

采用线切割方式对焊接接头进行取样，试样经过粗磨、精磨、抛光后，再用体积分数为4%的硝酸酒精溶液腐蚀；采用金相显微镜和SEM观察焊接接头各区域的显微组织和断口形貌，通过EDS辅助分析焊接接头不同区域的合金元素组成、析出相的分布以及各元素的含量。按照GB/T 228.1—2010金属材料室温拉伸试验的检测依据，在CMT-4105电子万能拉伸试验机上分别对同一状态下的5根试样进行拉伸测试。采用维氏硬度仪测试焊接接头母材和焊缝区域的硬度值，压头为金刚石，设定载荷为100 g，保压时间为11 s。采用X射线衍射仪对焊接接头母材区域和焊缝区域的相组成进行分析，选用Cu（Kα）辐射，工作电压和电流分别为40 kV和150 mA，扫描角度为10°~115°。

2 试验结果

2.1 焊缝形貌

图1所示为AZ80+Ce镁合金电子束焊接接头宏观形貌的横截面。如图1所示，焊缝完全熔透且成形美观，几乎呈平形状，焊缝和母材区域的分界处清晰，热影响区窄，根部有少量钉尖气孔，但其他区域未存在裂纹、气孔、未熔合等缺陷。

2.2 铸态显微组织及物像分析

图2所示为 AZ80 + Ce 镁合金电子束焊接接头不同区域的显微形貌。如图2所示，其主要由焊缝区、熔合区和母材区组成，没有明显的热影响区。

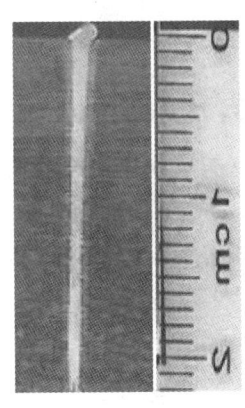
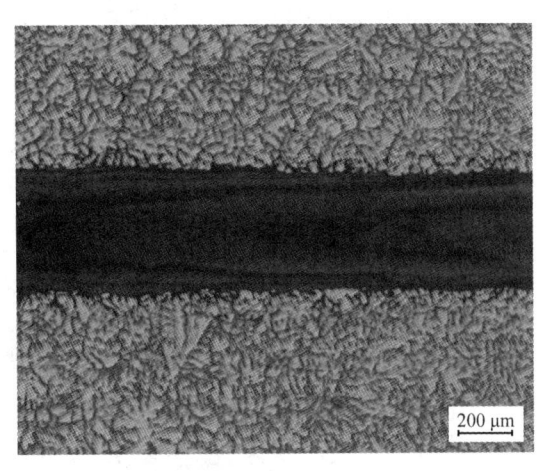

图1　焊接接头宏观形貌　　　　　图2　焊接接头显微形貌

图3所示为 AZ80 + Ce 镁合金电子束焊接接头不同区域的铸态金相组织和 SEM 组织。从图3（a）、(b) 中可以看到铸态的 AZ80 + Ce 镁合金母材显微组织晶粒比较粗大，主要呈现出典型的 α – Mg 相和 β – Mg17Al12 相离异共晶组织。其中 α – Mg 晶粒约为大小不均匀的等轴晶，由于稀土 Ce 的加入使一般呈现连续或半连续网状结构的共晶相 β – Mg17Al12 被打断，表现为岛状结构，并在灰色的 Mg17Al12 沉淀相晶界处分布着一些新的亮白色针状相[10]。利用 EDS 对这些针状相 A 分析发现（图4（a）），这些相是由 Al 和 Ce 组成的，相成分是 6.37Al – 0.21Ce。结合 XRD 分析（图5（a）），这些针状相是 Al11Ce3 金属间化合物。由于电子束焊接能量密度集中且速度快，容易形成较大的过冷度，致使生成的第二相弥散分布；其次，镁合金热导率较大，电子束焊接后散热较快，靠近母材一侧液相温度梯度较大，所以在靠近热影响区处形成树枝晶[11,12]，如图3（c）、(d) 所示。从图3（c）熔合区 SEM 组织中发现针状相 Al11Ce3 的尺寸明显变小，分析原因可能是电子束流对焊缝熔池的搅拌作用造成的。从图3（e）、(f) 中可以看到焊缝中心区域为均匀细小的等轴晶。首先，焊缝在凝固过程中，高温停滞时间比较短且温度分布很均匀，致使晶粒来不及充分长大；其次，由于电子束的匙孔效应使得液态金属的扩散速度变快，从而抑制了树枝晶的生长并且促进了等轴晶各个方向的生核，因此焊缝中心区域的晶粒与母材相比得到了显著细化。另外，从图3（e）焊缝区 SEM 组织中发现亮白色的针状相变成了点状相且数量明显减少。结合图4（b）的 EDS 分析可知，它们也是由 Ce 和 Al 元素组成的；再结合 XRD 分析可确定（图5（b）），这些点状相 B 是 Al3Ce 金属间化合物。

图4所示为母材与焊缝 EDS 检测结果，对比分析母材与焊缝区域元素含量，焊缝区域 Mg 元素的百分含量减少导致 Al 元素百分含量相对增加。电子束焊接过程中稀土镁合金板材温度迅速增加，使得焊缝金属熔池温度升高，基体 Mg 元素的含量最多，导致 Mg 元素在高温作用下最容易大量蒸发，相比之下 Al 元素的含量少且沸点又高（2 056 ℃），因此蒸发量就少，百分含量增加。另外，电子束流对焊缝熔池的搅拌作用也是造成焊缝区稀土相数量和尺寸变小的原因之一。根据王军等[9]研究可得，母材区针状相 Al11Ce3 的熔点高达 1 235 ℃，一般不溶于基体，这也是造成母材区强度低的主要原因。

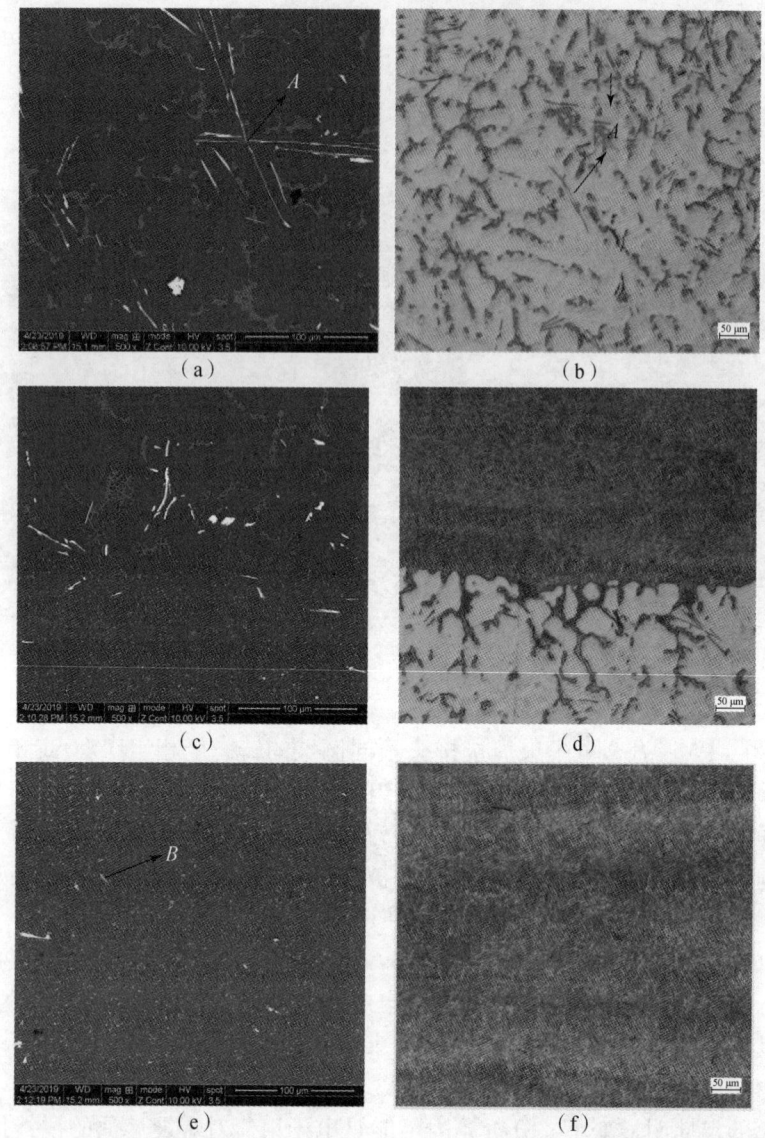

图3 铸态 AZ80 + Ce 镁合金电子束焊接接头金相组织和 SEM 组织

为了确定铸态 AZ80 + Ce 镁合金电子束焊母材区和焊缝区的相组成,对所制备的合金进行了 XRD 扫描。图 5 所示为 AZ80 + Ce 镁合金电子束焊接接头不同区域的 XRD 图谱。XRD 分析结果表明,焊缝区和母材区除了有 α – Mg 和 β – Mg17Al12 相外,分别还有点状 Al3Ce 相和针状 Al11Ce3 相存在。从图 5 (a)、(b) 中都可以看到,β – Mg17Al12 相对应的峰值强度相对于 Mg 相的峰值强度都降低了,这是因为稀土 Ce 的加入在形成稀土相的同时也消耗了一定量的 Al 元素,因此 Mg17Al12 相的数量也减少了,直接导致强度的降低。总体来说,母材区的相峰值强度较焊缝区相比是降低的,因此也可以说明焊缝区的力学性能要优于母材区,这与 EDS 分析结果一致。

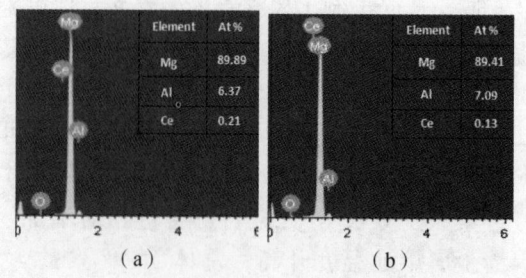

图4 铸态 AZ80 + Ce 镁合金电子束焊接接头 EDS 分析结果

(a) 母材 EDS;(b) 焊缝 EDS

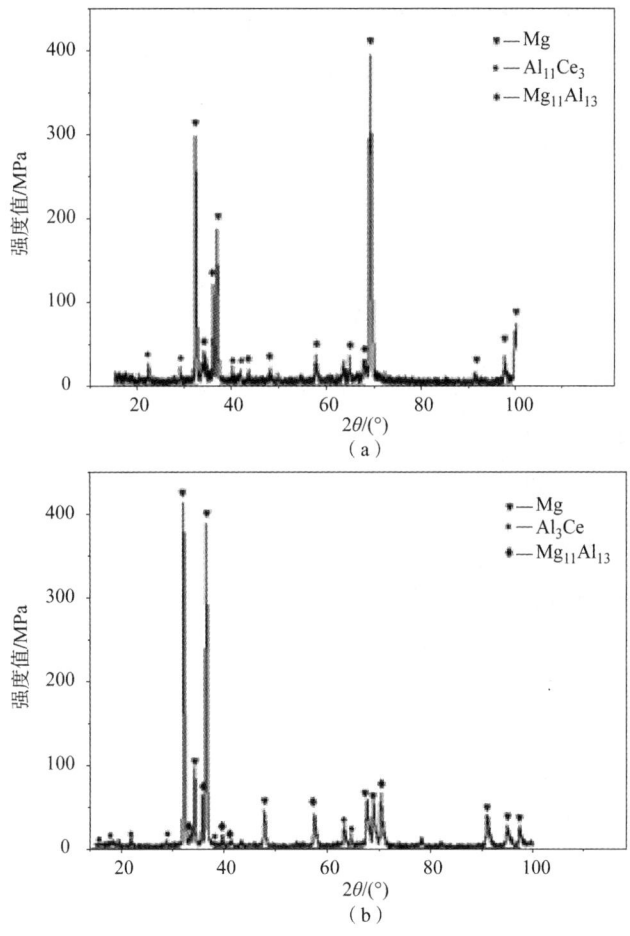

图 5 铸态 AZ80 + Ce 镁合金电子束焊接接头 XRD 分析结果

2.3 室温力学性能

1）拉伸试验。

AZ80 + Ce 镁合金电子束焊接接头拉伸试验检测结果如表 3 所示，合金的拉伸断裂位置如图 6 所示。从图表的信息中可以得出，AZ80 + Ce 镁合金焊接接头的拉伸试样均断裂在母材上，且基体本身的抗拉强度及断后伸长率分别为 187 MPa 和 5.5%，焊接接头焊缝的抗拉强度大于 184.6 MPa，规定塑性延伸强度（屈服强度）大于 87.8 MPa 及断后伸长率大于 5.2%，以上信息均可证明焊缝的强度优于母材。

表 3 AZ80 + Ce 镁合金电子束拉伸试样检测结果

试样	序号	抗拉强度 R_m/MPa	规定塑性延伸强度 $R_{p0.2}$/MPa	断后延伸率 A/%
基体母材		187	—	5.5
焊接接头	X1	184	85	5.5
	X2	181	85	4.5
	X3	186	87	5.5
	X4	181	97	4.5
	X5	188	85	6.0
	平均	184.6	87.8	5.2

结合之前图 4 EDS 分析表明，母材区的稀土 Ce 含量较焊缝区相比稍多，就可以消耗较多的 Al 元素且生成不易分解的高熔点 Al – Ce 相，这导致 Al 元素对合金的固溶强化作用降低，进而导致强度降低。又由于电子束流对熔池的搅拌作用减少了焊缝区 Ce 的含量，其消耗的 Al 元素不但减少，而且形成的稀土相尺寸和数量较母材相比都变小，因此焊缝区强度高，这与之前 XRD 分析结果一致。

2）硬度测试。

图 7 所示为 AZ80 + Ce 镁合金电子束焊接接头母材和焊缝区的显微硬度分布曲线，测量时以焊缝中心为起点依次经过母材区，其中焊缝区和母材区分别取 5 个点进行测量。图中表明，焊缝区的显微硬度整体大于母材区域，且最高硬度值分别为 69.9 HV 和 62.9 HV。

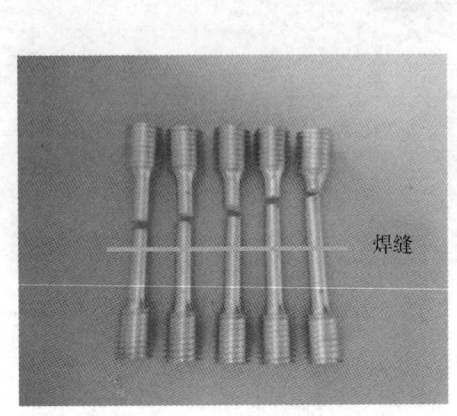

图 6　拉伸试样断裂位置

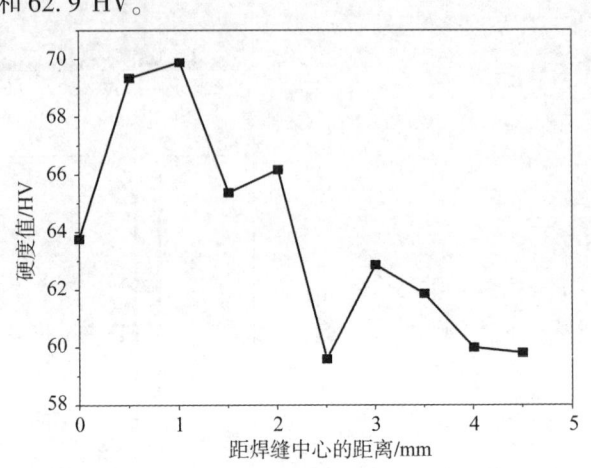

图 7　焊接接头显微硬度分布

3）断口形貌。

图 8 所示为 AZ80 + Ce 镁合金拉伸试样断口的微观形貌。其中图（a）表现出的是一些河流状解理面和撕裂棱断裂特征，图（b）表现出的是韧窝状断裂特征，通过以上分析可以得出 AZ80 + Ce 镁合金断口是以混合断裂的形式存在的。

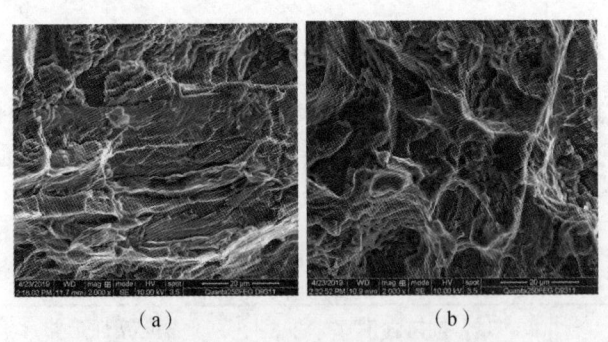

图 8　AZ80 + Ce 镁合金断裂微观形貌
(a) 解理面状；(b) 韧窝状

3　结论

（1）电子束焊接 AZ80 + Ce 镁合金能够获得优良的接头形貌，焊缝几乎呈平行型，无严重的表面缺陷存在。

（2）母材区主要存在基体 α – Mg 相、含稀土 Ce 弥散分布的 β – Mg17Al12 相和针状相 Al11Ce3 金属间化合物；焊缝区的晶粒与母材区相比得到了显著细化且 Al 元素的含量损耗小，稀土相为点状 Al3Ce 金属间化合物。

（3）母材区的稀土 Ce 含量较多，可以消耗更多的 Al 元素，导致焊缝区的力学性能优于母材。焊接接头的抗拉强度、屈服强度、断后伸长率分别平均为 184.6 MPa、87.8 MPa、5.2%，并且都断裂在母材的位置,这与稀土镁合金基体本身的拉伸强度差距不大;合金拉伸断口是以混合断裂的形式存在的。

参 考 文 献

[1] 方乃文,王丽萍,李连胜,等.镁合金焊接技术研究现状及发展趋势 [J].焊接,2017(05):22-26+69.

[2] 叶俊华,汤爱涛,马仕达,等.搅拌摩擦焊接 Mg-6Al-1Sn 合金组织与性能研究 [J].材料导报,2017,31(22):79-84.

[3] Yi Luo, Rui Wan, Yang Zhu, et al. Analysis of bubble flow in the deep-penetration molten pool of vacuum electron beam welding [J]. Metallurgical and Materials Transactions B, 2015, 46 (3): 1431-1439.

[4] 张雪飞,路芳宇.现代焊接技术中的电子束焊接技术 [J].科技创新与应用,2017(36):45+47.

[5] Chi C T, Chao C G, Liu T F, et al. A study of weldability and fracture modes in electron beam weldments of AZ series magnesium alloys [J]. Materials Science & Engineering A, 2006, 435 (11): 672-680.

[6] 陈东亮,杜乐一,王英.难熔金属及其合金的电子束焊接现状 [J].兵器材料科学与工程,2016(06):124-127.

[7] 张可敏,陈二雷.镁稀土合金 Mg-Gd-Y-Zr 及 Mg-Nd-Zn-Zr 的强流脉冲电子束表面改性研究 [J].热加工工艺,2016,45(16):98-102.

[8] 霍军,王先革.AM50 镁合金强流脉冲电子束表面改性的研究 [J].中国材料科技与设备,2014(2):4-7.

[9] 王军,朱秀荣,徐永东,等.稀土 Ce 和 Y 对 AZ80 镁合金组织和力学性能的影响 [J].中国有色金属学报,2014,24(01):25-35.

[10] Song Y L, Liu Y H, Wang S H, et al. Effect of cerium addition on microstructure and corrosion resistance of die cast AZ91 magnesium alloy [J]. Materials & Corrosion, 2015, 58 (3): 189-192.

[11] 石磊,程朝丰,马冰,等.AZ80 镁合金真空电子束焊接头组织及性能研究 [J].焊接技术,2018,47(06):21-24.

[12] 马征征.AZ31B 镁合金电子束焊接接头组织及疲劳断裂行为的研究 [D].太原:太原理工大学,2014.

6061铝合金多道次冷轧制过程的有限元分析与性能结构研究

骆冬智[1,2]，瞿飞俊[2]，孙智富[1]

(1. 重庆机电职业技术大学 兵器工业研究所，重庆 402760；2. 澳大利亚伍伦贡大学机械/材料/机电与生物医学工程系，澳大利亚 新南威尔士州 2522)

摘 要：6061因较高的耐腐蚀性，在军工领域有着较多的应用。铝合金发展离不开强韧化的需求，采用有限元模拟与实验相结合的手段，研究了80道次异步轧制6061铝合金板材的工艺过程中应力的变化与所制备样品的结构性能表征，结果发现6061铝合金在经过9.8%总变形量的80道次异步轧制后，屈服强度较初始退火样品提高了一倍，均匀延伸率未显著下降；有限元模拟结果发现，由于每道次压下量小，经过80道次变形后应力主要集中在表面，结合EBSD结果分析，试样表面分布密集的小角度晶界网，样品强度的提高可以归结于表层小角度晶界对于位错的阻碍，而内部较大的晶粒依旧为位错滑移提供足够空间来完成加工硬化阶段，从而保持塑性。

关键词：材料科学与工程；6061铝合金；冷轧；多道次异步轧制；有限元模拟；性能；显微组织

中图分类号：TG335 **文献标志码**：A

Simulation analysis and research of properties and microstructure of 6061 alloy via multi – pass asymmetric rolling

LUO Dongzhi[1,2], QU Feijun[2], SUN Zhifu[1]

(1. Chongqing Vocational and Technical University of Mechatronics, Technical Institute of Ordnance Industry, Chongqing, 402760, China;

2. School of Mechanical, Materials, Mechatronics and Biomedical Engineering, Faculty of Engineering and Information Sciences, University of Wollongong, Wollongong, NSW 2522, Australia)

Abstract: AA6061 alloy, for the high corrosion resistance, enjoy a high level of application in military industrial. The development of Al alloy demands for the higher strength and toughness, thus we combined finite element analysis and experimental method, focusing on the study of stress distribution and structure and mechanical properties via 80 passes asymmetric rolling. The results indicate that the yield stress after 80 passes rolling with total reduction of 9.8% has doubled compared to the initial state without drastically decrement of uniform elongation, the slight reduction per pass has led to stress concentration at the surface which constitutes a dense layer of low angle grain boundary observed by EBSD. The enhancement of sample is attributed sub – grain boundary gradient consists of low angle grain boundary, the ductility remains rather moderate is ascribed by the motion of dislocations in the large grain towards the inner part of the sample.

Keywords: material science and engineering; 6061 Al alloy; cold rolling; multi – pass asymmetric rolling; finite element analysis; properties; microstructure

---

作者简介：骆冬智（1986—），男，博士研究生，E – mail: steven347@163.com。

0 引言

铝合金因其丰富的储能和高强度而成为应用广泛的结构材料,其良好的加工特性使得铝合金可加工成各种截面的型、管和板材,而其密度低的特点可满足军工轻量化、高机动性的要求[1~4]。铝合金构件在军事工业上的应用主要分为在航空工业上的飞机、战机的蒙皮、隔框及长梁、桁条等的制造;航天业上火箭宇宙飞船的结构件;兵器工业中的战车、装甲车制造,以及榴弹炮炮架、薄壁弹壳的制备;如今,用于舰艇上的耐腐蚀、高强度的铝合金也满足我军走向深蓝的战略发展[5]。6061铝合金具有良好的成型性能和耐腐蚀性能,以及低成本的特点,逐渐用来替代2XXX及7XXX铝合金用于飞机结构件、船艇、宇航服、临时机场跑道板等构件中,但是6061强度并没有其他两系铝合金高[6],因此对6061的强韧化的研究满足未来军工对铝合金高强、高韧发展的要求。

根据Hall-Petch公式[7],晶粒的大小会影响材料的强度,在不改变材料成分的前提条件下,与微米级的结构材料相比,亚微米或者纳米晶表现出优于微米级材料的力学性能[8]。因此,以异步轧制、累积轧制和等通道转角挤压、高压扭转为代表的大塑性变形工艺为材料强度的提高做出了积极贡献。Jiang等[9]在对纯铝异步轧制过程中发现,经过90%变形后,材料的屈服强度由原来初始的100 MPa提高到250 MPa。虽然材料的强度有了明显的提高,但是延伸率显著下降,这对于高强度的材料是一个不可避免的现象[10,11]。卢柯[12,13]经过大量的研究发现,通过对材料的结构进行从表面向中心的多级构筑(architecture),即让材料在径向方向上呈现表面超细晶(UFG),中心粗大晶粒的梯度变化可以在一定程度下既提高材料的强度,又不显著降低材料的塑性,即达到强韧化的需求,将这种材料称为梯度材料。

现阶段对于梯度材料的制备多采用表面机械研磨处理(SMAT)和表面机械碾压(SMGT),Wu等[14]通过SMAT方式制备梯度结构的IF钢,发现经SMAT处理的材料表现出相较于粗晶样品2.6倍的强度,并保持相对较高的延展性,并将此增强的性能归结于应力呈梯度状态,便于储存位错,来产生加工硬化有别于均匀晶粒的材料。虽然上述方式可以获得较为成功的梯度材料,但是这些方法局限了材料制备的尺寸,因此,寻找新的梯度结构材料的制备方法是关键,轧制作为工业上常用的制备板材的方法,能够连续得到结构较为均匀的尺寸较大的材料。

近年来,有限单元方法以其为各种科学工程问题提供直观准确的数值解决方案而受到广泛应用,其在轧制领域的应用也日趋成熟。例如,Hassan等[15]运用有限单元法研究了铝板冷轧过程中轧制力、轧件速度以及温升变化,其数值结果表明最大轧制力出现在中性点位置处,且轧件的出口速度大于入口速度,同时铝板在冷轧过程中的温升也十分明显。Costa与Santos[16]基于有限单元法模拟了钢板与铝板在不同厚度、压下量以及摩擦系数的冷轧过程,其研究结果显示轧制力随着压下量的增加呈上升趋势,轧件的表层及中心区域均有较大应变的分布。Devarajan等[17]通过建立二维有限单元模型来探讨轧辊速度与直径对轧制过程中接触应力及残余应力的影响,其仿真结果表明接触力与残余应力均随着辊速的增加而下降,而接触力随着辊径的增加而上升,残余应力随着辊径的增加而下降。工业上在制备钢材时,常使用光整轧制(skin pass rolling)来改善轧件的表面质量和性能,本文将光整轧制的每道次压下量控制在极小的范围内,对6061铝合金板材进行多道次轧制以累积到一定的应变量来制备结构梯度材料,并研究其结构与性能,同时对该过程的有限元仿真结果进行分析和比较。

1 有限元模拟及实验

1.1 有限元模型的建立

1.1.1 三维模型

采用商业有限元分析软件ABAQUS建立三维模型,如图1所示,其中轧辊宽度为35 mm,辊径为130 mm,与实际轧辊一致,而轧件的初始尺寸为70×25×2.95(长×宽×厚,单位:mm)。为节省计算时间，轧辊设计为刚性中空圆环，其环径与宽度与轧辊尺寸保持一致。

1.1.2 网格划分及接触面设置

如图2所示，轧辊采用三维四边形刚体单元（R3D4），其网格尺寸为2 mm。轧辊上各单元及节点的运动轨迹由刚体参照点控制，参照点分别位于上下轧辊的几何中心。轧辊的形状在整个模拟过程中保持不变，根据施加在参照点上的边界条件进行刚体运动。轧件采用8节点减缩积分一阶实体单元（C3D8R），其网格尺寸为1 mm（厚度方向为0.5 mm），同时采用了增强沙漏控制以进一步缩短计算时间且保证计算精度[18]。由于该轧制过程的总压下量为9.8%（轧后厚度为2.66 mm），其变形主要集中在轧件上下表层，因此轧件表层网格单元进一步细化（厚度方向网格尺寸为0.03 mm）以提高计算精度。模型定义了两对接触表面，分别是上轧辊的外表面与轧件的上表面以及下轧辊的外表面与轧件的下表面。接触表面之间的摩擦系数根据实验取0.2。

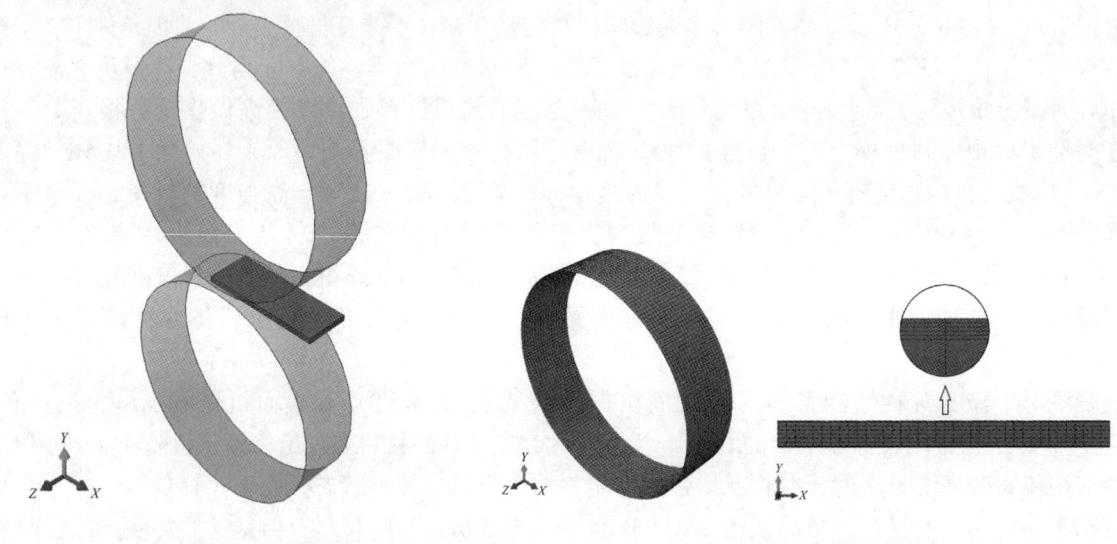

图1 多道次轧制三维模型　　　　图2 轧辊与轧件网格划分

1.1.3 分析步与边界条件

本模拟共包含10个分析步，每个分析步代表模拟轧制过程中的一个道次，即对应实验轧制过程中的8个道次，从而减少模型计算时间。轧制时轧件左端为完全约束，右端为自由端，上下轧辊以1∶1.4的转速比，即上轧辊为0.15 rad/s，下轧辊为0.21 rad/s，从左至右轧过，最终在轧件上形成50 mm的轧制区。每个分析步完成后轧件的厚度减少0.029 mm（不考虑材料厚度方向的回弹），直至所有分析步完成后其总厚度减少量为0.29 mm，即实现9.8%的总压下量。

1.1.4 屈服准则及强化模型

轧件材料选取 AA6061，其密度为 2.7 g/cm³，杨氏模量为 69 GPa，泊松比为 0.33，屈服强度为72 MPa，拉伸强度为 180 MPa，延展率为22%。材料选取米泽斯屈服准则，其数学表达如下：$\bar{\sigma} = \sigma_{s0}$，其物理含义为：当等效应力值达到材料的初始屈服应力时，材料发生塑性流动。本模拟中材料本构采用双线性各向同性强化模型[18]，如图3所示，图中 E 为杨氏模量，E_{TAN} 为切线模量。该模型为材料真实应力-应变曲线的一个线性逼近，在有限元分析中有着广泛应用。

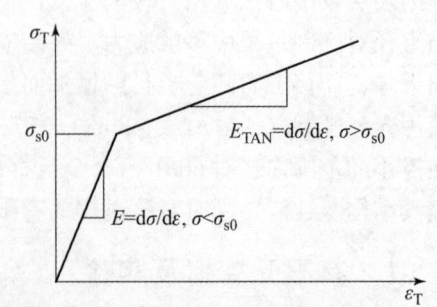

图3 双线性各向同性强化本构模型

1.2 实验部分

本实验所采用的铝合金为6061，厚度为2.95 mm，将原始6061铝板切成120 mm × 20 mm × 2.95 mm

的尺寸，6061 铝合金的化学成分如表 1 所示。将 6061 样品在 550 ℃下退火 2 h，其余样品进行 80 道次轧制，为保证轧制均匀性，每轧一道次将上下两面对调，测得 80 道次后的样品厚度为 2.66 mm，总压下量为 9.8%，每道次平均压下量为 0.003 6 mm（0.12%），每 8 道次取为有限元模拟计算的一道次，模拟总共采取 10 道次。整个多道次轧制使用异步轧制工艺，异步比为 1∶1.4。为保证每道次压下量没有突变，采用千分表（dial indicator）对每道次压下量进行监控。

表 1　6061 铝合金的化学成分

项目	Fe	Si	Cu	Mg	Mn	Cr	Zn	Ti	平均
质量/%	0.7	0.6	0.3	0.1	0.15	0.08	0.25	0.15	97.67

将轧制后的样品与退火样品制备成标距 25 mm，宽度为 6 mm，总长 100 mm，宽为 10 mm 的狗骨头状拉伸式样，在 Instron 拉伸试样机上做拉伸试验，为保证应变的准确度，采用三维全场应变测量系统（Digital Image Correlation）对拉伸变形区采样计算。试样的纤维结构表征采用 JEOL 的 JSM7001 场发射扫描电子显微镜，操作电压为 15 kV，5 nA，工作距离为 15 mm，样品扫描步长为 1 μm。电解抛光在 Struers LectroPol – 5 仪器上进行，电解液为 800 mL 乙醇（95%）、140 mL 蒸馏水及 60 mL 高氯酸（60%），在 23 ℃温度下进行，抛光电压为 25 V，时间为 10 s。

2　实验结果与讨论

550 ℃退火 2 h 与 80 道次轧制样品的拉伸曲线如图 4 所示。由应力 – 应变曲线可以看出，经过 550 ℃退火 2 h 后的 6061 样品屈服应力为（72.1 ± 5.6）MPa，而经过 80 道次异步轧制之后，样品屈服应力达到（143.0 ± 7.5）MPa，相较于未变形的样品提升了 2 倍。550 ℃退火样品的均匀延伸率高达（22.43 ± 1.1）%，而 80 道次异步轧制之后的样品，均匀延伸率下降至（14.3 ± 0.8）%。前者的屈强比约为 0.4，变形样的屈强比达到 0.7，屈强比在一定的程度上可以与加工硬化指数与延伸率相关，从而表征材料冷成型性能[19]。不太大的屈强比可以表征材料在较大载荷时表现稳定，随着载荷增加，材料发生明显的变形，而非直接断裂。Mahesh[20]在对 6061 铝合金进行多向轧制时，当 10% 变形量下，材料强度由初始状态的 63.37 MPa 只增加到 87.65 MPa，而采用同等轧制工艺下，在同等变形量下，6061 铝合金经 80 道次异步变形后强度提升的幅度远远大于上述结果。而 Jiang 等[21]通过对纯铝板材进行异步轧制来研究异步轧制对材料强度的影响，结果表明当变形量达到 30% 时，材料屈服强度由原始材料的 100 MPa 增加到 250 MPa，强度的提高率为 2.5 倍，但是延伸率由初始的 17% 陡降到 4% 左右，下降率为 76.5%，而经过 80 道次异步轧制之后，材料屈服强度提高的幅度可达 2 倍，而延伸率的下降率为 36%。

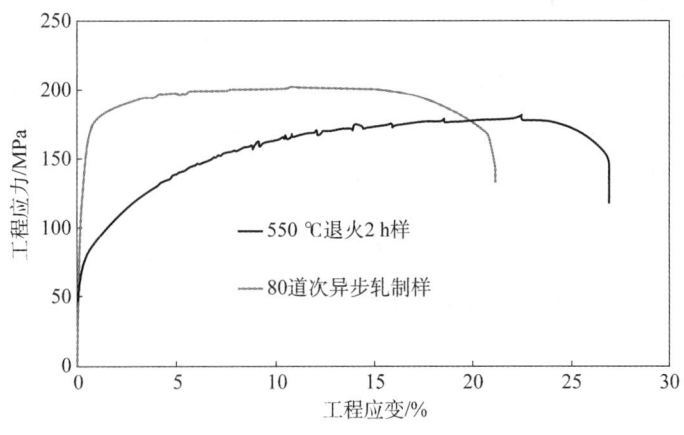

图 4　550 ℃退火 2 h 与 80 道次轧制样品的工程应力 – 应变曲线

80 道次异步轧制之后的样品表现出了较强的加工硬化效应，工程应力 – 应变曲线体现了典型的强化特性[22]，而屈服强度的提升可以归结于上下辊滚速不同导致的额外的剪切力的产生[21]。为了进一步研究多道次轧制对于6061板材的应力分布，以及异步轧制所带来的上下轧辊速度不一致的影响，有限元模拟5道次（40道次试验轧制）和10道次（80道次试验轧制）的结果如图5和图6所示。从图5和图6可以看出，轧件厚度方向上等效应力从表面向心部逐渐削弱，随着道次的增加，应力峰值逐步向轧件表面集中。实验结果表明，对于相同压下量，多道次完成轧件的屈服强度比单道次完成的提高了18.3%（由120 MPa提升至142 MPa），这说明通过多道次滚轧，轧件表面残余应力得到强化，进而增加其表面硬度，进一步提高了轧件的强度及其抗疲劳性能。另外，由于该轧制过程为异步轧制，其使得轧件上下两侧变形程度不一致且随着道次数的增加而愈发明显，因此，如图6所示，轧件上下表层的应力在完成10道次的滚轧后（实验轧制80道次）出现分布不均的现象，即上表层的残余应力区域略大于下表层。

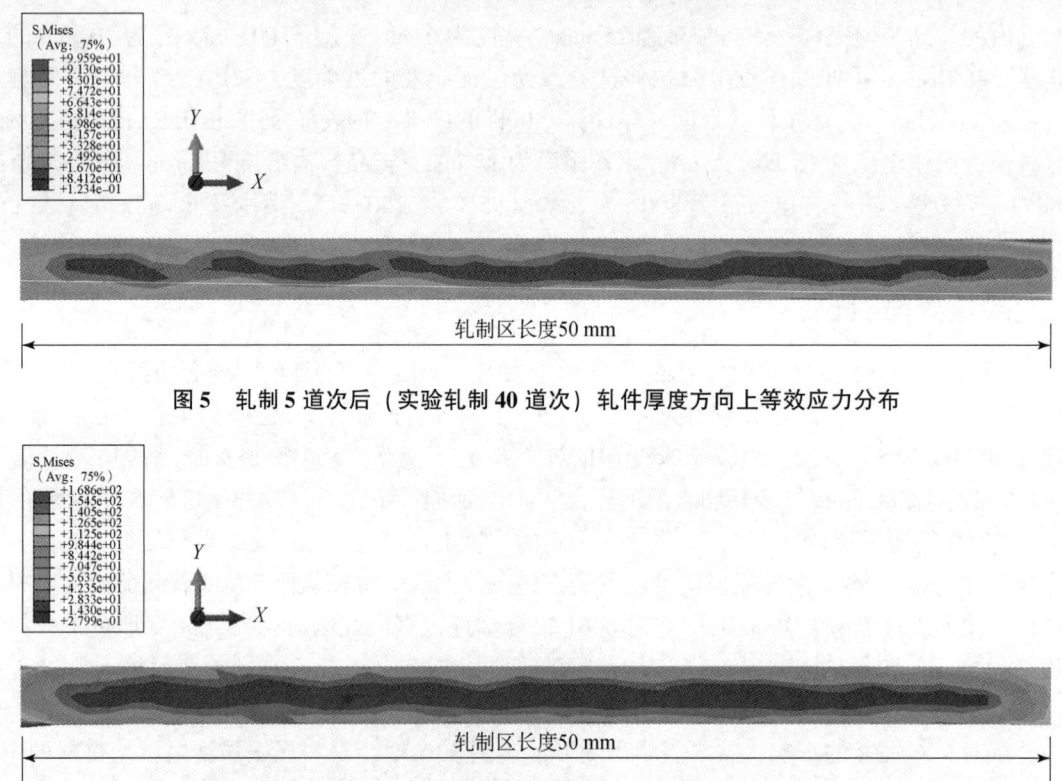

图5　轧制5道次后（实验轧制40道次）轧件厚度方向上等效应力分布

图6　轧制10道次后（实验轧制80道次）轧件厚度方向上等效应力分布

图7所示为550 ℃退火2 h与经过80道次轧制后的电子背散射衍射图（EBSD）和晶界分布图。EBSD图铅锤方向为轧制样品的厚度，水平方向为轧制方向，按照比例尺，整个样品沿竖直方向大约760 μm，沿表面向中心扫略，并且本实验小角度晶界取值为2°。由图中可以看出，样品在初始退火状态晶粒呈现等轴状，由粗大和细小晶粒组成，细小的晶粒为退火再结晶组织，粗大的晶粒为经过长大的晶粒，在初始样品的晶界分布图像中可以看出，整个板料沿厚度方向表现晶界分布均匀，材料呈明显的大角度晶界分布，小角度晶界较少。而经过80道次轧制后的样品，由于变形量较小（10%），且每道次平均压下量极小，所以根据有限元模拟结果，应力主要分布在表面及靠近表面的区域。在EBSD的取向分布图上，晶粒的变化较初始退火样并未有明显的改变或者细化，但在晶界分布图中可以明显发现，在样品表面处呈现较多的小角度晶界分布（图中蓝色线条），呈现出较厚的一层致密的小角度晶界层（dense LAGB layer）。

本次80道次6061异步表面轧制结果并未表现出类似于其他表面处理工艺[14]如表面机械研磨处理（SMAT）和表面机械碾压（SMGT）工艺制备晶粒大小梯度的样品，而在一些大塑性变形如异步轧制过程中，晶粒的剧烈细化又与变形路径有关[23]。在80道次轧制中，总的较低的变形量导致了晶粒变形的不充分性，以至于沿厚度方向（从表面到中心区）并未产生明显的晶粒尺寸梯度。但图4中屈服强度的显著提高（两倍于初始退火样品）可归结于大量的小角度晶界的产生来阻碍位错在塑性变形过程中的滑移。6061 属于 FCC 金属，在室温下主要变形机制以滑移为主，由图 7 可以看出 6061 经 80 道次轧制后晶粒在几十到几百微米不等，远大于产生晶界滑移来提供变形方式的临界晶粒尺寸[24]。同时，较大的晶粒可以为位错的交互作用、位错缠结并最终形成小角度晶界[25,26]提供场所，而内部较大尺寸的晶粒也为位错滑移提供足够的空间来完成加工硬化阶段，从而保持塑性未剧烈下降。

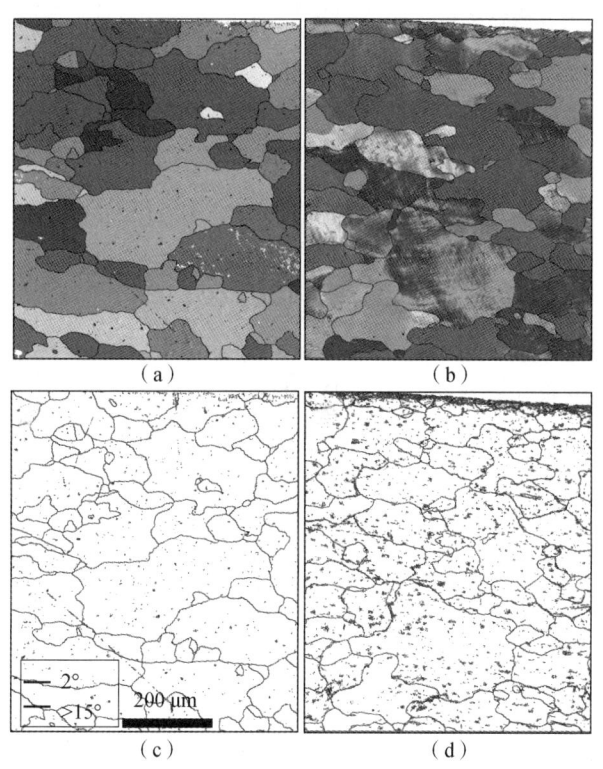

图 7　AA6061 铝合金的电子背散射衍射图谱（EBSD）及晶界分布
(a),(b) 550 ℃退火 2 h 样品；(b),(d) 经过 80 道次轧制后的样品
（水平方向为轧制方向，垂直方向为板料厚度方向）

研究得出[27,28]，晶界可以扮演阻碍位错运动的角色，使得位错在晶界处堆积，从而需要更大的应力来驱动位错跨越晶界继续滑移，从而提高材料强度。Bay[29]指出，在低应变条件下，纯铝冷轧样品会在几何必须位错（GNDs）作用下将晶粒细分为许多亚结构的位错胞块（cells block）。本实验下 80 道次轧制样品的小角度晶界强化作用可以用 Liu 等[28]在对对称小角度倾转晶界的研究中得出的小角度倾转晶界可以形成 <100> 位错六角网状结构来弱化位错的运动，并阻碍位错的滑移类似来解释材料的强化机理。6061 板材在室温下 80 道次异步冷轧之后，在表面形成较为致密的小角度晶界层，对材料起到强化作用，这种由表面到中心的小角度晶界不均匀分布，我们将其命名为亚晶界梯度结构，在表层小角度晶界的强化作用下，6061 样品的强度呈 2 倍提高。

3　结论

6061 铝合金因具有较高的耐腐蚀性，可作为 7 系合金的替代产品，在军工领域对其强韧化的需求也越来越强烈，本文采用有限元模拟与实验相结合的手段，研究了 80 道次异步轧制 6061 铝合金板材的工艺过程中应力的变化与所制备样品的结构性能表征，结果表明：

（1）6061 铝合金在经过总变形量 9.8% 的 80 道次轧制后，其拉伸屈服强度较初始 550 ℃退火样品提高了一倍，均匀延伸率下降 36%，相较于其他轧制工艺有一定优势。

（2）从有限元模拟结果可以看出，由于每道次压下量小，经过 80 道次变形后应力主要集中在表面，从 EBSD 结果分析可以得出，试样表面分布密集的小角度晶界网，随着到中心距离的增加剧烈减少，此小角度晶界呈现梯度变化趋势。

（3）6061 铝合金样品强度的提高可以归结于表层小角度晶界对于位错的阻碍，而内部较大的晶粒依旧为位错滑移提供足够的空间来完成加工硬化阶段，从而保持塑性。

参 考 文 献

［1］ Sheasby P G, Pinner R. The surface treatment and finishing of aluminum and its alloys ［J］. ASM International, 2001.

［2］ 赵世庆, 等. 对我国铝加工产业发展战略的浅见与建议 ［J］. 铝加工, 2006, 8（168）: 1 - 6.

［3］ E. A. S. Jr, J. T. Staley, Application of modern aluminum alloys to aircraft ［J］. Prog. Aerosp. Sci., 1996, 32 （2）: 131 - 172.

［4］ 潘复生, 张丁飞, 铝合金及应用 ［M］. 北京: 化学工业出版社, 2006.

［5］ 张威威, 孙赞, 张瑞凡, 科学与财富, 2016, 27.

［6］ Alhamidi A A, Dewi M. Microstructural and mechanical properties Al 6061 processed by cold rolling and aging ［J］. Vanos: Journal of Mechanical Engineering Education, 2018, 3（1）.

［7］ Hansen N. Hall – Petch relation and boundary strengthening ［J］. Scripta Materialia, 2004, 51（8）: 801 - 806.

［8］ Valiev R Z, Islamgaliev R K, Alexandrov I V. Progress in Materials Science, 2000, 45: 103.

［9］ Jiang J, Ding Y, Zuo F, et al. Mechanical properties and microstructures of ultrafine – grained pure aluminum by asymmetric rolling ［J］. Scripta Materialia, 2009, 60（10）: 905 - 908.

［10］ M. A Meyers, A. Mishra, David J. Benson. Mechanical properties of nanocrystalline materials ［J］. Progress in Materials Science, 2006（51）: 427 - 556.

［11］ Zhu Y T, Liao X Z. Nanostructured metals: Retaining ductility ［J］. Nature Materials, 2004, 3（6）.

［12］ 卢柯. 梯度纳米结构材料 ［J］. 金属学报, 2015, 51（1）: 1 - 10.

［13］ Lu K. Science ［J］. 2014; 345: 1455.

［14］ Wu X, Yang M, Yuan F, et al. Heterogeneous lamella structure unites ultrafine – grain strength with coarse – grain ductility ［J］. Proceedings of the National Academy of Sciences of the United States of America, 2015, 112 （47）: 14501 - 14505.

［15］ Abdul Kareem Flaih Hassan, Hassanein Ibraheem Khalaf. Three dimensional finite element simulation of cold flat rolling ［J］. Al – Qadisiya Journal For Engineering Sciences, 2011, 4（1）: 502 - 515.

［16］ Gilberto Thiago de Paula Costa, Carlos Augusto dos Santos. The analysis of the cold flat rolling process by Salf program ［J］. Materials Research, 2017, 20（3）: 646 - 652.

［17］ K. Devarajan, K. Prakash Marimuthu, Ajith Ramesh. FEM analysis of effect of rolling parameters on cold rolling process ［J］. Bonfring International Journal of Industrial Engineering and Management Science, 2012, 2（1）: 35 - 40.

［18］ F. J. Qu, Z. Y. Jiang, H. N. Lu. Effect of mesh on springback in 3D finite element analysis of flexible microrolling ［J］. Journal of Applied Mathematics, 2015 Article ID 424131: 1 - 7.

［19］ 于庆波, 孙莹, 等, 屈强比对塑性影响的研究 ［J］. 塑形工程学报, 2009, 16（1）: 153 - 156.

［20］ Gupta M K, Aggarwal S, Seth N, et al. Characterization of Multiaxial Cold Rolled Al6061 ［J］. International Journal of Engineering Science, 2017, 06（04）: 46 - 50.

［21］ Jiang J, Ding Y, Zuo F, et al. Mechanical properties and microstructures of ultrafine – grained pure aluminum by asymmetric rolling ［J］. Scripta Materialia, 2009, 60（10）: 905 - 908.

［22］ Armstrong R W, Walley S M. High strain rate properties of metals and alloys ［J］. International Materials Reviews, 2008, 53（3）: 105 - 128.

［23］ Pippan R, Scheriau S, Taylor A A, et al. Saturation of fragmentation during severe plastic deformation ［J］. Annual Review of Materials Research, 2010, 40 (1): 319 – 343.

[24] Farkas D, Frøseth A, Van Swygenhoven H. Grain boundary migration during room temperature deformation of nanocrystalline Ni [J]. Scr Mater 2006, 55 (8): 695 – 698.

[25] Baik S C, Estrin Y, Kim H S, et al. Dislocation density – based modeling of deformation behavior of aluminium under equal channel angular pressing [J]. Materials Science and Engineering A – structural Materials Properties Microstructure and Processing, 2003, 351 (1): 86 – 97.

[26] Kaibyshev R, Shipilova K, Musin F, et al. Continuous dynamic recrystallization in an Al – Li – Mg – Sc alloy during equal – channel angular extrusion [J]. Materials Science and Engineering A – structural Materials Properties Microstructure and Processing, 2005, 396 (1): 341 – 351.

[27] Hall E. O. The deformation and ageing of mild steel: III discussion of results [J]. Proceedings of the Physical Society. Section B 64. 9: 747. N. J. Petch, J. Iron Steel Inst., 1951, 174 (1653): 25.

[28] Liu B, Raabe D, Eisenlohr P, et al. Dislocation interactions and low – angle grain boundary strengthening [J]. Acta Materialia, 2011, 59 (19): 7125 – 7134.

[29] Bay B. Overview no. 96 evolution of fcc deformation structures in polyslip [J]. Acta metallurgica et materialia, 1992, 40 (2): 205 – 219.

空间螺旋天线的参数化数控加工程序编制

张宏海

(国营二四八厂，陕西 西安 710043)

摘 要：发展航天事业，建设航天强国，是我们不懈追求的航天梦，更是每一个科技工作者义不容辞的职责和光荣使命。随着我国科技事业的高速发展，航空、航天领域对卫星发展的需求与日俱增，我国航天器对自馈相四臂螺旋天线简称GPS螺旋天线产品市场需求量巨大。GPS螺旋天线是我国新一代的GPS接收天线，它的产品性能非常优越，具备体积小、质量轻、接收效果好等特点，并已经过多次在轨飞行验证。GPS螺旋天线加工生产有两大难点，即：螺旋线加工成型方法和螺旋线加工精度高。GPS螺旋天线的技术要求及电性能指标，主要靠4根螺旋线与天线馈电主体部分连接精度保证，其主要电性能指标及力学性能是靠保证螺旋线的加工成型精度及与天线馈电主体的连接质量来完成的，也就是只有保证以上两点技术要求，才能达到天线的性能指标要求。

关键词：螺旋天线；参数化；球坐标

0 引言

GPS螺旋天线由铍青铜加工而成。工艺流程为：将铍青铜棒料经数控粗车、热处理淬火、数控精车加工、数控铣加工上下两端，至此零件坯料加工完成。GPS螺旋天线加工生产有两大难点，即：螺旋线加工成型方法和螺旋线加工精度。螺旋线采用数控成型时，螺旋线必须光滑，因此必须严格控制该道工序，将螺旋线成型定为关键工序。在操作中通过以下两种措施保证工序质量：

（1）螺旋线只允许一次装夹确保完成加工成型。

（2）对于一次成型的螺旋线，必须进行坐标补偿加工。

GPS螺旋天线的技术要求及电性能指标主要靠4根螺旋线与天线馈电主体部分焊接精度保证，其主要电性能指标及力学性能是靠保证螺旋线的加工成型精度及与天线馈电主体的焊接质量来完成的，也就是只有保证以上两点技术要求，才能达到天线的性能指标要求。本文仅对螺旋线的加工进行研究和叙述，为了高效地加工出合格的GPS螺旋天线，我们进行了多种方法的比对研究和实际加工，最终应用了法那科-0M系统编制的参数化数控宏程序，在数控加工中心设备上完成了零件空间螺旋线的一次加工成型工作。

螺旋线立体设计图和工程图如图1所示。

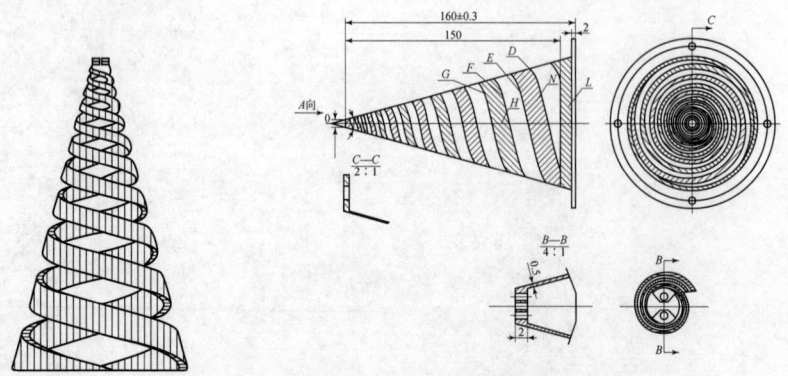

图1 螺旋线立体设计图和工程图

作者简介：张宏海（1970—），男，E-mail：ZHH54321@163.com。

螺旋线技术要求如下：

①螺旋线由 L、M、N 三个面及法兰组成，一体加工成型。

②D、E 两条螺旋线组成 M 面，F、G 两条螺旋线组成 N 面。

③4 条螺旋线方程相同，为 $R = 12 \times e^{0.064} A$，相邻螺旋线之间相位相差 90°。

④方程为球坐标方程，A 的单位为 rad，R 的单位为 mm，图中 O 点为坐标系原点。

⑤螺旋线半张角为 15°。

⑥未注尺寸公差按 GB/T 1804—m。

⑦未注形位公差按 GB/T 1184—H。

⑧材料为铍青铜。

⑨Ep. Au3。

加工程序如下：

```
%100（主程序）
#1 = 12
#2 = 0
#22 = 1
#12 = 0.15
#14 = 0.5
#13 = #1 * sin（15） - #14
#10 = #1 * cos（15）
#11 = #10 + 0.58
G0G90G54 X#11 Y - #12 A0 S3600 M3
G43H1 Z75 M8
G1 Z#13 F125
M98 P101
#1 = 12
#2 = 0
#22 = 1
#12 = 0.15
#14 = 0.25
#13 = #1 * sin（15） - #14
#10 = #1 * cos（15）
#11 = #10 - 0.58
G0G90G55 X#11 Y#12 A0 S3600 M3
G43H1 Z50 M8
G1 Z#13 F45
M98 P102
G0G91G28 M9
G28 Y0
M30

%101（子程序 1）
N10 X#11 Y - #12 Z#13 A#2 F65
#2 = #2 + #22
#3 = #2 * 3.14/180
#5 = 0.064
#6 = #5 * #3
#7 = exp^（#6）
#9 = #1 * #7
#10 = #9 * cos（15）
#11 = #10 + 0.58
#8 = #9 * sin（15）
#13 = #8 - #14
IF［#11 < LE159.7］GOTO 10
G1 X159.7 F85
G91 A - 45
G0G90 Z150 M5
M99

%102（子程序 2）
N10 X#11 Y#12 Z#13 A#2 F65
#2 = #2 + #22
#3 = #2 * 3.14/180
#5 = 0.064
#6 = #5 * #3
#7 = exp^（#6）
#9 = #1 * #7
#10 = #1 * cos（15）
#11 = #10 - 0.58
#8 = #9 * sin（15）
#13 = #8 - #14
IF［#11 < LE159.7］GOTO 10
G1 X159.7 F85
```

G91 A45   M99
G0G90Z150 M5

参 考 文 献

[1] 陈桂山,沈演麒,谭晓霞. UG NX8.5 必学技能 100 例 [M]. 北京:电子工业出版社,2014.

新型金属材料先进表面加工技术研究

刘 丹,申亚琳,马 超,谭 添

(西北机电工程研究所,陕西 咸阳 712000)

摘 要:随着近年来军民技术对材料要求的与日俱增,为了可以更好地提高金属材料的表面性能,延长使用寿命,降低生产成本,分析总结了使用较普遍的金属表面加工技术,详细介绍了电脉冲在金属加工中的应用。从而提出了一种新型高效的金属材料先进加工技术,即电切削表面加工技术,以提高金属的表面性能,并初步讨论了电脉冲加速晶粒细化提高金属塑性的作用机制。

关键词:金属材料先进加工;新型高效;电切削;电致塑性

Effect of advanced surface processing technology on metal materials

LIU Dan, SHEN Yalin, MA Chao, TAN Tian

(Northwest Institute of Mechanical and Electrical Engineering, Xianyang 712000, China)

Abstract: With the increasing requirements of military and civilian technology on materials in recent years, such as, improving the surface performance of metal materials, extending the service life and reducing the production cost, analyzes and summarizes the common metal surface processing technologies are analyzed and summarized, and the application of electrical pulse in metal processing in detail is introduced. In order to obtain the better surface properties of metal, a new and efficient advanced machining technology of metal material, namely, electrical cutting surface machining technology is proposed.

Keywords: advanced metal materials working; new high efficient; electric cutting; electroplastic effect

0 引言

金属表面加工质量的高低直接决定着材料加工精度、表面粗糙度、工件服役寿命以及刀具磨损情况等。传统的表面加工技术包含车削、铣削、刨削、磨削等冷加工,这些传统技术都是在加工尺寸满足要求的基础上对金属进行简单的加工,往往不能直接对金属表面改性来增强工件的表面机械性能,常常会表现出加工精度不高、被加工面质量较低、工件表面强化层较薄、加工过程刀具磨损量大等一些劣势。当然,近年来也有很多对传统表面加工技术改善和提高的研究,但是仍然耗时费力,而且不容易满足有些高精尖设备的要求。本文研究了一种新型高效的金属材料先进加工工艺,提出了电切削表面加工技术,以提高金属的表面性能,并初步讨论了电脉冲加速晶粒细化提高金属塑性的作用机制。

1 电脉冲在金属加工中的作用

1.1 电致塑性效应

电脉冲主要是由间歇性电源或者电容而产生的一种非稳态电流场,主要为交流电,其中一个周期过程就为一个电脉冲。常见的电脉冲波形有三角形、矩形、钟形、锯齿形、尖顶形、阶梯型及正弦、正弦

作者简介:刘丹(1990—),女,硕士研究生,E-mail:liudan0501happy@163.com。

衰减、矩形衰减、群阵等，其中最有代表性的是矩形脉冲。矩形脉冲特性可用脉冲周期 T、脉冲幅度 U_m 或者脉冲宽度 t_k、频率 f、脉冲前沿 t_r 和脉冲后沿 t_f 来表示。若一个脉冲的宽度满足 $t_k = 1/2T$，即方波。电脉冲的主要波形如图 1 所示[1]。

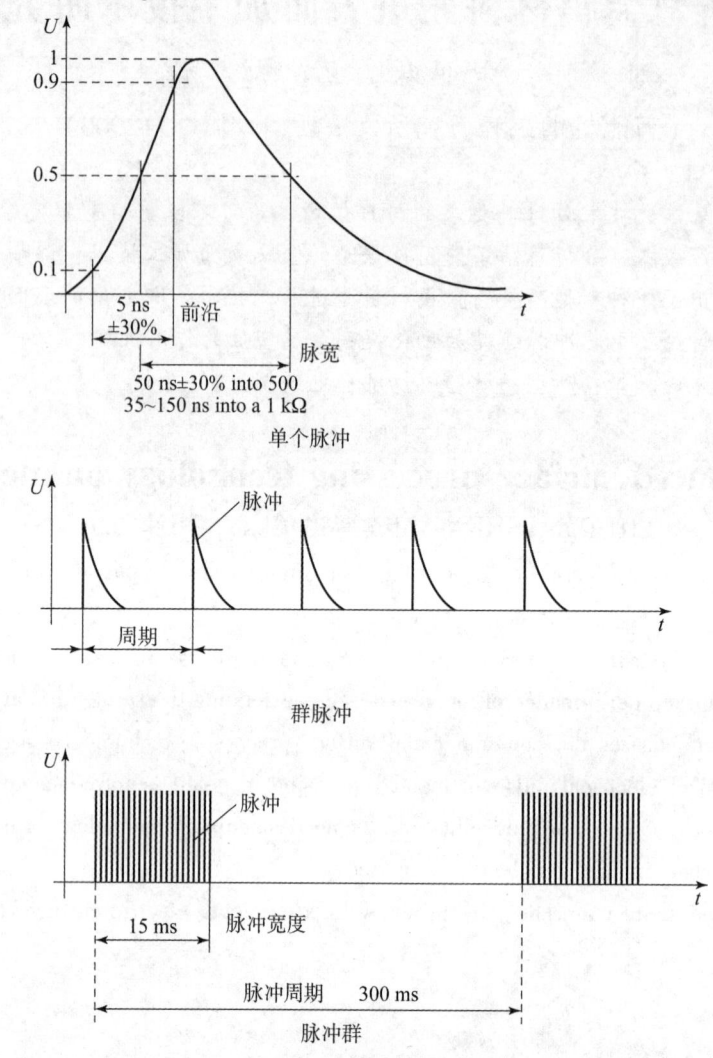

图 1　电脉冲的主要波形

电致塑性效应为材料处于外加电刺激（包含电场、电流、电子照射等）作用下，材料塑性提高且变形抗力减小的现象。电致塑性效应最先是由苏联科学家 Likhtman 和 Troistkii 在 1963 年发现并报道的，他们发现让电子在平行于滑移面的方向辐照正在进行塑性变形的单晶 Zn 时，其流动应力会减小且延伸率增加[2]。随后大量科学家涌入电塑性的研究中，他们通过将电脉冲加入各类金属材料塑性变形的过程中，进而做了一系列的实验来研究脉冲式的电子流动对材料微观组织和性能的影响。研究发现，被研究最多的高密度短脉宽脉冲电流的热电耦合作用可在低温下快速改善材料的微观组织，提高材料的性能。由于这种脉冲的特点是工作温度低而且作用时间很短，一般是几秒到几十秒，从而可以有效地阻碍材料内部的晶粒长大和表面氧化来保证材料的综合力学性能得到大幅度提升和优化[3]。

1.2　电脉冲对材料性能的影响

电脉冲在金属领域中的使用得到了广泛的探讨和关注。例如，Gao 等发现电脉冲可以提高材料的延伸率和抗拉强度[4]；Jiang 等研究发现电脉冲可提高材料的拉伸断裂行为和机械性能[5]；Zhang 等指出了电脉冲在材料滚压过程中会产生推进作用，并利用电脉冲改善了材料的轧制过程，减小了切削力和表面粗糙度[6,7]；Tang 等发现不同频率的脉冲电流对不锈钢 304L 拉伸程度不同[8]；Xu 等发现 AZ31 镁合金带材在加电轧制的区域有更好的粗糙度与较小的变形抗力，即通过电塑性轧制可以缩短镁合金的退火时间[9]；Ye 等研究了高能电脉冲在钛合金轧制过程中可以得到更好的轧制形状和机械性能[10]。

最近，倾向于电脉冲处理的多方面研究迅速展开。例如，Li 等证实电脉冲对合金凝固可以起到细化晶粒的结果[11]。忒克墨等研究发现，当高能电脉冲的有效电流密度大于一定值时，可以大大加速材料回复和初始再结晶的过程[12]。Zhu 等研究发现，高能电脉冲可以快速使 NiTi 形状记忆合金内部时效析出弥散的第二相，并在很短时间内表层可以生成一层略薄的氧化钛（镍）薄膜，不仅可以阻碍材料在加工过程中的过度氧化，也降低了材料的损耗，而且提高了材料的表面硬度[13]。Tang 等科研人员经过一系列的理论和实验研究发现，高能脉冲电流不仅可以显著地减小材料加工中的变形抗力，使镁合金在轧制过程中的变形抗力降低 9% 以上，还能够使镁合金在拉拔过程中的变形抗力降低 26% 以上，也能够使 304L 不锈钢在拉拔过程中的变形抗力降低 10% 以上，而且可以实现低温动态再结晶过程，能耗降低，晶粒细化，力学性能提升，基面织构得到弱化[13,14]。

总而言之，电塑性的应用效果可归纳为以下几类[15]：

（1）金属的拔丝工艺方面。实验表明，加电拔丝机械性能好，相较于普通拔丝，其塑性增加 6%~8%，屈服强度增加 5%~8%，该技术在钢丝产业上可以直接使用。

（2）难成行或低塑性材料的辊压加工。电辊压生产的薄丝带质量好，无裂缝，性能好，塑性增加，断裂强度是其冷态的 70%~80%，相比一般辊压工艺的要求条件，成形工艺得到大大简化，免除了真空和高温等条件。

（3）特别适用于难成形的高弹性合金、高熔点金属、金属间化合物、导电粉末冶金、陶瓷材料等的成形和加工。

（4）已成为新强化技术来改善金属材料质量和组织状态。

（5）作为一种新工艺来降低金属中的弹性应力、残余应力、局部应力，防止变形，提高材料的精度和耐蚀性能。

2 电脉冲对 20Cr 的切削性能的影响

本文以 20Cr 材料为例，在 20Cr 棒状材料的加工过程中引入脉冲电流，提出一种新型先进加工工艺，以达到高效率、低成本的目的。

2.1 电切削

20Cr 具有表面硬度很高而内部塑韧性较好的特性，使得在其表面车削加工中相对比较困难，传统的车削工艺容易出现加工表面精度不高、光洁度不高、切削力偏高以及刀具磨损较严重等问题，为了改善 20Cr 的切削性能，试验中把高能脉冲电流引入切削的过程中，利用电流的作用来改善普通切削中存在的问题。

2.2 脉冲电流对表面粗糙度的影响

为保证实验条件的一致性，加电切削前后均在同一试样上进行，切削参数保持一致。在加入不同电流密度前后切削 20Cr 钢料其表面粗糙度的变化对比，如图 2 所示。

明显看出，高能电脉冲确实能改善切削后表面的质量，不同程度地降低了加工表面粗糙度。但由于此系列实验只是为了验证电脉冲是否对切削性能和表面粗糙度有影响，所以试验的 20Cr 钢料的直径并不统一，因此随着电流密度的增加，表面粗糙度的变化并不是一直降低，

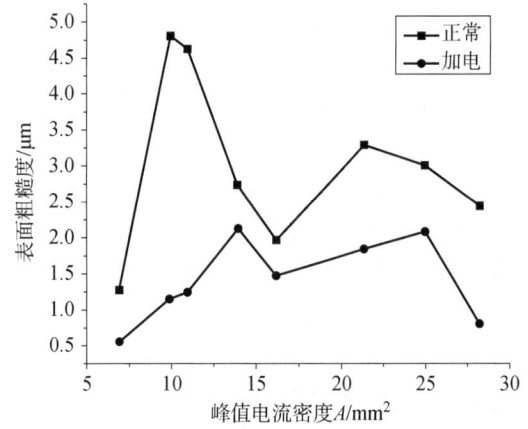

图 2 20Cr 正常切削和加电切削后表面粗糙度的变化

这和切削过程中的线速度有很大关系，但对照每组样品下的表面粗糙度值，证明电脉冲的引入还是起到了降低粗糙度和提高表面质量的作用。

当电流密度为 10.9 A/mm² 时，从切削表面宏观形貌图 3（a）可以明显看出正常切削和电切削加工质量的差别，电脉冲明显改善了 20Cr 的切削状态，切削后的表面更为平滑光亮；再从微观形貌图 3（b）上对比出电切削对表面粗糙度的影响，右侧加电脉冲的切削表面平整，刀具切削的每道次都较为光滑，切削表面几乎没有撕裂和高低起伏的现象。而正常切削的表面可看到刀具切削时遗留的长裂纹，以及切屑剥落时撕扯留下的凹凸不平的表面。可见，电脉冲对材料塑性的提高可以改善其切削加工性能。这也为后续电切削系列实验的开展奠定了基础。

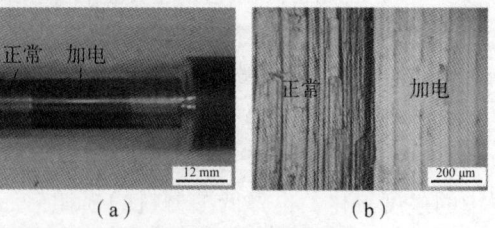

图 3　20Cr 在引入电流密度为 10.9 A/mm² 前后切削表面对比

（a）宏观形貌；（b）微观形貌

2.3　脉冲电流对表面硬度的影响

不同电参数切削后的试样表面的微观维氏硬度值如图 4 所示。未经切削的原始试样的表面硬度值为 692 HV，渗碳后的试样表面本身塑性较差，硬度值较高，在普通的干切削过程中试样表面存在严重的加工硬化，干切削之后的试样表面硬度值会达到 760 HV，切削之后比原始未加工试样的硬度值提高了 9.83%。当切削过程中施加高能电脉冲之后，试样表面的显微硬度值有了明显的降低，在均方根电流密度为 0～0.91 A/mm² 时试样表面的微观硬度值随均方根电流密度的增长有显著的降低，当电脉冲的频率为 500 Hz、均方根电流密度为 0.91 A/mm² 时，试样表面的微观硬度值降至最小为 690 HV，比不加电时的普通切削后的硬度降低了 9.2%。当均方根电流密度超过 0.91 A/mm² 后，试样表面的微观硬度值又有所升高，这主要是因为大的电流密度使试样表面的温度急剧升高，并产生氧化反应，试样表面会有些发黄，过高的切削温度对试样表面的质量是不利的，同时会加剧刀具的磨损，所以需要控制电流密度在一定的范围才会对切削有更好的效果。

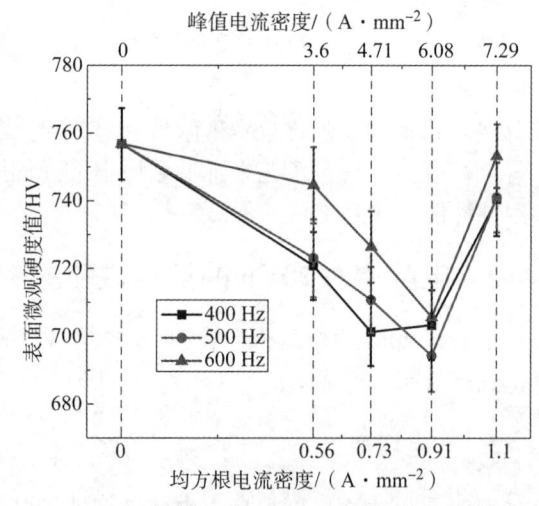

图 4　电脉冲参数对表面微观硬度的影响

2.4　试样切削层的显微形貌

为了更深入地分析电脉冲对金属切削过程的作用机理，选取频率为 300 Hz、不同电流密度处理下的样品 1 和样品 2（电流密度分别为 8.39 A/mm² 和 9.22 A/mm²），与干切削样品（TC）进行表面质量和表层组织的对比。由 KH-700 三维视频显微镜采集样品切削后的表面，三种样品表层形貌如图 5 所示。显然被加工表面切削后有表层撕脱现象，即表层剥落。对比干切削试样和电切削试样，在引入电脉冲后切削力大幅下降，尤其是 2 号试样表面只有轻微的表层剥落现象。也就是 2 号试样获得了最好的表面质量和最低的表面粗糙度值，为 2.02 μm，仅为干切削试样表面粗糙度值的一半。

再对比干切削和电切削后的试样表面加工硬化层，从截面表层组织可以测量出干切削硬化层的厚度约为 40 μm，而 1 号和 2 号试样分别约为 22 μm 和 14 μm。在电镜下观察表层组织，干切削后的表层受到强烈的挤压后组织已经严重变形，如图 5（g）所示。而引入电脉冲减弱了表层组织被挤压的效果，图 5（i）中已经可以看到部分未被挤扁的铁素体组织。因此，减弱刀尖和工件表面的挤压和摩擦所产生的加工硬化，证实电脉冲可以通过提高工件表面塑性以改善材料的切削性能。

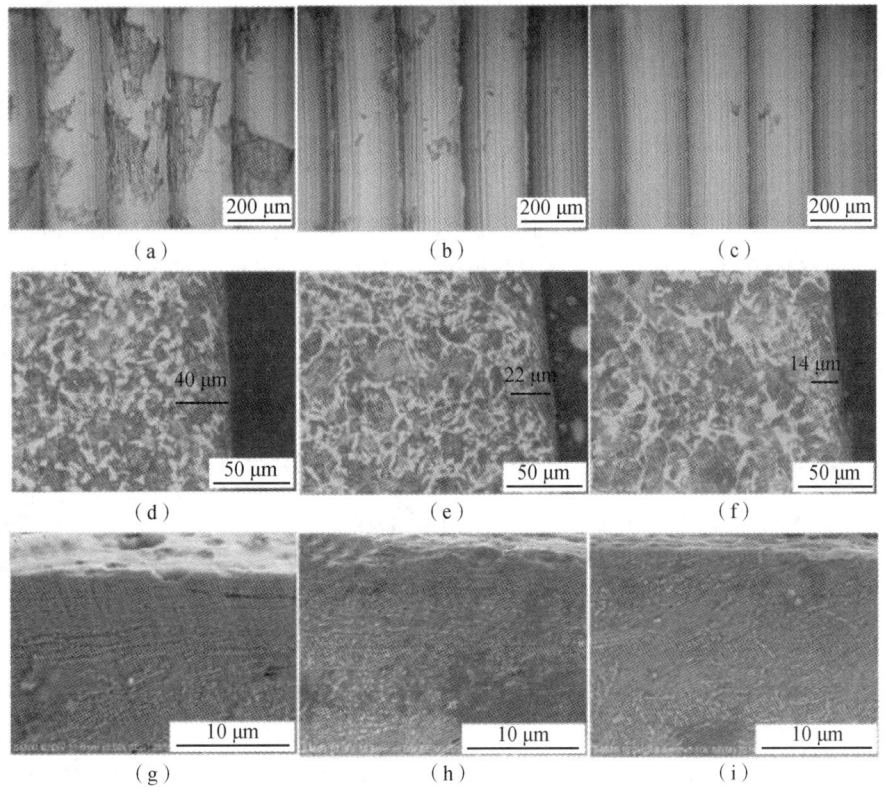

图 5 干切削和电切削下样品表层显微形貌

(a) TC 的切削表面形貌；(b) No.1 的切削表面形貌；(c) No.2 的切削表面形貌；(d) TC 的表层截面显微组织；
(e) No.1 的表层截面显微组织；(f) No.2 的表层截面显微组织；(g) TC 的表层截面电镜照片；
(h) No.1 的表层截面电镜照片；(i) No.2 的表层截面电镜照片

2.5 电脉冲对刀具磨损的影响

不同条件下的刀具磨损显微照片如图 6 所示，其中图 6（a）所示为不回火状态下干切削后的刀具磨损情况，图 6（b）所示为电回火后进行干切削的刀具磨损情况，图 6（c）所示为电回火后进行电切削的刀具磨损情况。图 6（a）中的刀具出现明显的崩刃现象，这是因为试样塑性差，残余应力大所导致的，图 6（b）中刀具前端同样有较明显的磨损痕迹，图 6（c）中的刀具前端的磨损痕迹最轻，图 6 很直观地反映了电脉冲对切削刀具磨损情况的影响，前期的电回火和切削时的脉冲电流都可以有效地延长刀具的使用寿命。

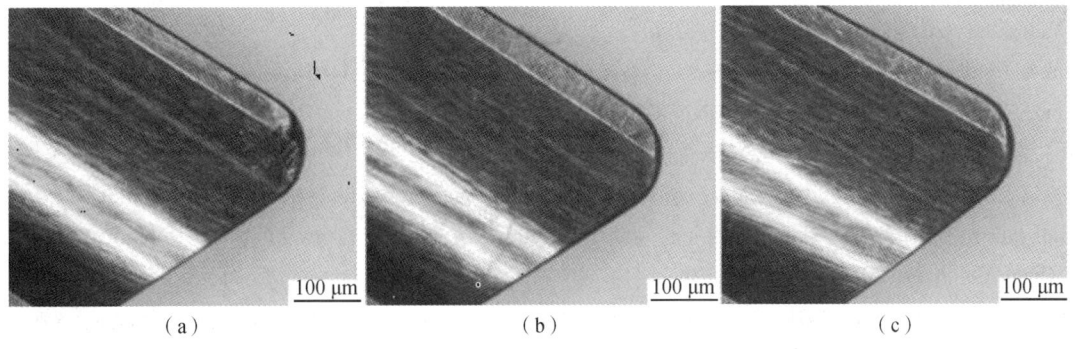

图 6 不同条件下的刀具磨损显微照片

(a) 干切削；(b) 电切削（No.1）；(c) 电切削（No.2）

3 总结

本文提供了一个新型高效的金属表面先进加工处理方法,利用电切削处理金属表面,具体总结如下:在电切削实验中可以看出脉冲电流的引入可以提高材料塑性,使切削过程更加容易,切削效果更好;在脉冲电流参数为频率 600 Hz、均方根电流密度 10.9 A/mm^2 下切削后,试样表面的粗糙度降为 0.89 μm;对表面硬度方面下降至 690 HV,比不加电时的普通切削后的硬度 760 HV 降低了 9.2%;电脉冲同时可以有效减少刀具的磨损程度,延长刀具的使用寿命。电流的焦耳热效应、电致塑性效应以及电子润滑效应共同起到促进位错运动,增强材料的塑性变形能力,释放加工应力的作用,使得切削过程更加顺利平稳,改善了加工质量,提高材料表面性能。

参 考 文 献

[1] 王建中, 齐锦刚. 金属熔体电脉冲处理理论及应用 [M]. 北京: 科学出版社, 2011.

[2] Troitskii O A. Pressure shaping by the application of a high energy [J]. Material Science and Engineering, 1985, 75A (1): 37–50.

[3] Conrad H. Thermally activated plastic flow of metals and ceramics with an electric field or current [J]. Materials Science and Engineering A – Structural Materials Properties Microstructure and Processing, 2002, 322 (1): 100–107.

[4] Gao M, He G H, Yang F, et al. Effect of electric current pulse on tensile strength and elongation of casting ZA27 alloy [J]. Materials Science and Engineering A, 2002 (337): 110–114.

[5] Jiang Y B, Tang G Y, Xu Z H, et al. Effect of electro pulsing treatment on microstructure and tensile fracture behavior of aged Mg–9Al–1Zn alloy strip [J]. Applied Physics, 2009 (97): 607–615.

[6] Zhang D, To S, Zhu Y H, et al. Static electropulsing microstructural changes and their effect on the ultra–precision machining rolled AZ91 alloy [J]. Metallurgical and materials transaction A, 2012 (43): 1341–1346.

[7] Zhang D, To S, Zhu Y H, et al. Dynamic Electropulsing Induced Phase Transformations and Their Effects on Single Point Diamond Turning of AZ91 Alloy [J]. Journal of Surface Engineered Materials and Advanced Technology, 2012 (2): 16–21.

[8] Ye X X, Zion T H T, Tang G Y, et al. Effect of electroplastic rolling on deformability, mechanical property and microstructure evolution of Ti–6Al–4V alloy strip [J]. Materials Characterization, 2014 (98): 147–161.

[9] Li J M, Li S L, Li J, et al. Modification of solidification structure by pulse electric discharging [J]. Scripta Metallurgica et Materialia, 1994, 31 (12): 1691–1694.

[10] Li Z B, Xu N, Zhang Y D. Composition–dependent ground state of martensite in Ni–Mn–Ga alloys [J]. Acta Materialia, 2013, 61 (10): 3858–3865.

[11] Zhu R F, Tang G Y, Shi S Q. Effect of electroplastic rolling on the ductility and superelasticity of TiNi shape memory alloy [J]. Materials & Design, 2013, 44 (3): 606–611.

[12] 田昊洋, 丁飞. 高能电脉冲处理对镁合金丝材性能的影响 [J]. 有色金属, 2008, 60 (4): 1–4.

[13] Ye X X, Tse Z T H, Tang G Y. Mechanical properties and phase transition of biomedical titanium alloy strips with initial quasi–single phase state under high–energy electropulses [J]. Journal of the Mechanical Behavior of Biomedical Materials, 2015, 42 (0): 100–115.

[14] Xu Q, Tang G Y, Jiang Y B. Accumulation and annihilation effects of electropulsing on dynamic recrystallization in magnesium alloy [J]. Materials Science & Engineering: A (Structural Materials: Properties, Microstructure and Processing), 2011, 528 (7): 3249–3252.

[15] 郑明新, 张人佶, 朱永华, 等. 电塑性效应及其应用 [J]. 中国机械工程, 1997, 8 (5): 91–94.

某产品翼翅制造工艺优化及模具设计

国文宝，毕达尉，邹振东，武 美，龚 瑞

(北方华安工业集团有限公司，黑龙江 齐齐哈尔 161006)

摘 要：某产品翼翅的制造工艺方式，直接影响着企业的经营效益，工艺技术的不断优化进步是企业生存发展的需要。利用7A04变形铝合金的特性，采用两次正挤压成形方法，合理分配变形程度，确定成形工艺参数和工艺条件，实现翼翅制造毛坯替代八翼型材的工艺优化。模具结构的设计在满足翼翅产品结构的同时，有利于挤压成形的工艺性。

关键词：正挤压；变形程度；变形力；等温挤压；固溶、时效（T6）处理

0 引言

为满足现代常规武器装备远程打击的技战性能指标不断发展的要求，其中的结构零件越来越多地采用高强度、轻量化材质。如某型号装备的主要结构零部件等都是采用强度高、质量轻的超硬铝合金，其中的翼翅即7A04超硬铝合金型材。为满足产品性能和翼翅结构的设计要求，提高材料利用率，降低制造成本，提高企业的经济效益，对翼翅的制造工艺提出了更高的技术要求，为此提出翼翅采用挤压成形毛坯后再切削加工的优化工艺方法及挤压模具结构设计新思路。

1 翼翅制造工艺优化

1.1 翼翅结构及生产工艺现状

翼翅在产品中是一个重要零件，原材料为7A04-T6八翼型材，7A04是Al-Zn-Mg-Cu系超高强度铝合金，又称超硬铝。其结构由$\phi 42$ mm轴杆和一端均匀分布8片翅片组成。翼翅单件长度为275 mm，翅片长度为82 mm，翅片厚度为4.00~0.5 mm。图1所示为某产品翼翅结构示意图。

现生产主要工艺流程：

带锯机下料→车床车削斜口→套筒车刀车削去除多余翅片→加工至成品。车斜口和去除多余翅片均为断削车削，这种加工方式不仅加工方法不良，频繁的断削、车削极易造成刀具寿命低、损耗大；而且生产效率低，班产仅为150件左右；材料浪费大，利用率约为26.9%；原材料价格高，八翼型材约42元/kg。

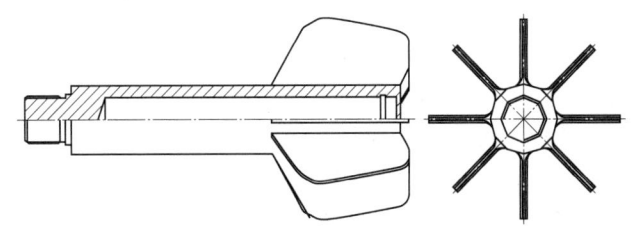

图1 翼翅结构示意

1.2 翼翅结构工艺分析及计算

翼翅是由一盲孔轴杆和一端有均匀分布的8片翅片组成的，质量好坏直接影响产品的精准度和技战性能的正常发挥。因此，在要求轻量化的同时，还要保证具有足够的机械性能强度（T6状态）指标要求。

作者简介：国文宝（1963—）男，高级工程师。

针对现在制造工艺方法存在的技术问题,在塑性变形挤压先制成毛坯成形和模具设计方面进行了技术探讨,提出了制造工艺优化方案。

1.2.1 挤压工艺性分析

翼翅是杆部和翅片组合结构的特点决定了该件毛坯不能单纯一次正挤压成形。若原材料选择以杆部直径的细料,翅片部分需要先镦粗聚料,再挤压翅片成形,镦粗聚料过程长径比过大,易产生失稳或边缘裂纹。若选择以翅片端大直径的粗料,挤压杆部时变形程度过大,需要很大的变形力,超出一次允许的变形量。因此只能选择直径适中的原材料,在材料允许的成形条件内分两次挤压成形,实现杆部和翅片两部分成形的工艺过程。

1.2.2 挤压制坯成形方案的可行性

铝合金一般具有在加热时能形成单相固溶体组织,其塑性较高,适于压力加工,7A04铝合金就属于这类变形铝合金。其在加热状态下可以利用材料塑性成形的特性挤压成不同形状的零件及毛坯,实现少无车削和提高材料利用率的目的。

1.2.3 确定挤压制坯工艺毛坯图

翼翅结构截面差异很大,形状分界的过渡处没有金属连续性,难以一次挤压成形,经分析需要预先制坯对金属进行分配,通过两次成形的工艺过程完成毛坯制造。图2所示为两次挤压变形工艺示意图。

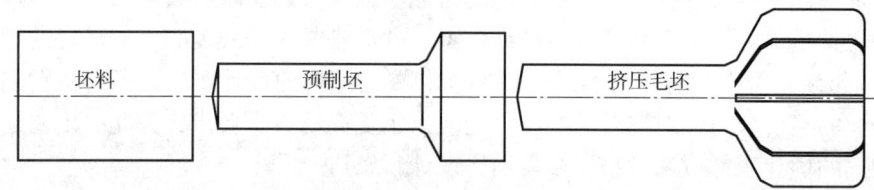

图2 翼翅挤压变形工艺示意图

1.2.4 变形程度及变形力的确定

7A04铝合金对变形速度比较敏感,在液压机上挤压成形,当坯料温度在430 ℃ ± 10 ℃时,其变形程度可高达90% ~ 95%。毛坯需要在加热下挤压成形,因此原材料选择 $\phi 90 - H112$ 状态的圆棒料,两次成形均确定选用正挤压工艺方式。

变形程度计算:

预制坯:断面缩减率 $\varepsilon_A = F_{坯} - F_{件}/F_{坯} \times 100\% = 76.1\%$

翼翅毛坯:断面缩减率 $\varepsilon_A = F_{坯} - F_{件}/F_{坯} \times 100\% = 61.95\%$

式中:ε_A——断面缩减率;

$F_{坯}$——挤压变形前的坯料横截面积;

$F_{件}$——挤压变形后零件的横截面积。

两次正挤压的变形程度均满足材料允许的变形量。考虑生产过程中的坯料温度差异、润滑的均匀性、模具温度及工作表面的磨损等实际情况,在确定变形程度时不宜选择极限变形程度。

挤压力计算:

预制坯:热挤压力 $P = 0.011\left[(D/d)\frac{1}{2} - 0.8\right]D^2\sigma \approx 109.5 \text{ t}$

翼翅毛坯:热挤压力 $P = 0.011\left[(D/d)\frac{1}{2} - 0.8\right]D^2\sigma \approx 99.2 \text{ t}$

设备选用315 t油压机,两次挤压力(变形抗力)均小于设备最大负荷。

1.2.5 挤压制坯主要工艺流程

带锯机锯切下料→预润滑→一次加热→正挤压预制坯→二次加热保温→润滑→挤压翅片→冷却→检验→固溶、时效处理→性能检测→机加车削至成品。

1.3 工艺条件的确定

热挤压成形是一种精密成形工艺技术，为得到优良的零件质量，应完备与之相适应的加热、润滑、模具温控装置和工装模具等生产条件。

1.3.1 加热方法的选择和温度的确定

加热方法合适与否对零件的质量和生产效率有很大的影响。为保证加热的均匀性，选用具有强制循环炉气的"转底式铝合金锻造电阻加热炉"进行加热。根据铝合金具有良好的导热性特点，坯料可以热炉装料，实现连续生产。炉温设定参数：440 ℃±5 ℃。

1.3.2 润滑条件的选择和确定

均匀良好的润滑不仅可以保证变形金属的流动和挤出工件表面的光整，还可以有效提高模具的使用寿命。预润滑是对坯料预热后浸泡水基石墨，使坯料表面附着一层均匀的石墨润滑剂，然后送入加热炉内进行加热升温，挤压前再次对坯料和模具工作面涂抹油基石墨，确保成形过程始终处于良好的润滑工作效果。

1.3.3 控温装置的配备

等温挤压是在坯料温度和模具温度基本一致的条件下进行的。等温挤压时，需要特殊的模具加热装置，较常见的是电阻加热器和感应加热器。等温控温装置是由加热器、热电偶、继电器控制柜三部分组成的。加热器选用"陶瓷软帘电阻加热器"对模具进行生产前预热，生产中时时补充由于各种原因造成的模具热量散失。"陶瓷软帘电阻加热器"是采用专用陶瓷条穿入电阻丝围成，外侧配有 20 mm 厚的硅酸铝纤维毡作为保温层防止温度散失。功率约为 7 kW，电压为 220 V。该加热器能够很紧密地与模具配合，起到快速加热的效果，且具有安装灵便、耐高温、绝缘良好等特点，示意如图 3 所示。

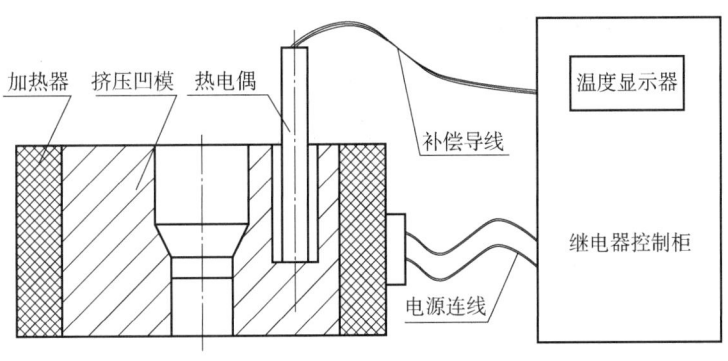

图 3　等温控温装置工作原理示意

1.4 挤压成形

1.4.1 预制坯成形

预制坯成形是标准的实心件正挤压过程，正挤压成形是金属坯料在模腔内利用压力机的下行运动对坯料加压的过程，使坯料在三向压应力状态下按照一定的规律发生金属塑性变形，从而挤出工艺所需要的尺寸、形状的零件。

在选择挤压设备时要充分考虑 7A04 高强铝合金的变形抗力比较大，流动性差，对变形速度比较敏感这些特点。预制件毛坯成形需要 45 mm 长的工作行程，并能时时提供恒定压力的成形过程，315 t 油压机完全满足成形条件要求。两次挤压成形过程见图 4 和图 5。

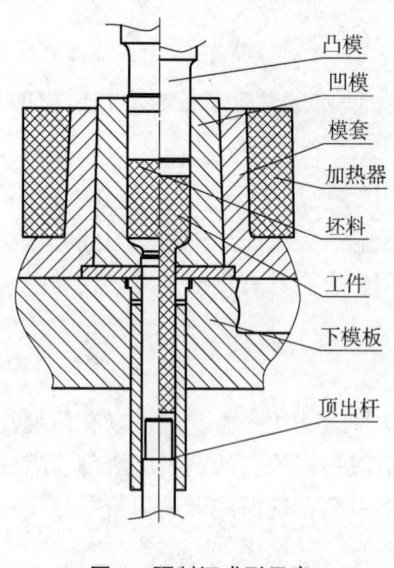
图4 预制坯成形示意

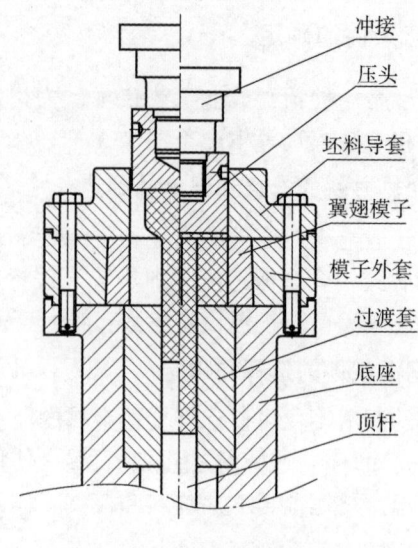
图5 翅片成形示意

1.4.2 挤压翅片成形

正挤压翅片成形是一个金属分流成形的过程,因翅片与直杆部有135°的夹角,为减小变形程度和减小挤压变形抗力,将预制坯成形的大头部分定在ϕ90 mm,翅片外圆直径为125 mm,当挤压翅片成形时,该部分金属发生两向流动,上端部分发生径向镦粗变形的同时,下部逐步沿轴向挤入翅片8个型腔中完成挤压成形过程。在翅片下端自然形成110°~120°的倾斜。

1.5 固溶、时效热处理（T6）的确定

7A04铝合金若想得到高的性能强度,需要在变形后进行固溶处理+人工时效处理。产品零件使用性能为T6状态,经热挤压加工后机械强度性能被改变,因此需要通过固溶+人工时效热处理重新提高零件的机械性能,以满足产品的使用要求。固溶+二级时效处理工艺参数设定为：（460 ℃ ±5 ℃ ×2 h）+（160 ℃ ±5 ℃ ×8 h + 120 ℃ ±5 ℃ ×4 h）,经热处理后的翼翅性能达到抗拉强度$R_m \geq 530$ MPa,规定非比例延伸强度$R_p0.2 \geq 400$ MPa,断后伸长率$A \geq 6\%$的综合强度性能,满足了产品性能指标的要求。

2 挤压模具设计

挤压成形工艺和零件质量的稳定性是通过模具来实现的,合理的模具结构和成形模子是保证工艺和零件质量的关键。

2.1 模具结构

结合油压机的连接和下顶出功能方式,两套模具主要部分结构设计成如图4和图5所示。预成形模是通过凸模下压将坯料逐渐挤出凹模口,完成预成形过程。翅片成形模是将预成形后的坯件放入模腔中,通过凸模下压将大头部的料逐步压入8个翅片型腔,完成翅片成形过程。

两套挤压模具中的模子是成形的关键零件,其设计要点如下。

2.2 预成形模子的设计

根据翼翅翅片与杆部具有135°夹角的结构特点,将预成形凹模入口夹角设计成150°以减小变形力。为避免根部的应力集中和形成死区,根部设计成R5的圆角过渡,出口定形直径处的工作带有效高度为5 mm。其结构如图6所示。

2.3 翅片成形模子的设计

为了利于翅片的挤出,在入口处设计对称的 $R1.5$ 圆角,定形厚度的工作带设计成 3.5 mm 的有效高度,以减小挤压成形过程的摩擦和挤压力。其结构如图 7 所示。

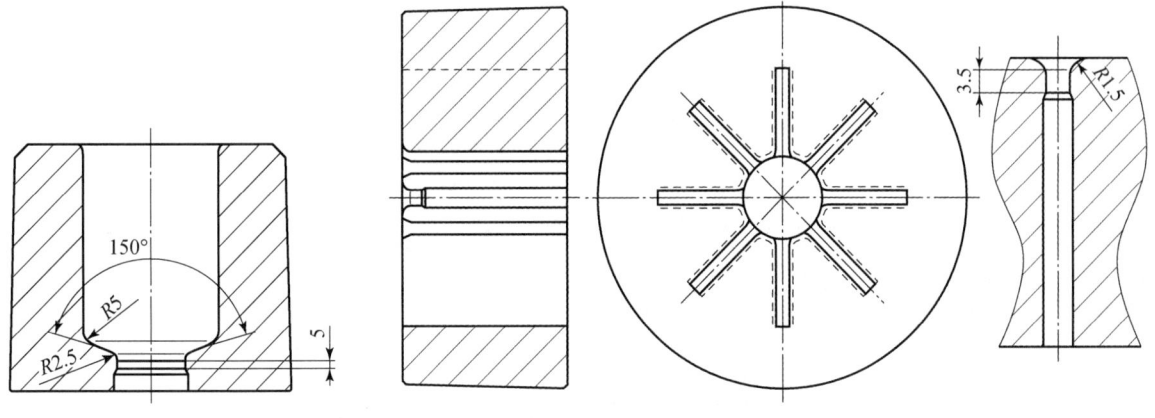

图 6　预成形模子主要结构示意　　　　　　图 7　翅片成形模子主要结构示意

2.4 确定材质和硬度

模子材料和硬度的选择。温挤压模具在材料成形过程中,要经受高压和变形热的作用,连续生产时模具温度可达 300 ℃ ~500 ℃ 或更高。所以模具材料除具有高强度、高硬度外,还应具有高硬性、高温耐磨性以及耐热疲劳性。所以模子的材料选择 4Cr5MoSiV1(H13),硬度确定 HRC47~51。

3 结束语

某产品翼翅的制造工艺优化,改善了型材制造的工艺不足,提高材料利用率 16.8%,生产效率提高 3 倍,降低制造综合成本约 20%。通过举一反三,该制坯工艺技术可为同类翼翅的工艺优化提供技术经验,在同行业翼翅制造技术方面实现工艺技术创新。

参 考 文 献

[1] 郭鸿镇. 合金钢与有色合金锻造 [M]. 西安:西北工业大学出版社,2009.
[2] 王少纯,赵祖德. 金属精密塑性成形技术 [M]. 哈尔滨:哈尔滨工业大学出版社,2008.
[3] 谢永生,等. 铝加工生产技术 500 问 [M]. 北京:化学工业出版社,2006.
[4] 吴诗惇. 冷温挤压 [M]. 西安:西北工业大学出版社,1991.
[5] 国防科技工业精密塑性 [J]. 精密成形工程,2008,(4).

装药工装自动化拆卸技术及应用研究

白萌,陈海洋,孙彦斌,刘成,王晓芹,胡陈艳,刘圆圆,李新库

(西安北方惠安化学工业有限公司,陕西 西安 710302)

摘要:研究了一种装药工装自动化拆卸系统,探讨了不同因素对装药工装拆卸扭矩的影响。结果表明,装药工装自动化拆卸系统加长段端系统扭矩较大,可利用公式 $N = N_0 + kn$ 估算系统空车扭矩;加长段拆卸扭矩大于底座拆卸扭矩;拆卸扭矩随拆卸转速的增加而增大;拆卸扭矩的大小与推进剂种类有关;平均扭矩偏差随平均拆卸扭矩的增加而增大。

关键词:复合固体推进剂;工装拆卸;扭矩

Research on automatic disassembly technology and application of mould

BAI Meng, CHEN Haiyang, SUN Yanbin, LIU Cheng, WANG Xiaoqin, HU Chenyan, LIU Yuanyuan, LI Xinku

(Xi'an North Hui'an Chemical Industry co., LTD. Xi'an 710302, China)

Abstract: A mould automatic disassembly system was studied, and the influence of different factors on the torque of mould disassembly was discussed. The results showed that the system torque of the lengthened segment end of the mould automatic disassembly system is larger than that of the base end, and the formula $N = N_0 + kn$ can be used to estimate the idling torque of the system; the disassembly torque of the lengthened segment is larger than that of the base; the disassembly torque increases with the increase of the disassembly speed; the disassembly torque is related with the type of propellant; the mean torque deviation increases with the increase of the mean disassembly torque.

Keywords: composite solid propellant; mould disassembly; torque

0 引言

复合固体推进剂发动机装药生产研制过程危险程度高,安全防护要求高[1]。为实现高燃速、高能量要求,复合固体推进剂中高能量、高敏感组分的含量越来越高,对生产安全提出了更高要求[2]。

装药工装模具拆卸是生产过程中的重要环节,装药发动机壳体与工装模具一般采用螺纹或法兰结构连接,其拆卸过程可能出现与推进剂的剧烈摩擦、撞击、挤压、静电等冲击,激发推进剂,造成事故。

传统装药工装模具的拆卸采用人工现场作业,操作员工在危险工房手工拆卸工装模具,效率低,劳动强度大,危险程度高。随着自动化技术的发展,机械手、机器人、专用设备、在线检测等技术得到广泛应用,发达国家已经实现装药工装自动化拆卸。传统的手工拆卸装药工装的工艺,在生产质量、安全、效率等方面与先进水平有相当大的差距,尤其是大中型发动机装药产品所需工装质量大,手工操作已经不能满足生产需求,亟需一种自动化拆卸设备及工艺技术。

因此,为摆脱手工操作,实现危险作业远距离控制,保障产品研制安全,同时为后续型号研究提供

作者简介:白萌(1992—),硕士,助理工程师,主要从事复合固体推进剂型号工艺研究,E-mail:18729363499@163.com。

技术支撑，本文研制了一种工装自动化拆卸系统，并探讨了不同因素对装药工装拆卸扭矩的影响。

1 系统结构与工作原理

1.1 系统结构

装药工装自动化拆卸系统由底座、液压动力机构、气动助力机构、弧形架、拉紧机构、控制系统及视频监控系统等组成，结构示意图如图 1 所示。

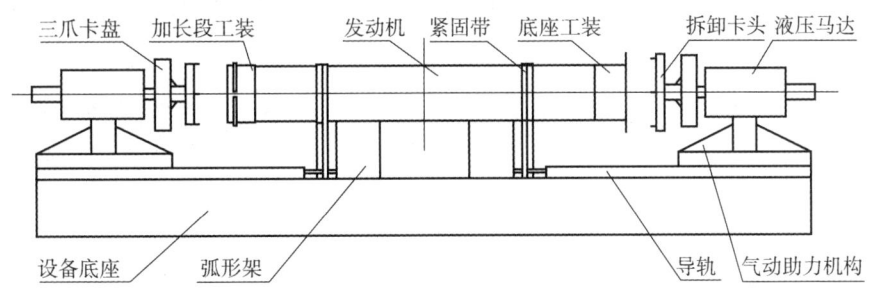

图 1　装药工装自动化拆卸系统示意

拆卸设备采用液压驱动，双机头结构，机头安装于高精度直线轨道上，并在连接的无杆气缸驱动下前进、后退。机头主体为液压马达，驱动主轴旋转，主轴带动安装在其上的三爪卡头。系统基座中部安装有弧形托架和高强度纤维拉紧带，作用是紧固装药发动机。控制系统及视频监控系统安装在控制室，用于远程控制和监测设备运行。

1.2 工作原理

发动机壳体安装于弧形托架上，并用高强度纤维拉紧带拉紧防止发动机旋转。拆卸时三爪卡头卡紧卡头工装，卡头工装插销插入工装工艺孔。液压马达在液压站控制下旋转，扭矩由液压马达－主轴－三爪卡头－卡头－工装输出，当工装受到的扭矩超过扭转扭矩后，装药工装开始旋转，装药工装与推进剂的粘接面剥离，工装旋转，螺纹反作用力推动工装退出发动机。其示意图如图 2 所示。

为解决上下料劳动强度大的问题，利用原有防爆电动葫芦完成发动机上下料操作，配备助力机械手辅助工装上下料与装取。

装药工装自动化拆卸系统进行工装拆卸时的最大拆卸扭矩、拆卸转速和拆卸时间根据工艺需

图 2　装药工装自动化拆卸系统传动示意

求设定，且可记录拆卸扭矩值。因此可利用此设备进行拆卸扭矩试验。拆卸过程中扭矩最大时的摩擦力大，危险程度高，所以本文扭矩均指最大扭矩。

2 试验

2.1 试验方案

使用装药工装自动化拆卸对型号 A（口径 300 mm）、型号 B（口径 300 mm）和型号 C（口径 370 mm）的发动机进行空车试验、惰性假药试验以及真药试制，分析其扭矩。

2.1.1 空车试验

共进行了7次空车试验，试验1、2、3分别测量了空车未夹卡头时转速为3 r/min、5 r/min、8 r/min的扭矩数据；试验4、5分别为空车夹型号B卡头时转速为3 r/min、8 r/min的扭矩数据；试验6、7分别为空车夹型号C卡头时转速为3 r/min、8 r/min的扭矩数据。

2.1.2 惰性假药试验

共进行了6次惰性假药试验，试验1、2、3分别测量了转速为3 r/min时型号B假药前、中、后燃烧室的拆卸扭矩；试验4、5、6分别测量了转速为4 r/min时型号B假药前、中、后燃烧室的拆卸扭矩。

2.1.3 真药试制

共进行了16组真药试制，真药试制拆卸转速均为3 r/min。试验1~4为10发（20节）型号A的拆卸扭矩，试验5~10为10发（30节）型号B的拆卸扭矩，试验11~16为10发（30节）型号C的拆卸扭矩。

2.2 数据分析

2.2.1 空车试验

1#和2#分别表示设备的加长段端和底座端，空车试验数据如表1所示。

表1 空车试验数据汇总

试验	方案	转速/(r·min^{-1})		扭矩/(N·m)	
		1#	2#	1#	2#
1	未夹卡头	+3	+3	281.03	237.99
2	未夹卡头	+5	+5	399.67	326.61
3	未夹卡头	+8	+8	606.92	495.52
4	夹B卡头	+3	+3	343.97	280.67
5	夹B卡头	+8	+8	781.25	602.58
6	夹C卡头	+3	+3	294.78	249.57
7	夹C卡头	+8	+8	626.45	504.92

分析表1数据，可以得出：

（1）对比1#和2#的扭矩发现，其他条件相同的情况下，1#扭矩值均大于2#扭矩值，说明扭矩与系统结构有关，主要影响因素为系统内部阻力。

（2）分析其他条件相同、转速不同时的扭矩可知，扭矩会随着转速的增加不断增大，因此在生产中必须控制设备转速。

为进一步分析设备性能，将表1数据绘制成曲线，如图3所示。

由上图可见，设备的空车扭矩可由以下公式计算得出：

$$N = N_0 + kn$$

式中：N——空车扭矩，N·m；
N_0——初始扭矩，N·m；
k——卡头系数；
n——转速，r·min^{-1}。

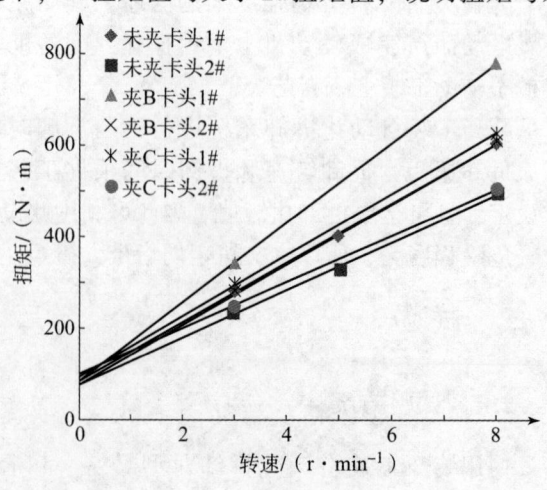

图3 空车扭矩图

对于特定设备，N_0 为定值，由拟合数据可得，液压拆卸设备 $N_0 \approx 90$ N·m；k 为与拆卸卡头结构、质量有关的系数。

2.2.2 惰性假药试验

Q、Z 和 H 分别表示发动机的前、中和后燃烧室，惰性假药试验数据如表 2 所示。

表 2　型号 B 假药工装拆卸试验

试验	方案	转速/(r·min⁻¹)		扭矩/(N·m)	
		1#	2#	1#	2#
1	型号 B Q	+3	+3	896.27	393.16
2	型号 B Z	+3	+3	825.01	260.78
3	型号 B H	+3	+3	1 385.63	1 006.58
4	型号 B Q	+4	+4	1 379.85	297.67
5	型号 B Z	+4	+4	796.08	330.95
6	型号 B H	+4	+4	1 344.04	940.39

分析表 2 数据，可以得出：

（1）与空车试验相同，假药拆卸扭矩同样会随转速的增加而增大。

（2）与空车试验相比，假药拆卸试验的 1#扭矩同样大于 2#最大扭矩，区别是假药拆卸扭矩的差值较大。空车试验两端的最大扭矩差值为 50～100 N·m，假药拆卸试验两端的最大扭矩差值则达到 400～600 N·m，这是由于加长段端药柱与工装接触面积较大，因此摩擦力较大，拆卸扭矩也会随之增加。

2.2.3 真药试制

拆卸扭矩是拆卸过程中的重要参数，为分析其规律和影响因素，对拆卸扭矩数据进行数学处理。由于装药工装模具加工精度、发动机壳体尺寸偏差和同轴度误差等原因，可能造成配合异常，为保证数据可靠性，将试制中最大值和最小值作为非置信数据剔除，求出拆卸扭矩的平均值和平均偏差，数据如表 3 所示。

表 3　真药试制数据汇总

序号	方案	转速/(r·min⁻¹)	平均扭矩/(N·m)		平均扭矩偏差/(N·m)	
			算数平均值	均方根平均值	算数平均值	均方根平均值
1	AQ1#	3	312.4	313.5	23.75	27.02
2	AQ2#	3	262.9	264.8	30.02	31.58
3	AH1#	3	453.1	491.4	167.8	190.4
4	AH2#	3	281.3	292.1	64.53	78.75
5	BQ1#	3	513.8	531.7	132.5	136.7
6	BQ2#	3	294.6	300.9	48.60	61.39
7	BZ1#	3	787.2	846.3	286.3	310.8
8	BZ2#	3	329.7	360.5	94.61	145.8
9	BH1#	3	968.8	998.1	203.2	239.9
10	BH2#	3	284.3	298.9	76.91	92.43
11	CQ1#	3	501.7	513.8	86.26	110.7
12	CQ2#	3	314.0	325.0	64.35	82.29
13	CZ1#	3	529.9	546.7	111.2	134.3
14	CZ2#	3	259.2	260.1	16.90	21.98
15	CH1#	3	502.9	520.0	121.9	132.4
16	CH2#	3	315.7	325.2	68.67	78.32

分析表 3 数据，可以得出：

（1） 型号 A 1#的平均拆卸扭矩明显小于型号 B 和型号 C，且型号 A 产品两端的平均扭矩偏差都不超过 40 N·m，说明型号 A 产品的拆卸扭矩值更稳定。

（2） 三种型号各节 1#的平均拆卸扭矩均大于 2#平均拆卸扭矩，一是因为空车试验显示 1#系统扭矩较大；二是因为加长段端药柱与工装接触面积较大，其摩擦力也较大。1#的平均扭矩偏差大于 2#的平均扭矩偏差，说明平均扭矩偏差会随着平均扭矩的增加而增大。

（3） 对比转速相同（3 r/min）时型号 B 假药拆卸扭矩与型号 B 真药平均拆卸扭矩，发现 6 组对比数据中有 5 组为假药拆卸扭矩大于真药平均拆卸扭矩（中节底座为真药平均拆卸扭矩较大，这可能是由于同轴度、装配松紧度等因素的影响），这说明拆卸扭矩的大小与推进剂种类有关，推进剂与工装接触面的粘结力越大，则拆卸扭矩越大。

3 结论

（1） 装药工装自动化拆卸系统加长段端系统扭矩较大，可利用公式 $N = N_0 + kn$ 估算系统空车扭矩。

（2） 加长段拆卸扭矩大于底座拆卸扭矩。

（3） 拆卸扭矩会随着拆卸转速的增加而增大。

（4） 拆卸扭矩的大小与推进剂种类有关。

（5） 平均扭矩偏差会随着平均拆卸扭矩的增加而增大。

参 考 文 献

[1] 张永侠，贾小锋，苏昌银. 固体火箭发动机装药与总装工艺学 [M]. 西安：西北工业大学出版社，2017.

[2] 方学谦，王建灵，杨建，等. 固体推进剂安全性评价试验研究 [J]. 火工品，2017（3）：49-52.

提高固体火箭发动机绝热层制片质量及效率

何 鹏，陈海洋，赵 元，张玉良，王 倩，韩 博，司马克

(西安北方惠安化学工业有限公司，陕西 西安 710302)

摘 要：固体火箭发动机绝热层出片一般采用人工出片、裁剪，为提高效率及产品一致性，采用挤出工艺进行绝热片出片，并设计自动裁片装置进行绝热层精确裁剪，其应用结果表明：采用挤出工艺能够大幅提高绝热片出片效率，改善绝热片表面及内部质量；采用自动裁剪装置能够有效提高裁剪精度，降低劳动强度。

关键词：绝热层制片；挤出工艺；自动裁剪

Improve the production quality and efficiency of solid rocket motor insulation

HE Peng, CHEN Haiyang, ZHAO Yuan, ZHANG Yuliang, WANG Qian, HAN Bo, Si Make

(Xi'an North Hui'an Chemical Industry Co, Ltd, Xi'an 710302, China)

Abstract: The insulation layer of solid rocket motor is generally processed by manual cutting. In order to improve the efficiency and the product consistency, extrusion process is adopted to improve the insulation layer process, automatic cutting device is designed to cut insulation layer accurately. The application results show that the extrusion process can greatly improve the efficiency of the insulation layer grind, improve the adiabatic surface and internal quality. Adopting automatic cutting device can effectively improve cutting accuracy and reduce labor intensity.

Keywords: insulation layer production; extrusion process; automatic cutting

0 引言

绝热层是置于发动机内壁与推进剂药柱之间的一种绝热材料，主要作用是防止推进剂燃烧产生的高温、高压、高速气流冲刷等恶劣环境造成发动机壳体的结构性破坏，是保证固体火箭发动机正常工作的关键。

目前，国内复合固体推进剂装药绝热层的出片主要通过开炼机和压延机进行，制片主要靠手工裁剪进行，属于典型的间断式生产工艺，制备过程存在自动化程度低、生产效率低、劳动强度大等问题。绝热工序作为固体火箭发动机装药过程工艺最复杂、生产周期最长的工序已成为整个装药生产工艺过程中的瓶颈，其中出片、制片环节生产效率低，质量一致性不佳的缺点随着批产任务的增加逐步凸显出来，本文将分别介绍高效的绝热片出片装置及制片装置。

1 绝热片连续化挤出装置

为提高绝热层制片效率及质量，首次在国内提出在绝热层制备时采用挤出工艺。其主要工作原理为：挤出机使绝热层在螺杆推动下连续不断地向前进，然后借助口型挤出各种所需尺寸的片状绝热片，

作者简介：何鹏（1983—），本科，工程师，主要从事固体火箭发动机装药绝热层工艺研究，E-mail：50183445@qq.com。

该装置操作简单、自动化程度高、连续生产、生产能力大、半成品质地均匀、致密。

1.1 装置组成

绝热片挤出装置采用销钉冷喂料挤出机,主要包括机头、机筒、螺杆、喂料系统、温度控制系统、电控系统、胶筒输送带、胶筒冷却装置以及裁剪装置等,部分装置如图1所示。

1.2 工作流程

首先进行挤出机预热,达到预定的温度后,将混炼好的绝热层材料通过供料机喂入销钉机筒挤出机中,经过螺杆的塑化、搅拌、挤压后,挤出到输送带上,通过裁切装置将其裁切成所需尺寸。

图1 绝热片挤出装置部分装置

1.3 应用效果

1.3.1 致密性和均匀性

绝热层材料采用挤出工艺出片后,材料内部无微孔,外观致密,与目前开炼机出片相比,材料的密度有所提高,这是因为挤出机在工作时,螺杆转动产生向前的压力,螺杆转速越大压力越大,在机筒内形成较大的内压(可达到10 MPa以上),绝热层在其压力作用下可以有效地排除内部的气体,提高绝热层的致密性。常用丁腈绝热材料采用开放式炼胶机及挤出机出片后,密度如表1所示,从表中数据可见,采用挤出工艺出片的丁腈绝热层(生料)密度较高。

表1 挤出与开炼工艺丁腈绝热层密度

项目	845-J-1(挤出)	845-J-1(开炼)	845-J-2(挤出)	845-J-2(开炼)
密度/(g·cm^{-3})	1.167	1.147	1.171	1.155

1.3.2 力学性能和烧蚀性能

845-J-2材料采用开放式炼胶机及挤出机出片后,其力学性能及烧蚀性能如表2所示。从表2可以看出,与开炼机出片相比,845-J-2材料经挤出工艺出片后,其力学性能与烧蚀性能变化不大,表明挤出工艺对绝热材料力学性能及烧蚀性能影响不大。

表2 挤出后824材料力学性能及烧蚀性能

项目	拉伸强度/MPa	断裂延伸率/%	最大延伸率/%	线烧蚀率/(mm·s^{-1})
845-J-2(挤出)	5.6	458	456	0.13
845-J-2(开炼)	4.0~7.0	350~650		0.11~0.18

1.3.3 型变量

为验证两种不同工艺制出的绝热片贴片压制后的型变量,采用气囊加压的成型工艺进行贴片试制,固化后分别测试绝热层厚度,测试结果如表3所示。

从表3可以看出,与开炼机出片相比,845-J-2材料采用挤出工艺后型变量较小,是因为绝热材料挤出工艺操作时经高压压制,致密性提高。

表3 开炼机和挤出机845-J-2材料型变量   mm

项目	出片厚度	压制后绝热片厚度	出片厚度	压制后绝热片厚度
845-J-2（挤出）	2.0	1.75~1.82	3.0	2.80~2.92
845-J-2（开炼）	2.0	1.85~1.92	3.0	2.60~2.85

1.3.4 其他

(1) 绝热层出片能力最大可达到500 kg/h。
(2) 材料致密，有效杜绝了开放炼胶机出片时出现疏松、气孔等缺陷。
(3) 可根据产品特征，调整出片宽度及厚度（目前最大出片宽度为1.2 m），且厚度均匀。
(4) 采用传统气囊加压工艺制造出的绝热层表面光滑，质量一致性良好。

2 绝热片自动裁剪装置

绝热片自动裁剪装置主要工作原理为：绝热片放置在裁片装置平台上，工作时平台下端的真空吸附装置将绝热片固定在平台上，控制系统指挥裁剪刀具按照设定的轨迹进行高频振动，将绝热片裁制成需要的形状和尺寸。其特点是裁剪精度高，质量一致性好，操作简单。

2.1 装置组成

绝热片自动裁剪装置主要包括平台、吸附装置、裁剪装置和控制装置，部分装置如图2所示。

2.2 工作流程

在控制电脑上按照要求设定好需要的尺寸和形状，将绝热片铺设在平台上，手动调整切刀组件至起始点，开启启动按钮，平台底部真空吸附装置将绝热片固定至平台上，高频切刀按照设定轨迹运动，将绝热片裁剪成需要的形状，裁剪好的绝热片如图3所示。

图2 绝热片自动裁剪装置

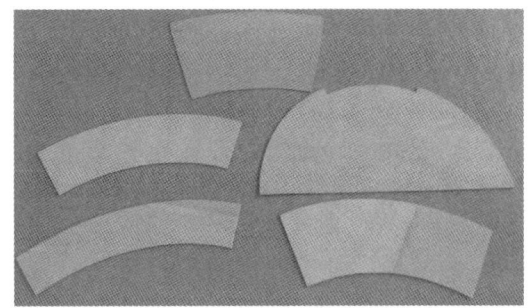

图3 裁剪成型的绝热片

2.3 应用效果

(1) 适用于常规丁腈橡胶、三元乙丙橡胶等绝热片的裁剪，且硬质橡胶如T5-Ⅲ绝热片较三元乙丙及丁腈橡胶裁剪效果更佳。
(2) 最大加工尺寸为2 500 mm×1 600 mm，最大加工厚度为10 mm，裁剪深度可调，可满足常见固体火箭发动机绝热片裁剪需求。
(3) 采用AutoCAD绘制裁剪尺寸，可将整张绝热片按照实际要求，进行任意形状（方形、圆形、扇形、圆环、三角形等）的裁剪。
(4) 实现绝热片定值倒角，如60°、45°、30°、0°等倒角。
(5) 速度快，裁剪最快可达到1 500 mm/s，裁剪精度为1 mm。

3　结论

（1）采用挤出工艺进行固体火箭发动机绝热层出片的途径可行，试验表明挤出工艺可有效提高绝热层材料致密性，同时提升绝热层出片效率。

（2）采用自动裁剪技术进行绝热片的制片，经验证可提高裁剪精度进而改善绝热层的成型质量，同时有效降低了劳动强度。

参 考 文 献

[1] 张永侠，贾小锋，苏昌银. 固体火箭发动机装药与总装工艺学 [M]. 西安：西北工业大学出版社，2017.

[2] 谭惠民. 固体推进剂化学与技术 [M]. 北京：北京理工大学出版社，2014.

浅析冲裁排样与挡料位置的设计

栾政武[1]，栾鑫慧[2]，郭 颂[1]

(1. 黑龙江北方工具有限公司，黑龙江 牡丹江 157000；
2. 南京大厂高级中学，江苏 南京 210044)

摘 要：介绍了冲裁排样与搭边的工艺设计以及模具挡料位置的设计，结合具体实例，对排样、搭边及冲裁工艺进行优化设计。

关键词：排样；搭边；材料利用率；挡料位置；模具；设计

中图分类号：TG382　**文献标志码**：A

Brief analysis of blanking layout and blocking position design

LUAN Zhengwu[1], LUAN Xinhui[2], GUO Song[1]

(1. Heilongjiang North Tools Co., Ltd, Mudanjiang 157000, China;
2. Nanjing Dachng Senior High School, Nanjing 210044, China)

Abstract: The process design of blanking layout and edge setting and the design of die retaining material position are introduced, and the layout, edge setting and blanking process are optimized with concrete examples.

Keywords: layout; edge; material utilization ratio; retaining position; die; design

0 引言

在冲压零件的成本中，材料费用占60%以上，因此材料的经济利用具有非常重要的意义。冲压零件在条料或板料上合理的排样方式有助于提高材料的利用率。但在进行冲裁排样设计时，通常注重的是如何提高材料的利用率，往往忽视了模具挡料位置的确定以及是否有利于工人操作，因而给模具设计和工人操作带来了不便。

1 排样

冲裁件在条料或带料上的布置方法，称为冲裁工作的排样，排样工作比较简单，但非常重要，排样方案对材料利用率、冲裁件质量、生产效率、生产成本、模具结构形式和模具寿命都有重要影响。

1.1 材料的利用率

通常用冲裁件的实际面积与所用板料面积的百分比作为衡量排样合理性的指标，叫做材料利用率，用下面公式表示：

$$\eta = F_0/F \times 100\%$$

式中，η——材料利用率；
F_0——冲裁时所需的板料面积，mm^2；
F——制件的面积，mm^2。

作者介绍：栾政武（1968—），男，高级工程师，学士，E-mail：bfgj111lzw@163.com。

η 值越大，说明废料越少，材料的利用率越高。

冲裁件生产批量大，生产效率高，材料费用一般会占总成本的 60% 以上，所以材料利用率是衡量排样经济性的一项重要指标。在不影响零件性能的前提下，应合理设计零件外形及排样，提高材料利用率。

冲裁所产生的废料可分为两种，如图 1 所示。一种是由于零件有内孔的存在而产生的废料，称为设计废料，它取决于零件的形状。另一种是由于制件之间和制件与条料侧边之间有搭边存在，以及不可避免的料头和料尾而产生的废料，称为工艺废料，它取决于冲压方法和排样方式。

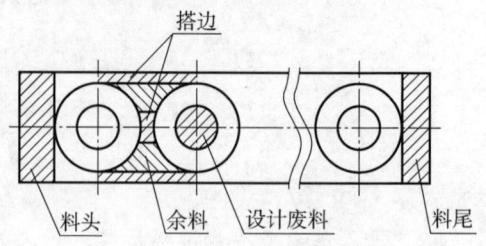

图 1　冲裁所产生的废料

要提高材料利用率，主要从减少工艺废料着手。合理的排样可以减少工艺废料。另外，在不影响设计要求的情况下，改善零件结构也可以减少设计废料。如图 2 所示，零件采用第一种排样法，材料利用率仅为 50%；采用第二种排样法，材料利用率可提高到 70%；当合理改善制件形状后，用第三种排样法，其利用率可提高到 80% 以上。此外，利用废料作小零件的毛料也可使材料利用率大大提高。

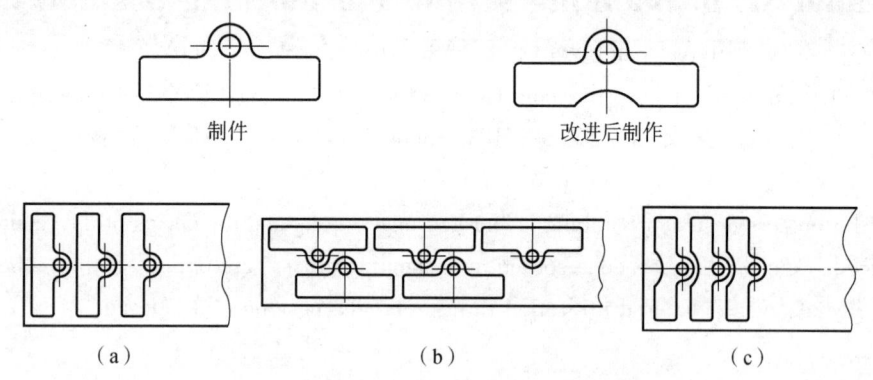

图 2　改善零件结构以减少设计废料的方法

(a) 第一种排法；(b) 第二种排法；(c) 第三种排法

1.2　排样方法

根据材料的经济利用程度，排样方法可分为有废料、少废料和无废料排样三种。

(1) 有废料排样法。如图 3 (a) 所示，沿制件的全部外形轮廓冲裁，在制件之间及制件与条料侧边之间都有工艺余料存在。因留有搭边，所以制件质量和模具寿命较高，但材料利用率降低。

(2) 少废料排样法。如图 3 (b) 所示，沿制件的部分外形轮廓切断或冲裁，只在制件之间及制件与条料头、料头尾留有搭边，材料利用率有所提高。

(3) 无废料排样法。如图 3 (c) 所示，制件按条料顺次切下，直接获得零件或所需坯料，无任何搭边，步距为 2 倍制件宽度。

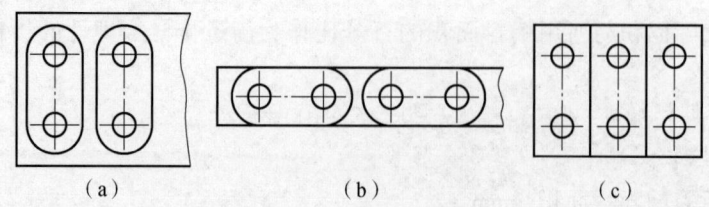

图 3　材料的排样方法

采用少、无废料排样法，材料的利用率高，不但有利于一次冲程获得多个制件，而且可以简化模具结构，降低冲裁力。但是，因条料本身的公差以及条料导向与定位所产生的误差影响，冲裁件的公差等级较低。同时，因模具单面受力，不但会加剧模具的磨损，降低模具的寿命，而且也直接影响到冲裁件的断面质量，为此，排样时必须统筹兼顾，全面考虑。

另外，冲裁件的形状应尽可能简单、对称、排样废料少，在满足质量要求和使用性能的条件下，改善冲裁件的结构形状，或把冲裁件设计成少废料、无废料的排样形状，也可以有效地提高材料的利用率。无论是有废料、少废料还是无废料排样，排样的形式均可分为以下几种：直排、斜排、对排、混合排、多排等，如表1所示。对于形状复杂的零件，常常利用简便的方法进行排样，即用厚纸片剪成3~5个样件，摆出各种不同的布置方案，从中确定废料最少的排样。

表1 排样的形式

排样形式	有废料排样	少废料及无废料排样
直排		
斜排		
对排		
混合排		
多排		

1.3 排样原则

（1）提高材料的利用率，在不影响制件使用性能的前提下，还可适当改变制件的形状。
（2）排样方法应使操作方便，劳动强度小且安全。
（3）模具结构简单，寿命长，生产率高。

(4) 保证制件质量和制件对板料纤维方向的要求。

2 搭边

排样时制件之间以及制件与条料侧边之间留下的余料叫搭边。搭边虽然形成废料，但在工艺上却有很大作用。搭边的作用是补偿定位误差和剪板误差，确保冲出合格的零件。搭边可以增加条料刚度，方便条料送进，提高劳动生产率。搭边值要合理确定，搭边值过大，材料利用率低；搭边值过小，在冲裁中将被拉断，使制件产生毛刺，有时还会拉入凸模和凹模间隙中，损坏模具刃口，降低模具使用寿命。影响搭边值的因素：

（1）材料的力学性能。硬材料搭边值可小一些；软材料、脆材料搭边值要大一些。
（2）材料厚度。材料越厚，搭边值也越大。
（3）冲裁件的形状与尺寸。零件外形越复杂，圆角半径越小，搭边值取大些。
（4）送料及挡料方式。用手工送料，有侧压装置的搭边值可以小一些；用侧刃定距比用挡料销定距的搭边值小一些。
（5）卸料方式。弹性卸料比刚性卸料的搭边值小一些。

搭边值是由经验确定的，一般要大于材料厚度。

3 挡料位置的设定与排样分析

图 4 所示为两种冲件常见的排样形式，其材料利用率相对较高。若按此排样确定模具的挡料位置，由于其步距 L_1 与 L 不相等，且排样为单行直排，冲完奇数位冲件后，需抽出条料调头再冲偶数位冲件。因此，模具上不仅要有初始挡料和奇数位冲件的挡料装置，同时还要设立调头偶数位冲件的挡料装置（即冲裁第 1 个偶数位冲件的挡料）。从工艺安排上，条料长度可按冲件排样长度来确定，但实际冲裁时，每个数位搭边之间存在误差，使最后 1 个冲件与条料的尾端之间的搭边累积误差较大，不利于调头时第 1 个偶数位冲件的冲裁。

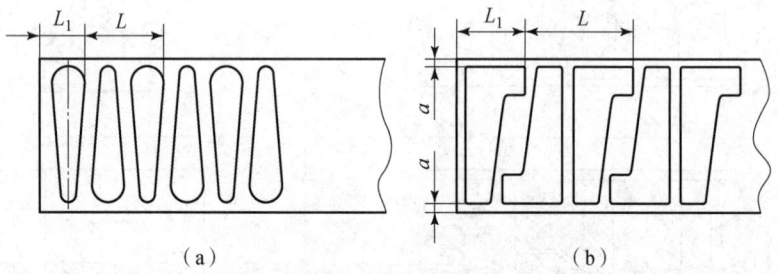

图 4 两种冲件常见的排样形式

有时，模具上所需的 3 个挡料零件不仅给模具设计、制造增加了难度，同时也给工人操作带来了麻烦。生产中还发现，当冲件较大且料较薄时，上述排样还有另一弊端，即冲奇数位冲件后，由于搭边 a（图 4（b））相对较小，刚性较差，支撑不住偶数位尚未被冲裁部分的质量，使条料产生较大弯曲变形，造成调头上裁时不太便利。

3.1 挡料位置的设定

步距 L_1 与 L 的差值不大且小于条料尾端残料时，可改变步距 L_1 使之与 L 相等，即将初始挡料与奇数位挡料合并。原 3 个挡料销分布可改成图 5 形式的分布。这样，模具上 3 个挡料装置便减少 1 个，使模具设计、制造和使用相对简化。

3.2 改单行排样为双行排样

若步距 L_1 与 L 差值大于条料尾端残余料，或其本身差值较大，不便采用上述方法时，可考虑将原来

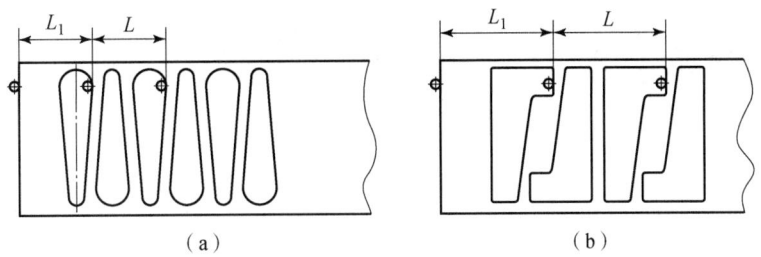

图 5　挡料位置的设定

的单行排样改为图 6 的排样,这样不仅可以减少模具的挡料销个数,而且还可提高材料的利用率,这是少了一个搭边的缘故。不过要根据具体冲件的形状、尺寸等因素来判定。

3.3　先冲偶数位冲件

若冲件采取双行排样,有可能造成条料太重,材料利用率降低,此时只需先将奇数位冲件的设计思路改为先冲偶数位冲件即可,如图 7 所示,并依此确定挡料销的位置。

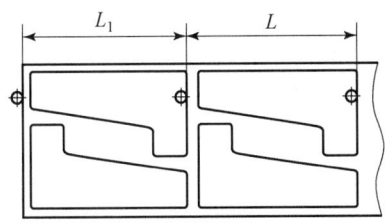
图 6　改单行排样为双行排样

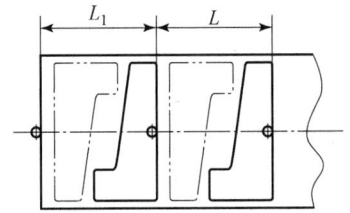
图 7　先冲偶数位冲件

当冲裁条料尾端的几个冲件时,由于条料重心早已被移至模外,此时工人若仍用手持的方法来保持条料的平衡,不仅劳动强度较大,且极不安全。因此,应在模外适当的位置设置托架托起条料的前端。另外还应使用手钩或其他类似的工具,代替工人移送条料,确保工人的安全。

4　结论

排样是冲压模具设计的基础,它决定了凹模刃口在凹模面上的摆放方式。选择合理的排样方式和适当的搭边值以及挡料位置的设计,是提高材料利用率、降低生产成本、保证冲件质量、优化模具结构、安全操作、提高生产效率、延长模具寿命的有效措施。

另外,要提高材料利用率,节省材料的途径,不仅要解决冲裁件在条料上的合理布置问题,必要时应与产品设计部门联系,提出修改冲裁件形状的方案和意见。

参 考 文 献

[1] 模具设计与制造技术教育丛书编委会. 模具制造工艺与装备 [M]. 北京:机械工业出版社,2006.
[2] 中国模具工业协会会刊. 模具工业 [J]. 模具工业编辑部,2003.
[3] 佳木斯农机学院. 板料冲压与冲模设计 [M]. 北京:机械工业出版社,1979.

某型炮弹弹丸口部"V"形印痕原因浅析

李静臣，田俊力

（黑龙江北方工具公司，黑龙江 牡丹江 157000）

摘 要：简要分析了某型炮弹弹丸口部"V"形印痕产生的原因，并从对该弹药存储性、安全性、使用性的影响方面进行了论述，最后提出了解决口部"V"形印痕缺陷的改进和预防措施。

关键词：印痕；影响；措施

中图分类号：TJ04

A brief analysis of the cause of the "V" mark at the mouth of bullet

LI Jingchen, TIAN Junli

(Heilongjiang North tools Co., Ltd, Mudanjiang 157000, China)

Abstract: This text briefly analyzes the cause of the cause of the "V" mark ay the mouth of bullet, and discusses the effects of bullet storage, safety and usability of the ammunition, and finally puts Improvement with prevent the measure of the "V" mark at the mouth of bullet.

Keywords: impression; influence; measures

0 引言

根据顾客反馈的情况，使用中发现某型炮弹极个别弹丸口部存在"V"形疑似裂纹现象，经检查分析确认其并非裂纹，而是印痕。相关人员对产生的原因进行了分析，对印痕深度进行了显微测量，并对印痕是否会对产品的使用性能及安全性有影响进行了分析及试验验证。印痕产生的原因是弹体制品下料时料节偏斜，收口时在口部产生了"V"形印痕，印痕深度最深处为 0.06 mm，印痕对产品的使用性能及安全性能无影响，产品可以正常使用。

1 印痕产生原因

该炮弹弹丸弹体原材料为钢棒，经料节下料、冲压拉伸、收口及车削加工而成。由于个别钢棒弯曲严重，经过落料形成料节，在料节端面产生偏斜，一侧金属不足，如图1所示。

端面偏斜的料节经后续连续冲压拉伸后，金属不足一侧金属流向引长制品的上端部时，在其上端部形成偏斜，一侧金属不足。引长制品经后续收口加工形成弹体口部弧形，收口过程是缩径挤压过程。由于引长制品口部存在偏斜，在收口过程中，首先是金属饱满处充满上端弧形，然后金属不足处再随着收口模具变形，两处金属流动不一致而形成"V"形压痕，如图2所示。

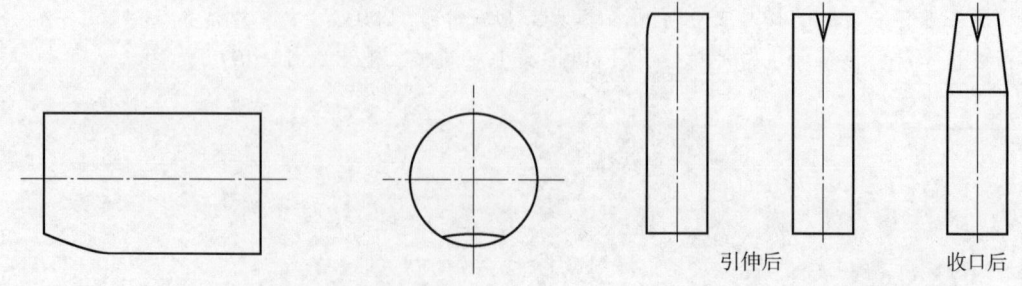

图1 落料后端面偏斜的料节　　　图2 拉伸及收口后简图

最后在成品弹体上体现出"V"形印痕,如图3所示。

2 印痕显微检测

为了对弹体口部的"V"形痕迹进一步分析及确认其状态是印痕还是裂纹,采用线切割在距弹体口部 5 mm 处将印痕进行剖切,如图 4 所示。

图3 成品弹体"V"形印痕

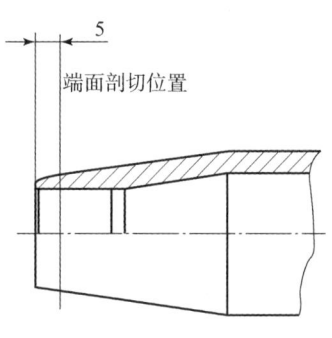

图4 线切割剖切位置

将剖切面进行抛光后在 100 倍显微镜下观察印痕截面状态并测量了印痕深度,经过在显微镜下进行显微观察发现,印痕最深处为 0.06 mm,该剖切处壁厚约 2.54 mm,印痕深度约为壁厚的 2.36%。另外观察其状态属于印痕并非裂纹,如图 5 所示。

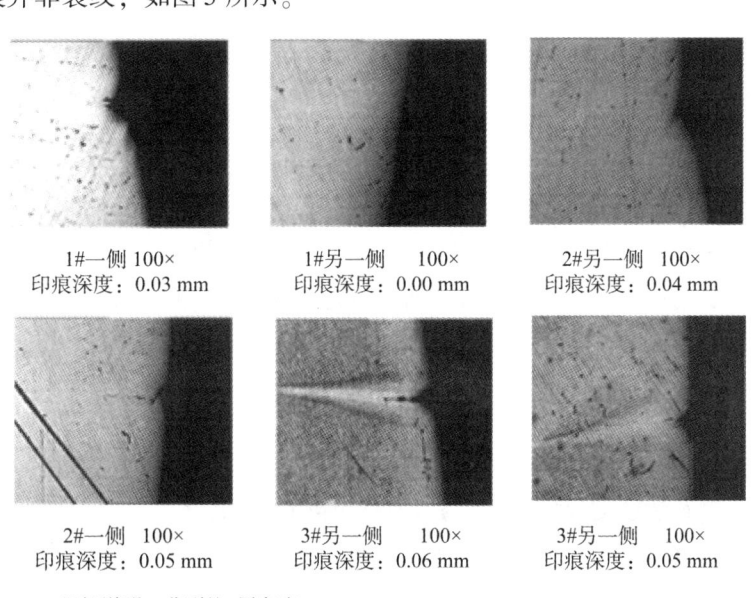

图5 显微检测结果

3 印痕对炮弹使用性能及安全性能的影响

3.1 对存储性能的影响

对"V"形印痕进行显微观察及测量发现,印痕深度较浅,非贯穿壁厚的贯通裂纹,印痕的存在对弹体的密封性不产生影响。所以弹体口部虽然有印痕,但炮弹在长期存储过程中,弹体内部装药不会因此而受潮。所以印痕对炮弹的存储性能无影响。

3.2 对弹体强度及安全性能的影响

为了验证印痕对弹体强度是否会产生影响，选取弹体口部带有"V"形印痕的炮弹30发，分3组（每组10发）分别进行了弹体射击强度试验、装药射击安定性试验、装药爆炸完全性试验。弹体射击强度试验及装药射击安定性试验时发射药装药均为强装药，装药爆炸完全性试验采用发射药装药为正装药，采用弹道炮在常温条件下进行单发射击。试验结果为：弹体射击强度试验后，弹丸各零部件在飞行中无脱落，弹体在膛内和弹道上无破裂；装药射击安定性试验后，弹丸在膛内或弹道上未爆炸；装药爆炸安全性试验后，在膛内和弹道上弹丸未爆炸，弹丸碰靶后爆炸完全。

从以上的试验结果可以看出，弹体口部有"V"形印痕的炮弹，其弹体强度及射击安全性等经过试验证明能够满足其技术指标要求，"V"形印痕对弹体强度及射击安全性无影响。

3.3 对使用性能的影响

弹体使用性能首先是满足作战使用要求，其性能指标均应符合战技指标要求。考核炮弹是否满足作战使用要求的指标，除强度性能及安全性能外，还有其初速、膛压、连发、立靶密集度等相应指标。

初速及膛压性能指标主要由弹丸质量及发射装药所决定，与炮弹的外观质量无关；连发性能是考核炮弹适应连续射击的能力，影响连发性能的主要因素为底火作用可靠性及发射装药，而与炮弹的外观质量无关。为验证对立靶密集度性能的影响，后续进行了有"V"形印痕炮弹立靶密集度试验考核，靶试结果正常，符合要求，试验证明该V"形印痕对立靶密集度无影响。

从上述分析可知，"V"形印痕对炮弹的各项作战性能指标均无影响，所以"V"形印痕的存在对炮弹的使用性能无影响。

4 改进及预防措施

"V"形印痕虽然对炮弹的作战性能指标不产生影响，但其影响了炮弹的表面质量，所以工厂已经采取了有效措施预防及避免了"V"形印痕的产生。首先，提高原材料钢棒的质量，对钢棒进行选分，剔除弯曲过大的钢棒，避免或减少了端面的偏斜。其次，对加工过程进行加严监控，在操作工自检的同时，增加了专职检验人员的巡检，发现问题及时解决处理。最后，对收口后的弹体100%进行外观检验，将外观有缺陷的弹体剔除。

5 结论

由以上分析、显微观察和检测以及试验验证可知，该型炮弹弹丸弹体口部的"V"形印痕是由于料节下料时料节端面偏斜，在后续的拉伸及收口后，在弹体口部产生了"V"形印痕，而且"V"形印痕的深度较浅；"V"形印痕对炮弹的使用性能及安全性能均无影响，弹体口部带有"V"形印痕的炮弹可以正常使用。

某筒形件整体旋压加工工艺研究

豆亚锋,范云康,王 磊,马文斌,赵 浩

(西北工业集团,陕西 西安 710043)

摘 要:通过对某产品筒形件整体旋压加工工艺的研究,改善了该产品的安全性和可靠性,简化了产品的加工工艺,提高了产品的精度和加工效率。通过对旋压毛坯和旋压参数的合理确定,以及工艺试验论证,确定了该加工工艺的可实施性。

关键词:筒形件;整体旋压;工艺参数;工艺试验

中图分类号:TJ05 **文献标志码**:A

The processing research on technology of combustion chamber spinning

DOU Yafeng, FAN Yunkang, WANG Lei, MA Wenbin, ZHAO Hao

(Northwest Industries Group Co., Ltd. Xi'an 710043, China)

Abstract: Through the processing research on technology of combustion chamber spinning, the safety and reliability of the product are improved, the processing process is simplified, and the accuracy and efficiency of the product are improved. Through the reasonable determination of spinning blank and spinning parameters, as well as the process test demonstration, the feasibility of the process is determined.

Keywords: combustion chamber; spinning; process parameters; technology test

0 引言

旋压是先进制造技术的重要组成部分,也是航空、航天、造船、汽车、工程机械等行业中广泛应用的制造工艺,可以制备近终形的金属零件[1,2]。旋压成形技术已成为国防制造领域的关键技术,具有材料利用率高、加工灵活、高性能、低成本、制造性能优等特点,在航空航天、兵器装备等领域具有广泛的应用前景,可用于飞机头罩、油箱罩、导弹的壳体、武器的炮管等方面[3,4]。

燃烧室是公司某产品上的重要组成部件,是一种筒形薄壁壳体零件,数量较大且加工容易变形,机械性能要求较高,因此采用旋压加工的方式进行加工制造。由于零件长径比较大,工艺条件的限制,长期以来一直分为两部分进行加工制造,劳动强度较大。为提高产品的整体性能和零件加工效率,提出了整体式旋压加工的工艺试验。整体旋压加工工艺的研究是建立在该产品分体旋压加工的成熟加工工艺基础上的一个技术提高和拓展课题。它的研究不仅改善了该产品的安全性和可靠性,也提高了产品的精度和加工效率,推动了公司在某系列产品壳体制造工艺和装备水平的进一步提高,为公司研发系列产品提供了坚实的制造基础。

1 工艺方案

该产品筒形件整体结构尺寸如图1所示,其中壁厚尺寸 $2.40_{-0.1}^{0}$ mm,内径尺寸 $\phi 113.5_{0}^{+0.22}$ mm 为必

作者简介:豆亚锋(1981—),女,高级工程师,工程硕士,E-mail: yaya2889@126.com。

须检验的尺寸,过渡区尺寸不做检验。旋压加工去应力后要求机械性能必须满足以下要求:

距离两端面 45 mm 的长度区域内,其热处理要求硬度值为 39～43 HRC,距离两端面 45～70 mm 的长度区域为过渡区。

圆柱部及中间定心部:

$$\delta_b \geq 1\ 190\ \text{MPa}$$
$$\delta_s \geq 1\ 090\ \text{MPa}$$
$$\delta_5 \geq 10\%$$

两端定心部:

$$\delta_b \geq 1\ 300\ \text{MPa}$$
$$\delta_s \geq 1\ 160\ \text{MP}$$
$$\delta_5 \geq 10\%$$

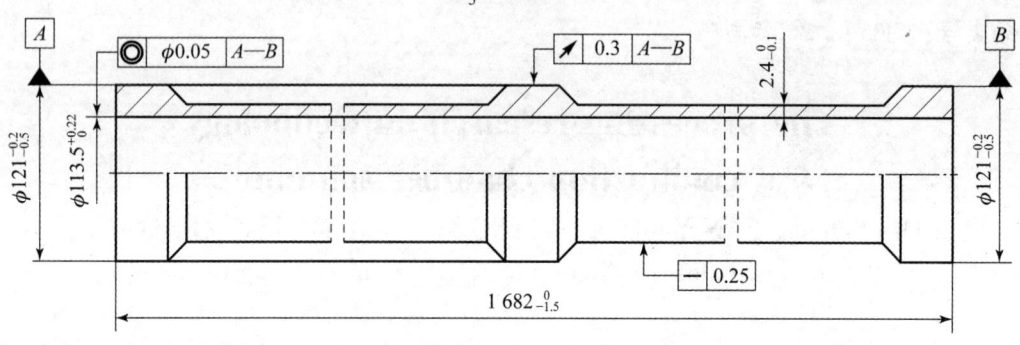

图 1　产品结构尺寸

1.1　毛坯设计

该筒形件整体旋压是按原产品合二为一的构思提出的工艺试验,故整体旋压毛坯与分体两次旋压时所用毛坯材料相同,均为 30CrMnSiA 热轧无缝钢管,整体毛坯采用规格为 137×16 的钢管。根据塑性变形过程中材料体积不变的原理[5],结合旋压过程中工件口部会出现扩径现象,旋压成品需加上 10 mm 的切边余量。综合以上因素,确定毛坯的结构尺寸如图 2 所示。

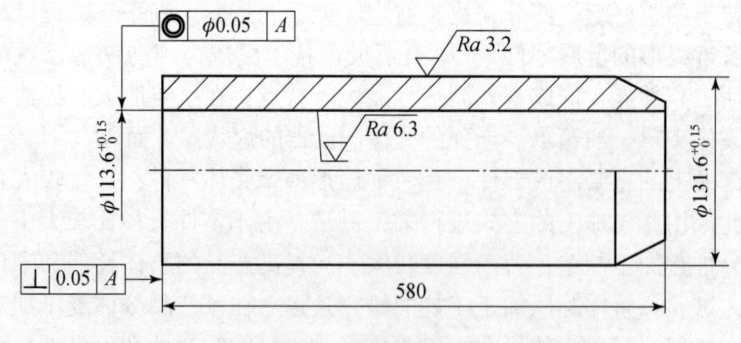

图 2　毛坯结构尺寸

为节约成本和充分发挥现有生产线的潜力,整个旋前毛坯的加工试验过程,在经过技改后的原产品旋压毛坯机加生产线上完成。通过严格控制毛坯的调质硬度（27～30 HRC）和其一致性,同时调整镗孔设备、改进刀具和完整工艺条件,使旋前毛坯的加工质量满足了图纸要求。

1.2　强力旋压成型工艺

针对筒形件具有长径比大和精度要求高等特点,工艺上采用了同步分段反旋方式来完成加工,设备选用高精度数控三压轮强力旋压机。

1.2.1 设备

试验设备为 3D55/CNC 三旋轮卧式数控强力旋压机,主要技术参数为:横向压力为 24 t,纵向压力为 18 t。

1.2.2 旋压芯模

旋压芯模结构设计主要从与设备的连接及旋压成型方式两方面考虑。芯模材料选用 GCr15,表面淬硬层深度大于 30 mm,硬度为 58~62 HRC。芯模外径尺寸以产品内径公差下限及扩径量为参考,确定为 $\phi 113.5_{-0.01}^{-0.05}$,芯模总长度取决于产品的长度和设备的行程,确定为 1 760 mm。

1.2.3 旋轮

旋轮要求有较高的硬度和表面质量,选用 GCr15,硬度为 60~64 HRC,表面粗糙度为 Ra 0.2 μm,采用双锥面结构形式,旋轮攻角为 25°,鼻尖圆角半径为 R4 mm,退出角为 30°。

2 工艺试验及工艺参数

对于长径比较大的筒形件来说,采用旋压成形加工技术,在保证零件表面直线度要求上难度较大。为保证该产品零件 0.25 mm 的直线度要求,旋压工艺采用同步反旋方式进行,分六道次进行旋压完成。其中,一、二道次旋压走直线,将旋前毛坯拉通,三、四道次走凹肚旋出第一圆柱部,五、六道次走凹肚旋出第二圆柱部。两个圆柱部分段成型,使加工区尽量靠近床头,最大限度地提高旋压成品的直线度、圆度和壁厚差精度,其旋压过程示意图如图 3 所示。

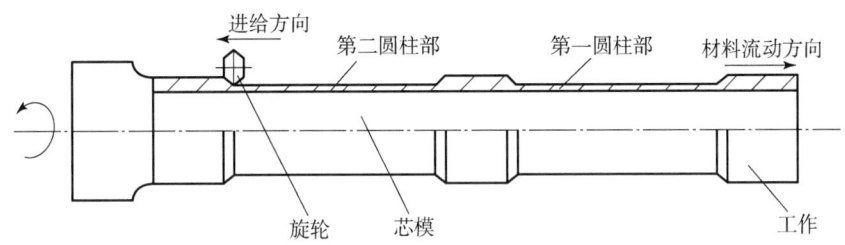

图 3 旋压示意

在旋压工艺试验过程中,每道次的旋压工艺主要参数详见表 1。

表 1 旋压工艺参数

道次	旋前壁厚/mm	旋后壁厚/mm	道次减薄率/%	转速/(r·ms^{-1})	进给比	旋轮攻角及鼻尖圆角半径
1	9	6.5	27.8	195	1.73	25°,R4
2	6.5	4.5	30.8	125	1.43	
3	4.5	3.1	29	153	1.3	
4	3.1	2.35	24	153	0.95	
5	4.5	3.1	31	153	1.3	
6	3.1	2.35	24	153	0.95	

3 检测数据分析

通过对多组试验件的旋压成品尺寸及形位公差检测数据进行分析,发现除直线度外,其内径、壁厚和圆度等的误差情况与原来基本一致。因为试验件的长度尺寸约为原来长度的 2 倍,直线度误差理论上也相应较大,设计图纸规定为 0.25 mm,实测值为 0.06~0.23 mm,基本满足了设计要求。检验合格的旋压成品试验件按相关工艺流程实施后进行机械加工完成,最后经过 40 MPa 的水压试验,结果满足技术条件要求。

4　结论

通过该旋压工艺试验证明，在原有旋压设备基础上，通过工艺的调整，可以实现整体旋压代替原来的分体式加工方式，解决了大长径比工件旋压的直线度问题。整体旋压后的产品性能和质量满足图纸设计要求，可以应用于批量生产。

参 考 文 献

[1] 赵云毫，李彦利. 旋压技术与应用 [M]. 北京：机械工业出版社，2008.
[2] 张涛. 旋压成形工艺 [M]. 北京：化学工业出版社，2009.
[3] 韩秀全. 典型先进航空钣金制造技术研究进展 [J]. 航空制造技术，2013 (18)：70-73.
[4] 陈适先. 强力旋压工艺与设备 [M]. 北京：国防工业出版社，1986.
[5] 黄敬，李辉. 小直径大长径比薄壁圆筒旋压工艺研究 [J]. 制造技术研究，2013 (03)：30.

某末制导炮弹自动驾驶仪感应线圈装定可靠性工艺研究

黄 英,李存利,王焕珠,吴建丽

(西北工业集团有限公司,陕西 西安 710043)

摘 要:电磁感应装定方式,装定精度和可靠性比较高,它能够在一条回路内完成能量的感应、信息的装定和反馈,在感应装定设计中被大量采用。某末制导炮弹是末制导炮弹系列产品的外贸型号之一,在测试或发射前,需对其远近区、时间、引信状态开关、导引头编码等参数进行装定。该末制导炮弹的装定首次采用电子感应装定的方式。在装配过程中出现了装定查询错误的现象,导致末制导炮弹无法正常发射。针对装配及试验过程中出现的装定查询错误的现象,通过问题分析,查找出故障原因,并针对故障原因采取了有效的措施,大大提高了良品率,确保了感应线圈装定的可靠性。

关键词:感应线圈部件;罐形磁芯;脱落;摩擦力;间隙

中图分类号:TJ413. +6 **文献标志码**:A

Research on setting reliability process of induction coil for a terminally guided projectile autopilot

HUANG Ying, LI Cunli, WANG Huanzhu, WU Jianli

(Northwest Industries Group Co. , LTD, Xi'an, 710043, China)

Abstract: Electromagnetic induction setting mode, high accuracy and reliability, it can complete the energy response, information setting and feedback in one circuit, and is widely used in the design of the induction setting. The terminal guided prjectile is one of the foreign trade models of the terminal guided projectile series. Before testing or launching, it is necessary to fix the range, time, fuse state switch and seeker coding should be set. For the first time, the terminal guided projectile is set by electronic . In the process of assembly, the fixed query error occurred, which caused the terminal guided projectile to fail to fire normally. In response to errors in the assembly and testing proces. Through the problem analysis, find out the fault, and take effective measures for the cause of the fault, greatly improve the rate of good quality, ensure the reliability of the induction coil setting.

Keywords: induction coil components; tank core; shedding; friction; clearance

0 引言

某末制导炮弹是末制导炮弹系列产品的外贸型号之一,在测试或发射前,需对其远近区、时间、引信状态开关、导引头编码等参数进行装定。原有末制导炮弹装定方式为机械装定,经过科研优化,首次采用感应装定技术来实现电子装定,具有装定精度高和可靠性高的特点。它能够在一条回路内完成能量的感应、信息的装定和反馈,在感应装定设计中被大量采用。电磁感应装定的基本原理如图1所示。

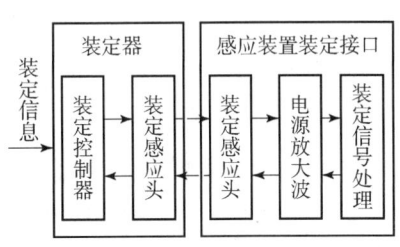

图1 电磁感应装定的基本原理简图

作者简介:黄英(1973—),女,高级工程师,E - mail:15309222100@189. cn。

某末制导炮弹在科研试制装配、功能检测过程中，出现了装定查询错误的现象，失效率约为 50%；在检测合格转入后续使用过程中，经过动力试验后，仍有个别产品存在装定查询错误的现象，造成了极大的隐患。根据各部件的功能分析，信息装定查询错误，与实现通信的感应线圈部件有关。

感应装定的接口为装定感应头，主要为感应线圈部件，用来实现装定器和弹体之间的电子通信。装定接口是感应装定系统的最重要组成部分，它的主要功能是可靠、正确、快速地将装定信息从装定器传送到感应装置上，同时将感应装置所装定信息反馈给装定器。只有将所有装定信息正常装入末制导炮弹，才能使末制导炮弹在使用中发挥其应有的作用。因此，感应线圈装定的可靠性直接影响着末制导炮弹是否能够在战场上发挥作用。

1 故障分析

1.1 感应线圈部件的结构及装配关系

感应线圈部件为装定器与感应装置的信息传输通道。感应线圈部件安装在自动驾驶仪上，由罐形磁芯、插针板部件组成，为了增加插接的可靠性，采用两对冗余插针设计方案。插针板部件有 2 组（4 个）接线柱，罐形磁芯采用胶粘剂粘接在插针板部件上，胶粘剂的厚度约为 0.5 mm，罐形磁芯的绕组的两个漆包线的端头分别焊接在插针板部件上。感应线圈由良好耦合的初级和次级两组线圈组成，能量、装定信息和反馈信息通过这两组线圈形成的电磁感应场可以分别到达定时装置接口和装定器接口，如图 2 所示。

在装配过程中，感应线圈部件 4 个插针插入感应装置部件对应的插孔中，用一个塑料压螺旋入自动驾驶仪本体的螺纹孔，起保护和密封的作用，如图 3 所示。

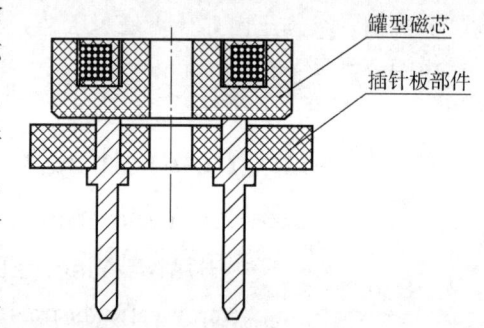

图 2 感应线圈部件结构示意图

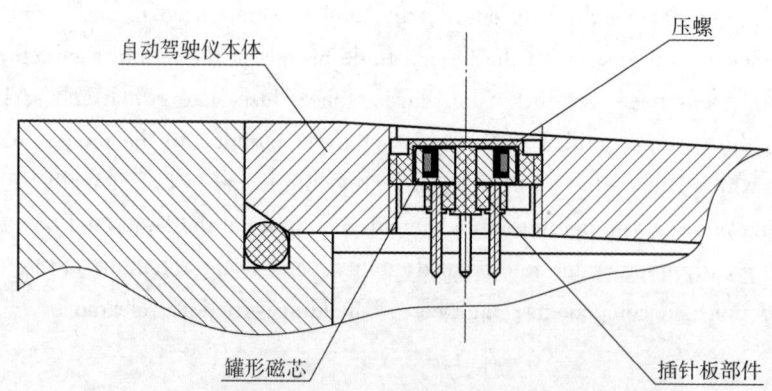

图 3 感应线圈部件在自动驾驶仪上的装配关系示意图

1.2 故障分析

由对感应线圈部件的结构和安装方式分析可知，造成罐型磁芯与插针板部件分离的可能原因有：

（1）罐形磁芯粘接到插针板部件后的高度高于压螺内部空腔高度，在压螺装配的过程中导致磁芯脱落、漆包线断裂。

图纸要求：压螺的内部空腔高度为 3.78 ~ 4.1 mm，罐形磁芯的高度要求值为 3.5 ~ 3.7 mm，粘接到插针板部件上的高度图纸无要求。若罐形磁芯在粘接到插针板部件上之后的高度超过压螺的内部高度，压螺在向下旋转的过程中就能够与罐形磁芯的上端面接触，由于胶粘剂厚度只有 0.5 mm，粘接力较弱，在摩擦力的作用下，会带动罐形磁芯旋转，当摩擦力大于粘接力时，罐形磁芯就可能从插针板部件上脱落、漆包线断裂，电子通信中断。

（2）罐形磁芯与插针板部件或罐型磁芯与压螺不同心，造成罐形磁芯偏心，在压螺装配的过程中导致磁芯脱落。

图纸要求：压螺的内径为 $\phi 11.5^{+0.16}_{0}$ mm，罐形磁芯的直径为 $\phi 11.4^{0}_{-0.6}$ mm。因此，在装配压螺的过程中，压螺与罐形磁芯两边有 0.05~0.43 mm 的间隙。由于间隙较小，若感应线圈部件上的罐形磁芯与插针板部件不同心或罐形磁芯与压螺不同心，则压螺在旋转的过程中接触到罐形磁芯，由于胶粘剂厚度只有 0.5 mm，粘接力较弱，在摩擦力的作用下带动罐形磁芯旋转，当摩擦力大于粘接力时，罐形磁芯从插针板部件上脱落、漆包线断裂，电子通信中断。

根据以上分析可知，在装配过程中罐形磁芯与压螺的上端面和侧端面接触均有可能造成罐形磁芯脱落、漆包线断裂，电子通信中断。对于装配过程正常但是经过试验后出现故障，是由于装配后罐形磁芯脱落，但是漆包线没有断裂，在经过动力试验后，罐形磁芯在动力试验状态下来回窜动导致漆包线断裂，电子通信中断。

2 故障排查

按照故障树分别对两个可能原因进行排查。

2.1 罐形磁芯粘接到插针板部件后的高度因素排查情况

选取 50 只压螺对其空腔高度进行测量，测量结果均在 3.9~4.0 mm 之间，一致性较好。

选取 80 只感应线圈部件对粘接后的罐形磁芯与插针板部件之间的高度进行测量，测量结果如表 1 所示。

表 1 感应线圈部件粘接后高度统计

序号	粘接后高度/mm	数量/只
1	4.0~4.2	8
2	3.9~4.0	17
3	3.8~3.9	20
4	3.7~3.8	33
5	3.6~3.7	2

选取 5 只粘接后高度为 4.0~4.2 mm 的感应线圈部件进行模拟装配，5 只罐形磁芯均脱落。
选取 5 只粘接后高度为 3.9~4.0 mm 的感应线圈部件进行模拟装配，5 只罐形磁芯均脱落。
选取 5 只粘接后高度为 3.8~3.9 mm 的感应线圈部件进行模拟装配，5 只罐形磁芯有 2 只脱落。
选取 5 只粘接后高度为 3.7~3.8 mm 的感应线圈部件进行模拟装配，5 只罐形磁芯有 1 只脱落。

测量结果说明，感应线圈部件的罐型磁芯与接线板之间的高度大于或等于压螺内径高度，装配后极易出现罐形磁芯脱落的现象。因此，控制罐形磁芯粘接后高度可以有效提高良品率，但无法完全杜绝此现象的发生，仍存在其他因素。

2.2 罐形磁芯与插针板部件或罐型磁芯与压螺偏心因素排查

2.2.1 罐形磁芯与插针板部件偏心因素排查

上述试验中，选取 5 只粘接后高度为 3.7~3.8 mm 的感应线圈部件进行模拟装配，5 只罐形磁芯有 1 只脱落。对故障感应线圈部件进行检查，磁芯下端面有胶粘痕迹，同时还有绿色阻焊层附着物，位置与大小与插针板上阻焊层脱落位置相对应，插针板上有胶粘痕迹，在插针板的中心位置，无偏心现象。检查其粘接过程，有专用工装对其进行固定，因此可以排除罐形磁芯与插针板部件偏心的现象。

2.2.2 罐型磁芯与压螺偏心因素排查

对装配过程进行检查,在装配时,由于空间较小,操作工仅能用1根手指将感应线圈部件压入自动驾驶仪中,受力不均,导致感应线圈部件的4个插针在插入后深度不一致,有歪斜的现象,造成感应线圈部件偏心。当压螺旋入自动驾驶仪本体时,垂直旋入,压螺的内壁与偏心的感应线圈部件侧端面接触,在摩擦力的作用下带动罐形磁芯旋转,使罐形磁芯从插针板部件上脱落。

根据以上分析可知,控制罐形磁芯与压螺的上端面和侧端面的间隙,是解决问题的关键。

3 解决方案

要控制罐形磁芯与压螺的上端面和侧端面的间隙,最好的方法是增大压螺的内部高度,增大内径。但是由于产品设计的局限性,这些因素均无法改变。根据磁感应装定的工作原理可知,增大压螺内部高度,使感应线圈与装定器的感应线圈之间的距离增大,导致磁感应强度减弱,同样可能出现无法装定的现象。该产品结构设计紧凑,在该区域预留的空间较小,无法通过增大压螺内径来解决问题。

因此,不能使用增大压螺的内部高度和直径来解决问题,只能对罐形磁芯和压螺的间隙进行内控来达到目的。只有保证罐形磁芯在压螺旋进过程中互不接触,才能保证磁芯不会受力脱落。因此,通过分析和计算提出以下解决方案:

(1) 控制罐形磁芯与插针板部件粘接后的高度。

(2) 对罐形磁芯和压螺进行选配,要求压螺内腔高度必须大于粘接后罐形磁芯的高度,确保压螺在旋入过程中不与罐形磁芯的上端面接触。

(3) 设计安装位置预装夹具来控制罐形磁芯侧端面与压螺内部侧端面之间的尺寸。原来装配时使用手将罐形磁芯压入自动驾驶仪的装定孔内,无法确保感应线圈垂直压入;使用安装位置预装夹具后,将插针板部件垂直压入,预装夹具前端圆孔的厚度即罐形磁芯与压螺内腔之间的间隙,确保罐形磁芯的侧端面不与压螺的内端面接触,如图4所示。

采取该方法后末制导系列产品感应线圈部件装配后的良品率从50%提高到98%,且在后续装配使用过程中也未出现该类问题。

4 结论

本文叙述了某末制导炮弹感应线圈部件在装配过程中出现的问题,针对该问题进行分析、排查,查找故障原因,并针对故障原因采取了有效的措施,大大提高了感应线圈装定的可靠性。目前该方法已广泛应用到末制导系列产品感应线圈部件装配工序中,并取得了良好的效果。

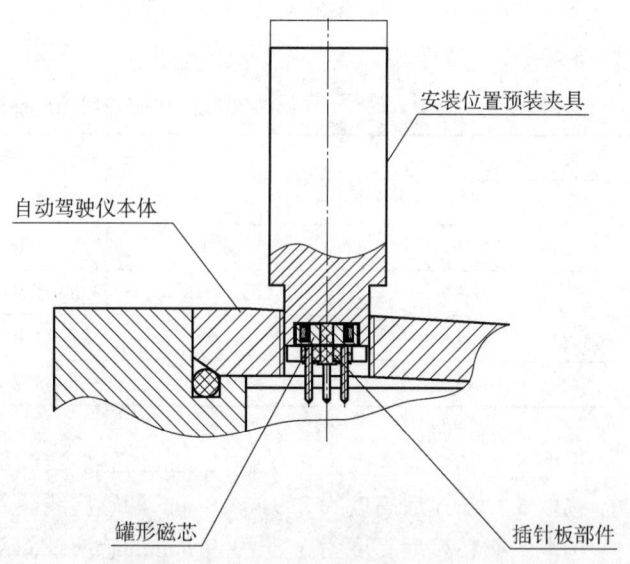

图4 使用安装位置预装夹具示意

美国国防制造技术规划及实施成果

钱美伽

(西南技术工程研究所,重庆 400039)

摘 要:美国国防制造技术(Manufacturing Technology,ManTech)规划是美国国防部在20世纪50年代后期建立、投资并不间断滚动实施的一项国防部规划。通过对美国ManTech规划战略重点、子规划项目情况、研究院所发挥的作用及ManTech实施的成功案例等进行介绍,为我国提升国防基础制造技术能力提供一定程度的经验参考。

关键词:美国国防制造技术规划;ManTech;制造技术;实施成果

The US defense manufacturing technology program and its implementation results

QIAN Meijia

(Southwest Technology and Engineering Research Institute, Chongqing 400039, China)

Abstract: The US Defense Manufacturing Technology Program is a program established by the US Department of Defense in the late 1950s with uninterrupted investment. This paper introduces the strategic focus of ManTech, the sub-planning projects, the role played by the institutes and the successful cases of ManTech implementation, which provides a certain degree of experience for improving the basic manufacturing technology of national defense in China.

Keywords: US defense manufacturing technology; ManTech; manufacturing technology; implementation results

0 引言

美国国防制造技术(Manufacturing Technology,ManTech)规划是美国国防部在20世纪50年代后期建立、投资并不间断滚动实施的一项国防部规划。该项规划专注于作战人员任务和武器系统计划的需求,帮助寻找和实施价格合理、风险较低的解决方案,是美国目前致力于发展国防必需的制造技术、促进先进技术快速且低风险应用于新系统、延长现有军用系统使用寿命的一项国防部规划,规划实施使美国国防基础制造能力一直处于前沿领先地位[1]。

1 美国国防制造技术规划简介

ManTech规划最初创建于1956年,被国会授权写入美国法典第10篇。第10篇第2 521条规定,国防部部长应制定该规划,并由负责采购、技术和物流的国防部副部长负责管理该规划。1998年,美国通过法律形式规定,国防部部长每年要为该规划制定一份五年计划,以确定国防制造技术发展的总目标、投资战略、技术优先权和评估机制等。50多年来,ManTech规划一直是国防部投资机制,始终站在国防基本制造能力的最前沿。

作者简介:钱美伽(1992—),女,硕士研究生,E-mail: mecca811@126.com。

ManTech规划由多个各自独立的子规划组成，包括陆军ManTech、海军ManTech、空军ManTech、国防部后勤局（DLA）ManTech、导弹防御局（MDA）ManTech以及国防制造科学与技术（DMS&T）规划等。

ManTech规划致力于利用制造技术创新来提高其经济可承受性，其能力愿景为在经济可承受的前提下形成能快速满足国防系统全生命周期需求、反应迅速的世界级制造能力。

为实现其能力愿景，ManTech规划的任务在于不断提升美国的制造能力，尽可能缩小与先进制造能力之间的差距，提高国防系统的经济可承受性，为国防系统提供及时、低风险的研发、生产与持续保障。

2 美国国防制造技术规划

2.1 战略重点

ManTech规划传统的战略重点主要涉及"加工与制造""先进制造企业"两大领域。2009年，美国国防部发布的最新ManTech战略确定了四大战略重点，如图1所示[2]。明显可以看到，美国国防部延续了其传统的制造技术战略重点，将有效地管理与交付加工制造技术解决方案作为首要战略重点，而战略重点2~4将为国防制造企业提供积极的保障。

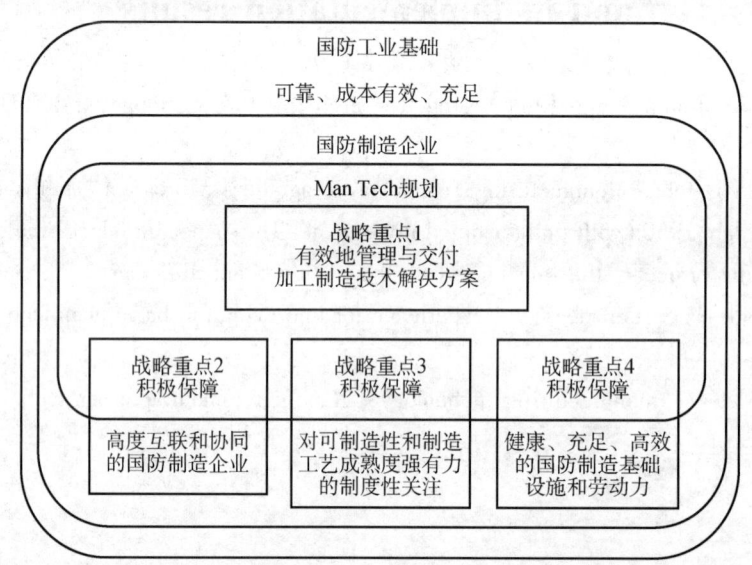

图1 国防工业基础、国防制造企业与ManTech规划及其战略重点之间的关系

2.2 子规划项目情况

ManTech规划主要包含陆军ManTech、海军ManTech、空军ManTech、国防部后勤局（DLA）ManTech、导弹防御局（MDA）ManTech以及国防制造科学与技术（DMS&T）规划等6个子规划项目。虽然ManTech规划存在共同的战略愿景和使命，但每个子规划都有自己的ManTech程序、执行项目的流程、任务和程序。现针对每个子规划项目进行简单介绍。

陆军ManTech的任务是支持在整个武器系统生命周期中降低生产风险和制造成本。战略重点是与过渡转型利益相关者就成本、进度、绩效、过渡转型进行密切协调。投资领域包括地面机动、杀伤力、空中装备、战士/队伍、指挥、控制、通信及情报、创新推动者等。

空军ManTech的任务是聚焦在柔性低速率生产中发展敏捷制造技术。战略重点是在产品设计阶段就考虑制造与可生产性，将设计、材料、制造综合集成的先进制造数字模型与模拟工具，响应迅速的综合供应基地及未来工厂。投资领域包括情报、监视和侦察、涡轮发动机、武器和持续保障。

海军ManTech项目的任务旨在开发有利的制造技术、新的工艺和设备，用于在海军武器系统生产线上实施。其投资重点是制造技术,服从于海军对平台、系统和设备的生产和维修需求,使一线战斗人员获得最大益处。该项目是为了及时加强国防工业基础而设立,将成熟且有保障的技术转交给海军部队。

国防部后勤局(DLA)的战略重心优先考虑持续保障和提升材料的可用性、高质量来源以及为快速响应的低成本供应提供整合制造能力。DLA ManTech 的目标是加强 6 个关键的 DLA 供应链:单兵装备、战斗配给、铸件、锻件、微电路及电池设备等。其投资组合领域除了这 6 个方面外,还关注投资小企业的创新研究。

导弹防御局(MDA)负责开发和部署一个综合的分层弹道导弹防御系统(BMDS),该系统能够保护美国及其部署的部队和盟友免受弹道导弹所有射程和阶段带来的袭击。为确保任务的有效性,导弹防御局的任务是在技术上尽可能快地开发、测试和部署具备更强能力的拦截器、传感器和指挥与控制系统,从而提高防御深度、范围和可靠性。

国防制造科学与技术(DMS&T)的主要任务是满足单一服务或代理商的风险需求,并且补充其他 ManTech 规划。该规划关注跨领域的国防制造需求、超出单一服务能力的需求、促进与科技发展同步的制造流程和企业业务实践的早期发展,从而实现最大的成本效益并且推动为作战人员提供能力方面的发展。

2.3 技术发展重点

ManTech 规划的技术发展重点主要分布在金属加工和制造、复合材料、电子制造技术这三大板块。

金属加工和制造板块包括金属、陶瓷、光学材料、某些金属基复合材料和碳基复合材料以及其他类似微结构材料的制造工艺。其技术内容包含材料本身,如纳米材料、超材料、介观材料和功能性梯度材料;与金属制造有关的工艺有切削加工、铸造、锻造、焊接、粉末冶金、热处理、装配、表面处理等。其他与这个版块相关联的技术还有:无损检测和评估;材料、材料加工和加工过程的计算建模与仿真;非传统的增材制造加工技术,如激光、电子束、等离子增材制造。

复合材料板块主要涉及复合物基复合材料、碳基复合材料、金属基复合材料、C-C 聚合物工艺。

电子制造技术作为国防部的技术焦点,专注于电子技术、工艺和制造能力,有助于降低武器系统的采购和维护成本,为战士提供直接益处。电子制造技术包括无铅电子产品制造、电光技术、射频模块技术、电力和能源、定向能源技术、电子封装和组装以及电磁窗制造等。

2.4 经费概算

ManTech 规划从 1992—2009 年的实际投资额以及 2010—2013 年的预计投资总体趋势如图 2 所示。2009 年国会已批准的 ManTech 规划具体投资额和 2010—2013 年的预计投资额如表 1 所示[1]。

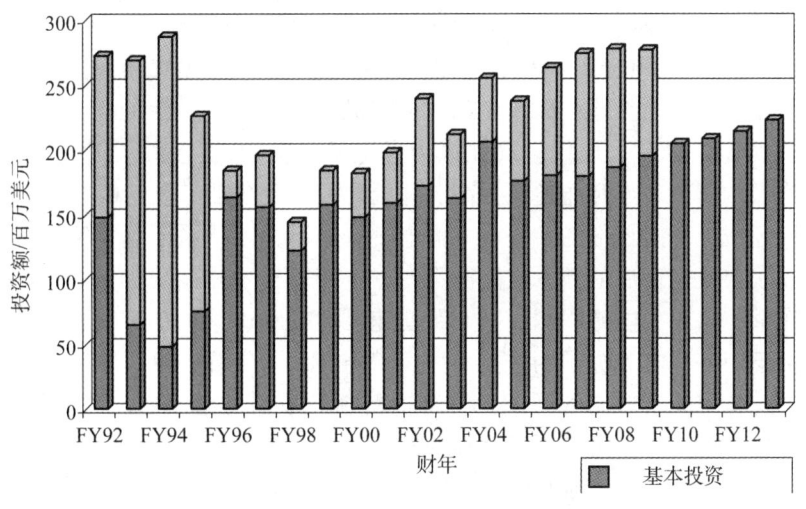

图 2　ManTech 规划投资情况

表1 ManTech规划2009—2013年投资情况　　　　　　　　百万美元

子规划	2009财年批准额	2009财年以后			
		2010	2011	2012	2013
国防部MS&T	18.4	14.9	19.9	19.9	24.8
陆军ManTech	91.1	69.8	70.2	71.7	73.4
海军ManTech	61.9	58.6	56.5	60	60.6
空军ManTech	56.5	40.5	40.8	41.6	42.5
DLA ManTech	55.3	20.8	21.3	21.7	22
总计	283.2	204.4	208.7	214.9	223.3

从图2及表1可以看出，虽然1992—2009年的实际投资额度存在上下波动情况，但投资额的总体趋势趋于不断增加的状态，其中陆军和海军ManTech投资额占比较大，空军ManTech投资额次之。

2.5 国防先进制造中心及研究院所的作用

美国致力于维持在创新方面的优势并不断扩大美国制造业，截至2015年12月底，已建成和正在筹建的"制造业创新研究院所"共有9家。这些研究院所都致力于通过加快开发过程和使用最先进的设备和流程来制造具有全球竞争力的产品。研究院所将提供研究和示范产品，以及举办发展创新方法等相关活动。本文主要介绍5家具备专业特色的研究院所及其发挥的重要作用。

2012年8月，国防制造科学与技术（DMS&T）项目与美国陆军、美国空军、美国能源部、美国自然科学基金会，以及美国国家航空航天局建立了第一个示范性研究所——国家增材制造创新研究所（NAMII）。2013年10月，更名为美国制造（America Makes）研究所。该示范性研究所的重点是提供一个有关交换增材制造信息和研究的、开放共享的、高度协作的基础设施，促进高效灵活的增材制造技术的开发、评估和应用；与教育机构和企业开展合作，提供增材制造技术方面的教育和培训，培养适应性强的优秀人才。该研究所致力于整合公共、私营或非营利性的工业和经济资源，集地区和国家组织之合力，加快增材制造技术在美国制造业领域的应用，加速美国整体制造技术的创新，提高美国制造技术的国际竞争力。

2013年，国防部的数字化制造和设计创新（DMDI）研究所成立。DMDI研究所致力于开发新的基于模型的设计方法及虚拟制造工具，以及基于传感器和机器人的制造网络，其数字化集成并与供应链并网的先进设计与制造技术可实现"未来工厂"的蓝图，形成具有快速响应能力的美国工业基础，有利于加快美国数字制造领域的创新速度，快速占据市场领先地位。

轻质和现代金属制造创新（LM3I）研究所于2014年2月成立。LM3I研究所利用先进轻质金属具备与传统金属相当的机械性能和电性能，以及使部件或产品更加轻质、灵活的优势，开展了轻质、现代金属制造技术研究，加速先进轻质、现代金属在风力发电机、发动机、装甲车辆、飞机机身等领域的应用，从而大力降低产品的制造成本和能耗，提高美国国防工业及基础工业的核心竞争力。

此外，美国政府还成立了能源部的新一代电力电子制造研究所，由于基于宽带隙半导体材料的电力电子设备将成为驱动主要技术发展的新一代能源平台，宽带隙技术将使更加紧凑、高效的电力电子设备在众多领域如电动车辆、可再生能源联网、工业级变速驱动发动机、更加智能灵活的电网等产品中实现应用。该研究所致力于新一代电力电子制造技术如宽带隙技术的发展，可以帮助解决诸如不断减少的美国能源供应、较长的交货时间、较高的开发运行维护费用等系列复杂问题，从而保障美国稳定、安全、可靠的工业制造技术创新能力，满足其不断增加的武器装备发展需求[3]。

NextFlex柔性混合型电子制造创新研究所成立于2015年8月，该研究所由国防部主导，致力于通过投资FHE材料量产、薄器件加工、设备/传感器集成打印和包装、系统设计工具、可靠性测试和建模等实现美国柔性混合电子生态系统的技术商业化，开启柔性混合电子制造的新时代。该研究所制造新颖的商业和国防产品，例如：

(1) 适用于年迈的或受伤士兵的机器人装置。
(2) 适用于运行的飞机或汽车的传感器监控设备。
(3) 适用于恶劣环境的轻巧坚固的传感器。

该研究所将政府、行业和学术界联合起来，共同投资有利于美国投资和生产的关键新兴技术领域，提高美国在新兴技术领域的竞争力。

由此可见，各大研究院所开发的技术或产品均专注于专业领域，以使美国的先进制造业更加具有竞争力为发展目标，尽可能地满足国防部的 ManTech 规划需求，通过研究和合作，实现制造技术和产品升级。

3 美国国防制造技术规划实施成功案例

3.1 陆军 ManTech——先进纳米复合材料涂层

1) 现状及目标。

机械和光学武器系统组件的磨损会影响武器系统的准备和维持，而先进的纳米复合材料涂层已显露出降低武器系统维持成本的前景。然而，由于等离子体辅助化学气相沉积（PACVD）的纳米复合材料涂层工艺产量受限，因此需要改进制造过程使得新型涂层能够经济有效地应用于各种工艺配置。

这项陆军 ManTech 项目的目标是有效地改善制造工艺，在关键的陆军部件上应用纳米晶金刚石/无定形碳涂层。

2) 改进方案。

流程改进：该项目展示了一种提高寿命、减少成分磨损、减少摩擦并防腐蚀的应用于航空和导弹部件的涂层系统。其制造工艺改进包括：

(1) 采用双腔设计大大提升腔室容量。
(2) 通过使用灵活的固定装置改善沉积室的部分容量。
(3) 减少真空室泵的停机时间来提高涂层产量。
(4) 采用自动沉积系统控制和标准化数据管理。
(5) 建立自动化组件清洁生产线来缩短产量时间，提高零件质量。

3) 成效。

使用 SP3EC 纳米晶金刚石/无定形碳涂层，耐用性提高 500 倍，表面硬度提高 10 倍。该涂层使摩擦减小并改善磨损性能，使其提高 200%，从而提高了机械部件的耐腐蚀性。涂层每平方英寸的成本比原来降低 66%。最直接的影响是改善了光学传输和光学器件、机械的寿命。

3.2 陆军 ManTech——轻量级防弹装甲的混合制造流程

1) 现状及目标。

美国陶瓷/复合材料防弹装甲已经过实战验证，是作战人员抵御各种威胁，包括分散和抵御小武器子弹最有效的保护。但是来自项目经理和用户的一致要求是能够提供质量更轻的同等水平的陶瓷/复合材料防弹保护。陆军 ManTech 和国防制造科学与技术（DMS&T）计划资助了一项项目，项目目标是在防弹装甲材料的制造过程中采用新的方法来减轻质量。

2) 改进方案。

流程改进：该项项目改进所包含的特定技术有：

(1) 采用碳化硼和碳化硅混合物的制备方法可以提高抗弹性能。
(2) 新的纤维结构和制造工艺减少非穿透性背面变形 20% 以上。
(3) 首创的高压纤维排列技术能优化防弹衣板背衬的弹道完整性。

(4) 新的黏合剂，黏合、烧结方法和首创的自动复合层组装机，能实现弯曲热压陶瓷板的半连续加工流程。

(5) 制造成熟度（MRL）为8。

3) 成效。

更轻的士兵防护装置能提高士兵的机动性、耐力，且易于准备，特别是在极端环境情况下。此项ManTech投资带来的效果包括：

(1) 按照弹道和背面变形标准为6.3 psf面密度标准，该系统比目前防弹装甲系统实现减重10%。

(2) 每块中型防弹装甲板从5.45 lb减重至4.5 lb。

3.3 陆军ManTech——多用途战斗部制造

1) 现状及目标。

创新的战斗部设计已经证明了可以提高导弹系统的能力和性能。然而，由于工艺可变性、材料损耗、加工时间、人工成本、工具磨损和可靠性等因素，战斗部生产的成本非常高。

这项陆军ManTech项目的目标是为当前和下一代精确弹药研究多用途战斗部制造工艺，能减少劳动时间、材料损耗以及生命周期成本等。

2) 改进方案。

流程改进：该项目展示了使药型罩成为近净形预成形件的锻造过程。制造工艺改进包括：

(1) 药型罩坯料制造。

(2) 药型罩预成形件。

(3) 成品药型罩。

(4) 战斗部壳体制造和组件装配。

(5) 药型罩压制装药/精加工。

(6) 战斗部组装。

(7) 组件热处理。

总的结果是锻造近净形坯料会比现有生产方法降低40%的材料质量。

3) 成效。

提供经济实惠的多用途战斗部，能使当前和未来的战术导弹系统具备击败爆炸反应装甲保护坦克、软目标、城市地形目标军事行动的能力。由于过程可变性的减少，战斗部也增加了杀伤力。

3.4 海军ManTech——用于VCS主推进轴的纳米陶瓷涂层可以延长生命周期

1) 现状及目标。

在役弗吉尼亚级潜艇（VCS）主推进轴的检查中已经观察到推进器轴承轴颈的电渣带熔覆层存在明显的切槽。此项ManTech项目的主要目标在于评估已经发现在VCS主推进轴上轴承轴颈磨损问题的解决方案，以及寻找很有可能增加当前轴更换周期从72个月延长到不少于96个月的解决方案。

2) 改进方案。

海军金属加工中心（NMC）设计和制造了一个能造成磨损和切槽的推进器和轴承试验台。NMC使用这个试验台去评估几种轴承/轴颈材料组合。在评估了各种生产625合金轴承（铸造、包覆和纳米陶瓷覆层）的方法之后，项目团队确定采用的纳米陶瓷覆层轴承的总磨损最低，切槽最浅。除此之外，当纳米陶瓷涂层应用于复合轴时，表现出非常好的附着能力和很高的韧性。

3) 成效。

虽然没有定性地确定96个月可以满足轴更换，但项目期间获得的结果证明继续应用纳米陶瓷涂层可以实现这一目标，即增加轴的使用寿命，可以延长生命周期、减少维护。

3.5 空军 ManTech——改进的钛加工工艺

1）现状及目标。

铝基材料高速加工的近期进展显著降低了铝航空结构的成本。然而，钛基材料具有不同的切削加工属性，难以实现金属的高效去除。该挑战主要考虑生产航空钛合金部件的加工成本。为了提高加工生产率和减少成品制造成本，需要寻求提高金属去除率和加工效率的创新的理念。特别是为达到理想的金属去除率，需要探索改进工具和加工技术的具体方法。

2）改进方案。

这项空军 ManTech 项目的目标是确保成功地将钛加工的数字模型和高速加工（HSM）技术转移至军用 F135 和 F136 发动机部件高效及成本可负担的制造过程中。

项目研究揭示了齿路径频率、发热和切削力之间的关系。在此基础上，项目团队使用了计算机辅助工程软件，采用 AdvantEdge FEM 2D 和 3D 技术模拟高速加工（HSM）和高频齿路径（HFTP）加工，最终确定了钛的最佳加工条件。使用 AdvantEdge FEM，证明了 HSM 和 HFTP 方法的正确组合可以提高金属去除率，维持工具寿命。

3）成效。

新的建模软件使得用户如普惠和通用电气能提高材料去除率、延长工具寿命、预测切屑形状、缩短产品设计周期、减少试验、通过残余应力预测提高零件质量。HSM 技术每年将为航空航天领域节省数百万美元。

4 结论

本文主要介绍了美国 ManTech 规划的整体情况、一些相关研究院所发展概况以及 ManTech 规划实施的一些成功案例。可以看到，ManTech 规划的建立和持续实施，不断地在突破和提升国防必需的制造技术，并经济化地应用于国防系统，使得美国国防的基础制造能力长期处于前沿领先的地位。

总体来看，ManTech 规划的实施始终围绕有效地管理与交付加工制造技术解决方案这一核心战略重点不变，不断为国防制造企业提供保障，支撑美国国防工业基础。而 ManTech 规划下设的各项子规划，建立的各类研究院所，发挥专业优势，在各自专业领域提供有效的技术和产品支持，更具针对性和可实施性。同时，ManTech 规划也专注于投资与资源配置，积极与政府、企业、学术界等开展良好合作，不断创新制造技术，持续提高美国制造技术的国际竞争力。

当今时代，数字化、智能化、无人化的装备发展趋势已是大势所趋，美国依靠其强大的制造技术和信息技术，已经将互联网技术充分应用于传统工业制造领域，打造"工业互联网"，迈向"未来工厂"，战略性地保持其工业强国地位。面对这一发展趋势，我国基础尚薄弱，发展不平衡，还需深入研究学习、适当借鉴、寻找突破口，充分提升我国技术水平和国防军事实力，不断提高国际竞争力。

参 考 文 献

[1] 高彬彬，李晓红，胡晓睿，等．透视美国国防制造——ManTech 规划综述［J］．国防制造技术，2009，8（4）：18-21．

[2] 原文网站 https://www.dodmantech.com/U.S. Department of Defense MANUFACTURING TECHNOLOGY PROGRAM

[3] 张楠楠．构建国家制造网络 实现制造技术创新［J］．军民两用技术与产品，2014（1-2）：83．

禁（限）用工艺研究方法探讨

袁 芬，李春艳，杨伟韬

（中国北方车辆研究所，北京 100072）

摘 要：提出了装甲车辆行业禁（限）用工艺的定义及控制原则，通过分析某三种型号的质量问题，对禁（研）用工艺的研究内容和方向进行了阐述，结合实例提出研究要点，奠定了装甲车辆行业禁（限）用工艺研究的基础。

关键词：装甲车辆；禁（限）用工艺；研究要点

中图分类号：T-19　**文献标志码**：A

Study on the method of the prohibition (restriction) process technology

YUAN Fen, LI Chunyan, YANG Weitao

(China North Vehicle Research Institute, Beijing 100072, China)

Abstract: The definition and control principles of the prohibition (restriction) process in the armored vehicle industry were presented. By analyzing the quality problems of three models, the research contents and directions of the process were expounded, and in combination with the examples, the research points were proposed. All of these laid the foundation of the research on the prohibition (restriction) process of the armored vehicle industry.

Keywords: armored vehicle; prohibition (restriction) process; research points

0 引言

禁（限）用工艺概念最初来自航天，在20世纪90年代航天系统开始将多年的研究和积累逐步形成一套较为完善的航天型号产品禁（限）用工艺目录与管理制度[1]，同时每年根据新技术、新材料的应用情况对目录进行调整和更新，有力地促进了质量的提升和技术、技能水平的提高。

近期兵器研究一院也开始摸索适应自身的禁（限）用工艺研究，结合装甲车辆行业的特点，总结多年来的经验教训，提炼精华，分专业形成一套有效的禁（限）用工艺目录，帮助技术、工艺人员快速规避常见的工艺问题，不断提高产品可靠性，适应国家高质量发展制造业的需要。

1 禁（限）用工艺概念及控制原则

1.1 禁用工艺

禁用工艺是指以保证产品质量、维护技术安全和保护环境为出发点，凡是违反国家有关政策法规以及军工系统内已有文件明令禁止的，其生产方式落后、严重影响产品质量、严重污染环境、容易造成安全事故的落后工艺，应淘汰或采用其他工艺方法替代的工艺。例如铝合金阳极化后，严禁在阳极化膜未去除前焊接，防止焊接缺陷的产生；焊接内腔封闭焊缝时，禁止在不开排气孔的情况下施焊，而应该开

作者简介：袁芬（1983—），女，硕士研究生，E-mail：shizhibu201@126.com。

工艺孔以保证焊接的安全；而在装配时，禁止对非金属材料制成的零部件装配时直接安装弹簧垫圈，防止零部件的受损等。

1.2 限用工艺

限用工艺是指以保证产品质量、维护技术安全和保护环境为出发点，国家、军工系统内已有文件明令限制使用的，其生产方式落后，影响产品质量，污染环境，易造成安全隐患的落后工艺。但近期就现有工艺、设备条件的实际情况尚无可采用的替代工艺，在采用控制措施后，在一定的条件下还可以使用中远期将逐步被淘汰的工艺。例如铝合金焊接清理后不应在 72 h 外施焊，否则为了保证焊接质量应重新清理；要求保持零件磷化前的表面粗糙度或尺寸精度的零件不宜磷化，否则会增加表面粗糙度，影响尺寸精度[2]；而在电缆制作时，军工产品导线绝缘层不允许冷剥，一般应使用热控型剥线工具，防止线断芯。

1.3 不建议使用工艺

不建议使用工艺是指产品存在一定的质量隐患，易造成或引起常见病、多发病，易存在安全隐患或对环境造成污染的工艺。例如，盲孔不建议使用有折断槽的钢丝螺套，因为折断安装柄时易掉入盲孔内，清理时会划伤螺纹，应该使用专用的盲孔钢丝螺套等；经常拆装的测试口盖安装螺钉不建议使用 M3 及以下十字槽螺钉，这样的螺钉强度低、易损坏，应使用 M4 及以上规格螺钉。

1.4 控制原则

禁（限）用工艺研究的目的是保证产品质量、维护安全和保护环境，并非简单地把国标、国军标、行业标准等中涉及的"不""不能""不应""不允许"等字眼的规定及要求照搬进来作为禁（限）用工艺目录，这样没有针对性的要求对军工系统质量提升意义甚微。

禁（限）用工艺的条目要以当前的工艺和设备水平为选择依据，可以根据实际情况逐年更改，不能过于教条和死板。禁（限）用工艺的研究是一个动态的过程，保证工艺目录时刻贴近当前的设计和生产，且具有时效性。

禁（限）用工艺应是多年来技术经验总结的结晶，是用来帮助设计工艺人员快速规避风险的方法，而不是单纯限制性的工作条例。研究的目的是提高设计、生产质量，而不是人为地制造难题和条条框框。

2 禁（限）用工艺研究内容和方向

在近几年的型号中选择了三种典型型号，并对它们在初样阶段暴露的问题进行分类、统计，结果如图 1 所示。

由图 1 可以看出，在型号项目的研制过程中，工艺问题依然占所有问题相当一部分比例，这一方面说明工艺在项目研制过程中的重要性，解决了工艺问题势必会消除相当一部分的质量问题；另一方面也凸显了当前兵器行业工艺工作的不完善，这些工艺问题的发生跟工艺水平、工艺管理的不足有直接关系。

按照工艺各环节分为设计工艺、制造工艺和使用维护工艺。针对上述三个项目出现的工艺问题又展开分类统计，情况如图 2 所示。

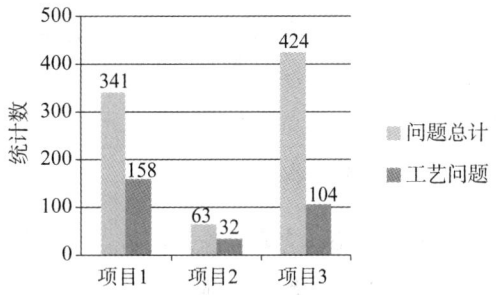

图 1 某三种型号工艺问题统计情况

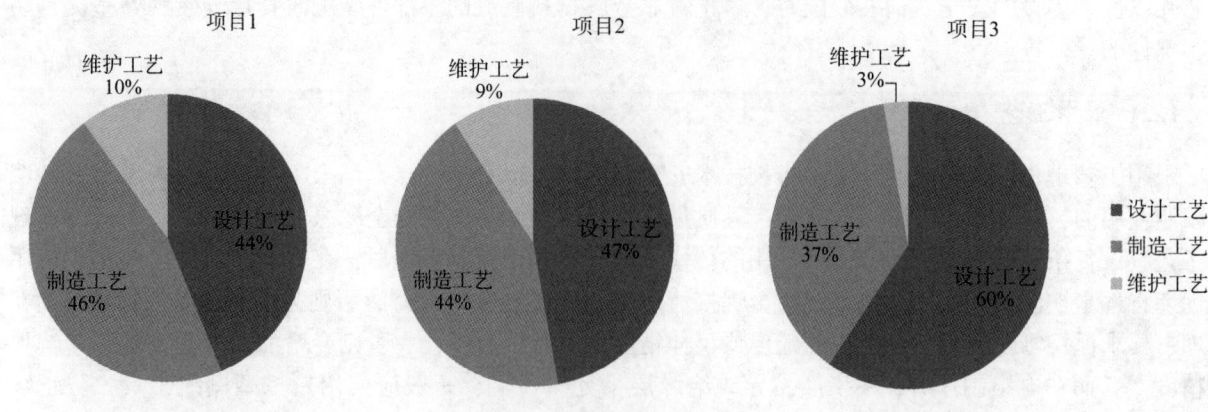

图 2　三项目工艺问题分布

可以看出，设计工艺和制造工艺依然是工艺问题的主要部分，也是禁（限）用工艺研究的主要内容。根据研究院涉及的专业又可分为机加工、钣金、焊接、热处理、表面处理、电装、总装测试及检验等 8 个方向，按照 8 个方向出现的问题和总结的经验进行分门别类收集、筛查和审核，保证全包围、全覆盖，最大限度地扩大禁（限）用工艺范围，总结经验，提炼要点。

3　禁（限）用工艺研究要点

3.1　条目有出处

在禁（限）用工艺的条目选择中应该选择"自下而上"的方式，从项目中发现的质量问题着手，进行工艺分类，归集方向，随后通过查找国标、国军标等各类标准，从中找依据、找措施，保证所选条目有实实在在的出处，而非教条地照搬各类标准。保证禁（限）用工艺是根据实际工作发现问题、解决问题，杜绝依照标准寻找问题。例如在铝合金壳体加工时，发现在机加工过程中如果采用乳化液冷却，壳体在后期采用阳极氧化表面会起花，影响质量。在确定为禁（限）用工艺研究内容后，根据该现象找原因，发现阳极氧化采用的电解液中的草酸会与乳化液起反应，导致铝合金表面起花的现象，最后得出铝合金壳体后续有阳极化工序时冷却液禁止使用乳化液的结论，解决了生产过程中实实在在发生的问题。

3.2　措施有落处

禁（限）用工艺研究的目的除了归集问题，更应该找到有效的解决措施。例如铸铝件焊接接头加工时，由于铸铝件组织相对松散，切削液渗入其中，将影响焊接质量，因此在禁（限）用工艺中提出"铸铝件待焊接头加工时，不得使用切削液"，但在后面也要指出解决措施：采用干式切削；密封圈易膨胀，如若涂抹不相容的润滑脂，橡胶圈会变质也会膨胀，不易拆卸也无法起到密封的作用，因此在禁（限）用工艺中提出禁止密封圈涂抹未经相容性试验的润滑脂，在解决措施中提出涂抹润滑脂前要进行密封圈与润滑脂相容性试验。这样保证每一项禁（限）用工艺提出一条，改进措施提出一条，形成问题的闭环。

3.3　操作无差异

制定的措施与实际操作之间应该无差异，保证制定的措施在一线能够操作且易操作，例如很多标准上为了防止金脆，要求"镀金引线焊接前进行搪锡处理"，但是实际情况需要具体问题具体分析，对于插装元器件、导线和各种接线端子搪锡工序很容易实现，但对于表面贴装元器件，由于引线间距窄而薄，容易变形，搪锡去金处理十分困难。在制定措施时，需要根据引脚排列情况、以往出现的焊接情况进行分类，防止一刀切，保证措施和实际操作的一致性。

4　结论

虽然装甲车辆行业禁（限）用工艺研究刚刚起步，但是借助现有的质量管理体系和工艺管理制度，通过一线调研，汇总提炼多年来的经验，把握好禁（限）用工艺概念和选取原则，沿着研究要点展开工作，对提高兵器系统的工艺水平和产品质量极为有益。同时通过禁（限）用工艺的研究，对装甲车辆行业各专业标准的查缺补漏也很有意义，为后期标准的补充和完善奠定基础。

参 考 文 献

[1] 刘琦，刘明全，王辉，等.航天型号产品禁（限）用工艺管理与控制［J］.产品质量管理，2017（2）：7-9.
[2] 冯自修，刘颖，郝杉杉，等.金属镀覆层和化学覆盖层选择原则与厚度系列［S］.北京：国防工业出版社，2000，30.

浇铸工艺对封头结构发动机装药尾部气孔的影响

胡陈艳，陈海洋，孙彦斌，刘圆圆，王晓芹，王 利，白 萌，曹树欣

(西安北方惠安化学工业有限公司，陕西 西安 710302)

摘 要：主要针对封头结构发动机装药端面易出现质量问题的现象，研究了插管加压过程中喷淋速率与插管拔出速率对其尾部气孔的影响。研究结果表明，插管加压浇铸喷淋过程下料时间随药浆黏度的增长而延长，气动管夹阀开度在 (20±5)% 时，总计下料时间最短，平均喷淋速率最大；插管拔出耗时 10 min 时，药浆容易流平，保证发动机内腔封头结构密实，降低尾部气孔率。

关键词：插管浇铸；喷淋速率；拔出速率；气孔

Effect of pouring process on the stomata of the engine at the end of the head structure

HU chenyan, CHEN Haiyang, SUN Yanbin, LIU yuanyuan, WANG Xiaoqin,
WANG Li, BAI Meng, CAO Shuxin

(Xi'an North Hui'an Chemical Industry Co, Ltd, Xi'an 710302, China)

Abstract: The paper is mainly aimed at the effect that engine of head structure is prone to quality problems at the end. The effect of spray rate and intubation speed on the stomata are studied. The results show that the pouring time increases with the increasing of propellant viscosity, and the hose value opening degree is (20±5)%, the total pouring time is the shortest, and the average spraying rate is the largest. The intubation is pulled out for 10 minutes, the viscosity growth is slowest, the leveling of the slurry is well, and the head structure of the inner cavity is easily enriched, the probability of occurrence of pores at the end is reduced.

Keywords: intubation pouring; spraying rate; pulling our speed; stomata

0 引言

近年来，随着现代作战要求的不断提高，对固体火箭发动机的性能要求也越来越高，发动机的口径不断增加，射程增长，装药量不断增大，发动机装药的药型结构也趋于多样化、复杂化。为了满足大口径固体火箭发动机头尾封头结构的设计要求，保证发动机头尾部椭球封头结构内的推进剂装药满足装药产品质量技术指标要求，合适的装药工艺选择显得尤为关键。

1 浇铸工艺概述

发动机浇铸是将混合好的复合固体推进剂料浆在真空条件下注入发动机壳体内成型，常用的浇铸方式有真空喷淋浇铸、加压浇铸和模压浇铸等。针对大口径发动机，为确保发动机装药药型，发动机头部及尾部均设计为椭球封头结构，其头尾机口直径远小于壳体直径，如图1所示，采用传统真空喷淋浇铸工艺难以保证药浆在椭球面位置成型，易在该位置形成空腔，不能满足装药产品技术质量指标要求。因

作者简介：胡陈艳 (1990—)，硕士，助理工程师，固体火箭发动机装药制造浇铸工艺研究，E-mail：346271765@qq.com。

此合适的装药浇铸工艺选择是保证产品质量的前提。

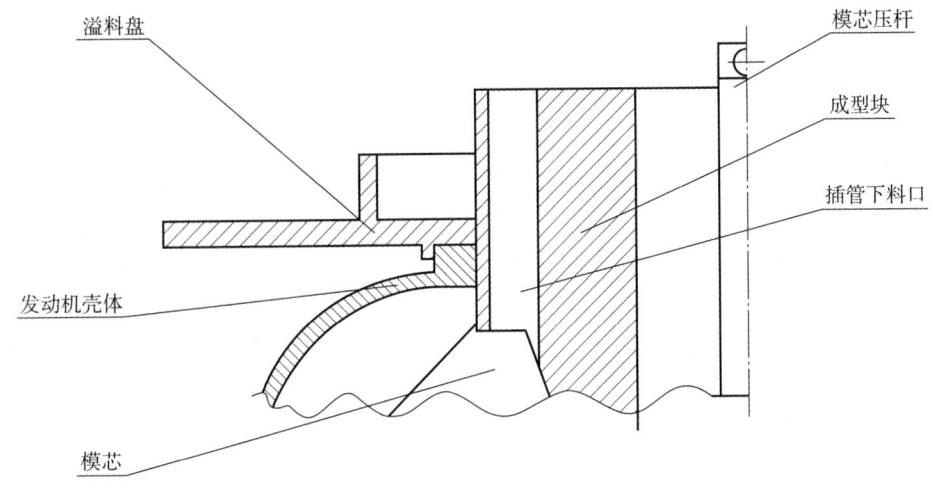

图 1 发动机尾部装药工装示意

插管加压浇铸首先采用真空喷淋法，使料浆在真空除气条件下，按照一定的下料速率通过花板浇入加压罐中，除去气体；再使用空压压力，将加压罐中的料浆通过插管浇入燃烧室壳体内成型，浇铸工装连接如图 2 所示。该工艺使装药内部质量受控，具有一定流动性的料浆通过正压充实壳体内腔，保证药型面尺寸满足工艺图纸要求。

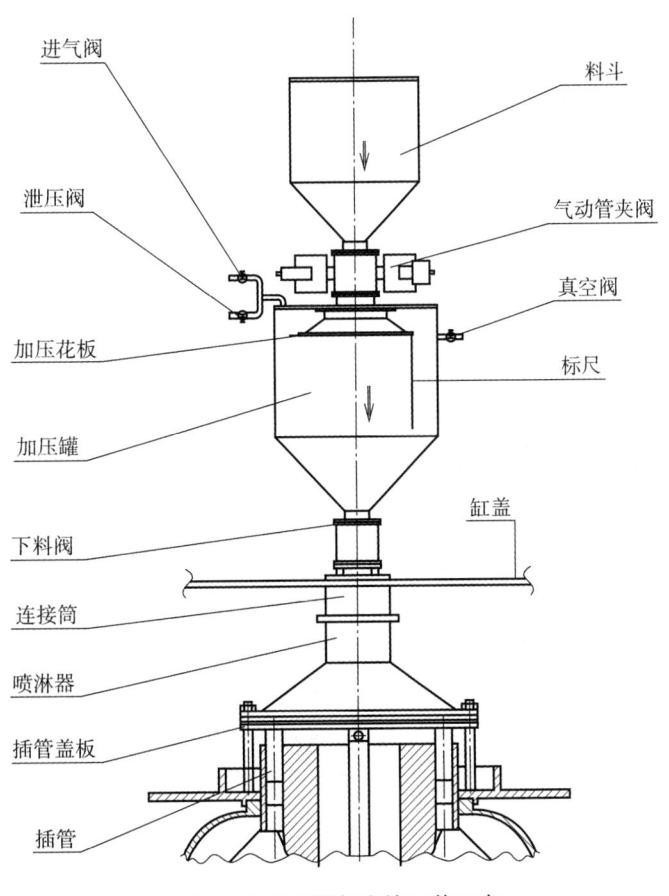

图 2 发动机尾部浇铸工装示意

2 试验部分

2.1 试验目的

复合固体火箭发动机装药的质量缺陷受复合固体推进剂药浆的工艺性能及发动机装药浇铸工艺两个方面的影响。大量实践发现,固化成型后发动机装药,尾部药面偶尔出现局部不规则凹陷或气孔,造成发动机装药质量缺陷。合理的工艺参数给定,尺寸标准、配合度高的工装设计是保证插管加压浇铸工艺成败的前提。浇铸过程的工艺控制才是保证产品质量的核心,而浇铸过程工艺控制必须与推进剂药浆的工艺性能匹配。推进剂药浆工艺性能的优良通常使用黏度作为判定标准。本文针对性能稳定的推进剂配方,以椭球封头结构型发动机装药的尾部气孔控制为例,深入研究浇铸工艺参数随黏度的变化,从而保证产品质量。

2.2 试验内容

本文针对某型号发动机装药推进剂的成熟配方,研究真空喷淋速率及插管拔出速率等工艺变量对推进剂工艺性能的影响,寻找最佳工艺参数,提升产品交付的良品率。

3 结果与讨论

以某型号发动机样机01、样机02、样机03为试验对象,所使用装药推进剂配方成熟,小样分析检测性能稳定。分别使用6个保温料斗装药,单个料斗装药量为180 kg,总计给药量约为1 080 kg,在出料药温(53±2)℃、保温水温度(50±5)℃、浇铸缸绝对压强2.6 kPa、插管长度400 mm等浇铸工艺参数恒定的情况下,进行发动机装药试验。

试验取5 kg药浆,在(50±5)℃保温,采用BROOLFIELD EX-100旋转黏度仪测试药浆黏度,每30 min记录黏度点,图3所示为黏度随时间变化曲线。

3.1 喷淋速率对产品工艺性能的影响

浇铸前期采用真空喷淋法,通过控制气动管夹阀开合度大小将推进剂药浆通过花板除气匀速注入加压罐内。目前国内尚没有精确计量手段测量喷淋速率,本试验采用气动管夹阀调节单位时间料斗的下料量,以此计算药浆的喷淋速率。

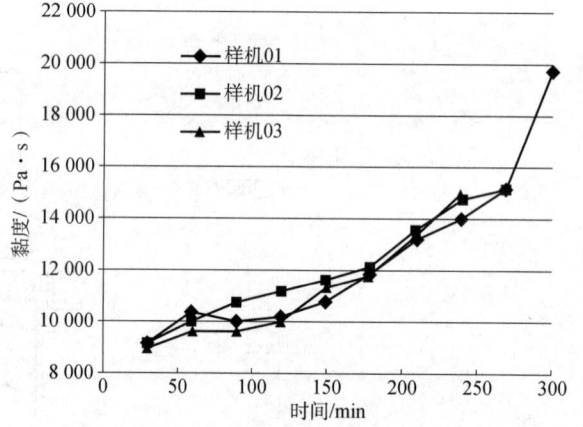

图3 黏度随时间变化曲线

试验过程中,样机01、02、03所用气动管夹阀分别选用(40±5)%、(30±5)%、(20±5)%的开度控制。试验数据发现,开阀150 min以内,药浆黏度增长缓慢,喷淋速率均较快。具体数据如表1所示。

表1 样机喷淋速率与黏度对应表

样机编号	下料 150 min			下料结束		
	下料量/kg	平均喷淋速率/(kg·min^{-1})	黏度/(Pa·s)	下料时间/min	平均喷淋速率/(kg·min^{-1})	黏度/(Pa·s)
1	800	5.3	14 647	275	3.9	18 626
2	870	5.8	14 352	222	4.9	16 616
3	1 000	6.7	11 647	185	5.8	14 514

由上述数据可知，气动管夹阀开度在（20±5）%时，总计下料时间最短，平均喷淋速率最大。浇铸前期下料，应增大气动阀开度，这是由于黏度较小时，药浆流动性及流平性较好，增大气动管夹阀开度，单位时间浇入加压罐中的药浆量随之增加，药浆有足够的流平能力，该阶段不易"裹气"，因此浇铸前期以较大速率下料不易形成气孔。

图 4 所示为样品下料时间随黏度的变化曲线。由图 4 可看出，下料 150 min 之后，药浆黏度增长较快，加大气动阀开度，可缩短下料时间，保证药浆在较低黏度下完成插管加压操作，避免黏度较大，浇入发动机尾部端面的药浆不能在封头结构处流平。

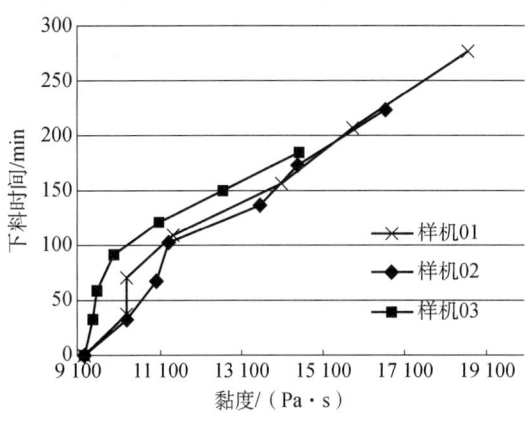

图 4　样品下料时间随黏度的变化曲线

3.2　拔出速率对产品工艺性能的影响

真空喷淋结束后，采用插管加压法将药浆压入发动机壳体内。加压完毕后，使用专用起吊工具拔出加压插管，通过控制插管拔出速率使插管内药浆在成型块内充分流平。试验过程中，样机 01、02、03 分别使用 15 min、10 min、5 min 的拔出时间匀速将加压插管拔出，采用净长度为 400 mm 的加压插管，每拔出 50 mm 记录对应的药浆黏度，以此表征插管拔出速率与黏度的对应关系。复合固体推进剂黏度难以实现连续检测，因此需通过推进剂的黏度增长拟合曲线，确定拔出点对应的黏度值。

在拟合曲线中，x 轴表示测试时间，y 轴表示黏度，R^2 表示拟合程度，R^2 值越高，拟合越精准。结果如下：

样机 01：$y = 0.142x^2 - 23.87x + 14\,390$

$$R^2 = 0.98 \tag{1}$$

样机 02：$y = 0.038x^2 + 13.52x + 11\,947$

$$R^2 = 0.982 \tag{2}$$

样机 03：$y = 0.131x^2 - 7.976x + 11\,296$

$$R^2 = 0.987 \tag{3}$$

根据插管加压浇铸工艺要求，下料结束 20 min 后开始拔出插管，根据样机总计下料时间及式（1）、式（2）、式（3），得出插管每拔出 50 mm 用时与黏度的对应关系，结果如表 2 所示。

表 2　插管拔出耗时与黏度的对应表

拔出长度/mm	样机 01		样机 02		样机 03	
	拔出总耗时/min	黏度/(Pa·s)	拔出总耗时/min	黏度/(Pa·s)	拔出总耗时/min	黏度/(Pa·s)
50	296.9	19 820	243.3	17 484	205.6	15 194
100	298.8	19 936	244.5	17 524	206.3	15 224
150	300.7	20 052	245.8	17 565	206.9	15 252
200	302.6	20 169	247	17 605	207.5	15 281
250	304.5	20 287	248.3	17 645	208.1	15 310
300	306.4	20 407	249.5	17 685	208.8	15 340
350	308.3	20 528	250.8	17 726	209.4	15 369
400	310.2	20 649	252	17 767	210	15 398

由表 2 可知，插管浇铸结束后至拔出插管阶段，三个样机药浆黏度均增长至 15 000 Pa·s 以上，黏度越大，流平性越差，需降低插管拔出速率，以延长药浆在成型块内的流平时间，使药浆能够回填充实成型块内部空间，确保发动机装药内型面。样机 03 插管拔出耗时最短，平均拔出速率约为 80 mm/min，药浆黏度增长梯度约为 30 Pa·s，但由于此时药浆黏度已经较大，拔出速率太快导致药浆被拉扯出成型块内孔，导致气体裹入，流平时间不够，形成气孔。样机 01 拔出耗时 15 min，平均拔出速率约为 26.7 mm/min，其药浆黏度增长速率最快，插管每拔出 50 mm，黏度增长梯度约 120 Pa·s，插管拔出时间越长，黏度增长越快，导致流平性更差，成型块内药浆易裹气，不能使发动机封头结构充实。样机 02 的插管拔出速率较为合适，产品质量得到保障。

4　结论

（1）真空喷淋浇铸下料时间随黏度的增加而延长，气动管夹阀开度在 (20±5)% 时，总计下料时间最短，平均喷淋速率最大。

（2）插管拔出耗时 10 min 时，药浆容易流平，保证发动机内腔封头结构密实，降低尾部气孔率。

参 考 文 献

[1] 谭惠民. 固体推进剂化学与技术 [M]. 北京：北京理工大学出版社，2014.
[2] 张瑞庆，等. 固体火箭推进剂 [M]. 北京：兵器工业出版社，1986.

固体火箭发动机侧面包覆层制作工艺研究

韩 博，张玉良，张 怡，王 倩，王晓芹，刘昌山，刘 耀，周 峰

(西安北方惠安化学工业有限公司，陕西 西安 710302)

摘 要：针对某固体火箭发动机侧面包覆过程进行分析，探讨了原有工艺中加料量难以确定、包覆层厚度不易控制、工装拆卸困难等问题，提出了粘贴挡料环的工艺优化改进方案，通过工艺改进，杜绝了侧面包覆过程中料浆渗漏在壳体螺纹内，降低了劳动强度，提高了产品质量。

关键词：侧面包覆；工艺改进；挡料环

Study on the liner of the case bonding technology of solid rocket motors

HAN Bo, ZHANG Yuliang, ZHANG Yi, WANG Qian, WANG Xiaoqin, LIU Changshan, LIU Yao, ZHOU Feng

(Xi'an North Hui'an Chemical Industry Co., LTD., Xi'an 710302, China)

Abstract: The liner of the case bonding production of solid rocket motors was analyzed. The problems in the original process were discussed, such as difficult to determine liner slurry, control liner thickness and remove mould and so on. The process improvement scheme of paste retaining ring was suggested. The result showed that the liner slurry leakage in the casing thread was stopped, the labor intensity was reduced and the product quality was improved.

Keywords: liner of the case bonding; process improvement; retaining ring

0 引言

侧面包覆层是使药柱能牢固地黏结到绝热层或发动机壳体上的一层黏弹性物质，其主要功能是黏结和缓冲应力，兼有隔热和限燃的作用[1]。某型号火箭发动机侧面包覆层制作中采用离心包覆工艺，由于工艺要求，需对壳体头部退刀槽处进行包覆处理，厚度达约 10 mm，与壳体内壁 1.5 mm 相差甚远，难以达到同步固化的效果，出料时容易造成堆积、变形，且壳体旋转过程中由于离心力的作用料浆可能会渗漏进壳体螺纹处，造成工装拆卸困难，且影响产品质量。因此，对该工艺进行改进尤为重要。

1 原工艺存在的问题

1.1 加料量难以确定

发动机在包覆机内进行包覆时，因离心力作用部分料浆可能会渗漏进壳体螺纹处，投料前预算的包覆层料浆加料量会减少，导致壳体头部处的侧包料浆厚度达不到要求，给后期包覆层修补带来困难。

作者简介：韩博（1995—），本科，工程师，固体火箭发动机侧面包覆层的研究，E-mail：463503573@qq.com。

1.2 包覆层厚度不易控制

由于工艺要求，发动机内壁包覆层厚度不一致导致加料困难，一般需要进行分次加料，易出现由于加料顺序致使包覆层固化程度不一致，进而导致性能差异的问题，且侧面包覆层制作现为人工加料、扒料，发动机封头部的包覆层厚度难以保证满足指标要求。

1.3 工装拆卸困难

发动机包覆完成进行工装拆卸时，由于有部分料浆渗漏至壳体与工装的螺纹缝隙处（图1），且包覆层料浆本身具有黏弹性，致使工装拆卸变得非常困难。若强行拆卸，工装会与壳体发生挤压、摩擦，容易造成工装与壳体螺纹处损坏，还会引起产品质量问题。

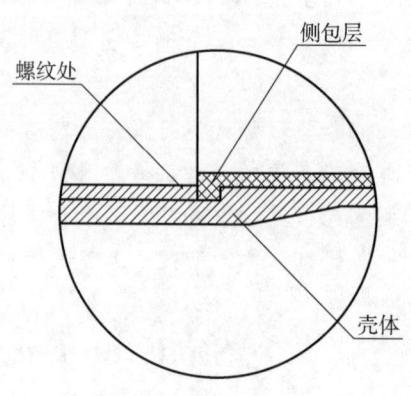

图1 壳体侧面包覆

2 工艺改进

针对发动机侧面包覆过程中存在的问题进行分析，其主要原因为壳体螺纹处与工装装配后存在一定的间隙，且混合好的料浆有一定的流动性，当把料浆加入壳体内进行包覆层制作时，料浆容易在离心力作用下进入该间隙，因此对该工艺展开优化改进。通过设计加工挡料环模具，在对壳体进行侧面包覆时，提前将预制好的包覆层挡料环粘贴在壳体退刀槽内，与加到壳体内的侧包料浆同步固化，杜绝侧包料浆包覆时渗漏至壳体螺纹处，且保证壳体头部退刀槽处的包覆层厚度满足工艺指标要求。

2.1 挡料环制作

挡料环采用侧面包覆层料浆配方，使用专用模具预制成型（图2、图3），由人工加料、抹平、除气泡等制作工艺过程完成。

图2 挡料环制造专用模具

图3 制造挡料环

2.2 挡料环粘贴

（1）用蘸试剂级乙酸乙酯的纱布清理制作好的挡料环，并晾干。
（2）将混合好的侧面包覆层料浆手工均匀涂覆在挡料环粘贴面上。
（3）将涂覆好侧面包覆层料浆的挡料环粘贴至壳体头部退刀槽内。
（4）将粘贴挡料环后的发动机壳体在室温下静置2 h以上。
（5）检查挡料环的粘贴质量，若粘贴质量不理想可适当按压。

2.3 挡料环粘贴效果

在进行某型号火箭发动机侧面包覆时，先将预制成型的挡料环粘贴至壳体头部退刀槽内并压实，在室温下静置 2 h 以上，使挡料环粘贴牢靠，然后装配好工装进行加料包覆，使料浆与挡料环同步固化为一体（图 4），以达到保证包覆层厚度、阻隔壳体内腔的包覆层料浆渗漏至螺纹的目的。

2.4 试验结论

为验证壳体粘贴挡料环前后的效果，对粘贴挡料环前后各 10 节发动机壳体进行对比试验，结果如表 1 所示。

图 4　挡料环固化效果

表 1　对比试验结果

发动机节数	料浆渗漏的节数	厚度不达标的节数
粘贴挡料环前	7	8
粘贴挡料环后	0	0

由试验数据可见，粘贴挡料环的发动机壳体在进行工装拆卸时没有发现侧面包覆层料浆渗漏至螺纹处，且退刀槽处的侧面包覆层厚度满足指标要求。

3　结论

本文主要描述了某型号发动机在侧面包覆工艺中存在的技术难点，对其进行了问题分析并提出了工艺改进措施：

（1）通过粘贴挡料环，杜绝了侧面包覆过程中侧包料浆在壳体头部渗漏至螺纹内，降低了工装拆卸过程的劳动强度。

（2）通过粘贴挡料环，有效保证了壳体头部退刀槽处的侧面包覆层料浆厚度满足指标要求，且降低了操作难度。

（3）挡料环采用与侧面包覆层相同的配方制造，可以有效保证产品质量。

参 考 文 献

[1] 张永侠，贾小锋，苏昌银. 固体火箭发动机装药与总装工艺学 [M]. 西安：西北工业大学出版社，2017.

更高电场强度的电火花——闪电原理简析

尹昶,李亚妹

(重庆机电职业技术大学 电气与电子工程学院,重庆 400000)

摘 要:基于简化的平板电容模型,简要分析闪电的基本过程及相关原理;重点介绍相关进程中电压、电荷、电场的基本变化情况。以此为基础,提出一种改进电火花塞的方法,以提高设备的能级水平。

关键词:闪电;正反馈;电容;电场强度;电火花塞

中图分类号:O441.1　**文献标志码**:A

A much stronger spark – the basic analyze about the lightning

YIN Chang, LI Yamei

(the Electrical and Electronic department, Chongqing Vocational and
Technical University of Mechatronics, Chongqing 400000, China)

Abstract: This paper analyses the lightning's basic process. Based on the basic plate capacity model, it describes the voltage, the electric charge and the electric field's changing process. Based on these analyze, we present a new structure of the electric spark plug. By this way, we can improve the equipment's energy level greatly.

Keywords: lightning; positive feedback; plate capacity; electric field intensity; spark plug

0 引言

闪电是一种常见的自然现象,它所释放的能量十分巨大。电火花塞是一种十分常见的工业器件,使用十分广泛。两者有什么联系?又有什么区别呢?两者都是空气电离,然后放电的现象,但是区别很大。闪电的过程中,其内部电场可达到的强度要远高于普通电火花。我们先分析闪电原理,再以此为基础改进电火花塞,以提高器件能级水平。

1 闪电原理简析

闪电是空气的云层由于各种原因,积累了大量电荷 Q,因而与大地或别的参考面形成电场,产生电位差,当条件合适时放电,形成闪电,释放电荷的能量。

闪电的模型,简单考虑,可简化为一个平板电容。其基本公式为 $Q=CU$,Q 为电荷量,C 为等效电容,U 为电容电压。其中 U 是电容两极板间电压,可由电场强度 E 积分得到。如果电场是均匀的(简化),则 $U=Ed$,E 为电场强度,d 为极板间距离。理想平板电容 C 的电容量 $C=\varepsilon A/d$,其中 ε 为介电常数,A 为极板面积,d 为极板间距离[1]。这时这个电容的能量可由 QU 得到,这就是这个电容中电场所蕴含的能量。正常情况下,假设整个云层是均匀的,相应电场也是均匀的(类似理想平板电容)。如果云层中有一小部分有波动,导致其向参考面方向有一个移动(云层一部分突出)。用电容模型来分析,可

作者简介:尹昶(1974—),男,硕士研究生,研究方向:信号与信息处理,电气与自动化控制,E - mail:1438518830@ qq. com;李亚妹(1987—),女,硕士研究生,主要研究方向:信号与图像处理,单片机与嵌入式系统,E - mail:527718666@ qq. com。

看作平板电容的一小部分向参考面有一个位移。注意，位移这部分可以看作一个独立电容 C_1 与原有的大电容 C 的并联。如果没有别的变动，Q 分布不变（没有电流流动），则这个小电容 C_1 电容量将增加（距离 d 减小了），因而电压将减小。这时，由于小电容与原有大电容并联，大电容各参数均未改变，因而电压也不变。由于有电压差，将引起大电容电荷向小电容流动，直到两者电压相同为止。这样小电容的 Q_1 将增加。由电容公式 $Q = CU$，$U = Ed$，$C = \varepsilon A/d$，可推导出 $Q = EA$；对于小电容而言，由于 Q 增加而 A 不变，那么其对应的电场 E 将增强（图1）[2]。也就是说，其他部分的电荷流入这个突出部位，相应的电场减弱，而这个突出部位，由于流入电荷，其电场将增强。电场能量向该突出部位集中。

实际的云层电场情况和理想平板电容有一定区别。如果参考面是均匀平整的，在其突出部，电场应该以一突出部为顶点，相对于参考面的一个圆锥形，如图2所示，这样，只有突出部附近空气才会电离。但是当突出部移动时，其内部电压、电荷移动以及电场变化规律与前述相似。

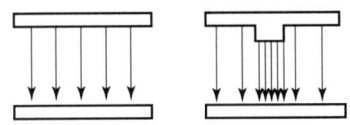

图1 平板电容模型中电场分布情况

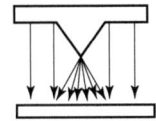

图2 云层中的电场分布

考虑一下这样的情况，如果云层能量增强，其电场将增大，在这里边，较低的突出部电场会更强一些（如前所述）。一旦条件合适，整个云层电场中将有一点会率先达到使空气电离的场强。这时该处空气电离，变为可导电的气体，这就等效于平板电容又增加了一部分。电离方向是电场最强的方向，一般就是云层与对应参考面的方向。这样等效于该突出部分又向参考面突出了一点。这样等效于该部分电容的距离 d 又减小了。距离减小会使得等效电压降低，会引入新的电荷，这样该部分电场会进一步增强。这时，该方向上空气会进一步电离。距离会进一步减小，电荷会进一步向该处集中。该过程形成了一个正反馈，云层的电荷都向这个点集中，向参考面移动（闪电形成了），直到电流到达参考面，能量释放，闪电过程完成。

在电荷向该点集中的过程中，该点集聚的电荷越来越多，由前述电容公式可知，该突出部位的等效电场也会越来越强。也就是说，云层的电场能量逐步集中到这一个点上来了。这样该点的电场强度就非常高，会远远高于最开始引发空气电离所需的强度。具体能够达到的数值与云层集聚的总能量及放电距离有关。

通过该分析可以看到，这样的放电过程实际上是电容的电场能量向一个点快速集中的过程，这样在空间中一个局部区域可以达到一个很高的电场强度（远高于空气电离所需）。这样的系统，总的能量不一定很高（便于实现），但是局部空间的瞬时能量密度却可以很高。

2 一种新型结构的电火花

以此为参考，我们可以考虑设计一个新型的电火花塞，在原有的电感基础上，增加一个电容（含特制的突出部），先由电感把能量传递给电容，当电压足够高时，此电容的突出部率先放电（如前所述），然后整个电场能量快速集中到该点，直到导通。（模拟闪电过程）

原有的方法，由于电感惯性较大，释放能量的速度有限，所以提供的电流密度没有这种方法快，得到的电场强度不如这种方法。

一个简便易得的高或者超高电场强度在军用及民用领域均有广泛的应用价值，值得研究与推广。

当然，闪电过程整能量的转移与释放还是非常复杂的，比如高电场及高电场变化率带来的一系列效应，如发光（电磁波，闪电）、热效应（机械波，打雷）等还有待进一步分析。但简化来看，一个局部、瞬时的超强电场的获得是肯定的。

参 考 文 献

[1] 武昌俊. 自动检测技术及应用 [M]. 北京：机械工业出版社, 2015.
[2] 许磊. 传感器技术与应用 [M]. 北京：高等教育出版社, 2014.

分解式拉深成形组合模具设计

罗宏松,方 斌,江 坤

(齐齐哈尔北方机器有限责任公司,黑龙江 齐齐哈尔 161000)

摘 要:通过拉深零件的工艺性分析确定拉深工序,在传统拉深模具结构设计基础上,结合各类通用组合模具的结构形式,根据各道拉深工序尺寸,设计了一套分解式拉深成形组合模,可有效地降低模具设计制造成本及周期。

关键词:冲压;拉深模;分解式;组合结构

0 引言

拉深成形模具在冲压生产中具有重要的作用,拉深出来的零件可以是圆筒形、锥形、抛物面形、盒形或其他不规则形状。板料拉深与其他冲压工艺结合,可以制出各种复杂的零件。因此,在汽车、航空、机电等部门和日常用品的生产中被广泛应用[1]。

拉深件各部分尺寸比例要恰当,应尽量避免设计宽凸缘、深度大、圆角半径小的拉深件。因为这类零件需要较多的拉深次数,对应的模具数量也较多,设计及制造模具成本加大,在多次拉深过程中也容易出现质量问题。

1 拉深件工艺性分析

零件如图1所示,材料为08Al钢,厚度为2 mm。根据零件尺寸可得到修边余量为 $\delta = 3$ [2]。

利用图2,根据变形前后面积相等的原则[3],计算零件的毛坯直径为 $D = (d_凸^2 + 4dh - 3.44 dr)^{0.5}$ = 118 mm;由 $d_凸/d > 1.4$,可得此拉深件为宽凸缘,通常情况下需多道拉深工序才能成形。但高度h尺寸较小,根据 $h/d < h_1/d_1$,可得出此拉深件高度能用一道工序拉深出来(h/d,相对拉深高度;h_1/d_1,带凸缘筒形件第一次拉深的最大相对高度)。从零件圆角尺寸考虑,此件圆角半径过小,一次拉深成形到R2极易造成筒壁拉裂,所以为拉深出合格零件需要加大拉深成形的圆角尺寸,再通过整形工序使得圆角达到零件R2的要求[4]。即此件需由多次拉深工序成形,第一道拉深后零件高度及凸缘尺寸可达到要求,圆角尺寸需要多次整形才能达到。

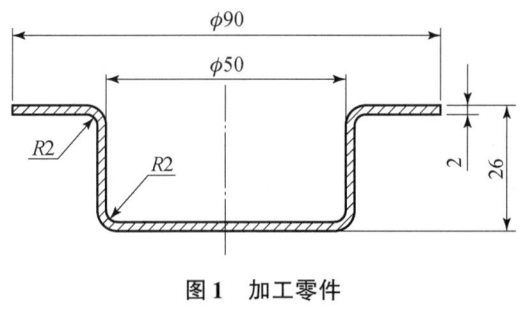

图1 加工零件

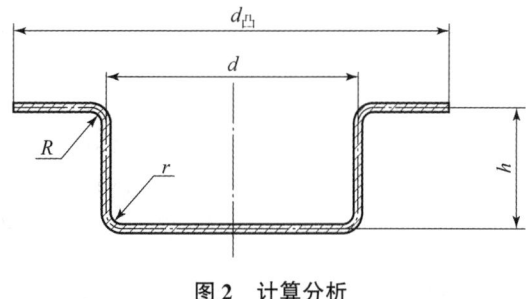

图2 计算分析

2 拉深各工序尺寸设计

根据 $r_凹 = 0.8(D-d)^{0.5}$ 和 $r_凸 = (0.6 \sim 0.9) r_凹 d$ 的关系[5],可确定拉深模具的凹、凸模圆角半径,在整形过程中,$r_凹$ 值应逐渐减小,符合 $r_{凹n} = (0.6 \sim 0.9) r_{凹(n-1)}$ 的要求。在尺寸设计时,每道拉深的凸、凹模高度尺寸不变，相应的圆角尺寸需逐渐减小直到要求尺寸 R_2。凸、凹模的间隙尺寸根据理论计算即可得到。各次拉深工序尺寸如表1所示。

表1 各次拉深工序尺寸

拉深次数 n	凹模圆角半径 $r_凹$/mm	凸模圆角半径 $r_凸$/mm	拉深后凸缘直径 $d_凸$/mm	拉深后圆筒直径 d/mm	拉深高度 h/mm
1	9	7	93	50	26
2	5	5	93	50	26
3	2	2	93	50	26

3 分解式拉深模具结构设计

根据以上计算分析，此件需要3道拉深工序才能成形，即需要3套拉深模具。本文为了降低模具设计制造的成本及周期，在对各类组合通用模的研究基础上，对拉深模具进行了不同以往的创新设计，抛弃了传统的单工序模具设计方案，采用了分解式组合模具设计方案，只需1套通用的拉深模具座以及3套凸、凹模芯就可完成多套模具的拉深成形。传统的单工序加工方式，完成一道成形工序就需更换一套模具，而采用分解冲件基素和逐步成形的新型加式方式，可以通过调节或更换模具凸、凹模芯零件逐次完成各单工序的成形要求。分解式拉深模型结构如图3所示。

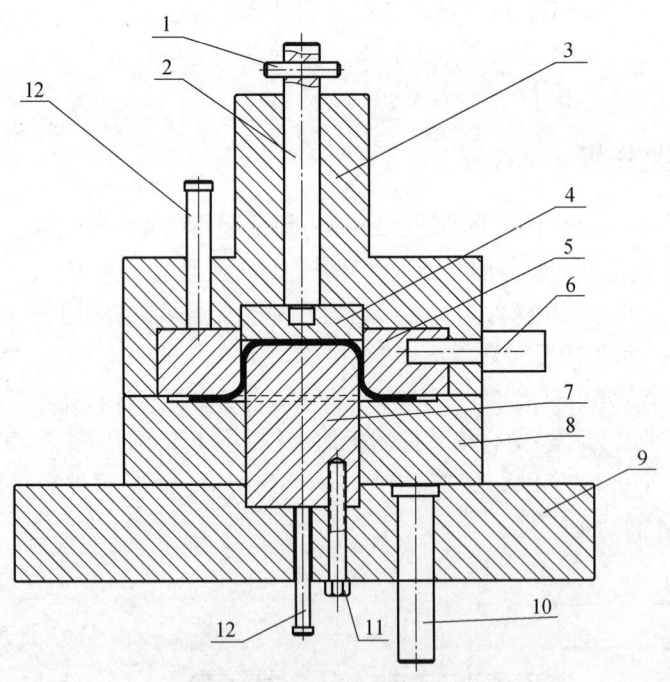

图3 分解式拉深模具结构
1—圆柱销；2—顶料杆；3—凹模座；4—卸料板；5—凹模芯；6—锁紧棒；
7—凸模芯；8—压边圈；9—凸模座；10—顶杆；11—螺钉；12—顶杆

4 模具工作方式

凹模座、凸模座、卸料板等部件为通用部件，尺寸固定。凹模芯、凸模芯为可变结构，工作部位尺寸根据每次拉深工序要求设计。每次拉深后，通过更换凸、凹模来完成后续拉深工序，直到最后成形。通过锁紧棒，可以在不拆卸凹模座的情况下更换凹模芯，而且为了防止因锈蚀等因素而发生的更换故障，使用顶杆装置，可以快速、安全地拆卸凸、凹模芯。

5 结论

大多数的拉深零件，都需要多次拉深才能最终成形，而传统的拉深工艺，每一次拉深都需要一套拉深模具，通过此分解式拉深成形组合模的设计应用，将会有效地降低模具设计制造成本及周期。该分解式拉深成形组合模可以推广到类似拉深件的模具设计中，甚至在零件尺寸相差不大时，可共用一套模座，每个拉深件只需设计符合自身尺寸要求的凸、凹模芯即可，在节约成本、提高生产效率方面会起到重要作用。

参 考 文 献

[1] 鄂大辛. 成形工艺与模具设计 [M]. 北京：北京理工大学出版社，2007.
[2] 王孝培. 冲压设计资料 [M]. 北京：机械工业出版社，1983.
[3] 牟林，胡建华. 冲压工艺与模具设计 [M]. 北京：北京大学出版社，2006.
[4] 薛卫刚. 冲压工艺分析 [J]. 农业技术与装备，2017（04）：77-79.
[5] 罗益旋. 最新冲压新工艺新技术及模具设计实用手册 [M]. 长春：银声音像出版社，2004.

等离子喷涂相异涂层的时间间隔对 Mo/8YSZ 热障涂层残余应力的影响规律研究

张啸寒[1,2]，冯胜强[1]，刘 光[1]，庞 铭[2]

(1. 中国兵器科学研究院宁波分院，浙江 宁波 315103；
2. 中国民航大学机场学院，天津 300300)

摘 要：为了突破 Mo/8YSZ 热障涂层高温易剥离的技术瓶颈，研究等离子喷涂相异涂层的时间间隔对热障涂层残余应力的影响规律，基于热弹塑性有限元理论，利用 ANSYS 有限元仿真模拟软件，建立了等离子喷涂 Mo/8YSZ 热障涂层的数值模型，模型中考虑了材料不同温度下的热物性参数，分析研究了等离子喷涂黏结底层和陶瓷面层在不同的时间间隔下喷涂构件残余应力分布情况及变化趋势。结果表明，随着喷涂相异涂层时间间隔的增加，喷涂构件的最大轴向残余拉应力呈现逐渐增大的变化趋势，最大轴向残余压应力呈现逐渐减小的变化趋势，最大径向残余应力与最大剪残余应力的变化不明显；基体与涂层界面分布着更多的径向残余压应力，随着喷涂相异涂层时间间隔的增加，径向残余压应力的分布区间增大，且在界面同一位置径向残余压应力逐渐增大；随着喷涂相异涂层时间间隔的增加，涂层的轴向残余拉应力的突变值增大，轴向残余压应力的突变值减小；涂层剥离失效的起始位置出现在相异涂层界面或基体与涂层界面下方 0.2~0.4 mm 的区间范围内，且伴随着喷涂相异涂层时间间隔的增加，涂层缺陷的萌发位置逐渐向界面边缘转移。通过调控等离子喷涂相异涂层的时间间隔，可实现喷涂构件的残余应力合理分布，进一步提升基体与涂层的结合强度。

关键词：等离子喷涂；热障涂层；时间间隔；残余应力；数值模拟
中图分类号：TG174.4 **文献标志码**：A

Research on the law of influence of the time interval of plasma sprayed dissimilar coatings on the residual stress of Mo/8YSZ thermal barrier coating

ZHANG Xiaohan[1,2], FENG Shengqiang[1], LIU Guang[1], PANG Ming[2]

(1. China Academy of Ordnance Science Ningbo Branch, Ningbo 315103, China;
2. Airport College, Civil Aviation University of China, Tianjin 300300, China)

Abstract: In order to break through the technical bottleneck of Mo/8YSZ thermal barrier coating which is easy to peel off at high temperature, the influence of time interval of different plasma spraying coatings on residual stress of thermal barrier coating was studied, and a numerical model of plasma spraying Mo/8YSZ thermal barrier coating was established based on thermoplastic finite element theory and ANSYS finite element simulation software. The thermal and physical parameters at different temperatures were considered in the model, and the residual stress distribution and variation trend of the sprayed components under different time intervals were analyzed. The results show that, with the increase of the time interval of different coating, the maximum axial residual ten-

---

基金项目：国家重点研发计划 (2018YFB1105800)；国家自然科学基金 (51705481)；中央高校基本科研业务费资助项目 (201909)。
作者简介：张啸寒 (1995—)，男，硕士研究生，主要从事材料表面改性与再制造技术的研究，E-mail: zxhcauc@163.com。

sile stress increases gradually, the maximum axial residual compressive stress decreases gradually, and the maximum radial residual stress and maximum shear residual stress do not change obviously. More radial residual compressive stress is distributed at the interface between the substrate and the coating. With the increase of the time interval of different coating, the distribution range of radial residual compressive stress increases, and at the same location of the interface, the radial residual compressive stress gradually increases. With the increase of the time interval of different coating, the sudden value of axial residual tensile stress increases and the sudden value of axial residual compressive stress decreases. The initial position of coating peeling failure occurs within the range of 0.2 ~ 0.4mm below the interface of dissimilar coating or substrate and coating, and with the increase of the time interval between spraying dissimilar coating, the germination position of coating defects gradually transfers to the interface edge. By adjusting the time interval of plasma spraying different coatings, the residual stress distribution of spraying components can be reasonably realized, and the bonding strength of substrate and coating can be further improved.

Keywords: plasma spraying; thermal barrier coating; time interval; residual stress; numerical simulation

0 引言

面对新型航天动力整体质量轻、输出能量高和瞬时加速性能强的发展趋势，对航天动力发动机提出了更高的要求，一方面需输出更高的能量，满足燃气轮机高推重比和流量比的设计要求，即航天动力高速飞行的动能要求；另一方面需进一步减轻发动机的整体质量，以满足动力轻量化的发展趋势。7A04 轻质超高强铝合金因其塑性好、比强度高、耐蚀性能佳而成为制备新型航天动力发动机壳体的优选材料[1-4]，但该材料熔点低，不耐高温，抗氧化效果差，在发动机燃烧室长周期的烧蚀冲刷作用下，易发生鼓包变形，影响发动机工作的可靠性，故需对铝合金热端部件采取有效的热防护措施。通过压缩空气、干冰等冷却方式对材料进行冷却处理的方式热防护裕度有限，而采用增大材料表面热阻的方式可大幅度提升材料的热防护性能，为了更好地保留铝合金材料的优良性能，不采用粉末与基材冶金结合的激光熔覆工艺，而采用粉末与基材机械结合的等离子喷涂工艺。采用等离子喷涂技术制备的稀土氧化锆陶瓷 - 金属热防护涂层，已在国内外航空航天领域的热端部件取得了大量研究成果和工程化应用，具有理想的隔热效果，被证明是一种可靠的热防护技术[1-6]，如在航空发动机叶片等热端部件应用成熟的 MCrAlY/YPSZ 热障涂层系统[5-7]。

由于新型航天动力有着优越的加速推进性能，其势必会造成发动机燃烧室面临瞬时爆燃的高温冲击热载荷，因此要求涂层需具备更优异的结合强度以及耐热震、抗热流冲刷等热防护性能。8% 氧化钇部分稳定氧化锆（8YSZ）因其熔点高、热导率低、硬度高的特性，用于陶瓷面层能够实现涂层优异的隔热性、耐烧蚀性及抗冲刷性能[8]；在热障涂层黏结底层的选择上不倾向于使用 M（Ni、Co）CrAlY 材料（熔点≤1 300 ℃），而选用熔点高达 2 620 ℃ 的纯钼金属，该金属还具备弹性模量高、膨胀系数低和自黏结性能强等诸多优良性能[9]，此外金属钼氧化生成的 MoO_3 对铝合金基体起到了良好的抗氧化效果，再加上陶瓷层不可避免地存在孔隙、微裂纹等结构缺陷，在发动机燃烧室航空煤油的长期冲刷下，油蒸气易透过陶瓷面层接触黏结底层，造成黏结底层金属的电化学腐蚀[10]，然而金属钼优异的耐蚀性能可以有效地避免孔蚀的形成，进一步提升了涂层的结合强度[11]。残余应力是影响涂层与基材结合强度的重要因素之一，在残余应力的作用下涂层内部或涂层与基材结合面易萌生微裂纹，伴随着裂纹扩展，易造成涂层的剥离。工程上在基材表面喷涂热障涂层时，先喷涂黏结底层粉末材料，后喷涂陶瓷面层粉末材料，然而在喷涂相异材料的涂层前后，由于置换粉末种类，或喷涂另一种粉末材料前工艺参数的再稳定过程，势必会存在一段时间间隔，这一时间间隔的长短将造成整个喷涂构件呈现不同的温度场和应力场分布，当喷涂作业结束，喷涂构件冷却至室温时，喷涂构件的残余应力分布也存在明显差异，因此研究等离子喷涂相异涂层的时间间隔对喷涂构件残余应力的影响规律，对提升涂层与基体的结合强度具有切实可行的工程意义。

目前还没有针对等离子喷涂相异涂层时间间隔对 Mo/8YSZ 热障涂层残余应力影响规律的研究报道，本文基于热弹塑性有限元理论，利用 ANSYS 仿真模拟软件，建立了等离子喷涂 Mo/8YSZ 热障涂层的数值模型，揭示了喷涂时间间隔对热障涂层残余应力的影响规律，研究结果可为工程上等离子喷涂热障涂层工艺流程的优化提供数据支撑。

1 等离子喷涂数值模型的建立

1.1 等离子喷涂物理模型

图 1 所示为等离子喷涂的物理模型，等离子喷涂的试样模型选用高度为 4 mm、直径为 20 mm 的圆柱体，在圆柱体上表面喷涂热障涂层，由于垂直于截面方向的尺寸及基体尺寸要远大于涂层系统，故将等离子喷涂的问题简化为平面应变问题[12]，如图 1 所示，选取圆柱体中轴线和圆柱底面圆直径两者所在平面的 1/2 进行建模分析。基体材料为 7A04 铝合金，厚度为 4 mm；基体上方喷涂热障涂层，黏结层与陶瓷层厚度均为 0.2 mm。为了便于分析喷涂构件不同位置的残余应力，以 mm 为坐标值单位，选取点 A (0, 4) 为起始点，点 B (10, 4) 为终止点，起始点定义线段 AB 为监测路径 Path1，选取 C (10, 5) 为起始点，点 D (10, 0) 为终止点，定义线段 CD 为监测路径 Path2。

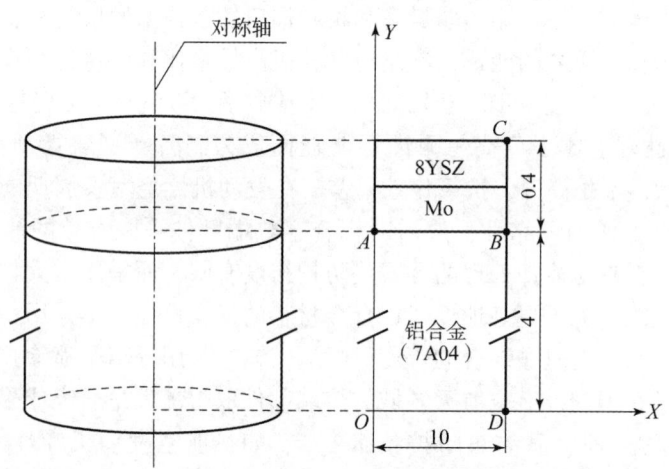

图 1 等离子喷涂物理模型

1.2 等离子喷涂有限元模型

图 2 所示为等离子喷涂有限元模型，如图 2 所示，不同颜色表示不同种类的材料，在 ANSYS 模拟软件中，选用二维平面 PLANE13 四边形四节点热-力耦合线性单元，建立等离子喷涂有限元模型，为了提高仿真精度，涂层及与涂层相邻的基体区域网格精细划分，网格尺寸为 25 μm，不同材料间的网格采用 1:3 过渡网格进行局部加密，为了提高计算效率，基体其他区域网格粗略划分，网格尺寸为 0.2 mm。

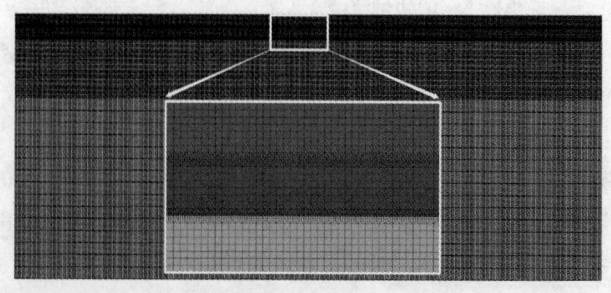

图 2 等离子喷涂有限元模型

取涂层的单层沉积厚度为 50 μm，7A04 铝合金表面等离子喷涂涂层材料分 8 层进行，利用 ANSYS "生死单元" 的方法，在喷涂开始前采用 APDL 命令流将涂层单元全部 "杀死"，伴随喷涂过程的进行，逐层激活涂层单元，最终完成整个喷涂过程。

1.3 等离子喷涂有限元分析假设

在有 ANSYS 有限元仿真计算中，为了便于分析，将问题简化处理，并作出如下假设[13,14]：

(1) 试样模型上表面面积远小于喷枪的有效喷涂面积。
(2) 基体与各沉积涂层表面平滑、无起伏，各涂层间结合紧密。
(3) 相邻界面处不产生相对滑移。
(4) 忽略涂层内部热氧化层（TGO层）的影响。

1.4 涂层残余应力的构成

涂层内部的残余应力对涂层的失效影响作用显著，在等离子喷涂过程中，由于铝合金基体与涂层材料热物性参数的不匹配，故在喷涂过程中以及冷却过程中势必会存在着不同程度的残余应力，一般来说，涂层内部的残余应力由以下几部分构成[14]：

(1) 热失配应力，由于涂层与铝合金基体热膨胀系数不匹配引起的应力，该应力可由下式表示：

$$\sigma_{tm} = \frac{E_c}{1-\nu} \Delta\alpha \Delta T \tag{1}$$

式中：σ_{tm}——热失配应力，MPa；

E_c——涂层的弹性模量，MPa；

ν——涂层的泊松比；

$\Delta\alpha$——基体与涂层的热膨胀系数之差，$10^{-6}/℃$；

ΔT——从喷涂的高温冷却到室温的温度差，K。

(2) 淬火应力，经等离子焰流加热至熔融或半熔融状态的高温融滴粒子从高温状态喷涂到室温状态的基体上时产生了淬火效应引起的淬火应力，该应力可由下式表示：

$$\sigma_q = \alpha_c (T_m - T_s) E_c \tag{2}$$

式中：σ_q——淬火应力，MPa；

α_c——涂层的热膨胀系数，$10^{-6}/℃$；

T_m——高温融滴温度，K；

T_s——基体温度，K。

(3) ZrO_2 陶瓷粉末在等离子喷涂过程中会发生相变产生相变应力，但是在 8YSZ 涂层中，添加的 Y_2O_3 稳定剂能够对 ZrO_2 的相变起到一定的抑制作用，因此其相变应力可以忽略。

因此 Mo/8YSZ 热障涂层的总残余应力可表示为

$$\sigma = \sigma_q + \sigma_{tm} \tag{3}$$

1.5 等离子喷涂初始条件及边界条件

初始条件：在进行等离子喷涂作业前，对铝合金基材进行预热处理，预热温度为 100 ℃，在喷涂结束后自然冷却至室温 25 ℃，整个喷涂构件处于无应力的初始状态，喷涂粉末处于 900 ℃[15]的环境中。

热边界条件：试样模型的右端面及上端面与空气进行对流换热，喷涂过程的对流换热系数为 30 W/(m²·℃)，喷涂构件冷却过程的对流换热系数为 10 W/(m²·℃)[16]，模型左端面及底面作绝热处理，仿真过程中，每激活一层涂层，删除激活涂层底面的对流换热，并在涂层的右端面及上表面添加对流换热。为了更加真实地模拟停止送粉后，喷枪等离子热源对涂层的热辐射作用，在喷涂结束时刻，陶瓷层受高温气体 6 s 的热冲击，高温气体热流密度大小为 $6×10^5$ W/m²[17]。

力边界条件：喷涂作业开始前，将圆柱体喷涂构件垂直放置于工作平台上，若取 1/2 圆柱体的纵截面进行平面建模时，将模型左端面及底面节点位移固定。

1.6 材料的热物性参数

模拟计算中考虑了材料的热物性参数随温度的变化,7A04 铝合金的热物性参数如表 1 所示,金属钼材料的热物性参数如表 2 所示,陶瓷层 8YSZ 材料的热物性参数如表 3 所示,通过差值及外推的方法获取基体及涂层材料未知温度下的热物性参数。其中过渡层梯度材料的热物性参数采用混合定律进行计算[18]:

$$X_a = \sum_{i=1}^{n} K_i \cdot X_i \tag{4}$$

$$\ln(X_b) = \sum_{i=1}^{n} K_i \cdot \ln(X_i) \tag{5}$$

$$X = \sqrt{X_a + X_b} \tag{6}$$

式中:i——材料编号;

n——材料的个数;

X_a——按照混合定律计算获得的热物性参数;

X_b——按照对数定律计算获得的热物性参数;

X——性能的有效值;

K——材料在混合材料中所占的质量分数。

表 1 7A04 铝合金的热物性参数[19,20]

温度/℃	热传导性 /(W·m⁻¹·℃⁻¹)	具体热量 /(J·kg⁻¹·℃⁻¹)	密度/ (kg·m⁻³)	弹性模量 /GPa	泊松比	热膨胀系数 /(e⁻⁶×℃⁻¹)
0	155	830	2 800	71	0.34	22.6
25	156	860	2 788	71	0.34	23.5
50	158.3	870	2 781	71	0.34	24
100	161	900	2 775	71	0.34	24.9
200	175	970	2 750	71	0.34	28.4
300	185	1 020	2 725	71	0.34	29.9
400	193	1 120	2 700	71	0.34	31.4
500	197	1 320	2 675	71	0.34	31.7

表 2 金属钼的热物性参数[21,22]

温度/℃	热传导性 /(W·m⁻¹·℃⁻¹)	具体热量 /(J·kg⁻¹·℃⁻¹)	密度/ (kg·m⁻³)	弹性模量 /GPa	泊松比	热膨胀系数 /(e⁻⁶×℃⁻¹)
20	142	250	10 200	32	0.2	—
25	135.29	287.66	10 200	32	0.2	—
27	—	—	10 200	32	0.2	5.1
200	116.27	—	10 200	30	0.2	—
400	114.95	—	10 200	29	0.2	—
600	106.69	—	10 200	28	0.2	—
800	110.43	—	10 200	28	0.2	—
1 000	—	—	10 200	27	0.2	5.5
2 000	—	—	10 200	22	0.2	7.2

表3　陶瓷层材料 8YSZ 的热物性参数[23~25]

温度/℃	热传导性/(W·m^{-1}·℃$^{-1}$)	具体热量/(J·kg^{-1}·℃$^{-1}$)	密度/(kg·m^{-3})	弹性模量/GPa	泊松比	热膨胀系数/(e^{-6}×℃$^{-1}$)
20	1.8	640	5 280	48	0.1	10.4
200	1.76	640	5 280	47	0.1	10.5
500	1.75	640	5 280	43	0.1	10.7
700	1.72	640	5 280	39	0.11	10.8
1 100	1.69	640	5 280	25	0.12	10.9
1 200	1.67	640	5 280	22	0.12	11
1 400	1.62	640	5 280	15	0.12	11.3

2　数值模拟结果分析与讨论

图 3 所示为在不同时间间隔涂层径向残余应力云图，规定图中正值为拉应力，负值为压应力。从图 3 可以观察到，涂层部分分布着较多的残余压应力，基体部分分布着较多的残余拉应力，相比而言，在黏结层分布着与涂层其他区域相比更大的残余压应力，在径向残余压应力的作用下，已在涂层内部产生平行于界面的层状裂纹，并产生涂层的翘曲缺陷，伴随着裂纹的扩展将导致涂层的剥落；在涂层与基体界面的边缘位置出现了应力集中现象，在边缘残余拉应力的作用下易导致涂层边缘产生垂直于界面的桥状裂纹缺陷，这种形式的裂纹缺陷将导致涂层的开裂，但不会造成涂层的剥离，相比于层状裂纹缺陷更为安全；伴随着喷涂间隔时间的增加，涂层中残余拉应力的分布区域逐渐增大，且涂层与基体结合面边缘位置的应力集中区域逐渐减小，这种涂层不同形式残余应力分布将导致涂层内部微裂纹的萌生；当喷涂作业的间隔时间由 60 s 增加至 3 600 s 时，喷涂构件的最大径向残余拉应力由 54.6 MPa 减小至 53.4 MPa，喷涂构件的最大径向残余压应力由 65.7 MPa 增大至 66.7 MPa，伴随着喷涂作业的间隔时间的增加，喷涂构件的最大径向残余拉应力呈现逐渐减小的变化趋势，喷涂构件的最大径向残余压应力呈现逐渐增大的变化趋势，但两种形式的残余应力变化幅度较小。

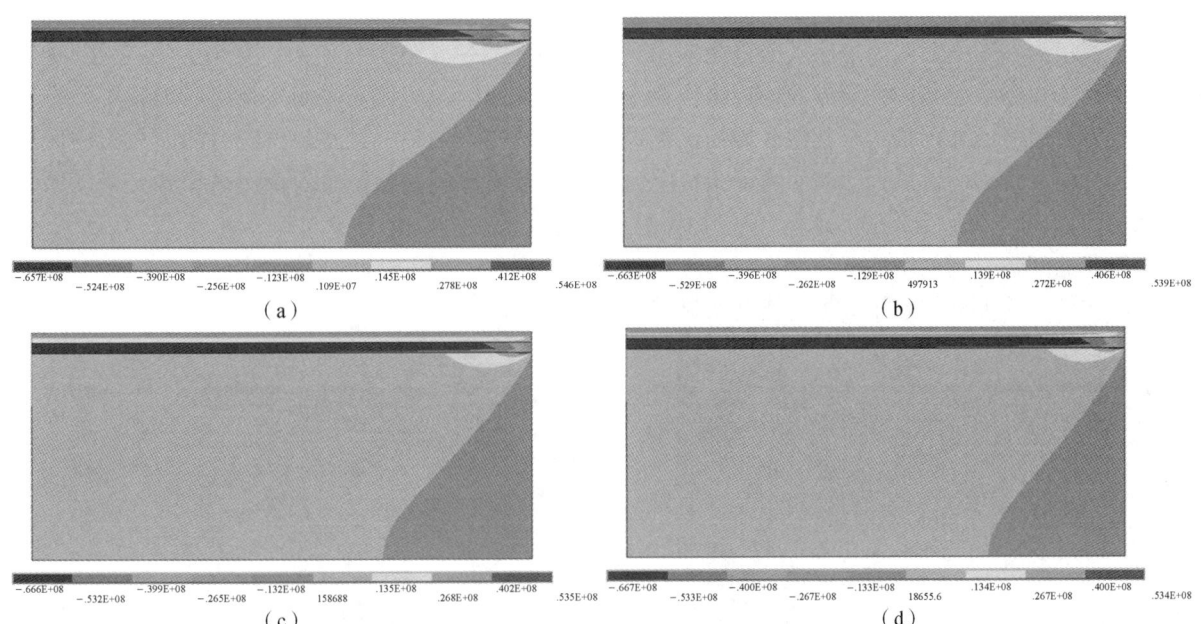

图 3　不同时间间隔涂层径向残余应力云图（单位：Pa）

(a) $t=60$ s；(b) $t=600$ s；(c) $t=1 800$ s；(d) $t=3 600$ s

图 4 所示为在不同时间间隔涂层轴向残余应力云图，规定图中正值为拉应力，负值为压应力。从图 4 可以观察到，整个喷涂构件分布着更多的残余压应力，在涂层与基体结合面的边缘位置出现了应力集中现象，在基体与涂层界面边缘的上方出现了与其他区域相比更大的残余拉应力集中，在基体与涂层界面边缘的下方出现了与其他区域相比更大的残余压应力集中，在拉应力与压应力的综合作用下，易导致基体与涂层界面边缘处产生层状裂纹，一旦这些裂纹扩展，将造成涂层的剥离失效；当喷涂作业的间隔时间由 60 s 增加至 3 600 s 时，喷涂构件的最大轴向残余拉应力由 19 MPa 增加至 29 MPa，喷涂构件的最大轴向残余压应力由 75 MPa 减小至 59 MPa，伴随着喷涂作业的间隔时间的增加，喷涂构件的最大轴向残余拉应力呈现逐渐增大的变化趋势，喷涂构件的最大轴向残余压应力呈现逐渐减小的变化趋势。

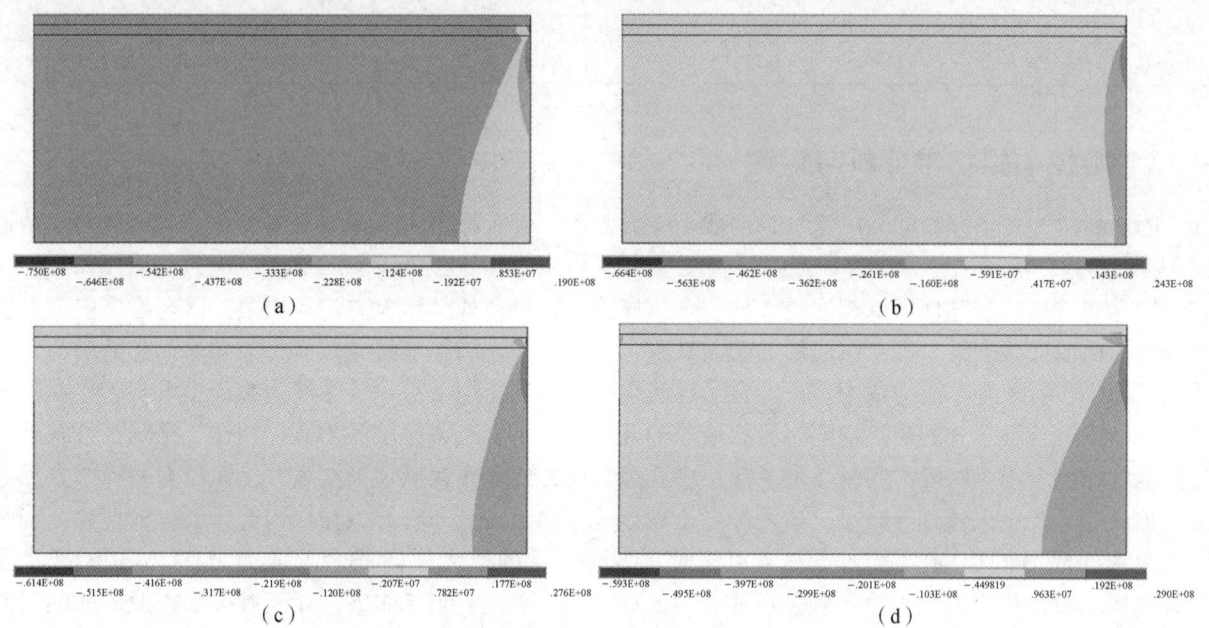

图 4　不同时间间隔涂层轴向残余应力云图（单位：Pa）
(a) $t=60$ s；(b) $t=600$ s；(c) $t=1\,800$ s；(d) $t=3\,600$ s

图 5 所示为在不同时间间隔涂层剪残余应力云图，规定图中正值为拉应力，负值为压应力，从图 5 可以观察到，在黏结层与陶瓷层界面的边缘位置出现了与其他区域相比更大的残余压应力集中，在基体与黏结层界面边缘位置出现了与其他区域相比更大的残余拉应力集中，且残余拉应力的应力集中区域较残余压应力的应力集中区域大，说明剪残余拉应力将是导致涂层剥离的主要残余应力形式。当喷涂作业的间隔时间由 60 s 增加至 3 600 s 时：喷涂构件的最大剪残余拉应力由 23.9 MPa 减小至 22.3 MPa，伴随着喷涂作业的间隔时间的增加，喷涂构件的最大剪残余拉应力呈现逐渐减小的变化趋势，但减小幅度较小，喷涂构件的最大剪残余压应力变化不明显。

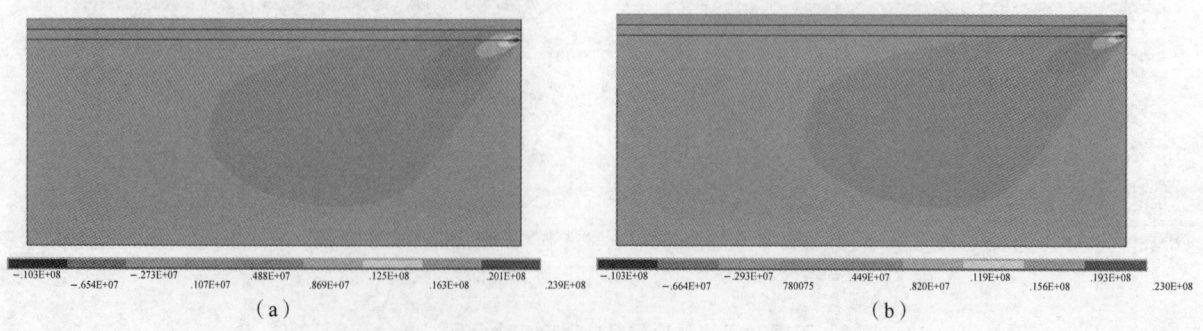

图 5　不同时间间隔涂层剪残余应力云图（单位：Pa）
(a) $t=60$ s；(b) $t=600$ s

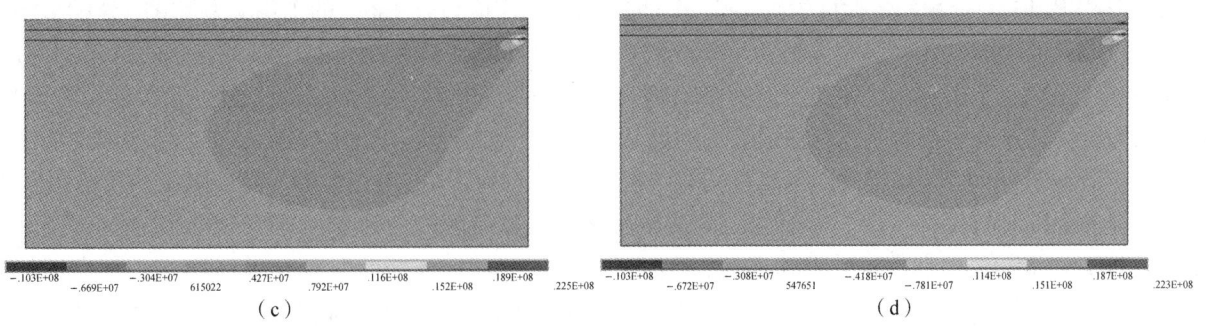

(c) $t=1\,800$ s; (d) $t=3\,600$ s

图 5 不同时间间隔涂层剪残余应力云图（单位：Pa）（续）

图 6 所示为不同时间间隔 Path1 径向残余应力分布图，规定图中的正值为拉应力，负值为压应力。其中图 6（b）为图 6（a）中 9～10 mm 路径范围的局部放大图，观察图 6（a）可以发现，Path1 分布着压应力与拉应力两种残余应力形式，且残余压应力占据了更多的路径区间，Path1 的最大残余压应力约

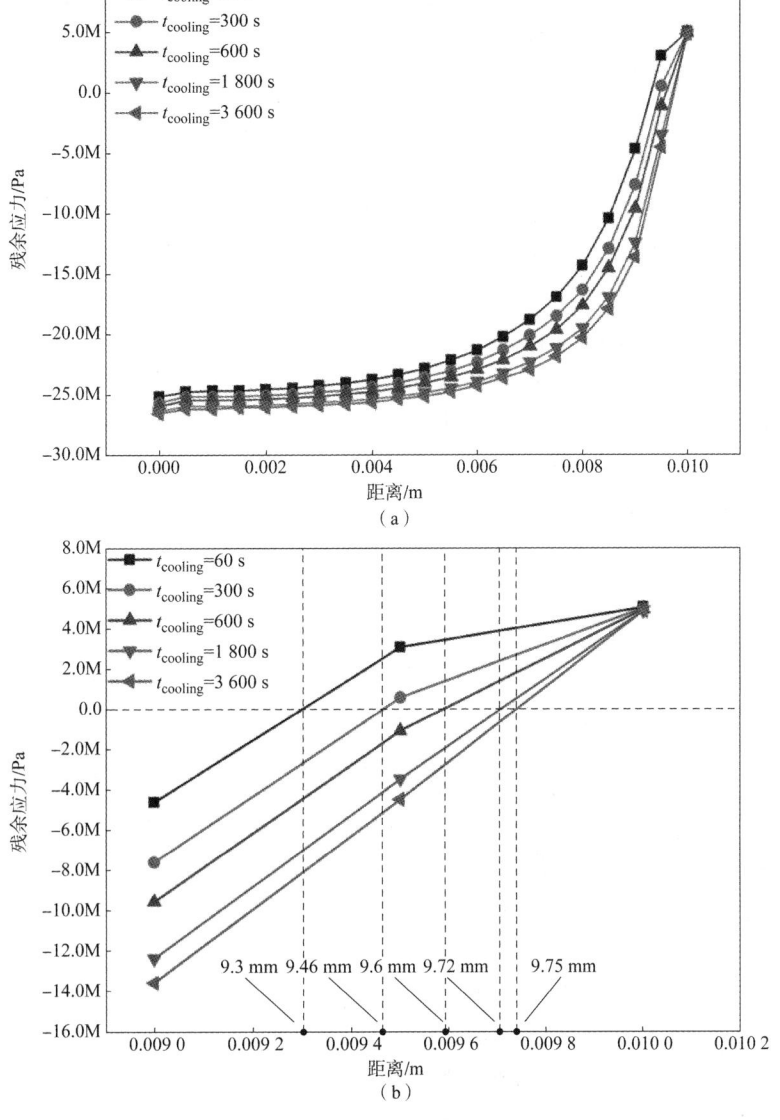

图 6 不同时间间隔 Path1 径向残余应力分布

为25 MPa，Path1 的最大残余拉应力约为5 MPa，说明残余压应力是 Path1 的主要应力形式；伴随着与路径起始点距离的增加，残余压应力逐渐减小，残余拉应力逐渐增大；在残余压应力分布的路径区间内，在路径同一位置，伴随着喷涂作业时间间隔的增加，径向残余压应力逐渐增大，这一应力形式的增加，将导致涂层内部产生平行于基体与涂层界面的层状裂纹缺陷，残余压应力的不断增加，将增加这些层状裂纹的扩展概率，一旦裂纹扩展，形成层间贯穿裂纹，将导致涂层的剥离失效。观察图6（b）发现，当喷涂作业的间隔时间为60 s时，对应的径向残余压应力的分布区间为9.3 mm，当喷涂作业的间隔时间为600 s时，对应的径向残余压应力的分布区间为9.6 mm；当喷涂作业的间隔时间为1 800 s时，对应的径向残余压应力的分布区间为9.72 mm；当喷涂作业的间隔时间为3 600 s时，对应的径向残余压应力的分布区间为9.75 mm。伴随着喷涂作业间隔时间的增加，基体与涂层界面的径向残余压应力的分布区间逐渐增加，从而增加了涂层内部层状裂纹的萌发区域，并加速了涂层的剥离；伴随着喷涂作业间隔时间的增加，应力形式的转变点逐渐向基体与涂层界面边缘转移，这种应力形式的转变点两侧分布着不同的残余应力形式，因此这些应力形式的转变点常对应着涂层缺陷的萌发起始位置，故说明伴随着喷涂作业间隔时间的增加，涂层缺陷的萌发位置逐渐向界面边缘转移。

图7 所示为不同时间间隔 Path2 轴向残余应力分布图，规定图中的正值为拉应力，负值为压应力，其中图7（b）与图7（c）为图7（a）中圆圈标注出的应力突变点的局部放大图。观察图7（a）可以发现，Path2 分布着压应力与拉应力两种残余应力形式，在 0 ~ 0.3 mm 的路径范围内，残余应力形式为拉应力，在 0.3 ~ 4.4 mm 的路径范围内，残余应力形式为压应力，残余压应力占据了更多的路径区间；在距离路径起始点 0.22 mm 与 0.44 mm 的位置，存在着与路径其他区域相比更大的残余应力突变，这些应力突变点与应力形式的转变点是涂层缺陷萌生的大概率点，说明涂层剥离失效的起始位置并不是在相异涂层的结合面处，而是出现在界面下方的某一位置，由于残余压应力的应力突变值大于残余拉应力的应力突变值，故涂层极可能在距离路径起始点 0.3 mm 应力形式的转变处和基体与黏结层界面下方 0.04 mm 的应力突变处出现裂纹缺陷。观察图7（b）和图7（c）并结合图7（a）发现，当喷涂作业间隔时间由60 s 增加至3 600 s 时，残余拉应力的突变值由14 MPa 增大至25 MPa，两者差值为11 MPa；残余压应力的突变值由75 MPa 减小至59 MPa，两者差值为16 MPa。说明增加喷涂作业的间隔时间会增加残余拉应力的突变值，减小残余压应力的突变值，喷涂构件厚度方向形成压应力这种单一的残余应力形式会大大减小涂层缺陷的萌生概率，一旦残余拉应力成为主要应力形式，或者残余拉应力与残余压应力二者均衡分布，将大大增加涂层剥离的概率。

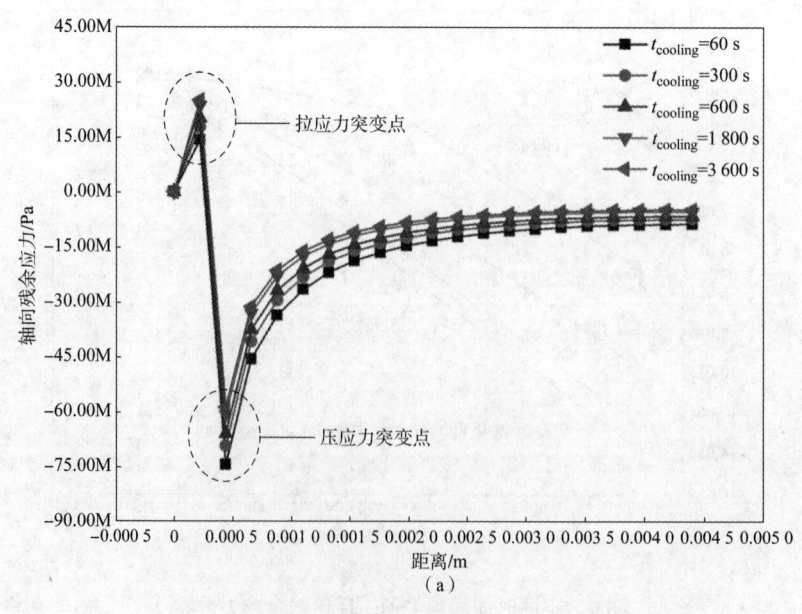

图7　不同时间间隔 Path2 轴向残余应力分布图

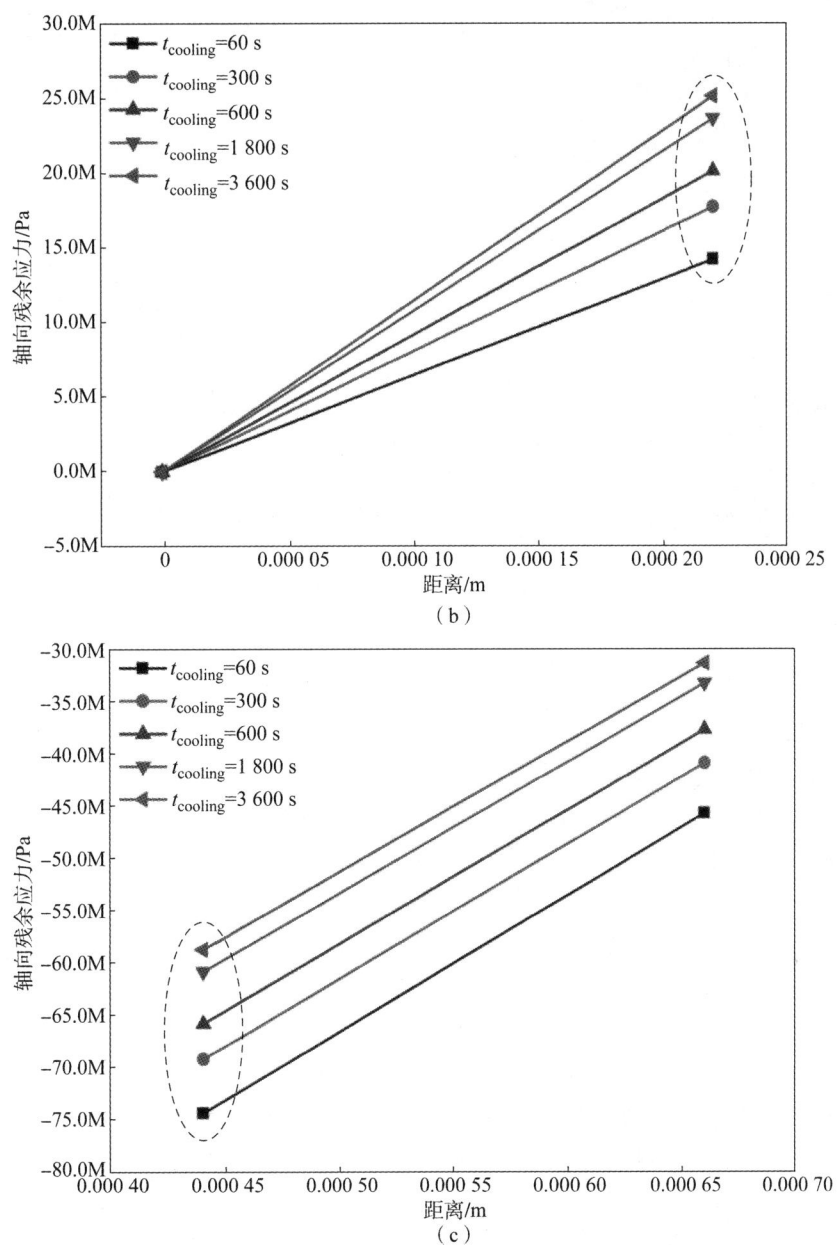

图 7 不同时间间隔 Path2 轴向残余应力分布图（续）

图 8 所示为不同时间间隔 Path1 剪残余应力分布图，规定图中的正值为拉应力，负值为压应力。观察图 8 可以发现，Path1 分布着残余拉应力这一单一的残余应力形式，改变喷涂作业的时间间隔不会引起基体与涂层界面剪残余应力的分布形式与变化趋势。在 0～7 mm 的路径范围内，基体与涂层界面的剪残余应力几乎为 0，且喷涂作业的间隔时间对路径剪残余应力的影响不明显；在 7～10 mm 的路径范围内，基体与涂层界面的剪残余应力变化幅度较其他路径范围大，且在路径同一位置，伴随着喷涂作业时间间隔的增加，剪残余压应力逐渐减小，说明增加喷涂作业的间隔时间会减小涂层在边缘剪残余应力作用下撕裂现象的产生。

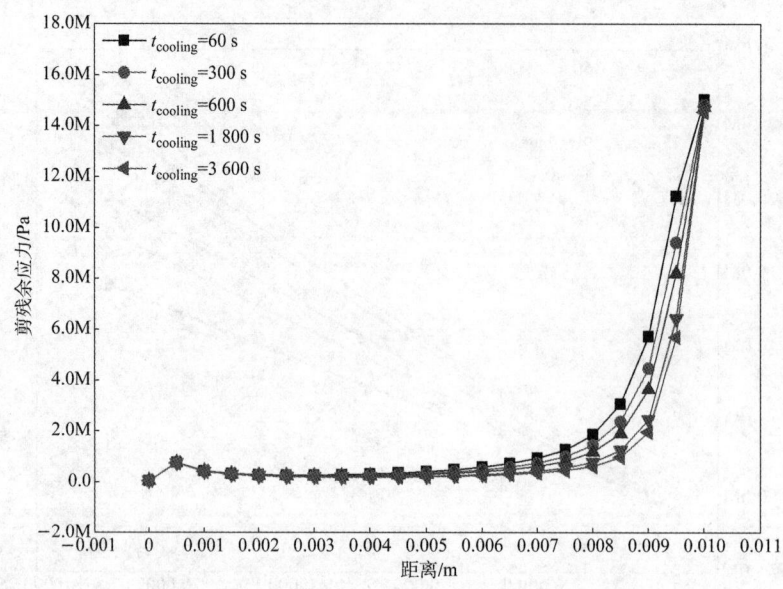

图8 不同时间间隔 Path1 剪残余应力分布图

3 结论

基于热弹塑性有限元理论,建立了等离子喷涂 Mo/8YSZ 热障涂层的数值模型,通过分析等离子喷涂相异涂层不同的时间间隔下喷涂构件残余应力分布情况与变化趋势发现:

(1)随着喷涂相异涂层时间间隔的增加,喷涂构件的最大轴向残余拉应力呈现逐渐增大的变化趋势,最大轴向残余压应力呈现逐渐减小的变化趋势,最大径向残余应力与最大剪残余应力的变化不明显。

(2)基体与涂层界面分布着更多的径向残余压应力,伴随着喷涂相异涂层时间间隔的增加,径向残余压应力的分布区间增大,且在界面同一位置,径向残余压应力逐渐增大。

(3)随着喷涂相异涂层时间间隔的增加,涂层的轴向残余拉应力的突变值增大,轴向残余压应力的突变值减小。

(4)涂层剥离失效的起始位置出现在相异涂层界面或基体与涂层界面下方 0.2~0.4 mm 的区间范围内,且伴随着喷涂相异涂层时间间隔的增加,涂层缺陷的萌发位置逐渐向界面边缘转移。

参考文献

[1] 冯健,韩靖,张雪梅,等.7A04 铝合金/304 不锈钢连续驱动摩擦焊及焊后热处理 [J].焊接学报,2018,39(08):11-17+129.
[2] 肖艳红,郭成,郭小艳.7A04 铝合金热变形过程微观组织演变 [J].塑性工程学报,2012,19(03):94-97.
[3] 孙强,杨勇彪,张治民.7A04 铝合金压缩力学性能的各向异性 [J].热加工工艺,2011,40(18):51-53.
[4] 宋继晓.热处理工艺对 7A04 铝合金组织和性能的影响研究 [D].成都:西南交通大学,2011.
[5] 崔耀欣,汪超,何磊,等.重型燃气轮机先进热障涂层研究进展 [J].航空动力,2019(02):66-69.
[6] 于建海.纵向结构热障涂层的制备及其热循环寿命的研究 [D].天津:中国民航大学,2017.
[7] 田伟,何爱杰,钟燕,等.高推重比发动机热障涂层应用现状分析 [J].燃气涡轮试验与研究,2016,29(5):52-57.
[8] 王腾.等离子喷涂 8YSZ 热障涂层力学性能与断裂行为研究 [D].福州:福州大学,2016.
[9] 赵秋颖,贺定勇,蒋建敏,等.微束等离子喷涂 Mo 涂层 [J].中国表面工程,2009,22(06):68-71+76.
[10] H. M. Tawancy, A. I. Mohammad, L. M. Al-Hadhrami, et al. On the performance and failure mechanism of

thermal barrier coating systems used in gas turbine blade applications: Influence of bond coat/superalloy combination [J]. Engineering Failure Analysis, 2015, 57.

[11] 张文钲. 含钼耐蚀涂层研发进展 [J]. 中国钼业, 2006 (03): 9-12.

[12] 张昊明, 李振军, 桑玮玮, 等. Sm2Ce2O7/YSZ 功能梯度热障涂层的残余热应力 [J]. 表面技术, 2017, 46 (09): 1-6.

[13] 文政颖, 时蕾, 陈晓鸽, 等. Sm2Ce2O7/8YSZ 热障涂层残余热应力及隔热性能计算机模拟 [J]. 中国陶瓷, 2015, 51 (08): 23-28.

[14] 王亮. 等离子喷涂纳米结构热障涂层组织结构与残余应力分析 [D]. 哈尔滨: 哈尔滨工业大学, 2008.

[15] 王鲁, 吕广庶. 功能梯度热障涂层热负荷下的有限元分析 [J]. 兵工学报, 1999, 20 (1): 51-54.

[16] 郭崇波. 超音速火焰喷涂铁基非晶涂层热应力数值模拟 [D]. 南昌: 南昌航空大学, 2015.

[17] 田甜. 等离子喷涂 8YSZ 热障涂层沉积过程累积应力的数值模拟 [D]. 福州: 福州大学, 2013.

[18] 赵运才, 张佳茹, 何文. 基于 ANSYS 生死单元法的多层等离子喷涂体系仿真 [J]. 金属热处理, 2017, 42 (12): 225-231.

[19] 王秋成. 航空铝合金残余应力消除及评估技术研究 [D]. 杭州: 浙江大学, 2003.

[20] 肖罡, 李落星, 叶拓. 6013 铝合金平面热压缩流变应力曲线修正与本构方程 [J]. 中国有色金属学报, 2014, 24 (05): 1268-1274.

[21] 鲁帅. 快速凝固技术中激冷辊材的热疲劳性能研究 [D]. 北京: 北京有色金属研究总院, 2012.

[22] 谢汉芳, 李付国, 王玉凤, 等. 粉冶金属钼的动态再结晶行为研究 [J]. 稀有金属材料与工程, 2011, 40 (04): 669-672.

[23] 孙瑞敬. 氧化锆陶瓷室温压入力学行为研究 [D]. 太原: 太原理工大学, 2016.

[24] 凌锡祥. 8YSZ 热障涂层隔热性能及热冲击性能的数值研究 [D]. 上海: 上海交通大学, 2015.

[25] 谢义英, 李强. 等离子喷涂 8YSZ 涂层在铝熔体作用下热冲击行为的数值模拟 [J]. 表面技术, 2018, 47 (04): 102-108.

增压器密封环弹力设计对工作状态的影响

何 洪，庄 丽，吴新涛，侯琳琳，门日秀

（柴油机增压技术重点实验室，天津 300400）

摘 要：针对增压器密封环单侧超量磨损的问题，分析了密封环在工作时几种位置状态和成因，以及状态转换的条件和路径，分析了环侧轴向气动力、密封环弹力对密封环工作状态的影响，分析了密封环弹力设计要考虑的几个因素，给出了通过环侧气体压力和密封环轴向移动摩擦力、密封环弹力等参数的平衡约束计算方法。

关键词：涡轮增压器；密封环；弹力；设计

Influence of the elasticity design for turbocharger sealing ring on its working state

HE Hong, ZHUANG Li, WU Xintao, HOU Linlin, MEN Rixiu

(Science and Technology on Diesel Engine Turbocharging Laboratory, Tianjin 300400, China)

Abstract: Aiming at the problem of excessive wear on one side of the sealing ring of turbocharger, several position states and causes of the sealing ring during operation, as well as conditions and paths of state transition, are analysed. The influence of axial aerodynamic force and elastic force of the sealing ring on its working state is analysed. Several factors considered in elasticity design of the sealing ring are analysed, too. The calculation method of equilibrium constraints for the parameters, such as the axial displacement friction of the sealing ring, the gas pressure on the ring side and the elasticity of the sealing ring is presented.

Keywords: turbocharger; sealing ring; elasticity; design

0 引言

涡轮增压器的涡轮端和压气机端均有密封装置，由于结构简单、造价低廉，目前增压器仍普遍采用活塞环式密封（以下简称密封环），尽管应用普遍而且有很长的应用历史，但是密封环出现的问题仍然不少[1,2]。设计部门和制造部门都在不断研究，通过采用新的结构、新的材料和工艺，提高密封效果，延长使用寿命。

其中，在密封环结构方面有对口、平搭口、球面搭口、勾搭口，材料从铸铁、普通合金钢到工具钢不断采用性能更好的材料，以及采用不规则加工型线使得成品外圆面更好地贴合环座，还有采用复杂的新型结构密封降低泄漏[3]，以及可更换的零件延长使用寿命[4]。但是无论如何，最常用的密封环的基本原理是由自由状态下开口经过安装压缩，产生弹力，涨紧在环座上组成密封环密封。在密封环失效中，很多现象是密封环弹力不足或密封环闭口失去弹力，以及超量磨损，使得出现泄漏大幅度增大。尤其是涡轮端密封环暴露于高温气体中，密封环或环槽的磨损问题更为受到关注，密封环弹力影响密封环工作状态，是实现长寿命、低泄漏必须重视的问题。

基金项目：获重点实验室基金项目"密封环弹力性能约束机制研究"支持。

作者简介：何洪（1963—），男，研究员，主要方向为涡轮增压技术，E-mail: hhe@nlett.com。

1 密封环工作时位置状态分析

涡轮增压器目前普遍采用活塞环式密封,为区别于活塞中使用的活塞环,通常称为密封环。增压器密封环安装后,密封环②开口间隙被压缩,产生弹力贴紧在轴承体等非转动件①上,以下简称此处为环座,并且与转子环槽③形成一定的侧面间隙,如图1所示。

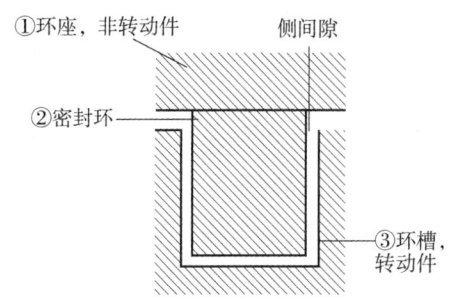

图1 涡轮增压器密封结构示意

增压器转子不仅旋转而且将会沿轴向移动,轴向的移动量由增压器止推轴承所限制,形成一个静态最大轴向移动量,称为设计轴向窜量。而密封环侧面与环槽之间也会有一定的间隙,这样密封环侧面间隙与设计轴向窜量会产生相关关系。

因为密封环侧间隙是影响密封漏气量最重要的结构参数[5],为了获得较低的泄漏,希望选择小的侧间隙,很多设计的侧间隙要小于设计轴向窜量。某型增压器密封环侧间隙为 0.05~0.09 mm,设计轴向窜量为 0.09~0.12 mm。在增压器运转工作时,因为有止推轴承承载油膜作用,将减小工作状态的轴向窜量,最小油膜厚度为 0.02~0.03 mm,所以动态最大轴向窜量可达到 0.03~0.08 mm。也就是说,在工作状态时,将有密封环紧贴环槽,甚至有密封环被转子沿轴向推动的情况出现。当止推轴承不足以承载轴向力时,油膜厚度将减小,密封环紧贴环槽,密封环被推动的情况出现频率就会更高,因为加减速时轴向力会比稳定运转时大[6],这样的情况在加减速时会更多地发生。

因此,在这样的条件下密封环工作状态有4种情况:

状态1——环与环槽不接触,密封环处于环槽中间附近位置,与环槽两端均不接触,如图2(a)所示。绝大部分运转时处于这样的状态。

状态2——环与环槽短暂接触,由于转轴在气动力作用下会沿轴向移动,密封环侧与环槽短暂接触即脱离,如图2(b)所示。

状态3——环与环槽持续一段时间接触,由于密封环环侧气体压力大于密封环与环座的摩擦力,密封环被长时间地压到环槽一端,如图2(c)所示。

状态4——密封环缩口,在环槽内处于自由状态,如图2(d)所示。此状态密封环缩口或闭口,密封环弹力几乎消失,密封环将无法涨紧在环座内;密封环在环槽内呈自由状态,对密封环的磨损显著减弱;密封环失效,泄漏大幅度增加。如图3所示,即该状态的一例。

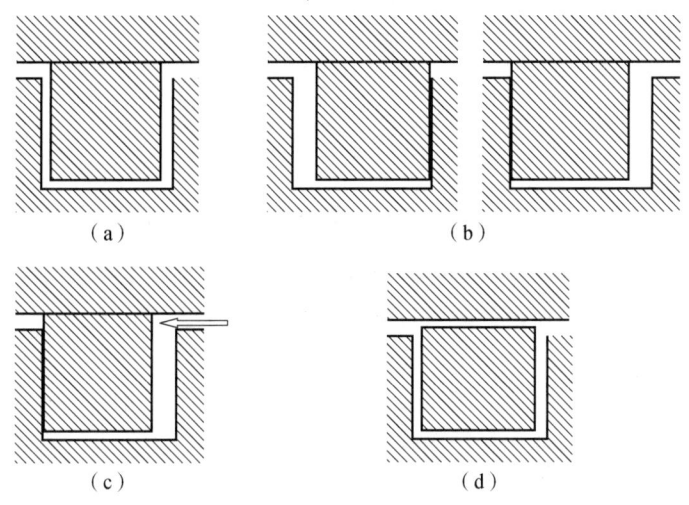

图2 密封环工作状态示意图

(a) 状态1;(b) 状态2;(c) 状态3;(d) 状态4

状态1和状态4是会相对长时间工作的稳定态，状态2和状态3均是相对短时间工作的过渡态，因此，我们要重点探讨状态1如何转化为状态4。

由于气动轴向力的作用，转轴正常轴向窜动时，密封环与转轴上环槽可能会短暂接触，密封环被微量磨销，同时密封环移位，密封环与环座摩擦力仍大于环侧压力，然后密封环移位停止，回到第一种状态。

当密封环处于高温环境时，密封环弹性模量下降，进而导致密封环弹力下降，引起密封环摩擦力下降，以至于使得密封环与环座摩擦力小于环侧压力；或者由于环侧间隙小等因素，密封环环槽与密封环摩擦过量，使得密封环弹性模量下降、弹力下降，从而使得环与环座摩擦力小于环侧压力。密封环将被压到环槽一端，即第三种状态，在持续一定时间后，密封环的弹力进一步降低，在较低的气体压力下就会再次发生这种状况，磨损加剧，恶性循环，以至密封环会很快闭口，密封环将缩口或闭口，密封环不能涨紧在环座上，即到第四种状态，如图4和图5所示。

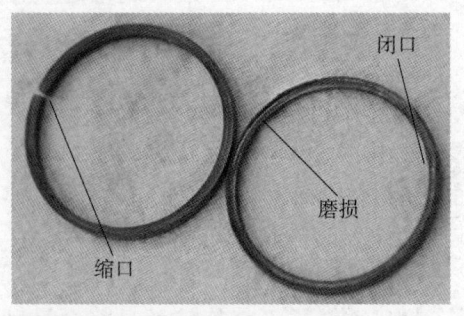

图3　密封环磨损、闭口和缩口故障件

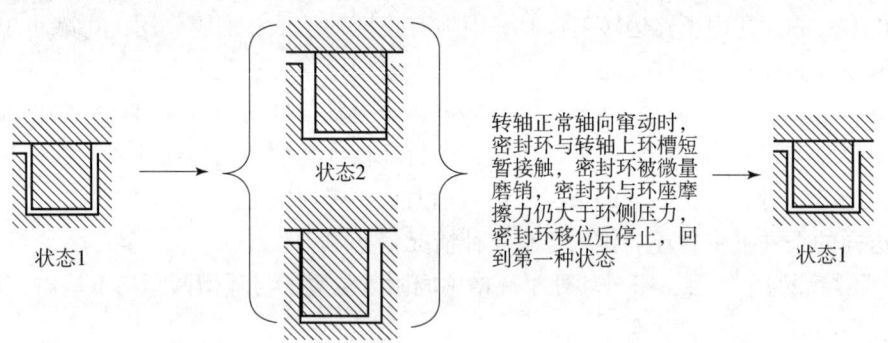

图4　密封环工作状态转化的条件与转化的路径之一

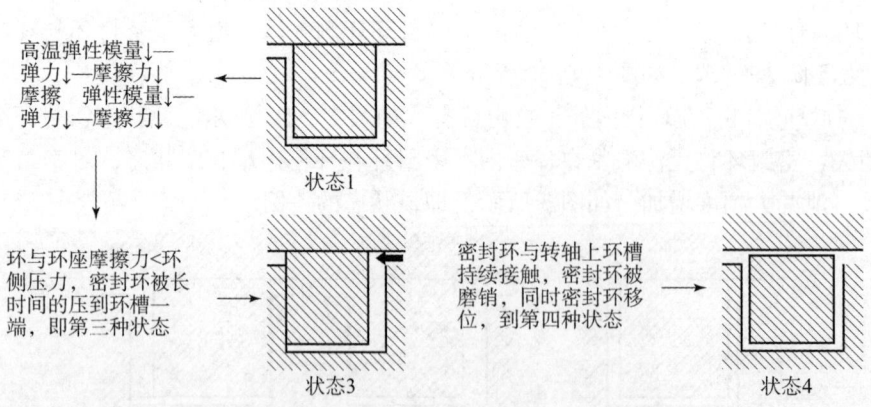

图5　密封环工作状态转化的条件与转化的路径之二

由以上分析可以发现，密封环弹力与环侧气体压力决定了密封环工作在什么状态，因此，密封环弹力与环侧承受气体压力的匹配需要在设计时有仔细的计算。下面对这些问题作进一步的分析。

2　密封环弹力计算

一般密封环弹力的表征有切向弹力和径向弹力。切向弹力 P_1，为用柔性钢带将环收拢到工作间隙 S_0 时，在带端所加的集中力。径向弹力 P_2，为使环端收拢到工作间隙 S_0 时，在开口直径相垂直的方向所必须施加的集中力，如图6所示。

在计算密封环与环座摩擦力时，关心的是密封环外圆表面作用于环座的弹力，即周向弹力 P_m，P_m

和摩擦系数决定了摩擦力,但是P_m不容易测量,而上述三种力是可以相互换算的,具体公式如下:

$$P_m = 0.76P_2 = 2P_1 \tag{1}$$

式中:P_m——周向弹力;
P_1——切向弹力;
P_2——径向弹力。

密封环切向弹力计算公式

$$P_1 = 0.0708 \times (S - S_0) \times h \times E \div (D/t - 1)^3 \tag{2}$$

式中:S——自由开口值,mm;
S_0——工作间隙值,mm;
h——密封环轴向高度,mm;
E——弹性模量;kg·f/cm;
D——公称直径,mm;
t——径向厚度值,mm。

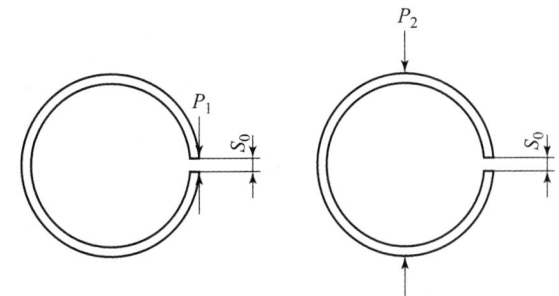

图6 切向弹力和径向弹力示意

从上式可见,密封环的弹力是由密封环结构参数和材料弹性模量决定的,弹力的波动由加工公差和弹性模量变化导致,综合考虑成本控制等因素,密封环加工公差影响所致密封环弹力波动在名义值基础上允许波动范围为±20%以内。

工作温度的影响主要通过对弹性模量的影响体现,不但要考虑在高温下材料弹性模量的降低,而且要考虑在冷热循环、高温时效下弹性模量将衰减,后者一般通过测试密封环弹性消失率定量评价。

密封环弹性消失率的测试温度实际上应该根据增压器所匹配发动机时的涡前工况,在增压器上进行实际测量密封环工作温度,决定密封环的热稳定性试验规范。据测试非水冷增压器,在涡轮前温度达到700℃时,柴油机增压器涡轮端密封环温度可达400℃[7]。对于采用水冷的增压器,涡轮端密封环温度会大幅度降低,即使汽油机用的是达到1 000℃以上的高温涡轮,采用水冷后涡端密封环部位工作温度不超过230℃[8],仍然是很低的。有关标准规定,密封环在环规中加热到300~500℃保温5~6 h,然后在空气中冷却至室温,依温度不同其弹性消失率要求为:≤17%~30%。

3 密封环弹力设计

经过以上分析可以看到,密封环弹力设计需要通过选定密封环结构参数以及材料,使得密封环弹力产生的摩擦力能够足以抵御环侧压力,密封环弹力与气体压力的最佳匹配原则是:在设计中充分考虑各种影响密封环弹力的因素,使得密封环弹力作用产生的最小摩擦力要大于环侧承受最高气体压力。但是,也不应将密封环弹力设计得过高,弹力过高将加大组装难度,提高制造成本。因此,设计时要对密封环弹力进行仔细计算校核。

这里要充分考虑密封环工作温度造成的材料弹性模量下降、密封环持续一定工作时间后密封环弹力衰减,还要考虑在内燃机上环侧承受气体压力的脉动,以及加工公差造成的弹力波动。

首先确定密封环弹力抵御环侧压力的临界值,该临界值为

$$P_m = F_r/f \tag{3}$$

式中:P_m——周向弹力;
F_r——环侧面承受的最大轴向气动力;
f——摩擦系数。

由式(1)有$P_2 = 1.316P_m$,所以径向弹力设计值要求为

$$P_2 \geqslant 1.316 K_a \cdot K_m \cdot K_T \cdot K_d \cdot K_p \cdot F_r/f/n \tag{4}$$

式中:P_2——密封环设计室温时密封环径向弹力;
K_a——设计选择的安全系数;
K_m——加工公差影响系数,加工公差范围内产生的最低弹力值与平均弹力值之比的倒数,或者

加工公差范围内产生的最低弹力值与名义加工尺寸对应弹力值之比的倒数。取决于加工公差控制精度，依据密封环标准规定转化，K_m 最大为 1.25，加工控制较严则该系数相应减小；

K_T——温度系数，为工作温度下弹性模量与常温弹性模量比值的倒数。取决于密封环处温度和材料温度特性，一般材料为 1.1 左右；

K_d——弹性消失系数，参照工作温度进行一定时效处理后弹力值与时效前值比值的倒数。与材料性能和温度相关，根据使用温度标准规定一般为 1.05~1.20；

K_p——压力脉动系数，在涡轮进口最高压力点峰值压力与平均压力的比值，取决于排气压力脉动；

n——密封环数量。

下面以某型增压器密封环的改进为例，讨论以上设计系数的影响。该密封环使用温度由 350 ℃ 提高到 430 ℃ 后出现失效问题，对原方案和改进方案进行了评估。

首先测试了密封环工作温度，测试了涡前温度和滑油对密封环工作温度的影响，如图 7 所示。该密封环原方案所用材料的高温系数在最高使用温度时，两种材料 K_T 分别为 1.11 和 1.08，如图 8 所示。取两种材料密封环各 2 件，测试其径向弹力，并记录；然后将密封环装入轴承体，在高温炉中 430 ℃ 保存 7 h，取出后复检径向弹力，原方案密封环弹力下降约 30%，优化方案密封环弹力下降 8%，如表 1 所示，弹性消失系数 K_d 分别为 1.43 和 1.09。

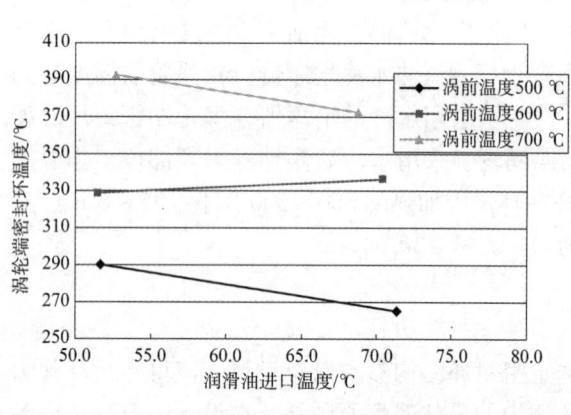

图 7 密封环工作温度

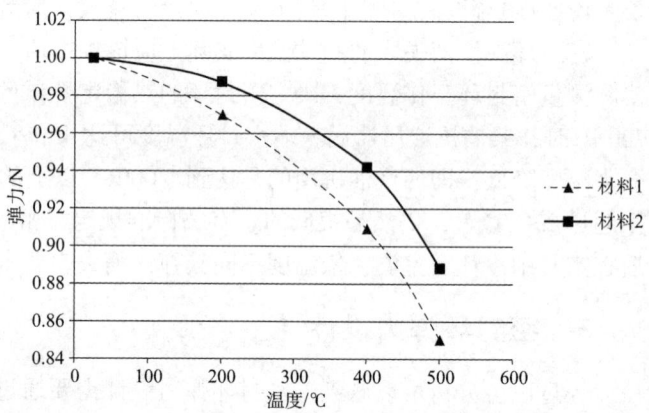

图 8 温度对密封环弹力的相对影响

表 1 优化前后密封环对比

材料	试验前径向弹力/N	试验后径向弹力/N	降低/%
原方案（材料1）	25.3134	17.9536	29.07
	25.676	17.7086	31.03
优化后（材料2）	28.322	28.028	1.04
	27.048	24.892	7.97

原方案密封环摩擦系数为 0.37，稳流时密封环环侧力最大 7 N，单环临界径向弹力 $P_0 = 1.316 F_r/f/n = 1.316 \times 7/0.37/2 = 12.45$ N。该密封环加工公差如表 2 所示，径向弹力最小为 16.08 N，最大为 28.6 N，平均值为 22.07 N。虽然常温下密封环弹力平均值 22.07 N 大于要求的临界值 12.45 N，不考虑温度、加工公差等影响时，计算安全系数为 1.77，但是考虑式（4）中多种影响后，计算出安全系数为：$22.07/(1.316 \times 7/0.37/2 \times 1.2 \times 1.1 \times 1.43 \times 1.08) = 0.87$，即在实际工作中密封环弹力不能满足使用要求。

表 2　密封环加工公差

参数	加工尺寸/mm	
内径	20.03	19.9
外径	22.5	22.521
宽度	1.59	1.6
自由开口值	2	2.4
工作间隙值	0.12	0.04
密封环轴向高度	1.59	1.6
公称直径	22.5	22.521
径向厚度值	1.235	1.3105

改进方案更换了材料，提高了基础弹力，并降低了温度系数和弹力消失系数。改进后，密封环平均弹力由 22.1 N 提高到 25.9 N，对应在最高使用温度 K_T 由 1.11 降低到 1.07，K_d 由 1.43 降低到 1.09，大幅度提高了安全系数，满足了使用要求，如表 3 所示。

表 3　改进前后设计系数对比

参数		原方案	改进方案
环侧轴向气动力	F_r	7	7
环与座间摩擦系数	f	0.37	0.38
密封环数量	n	2	2
密封环室温弹力名义值	P_2	22.1	25.9
公差系数	K_m	1.20	1.20
温度系数	K_T	1.11	1.07
消失系数	K_d	1.43	1.09
脉动系数	K_p	1.08	1.08
安全系数	K_a	0.87	1.41

4　结论

（1）密封环工作时处于 4 种位置状态，状态 1 和状态 4 是会相对长时间工作的稳定态，状态 2 和状态 3 均是相对短时间工作的过渡态。

（2）密封环弹力与环侧气体压力共同决定了密封环工作在什么状态，密封环弹力设计的原则是，使密封环弹力作用产生的最小摩擦力要大于环侧承受最高气体压力。

（3）密封环设计要充分考虑密封环工作温度造成的材料弹性模量下降、密封环持续一定工作时间后密封环弹力衰减，还要考虑在内燃机上环侧承受气体压力的脉动，以及加工公差造成的弹力波动。

参 考 文 献

[1] 佟占杰. VTC254-13 型增压器漏油原因分析及改进措施 [J]. 内燃机车，2005 (12)，28-31.

[2] 邵泽华. 261P-13 型机车增压器常见故障分析 [J]. 内燃机车，2001 (11)：44-45.

[3] Mehmet Cankar. New radial shaft seals for turbo applications [J]. MTZ, 2016 (77)：56-59.

[4] Keisuke Matsumoto. Development of high-pressure ratio and high-efficiency type turbocharger [J]. CIMAC

Congress, 2013, PAPER NO.: 69.

[5] Hong He. Study on the seal leakage of turbocharger [C]//Proceedings of the Fourth International Symposium on Fluid Machinery and Fluid Engineering, 2008, NO. 41SFMFE – Ch20: 234 – 237.

[6] 洪汉池. 涡轮增压器起停过程转子轴向力测试研究 [J], 机械设计与制造, 2012 (8): 162 – 163.

[7] 徐思友, 吴新涛, 闫瑞乾, 等. 增压器轴承和密封环温度试验研究 [J]. 车用发动机, 2010 (2): 35 – 37.

[8] 王本亮. 汽油机涡轮增压器轴承体回热试验研究 [J]. 车用发动机, 2013 (6): 40 – 43.

30CrMnSiA 钢超高强度强韧化热处理工艺试验

姚春臣,王海云,陈兴云,李保荣,刘赞辉,
许晓波,宾 璐,汤 涛,王敏辉

(江南工业集团有限公司,湖南 湘潭 411207)

摘 要:为了满足产品高强高韧和降低造价的需求,对30CrMnSiA钢进行了预处理+近亚温淬火+低温回火的超高强度强韧化热处理工艺试验。其热处理试件和产品的随炉试样,均能满足抗拉强度 $R_m \geqslant$ 1 650 MPa,断后伸长率 $A \geqslant 9\%$,冲击吸收能 $KU_2 \geqslant 60$ J 的要求。试验结果表明,改进热处理工艺,挖掘材料潜力,提高材料性能,以较廉价的材料替代较贵的材料,是降低产品造价的有效途径之一。

关键词:金属材料;30CrMnSiA钢;超高强度;强韧化;近亚温淬火;热处理

中图分类号:TG156 **文献标志码**:A

Heat treatment test about super – high strengthening and toughening of 30CrMnSiA steel

YAO Chunchen, WANG Haiyun, CHEN Xingyun, LI Baorong,
LIU Zanhui, XU Xiaobo, BIN Lu, TANG Tao, WANG Minhui

(Jiangnan Industries Group Co. Ltd, Xiangtan, 411207, China)

Abstract: To satisfy the requirements of high strengthening – toughening and low cost of product, we conducted the superhigh strengthening and toughening heat treatment test, e. g. pre – treatment + near – intercritical hardening + low – temperature tempering. The inspected results of the sample parts of heat treatment and sample product, tension $\geqslant 1\ 650$ MPa, elongation after fracture $A \geqslant 9\%$, impact absorbing energy $KU_2 \geqslant 60$ J, meet the corresponding requirements. This process test indicates that the improvement of heat treatment could effectively enhance the material property, which makes it possible to replace the expensive material by the cheaper one so as to lower production cost.

Keywords: metallic material; 30CrMnSiA steel; superhigh strength; strengthening and toughening; near intercritical hardening; heat treatment

0 引言

为了减轻产品质量、提高机动性、减少能源消耗,需采用超高强度钢提高产品零件的强度,减小壁厚。但超高强度钢的价格较贵,为了降低产品造价,我厂曾进行了以价格较廉的30CrMnSiA钢代替价格较贵的D6AC超高强度钢的热处理工艺试验[1],后来又进行了30CrMnSiA钢近亚温淬火热处理工艺试验,使30CrMnSiA钢在超高强度下的韧性得到提高,满足了产品降低造价的需要。随着科学技术的发展进步,有些产品要求材料具有更好的力学性能,例如要求30CrMnSiA钢抗拉强度 $R_m \geqslant 1\ 650$ MPa,断后伸长率 $A \geqslant 9\%$,冲击吸收能 $KU_2 \geqslant 60$ J。原有的30CrMnSiA钢超高强度热处理工艺无法满足这些产品的

作者简介:姚春臣(1953—),男,硕士,研究员级高级工程师,江南工业集团有限公司首席专家,中国兵工学会高级会员,
E – mail:yaocc112@163.com。

需求,于是对30CrMnSiA钢又进一步开展了以下新的超高强度强韧化热处理工艺研究。

1 热处理试验方案

1.1 30CrMnSiA钢现行强化热处理工艺对比分析

1.1.1 30CrMnSiA钢常规淬火及回火工艺

根据国标GB/T 3077—2015[2],30CrMnSiA钢的强化热处理为淬火+回火。其淬火温度为880 ℃,回火温度为540 ℃。热处理后,抗拉强度$R_m \geqslant 1\,080$ MPa,断后伸长率$A \geqslant 10\%$,冲击吸收能$KU_2 \geqslant 39$ J,具有良好的综合力学性能。但其抗拉强度远低于国外D6AC超高强度钢$R_m \geqslant 1\,448$ MPa(210000PSI)和我国45CrNiMo1VA钢(国产D6AC钢)抗拉强度$R_m \geqslant 1\,520$ MPa的要求[3]。

1.1.2 30CrMnSiA钢筒形件超高强度热处理工艺

早期研发的30CrMnSiA钢筒形件超高强度热处理工艺是采用890~910 ℃加热强烈淬火,然后及时进行低温回火和除氢。热处理后,可以满足$R_m \geqslant 1\,520$ MPa,$A \geqslant 9\%$的产品要求,并成功地替代D6AC、45CrNiMo1VA超高强度钢制造某些产品的薄壁筒形件[1]。但后来发现,此工艺不适用于某些受强烈冲击载荷的产品。

1.1.3 近亚温淬火超高强度复合热处理工艺

为提高30CrMnSiA钢在超高强度下的冲击性能,经过多种工艺的试验,研发成功30CrMnSiA钢近亚温淬火超高强度复合热处理工艺,使30CrMnSiA钢的力学性能达到$R_m \geqslant 1\,550$ MPa,$A \geqslant 9\%$,$KU_2 \geqslant 39$ J,解决了用30CrMnSiA钢替代超高强度钢制造某些受强烈冲击载荷产品时的韧性不足问题。但其冲击吸收能不能满足$KU_2 \geqslant 60$ J的要求,不能满足新产品的高强高韧要求。而且由于淬火温度低于常规淬火温度,淬火加热对原材料的改善作用不如常规淬火和900 ℃左右加热的强烈淬火。

1.1.4 改进思路

通过对现行工艺的比较,决定在30CrMnSiA钢近亚温淬火超高强度复合热处理工艺的基础上做进一步的改进:增加预备热处理,在进行近亚温淬火之前,预先改善淬火前的材料组织,确保和提高近亚温淬火后的性能,使其在超高强度下冲击吸收能达到$KU_2 \geqslant 60$ J的要求。

1.2 热处理改进试验方案及工艺

先制备热处理试样,进行试样的预备热处理和近亚温淬火、低温回火试验。经过试验确定工艺之后,再进行产品及随炉试样的热处理试验。试样的热处理试验工艺如下:

1.2.1 预备热处理

真空炉淬火炉,650 ℃预热20~40 min,900 ℃±10 ℃保温60~90 min,油冷;真空回火炉,680 ℃保温1~2 h,快速冷却。

1.2.2 近亚温淬火

真空淬火炉,650 ℃预热20~40 min,840~860 ℃保温60~90 min,油冷。

1.2.3 低温回火

真空回火炉,210~260 ℃保温2.5~3.5 h,快速冷却。

2 热处理试验方案的实施及效果

2.1 试样的热处理试验

2.1.1 试样的制备

根据试验方案,加工制备了热处理试验用的硬度(及金相)检测试样、拉伸试样和冲击试样。试样的原材料为大冶钢厂生产的直径为 48 mm 的 30CrMnSiA 钢圆棒,其原炉批号为:07FC7006。本厂复验的主要化学成分如表 1 所示。供应状态(退火)的材料硬度试样(01 号)的硬度为 180HB$_{W5/750}$。

表 1 热处理试样原材料的主要化学成分

类别	质量百分比/%					
	C	Si	Mn	Cr	P	S
标准要求	0.28~0.34	0.90~1.20	0.80~1.10	0.80~1.10	≤0.025	≤0.025
实测值	0.32	1.05	0.97	0.83	0.016	0.0063

2.1.2 预备热处理

预备热处理在国产真空淬火炉和真空回火炉中进行。实施的工艺参数为:真空淬火炉,650 ℃ 预热 20 min,900 ℃ 保温 70 min,油淬;真空回火炉,680 ℃ 氮气循环保温 1 h,气冷。

2.1.3 近亚温淬火及低温回火

近亚温淬火及低温回火也在国产真空淬火炉和真空回火炉中进行,淬火温度为 845 ℃,回火温度为 230 ℃。

2.1.4 重复进行的近亚温淬火及低温回火

为探讨重复进行近亚温淬火的性能,对一部分进行了近亚温淬火及低温回火的试样,又重新进行了 1 次近亚温淬火及低温回火。其淬火温度为 855 ℃,回火温度 230 ℃。

2.1.5 试验结果

试样热处理后的硬度、强度、冲击吸收能的测试结果如表 2、表 3、表 4 所示。其中冲击吸收能的测试是在江麓机电集团有限公司中心实验室进行的。

表 2 30CrMnSiA 钢强韧化热处理试样的硬度

试样编号	热处理状态	硬度实测值/HRC				硬度平均值/HRC
02	预备热处理	23	23.5	23.5	24	23.5
03	近亚温淬火	50.5	50	50.5	50.5	50.4
04	重复近亚温淬火	51	51.5	50.5	50.5	50.9
01L	近亚温淬火+低温回火	51	50.5	51	50.5	50.8
04L	重复近亚温淬火+低温回火	50	50.5	50	50	50.1

表 3 30CrMnSiA 钢强韧化热处理试样的强度及塑性

试样编号	热处理状态	抗拉强度 R_m/MPa		规定非比例延伸强度 $R_{p0.2}$/MPa		断后伸长率 A/%		断面收缩率 Z/%	
		实测值	平均值	实测值	平均值	实测值	平均值	实测值	平均值
01	近亚温淬火+低温回火	1749	1745	1612	1591.5	10	9.75	50.46	51.655
02		1741		1571		9.5		52.85	
03	重复近亚温淬火+低温回火	1745	1730	1581	1577	11.5	12	47.81	52.07333
04		1698		1543		12		48.61	
05		1747		1607		12.5		59.8	

表4 30CrMnSiA钢强韧化热处理试样的冲击吸收能

试样编号	热处理状态	冲击吸收能 KU_2/J	
		实测值	平均值
01	近亚温淬火+低温回火	63.4	61.75
02		60.1	
03	重复近亚温淬火+低温回火	65.1	66.5
04		67.9	

从表中可见，经预处理后，30CrMnSiA钢的力学性能明显高于未经预处理近亚温淬火及低温回火的性能指标（$R_m \geq 1\ 550$ MPa, $A \geq 9\%$, $KU_2 \geq 39$ J）。

检查硬度试样金相组织的结果如表5和图1~图6所示。

表5 硬度试样的显微组织

试样编号	热处理状态	显微组织	备注
01	供应状态（退火状态）	珠光体+铁素体	图1
02	预备热处理	回火索氏体	图2
03	近亚温淬火	淬火马氏体	图3
04	重复近亚温淬火	淬火马氏体	图4
01L	近亚温淬火+低温回火	回火马氏体	图5
04L	重复近亚温淬火+低温回火	回火马氏体	图6

图1 原材料供应状态（退火状态）组织

图2 预处理后的组织

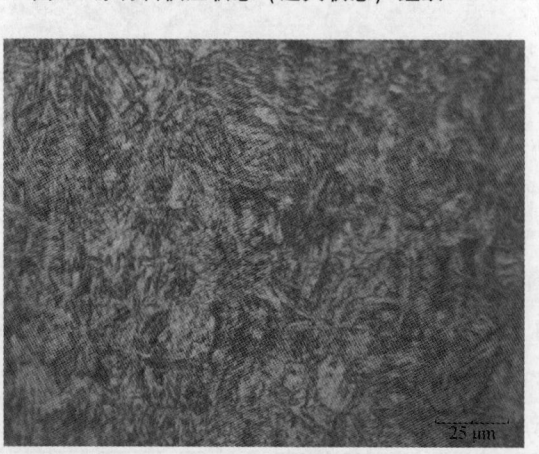

图3 近亚温淬火后的组织

图4 重复近亚温淬火后的组织

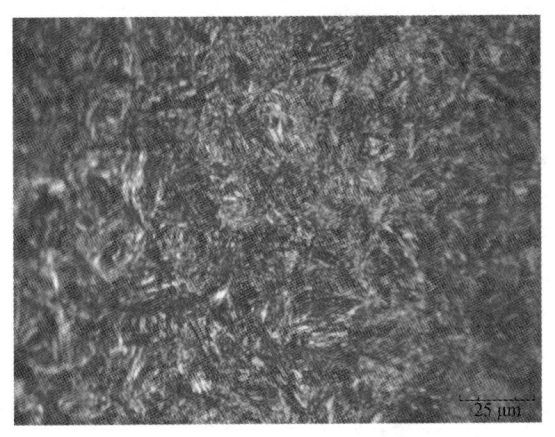
图 5　近亚温淬火 + 低温回火后的组织

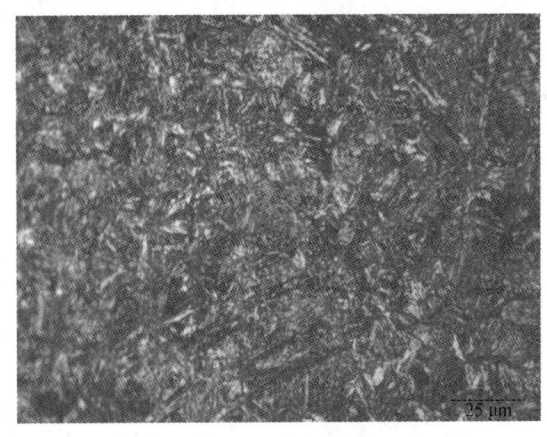
图 6　重复近亚温淬火 + 低温回火后的组织

图 3 和图 4 的组织符合 30CrMnSiA 钢淬火组织要求，图 5 和图 6 的组织符合淬火 + 低温回火的组织要求。

2.2　产品热处理工艺的试验及应用

由于试样热处理的力学性能都符合产品的要求，所以对采用 30CrMnSiA 钢为材料的新产品进行了高强高韧的超高强度热处理试验。试验的效果也很好，从而解决了该产品采用价格较廉的中等淬透性调质钢替代价格较贵的高强高韧超高强度钢、降低产品造价的技术关键问题。

30CrMnSiA 钢的这种预处理 + 近亚温淬火 + 低温回火的超高强度强韧化复合热处理方法，现已获得国家发明专利授权[4]。

3　讨论

3.1　预处理可显著提高近亚温淬火后的力学性能

本公司前期研发的 30CrMnSiA 钢近亚温淬火超高强度复合热处理工艺，可以使 30CrMnSiA 钢力学性能达到 $R_m \geqslant 1\,550$ MPa，断后伸长率 $A \geqslant 9\%$，冲击吸收能 $KU_2 \geqslant 39$ J。现增加了常规（或较高温度）淬火 + 高温回火的预处理后，力学性能得到显著提高，可以达到 $R_m \geqslant 1\,650$ MPa，断后伸长率 $A \geqslant 9\%$，冲击吸收能 $KU_2 \geqslant 60$ J 的高强高韧水平。

3.2　预处理提高材料性能的原理

从图 1 和图 2 可见，经过常规（或较高温度）淬火 + 高温回火的预处理后，材料组织得到了明显的改善和细化。由于近亚温淬火的淬火温度低于常规淬火温度，淬火的加热保温对原材料的改善作用不如常规淬火和较高温度淬火。经过预处理之后，近亚温淬火前的组织得到了预先改善，所以再经近亚温淬火及低温回火后，力学性能就比没有经过预处理的显著提高。其细晶强化和固溶强化的机理同时存在。

3.3　改进热处理工艺，挖掘材料潜能降低造价

本项工艺试验和应用的情况表明，改进热处理工艺，挖掘材料潜力，提高材料性能，以较廉价的材料替代较贵的材料，是降低产品造价的有效途径之一。

3.4　30CrMnSiA 钢超高强度强韧化工艺应用范围

30CrMnSiA 钢属于中淬透性调质钢，其淬透性有限。所以本项 30CrMnSiA 钢超高强度强韧化热处理工艺适用于能淬透的中小型产品或工件，以及某些不要求完全淬透的大型厚壁产品和工件，不适于要求完全淬透的大型产品和工件。对于要求超高强度并且要求完全淬透的大型厚壁产品和工件，还是应当采

用淬透性比 30CrMnSiA 钢优越的超高强度钢。

4 结论

（1）常规（或较高温度）淬火 + 高温回火的预处理可以细化晶粒，改善组织，进一步提高 30CrMnSiA 钢近亚温淬火 + 低温回火后的力学性能。这种预处理 + 近亚温淬火 + 低温回火的新型超高强度强韧化热处理工艺可以使 30CrMnSiA 钢达到 $R_m \geq 1\,650$ MPa，断后伸长率 $A \geq 9\%$，冲击吸收能 $KU_2 \geq 60$ J 的高强高韧水平。

（2）细晶强化和固溶强化是预处理能够进一步提高近亚温淬火及低温回火后的 30CrMnSiA 钢力学性能的重要原因。

（3）改进热处理工艺，是挖掘材料潜力，提高材料性能的有效途径。采用热处理新工艺，提高材料性能，实现以较廉的材料代替较贵的材料，是降低产品造价、提高市场竞争能力的有效途径之一。

参 考 文 献

[1] 曹俊敏，王海云，姚春臣，等. 30CrMnSiA 钢筒形件超高强度热处理工艺研究 [C]//国家电力耐磨材料热处理中心. 2018 年全国先进热处理技术、工艺与应用及有色金属材料制造加工交流会论文集. 北京：国家电力耐磨材料热处理中心，2018：6-9.

[2] GB/T 3077—2015. 合金结构钢 [S].

[3] GJB 5063—2001. 航空航天用超高强度钢钢棒规范 [S].

[4] 姚春臣，王海云，陈兴云，等. 30CrMnSiA 钢的强韧化复合热处理方法：中国，ZL 2017 1 0519876.0 [P]. 2019-01-16.

关于某产品收带夹爪的创新性改进

李方军,李昆博,梁江北,田宇佳

(黑龙江省北方华安工业集团有限公司,黑龙江 齐齐哈尔 161046)

摘 要:针对某产品收带夹爪进行创新性改进,有效地降低了加工难度和废品率,提高了生产效率。

关键词:夹爪;改进

0 引言

导带是镶嵌在我公司产品壳体上的一个环,可以保证该产品与发射管紧密接触,防止火药气体外泄,从而全力推动产品发射过程中的初速和旋速,是产品上的重要部件。我公司生产的某产品采用的是铜质双环形导带镶嵌在产品壳体上,其镶嵌方法为通过收带机(图1)上的6个气缸作用到6个夹爪上进行径向收带。

图1 收带机

1 改进前夹爪的设计结构及工作方式

1.1 预收带夹爪

该夹爪的作用是将导带压入壳体导带槽内,其设计结构及工作方式如图2所示。工作时,先安装上夹爪和长定位杆,调整好托盘(上升)和上导带位置,将上导带压入壳体上导带槽中,然后更换下夹爪和短定位杆,调整托盘和下导带位置,再将下导带压入下壳体导带槽中。

基金项目:国家863计划项目(No.1234567)。

作者简介:李方军(1972—),男,高级工程师,E-mail:575694991@qq.com。

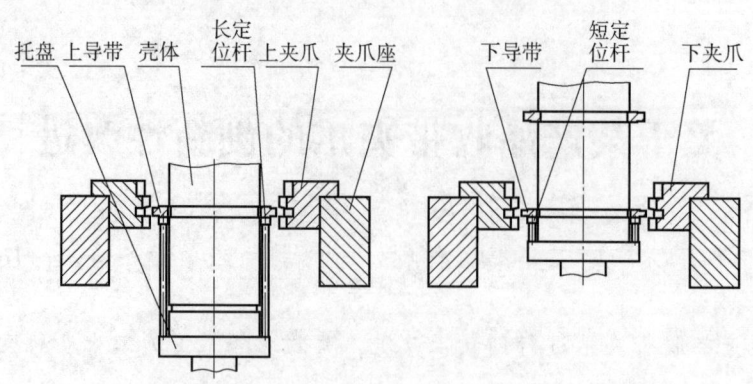

图 2　预收带夹爪

1.2　收紧夹爪

该夹爪的作用是将压入产品导带槽内的导带进行收紧，其设计结构及工作方式如图3所示。工作时，先安装夹爪，调整托盘位置，将上导带进行收紧，然后再调整托盘（上升）位置，将下导带进行收紧。

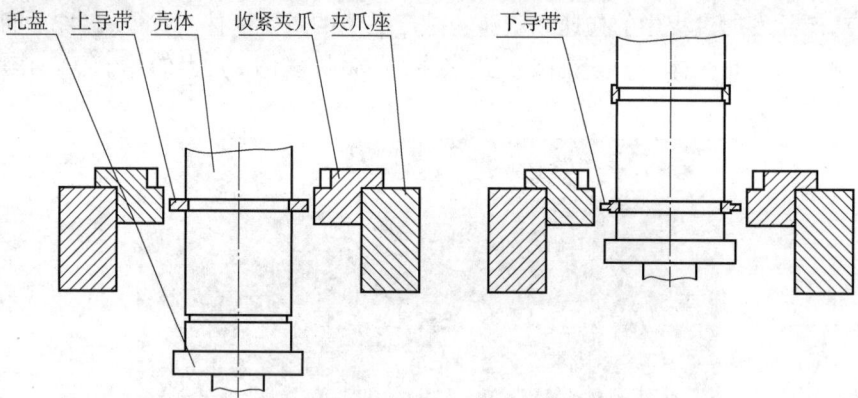

图 3　收紧夹爪

2　改进后夹爪的设计结构及工作方式

2.1　预收带夹爪

该夹爪设计结构及工作方式如图4所示。工作时，先将上、下导带放入浮动定位的凹槽内，再调整托盘位置，使壳体上的导带槽与导带高度一致，然后将上、下导带一起压入壳体导带槽中。

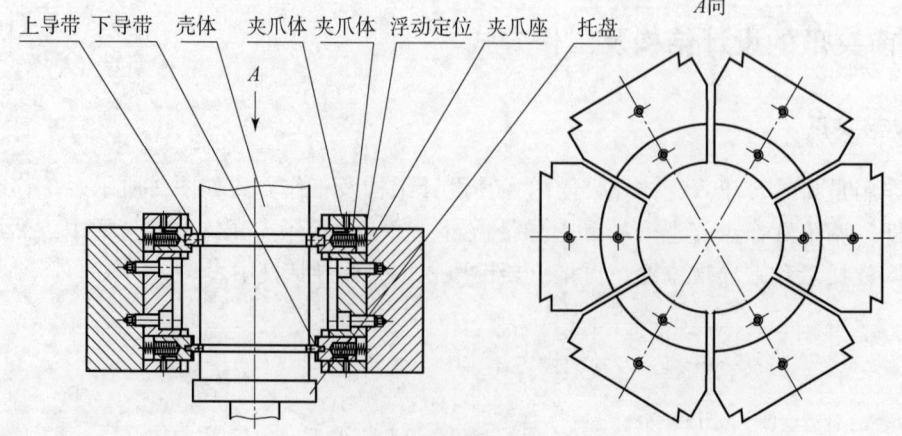

图 4　预收带夹爪

2.2 收紧夹爪

该夹爪设计结构及工作方式如图 5 所示。工作时，先调整好托盘位置，然后将上、下导带一起进行收紧。

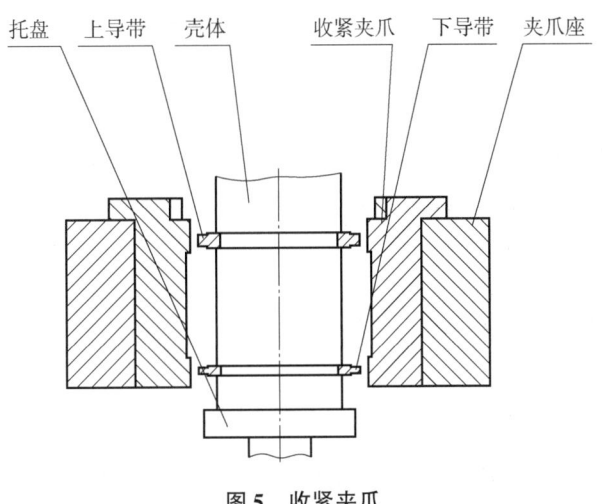

图 5　收紧夹爪

3　效果及结论

针对本产品导带软而窄、抗拉强度较小、延伸率较大等特点，在收带设备性能允许范围内，通过收带夹爪的创新性改进，将上、下导带分别进行预收和收紧共 4 次收带，改进为上、下导带同时进行预收和收紧 2 次收带，实现了上、下导带同时收带，而且预收夹爪还具有导带浮动定位装置，省去了定位杆、调整垫、垫圈等零部件，克服了原导带摆放位置不易调整的缺点，大幅度降低了工人操作难度和劳动强度，缩短了收带时间，生产效率提高了 60% 以上，为双导带结构产品收带工艺开辟了新的途径。

某产品定心块数控加工技术研究及应用

李方军,朱小平,李昆博,田宇佳,梁江北

(黑龙江省北方华安工业集团有限公司,黑龙江 齐齐哈尔 161046)

摘 要:针对某产品定心块在加工过程中存在工序烦琐、劳动强度较大、加工精度和生产效率较低等问题进行工艺性分析,通过开展定心块数控加工技术研究,制定解决方案,有效地提高了产品质量和生产效率,降低了生产成本。

关键词:分析;方案;数控加工;应用

中图分类号:TG156　**文献标志码**:A

Research and application of CNC machining technology for centering block of a product

LI Fangjun, ZHU Xiaoping, LI Kunbo, TIAN Yujia, LIANG Jiangbei

(Hua An Industry Group Co LTD, Qiqihar, 161046, China)

Abstract: Aiming at the problems existing in the processing of a product's centering block, such as complicated process, high labor intensity, low processing accuracy and production efficiency, the technological analysis is carried out. Through the research of centering block NC processing technology, the solution is worked out, which effectively improves the product quality and production efficiency, and reduces the production cost.

Keywords: analysis; scheme; NC machining; application

0 引言

我公司生产的某产品定心块属于异型件,设计结构比较复杂,过去一直采用普通设备加工,其加工工艺方法和手段难以满足产品质量要求,加工工序烦琐,劳动强度大,生产效率较低。本文针对原加工工艺存在的问题,采取优化工艺、设计专用夹具和刀具等措施,有效地提高了定心块加工精度和生产效率,降低了废品率。

1 原加工工艺性分析

1.1 工序烦琐

定心块毛坯材料为钢管,先采用普通车床CW6163加工出回转体(图1),然后采用普通铣床进行切断和铣型,人工倒R角最终形成成品(图2),一共13道工序。加工工艺流程:锯切下料→车端面、直口→车另一端面→车内孔→车内锥面→车外圆→精车内弧形→精车外弧形→划线→切断→铣型→手工倒R→全检。

作者简介:李方军(1972—),男,高级工程师,E-mail:575694991@qq.com。

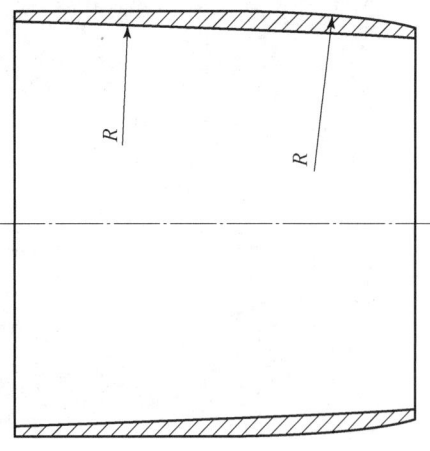

图 1 定心块回转体毛坯加工

1.2 生产效率低，劳动强度大

采用普通立式铣床 X52K 加工定心块两侧弧形，每次加工前需人工对刀，加工时由操作者手摇分度盘进行两侧弧形的铣削加工，由于只有 2 工位，所以每次只能加工 1 件成品（图 3），而且铣型完成后两端 R 角需用锉刀进行人工倒角，费时、费力。

1.3 加工精度低，一致性差

由于普通车床和普通铣床的加工精度较低，工件壁较薄，加工时易变形，难以满足定心块尺寸公差要求，个别定心块超差后需人工进行锉修，尺寸和外形一致性较差。

图 2 定心块成品

图3 定心块铣型加工

2 解决方案

2.1 采用数控设备，优化工艺

为提高加工精度和生产效率，采用数控车床P400和数控铣床XKA6032A、XKA5032A（图4）取代普通车床CW6163和普通铣床X62W、X52K进行回转体、铣断及铣型加工，并利用数控机床刀位多、数控化操作便捷、可靠性高等特点，对原加工工艺进行合理优化，将13道工序精简为6道工序，成品两侧弧形按照数控程序自动铣削完成，两端4个R角由人工锉修改为数控化自动铣削成型。优化后的加工工艺流程：锯切下料→车端面、外圆及内孔→车内、外弧形→切断→铣形→全检。

图4 数控车床和数控铣床

2.2 设计专用夹具

2.2.1 定心块回转体毛坯加工夹具

为减小定心块回转体毛坯加工时容易产生的径向变形，将长方形三爪夹具改进为扇形三爪夹具（图5），以增加径向夹紧面积，减小夹紧力。

2.2.2 定心块铣型加工夹具

为提高铣型工序的加工精度和生产效率，将分度盘两工位夹具改进为工作台八工位夹具（图6），这样就由原来的一次加工1件成品，提高到一次加工4件成品。

图 5　定心块回转体毛坯夹具设计图

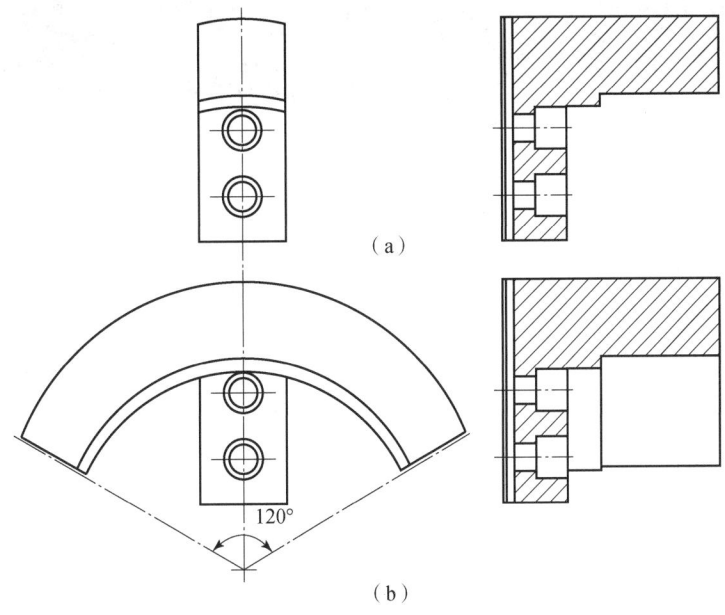

图 6　改进前和改进后铣型夹具

(a) 改进前；(b) 改进后

2.3　优化刀具

将定心块回转体毛坯加工用的焊接刀具全部改为硬质合金机夹刀（图7），这样可以省去焊接刀刃磨和对刀等辅助时间，提高刀具使用寿命，大幅度地提高生产效率。

图 7　焊接刀、机夹刀

为加工出5°侧角，提高刀具使用寿命，将铣型刀具由φ20普通高速钢立铣刀改为具有耐磨涂层的φ10硬质合金圆锥铣刀（图8）。

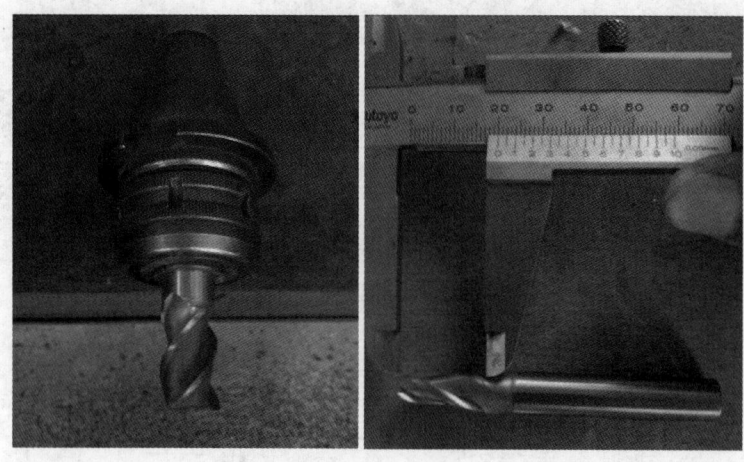

图8 立铣刀、圆锥铣刀

3 效果及结论

通过开展定心块数控加工技术研究，解决了原加工工艺存在的工序烦琐、劳动强度大、生产效率低等问题。该技术在我公司批量生产中也得到了应用，能够有效地提高加工精度，降低操作者加工难度和劳动强度，降低刀具损耗，达到了提高产品质量和生产效率，降低生产成本的目的。定心块一次合格率由原来的80%以下提高到98%以上，生产效率提高了4倍以上，刀具消耗降低了20%。

回转体零件线性尺寸和形位公差自动检测技术研究

李方军，朱小平，李昆博，姜焕成，郭延刚

(黑龙江省北方华安工业集团有限公司，黑龙江 齐齐哈尔 161046)

摘 要：针对某军工产品生产加工的多品种、多型号和多测量参数（包括内径、外径、螺纹、厚度、同轴度、圆跳动等）的特点，采用了先进的激光、电涡流测距技术和伺服电机控制技术，通过计算机处理大量的检测数据，检测回转体零件内、外部线性和形位公差尺寸。该技术能够使检测设备一机多用，大大缩短产品生产周期，减少检测设备和测量工具的投入。

关键词：需求；方案；效果

中图分类号：TG156　　**文献标志码**：A

Research on automatic measurement technology of linear dimension and geometric tolerances of rotational parts

LI Fangjun, ZHU Xiaoping, LI Kunbo, JIANG Huancheng, GUO Yangang

(Hua An Industry Group Co. , LTD. , Qiqihar 161046, China)

Abstract: Aiming at the characteristics of multi – varieties, multi – models and multi – measurement parameters (including inner diameter, outer diameter, thread, thickness, coaxiality, circular runout, etc.) in the production and processing of a military product, advanced laser technology, eddy current ranging technology and servo motor control technology are used to detect the rotational parts' measurement of internal and external linearity and shape tolerance dimensions by using computer to process a large number of test data.

Keywords: demand; programme; effect

0 引言

我公司某产品的传统生产过程采用生产线作业，加工工序简单，工序多。产品加工质量完全靠人工检验、人为控制，主要采用专用检具、样板和通止卡板等检具进行人工检验。该产品控制尺寸较多，造成检验工序多，检验人员多。检验结果分为合格与不合格，对于零件的实际几何尺寸不明确，不能给出定量的偏差值，不利于控制产品加工质量。检验周期长，人为因素多，外界干扰大，精度不易控制，检测效率不高，难以满足现代军工生产要求。

近年来越来越多的三坐标测量机进入企业，在产品加工质量控制方面发挥了越来越大的作用，但是如果采用三坐标测量机进行检测，由于检测速度慢，难以满足在线检测的使用要求。我公司针对某产品在批量生产过程中存在的专用检具、样板、卡板、三坐标检验效率低，检验工序多，检验人员多、人为因素多、检验周期长、外界干扰大、检验精度低、实际几何尺寸判断不明确等不利因素，开展廓形尺寸自动检测技术研究，采用激光三角测量技术、计算机数据处理技术和自动控制技术，实现产品内、外部线性和形位公差尺寸的准确、快速检测，为产品质量升级提供有力保障。

基金项目：国家863计划项目（No. 1234567）。

作者简介：李方军（1972—），男，高级工程师，E – mail：575694991@ qq. com。

1 自动检测技术研究方案

1.1 线性尺寸自动检测技术研究

1.1.1 检测方式

采用立式装夹在工作台上,检测时产品匀速旋转。图1所示为检测方式。

1.1.2 检测原理

采用激光检测技术,测量弹体的全部外形尺寸。图2所示为检测的原理。

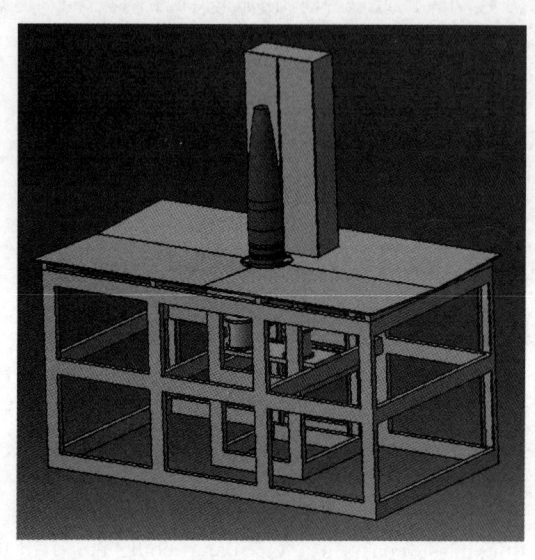

图1 检测方式

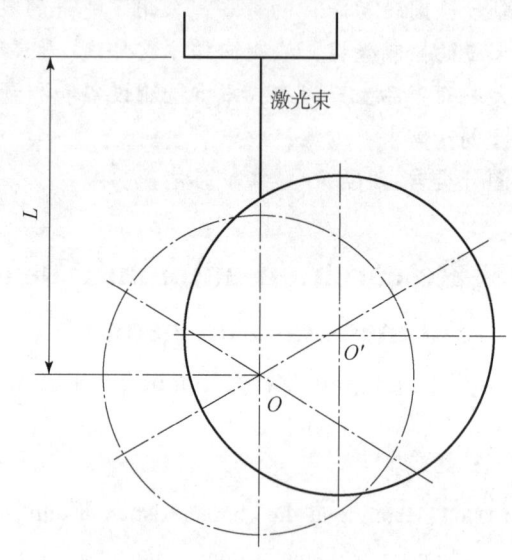

图2 廓形尺寸激光检测原理

图2中,O 为检测台的回转中心,O' 为工件中心,O 与 O' 不重合。为了便于圆周方向上多点测量,工件采用立式装夹在工作台上,检测时弹体随工作台间歇旋转。

1.1.3 检测过程

将待检产品滚放在待检台上,待检台面前后高、中间低,使产品自动停留在台面的中间位置(前后位置)。检测台上有一个在气缸控制下能够上下移动的浮动盘。检测时,浮动盘上移,人工将产品立起,并放在浮动托盘面上,按动启动检测按钮,浮动盘缓慢下移,产品落在检测台面上,并大致与检测台旋转中心同轴。浮动托盘落完后,激光测头在伺服电动机的控制下从上到下扫描测量弹体的一条母线,轴向移动每 0.02 mm 计算机采集一次激光测量数据,并将获得的测量数据暂存起来。一条母线测量完成后,检测台在另一伺服电动机控制带动下旋转 60°,激光测头回原位,测量第二条母线,……,共计测量 6 条母线,检测工作完成,计算机处理相应测量数据,给出检测结果。气缸将浮动托盘缓慢顶起,产品脱离检测台面。人工将产品扳倒,落到待检台台面上,再将其滚离待料台。

1.1.4 标准体检测

已知标准体直径为 R,确定激光测量基准面到回转中心的距离 L。

设激光束基准面到测量点的距离为 S,在以 O 为原点的直角坐标系中,标准体的测量坐标为

$$P_1[0,(L-S_1)]$$
$$P_2[(L-S_2)\sin60°,(L-S_2)\cos60°]$$
$$P_3[(L-S_3)\sin120°,(L-S_3)\cos120°]$$
$$P_4[(L-S_4)\sin180°,(L-S_4)\cos180°]$$
$$P_5[(L-S_5)\sin240°,(L-S_5)\cos240°]$$

$$P_6\ [(L-S_6)\sin300°,\ (L-S_6)\cos300°]$$

设 O' 的坐标为 (x, y)，建立联立方程：

$$x^2 + [(L-S_2) - y]^2 = R^2$$

$$[(L-S_2)\sin60° - x]^2 + [(L-S_2)\cos60° - y]^2 = R^2$$

$$[(L-S_2)\sin120° - x]^2 + [(L-S_2)\cos120° - y]^2 = R^2$$

$$[(L-S_2)\sin180° - x]^2 + [(L-S_2)\cos180° - y]^2 = R^2$$

$$[(L-S_2)\sin240° - x]^2 + [(L-S_2)\cos240° - y]^2 = R^2$$

$$[(L-S_2)\sin300° - x]^2 + [(L-S_2)\cos300° - y]^2 = R^2$$

在上述 6 个方程中任选 3 个解联立方程，即可求出 L、x、y。

在不同的截面中测量、求解，得到不同的圆心坐标，即可求出激光测量导轨与回转中心的不平行度（角度）。

1.1.5 线性尺寸的测量及计算

1）径向尺寸的测量及计算。

如图 2 所示，测得 P_1 至 P_6 的坐标分别为：

$$P_1\ [0,\ (L-S_1)]$$
$$P_2\ [(L-S_2)\sin60°,\ (L-S_2)\cos60°]$$
$$P_3\ [(L-S_3)\sin120°,\ (L-S_3)\cos120°]$$
$$P_4\ [(L-S_4)\sin180°,\ (L-S_4)\cos180°]$$
$$P_5\ [(L-S_5)\sin240°,\ (L-S_5)\cos240°]$$
$$P_6\ [(L-S_6)\sin300°,\ (L-S_6)\cos300°]$$

采用最小二乘法进行圆弧曲线拟合，即可求出圆的中心坐标和半径。

在不同的轴向位置进行拟合计算，就可以求出该截面位置的半径和中心坐标。通过不同的中心坐标，即可求出弹体的不同轴度。

2）轴向尺寸的测量计算。

激光测头每行进 0.02 mm，计算机记录一次检测数据。在做轴向尺寸判断时，当前一次和本次的测量数据差别较大，达到 0.1 时，则认为前一次的位置加上 0.01，为轴向尺寸的界限位置。

由于弹体表面存在圆弧过渡面、倒角等结构，该方法还应结合具体结构，避免误判。

1.1.6 垂直度对测量精度的影响

由于产品端面垂直度误差不超过 0.2，设半径为 R，由此产生的最大测量误差为 Δ，则有

$$0.2^2 + R^2 = (R+\Delta)^2$$

忽略 Δ^2，则有

$$\Delta = 0.04/2R$$

由于 R 一般大于 10，所以

$$\Delta < 0.002$$

因此，由于端面垂直度误差产生的测量误差可以忽略不计。

1.1.7 检测过程的控制

1）工控机的组成（图 3）。

2）控制对象（图 4）。

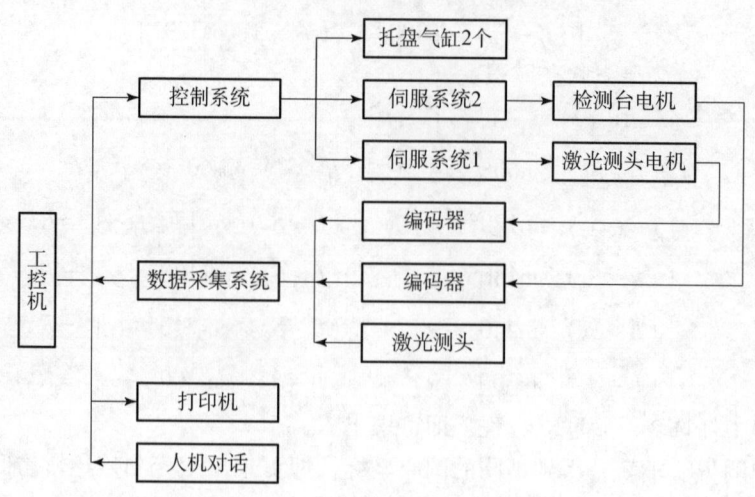

图 3 控制系统的组成框图

以图 4 为例，结合图 3，其控制对象为：

（1）工控机通过人机对话系统操作控制系统的检测，检测结果由打印机打印输出。

（2）控制系统控制工作台下面的气缸顶起和落下；控制激光测头上下及轴向移动，控制产品的周向旋转。

（3）数据采集系统采集伺服电动机上编码器的数据，以控制激光测头的移动距离，计算弹体部件的轴向尺寸；采集激光测头的检测数据；采集接近传感器的数据，感知工件到位信号，用以控制检测系统的动作。

（4）工控机控制整个检测过程，并对数据进行分析计算，存储检测数据，形成相应的报表。

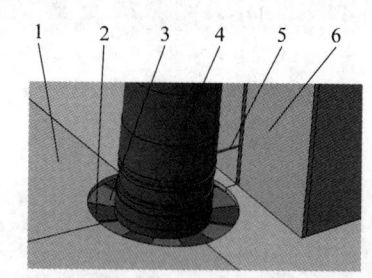

图 4 检测台局部视图
1—待料台面；2—测量台面；3—浮动托盘；
4—产品；5—测量激光；6—测量防护板

1.2 形位公差自动检测技术研究

1.2.1 检测方法

1）零件外部形位公差尺寸（包括同轴度、圆跳动和圆柱度等）检测。

采用激光位移传感器安装在零件径向上方对应位置，通过光源焦点垂直照射到零件所需测量位置上，零件旋转一周过程中所测得的最大值与最小值之差即同轴度、圆跳动及圆柱度尺寸。

2）零件内孔直径尺寸检测。

采用电涡流位移传感器安装在零件轴向孔端一侧对应位置，通过两个对称探头伸到零件内孔所需测量位置上，零件旋转一周过程中所测得的探头到零件内壁的距离与两个探头相对距离之和的平均值，即孔径尺寸。

3）零件内孔轴向位置尺寸检测。

采用电涡流位移传感器安装在与内孔底端面或台阶端面相对的定位端面上，零件旋转一周过程中所测得的探头到底端面或台阶端面的距离与探头到定位端面的距离之和的平均值，即轴向位置尺寸。

4）零件内孔同轴度（近似于圆跳动）检测。

采用电涡流位移传感器安装在正对零件中心的测杆上，零件旋转一周过程中所测得的最大值与最小值之差，即同轴度尺寸。

1.2.2 检测设备主要结构

某产品零件检测设备主要结构为上料台、检测台和下料台，如图 5 所示。

上（下）料台结构如图 6 所示。

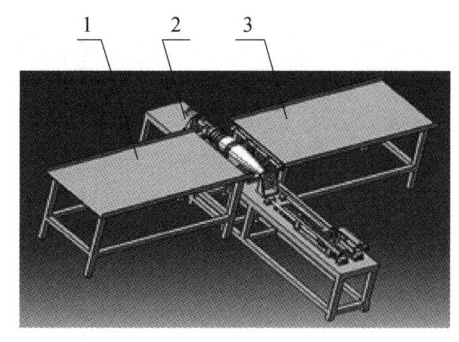

图 5　检测设备主要结构

1—上料台；2—检测台；3—下料台

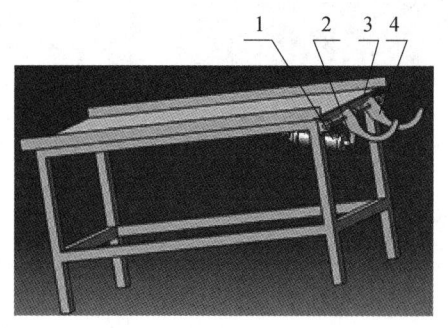

图 6　上（下）料台结构

1—气缸；2—连杆；3—连杆轴；4—弹体托架

检测台结构如图 7 所示。

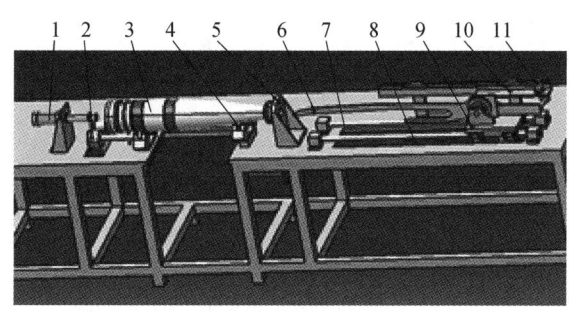

图 7　检测台结构

1—尾顶气缸；2—皮带轮；3—零件；4—定位支撑；5—前端面定位装置；6—测杆；
7—导轨；8—电涡流传感器；9—测量架；10—激光位移传感器；11—限位气缸

1.2.3　检测过程

工作时待检零件卧放在上料台面上。气缸 1 推动连杆 2，连杆使连杆轴 3 逆时针转动，与连杆轴相连的零件托架 4 同时向上转动。人工将弹体滚动到弹体托架上。按动启动按钮，气缸缓慢回退，带动零托架向下转动，使零件轻放在检测台的定位支撑上。检测台上的接近开关检测到弹体，开始检测。

零件被上料装置放置在定位支撑 4 上，尾顶气缸 1 将零件向右推，使之与前端面定位装置 5 靠紧。电动机带动皮带轮 2 转动，定位支撑上的转轮与皮带轮同时转动，带动零件转动。伺服电动机带动测量架 9 在导轨 7 上移动，测杆 6 在限位导轨的限制下进入零件内腔，到达指定位置，伺服电动机停止转动，测杆测量该位置的壁厚差。测杆头部的跳动量，成比例地反映到激光位移传感器和电涡流传感器 8 上，位移传感器安装在测量架上，随测量架移动。一个位置的壁厚差测量完成后，限位气缸 11 将测量杆抬起，测量架进入下一个位置，继续进行壁厚差测量，直至完成全部位置的测量，最后计算机对测量数据进行分析存储。

与上料台相对称的是下料台，结构与上料台相似。上料台和检测台工作时下料台的零件托架一直处在下位。测量完成后，下料台的气缸推动连杆使零件托架向上转动，使零件脱离检测支撑，转移到下料台上。

1.3　控制系统技术研究

1.3.1　控制系统的总体结构

该系统总体结构组成如图 8 所示。

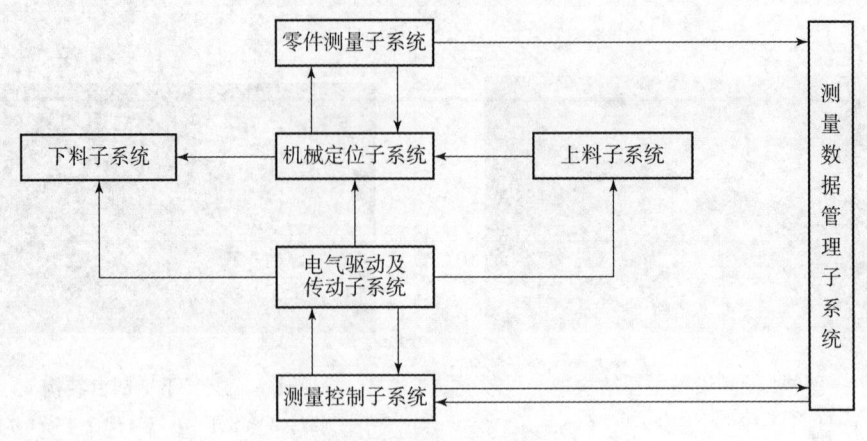

图 8 控制系统总体结构

1.3.2 控制系统的应用技术及功能

应用激光和电涡流检测技术、自动化控制技术、信号处理技术，以及数据拟合、分析技术和测量数据管理技术，构成系统建设的技术基础和总体框架。

上、下料子系统和机械及传动子系统由电气驱动子系统驱动，并受测量控制子系统进行协调动作序列。上、下料子系统负责将零件自动搬入检测台进行测量，并负责将检测后的零件自动卸下检测台。机械及传动子系统负责测量零件的旋转和测量探头的机械动作。弹体测量子系统依靠各种探头机械测量动作，采集各项数据并将其传输到测量数据管理系统。电气驱动子系统主要对上、下料子系统和机械及传动子系统的机械结构进行驱动，并在测量控制子系统的操作下使其完成各种动作。测量控制子系统是整个系统的操纵指挥者，规定上、下料，机械及传动，弹体测量等动作序列。测量数据管理子系统负责接收测量数据并进行数据管理，同时为测量控制子系统提供数据基础。

2 实施效果

该检测设备应用了激光和电涡流检测、自动化控制、信号处理、数据拟合和分析及测量数据管理等先进技术，能够满足零件测量精度要求，大大简化了机械结构和动作，并使检测设备具有相当的柔性，当检测零件尺寸发生局部变化时，不必改变检测设备的机械结构和机械动作，只需要改变数据处理程序，就完全可以适应新零件的检测要求，能够实现一机多用，大大减少检测设备和专用量具的资金投入。

线性和形位公差尺寸自动检测技术的应用，能够降低检验人员劳动强度，节省大量人力，减少大量专用量具，降低产品生产成本，节约大量资金。以我公司生产的产品为例，采用自动检测设备后，每年若生产 8 万件（平均年产量）产品可节约 86.16 万元。

3 结论

自动检测技术应用于产品批量生产时线性和形位公差尺寸检测领域，是产品质量检测技术的一次重大变革，与传统的单一机械检测和三坐标检测技术相比，具有自动化和柔性化程度高、测量精度和效率高、可靠性强及操作简便等优势。自动检测技术的不断推广和应用，推动了机械加工技术的迅速发展，同时，在自动检测技术应用中也暴露出检测探头使用较多、设备制造成本较高等不足，需要在今后的实践中逐步予以解决。

参 考 文 献

[1] 马西秦，许振中，赖申江. 自动检测技术 [M]. 北京：机械工业出版社，2011.
[2] 张玉莲. 传感器与自动检测技术 [M]. 北京：中国电力出版社，2009.

外军高机动地面平台先进制造技术发展综述

李晓红，苟桂枝，徐 可，祁 萌

（北方科技信息研究所，北京 100089）

摘 要：先进制造技术创新是新一代高机动地面平台发展的重要技术手段。当前以美国为代表的西方军事强国非常重视高机动地面平台先进制造技术的发展。从制造创新策略、先进数字化设计制造技术、新兴制造工艺技术等方面对外军近几年围绕高机动地面平台建设所开展的先进制造技术创新研究进行综述，以期对我国攻克高机动地面平台研制生产瓶颈、提升研制水平提供借鉴参考。

关键词：高机动地面平台；制造创新策略；数字化设计制造；新兴制造工艺

中图分类号：T-1 **文献标志码**：A

An overview of advanced manufacturing technology for high-mobility ground platform in foreign military

LI Xiaohong, GOU Guizhi, XU Ke, QI Meng

(North Institute for Scientific and Technical Information, Beijing 100089, China)

Abstract: Advanced manufacturing technology innovation is the key technical means for new generation of high-mobility ground platform development in foreign military. This paper will review the manufacturing technology innovations in the high-mobility ground platform in recent years, including: the manufacturing innovation strategy, digital design and manufacturing technology, emerging manufacturing processing technology, which will provide references for high mobile ground platform development production in our country.

Keywords: high-mobility ground platform; the manufacturing innovation strategy; digital design and manufacturing technology; emerging manufacturing processing technology

0 引言

以新一代装甲突击、火力打击装备为代表的高机动地面平台是当前各国重点发展的装备之一，地面平台的全域机动、战场感知、装甲防护、火力打击、适应多样化作战等能力都将提升到一个更高水平。装备技术战术指标的不断提升需要更先进的制造技术进行支撑。

近两年来，以美国为首的军事强国将发展先进制造业提升到增强经济实力、满足国防需求的战略高度，从政府支持、规划引导、明确重点技术领域、重视制造创新成果推广应用等多个方面来保持先进的国防制造能力。这些围绕先进制造所采取的一系列策略与措施对于推动高机动地面平台的制造创新也起到了积极的促进作用。在技术层面，外军也不断寻求突破，通过采用先进数字化设计制造技术、进行制造工艺技术创新等手段，在保障高机动地面平台的高效、低成本研制生产方面保持了强劲的发展势头。

1 各层级制造创新策略为高机动地面平台的发展提供可靠保障

美国作为世界军事强国，一直都非常重视国防制造技术，从国家层面、国防部层面制订的诸多制造

作者简介：李晓红（1978—），女，研究员，工学硕士，E-mail：lxh_ustb@163.com。

技术规划计划都涉及高机动地面平台制造技术相关内容，还通过装备研发中心、卓越制造中心等来推动高机动地面平台的制造创新。这些多层级的制造创新策略为高机动地面平台发展创造了良好环境，提供了有力保障。

1.1 美陆军 ManTech 子规划布局地面平台制造技术研发重点

美国防部制造技术（ManTech）规划迄今已连续实施 60 余年，对提高武器装备经济可承受性以及增强美国国防工业基础的支撑作用非常显著。其中陆军 ManTech 子规划，其主要任务是通过改进制造技术、提高制造成熟度支持美国陆军战备和现代化发展重点，最新发布的 2019 财年规划报告[1]，围绕远程精确火力、下一代战车、未来垂直起降飞行器、陆军网络、防空反导系统、士兵杀伤力 6 个现代化项目投资方向，布局制造技术发展。其中针对"下一代战车"项目重点投资轻质镁合金制造、武器系统关键零部件制造/延寿、轻型装甲防护技术、车辆结构件高能埋弧焊、冷喷涂等相关制造工艺技术。例如，正在开发一种采用高能埋弧焊技术的自主机器人焊接单元，以快速生产高质量战车车体和分段结构（厚装甲钢板焊件），项目成果可用于多用途装甲车辆、"布莱德利"战车、"帕拉丁"综合管理项目、M88装甲抢救车等。

1.2 美国家制造创新机构利用军民协同促进地面平台制造技术发展

美国 2012 年宣布启动国家制造创新网络计划，旨在通过投资应用前景好的制造技术，确保下一代产品的本土发明、本土制造，提高制造业的全球竞争力。美国防部以政府实施国家制造创新网络计划为契机，选取有国防需求的技术领域开展专项创新工程，致力于借助全国优势力量，进行新技术创新研究以及创新成果在国防领域的规模化应用。其中一些制造创新成果已在地面平台研制生产中取得良好成效。

美国陆军牵头成立"数字化制造与设计创新机构"，旨在通过创新研究成果促进陆军企业的数字化设计制造能力。2018 年，对岩岛兵工厂实施"基于模型的企业"能力评估，构建一个数字化制造技术发展路线图，可使兵工厂生产效率提升 40%~45%，维护停机时间缩短 30%~50%。美国海军牵头成立"轻质及现代金属制造创新机构"，明确指出，开发的创新技术将促进更轻型材料用于联合作战车辆零部件，满足车底抗弹性能、车顶炮手防护箱等性能要求，有助于新一代联合轻型战术车辆研制。目前正在实施的一个项目将使军用悍马车辆翻车概率减少 74%，进而减少士兵伤亡数量[2,3]。

1.3 多个中心管理运作地面平台制造创新

美国陆军拥有自己的地面车辆系统中心，全面负责制订地面平台发展计划，管理研究、开发、工程化、优化先进车辆技术并集成到地面系统中，为装备提供全寿命周期支持。隶属于美国国防部的国家国防制造与加工中心的主要业务之一是针对各军种武器装备制造技术难题，通过与工业界、学术界开展广泛合作，提供最佳解决方案。该中心已经为远征战车、高机动多用途轮式车辆（HMMWV）、艾布拉姆斯 M1 坦克等地面平台中遇到的加工难题提供了优选解决方案，显著降低了制造成本，缩短了研制周期[4]。

2 数字化设计制造技术实现高机动地面平台高效低成本研制

数字化设计制造技术是目前产品研制的基本技术手段，已广泛应用于武器装备研制生产中，对于加快产品研制速度、提高研制质量、降低研制成本发挥了巨大作用。近年来，基于模型的定义、虚拟设计与仿真验证、数字化协同研制平台建设等是数字化设计制造技术发展重点，也有效促进了外军高机动地面平台高效低成本研制。

2.1 基于模型的定义技术

基于模型的定义（MBD）是一种超越二维工程图实现产品数字化定义的全新方法，在三维模型中集成公差、尺寸等注释性标注、产品设计信息、制造要求等，以实现对产品的全面描述。美国陆军通过

ManTech 规划研究采用 MBD 技术构建统一产品模型,致力于三维模型实现在产品设计、工艺设计、加工、装配、维修等产品全生命周期的集成应用。

美国陆军 ManTech 项目"支持集成武器系统全生命周期的 MBE 数据"[5],主要在陆军制造基地及私营企业内开展基于模型的企业(MBE)技术的定义、开发与验证,尽可能在产品全生命周期内使用全标注的三维产品主模型,以降低采办成本和风险,缩短交付周期。部分研究成果已经在坦克装甲车辆零部件研制生产中获得应用,例如,地面战斗车辆(GCV)项目管理部门在采办合同中开始使用三维技术数据包合同语言;开发出防地雷反伏击车(MRAP)缓冲轧辊支架的三维夹具设计制造工作指令动画;MRAP 进出训练装置设计采用基于模型的技术,设计时间从 26 000 h 缩减到 968 h。

2.2 虚拟设计与仿真验证技术

虚拟设计与仿真验证技术是通过应用数字化仿真与虚拟现实技术,实现武器装备的高精度虚拟设计、虚拟仿真和综合验证,提高设计的一次成功率。其中,复杂工程分析与仿真技术、基于虚拟现实的设计技术、虚拟仿真集成验证等技术在坦克装甲车辆研制中的研究应用尤其深入。

BAE 系统公司开发出一种装甲车辆设计 360°沉浸式虚拟环境——"3D Dome"[6],拥有 8 个屏幕,引入运动跟踪系统,在生产实际样机前可用来在虚拟环境中演示产品功能。该公司还通过将三维沉浸式环境与建模仿真技术、CAD 模型集成起来,实现了沉浸式 CAD 模型可视化,研发出三维虚拟集成样机生成技术,并已应用于虚拟车辆设计、车辆性能模拟和作战场景模拟等多个方面。美国陆军利用 Simplorer 软件进行混合电力驱动车辆驱动系统的分布式异构仿真,以模拟各种车辆系统仿真器有关的子系统,包括动力推进装置、武器系统和有效载荷子系统等[7]。美国陆军在 HMMWV 系列车型改型中研发出分布式仿真平台(D-Sim),满足产品开发供应链内部协同设计的分布式特点,显著加快了产品开发流程,降低研发成本[8]。

2.3 数字化协同研制平台

通过构建数字化协同研制平台,将数字化设计、制造、仿真试验、数据等管理软件集成起来,可以很好地支撑地面平台的多厂所、跨地域协同研制。

2012 年,美国陆军围绕武器装备的研发需求,研究构建基于模型的环境,使选定的项目管理方、兵工厂、基地和研发与工程中心能够利用基于模型的环境创建和传递数据,对武器装备全生命周期的各个阶段进行管理。该技术的实施将对需要重用工程数据的现有及未来战术车辆和地面战斗车辆(GCV)等产生积极影响,有助于缩短产品开发和生命周期管理各阶段的时间,减少产品缺陷,改善工作指令和技术文档,实现实时交互能力。

以"众包平台"为代表的创新型虚拟开放式协同工作环境开始在地面平台研制中崭露头角。DARPA "自适应载具制造"计划中 FANG(快速自适应新一代地面战车)项目,开发出一种具有高度可扩展性、灵活性的"VehicleForge"协同设计平台,利用该平台上的工具和模型库,只用两个多月时间就完成了两栖步兵战车动力传动子系统和行动子系统的设计与仿真验证[9]。美国陆军快速装备部队与本地汽车公司合作开发"ArmyCocreate"在线协同平台,联合军队和民间的力量,不到三个月就完成了移动指挥车设计及样车生产[10]。

3 新兴制造工艺技术促进地面平台轻量化、高生存能力提升

为满足地面平台轻量化、高生存能力发展需求,国外积极探索新兴制造工艺技术,并促进先进制造工艺技术创新成果在地面平台的应用。

3.1 轻质合金搅拌摩擦焊

近年来,国外围绕搅拌摩擦焊技术在兵器装备轻质结构件焊接中的应用开展了诸多研究,一些成果

已在地面作战平台生产实际应用。

美国陆军与爱迪生焊接研究所联合通过对5XXX系列及2XXX系列铝合金焊接接头几何形状、合金组合及厚度的研究，成功开发出厚度达38.1 mm的5059、2139铝合金板的搅拌摩擦焊工艺，并已转移至通用动力司地面系统分部[11]；美国陆军在轻型战术车辆研制过程中，采用搅拌摩擦焊工艺焊接了2139铝合金双V车底结构，已经验证，采用2139铝合金作为抗弹装甲，利用传统焊接工艺，其抗弹性能可提高20%，而利用搅拌摩擦焊工艺，其抗弹性能可提高85%，目前，该型车底通过了阿伯丁试验场的测试[12]。

为推动镁合金在军用车辆中的应用，美陆军针对公认应用前景最好的WE43镁合金开展搅拌摩擦焊研究。美陆军ManTech规划于2015财年开始实施"轻质镁合金构件集成化制造技术"项目，针对T5热处理WE43镁合金轧制板连接开发搅拌摩擦焊工艺，并对连接可靠性及弹道性能进行验证，已与战车原始设备制造商确认涉及镁合金轻量化应用的演示验证。未来，该技术将用于"布雷德利"战车及"斯特莱克"战车[13]。

3.2 异质金属材料焊接

通过异质金属可靠连接，获得性能优良的焊接接头，可满足战车对结构件性能的要求。美陆军先后开展热源辅助搅拌摩擦焊、搅拌摩擦燕尾榫接等技术在战车异质金属构件连接中的应用研究。

在美国陆军支持下，Focus Hope工业公司设计了非碳化铪强化的钨镭合金搅拌摩擦工具，开发了热源辅助搅拌摩擦焊工艺参数，采用激光对钢母材进行预加热，成功实现AA6061-T6511铝合金和高硬度装甲钢（MIL-DTL-46100E HHA）的连接，并通过设计定制水冷焊接夹具，延长了焊接工具寿命及焊缝长度。机械载荷试验结果表明，热源搅拌摩擦焊接头强度高于熔焊和搅拌摩擦焊的接头强度。热源辅助搅拌摩擦焊有潜力满足美国陆军实现钢、铝连接，尤其是高硬度装甲钢与AA6061铝合金连接的需求[14]。

2018年，美国太平洋西北国家实验室针对陆军下一代轻型战车制造需求，研发出一种名为"搅拌摩擦燕尾榫接"的新工艺，实现了12.7 mm厚AA6961-T651铝板与轧制均质装甲钢（MIL-DTL-12560 RHA）板的连接，形成的接缝具有更高强度和延展性，并可避免接缝脆化、应力变化、表面缺陷等问题，有望用于美陆军30 t步兵战车和35 t主战坦克的研制生产。搅拌摩擦燕尾榫接工艺以搅拌摩擦焊工艺为基础，并借鉴传统木工榫接方式，在满足强度需求的前提下，先在钢板表面预制出一定数量、深度、宽度、空间分布的榫槽；再通过搅拌头与铝板之间的摩擦使铝材达到热塑性状态，热塑性铝随搅拌头旋转移动逐渐填入榫槽，与钢材形成机械咬合结构，并在两种材料的交界面形成金属化合物薄层，实现铝与钢的冶金结合[15]。

3.3 地面战车铝合金车底整体锻造成形

通常，坦克装甲车辆车体的上半部分通过增加辅助装甲具备了很好的装甲防护，但车体的下半部分装甲采用焊接装配结构，防护能力相对较弱。整体锻造铝合金车底可提供更强的抗弹能力。

2013年，美铝公司和美国陆军研究实验室联合开展整体锻造铝合金车体底部（简称"车底"）研发，并于2014年10月闭模锻造出两件世界上最大的战车整体锻造铝合金车底样件，尺寸达6.1 m × 2.1 m，实现全球首次战车车底整体锻造成形。项目首先通过仿真分析对整锻铝合金车底的结构设计进行优化，确定选材7020铝合金，并确认整体锻造车底的性能优势；然后采用5万吨重型锻压机整体锻造成形铝合金车底。2015年，对战车铝合金车体的防护能力进行演示验证。相比焊接车底，整体锻造车底具有诸多优点：一是取消焊缝，提高抗弹性能；二是设计的自由度与灵活性高，可按照抗弹性能和减重需求确定最佳车底厚度，进行定制生产，有效减轻质量。美陆军认为整体锻造铝合金车底是一种颠覆性技术，可实现更佳的车体设计，为作战人员提供更好的防护[16,17]。

3.4 复合材料防护装甲整体成形

2013—2017财年，美国陆军ManTech规划实施"对抗未来威胁的轻型装甲防护"项目，开发出一种全厚度增强复合材料装甲制造工艺，以及一套三维全厚度增强复合材料 B 组件装甲，与"斯特赖克"战车现用的二维层压陶瓷复合材料装甲组件相比，抗弹性和耐久性均有提升，且成本更低。陆军 ManTech 规划已与"斯特赖克"项目管理方合作，进行全厚度增强复合材料装甲技术转移，以替代当前陶瓷附加装甲，未来还将向应用 B 组件装甲的其他战车系统转移。

在美国陆军小企业技术转移计划资助下，美国下一代复合材料公司开发出战术车辆用基于陶瓷瓦的复合装甲系统低成本制造新工艺——NexArmor，在降低制造成本的同时，还可提升战车的机动性和生存能力，提升部队的任务能力。与目前常用真空辅助树脂转移模塑成形工艺相比，NexArmor 制造工艺可将陶瓷复合装甲系统成本降低约 50%，制造周期缩短 75%[18]。

3.5　地面平台表面防护

美、英、德等发达国家已采用无铬电镀、冷喷涂、等离子喷涂、热喷涂等工艺方法将更高性能的抗腐蚀耐磨损涂层、热障涂层等广泛应用于地面武器平台。

美国辉门公司采用等离子弧重熔和激光冲击强化技术提高大功率柴油发动机铝合金活塞顶的抗热机械疲劳性能和使用寿命，形成尺寸小于 6 μm 的铝合金初生相，疲劳寿命提高 4~7 倍。美国开发出冷喷涂工艺用于在镁合金装甲件表面沉积耐腐蚀铝涂层，经验证获得涂层的结合强度、密度和耐腐蚀性能高[19]。美军采用钽合金爆炸包覆技术，在 M242 25 mm 身管上包覆钽钨合金（Ta-10 W）内衬，使身管使用寿命延长 3~5 倍，该技术还可用在 M68 105 mm、M256 120 mm、M776 155 mm 等中大口径火炮，以提高身管内膛抗烧蚀磨损性能[20]。针对铝合金、镁合金在装甲车辆行动系统主动轮、负重轮等部件上的应用，美、欧、俄等国开展了耐磨涂层及其热喷涂技术研究，提升运动摩擦部件的抗冲击耐磨损性能。

3.6　增材制造

增材制造技术在外军高机动地面平台研制生产中的应用主要包括零件快速研制、零部件直接制造、零部件维修等几个方面。

在零件快速研制方面，在防地雷反伏击车研制过程中，采用选择性激光烧结和立体光刻技术，仅用 7 天时间就为 MRAP 制作出车门辅助模块原型，车门模块的原型在 1 个月内完成 4 次设计迭代。

在零部件直接制造方面，2019 年，美国通用动力公司地面系统分部联合通用电气增材制造公司，采用增材制造技术生产整体式地面战车用钛合金电缆防护罩，取代目前使用的由 18 个钢件焊接而成的部件，质量减轻 85%[21]。美国 Solidica 公司开发出金属零件增材制造与减材混合加工系统，采用超声波固化固态连接工艺，为 HMMWV、坦克装甲车辆等多种地面作战平台开发新型智能装甲。

在零部件维修方面，美国安妮斯顿陆军基地将激光工程化净成形（LENS）工艺用于艾布拉姆斯 M1 坦克 AGT1500 燃气涡轮发动机零部件维修。LENS 系统能够在很短时间内修复用常规方法无法修复的高温合金破损零部件，每年至少可为安妮斯顿陆军基地节省维修费用 600 万美元。

4　结论

先进制造技术是实现高机动地面平台创新发展的基本保障。以美国为典型代表的军事强国着力发展先进制造技术，创新成果在高机动地面平台研制生产中的应用成效显著；通过数字化手段，构建以产品数据管理为核心的数字化设计制造能力；通过不断创新制造工艺技术，一些影响高机动地面平台研制、生产的关键和瓶颈工艺技术得以解决，大幅提升新一代高机动地面平台的快速研制能力。我们应持续关注外军高机动地面平台制造创新成果，为我国攻克高机动地面平台研制生产瓶颈、提升研制水平提供借鉴参考。

参 考 文 献

[1] U. S. Army ManTech. U. S. army manufacturing technology fiscal year 2019 [EB/OL]. [2018 – 11 – 21]. https：//www. armymantech. com/pdfs/FY19Mantech. pdf.

[2] Defense innovation market place. Manufacturing USA institutes [EB/OL]. [2019 – 03 – 11]. https：//defenseinnovationmarketplace. dtic. mil/business – opportunities/manufacturing – usa – institutes.

[3] Tracy Frost. DoD manufacturing USA institutes [EB/OL]. [2018 – 08 – 22]. https：//business. defense. gov/Portals/57/Documents/BPIIMPTW18%20slides/manufacturing%20USA%20institutes. pdf？ver = 2018 – 08 – 21 – 194209 – 113.

[4] National center for defense manufacturing and machining. Stories [EB/OL]. [2019 – 05 – 13]. https：//www. ncdmm. org/stories/page/3/.

[5] U. S. Army ManTech. Net – centric mode based enterprise (MBE) phase [EB/OL]. [2019 – 05 – 13]. https：//www. armymantech. com/NetCentricMBEWeapon. php.

[6] Siemens. BAE SYSTEMS GLOBAL COMBAT SYSTEMS：Accelerating vital enhancements and urgent modifications to British Army's field units [EB/OL]. [2013 – 11 – 06]. https：//www. plm. automation. siemens. com/pub/case – studies/25061？resourceId = 25061.

[7] Ning Wu. Distributed heterogeneous simulation of a hybrid – electric vehicle drive system using the simplorer software product [EB/OL]. [2019 – 05 – 13]. https：//www. sae. org/technical/papers/2006 – 01 – 304.

[8] Gregory Hulbert, Z. – D. Ma. A comprehensive simulation – based framework for design of army ground vehicles [EB/OL]. [2019 – 05 – 13]. https：//apps. dtic. mil/dtic/tr/fulltext/u2/a478025. pdf.

[9] Defense Advanced Research Projects Agency. Adaptive vehicle MakeV (AVM) [EB/OL]. [2019 – 05 – 13]. https：//www. darpa. mil/program/adaptive – vehicle – make.

[10] Jose Quinones, Jr. , REF. US Army's 'CoCreate'：Supporting soldier innovation [EB/OL]. [2014 – 01 – 14]. https：//www. ge. com/reports/post/93343636138/us – armys – cocreate – supporting – soldier – innovation/.

[11] Brian Thompson, Kevin Doherty, Craig Niese, et al. Friction stir welding of thick section aluminum for military vehicle applications [EB/OL]. [2013 – 01 – 08]. https：//www. arl. army. mil/arlreports/2012/ARL – RP – 417. pdf.

[12] James Capouellez. Optimized light tactical vehicle [EB/OL]. [2019 – 05 – 13]. https：//www. scribd. com/document/307496759/Optimized – Light – Tactical – Vehicle.

[13] Amry Manatech. Integrated magnesium manufacturing technology for lightweight structures [EB/OL]. [2016 – 11 – 08]. https：//www. armymantech. com/pdfs/GMPIMMTFLS. pdf.

[14] P Davis, P Rogers. Advanced vehicle power technology alliance fiscal year 2014 (FY14) annual report [EB/OL]. [2015 – 04 – 30]. https：//apps. dtic. mil/dtic/tr/fulltext/u2/1057998. pdf.

[15] DOE/Pacific Northwest National Laboratory. A Heavyweight solution for lighter – weight combat vehicles [EB/OL]. [2018 – 04 – 13]. https：//www. rdmag. com/news/2018/04/heavyweight – solution – lighter – weight – combat – vehicles.

[16] Tamir Eshel. Alcoa to forge an single piece aluminum hull for a tracked armored vehicle [EB/OL]. [2013 – 10 – 21]. https：//defense – update. com/20131021_ alcoa – to – forge – an – single – piece – aluminum – hull – for – a – tracked – armored – vehicle. html.

[17] Army ManTech. Affordable protection from objectives threats [EB/OL]. [2016 – 11 – 08]. https：//www. armymantech. com/pdfs/GMPAPFOT. pdf.

[18] Small Business Innovation Research. Low cost fabrication of armor protection systems for military tactical vehicles. [EB/OL]. [2019 – 05 – 14]. https：//www. sbir. gov/content/low – cost – fabrication – armor – protection –

systems – military – tactical – vehicles – 0.

[19] V. K. Champagne, P. F. Leyman, D. J. Helfritch. Magnesium repair by cold spray [EB/OL]. [2010 – 09 – 15]. http://www.asminternational.org/portal/site/www/NewsItem/, 2013 – 02 – 11.

[20] SERDP/ESTCP. Chromium elimination and cannon life extension [EB/OL]. [2019 – 05 – 14]. http://www.serdp – estcp.org/Program – Areas/ Weapons – Systems – and – Platforms/Surface – Engineering – and – Structural – Materials/Coatings/WP – 201111.

[21] GE Additive. GE additive print services selected by General Dynamics Land Systems for metal additive production manufacturing [EB/OL]. [2019 – 05 – 22]. https://www.ge.com/additive/press – releases/ge – additive – print – services – selected – general – dynamics – land – systems – metal – additive.

高精度、高速重载齿轮的滚齿加工

刘 伟，万丽杰，张 强，郭丽坤，段玉滨，宁 莹

(哈尔滨第一机械有限公司，黑龙江 哈尔滨 150056)

摘 要：综合传动装置生产制造一直是军用履带车辆的核心技术，是车辆技术水平的关键支撑，也是企业生产能力的直接体现。Ch××系列综合传动装置的变速部分为行星轮结构，节省空间，动力传递效率更高。齿轮类零件是CH××综合传动装置中重要的传动零件，轮齿表面磨削后，要求齿根圆角和渐开线过渡处允许向体内凹下0.2，齿根不允许磨削。其加工质量至关重要，它影响着传动装置的噪声、平稳性、冲击等。针对此零件加工难点提出滚齿加工方案：根据齿轮特点制定合理的工艺流程；设计带圆凸头专用磨前磨刀滚刀；选择合适的滚齿/磨齿夹具定位装夹方案，并设计夹具；设定最佳滚齿进刀次数及切削用量。

关键词：齿轮；进刀量；带凸头；高速重载

中图分类号：TJ399　　**文献标志码**：A

Gearhobbing with high precision and high speed

LIU Wei, WAN Lijie, ZHANG Qiang, GUO Likun, DUAN Yubin, NING Ying

(Harbin First Machinery group co. LTD HLJ, Harbin 150056, China)

Abstract: The manufacturing of integrated transmission device is the core technology of military tracked vehicle, it is the vehicle technology level key support, and it is also a direct reflection of the enterprise's production capacity. The CHXX series integrated transmission has planetary wheel structure, save a space, power transmission is more efficient. Gear parts are important transmission parts in CHXX integrated transmission device, after grinding the gear surface, it is required that the rounded corners of the tooth root and the involuted transition are allowed to concave down 0.2, and grinding of tooth root is not allowed. The quality of its processing is very important, it affects the noise, stability and impact of the transmission. In view of this part processing difficulty the hobbing processing scheme is put forward; Develop reasonable process flow according to gear characteristics; Design special pre-grinding hob with convex head; Select the suitable hobbing/grinding fixture positioning and clamping scheme, and design the fixture; Set the optimal hobbing fees times and cutting parameters.

Keywords: gear; feed amount; with a convex head; high speed and overload

0 引言

采用液压转向技术的综合传动是我国军用履带装甲车辆传动实现现代化目标中的一项关重技术。Ch××系列综合传动装置是目前国内液力综合传动装置比较成功的一个典范，该综合传动装置适用于履带车辆，是底盘实现机动性的关键，是一种能够满足履带车辆的高性能、高可靠性要求的先进综合传动装置。综合传动装置生产制造一直是军用履带车辆的核心技术，是车辆技术水平的关键支撑，也是企业

基金项目：浅谈刀具磨损原因及限度。

作者简介：刘伟（1970—），男，研究员级高级工程师，E-mail：546986044@qq.com。

生产能力的直接体现。

齿轮类零件是 Ch××综合传动装置中的重要传动零件，特点是大多数齿轮材料都是 20Cr2Ni4A，渗碳淬火的硬齿面齿轮。齿轮精度 6 级，精度较高，对机床精度、夹具精度有较高的要求。轮齿表面磨削后，在齿根圆角和渐开线过渡处允许向体内凹下 0.2（图 1），齿廓修形及齿长方向修形如图 2 和图 3 所示。

该形状齿形，对提高啮合质量，减少噪声，运动平稳性有利。

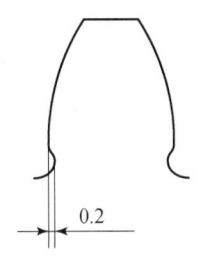

图 1 轮齿表面磨削后

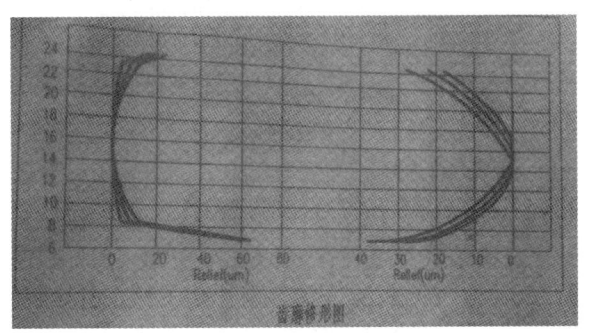

图 2 齿廓修形

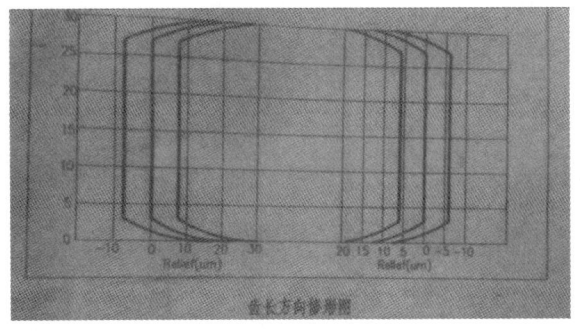

图 3 齿长方向修形

通过对齿轮机加工艺的优化，编制合理的加工工艺流程，选择合适的定位装夹方案，有效利用设备，采用专用带凸台刀具，设定最佳切削用量，解决高精度、高速重载齿轮的滚齿加工，保证齿轮类零件加工质量，提高生产效率。

为保证齿轮类零件的加工质量，通过优化工艺参数和工艺过程，使每个细节都得到控制，做到定设备、定工艺、将渗碳淬火齿轮的热处理变形减小到最低限度，制定如下方案。

1 根据齿轮特点制定工艺流程

行星齿轮工艺流程如图 4 所示。

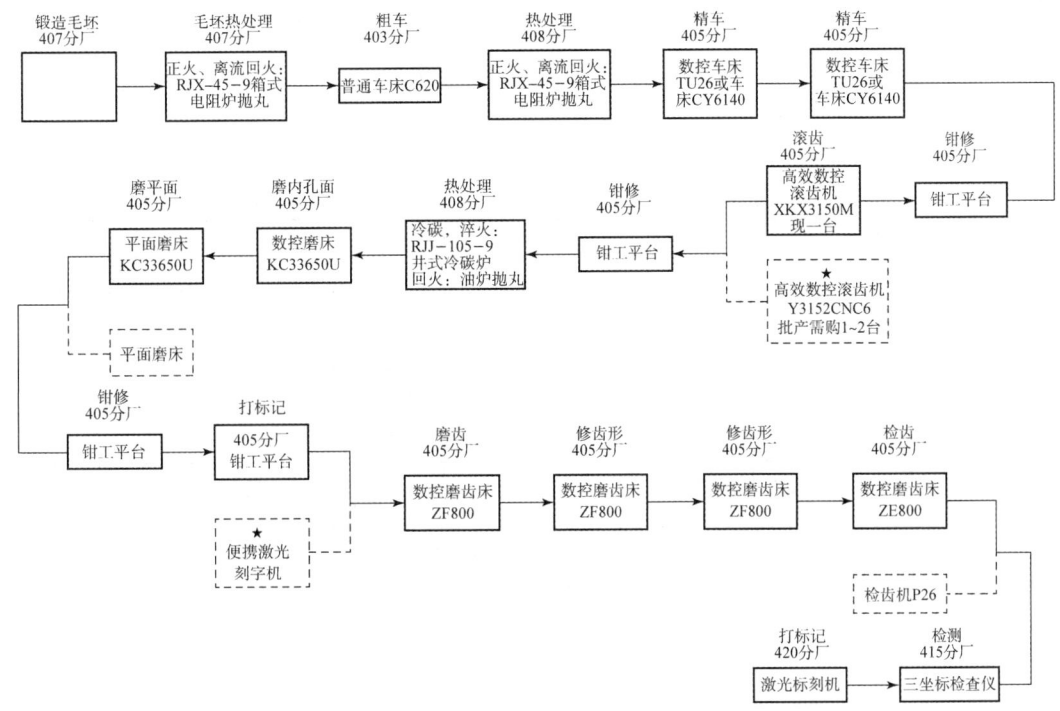

图 4 行星齿轮工艺流程

2 设计带圆凸头磨前滚刀

高速重载条件下工作的齿轮，热处理后要进行磨削加工，为避免产生磨削台阶要用磨前滚刀加工齿轮，磨前滚刀是带圆凸头具有主、副切削刃的齿轮滚刀，用来加工磨前带有根凹量的齿轮，可以避免产生磨削台阶，提高齿轮根部的抗弯强度。

我公司用磨前滚刀生产两批齿轮，但齿根都有不同程度的磨削（图5）。

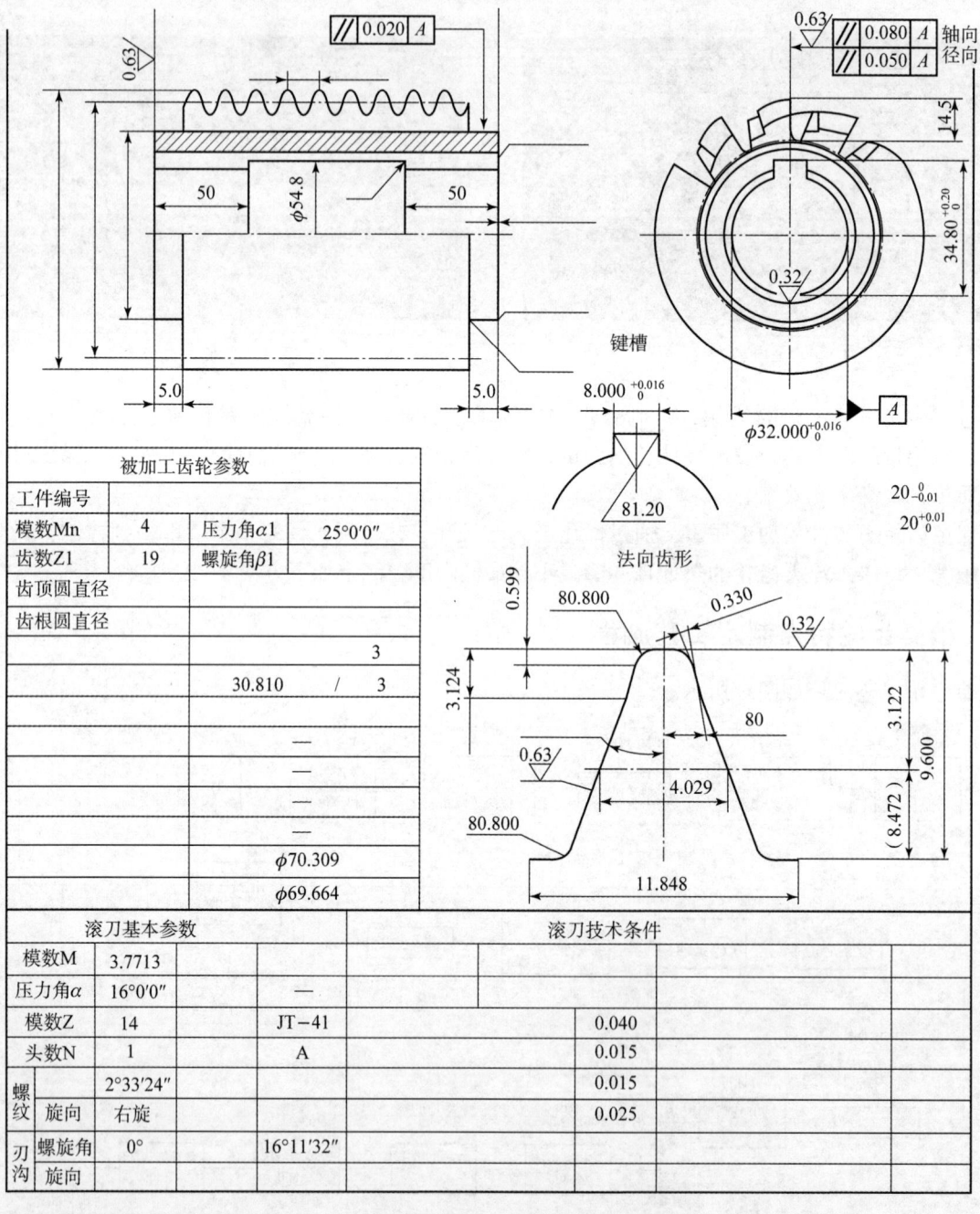

图 5　带圆凸头磨前滚刀

经过分析，与刀具生产厂家协商，重新修改滚刀，使其达到滚齿齿根要求。

2.1 修改专用齿轮滚刀

滚齿时内凹控制在 0.35 左右，磨齿时不磨内凹部分，只磨齿型，磨后形成内凹不大于 0.2。

磨前滚刀采用带圆凸头、变压力角设计，设计时严格控制磨前滚刀触角高度值，增加预加工齿轮齿根沉割深度，但要注意，如果磨前滚刀的触角高度值过大，造成预加工齿形齿根沉割深度过深，就会产生根切（图6）。

图 6　修改专用齿轮滚刀

2.2 按正常滚齿，在磨齿时磨出内凹部分（图7～图9）

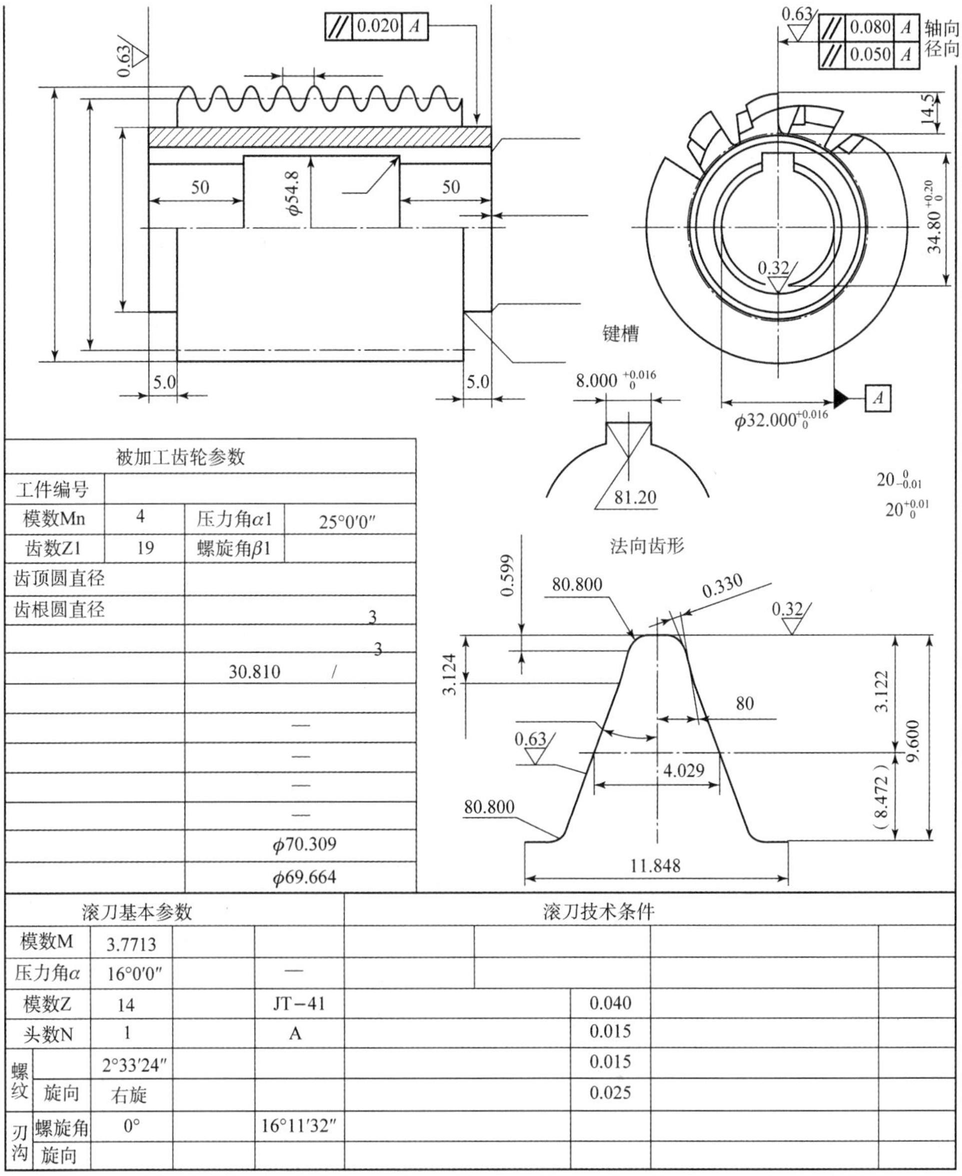

被加工齿轮参数			
工件编号			
模数Mn	4	压力角α1	25°0′0″
齿数Z1	19	螺旋角β1	
齿顶圆直径			
齿根圆直径			3
			3
	30.810	/	
			—
			—
			—
	φ70.309		
	φ69.664		

滚刀基本参数		滚刀技术条件	
模数M	3.7713		
压力角α	16°0′0″	—	
模数Z	14	JT-41	0.040
头数N	1	A	0.015
螺纹	2°33′24″		0.015
	旋向 右旋		0.025
刃沟	螺旋角 0°	16°11′32″	
	旋向		

图 7　加工零件

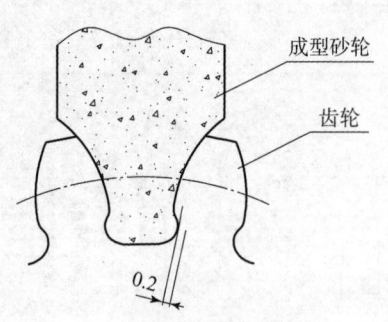

图8 正常滚齿

图9 磨出的内凹部分

3 控制滚齿/磨齿夹具与齿轮内孔的配合间隙

滚齿/磨齿心轴配合间隙，直接影响滚齿后齿根圆直径、齿轮精度，以及齿轮齿厚对对称中心线的留量均匀性和齿轮磨齿后齿根的过渡圆角均匀度，为避免齿轮磨削产生台阶，严格控制滚齿/磨齿心轴与齿轮内孔的配合间隙（图10）。

滚齿夹具精度应有较高的要求，夹具定位面与齿轮孔配合间隙应不大于0.035，跳动不大于0.02。齿坯定位面之间的位置精度不大于0.02。

磨齿夹具精度应有较高的要求，夹具定位面与齿轮孔配合间隙应不大于0.02，跳动不大于0.005。齿坯定位面之间的位置精度不大于0.01。

磨齿心轴精度如图11所示。

齿坯精度如图12所示

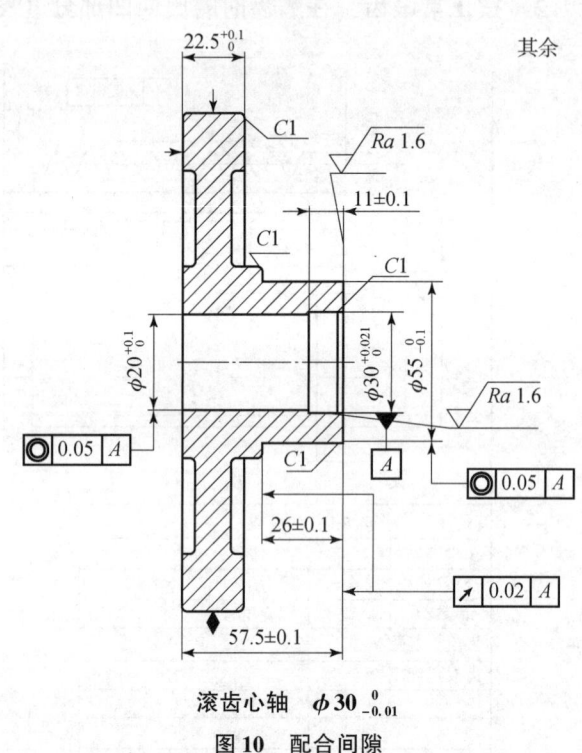

滚齿心轴 $\phi 30_{-0.01}^{0}$

图10 配合间隙

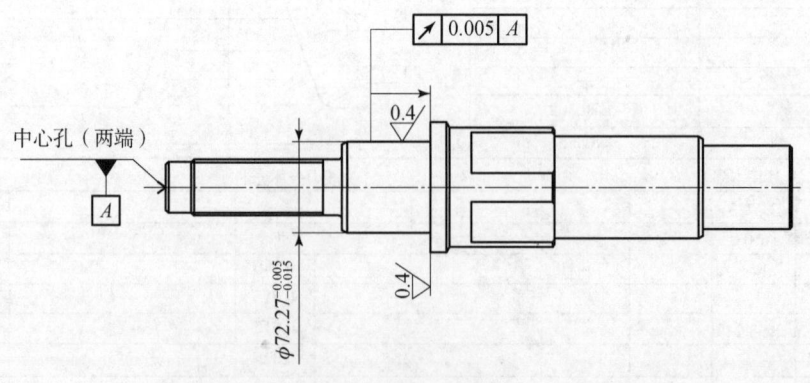

图11 磨齿心轴精度

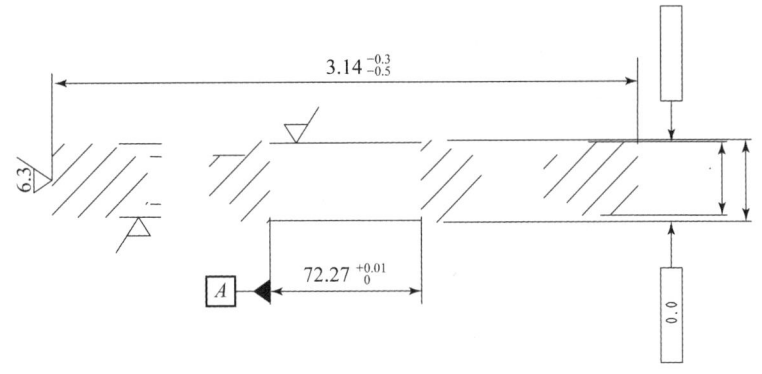

图12 齿坯精度

4 控制滚齿进刀次数及切削用量

4.1 计算滚齿进刀量与公法线去除量关系

类齿轮类零件使用滚刀均为带圆头专用滚刀,并且为保证刀具的圆头深度及渐开线起始圆直径,滚刀采用变压力角设计,为方便操作者加工,提高滚齿效率,计算滚齿进刀量与公法线去除量关系(图13)。

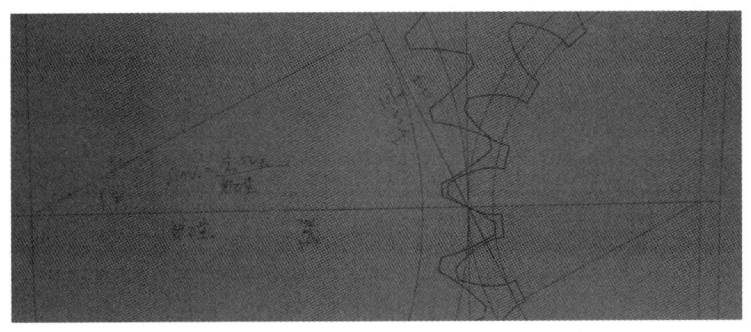

图13 计算滚齿进刀量与公法线去除量关系

滚刀采用变压力角设计,计算进给量需用刀具的压力角。

$$进刀量 = 公法线去除量/(2\sin\alpha_刀)$$

以08.009为例,公法线为1时,进刀量 = $1/(2\sin16)$ = 1.814。

根据滚齿加工跟踪发现,按此公式计算相差0.02,根据以上原因推算进刀量简易公式:

$$进刀量 = (公法线去除量 + 0.02) \times 1.814$$

4.2 严格控制进刀次数及切削用量

根据汉江工具提供的参考值(图14):

滚齿时,在已知最大顶刃切削厚度 hc 的情况下,滚齿的轴向进给量 f(mm/r):

$$f = hc^{1.9569} \times 0.0446 \times Mn^{(-1.6145 \times 10^{-2} \times \beta - 0.773)} \times Z_2^{(-1.8102 \times 10^{-2} \times \beta + 1.0607)} \times e^{(2.94 \times 10^{-2} \times \beta)} \times e^{(2.94 \times 10^{-2} \times X_p)} \times (Da/2)^{(1.6145 \times 10^{-2} \times \beta + 0.4403)} \times (L/N)^{1.7162} \times H^{-0.6243}$$

按上式计算轴向进给量:

第一刀进刀量5.5,轴向进给量为2.684 2 mm/r;

第二刀进刀量2.945,轴向进给量为3.954 4 mm/r;

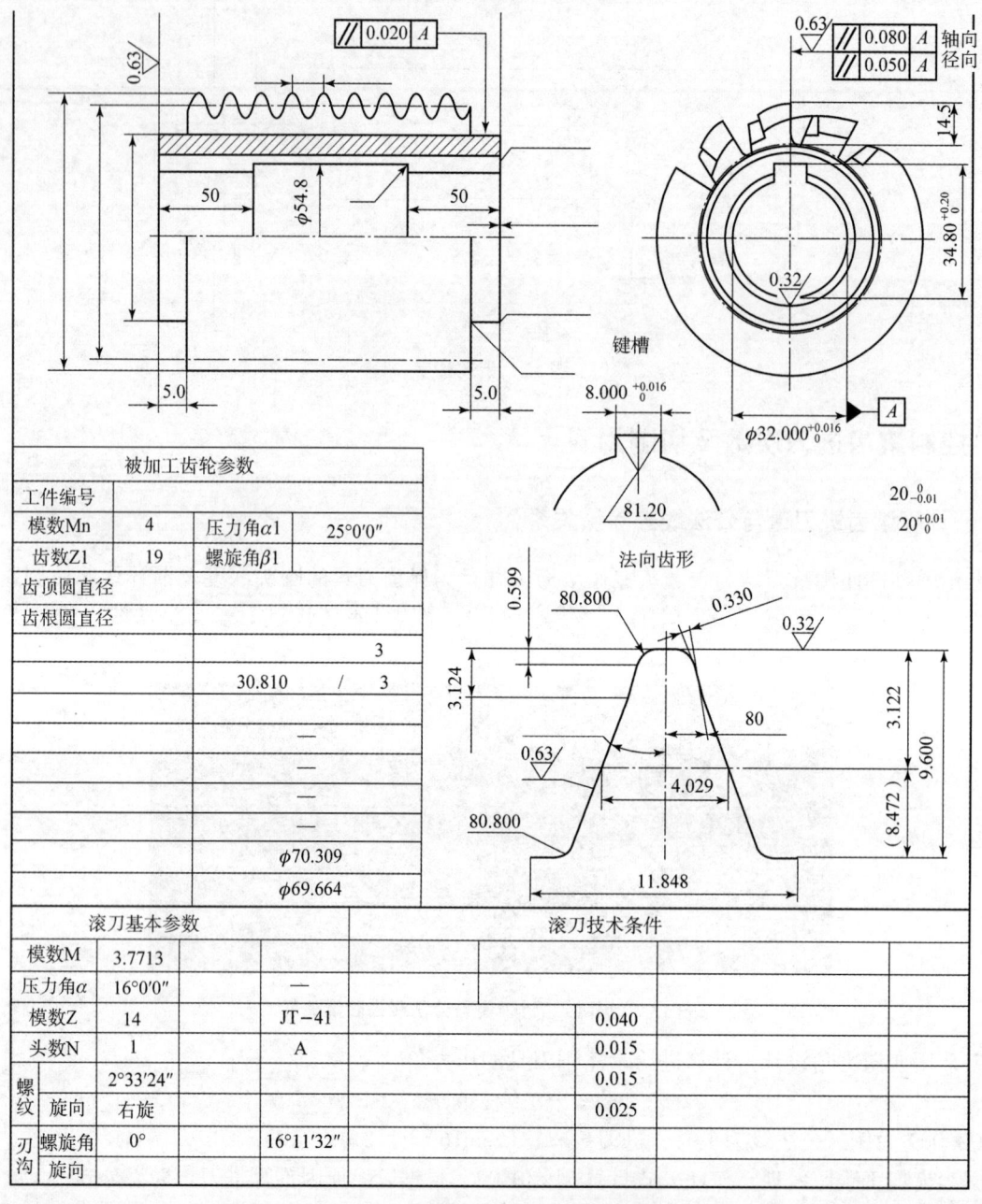

图14 汉江工具提供的参考值

滚刀转速的确定:

$$v = \frac{\pi d_{n_0} n_0}{1000} \text{（米/分）}$$

d_{n_0}——滚刀外径;

n_0——滚刀转速。

$$n = v \times 1000/(\pi \times d)\text{（滚刀直径）}$$

对 M35 无涂层滚刀的推荐切削速度如下:

从表可知:$m=4$,粗滚 $V=43$ m/min,粗滚 $V=52$ m/min。

粗滚:$n = v \times 1\,000/(\pi \times d)\text{（滚刀直径）} = (43 \times 1\,000)/(\pi \times 90) = 152$ r/min。

粗滚:$n = v \times 1\,000/(\pi \times d)\text{（滚刀直径）} = (52 \times 1\,000)/(\pi \times 90) = 184$ r/min。

通常在粗滚时,采用小的切削速度和大进给量;精滚时,采用大的切削速度和小进给量（表1和图15）。

表1 切齿轮的可加工性（抗拉强度）

滚刀模数	切齿轮的可加工性（抗拉强度）$\sigma/(N \cdot mm^{-1})$					
	$\sigma < 700$（<200 HB）		$700 \leq \sigma < 900$（280 HB）		$900 \leq \sigma < 1\,200$（<330 HB）	
	粗加工	精加工	粗加工	精加工	粗加工	精加工
<2	75	90	56	67	34	41
2	69	83	52	62	31	37
3	63	75	47	56	29	35
4	57	68	43	52	26	31
5	51	61	38	46	23	28
6	45	56	34	41	22	26
7	42	55	32	38	21	25
8	40	52	30	36	20	25
9	38	49	29	35	19	24
10	37	48	28	34	18	23

切削速度应根据被加工齿轮的材料、刀具材料、粗切或精切，以及齿数等因素来确定。

表3-2为高速钢滚刀容许的切削速度。通常在粗切时，采用小的切割速度和大进给

表3-2 高速钢滚刀的切削规范❶

工件材料	切削速度，米/分	
	粗切	精切
铸铁	16~20	20~25
钢（强度小于60千克/毫米^2）	25~28	30~35
钢（强度大于60千克/毫米^2）	20~25	25~30
镍铬钢	20~25	25~30
青钢	25~50	
塑料	25~40	

❶：本表适于"逆铣"法工作，使用"顺铣"法时切削速度可提高20%~25%。

图15 切削规范

此滚齿机滚刀转速用63 r/min或80 r/min较多，并结合上图高速钢滚刀的切削速度，为确保起见，第一件粗精滚都选用100 r/min，每刀下来后滚刀有不同程度的磨损，结合实际加工情况，滚刀转速最后确定为80 r/min。

在滚齿工序严格控制滚齿进刀次数为4，实践证明，控制滚齿时第三刀的留量，对减少切削应力、去除积屑瘤，改善渗碳淬火变形都有好处，并且这种带圆凸头变压力角的刀，只有公法线余量在0.5内，进刀量和公法线去除的关系按理论计算公式比较准确，所以规定每刀径向进刀量及第三刀公法线余量最多留0.5；在最后一刀精滚齿前，检查滚齿刀的刀刃是否磨损，对滚刀及时修磨；磨齿工序规定砂轮磨削直径及磨齿进刀次数进刀量。按公法线上差参考进刀量为$H=9.014$，进刀量第一刀3.5，第二刀3.5，第三刀1.5，第四刀进刀量=（公法线去除量+0.02）×1.814。

通过以上方法保证高精度、高速重载齿轮的滚齿加工，刀具设计原理及注意事项、滚齿预留变形量，控制滚齿进刀次数和滚齿进刀量及滚齿余量等工艺方法，可以在高精度、高速重载齿轮滚齿加工中广泛推广应用，在汽车和机床等行业中具有广阔的推广应用前景。

5　结论

工艺性的好坏直接影响零件的加工质量及生产成本，Ch××综合传动装置齿轮滚齿加工工艺的试制成功，既保证产品加工质量又提高产品的生产效率，也使我公司齿轮制造水平大幅提高，为以后高精度、高速重载齿轮滚齿加工提供方法，为齿轮类零件工艺编制确立了典范。

参 考 文 献

[1] 邢敏. 机械制造手册 [M]. 沈阳：科学技术出版社，2002.
[2] 郑修本. 机械制造工艺学 [M]. 北京：机械工业出版社，1999.
[3] 杨叔子. 机械加工工艺师手册 [M]. 北京：机械工业出版社，2001.

浅谈刀具磨损原因及限度

刘 伟,郭立坤,胡艺玲,段玉滨,卢晓峰

(哈尔滨第一机械有限公司,黑龙江 哈尔滨 150056)

摘 要:切削热增多则切削温度增加,切削温度是引起刀具磨损的主要原因。刀具磨损是以变形分析为基础的。刀具发生物理、化学变化(磨损),主要研究刀具磨损的原因、本质及刀具的磨损限度。

关键词:刀具磨损;切削热;切削温度;切削厚度

中图分类号:TJ399 **文献标志码**:A

Discussion on the causes and limits of tool wear

LIU Wei, Guo Likun, HU Yiling, DUAN Yubin, LU Xiaofeng

(Harbin first machinery group co. LTD HLJ, Harbin 150056, China)

Abstract: More cutting heat means more cutting temperature, cutting temperature is the main cause of machine tool wear. Tool wear is based on deformation analysis. Physical and chemical changes (wear) take place in cutting tools, the cause of tool wear, essence and degree of tool wear is studied.

Keywords: tool wear; cutting heat; cutting temperature; the thickness of the cutting

0 引言

刀具磨损直接影响切削加工生产率、质量及加工成本,是切削加工中的重要问题。

切削时刀具为了克服切屑层变形及摩擦的阻碍,切削力必然要做功。实验证明,切削时所做的功,绝大部分转变为热量,即切削热。切削热增多则切削温度增加,切削温度是引起刀具磨损的主要原因。刀具磨损是以变形分析为基础的。

1 刀具磨损的特点

切屑与刀具常以新鲜的表面相接触,加之切削温度高,切削压力很大,因此黏结现象比较严重,即使有冷却润滑液也难以避免,因此刀具磨损速度很快,一般机件可以连续使用几个月到几年,而刀具一般只能使用几十分钟或几个小时,就需重新刃磨。此外,由于切削温度高,刀具表面的机械、物理、化学等变化要比一般机件上的复杂一些。

2 刀具磨损的方式

在使用刀具的过程中,除了刀具由于偶然的原因造成崩刃打刀外,有以下三种磨损方式。

2.1 后刀面磨损

当切削厚度 $a<0.1$ mm 时,由于前刀面与切屑接触长度较小,承受切削力、摩擦及切削温度均较小并集中于刀刃附近,故磨损主要发生在刃口附近及后刀面上,如图1(a)这种情况多发生在精加工及薄

作者简介:刘伟(1970—),男,研究员级高级工程师,E - mail:546986044@qq.com。

切屑的刀具上，如齿轮刀具、拉刀、圆柱形铣刀、精车刀等。

2.2 前刀面磨损

用工具钢刀具粗加工塑性材料时，若不使用冷却润滑液，就会发生前刀面磨损，如图1（b）所示。此时由于有积屑瘤而保护了后刀面，但前刀面由于切削厚度大（$a>0.5$ mm），承受切削力和切削温度高，摩擦也许要发生在前刀面上，故磨损刀性在前刀面上，这种情况在生产中是少见的。

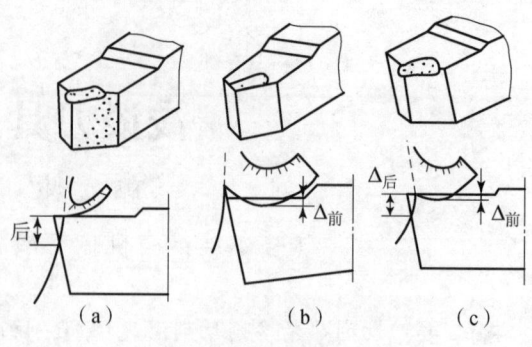

图1 刀具典型磨损方式
(a) 后刀面磨损；(b) 前刀面磨损；
(c) 前后刀面同时磨损

2.3 前后刀面磨损

当切削厚度 $a>0.1$ mm 时，介于以上二者之间的切削情况，往往产生此种磨损方式，如图1（c）所示。此情况多发生在粗加工及半精加工刀具上。

3 磨损原因及本质

要想掌握刀具的磨损规律，使刀具耐磨，必须研究磨损的原因及本质。
其产生原因及本质有以下几方面。

3.1 机械磨损

机械磨损是由机械摩擦而引起的磨损。这是由工件材料中的硬质点在刀具表面上的刻划作用（擦伤作用）引起的。常见于低速切削的工具有手铰刀、拉刀等。一般切削温度在200 ℃以下。图2所示为刀具表面擦伤磨损的情况。

3.2 黏结磨损

其是指黏结磨损刀具表面质点被切屑和工件已加工面粘走而引起的磨损。

切屑与前刀面（同样已加工面和后刀面）产生黏结现象（冷焊）。当刀具表面上存在缺陷时，则刀具表面质点会被切屑或已加工面粘走而引起磨损。一般在温度稍高的情况下产生，图3所示为前刀面上黏结磨损的情况。

图2 刀具表面擦伤磨损情况

图3 前刀面上黏结磨损情况

3.3 相变磨损

工具钢刀具当切削温度达到相变温度时，产生相变软化而磨损。此时刀具表层的淬火马氏体就会逐渐变成奥氏体、托氏体、索氏体，刀具表层材料硬度大大下降，从而加剧了刀具的磨损。碳素工具钢在 250~275 ℃、高速钢刀具在 550~620 ℃时，就会发生这种金相组织的变化，这是工具钢刀具磨损的主要原因。

3.4 扩散磨损

硬质合金刀具当切削温度高达其扩散温度时，产生扩散软化而磨损。硬质合金中的许多元素如 W、Co、Ti、C 等在高温下（900~1 000 ℃），会逐渐扩散到切屑中去；而工件材料中的铁元素又会扩散到刀具表层里来，这样就改变了刀具表层金属的化学成分，使其硬度大大下降，从而加剧了刀具的磨损。这是硬质合金刀具磨损的主要原因。

上述的四个原因，后三者主要是由切削热和切削温度的作用引起的，故可统称为热磨损。除低速刀具外，一般刀具的磨损主要是由较高温度引起的，即主要由热磨损而引起的，机械磨损是次要的。

4 刀具的磨损限度

刀具不能无限制地磨损，否则超过一定限度将降低工件质量（精度及表面粗糙度），增加刀具的消耗及磨刀的时间，也影响生产率及加工成本。因此应该有一定的磨损限度。

在实际生产中，往往是根据工人师傅的直观感觉经合为确定刀具的磨损限度，达此限度即应重新磨刀及换刀。例如切屑形状及颜色的改变；工件表面粗糙度的恶化，切削力突然增加；产生振动及不正常声音，等等。

刀具的磨损限度有两种。

4.1 合理磨损限度 $\Delta_合$

这是刀片使用时间最长（最合理）的磨损限度。后刀面的磨损曲线和一般机件的磨损曲线差不多，如图4所示，可分三个阶段：

初期磨损阶段：此阶段的磨损较快，这是因为后面上的高低不平处以及氧化层等很快被磨平了。

正常磨损阶段：这是磨损曲线中的直线部分。这一阶段中，磨损痕迹的增长与时间基本上成正比，磨损速度减慢。这是因为高峰磨去后，接触面积增加，接触应力比较均匀。

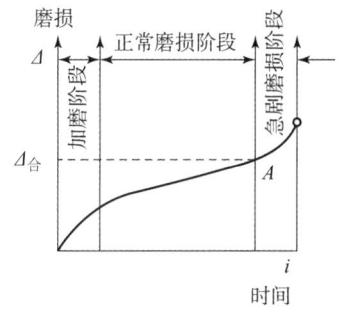

图4 刀具磨损曲线

急剧磨损阶段：当磨损痕迹增加到一定限度时，刀具变钝，切削温度剧增，引起刀具相变软化（工具钢）或扩散软化（硬质合金），使磨损急剧增长，以致刀具完全丧失切削性能。

实际生产中应避免达到此阶段，因此就取正常磨损阶段的终点作为合理磨损限度（磨损曲线上的 A 点）。

4.2 工艺磨损限度 $\Delta_工$

工艺磨损限度是根据工件表面粗糙度和精度要求而确定的。当后刀面磨损到一定限度时，刀尖位置改变了，工件表面粗糙度和精度会下降，甚而会超差。因此必须加以限制，一般 $\Delta_工 < \Delta_合$。

5 结论

刀具磨损是切削温度的作用（热磨损）和机械摩擦（机械磨损）的结果。因此，凡是影响生热、散热（影响切削温度）的因素和影响机械摩擦的因素都影响刀具的磨损。了解刀具磨损的特点、方式、原因、本质及刀具磨损限度，可以减少刀具磨损，提高刀具耐用度。

参 考 文 献

[1] 邢敏. 机械制造手册 [M]. 沈阳：科学技术出版社，2002.
[2] 郑修本. 机械制造工艺学 [M]. 北京：机械工业出版社，1999.
[3] 杨叔子. 机械加工工艺师手册 [M]. 北京：机械工业出版社，2001.
[4] 刘党生. 金属切削原理与刀具 [M]. 北京：北京理工大学出版社，2009.

不规则形状变速箱体的加工

张 强,郑云龙,刘 伟,郭丽坤,韩易峰,宁 莹

(哈尔滨第一机械有限公司,哈尔滨 150056)

摘 要:综合传动装置已成为装甲车辆行业的发展趋势,采用液压转向技术的综合传动是我国军用履带装甲车辆传动实现现代化目标中的一项关重技术。××变速箱体是Ch××综合传动装置中最重要的零件,主要功能是实现连接和固定,并为系统提供油路和油箱,形状复杂、壁薄且不均匀,内部呈腔形,加工部位多,加工难度大,既有精度要求较高的孔系和平面,也有许多精度要求高的紧固孔以及与箱体呈角度相通的油路孔。通过编制合理的加工工艺流程,选择合适的定位装夹方案,有效利用各种数控设备和加工刀具,设定最佳切削用量是保证复杂箱体类零件加工质量,提高生产效率的重要途径。

关键词:不规则形状;五面体;镗孔;精度;切削用量

中图分类号:TJ399 **文献标志码**:A

Machining of gearbox with irregular shape

ZHANG Qiang, ZHENG Yunlong, LIU Wei, GUO Likun, HAN Yingfeng, NING Ying

(Harbin First Machinery Group co. LTD HLJ, Harbin 150056, China)

Abstract: Integrated transmission has become the development trend of armored vehicle industry, the integrated transmission device using hydraulic steering technology is a key technology in realizing modernization of military tracked armored vehicle transmission in China. The XX gearbox is the most important part of the CHXX integrated transmission. The main function is to realize connection and fixation, it also provides fuel lines and fuel tanks for the system, the shape is complex and the walls are thin and uneven, internal cavity shape, processing parts, processing difficulty. There are not only hole system and plane with high precision, but also many fastening holes with high precision and oil hole with angle connecting with the box body. It is important way to ensure the processing quality of complex box parts and improve the production efficiency by compiling reasonable processing process, selecting appropriate positioning and clamping scheme, making effective use of various CNC equipment and machining tools, and setting the optimal cutting parameters.

Keywords: irregular shape; pentahedron; boring, precision; cutting parameter

0 引言

箱体零件是机器或部件的基础零件,具有相当的复杂性和多样性。它承载着轴、轴承、齿轮等有关零件,连接成部件或机器,因此箱体零件的加工质量至关重要,它影响着机器的装配精度、工作精度、使用性能和寿命。

××变速箱体是Ch××综合传动装置中最重要的零件,其主要功能是实现连接和固定,并为系统提供油路和油箱,形状复杂、壁薄且不均匀,内部呈腔形,加工部位多,加工难度大,既有精度要求较高的孔系和平面,也有许多精度要求高的紧固孔以及与箱体呈角度相通的油路孔。其结构之复杂、精度要

作者简介:张强(1969—),男,高级工程师,E-mail:546986044@qq.com。

求之高、加工难度之大，是我厂所有箱体件之最。

1 制定编制变速箱体加工工艺

粗铣基准面——卧式粗铣面、镗孔——立式粗铣面、镗孔——打压 - 精铣基准面——卧式精铣面、镗孔、钻孔——立式精镗孔、钻孔——检验——组合加工——检验——油道打压——清洗。

工艺过程编制原则：

CH××箱体镗孔部分在卧式加工中心上进行。

工艺过程：铣准底平面，以底平面为基准，加工两端平面上所有内容。然后利用专用工装将工件立起加工其余三处平面上工序。

1.1 主要表面加工方法的选择

CH××箱体的主要加工表面有平面和行星变速支承孔：

平面采用铣削加工。

支承孔采用镗削加工，对于直径小于 $\phi 50$ mm 的孔，一般不铸出，采用钻 - 扩（或半精镗）- 铰（或精镗）的方案。对于已铸出的孔，采用粗镗—半精镗 - 精镗的方案。

对于箱体上要求严格的形位公差，不能只靠设备精度保证。箱体两端孔系同轴度要求 $\phi 0.02$ mm，两孔距离 1 204 mm。单纯靠设备回转精度无法保证设计要求。在加工中，为达到精度需在回转加工前重新校正设备回转精度，给予补偿。

1.2 加工过程的选择原则

加工过程采用先面后孔的加工顺序：箱体主要是由平面和孔组成的，这也是它的主要表面。先加工平面，后加工孔。因为主要平面是箱体与车体的装配基准，先加工主要平面后加工孔系，使定位基准与设计基准和装配基准重合，从而消除因基准不重合而引起的误差。另外，先以孔为粗基准加工平面，再以平面为精基准加工孔，这样，可为孔的加工提供稳定可靠的定位基准，并且加工平面时切去了铸件的硬皮和凹凸不平，对后序孔的加工有利，可减少钻头引偏和崩刃现象，对刀调整也比较方便。

2 Ch××综合传动装置箱体件加工的主要难点

2.1 典型五面体易造成箱体变形

Ch××综合传动装置箱体（图1）属于典型的五面体加工件，由于箱体形状不规则，且壁厚较薄，没有可供压板压紧的地方，如果夹紧位置不合理，易造成箱体变形。

利用箱体结构，在靠近箱体基准面附近位置，焊接三处工艺块，再利用箱体本身上的一点进行装夹及压紧。（卧式加工）

2.2 螺纹孔较深无法在机床上完成攻丝

（1）M16×1.5 孔因孔较深（图1），不能在机床上完成攻丝工序，如果采用钳工自制加长套管手工完成，容易造成螺纹孔与定位孔不同心。

（2）加工 M24×1.5 螺纹孔深 274（图2），因攻丝夹头直径较大（与侧壁干涉）在卧式加工中心无法完成，如图2所示。

针对以上两深孔螺纹，针对不同螺纹即长度设计制作专用加长丝锥，利用数控机床攻丝功能及其攻丝器在卧式加工中心完成螺纹加工。丝锥如图3所示。

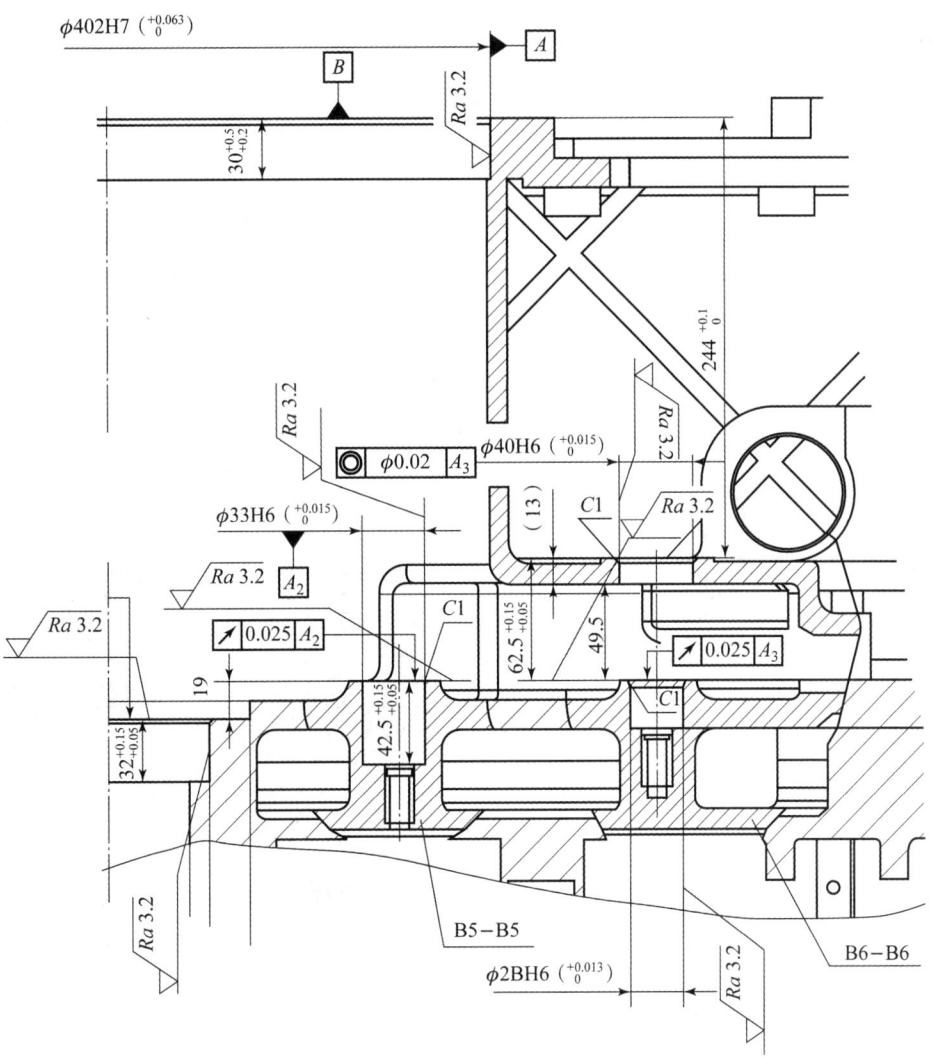

图 1 M16×1.5 孔加工示意

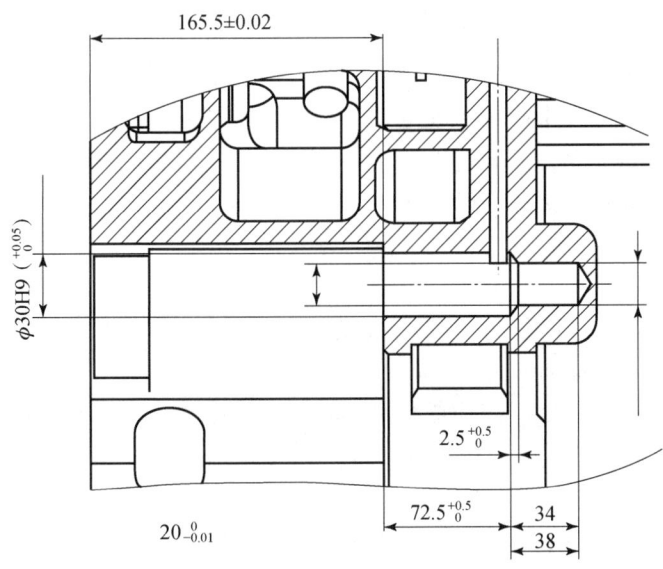

图 2 M24×1.5 螺纹孔加工示意

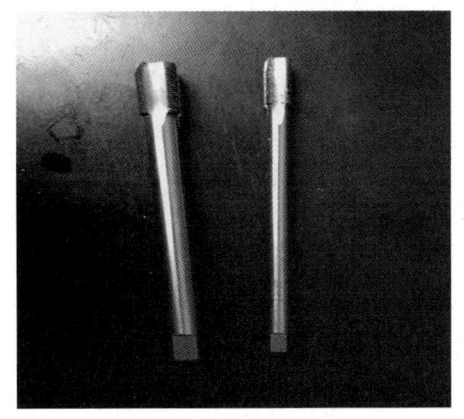

图 3 丝锥

2.3 平底盲孔的加工

φ72H6×φ72Js6孔组，该孔组（图4）紧靠φ480H7孔边，距端面最长为479.5 mm。此孔在箱体铸造时未铸出，并且孔底要求为平面，对输入端中心有尺寸要求，且此孔对箱体侧壁较近，铣刀无法利用差补加工完成。刀杆直径受到限制，镗孔精度也受到影响，如图4所示。

为实现快速换刀，节省刀具装夹时间，设计制作直径为50 mm，刃长为50 mm，总成为450 mm，带扁尾锥柄键槽铣刀，先进行φ50 mm底孔加工并保证深度尺寸（479.5 +0.2 +0.1）mm，然后进行粗精镗φ（72±0.01）mm。精镗刀采用模块化组合刀具（图5），刀杆直径为50 mm，并借助机床主轴伸出功能，如图5所示。

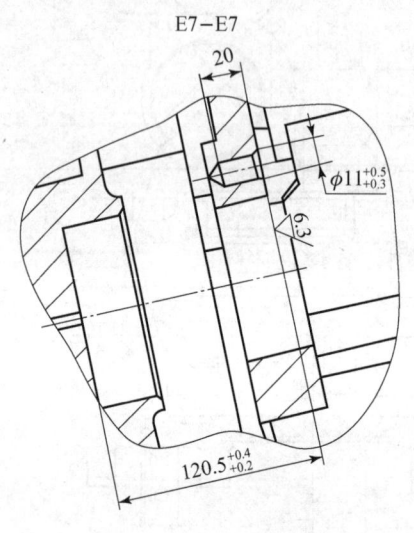

图4 孔组的加工示意

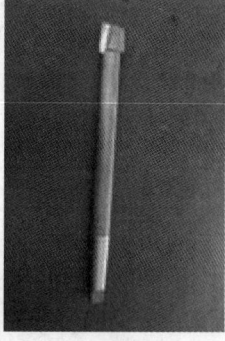

图5 精镗刀模块化组合刀具

2.4 立序加工没有适当的装夹位置，设计制作专用工装

箱体立起装夹后，需要进行加工与基准面成不同角度四个方向的孔及平面。如果没有专用工装，箱体基准孔无法准确快速放置在机床回转中心，如果箱体基准孔不在机床回转中心上，需反复计算各个不同角度平面距基准孔心的坐标，加工不同箱体需重新计算各个不同角度平面坐标，重复工作较多，生产效率较低。设计工装，此工装需有定位轴及定位平面，装夹时定位轴置于机床回转中心，通过工作台回转不同角度，加工不同角度的平面及孔，因工作台回转中心（工装定位轴）距主轴端面距离固定，可以快速计算加工平面距工作台回转中心（工装定位轴）的坐标尺寸，保证不同箱体加工坐标的一致性，既节省装夹时间又节省反复计算时间，既保证加工质量又提高生产效率。

2.5 镗孔的加工

φ120H8×φ114H8孔，最深处距上端面708 mm，孔过深，刀具长度及机床Z轴行程均受限。

设计专用扁尾锥柄超长键槽铣刀φ105×378，主轴伸出450 mm。

粗镗孔：模块化组合刀具，刀柄BT50-CN80-104L、等径模块CN8080-180L（1个）、变径模块CN8063-60L、粗镗刀头RB04-CN63-87115-110L、刀夹RI34-87115-CC12。主轴伸出320 mm。选株洲钻石或山特、特固可同类均可。

精镗孔：模块化组合刀具，刀柄BT50-CN80-104L、等径模块CN8080-180L（1个）、变径模块CN8063-60L、精镗刀头FB04-CN63-67105-90L、刀夹FI14-67153-CC09。主轴伸出320 mm。先加工外侧φ120H8孔，然后将键槽铣刀或镗刀在主轴缩短状态下安装刀具，回到镗孔点，刀具伸入孔内后将主轴伸出到要求长度，进行加工。

2.6 孔及端面加工

2×φ58 mm 孔及端面，加工平面距上端面 559 mm，较深，且孔心距侧面距离只有 35 mm，刀杆直径应小于 30 mm，加工平面较难。

加工方案：采用直径 50 mm 超长钻头扩孔，加工镗刀杆（斜方）粗、精镗孔。将来批量生产可制作专用扩孔钻、铰刀的形式加工（这种方案在 9 002.08.001/002 箱体加工直径 85 mm 孔时已使用，且方式比此处烦琐），另外平面的加工，因加工面距端面较深，且对刀杆直径及刀具直径有限制，所以采用加长斜方镗刀单刀飞的加工方法完成（此处将来量产的话，可定制专用硬质合金加长铣刀杆配相应刀头）。

2.7 箱体加工

此种箱体因油路较多，需密封的位置就多，且种类较多（各种不同直径），如采用小直径铣刀加工，因为要控制直径尺寸（内环、外环尺寸及深度尺寸均要保证），效率较低，且有的位置在箱体内部深处，此种加工方式不能实现（图 6 和图 7）。

图 6 箱体油路分解

图 7 箱体加工示例

根据不同直径环槽设计不同的套式铣刀（图 8），只需控制深度尺寸即可（小直径适用）。大直径环槽可利用镗刀杆设计刀座，利用高速钢刀（图 9）方磨出不同宽度的刀具进行加工（类似车床用切断刀）。

(a)

(b)

图 8 套式铣刀

图 9　高速钢刀

3　结论

工艺性的好坏，直接影响着零件的加工质量及生产成本。Ch800A 箱体工艺的试制成功，适应了大批量生产情况并提高产品的生产效率。提高了我厂复杂关键零件制造水平，影响了我厂箱体类零件制造的发展，为我厂以后箱体类零件加工及工艺编制打下了基础。

工序集中在一台机床上完成，减少了由于工序分散、工件多次装夹引起的定位误差，提高了加工精度，减少了工序间的辅助时间。

高速化、数控化加工，主轴转速和进给速度大大提高，减少了切削时间，解决异形平面及外形的加工。

在床身式加工中心上加工个别斜孔，节省夹具及减少装夹次数，降低生产成本。

参 考 文 献

[1] 邢敏. 机械制造手册 [M]. 沈阳：科学技术出版社，2002.
[2] 郑修本. 机械制造工艺学 [M]. 北京：机械工业出版社，1999.
[3] 杨叔子. 机械加工工艺师手册 [M]. 北京：机械工业出版社，2001.

第八部分

武器装备信息化、智能化技术

专用集成电路内在质量评价和提升可靠性的方法

徐 丹，贾 珣，王 欣，傅 倩，贾 巍

(中国兵器工业计算机应用技术研究所 车辆综合电子系统研发部，北京 100089)

摘 要：随着科学技术的发展，集成电路的应用越来越广泛，其可靠性成为制约我国装备质量的一项重要因素，失效分析是集成电路可靠性及质量保证的重要环节。介绍了目前评价元器件质量的传统方法及存在的问题，提出了控制软件开发和硬件设计过程、生产和工艺过程的方法，得到更稳定的产品成品率，从而进行专用元器件内在质量评价，提高专用集成电路的可靠性。

关键词：专用集成电路；质量；可靠性

中图分类号：TN791，TP311.5　**文献标志码**：A

Intrinsic quality assessment and reliability improvement of ASIC

XU Dan, JIA Xun, WANG Xin, FU Qian, JIA Wei

(Dept. of Vehicle Electronics, Beijing Institute of Computer and
Electronics Application, Beijing 100089, China)

Abstract: With the development of science and technology, there are various applications of integrated circuits. And the reliability of integrated circuits has become an important factor restricting the quality of equipment in China. Failure analysis is an important part of integrated circuit reliability and quality assurance. The problems of current evaluation methods are introduced, and methods of controlling the software design, hardware design process, production and process engineering are brought about to get a more reliable product yield. Then the intrinsic quality evaluation of special components is conducted, and the reliability of ASIC (Application Specific Integrated Circuit) is improved.

Keywords: application specific integrated circuit; quality; reliability

0 引言

目前一说到产品质量的好坏，就是指产品的可用程度，即好用和能用。因为现在产品的质量管理就是以产品可靠性为中心进行的。长期以来，评价元器件可靠性的传统方法是进行可靠性寿命试验以及从现场收集并积累使用寿命数据。由于这两种方法都存在固有的缺陷，已无法用来即时评价当代高可靠元器件的质量水平。

常规的可靠性寿命试验方法是依据抽样理论，抽取一定样品，进行规定时间的加速试验，然后根据试验结束时的失效样品数，判断该批元器件的可靠性是否达到某一水平。试验样品数与可靠性水平密切相关[1]。

由表1可见，评价1000FIT失效率，即可靠性6级，只需几百个元器件，如果要评价10FIT失效率，即可靠性8级，则需要几万个元器件样品。

作者简介：徐丹 (1988—)，女，硕士研究生，E - mail: anfeng141@126.com。

表 1 失效率与可靠性试验样品数的关系（1 000 h 加速寿命试验）

失效率水平	允许 0 失效	允许 2 个失效
1000FIT	355	835
100FIT	3 550	8 350
10FIT	35 500	83 500

目前一般集成电路的失效率将低至 0.1FIT。显然，由于可靠性寿命试验方法所要求的试验样品数太多，成本过高，已不可能用于评价高可靠元器件的质量水平，如批量较小的专用集成电路。

可靠性分析的流程非常烦琐，但是其遵循的基本规律基本是相同的。

（1）先进性非破坏性分析，后进行破坏性分析。
（2）先进行外部分析，后进行内部分析。
（3）先调查了解与失效有关的情况，后分析失效器件。

即对于失效的集成电路，要以非破坏性检查为先，在非破坏性分析不能发现失效原因的情况下再对失效集成电路进行进一步检查。不同的集成电路及不同的失效模式都对应不同的分析流程，有的只需检查外部封装就可以发现失效模式，有的则需进行深入的电路分析及配合高精度的设备才能确定其失效模式，所以进行失效分析时应谨慎进行以免引入新的失效因素。

而现场数据积累需要经过一定的现场使用时间以后，才能对一种元器件的质量和可靠性水平做出评价。对于新研制的品种，这种"滞后性"问题更加突出。如考虑到由于保密和其他人为因素给数据采集和积累带来的困难，更加限制了采用现场数据积累的方法来评价元器件的质量和可靠性的适用性。

1 评价元器件内在质量的新思路

从 20 世纪 90 年代开始，国际上在如何即时地定量评价高可靠元器件内在质量方面进行了广泛的探索。按照可靠性定义，是在规定时间、规定条件下完成规定功能的概率。而且产品可靠性是设计、制造出来的，不是检验出来的。因此，可以通过对设计和工艺的评价来评价元器件可靠性。也就是说，当时间等于零时，元器件"失效"取决于成品率，之后的元器件"失效"取决于可靠性，如平均故障间隔时间 MTBF。也就是说，元器件的可靠性与成品率有很强的相关性。因此，可以通过对成品率的评价来反映元器件的质量和可靠性。

如果从工艺角度考虑，影响元器件的质量和可靠性的原因是工艺总要产生"缺陷"。如果缺陷趋于零，则工艺成品率趋于 100%，而失效率趋于零。因此，对工艺成品率的评价能反映出产品的制造质量和可靠性。

关于这一点，在整机单位，为了让整机的可靠性稳定或提高，整机单位实施了元器件入厂检验后进行二次老炼和筛选的质量活动。根据产品的不同，可以选择不同的筛选条件。采用这种方法的目的就是要降低元器件在工艺方面的早期缺陷。

只有工艺过程稳定受控，才能持续地生产出质量好、可靠性高的元器件。在工艺水平一定的情况下，提高设计水平，特别是通过优化设计，确定参数最佳中心值，扩大允许的参数变化容限，也能够大大提高产品成品率。因此，产品成品率能综合反映设计和制造水平。

2 提升软硬件的设计控制方式

集成电路人们习惯从采购上称其为元器件，但从功能性能上来说可以看作设备或整机，因为集成电路设计流程一般也要进行软、硬件划分，将设计基本分为两部分：芯片硬件设计和软件协同设计。芯片硬件设计也要将 SOC 划分为若干功能模块，并决定实现这些功能将要使用的 IP 核。此阶段间接影响了 SOC 内部的架构和各模块间互动的信号，以及未来产品的可靠性。另外，也要对经综合后的电路是否符合功能需求进行验证，该工作一般利用门电路级验证工具完成，也就是通过软件进行验证。

综上所述，既然集成电路设计离不开芯片硬件设计和软件设计，那么采用 GJB9001C 和 GJB5000A 标准，对相关过程及里程碑节点的控制是保证专用集成电路质量和可靠性的好方法。

GJB9001C 标准是产品实现整个框架，GJB5000A 标准是控制产品实现的重要内容。二者都是一种指导思想，更重要的是在实践中运用，能够提升产品质量和效率[2,3]。以下举例说明。

芯片硬件设计的功能分解：按照项目相关工作分解结构的要求，对项目在研制初期完成自上而下逐级分解，形成一个层次体系（工作分解结构 WBS）。该层次体系以产品为中心，由产品（硬件和软件）项目和资料项目组成，进行产品配置或对产品进行分析，形成项目的工作分解结构 WBS，即产品的组成图，选择技术状态项，如图 1 所示。

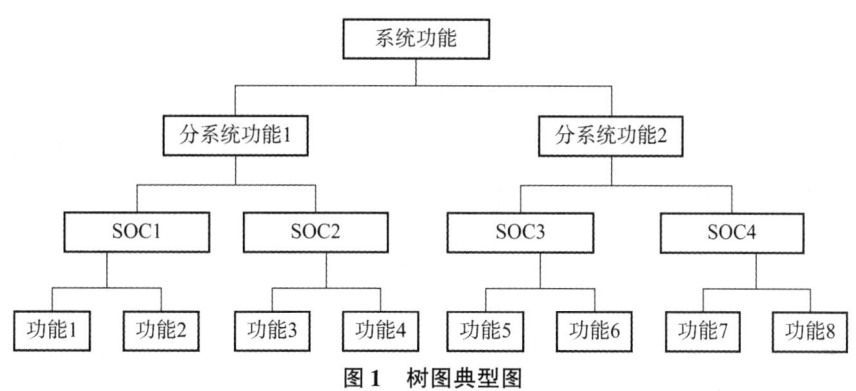

图 1　树图典型图

应用树图绘制系统组成应尽可能展开到最低一级的功能模块，找出各功能模块的成熟度，并将其归纳为硬件新研或软件开发及外包等技术状态项或重点控制的功能模块，并分别按各自的具体要求实施产品的技术状态管理。即对硬件设计按 GJB9001 标准的过程进行评审、验证和确认的设计和开发控制。

在专用集成电路的软件设计中，可以看作是一种嵌入式软件或部分纯软件开发项目进行管理。随着集成电路的功能越来越强大，在集成电路的软件设计越来越重要，而且近年来系统故障统计，50% ~ 60% 是软件故障。软件质量问题和不可靠问题引起了人们的高度重视。一般来讲，软件质量和可靠性主要是软件的开发过程（包括软件的设计、编程、测试）中人为差错造成的缺陷所引起的。程序中即使每条指令本身都正确，但在程序运行时其逻辑组合状态千变万化，由于缺陷的存在，程序运行结果不一定正确，所以规范从事软件相关人员的开发活动，成为保证开发高质量和高可靠性软件的有效途径。软件工程化和 GJB5000A 的引入，软件人员已有了开发的标准和依据。

随之而来短平快的项目越来越多，需求管理已成为项目成败的第一大风险。对于软件需求，项目进展初期，用户只有功能的要求，在细节方面总是不太明确，经过不断补充和完善后，往往到项目结束时，与原来的需求已经大相径庭。针对软件开发，要更重视效率、质量、面向用户快速反应能力，软件需求已成为软件产品整个周期中的核心驱动力。

需求的变化是宏观和合理的。因此控制的出发点不是只冻结需求本身，而是要控制需求的非预期变化，提供灵活高效的需求变更的机制，使需求的变化尽量在可预期的计划中。所以如何控制和跟踪需求变化并提供必要的机制，是需求管理的根本解决办法。将用户本身作为开发团队中的一部分来进行管理，让用户全程参与到项目的开发过程来，让用户与我们一同来归纳和确定需求，一同减少需求变化的可能性，是一种行之有效的方法。也就是 GJB9001 标准中要求的建立良好的内外部沟通机制，定期向用户报告和传递信息。

另外，大型项目的配置管理是项目成败的第二风险，也是比较容易被忽视的一个因素。软件配置管理的目的是建立和维护在项目的整个软件生存周期中产品的完整和可跟踪性。强制性的定期同步与稳定版本，建立软件的开发库、受控库和产品库等，对软件配置项进行入库、访问、出库、维护、更改及发行等管理，以确保软件产品的正确性、完整性、可控性和可追溯性。

3 生产过程中可靠性控制

将电路设计、前仿真、版图设计完成后,进入后仿真阶段,对所画的版图进行仿真,并与前仿真比较,若达不到要求需修改或重新设计版图。当达到要求后,将版图文件生成 GDSII 文件交予流片厂进行流片。由于流片过程由专业机构完成,需要对供方进行评价,将考评合格供方纳入供方合格目录。流片完成送专业检测机构进行测试,得到成品的合格率,从而评价产品质量可靠性,与此同时也可与相关产品可靠性进行比较判断。

4 结论

集成电路发展速度迅猛,因此也给集成电路可靠性分析带来了前所未有的挑战,同时它也推动着可靠性分析技术的快速发展。本文对专用集成电路质量可靠性评价及控制方法研究进行了初步尝试,已取得阶段性成果,后续待收集到相关产品的成品率数据后再进行进一步的分析,在集成电路的研制、生产和使用中发挥越来越大的作用。

参 考 文 献

[1] 孙家坤. 军用集成电路失效分析 [J]. 电子测试,2017(06):46-47+54.
[2] 石柱. 军用软件研制能力成熟度模型及其应用 [M]. 北京:中国标准出版社,2009.
[3] GJB 9001C—2017,质量管理体系要求 [S].

机载毫米波高分辨SAR成像雷达频率综合器设计

余铁军,由法宝,徐文莉,张晓东,崔向阳,任亚欣

(西安电子工程研究所,陕西 西安 710100)

摘 要:提出了一种应用于小型化机载平台的毫米波高分辨SAR成像雷达频率综合器的技术方案,采用高速DDS+微波宽带低噪声倍频技术产生各种复杂波形信号,并采用预失真补偿技术对波形相位失真进行修正,采用低噪声乒乓式锁相环产生捷变频微波跳频频标,采用毫米波倍频、混频合成最终的毫米波频段宽带雷达信号,给出了频率综合器研制结果。最终设计的频率综合器具有大瞬时带宽、低相噪、捷变频、小型化、多功能等特点,能够产生SAR、GMTI等工作模式所需要的各种复杂雷达波形信号,输出信号瞬时带宽可达1 GHz以上。

关键词:毫米波;频率综合器;SAR成像;宽带LFM信号;LFM信号预失真

中图分类号:TN743 **文献标志码**:A

Design of frequency synthesizer for airborne millimeter-wave high resolution SAR imaging radar

YU Tiejun, YOU Fabao, XU Wenli, ZHANG Xiaodong, CUI Xiangyang, REN Yaxin

(Xi'an Electronic engineering Research Institute, Xi'an 710100, China)

Abstract: A technical scheme of millimeter-wave high-resolution SAR imaging radar frequency synthesizer for miniaturized airborne platform is proposed. High-speed DDS and microwave frequency doubling technology are used to generate complex waveform signals, and pre-distortion compensation is applied to waveform phase distortion. The low-noise ping-pong phase-locked loop technology is used to realize the frequency agility function, and the frequency doubling and mixing techniques are used to generate the millimeter-wave radar waveform signal. The paper presents the frequency synthesizer development results. The frequency synthesizer has the characteristics of large signal bandwidth, low phase noise, frequency agility, miniaturization, multi-function, etc. It can generate various radar waveform signals such as SAR and GMTI, and the signal bandwidth is greater than 1 GHz.

Keywords: millimeter wave; frequency synthesizer; SAR imaging; broadband LFM signal; LFM signal pre-distortion

0 引言

SAR成像雷达可在全天时、全天候条件下实现高分辨率成像,广泛应用于战场侦察、目标分类与识别、地质、灾害、国土资源等军事和民用领域,得到了人们的高度重视。频率综合器(以下简称频综)作为SAR成像雷达系统的核心部件之一,其性能好坏直接影响雷达系统的探测能力与精度。随着雷达技术的不断发展,对频综提出了更高的要求,要求其具有多种复杂波形信号产生能力,具有更宽的瞬时信号带宽,具有更高的信号线性度和极低的相位失真,具有低相噪、捷变频、小型化、多功能等特点,因

作者简介:余铁军(1979—),男,工程硕士,E-mail: 10899024@qq.com。

此对其进行研究是非常有意义的。

1 需求分析

SAR 成像雷达高分辨率图像的获得，要求发射信号具有很宽的瞬时带宽，随着信号瞬时带宽的增加，系统硬件要求不断提升，除宽带微波前端外，对 A/D 采样和信号处理等均有很高的要求，因此，当发射信号为宽带线性调频信号时，系统多采用去调频处理方法减小接收中频带宽，从而降低 A/D 采样率，降低对信号处理速度和能力的要求，这就要求频综发射激励信号和接收本振信号均为宽带线性调频信号，并且调频斜率要求严格一致。SAR 成像雷达一般工作于机载、星载等飞行平台上，受工作平台载荷的限制，要求频综必须实现小型化、轻量化设计。频综主要技术性能需求如下：

发射激励信号频率：Ka 波段（工作带宽≥2 GHz）；
发射激励信号形式：预失真 LFM、NLFM、BPSK、点频连续波信号；
发射激励信号带宽：信号最大带宽 1 000 MHz；
接收本振信号频率：Ka 波段（工作带宽≥2 GHz）；
接收本振信号形式：预失真 LFM、点频连续波信号；
接收本振信号带宽：信号最大带宽 1 105 MHz；
跳频时间：≤1 μs；
相位噪声：≤ -80 dBc/Hz@1 kHz。

2 系统方案及分析

2.1 系统方案

基本的频率合成方式主要有直接模拟式、直接数字式和间接式三种，这三种频率合成方式具有各自明显的优缺点，其优缺点比较如表 1 所示。

表 1 三种频率合成方式的优缺点比较

合成方式	相位噪声	杂散电平	跳频间隔	跳频时间	工作带宽	体积成本
直接模拟式	低	较低	大	快	较宽	高
直接数字式	较低	高	小	快	窄	较低
间接式	高	低	较小	慢	宽	低

随着频率综合器技术的发展，仅采用基本的直接模拟式、直接数字式或间接式合成方式已经不能满足现代雷达频综的设计需求，而是需要根据各种合成方式的优缺点，综合运用上面三种频率合成方式，取长补短，做到优势互补，往往需要 2～3 种频率合成方式的有效结合才能设计出综合性能优良的雷达频综。

针对 SAR 成像雷达频综的技术性能需求和应用场合，通过分析计算，采用了多种频率合成方式相结合进行系统设计：首先，采用 DDS + 微波倍频方式实现系统所需要的宽带波形信号；其次，采用低噪声锁相环方式产生微波跳频频标，实现雷达跳频步进；最后，采用毫米波倍频器将微波跳频频标倍频到 Ka 波段并与宽带波形信号进行混频，从而产生 Ka 波段的宽带雷达波形信号。系统按频率和功能分为参考信号产生、宽带波形信号产生、微波跳频频标产生、Ka 波段信号合成 4 部分，这种结构具有一定的通用型，方案可移植性较强。频综的系统框图如图 1 所示。

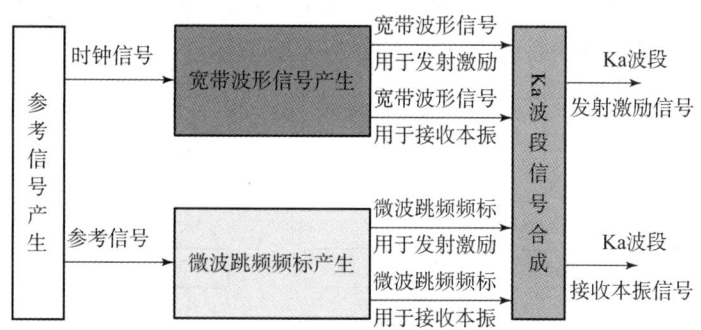

图 1　系统框图

2.2　宽带波形信号产生

随着大规模集成电路技术和工艺的快速发展，目前的复杂波形信号几乎全部采用数字技术实现，主要有 DDFS（也简称为 DDS，直接数字频率合成）和 DDWS（直接数字波形合成）两种方式。DDS 和 DDWS 两种方式都具有频率分辨率高、跳频速度快、相位噪声性能好、能够产生多种复杂波形信号、波形控制与产生灵活等诸多优点，但是这两种方式都受到目前 D/A 转换器最高工作时钟的限制，导致其输出带宽受限，目前主流的 DDS 和 DDWS 输出频率都在 L 波段以下，再考虑到实际工程应用中对其输出信号的谐波与杂散指标都有一定的要求，其有效利用带宽将进一步受限。另外，DDS 和 DDWS 的窄带杂散指标好，但是其宽带杂散指标较差。所以，单纯的 DDS 或 DDWS 方式仅适合窄带应用场合，在高性能宽带应用场合必须采用相应的扩频技术对 DDS 或 DDWS 方式产生的窄带信号进行带宽扩展，从而最终产生宽带波形信号。

由于 DDWS 采用波形只读方式，工作时需要对波形数据进行实时高速加载与读取操作，需要采用高速 D/A、高性能 FPGA、多片高速存储器并行操作，以及相关外设等配置才能实现系统功能。与 DDS 相比，DDWS 方式可实现更高的数据率，可以获得较高的线性度，但是其系统复杂度相对较高，成本和功耗都比 DDS 要高，而且由于存在多个高速数据链路，其系统难度相对较高，环境适应性也不如 DDS。

根据以上分析，结合频综在机载设备上工程应用的可靠性与环境适应性等因素，我们采用了相对较为稳妥的"DDS + 微波宽带倍频"方式实现宽带波形信号。DDS 产生 P 波段的最大信号带宽 250 MHz 的波形信号，然后经过两次二倍频将 DDS 输出信号倍频到 S 波段，带宽扩展为 1 GHz。

为了尽量保证宽带波形信号的带内特性，我们选用了具有良好宽带特性的微波无源二倍频器和宽带放大器；另外，带通滤波器的带内特性也会对宽带信号的相位造成一定的影响，在设计中对带通滤波器的群延时特性进行了严格控制，保证带通滤波器的群延时变化在可以接受的范围内，从而确保最终输出宽带复杂波形信号的性能。宽带波形信号产生框图如图 2 所示。

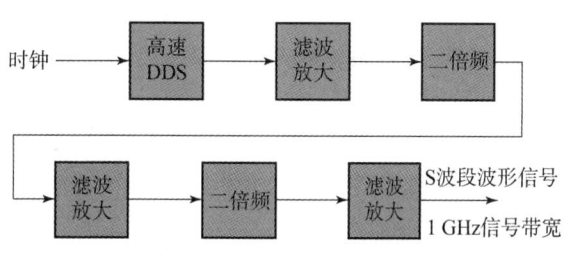

图 2　宽带波形信号产生框图

2.3　微波跳频频标产生

由于频综要求跳频间隔较小（在 Ka 波段步进最小为 8 MHz），所以采用了低噪声小数分频锁相环产生微波跳频频标。没有直接使用单一锁相环结构，而是将两个相同结构的锁相环和单刀双掷开关结合形成乒乓式锁相环来实现，单一锁相环路的跳频时间是由锁相环的锁定时间决定的，一般能做到 10 ~ 100 μm 量级之间，不能实现纳秒级捷变频，而乒乓式锁相环的跳频时间是由单刀双掷开关的速度决定的，一般在纳秒量级，在频率预置工作模式下能够实现纳秒级捷变频。

微波跳频频标电路采用两组乒乓式锁相环,用于产生两路 C 波段跳频频标信号,分别用于合成发射激励信号和接收本振信号。微波跳频频标产生框图如图 3 所示。

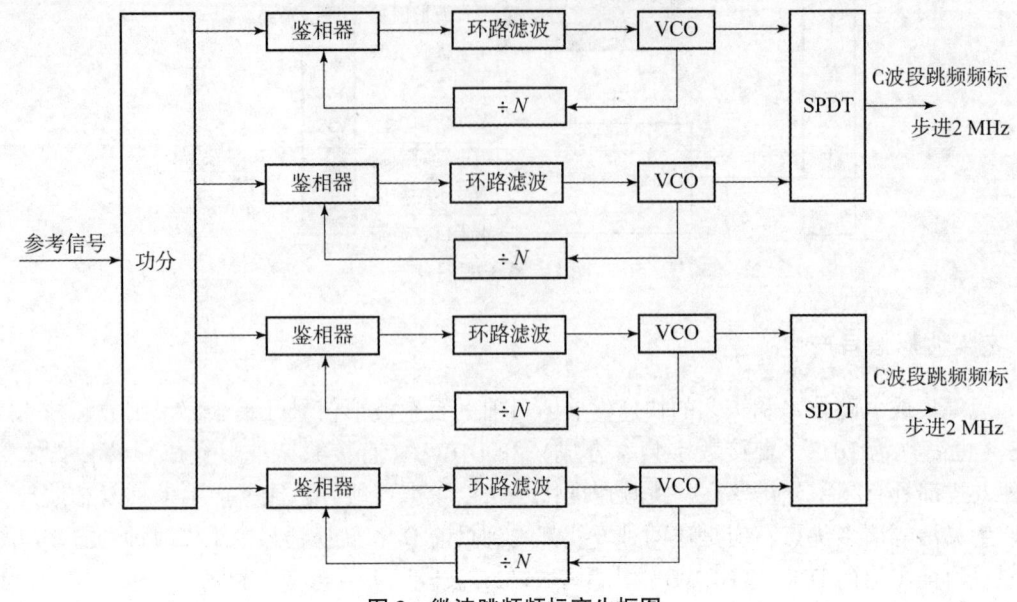

图 3　微波跳频频标产生框图

微波跳频频标的相噪主要由锁相环的相噪决定,其环路带宽以外的相噪主要取决于 VCO 的相噪指标,其环路带宽以内的相噪主要取决于环路分频比 N、参考输入的相噪以及鉴相器的噪声基底。我们采用的是具有整数和小数两种工作模式的低噪声锁相环芯片,其鉴相器噪声基底（Floor FOM）为 -227 dBc/Hz,闪烁噪声基底（Flicker FOM）为 -266 dBc/Hz,当鉴相频率 $f_{pd} = 50$ MHz 时,以产生 8 GHz 信号为例,环路噪声基底 PN_{floor} 为

$$PN_{floor} = \text{Floor FOM} + 10\log(f_{pd}) + 20\log(f_{vco}/f_{pd})$$
$$= -227 + 10\log(50 \times 10^6) + 20\log[(8 \times 10^9)/(50 \times 10^6)]$$
$$\approx -105.9 \text{ (dBc/Hz)}$$

闪烁噪声基底 PN_{flick} 为

$$PN_{flick} = \text{Flicker FOM} + 20\log(f_{vco}) - 10\log(f_{offset})$$
$$= -266 + 20\log(8 \times 10^9) - 10\log(1 \times 10^3)$$
$$\approx -97.9 \text{ (dBc/Hz)}$$

则输出 8 GHz 时偏离载频 1 kHz 处相位噪声 PN_{Total} 为

$$PN_{Total} = 10\log(10^{(PNflick/10)} + 10^{(PNfloor/10)})$$
$$\approx -97.2 \text{ (dBc/Hz)}$$

锁相环仿真曲线如图 4 所示。

2.4　Ka 波段信号合成

Ka 合成模块通过直接模拟合成方式（倍频、混频）将微波跳频频标信号与宽带波形信号进行频率综合,最终产生 Ka 波段的发射激励信号和接收本振信号,实现了最大带宽为 1 GHz 的 Ka 波段复杂波形信号。

为了实现频综的小型化设计,Ka 合成模块采用了基于多芯片组件（MCM）的微波电路集成设计工艺。多芯片组件（MCM）是在高密度多层互连基板上,采用微焊接、封装工艺将构成电子电路的各种微型元器件（IC 裸芯片及片式元器件）组装起来,形成高密度、高性能、高可靠性的微电子产品（包括组件、部件、子系统和系统）。它是为适应现代电子系统小型化、低成本的发展方向而在 PCB 和 SMT 的

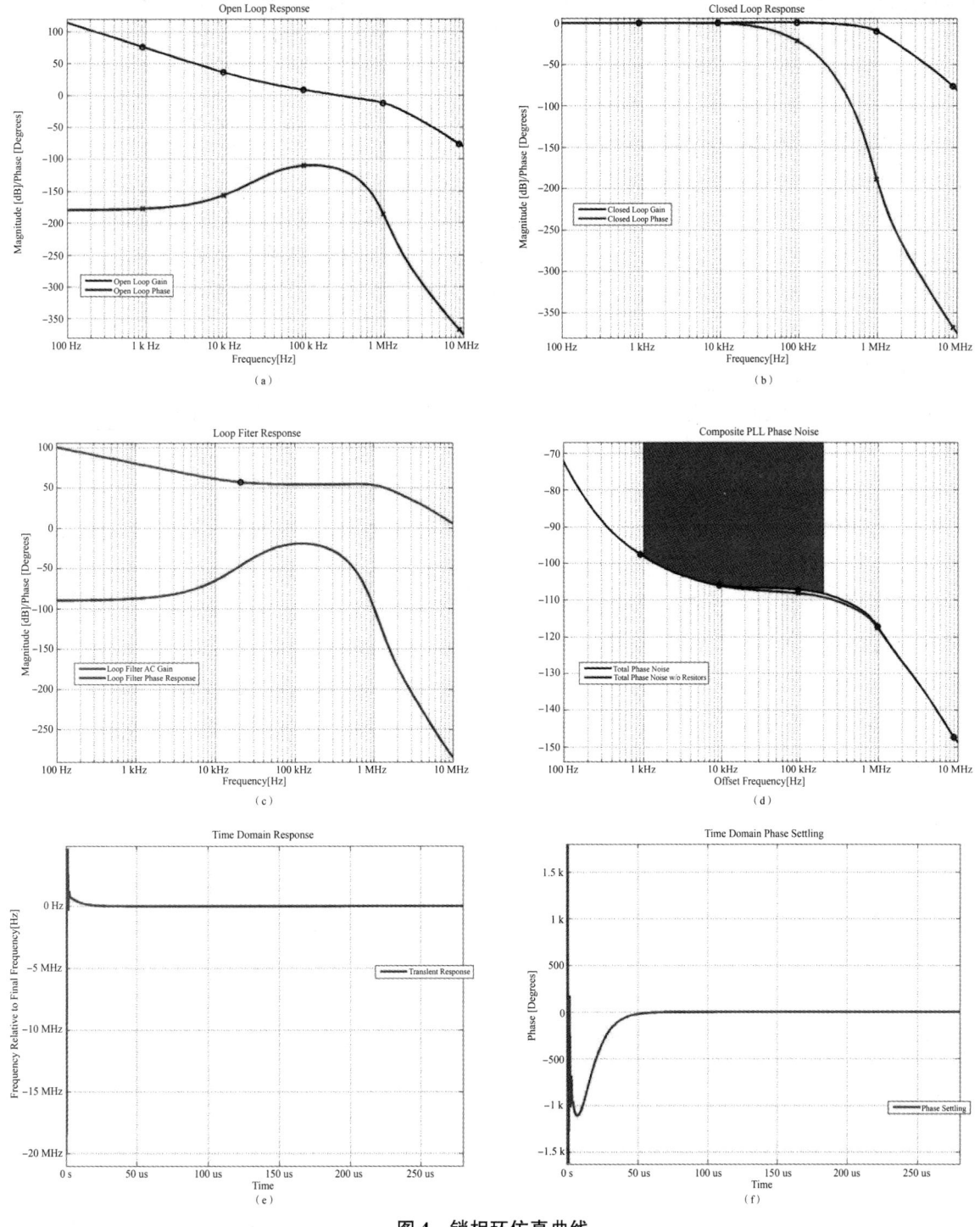

图 4 锁相环仿真曲线

(a) 开环响应；(b) 闭环响应；(c) 环路滤波器响应；(d) 锁相环相位噪声；
(e) 瞬态响应；(f) 相位建立时间

基础上发展起来的新一代微电子封装与组装技术，是实现系统集成的有力手段。Ka 波段信号合成框图如图 5 所示。

2.5 宽带波形预失真补偿技术

在本方案中，DDS 产生的波形信号先后经过了微波宽带倍频和毫米波上变频等电路，DDS 产生的波形信号被微波放大器、倍频器、滤波器、混频器等处理过，由于模拟器件的非线性特性（尤其是滤波器及其他微波电路的群延时变化特性),会导致最终输出宽带波形信号相位失真,这种非线性失真将会导致信处脉冲压缩后出现主瓣展宽(严重时会出现主瓣分裂)、副瓣升高等现象,进而导致SAR成像雷达系统的距离分辨率严重恶化,无法满足高分辨率成像应用。

为了获得理想距离压缩特性,必须进行宽带波形信号失真补偿。本方案中,通过外部相参信号源和下变频器,将Ka波段发射激励信号和接收本振信号下变频至易于采集的S波段频率上,然后采用高速采样存储示波器对下变频后的宽带波形信号进行数据采集,将采集数据送给计算机进行数字下变频、抽取、滤波等处理,得到实际宽带波形信号的相位特性,最后将其与理想宽带波形信号的相位进行比较,求出相位误差,由DDS将相位误差修正到其产生的波形信号中,从而实现宽带波形信号的预失真补偿。另外,为了提高预失真补偿的精度,采用了对下变频后的波形信号进行多次采样求平均的方法。预失真补偿原理框图如图6所示。

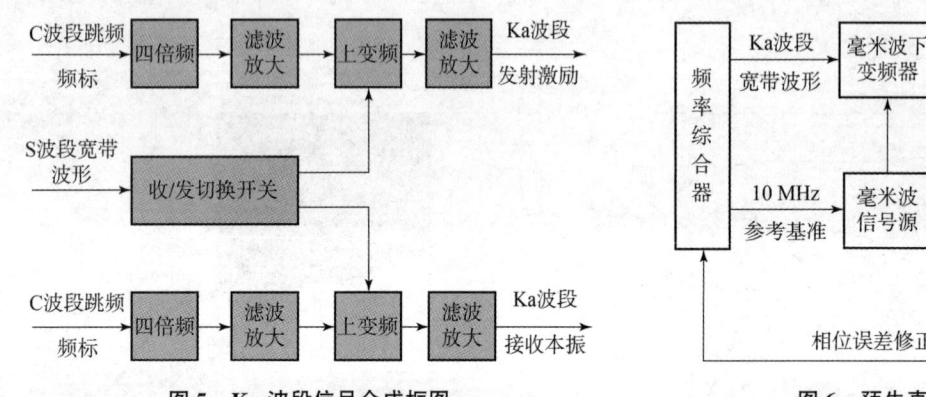

图5　Ka波段信号合成框图　　　　　　图6　预失真补偿原理框图

我们选用的DDS芯片内部具有11 bit相位控制字,相位控制精度约为0.18°,可以很好地实现系统的相位预失真功能。另外,需要选用具有良好相位特性的外部下变频器和测试电缆,否则进行预失真时会将外部测试装置的非线性补偿进去。

Ka波段发射激励信号预失真补偿前后的脉压主副瓣图分别如图7和图8所示,Ka波段接收本振信号预失真补偿前后的脉压主副瓣图分别如图9和图10所示。

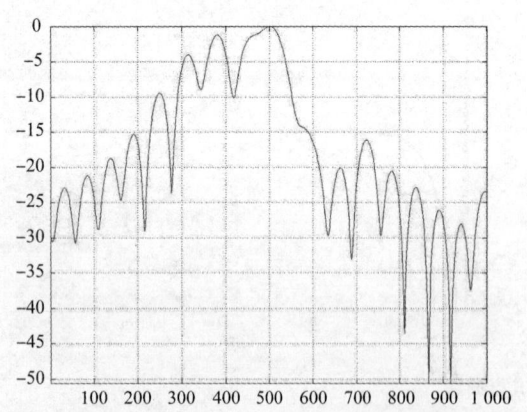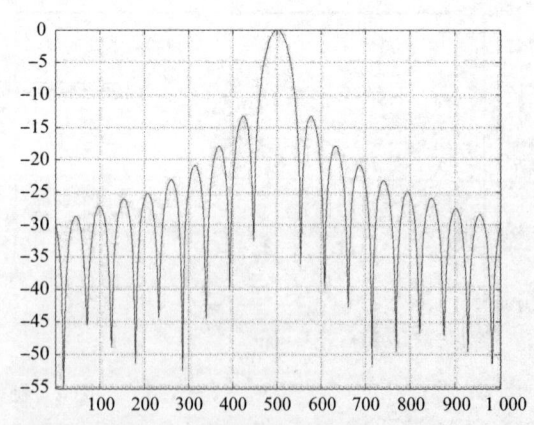

图7　Ka发射宽带LFM信号预失真前脉压主副瓣　　　图8　Ka发射宽带LFM信号预失真后脉压主副瓣

2.6　晶振减振设计

由于载机平台运行过程中会产生较低的振动频率,该振动频率通过雷达与载机之间的刚性连接会直接传递给频综。频综所用的抗振晶振主要针对kHz级以上振动频率左右进行减振设计,对于低频振动隔振效果很差,所以必须对晶振进行二次减振。我们采用具有良好隔振效率的钢丝绳隔振器对频综进行二次减振。晶振减振验证试验照片如图11所示。

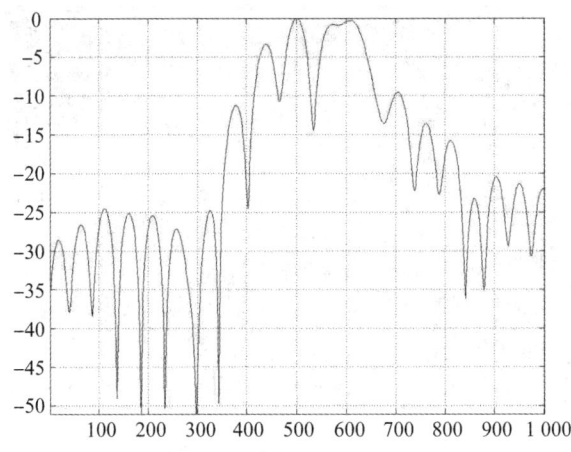

图 9 Ka 本振宽带 LFM 信号预失真前脉压主副瓣

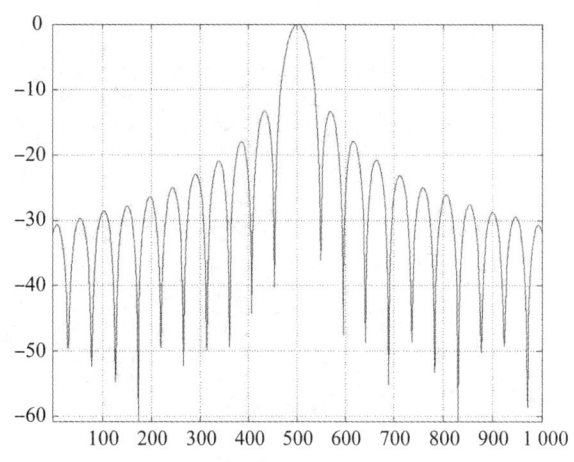

图 10 预失真补偿原理框图

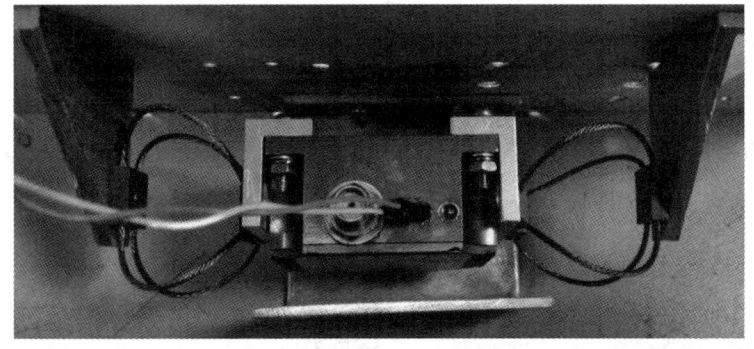

图 11 晶振减振验证试验照片

3 系统研制结果

根据本文提出的技术方案和设计电路，研制出了 Ka 波段高分辨 SAR 成像雷达频综，能够产生 Ka 波段最大带宽 1.105 GHz 的线性调频、非线性调频、相位编码和连续波等雷达波形信号。采用相关仪表进行了测试，Ka 波段发射信号相位噪声达到 -84 dBc/Hz@1 kHz，Ka 波段本振信号相位噪声达到 -88 dBc/Hz@1 kHz，宽带调频信号经过预失真补偿后，可以获得接近理想脉压特性的 Ka 波段发射和本振宽带波形信号。图 12 ~ 图 14 所示为频综实物，图 15 ~ 图 21 所示为频综相关指标测试图。

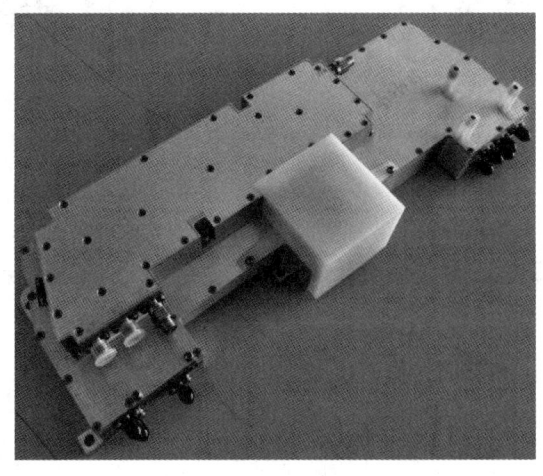

图 12 频率综合器实物

图 13 跳频锁相源电路实物

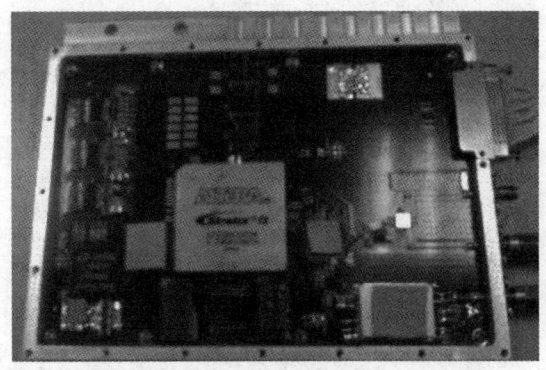

图 14 DDS 电路实物

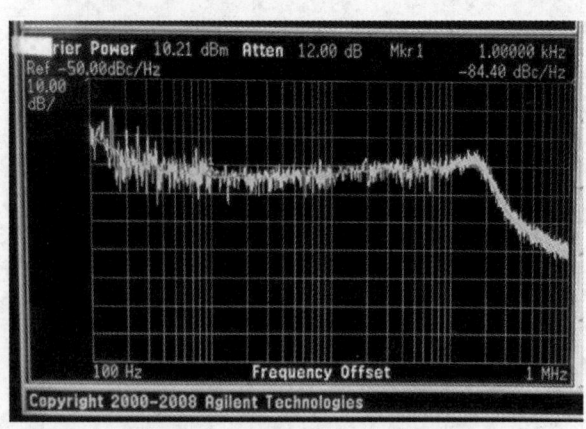

图 15 Ka 发射信号相噪测试图

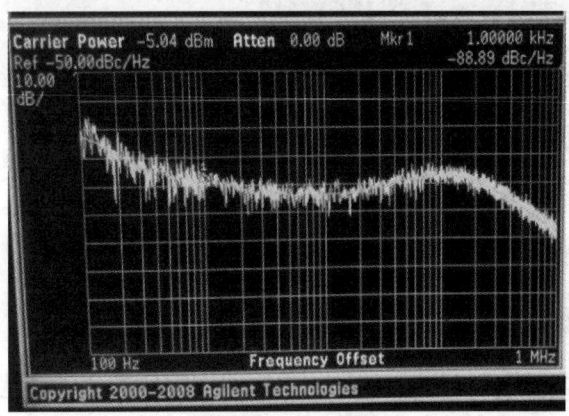

图 16 Ka 本振信号相噪测试图

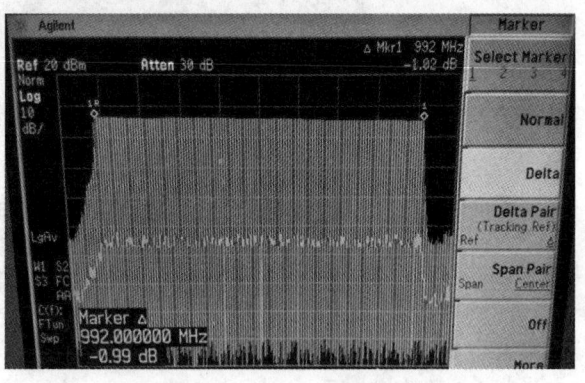

图 17 Ka 发射 LFM 信号频谱图（带宽 1 GHz）

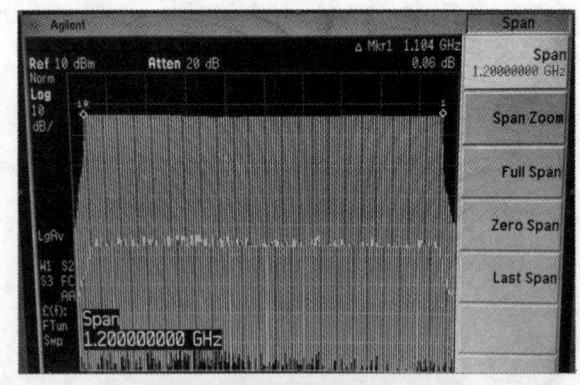

图 18 Ka 本振 LFM 信号频谱测图（带宽 1.105 GHz）

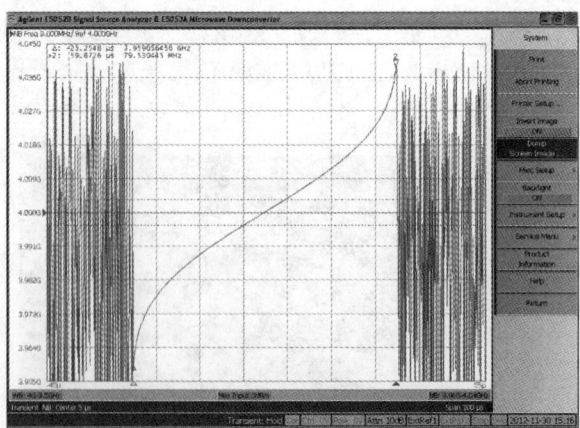

图 19 NLFM 频域测试图（80 MHz/60 μs）

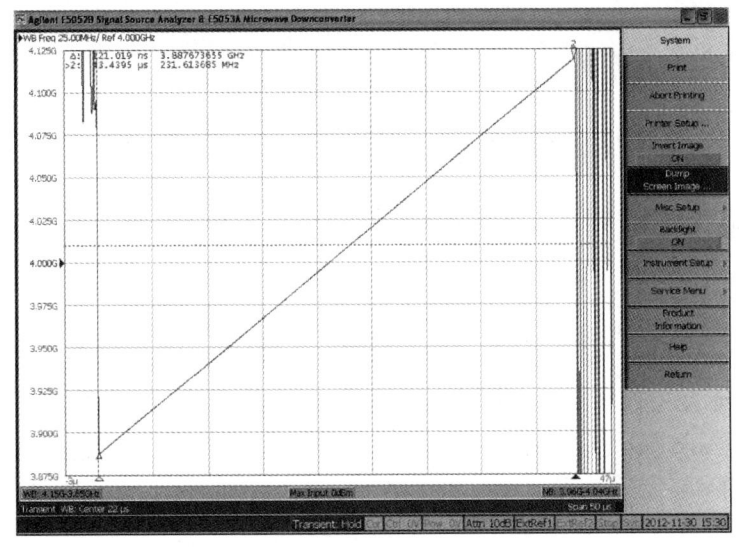

图 20　LFM 频域测试图（240 MHz/45 μs）

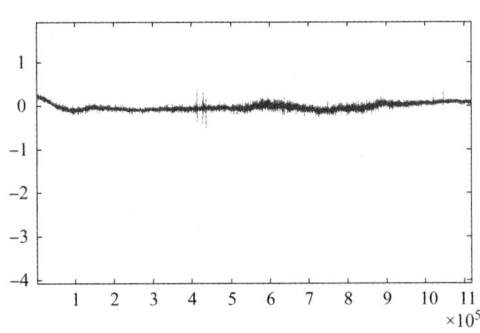

图 21　宽带 LFM 信号预失真后相位误差曲线

4　结论

本文提出了一种毫米波高分辨 SAR 成像雷达频率综合器技术方案和设计电路，已经研制成功并随雷达整机搭载在各种机载平台上完成了挂飞试验。其各项性能指标均满足毫米波 SAR 成像雷达的需求，具有高性能、大瞬时宽带、低噪声、小型化、多功能等特点。该技术方案具有一定的通用型，可以推广应用于相关雷达频综设计，希望对类似的设计能够提供有益的参考。

参 考 文 献

[1] 白居宪. 直接数字频率合成 [M]. 西安：西安交通大学出版社，2007.
[2] 弋稳. 雷达接收机技术 [M]. 北京：电子工业出版社，2005.
[3] Floyd M. Gardner. 锁相环技术 [M]. 姚剑清，译. 北京：人民邮电出版社，2007.
[4] Vadim Manassewitsch. 频率合成原理与设计 [M]. 何松柏，译，等. 北京：人民邮电出版社，2008.

制导炮弹稳定控制回路分析

张雨诗，郭明珠，潘明然，李明阳，葛丰贺

(辽沈工业集团有限公司，辽宁 沈阳 110045)

摘 要：弹体通过加入稳定控制回路对飞行过程中的不足之处进行补偿，达到稳定飞行、精确打击的目的。建立了弹体六自由度模型，以俯仰方向为例，根据弹体特性分别设计了阻尼内回路、姿态回路、过载回路使弹体特性能够满足工程实际要求，通过对仿真结果进行分析，发现加入阻尼回路、姿态回路、过载回路可以更好地改善控制过程中弹丸飞行稳定性，避免出现弹体动态失稳的现象，可进一步提高控制品质，从根本上提高系统抗干扰能力。

关键词：制导炮弹；控制回路；阻尼；过载；姿态

中图分类号：TG765　**文献标志码**：A

Analysis of the control loop of the guided projectile

ZHANG Yushi, GUO Mingzhu, PAN Mingran, LI Mingyang, GE Fenghe

(Liaoshen Industries Group, Shenyang 110045, China)

Abstract: The projectile compensates for the inadequacies in the flight process by adding a stable control loop to achieve stable flight and precise strike. The six-degree-of-freedom model of the projectile is established. Taking the pitch direction as an example, the damper inner loop, attitude loop and overload loop are designed according to the characteristics of the projectile to make the projectile characteristics meet the actual engineering requirements. Through the analysis of the simulation results, it is found that adding the damping loop, attitude loop and the overload loop can better improve the flight stability of the projectile during the control process and avoid the phenomenon of dynamic instability of the projectile, which can further improve the control quality and fundamentally improve the system anti-interference ability.

Keywords: guided projectile; control loop; damping; overload; attitude

0 引言

在战术导弹领域，自动驾驶仪已成功运用多年[1]。驾驶仪的主要任务是增大弹体阻尼、稳定气动增益、保持系统稳定性、快速指令响应、提供高机动性，以及在任意高度保证大范围飞行任务的鲁棒性等[2-4]。

制导控制系统的设计难点在于稳定控制回路（自动驾驶仪）的分析设计，其设计是制导弹药设计过程中的关键步骤，从根本上检验了总体方案的可行性，可为闭环弹设计提供有效数据支撑，并判定控制系统能力。

目前，制导弹药稳定控制回路大多仅应用阻尼内回路，对弹丸进行稳定，朱湘辉[5]对三种类型的阻尼回路进行分析比较，刘晓侠[6]等通过优化校正网络的时间常数和增益系数对阻尼回路进行设计。

作者简介：张雨诗（1994—），女，硕士研究生，E-mail: ys0319_zhang@163.com。

但姿态回路和过载回路因弹上环境原因，未应用到控制回路中，对高原复杂环境适应性要求尚不能满足。随着"一带一路"国家倡议需求和主动防御的国家策略，西北、西南是我军重要的战略方向，具有海拔高、大纵深、边线长、环境复杂等特点，对炮兵武器系统提出了适应高旋、高动态、高过载、高海拔环境的使用要求。为满足国内制导炮弹适用于高原复杂环境的要求，本文在阻尼内回路结构上改进、设计包含姿态回路、过载回路的驾驶仪结构，进一步提高控制品质，从根本上提高系统抗干扰能力。

1 建立弹体六自由度模型及传递函数

1.1 旋转弹体六自由度模型

根据弹体六自由度运动方程组，使用 Simulink 建立弹道解算模型，并提取外弹道若干特征点，建立传递函数。

弹丸六自由度运动方程组如下[7]：

$$m\frac{dV}{dt} = P\cos\alpha^* \cos\beta^* - X - mg\sin\theta$$

$$mV\frac{d\theta}{dt} = P(\sin\alpha^* \cos\gamma_v^* + \cos\alpha^* \sin\beta^* \sin\gamma_v^*) + Y\cos\gamma_v^* - Z\sin\gamma_v^* - mg\cos\theta -$$

$$mV\cos\theta(d\varphi_v)/dt = P(\sin\alpha^* \sin\gamma_v^* - \cos\alpha^* \sin\beta^* \cos\gamma_v^*) + Y\sin\gamma_v^* + Z\cos\gamma_v^*$$

$$\left. \begin{aligned} &J_{x_4}\frac{d\omega_{x_4}}{dt} + (J_{z_4} - J_{y_4})\omega_{z_4}\omega_{y_4} = M_{x_4} \\ &J_{y_4}\frac{d\omega_{y_4}}{dt} + (J_{x_4} - J_{z_4})\omega_{x_4}\omega_{z_4} = M_{y_4} - J_{z_4}\omega_{z_4}\dot{\gamma} \\ &J_{z_4}\frac{d\omega_{z_4}}{dt} + (J_{y_4} - J_{x_4})\omega_{y_4}\omega_{x_4} = M_{z_4} + J_{y_4}\omega_{y_4}\dot{\gamma} \\ &\frac{dx}{dt} = V\cos\theta\cos\varphi_v \\ &\frac{dy}{dt} = V\sin\theta \\ &\frac{dz}{dt} = -V\cos\theta\sin\varphi_v \\ &\frac{d\vartheta}{dt} = \omega_{z_4} \\ &\frac{d\varphi}{dt} = \frac{1}{\cos\vartheta}\omega_{y_4} \\ &\frac{d\gamma}{dt} = \omega_{x_4} - \omega_{y_4}\tan\theta \\ &\frac{dm}{dt} - m_c \\ &\beta^* = \arcsin[\cos\theta\sin(\varphi - \varphi_v)] \\ &\alpha^* = \theta - \arcsin(\sin\theta/\cos\beta^*) \\ &\gamma_v^* = \arcsin(\tan\beta^* \tan\theta) \end{aligned} \right\}$$

1.2 弹体传递函数

本文在某型制导炮弹外弹道数据中提取若干特征点，建立以舵面偏转为输入，姿态运动参数为输出的传递函数。以俯仰方向为例,俯仰角速率 $\dot{\vartheta}$、俯仰角 ϑ 及法向过载 n_y 与舵偏角的传递函数如下:

$$W_\delta^{\dot{\vartheta}}(s) = \frac{\Delta \dot{\vartheta}(s)}{\Delta \delta(s)} = \frac{K_M(T_1 s + 1)}{T_M^2 s^2 + 2T_M \xi_M s + 1}$$

$$W_\delta^{\vartheta}(s) = \frac{\Delta \vartheta(s)}{\Delta \delta(s)} = \frac{K_M(T_1 s + 1)}{s(T_M^2 s^2 + 2T_M \xi_M s + 1)}$$

$$W_\delta^{n_y}(s) = \frac{\Delta n_y(s)}{\Delta \delta(s)} = \frac{K_M \dfrac{V}{g}}{T_M^2 s^2 + 2T_M \xi_M s + 1}$$

式中:K_M——传递系数;
　　　T_M——时间常数;
　　　ξ_M——相对阻尼系数;
　　　T_1——气动力时间常数。

选取某一特征点为例,高度 = 2 100 m,V = 210.352 m/s,攻角 = 3.256°,声速 = 331.740 5 m/s,空气密度 = 0.954 kg/m³,可得 K_M = 0.15,T_1 = 1.8,T_M = 0.045,ξ_M = 0.032。

则弹丸传递函数如下:

$$W_\delta^{\dot{\vartheta}}(s) = \frac{\Delta \dot{\vartheta}(s)}{\Delta \delta(s)} = \frac{1.77s + 0.15}{0.002\,025 s^2 + 0.002\,8 s + 1}$$

$$W_\delta^{\vartheta}(s) = \frac{\Delta \vartheta(s)}{\Delta \delta(s)} = \frac{1.77 s + 0.15}{s(0.002\,025 s^2 + 0.002\,8 s + 1)}$$

$$W_\delta^{n_y}(s) = \frac{\Delta n_y(s)}{\Delta \delta(s)} = \frac{0.65 \times 10^{-5} s^2 + 1.192 \times 10^{-5} s + 0.005\,62}{0.002\,025 s^2 + 0.002\,8 s + 1}$$

弹体通过仿真得到,不加入控制回路时,弹体的 Bode 图和阶跃响应如图1、图2所示。

此时,弹丸时间常数 T_M = 0.080 12,阻尼系数为 ξ_M = 0.020 38,开环增益 K = 0.15,自然频率 ω_n = 1.99 Hz,相位裕度 γ = 90°,截止频率 ω_c = 59.4 rad/s,上升时间为 0.002 64 s,调节时间为 15.3 s。

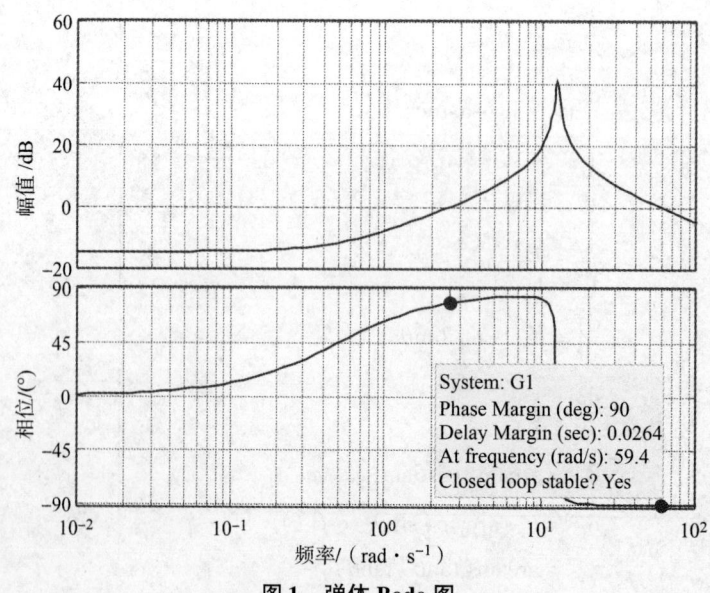

图1　弹体 Bode 图

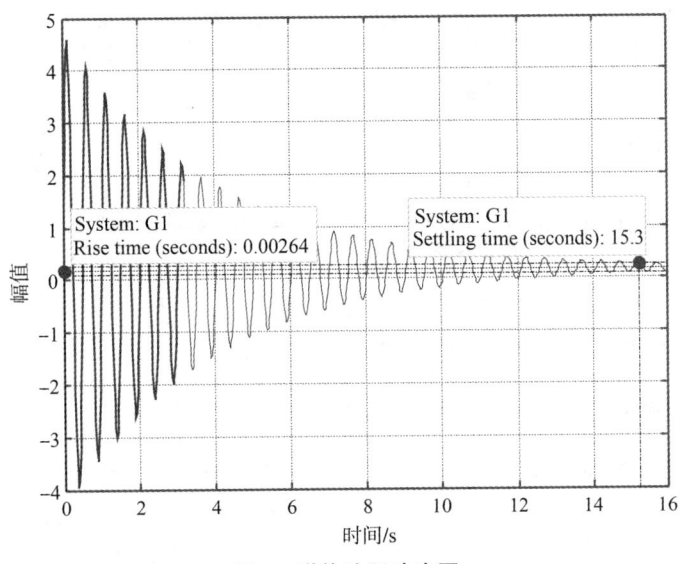

图 2 弹体阶跃响应图

2 稳定控制回路设计

2.1 阻尼内回路设计

由控制原理可知，将输出的角速度信息反馈到系统输入端，并与误差信号进行比较，可增大系统阻尼[8]，使动态过程的超调量下降，调节时间缩短，对噪声有滤波作用，是广泛使用的控制方式。

为增大系统阻尼，需在控制系统中增加可测量角速率信息的测速陀螺仪，并将其反馈到系统输入端，形成闭合回路。本文以 MEMS 传感器测量弹丸角速率信息，分析设计阻尼内回路。阻尼回路简化框图如图 3 所示。

阻尼内回路闭环传递函数为

$$\frac{\dot{\vartheta}(s)}{U(s)} = \frac{K_M^*(T_1 s + 1)}{T_2^{*2} s^2 + 2\xi_M^* T_M^* s + 1}$$

式中：K_M^*——阻尼内回路闭环传递系数，$K_M^* = \dfrac{K_M}{1 + K_M K}$；

T_M^*——阻尼内回路时间常数，$T_M^* = \dfrac{T_M}{\sqrt{1 + K_M K}}$；

ξ_M^*——阻尼内回路闭环阻尼系数，$\xi_M^* = \dfrac{\xi_M + \dfrac{T_1 K_M K}{2 T_M}}{\sqrt{1 + K_M K}}$。

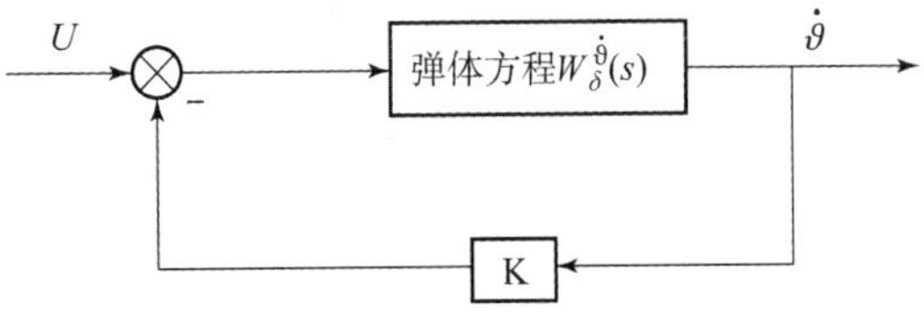

图 3 阻尼回路简化框图

2.2 姿态回路分析设计

姿态稳定控制回路是在阻尼内回路基础上，对弹丸的上升时间、超调量及响应时间进行优化补偿，使之满足制导控制系统工程指标要求。测量角速度信息采用角速率陀螺，测量姿态角信息采用角位置陀螺或对角速率陀螺信息进行积分运算，其原理框图如图 4 所示。

姿态稳定控制回路一般用于程控飞行系统[9]，以姿态角为理论输入，与实际飞行测得的姿态角做差，通过 PID 控制器进行性能优化，得出等效舵偏角，再经过指令调制解算出舵机所需的方波调制信号。

本文根据某型制导炮弹控制方案，以俯仰角 -23°为理论输入值，基于上述所设计的阻尼内回路，采用频域方法设计 PID 控制器。PID 控制器设计原则为：使系统的截止频率 $\omega_c \geq k\omega_n$，k 值的选取由所设计系统的快速性决定（对中等快速性的稳定系统来说取 1.1~1.4，高快速性取 1.5~1.8，本文取值为 1.2），此截止频率可满足相当精确复现制导信号的条件，对应的系统增益约为 0，幅频曲线斜率为 −20 dB。根据此设计原则可满足整个系统的稳态及动态指标要求。针对某型制导炮弹，加

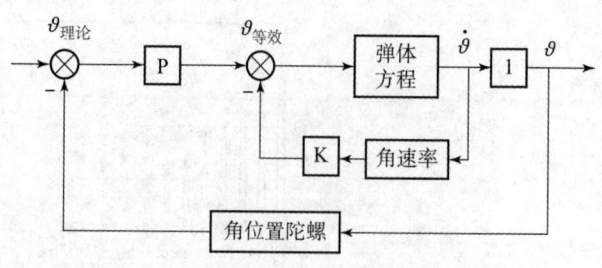

图 4 姿态稳定控制回路框图

入 D 控制会对制导信号在高频段产生较大畸变，影响制导精度，因此只选用 PI 控制。

2.3 过载回路分析设计

过载回路是在阻尼内回路的基础上，加上由弹丸侧向线加速度负反馈组成的制导回路[10]。线加速度计用来测量弹丸的侧向线加速度，是过载回路的重要部件，它的精度直接决定从过载指令到过载闭环传递系数的精度。过载回路原理框图如图 5 所示。

过载回路参数分析设计原则与姿态回路相同，不再重复分析。其中 n_c 为过载回路的理论输入，由比例导引律计算得出，因此，过载回路另需进行制导律计算。

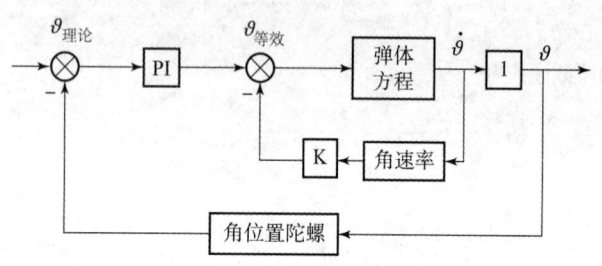

图 5 过载回路框图

在遥控和自动导引中常用的导引方法有：三点法、前置角法、追踪法、平行接近法和比例导引法等。本文选用比例导引法进行制导指令解算。

3 仿真算例与结果分析

根据以往控制系统设计经验，测速陀螺反馈可充分提供弹丸飞行所需的阻尼，一般将阻尼系数设计到 0.5~0.7 较好，此时过渡过程时间短，超调量约为 5%。

给弹体加入阻尼回路，编写程序，计算将阻尼系数 ξ_M^* 设计到 0.7 时的 K 值，以上述特征点为例，可得 $K = 0.316\ 4$。此时，弹丸阻尼系数为 0.7，仿真结果如图 6、图 7 所示，由图可以得出弹体开环系统截止频率 $\omega_c = 56.6$ rad/s，相位裕度为 108°，上升时间为 0.002 69 s，调节时间为 0.551 s，系统无稳态误差。由此可知，阻尼回路加入后，稳定性满足要求。

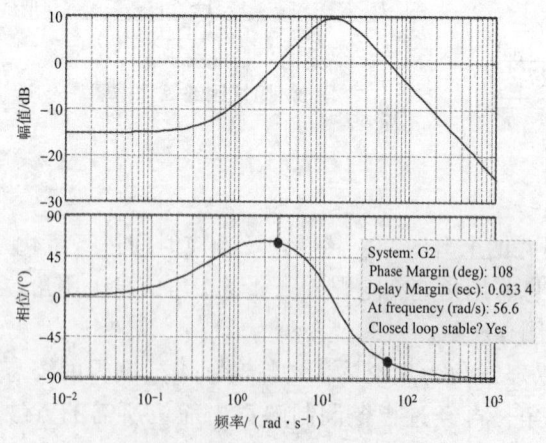

图 6 阻尼回路开环 Bode 图

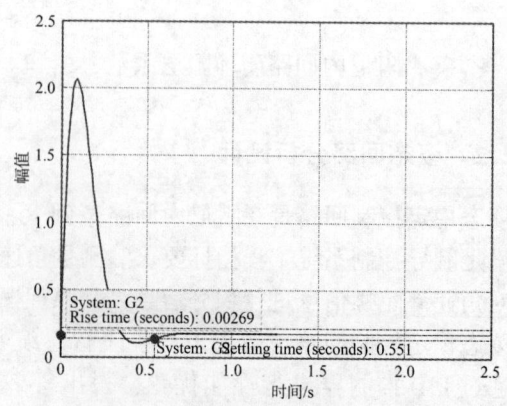

图 7 阻尼回路闭环阶跃响应图

给弹体加入姿态回路,根据设计原则编写解算姿态回路中PID控制参数程序,可得 $K = 4.6803$, $I = 25.5115$。此时,弹丸阻尼系数为0.7,仿真结果如图8、图9所示,由图可以得出开环系统截止频率 $\omega_c = 10.2$ rad/s,相位裕度为109°,上升时间为0.0423 s,调节时间为0.521 s,超调量为1.33%,系统无稳态误差。由此可知系统响应时间、超调量、截止频率及阻尼系数等静态及动态指标满足要求。

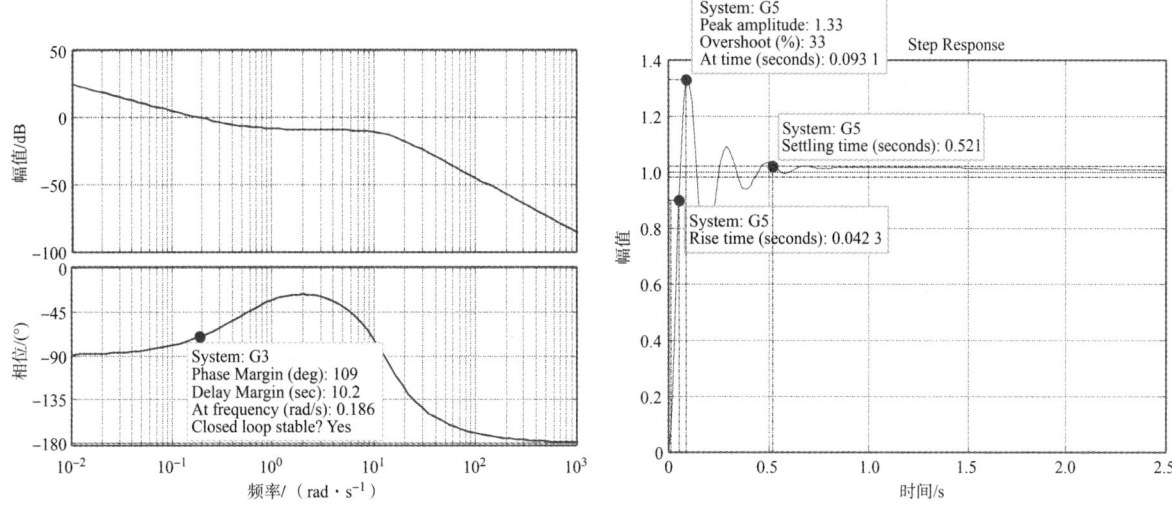

图8 姿态回路系统开环Bode图　　　　　图9 姿态回路系统闭环阶跃响应

给弹体加入过载回路,根据设计原则编写解算过载回路中PID控制参数程序,比例导引中 K 值选取受弹道特性、命中精度、弹丸结构强度所承受过载能力和制导系统稳定性等因素影响,工程上 K 值通常选取2~6,本文通过试凑法,确定 K 值为4。

此时,弹丸阻尼系数为0.7,仿真结果如图10、图11所示,由图可以得出开环系统截止频率 $\omega_c = 15$ rad/s,相位裕度为65.5°,上升时间为0.0913 s,调节时间为0.299 s,超调量为5.17%,系统无稳态误差。由此可知系统响应时间、超调量、截止频率及阻尼系数等静态及动态指标满足要求。

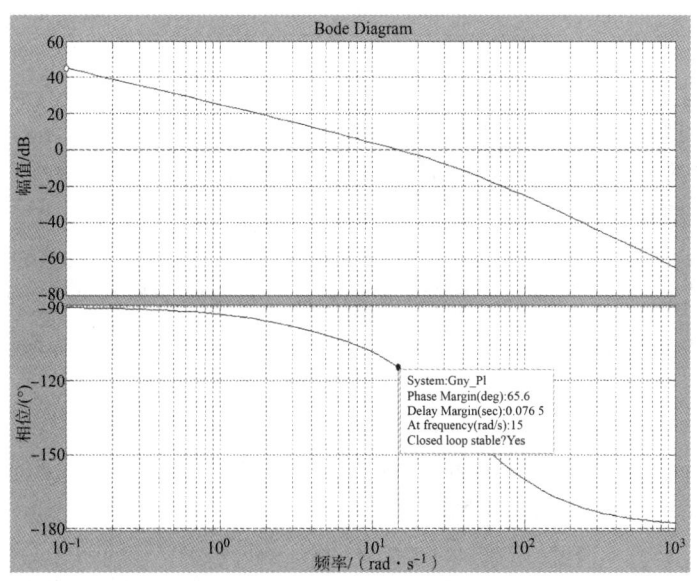

图10 过载回路系统开环Bode图

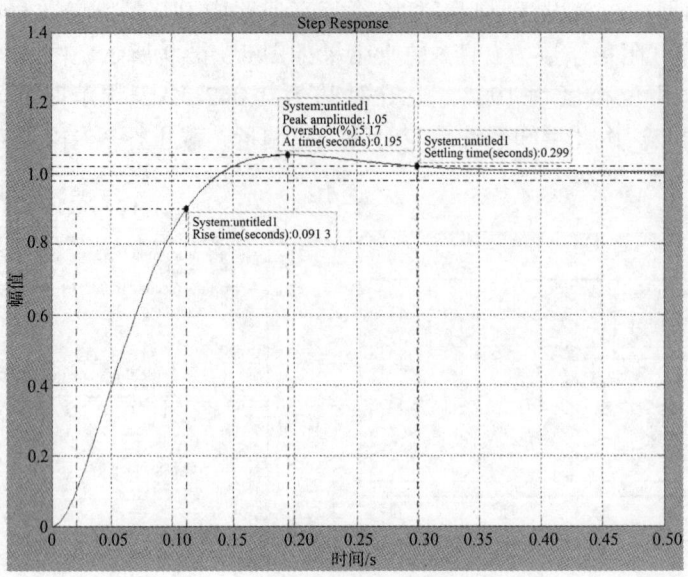

图11 过载回路系统闭环阶跃响应

4 结论

弹丸加入阻尼回路、姿态回路和过载回路后，弹体动态、静态特性得到了有效改善，具体改善效果如表1所示。

表1 弹体动态和静态特性

指标	弹体	阻尼回路	姿态回路	过载回路
截止频率/(rad·s^{-1})	59.4	56.6	10.2	15
相位裕度/(°)	90	108	109	65.5
阻尼系数	0.020 38	0.7	0.7	0.7
上升时间/s	0.002 64	0.002 69	0.042 3	0.091 3
调节时间/s	15.3	0.551	0.521	0.299

通过仿真数据分析，得出如下结论：

(1) 弹体阻尼效果良好，飞行姿态均在±2°以内。

(2) 该弹可以在高海拔、大纵深、边线长的高原复杂环境下使用，可适应高旋、高动态、高过载、高海拔环境的战技使用要求。

(3) 加入阻尼回路、姿态回路、过载回路后，可提高控制过程中弹丸飞行稳定性，可以更好地避免可能出现的弹体动态失稳的情况，进一步提高了控制品质，从根本上提高了系统抗干扰能力。

参 考 文 献

[1] Buschek H. Design and flight test for a robust autopilot for the IRIS – T air – to – air missile [J]. Control Engineering Practice, 2003, 11 (1): 551 – 558.

[2] Mracek C P, Ridgely D B. Missile longitudinal autopilots: comparison of multiple three loop topologies [C] // proc. of the AIAA Guidance, Navigation, and Control Conference and Exhibit, 2005: 917 – 928.

[3] Min B M, Sang D, Tahk M J, et al. Missile autopilot design via output redefinition and gain optimization technique [C] //proc. of the SICE Annual Conference, 2007: 2615 – 2619.

[4] Wise K A. Robust stability analysis of adaptive missile autopilot [C] //proc. of the AIAA Guidance, Navigation,

and Control Conference and Exhibit, 2008: 539-544.

[5] 朱湘辉. 飞航导弹自动驾驶仪阻尼回路分析 [J]. 战术导弹控制技术, 2001, 34 (03): 40-44.
[6] 刘晓侠, 曹小军, 杨凯. 导弹阻尼回路设计 [J]. 弹箭与指导学报, 2009, 29 (04): 33-34+38.
[7] 钱杏芳, 林瑞雄, 赵亚男. 导弹飞行力学 [M]. 北京: 北京理工大学出版社, 2000.
[8] 马治明, 王雪梅, 易志虎. 飞航导弹自动驾驶仪系统控制方案研究 [J]. 计算机测量与控制, 2009, 17 (02): 357-359.
[9] 郭正玉, 梁晓庚, 张亚泰. 静不稳定导弹稳定回路简便设计法 [J]. 弹箭与制导学报, 2012, 32 (03): 73-75.
[10] 孟秀云. 导弹制导与控制系统原理 [M]. 北京: 北京理工大学出版社, 2003.

一种基于装甲嵌入式系统的通用化人机交互接口可视化设计技术

先 毅[1]，史星宇[2]，栗霖雲[1]，贾 巍[1]，徐 丹[1]

(1. 中国兵器工业计算机应用技术研究所，北京 100089；
2. 中国电子科技集团公司第二十八研究所，江苏 南京 210007)

摘 要：介绍了一种基于装甲嵌入式系统的人机交互接口可视化设计技术，该技术通过图形化的方式编辑生成装甲嵌入式系统人机交互接口所需要的图形模型文件和动作模型文件，装甲嵌入式系统软件通过解析这些图形模型文件和动作模型文件来生成相应的人机交互界面和操控处理流程。通过这两类文件可以完全地描述装甲嵌入式系统人机交互接口所需要的条件、动作响应、显示状态和数据等要素，从而实现人机交互语义的唯一性，而且只需要通过修改这两类文件的内容就可以实现人机交互界面和操控处理流程的修改，无须对装甲嵌入式系统软件代码进行修改。同时，装甲嵌入式系统软件的车载显示引擎模块对图形系统接口函数进行了二次封装，对用户屏蔽了图形系统的差异，具有很好的通用性和可移植性。

关键词：人机交互；装甲嵌入式；通用化；可视化设计
中图分类号：TP31 **文献标志码**：A

A visual design technology of universal human – computer interaction interface based on armored embedded system

XIAN Yi[1], SHI Xingyu[2], LI Linyun[1], JIA Wei[1], XU Dan[1]

(1. Institute of Computer Applied Technology of CNGC, Beijing 100089, China;
2. The 28th Research Institute of CETC, Naijing 210007, China)

Abstract: The universal HCI visual design technique based on automotive embedded system can generate graphic configuration files and action configuration files by visual development tool, then automotive embedded system software parses the configuration files to create machine graphical interface and keyboard respond. The graphic configuration files and action configuration files can describe completely the HCI's condition, keyboard respond, display status, display data and so on, so can ensure the uniqueness of HCI semantic. Using this technique can change graphical interface display and keyboard respond without modify the automotive embedded system software code. The technique wrapped the graphics system software API to mask the difference of graphics system, so this technique is generic and portability.

Keywords: human – computer interaction; armored embedded system; universal design; visual design

0 引言

人机交互技术（Human-Computer Interaction，HCI）是一门专门研究广义计算机系统与用户之间的交互关系的学科[1]。目前，嵌入式系统的人机交互接口技术发展比较迅猛，特别是在民用手持嵌入式设备中得到应用广泛，如手机、平板电脑、电子书等[2~5]。现在使用比较广泛的方法是通过编写源代码的方式来实现，但这种方法最大的问题是通用性差，技术要求高，每款不同的产品都需要软件开发人员编写代码来实现人机交互接口，我所以往的型号项目也是采用这种方法来进行人机交互接口开发。为此，国内外很多软件厂商、学者和研究人员都提出了比较先进的人机交互接口解决方案，概括起来可以分为两类。一类是以图形化方式帮助用户设计出软件框架，用户在框架中编写软件来实现人机交互接口功能，这种方法只是部分降低了人机交互接口用户界面设计部分的开发难度，用户操控响应方面依然有大量的编码工作需要独立开发来完成[6~8]，这种方法适应性相对更强；另一类是完全通过图形化的方式设计人机交互接口，并生成相应的数据文件，这些文件的解析有专门的软件解析引擎来实现，开发人员只需要专注后台功能的实现即可，从而实现了编码与接口设计分离[9]，这种方法在某些特定领域的针对性更强。基于装甲嵌入式系统的通用化人机交互接口可视化设计技术正是采用了后一种方法，应用于装甲嵌入式人机交互领域，取得了很好的效果。

1 技术原理

基于装甲嵌入式系统的通用化人机交互接口可视化设计技术是根据我军装甲坦克车辆综合电子系统显示和控制设备的具体特点和实际需求，建立的一套全新的人机交互接口描述体系，它可以全面、准确地满足装甲坦克车辆中嵌入式系统设备的人机交互需求，实现车辆乘员与车内各设备的交互。

基于装甲嵌入式系统的通用化人机交互接口可视化设计技术采用了通用化软件设计思想，分为人机交互接口引擎和可视化模型设计工具两大块内容。人机交互接口引擎包括车载显示引擎和人机操控处理引擎，它们都运行在目标机中实现对图形模型文件和动作模型文件的解析和执行功能。可视化模型设计工具则运行在宿主机即 PC 中，通过图形化的方式设计人机接口，并生成相应的可以下载到目标机中运行的图形模型文件和动作模型文件。

人机交互接口引擎和可视化模型设计工具之间的相互关系如图 1 所示。

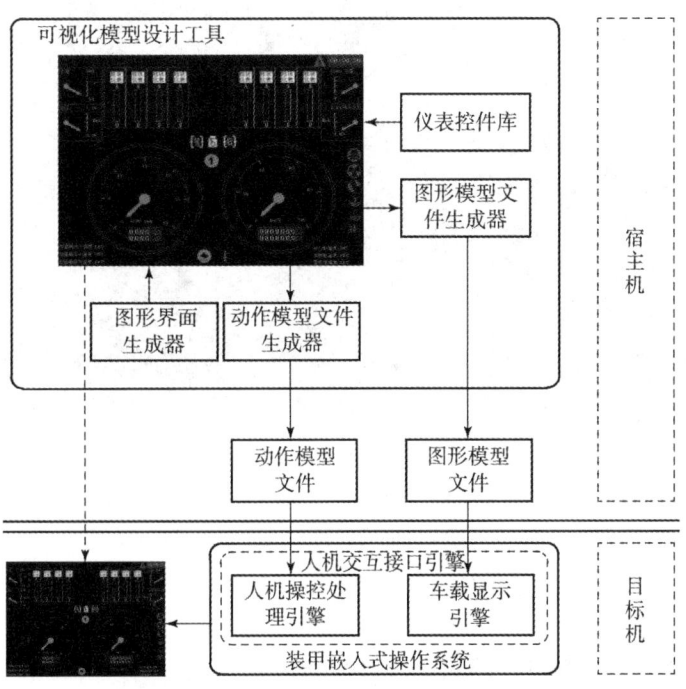

图 1 基于装甲嵌入式系统的人机交互接口可视化设计技术原理

2 可视化模型设计工具

可视化模型设计工具是运行在宿主机（PC）上的基于微软 MFC 库采用 Visual Studio 开发环境开发设计的图形化人机交互接口设计工具。由图 1 可以看出，可视化模型设计工具主要由图形界面生成器、仪表控件库、图形模型文件生成器、动作模型文件生成器 4 个模块组成。

图形界面生成器是可视化模型设计工具的核心模块之一，在这里完成人机操控界面的主要设计。它通过封装 MFC 的基本绘图函数，生成了符合装甲嵌入式系统显示控制设备特点的图形控件，它允许拖拽控件到指定的工作窗口，窗口所有的控件都可以单独进行编辑，定义对象的外观（如颜色、大小、位置、字体等）。对于有动作的控件还可以设定该控件与动作对象之间的响应关系。这种响应关系包括控件对按键的响应和触摸屏的响应。按键响应的执行动作内置了多种标准动作，如光标移动、字符输入、打开/关闭窗口等常用标准动作，触摸屏响应包括三种响应类型，分别是单击、双击和拖拽，这三种响应对应的动作类型与按键响应一致。同时，还提供了一种特殊动作类型——命令，命令可以自定义一些通用标准动作无法完成的动作，如无须界面响应的设备控制命令等，这需要用户自定义。

图形模型文件生成器和动作模型文件生成器的主要功能是将设计好的界面以及设置好的动作响应流程自动生成相应的模型文件，文件采用 xml 格式，格式清晰，简单易读，这样不仅提高了工作效率，而且对于复杂的用户界面而言不会出错，从而保证了界面设计的质量。

仪表控件库提供了一套完整的满足现有各型号车辆仪表显示的仪表控件，包括各种圆形仪表、方形仪表和柱状仪表等。另外，可视化模型设计工具还提供了一套自定义仪表控件的方法，可以满足用户开发自定义控件的需求。

可视化模型设计工具的实际运行界面如图 2 所示。

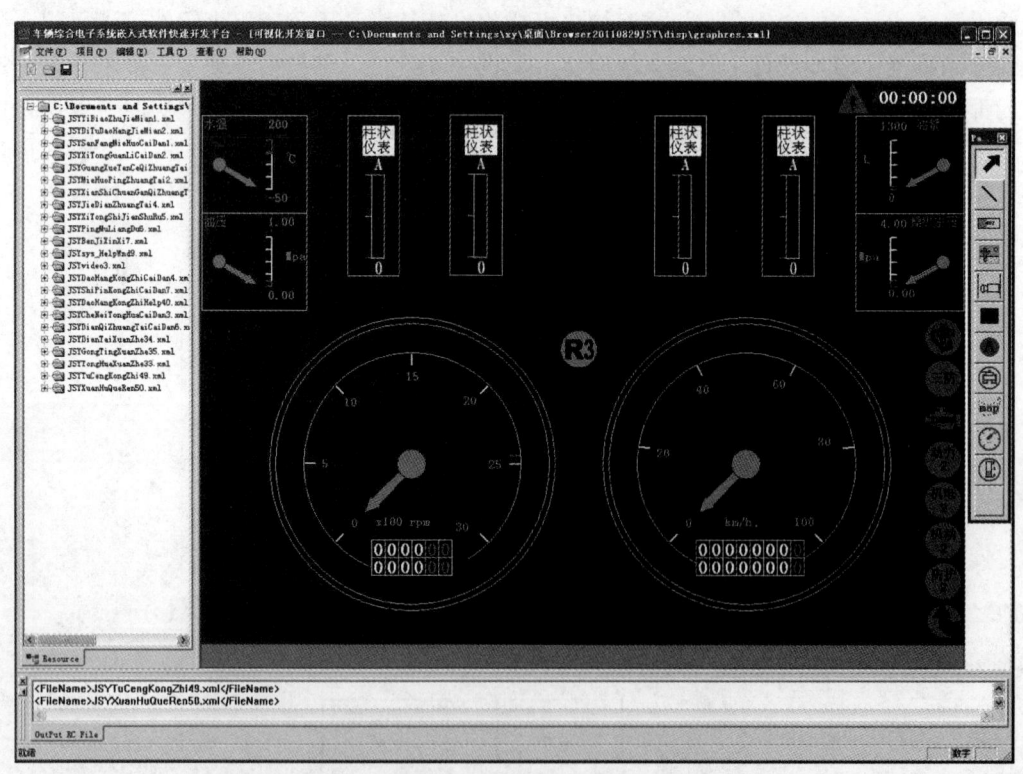

图 2　可视化模型设计工具界面示意图

其中，图形模型文件由窗口属性和控件属性两部分内容组成，其中窗口属性的具体数据结构如表 1 所示。

每个图形模型文件表示一个窗口，因此窗口属性结构也只有一个，但一个窗口可以包含多个控件，控件属性的具体数据结构如表 2 和表 3 所示。

表 1　图形模型文件窗口属性数据结构

序号	含义	数据格式	说明
1	窗口编号	整数	非零正整数，不可重复
2	窗口控件数量		不超过 500
3	图形窗口属性		0—NULL，1—主窗口，2—弹出窗口，3—菜单
4	图形窗口起点 X 坐标		窗口位置和区域信息
5	图形窗口起点 Y 坐标		
6	图形窗口宽度		
7	图形窗口高度		
8	窗口边框宽度		0 表示无边框
9	窗口画刷颜色		RGB 16 色或 32 色
10	窗口边框画笔颜色		
11	窗口边框线型		1 表示实线，其他表示虚线

表 2　图形模型文件控件属性数据结构

序号	含义	数据格式	说明
1	控件实体类型	整数	包括直线、编辑框、仪表等 14 种控件
2	控件编号		非零正整数，同一窗口中不可重复
3	控件起点 X 坐标或圆心 X 坐标		控件位置和区域信息
4	控件起点 Y 坐标或圆心 Y 坐标		
5	控件终点 X 坐标或宽度或半径		
6	控件终点 Y 坐标或高度		
7	控件画笔宽度		0 表示控件无边框
8	控件画笔线型		1 表示实线，其他表示虚线
9	控件画笔颜色		RGB 16 色或 32 色
10	控件画刷颜色		
11	控件显示风格		居中、左对齐、右对齐三种
12	控件初始状态		对不同控件此字段含义不同
13	多行编辑框控件每行行高		只对多行编辑框控件有效
14	字符串或者引用文件的数目		该字段的值决定字段 16 的循环次数
15	保留		保留
16	控件所需的文字或文件字符串	循环（表3）	只对字段 14 大于 0 时有效

表 3　控件所需字符串详细数据结构

序号	含义	数据格式	说明
1	文字起点 X	整数	文字字符串的起始坐标
2	文字起点 Y		
3	文字属性		支持微软各种通用字库
4	文字大小		与字库一致
5	文字颜色		RGB 16 色或 32 色
6	字符类型		0—普通字符，1—字符来源于文件
7	字符串或文件名称	字符	字符串内容或文件名

动作模型文件与图形模型文件是一一对应关系,它描述每个窗口对用户操作的响应情况,它的具体数据结构如表4所示。

表4 动作模型文件属性详细数据结构

序号		含义	数据格式	说明
1		窗口编号	整数	与图形模型文件窗口编号含义一致
2		控件动作数量	整数	与窗口中控件数据一致
3	1	控件编号	整数	与图形模型文件控件编号含义一致
	2	响应按键数量	整数	一个控件可以响应多个按键,执行多个动作
	3	响应按键键值	循环	具体键值码
	4	按键响应条件	整数	是否光标条件,主窗口条件以及菜单条件
	5	按键响应	整数	响应类型包括:焦点移动、打开或关闭窗口、命令发送、键值发送、字符输入以及每个构件自身需要的各种响应动作
	6	触摸屏单击响应	整数	只支持命令发送和窗口打开

窗口编号在整个系统是唯一的,而控件编号在窗口中也是唯一的,因此用户的按键或者触摸屏操作,其对象也是唯一的,不会导致系统响应用户操作混乱的问题。

3 人机交互接口引擎

3.1 车载显示引擎

车载显示引擎分为图形模型文件解析、窗口创建和窗口维护管理三个子模块,其中图形模型文件解析子模块的功能就是从磁盘读取图形模型文件,并按相应的数据格式进行解析生成符合要求的窗口描述数据结构;窗口创建子模块的功能则是根据窗口描述数据结构的内容来创建窗口以及窗口中的控件,这些控件都是根据装甲嵌入式操作系统提供的基本绘图函数来封装的装甲显控图形控件;窗口创建成功后,则由窗口维护管理子模块来维护这些已经创建好的窗口,根据人机操控处理引擎的需求来实现多窗口的协调工作。车载显示引擎的具体工作流程如图3所示。

窗口维护管理任务的主要功能是不停地接收来自人机操控处理引擎通过消息队列发送过来的窗口或者控件状态或属性变化消息,并记录当前所有窗口以及所含控件的显示状态,记录成功后,通知底层图形系统实现最终界面的绘制。

车载显示引擎在实现时,考虑到软件可移植性和对上层接口的通用性,封装了一套专用于装甲嵌入式系统的绘图接口类,它向上层提供通用的比如点、线、矩形、多边形、圆、文字输出等基本绘制接口,从而屏蔽不同图形显示芯片(显卡)和操作系统的影响,在硬件或操作系统变化

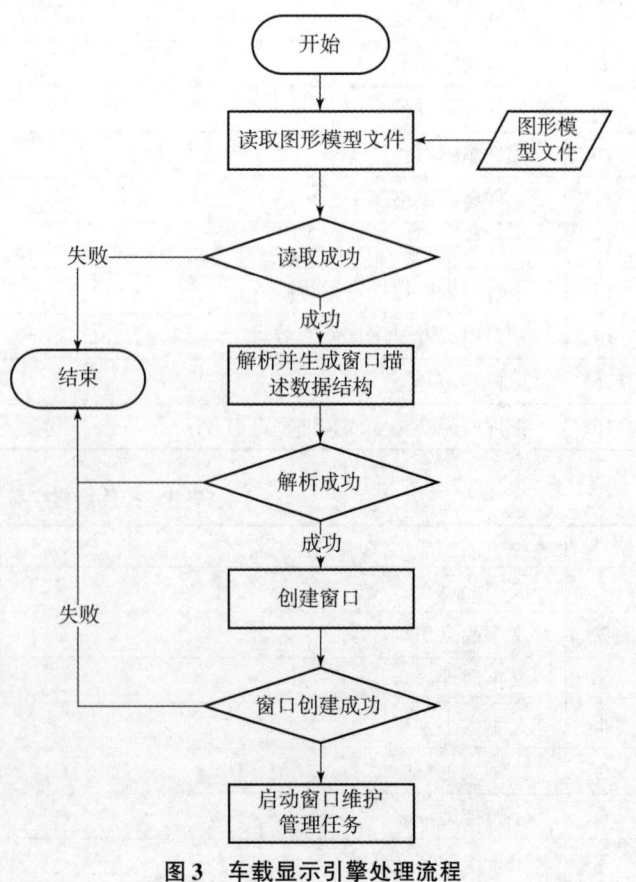

图3 车载显示引擎处理流程

时，只需修改底层的绘图接口类的实际绘制函数即可。

3.2 人机操控处理引擎

人机操控处理引擎的主要功能是首先读取并解析动作模型文件，创建用户操作响应处理流程成功后，再依据用户操作响应处理流程把真正用户的操作信息转换为标准的界面变换消息或设备控制命令，发送给车载显示引擎，由车载显示引擎完成最终的显示界面变换，实现乘员人机操控处理流程处理。人机操控处理引擎的具体工作流程如图4所示。

其中，操控命令处理任务的功能是不停地循环接收驱动通过消息队列发送过来的按键或者触摸屏消息，这些消息ID都是唯一的，每收到一条操控命令消息，操控命令处理任务就到已经创建好的用户操作响应处理流程中去查询符合条件的处理流程。如果找到，将最终要执行的处理也通过消息的方式发送给车载显示引擎；如果没找到符合条件的处理流程，则直接丢弃该操控命令消息，不执行任何操作。

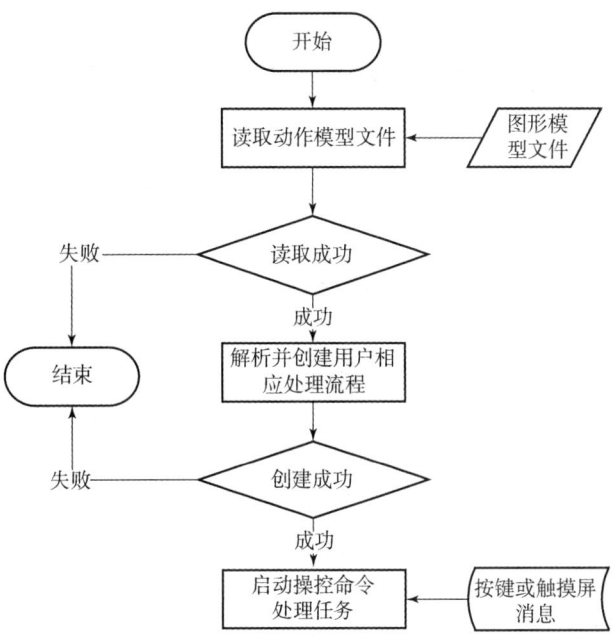

图4 人机操控处理引擎处理流程

4 结论与建议

基于装甲嵌入式系统的通用化人机交互接口可视化设计技术主要的应用场合还是各种装甲嵌入式显控设备，目前已在某已定型型号坦克上得到应用验证，并正在多个改进型装甲装备型号上推广应用。但现有控件种类和属性设置都是针对装甲嵌入式应用的特点，应用领域的局限性很明显。通过增加控件种类，与更多的图形系统适配，可以有效地拓宽该人机交互接口设计技术的应用范围和领域。

参 考 文 献

[1] 孟祥旭. 人机交互基础教程（第2版）[M]. 北京：清华大学出版社，2010.

[2] 张姿，黄廷磊. 嵌入式人机交互接口技术的研究 [J]. 仪表技术，2006，(4).

[3] 董士海. 人机交互的进展及面临的挑战 [J]. 计算机辅助设计与图形学报，2004，16（1）.

[4] 郑仁广. 嵌入式人机交互研究与设计 [D]. 厦门：厦门大学，2008.

[5] 郑燕，王璟，葛列众. 自适应用户界面研究综述 [J]. 航天医学与医学工程，2015，28（2）.

[6] 熊杰，刘新德，冯仁剑. 嵌入式图形用户界面系统的设计与实现 [J]. 计算机工程与设计，2012，33（7）.

[7] 孙景. 嵌入式工业控制系统中的人机交互系统的研究与开发 [D]. 武汉：武汉理工大学，2008.

[8] 马莉，王建国，韦勇宇，等. 基于图元的火控系统人机交互界面的实现 [J]. 火力与指挥控制，2017，7（42）.

[9] 曾辉艳. 嵌入式控制终端的人机交互界面快速生成平台的开发与应用 [D]. 重庆：重庆大学，2010.

LDRA testbed 在某型火箭炮软件静态测试中的应用

李 锋　靳青梅

(西北机电工程研究所,陕西　咸阳　712099)

摘　要：随着在武器系统中的软件复杂度急剧增长,其重要度也在逐步提高,软件产品质量状况已成为制约软件产品质量的重要因素,软件静态测试工作是对代码进行审核的重要途径和方式。为了进一步掌握某型火箭炮软件产品的质量状况,通过静态测试尽早发现软件中存在的缺陷,对软件产品进行完善和修订达到提升软件产品质量的目的。结合武器装备项目中关于软件产品所遵循的规范标准等代码质量要求,通过使用 LDRA testbed 的自定义静态测试规则的功能,实现对软件源码进行有针对性的代码质量分析,结合分析报告使各级产品利益方掌握软件源码的质量状况,为后续工作决策做好基础工作。以某火箭炮软件代码静态测试的实际应用,证明这种方法的实施能够达到提升软件产品质量的效果。

关键词：软件；规则；静态测试；Testbed

中图分类号：TP331.5　**文献标志码**：A

Application of LDRA testbed in static analysis of rocket launcher software

LI Feng, JIN Qingmei

(Northwest Institute of Mechanical and Electrical Engineering, Xianyang 712099, China)

Abstract: With the rapid increase of software complexity in weapon systems, its importance is gradually improving. The quality of software products has become an important factor restricting the quality of software products. Software Static testing is an important way to audit the code. Further grasp the quality status of a certain rocket launcher software products, find out the defects in the software as soon as possible through static testing, and improve and revise the software products to improve the quality of the software products. Combined with the code quality requirements of the weapon equipment project, such as the code quality standards followed by the software products, by using the function of LDRA testbed's self – defined static test rules, the targeted code quality analysis of the software source code can be realized. Combined with the analysis report, the product stakeholders at all levels can grasp the quality status of the software source code, and do a good job for the follow – up work decision – making. The practical application of static testing of a rocket launcher software code proves that the implementation of this method can improve the quality of software products.

Keywords: software; rule; static Testing; Testbed

0　引言

随着信息化装备不断涌现,装备中软件产品应用越来越广泛,其复杂性和规模都在不断加大,装备

作者简介：李锋 (1977—),男,高级工程师,E – mail: lfengem@ 126. com。

软件产品的质量与可靠性已越来越成为装备武器质量的重要方面，甚至起到决定的作用。由于软件产品比例的提高，这就势必导致软件问题对系统的影响也在逐步加大，基于验证提升产品质量的观点，使得软件测试工作已经成为保证软件产品质量的重要活动，通过软件测试能够对软件产品质量状态进行全面的检验。软件测试分类较多，以是否运行程序可将测试分为静态测试和动态测试。软件静态测试是验证软件产品对于软件规范和约束的遵循性的重要手段和方法，动态测试则是对软件功能及其附属指标的验证。由于篇幅所限，本文主要讨论静态测试方法应用，结合静态测试的特点（规模大，复杂度高等），仅通过人工方式来实现静态测试是非常困难的，因此使用软件测试工具就是一种很好的提高测试工作效率和质量的辅助手段。

某型火箭炮系统中应用了大量的软件产品，通过软件来实现对机械部件的自动化控制，达到高效稳定的目的。本文将结合某型火箭炮静态测试开展工作的过程，通过软件静态测试的结果报告对使用工具开展静态测试工作的效果进行详细说明。

1 静态测试方法

静态测试方法[1]主要是对软件产品在非运行状态下开展的一种软件测试方法，主要是检查软件产品与规范、设计约束和要求的一致性。静态测试可以采用人工的方法，可以使用工具进行自动化测试，也可将两种方法结合使用。这两种方法各有特点，也互有补充，测试人员通常采用两种方法来完成静态测试工作。静态测试面向的对象主要是文档和代码两类，由于本文主要内容为 Testbed 对源代码进行静态测试的过程，以此说明工具对静态测试工作效率和质量方面的提高的作用，所以针对文档等的审查这里不再赘述。

2 规则分析与设计

使用工具开展软件代码静态测试，首先需要设定分析的规范要求，这是开展静态测试的基础。有了判断依据才可以进行结果断定。由于某型火箭炮是以 C 语言作为基础实现编码，因此本文以 LDRA Testbed对使用 C 语言编写的程序进行静态测试为例进行说明。

Testbed 平台本身集成有国际标准（MISRA C：2012）和军用标准（GJB 8114—2013 C/C ++ 语言编程安全子集）。但是由于这些标准是普适性要求，针对不同行业和项目，其要求可能会有所选择，以期能够更加贴合本项目软件产品的需求。为了快速执行测试，必须对静态测试标准条款进行编制，以达到静态测试工作具有针对性的目的。

结合某型火箭炮项目软件产品开发和质量要求，经过分析将其转化为 15 项对应的标准要求。为了实现自动化分析的目的，应将规范要求加入相关文件中，通过 creport.dat 文件制定的静态测试所遵循的标准条款要求，某型火箭炮软件产品所定规则标识为"huojp"，如图 1 中红圈处所示；接下来标识出本项目软件产品所使用的编码规则，如要求的"不允许使用 goto 语句"，通过标准规则对应找到 misra 中第 13 条（13 s）为本条款对应要求，在此条款中加入标识"huojp"，如图 2 中红圈处所示。所剩其他条款以此类推，待所有条款标识完毕，本项目规则编辑完毕[2]。

规则编辑完成后，需要将规则添加到平台以供开展静态测试使用。具体操作过程如图 3 所示：运行 Testbed 工具，通过菜单选项进入"Code Review Report"设置框，使用"Programming Standards Model"下拉列表框可以看到文件中所列标识"huojp"，选中后单击"确定"按钮。至此，本项目的静态测试规则添加完毕，可以使用本规则进行静态测试工作。

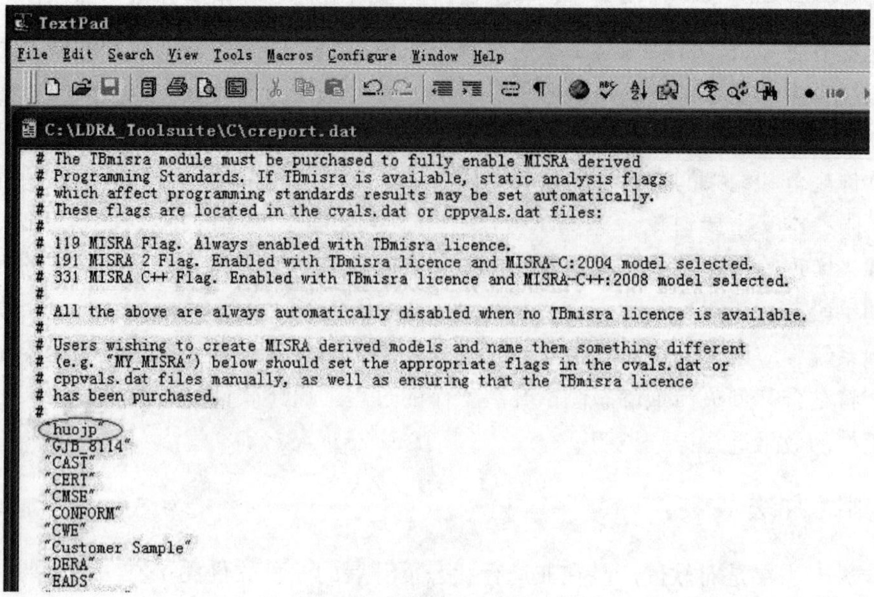

图1 确定规则标识

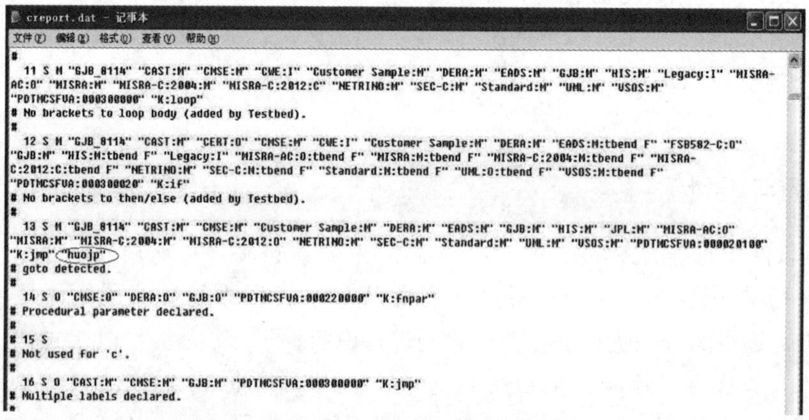

图2 确定项目所需规则

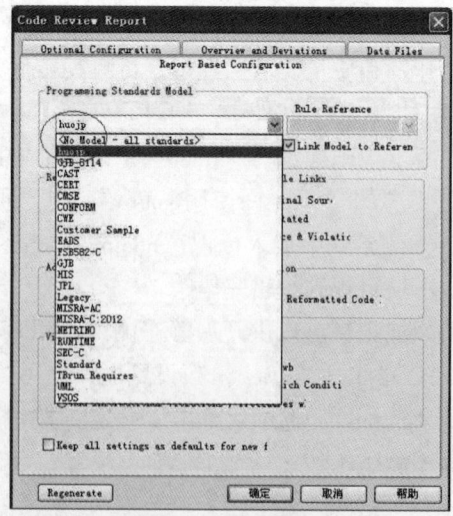

图3 加入项目规则

3 静态测试执行

静态测试执行可以分为单文件和多文件两种方式,多文件可以是群组(GROUP,文件间无关联关系)和系统(SYSTEM,文件之间存在关联关系)两种模式。由于本项目为多文件开发工程模式,因此应选择 SYSTEM 模式建立分析工程,保证进行静态测试时文件间数据流、信息流和控制流的全面性和完整性。

分析工程建立完成后可以选择要分析的类型,如图 4 所示。待执行完毕后,即可查看分析结果。这里选择主静态测试、复杂度分析、数据流分析和交叉引用分析等 4 项分析要求(结合 15 项标准要求选定)。

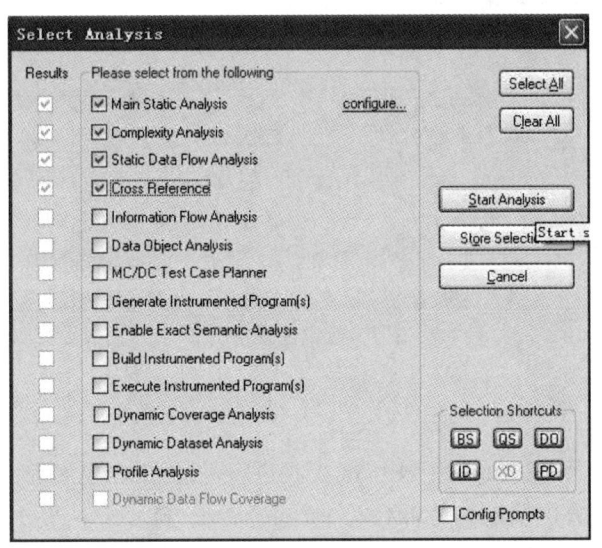

图 4 静态测试选项

分析完成后,即可通过相应的报告查看静态测试结果。软件路径和控制流结果如图 5 所示,通过此图可以观察软件单元的复杂度,单击节点(圆形图标)即可查看相应语句模块,以便分析其复杂度对应的语句,有针对性制定降低复杂度的措施和手段。

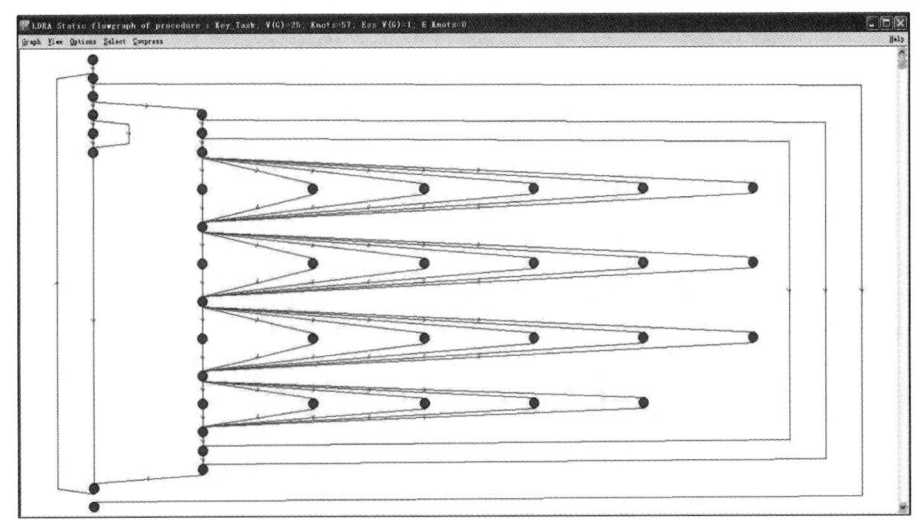

图 5 某函数路径和控制流分析结果

对于代码违反规则要求的情况,可以通过图 6、图 7 进行观察,如图 6 中第二行即设置"不允许使用 goto 语句"的情况,且存在两条使用 goto 语句,可以通过单击数字"2"链接到源代码,利于程序员制定整改措施进行源代码的修改。图 7 所示为函数扇入扇出的情况。其他结果不再一一列出。

Number of Violations	LDRA Code	(M) Mandatory Standards
1	4 S	Procedure exceeds 200 reformatted lines.
2	13 S	goto detected.
4	4 C	Procedure is not structured.
0	39 S	Unsuitable type for loop variable.
0	66 S	Function with empty return expression.
0	131 S	Name reused in inner scope.
9	45 D	Pointer not checked for null before use.
0	50 D	Memory not freed after last reference.
0	53 D	Attempt to use uninitialised pointer.

Number of Violations	LDRA Code	(C) Checking (Mandatory) Standards
2	7 C	Procedure has more than one exit point.
0	189 S	Input line exceeds limit.
2	256 S	Procedure exceeds 200 source lines of code.
0	287 S	Variable definitions in header file.

图 6 规则违反情况 1

Globals in Procedure	File Fan in	Fan Out
0	0 (P)	3 (P)
14 (P)	1 (P)	17 (F)
4 (P)	0 (P)	6 (P)
18 (P)	0 (P)	2 (P)

图 7 规则违反情况 2

4 结果审查

测试人员将以上测试结果通过人工或 Tbaudit 工具进行汇总和总结，同时与开发人员一并开展Review工作，对所列结果进行一一分析确定其是否对软件产品产生影响。开发人员认可了工具所确定的违反规则的结果，并结合工具的结果报告和违反规则提示，对违反规则的现象和原因进行分析，为进一步制定整改措施提供了思路和方法。

5 结论

通过对某型火箭炮软件产品的静态测试实践和应用，Testbed 测试工具作为对人工分析工作的补充，体现出了高效高质量提供测试结果的能力，为提升软件静态测试工作质量和效率提供了可靠的途径。同时静态测试的开展也为项目软件产品质量提升提供了有效的方法，为开发人员编制高质量软件产品起到了重要作用。

参 考 文 献

[1] 郑文强，周震漪，马均飞. 软件测试基础教程 [M]. 北京：清华大学出版社，2019.
[2] Testbed 中文使用指南 [M]. 上海创景信息科技有限公司，2005.

浸渍活性炭制造装备智能化研究

张明义[1]，吴　燕[1]，石　陆[2]

(1. 山西新华化工有限责任公司，山西　太原　030008；
2. 哈尔滨纳诺机械设备有限公司，黑龙江　哈尔滨　150078)

摘　要：浸渍活性炭是军用吸收过滤器、防毒面具和民用防护滤器、工业面具、工业生产、环境保护等领域的重要核心吸附材料，其品种多、用途广、要求高，需精准控制生产制造工艺过程，准确把握产品品种，将传统制造与现代工程技术成果融合，实现智能制造，是业内人士共同诉求。从浸渍活性炭制造需求本质入手，探索由间歇式、半机械、半封闭传统模式向连续式、自动化、全封闭现代化模式转变；将制造过程分成若干不同性质模块组，所有模块单独系统配置，再将所有模块用PAT进行过程采集分析和集中控制，组成一个完整的控制模块系统；选择跨行业交叉综合先进工程技术，对浸渍活性炭制造传统装备技术进行升级并与现代信息技术融合，智能化研究将为建立CPS网络，实现人、设备与产品的实时连通、相互识别和高效交流，构建高度灵活的个性化和数字化的智能制造打下基础。

关键词：浸渍活性炭；制造装备；智能化；模块化

中图分类号：TQ0　**文献标志码**：A

An investigation on intelligent manufacturing equipment of impregnated activated – carbon

ZHANG Mingyi[1], WU Yan[1], SHI Lu[2]

(1. Shanxi Xinhua Chemical CO., LTD, Taiyuan 030008, China;
2. Nano Pharm Tech Machinery Equipment CO. LTD, Harbin 150078, China)

Abstract: Impregnated activated – carbon is the key adsorbing material in military absorption – type filters, gas masks, civilian protective filters, industrial masks and other important areas such as environmental protection. Since impregnated activated – carbon has a variety of products, wide application areas and high manufacturing requirement, it is in urgent need of precise control of manufacturing process, clear product definition, and particularly merge of conventional and modern technologies for the intelligent manufacturing. From the intrinsic requirements of impregnated activated – carbon manufacturing, in order to realize its intelligent manufacturing, several technological revolutions are indispensable: transferring from the conventional batch – type, semi – mechanized and semi – enclosed mode to a modern, continuous, automatic and totally enclosed mode; classifying different modules based on manufacturing process and configuring each module individually, then analyzing all the modules by PAT for central control, and therefore forming a complete control system; leveraging cross – industry technologies for advanced engineering, upgrading conventional impregnated activated – carbon manufacturing equipment, and merging with modern information technology. The work on intelligent manufacturing equipment of impregnated activated – carbon will pave the way for CPS networks, real – time connection and communication among people, equipment and products, and digital and individualized intelligent manufacturing.

Keywords: impregnated activated – carbon; manufacturing equipment; intelligent manufacturing; module

---

作者简介：张明义（1961—），男，工学学士。研究员级高级工程师，E – mail: zhangmingyi2000@sohu.com。

0 引言

浸渍活性炭是化学防护器材的核心吸附材料，其主要作用是吸除化学毒剂蒸气，因此浸渍活性炭吸附材料性能的优劣直接决定防护器材的防护性能[1]。浸渍活性炭制造系选用高性能活性炭为吸附载体，将具有化学吸着或催化作用的活性物质、助催化剂浸渍在活性炭载体上，经煅烧处理后形成的炭－催化剂吸附材料，即承载活性组分的活性炭。其广泛应用于军事和民用领域，是军用吸收过滤器、防毒面具和民用防护滤器、工业面具、工业生产、环境保护等领域的核心材料。由于应用时防护对象不同，所需的浸渍活性物质就有所不同，一般情况下，浸渍活性炭的生产批量都不会太大，属于多品种、小批量的生产经营模式。因此，如何实现多品种柔性化生产，有利于生产过程质量跟踪及追溯，生产过程无死角、全密闭、高集成、模块化、数字化、信息化、精准化、智能化生产工艺及装备技术创新工作，摆在了工程技术人员面前。公开报道中，涉及浸渍活性炭产品研发的内容较多，涉及浸渍活性炭制造装备的报道和专利技术甚少，主要是一些专用设备或装置的研发[2~4]，涉及浸渍活性炭制造整体装备综合智能化的研究目前尚未见到公开报道。

中国制造2025的五项重大工程之一——智能制造提出明确需求：新一轮科技革命的核心也是制造业数字化、网络化、智能化的主攻方向，通过智能制造，带动产业数字化水平和智能化水平提高[5]。实现万物互联与万物智能的5G时代，也时刻召唤着浸渍活性炭制造装备智能化与之接轨。

1 传统制造装备技术分析

1.1 传统制造工艺分析

虽然传统浸渍活性炭制造品种及种类较多，但按其制造性质，仍可分解为以下几个经典工艺过程。

1.1.1 基炭预处理

根据选定的基炭，按需选择筛选、加热和干燥等预处理方法。

1.1.2 活性组分溶液制备

将所需的具有化学吸着或催化作用的活性物质、助催化剂原料或试剂按序定量加入溶剂中，在一定的温度下制备成浸渍溶液。

1.1.3 基炭浸渍活性组分

首先将基炭定量投入浸渍机，然后逐渐将一定量的活性组分浸渍溶液加入，使基炭接近吸附饱和状态。浸渍物料移出浸渍机后，在恒温状态下再浸润一定时间。

1.1.4 浸渍物料煅烧激活

将湿的浸渍物料加入沸腾干燥煅烧设备中，物料经升温干燥，再升温至煅烧温度后恒定温度持续煅烧一定时间。

1.1.5 半成品筛选分级

煅烧物料筛选分级，合格物料进入下一过程。

1.1.6 浸渍抗陈化剂

煅烧并分级合格的物料，根据需要与抗陈化剂在混合机内进行固－固混合，使抗陈化剂分散均匀。

1.1.7 定量包装

生产的物料经称重后装入包装袋或包装桶中。

1.1.8 抗陈化剂的升华浸润

包装好的物料需要在一定的温度和时间条件下，才能使抗陈化剂升华完全浸润到浸渍活性炭中。

1.2 传统制造装备分析

工艺技术是产品生产过程的核心与灵魂，制造装备是落实工艺、生产优质产品的有力保障。参照《化工过程开发设计》[6]《化工工艺设计手册》[7]《面向中国制造 2025 的智能工厂》[8]工程规范和标准，传统浸渍活性炭制造存在以下缺陷和瓶颈：

自动化程度低，大多只有监测无控制，更是难以满足远程控制；原料、半成品、成品等物料周转要依赖人工辅助，属于半机械化生产，可靠性差；间歇式操作，物料外露、气体外溢时有发生；切换产品时，设备出料不完全，只能停机人工清理，容易产生混料现象；制造过程的灵活性和敏捷性不够，不能随产品功能的多样化，产品结构的复杂化、精细化要求及时调整，难以满足市场瞬息万变的需求。

设备使用率、生产效率低。生产过程中的信息流、资金流、物资流采集量少，不易形成有机合作与协调体系；能源无法综合利用，干燥及煅烧过程中的含能尾气直接排放，对能源和环境带来诸多风险；产品质量受人为和环境的影响较大；整个装备与现代企业装备水准存在明显差距。

2 制造装备智能化设计

2.1 设计理念

智能化设计以先进制造技术和先进制造理念为基础，选择医药制造装备和规范，跨行业交叉综合先进工程技术，对浸渍活性炭制造传统装备技术升级，并与现代信息技术融合，要融合，更重契合；实现浸渍活性炭制造装备智能化是一项庞大的系统工程，不仅要从单一技术和装备着手，还要从制造技术与信息技术融合集成创新、模式创新来考虑；不求单项技术先进，但求总体技术合理；需要借助产、学、研、用、金五位一体的全新研发模式。本文仅讨论浸渍活性炭制造装备智能化这一主题，旨在为最终实现浸渍活性炭智能制造，建立浸渍活性炭制造信息物理系统（Cyber－Physical Systems，CPS）打基础。

2.2 智能管控平台及架构

未来的基础设施越来越依赖于监视与控制，因此及时评估所获得的数据和及时进行适用性管理（控制）将会越来越重要。业界预测智能工厂将由系统之上的系统进行控制。智能工厂将依赖于一个大型的系统之上的生态系统。在这个生态系统中，存在大规模的协同合作。信息物理系统 CPS 将借助新兴的云计算技术，包括资源的灵活性和可扩展性技术，这不仅使 CPS 功能得到大大增强，而且还可以使 CPS 的数据得到更多的应用，其结果将创造一个动态的、扁平化的、信息驱动的系统基础架构。这样的架构为快速开发更好、更高效的新一代工业应用提供便利，同时满足现代工业企业的敏捷性和柔性要求。

传统企业信息系统一般是分层架构，随着 SOC 的应用，每个系统或设备可以被视作提供不同复杂程度的服务。它可以在云端，也可以由其他服务构成。因此，在传统的层级架构并存的情况下，同时有一个扁平的基于 CPS 的信息化架构将产生。下一代工业信息系统可通过选择新的信息合成或功能进行快速加构，如图 1 所示。

2.3 浸渍活性炭制造装备智能化

要实现浸渍活性炭制造装备智能化，首先应由间歇式半机械化操作向连续式自动化操作转变，由半封闭式向封闭式、清洁化生产转变，由人工操作与控制向程序化、模块化转变，由单一控制向工程系统化、智能化转变，采用 MES 系统对生产信息化进行管理。

采用机器视觉技术代替人眼进行测量和判断。机器视觉系统工作流程大致为：被摄取目标—经图像

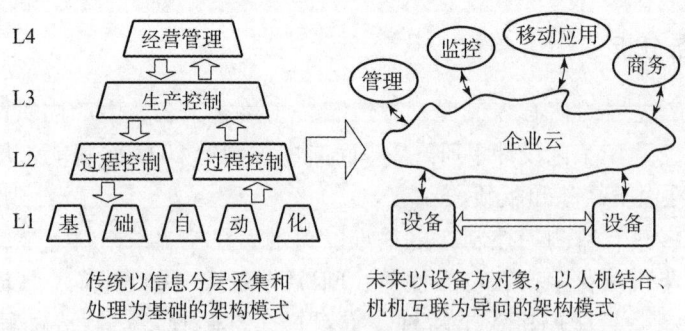

图 1　智能工厂管控平台的总体架构[8]

摄取装置—图像信号—经图像处理系统—数字信号—经抽取目标特征—判断结果并控制设备。该流程的实现需相应的硬件作为基础，如典型工业机器视觉系统构成的照明、镜头、相机、图像采集卡、视觉处理器等。物联网提供了传感器的连接，结合嵌入式系统本身的智能处理能力，能够对物体实施智能控制，并利用云计算、模式识别等各种智能技术，实现机器与机器之间、人和机器之间的通信，发展成为CPS信息物理系统，在物理世界中进行信息交互。

具体到浸渍活性炭制造装备，可从以下几个方面着手考虑智能化建设。

2.3.1　基炭预处理

在线检测基炭的水分、粒度分布等信息，由程序确定是否需要以及如何进行预筛选、预加热、预干燥处理。

2.3.2　活性组分溶液制备

采用多工位称量配料系统，将所需的具有化学吸着或催化作用的活性物质、助催化剂原料或试剂按序定量加入溶剂中，可实现物料自动投料、密闭输送、精细称量、无尘配料的自动控制。该系统工作时，通过多台真空上料或机动上料的方式将多种物料分别加入高位暂存罐中，同时根据物料特性，可选择一种或几种喂料形式接入暂存罐下方实现配料功能。控制系统控制气密封启动，并分别控制喂料器将物料按比例投入配有专业秤的料桶中，称量好的物料通过输料系统进入溶液制备系统。

2.3.3　基炭浸渍活性组分

采用电加热双锥回转真空干燥机，实现基炭与活性组分溶液浸渍过程与物料干燥过程在同一体系完成，减少物料周转，提高浸渍精度，为提升煅烧激活质量和效率打基础。

采用真空上料机给电加热双锥回转真空干燥机加料。连续式真空上料模块由旋涡气泵、排气过滤除尘罐、除尘脉冲反吹喷嘴及压缩空气储罐、自控系统、真空吸料管路及快接接口、移动小车等组成，与真空干燥机快速连接，实现物料的密闭快速、长距离、柔性输送。设备简单，易于维护及清洗，易于实现自动化控制。

加料完成后，在设备回转的同时，通过设备自带的喷淋设施连续定量喷入活性组分溶液，使基炭浸润均匀，之后在加热夹套供热下使浸渍物料干燥。由于设备处于真空状态，浸渍物料表面的溶剂达到饱和时便蒸发，由设备配套的真空泵及时排出回收。物料内部的溶剂不断地向表面渗透、蒸发、排出，三个过程不断进行，浸渍物料在很短的时间内达到干燥状态。

2.3.4　浸渍物料煅烧激活

将干燥后的浸渍物料，气流密闭输送加入制药机械–沸腾干燥制粒机，进行物料的煅烧激活。煅烧后的尾气含有大量热能，可用于浸渍后物料干燥过程及后续的抗陈化剂升华浸润供热，降温后的气流进入尾气吸收处理装置。

在线取样，在完全密闭的情况下完成。取样过程中与外界隔离，不受内部负压影响，取完样的样品直接进入样品瓶中，不与外界环境暴露接触。

真空出料，全自动联机操作，无人工干预，出料速度快，产品不受外界环境影响。

煅烧进风气流经过三级过滤和除湿处理，过滤等级达 H13，使得煅烧介质更加纯洁干燥，可有效提升煅烧品质。

通过物料温度传感器（PT100）检测物料温度，并通过物料温度与排风温度、氨气含量的比较进行煅烧终点判定。判定方法采用闭环回路的 PID 控制，在 PLC 内预先设定好的温度范围可以直接控制加热器的开启组数，同时也控制冷风阀的开启度，以减少温度的变化惯性梯度，使温度的变化范围控制在 ±2 ℃，这一点对于精准煅烧非常重要。

2.3.5 半成品筛选分级

煅烧好的物料在全密闭负压状态下筛选分级。

2.3.6 浸渍抗陈化剂

选用真空上料机与三维运动混合机配套，在自动控制状态下，实现煅烧物料与抗陈化剂的固-固均匀混合作业。

2.3.7 定量包装

选用负压操作下的自动定量包装机器人码垛生产线。

2.3.8 抗陈化剂的升华浸润

利用煅烧尾气余热给升华浸润恒温室供热，温度可控并节能，还可实现物料智能化的运输。

2.3.9 热量衡算实现能源综合利用

将煅烧尾气余热应用于物料的干燥、抗陈化剂的升华浸润恒温，不仅减少了生产线所需热能的供应，同时减少了处理煅烧尾气需要降温的设施和能源，经测算综合节能可达 50% 以上。

2.3.10 在线清洗功能

设立清洗泵站，为活性组分溶液制备、基炭浸渍活性组分、浸渍物料煅烧激活三个制造过程装备完成在线清洗功能。采用压缩空气和氨水 360°吹扫与清洗，实现切换产品或故障状态下制造装备内部的在线清理，彻底解决混料问题。

2.3.11 模块化设计理念

模块化设计将原有的连续工艺，根据制造过程性质不同分成若干不同模块组；所有这些模块既需要单独进行系统配置，同时又要将所有模块用 PAT（Processing Analytical Technology）过程分析的手段进行采集，诸如定量称量的在线记录，批号在线打印存储，物料密闭传输过程记录，温度、压力、流量、颗粒分布、含水量、含氨量等过程参数的在线采集分析，反馈给中央集中控制等。对系统进行合理连接设计，最后组成一个完整的控制模块系统。

2.3.12 以 cGMP 完善设计

cGMP 动态药品生产管理规范是现行药品生产管理规范，它要求产品生产和物流的全过程都必须验证，为国际领先的药品生产管理标准。将现代化医药制造技术与装备、标准和规范，融于浸渍活性炭制造装备，使其更加科学与合理。

3 结论

浸渍活性炭制造装备智能化是以浸渍活性炭制造工艺为纲领，将间歇式、半机械、半封闭传统模式向连续式、自动化、全封闭现代化模式转变；将制造过程模块化，所有模块单独系统配置，再将所有模块用 PAT 进行过程采集分析和集中控制，组成一个完整的控制模块系统。选择医药制造技术与装备的跨行业交叉综合先进工程技术，对浸渍活性炭制造传统装备技术创新，建立浸渍活性炭制造过程设备管控数字化、物料管理数字化、工艺过程数字化、计划调度数字化、质量管控数字化、车间信息数字化、人员管理数字化，不断提升生产管理水平，提高产品制造精度和稳定性，保障产品制造过程一致性和可追溯性，同时降低生产成本，提高企业综合效益与竞争实力，为建立浸渍活性炭制造信息物理网络系统CPS打下坚实的基础。

参 考 文 献

[1] 尹维东，乔惠贤，栾志强．ASZM – TEDA 浸渍活性炭在化学防护器材中的应用［C］//蒋剑春，黄健．2008 年中国活性炭学术研讨会论文集，2008：157.

[2] 宜昌汇智科技有限公司．一种浸渍活性炭浸渍混合装置：中国，CN106744954A［P］．2017 – 05 – 31.

[3] 宁夏华辉活性炭股份有限公司．一种均匀浸渍活性炭的装置：中国，CN207259155U［P］．2018 – 04 – 20.

[4] 江苏宇通干燥工程有限公司．适于连续、自动化生产的浸渍活性炭干燥激活装置：中国，CN105964223B［P］．2018 – 03 – 02.

[5] 西门子工业软件公司．工业 4.0 实战——装备制造业数字化之道［M］．北京：机械工业出版社，2016.

[6] 徐宝东．化工过程开发设计［M］．北京：化学工业出版社，2014.

[7] 中国石化集团上海工程有限公司．化工工艺设计手册［M］．第 4 版．北京：化学工业出版社，2009.

[8] 陈卫新．面向中国制造 2025 的智能工厂［M］．北京：中国电力出版社，2017.

光电瞄具对智能化枪械射击命中影响因素分析

姚庆良，耿 嘉

（中国兵器工业第二〇八研究所 第六研究室，北京 102202）

摘 要：智能化枪械系统在现有枪械基础上，通过重新设计或改造、配用智能化光电瞄具，将图像采集、目标识别、目标跟踪、激光测距、弹道解算、自动击发等技术融合一体，可有效提高射手射击命中概率。介绍了一种光电瞄具及其结构组成和工作原理，并对此瞄具影响射击命中的因素进行具体分析，估算了影响射击命中的各误差，具体包括：射击分划的瞄准误差、锁定跟踪误差、击发判定误差和系统延迟误差，为后续智能化枪械光电瞄具设计提供参考。

关键词：智能化枪械；光电瞄具；自动击发；射击命中

中图分类号：TJ20　**文献标志码**：A

The analysis on the factors of the intelligent firearms shooting hit influenced by the electro-optical sight

YAO Qingliang, GENG Jia

(NO. 6 Research Department, NO. 208 Research Institute of China Ordnance Industries, Beijing 102202, China)

Abstract: Intelligent firearms system, basic on the current firearm research, through redesigning or reforming, equipped with intelligent electro-optical sight, integrates image acquisition, target identification, target tracking, laser ranging, ballistic calculation, automatic firing, which can improve the shooting hit probability. The composition and operational principle of the electro-optical sight are introduced, and the factors influenced by shooting hit of the sight are analyzed, the error of shooting hit are estimated, including: reticle error, tracking error, percussion error and delay error, aims to provide some reference for the future design on electro-optical sight of intelligent firearms.

Keywords: intelligent firearms; electro-optical sight; automatic firing; shooting hit

0 引言

智能化枪械系统主要由可自动击发控制的枪械、枪弹和智能化光电瞄具等组成。智能化光电瞄具通常集成图像采集融合、目标自动识别、目标跟踪、激光测距、弹道解算、信息显示、与枪配合的自动击发等功能[1]。智能化枪械系统与传统枪械系统最大的不同是其射击击发是由枪械系统在满足射击条件情况下自动执行，不用射手去判断击发，这样在射击的过程中就可以降低射手的人为因素影响[2]。美国Tracking Point公司制造的智能狙击步枪就是采用类似的原理，这类步枪的命中精度高，使用操作简易，可为传统的作战和训练带来革命性变化。

作者简介：姚庆良（1982—），男，高级工程师，硕士研究生，主要从事轻武器光电装备技术研发，E-mail: 18810868738@163.com。

1 影响智能化枪械系统射击命中的因素

1.1 对静止目标射击命中的影响因素

与普通枪械系统一样，影响射击命中的主要因素有目标距离、弹丸初速、温度、湿度、气压、风速、风向和目标俯仰角等，在光电瞄具解算中必须将上述因素均加以考虑方能保证射击命中。与普通枪械系统不同的是，智能化枪械光电瞄具还具有目标识别、目标跟踪和自动射击击发等功能，因而在考虑系统射击命中时目标识别、目标跟踪和自动射击击发的相应误差对射击命中的影响均需考虑。

对静止目标射击大致流程如下：光电瞄具实时采集目标及景物图像，并在图像上自动标识出目标，使用激光测距对待射击目标测距，同时启动目标跟踪功能在目标上生成电子标签，电子标签跟随目标移动，同时根据测量或输入的距离数据、弹丸初速、温度、气压、风速、风向、目标俯仰角等数据进行解算并生成射击分划，当射击分划与电子标签重合时，光电瞄具给出射击击发信号，枪械自动击发完成对目标的射击。

对静止目标的射击，只需缓慢移动射击分划，使其与电子标签重合即可，因而此射击能否命中由智能化枪械和光电瞄具性能决定，与射手关系不大。

1.2 对移动目标射击命中的影响因素

对移动目标的射击，除上述1.1所述的各影响因素外，移动目标由于其自身的运动为射击命中带来较大的难度，移动目标的移动方向分纵向移动、横向移动和斜向移动，移动速度既可能是变速的也可能是匀速的，这里仅针对目标移动方向为横向移动、目标移动速度为匀速的情况加以讨论。

针对移动目标，根据光电瞄具是否具备目标横向测速功能，分两种情况进行讨论。

1.2.1 光电瞄具具备目标横向测速功能

根据光电瞄具测定的目标横向移动速度和移动方向，对目标测距，启动目标跟踪功能生成电子标签（电子标签随目标一同移动），同时解算出的射击分划已包含横向移动（左或右）的射击提前量，将解算后的射击分划瞄准在目标移动路线前方位置（给出一定提前量），保持瞄准位置不动（即枪口方向不动），当电子标签与射击分划重合时，系统自动射击击发，完成对目标的射击。此方案中由于保持枪口方向不变，而目标移动速度及方向已在解算时加以考虑，给出射击的提前量，因而测量的目标移动速度的准确度直接决定射击能否命中。

1.2.2 光电瞄具无目标横向测速功能

若光电瞄具无目标横向移动速度测量功能，此时对横向移动目标射击过程如下：首先对目标测距，启动目标跟踪功能生成电子标签（电子标签随目标一同移动），射手保持射击状态，缓慢转动枪口方向，使解算后的射击分划瞄准目标（即射击分划与电子标签、目标三者均重合），在目标移动的同时转动枪械使射击分划与目标和电子标签一直处于重合状态，持续2 s（2 s为一假设时间）后系统自动射击击发，完成对目标的射击。此情况下由于枪械射击分划与目标同时移动，并保持2 s，射击分划与目标（电子标签）相对为静止状态，可有效射击命中目标，但要注意如果在枪械射击分划与目标同时移动保持时间不足2 s时出现射击分划与目标（电子标签）分离，则系统会重新计时，直至持续达到2 s时系统才会自动射击击发，因而此射击模式下射手的操作对射击命中有较大的影响。

1.3 小结

对静止目标的射击，射击能否命中由智能化枪械和光电瞄具性能决定，与射手关系不大；对移动目标射击，无论光电瞄具是否具备测速功能，射手手持枪械对移动目标的射击上具有先天的劣势，此种情况下，若要实现对移动目标的射击命中，需射手在使用操作上掌握一定的技巧。

2 一种光电瞄具及其影响命中的误差项分析

2.1 光电瞄具概述

一种光电瞄具可兼具昼、夜间使用，集成图像融合、目标识别和跟踪，激光测距，控制解算射击控制，OLED 显示等功能于一体，光电瞄具主要由 CCD 摄像模块、红外图像采集模块、图像融合、目标识别及跟踪模块、控制解算模块、测距模块、射击模块及 OLED 显示器组成，另外根据需要瞄具可配备视频存储模块及视频无线发射模块等。CCD 摄像模块选用高分辨率彩色 CCD 图像传感器进行图像实时采集；红外图像采集模块选用国产 640×512 分辨率的非制冷红外焦平面探测器机芯；图像融合、目标识别及跟踪模块选用 DSP+FPGA 的硬件平台，配合相应的图像融合算法、目标识别算法和目标跟踪算法实现 CCD 和红外图像的融合、目标的自动识别、目标的实时跟踪等功能，同时具备显示叠加信息、射击分划生成等功能；视频图像信号经图像融合、目标识别及跟踪模块处理后送 OLED 显示器显示；激光测距模块选用高集成度的成熟模块，自带发射和接收光学系统，可通过通信接口进行数据信息的收发；控制解算模块以微控制器为核心，实现按键控制、信息汇总、射击解算、参数输入等功能；射击模块为枪械射击的主控单元，可实现单、连发，射频等的击发控制。光电瞄具系统框图如图 1 所示。

光电瞄具的工作流程如下：

（1）CCD 摄像模块和红外图像采集模块实时采集图像，图像融合、目标识别及跟踪模块先将 CCD 图像和红外图像进行融合成一路视频图像信号，融合后的视频图像信号兼具 CCD 图像和红外图像的优点，利于人员目标的自动识别。

（2）在融合后的视频图像信号中识别出人员目标后，自动标识人员目标（最多 3 个），然后送视频图像信号至 OLED 显示器显示。

（3）使用者确定射击的目标后对目标测距，测得目标距离值的同时启动目标的视频跟踪功能和控制解算功能，分别生成电子标签和解算修正后的射击分划。

（4）电子标签自动跟踪目标，当电子标签与修正后的射击分划重合时，图像融合、目标识别及跟踪模块向控制解算模块发出锁定目标可击发信号"FIRE"，控制解算模块将击发信号发给射击模块，启动枪械自动击发。

图 2 所示为光电瞄具工作流程示意图。

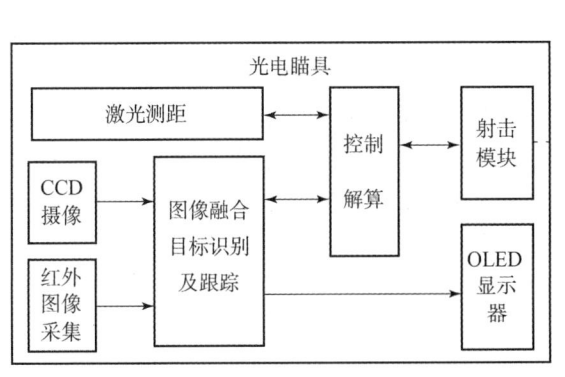

图 1　一种光电瞄具系统框图

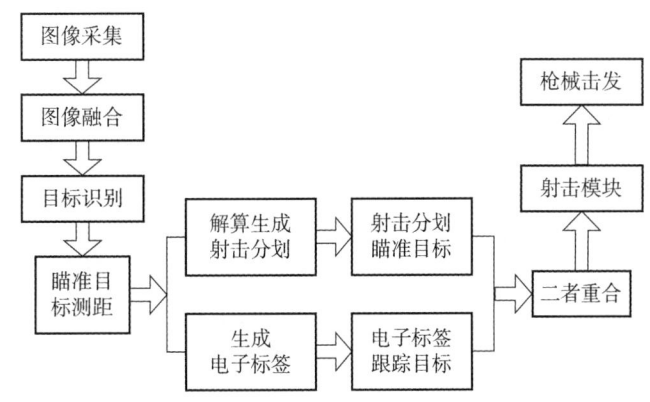

图 2　光电瞄具工作流程

2.2 影响射击命中的误差项分析

影响智能化枪械射击命中的因素很多，除光电瞄具均存在的目标距离、弹丸初速、温度、湿度、气压、风速、风向和目标俯仰角等影响射击命中的因素外，针对配备本光电瞄具的智能化枪械系统对"目标跟踪"和"自动射击击发"环节可能出现的相应误差进行具体分析，误差主要包括：射击分划的瞄准误差、锁定跟踪误差、击发判定误差和系统延迟误差。

2.2.1 射击分划的瞄准误差

射击分划瞄准误差 δ_R 是由图像采集器件参数、物镜参数及显示器件参数决定的射击分划显示精度而产生的瞄准误差。本光电瞄具的显示器为 0.6 in、分辨率 800×600 的彩色 OLED 显示器，结合图像采集系统参数和系统光学参数可计算出叠加的射击分划的显示精度为 0.2 mil，此精度为射击分划的瞄准误差，对应在 100 m 的距离上目标会有约 2 cm 的实际误差。要减小此误差需性能更好的图像采集器件、物镜及显示器件，提供更高的成像和显示精度，但同时会面临更高的成本，更大的功耗、体积等问题，需全面考虑进行取舍。

2.2.2 锁定跟踪误差

锁定跟踪误差 δ_T 为电子标签中心与目标中心间的偏差。光电瞄具在使用中需对目标测距进而生成电子标签锁定目标并对其进行跟踪。理想情况是：电子标签的中心位置即目标的中心位置，这样当射击分划与电子标签位置完全重合时就瞄准了目标。但实际在启动跟踪时，电子标签的中心位置并不与目标中心位置完全重合，这样当系统给出击发信号时，射击分划实际也并未完全对准目标而会产生一定误差，此误差在实际射击使用时并不固定，对同一距离上的不同目标或同一目标处于不同距离上此误差均会不同。本光电瞄具电子标签选用矩形框，根据不同的目标距离，其尺寸大小在 72×144 像素至 24×48 像素之间可变，距离越远，电子标签的尺寸越小。在 100 m 的距离上，对应电子标签尺寸为 64×128 像素，电子标签对人形目标的锁定跟踪误差在 1~3 个像素之间，对应会有 0.2~0.6 mil 误差，在 100 m 处为 2~6 cm 的误差，此误差难以完全消除，是射击能否准确命中的重要因素之一。

2.2.3 击发判定误差

击发判定误差 δ_F 为射击瞄准分划与电子标签中心重合程度的判定误差。光电瞄具的射击瞄准分划与电子标签重合时会给出"射击"信号，考虑实际操作使用的便利性，光电瞄具判定射击瞄准分划与电子标签中心是否重合时二者并不是绝对的重合，而是在高低和方位上均有 2 像素重合判定区，对应在高低和方位上均存在 1 个像素的误差，对应 0.2 mil，这样对 100 m 距离目标射击会产生 2 cm 的误差，这一误差较小且在设计重合判定逻辑时可完全消除，因而对目标射击时此误差可不予考虑。

2.2.4 系统延迟误差

系统延迟误差 δ_D 包括图像处理延迟误差和击发延迟误差。OLED 显示器显示的图像是经融合、识别和跟踪等一系列处理后的视频图像，其图像处理过程会有一定的延时，此延时约 10 ms，由此延时造成的误差为图像处理延迟误差；击发延迟误差为给出击发信号至枪械弹丸实际发射间的时间延迟引起的误差。图像融合、目标识别及跟踪模块判定瞄准目标给出击发信号直至子弹击发会有一定的时间延迟，根据枪械自动击发的不同控制方式，此延时为几十毫秒；系统延迟误差由这两部分延时的误差组成，此误差对静止目标射击影响较小，可不加考虑；针对移动目标，假设在 100 m 距离上，目标横向移动速度为 2 m/s，此延时造成的误差在 6~8 cm，即对应 0.6~0.8 mil，可见此误差对移动目标射击命中有一定的影响，因此对移动目标射击时必须加以考虑。

2.3 小结

针对采用本光电瞄具的智能化枪械系统，上述分析的几种误差最大值总和可按 $\delta = (\delta_R + \delta_T + \delta_F + \delta_D)_{max}$ 计算，对静止目标进行射击时误差总和最大值为 1 mil，以 100 m 距离对人形靶射击为例，误差约为 10 cm，能保证射击的命中，此情况下的最大误差项为锁定跟踪误差 δ_T；对移动目标射击时，误差总和最大值达到 1.8 mil，以 100 m 距离为例，射击误差将大于 18 cm，因而无法保证射击的命中，其中主要误差项为系统延迟误差 δ_D 和锁定跟踪误差 δ_T，此时若想保证射击命中必须进一步提高光电瞄具性能，减小最大误差；另外，对移动目标具备测速功能的情况下，测速误差对移动目标的射击命中影响也很大，进行误差分析时也应加以考虑。

3 结论

对一种智能化枪械系统的光电瞄具进行了介绍，对影响射击命中的几种误差进行了分析和估算，为智能化光电瞄具的设计提供一定的参考。由智能化枪械系统的工作过程可知，智能化枪械系统在对静止目标的射击上可达到较高的命中概率；在对移动目标的射击上，射手在射击过程中介入度较高，射手持枪姿态、枪弹击发瞬间的稳定性均对能否准确命中目标有很大影响。完全智能化的枪械系统其射击过程应最大限度减少人的介入，依托武器站或狙击平台，打造无人化、智能化的枪械系统应是未来发展的重要方向。

参 考 文 献

[1] 耿嘉，姚庆良，杨亚林．狙击步枪智能瞄准系统方案构想［C］//中国兵工学会轻武器专业委员会 2017 年学术会议论文集．北京：中国兵工学会轻武器专业委员会，2017：192 – 199．
[2] 王宇建，薛晋生．狙击步枪自动击发技术分析［J］．火力与指挥控制，2015，40（2）：182 – 184．

基于数字存储的相参通信干扰技术研究

薛云鹏,李 会,李 明,张云鹏,刘立晗,杨德成

(北方华安工业集团有限公司,黑龙江 齐齐哈尔,161006)

摘 要:该技术研究主要通过数字存储技术实现对超短波通信电台进行干扰,该技术可对多部通信电台信号进行同步数字信号射频存储,进行干扰,干扰效率高。其设计通过硬件电路设计及软件程序控制等实现。

关键词:光电对抗;通信干扰;超短波;数字储频(DRFM);欠奈奎斯采样定理;数字射频相参存储

中图分类号:TN014　**文献标志码**:A

Technology study on coherent communication jamming based on digital memory

XUE Yunpeng, LI Hui, LI Ming, ZHANG Yunpeng, LIU Lihan, YANG Decheng

(North Hua, an Industrial Group Co., Ltd. Qiqihaer 161006, China)

Abstract: This technology is mainly used to jam the ultra – short wave communication radio stations by digital memory, which is able to memorize the digital RF signal of multiple radio stations synchronously so as to jam efficiently and which is achieved by circuit design and program controlling.

Keywords: photoelectric countermeasure; communication jamming; ultra – short wave; digital RF memory (DRFM); nyquist sampling theorem; digital RF coherent memory

0 引言

未来的战争是高科技的信息战。谁能最先获得对方的准确、可靠信息,谁就可以首先利用精确打击武器攻击对方,掌握战场的主动权。现在电子对抗已从作战保障手段跃升为作战手段,成为现代作战行动的先导,并贯穿于战争的全过程。而通信对抗技术作为电子对抗的一部分,对通信干扰技术的研究是必不可少的。

数字信号处理技术在国内已经发展了 30 年,工作带宽由原来的 50 MHz 一直发展到今天的 2 000 MHz,所有在模拟领域可以实现的信号处理技术都可以在数字域完成,由此带来了软件无线电技术,在产品小型化、轻量化、低成本、高可靠方面显示了无比的优越性;现在瞬时工作带宽在 50 MHz 和 100 MHz 的单片集成数字信号处理芯片(ADC9361,ADC9371)已经面世销售,该芯片包括双路高速 A/D 变换、双路 D/A 变换、FPGA、dsp 等,工作频率达到 6 000 MHz,特别适应通信信号的变换、调制解调和发送处理。

随着高速数字集成电路技术的发展,基于高速数字采样存储的数字射频相参存储技术已经普遍应用于相参干扰领域,该技术具有以下优点:

预研项目:国家"十三五"预先研究项目。

作者简介:薛云鹏(1990—),男,工程师,E – mail:1054148885@qq.com。

(1) 工作带宽远大于发射信号、通信信号的带宽。
(2) 信号处理运算时间短，已经实现 ns 级处理，满足快速跟踪跳频干扰的要求。
(3) 存储的数字样本稳定，具有无限次可重构性能，存储时间无限，信噪比稳定。
(4) 信号测量与分析以及干扰调制技术全部在数字域完成，不需要调制硬件支撑，在通信频段可实现软件无线电处理（滤波、放大、混频、时频调制、系统控制等），大大节约硬件成本，易于体积小型化。
(5) 干扰技术可以通过升级软件达到任意升级加载的目的。
(6) 系统采用超大规模集成电路，构成简单，器件数量少，抗过载好。
(7) 采用超外差或折叠信道化技术，可以实现超宽带电子侦察。

目前，所有天基、舰基、陆基、弹载电子侦察定位、超带宽反辐射头以及精确电子攻击系统均采用这一技术。

1 工作原理

由于现代通信信息系统采用相关解调技术接收信息，使得接收系统相对于传统的中频输出检测技术能够获得额外的解调增益，具有良好的抗宽带噪声干扰能力。针对信息系统发射信号的未知性，采用数字相参射频存储技术，直接录制信息系统发射的信号并进行存储。该技术原理设计主要包括数字采样信号处理技术、干扰信号处理技术和干扰工作时序处理技术。

1.1 数字采样信号处理技术

进行数字射频存储时首先必须对目标信号量化，即数字采样，采样频率必须符合奈奎斯特采样定理（也叫香农定理），为了保留原始信号的频率、相位、带宽，采样频率至少应大于信号频率的 2 倍（一个正弦周期至少采样 2 次），如当信号的最高频率为 50 MHz 时，采样的频率应至少在 100 MHz，通常取信号频率的 2.5 倍（采样频率 $f_s = 2.5f$，f 为最高频率）。

当已知基带信号的带宽时，也可以采用欠奈奎斯特采样定理（通带采样定理），即当信号带宽为 B 时，采样频率 $f_s = 2.5B$，但 nf_s 不能落在带宽为 B 的范围内，其中 $n = 1, 2, \cdots$。

被采信号频率范围有 4 个象限频段可以选用：$(0.05 \sim 0.45)f_s$，$(0.55 \sim 0.95)f_s$，$(1.05 \sim 1.45)f_s$，$(1.55 \sim 1.95)f_s$，根据变频的需要进行选择。

如基带信号带宽为 30 ~ 120 MHz，带宽 B 为 90 MHz，使用奈奎斯特定理采样时，采样频率为 $2.5 \times 120 = 300$（MHz）；意味着采样带宽为 0 ~ 120 MHz；用欠奈奎斯特定理采样时，采样频率 $f_s = 2.5B = 2.5 \times 90 = 225$（MHz），假定取 250 MHz，可选用的被采信号频率范围分别是 12.5 ~ 112.5 MHz，137.5 ~ 237.5 MHz，262.5 ~ 362.5 MHz，387.5 ~ 487.5 MHz，这些频率的带宽都是 90 MHz。考虑模拟电路滤波，消除二次谐波信号，可将信号频率 30 ~ 120 MHz 变换到 137.5 ~ 237.5 MHz，也可以变换到 262.5 ~ 362.5 MHz，在中频板数字处理后再下变频回到 30 ~ 120 MHz 的基带信号。同样的原理，如若基带信号带宽为 3 ~ 30 MHz，带宽 B 为 27 MHz，使用奈奎斯特定理采样时，采样频率为 $2.5 \times 30 = 75$（MHz），意味着采样带宽为 0 ~ 30 MHz。用欠奈奎斯特定理采样时，采样频率 $f_s = 2.5B = 2.5 \times 27 = 67.5$（MHz），这个频率被采信号频率中，考虑晶振倍频可实现性，采样频率可定为 125 MHz，可选用的被采信号频率范围分别是 6.25 ~ 33.25 MHz，68.75 ~ 118.75 MHz，131.25 ~ 158.25 MHz，193.75 ~ 220.75 MHz，这些频率的带宽都是 27 MHz，频率范围都能用，因为 125 MHz 的采样频率不在其中。考虑模拟电路滤波，消除二次谐波信号，可将信号频率 3 ~ 30 MHz 变换到 68.75 ~ 118.75 MHz，也可以变换到 131.25 ~ 158.25 MHz，在中频板数字处理后再下变频回到 3 ~ 30 MHz 的基带信号。

其数字采样信号处理技术工作原理如图 1 所示。

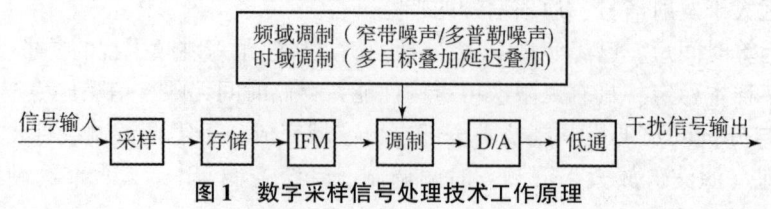

图1 数字采样信号处理技术工作原理

1.2 干扰信号处理技术

数字射频存储的信号是相参的目标信号，样本信号的频率、相位、带宽完全和目标信号相同，因此基于这一信号样本可以无限次重构各类高效的相参干扰信号，并且能够在一定程度上共享目标接收系统的相干解调增益。

对于通信系统，干扰机的最佳干扰信号是窄带噪声干扰信号，可以采用基于数字储频（DRFM）窄带噪声干扰信号产生方法来产生这一干扰信号。

由于现代通信信号瞬时带宽一般为25 kHz，利用存储的样本信号直接调制窄带噪声，将噪声带宽压缩至±25 kHz。假如在接收窗时间内截获3个信号样本（每个量化128个点数据），产生干扰信号方法如下：

（1）首先在数字域将存储的3个样本信号分别调制±25 kHz高斯噪声信号。

（2）将3个已调信号在数字域求和（时间对齐相加）。

（3）将相加后的和信号首尾级联发送到D/A变换器，经低通滤波后得到干扰信号。

窄带噪声干扰信号合成示意图如图2所示。

由于通信信号是连续波信号，因此图2中可能在时间窗内只能截获1个脉冲片段，但可能包括几个通信信号，这样只需对这个样本进行±25 kHz调制，然后级联转发即可。

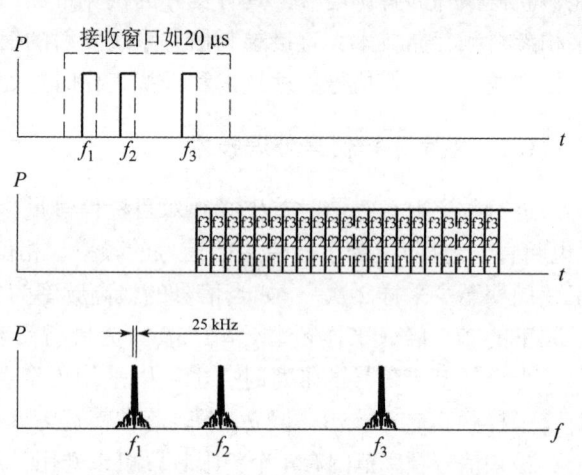

图2 窄带噪声干扰信号合成示意

1.3 干扰工作时序处理技术

干扰机由于收发共用一个天线，收发必须分时工作，否则难免发生收发耦合，甚至烧毁接收通道。所以，在接收状态时必须关闭发射机，将天线和接收通道相连；在发射状态时，必须关闭接收通道，将天线和发射机相连。

从信息对抗理论可知，如果通信信号有25%的时段或频段被阻断，则通信接收机将无法恢复通信信息，显然接收时间和发射时间的比只要小于1/2就能成功破坏一对电台正常通信。如果预定接收时间 T 取20 μs，则发射时间大于40 μs就可；如果预定接收时间 T 取40 μs，则发射时间为80 μs就可，如图3所示；工程上为了让尽可能多的干扰能量进入通信接收机，在通信跳频时段内，一般应收发转换5次以上，及时跟踪跳频并引导干扰能量。

图3 干扰机收发工作时序图

假设要干扰1 000跳/s的调频通信电台，则电台在每个通信频率的驻留时间为1 ms，按接收发射工作比1/10设计，则接收时间为100 μs，发射时间为900 μs；按收发5次考虑，则每次接收时间为20 μs，发射时间为180 μs。

2 技术方案

2.1 干扰机整体方案设计

通信干扰机技术方案如图 4 所示，工作原理如下：

干扰机在信号处理机的工作程序控制下工作，干扰机上电开始，工作控制程序指令功放关闭，同时（一般延迟 1 μs）指令收发开关接通接收通道，开始定时 10～20 μs 宽开接收通信信号，截获的通信信号经过滤波和放大后功分二路，一路进入信号处理机，另一路经过幅度检波和门限比较，若幅度检波信号超过比较门限就会得到同步信号 V_p，信号处理机实时监测 V_p 信号的电平，只要变为高电平则立即启动数字储频，储频时间为 10～20 μs；如果 V_p 信号没有高电平出现，则说明覆盖的战场范围内没有电台活动，干扰机一直处于监视接收状态。

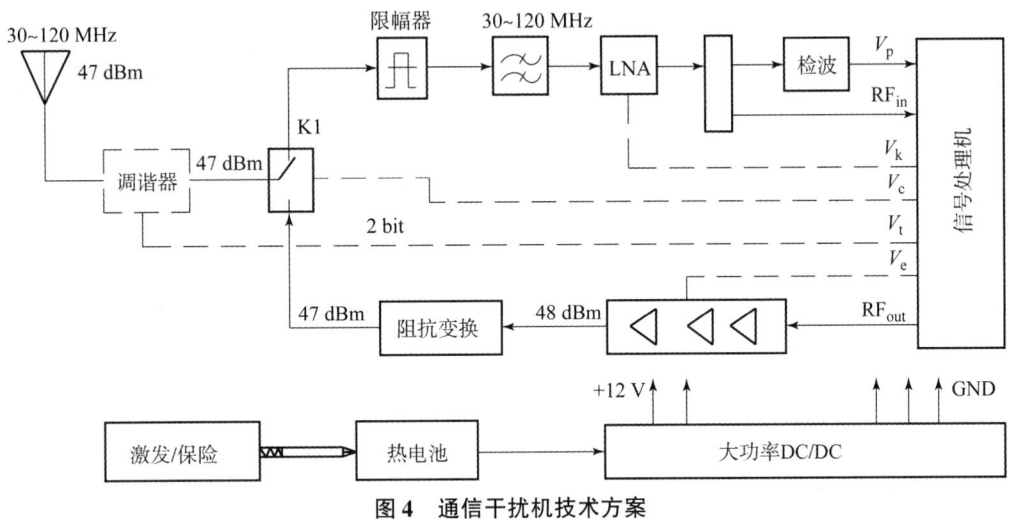

图 4 通信干扰机技术方案

当接收机接收到通信信号时，信号处理机实时监测 V_p 变为高电平，工作程序启动一个量化、存储、瞬时测频、调制、发送的干扰过程：

高速 A/D 变换器对通信信号进行量化处理，通常采用 10～12 bit 量化器（信号动态范围小于 30 dB 时也可以采用 8 bit 量化器）；量化的时间长度就是接收时间，为 10～20 μs，得到通信信号的数字样本并在内部 RAM 中进行存储。

对存储数据进行瞬时测频（FFT 变换），获得信号中心频率，进而在数字域进行干扰信号处理，采用内置 DDS 合成瞄频窄带噪声信号或者对信号样本直接进行窄带噪声卷积处理获得瞄频窄带噪声信号，得到数字干扰信号。

向高速 D/A 变换器级联发送这个数字干扰信号，经 D/A 变换器、低通滤波（截止频率为 120 MHz），得到快速瞄频极窄带噪声压制干扰信号。

将这个信号送入功率放大器进行功率放大，放大后的信号经过 50 Ω 阻抗变换后送入收发开关。信号处理机命令收发开关接通天线，收发开关切换到发射通道，经天线辐射出去。

发送时间长度是接收时间的 9～10 倍，然后再回到接收状态，如此循环下去，实现 10∶1 干扰工作比。

由于干扰机的工作时序是按电台的跳步时间和 10∶1 工作比逐条跳进行干扰的，上述这样的设计不影响干扰效果。

2.2 硬件设计

通过高速 A/D 变换器、D/A 变换器、FPGA、flashRAM、运算放大器、低通滤波器来实现。

干扰信号合成（图5）：信道化瞬时测频（FFT）+ 内置DDS合成±50 kHz窄带噪声卷积（输出信噪比较好，约为50 dB，依靠内置的DDS直接合成信号的中心频率，然后调制窄带噪声信号滤波后输出）。

例如，在接收窗内截获3个信号样本（每个量化128个点数据），产生方法如下：

（1）首先根据测频码使用内置DDS分别合成这3个频率（一组数）。
（2）对每个频率在数字域调制±100 kHz的高斯噪声信号。
（3）将3个已调频率在数字域求和（时间对齐相加）。

就形成了多目标窄带瞄频噪声压制干扰信号（合成为1组数据），然后首尾级联发送至D/A变换器，D/A输出经过低通滤波后就形成了模拟的干扰信号，变频后送入功放进行功率放大。

2.3 软件流程设计

干扰机工作程序如图6所示。

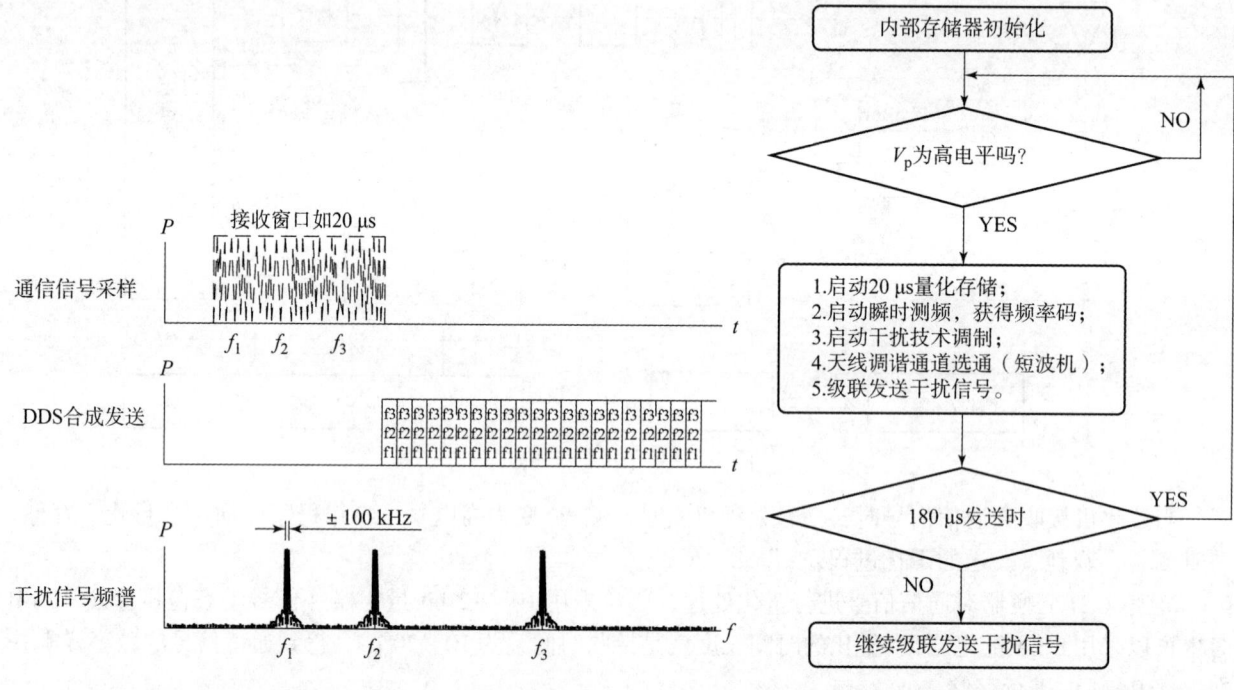

图5 窄带噪声干扰信号合成示意　　　图6 通信对抗干扰机工作程序框图

信号处理机是干扰机的核心部件，不但要完成系统的工作控制，还要完成信号的频谱分析、测量及干扰技术的调制，涉及通信对抗策略、干扰信号样式的合成。

3 计算与仿真

3.1 系统关键指标计算与仿真

投掷式宽带通信干扰机（含接收机）的极限接收灵敏度计算如下：

$$P_g = -144 \text{ dBm} + 10 \log B + F_n + S_{min}$$

式中：F_n——接收机噪声系数，取2 dB；
　　　S_{min}——最小检测信噪比，取15 dB；
　　　B——干扰机瞬时接收带宽，MHz。

当 $B = 58$ MHz 时（全频段接收），干扰机容许的极限灵敏度值为

$$P_g = -144 \text{ dBm} + 10 \lg 58 + 2 \text{ dB} + 15 \text{ dB}$$

$$= -144 + 17.6 + 2 + 15$$
$$= -74.9 \text{ (dBm)}$$

假设干扰机天线的增益为 0，通信电台的增益也是 0，通信电台的发射功率为 5 W，则干扰机能够接收到的通信信号功率可以采用单程电波传输方程计算。

干扰机接收电台发出的通信信号的电平为

$$P_t P_r = \frac{P_t G_t}{4\pi R^2} \cdot A_e \tag{1}$$

式中：$P_t G_t$——电台发射功率和天线增益；

A_e——干扰机接收天线的有效面积，m^2：

$$A_e = \frac{G_j \lambda^2}{4\pi}$$

R——接收距离；按 1 000 ~ 10 000 m 计算。

代入式（1）得到

$$P_r = \frac{P_t G_t G_j \lambda^2}{(4\pi R)^2 L} \tag{2}$$

式中：G_j——干扰机天线增益；

λ——工作波长，取 $\lambda = 10$ m；

L——传输链路衰减，取 1 dB。

代入式（2）可算得

$$P_r = 37 \text{ dBm} + 20 \text{ dB} - 22 \text{ dB} - (60 \text{ dB}, 80 \text{ dB}) - 1 \text{ dB}$$
$$= -26 \text{ dBm（最大）} \sim -46 \text{ dBm（最小）}$$

实际上干扰天线由于覆盖角域宽广，在全频段做不到 0，可以做到 -3 dBm，因此实际接收的通信信号电平比计算值低 3 ~ 4 dBm，即 -30 ~ -50 dBm。从计算可知，干扰机所接收的通信信号的电平远大于上述计算的极限接收灵敏度（上述计算值是 -79.4 dBm）；将干扰机的接收灵敏度做到 -50 dBm 足以满足战场干扰的要求。

3.2 效能计算与仿真

假设电台 1 发射通信信号，电台 1 到电台 2 的通信距离为 R_t，通信信号为干扰机接收，接收距离为 R_r，在干扰机接收灵敏度范围之内；干扰机准确快速瞄频后发射干扰信号，该干扰信号为电台 2 接收，干扰距离为 R_j。

电台 2 在某一信道（带宽 25 kHz）接收的通信信号电平（中频检波之前）为

$$P_{sr} = \frac{P_t G_t G_r \lambda^2}{(4\pi R_t)^2} \tag{3}$$

式中：P_t——电台发射机功率，W；

G_t——电台发射接收天线的增益。

电台 2 收到干扰机发出的干扰信号的电平（中频检波之前）为

$$P_{sr} = \frac{P_j G_j G_r \lambda^2}{(4\pi R_j)^2} \left(\frac{B_s}{B_j}\right) \tag{4}$$

式中：B_s——通信信道带宽，取 25 kHz；

B_j——干扰信号带宽，kHz；

$P_j G_j$——干扰机发射功率和天线增益，dBm。

用式（4）除以式（3）得到干扰—信号功率比（简称干信比或压制比 K_s）：

$$K_{\mathrm{S}} = \frac{P_{\mathrm{jr}}}{P_{\mathrm{sr}}} = \left(\frac{P_{\mathrm{j}}}{P_{\mathrm{t}}}\right)\left(\frac{G_{\mathrm{j}}}{G_{\mathrm{t}}}\right)\left(\frac{R_{\mathrm{t}}^2}{R_{\mathrm{j}}^2}\right)\left(\frac{B_{\mathrm{s}}}{B_{\mathrm{j}}}\right) \tag{5}$$

将式（5）变形，即得到干扰功率需求计算方程：

$$P_{\mathrm{j}} G_{\mathrm{j}} = K_{\mathrm{s}} P_{\mathrm{t}} G_{\mathrm{t}} \left(\frac{R_{\mathrm{j}}^2}{R_{\mathrm{t}}^2}\right)\left(\frac{B_{\mathrm{j}}}{B_{\mathrm{s}}}\right) \tag{6}$$

式（6）表明，干扰功率的大小与电台发射功率、发射接收天线增益、干扰信号带宽、干扰距离的平方成正比，与通信距离的平方、通信信道带宽成反比。由于干扰频率及时准确瞄准通信频率，可以认为干扰信号也享有扩谱增益。

压制比 K_{s} 通常取 0 以上，比如当电台发射功率为 5 W、发射天线增益为 0、跳频扩谱增益为 24 dB、通信距离和干扰距离都是 5 km、通信信道带宽为 25 kHz，干扰信号及时跳频，干扰信号带宽为 100 kHz时，可以算得干扰功率的需求为

$$P_{\mathrm{j}} G_{\mathrm{j}} = 0 + 37\mathrm{dBm} + 0 + (0) + (6\mathrm{dB}) = 43\mathrm{dBm}\ (20\mathrm{W})$$

上述计算结果表明，采用数字存储相参干扰技术和 20 W 的干扰功率可以阻断通信距离为 5 km 的一对电台正常通信；当干扰距离小于 5 km 时，可以压制更近的通信距离；由于通信信号必须有 15 dB 以上检测信噪比的要求，当干扰距离允许更大（约 2 倍，10 km）时也能阻止通信距离为 5 km 的一对电台正常通信。

4 结论

采用数字存储相参干扰技术，通信干扰技术可大幅度提高干扰距离，减小干扰功率，增加通信干扰效率。

参 考 文 献

[1] 熊群力，陈润升，杨小牛，等. 综合电子战（第二版）——信息化战争的杀手锏 [M]. 北京：国防工业出版社，2008.
[2] 冯小平，李鹏，杨绍全. 通信对抗原理 [M]. 西安：西安电子科技大学出版社，2009.
[3] 胡来招. 瞬时测频 [M]. 北京：国防工业出版社，2002.
[4] 张海勇. 瞬时频率的一种估算方法 [J]. 系统工程与电子技术，2002（9）.
[5] 刘隆和，应朝龙，姜永华. 瞬时测频技术与应 [J]. 国外电子测量技术，1998（3）：9-11.
[6] 樊昌信，曹丽娜. 通信原理（第 7 版）[M]. 北京：国防工业出版社，2016.

干扰材料筛选及红外遮蔽性能实验研究

梁多来,赵 伟,郑继业

(北方华安工业集团有限公司 科研二所,黑龙江 齐齐哈尔 161006)

摘 要:基于对红外干扰材料对红外遮蔽性能的干扰效果,分析其抗干扰性能,并通过有效组合成为现阶段实现全波段干扰的技术研究。

关键词:红外干扰材料;抗干扰性能

中图分类号:TJ04 **文献标志码**:A

Interference material selection and test research of Ir – Obscuring performance

LIANG Duolai, ZHAO Wei, ZHENG Jiye

(North Hua'an Industry Group Co., Ltd. Qiqihar, 161006, China)

Abstract: Based on the IR obscuring effect of interference materials, the anti – interference performance of the materials is analyzed. Though effective compound of materials, full IR – wave – band interference can be achieved.

Keywords: IR interference material; anti – interference performance

0 引言

烟幕干扰具有效费比高、设备简单、使用方便等优点,在战争中防精确打击有着举足轻重的作用。随着精确制导武器由最开始的单一电视、红外、激光和毫米波等制导模式逐渐发展到双模、多模等复合制导模式,研制覆盖可见光至红外(0.4~14 μm)、激光(1.06 μm、10.6 μm)和毫米波(3 mm、8 mm)的宽频谱烟幕剂技术,成为当今发展的主流。在没有单一材料能够实现从可见光到毫米波全波段干扰的前提下,国内外纷纷采用复合装药的方式,将各波段干扰材料进行复合,达到宽波段干扰的目的。红外侦测器材及制导武器在现代化探测、制导武器中占有很大比例,同时与可见光、毫米波干扰材料相比,红外干扰材料种类多、发展快。因此,制备红外干扰材料,分析其抗干扰性能,并通过有效组合成为现阶段实现全波段干扰的技术关键。

1 红外干扰机理分析

电磁波在干扰介质中传输过程中能量被衰减是介质对电磁波进行吸收和散射共同作用的结果。

1.1 吸收衰减机理

电磁波在介质中传输吸收衰减过程,是介质将入射能量转化成其他形式内能的一个过程。由量子理论可知,构成粒子的物质分子运动能量是量子化的。分子运动具有的能量包括分子整体的转动动量 E_r、各原子在平衡位置上振动能量 E_v 和原子中电子相对原子核的运动能量 E_e。分子的每一运动状态都具有

作者简介:梁多来(1987—),男,学士。

一定能量，或者说属于一定的能级。当电磁辐射与粒子相互作用时，如果其能量（$E = h\nu$）与分子的 E_r、E_v 或 E_e 的能级能量差值相当，则分子产生相应的跃迁，分子就吸收或发射一定频率的电磁辐射。这种由于入射辐射引起粒子能量的转变，只有在玻尔频率条件得到满足时才能发生。而且，当分子从低能态被激发到高能态时，它表现为吸收；从高能态跳回到低能态时，呈现出辐射。电磁波在介质中传输的吸收衰减过程，是电磁波与介质物质分子起到作用，使分子能级从低能态跃迁到高能态而表现出的吸收作用。这种吸收具有选择性，其光谱是不连续的，不同的分子吸收的波长和吸收能力是不同的。吸收衰减在本质上是使分子的内能状态发生了变化。

从电子论的观点看，电磁波在介质中传输被吸收，是由于电磁波的电矢量使介质物质结构中的谐振的原子和分子获得能量而做受迫振动，当受迫振动的原子或分子与其他原子或分子发生碰撞时，振动能量转变成平动动能，此时分子热运动加剧，该部分能量被转化成热能而消失。对于表层含自由电子的材料，在电磁辐射的激发下，会引起表层自由电子运动的变化，即表现出对电磁辐射的吸收、散射特性，从而使电磁波在原传输方向上形成衰减。

1.2 散射衰减机理

散射机理有两种，一是物理散射（米氏散射、瑞利散射），主要从干扰颗粒的物理状态（形状、粒径）分析；二是由经典电磁理论，认为介质微粒截获入射辐射能量形成次生波，再向四周辐射，从而使电磁波在原方向上能量减少的一个过程。从微观的角度来说，次生电磁波的产生是截获能量后的微粒内原子、分子被入射辐射电磁场诱导极化形成偶极子，该偶极子随入射电磁振荡而做同一频率的受迫振动，构成次生波源，产生次生波。由多个原子、分子构成的微粒内总存在着很多这样振动的偶极子，它们所产生出的次生波不仅不与入射电磁波一致，而且彼此之间亦存在固定相位，会形成相干波。但由于介质是非均质体系，微粒数密度或波度因布朗运动而改变，故次生波的相干性被破坏，因此多个振动的偶极子所产生出的次生波会在微粒周围叠加，尔后向其周围空间散布开，这样就产生了散射作用。

2 干扰材料红外遮蔽性能测试试验

为提高烟幕剂红外干扰性能，筛选 TiN、SiO_2、Fe_2O_3、红光铜粉等多种红外干扰材料，为研究各材料的适用性及红外遮蔽性能，设计了静态"模板法"红外遮蔽性能测试试验、烟箱动态红外遮蔽性能测试试验以及磁性、导电性和红外吸收光谱测试试验。

2.1 "模板法"红外遮蔽性能测试试验

装置、仪器：烟幕箱（有效体积 $V = 16.5 \text{ m}^3$，有效距离 $L = 2.1 \text{ m}$）、红外辐射计、热像仪。

试样：直径 $D_1 = 0.0516 \text{ m}$，黑体与背景温差为 30 ℃。

原理：将空间悬浮分布红外干扰材料叠加，黏附于透明胶带上，以热像仪进行干扰效果测试。

优点：避免分散方式、沉降等因素干扰，有利于对比干扰材料干扰性能及无法进行烟箱喷散试验的情况（如材料过少、粒度过大等）。

缺点：散布均匀性不可控，人为将空间分布的粒子叠加于一平面，带来较大误差，测试结果波动大，数据仅供参考。

2.2 烟箱动态红外遮蔽性能测试试验

装置：烟幕箱（有效体积 $V = 16.5 \text{ m}^3$，有效距离 $L = 2.1 \text{ m}$）。

仪器：红外辐射计、质量浓度测试仪。

原理：烟箱两侧分别布设红外辐射计与接收设备，中间喷撒烟幕粒子，测试红外辐射透过情况。

优点：可直观得到材料（或药剂）综合干扰性能（包含各因素影响），适于材料（或药剂）最终干扰效果试验。

缺点：不利于对材料（药剂）干扰效果影响因素进行分析，如测试效果不好，可能是由材料本身性质、分散方式、悬浮性、消光截面等多种因素引起的。

2.3 导电性测试

装置、仪器：DY2106电子万能表、内径为$\phi 10$ mm的小型压药磨具、测试七室手动小型压药机。

原理：参考粉尘行业标准《YST 587.6—2006 第六部分 粉末电阻率的测试标准》，将粉末状材料通过手动小型压药机，在压药压力为20 MPa下，压制成直径为$\phi 10$ mm，厚度为1 mm的药片。设计简易粉末电阻值测试装置，药片压制后，直接测量小型压药磨具A、B两端电阻值，用于材料导电性定性比较分析，如图1所示。

空模具电阻值为0.38 Ω。

2.4 磁性测试

装置、仪器：取药勺、磁铁、直尺。

原理：如图2所示布置试验设备，以磁铁分别在5 cm、4 cm、3 cm、2 cm处对材料进行磁性测试。检查透明胶带上的材料粘贴量，判定测试材料是否有磁性，并比较材料磁性强弱。

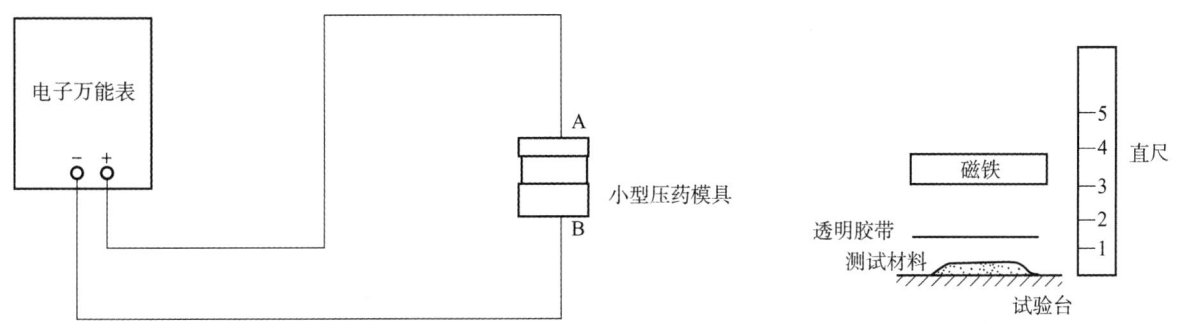

图1　简易粉末电阻测试装置示意　　　　　图2　磁性测试原理

2.5 红外吸收光谱测试

试验设备：FTIR-650傅里叶变换红外光谱仪（天津港东科技发展股份有限公司）。

原理：使用FTIR-650傅里叶变换红外光谱仪，测试材料的红外吸收特性，绘制红外吸收光谱。

3 试验结果与分析

3.1 试验结果

通过对干扰材料各项性能的测试，得到如表1、表2所示结果。

表1　热像仪透过率、磁性、导电性、红外吸收光谱测试果

编号	因素材料	粒度	用剂量/$(g \cdot m^{-3})$	热像仪透过率/%	磁性	导电性/Ω	红外吸收光谱（≤）/%		
							1~3 μm	3~5 μm	8~14 μm
1	TiN	10 μm	20.8	20.5	无	0.80	○	○	○
2		1 μm	5.51	16.5		—	—	—	—
3	SiO$_2$	45 μm	10.48	39		—	—	—	—
4	萘		7.45	60		—	—	—	—
5	Fe$_2$O$_3$		3.35	80	有	0.59	5	15	○

续表

编号	因素材料	粒度	用剂量/(g·m^{-3})	热像仪透过率/%	磁性	导电性/Ω	红外吸收光谱（≤）/% 1~3 μm	3~5 μm	8~14 μm
6	Fe$_3$O$_4$	50~74 μm	2.41	58	有	0.60	10	10	15
		—	5.97	10		—			
7	钕铁硼	150 μm	71.36	17.5	有	0.40	○	○	○
8		13 μm	2.46	3		0.57			
9	红光铜粉	10 μm	2.94	4	无	0.63	15	15	15
10		D50=5 μm	1.98	4.7		0.60	15		
11	胶印铜粉	—	1.25	8.5		—			
12	铁粉	2 μm	12.46	27		—			
13	导电炭黑	1.6 μm	0.98	41	无	2.65	5	10	15
		2.6 μm	0.18	41		2.57	○	○	○
		4.2 μm	1.62	40		1.12	○	○	○
		6.5 μm	1.82	31		1.2	○	○	○
		13 μm	1.87	30		—	—	—	—
14	超细石墨	1~2 μm	0.80	30		0.41	5	5	10
			2.3	7.5					
15	纳米石墨	30 nm	0.59	65	无	0.39	○	○	○
		400 nm	1.78	16		0.40	15	15	15
16	Al-Si	微米级	0.80	3	无	0.65	○	○	11
17	工业石墨稀	10 μm, 厚 30 nm	2.1	6	—		○	○	○
18	铁钴合金	20 μm 粉体	0.8	0	铁磁材料	—	15	○	○
19	铁镍合金	20 μm 粉体	0.9	0	铁磁材料	—	○	○	○

注：—为未测试项，○为效果较差项；17~19 项为 2016 年测试，铁镍合金、铁钴合金因其单价较贵，各样品仅提供 10 g，且无我们所需要的粒度规格，样品无法进行烟箱喷撒，仅能以"模板法"测试其红外干扰性能，以供参考。

表 2 红外透过率、质量浓度测试结果

编号	材料	粒度	用剂量/(g·m^{-3})	红外透过率/% 1~3 μm	3~5 μm	8~14 μm	质量浓度/(g·m^{-3})	消光系数/(m^3·kg^{-1}) 1~3 μm	3~5 μm	8~14 μm
1	硫化铜	微米级	0.5	23	23	30	—	—		
				23	23	28				
2	铝硅合金(25%)	5~10 μm	1							
3	二氧化硅	40 nm	0.5	73	85	82				
4	碳化硅	5~10 μm	1	52	45	54				
5	硫化铜	微米级	1.94	1	1	2	0.941	2 330	2 330	2 150
6	铝硅合金(50%)	5~10 μm	1.27	57	52	58	0.223	1 200	1 396	1 163

续表

编号	材料	粒度	用剂量/$(g·m^{-3})$	红外透过率/%			质量浓度/$(g·m^{-3})$	消光系数/$(m^3·kg^{-1})$		
				$1\sim3~\mu m$	$3\sim5~\mu m$	$8\sim14~\mu m$		$1\sim3~\mu m$	$3\sim5~\mu m$	$8\sim14~\mu m$
7	四氧化三铁	$1\sim5~\mu m$	1.21	70	65	69	0.297	572	691	595
8	石墨烯	$10~\mu m$（30 nm 厚）		26	21	23	0.373	1 720	1 992	1 876
9	铜粉、石墨（3∶1）	铜粉：$1\sim5~\mu m$ 石墨：$1\sim2~\mu m$		28	22	26	0.312	1 942	2 311	2 056
10	石墨	$1\sim2~\mu m$		24	20	21	0.363	1 872	2 111	2 047
11	铜粉、硫化铜（3∶1）	铜粉：$D_{50}5~\mu m$ 硫化铜：微米级		5	4	4	0.730	1 954	2 100	2 100
12	铜粉、硫化铜（2∶1）			10	8	9	0.593	1 849	2 028	1 934
13	铜粉、硫化铜（1∶1）			9	7	9	0.586	1 957	2 161	1 957
14	铜粉、超细石墨	$D_{50}5~\mu m$，石墨：$1\sim2~\mu m$	1.18	10	<5	8	0.511	2 146	2 792	2 354
15	胶印铜粉	$0.5\sim15~\mu m$	1.21	10	6	12	0.444	2 470	3 017	2 274

通过试验结果可知，铁镍合金、铁钴合金是上海蓝铸公司提供的样品，因其单价较贵，各样品仅提供 10 g，且无我们所需要的粒度规格。此样品无法进行烟箱喷撒，仅能以"模板法"测试其红外干扰性能，以供参考。从表 1 第 18、19 项试验结果看，二者均实现了全遮蔽，仅以此结果与以前试验结果比较，铁镍合金、铁钴合金红外干扰效果最好。

纳米复合空心干扰材料质量消光系数最高，但与铜粉、石墨等消光系数较高的材料比较，优势有限。因其空心，装填密度低（1.2 g/cm³，铜粉、石墨组合装填密度达 2.4 g/cm³），单就干扰效果而言，对于炮弹、发烟罐、手榴弹等体积受限的器材没有优势。该材料颗粒密度低，在大气中更易达到重力和阻力的平衡而提高粒子悬浮性，同时无毒、不导电、易清理，用于发烟车等喷撒类器材进行基地防护前景乐观；抗压强度低，高温分解，进一步限制了纳米复合空心材料在炮弹类平台上的应用。

铝硅合金在比例为 4∶1。尺寸为 $5\sim10~\mu m$，红外各波段透过率较高，但价格昂贵，适用性差。

纳米级二氧化硅一般用作分散剂，可提高烟幕剂分散效率，其比表面积大，试验时质量 8.25 g 几乎装满喷射筒。试验结果：红外透过率较高，符合预期。

四氧化三铁既有导电性又有磁性，同时从 2015 年 9 月红外图谱看，材料的红外吸收较强，但红外透过率试验中效果不好。分析其原因，四氧化三铁虽具有一定的导电性，但其导电性不如铜粉；磁性虽对红外有一定的干扰作用，但也给分散带来一定困难，同时磁性粒子沉降速度更快，质量浓度测试结果也验证了其利用率低；形态上，同样无片状颗粒。综上，其红外干扰效果不佳。

石墨红外透过率试验结果较高，但其消光系数并不低，从质量浓度试验结果看，其分散利用率较低。与金属粉相比，石墨密度较小，应该具有更好的悬浮性，其利用率低，应该是喷入烟箱时石墨颗粒没有完全分散导致的。

铜粉与硫化铜组合（序号11~13）：D505 μm 铜粉与硫化铜不同配比情况下，消光系数接近，红外透过率测试结果差异在于分散利用率的不同，铜粉与硫化铜为3:1配比时，分散效率最高。另外通过试验情况可以看出，不同密度、尺寸的材料组合更有利于烟箱分散。

铜粉与石墨组合（序号9）：此铜粉为2015年采购，粒径为1~5 μm。从试验结果看消光系数与D505 μm相近，但分散利用率低（质量浓度低），红外透过率较高。D505 μm 铜粉为消光铜粉，即其形状为片状，有更大的消光截面和更好的悬浮性，综合性能更好。

试验表明，材料的导电性、磁性及红外吸收光谱测试，是从物质不同的方向表征材料性质。在排除分散、悬浮等干扰条件下，通过"模板法"测试各材料的热像仪透过率，可以在一定程度上反映材料红外干扰效果，适用于材料初步对比筛选。

4　结论

通过对各材料进行筛选及性能测试，得到如下结论：

(1) 材料的导电性、红外吸收性是电损耗型红外干扰材料具有较好干扰效果（热像仪透过率）的必要条件，但并不是充分条件。

(2) 试验结果表明，铜粉类、导电炭黑、石墨类及合金中的铝硅、铁钴、铁镍红外干扰效果较好，为下一步产品中干扰剂的选择提供了初步的方向。

一种纳米空心材料红外遮蔽性能研究

崔岩,姚强,姜旭,杨德成

(北方华安工业集团,黑龙江 齐齐哈尔,161006)

摘 要:纳米空心材料作为一种新型的红外遮蔽材料,对红外有较好的遮蔽效果。主要对该材料进行一些理化性能测试、红外吸收光谱测试和烟箱测试。主要考核该材料自身的一些特性及其对红外的衰减效果。

关键词:纳米空心材料;红外遮蔽;消光系数

中图分类号:TJ04 **文献编码** A

Research on IR obscuring performance of a hollow nanomaterial

CUI Yan, YAO Qiang, JIANG Xu, YANG Decheng

(North Hua'an Industry Co., Ltd., Qiqihar 161006, China)

Abstract: The hollow nanomaterial is a new IR obscuring material with good effect. tests The physical and chemical property, IR spectrum absorption and smoke-box performance of the material is test, to estimate its properties and IR attenuation effect.

Keywords: hollow nanomaterial; IR obscuring; extinction coefficient

0 引言

随着光电技术的迅速发展,现代战争已由传统的常规兵器对抗发展为以光电对抗为主要特征的高科技战争,战场上目标特性的不断变化,要求发烟弹性能向多功能方向发展,不但能有效遮蔽可见光,同时对红外观瞄器材、激光等也应具备一定的干扰能力。现有一种纳米空心材料(即具有较大内部空间而壁厚在纳米尺度的一种空心材料),此材料可以干扰激光、红外等多个波段,相对于铜粉基发烟剂来说,其漂浮性更好,并且基本不导电、无毒性、无刺激性、易清洁、润滑性低,具有遮蔽时间长、应用广的优点。本文重点对该纳米空心材料的红外遮蔽性能进行应用研究。

1 理化性能试验与分析

出于对纳米空心材料在实际应用中安全性的考虑,所以对其进行了一些理化性能分析,具体的试验结果如表 1 所示。

由表 1 试验结果可看出,该纳米空心材料发火点较高,且达到发火点也无明显发烟、发火现象,在药剂混制、药剂压制等过程中不会出现爆燃、爆炸的可能,相容性较好,应用安全性较高。

作者简介:崔岩(1988—),男,工程师,E-mail: 530884790@qq.com。

表1 纳米空心材料理化性能结果

测试项目	测试方法	测试结果
发火点	GJB 5383.7—2005	425 ℃ 5 min 燃烧完全，无明显发烟、发火现象
真空安定性试验	GJB 5383.10—2005	$V_g = 0.09$ mL/g　Ⅰ级　安定
相容性试验	GJB 5383.11—2005	药剂 + 7A04 铝：$R = 0.025$　相容 药剂 + 牛皮纸：$R = 0.07$　相容 药剂 + 钢：$R = 0$　相容
假密度	GJB 5382.4—2005	0.46 g/mL

2　红外吸收光谱测试与分析

进行纳米空心材料与其他红外干扰材料红外吸收光谱对比试验，通过结果对比，考核纳米空心材料的红外干扰波段及干扰能力。

1）测试样品。

纳米空心材料、400 nm 石墨、8 000 目导电炭黑、1 200 目红光铜金粉、四氧化三铁。

2）试验设备及试验条件。

采用 FTIR - 650 傅里叶变换红外光谱仪，在环境温度 15 ~ 28 ℃，相对湿度≤60% 的条件下进行测试。红外吸收谱图如图 1 ~ 图 5 所示。

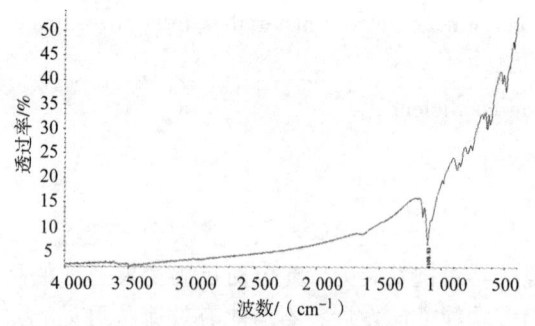

图1　纳米空心材料红外吸收谱图　　　　图2　400 nm 石墨红外吸收谱图

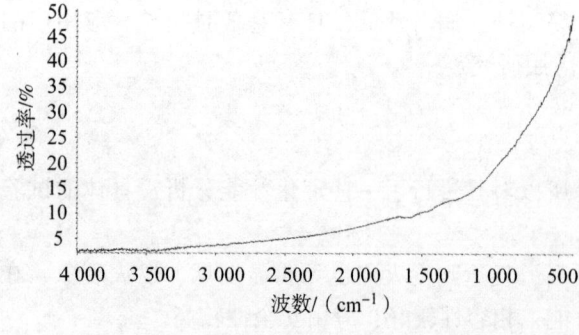

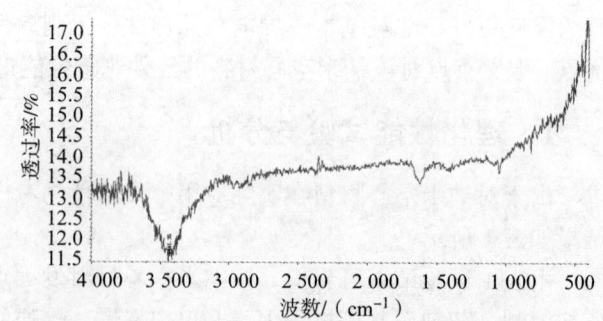

图3　8 000 目导电炭黑红外吸收谱图　　　　图4　1 200 目红光铜金粉红外吸收谱图

3）试验结果及分析。

根据计算可以算出波数 3 333 ~ 10 000 cm^{-1} 属于近红外 1 ~ 3 μm 波段，波数 2 000 ~ 3 333 cm^{-1} 属于中红外 3 ~ 5 μm 波段，波数 714 ~ 1 250 cm^{-1} 属于远红外 8 ~ 14 μm 波段。由以上谱图可以看出，在 1 ~ 3 μm 近红外波段，纳米空心材料与 400 nm 石墨、8 000 目导电炭黑、1 200 目红光铜金粉、四氧化三铁均具有低透过率，其中纳米空心材料与 8 000 目导电炭黑近红外透过率最低，红外透过率在 5%

以内；在 3~5 μm 中红外波段，纳米空心材料与 400 nm 石墨、8 000 目导电炭黑、1 200 目红光铜金粉、四氧化三铁红外透过率有所上升，但纳米空心材料红外透过率依然保持在 6% 以下，导电炭黑与四氧化三铁红外透过率在 10% 以内，石墨与红光铜金粉红外透过率在 15% 以内；在 8~14 μm 远红外波段，纳米空心材料与 400 nm 石墨、8 000 目导电炭黑、1 200 目红光铜金粉、四氧化三铁红外透过率相差不大，基本都在 15% 以内。具体统计结果如表 2 所示。

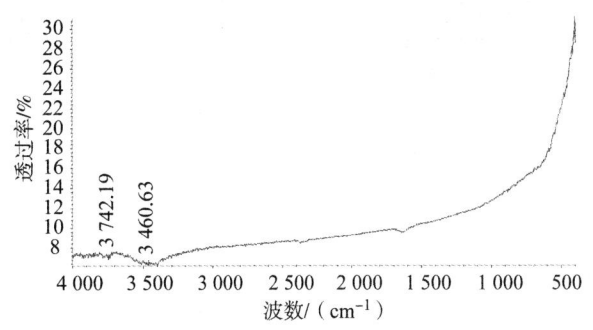

图 5　四氧化三铁红外吸收谱图

表 2　红外透过率结果

材料	粒度	透过率/%		
		1~3 μm	3~5 μm	8~14 μm
纳米空心材料	微米级（形状不规则）	≤5	≤6	≤15
石墨 400 nm	400 nm	≤15	≤15	≤15
导电炭黑 8 000 目	1.6 μm	≤5	≤10	≤15
红光铜金粉 1 200 目	10 μm	≤15	≤15	≤15
四氧化三铁	2.1~3.5 μm	≤10%	≤10	≤15

3　烟箱试验与分析

进行不同质量浓度的纳米空心材料静态烟箱测试。

依据消光系数计算公式，计算 30 s 内红外干扰物质量消光系数，以 α_λ 表示，单位为 m^2/g，按如下公式计算：

$$\alpha_\lambda = \frac{-1}{C_m L_t} \ln T_\lambda$$

式中：C_m——烟幕的质量浓度数值，g/m^3；

L_t——入射波经过烟幕的光程长度数值，m；

T_λ——烟幕透过率数值。

1）试验条件。

温度：19 ℃。

湿度：68% RH。

光程：2.1 m。

烟箱体积：16.5 m^3。

2）试验方法。

将称量好的试样缓慢倒入喷撒装置中，启动烟箱内风扇，将试样喷入烟箱内，试样完全喷入烟箱后，开始测试，持续时间为 60 s。

3）试验布置。

试验设备布置如图 6 所示。

4）测试结果及分析。

烟箱测试结果如表 3 所示。

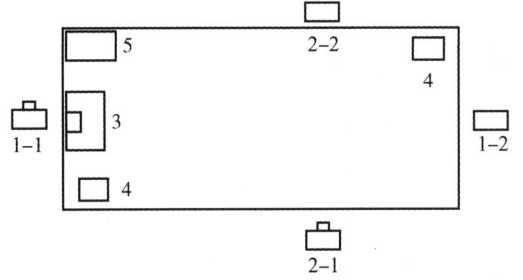

图 6　试验设备布置

1-1—微弱光照度计；2-1—热像仪；1-2—卤素灯；
2-2—黑体；3—试样；4—风扇；5—温湿度调节装置

表3 烟箱测试结果

浓度/	透过率/%					消光系数/(m²·g⁻¹)		
(g·m³)	红外/μm			激光/μm				
	1~3	3~5	8~14	1.06	10.6	1~3	3~5	8~14
1.0	12	10	14	18	40			
1.2	6	5	9	6	34	1.01	1.08	0.91
1.5	6	<5	7	5	27			

由上述试验结果可以看出，烟箱测试中，纳米空心材料对红外具有较高的消光系数，其中在 8~14 μm 波段红外消光系数可达到 0.91 m²/g，高于传统的赤磷、炭黑等烟幕材料。对 1.06 μm 激光的衰减率比较优异，平均可达 90% 以上。对 10.6 μm 激光的衰减率表现一般。

4 结论

通过以上的试验结果及分析可以看出，该纳米空心材料在近、中、远红外波段的衰减率较一些传统材料高，并且其空心的分子结构有助于增加悬浮时间，进而提高遮蔽时间。但其压装密度较个别传统材料低也是受到空心的分子结构影响，同样的装填空间装药量较少，相应对发射过载也有一定的要求，其更适合应用在低过载、装填量大的战斗部上，可以产生更佳优异的遮蔽效果。

影响红外诱饵性能的因素研究

崔岩,姚强,闫颢天,姜旭

(北方华安工业集团,黑龙江 齐齐哈尔,161006)

摘 要:影响红外诱饵性能的因素有很多,主要有原材料的粒度、诱饵剂的压制密度、诱饵的结构形状等。主要对原材料的粒度、红外诱饵结构形状这两种影响因素分别进行了理论分析,并且通过进行诱饵的静态红外辐射强度对比试验,对这两种因素的影响大小进行了试验研究。

关键词:红外诱饵;粒度;结构形状;红外辐射强度

中图分类号:TJ413. +7 **文献编码**:A

Influence factor study on IR decoy performance

CUI Yan, YAO Qiang, YAN Haotian, JIANG Xu

(North Hua'an Industry Group, Qiqihar 161006, China)

Abstract: Many factors can influence the performance of the IR decoy, which mainly includes particle size of original material, pressing density of decoy composition and structure of decoy etc. This paper theoretically analyzes the particle size of original material and the structure of decoy and comparatively tests the static IR radiance to study the influence degrees of the two factors.

Keywords: IR decoy; particle size; structure; IR radiance

0 引言

随着红外技术的发展及其在精密制导中的应用,红外制导导弹日益显示出巨大的作战威力,构成了对飞机、舰船、战车等重要目标的极大威胁。因此,提高对抗红外导弹的能力已成为当前提高飞机、舰船、战车等重要目标战场生存能力非常重要的方面。自20世纪60年代以来,各国的战斗机、直升机、轰炸机、运输机乃至加油机都陆续装备了红外诱饵弹系统。红外干扰弹是一种主动式红外干扰措施,到目前为止,它仍是效费比最高、应用最广泛的飞机红外对抗手段。当发现有导弹来袭或红外跟踪系统锁定目标时,载机发射红外干扰弹,红外干扰弹作用,并快速形成高强度红外辐射源。多发齐射后,可迅速在一定空域内形成近、中红外强特征辐射区,使目标信号淹没在红外背景之中,此时导弹很难提取到有效的制导信号。如飞机作任意方向的机动飞行,当飞机和任意红外辐射源重叠后,导弹将被红外干扰弹吸引而丢失目标。以此达到干扰敌方,提高己方生存能力的目的。

1 影响红外诱饵性能的因素

影响红外诱饵性能的因素有很多,红外诱饵剂配方中材料的选择是最为关键的,配方中组成成分确定后,影响其性能变化的主要有原材料的粒度、诱饵的结构形状等。红外诱饵的密度对其性能也有一定的影响,本文不做过多研究,主要对原材料的粒度、诱饵的结构形状两种影响因素进行试验研究。

作者简介:崔岩(1988—),男,工程师,E-mail:530884790@qq.com。

2 原材料的粒度对性能影响研究

2.1 理论分析

红外诱饵剂主要由氧化剂、可燃剂和黏合剂等组成。原材料的粒度主要指可燃剂粒度，由于粒度减小，比表面积增加，红外诱饵的燃烧速度随可燃剂粒度的减小而增大。由于减小可燃剂粒度，增大了可燃剂颗粒的比表面积，使火焰温度得到提高。同时，由于增大了火焰的辐射面积，降低了红外诱饵燃烧时的热量损失，从而使红外辐射强度和总辐射能量得到提高。

2.2 不同可燃剂粒度的诱饵剂性能测试

同种诱饵剂配方，采用不同的可燃剂粒度进行诱饵剂的混制，并压制成相同规格的诱饵，进行静态的红外辐射强度测试。

1）测试样品（表1）。

表1 测试样品

诱饵	可燃剂粒度/μm
1	140
2	100
3	80

注：1号、2号和3号诱饵各5发。

2）测试设备及测试条件。

测试设备：JHF-1红外辐射计。

测试距离：320 m。

温度：20 ℃；湿度：75%；风速：2.0 m/s。

点火方式：采用端面及侧面安全引线点火方式。

3）测试结果及分析。

测试结果如表2所示。

表2 诱饵红外辐射强度测试结果

诱饵	红外辐射强度 1~3 μm /(W·sr^{-1})	燃烧时间/s
1	32 624	6.4
2	45 109	5.1
3	57 189	4.2

注：红外辐射强度与燃烧时间均为5发平均值。

由表2测试结果可以看出，同种诱饵剂配方，可燃剂粒度由140 μm减小到100 μm，1~3 μm波段红外辐射强度由32 624 W/sr升高到45 109 W/sr，增加了38.2%；可燃剂粒度由100 μm减小到80 μm，1~3 μm波段红外辐射强度由45 109 W/sr升高到57 189 W/sr，增加了26.8%。由此可见，可燃剂粒度变小能够有效提高诱饵剂红外辐射强度，燃烧时间也随之减少。但无限减小可燃剂粒度也会带来药剂感度提高，所以在保证药剂安全使用的条件下，选择合适的可燃剂粒度。

3 诱饵的结构形状对性能影响研究

3.1 诱饵表面形状对性能的影响研究

红外诱饵的燃烧是从表面开始，诱饵表面积增大，燃烧面积随之增加，红外辐射强度得到提高。因此，表面形状对诱饵红外辐射强度具有非常重要的影响。由于受药室容积和质量等指标的限制，红外诱饵的外形尺寸不会很大，靠增大外形尺寸的方法来提高红外诱饵表面积是非常有限的，通常的方法是将诱饵制成异形表面，增大诱饵表面积，提高红外辐射强度。

根据实际情况，设计了三种形状的诱饵进行红外辐射强度对比试验，分别为圆柱形、沟槽形和花瓣形，其外形分别如图 1～图 3 所示。

图 1 圆柱形诱饵

图 2 沟槽形诱饵

图 3 花瓣形诱饵

采用同种诱饵剂配方，分别测试了三种形状诱饵各 5 发在 1～3 μm 波段的红外辐射强度，试验条件及结果如表 3 所示。

1）试验条件。

测试仪器：JHF-1 红外辐射计。

测试距离：320 m。

温度：20 ℃；湿度：75%；风速：2.0 m/s。

药柱性能测试：采用端面及侧面安全引线点火方式。

2）试验结果。

表 3 试验结果

诱饵形状	诱饵表面积/mm²	比表面积	诱饵质量/g	红外辐射强度 1～3 μm/(W·sr⁻¹)	燃烧时间/s
圆柱形	23 700	1	424	42 806	5.7
沟槽形	24 464	1.032	408	57 189	4.2
花瓣形	25 100	1.059	302	45 759	5.3

注：1. 不同形状诱饵药柱密度相同；
2. 红外辐射强度与燃烧时间均为 5 发平均值。

由表 3 试验结果可看出，随着诱饵表面积的增大，红外辐射强度提高，沟槽形诱饵和花瓣形诱饵点火表面积较圆柱形诱饵大，其中花瓣形诱饵点火面积最大，但同时也导致花瓣形诱饵质量最小。从测得的红外辐射强度数据可算出，沟槽形诱饵表面积较圆柱形诱饵表面积增加 3.2%，在 1～3 μm 波长范围内红外辐射强度沟槽形诱饵较圆柱形诱饵提高 33.6%；花瓣形诱饵表面积较圆柱形诱饵表面积增加 5.9%，在 1～3 μm 波长范围内，红外辐射强度花瓣形诱饵较圆柱形诱饵提高 6.9%。试验表明，异型表面可使诱饵红外辐射强度明显提高，但过度损失诱饵的质量来增大诱饵表面积，对红外辐射强度的增益较小。

3.2 诱饵结构对性能的影响研究

红外诱饵在燃烧过程中处于减面燃烧的状态,为提高红外辐射强度以及保证诱饵药柱的红外辐射连续性,可以在诱饵的结构上做出一些改变,即增加贯穿整个诱饵的中心孔。增加贯穿整个诱饵的中心孔后,诱饵在燃烧的过程中内燃烧表面积的增加可以有效填补外燃烧表面积的减少,质量燃速增大,不仅可以增加诱饵的红外辐射强度,而且有助于诱饵红外辐射的连续性。

为了验证贯穿诱饵的中心孔所能带来的红外辐射强度增益,试验制备了同种诱饵剂配方、相同密度的 10 发红外诱饵,无中心孔与开设中心孔的红外诱饵各 5 发,其中中心孔直径为 13 mm,其结构如图 4 和图 5 所示。

图 4 无中心孔诱饵

图 5 有中心孔诱饵

在同样的测试条件下进行红外辐射强度测试,测试结果如表 4 所示。

表 4 红外辐射强度测试结果

中心孔状态	红外辐射强度 $1\sim3~\mu m/(W\cdot sr^{-1})$	燃烧时间/s
无	57 189	4.2
有	61 935	3.9

注:红外辐射强度为 5 发平均值。

由表 4 测试结果可看出,同种诱饵剂配方、相同密度条件下,开设直径 13 mm 中心孔的诱饵较无中心孔的诱饵红外辐射强度有所提高,从测试数据可算出,红外辐射强度提高了 8.3%,增益效果明显。

4 结论

通过以上的试验结果及分析可以得出,在红外诱饵剂配方确定的基础上,原材料的粒度变化以及诱饵结构形状的变化对红外诱饵的性能均有较大的影响。基于安全的前提,选择小粒度的可燃剂能够有效提高红外诱饵的红外辐射强度;同样在诱饵配方固化后,将诱饵设计成异形表面,并增加贯穿诱饵的中心孔,也能有效提高单位时间内红外诱饵的红外辐射强度,确保辐射的连续性。

一种具有熔穿钢板功能的新型燃烧剂

张文广，闫颢天，朱佳伟，李蕴涵

(齐齐哈尔建华机械有限公司，黑龙江 齐齐哈尔，161006)

摘 要：通过理论分析和试验研究得出一种能够熔穿钢板的高热燃烧剂烟火药配方。研究了燃烧温度、燃烧时间随氧化剂含量的变化规律。试验结果表明，该配方能够可靠熔穿≤12 mm厚的普通钢板，可以在无外加能量源的条件下对金属材料实现快速破坏的目的。

关键词：燃烧剂；燃烧温度；配方；熔穿

中图分类号：TJ04 **文献编码** A

A new incendiary composition with the function of melting through steel plates

ZHANG Wenguang, YAN Haotian, ZHU Jiawei, LI Yunhan

(Qiqihar Jianhua Mechanism Co., Ltd. Qiqihar 161006)

Abstract: A pyrotechnic formula of intense heat incendiary composition which can melt through steel plates is obtained through theoretical analysis and experimental study. The variation regularity of combustion temperature and combustion time with the content of oxidant is also studied here. The experimental results show that the formula can reliably melt through ordinary steel plates no more than 12mm, and can rapidly destruct metal materials without additional energy sources.

Keywords: incendiary composition; combustion temperature; formula; melt-through

0 引言

烟火切割技术是一种利用烟火药燃烧产生的高温熔融金属射流来切割金属材料的技术，可以在无外加能量源的条件下对金属材料实现快速切割、破坏的目的。烟火切割技术可用于抢险救援，撤退时销毁废弃弹药物资，破坏敌方主要装备及重要部位等，广泛用于反恐、维和、护航、救援等领域。烟火切割器材体积小、质量轻、携带方便、价格便宜，可大量装备部队，大大提高了抢险救援的工作效率。我国在烟火切割技术研究方面起步较晚，研究较少，也不够系统。

燃烧剂按其燃烧性质分类，又可分为集中型燃烧剂和分散型燃烧剂。集中型燃烧剂是一种只燃烧而不爆炸分散的药剂，它在燃烧时能保持火种在一集中的物质上。集中型燃烧剂的燃烧时间长，燃烧温度高，但它的作用只限于小块面积上，且其落在非燃烧性目标上或落到离易燃物较远(＞1 m)距离上作用不大。本文基于燃烧温度、燃烧时间随氧化剂的变化规律得到了能够可靠熔穿≤12 mm厚的普通钢板的燃烧剂配方，该熔穿型燃烧剂为燃烧剂使用范围和使用方式提供了新的可能。

1 配方设计

烟火切割是靠烟火药燃烧产生的高速熔融金属射流对要切割的金属材料进行冲击来实现的。金属射

作者简介：张文广(1989—)，男，工程师，学士，E-mail: zwg2008520@126.com。

流的动量 J 越大,射流对金属材料的冲击效果就越好。根据动量 J 的定义式:
$$J = mv$$
式中: J ——动量,kg·m/s;
　　　m ——质量,kg;
　　　v ——速度,m/s。

所以高速熔融金属射流的射流速度 v 应该越快越好。这就要求在烟火药中添加产气剂,使烟火药在燃烧时产生高气压。气压是形成高速射流的基础,气压越大射流速度越快,但是气压太高有引起爆炸的危险。同时金属射流的质量应该越大越好,这就要求在选择射流金属时,金属的密度应该尽量大。

高热燃烧剂不同于高热剂。它本身除含高热剂外尚含有其他物质,是一种多成分的混合物。通常它含有 40%～80% 的铁铝高热剂和 60%～20% 的含氧盐氧化剂和金属可燃剂,并外加有 5% 的黏合剂。

高热剂中加入硝酸盐能提高其热效应,降低其发火点,并能使其在燃烧时产生一定大小的火焰,但与此同时药剂机械感度却增加了。

产气剂能够提高弹内的压力,提高喷射熔流的速度,减小弹丸壳体表面的热熔渣堆积,进而增强熔穿能力,通过产气剂的选择进一步提高熔穿效果。

采用多种活性金属、金属氧化物等组成的药剂作为主反应药剂。添加产气剂、黏合剂等辅助药剂,优化燃烧剂配方。建立高热剂反应体系,揭示每一种组分在燃烧剂释能时在反应体系中的作用。利用实物试验,分析选择成分、组成优化结构,最终获得满足应用需求的燃烧剂成分配方。

依据氧化还原反应机理,以铝热复合材料为基础药剂,以其他多种复合调节材料作为辅助药剂。通过控制热生成的快慢,控制生成压力的大小,控制熔流金属量的多少,使燃烧剂反应体系受控。

主反应药剂是燃烧剂的主要成分,其所产生的燃烧热和熔融物是衡量高热剂所形成的金属熔流优劣的依据,直接影响高热剂维持剧烈反应的难易程度,主体药剂采用铝热反应原理。

综上所述,用于烟火切割的熔融金属射流应该高温、高速。射流金属应该具有以下性质:高密度、高沸点、高热容、高导热系数、低熔点。综合考虑各种理化参数,射流金属的最佳选择应该为铜。

最终确定了主要由金属粉、氧化剂、产气剂和黏合剂组成的药剂配方。

2　理化性能分析

为了考核燃烧剂的安全性能,对该组分进行了感度和安定性等理化性能试验,结果如表 1 所示。

表 1　燃烧剂理化性能试验结果

测试项目	执行标准	测试结果
摩擦感度	GJB 5383.4—2005	发火率 0
撞击感度	GJB 5383.2—2005	发火率 0
火焰感度	GJB 5383.5—2005	感度上限:20 mm;感度下限:60 mm
发火点	GJB 5383.7—2005	发火点高于 600 ℃
静电火花感度	GJB 5383.8—2005	发火电压为 20 kV 时药剂不发火 静电火花感度低
真空安定性	GJB 5383.10—2005	$V_H = 0.11$ mL/g;安定性等级 I 级
相容性	GJB 5383.16—2005	药剂 + 铝 $R = 0.02$ mL/g 相容 药剂 + 牛皮纸 $R = -0.04$ mL/g 相容

通过对性能试验结果分析,得出以下结论:
(1) 撞击感度为零,摩擦感度为零,该药剂在经受摩擦和冲击时不会发火。
(2) 发火点高,在遇到明火情况不易点燃,需要特殊的引燃药才可以将其点燃。

(3) 一般静电电压达到 300 V 时，放电产生的火花能够把烟火药点燃，该配方静电火花感度在 20 kV 时药剂不发火，电压值远大于 300 V，静电火花感度低。

(4) 100 ℃、40 h 每克药剂放出气体量小于 0.2 mL/g，安全储存期与有效使用期均满足要求。

(5) 5 g 燃烧剂和与其接触的铝、牛皮纸在 100 ℃、40 h 的反应产气量均小于 1 mL，可忽略。

综上所述，该药剂理化性能好，在制备过程中能够保证安全。

3 试验状态

3.1 试验原材料及设备

考虑燃烧剂压制成型性能，固定黏合剂含量为 10%，产气剂含量为 10% 较为适宜，金属粉和氧化剂总含量为 80%，将混制好的药剂使用压药模具压制成型。药柱密度为 2 g/cm^3。制备了小样。

试验设备：秒表、照相机、固定装置、游标卡尺。

3.2 试验过程及步骤

将燃烧剂置于固定装置上，如图 1 所示，调整摄像机角度保证将燃烧过程全部收进摄像机。用起爆器将电点火头触发后，按下秒表记录燃烧时间，试验结束后用游标卡尺测量钢板的熔穿情况。试验场地布置如图 2 所示。

图 1 试验状态

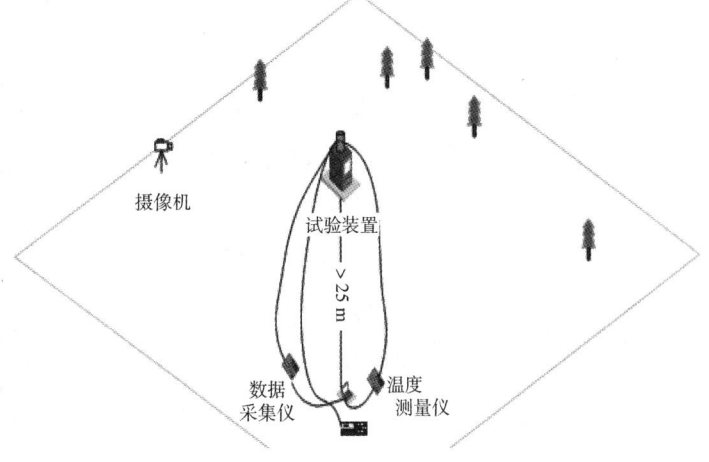

图 2 试验场地布置

4 试验结果与分析

根据配方进行一系列试验，得到了燃烧温度、燃烧时间随氧化剂含量的变化规律，依据变化规律得到了最优的氧化剂含量。燃烧时间随氧化剂变化的规律如图 3 所示。

由图 3 可以看出，氧化剂含量增加，燃烧时间增加，当氧化剂含量增加到 78% 时，燃烧反应持续困难。氧化剂含量为 78% 时，配方的氧平衡约为 21%，这时药剂中氧化剂含量过多，燃烧过程中氧化剂反应不完全，燃烧后燃烧产物中有剩余未反应的氧化剂，这对燃烧过程有害而无益。

由于氧化剂的导热系数小于金属粉，氧化剂含量增高，燃烧过程中未反应区接受反应区反馈的升温速率减慢，热分解速率也减慢。稳态燃烧的速度基本上是由反应温度及传至未燃烧物中的热量决定的[1]，因此氧化剂含量越高，燃烧速度越慢，燃烧时间越长。

燃烧温度随氧化剂含量变化的规律如图 4 所示。

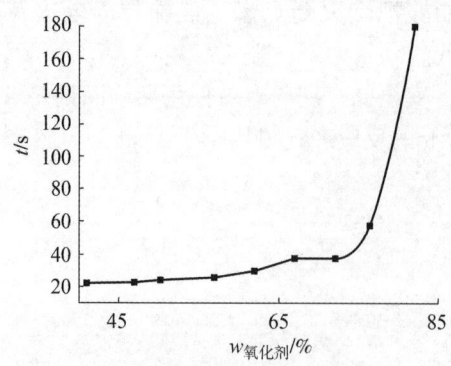
图3 燃烧时间随氧化剂变化的规律

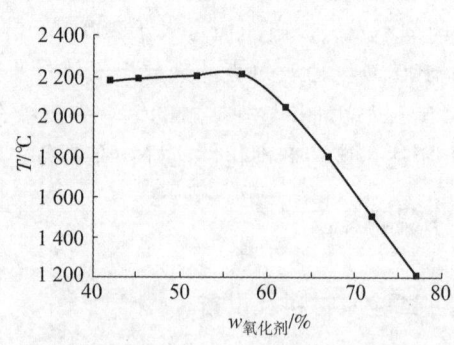
图4 燃烧温度随氧化剂含量变化的规律

由图4可以看出，随着氧化剂含量的增加，燃烧温度一定范围内基本保持不变，而后下降，当氧化剂含量为56%时，燃烧温度最高，氧化剂含量持续增加，燃烧温度逐渐降低。由于该燃烧剂属于自供氧负氧平衡，随着氧化剂含量的增加，氧平衡的变化是由负氧平衡到零氧平衡到正氧平衡的一个过程，当反应恰好处于零氧平衡时，配方燃烧充分，组分利用率高，能量释放效率高；当反应处于负氧平衡时，燃烧不充分；当反应处于正氧平衡时，氧化剂不能完全参加反应。当氧化剂含量为56%时，反应接近零氧平衡，此时能量释放的效率高，燃烧温度也达到最高。

综上，获得最优配方：氧化剂56%，金属粉24%，黏合剂10%，产气剂10%。

根据上述得到的最优配方进行了熔穿钢板试验，试验效果如图5、图6所示。

图5 熔穿钢板正面

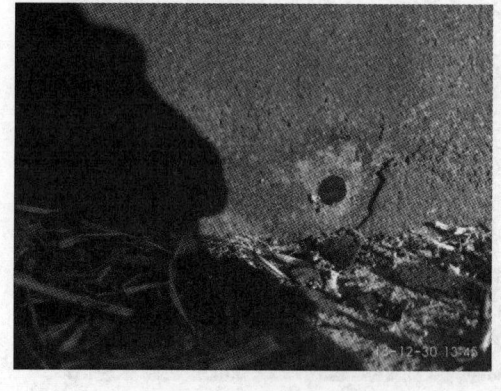
图6 熔穿钢板背面

通过试验图片可以看出，将12 mm厚的普通钢板熔穿，熔穿钢板正面直径为14.4 mm，背面直径为9.4 mm。

5 结论

(1) 以烟火药燃烧产生的高温熔融金属射流对普通钢板进行熔穿是可行的。

(2) 用于切割、熔穿型烟火药的主要成分是由一种或几种金属氧化物和铝粉组成的铝热剂、适量产气剂和黏合剂。

(3) 本文通过理论分析和试验研究得出一种能够可靠熔穿普通钢板的烟火药配方：氧化剂56%，金属粉24%，黏合剂10%，产气剂10%。

参 考 文 献

[1] 焦清介，霸书红. 烟火辐射学 [M]. 北京：国防工业出版社，2009.

面源诱饵技术发展现状简析

付德强，杜 强，姚 强，徐先彬

(北方华安工业集团，黑龙江 齐齐哈尔，161006)

摘 要：红外-雷达面源诱饵能模仿目标空间热图像轮廓和能量分布的形貌特征，可有效迷惑诱骗红外-雷达复合制导武器。国内相关机构已经掌握面源诱饵材料成型及其点火分散技术，面源诱饵弹的研制已经具备技术基础。

关键词：面源诱饵；有效干扰

中图分类号：TJ413.+7 文献编码 A

Brief Analysis on development status of surface – type decoy technology

FU Deqiang, DU Qiang, YAO Qiang, XU Xianbin

(North Hua, an Industrial Group Co., Ltd. Qiqihaer 161006, China)

Abstract: The IR – radar surface – type decoy can simulate the thermal image contour and morphological features of energy distribution in the target space so that it can confuse and trap the IR – radar combined guidance weapons effectively. The domestic relative institutes have already got the shaping and igniting distribution technologies to support the development of the surface – type decoy.

Keywords: surface – type decoy; effective countermeasure

0 引言

日趋完善的红外成像和雷达制导的反舰导弹对舰船生存构成极大威胁。如美德合作研制的"拉姆Block1"和"拉姆Block2"舰舰导弹采用了雷达/红外复合制导；台湾雄风Ⅱ导弹采用主动雷达/红外复合制导和2005年装备的雄风3空舰导弹采用了主动雷达/红外成像双模制导；法国的"飞鱼Block3"采用了主动雷达/红外复合制导，美国的SLAM导弹和日本的ASM-2导弹采用红外成像制导等。红外成像、雷达及其复合制导已经成为反舰导弹发展主流。

为了提高制导武器抗干扰能力和精确制导性能，红外制导采用了红外成像或亚成像功能以及光谱识别技术，雷达制导工作波段也从厘米波向毫米波拓展，特别是采用了抗干扰能力强，融合红外成像、雷达探测器优点的红外成像-雷达复合制导技术，只有当目标的雷达回波能量和红外特征同时满足要求时，导引头才会对目标进行跟踪，因此，单纯的具有目标雷达回波特征的箔条弹和红外特征的诱饵弹不能对红外-雷达双模复合导引头形成有效干扰。

针对新体制雷达/红外复合制导反舰导弹，我国电子对抗系统迫切需要研究光谱特征、形貌特征及运动特征与目标相似的雷达/红外干扰技术。

1 国外研究现状

20世纪90年代，红外成像和毫米波雷达技术开始在制导武器上应用，随之出现了红外成像和毫米

作者简介：付德强(1980—)，男，高级工程师，E-mail：fudeqiang2@163.com。

波雷达复合诱饵弹。目前，红外/雷达干扰弹大体分为以下类型：

1）红外弹+箔条弹组合使用型。

英国研制的"箔条/红外双模无源干扰弹"和北约"海蚊"系统发射的"塔洛斯"双模干扰弹，均采用中心爆炸式箔条和多频谱红外两种子弹药复合作用形式，其中红外弹在150 ms内连续发生4次空爆，形成红外辐射。箔条载荷作用距离为120 m，形成对8~10 GHz和10~20 GHz的RCS为6 000 m^{2}的作用面积，红外弹作用距离为30m，红外输出3~5 μm波段为3 000 W/sr，8~14 μm波段为8 000 W/sr。

2）一弹两种载荷的组合结构。

美国海军比较典型的配备是20世纪70年代中期研发的RBOC中"双子座"箔条/红外复合干扰弹，一发可保护一发小型舰船，有效载荷为镀铝玻璃丝和专利配方的红外诱饵剂，可形成干扰8~18 GHz雷达的1 500 m^{2}假目标云团以及持续时间30 s以上的3~5 μm的红外辐射。

1995年起，MK36型SRBOC无源干扰系统开始装备"非宙斯盾"水面舰艇，系统中配备"超级双子座"射频/红外复合干扰弹，有效载荷为镀铝玻璃丝和专利配方的红外诱饵剂，上部装箔条、箔条抛撒剂和点火药，下部装红外诱饵剂、点火药和降落伞，降落伞下降时红外诱饵剂发出红外辐射，与厘米波箔条云共同构成干扰云团。

德国"斗牛士"双模干扰弹，是德国巴克弹药公司推出的一种射频/红外双模无源干扰弹，该弹采用子母弹形式，每发5枚子弹，每枚装箔条、红外载荷，两载荷同时同位爆炸。

北约"塔洛斯"双模干扰弹，是一种红外/箔条双模干扰弹，用以替代箔条干扰或红外诱饵，其中心爆炸型箔条载荷所产生的假目标云可覆盖8 000 m^{2}的区域，而其红外载荷具有在同一位置的4次空炸能力，产生多个波段的红外辐射，对雷达制导、红外制导或复合制导的反舰导弹具有相当的对抗效果。

SMV子弹药型可变射程箔条诱饵弹/红外诱饵弹，这两种诱饵弹口径均为130 mm，作用距离均为20~200 m（以45°角发射时），飞行时间均为0.5~0.8 s，弹体内装有6枚子弹药，均可用一枚弹在不同距离上对抗6个威胁目标，而且其作用方式均可最大限度地减少载舰的规避和机动。

美国研制并装备了112 mm红外/箔条复合诱饵弹，它是同时对抗红外制导和雷达制导的多功能复合诱饵弹。它发射后3.5 s即形成红外诱饵，燃时4.5 s，随即撒布箔条云，其干扰雷达频段为2~20 GHz，该弹参加过海湾战争。

箔条是雷达干扰使用最早、效果最好的雷达假目标材料，到目前为止也是装填量最多的雷达诱饵弹药。与箔条干扰弹和红外诱饵弹相比，面源红外-雷达复合干扰弹的技术含量高，目前仅有美国、俄罗斯、德国及部分北约国家研制并装备有该弹。在结构设计方面，国外现役及在研复合干扰弹多采用整体式结构设计，或采用了类似箔条干扰弹和红外诱饵弹的子母弹结构设计。在发射方式方面，复合干扰弹也有迫击炮式发射管和火箭助推两种方式，美国"双子座""超级双子座"，俄罗斯SOM50红外/激光复合干扰弹和SK50红外/射频/激光多模干扰弹采用的是发射管发射，而北约"塔洛斯"箔条/红外复合干扰弹、俄罗斯TSD47箔条/红外复合干扰弹和德国81 mm多用途陷阱诱饵弹采用的是火箭助推发射。

综上所述，国外的舰载雷达/红外复合诱饵弹已经发展到相当高的水平，红外诱饵早已具有大面积辐射的面源诱饵的特征，对抗红外成像制导，光谱特征也有别于易于识别的MTV点源诱饵。

2 国内研究现状

国内一直比较重视舰载电子对抗系统的发展，电子对抗系统均配备了红外诱饵弹和箔条弹，单一功能的质心式红外干扰弹和箔条干扰弹药技术早已成熟。为了对抗雷达/红外复合制导，目前大都采用将红外诱饵炬和箔条复合到同一弹仓的技术方案，从技术层面讲，此种方案对抗红外成像/雷达复合制导体制的导弹效果并不明显。而红外-雷达面源诱饵干扰弹能在预定空域形成大面积红外、雷达干扰"云"，不仅可以模拟目标红外辐射光谱和雷达特性，还能模仿其空间热图像轮廓和能量分布的形貌特征，可有效迷惑诱骗红外-雷达复合制导武器。因此，国内针对对抗红外成像的面源诱饵技术也开始了技术研究探索工作。

3 目前国内进展情况

为与外军缩小差距，我国各科研机构针对面源诱饵实现原理和途径不遗余力地进行了研究和试验验证，已经取得一定成果。

1）具有红外-雷达双模特征的面源诱饵材料技术。

目前研制出了一种有别于典型 MTV 和自燃箔片的燃烧式红外-雷达诱饵材料，继承了自燃箔片光谱特征与目标相近的特点，克服了自燃箔片氧化速度快、环境适应性带来的辐射时间短和高空缺氧辐射效率低的问题。该材料能产生明显的红外辐射和一定的雷达散射作用（图1和图2）。

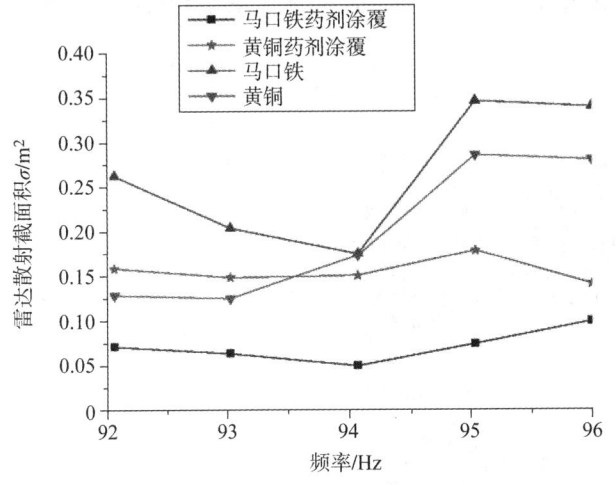
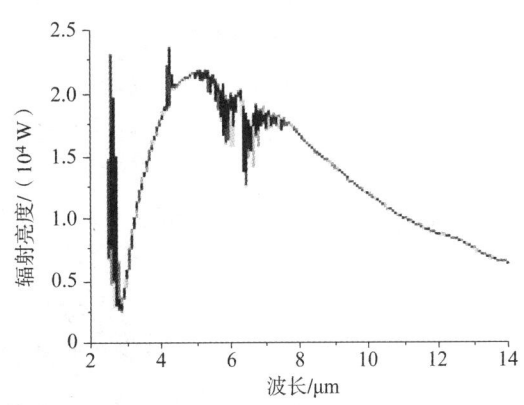

图1　红外-雷达诱饵材料的毫米波雷达散射曲线　　　图2　红外-雷达诱饵材料红外光谱辐射亮度曲线

2）红外-雷达双模面源诱饵材料（图3）制备工艺技术。

确定了红外-雷达箔片材料的制备工艺，该工艺简单，制备效率高，诱饵材料均一性好，结合力强，诱饵材料工艺较成熟，获得了影响辐射性能的工艺参数。

研究了抛射药量、点火药量及角度等因素对诱饵形状的影响，图4和图5所示是面源诱饵在中、远红外热像仪上呈现的分散状态。

图3　红外-雷达诱饵材料　　　图4　面源诱饵在远红外热像仪上呈现的分散状态

3）进行了面源诱饵材料静态分散和动态效应试验（图6和图7）。

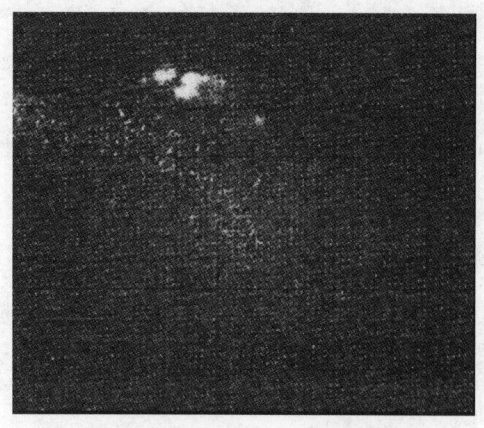 

图5 面源诱饵在中红外热像仪上呈现的分散状态　　　图6 诱饵材料静态分散试验效果

图7 诱饵材料动态试验效果

4 结论

综上所述，国内相关机构已经掌握面源诱饵材料成型及其点火分散技术，测试结果表明，面源诱饵材料形成的辐射云具有红外、雷达波辐射散射特性，面源诱饵弹的研制已经具备技术基础。

强电磁脉冲环境中导弹电磁耦合仿真计算

金建峰[1]，张志巍[1]，许 英[2]，马 骏[1]，许良芹[1]

(1. 中国华阴兵器试验中心，陕西 华阴 714200；
2. 山东海普安全环保技术股份有限公司，山东 青岛 266001)

摘 要：为探索导弹对强电磁脉冲的耦合规律，分析了强电磁脉冲波形和频谱特性，分析了导弹对强电磁脉冲的耦合途径，建立了导弹的物理模型，仿真计算了表面电流分布及内部场强变化规律，结果表明，强电磁脉冲可通过弹体孔缝耦合到弹体内部，产生瞬时电磁能量对部件有一定的损伤。

关键词：强电磁脉冲；导弹；耦合；仿真计算

中图分类号：TG45 **文献标志码**：A

The simulation calculation on electromagnetic effect of missiles under high electromagnetic pulse

JIN Jianfeng[1], ZHANG Zhiwei[1], XU Ying[2], MA Jun[1], XU Liangqin[1]

(1. China Huayin Ordnance Test Center, Huaying 714200, China;
2. Shandong HELP Safety and Environmental Protection Technology Pty Ltd., Qingdao 266001, China)

Abstract: In order to explore the coupling mechanism and effect law about high power electromagnetic pulse attacking missiles, the representative waveform and spectrum of double exponent electromagnetic pulse is analyzed. Based on the missile structure, coupling modes of high power electromagnetic pulse are discussed, and an model was constructed used CST. With the method of FDID, distribution of surface current and changing of electric intensity inside was calculated. The special case was that electromagnetic pulse effect cables used in steering engine through wings and apertures of missile was analyzed. Lastly, the interference on homing system is analyzed qualitatively, and some protection measures was presented. The results show that the damage reason of part of missile is instantaneous energy from the electromagnetic pulse coupling inside through wings and apertures of missile.

Keywords: high electromagnetic pulse; missile; coupling; simulate calculation

0 引言

强电磁脉冲武器是一种向目标方向定向辐射高强度的电磁脉冲，以此产生破坏或杀伤作用的武器。导弹是精确制导打击目标的重要武器，如在飞行中会遭受到强电磁脉冲的作用，可能因此而受到干扰或损伤，影响作战效能的发挥。国外对此开展了部分理论和试验研究。国内也有研究者对电磁脉冲弹的杀伤能力和强电磁脉冲对导弹的毁伤性进行了初步研究[1~2]。本文是从导弹的结构出发，分析导弹对强电磁脉冲的耦合效应，仿真计算分析导弹孔缝耦合规律。

作者简介：金建峰(1977—)，男，高级工程师，E-mail: bzming@sina.com。

1 强电磁脉冲信号分析

目前，大多采用双指数函数形式表达电磁脉冲波形，特点是上升前沿极其陡峭，上升时间一般在数纳秒至几十纳秒左右，持续时间为 0.1～1 μs，峰值可达 $5\sim10\times10^5$ V/m，频谱非常宽，从 1～300 GHz。其波形模型可表示为[3,4]

$$E(t) = 0 \qquad\qquad\qquad\qquad t \leq 0$$
$$E(t) = E_p \times k(e^{-at} - e^{-bt}) \quad t > 0 \tag{1}$$

式中：E——电场场强的数值，V/m；

　　　t——时间数值，s。

上述方程中，当 $E_p = 50$ kV/m，$a = 4 \times 10^7$ s^{-1}，$b = 6 \times 10^8$ s^{-1}时，则入射电磁脉冲波形符合 MIL - STD - 461E 规定，如图 1 所示。

对时域波形作傅里叶变换，可得到频谱：

$$E(w) = kE_p\left(\frac{1}{\alpha + jw} - \frac{1}{\beta + jw}\right) \tag{2}$$

其频谱特性如图 2 所示。从频谱方面看，上升沿陡、脉宽窄、频谱宽，频谱覆盖了从超长波至微波低端的整个频段，这种宽频谱的特性，使得强电磁场易于通过多种途径进行耦合。当导弹置于强电磁脉冲环境下时，电磁波易于经过多种耦合途径进入导弹的内部。一般包括："前门"耦合，即电磁波通过天线接收形成的耦合；"后门"耦合，即电磁波通过导弹金属壳体上的孔、缝、电缆接头等进入导弹内部形成的耦合[5,6]。对于具有折叠翼的管状发射的导弹来说，弹翼、推进系统等与壳体的连接处必然存在着孔缝和窗口，都为强电磁脉冲提供了耦合途径。

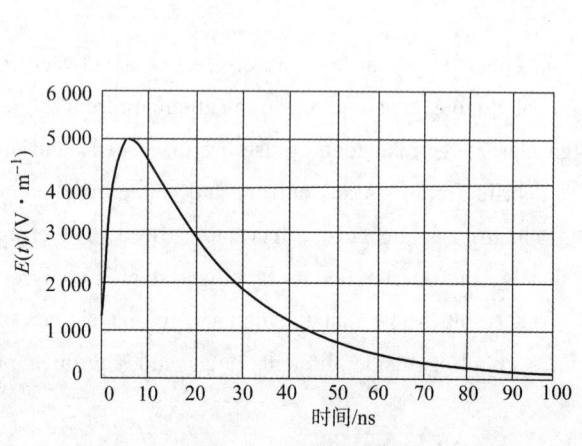

图 1 电磁脉冲波形

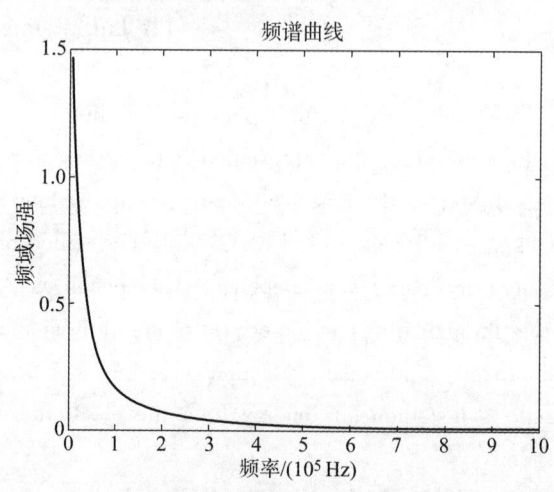

图 2 默认的自由场电磁脉冲频谱

2 仿真计算

2.1 建模

建立如图 3 所示的导弹模型，为了更好地分析强电磁脉冲对弹体内部电路的影响，在控制舱段和舵机处构建了电子线路，采用时域有限积分法[7]对线缆的强电磁脉冲耦合进行计算。

2.2 弹体表面电流计算与分析

根据天线理论，任一柱状的金属物体都可看作一个天线。而天线作为换能器，正是将空间电磁波能量转换为高频电流。导弹整体结构为金属壳体,处在电磁场中,在电磁波的激励下也会产生表面电流,而导弹的内部电路以弹体作为接地端,这就使得内部电路成为所谓天线的馈线,在感应电流的影响下,内部电路将有可能受到毁伤。在强电磁脉冲的作用下,使用 FECO 计算弹体表面电流分布,计算结果如图 4 ~ 图 6 所示。

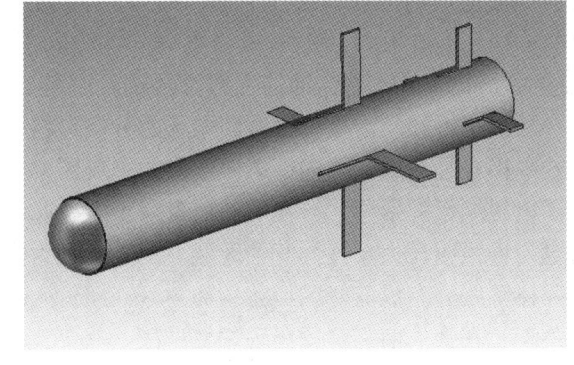

图 3 导弹仿真模型

从图 4 ~ 图 5 可以得出,弹体分布的电流不均匀,在弹翼和舵翼处电流密度较大,很明显翼片起到了接收天线端子的作用,电磁波在弹翼处出现了绕射现象,增加了对电磁波能量的接收。图 6 计算结果显示,弹体圆周电流密度基本对称分布,在电磁波的入射方向电流密度略大(沿 $-y$ 向入射),在坐标 (45,0,45),即弹翼的位置出现了电流密度的跃升,可见,弹翼反射和边缘绕射效应影响了电磁场的分布,使电场强度增强。

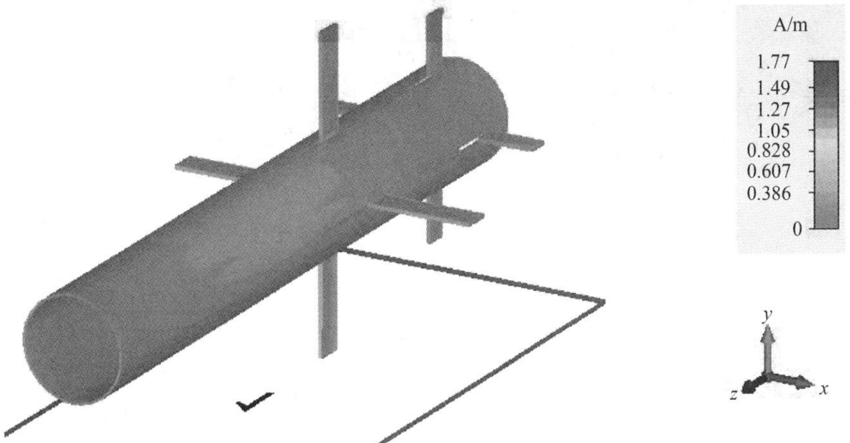

图 4 表面电流计算结果三维图

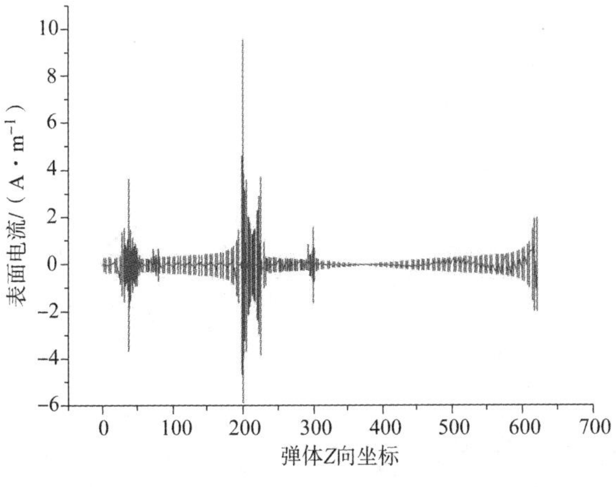

图 5 弹体轴向表面电流计算结果

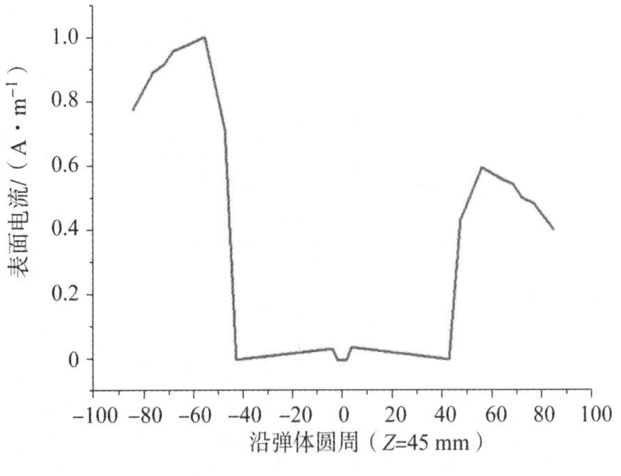

图 6 弹体 $Z=45$ mm 处圆周表面电流计算结果

2.3 弹体孔缝耦合计算与分析

电磁波的入射方向和极化方式不同,通过弹体缝隙耦合到内部的电磁能量大小也会有影响。为了研究电磁脉冲的耦合作用,往往利用最不利条件对被试品进行试验,也就是被试品耦合电磁能量最大时电磁波的入射方向和极化方向。德国的 J. Bohl 开展了对导弹类似的电磁脉冲辐照试验，指出当磁场 H 的方向平行于孔缝入射时或当电场 E 的方向平行于弹翼（尾舵）入射时，可产生最强的电磁场耦合效应[8]。因此，电磁脉冲的入射方向选择电场 E 与弹翼平行的方向。

从图7可知，沿导弹横截面电场的分布存在较强的区域在弹翼孔缝处和导弹前端的整流罩处，这说明孔缝耦合是造成弹体内部电磁效应的主要因素，电磁脉冲沿弹体孔缝耦合进入弹体内部，在孔缝处出现了电磁能量的聚集，导弹的整流罩对于电磁脉冲屏蔽效果较差，电磁波透射直接进入了弹体内部，使得电磁场强明显大于弹体其他区域。图8所示为沿弹体轴线方向电场分布情况，从图中可以看出，电场沿弹体轴线分布成驼峰的形状，在 $x=6.8$ mm，$x=20.4$ mm，$x=34$ mm 时，也就是在弹体内部的场强基本不变，在弹体前端位置出现跳变；在 $x=61.2$ mm，$x=88.4$ mm，$x=102$ mm，$x=115$ mm，$x=129$ mm 时，在弹体外部场强在弹翼处发生了较大变化，很明显是弹翼作为接收天线的作用造成的电场变化。

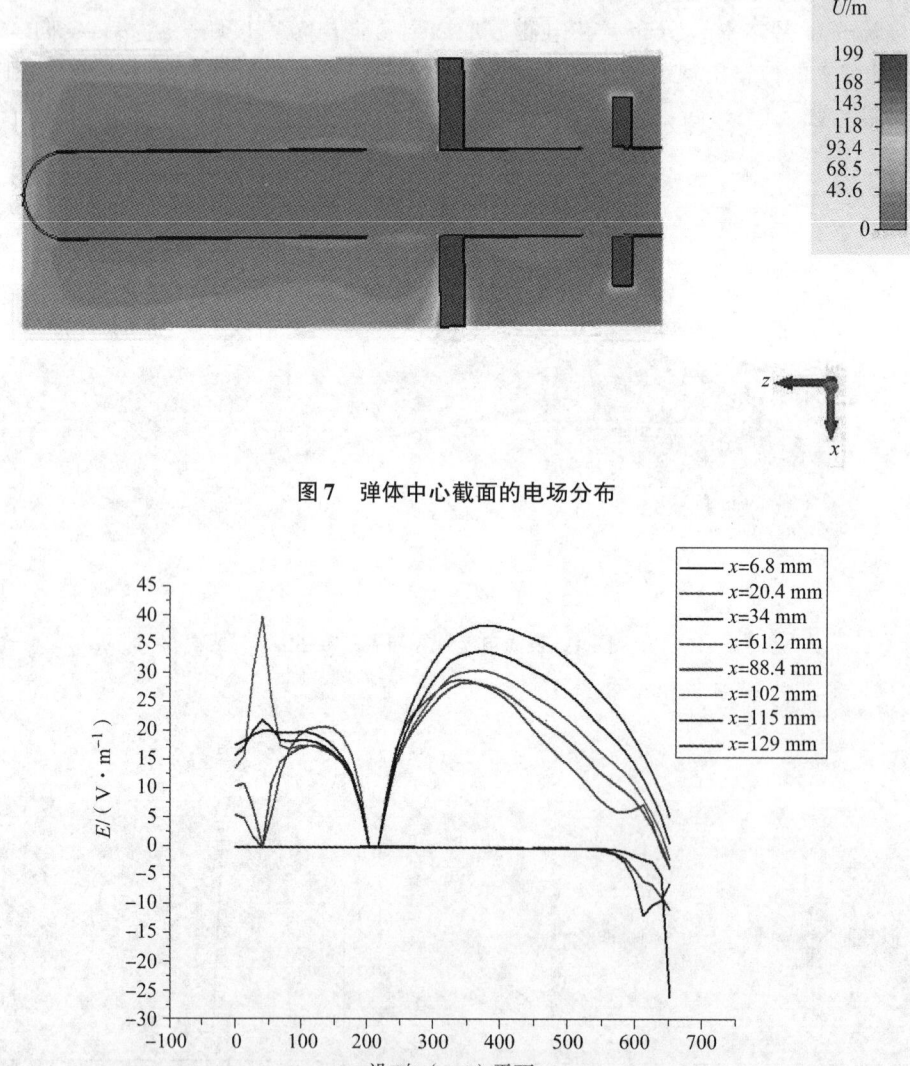

图7　弹体中心截面的电场分布

图8　弹体中心截面（一半）电场分布二维曲线

为了更加清晰地分析强电磁脉冲对弹体内部的效应，在4点（0，0，20）、（0，0，45）、（0，0，215）、（0，0，300）设置电场探针点，观察4个位置的感应电场的时域变化，计算结果如图9～图12所示。

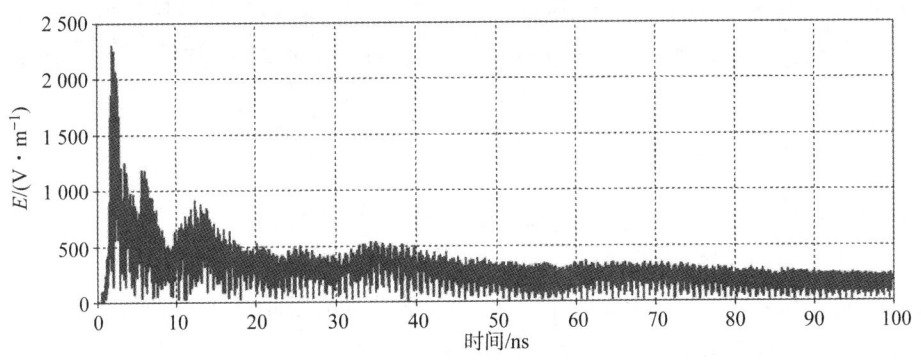

图 9　弹体内部（0，0，20）点的电场强度时域图

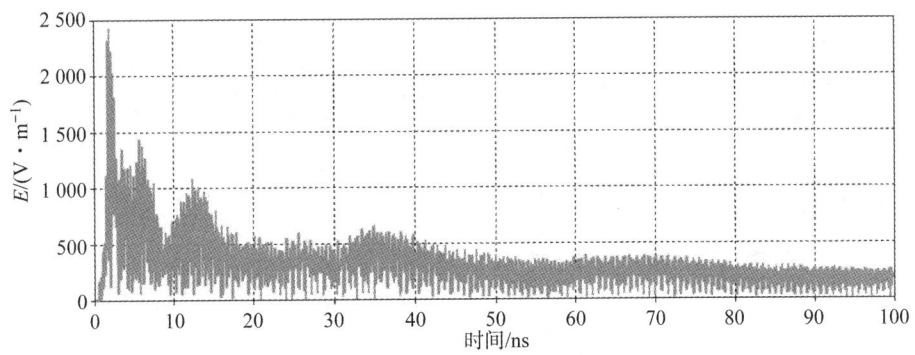

图 10　弹体内部（0，0，45）点的电场强度时域图

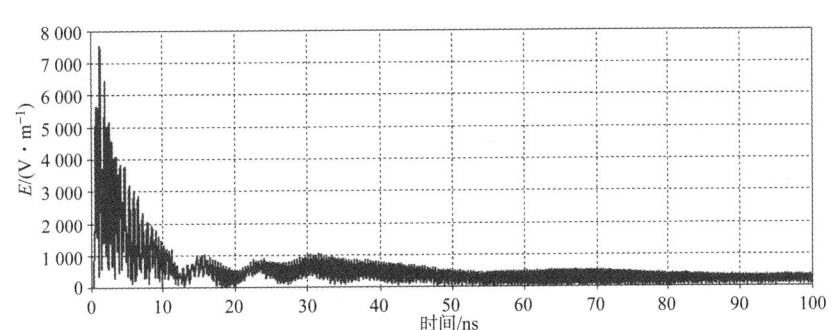

图 11　弹体内部（0，0，215）点的电场强度时域图

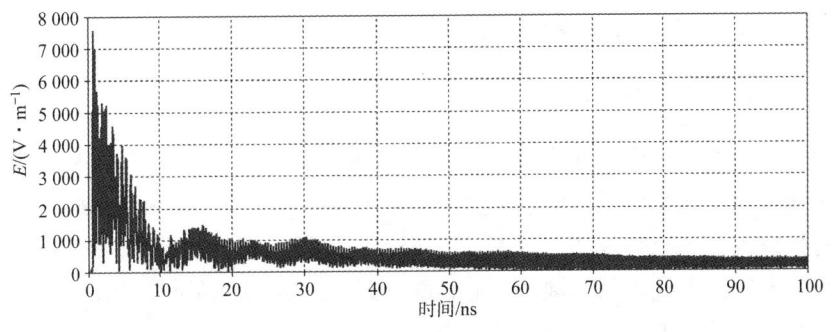

图 12　弹体内部（0，0，300）点的电场强度时域图

从计算结果可以看出，感应电场强度较强，电磁脉冲信号明显较低，说明导弹壳体对强电磁脉冲有一定的屏蔽作用。在设定的坐标点处感应电场信号，在脉冲上升沿 5 ns 时间内急速上升，随着下降沿的到来，信号强度以类似正弦波的形式叠荡衰减，说明强电磁脉冲能量对导弹内部器件的破坏作用往往是由瞬间产生较大的感应电场造成的。位于弹翼孔缝附近的坐标点（0，0，215）、（0，0，300）处电场强

度明显大于位于舵翼孔缝附近的坐标点（0，0，20）、（0，0，45）处的电场强度，而弹翼孔缝尺寸为（500×2 mm），舵翼孔缝尺寸为（250×2 mm），这说明孔缝大小对于内部电场强度的影响较大，孔缝尺寸大，电磁场耦合效应更加严重。

2.4 线缆耦合计算与分析

导弹内部有控制信号线、电源线等，当受到外界强电磁脉冲影响时，在线缆上耦合产生感应电流，电流沿线缆传导进入舵机，极可能造成控制精度不准或失控。因此，在弹体内建立线缆模型，进行计算分析。

导弹内部线缆基本是纵向布线，导弹腔体中场受内部结构的影响分布不均匀，为分析导线感应电压受此不均匀性的影响，在弹翼孔缝纵向、轴向布设 10 cm、40 cm，横截面积为 0.1 cm² 的铜线，传输阻抗为 50 Ω 的导线，导线两端接匹配负载。计算导线感应电流结果如图 13 所示。

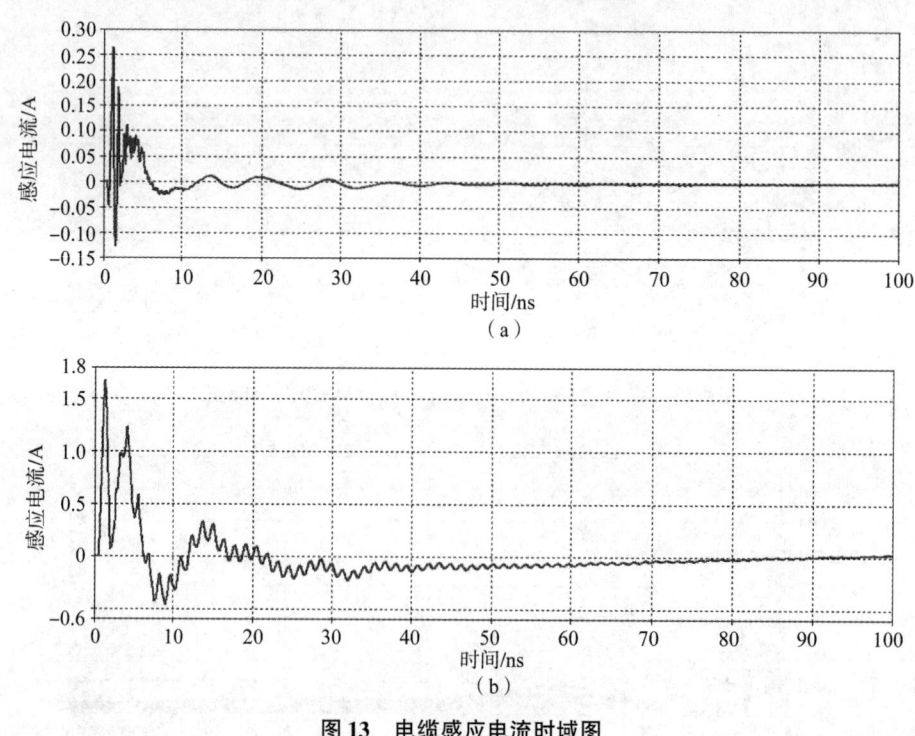

图 13 电缆感应电流时域图

(a) $L=100$ mm；(b) $L=400$ mm

由图 13 中计算结果可以得出，电缆在弹体内部，充当了接收天线，同样耦合了电磁能量，且瞬间耦合电流较大；电缆长度越长，耦合的电磁能量越大。

3 结论

在强电磁脉冲的作用下，导弹壳体表面产生感应电流，不同位置上感应电流的幅度大小也不一样，弹翼和舵翼容易起到接收天线的作用，增强了感应电流能量。强电磁脉冲的电磁能量主要是通过弹翼和舵翼与弹体之间的孔缝耦合到导弹内部，对内部电路产生影响，对于弹翼设计和舱段连接要注意。导弹内部电缆充当了接收天线，电缆越长，耦合的电磁能量越大，容易因瞬间产生的大感应电流而损伤内部电子器件。因此，要重点关注电缆屏蔽和器件损伤效应。

参 考 文 献

[1] 贾春，刘环宇. 电磁脉冲弹的杀伤能力 [J]. 火力与指挥控制，2006，31 (8)：53-55，58.

[2] 张胜涛，娄寿春. 电磁脉冲弹对地空导弹火力单元的威胁及其对策 [J]. 飞航导弹，2006 (4)：

34-36.

[3] Requirements for the control of electromagnetic interference characteristics of subsystems and equipment [S]. MIL-STD-461E. 1999.

[4] 刘尚合, 刘卫东. 电磁兼容与电磁防护相关研究进展 [J]. 高电压技术, 2014, 40 (6): 1605-1612.

[5] 李春荣, 王新政, 吕怀武. 圆柱体内线缆电磁脉冲耦合特性分析现代 [J]. 防御技术, 2012, 40 (6): 145-149.

[6] 王天顺, 刘树斌, 吕朝晖. 电磁脉冲武器产生的电磁效应分析 [J]. 飞机设计, 2008, 8 (2): 55-60.

[7] 付梅艳, 陈再高, 王玥, 等. 基于三角形单元的时域有限积分方法研究 [J]. 微波学报, 2010 (8): 83-86.

[8] Bohl. J. High power microwave hazard facing smart ammunitions AGARD [C]. High Power Microwaves (HPM). Canada: Canada Communication Group, 1995.

阴影照相站系统野外校准用田字网格调整模块设计

周钇捷[1]，高洪举[2]，孙忠辉[3]，乔志旺[1]，狄长安[1]

(1. 南京理工大学 机械工程学院，江苏 南京 210094；
2. 北京天赢测控技术有限公司，北京 100089；
3. 中国白城兵器试验中心，吉林 白城 137001)

摘 要：为适应阴影照相站的野外标定要求，设计了靶道照相站系统野外校准用中空田字网格调整模块，包括大可视区域六轴并联机器人、可移动调整台、田字网格底座及刚性底座，该调整模块可使得田字网格轴线与弹道线重合，网格面横平竖直，具有不遮挡底面和侧面阴影相机视场中田字网格面区域视场，且对路面的要求低等特点。

关键词：调整模块；田字网格；阴影照相站；野外校准；弹丸运动姿态

中图分类号：TH71　**文献标志码**：A

Design of square net adjustment module for field calibration of shadow camera station system

ZHOU Yijie[1], GAO Hongju[2], SUN Zhonghui[3], QIAO ZhiWang[1], DI Changan[1]

(1. School of Mechanical Engineering, Nanjing University of Science and Technology, Nanjing 210094, China;
2. Beijing Tianying Measurement and Control Technology LTD, Beijing 100089, China;
3. China Baicheng Weapon Test Center, Baicheng 137001, China)

Abstract: In order to adapt the field calibration requirements of the shadow camera station, a square net adjustment module for field calibration of shadow camera station system is designed, it includes large – visible area six – axis parallel robot, movable adjustment table, base structure of square net and rigid base. The adjustment module can make the axis of the square net coincide with the ballistic line, and the grid surface is horizontal and vertical, it has the characteristics of not blocking the bottom field and side shadow camera field of view, and has low requirements on the road surface.

Keywords: adjustment module; square net; shadow camera station; field calibration; motion attitude of bullet

0 引言

在视觉测量中，建立世界坐标系与图像坐标系之间对应关系的过程称为校准[1]。目前，多相机校准方法主要依靠标定物完成，按照标定物维数可分为一维标定物、二维标定物和三维标定物[2]。张正友等[3]采用一维刚体、Daucher等[4,5]将球体作为标定物，建立多相机图像与外界空间关系。然而，这些标定方法均要求多台相机之间具有连续不间断的公共视场，而在弹丸运动姿态测量系统中，测站间隔一定

基金项目：弹丸飞行参数×××技术研究（No. JSJL2016606B004）。

作者简介：周钇捷（1994—），男，硕士研究生，E – mail：zhouyijie@njust.edu.cn。

距离设置，相机之间视场间断分布，上述方法暂时未能应用于靶道多站校准中。

目前，弹道靶道的校准系统可分为悬线型和载体型[6]两种结构，悬线型主要在美军一些测量靶道中使用，我国与欧洲国家的研究则主要集中在载体型上。南京理工大学以载体田字网格上的网格面为基准，校准测站中两台相机光轴正交，利用网格面的几何信息校准相机像面在网格面处的放大倍率。早期靶道基于透明水箱液面作为靶道水平面基准，沿射向在靶道两端之间拉一根Kevler线，构成靶道铅垂基准面，校准过程中使载体轴线位于水平基准面和铅垂基准面交线上，网格面与水平面成45°。荣四海、徐伟龙等[7]利用激光和光电位置传感器，对田字网格空间位置进行准确定位。宋炜等[8]以单激光器单PSD定位载体轴线，提高了靶道校准精度和效率。

现有的室内田字网格调整模块将田字网格成45°角放置，在其调整方式、安装角度等方面均不能适用于野外，本文据此设计了靶道照相站系统野外校准用中空田字网格调整模块，具有不遮挡底面和侧面阴影相机视场中田字网格面区域视场且对路面的要求低等特点。

1 大口径弹丸运动姿态测量校准系统工作原理及系统组成

外场弹丸运动姿态测量校准系统总体结构如图1所示，主要由准直光源模块、田字网格位姿检测模块、田字网格、中空田字网格调整模块及站间搬运模块组成。其中，准直光源模块由平行光源、光源安装调节机构及振动隔离带组成；田字网格位姿检测模块由滤波靶标、光学窗口及PSD组成；中空田字网格调整模块由刚性底座、可移动调整台、六自由度平台、底座和田字网格组成；站间搬运模块由轮式移动小车和堆高车组成。

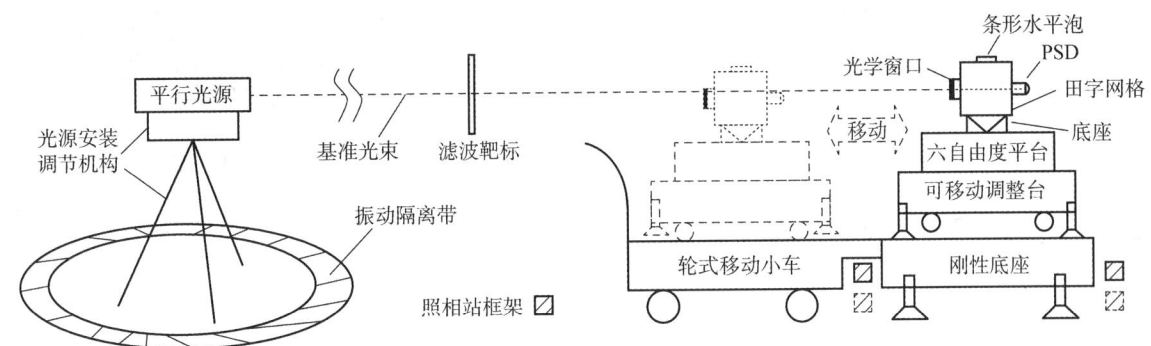

图1 外场弹丸运动姿态测量校准系统总体示意

将平行激光管通过三脚架和三维云台架设在炮口，调节三维云台使得平行激光管的光束水平指向射击方向；将移动升降平台车摆放在轨道上，六自由度并联机器人固定在移动升降平台车上，田字网格通过底座安装在六自由度并联机器人上；推动移动升降平台车使田字网格位于阴影照相站中间位置，在田字网格靠近激光侧架设光学靶标，调节光学靶标使激光束从靶标中心穿过；操作六轴并联机器人调节田字网格位置，使得光学靶标上的反射光斑与入射光斑重合，透射光束光斑在PSD上的位置坐标为(0, 0)，此时田字网格处于校准姿态；以此姿态下的田字网格为标准物质，可校准当前阴影照相站；移动校准仪器至下一个照相站并校准，直到完成靶道所有照相站的校准。

2 组件设计

2.1 田字网格底座设计

为了固定田字网格，保证其在校准过程中的姿态稳定，底座设计成如图2所示结构，其由方梁、侧板组成。侧板由硬质铝合金整体加工而成，框架面上有4个凹状方孔，用于4根方梁的精确定位，内侧设计有大圆角，减小底座在田字网格作用下的变形量。方梁根部设计为方形截面，保证在校准过程中底座方梁不发生旋转。方梁与侧板之间通过螺栓施加预紧力，提高底座刚度。

可移动调整台高度调节行程小于测量系统高度调节范围,因此为了满足测量系统高度要求,设计有 80 mm 和 155 mm 两种不同的高度底座,以适应不同火线高度的测量系统,解决了较高火线情况下可移动调整台变形大、调节效率低的问题。

2.2 田字网格空间位置精调机构

在田字网格达到校准姿态之前,需要不断调节田字网格空间位置,因此,调节机构的分辨率和精准度将直接影响田字网格空间位置调节精度和效率。

为了不遮挡田字网格面,根据田字网格面尺寸,设计大可视区域六轴并联机器人作为田字网格精调机构。为了不遮挡田字网格的标定,如图3所示,六轴并联机器人上平台外径为 $\phi620$ mm,中心方孔尺寸为 300 mm×300 mm;下平台为外径 $\phi1\,030$ mm,内径 $\phi750$ mm 的圆环,上下平台之间通过电动缸、虎克铰连接。从上平台俯视,保证上平台中心方孔平行投影不与电动缸、下平台发生干涉。

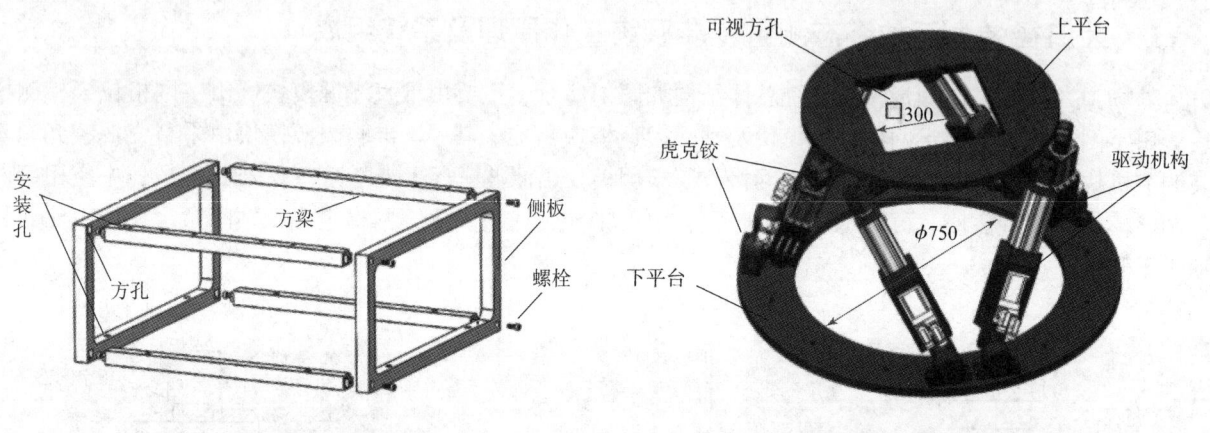

图 2　田字网格底座结构　　　　图 3　大可视区域六轴并联机器人

2.3 可移动调整台设计

如图4所示,可移动调整台由顶板、框架、调整脚和工业轮组成。框架主体采用拉梁式方管结构,顶部承载区域设计成蜂窝状加强结构,保证可移动调整台刚度大、质量轻。

可移动调整台用于将田字网格及六轴并联机器人从照相站框架外快速移动到阴影相机视场中间,同时调整田字网格高度。当可移动调整台需要移动时,旋转调整手环,使工业轮与移动面接触;当调高田字网格时,反向旋转调整手环,使得可移动调整台升高,工业轮悬空,调整脚接触支撑面。

2.4 刚性底座设计

混凝土路面不平整将导致刚性底座不水平,进而导致刚性底座上的校准仪器发生倾斜。由于校准系统中田字网格工作高度高,六轴并联机器人及可移动调整台质量大,校准仪器螺栓连接处将存在较大的倾覆力矩,易损坏连接表面。可移动调整台升高后,调整脚脚杯与刚性底座接触,刚性底座不水平将使得调整脚脚杯不能与刚性底座完全贴合,接触面积减小,刚性底座变形量增大。此外,刚性底座与地面接触,地面不平整使得刚性底座底面与地面存在间隙,导致校准系统仪器整体晃动,从而影响田字网格空间位置稳定性。因此,必须消除地面不平整对校准所带来的影响。

设计了如图5所示的刚性底座以消除地面不平整对校准的影响,其由蹄脚、导向条、焊接框架和承重钢板组成。校准时,刚性底座摆放至照相站要求位置,蹄脚支撑在地面上,调节刚性底座蹄脚,使得承重钢板表面水平。

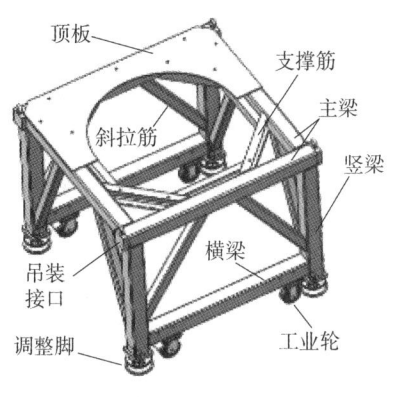
图4 可移动调整台

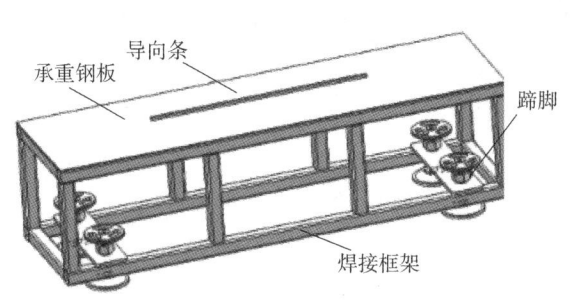
图5 刚性底座

3 中空田字网格调整模块集成

如图6和图7所示,中空田字网格调整模块由刚性底座、可移动调整台、六自由度平台和田字网格底座组成。刚性底座布置在照相站地面阴影相机两侧;田字网格通过底座固定在六自由度平台上,六自由度平台下平面与可移动调整台刚性接触,同时通过螺栓紧固,田字网格、底座、六自由度平台及可移动调整台成为一个整体。将刚性底座摆放在照相站框架内,刚性底座前后端距离阴影照相站框架20 mm,左右距离底面阴影相机框架70 mm。调整刚性底座4个蹄脚,使得刚性底座每个蹄脚与地面充分接触;且刚性底座上表面水平,距离地面400 mm。将田字网格及可移动调整台等整体移动至刚性底座上,旋转可移动调整台调整脚手轮将田字网格粗调到火线高度。为将田字网格角度调节和位移调节解耦,简化调节过程,调节可移动调整台4个调整脚,使得六轴并联机器人下平台处于水平状态。

图6 中空田字网格调整模块三维模型

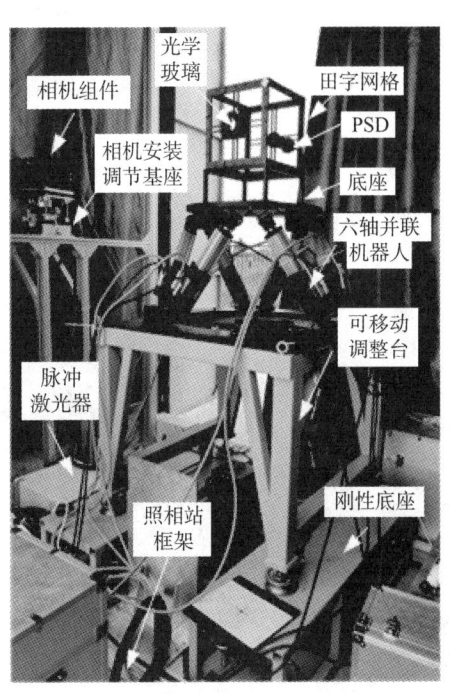
图7 中空田字网格调整模块实物

4 结论

设计了靶道照相站系统野外校准用中空田字网格调整模块,包括大可视区域六轴并联机器人、可移动调整台、田字网格底座及刚性底座;针对校准系统大高度调节范围要求,分析不同高度调节行程条件下可移动调整台的变形量,设计了两种不同高度的田字网格底座。

为系统的校准提供了合适的调整模块,该模块具有以下特点:

(1) 田字网格处于校准姿态时,田字网格轴线与弹道线重合,网格面横平竖直。

(2) 田字网格轴线高度在 2 105 ~ 2 255 mm 之间连续可调。

(3) 当田字网格处于校准姿态时,校准装置不遮挡底面和侧面阴影相机视场中田字网格面区域视场。

(4) 对路面的平整度要求低。

参 考 文 献

[1] Clarke, T. A, Fryer, et al. The development of camera calibration methods and models [J]. Photogrammetric Record, 2010, 16 (91): 51 – 66.

[2] 贾静. 多相机系统中若干视觉几何问题的研究 [D]. 西安:西安电子科技大学,2013.

[3] Zhang Z. Y. Camera calibration with one – dimensional objects [J]. IEEE Trans. Pattern Anal. Mach. Intell, 2004, 26 (7): 892 – 899.

[4] Daucher N., Dhome M., Lapreste J. Camera calibration from spheres images [J]. Proc. Eur. Conf. Comput. Vis, 1994, 449 – 454.

[5] Duan H, Wu Y. A calibration method for paracatadioptric camera from sphere images [J]. Pattern Recognition Letters, 2012, 33 (6): 677 – 684.

[6] 刘世平,易文俊,顾金良,等. 弹道靶道数据判读与处理方法研究 [J]. 兵工学报,2000 (03):201 – 204.

[7] 荣四海,沈华,朱日宏,等. 基于光电位置传感器的发射轨道空间几何坐标一致性校正系统设计 [J]. 中国激光,2012, 39 (09): 146 – 150.

[8] 宋炜. 高精度弹道靶道空间基准系统及其校准方法研究 [D]. 南京:南京理工大学,2017.

国外 C-RAM 系统发展现状及未来趋势分析

刘婧,李雅琼,卫锦萍

(北方科技信息研究所,北京 100089)

摘要:在反恐维稳等军事行动中,作战部队面临的火箭弹、炮弹和迫击炮弹等非对称威胁日益加剧,为此美国、以色列、德国、意大利等国家大力推进反火箭弹、炮弹和迫击炮弹(C-RAM)系统发展,并陆续投入实战使用。结合当前和未来的作战需求,在明确 C-RAM 系统概念原理和功能特点基础上,重点研究了国外 C-RAM 系统的发展现状,并深入剖析了 C-RAM 系统的未来趋势。

关键词:C-RAM;高炮;导弹;激光武器;预警探测;指挥控制

中图分类号:E9　**文献标志码**:A

Research on development status and future trend of foreign C-RAM systems

LIU Jing, LI Yaqiong, WEI Jinping

(North Institute for Science & Technical Information, Beijing 100089, China)

Abstract: In military operations such as anti-terrorism and stability, the asymmetric threats such as rockets, artillery shells and mortar shells faced by combat troops have intensified. For this reason, the United States, Israel, Germany, Italy and other countries have vigorously promoted counter-rocket, artillery, mortar (C-RAM) systems development, and these C-RAM systems have been put into service successively. Based on the current and future operational requirements, the concept and functional characteristics of C-RAM systems are indicated, the development of foreign C-RAM systems are studied in detail, and the future trend of C-RAM systems are deeply analyzed.

Keywords: C-RAM; anti-aircraft gun; missile; laser weapon; early warning and detection; command and control

0 引言

随着局部战争、低强度冲突、反恐作战的频发,火箭弹、炮弹和迫击炮弹等"低、快、小"目标对部队和重要设施安全构成严重威胁,而现有低空近程防空系统主要是针对外形尺寸较大、亚声速飞行的空中目标而设计的,缺乏对具有外形尺寸小、飞行速度快等鲜明特点的目标的有效防御手段。为应对这些威胁,反火箭弹、炮弹和迫击炮弹(C-RAM)系统应运而生,填补了现有低空近程防空系统难以对付火箭弹、炮弹和迫击炮弹等目标的能力空缺,成为现代防空末端防御(距离在 10 km 以内,高度在 5 000 m 以下的低空近程防御)体系最后一道安全防护屏障。

1 C-RAM 系统改变传统反火力压制作战理念

C-RAM 系统由美国于 2004 年率先提出,是指用于拦截火箭弹、炮弹和迫击炮弹的武器系统,主要

作者简介:刘婧(1981—),女,副研究员,硕士研究生,E-mail:sally1981520@163.com。

用于部队区域防护，重点保护驻军兵营、重要目标和前方作战基地，甚至是居民区等区域/设施免遭敌方间瞄火力（火箭弹、炮弹和迫击炮弹）的袭击，实现了防空作战领域新的里程碑。

1.1 主要拦截各类炮兵弹药，体现"攻防兼备"反火力压制作战理念

C-RAM系统主要由火力单元及拦截弹药、预警探测系统、告警系统和火控系统等组成，其典型作战过程是：使用雷达探测并识别来袭的火箭弹、炮弹和迫击炮弹，跟踪弹道并将探测到的数据传送至作战管理和火指控系统；火指控系统接收来袭目标数据并管理交战过程；拦截武器发射拦截弹对目标实施拦截。这一概念突破了"只打武器平台、不拦截炮弹"的传统反火力压制战法，体现了"攻防兼备"的新反火力压制作战理念，即由野战炮兵打击敌方火力平台，由防空炮兵拦截来袭炮弹。

1.2 采用精确拦截、预警探测等先进技术，实施360°全方位防御

C-RAM系统的特点包括：一是能够实时快速探测来袭威胁，为系统留出足够的预警时间，再加上近炸引信、简易制导、预制破片、动能拦截等精确拦截技术的运用，可有效对付多种"低、快、小"目标，发射炮弹和导弹拦截目标的概率分别达到78%和90%；二是采用相控阵雷达等先进预警探测技术，能迅速根据来袭目标的威胁程度区分优先拦截次序，首先拦截最大威胁；三是具有360°半球形防护能力，且附带毁伤和后勤负担小。

1.3 集七大核心功能于一体，有效应对间瞄火力威胁

整套C-RAM系统具备预测、感知、告警、拦截、反击、防护和指挥控制等七大核心功能，具体为：

（1）预测，分析并预防性地巡逻，预先采取行动以消除敌方攻击的可能性，以及（或）采取"先发制人"的攻击行动。

（2）感知，探测和跟踪敌方的行动及来袭炮弹，并将传感器整合为一个整体。

（3）告警，向部队发出警报。

（4）拦截，摧毁来袭的火箭弹、炮弹和迫击炮弹。

（5）反击，识别目标并用各种手段对敌射击分队实施火力压制。

（6）防护，对生活和工作区域提供强有力的保护。

（7）指挥控制，将所有能力集成到一个作战指挥体系内。

2 国外积极研发基于多种拦截武器的C-RAM系统

C-RAM系统自出现以来，受到世界各国的高度重视，美国、以色列、德国、意大利等国家分别根据自身需求积极研发C-RAM系统，目前已形成基于高炮、导弹、激光武器的产品体系，其中高炮C-RAM系统已投入应用，导弹C-RAM系统除以色列"铁穹"外均处于研发测试阶段，激光武器C-RAM系统仍处于探索阶段。

美国陆军于2004年率先启动C-RAM系统研制[1]，最初将舰载"密集阵"近程武器系统改装成过渡型的陆基"密集阵"（"百人队长"）C-RAM系统满足战场急需，随后又提出间瞄火力防护能力发展计划，分三个"增量"发展C-RAM系统："增量"1（2007—2009年），用陆基"密集阵"系统对付火箭弹类目标；"增量"2（2010—2020年），发展扩展区域防护与生存力系统（EAPS，现已调整为间瞄火力防护能力"增量"2-拦截系统），用导弹对付60~120 mm迫击炮弹、107~240 mm火箭弹及122~155 mm炮弹等威胁目标，为半固定平台设施提供更强的拦截能力；"增量"3（2020年以后），发展扩展区域防空系统（EAAD），用激光武器摧毁40 km内的威胁平台、摧毁距离防护目标2~10 km的炮弹类威胁，为部队提供360°全方位防护。该计划现处于第二增量阶段，即研发间瞄火力防护能力"增量"2-拦截系统，用于取代现役陆基"密集阵"第一代C-RAM系统[11]。

2.1 高炮 C-RAM 系统发展成熟，相继投入实战使用

高炮 C-RAM 系统主要由小口径高炮及拦截炮弹、预警探测系统、指挥控制系统等组成。美国基于舰载"密集阵"近程武器系统改装的"百人队长"是世界上第一款高炮 C-RAM 系统（图1），由"密集阵"Block 1B 近程武器系统配用的 M61A1 式 20 mm 加特林自动炮、传感器、AN/MPQ-64"哨兵"防空搜索与跟踪雷达、轻型反迫击炮雷达、AN/TPQ-36 或 AN/TPQ-37 火炮定位侦察雷达以及前方区域防空指挥控制（FAAD C2）系统组成，部署使用后不断改进，已成功完成160多次迫击炮弹和火箭弹拦截任务，拦截率达78%[2]。德国基于"空中盾牌"35 mm 防空系统开发的"空中盾牌"C-RAM 系统（图2）包括1个指挥方舱、2个传感器模块和6个火炮模块（35/1 000 Mk2 型 35 mm 转膛炮），可发射"阿海德"炮弹，2011年随德国国防军部署至阿富汗。意大利研制的"豪猪"C-RAM 系统采用 20 mm 加特林自动炮，能有效拦截 1.0~1.5 km 距离内的目标；"德拉古"76 mm 防空系统可发射"飞镖"制导炮弹，能对付 6~8 km 距离内的目标，但这两种系统尚未装备部队[6]。

图1 美国"百人队长"C-RAM 系统

图2 德国"空中盾牌"C-RAM 系统

2.2 导弹 C-RAM 系统是当前发展重点，美国和以色列发展最为突出

导弹 C-RAM 系统主要由火力单元及防空导弹、预警探测系统、作战管理和指挥控制系统等组成，具有防御范围广、拦截距离远、附带毁伤小等特点，典型产品有美国的间瞄火力防护能力"增量"2-拦截系统和以色列的"铁穹"，其中"铁穹"已投入实战使用。

2.2.1 美利用多任务发射装置测试多种拦截导弹

美国陆军间瞄火力防护能力"增量"2项目旨在发展一种用多任务发射装置（MML）发射的小型导弹防空系统，即间瞄火力防护能力"增量"2-拦截系统，它由 MML 多任务发射装置、拦截导弹、"哨兵"雷达或新型雷达、一体化防空反导作战指挥系统等组成，用于拦截巡航导弹、无人机、火箭弹、大口径炮弹和迫击炮弹等威胁目标。

间瞄火力防护能力"增量"2-拦截系统（图3）于2010年开始研发，分为 Block 1、Block 2 和 Block 3 三个阶段。其中，Block 型系统由在研的 MML 多任务发射装置、现役的 AIM-9X Block 2"响尾蛇"导弹、"哨兵"雷达以及一体化防空反导作战指挥系统等组成，主要用于要地防空，能拦截无人机和巡航导弹等威胁目标。Block 2 型系统将保留 Block 1 型系统的 MML 多任务发射装置和一体化防空反导作战指挥系统，研制新型扩展任务区域导弹-拦截弹（EMAM 拦截导弹）、新型雷达或改进型"哨兵"雷达，

图3 间瞄火力防护能力"增量" 2-拦截系统结构组成

增加对火箭弹、大口径炮弹和迫击炮弹等威胁目标的防御能力。Block 3 型系统将提升对无人机和巡航导弹的拦截能力,执行任务类型从 Block 1 型系统的要低防空扩展至区域防空。从 2018—2019 财年研发预算看,间瞄火力防护能力项目经过调整,目前主要投资发展间瞄火力防护能力"增量"2-拦截系统 Block 1、EMAM 扩展任务区域导弹,重点研发 EMAM 拦截导弹、指控软件和火控技术等。在间瞄火力防护能力"增量"2 拦截系统项目下,美国正在用 MML 多任务发射装置对参与 EMAM 拦截导弹竞标的两种拦截导弹进行试验(表1)。

表1 2016—2023 财年间瞄火力防护能力"增量"2 预算   百万美元

项目	2016年	2017年	2018年	2019年	2020年	2021年	2022年	2023年	合计
Block 1	—	80.78	175.07	157.71	77.60	32.52			523.68
EMAM	149.22	—	11.30	51.03	146.73	132.36	156.7	21.5	668.91

(1)间瞄火力防护能力"增量"2-拦截系统 Block 1 型进入工程与制造研发阶段,预计 2021 年具备初始作战能力,MML 多任务发射装置是研发重点之一,采用开放式架构,由陆军 10 t 卡车搭载,炮塔装有 15 个模块化导弹发射单元;可发射 AIM-9X Block 2"响尾蛇"导弹、小型"命中即毁"拦截导弹、"毒刺"防空导弹、AGM-114"长弓-海尔法"反坦克导弹以及以色列"铁穹"系统的"塔米尔"拦截弹等多种导弹,能够满足不同的任务需求(表2)。MML 多任务发射装置(图4)自 2014 年以来已进行多次射击试验,验证了 MML 多弹种发射及连接陆军一体化防空反导作战指挥系统的能力,至 2016 年 4 月进行工程演示试验后进入工程与制造研发阶段,预计将于 2021 年具备初始作战能力[4,5]。

(2)EMAM 拦截导弹正在进行多项试验,预计将于 2023 年开始试生产并具备初始作战能力。EMAM 拦截导弹由此前扩展区域防护与生存力系统调整而来,现有雷声公司 AIM-9X Block 2"响尾蛇"导弹和洛克希德·马丁公司小型"命中即毁"拦截导弹两种竞争产品,也可能会有第三种产品参与竞争。其中,小型"命中即毁"拦截导弹外形尺寸小、结构紧凑,采用末段半主动制导、动能拦截,可增加 MML 多任务发射装置(图5)的装弹量(共装 60 枚),从而有效拦截炮弹类目标的饱和攻击,并最大限度降低附带毁伤。该拦截导弹自 2012 年以来进行了用 MML 多任务发射装置试射和导弹飞行试验等多项试验,并配装半主动雷达、主动雷达、激光半主动和红外成像等多种类型导引头,同时持续进行改进,2018 年开始从科学技术阶段进入工程与制造研发阶段,为 EMAM 拦截导弹项目的研发、试验与评估阶段做准备[7]。

图4 美国陆军研制的多任务发射器   图5 多任务发射器每个储运发射箱可容纳 4 枚小型"命中即毁"拦截导弹,共装 60 枚

2.2.2 以色列"铁穹"率先投入实战使用,拦截成功率超过 90%

"铁穹"系统从 2007 年开始研制到 2011 年部署仅耗时 4 年,成为世界上率先投入实战使用的导弹 C-RAM 系统,凭借其防御范围广、拦截距离远、附带毁伤小等特点,在以色列实战中发挥重大末端防御作用。

表2 间瞄火力防护能力"增量"2拦截系统主要战术技术性能

系统组成	MML多任务发射装置、拦截导弹、"哨兵"雷达或新型雷达、一体化作战指挥系统
MML多任务发射装置	
结构组成	由陆军10 t卡车搭载,其炮塔装有15个模块化导弹发射单元,可容纳多种导弹
方向射界/(°)	360
高低射界/(°)	0~90
拦截导弹:AIM-9X Block 2"响尾蛇"导弹	
弹长/m	2.9
弹径/mm	127
弹重/kg	85
最大射程/km	10
拦截导弹:小型"命中即毁"拦截导弹	
弹长/mm	686(改进前),711(改进后)
弹径/mm	40
弹重/kg	约2.2
最大射程/km	2.5
"哨兵"雷达	
探测距离/km	74(最大)
截获距离/km	40(对小型战斗机)
探测高度/km	15
探测覆盖范围/(°)	360

"铁穹"系统由EL/M-2084多任务雷达、作战管理与指控中心和3个火力发射单元组成,每个火力发射单元可装20枚"塔米尔"拦截导弹,能够在低云、雨、沙尘暴或雾等所有天气条件下拦截4~70 km范围内的火箭弹,防御面积达150 km²。该系统的一大特点是能够有效区分来袭目标,其作战过程(图6)为:首先,EL/M-2084雷达探测、识别和跟踪敌方发射的火箭弹,并将相关数据通过数据链发送给作战管理与指控中心;然后,作战管理与指控中心迅速根据弹道、天气等条件综合测算,判断火箭弹落点,只对射向城区等有价值目标的火箭弹实施拦截,对打在空地的火箭弹则置之不理。事实上,这正是"铁穹"系统的突破:不仅能精确拦截目标,而且能有效区分来袭目标的危险程度,进行有选择的拦截,从而降低成本并减少不必要的拦截。最后,"塔米尔"拦截弹发射后,不断接收指控系统上传的目标弹道数据,据此对自身飞行弹道进行修正。在拦截末段,"塔米尔"拦截弹激活自身的雷达导引头,获取目标信息,完成末段交会,最后通过直接碰撞摧毁火箭弹。如果目标已经错过,则可通过近炸引信引爆战斗部,释放出高速预制破片来摧毁火箭弹[8]。

目前,以色列已部署10个"铁穹"导弹连。该系统自2011年3月部署以来已实施超过1 700次拦截,自2012年的"防卫之柱"行动以来历经数次螺旋式技术升级改进,其雷达的探测性能、作战指挥系统的灵活性以及"塔米尔"拦截导弹的制导精度和射程等均有提升,

图6 以色列"铁穹"系统作战流程

虚警率更低，可拦截目标的类型也在拓展，既包括速度较高的远程火箭弹，也包括速度较低的无人机，拦截成功率从最初的70%提高至90%以上[3]。2018年5月29日，以色列防空部队使用改进型"铁穹"系统成功拦截伊斯兰圣战恐怖组织发射的数十枚火箭弹，并首次成功拦截该组织对以色列边境村庄发射的迫击炮弹（可能是81 mm口径）。为成功拦截迫击炮弹，这是"铁穹"系统首次在实战条件下证明其拦截来袭迫击炮弹的能力。"铁穹"系统进行了如下改进：增加新的雷达监视模式，以提高探测与跟踪速度；加快作战管理系统的处理速度，以提高反迫击炮弹能力；改造"塔米尔"拦截导弹，以应对特定威胁[9]。

为满足当前和未来的作战需求，以色列"铁穹"系统开始逐渐从固定位置执行作战任务转向伴随防空部队机动作战。以色列拉法尔先进防务系统公司在2018年法国国际防务展上首次展出的"Ⅰ-穹"防空系统，就是一种高机动双用途超近程/C-RAM防空系统。它将"铁穹"系统安装在"曼"6×6军用卡车底盘上，另外还配有雷达以及作战管理与武器控制操作台，有3或4名乘员（具体人员配置取决于作战需求）。系统的拦截导弹预先封装在待发状态的发射箱内，导弹分2排放置，每排5枚，共10枚，可同时跟踪并摧毁多个目标；C4I系统之前安装在独立车辆上，现挪至车辆的驾驶室内；新型四面相控阵雷达安装在驾驶室后，覆盖范围达360°，尽管探测距离比"铁穹"的要短，但足以胜任机动防御作战；天线阵列升高到车辆上方，安装在桅杆上。"Ⅰ-穹"防空系统既可独立使用，也可与其他防空系统配合使用，能够为机械化部队提供防护，并为军事/工业/行政设施提供点防御能力，有效防御飞机、直升机和无人机，以及近-中程火箭弹、炮弹和迫击炮弹威胁[10]。

另外，该系统自研制以来就受到多个国家的关注，包括美国。雷声公司正致力于生产"铁穹"系统的美国型，即"空中猎人"，未来能够用于防御美国前方部署部队，该系统在2017年10月的美国陆军协会年会期间展出。

2.3 激光武器C-RAM系统仍处于探索阶段

基于激光武器的反火力压制系统由激光器、光束控制系统、电源及热管理系统等组成，具有单次发射成本低、不受弹匣容量限制、交战速度快、打击精度高、附带毁伤小、杀伤效果可控等特点，美国、德国、以色列等国家正在研制车载和舰载基于激光武器的反火力压制系统，这些系统当前的功率水平为30~60 kW，通过技术改进将功率提升至100 kW以上后可远距离对付火箭弹、炮弹和迫击炮弹等目标。

美国海军2014年将"激光武器系统"安装到"庞塞"号两栖舰上并部署到海湾地区进行真实海洋环境试验，2019年3月提出到2021年在"阿利·伯克"级Flight IIA型驱逐舰上安装"太阳神"（带监视功能的高能激光与综合光学致眩）武器系统，"太阳神"的功率将从"激光武器系统"的20 kW级提升到60 kW级，功能更为强大；洛克希德·马丁公司自筹资金研发的车载区域防御反弹药激光武器系统采用10 kW级光纤激光器，2012年成功摧毁了2 km距离上11枚利用绳索悬挂、模拟飞行状态的小口径火箭弹，2013年4月底成功摧毁了1.5 km距离上自由飞行的8枚模拟"卡桑"火箭弹的目标。德国正在研制测试车载型和舰载型激光武器，其中车载型激光武器由3个10 kW的模块组成，总功率达到30 kW，舰载型激光武器由5个20 kW的模块组成，总功率有望达到100 kW。以色列推出的"铁束"激光武器系统（图7）采用模块化设计，由防空雷达、指挥控制单元和两套千瓦级高能激光器组成，已安装在卡车上进行了试验，

图7 以色列"铁束"激光武器系统（上）及工作原理示意（下）

可对付 2 km 距离内的火箭弹、迫击炮弹和无人机。

3 C-RAM 系统未来将基于多系统之系统理念提升作战效能

C-RAM 系统是集侦察、火力和指挥于一体的多系统之系统，将从各子系统及相关技术领域拓展能力，有望成为世界主要国家防空连的制式装备，为未来联合作战部队防护提供有力保障[12]。

3.1 拦截武器方案向新概念武器领域延伸

高炮 C-RAM 系统将继续融入先进火炮及弹药技术提升作战效能，并逐渐从小口径高炮向中大口径火炮拓展，大口径火炮射程远，目标防御范围广，再加上近几年精确制导炮弹的快速发展，对付火箭弹、炮弹和迫击炮弹的作战效能可能会更好。德国正尝试为"多纳尔"52 倍口径 155 mm 自主式火炮系统集成反火箭弹、炮弹和迫击炮弹能力，在营地防护先期试验中能够发射 155 mm 破片榴弹防御 60～120 mm 迫击炮弹的攻击。

导弹 C-RAM 系统仍是今后发展的重点，更重视提升战斗部杀伤效能，将采用活性材料战斗部等新型战斗部技术提升防空导弹的拦截效能，以期大量部署使用。活性材料由金属粉末和高分子聚合物组成，可用于制造破片杀伤战斗部壳体、穿甲弹弹芯及聚能装药战斗部的药型罩等，在强冲击载荷作用下，活性材料可自行发生化学反应并爆燃，释放出大量的化学能。与现役弹药相比，活性材料的应用可使弹药威力效能获得大幅甚至跨越性的提升。美国大量试验表明，活性材料应用于破片杀伤战斗部，其杀伤半径是钢、钨一类传统破片杀伤战斗部的 2 倍，潜在的毁伤威力可达 5 倍。

激光武器 C-RAM 系统逐渐成熟，未来有望成为高炮和导弹 C-RAM 系统的补充，实现全面、高效的防御能力。此外，随着新概念技术的发展，C-RAM 系统拦截武器还将逐渐向电磁炮、金属风暴武器、埋头弹武器等新概念武器领域拓展，致力于突破关键技术挑战，满足反火力压制作战需求。金属风暴武器采用电子点火方式点燃堆栈排放的多个弹丸，具有结构紧凑、超高可变射速、毁伤概率高、适装性强等特点，可用于防空反导；电磁导轨炮用电能代替化学发射药来推动弹丸运动，其炮口初速是常规火炮的 2 倍。美国通用原子公司研制的"闪电"电磁导轨炮迈出了电磁炮应用于防空领域的重要一步，具备反炮弹和防空，以及近程弹道导弹防御能力；40 mm 埋头弹武器系统可配用新型防空空爆弹，可对付无人机、直升机、巡航导弹以及火箭弹、迫击炮弹等目标。

3.2 预警探测系统向机动化、多功能和网络化方向发展

预警探测系统是 C-RAM 系统的"耳目"，具体任务基本由雷达承担。C-RAM 系统一般配装多种体制、多种型号的雷达，以提高整个预警系统的能力。目前，有源相控阵技术是雷达发展的方向，具有反应时间短、定位精度高、探测距离远、可同时监视多个地区和跟踪多个目标等特点，且具有边探测边跟踪和有效对抗小型目标、低空目标的能力，在 C-RAM 系统中有广泛应用。为应对因空袭武器速度高、雷达截面积小、低空机动飞行而导致预警探测难度增加的挑战，国外还致力于提高雷达的机动性、稳定性和可靠性，未来重点发展多功能雷达，提升雷达组网能力。美国、以色列、荷兰等国家正积极探索机动性好、可靠性高且能够联网的多功能预警探测雷达技术，其中美国 C-RAM 系统综合运用了 AN/MPQ-64 "哨兵"雷达、轻型反迫击炮雷达、火炮定位侦察雷达等，此外还研制出 Ku 波段多功能射频系统雷达，并演示了 HAMMR 高适应多任务雷达。

3.3 指挥控制系统进一步提升网络化水平

指挥控制系统是 C-RAM 系统的"大脑"中枢，将所有能力集成到一个作战指挥体系内，决定着 C-RAM 系统的整体作战效能，主要负责与上级沟通，下达作战任务；细分目标，进行空域分配、目标识别、优化火力分配等任务；实施火力分配，控制各个目标通道向指定目标射击。网络化的指挥控制系统可利用通信网络将火力单元、预警探测系统、指挥控制中心等联网，有效协调 C-RAM 系统实施目标

拦截。美国、英国、以色列等国家正在进一步优化指挥控制系统，以满足反火力压制任务的需求。

4 结论

国外掀起的发展能够对付火箭弹、炮弹和迫击炮弹等高速小尺寸目标威胁的 C-RAM 系统的热潮，不仅体现了"需求牵引"的催化作用，更得益于拦截武器及弹药、探测预警、指挥控制等技术的推动。随着导弹技术、激光武器技术的进步，C-RAM 系统还将继续发展，重点开发基于导弹和激光武器的下一代 C-RAM 系统，并向新概念武器领域延伸，成为国外优先发展和部署的武器之一。

参 考 文 献

[1] Christopher R. Mitchell. C-RAM BATTERY. ADA Magazine Online. January 4, 2006.
[2] Mike Van Rassen. Counter-Rocket, Artillery, Mortar (C-RAM). PROGRAM EXECUTIVE OFFICE MISSILES AND SPACE.
[3] Jeremy Binnie. IDF releases Iron Dome interception rate. Jane's Defence Weekly. July 18, 2014.
[4] US Army has tested new air defene system IFPC Inc 2-I Multi Mission Launcher. www. army recognition. com. April 28, 2016.
[5] Yaakov Lappin. US Army trials Israel's Iron Dome interceptor for new air defence system. Jane's Defence Weekly. April 21, 2016.
[6] Jane's Artillery and Air Defence. 2018.
[7] Robin Hughes. Lockheed Martin tests re-configured MHTK Interceptor. Jane's Missiles & Rockets, 2018-02-18.
[8] Iron Dome. LandWarfare Platforms: Artillery & Air Defence. 01-Mar-2017.
[9] Tamir Eshel. Iron Dome Defeats Mortar Attacks from Gaza. http://defense-update. com/ 20180530_irondome. html. May 30, 2018.
[10] DAVID DONALD. Eurosatory 2018: Iron Dome goes on the road [ES18D2]. www. janes. com. 12 June 2018.
[11] 杨艺. 美陆军 C-RAM 能力向间瞄火力防护能力转型 [J]. 外军炮兵, 2010 (3): 21-26.
[12] 唐家明. 外军 C-RAM 系统发展及启示 [J]. 陆军装备, 2013 (10): 51-52.

美国陆军构建下一代战车体系

贾喜花　宋　乐　王桂芝

(北方科技信息研究所，北京　100089)

摘　要：分析下一代战车项目发展背景，研究下一代战车项目所含的有人（可选无人）战车项目、防护性机动火力项目、多用途装甲车项目、决定性杀伤平台项目以及机器人战车项目等子项目需求，研判下一代战车的杀伤力、生存力、机动能力和态势感知能力等作战能力。

关键词：下一代战车；有人战车；多用途装甲车；无人战车

0　引言

下一代战车项目是美国陆军第二大现代化优先项目，旨在开发多款有人与无人战车，有人战车涵盖主战坦克、步兵战车、多用途装甲车与火力支援车，无人战车分为轻、中、重三种车型，质量分别在10 t、20 t和30 t以下。2019年3月，美国陆军在2020财年国会预算申请中，提出未来五年将投资7.03亿美元支持下一代战车项目，其中2020财年为1.576亿美元，2021财年为1.516亿美元，2022财年为1.728亿美元，2023财年为0.507亿美元，2024财年为0.447亿美元，这些资金主要用于支持概念研发、折中研究，经济可承受性分析，并评估下一代坦克的概念与设计。

1　下一代战车项目发展背景

美陆军现役装备中，M1"艾布拉姆斯"主战坦克、M2"布雷德利"步兵战车和M113装甲车虽然改进升级一直在持续，但这些装备已经接近寿命极限，近战的能力优势正逐渐缩小。过去两次取代现役战车的未来战斗系统项目和地面战车项目由于规划和费用方面相关的原因而被取消。在美军打伊拉克和阿富汗两场战争期间，美国的主要对手在反介入/区域拒止能力，包括远程精确武器、快速反应能力实现大幅提升。面对未来作战行动，美国陆军需要有发展空间的新平台。美国陆军于2015年提出"下一代战车"项目，项目最初称为"未来战车"，由BAE地面系统公司和通用动力地面系统公司开展未来战车概念设计工作。2018年10月，美国陆军领导层决定将"下一代战车"重新命名为有人（可选无人）战车（OMFV），将下一代战车项目扩展为一系列战车项目，构建下一代战车体系，将战场上的能力优势保持到2050年及以后。

2　下一代战车项目组成

下一代战车项目是在原来"布雷德利"步兵战车替代项目的基础上，整合更多的战车子项目，包括替代M113装甲车的多用途装甲车、火力支援车、替代"艾布拉姆斯"坦克的下一代主战坦克以及机器人战车，具体如下。

2.1　有人（可选无人）战车项目

该项目旨在研发"布雷德利"步兵战车替代车型。2018年9月，美国陆军提出有人（可选无人）战车必须具备的能力包括以下几个方面：一是可选有人，必须能够遥控操作；二是承载能力，能搭载2名乘员和6名士兵；三是可运输性，两辆可选有人战车可由一架C-17运输机运输；四是密集城市地形作战和机动性；五是防护性，必须有在当前和未来战场上生存所需的防护；六是可扩展性，应拥有足够的尺寸、质量、结构、动力和冷却性能；七是杀伤力，具备采用直射火力、杀伤性增程中口径火炮、定向能武器等全天时、全天候打击移动和静止目标的能力；八是嵌入式平台训练；九是维修保障，降低后勤保障负担。美国陆军与科学应用国际公司团队签订了样车研制合同，合同为期7年、价值7亿美元，要求在2022年9月30日前完成两辆演示样车的研制。陆军计划最终将至多采购3 590辆有人（可选无人）战车。

2.2 防护性机动火力项目

该项目旨在研发火力支援车，为初期行动、强行进入行动提供有防护的远程精确直射火力，与地面机动车和轻型侦察车配合使用，弥补步兵旅级战斗队在机动直射火力上的能力缺口。防护性机动火力项目是美国陆军《2015年战车现代化战略》的第一优先项目，将采用履带式平台，质量为25~35 t，配备105 mm火炮，装甲防护能力略低于主战坦克，单车目标价格为640万美元，总需求量为504辆。在战略机动性方面，陆军希望一架C-17"环球霸王"Ⅲ运输机可空运两套防护性机动火力系统。陆军总采购量预计为504辆，每支旅级战斗队装备14辆，首支部队计划于2025财年开始列装。

2.3 多用途装甲车项目

该项目旨在研发M113装甲车替代车型，以填补装甲旅战斗队目前和未来在部队防护、机动性、可靠性和互操作性方面的能力差距。多用途装甲车项目总价值预计为50亿~70亿美元。美国陆军计划采购2 936辆多用途装甲车，采购的车型包括通用车、任务指挥车、迫击炮载车、医疗后送车和救护车。通用车有2名乘员和6名载员，采用21世纪旅及旅以下部队作战指挥系统、蓝军跟踪系统等，可重新配置运送伤员，也可搭载武器，执行后勤护卫、紧急补给、伤员后送和安全等任务；任务指挥车有驾驶员、车长和2名操作人员共4人，为陆军装甲旅级战斗队网络现代化战略的基础，在C4能力、尺寸、质量、功率与冷却方面有显著提升；迫击炮载车有2名乘员和2名迫击炮炮手，采用M95迫击炮火控系统、21世纪旅及旅以下部队作战指挥系统、蓝军跟踪系统等；医疗后送车有3名乘员，可运送6名流动伤员，或4名担架伤员，或3名流动伤员和2名担架伤员；救护车有4名乘员和1个救治台，救治1名担架伤员。

2.4 决定性杀伤平台项目

该项目旨在研发下一代主战坦克，以替代"艾布拉姆斯"坦克。下一代主战坦克可能采用120 mm或者125 mm火炮、激光炮，采用先进传感器和轻型复合装甲材料，并且加强侧面和底部防护，"战利品"主动防护系统也有可能应用在下一代主战坦克上。

2.5 机器人战车项目

陆军计划同时开发三种机器人战车，用于运输/通用/核生化侦察的轻型机器人战车、能携带更多载荷和武器的中型轻型机器人战车、具备决定性杀伤力的机器人坦克，以配合有人战车进入战斗，既保护可选有人操控战车，又提供额外的火力支援。轻型机器人战车质量轻于10 t，单车能够由直升机运送。轻型机器人能够配装反坦克导弹或无后坐力武器，并利用传感器组件与无人机集成。美国陆军设想，轻型机器人战车是"消耗品"。中型机器人战车的质量将在10~20 t，C-130运输机可以运送一辆机器人战车。中型机器人战车能够配装多枚反坦克导弹、中口径自动炮或大口径无后坐力火炮。预计，中型机器人战车还将配备功能强大的传感器组件，并能够配装无人机。中型机器人战车是一种"持久"使用的系统，比轻型机器人战车具有更强的生存能力。重型机器人战车的质量将在20~30 t，一架C-17运输机可运送两辆重型机器人战车。预计，重型机器人战车将配装用于摧毁敌方步兵战车和坦克的车载武器系统。重型机器人战车还配备功能强大的传感器套件，并能够集成配备无人机。重型机器人战车比其他机器人战车拥有更强的战场生存能力。

3 下一代战车作战能力分析

3.1 有人车辆在行进和静止时，具备全天候打击移动和静止目标的能力

火力支援车配备 105 mm 火炮，为初期行动、强行进入行动提供有防护的远程精确直射火力，与地面机动车和轻型侦察车配合使用，弥补步兵旅级战斗队在机动直射火力上的能力缺口。有人（可选无人）战车安装中口径自动炮、定向能武器和导弹，可在昼夜/全天候条件下，使用主武器和独立武器系统同时打击移动或静止目标。下一代主战坦克具有决定性杀伤力，平台可能采用 120 mm 或者 125 mm 火炮、激光炮等。

3.2 下一代战车能够确保部队更快、更灵活地实施机动

下一代战车发动机将与 160 kW 综合起动/发电机、先进战车传动装置、先进热管理系统、先进模块化电池集成，能够显著提升车辆机动性和燃油效率，确保部队能够更快、更灵活地实施机动。发动机功率密度将超过 66 kW/L，比现有战车发动机提高 50% 以上，燃油消耗降低 13%；先进战车传动装置与传统系统相比具有更好的燃油经济性，燃油消耗降低 10%~15%，热效率提高 15% 以上；先进热管理系统改进平台机动性，包括最大速度提高 8%，爬坡速度提高 5%，加速度提高 5%；先进模块化电池采用第二代 6T 锂离子电池，比第一代 6T 锂离子电池的能量密度提高一倍，即从 80 kW·h/kg 提高到 160 kW·h/kg 以上，功率密度提高 50%。

3.3 下一代战车将采用主动防护、主动装甲技术，抵御广泛威胁

有人（可选无人）战车的候选车辆中，CV90 Mk IV 步兵战车和"格里芬"Ⅲ都采用了以色列军事公司的"铁拳"主动防护系统。雷声公司和莱茵金属公司团队将集成雷声公司正在研制的"快杀"2.0 主动防护系统到其"山猫"竞标平台上。下一代主战坦克采用先进传感器和轻型复合装甲材料，达到或者超过"艾布拉姆斯"坦克的生存力，并且加强侧面和底部防护，而质量更轻。"艾布拉姆斯"M1A2D 型坦克上的"战利品"主动防护系统也有可能应用在下一代主战坦克上。多用途装甲车采用新型全焊接铝制车体，并配备爆炸反应装甲以抵御反坦克武器，提供更高水平的防护，车辆内部配备破片衬层和爆炸减振座椅。此外，机器人战车可先于有人战车进入战斗，以阻止伏击，并可用于保护有人战车编队的侧翼，从而进一步提高有人战车生存力。

3.4 下一代战车将采用改进的 360°态势感知和敌方火力探测工具

研发人员正在确定提供完整图像所需摄像机的最少数量，以完成定位和提供清晰图像，避免乘员处理过多的数据。据估计，4~6 台摄像机足以探测分辨 200 m 处人员目标的性别。探测设备最终理想的产品是能提高态势感知能力的多功能非制冷传感器，可监视敌方火力，也可采用不同算法集合，探测小型无人机目标。现有装甲战车的车长和驾驶员是将头部探出舱盖对周围情况进行观察，观察能力有限并且容易受到狙击手和简易爆炸装置的袭击。美国军方为下一代战车研发能提高战车态势感知能力的技术，使战车性能更强、更安全。

3.5 无人战车既增强有人战车态势感知能力，又提供额外的火力支援

美国陆军设想使用机器人战车作为有人战车的"侦察兵"和"护送队"。这些机器人战车配备功能强大的传感器套件，能够集成无人机，在前线完成敌方态势图，以决定何时让美军以及盟国军队加入战斗。在机器人车辆完成初步接触后，指挥官将决定风险水平是否可接受，以及最好以何种方式让敌人屈服或将其消灭。

4 结论

目前,多用途装甲车项目已进入小批量试生产阶段,火力支援车进入了样车研发阶段。2019年3月中旬,美国陆军发布"布雷德利"步兵战车预征询书,打算在2020财年第二季度签订两项样车快速制造合同,每个合同将制造14辆预生产车辆。根据新的采办计划,在2023财年第三季度作出里程碑C决策,将该项目转入生产和开发阶段,并且于2026财年第一季度有人(可选无人)战车装备第一支部队。在2035年及以后的未来作战环境中,装备下一代战车的部队能够在无限制、受限制和密集城市地形中进行有效机动,并在进行联合兵种机动时给予敌方致命打击。

参 考 文 献

[1] BAE Systems awarded development contract for Mobile Protected Firepower, Dec 17 2018, https://www.baesystems.com.
[2] Further light shed on US Army's NGCV programme, 10 Oct 18. https://battle-updates.com.
[3] Replacing the Bradley is the top priority for the Army's next-gen combat vehicle modernization team, October 8, 2018. https://www.defensenews.com.
[4] Army releases draft 'partial' RFP for OMFV, February 1, 2019, https://insidedefense.com.
[5] Pentagon budget 2020: US Army details five-year, USD703 million NGCV prototyping plans, Jane's Defence Weekly, 18 March 2019.

伪随机二相码在雷达中的应用分析

徐 飞

(西安电子工程研究所,陕西 西安 710100)

摘 要:伪随机编码信号以其灵活多变的特点,很好地适应了当前雷达低截获概率的需求。介绍了几种伪随机二相码信号及其特点。对二相伪随机码在雷达信号处理各环节的情况进行研究,分析了数字下变频对二相码信号的影响,不同子码数量下匹配滤波的统计特性,以及不同点数的相参积累对雷达信号主副瓣增益的影响。

关键词:二相码;M序列码;匹配滤波;相参积累

中图分类号:TN958.3 文献标志码:A

Application analysis of pseudo_noise binary – phased codes in radar

XU Fei

(Xi'an Electronic Engineering Research Institute, Xi'an 710100, China)

Abstract: Pseudo_noise code signals is flexible and changeable, which is well suitable for the low probability of intercept radars. Several binary code signals and their characteristic are introduced. The situation of Pseudo_noise binary – phased codes in each module of radar signal processing is studied. The influence of Digital down converter, statistical characteristics of matched filtering with different numbers of subcodes, and effect of coherent integration of different points on mainlobe peak to sidelobe peak ratio of radar signals are analayzed.

Keywords: binary – phased codes; m – sequence code; matched filtering; coherent integration

0 引言

随着技术的进步和战场环境日趋复杂,对当前雷达的抗干扰能力的要求越来越高。相位编码信号波形变化灵活,具有很低的截获概率,能够很好地适应当前雷达抗干扰的需要。

1 伪随机二相码

二相编码信号能够表示为

$$x(t) = a(t)\exp[j\varphi(t)]\exp(j2\pi f_0 t)$$

该信号的包络为

$$\mu(t) = a(t)\exp[j\varphi(t)]$$

其中,f_0 表示载波,$\varphi(t)$ 为 0 或 π。不同类型的二相码信号有着不同的特性,下面将对几种进行介绍。

1.1 巴克码

巴克码有着非常好的自相关函数,它是一种优选的伪随机二相码[1]。它的自相关函数为

$$R(m) = \sum_{k=0}^{N-1-|m|} c_k c_{k+m}$$

作者简介:徐飞 (1983—),男,硕士研究生,E-mail: xufei336@163.com。

$$= \begin{cases} N, & m=0 \\ 0 \text{ 或 } \pm 1, & m \neq 0 \end{cases}$$

可知，其峰值为 N，即主副瓣比为码长。但让人遗憾的是巴克码数量很少，且码长有限。

1.2 M 序列码

M 序列码也是一种二相伪随机码。该码形可通过移位寄存器线性反馈来产生实现，它有下面所述的几个特点：

（1）它的周期 N 为 $2^n - 1$。

（2）一个 m 序列的周期中，码值为 1 的码片比码值为 0 的码片多出现一次。

（3）自相关函数为

$$R(m) = \begin{cases} N, & m \equiv 0 \pmod N \\ -1, & m \neq 0 \pmod N \end{cases}$$

1.3 Gold 码

它是一种组合码，是由一对级数相同的 M 序列码组合而成[2]，并非所有相同级数的 M 序列都能组成 Gold 码，能产生 Gold 码的一对 M 序列叫做优选 M 序列对。该码在通信中有着广泛的应用，GPS 信号中的 C/A 码也属于 Gold 码。

2 雷达各处理环节影响分析

雷达前端接收回波信号后，信号处理要对中频信号进行 A/D 采样，而后在数字域进行相关处理。下面将对数字下变频模块、脉冲压缩模块、MTD 模块等功能单元对二相码处理的影响进行分析。

2.1 数字下变频（DDC）处理单元影响分析

数字下变频中由本振产生模块、混频模块和低通滤波模块组成，其中低通滤波模块对信号有平滑作用。因此，下变频后的信号与理想信号相比在 1 与 -1 切换时有一个过渡过程，如图 1 所示[3]。

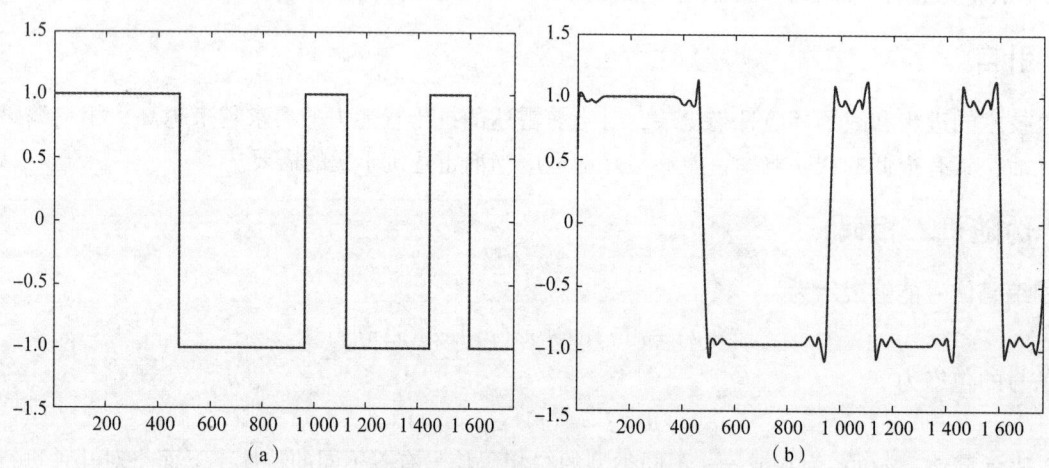

图 1　理想二相码与 DDC 后二相码比较
(a) 理想二相码；(b) DDC 后二相码

从图中可以看到，DDC 后的码形在子码变化时存在一段时间暂态，而非从直接稳定过渡。该信号与理想信号匹配滤波器进行匹配滤波时是一种失配处理，失配处理往往会导致主副瓣比变小、主瓣变宽等问题，给处理带来损失。理想信号与 DDC 后信号分别与理想信号匹配滤波器进行脉压运算，其结果如图 2 所示。

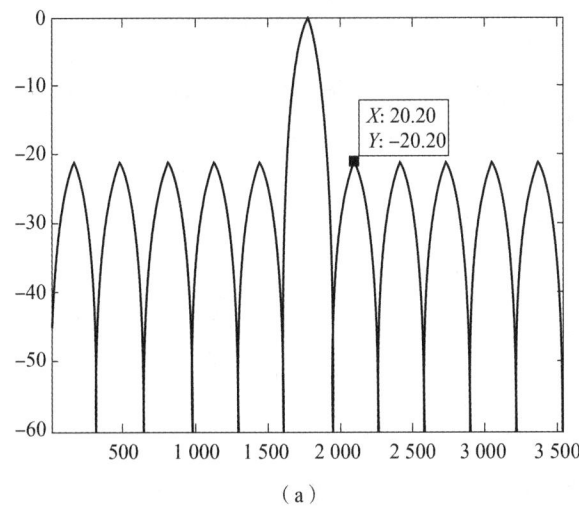 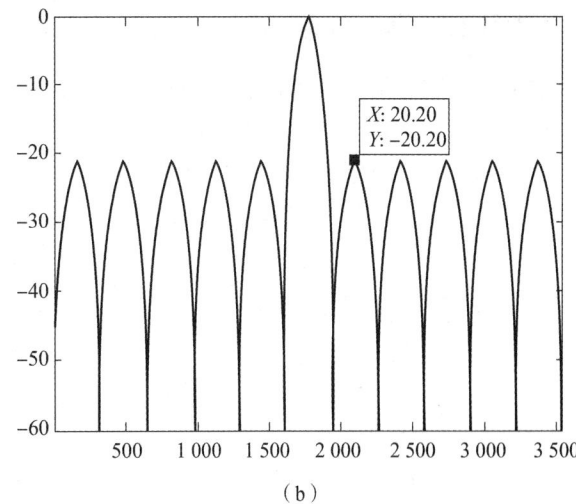

(a)　　　　　　　　　　　　　　　(b)

图2　理想二相码与 DDC 后二相码脉压比较

(a) 理想二相码脉压；(b) DDC 后二相码脉压

从图中可以看到，当采样率足够时，DDC 所引起的信号形变对脉压的结果影响很小，完全可以忽略不计。

2.2 脉冲压缩模块影响分析

无论是 M 序列码还是 GPS 中用到的 Gold 码，要想获得最低的副瓣都需要是周期循环的，而当前雷达中所使用的都是截断的脉冲信号，将会对副瓣产生影响，此处不做深入讨论。本节主要研究的是不同码长对脉压结果的影响，为了便于说明问题，使用普通二相伪随机码来验证。

对多组子码个数为 128 的信号做脉压运算，其脉压结果如图 3 所示。

下面将分析脉压后的结果，求取不同子码长度下的主副瓣比情况。将每一组脉压后的旁瓣求平均，将主瓣比上该值，最后多组求平均可得到平均主副瓣比；将每一组脉压后的旁瓣选最大，将主瓣比上该值，最后多组求平均可得到平均峰值副瓣主副瓣比。不同子码个数下的主副瓣比如表 1 所示。

从表 1 中可以看到，脉压后的主副瓣比随子码个数增加而增加。点数增长一倍平均主副瓣比大概

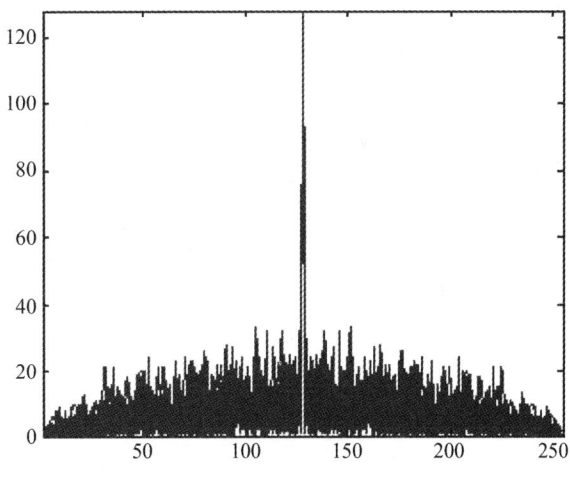

图3　子码个数 128 二相码脉压结果

增加 3 dB，这是因为点数增加 N 倍，则主瓣为相参增加 N 倍，而副瓣平均值为非相参积累增加 $\sqrt{N}$ 倍，从而主副瓣比增加 $\sqrt{N}$ 倍。而平均峰值副瓣主副瓣比增加小于该值。

表1　不同子码个数下的主副瓣比

子码个数	32	64	128	256	512	1 024
平均主副瓣比/dB	20.46	23.55	26.54	29.54	32.57	35.59
平均峰值副瓣主副瓣比/dB	10.13	12.05	14.06	16.17	18.49	20.88

2.3 MTD 模块影响分析

使用线形调频信号或固定的二相码信号，在进行 MTD 运算时可以提高信噪比，而不能提高信号脉压的主副瓣比。若每个发射脉冲发射相同子码个数的不同二相码，则经过 MTD 运算不仅能提高信噪比还能提高主副瓣比。这是因为相同子码个数的二相码脉压后主瓣是一样的，该处的值经 MTD 运算为相参积累，而旁瓣的值为非相参积累。MTD 点数与主副瓣比如表 2 所示。

表 2　不同 MTD 积累点数下的主副瓣比

MTD 点数	32	64	128	256	512	1 024
平均主副瓣比/dB	43.75	46.73	49.73	52.73	55.74	58.75
平均峰值副瓣主副瓣比/dB	30.29	32.94	35.85	38.60	41.43	44.16

从表中可以看到，MTD 运算可以带来主副瓣比的增加。其中，平均主副瓣比增加情况与分析一致，以 $\sqrt{N}$ 的倍数增长，而平均峰值副瓣主副瓣比的增加情况要小一些。

3　结论

本文对能够提高抗干扰能力的二相伪随机码进行研究，分析了雷达信号处理各个模块对它的影响和作用，指出了提高二相伪随机码的主副瓣比的方法，提高了该码形在工程中的适应能力。

参 考 文 献

[1] 吴顺君，杨晓春. 雷达信号处理和数据处理技术［M］. 北京：电子工业出版社，2008.
[2] 谢刚. GPS 原理与接收机设计［M］. 北京：电子工业出版社，2017.
[3] 李佳颖. 伪随机编码雷达信号处理研究［D］. 北京：北京理工大学，2015.
[4] JIN Xiaojun, JIN Zhonghe, ZHANG Chaojie, et al. Modified pseudo – noise code regeneration method［J］. Journal of Systems Engineering and Electronics，2010，26（3）：370 – 374.
[5] 洪韬，刘林，陈海波，等. 伪码脉冲体制引信近距特性分析［J］. 兵工学报，2009，30（2）：129 – 133.

离散控制系统简要分析

尹 昶，王 宁

（重庆机电职业技术大学 电气与电子工程学院，重庆 400000）

摘 要：从频谱分析的角度出发，分析了离散控制系统设计的一般方法，并对系统特定信号做了初步分析，提出一些注意事项，以便于基于计算机的离散控制在闭环反馈控制中的有效实现。同时对现有的晶闸管调压系统等效数学模型做适当修正。

关键词：局部信号频谱分析；闭环反馈控制；离散控制系统；香农采样定律；晶闸管调压模型

中图分类号：O231.1 文献标志码：A

The basic analyze about the discrete control system

YIN Chang, WANG Ning

(Electrical and Electronic department, Chongqing Vocational and Technical University of Mechatronics, Chongqing 400000, China)

Abstract: Based on the frequency analyse method, the basic design flow of the discrete control system is described. By this way, we can use the computer in the system control successfully. This paper also makes some modification about the current thyristor model in the voltage regulation.

Keywords: key signal frequence analyse; feedback control; discrete control system; Nyquist sampling law; model of the thyristor in the voltage regulation

0 引言

现在计算机已经在各个领域广泛应用，在自动控制领域也是如此。闭环反馈控制是自动控制中较为重要的一种基本结构。闭环控制系统由于引入了反馈量，可大大提高系统控制精度。但是由系统分析可知，闭环反馈的引入对原系统传递函数的极点有较大改变。因此原来的稳定系统可能失稳。连续控制系统的分析已经比较完善，有些方法比如 P.I.D. 广泛应用，由来已久。在引入计算机后，我们需要把原有的连续控制系统转换为离散控制系统，以便于用计算机来实现相关控制。计算机控制灵活、方便，优点很多。但是转换过程中有一些细节，如果不注意，将会影响控制效果，甚至使得系统失稳，酿成事故。

1 模型分析

图 1 所示为一最基本的数字闭环控制系统，以此基础模型来讨论离散系统的相关设计。

假设控制对象传递函数为 $G_2(S)$，原系统调整函数为 $G_1(S)$，则该系统连续调整模型中，开环传递函数应为 $G_1(S)*G_2(S)$。在传统的频域设计方法中，分析开环传递函数 $G_1(j\omega)*G_2(j\omega)$ 的特性，调整 $G_1(S)$，使得系统满足稳定裕度的指标，完成设计。

作者简介：尹昶（1974—），男，硕士研究生，研究方向：信号与信息处理，电气与自动化控制，E-mail: 1438518830@qq.com。

如果要用计算机来实现控制，则需对反馈信号 $b(t)$ 进行采样，并与参考值 $r(t)$ 进行比较偏差量 $e(t)$，这里 $b(t)$ 采样后为 $b(k)$，$r(t)$ 通常可在内部编程时设定，可记为 $r(k)$，偏差为 $e(k)$。$e(k)$ 通过数字调整装置 $G_1(Z)$，调整后，得到控制输出 $m(k)$ 序列，再由 D/A 变换器输出。

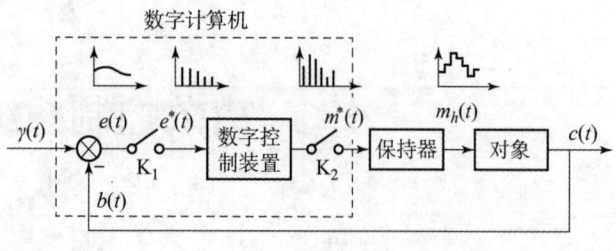

图 1　离散控制基本结构

在进行采样变换时，通常要求信号满足香农采样定律，即采样频率要高于被采样信号最高频率两倍，$f_s > = 2f_{max}$。对于反馈信号 $b(t)$，设定一采样频率 f_1，周期 T_1，满足该信号的采样要求，得到离散序列 $b(k)$。由于离散信号处理时，$b(k)$ 计算得到 $e(k)$，在经过 $G_1(Z)$ 滤波得到 $m(k)$。所以，一般而言 $e(k)$ 和 $m(k)$ 的周期也是 T_1，其对应的等效采样频率也是 f_1。

$G_1(Z)$ 设计时，考虑到系统控制的要求，我们希望 $G_1(Z)$ 处理效果与原连续系统 $G_1(S)$ 处理效果等效。这时，我们可以利用 $G_1(Z)$ 单位脉冲序列与 $G_1(S)$ 单位脉冲响应的采样相同来设计 $G_1(Z)$，已达到效果等效的目的。这样只需把 $G_1(S)$ 适当分解，再根据拉氏变换与 Z 变换的等级函数形式，就可以得到 $G_1(Z)$ 了。

经过这样的设计，$m(k)$ 序列就是原连续系统处理输出 $m(t)$ 的采样了，采样周期为 T_1，频率为 f_1。（与反馈信号 $b(t)$ 采样频率相同）

现在简要分析一下相关信号的频谱。

首先看反馈信号 $b(t)$，为简化分析，先假设系统输入激励信号 $r(t)$ 为单位脉冲信号（其拉氏变换为1），则由系统传递函数可知，$b(t)$ 的拉氏变换 $B(s) = \dfrac{G_1(s) \cdot G_2(s)}{1 + G_1(s) \cdot G_2(s)}$，在选择采样频率 f_1 时，主要关注其最高截止频率 f_{max}，这时只需关注其高频段特性就可以了。对于高频段，一般有 $G_1(s) \cdot G_2(s)$ 远小于1，所以这时 $B(s)$ 的特性就约等于 $G_1(s)G_2(s)$ 了。只需了解系统开环频率特性（已经计算得到），就可以选定采样频率 f_1，满足 $b(t)$ 的采样输入了。

请注意，f_1 同时也是输出信号 $m(k)$ 序列的等效采样频率。那么 f_1 是否也能满足 $m(k)$ 的对应连续信号 $m(t)$ 的采样要求呢？需要简单估计一下连续系统中 $m(t)$ 的频谱范围。

假设与先前 $b(t)$ 估计一样，同样是单位脉冲响应，这时 $m(t)$ 的拉氏变换为 $M(s) = \dfrac{G_1(s)}{1 + G_1(s) \cdot G_2(s)}$，同样的道理，$M(s)$ 的特性就约等于 $G_1(s)$。$G_1(s)$ 是我们在频域设计时加入的调整量，它的频谱特性和系统总的开环特性 $G_1(j\omega) * G_2(j\omega)$ 是不同的。由于被控对象 $G_2(s)$ 中通常有较多的惯性环节（极点），因而 $G_1(j\omega) * G_2(j\omega)$ 的高频总是有限的，但是我们设计时，通常只是控制总的开环频谱特性，而对于 $G_1(j\omega)$ 是否具备与 $G_1(j\omega) * G_2(j\omega)$ 相同的高频特性，就不关心了。比如 P.I.D. 调整，一旦加入微分调整项 D，那么 $G_1(j\omega)$ 的高频就是无限的，肯定无法满足采样定律要求。

2　基本结论

基于以上分析，一个连续系统的 $G_1(s)$ 要有效地转化为离散系统的 $G_1(z)$，在设计时就要求 $G_1(s)$ 应该具备高频受限特性，以满足离散控制的需要。具体设计时，可以在原有 $G_1(s)$ 基础上，串联一个低通，得到新的 $G_1(s)$，再进行转换，得到 $G_1(z)$。或者直接在原 $G_1(z)$ 前边增加一个数字低通滤波器，以满足 $m(k)$ 的采样要求。这样的设计才能有效避免控制输出信号 $m(t)$ 的采样频谱混叠。

$m(t)$ 信号频谱混叠是比较麻烦的。频谱如果出现混叠，后续的系统惯性环节虽然仍然能够将其高频部分滤掉，但是频谱混叠带来的中低频部分的频谱变化，对系统的动态响应有重大影响，甚至会导致系统失稳，引发事故。

对于更复杂的闭环系统，设计时，基于频谱方法简便易行，若要进行数字化控制，则相关信号的频谱分析必须仔细进行，不得遗漏，以免出现频谱混叠，影响系统正常运行。

3 晶闸管模型修正

信号的离散化处理（采样）不是只有用计算机控制才会出现。现代控制中，我们较早就使用了晶闸管，通过调整导通角度来调整输出压的方法。原有的一些教材对这个控制方式建模时，通常采用延时模型来分析。这应该是一个典型的离散采样控制模型。由于晶闸管的特点，其采样频率可记为 100 Hz（很低）。如果原系统产生的对应控制信号频谱没有限制在 50 Hz 以内（比较难），则很可能出现频谱混叠现象，导致系统控制出现意想不到的问题。PWM 调压结构也是一样的，只是采样频率高一些。

参 考 文 献

[1] 胡寿松. 自动控制原理 [M]. 北京：科学出版社，2019.
[2] 张涛. 自动控制原理及 MATLAB 实验 [M]. 北京：电子工业出版社，2016.

一种超大视场反摄远型电视镜头光学设计

常伟军，孙　婷，张　博，张宣智，于　跃

（西安应用光学研究所，陕西　西安　710065）

摘　要：超大视场光学镜头一般采用短焦距的超广角物镜，但由于普通超广角物镜工作距离较短，为适应远距工作的需求，需采用反摄远型光学结构来增大其工作距离。针对超大视场观测的需求，采用"负-正"结构式反摄远型光学结构，设计了一种视场角达 95°×71.25°的超大视场电视光学系统，并对系统像差进行了详细分析，确定了前后组的结构，在此基础上完成了系统的优化设计。设计结果表明，全视场范围内，MTF>0.4（@60 lp/mm），系统弥散斑<5 μm，畸变<5%，工作距离远大于焦距，可满足指标要求。

关键词：反摄远结构；光学设计；像差；超大视场；畸变

中图分类号：TN202；TH703　　**文献标志码**：A

Super – wide FOV reversed telephoto lens design for camera

CHANG Weijun, SUN Ting, ZHANG Bo, ZHANG Xuanzhi, YU Yue

(Xi'an Institute of Applied Optics, Xi'an 710065, China)

Abstract: Super – wide FOV lens has a short focal length, making the detection distance shorter. To suit the need of long detection distance, the reversed telecentric structure is used. a super – wide FOV camera system with a negative – positive reversed telecentric structure ws designed, whose FOV is 95°×71.25°. And optical aberration were analyzed detailedly, the structure of foreside and backside were made certain respectively, based on these, optical optimum design was accomplished. The result shows that in the entire field of view, the MTF at 60 lp/mm is more than 0.4, the diameter RMS of spot diagram dispersion circle is less than 5 microns and the maximum distortion is less than 5%. The result shows that it meets the requirement of system well.

Keywords: inversed telephoto structure; optical design; aberration; super – wide FOV; distortion

0　引言

超大视场光学系统可获得丰富的图像信息，作为光电捕获、跟踪与瞄准装置的重要组成部分，在靶场光电测量设备、天文观测设备、武器控制系统、舰载机引导以及激光通信系统中正得以广泛的应用和研究。超大视场光学镜头一般采用短焦距的超广角物镜，但由于普通超广角物镜工作距离较短，为适应远距工作的需求，需采用负、正透镜组分离的反摄远型光学结构来增大其工作距离[1,2]。另外，超大视场光学系统必须考虑畸变因素，因为随视场增大畸变会迅速增大。虽然畸变并不影响图像清晰度，但是光学系统有畸变，却直接影响成像的几何位置精度，故在超大视场光学系统设计过程中必须对畸变进行控制[3,4]。

作者简介：常伟军（1975—），男，研究员，主要从事光学系统设计方面的研究工作，E – mail: changweijun75@163.com。

1 主要指标要求

视场：不小于 95°×71.25°。
焦距：1.67。
工作距离：≥5。
畸变：≤5%。

2 初始结构选型

超大视场光学镜头一般采用短焦距的超广角物镜，但由于普通超广角物镜工作距离较短，为适应远距工作的需求，需采用负、正透镜组分离的反摄远型光学结构来增大其工作距离。负透镜组作为前组，正透镜组作为后组。当平行光束入射时，经前组发散后，被后组成像在焦点处，这样就使得整个系统的主面向后移出物镜外，从而获得比焦距还要长的工作距离。当视场角很大的轴外光束经前组发射后，相对于后组来说视场角变小，从而达到广角的目的。结构型式如图1所示。

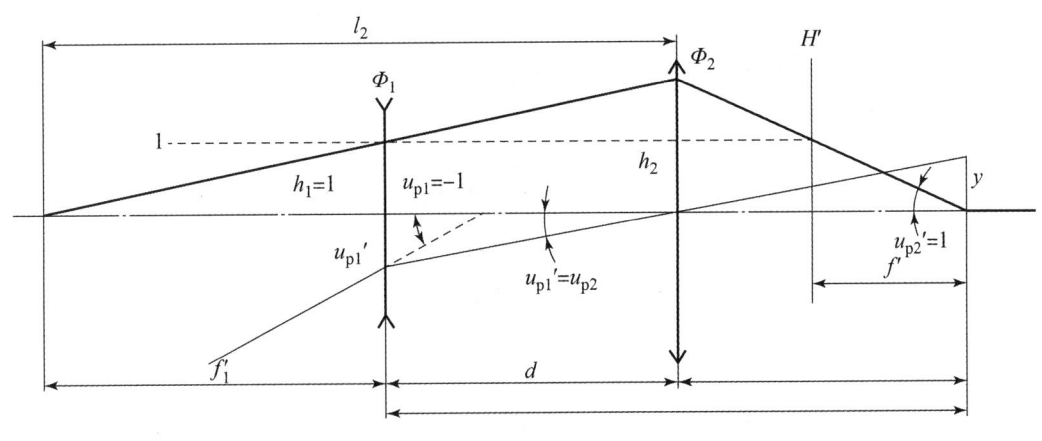

图1 反摄远物镜结构

3 反摄远物镜的像差分析

3.1 反摄远物镜前组的结构形式和像差分析

反摄远物镜前组的角放大率 γ_1 的倒数 $\dfrac{1}{\gamma_1}$ 决定其工作距离 l'_2 和视场角：

$$\frac{1}{\gamma_1} = \frac{l'_2}{f'} \tag{1}$$

根据定义，工作距离 l'_2 与焦距 f' 之比就是反远比。反远比是反摄远物镜的重要指标，通常反远比大于1，反远比越大，标志着工作距离越长。

反摄远物镜的工作距离 l'_2 是有一定要求的。因此，为了加长工作距离，必须增大前组的 $\dfrac{1}{\gamma_1}$；由于后组不能负担很大的视场角，为了视场角的增大，也必须增大前组的 $\dfrac{1}{\gamma_1}$，由此可见，事先给出足够大的 $\dfrac{1}{\gamma_1}$ 是非常必要的。

对于反摄远物镜，除了要求它具有一定的工作距离和大视场外，还希望它的结构尺寸尽可能小，为了缩短镜筒长度 L，必须减小前后两组之间的距离 d，由式（2）：

$$\frac{1}{\gamma_1} = \frac{u_{p1}}{u'_{p1}} = 1 - d\varphi_1 \tag{2}$$

式中：φ_1——前组光焦度；

　　　d——前组与后组之间的距离。

可以看出，当 $\frac{1}{\gamma_1}$ 确定后，d 和 φ_1 之间有了一定的关系。如果要减小 d，则必须增大 φ_1，由式（3）：

$$\varphi_2 = (1 - \varphi_1) \bigg/ \frac{1}{\gamma_1} \tag{3}$$

式中：φ_2——后组光焦度。

可以看出，增大 φ_1 必然导致 φ_2 的增加，由式（4）和式（5）

$$u'_1 = \varphi_1 \tag{4}$$

式中：u'_1——前组负担的孔径角；

$$u'_2 - u'_1 = 1 - \varphi_1 \tag{5}$$

式中：u'_2——后组负担的孔径角。

可以看出，前组和后组的相对孔径必然增加。为了降低由此产生的高级像差，就要对结构进行复杂化，为了避免结构复杂化，就要减小 φ_1，而减小 φ_1 则又必然增加 d，从而导致镜筒长度和体积的增加，总之，$\frac{1}{\gamma_1}$、d 和 φ_1 三者之间是相互关联的。

综上，$\frac{1}{\gamma_1}$、d 和 φ_1 的确定，既要考虑广角和长工作距离的要求，又要考虑外形尺寸和结构的复杂化程度[5]。一般反远比、视场角和相对孔径都不大时，则可采用弯月型单负透镜作为前组。当要求有更大的反远比、视场角和前组光焦度时，就要对前组进行复杂化，采用双胶合负透镜、正负分离透镜，以及各种复杂的结构形式。

（1）弯月形单负透镜。当单负透镜的弯曲形状为双凹透镜时，初级像差较小，但高级像差很大，尤其是与轴外视场有关的慧差、像散、畸变和倍率色差很大，这是由前组远离光阑造成的。前组远离光阑，轴外光束在前组有最大的高度，双凹透镜的轴外主光线入射角 i_p 很大，因而产生大量的高级像差。反之，当轴外主光线入射角 i_p 减小时，高级像差就降低了。为此应该采用光阑与透镜基本同心的弯月镜，高级像差将大幅度降低，这对于整个系统的像差校正是有利的。

（2）双胶合负透镜。为了校正单负透镜的像差，在单负透镜中引入了一个胶合面，一组胶合镜除过消色差外，还可以满足两种单色像差的要求。考虑到前组远离光阑，它所产生的慧差和畸变如果都由后组补偿非常困难，因此通常希望前组本身最好能够部分校正 S_{II}、S_V，以减轻后组的负担，可利用 PW 法计算双胶合负透镜的三个曲率半径。

（3）正负分离透镜。双胶合负透镜在自身部分校正慧差和畸变时，由于难以兼顾高级像散的校正，因此可将胶合面分离，增加一个变数，在部分校正慧差、畸变的同时，用来控制高级像散。

上面的三种基本结构是前组通常设计的基础，对于复杂的前组结构，基本都是以上三种的复杂化结构。

3.2 反摄远物镜后组结构形式及像差分析

反摄远物镜当平行光束经负光焦度前组发散后，对于后组来说，就成为近距离物体成像的投影物镜，这个物镜要补偿前组负光焦度，因而相对孔径较大，而轴外光束经前组发散后缩小 $\frac{1}{\gamma_1}$ 倍而视场角度小。总之，反摄远物镜后组是对近距离物体成像的大相对孔径中等视场角的投影物镜。从后组本身的物像关系来说，其处于比一般照相物镜更趋近对称的物镜，假设采用对称型物镜，则像差自动消除。可是对于前组而言，无论采用哪种形式，总是残留一部分像差需有后组补偿。可是物镜关系比较对称的后组，如果完全采用对称型结构，要产生较大的垂直像差是困难的。假定让前组自行消除垂直像差，必然导致前组半径的极度弯曲，产生很大的高级像差。因此要求后组产生与前组符号相反的垂直像差。这样就要求后组在物像关系比较对称的情况下，对称结构形式是对称变化。

根据不同的相对孔径、视场角和工作距离的要求，后组结构型式可以为双高斯型、三片型、Petzval 型等。

4 系统设计与像质评价

4.1 系统设计

根据反摄远镜头的设计理论，确定了"负–正"型反摄远型镜头结构。负组第一片镜片采取负的弯月形镜片，向外凸出，用来加大视场角；第二片镜片仍然采取负透镜，目的也是加大视场角；第三、四、五、六、七片采用正、负透镜复杂化设计，保证系统为无焦系统，且各类像差在一定范围内。正组亦采用正、负组复杂化设计，在汇聚光线成像的同时，消除前组全视场的像差。在优化过程中，不要设置过多变量，主要针对像差贡献较大的面进行优化。主要是防止优化时出现光线"溢出"，同时提高优化效率。镜头各个面型可以全部采用球面，可以降低加工难度，节约成本。

根据设计要求，利用 CODE V 对光学结构进行像差仿真优化设计，结果如图 2 所示。

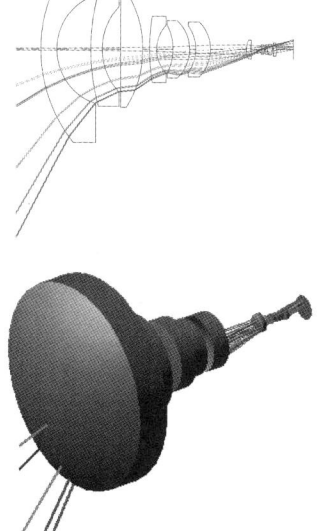

图 2　光学系统仿真

4.2 像质评价

弥散斑、MTF 和畸变是光学系统的主要评价指标。该系统的弥散斑、MTF 和畸变分别如图 3、图 4 和图 5 所示。

由图 3~图 5 以及表 1 可知，该光学系统的 MTF > 0.4（60 lp/mm），系统弥散斑 < 5 μm，畸变 < 5%，可以满足指标和使用要求。

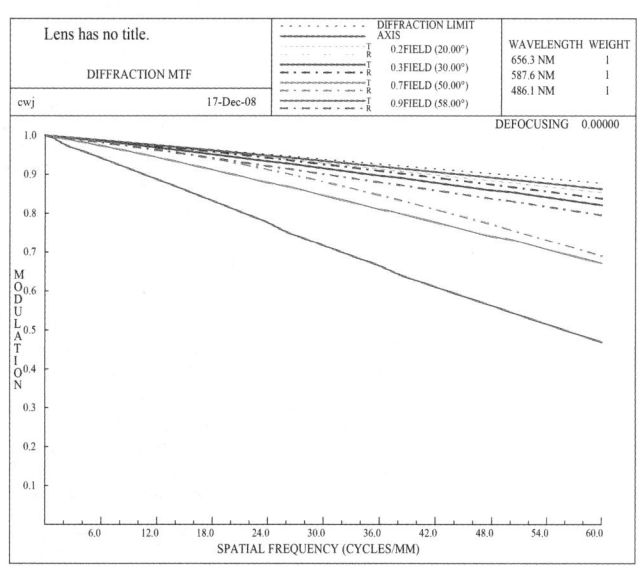

图 3　光学系统 MTF 图

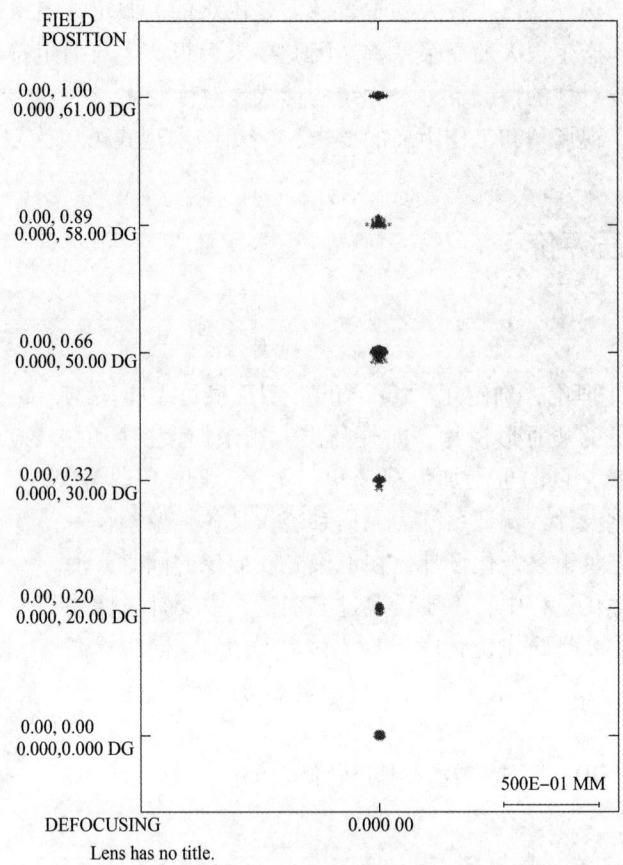

图 4 光学系统弥散圆

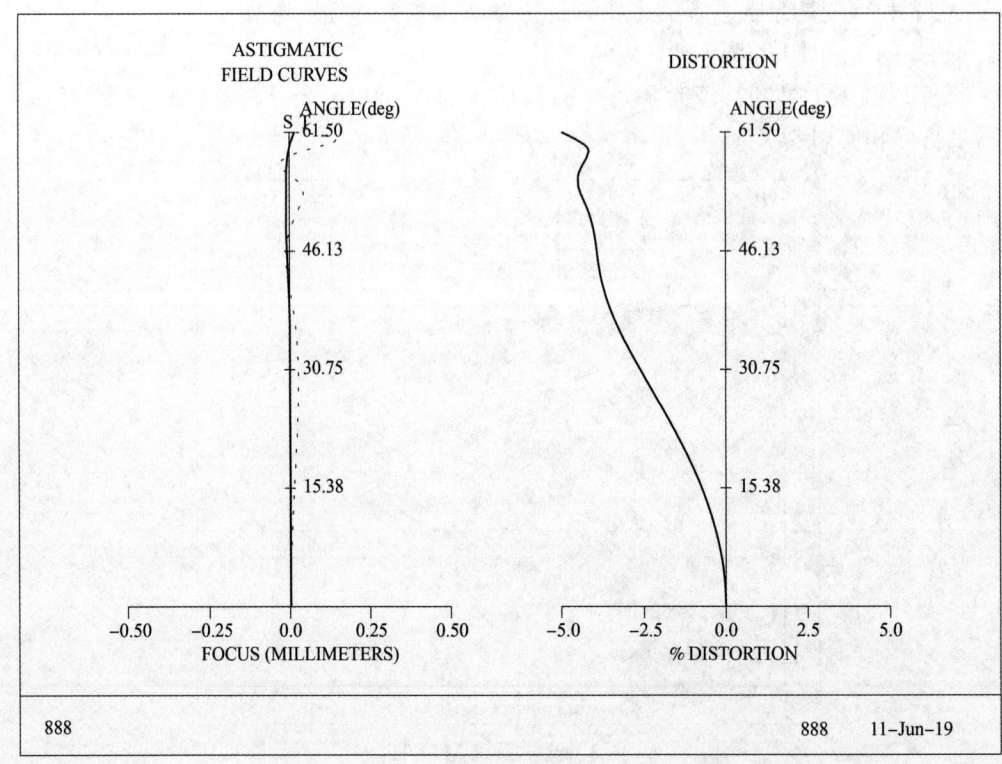

图 5 畸变

表 1　光学系统的弥散圆

Field/(°)	RMS spot diameter/mm
0	0.17718×10^{-2}
20	0.18678×10^{-2}
30	0.26846×10^{-2}
50	0.48124×10^{-2}
58	0.30843×10^{-2}
59	0.28417×10^{-2}

5　结论

本文针对超大视场观测的需求，采用"负 – 正"结构式反摄远型光学结构，设计了一种视场角达到 $95° \times 71.25°$ 的超大视场电视光学系统。设计结果表明，全视场范围内，MTF > 0.4 (60 lp/mm)，系统弥散斑 < 5 μm，畸变 < 5%，工作距离远大于焦距，结构紧凑，体积较小，便于携带，满足指标及使用要求，可以应用在防空反导等光电系统。

参 考 文 献

[1] 王永仲. 鱼眼镜头光学 [M]. 北京：科学出版社，2006.
[2] 刘钧，高明. 光学设计 [M]. 西安：西安电子科技大学出版社，2006.
[3] 郁道银，谈恒英. 工程光学 [M]. 2版. 北京：机械工业出版社，2006.
[4] 牛智全，吕丽军. 鱼眼镜头光学系统的优化方法 [J]. 光学仪器，2015，37 (5)：407 – 430.
[5] 王之江，顾培森. 实用光学手册 [M]. 北京：机械工业出版社，2006.

结合贪心算法和VMD的变转速齿轮箱故障特征提取

迭旭鹏,康建设,池 阔,孟 硕

(陆军工程大学石家庄校区 装备指挥与管理系,河北 石家庄 050003)

摘 要：变转速情况对齿轮箱故障特征提取造成了极大困难,常用的计算阶比跟踪技术能有效控制转速的干扰,但由于需要加装转速计,增加了使用成本和难度。针对上述问题,提出一种结合前向-反向贪心算法和VMD的无转速计下变转速齿轮箱故障特征提取方法,首先利用前向-反向贪心算法从振动信号的时频图中提取出频率脊线,并进一步计算出转速曲线;其次利用阶比跟踪技术获得振动信号的角域信号;之后利用VMD技术提取含有故障信息的故障分量;最后通过快速谱峭图处理,得到故障特征的平方包络阶比谱。通过齿轮箱故障试验和对比分析,证明了该方法的有效性和优越性。

关键词：特征提取;变转速;齿轮箱;贪心算法;VMD
中图分类号：TH165+.3 **文献标志码**：A

Fault feature extraction of variable speed gearbox based on greedy algorithm and VMD

DIE Xupeng, KANG Jianshe, CHI Kuo, MENG Shuo

(Department of Management Engineering, Army Engineering University of PLA, Shijiazhuang 050003, China)

Abstract: Variable speed makes it difficult to extract the characteristic faults of gearbox.. The commonly used method computed order tracking can effectively control the disturbance of rotating speed, but because of the need to install tachometer, it increases the cost and difficulty of use. In order to solve the above problems, a fault feature extraction method for variable speed gearbox without tachometer is proposed, which combines forward-backward greedy algorithm with VMD. Firstly, the frequency ridge is extracted from the time-frequency diagram of vibration signal by forward-backward greedy algorithm, and the speed curve is further tracking technology, and then the VMD technology is used. Finally, the square envelope order spectrum of fault features is obtained by fast-kurtogram processing. The effectiveness and superiority of this method are proved by gear box fault test and comparative analysis.

Keywords: feature extraction; variable speed; gearbox; greedy algorithm; VMD

0 引言

齿轮箱是传动系统的核心部件,常因工作环境复杂而发生故障,带来较大的经济损失和安全风险,因此,加大对齿轮箱的故障特征提取的研究是十分必要的。在变转速工况下,齿轮箱的故障特征提取变得相当困难,故障频率会受到转速变化带来的极大干扰,而常用的计算阶比跟踪技术,因为转速计安装不便实施难度很大。因此,加强对无转速计的变转速工况下齿轮箱的故障特征提取研究具有重要的现实意义[1~4]。

作者简介：迭旭鹏(1994—),男,硕士研究生,E-mail:diexupeng@163.com。

目前国内外有许多关于变转速问题的研究，为减少对转速计等硬件设施的安装需求，主要以无转速计阶比跟踪技术（Tacholess Order Tracking，TOT）为主，研究的关键是无转速计下的速度估计。现在多数研究以振动信号为对象，通过时域、频域、时频域研究来提取转速信息，其中通过时频域提取出瞬时频率是一种有效的方式[5,6]。提取出瞬时频率后，可通过计算得到轴转速，之后利用阶比跟踪技术即可消除转速变化带来的干扰，再对故障信息进行提取。郭瑜等[7]提出了基于瞬时频率估计的转速估计方法，其中利用峰值搜索法从时频矩阵中提取出瞬时频率脊线，再通过转速匹配得到转速估计信号，之后利用阶比谱分析提取故障特征，但提取的瞬时频率精度不高；张西宁等[8]采用时频分析和时频滤波得到与转速相关的滤波信号，通过希尔伯特变化提取到相应的相位信息，通过同步时域平均和频谱分析提取故障特征；Jacek等[9]结合相位解调和时频分析的特点，提出了一种两阶段瞬时转速估计的方法，较好地解决了谐波重叠的现象，提高了转速估计的精度；Bingchang Hou等[10]采用双路径优化脊线估计的方法提取时频脊线，并通过邻近子区域计算优化，使提取脊线更贴近于实际值，之后利用峭度图算法处理角域信号得到故障特征的包络阶比谱。

上述方法通过时频分析提取脊线均能较好地提取出故障信息，但提取脊线的方法仍存在精度不够或过于复杂的问题。针对这个问题，本文提出了一种结合前向-反向贪心算法和VMD的变转速齿轮箱故障特征提取的方法。因为短时傅里叶时频分析计算简捷且分析效果较好，适用于本文以STFT时频分析为转速提取的基础。首先以前向-反向贪心算法提取出能量最大的时频脊线；之后利用齿轮箱的结构参数和傅里叶线性拟合，得到齿轮箱输入轴的转速曲线；借助阶比跟踪技术得到角域信号，对角域信号进行VMD处理，选出故障特征明显的故障分量；最后通过快速谱峭图和平方包络阶比谱提取故障特征。试验结果表明，所提方法能有效提取出齿轮箱的故障特征。

1 转速估计方法

1.1 短时傅里叶变换

短时傅里叶变换主要是用来描述一个非平稳信号的频率是如何随时间变化的。其通过采用一个固定长度的窗函数对时域信号进行截取，之后对截取的信号进行傅里叶变换，得到一个很短时间内的频谱，再将各段频谱按时间顺序集合得到时间-频率二维谱图。STFT的定义为

$$G_x(t,\omega) = \int_{-\infty}^{+\infty} x(t)g(t-\tau)e^{-i\omega t}dt \tag{1}$$

式中：$x(t)$——时域信号；

t——时间变量；

ω——角频率变量；

$g(t-\tau)$——以τ时刻为中心的时间窗口；

$G_x(t,\omega)$——$x(t)$的STFT时频分布。

STFT的时频能量用下式表示：

$$P_x(t,\omega) = |G_x(t,\omega)|^2 \tag{2}$$

1.2 前向-反向贪心算法

贪心算法是一种常用算法，其核心思想是做出当前最好的选择，即求取局部的最优解。基于这种思想，贪心算法与许多随机方法结合形成了多种启发式算法，前向-反向贪心算法（Forward-backward Greedy Algorithms）就是这样的一种启发式算法，它是一种两阶段的迭代算法，适合用于大量数据下的特征选择。

算法分为前向、反向两个阶段，其中前向贪心算法是应用较为广泛的一种启发式算法，它是按照贪心原则以固定步长前进，并不断选择符合设定规则的特征进入特征集合，其步骤简单，计算效率高，能较好地解决大量数据下的特征选择问题，但不能纠正早期步进过程中的识别错误，这会影响最

后得到的拟合结果。为了解决这个问题，大部分学者加入反向策略进行完善，反向算法是一种自上而下的启发式算法，其思想是将所有特征集合中的特征放入一个模型中，利用贪心原则（平方误差增长最小）一次移出一个特征，使最终得到的特征集合稀疏性最佳，拟合效果最好。算法的具体流程可参考 Tong Zhang[11] 的研究。

利用前向－反向贪心算法来提取脊线，将时频分布矩阵中能量最大的点提取出来，由于在时频矩阵中能量的分布不均匀，会出现提取的频率脊线"跳跃"的现象，为了限制这种情况的发生，加入惩罚距离的概念：设时频图上两者的位置为 (j,k) 和 (m,n)，两者之间的距离为 $(j=m)^2$，惩罚距离为惩罚因子乘以距离。通过合理地设置惩罚因子的值可以有效避免脊线跳跃，保持脊线的平滑。

1.3 傅里叶线性拟合

由于受到时频分布分辨率的影响，贪心算法得到的频率脊线的变化方式呈阶梯状（图1）。需要通过拟合来进行优化，因为傅里叶拟合算法具有计算速度快、曲线保真度高的特点，本文选择傅里叶拟合进行优化[12]。傅里叶拟合公式为

$$f(t) = a_0 + \sum_{i=1}^{m}[a_i\cos(i-\omega-t) + b_i\sin(i-\omega-t)] \quad (3)$$

式中：a_0，a_i，b_i，ω——傅里叶拟合的不定系数；
m——傅里叶拟合次数；
t——时间。

那么其矩阵形式可表达为 $AX = Y$，其中：

$$X = [a_0, a_1, b_1, \cdots, a_m, b_m] \quad (4)$$

$$Y = [f(t_1), f(t_2), \cdots, f(t_n)] \quad (5)$$

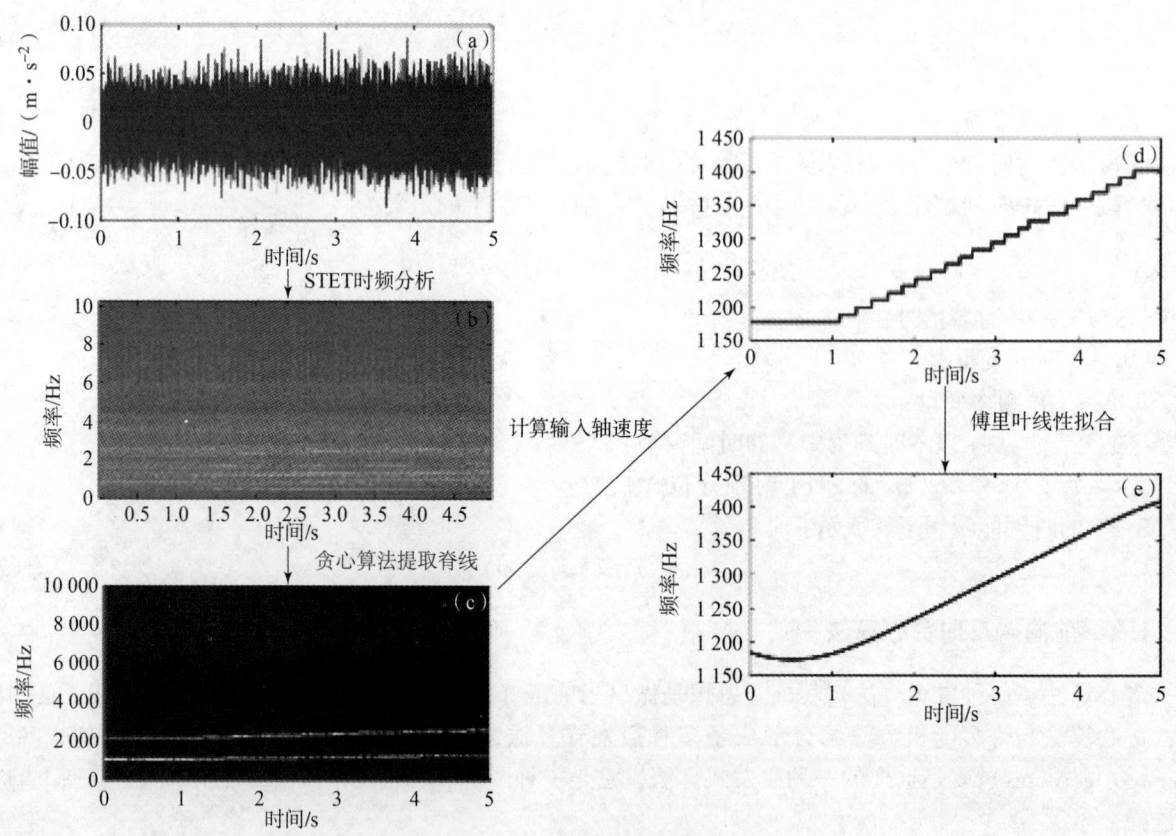

图1 估计转速提取流程

则可得

$$A = \begin{bmatrix} \cos(\omega t_1) & \sin(\omega t_1) & \cos(2\omega t_1) & \sin(2\omega t_1) & \cdots & \cos(m\omega t_1) & \sin(m\omega t_1) \\ \cos(\omega t_2) & \sin(\omega t_2) & \cos(2\omega t_2) & \sin(2\omega t_2) & \cdots & \cos(m\omega t_2) & \sin(m\omega t_2) \\ \vdots & \vdots & \vdots & \vdots & & \vdots & \vdots \\ \cos(\omega t_n) & \sin(\omega t_n) & \cos(2\omega t_n) & \sin(2\omega t_n) & \cdots & \cos(m\omega t_n) & \sin(m\omega t_n) \end{bmatrix} \quad (6)$$

用最小二乘法求解，得到的最小二乘解为

$$X = (T^\mathrm{T} A)^{-1} A^\mathrm{T} Y \quad (7)$$

由式（7）可求得傅里叶拟合方程的不定系数，确定拟合曲线函数。

2 VMD 方法

VMD 方法是一种处理非平稳信号的自适应分解方法，最早由 Drgomiretskiy 等提出，其可以根据中心频率的不同将信号分解为 K 个有限带宽[13]。VMD 可以有效改善 EMD 方法分解精度不高和模态混叠问题。VMD 方法主要分为变分约束问题的构造和求解两部分。

2.1 变分约束问题的构造

VMD 的 IMF 分量是一个调频调幅信号：

$$u_k(t) = A_k(t)\cos(\phi_k(t)) \quad (8)$$

式中：$A_k(t)$——瞬时幅值，且 $A_k(t) \geqslant 0$；

$\phi_k(t)$——瞬时相位，且为非减函数；

$\omega_k(t)$——瞬时频率，$\omega_k(t) = \mathrm{d}\phi_k(t)/\mathrm{d}t$。

各模态分量 $u_k(t)$ 经过希尔伯特解调可得到解析信号：

$$\left(\delta(t) + \frac{\mathrm{j}}{\pi t}\right) * u_k(t) \quad (9)$$

式中：* 表示卷积计算。给各个解析信号加上一个预估的中心频率 $\mathrm{e}^{-\mathrm{j}\omega_k t}$，将 IMF 的频谱调制到相应的基频带上得到：

$$\left[\left(\delta(t) + \frac{\mathrm{j}}{\pi t}\right) * u_k(t)\right] \mathrm{e}^{-\mathrm{j}\omega_k t} \quad (10)$$

计算上式解调信号梯度的平方 L^2 范数，并估计各 IMF 的带宽，得到约束变分模型为

$$\begin{cases} \min_{\{u_k\},\{\omega_k\}} = \left\{ \sum_k \left\| \partial_t \left[\left(\delta(t) + \frac{\mathrm{j}}{\pi t}\right) * u_k(t) \right] \mathrm{e}^{-\mathrm{j}\omega_k t} \right\|_2^2 \right\} \\ \mathrm{s.t.} \sum_k u_k = f \end{cases} \quad (11)$$

式中：$u_k = \{u_1, u_2, \cdots, u_k\}$，$\omega_k = \{\omega_1, \omega_2, \cdots, \omega_k\}$ 表示 K 个本征模态分量和 IMF 分量所对应的中心频率。

2.2 变分约束问题的求解

引入二次惩罚因子和拉格朗日乘法算子，形成如下的增广拉格朗日函数表达式：

$$L(\{u_k\},\{\omega_k\},\lambda) = \alpha \sum_k \left\| \partial_t \left[\left(\delta(t) + \frac{\mathrm{j}}{\pi t}\right) * u_k(t) \right] \mathrm{e}^{-\mathrm{j}\omega_k t} \right\|_2^2 + \left\| f(t) - \sum_k u_k(t) \right\|_2^2 + \left(\lambda(t), f(t) - \sum_k u_k(t)\right) \quad (12)$$

利用乘子交替方向算法（ADMM）迭代更新各本征模态分量及其中心频率，求得的式（12）的鞍点即原约束变分问题的最优解，其中各 IMF 分量由下式进行更新：

$$\hat{u}_k^{n+1}(\omega) = \frac{\hat{f}(t) - \sum_{i \neq k} \hat{u}_i(\omega) + \dfrac{\hat{\lambda}(\omega)}{2}}{1 + 2\alpha(\omega - \omega_k)^2} \quad (13)$$

式中，$\hat{u}_k^{n+1}(\omega)$——当前剩余量 $\hat{f}(t) - \sum_{i \neq k} \hat{u}_i(\omega)$ 通过维纳滤波的结果，对其进行逆傅里叶变换即可得到时域的 IMF 分量。各分量的中心频率 ω_k^{n+1} 可由下式更新：

$$\omega_k^{n+1} = \frac{\int_0^\infty \omega |\hat{u}_k(\omega)|^2 d\omega}{\int_0^\infty |\hat{u}_k(\omega)|^2 d\omega} \tag{14}$$

3 特征提取流程

故障特征提取主要由两阶段组成，一阶段为转速估计，二阶段为提取故障信息。通过利用第一部分的方法估算出齿轮箱输入轴的转速，为阶比跟踪技术的实施提供了基础。在第二阶段中，VMD 技术如同一个信号分类器，将阶比跟踪得到的角域信号分解为若干 IMF 分量[14]。原始信号的故障信息也包含在这些 IMF 分量中，因为中心阶比的不同，各 IMF 分量所包含的故障信息也有差异，为选择出故障信息明显的分量，本文利用峭度作为筛选指标得到故障分量，通过快速谱峭图算法提取出故障特征。

具体实现步骤如下：

（1）利用短时傅里叶变化时频分析方法，将采集到的振动信号用时频图表现出来，通过前向–反向贪心算法提取出时频分布中能量最大的频率脊线。

（2）通过齿轮箱相关参数的计算，得到齿轮箱各信号对应的阶比信号，通过时频图分析确定提取脊线对应的阶比，计算得到转轴转速，对初步得到的转速进行傅里叶拟合，得到转速估计曲线。

（3）根据转速信息，利用阶比跟踪技术实现信号的角域重采样。

（4）将重采样信号通过 VMD 分为 K 个 IMF 分量，利用峭度选取出 IMF 分量中故障信息最多的分量。

（5）对选出的分量进行快速谱峭图处理得到故障特征所处的阶比范围，通过滤波和平方包络处理提取出故障特征。

故障特征提取的流程如图 2 所示。

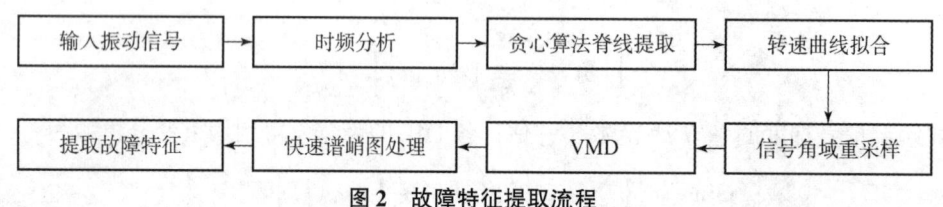

图 2　故障特征提取流程

4 试验验证

为验证所提故障特征提取方法的有效性，利用机械故障综合试验台进行分析。试验台如图 3 所示，主要由电机、传动轴、二级平行轴齿轮箱、磁粉制退器和传感器组成。其中故障件位于齿轮箱中间轴，传感器设置在中间轴的远离电机端，采集水平和竖直方向的振动信号。电机转速的变化范围为 1 200 ~ 1 800 r/min，采样率为 20 480 Hz，试验内容包括轴承内圈、外圈、齿轮磨损及断齿共四种故障模式。作为试验的主要对象，二级平行轴齿轮箱的结构如图 4 所示，输入轴上装有 41 齿齿轮（Gear1），与中间轴上 79 齿齿轮（Gear2）相啮合，中间轴上另一端的 36 齿齿轮（Gear3）与输出轴上的 90 齿齿轮（Gear4）相啮合。

图 3　综合故障试验台

以输入轴为参考轴，根据齿轮箱的参数计算出各阶比信号的阶比数如表1所示。

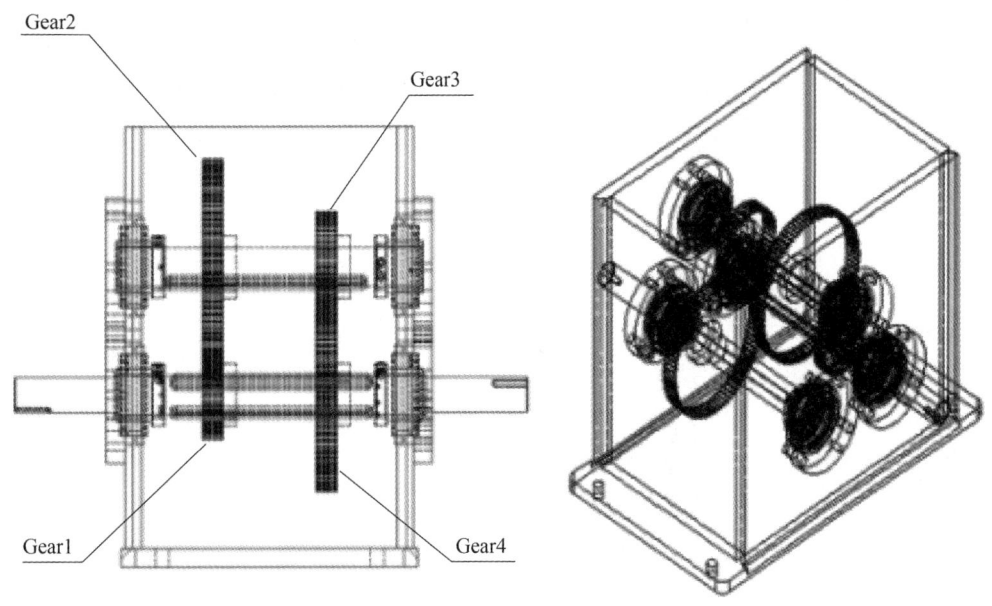

图 4　二级平行轴齿轮箱结构

表 1　齿轮箱阶比信号对应阶比值

阶比信号	阶比值
主动轴转速阶比	1.00
中间轴转速阶比	0.52
输出轴转速阶比	0.21
Gear1 啮合阶比	41.00
Gear3 啮合阶比	18.68
轴承内圈故障特征阶比	2.82
轴承外圈故障特征阶比	1.85

4.1　轴承故障试验

首先对齿轮箱轴承故障的特征提取有效性进行验证，故障轴承型号是 ER – 16K，采集 5 s 振动数据进行分析。以内圈故障为例，采集的时域信号和频域信号如图 5 所示，从时域图可知信号中成分复杂，包含大量状态信息，通过频域图可以看到转速变化带来明显的频率模糊现象，并可从中发现齿轮的啮合频率带，但无法判断出齿轮箱的具体状态。

采用本文方法进行分析，先通过 STFT 得到时频矩阵，再根据前向 – 反向贪心算法从时频矩阵中提取出脊线，如图 6 所示。

对时频分布和频域信号进行对比计算，确定提取的脊线为 Gear1 的二倍啮合频率，那么可计算得到输入轴的转速曲线如图 7 所示，两级傅里叶拟合后得到如图 8 所示的转速曲线，由图可知拟合后的曲线与真实曲线基本保持一致。本文利用可决系数 R^2（R – Square）作为估计转速拟合程度的评价指标，其中 R^2 的值越接近 1，说明拟合程度越好，R^2 值越小，说明拟合程度越差。图 8 中拟合转速的 R^2 值为 0.999 7，贴近于 1，说明拟合程度好，可以此转速进行阶比跟踪计算。

在得到转速的基础上进行故障特征提取，图 9 所示为 VMD 得到的 IMF 分量，经过 VMD 处理后各分量"清减"了许多，有效地排除了噪声的干扰。图 10 所示为 IMF 分量的阶比谱，其已按照中心阶比的不同分开了，且在各 IMF 分量中，包含有复杂的阶比信息。单从各 IMF 阶比谱中不能得到具体故障信息，需要进行进一步的分析。利用峭度优选出 IMF 分量中故障信息明显的分量，各 IMF 分量的峭度值如表 2 所示。

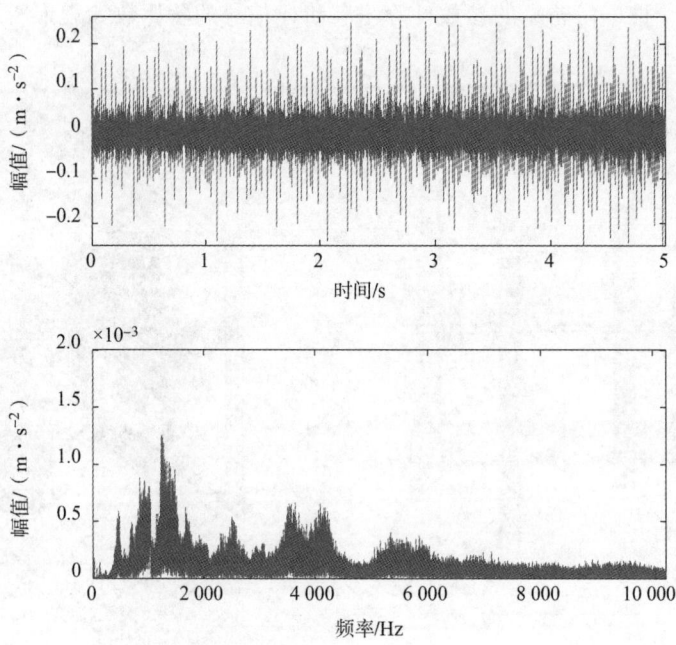

图5 齿轮箱轴承内圈故障

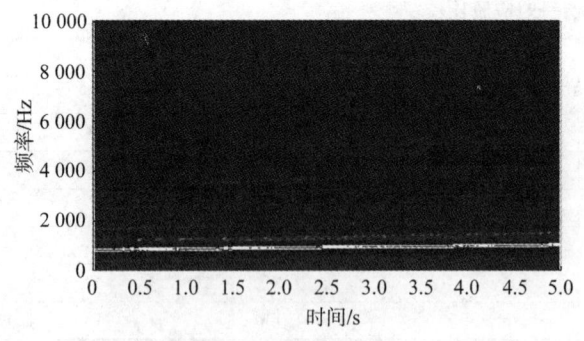

图6 时频脊线提取图　　　　图7 估算的输入轴转速曲线 $R^2 = 0.9893$

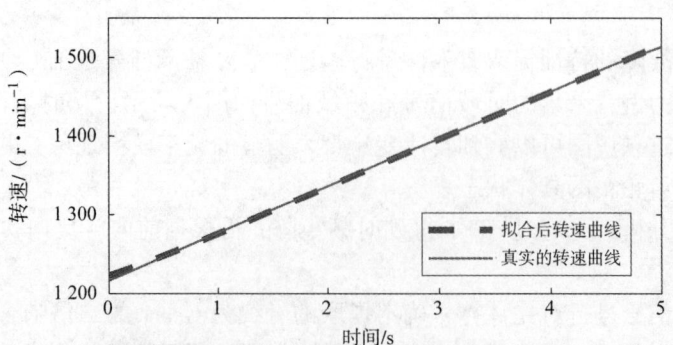

图8 拟合后的输入轴转速曲线 $R^2 = 0.9997$

表2 各IMF分量对应的峭度值

IMF	峭度值
IMF1	3.2789
IMF2	33.3915
IMF3	56.6034
IMF4	11.0091
IMF5	3.2539

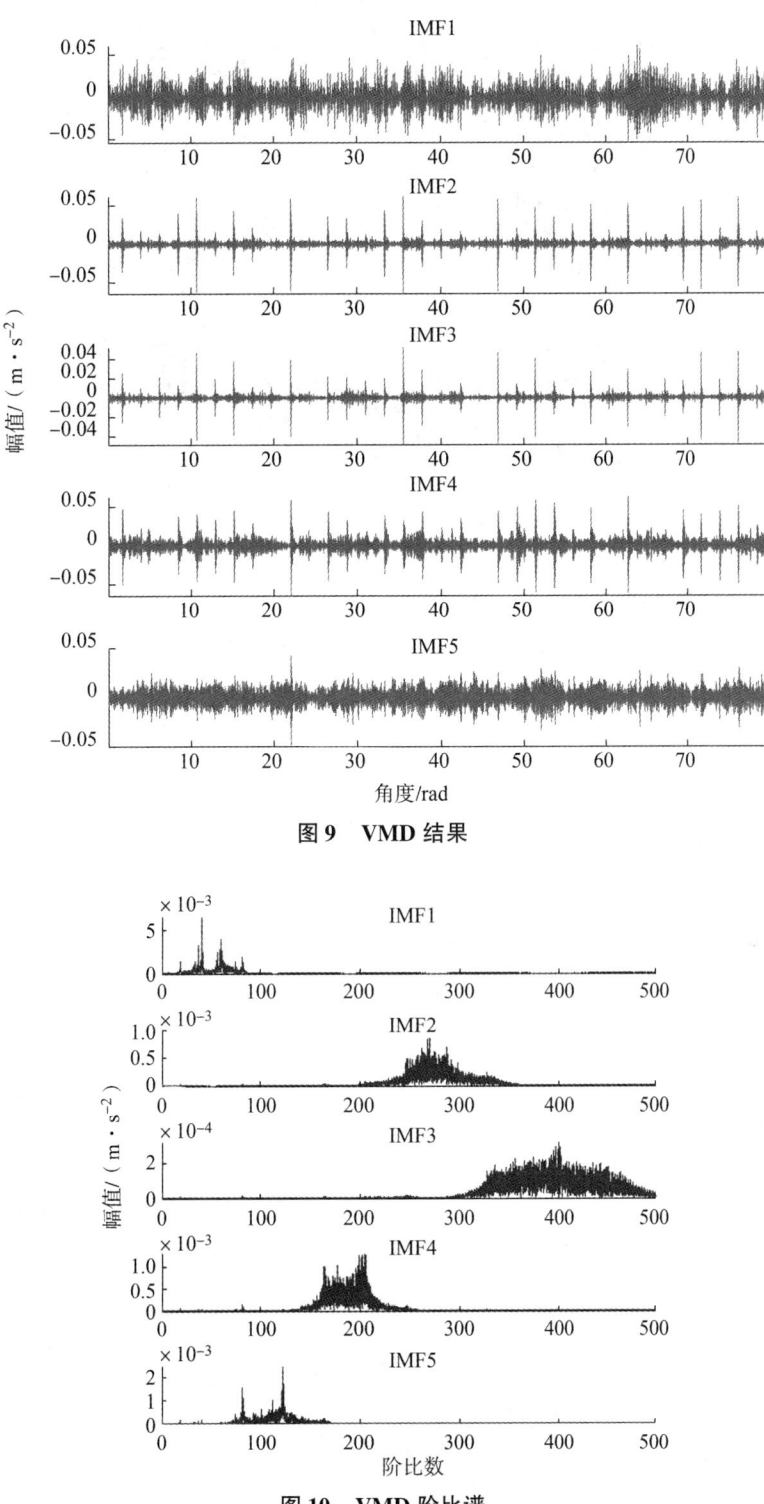

图 9 VMD 结果

图 10 VMD 阶比谱

由表 2 可知，IMF3 分量的峭度值最高，其故障信息最为明显。故选取 IMF3 进行快速谱峭图处理，快速谱峭图是根据谱峭度大小来确定信号中故障频段的常用方法，锁定频段后利用带通滤波提取出故障信号。图 11 所示为 IMF3 的谱峭图结果。

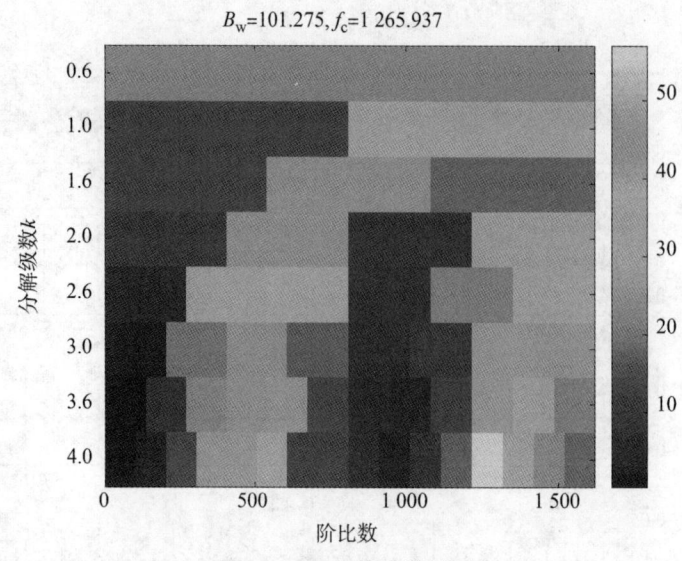

图 11 IMF3 快速谱峭图

由图 11 可知,在 IMF3 分量中心阶比数为 1 265.937,带宽为 101.275 的信号段内谱峭度最大,通过带通滤波提取这段信号经平方包络得到如图 12 所示的平方包络谱图。

从阶比谱中可以清楚找到内圈故障特征阶比 2.795(理论值为 2.82),以及其二倍阶比、三倍阶比等多倍阶比,即可判断轴承内圈出现故障。表明所提方法可以有效提取出变转速情况下轴承的故障特征。

4.2 齿轮故障试验

对齿轮故障特征提取进行试验验证,以均匀磨损故障为例。将故障齿轮设置在中间轴 Gear3 处,转速仍保持在 1 200 ~ 1 800 r/min,在加速过程中采集振动数据。

对磨损故障进行特征提取,首先通过脊线提取和拟合得到输入轴的转速曲线,如图 13 所示。

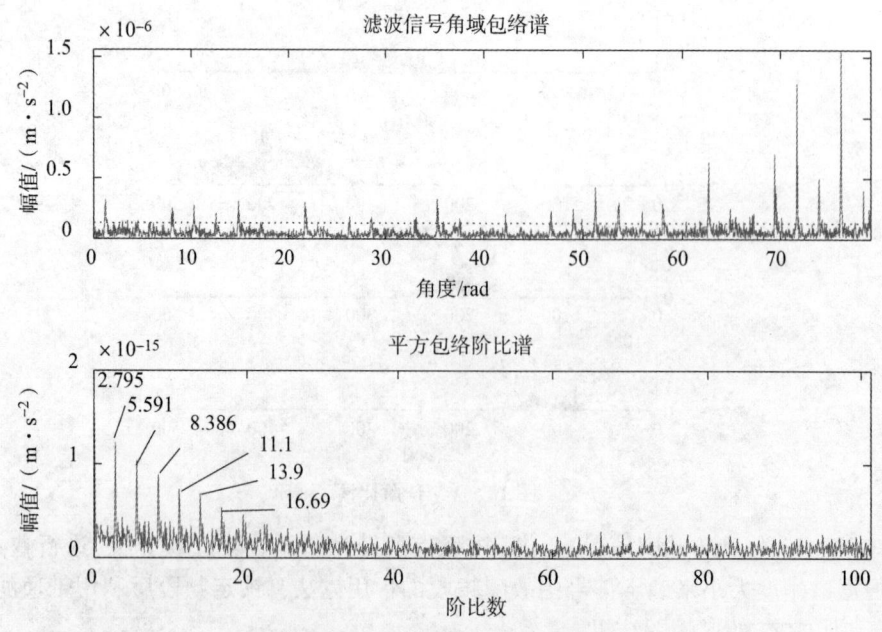

图 12 IMF3 平方包络阶比谱

得到转速后通过角域重采样和 VMD 处理,获得了 5 个 IMF 分量,它们所对应的峭度值如表 3 所示。

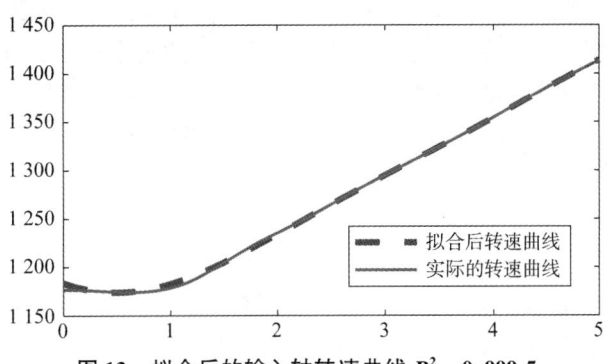

图 13　拟合后的输入轴转速曲线 $R^2 = 0.999\,5$

表 3　IMF 分量对应的峭度值

IMF	峭度值
IMF1	3.033 2
IMF2	3.407 2
IMF3	2.874 0
IMF4	2.892 2
IMF5	4.786 5

从表 3 中可获悉 IMF5 峭度值最大，故选取 IMF5 作为故障特征分量继续进行计算，结果如图 14 所示。

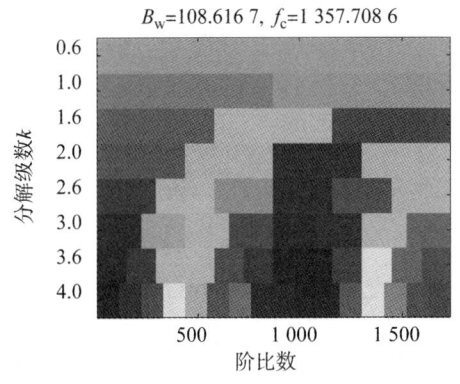

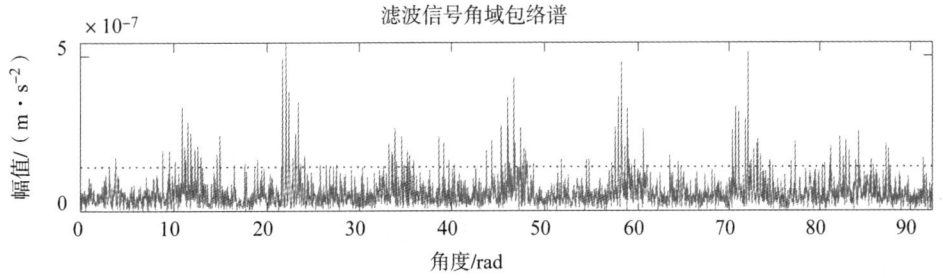

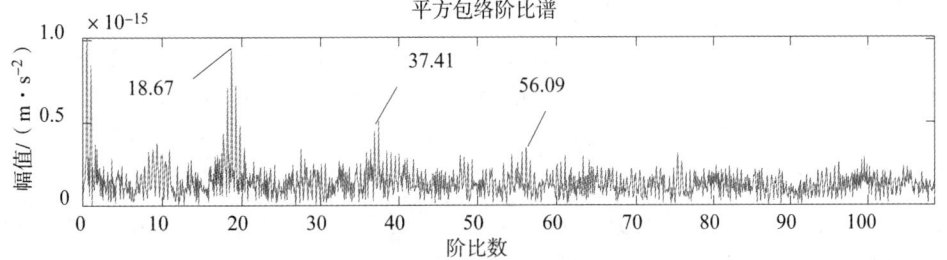

图 14　IMF5 快速谱峭图和平方包络阶比谱

通过图 14 可知，在经过快速谱峭图处理和平方包络后，可以找到 Gear3 齿轮的啮合阶比为 18.67，及其二、三倍阶比，在其啮合阶比和高倍阶比两侧均存在明显的边带成分，在啮合阶比两侧均匀分布且峰值较高，根据杨国安[15]的研究可知，这与齿轮发生均匀磨损的特征一致，可判断齿轮箱出现了齿轮磨损故障，且发生位置为 Gear3 啮合处。这与实际情况相符合，证明所提方法可以提取出变转速齿轮箱中齿轮的故障特征，且效果清晰。

4.3 对比分析

为了验证所提方法的优越性和有效性，与 EMD 方法和 COT 方法进行对比分析，对轴承内圈、外圈故障，齿轮磨损、断齿故障分别进行特征提取分析，分别以 TOT‑VMD、TOT‑EMD、COT‑VMD 进行试验，使用的 TOT 方法均为本文所提的基于贪心算法的方法。结果对比如图 15~图 18 所示。从图 15、16 轴承故障提取结果可以看出，三种方法均能提取出故障特征阶比，并且谱峰清晰突出，但从内圈故障图 15 的 (a)、(b) 图可知，EMD 处理结果中成分较多，有部分噪声成分干扰，不及 VMD 的结果"干净"。对比齿轮故障提取图 17、18 的 (a)、(b) 图，可知 VMD 方法较 EMD 方法分辨度更高，降噪效果更明显，故障特征提取得更为明显。

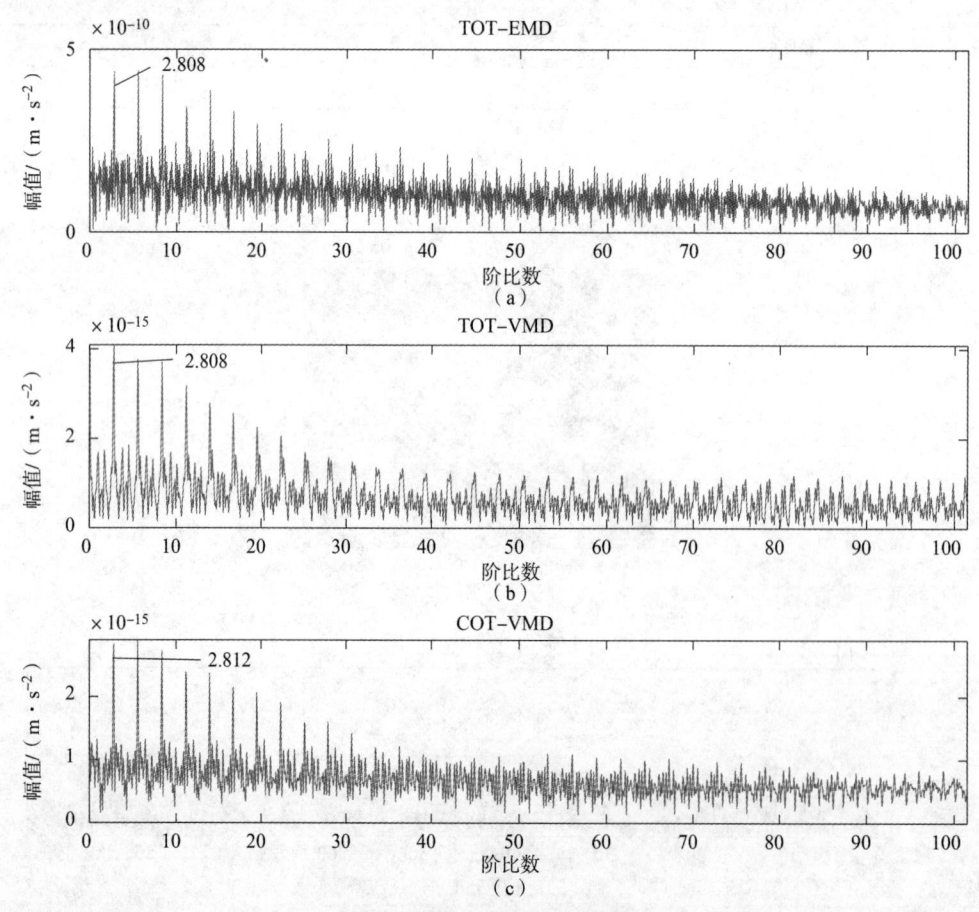

图 15 轴承内圈提取结果对比

另通过图 15~18 中 (b)、(c) 的比较可知，TOT 方法的结果与 COT 的结果基本一致，从振动信号中所提取的转速曲线，能够有效支撑 VMD 阶比跟踪方法进行故障特征提取，且相对于 COT 方法免去了键相装置等硬件的安装，操作更为方便。

对比分析三种方法的提取结果，证明了 TOT‑VMD 方法的优越性和有效性，它能够有效避免噪声的干扰，得到更清晰的信号，并且在无须其他硬件要求的情况下具有与 COT 方法相当的处理效果，具有较好的工程应用价值。

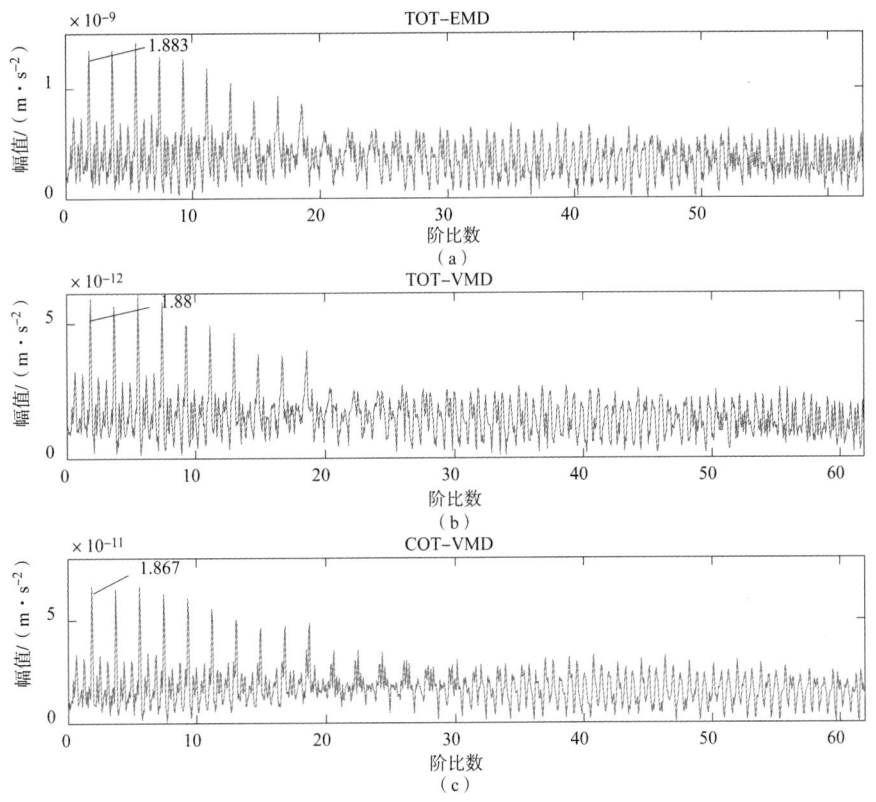

图 16　轴承外圈提取结果对比

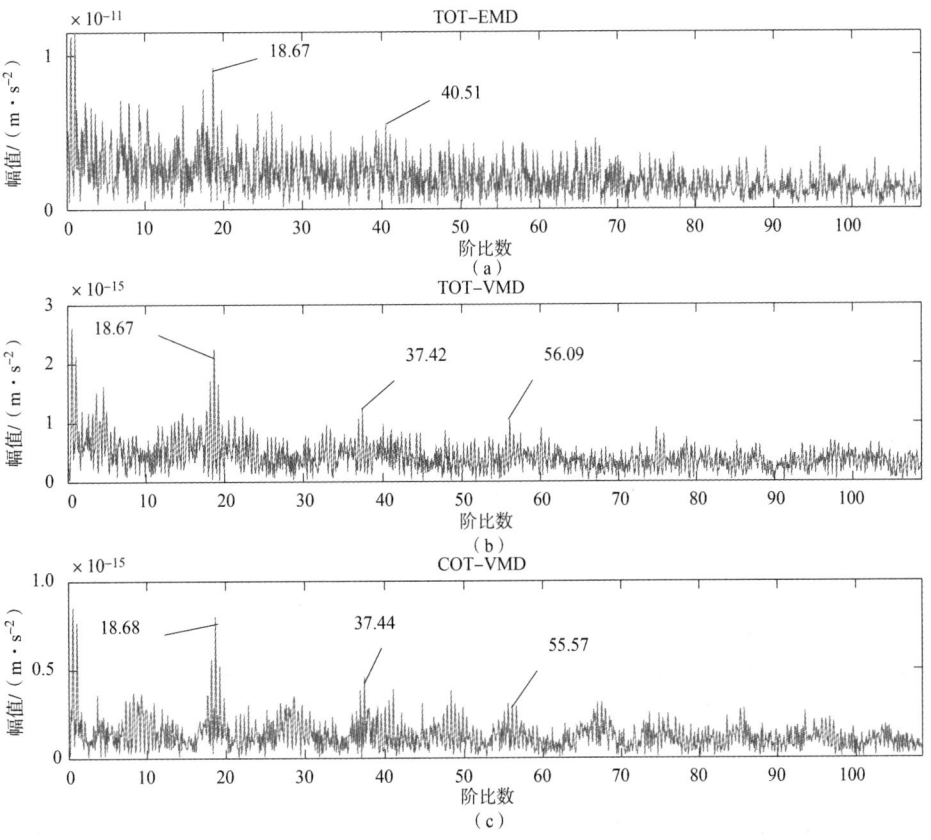

图 17　齿轮磨损提取结果对比

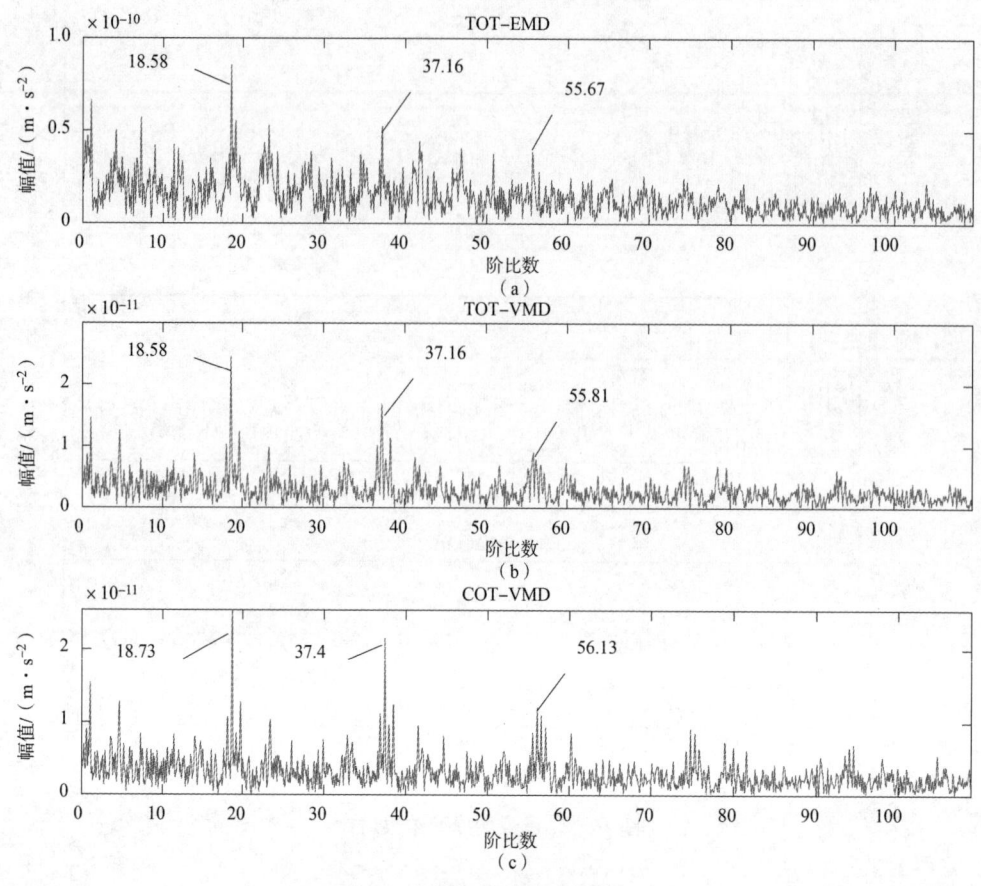

图18 齿轮断齿提取结果对比

5 结论

本文通过分析总结已有的转速提取方法和故障特征提取方法特点，提出了基于贪心算法和VMD阶比跟踪的变转速齿轮箱故障特征提取方法，主要研究工作总结为以下几点：

（1）利用带有惩罚因子的前向-反向贪心算法来提取时频分布中的时频脊线，将脊线通过时频分析计算得到瞬时转速曲线，经傅里叶拟合得到估计转速曲线。利用VMD方法提取出角域重采样信号的故障分量，并减少噪声带来的干扰，之后利用快速谱峭图提取出故障特征信息。

（2）通过多组齿轮箱轴承、齿轮故障试验验证了方法的有效性，并通过与TOT-EMD、COT-VMD方法的对比分析，进一步表明了TOT-VMD方法在降噪、清晰度和提取效果上的优越性。

（3）所提方法还有一定不足，提取时频脊线时惩罚因子的设定对提取结果有极大的影响，有时会出现所提脊线突变的情况。如何更合理有效地设定惩罚因子还需要进一步研究。

参 考 文 献

[1] 江星星,吴楠,石娟娟,等.基于脊线信息增强与特征融合的瞬时转频估计[J].振动与冲击,2018,37(20):166-172.

[2] 彭富强,于德介,武春燕.基于自适应时变滤波阶比跟踪的齿轮箱故障诊断[J].机械工程学报,2012,48(7):77-85.

[3] 吴雪明,于德介,陈向民.基于自适应线调频基原子分解的时域同步平均方法及其在变转速齿轮故障诊断中的应用[J].中国机械工程,2012,23(10):1205-1212.

[4] 陈向民,张亢,晋风华,等.基于自适应时频滤波的变转速齿轮故障特征提取[J].振动与冲击,2018,

37（10）：135-141.

[5] Siliang Lu, Ruqiang Yan, Yongbin Liu, et al. Tacholess speed estimation in order tracking: a review with application to rotating machine fault diagnosis [J]. IEEE Transactions on Instrumentation and Measurement, 2019: 1-18.

[6] Dong Wang, Kwok-Leung Tsui, Qiang Miao. Prognostics and health management: a review of vibration based bearing and gear health indicators [J]. IEEE Access, 2018: 665-676.

[7] 郭瑜，秦树人，汤宝平，等. 基于瞬时频率估计的旋转机械阶比跟踪 [J]. 机械工程学报，2003，39（3）：32-36.

[8] 张西宁，吴婷婷，徐进杰，等. 变转速齿轮箱振动信号监测的无键相时域同步平均方法 [J]. 西安交通大学学报，2012，46（6）：111-114.

[9] Jacek Urbanek, Tomasz Barszcz, Jerome Antoni. A two-step procedure for estimation of instantaneous rotational speed with large fluctuations [J]. Mechanical Systems and Signal Processing, 2013（38）：96-102.

[10] Bingchang Hou, Yi Wang, Baoping Tang, et al. A tacholess order tracking method for wind turbine planetary gearbox fault detection [J]. Measurement, 2019.

[11] Tong Zhang. Adaptive forward-backward greedy algorithm for learning sparse representations [J]. IEEE Transactions on Information Theory, 2011, 57（7）：4689-4708.

[12] 高一方，陈唐龙，吴赟松，等. 基于傅里叶拟合的 PEMFC 温度建模仿真 [J]. 太阳能学报，2018，39（3）：679-684.

[13] 任学平，李攀，王朝阁，等. 基于改进 VMD 与包络导数能量算子的滚动轴承早期故障诊断 [J]. 振动与冲击，2018，37（15）：6-13.

[14] 张云强，张培林，王怀光，等. 结合 VMD 和 Volterra 预测模型的轴承振动信号特征提取 [J]. 振动与冲击，2018，37（3）：129-135.

[15] 杨国安. 齿轮故障诊断实用技术 [M]. 北京：中国石化出版社，2012.

电液伺服系统的专家 PID 控制

柴华伟[1]，刘凯磊[1]，贾 智[1]，陈国炎[1]，李志刚[2]

(1. 江苏理工学院 机械工程学院，江苏 常州 213001；
2. 南京理工大学 机械工程学院，江苏 南京 210094)

摘 要：针对参数摄动下电液伺服系统模型不确定性问题，从而影响轨迹跟踪，进而导致精度低的问题，提出了一种基于专家系统的 PID 控制法。仿真结果表明，该策略无须知道受控对象的精确模型，即可得到系统良好的单位阶跃跟踪性能和速度跟踪性能，满足了指标要求。

关键词：电液伺服；专家控制；PID 控制

中图分类号：TP242 **文献标识码**：A

Expert PID control of electro – hydraulic servo system

CHAI Huawei[1], LIU Kailei[1], JIA Zhi[1], CHEN Guoyan[1], LI Zhigang[2]

(1. School of Mechanical Engineering, Jiangsu University of Technology, Changzhou 213001, China;
2. School of Mechanical Engineering, Nanjing University of Science and Technology, Nanjing 210094, China)

Abstract: Aimed at model uncertainty caused by parametric variation that can affect trajectory tracking in electro – hydraulic servo system. Therefore, a novel expert PID control algorithm is put forward. Simulation results show that this control method can gain good unit step tracking performance and speed tracking performance under a model with unknown dynamics, fulfilling index requests.

Keywords: electro – hydraulic servo; expert control; PID control

0 引言

火箭炮是一种发射火箭弹的多发联装发射装置，它发射的火箭弹依靠自身发动机的推力飞行。火箭炮发射速度快，火力猛烈，突袭性好，机动能力强，可在极短的时间里发射大量火箭弹[1~9]。在武器系统中，火箭炮是常规的压制武器，可以提供大面积瞬时密集火力，在"二战"后的历次战争中作为高效毁伤、远程目标压制武器显示出了巨大的威力。精度低，弹药类型单一，一直是火箭炮的弱点。近年来，防空火箭武器的生产技术得到很大的提高，射击精度也大大提高。更主要的是其制造成本较低，操作简便，适合作为射击密集度大、持续时间长的火力压制武器使用。因此，研制新型火箭炮及高性能的火箭炮位置伺服系统，用于精确打击、进行大规模面压制，缩短我国与世界先进国家的差距，达到世界先进水平，具有重大的现实意义。

1 系统简介

研究对象为一口径 227 mm 火箭炮，采用车载驱动和液压控制[10]，并且装有纵横倾角传感器，用于

基金项目：国家青年自然科学基金项目（No. 51805228）：基于机液压差补偿的负载口独立控制系统主被动柔顺控制。
作者简介：柴华伟（1981—），男，博士，E - mail：498519087@ qq. com。

检测车体的纵横方向倾角。为了确保发射过程中车体稳定，在车体增设 4 个液压千斤顶，火箭炮的发射器锁紧及挡弹机构为气缸驱动。同时为了降低高低机驱动功率，高低机转轴处安装扭力平衡机。根据系统偏差信号的产生与传递介质不同，液压控制系统分为机液和电液控制系统，由于机液控制系统难以校正，机械连接件多，易受间隙、摩擦等影响，而电液控制在功率级之前采用了电信号控制，参数调整方便，易校正，所以 227 mm 火箭炮方向机控制采用电液控制。电液控制分为阀控和泵控两种，阀控系统主回路控制简单，比泵控方式液压固有频率大，所以此文方向机电液伺服采用四通阀控对称液压缸，系统工作原理如图 1 所示。

227 mm 火箭炮方向机的电液控制系统设计参数如下：

（1）方向机带弹转动惯量为 $J_d = 31\,050\ \text{kg} \cdot \text{m}^2$。

（2）方向机空载转动惯量为 $J_k = 20\,580\ \text{kg} \cdot \text{m}^2$。

（3）摩擦力矩为 $M = 7\,000\ \text{N} \cdot \text{m}$。

（4）最大操瞄速度 $6°/\text{s}$。

（5）正弦跟踪稳态精度 ± 4 mil。

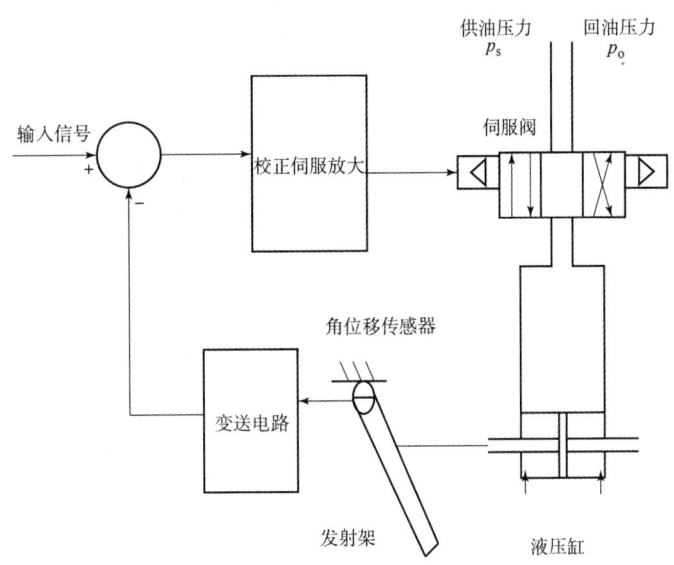

图 1　方向机电液控制系统工作原理

不考虑系统的外部泄漏，则基于位置变量的阀控对称缸系统的模型[11]可以用以下方程表示：

$$\begin{cases} A_p \dot{x}_p + C_{tp} P_1 + \dfrac{V_t}{4\beta_e} \dot{p}_1 = K_Q x_v - K_C p_1 = C_d W x_v \sqrt{\dfrac{1}{\rho}\left(p_s - \dfrac{x_v}{|x_v|} p_1\right)} \\ A_p P_1 = m_t \ddot{x}_p + B_p \dot{x}_p + K x_p + F_L \\ x_v = K_v K_{sv} u \end{cases} \quad (1)$$

式中：A_p——液压缸的活塞面积；

m_t——活塞及负载折算到活塞上的总质量；

C_{tp}——液压缸总泄漏系数；

F_L——作用在活塞上的任意外负载力；

x_p——活塞位移；

K——弹簧刚度；

V_t——液压缸两腔总面积；

x_v——阀芯输入位移；

p_s——供油压力；

β_e——液压油弹性模量；

C_d——控制窗口处的流量系数；

K_{sv}——伺服阀增益；

K_v——伺服放大器增益；

u——输入电压；

p_1——负载压差；

K_Q——滑阀的流量增益；

K_C——滑阀的流量—压力放大系数；

ρ——油液密度；

B_p——活塞及负载的黏性阻尼系数。

取活塞位移 x_p 为状态变量，$\boldsymbol{X} = [x_1 \ x_2 \ x_3]^T = [y \ \dot{y} \ \ddot{y}]^T$，$x_1 = x_p$，可以得到系统状态方程为

$$\begin{cases} \dot{x}_1 = x_2 \\ \dot{x}_2 = x_3 \\ \dot{x}_3 = -a_0 x_1 - a_1 x_2 - a_2 x_3 + b_0 u(t) \end{cases} \tag{2}$$

式中：

$$L = \frac{4\beta_e A_p^2}{m_t V_t}$$

$$a_0 = \frac{4 K K_{ce} \beta_e}{m_t V_t}$$

$$a_1 = L + \frac{4 B_p K_{ce} \beta_e}{m V_t} + \frac{K}{m_t}$$

$$a_2 = \frac{4 K_{ce} \beta_e}{V_t} + \frac{B_p}{m_t}$$

$$b_0 = \frac{4 K_v K_{sv} K_Q \beta_e A_p}{m_t V_t}$$

K_{ce} 为总流量压力系数。

其中，$A_p = 4\ 734\ \text{mm}^2$，$K_{sv} = 4.733 \times 10^{-3}\ (\text{m}^3/\text{s})/\text{A}$，$K_{ce} = 3.005 \times 10^{-13}\ (\text{m}^3/\text{s})/\text{Pa}$，供油压力为 12 MPa。

写成状态空间形式：

令 $\boldsymbol{x} = \begin{bmatrix} x_1 \\ x_2 \\ x_3 \end{bmatrix}$，则

$$\begin{cases} \dot{\boldsymbol{x}} = \begin{bmatrix} 0 & 1 & 0 \\ 0 & 0 & 1 \\ -a_0 & -a_1 & -a_2 \end{bmatrix} \begin{bmatrix} x_1 \\ x_2 \\ x_3 \end{bmatrix} + \begin{bmatrix} 0 \\ 0 \\ b_0 \end{bmatrix} u(t) \\ \boldsymbol{y} = [1 \ 0 \ 0] \begin{bmatrix} x_1 \\ x_2 \\ x_3 \end{bmatrix} \end{cases} \tag{3}$$

2 专家 PID 控制器的原理

令 $e(k)$ 表示离散化的当前采样时刻的误差值，$e(k-1)$、$e(k-2)$ 分别表示前一个和前两个采样时刻的误差值，有

$$\Delta e(k) = e(k) - e(k-1) \tag{4}$$

$$\Delta e(k-1) = e(k-1) - e(k-2) \tag{5}$$

根据误差及误差变化率，依据单位阶跃误差响应曲线进行如下分析：

(1) 当 $|e(k)| > M_1$ 时，应考虑控制器输出按最大（或最小）输出，以迅速调整误差量。

(2) 如果 $|e(k)| \geq M_2$，说明误差也较大，则控制器输出为

$$u(k) = u(k-1) + k_1 \{k_n [e(k) - e(k-1)] + k_i e(k) + k_d [e(k) - 2e(k-1) + e(k-2)]\}$$

如果 $|e(k)| < M_2$，则控制器输出为

$$u(k) = u(k-1) + k_n [e(k) - e(k-1)] + k_i e(k) + k_d [e(k) - 2e(k-1) + e(k-2)]$$

(3) 当 $e(k)\Delta e(k)<0$，$\Delta e(k)\Delta e(k-1)>0$ 或者 $e(k)=0$ 时，控制器输出保持不变。

(4) 当 $e(k)\Delta e(k)<0$ 时：
$$\Delta e(k)\Delta e(k-1)<0$$

若 $|e(k)|\geq M_2$，即可实施较强控制：
$$u(k)=u(k-1)+k_1k_ne_m(k)$$

若 $|e(k)|<M_2$：
$$u(k)=u(k-1)+k_2k_ne_m(k)$$

(5) 当 $|e(k)|\leq\varepsilon$ 时，误差的绝对值很小，此时加入积分控制，减小稳态误差。

以上各式，$e_m(k)$ 为误差 e 的第 k 个极值；$u(k)$ 为第 k 次控制器输出；$u(k-1)$ 为第 $k-1$ 次控制器输出；k_1 为增益放大系数，$k_1>1$；k_2 为抑制系数，$0<k_2<1$；M_1、M_2 为误差的设定界限，$M_1>M_2>0$；k 为控制周期的序号（自然数）；ε 为任意小的正实数。

3 仿真研究

为了验证本文控制器设计的性能[12]，在 Matlab 软件上进行专家 PID 控制器仿真研究，参考输入为阶跃信号 1 rad。采样时间取 0.001 s，ε 取 0.001。通过仿真结果可以看出，专家 PID 控制器阶跃响应很快，无超调，保证了系统的精度（图 2）。

为了进一步考察专家控制器性能，取正弦跟踪信号指令 $y_d(t)=0.1\sin(2\pi t)$，则速度指令信号为 $y_d(t)=0.2\pi\cos(2\pi t)$。图 3 所示为速度跟踪曲线，可以看出来，速度跟踪情况较好，能够迅速跟上给定速度信号。

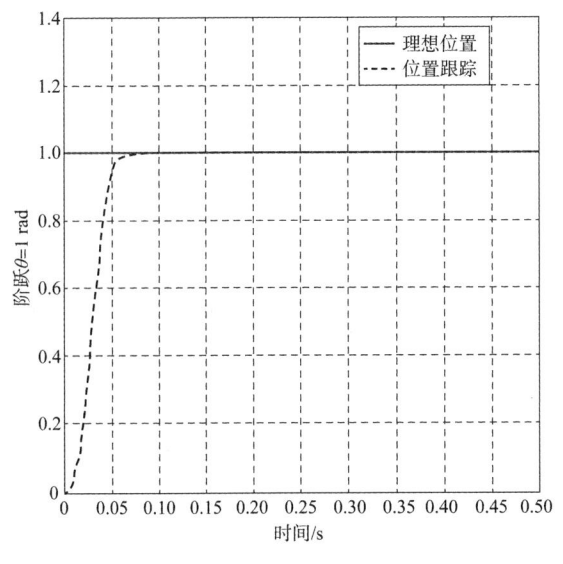

图 2　系统单位阶跃响应曲线

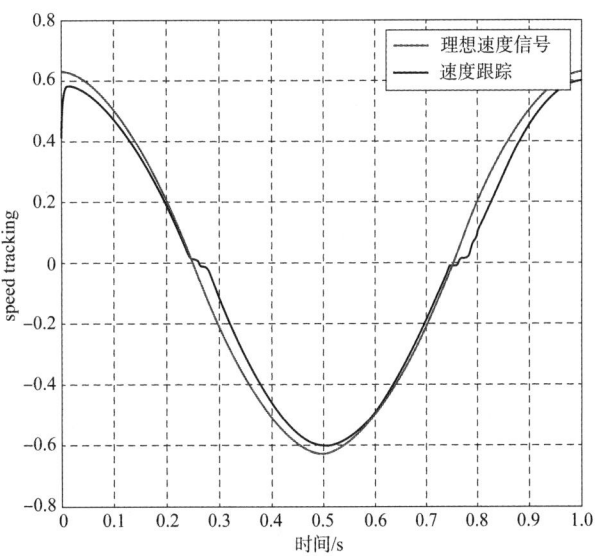

图 3　速度跟踪响应曲线

4 结论

为了实现集束防空火箭炮交流位置伺服系统的高精度位置及速度控制，提出将一种专家控制策略应用于火箭炮交流位置伺服系统，以抑制各种不确定因素对受控对象的影响，增强系统的鲁棒性。仿真结果表明，这种控制策略既可以满足伺服系统的跟随特性，又可以降低系统对参数摄动的敏感程度。采用这种方法后，伺服系统的跟踪精度较高，可以满足指标要求，具有实际应用前景。

参 考 文 献

[1] 柴华伟. 某集束防空火箭炮位置伺服系统的鲁棒控制与应用研究 [D]. 南京：南京理工大学，2008.

[2] 柴华伟,马大为,等. 火箭炮交流伺服系统的内模 PID 控制 [J]. 电气自动化,2006 (5):17-19.
[3] 柴华伟,马大为,李志刚,等. 交流伺服系统最优内模滑模控制器设计与应用 [J]. 南京航空航天大学学报. 2007,39 (4):510-513.
[4] CHAI Huawei, MA Dawei, LI Zhigang. Application of neural network sliding controller in Ac servo systems [C]. Proceedings of 2007 IEEE International Conference on Grey Systems and Intelligent Services, 1092-1096.
[5] CHAI Huawei, MA Dawei, LI Zhigang, et al. Two-degree-of-freedom PID control of Ac position servo system for multiple rockets [J]. International Conference on Mechanical Engineering and Mechanics, 2007, 779-782.
[6] 柴华伟,马大为,李志刚,等. 火箭炮交流位置伺服系统的鲁棒最优控制 [J]. 中国工程科学,2007,9 (10):83-87.
[7] 柴华伟,李志刚,马大为,等. 火箭炮转塔伺服系统设计与控制方法建立 [J]. 弹箭与制导学报,2005 (4):546-547.
[8] 柴华伟,李志刚,马大为,等. 基于遗传算法的火箭转塔伺服系统最优 PID 控制研究 [J]. 弹箭与制导学报,2006,26 (1):753-755.
[9] 柴华伟,李志刚,马大为. CMAC 与 PID 的并行控制在火箭炮交流伺服系统中的应用 [J]. 火炮发射与控制学报,2006 (3):19-22.
[10] 李松晶,王清岩,等. 液压系统经典设计实例 [M]. 北京:化学工业出版社,2012.
[11] 靳宝全. 基于模糊滑模的电液位置伺服控制系统 [M]. 北京:国防工业出版社,2011.
[12] 刘金琨. 先进 PID 控制 MATLAB 仿真(第 4 版)[M]. 北京:电子工业出版社,2016.

造粒生产线自动控制系统设计及实现

冯 梅，黄 忠

（中国工程物理研究院化工材料研究所，四川 绵阳 621900）

摘 要：根据我所造粒生产线的工艺流程及要求，设计了一套以 PLC 和组态王为核心的自动控制系统。PLC 设主站和从站，它们之间通过 PROFIBUS 现场总线网络进行通信。PLC 与计算机通过工业以太网络进行通信，人机对话功能由组态王软件实现，包括实时工艺流程、历史报警曲线、生产报表等功能。着重阐述了控制系统总体结构、网络结构和软件设计。运行结果表明，控制系统自动化程度较高，功能完善，稳定性较好，操作方便。

关键词：PLC；网络；组态；软件

Design and realization of automatic control system for granulating product line

FENG Mei, HUANG Zhong

(Institute of Chemical Materials, China Academy of Engineering Physics, Mianyang 621900, China)

Abstract: Based on PLC and kingview, a method by ourselves that designed a set of automatic control system according to the craft flow and demands for granulating product line was proposed. In the design of the control system for rectification, the computer, PLC and high precision flow sensors were applicated in hardware design. Simens STEP7 and Kingview were applicated in software design. The data converting, signal processing, flow accumulating and process control were realized by software. The actual time craft operating and flows, actual time display and alarms of craft datas, historic report curves and product report forms were realized by Kingview software. The construction of automatic control system, hardware design and software design were introduced. Besides these, flow control and configuration programme were elaborated. The running results showed that there were several advantages in the control system, automatic degree, high precision, perfect steady and convenient operation.

Keywords: PLC; network; configuration; software

0 引言

炸药是导弹战斗部实现高效毁伤的动力源，作为主装药的 PBX 炸药由于其可压性好、压制密度高、药强度大、爆轰性能好等特点，在向钝感高能的趋势发展，且需求量增大。为满足武器装药需求，提高 PBX 炸药造粒生产线产能，并提升自动化水平，我所新建设一条 PBX 炸药造粒生产线，自动控制系统由我所自行设计。

该生产线主要用于 PBX 炸药生产，主要包括主机系统、辅机系统、机械、液压、气动、热工、控制七大部分。控制系统以 PLC 和组态王为核心，对生产线配料、成粒、精馏、洗涤、干燥、后处理等各工序进行程序自动控制，实现工艺过程的自动化控制。

自动生产线的设计是制造型企业生产规划的重要环节，其合理性将直接影响到投产后的产品质量、

作者简介：冯梅（1972—），女，高级工程师，研究方向为自动控制系统设计及应用研究。

生产效率和经济效益[1]。采用计算机控制、数字网络化控制、远程控制等先进技术及手段,有利于提高工艺技术水平,同时起到提高自动化程度、降低劳动强度、提高产品质量稳定性的目的。

1 控制系统结构设计

1.1 工艺描述及要求

1.1.1 工艺描述

生产线的主机系统包括配料和成粒工序,设备包括成粒反应釜、溶解反应釜、计量罐区设备、溶剂罐区设备、精馏反应区设备等。辅机系统用于产品的后处理及提供生产线所需的热源、真空源、软水源,设备包括真空泵、水加热器、软水制备机、冷冻机、球磨机、捏合机和干燥箱等。气动系统用于驱动执行机构,包括气动阀、空气压缩机、储气罐、预过滤器、干燥器和过滤器等。

1.1.2 工艺要求

工艺要求如下:

(1) 在线、实时检测及监控温度、压力、液位、转速、流量等工艺参数,包括成粒釜温度、成粒釜搅拌速度、计量罐液位、溶剂流量、压空压力等。

(2) 程序控制主机系统、辅机系统等各工艺流程段的动作控制、各单元之间的联动控制,包括16个工艺流程段、数百个气动阀、泵的程序控制。

(3) 按程序自动控制调节阀开度,从而实现质量、流量批量、总量控制及泵阀联锁。按预设置参数自动实现质量、温度、转速的控制及调节。

(4) 实现生产线人机对话功能,包括工艺流程实时监控、参数设置、工艺参数精度校准补偿、曲线记录、故障报警、生产过程报表记录等功能,实现生产线及设备的全生命周期管理。

(5) 具有安全联锁功能,包括压力、温度多级超限报警,各单元的动作安全联锁控制及单元之间的动作联锁控制。

1.2 网络结构

1.2.1 PLC 通信网络

本控制系统以 PLC、计算机为核心。PLC 与计算机和操作站之间,以及 PLC 的主站和从站之间,均可以交换数据。S7-1500 系列 CPU 有很强的通信功能,有工业以太网(Industrial Ethernet)的通信模块、PROFIBUS-DP 以及点对点通信模块[2]。在本系统中,计算机与 PLC 之间通过工业以太网进行通信,PLC 主站与从站之间通过 PROFIBUS-DP 现场总线进行通信,CPU 与分布式 I/O 模块之间可以周期性地自动交换数据。

为了满足单元层和现场层的不同要求,本系统采用了 Industrial Ethernet、PROFIBUS、MPI 等多种通信网络。工业以太网(Industrial Ethernet)是一个用于工厂管理和单元层的开放通信系统。工业以太网被设计为对时间要求不严格,用于传输大量数据的通信系统,可以通过网关设备来连接远程网络。PROFIBUS 是用于单元层和现场层的开放通信系统。用于连接单元层上对等的智能节点,用于智能主机和现场设备间的循环的数据交换。MPI 网络可用于单元层,它是 SIMATIC S7 和 C7 的多点通信接口。MPI 本质上是一个 PG 接口,它被设计用来连接 PG 和 OP。

1.2.2 工业以太网

工业以太网是用于工厂管理层和车间监控层的通信系统。符合 IEEE802.3 国际标准,用于对时间要求不太严格,需要传送大量数据的通信场合,可以通过网关来连接过程网络。西门子的工业以太网的传输速率为 10 M/100 Mb/s,最多 1 024 个网络节点,网络的最大范围为 150 km。工业以太网作为工业标准,已经广泛应用于控制网络的最高层,为 PC 和工作站提供通信,并有向控制网络的中间层和底层发展的趋势。

本系统中工业以太网的网络部件为：

（1）SIMATIC PLC 的工业以太网通信处理器，型号为 CP343-1，用于将 PLC 连接到工业以太网。

（2）通信介质：工业屏蔽双绞线。本系统以太网通信模块为 CP343-1，它是用于 S7-1500 的全双工以太网的通信处理器，通信速率为 10 Mb/s 或 100 Mb/s。CP343-1 采用 15 针 D 型插座连接工业以太网，允许 AU1 和双绞线接口之间的自动转换；RJ-45 插座用于工业以太网的快速连接。

1.2.3 网络总体结构

造粒生产线控制网络总体结构示意图如图 1 所示。图中，用一台操作计算机装载北京亚控公司 KingScada 组态软件，开发集成生产线所有工艺过程自动控制、工艺参数显示及存储，包括配料、称量、混料、造粒、混批、干燥等各工序及各主、辅设备的温度、压力、液位、位移、质量、转速、阀开度等工艺参数，对所有工艺参数进行自动采集、显示、存储和记录。主要网络节点包括计算机、触摸屏、控制主站和控制从站。

计算机与主站的通信：计算机与 PLC 控制主站、现场操作触摸屏通过工业以太网进行通信。由于放置于中控室的操作计算机与主站距离较远，因此采用光纤作为物理介质。

主设备与主站的通信：由于主设备较多，根据物理位置的不同，距主站较近的主设备通过 Profibus-DP 网络直接与主站进行双向通信。距从站较近的主设备，由从站采集主设备的各种信息，通过 Profibus-DP 网络与主站双向通信。

辅助设备与主站的通信：辅助设备从站采集辅助设备各种信息，通过以太网与主站进行双向通信。

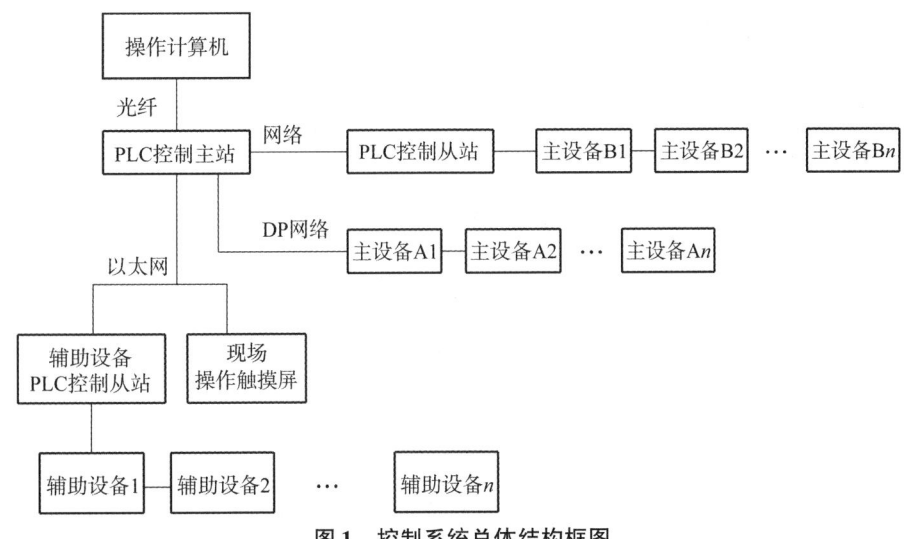

图 1 控制系统总体结构框图

1.2.4 PROFIBUS 总线网络

PROFIBUS 是一种国际性的开放性的现场总线标准，即 EN50 170 欧洲标准。PROFIBUS DP 是一种高速低成本数据传输，用于自动化系统中单元级控制设备与分布式 I/O 的通信。PROFIBUS-DP 允许构成单主站或多站系统，这就为系统配置组态提供了高度的灵活性[3]。系统配置的描述包括站点数目、站点地址和输入/输出数据的格式、诊断信息的格式以及所使用的总体参数。

Profibus-DP 控制网络结构示意图如图 2 所示。由于生产线主、辅设备众多，分别位于一楼、二楼、三楼，每楼分别设置一个阀岛，收集该楼所有电磁先导气阀控制信号。因此，Profibus-DP 控制网络连接顺序为：距主站较近的主设备开关量控制模块、模拟量控制模块、二楼阀岛、一楼阀岛、15 L 溶解机称重设备、40 L 计量缸称重设备、三楼阀岛、高位槽 A 称重设备、高位槽 B 称重设备、高位槽 C 称重设备、高位槽 D 称重设备。

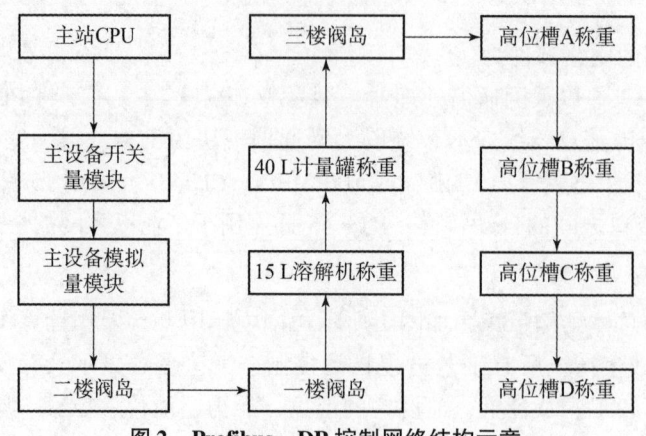

图 2　Profibus – DP 控制网络结构示意

1.2.5　辅助设备控制网络结构

辅助设备控制网络结构示意图如图 3 所示。辅助设备采用 S7200 Smart CPU 作为控制从站，与主站进行双向通信。整条生产线包括两套真空系统，分别位于左部和右部，为造粒釜、混料釜、放料釜等设备提供真空。两台加热器，分别为造粒釜夹套、溶解机夹套、计量罐夹套等提供不同温度范围的热源。制纯水机为造粒釜提供纯水。空压机为整条生产线所有气动阀提供气源。两套真空系统与从站采用以太网进行通信，纯水机、冷水循环泵、制氮机、空压机、冷水塔、两套加热器与从站采用 RS485 串口进行通信。

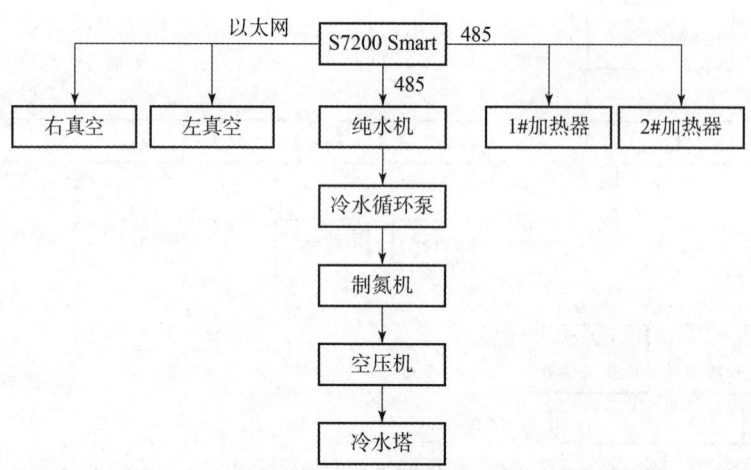

图 3　辅助设备控制网络结构示意

2　软件设计

造粒生产线的软件设计包括 PLC 程序设计和组态程序设计，设计开发平台分别为 Simens 公司 Portal 软件、北京亚控公司的组态王 SCADA。目前市场上的组态软件很多，组态王作为一款优秀的国产组态软件，具有可视化操作界面、功能强大、丰富的设备支持库、开发简洁等优点而得到广泛应用[4]。组态程序完成操作画面、参数设置画面、报警画面、历史曲线画面、报表记录等功能，PLC 完成信号收集、发出控制指令、逻辑运算、数据转换、联锁控制等功能。

2.1　PLC 程序设计

按自上至下的原则，对 PLC 控制程序进行结构化、模块化设计及编程。结构化编程方式将自动化任务分解为能够反映造粒种过程工艺、功能或可以反复使用的更小的任务块（FC、FB），OB1 通过调用这些块来完成整个自动化任务。程序的模块化将程序分成相对而言独立的指令块，每个块中包含给定的部件组或作业组的控制逻辑。程序按功能规划为若干个块,易于多人协同编写大型用户程序。而且由于只是在需要时才调用有关的程序块,因此提高了 CPU 的利用效率[5]。本程序设计包括若干组织块、功能块 FC、调用子功能块 FC、每个反应釜独立背景数据块 DB,共同完成全线控制功能。

2.2 组态软件设计

2.2.1 组态功能

组态软件是以计算机为基础的生产过程控制与调度自动化系统,它可以对现场的运行设备进行监视和控制,以实现数据采集、测量、各类信号报警、设备控制以及参数调节等各项功能。本系统采用北京亚控公司的组态王进行设计,主要包括以下功能:

(1) 控制参数的数据输入、画面选择、控制回路自动/手动切换及手动遥控操作。
(2) 工艺流程及实时数据的动态显示。
(3) 马达和动力设备运转状态监视和设备管理。
(4) 报警及联锁事件发生时的自动打印,时报表、日报表及月报表的定时打印功能。
(5) 系统组态参数调整或修改、程序软件扩展及维护功能。

2.2.2 组态设计

以辅机设备为例,操作画面如图 4 所示。

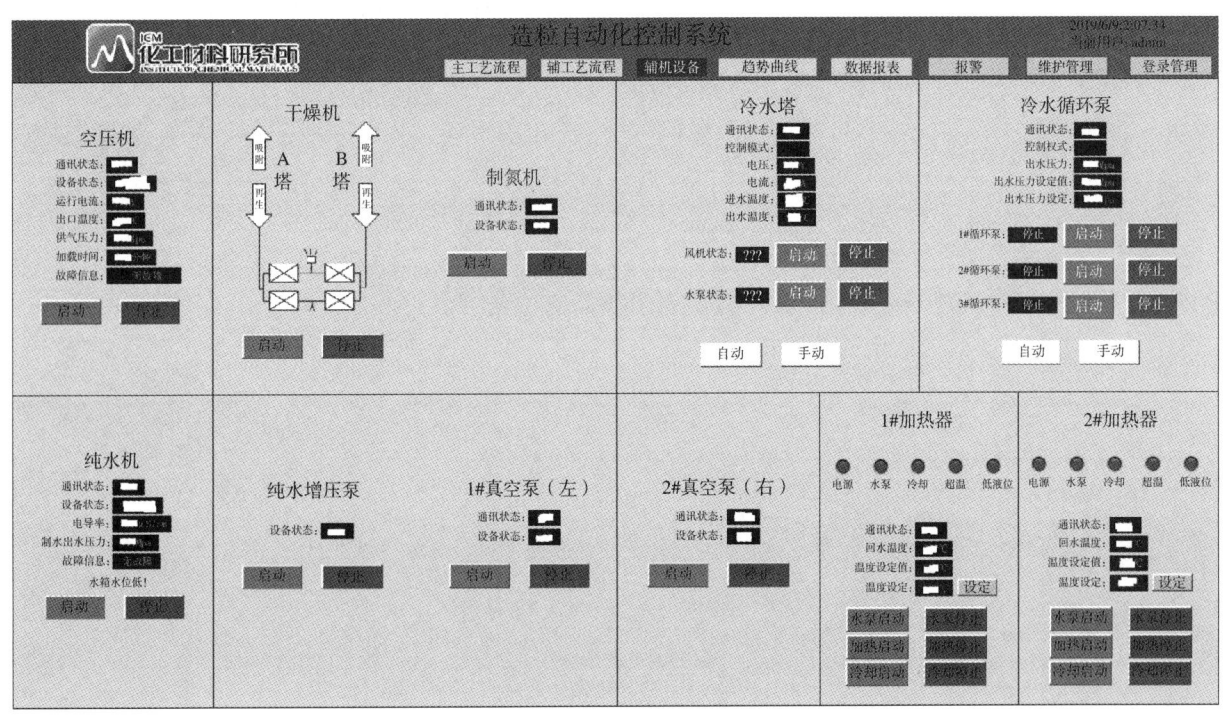

图 4　辅机设备操作画面

3　结论

本控制系统采用了 PLC、组态王、网络控制等技术,实现了生产线的自动化控制。采用了工业以太网络、PROFIBUS 现场总线网络、MPI 通信网络分别对单元层和现场层进行通信及控制。PLC 采用主站/从站及 PROFIBUS 控制模式,采用全数字控制方法,既提高了控制精度,又较大地降低了成本,提高了经济效益。采用组态王开发的人机对话系统较大地提高了操作的数字化、可视化,也给工艺数据管理、生产报表带来了极大的方便。控制软件结构化、模块化的设计,既提高了设计效率,也为今后的功能扩展及维护提供了接口和良好的借鉴意义。运行结果表明,控制系统自动化程度较高,功能完善,稳定性较好，操作方便。

参 考 文 献

[1] 卓攀，吴恩启，杜宝江，等. 生产线机电设计中的虚机实电检验方法 [J]. 制造业自动化，2013 (20).
[2] Simens 公司. S7-1500 手册
[3] 阳宪惠. 现场总线技术及其应用 [M]. 北京：清华大学出版社，2018.
[4] 北京亚控科技发展有限公司. 组态王 KINGVIEW SCADA 说明书
[5] 边春元，任双艳，满永奎，等. S7-1500/400PLC 实用开发指南 [M]. 北京：机械工业出版社，2016.

水陆两栖全地形车行动系统设计及研究

张建刚，李敬喆，孙 蕊，杨 欢，任志强，曹艳红

(哈尔滨第一机械集团有限公司，黑龙江 哈尔滨 150056)

摘 要：介绍了有效载荷为35 t的水陆两栖全地形运输车行动系统设计指导思想、性能特点、行动系统设计参数，着重对行动系统各个结构进行说明，并对技术可行性进行了分析。

关键词：水陆两栖；全地形车；行动系统

中图分类号：TJ399 **文献标志码**：A

Amphibious all – terrain tracked vehicle walking system research and design

ZHANG Jiangang, LI Jingzhe, SUN Rui, YANG Huan, REN Zhiqiang, CAO Yanhong

(Harbin First Machinery Group Co., Ltd., Haerbin 150056, China)

Abstract: The design guidelines, performance characteristics and design parameters of an amphibious all – terrain transport vehicle with limited load of 35 tons are introduced, the structure of the action system is explained emphatically, and the technical feasibility is analyzed.

Keywords: amphibious; all – terrain tracked vehicle; walking system

0 引言

有效载荷为35 t的水陆两栖全地形运输车，可承载挖掘机、装载机等大型抢险机械的大吨位水陆两栖运输车，可实现抢险救援、水路运输无缝衔接的目标。这对车辆的行动系统提出了很高的要求，一方面要求其结构安全可靠，满足车辆较大承载能力；另一方面要求其高效的行驶效率，满足车辆快速通过水际滩头及越野地域的机动能力。针对上述两大方面的要求，对车辆的行动系统进行了系统化设计及研究。

1 设计指导思想、性能特点和主要技术参数

1.1 设计指导思想

为满足车辆大承载、快速机动的使用特点，在设计中坚持以下原则：

(1) 充分应用与借鉴现有的成熟技术，立足国内预研成果的应用和其他行业的成熟技术，保证行动系统结构安全可靠。

(2) 应用现代设计方法，充分采用有限元计算、虚拟装配等计算机软件应用技术对行动系统进行合理布置，并对零部件进行轻量化设计，提高行动系统的行驶效率。

基金项目：国家重点研发计划：水陆两栖运输应急装备研究与应用（No. 2016YFC0802705）。

作者简介：张建刚（1988—），男，工程师，E – mail：1046265028@qq.com。

1.2 性能特点

有效载荷为35 t的水陆两栖全地形运输车采用前、后双节车，四条履带驱动的总体方案，前、后节车通过铰接装置连接。前、后车采用两套独立行动系统，其中主要零部件包括主动轮、负重轮与悬挂装置、诱导轮及履带调整器、履带等组成。

前车采用后驱的形式，即主动轮在后，诱导轮在前；后车采用前驱形式，即主动轮在前，诱导轮在后。前后车均采用全扭杆悬挂装置，负重轮采用空心负重轮，在满足使用前提下减轻全车质量。为了增加车辆履带行驶平顺性，在前后车两侧均布置有内外托带轮。履带为橡胶带结构，其宽度大，质量轻，接地比压小，提高车辆越野能力。前、后车总体布置如图1和图2所示，主要参数如表1所示。

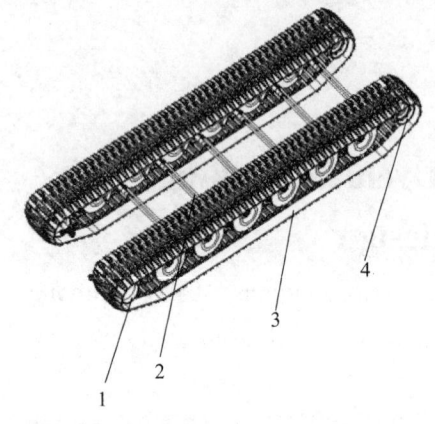

图1 前车行动系统布置
1—主动轮；2—扭杆悬挂装置；3—履带；4—诱导轮

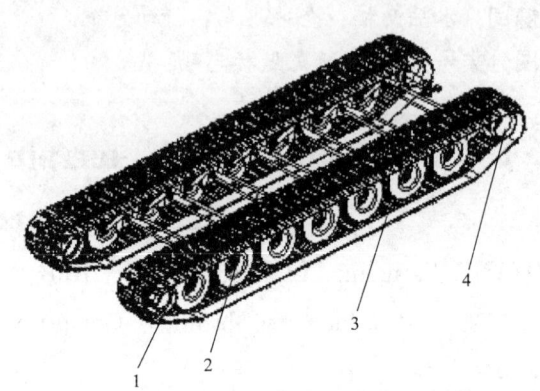

图2 后车行动系统布置
1—主动轮；2—扭杆悬挂装置；3—履带；4—诱导轮

表1 行动系统设计参数

序号	名称	设计数值/mm
1	履带中心距	2 250
2	前车履带接地长	4 088
3	后车履带接地长	5 417
4	履带宽度	1 100
5	主动轮节圆直径	532
6	主动轮齿数	9
7	负重轮直径	830
8	诱导轮直径	596
9	平衡肘工作长度	451
10	扭杆弹簧直径	ϕ48.5 和 ϕ50.5

2 行动系统结构

2.1 总体结构

有效载荷为35 t的水陆两栖全地形运输车为双节履带车辆，前车行动系统采用主动轮前置、诱导轮后置的全扭杆悬挂装置方案；后车行动系统采用主动轮后置、诱导轮前置的全扭杆悬挂装置方案。

前、后车行动系统主要由履带推进装置和悬挂装置组成，包括主动轮、诱导轮、托带轮、负重轮及悬挂装置和履带等。前车行动系统，主动轮在前，诱导轮在后；每侧6个扭杆悬挂装置，每个扭杆悬挂装置包括1个平衡肘、1个负重轮、1个限制器、2根扭杆弹簧（上下布置）等；两对内托带轮，分别布置在第二、三及四、五负重轮之间，两对外托带轮布置在第一、二及五、六负重轮之间；履带采用橡胶带连接结构，每侧各一条履带，每条履带由两条橡胶带及金属板体组成。

后车行动系统与前车系统的不同在于，诱导轮在前，主动轮在后；每侧7个扭杆悬挂装置；两对内托带轮，分别布置在第三、四及四、五负重轮之间，两对外托带轮布置在第二、三及五、六负重轮之间。

2.2 主动轮

主动轮安装在前车后部和后车前部，与侧减速器输出轴相连，将发动机输出的驱动转矩转换成履带的拉力，如图3所示。

主动轮节圆半径为266 mm，由中圈、外圈、聚氨酯小轮及钢轮等部件组成。

聚氨酯小轮及钢轮焊接在中圈上，与履带诱导齿啮合。聚氨酯小轮在磨损过大时可单独进行更换，减少使用成本；钢轮主要是在冬天去除冻在履带横梁齿条上的冰雪。

外圈挂有橡胶，其主要作用在于支撑履带，提高履带行驶平顺性。

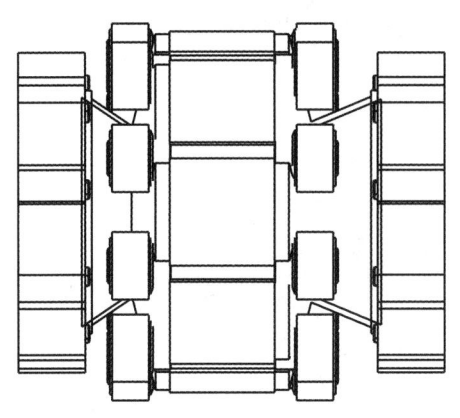

图3 主动轮

2.3 扭杆悬挂装置

扭杆悬挂装置由负重轮、平衡肘、扭杆弹簧、缓冲器等组成，如图4所示。

其中平衡肘及缓冲器的结构采用成熟产品结构形式，扭杆弹簧采用上下布置的形式，为了满足车辆重心的要求，前车第一悬挂装入的扭杆弹簧直径为ϕ50.5 mm，前车其他悬挂装入的扭杆弹簧直径为ϕ48.5 mm；后车第一、二、三悬挂装入的扭杆弹簧为ϕ50.5 mm，后车其他悬挂装入的扭杆弹簧直径为ϕ48.5 mm。扭杆弹簧材料为45CrNiMoVA，扭杆弹簧的屈服极限为1 130.51 MPa。经计算，前车右边第六根扭力轴的最大剪切应力数值最大，τ_{max} = 1 175.10 MPa < 1 300 MPa，安全系数为n = 1.11，满足强度要求。

锻造平衡肘在静载荷状态下，安全系数为4.78，在水平行驶状态受冲击时安全系数为2.47，根据纪树东的研究[1]，锻造平衡肘安全可靠。经计算，扭杆悬挂装置中的扭杆弹簧、平衡肘、负重轮轴以及平衡肘轴的设计均满足车辆使用要求。

负重轮采用空心航空轮胎，较实心负重轮单片减重40 kg，空心航空轮胎具有高抗冲击强度和很低的生热性，同时轮胎下沉量高达28%～35%，在行驶时缓解地面冲击力，提高驾驶员的舒适性。

2.4 诱导轮和履带调整器

诱导轮（图5）和履带调整器安装在前车前部和后车后部。采用焊接组合方式，由外圈、中圈、丝杠及曲臂等零部件组成。

中圈及外圈挂有聚氨酯浇注弹性体，用以支撑履带。履带调整器采用丝杠形式，在丝杠头部有一个球形头在车体上的球形槽旋转，带动拉臂通过曲臂旋转，完成履带松紧度的调整。

2.5 托带轮

车辆高速行驶过程中，带式履带摆幅较大，大大降低了车辆的行驶效率，在前、后车两侧布置内、外托带轮，降低履带摆幅，提高履带行驶平顺性及车辆行驶效率。

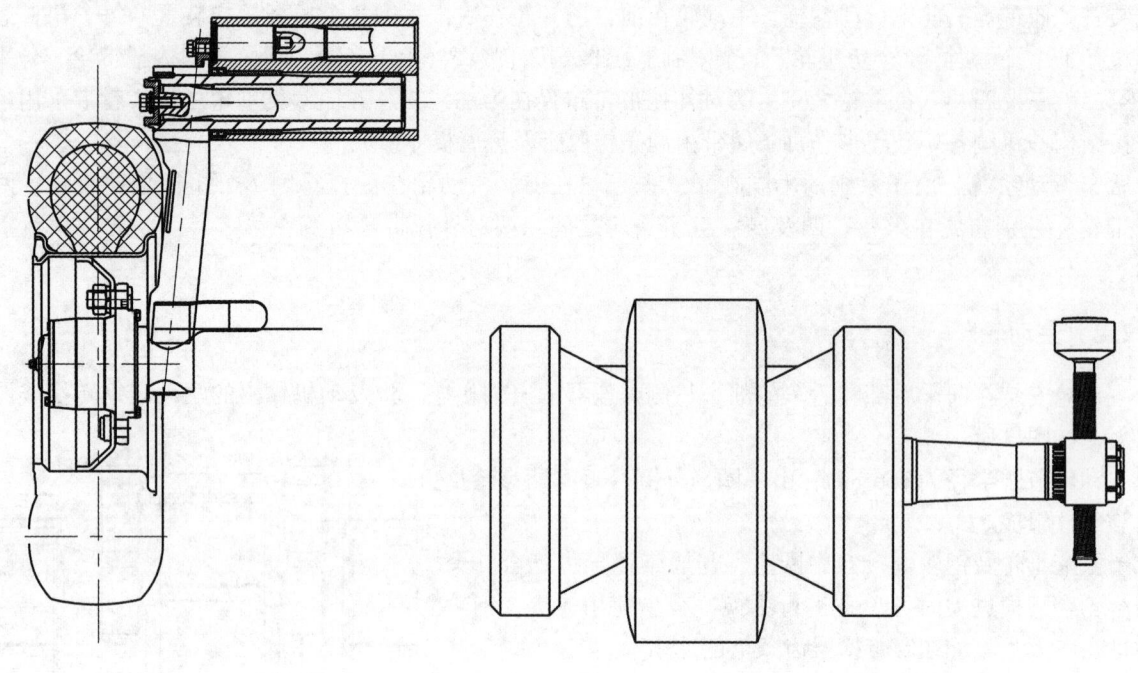

图 4 扭杆悬挂装置　　　　　　图 5 诱导轮

内、外托带轮（图 6 和图 7）的托带轮体采用锻造铝合金，在满足使用要求的前提下，最大限度地降低其质量。

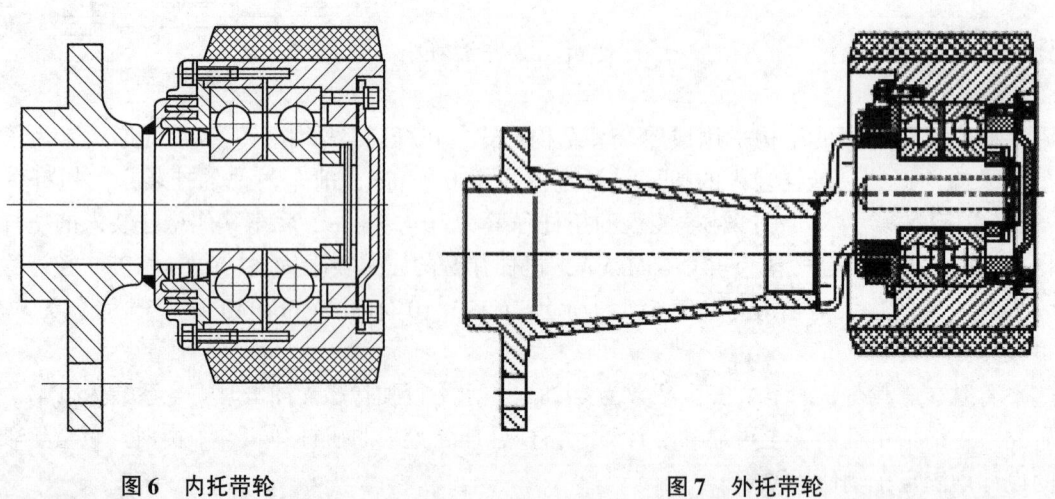

图 6 内托带轮　　　　　　图 7 外托带轮

2.6 履带

如图 8、图 9 所示，履带采用橡胶带连接结构代替现有的履带销铰接连接结构，履带支撑体采用 3 mm 厚、履齿采用 5 mm 厚，宽度为 1 100 mm 的钢板冲压成型，减少了铸造履带带来的冗余质量，也减轻了全车的质量。

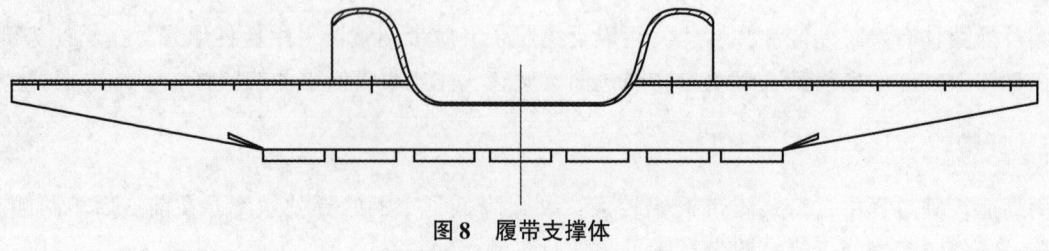

图 8 履带支撑体

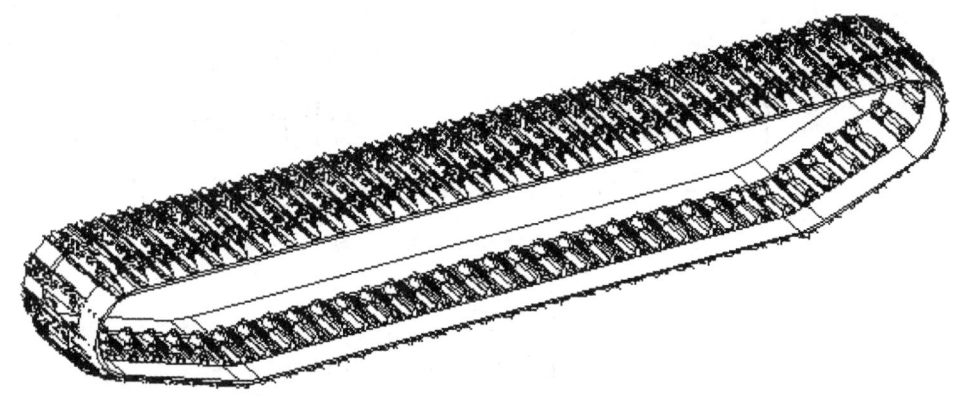

图 9　履带铰链

3　结论

有效载荷为 35 t 铰接式全地形车行动系统具有先进的技术性能和较高的可靠性，根据计算及分析，车辆行动系统满足战术技术指标和使用要求，以实现车辆抢险救援水路运输无缝衔接的目标，满足在复杂地形、恶劣气候条件下全地域抢险救援的需要。

参 考 文 献

[1] 黄郁馨，纪树东，周忠海，等. 莽式全地形车关键零部件加工与装备 [J]. 世界制造技术与装备市场，2016，2.
[2] 冯付勇，洪万年，张勇. 双节全地形履带车辆发展探讨 [J]. 车辆与动力技术，2011（3）：57-60.

高重频中红外固体和光纤激光器的研究进展

刘晓旭,荣克鹏,蔡 和,张 伟,韩聚洪,安国斐,郭嘉伟,王 汶

(西南技术物理研究所,四川 成都 610041)

摘 要:高重频中红外激光器在医疗诊断、激光手术、痕量气体检测、通信、激光测距、激光雷达和中红外干扰、对抗等领域具有重要的应用价值。输出波长位于 3~5 mm 的高重频中红外激光器主要包括:直接泵浦式高重频中红外固体激光器、高重频中红外光纤激光器和高重频中红外光参量振荡器。介绍了产生高重频中红外激光的主要技术方案和相关研究进展,并且讨论了各种技术所存在的相关问题和发展方向。

关键词:激光;中红外;调 Q;锁模;光参量振荡器

Progress on high repetition – rate mid – infrared lasers

LIU Xiaoxu, RONG Kepeng, CAI He, ZHANG Wei, HAN Juhong,
AN Guofei, GUO Jiawei, WANG You

(Southwest Institute of Technical Physics, Chengdu 610041, China)

Abstract: High repetition rate mid – infrared lasers play important roles in medical diagnostics, laser surgery, trace gas detection, communication, laser ranging, lidar detection, and interference and countermeasures, etc. High repetition rate mid – infrared lasers with the wavelength of 3 ~ 5 mm are mainly classified into the following types: direct pumped high repetition – rate mid – infrared solid – state lasers, high repetition – rate mid – infrared fiber lasers, and high repetition – rate mid – infrared optical parametric oscillators (OPOs). The main technical solutions and related research progress of generating high repetition – rate mid – infrared lasers have been introduced. In addition, the relative problems and point out some development directions for various technologies are also discussed.

Keywords: laser; mid – infrared; Q – switch; mode – locked; optical parametric oscillator

0 引言

近年来,波长 3~5 mm 的中红外激光受到广泛的关注。中红外辐射位于大气的传输窗口,传输衰减较小,因此,中红外激光在制导、遥感、干扰和对抗、雷达以及红外成像等领域具有广阔的应用前景。另外,中红外波段存在众多的分子特征吸收谱线,因此,中红外激光也可广泛应用于微量气体检测、光谱分析和医疗等领域。

中红外激光器能够工作在连续或脉冲输出模式。当激光器输出脉冲的重复频率达到 kHz 以上时,可称其为高重频激光器。高重频中红外激光器是激光雷达、光电干扰和对抗系统的重要组成部分,通过提升其性能能够直接增强系统的应用效果。例如,在红外对抗中,大多数红外导引头都对目标辐射进行了调制,因此,定向红外对抗系统中的干扰激光器必须以脉冲方式工作,其重频必须位于 20 ~ 50 kHz 之间[1];激光雷达探测已经采用了大动态范围高重频相干激光测距和测速技术[2];光子计数激光测距技术

作者简介:刘晓旭(1982—),男,工程师,E – mail: youwang_2007@ aliyun. com。

通常采用高重频、低能量的激光器，然后通过统计分析得到距离信息，据此可以克服噪声影响、抑制虚警率、提高测距精度[3]。

本文从激光技术角度出发，介绍了三种高重频中红外激光器：直接泵浦式高重频中红外固体激光器、高重频中红外光纤激光器和高重频中红外光参量振荡器。分别讨论了每种激光器的技术方案和相关研究进展，并指出各种激光器存在的主要问题和可能的发展方向。

1 直接泵浦式高重频中红外固体激光器

目前，Fe^{2+}离子掺杂的ZnS、ZnSe、ZnTe和CdSe等晶体可作为直接泵浦式中红外固体激光器的增益介质。Fe^{2+}:ZnSe晶体的吸收带宽较宽，在中红外波段其波长调谐范围较大，且输出激光光束质量较好，因此受到广泛的关注。受泵浦激光重频的限制，Fe^{2+}:ZnSe中红外激光的重频通常小于100 Hz，而高重频激光的报道却相对较少。Fe^{2+}:ZnSe激光器在研究的最初阶段只能在低温下运行，近年来，泵浦源和相关新技术的进步使Fe^{2+}:ZnSe激光器能在较高温度甚至是室温下工作。

1999年，美国加利福尼亚大学利弗莫尔实验室的Adams等首次低温泵浦Fe^{2+}:ZnSe单晶，实现了脉冲激光输出和波长调谐，重频达到100 Hz[4]。2005年，美国阿拉巴马大学的Kernal等利用调Q Nd:YAG激光器泵浦Fe^{2+}:ZnSe，首次实现室温脉冲激光输出，激光波长为4.35 μm，调谐范围为3.9~4.8 μm[5]。2006年，美国阿拉巴马大学的Akimov等利用波长为2.94 μm的Er:YAG激光器泵浦Fe^{2+}:ZnSe，室温输出波长为3.95~5.05 μm的脉冲激光，脉宽为100 ns，重频为60 Hz[6]。2014年和2015年，美国空军实验室的Evans等和IPG公司的Martyshkin等利用波长为2.94 μm的Er:YAG激光器泵浦Fe^{2+}:ZnSe，低温输出波长为4 045 nm和3.88~4.17 μm的激光，脉宽为64 ns和150 μs，重频为0.85 MHz和100 Hz[7,8]。

国内对Fe^{2+}:ZnSe中红外激光器的研究起步较晚，目前仍处于初步阶段，只有几家单位给出了相关研究结果。2014年，华北光电技术研究所的夏士兴等人采用波长为2.9 μm、重频为1 kHz的激光泵浦Fe^{2+}:ZnSe，室温输出激光波长为4.45 μm，脉宽为25 ns[9]。2015年，哈尔滨工业大学的姚宝权等采用波长为2.89 μm、重频为1 kHz的$ZnGeP_2$光参量振荡器（OPO）泵浦Fe^{2+}:ZnSe。当泵浦功率为1.43 W时，输出激光平均功率为53 mW[10]。同年，中科院电子所的柯常军等采用波长为2.6~3.1 μm的激光泵浦Fe^{2+}:ZnSe，在室温实现了激光输出[11]。

2 高重频中红外光纤激光器

中红外光纤具有声子能量较低、中红外波段传输损耗较小的特点。目前，最常用的中红外光纤为氟化物（ZBLAN）和硫化物光纤。氟化物光纤中掺杂Tm^{3+}、Ho^{3+}、Er^{3+}等离子已实现波长2~3 μm的激光输出。目前，掺Er^{3+}:ZBLAN和掺Ho^{3+}:ZBLAN是得到3 μm高重频光纤激光的主要增益介质。根据激光器的工作方式，可以将其分类为调Q和锁模光纤激光器。其中，调Q光纤激光器又有主动调Q和被动调Q两种工作方式。

2.1 调Q光纤激光器

2.1.1 主动调Q

1994年，德国布伦瑞克工业大学的Frerichs等在掺Er^{3+}:ZBLAN光纤激光器中加入声光调制器，输出的激光波长为2.7 μm，脉宽为100 ns，重频可达10 kHz。这是3 μm波段获得调Q脉冲激光的首次报道[12]。2004年，英国曼彻斯特大学的Coleman等利用波长为972 nm的LD泵浦Er^{3+}/Pr^{3+}共掺ZBLAN光纤，输出激光波长为2.7 μm，脉宽和重频分别为250 ns和19.5 kHz[13]。2011年，日本京都大学的Tokita等利用波长为975 nm的LD泵浦掺Er^{3+}:ZBLAN光纤，采用锗声光调制器，激光平均功率为12 W，波长为2.8 μm，脉宽为90 ns，重频为120 kHz[14]。2012年，澳大利亚悉尼大学的Hu等利用波长为1 150 nm的LD浦源Er^{3+}/Pr^{3+}共掺ZBLAN光纤，采用TeO_2声光调制器，输出激光波长为

2.867 μm，重频为40～300 kHz，最大平均功率为0.72 W，脉宽为78 ns[15]。2015年，德国LISA激光产品的Lamrini等利用掺Ho^{3+}：ZBLAN光纤和TeO_2声光调制器输出脉冲激光波长为2.79 μm，平均功率为0.56 W，脉宽为53 ns，重频为1 kHz[16]。

2012年，电子科技大学的李剑峰等利用波长为1 150 nm的LD泵浦掺Ho^{3+}：ZBLAN光纤，采用声光Q开关输出两个波长的激光：波长为3.005 μm激光的脉宽和重频分别为380 ns和25 kHz；波长为2.074 μm激光的脉宽和重频分别为260 ns和25 kHz[17]。2013年，他们将TeO_2晶体用作声光Q开关，实现了波长为2.97～3.015 μm的调谐输出，脉宽为300～410 ns，重频为40 kHz[18]。

2.1.2 被动调Q

1996年，德国布伦瑞克工业大学的Frerichs等利用掺Er^{3+}：ZBLAN光纤和砷化铟可饱和吸收体实现了被动调Q脉冲的激光输出[19]。此后，被动调Q的氟化物光纤激光器得到快速发展。2012—2013年，美国亚利桑那大学的Wei等利用LD泵浦掺Er^{3+}：ZBLAN的光纤，分别采用Fe^{2+}：ZnSe和石墨烯被动调Q，输出激光波长为2.8 μm，重频分别为70.4 kHz、161 kHz和37 kHz[20~22]。2013年，美国亚利桑那大学的Gongwen Zhu等利用波长为1 150 nm的光纤激光器泵浦掺Ho^{3+}：ZBLAN光纤，Fe^{2+}：ZnSe和石墨烯作为可饱和吸收体，分别实现了调Q激光输出，其中Fe^{2+}：ZnSe调Q输出激光波长为2.93 μm，脉宽和重频分别为820 ns和105 kHz；石墨烯调Q输出激光波长为3 μm，脉宽和重频分别为1.2 μs和100 kHz[23]。

2014—2015年，电子科技大学的李剑峰等利用波长为1 150 nm的LD泵浦掺Ho^{3+}：ZBLAN光纤，分别用半导体可饱和吸收镜（SESAM）、Bi_2Te_3和Fe^{2+}：ZnSe作为被动调Q元件，SESAM所对应激光的波长为2.971 μm，脉宽为1.68 μs，重频为47.6 kHz[24]；Bi_2Te_3所对应激光的波长为2 979.9 nm，脉宽为1.37 μs，重频为81.96 kHz[25]；Fe^{2+}：ZnSe所对应激光的波长为2 919.1～3 004.2 nm，脉宽为1.23～2.35 μs，重频为96.1～43.56 kHz[26]。2015年，上海交通大学的秦志鹏等利用波长为976 nm的LD泵浦掺Er^{3+}：ZBLAN光纤，黑磷作为可饱和吸收体，输出激光波长为2.8 μm，脉宽为1.18 μs，重频为63 kHz[27]。2016年，四川大学、深圳大学和中科院西安光机所的研究人员利用LD泵浦掺Er^{3+}：ZBLAN光纤，分别使用Fe^{2+}：ZnSe、Bi_2Te_3和SESAM作为调Q元件，输出激光的波长都在2.8 μm左右，脉宽为几百纳秒，重频分别为102.94 kHz、50 kHz和146.3 kHz[28~30]。同年，电子科技大学的韦晨等利用波长为1 150 nm的LD泵浦Ho^{3+}/Pr^{3+}共掺ZBLAN光纤，WS_2薄膜作为调Q元件，输出激光波长为2.865 μm，脉宽为1.73 μs，重频为131.6 kHz[31]。2018年，电子科技大学的赖雪等利用波长为976 nm的LD泵浦掺杂ZBLAN光纤，基于SESAM被动调Q输出激光波长为2 798.8 nm，最大平均功率为3.01 W，重频为278.5 kHz[32]。

2.2 锁模光纤激光器

2012年，美国亚利桑那大学的Wei等利用波长为976 nm的LD泵浦掺Er^{3+}：ZBLAN光纤和Fe^{2+}：ZnSe，输出激光波长为2.8 μm，脉宽为19 ps，重频为50 MHz[33]。2014—2016年，加拿大拉瓦尔大学的Haboucha等和Duval等、澳大利亚悉尼大学的Hu等、美国亚利桑那大学的Zhu Gongwen等分别利用LD泵浦掺Er^{3+}：ZBLAN光纤，输出激光波长为2.8 μm左右，脉宽分别为60 ps、207 fs、0.497 ps和42 ps，重频分别达到51.75 MHz、55.2 MHz、56.7 MHz和25.4 MHz[34~37]。

2012年和2016年，电子科技大学的李剑峰等和国防科技大学的Ke Yin等分别利用LD泵浦Ho^{3+}/Pr^{3+}共掺ZBLAN光纤，得到了基于SESAM和Bi_2Te_3的锁模激光输出，激光波长为2.8 μm左右，脉宽分别为24 ps和6 ps，重频分别达到27.1 MHz和10.4 MHz[38,39]。2015年和2016年，湖南大学的唐平华等和上海交通大学的秦志鹏等分别设计了基于SESAM和黑磷可饱和吸收体的掺Er^{3+}：ZBLAN锁模光纤激光器，输出激光波长为2.8 μm，重频达到几十MHz[40,41]。

3　高重频中红外光参量振荡器（OPO）

光参量振荡器（OPO）利用晶体的非线性效应将短波长激光变换到中红外波段。用于中红外 OPO 的非线性晶体主要有磷酸氧钛钾（KTP）、硒镓银（$AgGaSe_2$）、磷锗锌（ZGP）、周期性极化铌酸锂（PPLN）等。PPLN 的非线性系数较高且性质稳定，掺杂 MgO 也可提高 PPLN 的光折变损伤阈值，被认为是理想的非线性晶体。这些有利的条件，使准相位匹配（QPM）的 PPLN OPO 能够高效地输出中红外激光。通过改变 MgO：PPLN 晶体的极化周期和温度，可以实现 3～5 μm 全波段的可调谐输出。ZGP 具有良好的导热性和较高的非线性系数，且制备工艺较为成熟。为了获得高平均功率输出，一般采用波长大于 2 μm 的脉冲激光泵浦 ZGP。近年来，为了简化激光器结构和提升稳定性，研究人员亦采用掺铥光纤激光器（1.9 μm）直接泵浦 ZGP 输出中红外光。

3.1　PPLN OPO

2010 年，西班牙光子科学研究所的 Kokabee 等利用波长为 1 064 nm、重频为 81.1 MHz 的掺镱光纤激光器泵浦 MgO：PPLN，泵浦功率为 16 W 时，获得了 7.1 W（1.47 μm）的信号光和 4.9 W（3.08 μm）的闲频光，激光脉宽为 17.3 ps[42]。2011 年，法国航空航天实验室的 Hardy 等利用波长为 1 064 nm，重频为 4.8 kHz 的调 Q Nd：YAG 激光器泵浦 PPMgLN，输出波长为 3.9 μm，功率为 5.5 W，可调波长为 3.8～4.3 μm[43]。2012 年，英国南安普顿大学的 Lin 等利用波长为 1.06 μm，功率为 58 W，重频为 100 kHz 的掺 Yb^{3+} 光纤激光器泵浦 PPMgLN，输出波长为 3.82 μm，功率达到 5.5 W[44]。2013 年，西班牙光子科学研究所的 Kimmelma 等在泵浦光 80 MHz 时，将中红外输出激光的重频增加到 7 GHz[45]。同年，法国约瑟夫傅里叶大学的 Kemlin 等通过旋转 MgO：PPLN 晶体改变有效调谐周期，室温实现了 1.4～4.3 μm 全波段可调谐输出[46]。2014 年，西班牙光子科学研究所的 Kokabee 等报道了采用两块 MgO：PPLN 晶体实现双信号光、双闲频光同步可调谐输出的技术方案[47]。2015 年，英国南安普顿大学的 Xu 等利用波长为 1.035 μm 的光纤 MOPA 系统泵浦 MgO：PPLN，输出波长为 2.3～3.5 μm 的可调谐中红外光，脉宽为 150 ps，重频为 1 MHz[48]。2016 年，法国巴黎-萨克雷大学的 Rigaud 等利用 MgO：PPLN OPO 输出波长为 3.07 μm 的中红外光，脉宽为 72 fs，重频为 125 kHz[49]。2017 年，英国伦敦帝国理工学院的 Murray 等利用 MgO：PPLN 输出功率大于 6 W，波长为 3.31～3.48 μm 的中红外光，这是目前单通、光纤 MOPA 泵浦输出的最高水平[50]。

2009 年，华中科技大学的夏林中等和中国工程物理研究院的彭跃峰等分别利用波长为 1 064 nm，平均功率为 8.17 W 和 104 W，重频为 10 kHz 和 7 kHz 的调 Q Nd：YAG 激光器泵浦 MgO：PPLN，输出中红外光的平均功率分别为 2.23 W 和 22.6 W，波长为 3.344 μm 和 3.84 μm[51,52]。2010 年，浙江大学的 Bo Wu 等和清华大学的 Liu 等分别利用波长为 1 063 nm 和 1 064 nm、重频为 52 kHz 和 76.8 kHz 的调 Q Nd：YVO_4 激光器泵浦 PPLN，输出光波长分别为 3.82 μm 和 3.164 μm，功率为 9.23 W 和 4.3 W[53,54]。2012 年，中科院上海光机所的 Lin Xu 等利用波长为 1 907.5 nm、功率为 2.9 W、重频为 2 kHz 的调 Q Tm：YLF 激光器泵浦 PPMgLN，输出光波长为 3.6～4.1 μm[55]。同年，中国工程物理研究院的彭跃峰等利用波长为 1 064 nm、平均功率为 151 W、重频为 10 kHz 脉冲激光泵浦 MgO：PPLN，输出光波长为 3.91 μm，平均功率达到 23.7 W[56]。2014 年，山东大学的刘善德等利用波长为 1 064 nm、功率为 20 W 的掺镱光纤激光器泵浦 MgO：PPLN，得到闲频光在为 3.0～3.9 μm 连续调谐。输出光波长为 3.0 μm 和 3.8 μm 时，对应功率为 3 W 和 1 W[57]。2015 年，深圳大学的 Liu 等利用波长为 1 645 nm 的 Er：YAG 激光器泵浦 PPMgLN，改变晶体温度使输出光波长在 4.17～4.31 μm 调谐，最大平均功率超过 1 W，重频为 2 kHz[58]。同年，华北光电技术研究所的李海速等利用波长为 1.06 μm、重频为 10 kHz、功率为 34 W 的激光泵浦 PPLN，输出光波长为 3.81 μm，平均功率达到 5.4 W[59]。

3.2　ZGP OPO

2010 年，挪威国防研究机构的 Lippert 等利用波长为 2.1 μm、功率为 39 W、重频为 45 kHz 的 Ho：

YAG 激光器泵浦 ZGP，得到信号光为 3.9 μm，闲频光为 4.5 μm，功率为 22 W 的中红外光输出[60]。2013 年，澳大利亚国防科技组织的 Hemming 等采用 Tm 光纤激光器泵浦 Ho：YAG 晶体，输出的激光泵浦 ZGP，泵浦激光功率为 62 W 时，输出光波长为 3～5 μm，功率为 27 W，重频为 35 kHz[61]。2014 年和 2015 年，美国中佛罗里达大学的 Gebhardt 等和法国圣路易斯法德研究所的 Kieleck 等利用波长为 1 980 nm，重频为 4 kHz 和 40 kHz 的 Tm 光纤激光器泵浦 ZGP，输出光波长分别为 3.7 μm 和 3～5 μm[62,63]。

2011 年，中国工程物理研究院的彭跃峰等使用 KTP OPO 输出波长为 2.1 μm、功率为 15 W、重频为 8 kHz 的激光泵浦 ZGP，得到了 4.1 μm 信号光和 4.32 μm 闲频光，总功率为 5.7 W[64]。2014 年，哈尔滨工业大学的姚宝权等采用 Ho：YAG 激光器（波长为 2.1 μm，功率为 107 W，重频为 20 kHz）和 Ho：LuAG 激光器（波长为 2.1 μm，功率为 13.1 W，重频为 5 kHz）泵浦 ZGP，得到波长为 3～5 μm 中红外光的功率达到 41.2 W 和 5.51 W[65,66]。2015 年，华北光电技术研究所的韩隆等利用 1 940 nm 激光泵浦 Ho：YLF 激光再放大的方式，获得了功率为 53.7 W、波长为 2 050 nm 的高重频激光，进而实现了重频为 5 kHz、功率为 26.9 W 的中红外激光输出[67]。2018 年，哈尔滨工业大学的段小明等利用 Tm：YLF - Ho：LuAG - ZGP 系统构建中红外激光器，泵浦功率为 63.8 W 时，Ho：LuAG 激光器在调 Q 工作的最大平均功率分别为 34.1 W、34.9 W 和 35.2 W，对应脉冲重频为 10 kHz、15 kHz 和 20 kHz；当 Ho：LuAG 激光器功率为 34.1 W 时，ZGP OPO 的输出功率分别为 16.7 W、15.3 W 和 12.6 W，对应脉冲重频分别为 10 kHz、15 kHz 和 20 kHz。这是 Ho：LuAG 激光器泵浦 ZGP 输出中红外激光已知的最好性能[68]。

4 结论

目前，高重频中红外激光器依然是固体和光纤激光器领域的研究热点。通过深入研究中红外激光材料的物化性质，发展出先进的中红外激光技术，有望大幅提升高重频中红外激光器的性能。国内相关领域的研究仍略显不足。本文探讨了几种高重频中红外激光器，对存在的问题和具有潜力的研究方向进行了详细的技术总结。在未来若干年内，高重频中红外固体和光纤激光器的研究进展取决于许多关键技术的进步和突破，例如，将来实现高重频 Fe^{2+}：ZnSe 中红外固体激光器的关键因素是提高泵浦源的重复频率；实现 Er^{3+}：ZBLAN 光纤激光器的关键因素是在室温条件下输出中波红外激光以及克服粒子数的瓶颈效应；另外，与稀土离子掺杂 ZBLAN 中红外光纤激光器相比，拉曼光纤激光器也可作为中红外光纤激光器的一个重要发展方向的特点，其最大优点是波长可变和结构简单；实现高功率中红外激光器的关键因素是制备高质量、大尺寸 OPO 晶体；另外，采用输出波长为 2 mm 的光纤激光器直接泵浦 ZGP 晶体，能够简化中红外激光器的结构，提高其稳定性，可得到工作可靠、高效率、轻量化和重复频率高的中红外激光器，也是目前高重频中红外光参量振荡器的研究热点之一。

参 考 文 献

[1] 杨爱粉，张佳，李刚，等. 用于定向红外对抗的中波红外激光器技术 [J]. 应用光学，2015，36（1）：119 - 125.

[2] 吴军. 大动态范围高重频相干激光测距测速关键技术研究 [D]. 上海：中国科学院研究生院（上海技术物理研究所），2015.

[3] 田玉珍，赵帅，郭劲. 非合作目标光子计数激光测距技术研究 [J]. 光学学报，2011，31（5）：146 - 153.

[4] J. J. Adams, C. Bibeau, R. H. Page, et al. 4.0 - 4.5 μm lasing of Fe：ZnSe below 180 K, a new mid - infrared laser material [J]. Opt. Lett., 1999, 24 (23): 1720 - 1722.

[5] J. Kernal, V. V. Fedorov, A. Gallian, et al. 3.9 - 4.8 μm gain - switched lasing of Fe：ZnSe at room temperature [J]. Opt. Express, 2005, 13 (26): 10608 - 10615.

[6] V. A. Akimov, A. A. Voronov, V. I. Kozlovskii, et al. Efficient lasing in a Fe^{2+}∶ZnSe crystal at room temperature [J]. Quantum Electronics, 2006, 36 (4)∶299-301.

[7] J. W. Evans, P. A. Berry, K. L. Schepler. 840 mW continuous-wave Fe∶ZnSe laser operating at 4 140 nm [J]. Opt. Lett., 2012, 37 (23)∶5021-5023.

[8] D. V. Martyshkin, V. V. Fedorov, M. Mirov, et al. High average power (35 W) pulsed Fe∶ZnSe laser tunable over 3.8-4.2 μm [J]. CLEO∶Science and Innovations, 2015∶1-2.

[9] 夏士兴, 张月娟, 李兴旺, 等. Fe^{2+}∶ZnSe 激光晶体光学吸收及激光输出性能 [J]. 激光与红外, 2012, 44 (9)∶1000-1002.

[10] 姚宝权, 夏士兴, 于快快, 等. Fe^{2+}∶ZnSe 实现中红外波段激光输出 [J]. 中国激光, 2015, 42 (1)∶0119001.

[11] 柯常军, 王东蕾, 王向永, 等. 室温 Fe^{2+}∶ZnSe 激光器获得 15 mJ 中红外激光输出 [J]. 中国激光, 2015, 42 (2)∶0219004.

[12] C. Frerichs, T. Tauermann. Q-switched operation of laser diode pumped erbium-doped fluorozirconate fibre laser operating at 2.7 μm [J]. Electronics Letters, 1994, 30 (9)∶706-707.

[13] D. J. Coleman, T. A. King, D.-K. Ko, et al. Q-switched operation of a 2.7 μm cladding-pumped Er^{3+}/Pr^{3+} codoped ZBLAN fibre laser [J]. Optics Communications, 2004, 236 (4-6)∶379-385.

[14] S. Tokita, M. Murakami, S. Shimizu, et al. 12 W Q-switched Er∶ZBLAN fiber laser at 2.8 μm [J]. Opt. Lett., 2011, 36 (15)∶2812-2814.

[15] T. Hu, D. D. Hudson, S. D. Jackson. Actively Q-switched 2.9 mm Ho^{3+} Pr^{3+}-doped fluoride fiber laser [J]. Opt. Lett., 2012, 37 (11)∶2145-2147.

[16] S. Lamrini, K. Scholle, M. Schafer, et al. High-Energy Q-switched Er∶ZBLAN Fibre Laser at 2.79 μm [J]. European Quantum Electronics Conference, 2015.

[17] J. Li, T. Hu, S. Jackson. Dual wavelength Q-switched cascade laser [J]. Opt. Lett., 2012, 37 (12)∶2208-2210.

[18] J. Li, Y. Yang, D. Hudson, et al. A tunable Q-switched Ho^{3+}-doped fluoride fiber laser [J]. Laser Phys. Lett., 2013, 10 (4)∶1-4.

[19] C. Frerichs, U. B. Unrau. Passive Q-switching and mode-locking of erbium-doped fluoride fiber lasers at 2.7 μm [J]. Optical Fiber Technology, 1996, 2 (4)∶358-366.

[20] C. Wei, X. Zhu, R. A. Norwood, et al. Er^{3+}-doped ZBLAN fiber laser Q-switched by Fe∶ZnSe [J]. Conference on Lasers and Electro-Optics, 2012.

[21] C. Wei, X. Zhu, R. A. Norwood, et al. Passively Q-Switched 2.8-mm nanosecond fiber laser [J]. IEEE Photonics Technology Letters, 2012, 24 (19)∶1741-1744.

[22] C. Wei, X. Zhu, F. Wang, et al. Graphene Q-switched 2.78 mm Er^{3+}-doped fluoride fiber laser [J]. Opt. Lett., 2013, 38 (17)∶3233-3236.

[23] G. Zhu, X. Zhu, K. Balakrishnan, et al. Fe^{2+}∶ZnSe and graphene Q-switched singly Ho^{3+}-doped ZBLAN fiber lasers at 3 μm [J]. Opt. Mater. Express, 2013, 3 (9)∶1365-1377.

[24] J. Li, H. Luo, Y. He, et al. Semiconductor saturable absorber mirror passively Q-switched 2.97 μm fluoride fiber laser [J]. Proc. of SPIE, 2014, 9135∶913504-1-913504-6.

[25] J. Li, H. Luo, L. Wang, et al. 3 mm mid-infrared pulse generation using topological insulator as the saturable absorber [J]. Opt. Lett., 2015, 40 (15)∶3659-3662.

[26] J. Li, H. Luo, L. Wang, et al. Tunable Fe^{2+}∶ZnSe passively Q-switched Ho^{3+}-doped ZBLAN fiber laser around 3 μm [J]. Opt. Express, 2015, 23 (17)∶22362-22370.

[27] Z. Qin, G. Xie, H. Zhang, et al. Black phosphorus as saturable absorber for the Q-switched Er∶ZBLAN fiber laser at 2.8 mm [J]. Opt. Express, 2015, 23 (19)∶24713-24718.

[28] T. Zhang, G. Feng, H. Zhang, et al. 2.78 μm passively Q-switched Er^{3+}-doped ZBLAN fiber laser based on

PLD – Fe^{2+}：ZnSe film［J］. Laser Phys. Lett. , 2016, 13（7）：075102.

［29］J. Liu, B. Huang, P. H. Tang, et al. Volume bragg grating based tunable continuous – wave and Bi$_2$Te$_3$ Q – switched Er^{3+}：ZBLAN fiber laser［J］. Conference on Lasers and Electro – Optics, 2016.

［30］Y. Shen, Y. Wang, K. Luan, et al. Watt – level passively Q – switched heavily Er^{3+} – doped ZBLAN fiber laser with a semiconductor saturable absorber mirror［J］. Scientific Reports, 2016（6）：1 – 7.

［31］C. Wei, H. Luo, H. Zhang, et al. Passively Q – switched mid – infrared fluoride fiber laser around 3 μm using a tungsten disulfide（WS$_2$）saturable absorber［J］. Laser Phys. Lett. , 2016, 13（10）：1 – 7.

［32］X. Lai, J. Li, H. Luo, et al. High power passively Q – switched Er^{3+} – doped ZBLAN fiber laser at 2.8 μm based on a semiconductor saturable absorber mirror［J］. Laser Phys. Lett. , 2018, 15（8）：1 – 5.

［33］C. Wei, X. Zhu, R. A. Norwood, et al. Passively continuous – wave mode – locked Er^{3+} – doped ZBLAN fiber laser at 2.8 mm［J］. Opt. Lett. , 2012, 37（18）：3849 – 3851.

［34］A. Haboucha, V. Fortin, M. Bernier, et al. Fiber bragg grating stabilization of a passively mode – locked 2.8 mm Er^{3+}：fluoride glass fiber laser［J］. Opt. Lett. , 2014, 39（11）：3294 – 3297.

［35］S. Duval, M. Bernier, V. Fortin, et al. Femtosecond fiber lasers reach the mid – infrared［J］. Optica, 2015, 2（7）：623 – 626.

［36］T. Hu, S. D. Jackson, D. D. Hudson. Ultrafast pulses from a mid – infrared fiber laser［J］. Opt. Lett. , 2015, 40（18）：4226 – 4228.

［37］G. Zhu, X. Zhu, F. Wang, et al. Graphene Mode – locked fiber laser at 2.8 μm［J］. IEEE Photonics Technology Letters, 2015, 28（1）：1 – 4.

［38］J. Li, D. Hudson, Y. Liu, et al. Efficient 2.87 μm fiber laser passively switched using a semiconductor saturable absorber mirror［J］. Opt. Lett. , 2012, 37（18）：3747 – 3749.

［39］K. Yin, T. Jiang, X. Zheng, et al. Mid – infrared ultra – short mode – locked fiber laser utilizing topological insulator Bi$_2$Te$_3$ nano – sheets as the saturable absorber［J］. Photon. Res. , 2015, 3（3）：72 – 76.

［40］P. Tang, Z. Qin, J. Liu, et al. Watt – level passively mode – locked Er^{3+} – doped ZBLAN fiber laser at 2.8 μm［J］. Opt. Lett. , 2015, 40（21）：4855 – 4858.

［41］Z. Qin, G. Xie, C. Zhao, et al. Mid – infrared mode – locked pulse generation with multilayer black phosphorus as saturable absorber［J］. Opt. Lett. , 2016, 41（1）：56 – 59.

［42］O. Kokabee, A. Esteban – Martin, M. Ebrahim – Zadeh. Efficient, high – power, ytterbium – fiber – laser – pumped picosecond optical parametric oscillator［J］. Opt. Lett. , 2010, 35（19）：3210 – 3212.

［43］B. Hardy, A. Berrou, S. Guilbaud, et al. Compact, single – frequency, doubly resonant optical parametric oscillator pumped in an achromatic phase – adapted double – pass geometry［J］. Opt. Lett. , 2011, 36（5）：678 – 680.

［44］D. Lin, S. U. Alam, Y. Shen, et al. An all – fiber PM MOPA pumped high – power OPO at 3.82 μm based on large aperture PPMgLN［J］. Proc. of SPIE, 2012, 8237：82371K – 1 – 82371K – 6.

［45］O. Kimmelma, S. Chaitanya Kumar, A. Esteban – Martin, et al. Multi – gigahertz picosecond optical parametric oscillator pumped by 80 – MHz Yb – fiber laser［J］. Opt. Lett. , 2013, 38（22）：4550 – 4553.

［46］V. Kemlin, D. Jegouso, J. Debray, et al. Widely tunable optical parametric oscillator in a 5 mm – thick 5% MgO：PPLN partial cylinder［J］. Opt. Lett. , 2013, 38（6）：860 – 862.

［47］V. Ramaiah – Badarla, S. Chaitanya Kumar, M. Ebrahim – Zadeh. Fiber – laser – pumped, dual – wavelength, picosecond optical parametric oscillator［J］. Opt. Lett. , 2014, 39（9）：2739 – 2742.

［48］L. Xu, H. Y. Chan, S. U. Alam, et al. Fiber – laser – pumped, high – energy, mid – IR, picosecond optical parametric oscillator with a high – harmonic cavity［J］. Opt. Lett. , 2015, 40（14）：3288 – 3291.

［49］P. Rigaud, A. Van de Walle, M. Hanna, et al. Supercontinuum – seeded few – cycle mid – infrared OPCPA system［J］. Opt. Express, 2016, 24（23）：26494 – 26502.

[50] R. T. Murray, T. H. Runcorn, S. Guha, et al. High average power parametric wavelength conversion at 3.31 – 3.48 μm in MgO：PPLN [J]. Opt. Express, 2017, 25 (6): 6421 – 6430.

[51] L. Xia, S. Ruan, H. Su. High – power widely tunable singly resonant optical parametric oscillator based on PPLN or MgO – doped PPLN [J]. Proc. of SPIE, 2009, 7276: 72760G – 1 – 72760G – 9.

[52] Y. Peng, W. Wang, X. Wei, et al. High – efficiency mid – infrared optical parametric oscillator based on PPMgO：CLN [J]. Opt. Lett., 2009, 34 (19): 2897 – 2899.

[53] B. Wu, J. Kong, Y. Shen. High – efficiency semi – external – cavity – structured periodically poled MgLN – based optical parametric oscillator with output power exceeding 9.2 W at 3.82 μm [J]. Opt. Lett., 2010, 35 (8): 1118 – 1120.

[54] J. Liu, Q. Liu, X. Yan, et al. High repetition frequency PPMgOLN mid – infrared optical parametric oscillator [J]. Laser Phys. Lett., 2010, 7 (9): 630 – 633.

[55] L. Xu, S. Zhang, W. Chen. Tm：YLF laser – pumped periodically poled MgO – doped congruent $LiNbO_3$ crystal optical parametric oscillators [J]. Opt. Lett., 2012, 37 (4): 743 – 745.

[56] Y. F. Peng, X. B. Wei, D. M. Li, et al. High – power mid – infrared tunable optical parametric oscillator based on 3 – mm – thick PPMgCLN [J]. Laser Physics, 2011, 22 (1): 87 – 90.

[57] L. Shan – De, W. Zhao – Wei, Z. Bai – Tao, et al. Wildly Tunable, High – Efficiency MgO：PPLN Mid – IR Optical Parametric Oscillator Pumped by a Yb – Fiber Laser [J]. Chinese Phys. Lett., 2014, 31 (2): 024204 – 1 – 024204 – 3.

[58] J. Liu, P. Tang, Y. Chen, et al. Highly efficient tunable mid – infrared optical parametric oscillator pumped by a wavelength locked, Q – switched Er：YAG laser [J]. Laser Physics, 2015, 23 (16): 20812 – 20819.

[59] 李海速, 刘在洲, 郑建奎, 等. 高功率中红外 MgO：PPLN 光参量振荡器 [J]. 光学与光电技术, 2015, 13 (1): 64 – 67.

[60] E. Lippert, H. Fonnum, G. Arisholm, et al. A 22 – watt mid – infrared optical parametric oscillator with V – shaped 3 – mirror ring resonator [J]. Opt. Express, 2010, 18 (25): 26475 – 26483.

[61] A. Hemming, J. Richards, A. Davidson, et al. 99 W mid – IR operation of a ZGP OPO at 25% duty cycle [J]. Opt. Express, 2013, 21 (8): 10062 – 10069.

[62] M. Gebhardt, C. Gaida, P. Kadwani, et al. High peak – power mid – infrared ZnGeP2 optical parametric oscillator pumped by a Tm：fiber master oscillator power amplifier system [J]. Opt. Lett., 2014, 39 (5): 1212 – 1215.

[63] C. Kieleck, A. Berrou, B. Donelan, et al. 6.5 W $ZnGeP_2$ OPO directly pumped by a Q – switched Tm^{3+} – doped single – oscillator fiber laser [J]. Opt. Lett., 2015, 40 (6): 1101 – 1104.

[64] Y. Peng, X. Wei, W. Wang. Mid – infrared optical parametric oscillator based on $ZnGeP_2$ pumped by 2 – mm laser [J]. Chinese Opt. Lett., 2011, 9 (6): 061403.

[65] B. – Q. Yao, Y. – J. Shen, X. – M. Duan, et al. A 41 – W $ZnGeP_2$ optical parametric oscillator pumped by a Q – switched Ho：YAG laser [J]. Opt. Lett., 2014, 39 (23): 6589 – 6592.

[66] Y. Shen, B. – Q. Yao, Z. Cui, et al. A ring $ZnGeP_2$ optical parametric oscillator pumped by a Ho：LuAG laser [J]. Appl. Phys. B, 2014, 117 (1): 127 – 130.

[67] 韩隆, 苑利钢, 陈国, 等. 26 W 中波红外固体激光器 [J]. 中国激光, 2015, 42 (3): 29 – 34.

[68] X. Duan, L. Li, Y. Shen, et al. Efficient middle – infrared ZGP – OPO pumped by a Q – switched Ho：LuAG laser with the orthogonally polarized pump recycling scheme [J]. Appl. Opt., 2018, 57 (27): 8102 – 8107.

50 Hz 激光测距机热设计及仿真分析

彭绪金，赵 刚，刘亚萍，余 臣

（西南技术物理研究所，四川 成都 610041）

摘 要：热设计是以二极管泵浦的固体激光器为核心器件的激光测距机的关键技术，以激光发射频率为 50 Hz、输出能量不小于 150 mJ 的激光测距机为例，详细介绍以二极管泵浦的激光器为核心的激光测距机的热设计及仿真。

关键词：热设计；仿真；激光器；测距机

中图分类号：TN248.1 **文献标志码**：A

The analysisof the thermal design and its simulation for laser range finder with the repetition of 50 Hz

PENG Xujin, ZHAO Gang, LIU Yaping, YU Chenu

(Southwest Institute of Technical Physics, Chengdu 610041, China)

Abstract: Thermal design is the key technology of the diode pump solid laser in the laser range finder. Taking the example of the laser range finder with the output energy 150mJ and the repetition of 50Hz, we present the thermal design and its simulation in detail.

Keywords: thermal design; simulation; laser; rangefinder

0 引言

目前，在远距离、高重频激光测距机中，二极管泵浦的激光器已逐步取代灯泵激光器。但由于泵浦源巴条随着温度的变化，其发射的激光波长也会飘移，约 1 ℃ 飘移 0.3 nm，而吸收巴条激光的 Nd：YAG 的吸收宽度只有约 3 nm。为了保证激光能量稳定，对巴条进行了特定温度范围内的免温控设计，可在环境温度 20～60 ℃ 之间保证吸收宽度的需求。但是如果激光测距机重频为 50 Hz 时，没有进行相应的热设计，产品很难满足环境温度 -40～65 ℃ 的要求。本文重点对 50 Hz 的激光测距机进行了详细的热设计和仿真分析[1,2]。

1 激光器方案和热计算[3~5]

激光测距机采用二极管泵浦 Nd：YAG 固体激光器，最高使用环境温度为 65 ℃。激光器使用的巴条工作温度为 20～60 ℃。因此在 65 ℃ 工作时，热管理最为严峻，因此产品热设计的重点是如何使产品满足在环境温度 65 ℃ 工作时巴条工作温度不大于 60 ℃。

激光器的热设计分为激光晶体的热设计和泵浦源热设计，激光晶体采用的是圆柱形晶体棒，其热设计为传导冷却，激光晶体棒侧面的一半为泵浦面，另外一半铟焊在与之热胀系数一致的钨铜合金座上，钨铜合金再与激光器底座紧密接触，实现热传导冷却。

激光器泵浦源热设计，采用 TEC 辅助温控的宽温度范围（20～60 ℃）的巴条并结合轴流风机强迫风冷，泵浦源热沉与 TEC 的冷端紧密接触并与激光器外壳进行绝热设计，TEC 热端与外壳散热翅紧密接触，风机对散热翅进行强迫风冷。在环境温度低于 20 ℃ 时，即 -40～20 ℃ 时，启动 TEC 加热巴条热沉到 20 ℃ 之上时，TEC 停止工作；当环境温度超过 60 ℃ 时，启动 TEC 致冷，使得巴条热沉温度不超过 60 ℃。一般情况下，在激光器工作的大部分时间是 20~60 ℃，所以 TEC 不用工作，则发热和功耗都维持在一个较低的水平。

激光器采用两组泵浦模块，每组泵浦模块以 25 Hz 交替工作，组合成 50 Hz 激光输出。

每组泵浦模块采用 48×2 个 150 W 的二极管巴条交错对称泵浦，每个巴条最大工作在 100 A、脉宽 200 μs 下，则总的泵浦脉冲峰值电功率和电脉冲能量分别为

$$2 \times 96 \text{ V} \times 100 \text{ A} \times 200 \text{ μs} = 3.84 \text{ J}$$

泵浦功率为

$$3.84 \times 25 = 96 \text{ (W)}$$

以二极管 40% 的光电转换效率，巴条产生的热功率为

$$96 \times 60\% = 57.6 \text{ (W)}$$

在 TEC 冷热面不大于 30 ℃ 的前提下，TEC 效率为 40%，此时 TEC 的功率为

$$57.6/40\% = 144 \text{ (W)}$$

TEC 冷端散走的热量为

$$144 + 57.6 = 200 \text{ (W)}$$

由于本方案采用两组泵浦模块，因此 TEC 热端散走的热量为

$$200 \times 2 = 400 \text{ (W)}$$

由风机强迫冷却散热翅盖板带走如此多的热量压力很大，尤其是在 65 ℃ 高温的小体积密闭舱里，更是艰巨。

2 测距机热仿真

2.1 模型简化的说明

对测距机进行热分析，在不影响热分析结果的前提下，需要对测距机的结构进行简化。简化的结构包括机箱螺钉、螺纹孔、机箱工艺圆角、倒角。对于通风滤网，在保证通风面积不变的情况下，可以用包含一定风阻的结构代替。简化后的结构如图 1 和图 2 所示。

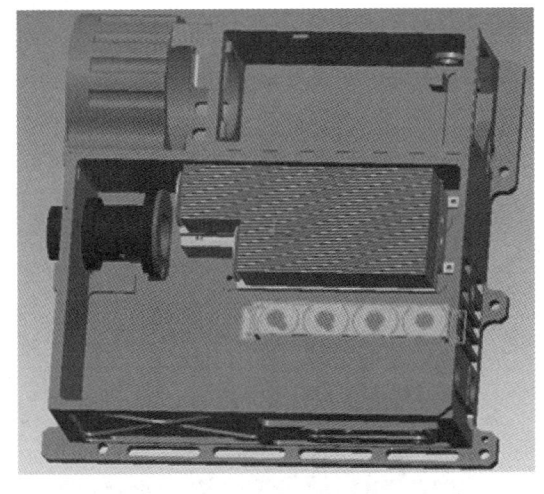

图 1　简化后的机箱内部模型

图 2　简化后的机箱整体模型

2.2 机箱输入条件设置

环境温度：65 ℃；

均温板外形：210 mm × 100 mm × 58 mm，翅片高 50 mm；

均温板导热系数：2 500。

机箱模块功耗如图 3 所示，热耗等效为面热源，两组 TEC 热功耗共 450 W（考虑 50 W 余量），工作

40 s，停止 3 min，共 3 个循环。功率加载波形如图 4 所示。

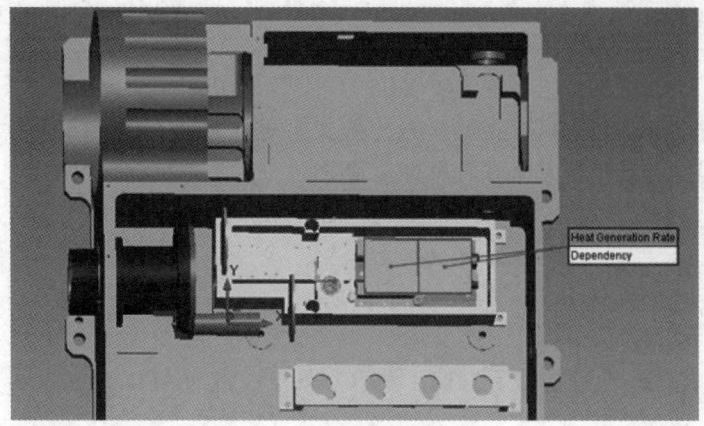

图 3　机箱热耗分布

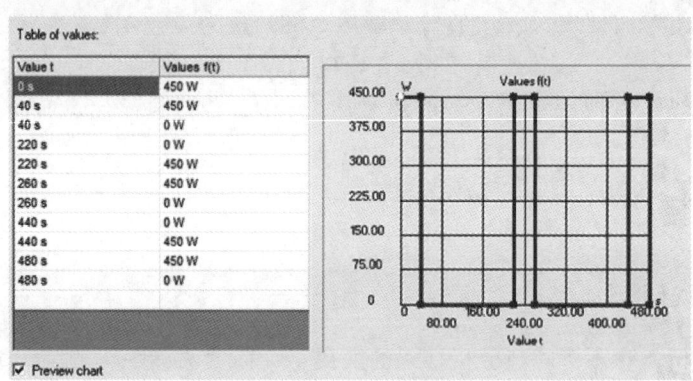

图 4　TEC 功率波形

2.3　边界条件的设置

机箱内两个风扇分布位置如图 5 所示，单个风扇风量设置为恒定值 50 m³/h。

图 5　机箱风扇

3　计算结果

仿真 TEC 与巴条贴合面的最高温度并生成曲线。由测距机工作方式可知，在 40 s、260 s、480 s 温度取得最大值。仿真结果如图 6 所示。

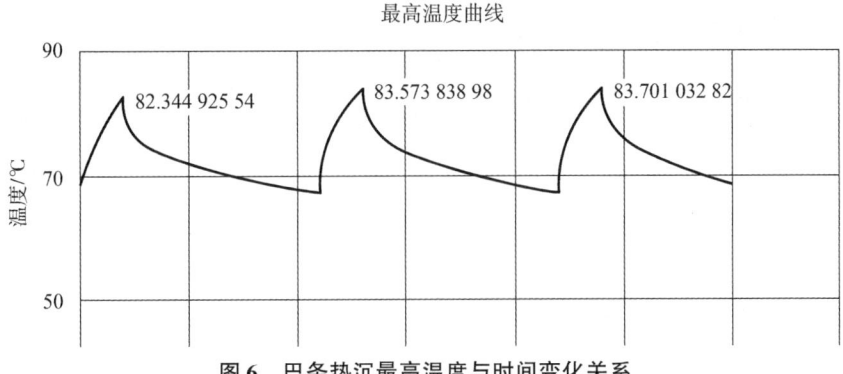

图 6　巴条热沉最高温度与时间变化关系

综上分析，TEC 模块在 3 个工作循环后，巴条最高温度为 83.7 ℃，小于 85 ℃的设计要求，验证了热设计可满足激光测距机的要求。

参 考 文 献

[1] 田常青，徐洪波，等. 高功率固体激光冷却技术 [J]. 中国激光，2009，36（7）：1686 – 1689.

[2] 吕坤鹏，唐小军，等. 侧面泵浦固体激光器冷却结构数值分析 [J]. 激光与红外，2016，46（11）：1345 – 1348.

[3] 钟广学，等. 半导体制冷器件及应用 [M]. 北京：科学出版社，1989.

[4] 徐德胜，等. 半导体制冷与应用技术 [M]. 上海：上海交通大学出版社，1992.

[5] Che N K, Lin G T, Optimization of multiple module thermoelectric cooler using artificial intel techniques [J]. International Journal of Energy Research，2002（26）：1269 – 12831778 – 1780 (2019)．

[6] Wang S. Y., Dai K., Han J. H., et al Dual – wavelength end – pumped Rb – Cs vapor lasers [J]. Applied Optics，2018（57）：9562 – 9570.

半导体泵浦碱金属激光器研究进展

安国斐，杨 蛟，王 磊，张 伟，韩聚洪，蔡 和，荣克鹏，王 浟

（西南技术物理研究所，四川 成都 610041）

摘 要：半导体泵浦碱金属蒸气激光器（DPAL）的概念是由美国劳伦斯·利弗莫尔国家实验室（Lawrence Livermore National Laboratory，LLNL）的 W. F. Krupke 教授于 21 世纪初首先提出的。DPAL 的斯托克斯效率可以达到非常惊人的数值，分别为铯－Cs：95.3%，铷－Rb：98.1%，钾－K：99.6%，因此碱金属激光器在理论上的热效应相比于普通半导体泵浦固体激光器来说非常低。另外，碱金属激光器产生的热可以通过密闭谐振腔中气态介质的流动而排出，因此，在高功率碱金属激光器的研究中热管理相对来说会比较容易。碱金属激光器结合了普通固体激光器和气体激光器的一些优点，而同时又排除了它们的一些缺点。因此，碱金属激光器有望同时实现高功率和高光束质量，正迅速成为前景最为广阔的新型高能激光光源之一。

关键词：碱金属激光器；半导体泵浦；端面泵浦；流动介质

中图分类号：TN245　**文献标志码**：A

Review of diode – pumped alkali vapor lasers research and development

AN Guofei, YANG Jiao, WANG Lei, ZHANG Wei, HAN Juhong,
CAI He, RONG Kepeng, WANG You

(Southwest Institute of Technical Physics, Chengdu 610041, China)

Abstract: The concept of a diode pumped alkali vapor laser (DPAL) was first proposed by in W. F. Krupke in Lawrence Livermore National Laboratory (LLNL) at the beginning of the 21th century. The Stokes efficiency of a DPAL can achieve a miraculous level as high as 95.3% for cesium (Cs), 98.1% for rubidium (Rb), and 99.6% for potassium (K), respectively. Therefore, the thermal effects of a DPAL are theoretically smaller than those of a normal diode – pumped solid – state laser (DPSSL). Additionally, the generating heat of a DPAL can be removed by circulating the gases inside a sealed cavity. Thus, the thermal management would be relatively simple for realization of a high – powered DPAL. DPALs combine the advantages of both DPSSLs and normal gas lasers but evade the disadvantages of them in the meantime. With so many marvelous merits, a DPAL becomes one of the most hopeful high – powered laser sources of next generation.

Keywords: DPALs; diode – pumped; end – pumped; flowing gas

0 引言

半导体泵浦碱金属激光器由 W. F. Krupke 教授在 2001 年提出[1]。随后，世界上许多科研团队对其物理特性开展了大量的实验和理论研究[2-6]。研究结果证实了碱金属激光器可以达到很高的效率和激光

基金项目：自然科学基金青年基金项目（No. 61605178）。

作者简介：安国斐（1984—），男，博士研究生，E – mail：figerwo@126.com。

输出功率[7,8]，碱金属激光器正迅速成为前景最为广阔的新型高能激光光源之一。

目前，分别使用三种碱金属原子（钾、铷、铯）作为增益介质均已实现激光输出[9~12]。三种碱金属原子具有相似的能级结构，如图1所示。碱金属原子具有典型的三能级结构，$2s_{1/2}$为基态能级，$2p_{1/2}$和$2p_{3/2}$分别为两个激发态能级。经泵浦，电子由D2线被激发到$2p_{3/2}$能级上，经过弛豫振荡后由$2s_{1/2}$能级跃迁至基态能级（D_1线跃迁）并伴随出光[13]。表1所示为D_1和D_2线的跃迁情况和斯托克斯效率值。从表中可看出，三种碱金属原子都具有大于95%的斯托克斯效率，这表明碱金属激光器有潜力实现很高的光-光效率和很好的热管理。

作为一种新型的激光器，DPAL结合了化学激光器和固体激光器的优点，而同时又避开了它们的一些缺点。与化学激光器相比，用较窄线宽半导体激光器作为泵浦源时DPAL具有更高的吸收效率。另外，DPAL中的增益介质一般被密封在固定或流动式的蒸气池内，这具有无化学毒性的优点。相比于固体激光器，采用流动循环式的DPAL具有更高效的热管理方式[14,15]。

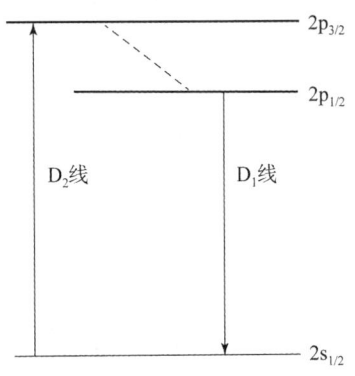

图1 碱金属原子能级结构

尽管如此，DPAL研究中依旧存在两个物理性难点需要考虑[16~19]。一是作为泵浦源的半导体激光器的线宽与碱金属蒸气吸收线宽的匹配问题。碱金属吸收线多普勒展宽后的线宽（约1×10^{-3} nm）比普通半导体激光器线宽（2~4 nm）窄好几个数量级，因此很难直接用半导体激光器泵浦碱金属激光器。二是$^2P_{3/2}$和$^2P_{1/2}$两个能级间的弛豫速率比受激发射的速率慢很多，这意味着电子被激发到$^2P_{3/2}$能级后难以快速弛豫到$^2P_{1/2}$能级上以实现粒子数反转。因此，如何加快精细能级间的弛豫速率是实现高效DPAL的关键性问题，比如加入小分子量的碳水化合物缓冲气体等[20]。

表1 碱金属原子的D1和D2线波长与对应的斯托克斯效率

原子	D2线波长/nm	D1线波长/nm	斯托克斯效率/%
K	766.70	770.11	99.6
Rb	780.25	794.98	98.1
Cs	852.35	894.59	95.3

1 DPAL的实验进展

1.1 静态式碱金属激光器

在小功率泵浦DPAL研究中，热管理问题并不突出，碱金属蒸气一般被装入密闭的玻璃池内，实验中可以认为是静止不动的。而研究初期，优先考虑使用具有优异光谱特性和激光输出的钛蓝宝石激光器作为泵浦源。2003年，Krupke团队使用500 mW钛蓝宝石激光器成功实现了碱金属激光器的国际首次出光[21]，实验中得到的斜率效率和光-光效率分别为54%和16%。2006年，Zhdanov课题组发表了利用钛蓝宝石激光器泵浦铯增益介质的实验工作，其实验装置如图2所示[22]。他们通过优化蒸气池温度、输出耦合镜反射率、泵浦光斑尺寸得到了81%的斜率效率和63%的光-光效率。如此高的斜率效率已经非常接近理论极值。

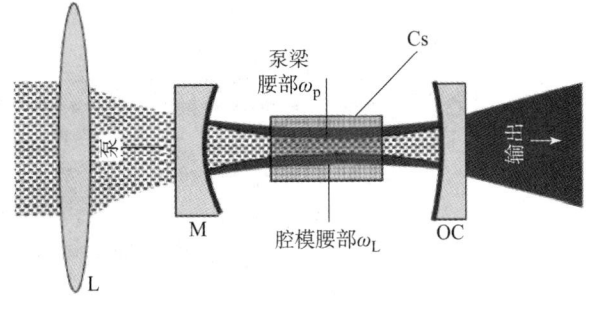

图2 端面泵浦铯激光器光路结构

因为钛蓝宝石激光器的功率通常都很小（0.1~1 W），研究者们逐渐转向半导体激光器来取代前者[23]。Page 等首先利用半导体激光器作为泵浦源证实了铷激光器的出光实验[23]。实验中，他们在蒸气池中加入了氦气和乙烷作为缓冲气体，同时将半导体激光器耦合到光纤上。利用体布拉格光栅压窄泵浦线宽至 0.3 nm，激光输出功率为 1 W，斜率效率为 10%。

2006 年，王潋团队实现了铯蒸气的第一次激光出光[24]。他们在圆柱形蒸气池内注入氦气和乙烷作为缓冲气体，两种气体的压强分别为 525 Torr 和 75 Torr。半导体激光器的泵浦线宽为 0.2 nm。采用重复频率为 1 kHz 的准连续模式泵浦，激光输出的脉冲能量为 13.5 μJ，斜率效率为 1.8%。随后，Zhdanov 团队利用两组窄线宽（10 GHz）半导体激光器阵列作为泵浦源，第一次证实了钾激光器出光实验[25]。激光输出波长为 770 nm，斜率效率为 25%。实验中，他们只用 600 Torr 氦气作为缓冲气体有效地加快了弛豫速率并加宽了泵浦吸收线宽。

在过去的十年中，DPAL 的输出功率不断提升。2008 年，Zhdanov 团队使用 4 个泵浦源模块同时进行泵浦，如图 3 所示，得到 48 W 的输出功率和 49% 的光-光效率[26]。2010 年，Zweiback 等采用波导增益池得到了 145 W 的连续输出功率[27]。实验表明，DPAL 有能力实现高功率和高效率。

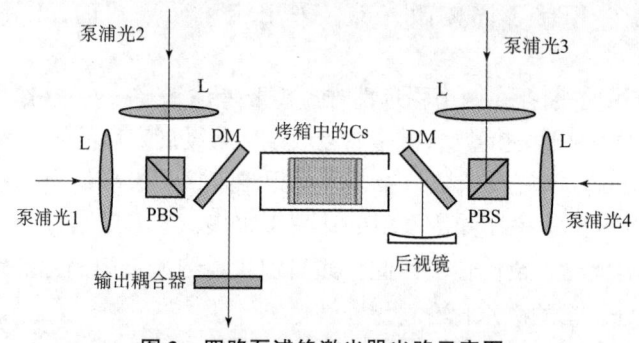

图 3　四路泵浦铯激光器光路示意图

1.2　流动式碱金属激光器

在 1.1 小节中介绍的 DPAL 的所有实验结果都采用了固定式蒸气池，碱金属蒸气被密封在一个尺寸固定的静态玻璃池中。实验中，蒸气池内的温度分布较为恒定，但其中产生的热很难及时排出，这将直接影响激光器的大功率化。而采用流动循环式系统的话，增益介质内产生的余热将会被流动气体实时带走。Zhdanov 等首先研究了采用如图 4 所示密闭循环流动系统结构的激光器[28]。密闭循环系统包括电磁驱动风扇、激光蒸气池、钾蒸气源、缓冲气体源和真空泵。蒸气池设计有 4 个镀有增透膜的端窗，实验中钾蒸气源的加热温度保持在 185 ℃，而循环系统的其他部位温度保持在 195 ℃ 以防止钾蒸气沉积。系统流速可以控制在 0~6.6 m/s 范围内，而在 6.6 m/s 流速情况下，他们实验得到了斜率效率为 31%、最大功率为 5 W 的激光输出。

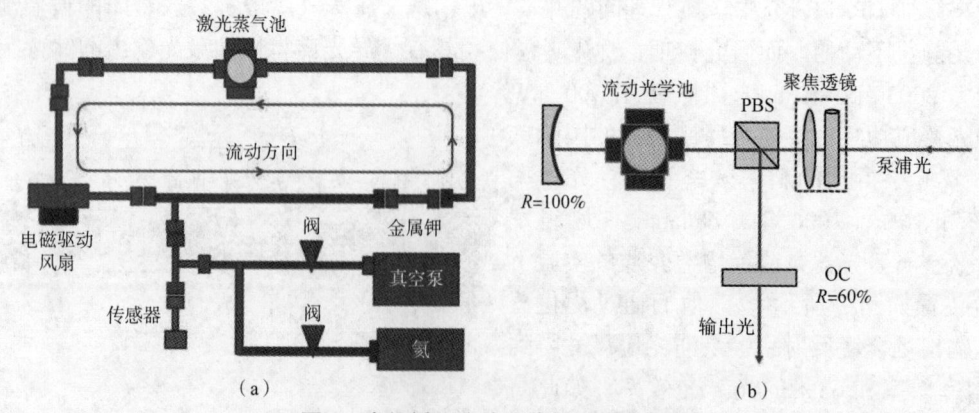

图 4　密闭循环流动系统结构的激光器

(a) 钾蒸气激光器的密闭循环流动系统；(b) 钾蒸气激光器的腔型设计

随后，Pitz 等报道了双流动循环系统碱金属激光器以及放大器的研究工作[29]，其实验系统如图 5 所示。利用该系统可以实现碱金属激光器双波长输出，也可以实现碱金属激光放大器研究。2016 年，Pitz 团队报道了利用该系统的铷蒸气激光放大器研究，得到 571 W 的铷激光放大输出，同时他们利用该系统得到了斜率效率为 50%、激光输出为 1.5 kW 的钾激光器。2018 年，以色列 Barmashenko 教授报道了利用循环流动系统的铯蒸气激光器工作，得到斜率效率为 48%、输出功率为 24 W 的 895 nm 激光[30]。

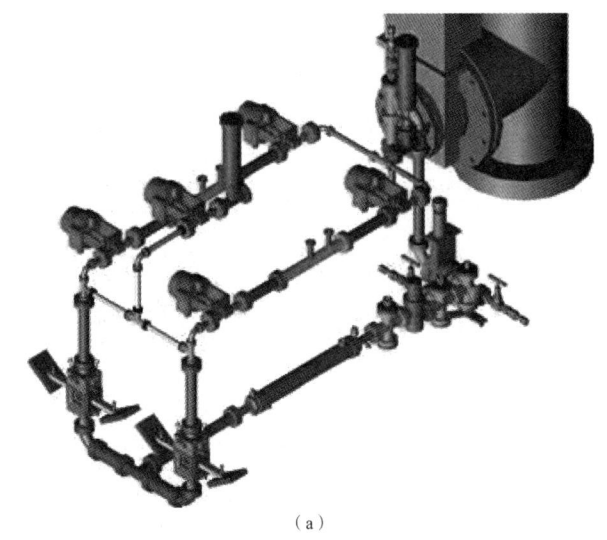

(a)

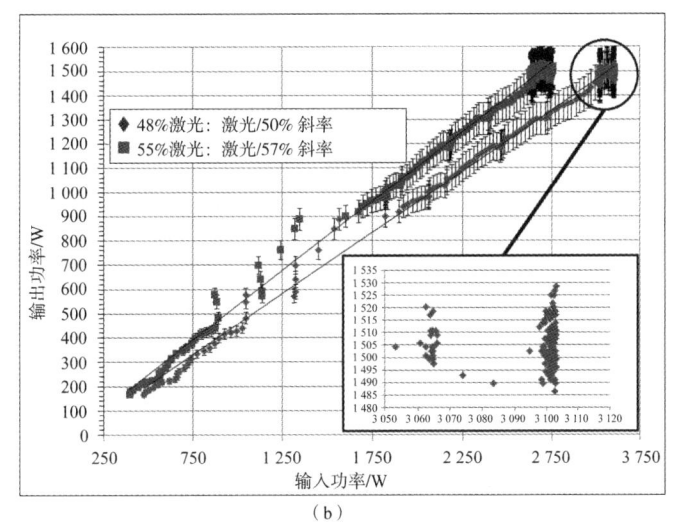

(b)

图 5 双流动循环系统及实验数据

(a) 碱金属蒸气激光器双流动循环系统；(b) Pitz 团队 K – DPAL 的实验数据

2 本团队的 DPAL 研究

我们团队近几年开展了一系列的 DPAL 研究，主要集中在温度分布和弛豫振荡方面[31,32]。下面简要介绍我们团队的研究工作情况。

2.1 蒸气池内的温度分布研究

蒸气池内的温度分布是 DPAL 最为重要的物理参数之一，因为它对碱金属蒸气的饱和密度有很强的影响。然而，在大多数关于 DPAL 的研究文献中，蒸气池内部的温度被假定为恒定的，这与实际情况截然不同。我们团队已经研究出一种同时考虑热传学和激光动力学的方案来分析密闭蒸气池内部的温度分布。在该理论模型中，一个单元被划分成许多圆柱形的环，其轴线与图 6 所示相同。模型中计算了每一个圆柱环内的温度和产生的热量，得到蒸气池的总热量等于所有圆柱环所产生的热量之后的温度分布。

图 7 所示为横截面温度计算结果。很明显，在不同的泵浦条件下，蒸气池中心的温度是最高的。此外，随着泵浦功率的增加，温度梯度变得严重。因此在 DPAL 中使用一个非常强的泵浦功率总是会产生一个更高的光–光效率。这一问题可以通过选择设计良好的流动增益介质系统来解决。

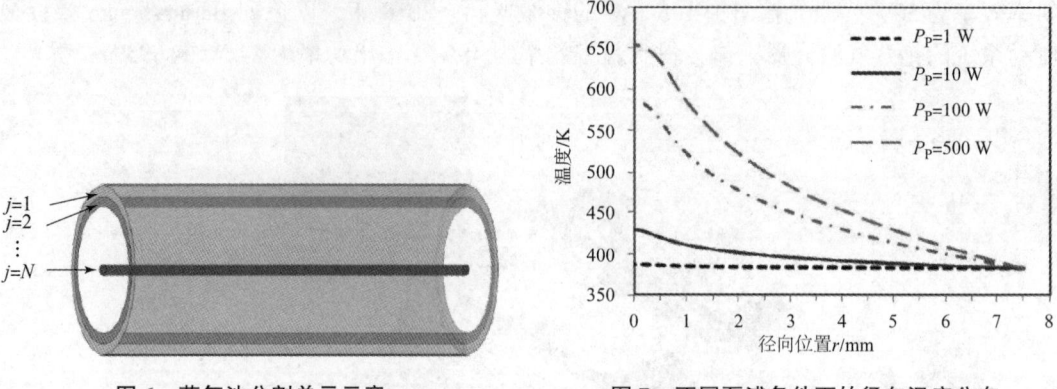

图 6 蒸气池分割单元示意　　图 7 不同泵浦条件下的径向温度分布

2.2 DPAL 中弛豫振荡的研究

弛豫振荡是一种涉及粒子数反转和激光腔内光子等问题中能量交换的常见现象。有时，弛豫振荡中产生的突变可能会对稳定振荡的建立造成影响。对于 DPAL，由于其增益通常非常高，这个问题可能会变得更加严重。我们认为值得在 DPAL 中进行至于振荡研究，以抑制输出噪声，设计出稳定的激光系统。

我们构建了一个时间解析的动力学模型，研究不同的蒸气池温度、甲烷蒸气压、泵浦功率、腔长和输出耦合镜反射率条件下的弛豫振荡特性。结果表明，可以通过调整以上参数在一定程度上控制 DPAL 系统中的弛豫振荡。

图 8 所示为 Krupke 等人[21]的实验结果和模拟的激光脉冲结果。可以看到在理论模拟和实验结果中都明显存在弛豫振荡现象。另外，计算结果的曲线略高于实验结果。这种差异可能是由测量误差和在模拟过程中所做的假设造成的，例如泵浦与激光光束之间的完美模式匹配、蒸气池内的均匀温度分布以及泵浦激光器的高斯分布等。此外，在理论研究的基础上，弛豫振荡的第一个尖峰振幅甚至达到稳态连续输出值的 7.5 倍（泵浦功率为 80 W）。这种脉冲可能会对高功率 DPAL 的光学元件造成损伤。未来获得弛豫振荡尖脉冲的弱峰强度，需要采用优化的蒸气池温度、适当的甲烷气压、相对较低的泵浦功率、腔长以及输出耦合镜相对较高的反射率。

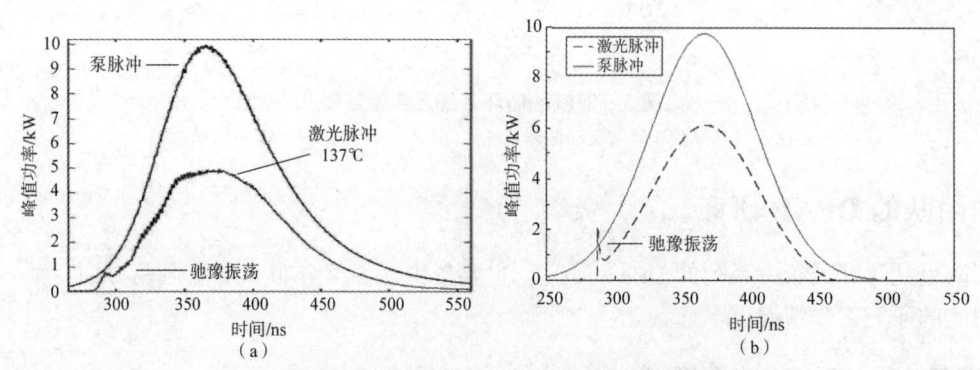

图 8 理论计算结果与 Krupke[21]的实验结果的对比
（a）实验结果；（b）理论计算结果

2.3 DPAL 的优化研究

国内外虽然已经报道了许多关于 DPAL 的研究，但是很少有人对 DPAL 的优化进行系统研究。我们团队于 2017 年利用已建立的模型[33]，结合热传学和激光动力学研究了不同物理参数，诸如蒸气池的长度、半径以及蒸气池的加热温度等对输出功率的影响,并得到了输出功率与输出参数的二维和三维分布图(图9),详细地给出了不同泵浦功率下对应的最佳物理参数[34]。

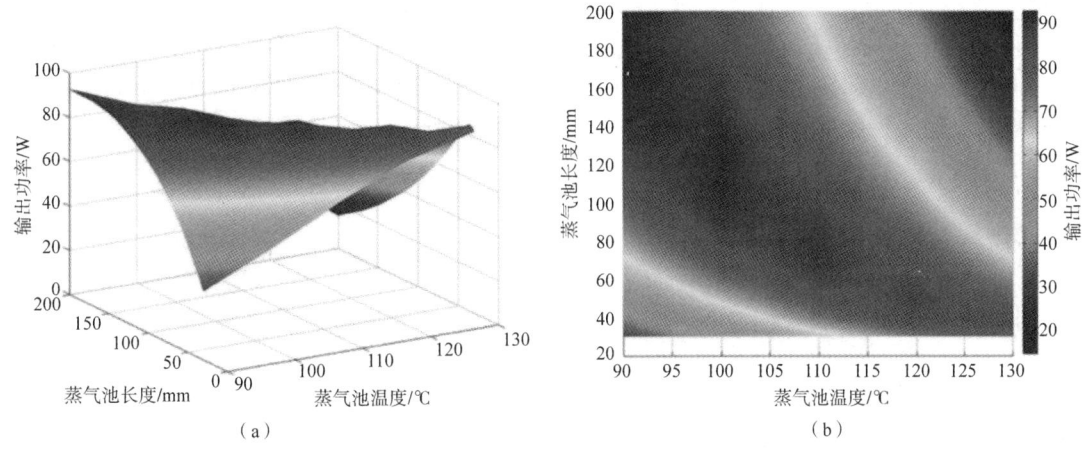

图9 输出功率与输出参数的三维、二维分布

(a)三维分布;(b)二维分布

2.4 时域调制式碱金属激光放大器的研究

一般而言,碱金属作为激光介质,其显著优势表现为增益系数非常大,即使功率很小的激光脉冲也可利用 MOPA 结构来实现较高的放大倍率;另外,由于碱金属原子上能级寿命比普通固体激光介质小四个数量级,当调制到数十或数百 MHz 量级的激光脉冲串经过碱金属蒸气池后,绝大部分从基态经受激吸收跃迁到上能级的电子,能够在较短时间内通过受激辐射返回到基态能级,这样就能保证每个脉冲信号在被放大前,碱金属各能级的粒子数分布类似于调制开始时的状态,因而在理论上可以保证放大后高重复调制频率的激光信号不会失真,同时亦能得到较高的放大倍数。近年来,我们团队着手建立将碱金属作为增益介质的时域调制放大器的理论模型,并进行了相关实验研究工作[35]。图10 所示为实验得出的放大后的调制信号波形,可以看出在加热温度较低时,波形失真较小,但当温度升高时,波形失真变得不可忽视,我们认为失真主要是由 ASE 所致。在今后的研究中,我们也将重点关注 ASE 效应,并着手优化碱金属放大器结构以获得满足需要的放大波形。

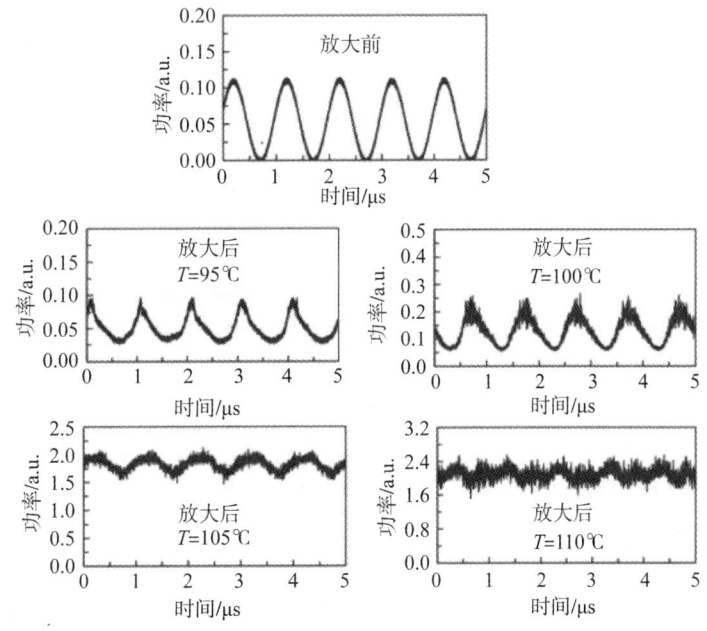

图10 用碱金属作为增益介质的时域放大器实验结果

2.5 双波长 DPAL 研究

2018 年,我们团队报道了一种可以同时输出两种波长的双波长碱金属激光器的研究工作。图 11 所示为实现 Rb‑Cs 双波长输出的光路图。我们将两个分别封装有 Rb 和 Cs 的蒸气池以串行的方式沿着光轴放置在谐振腔里,采用双向泵浦的结构,实现同时输出两个波长的碱金属激光器[36]。系统地研究了不同泵浦光斑尺、泵浦光束腰所在位置以及温度对双波长功率输出的影响,为双波长激光器的设计与发展提供了很好的参考。

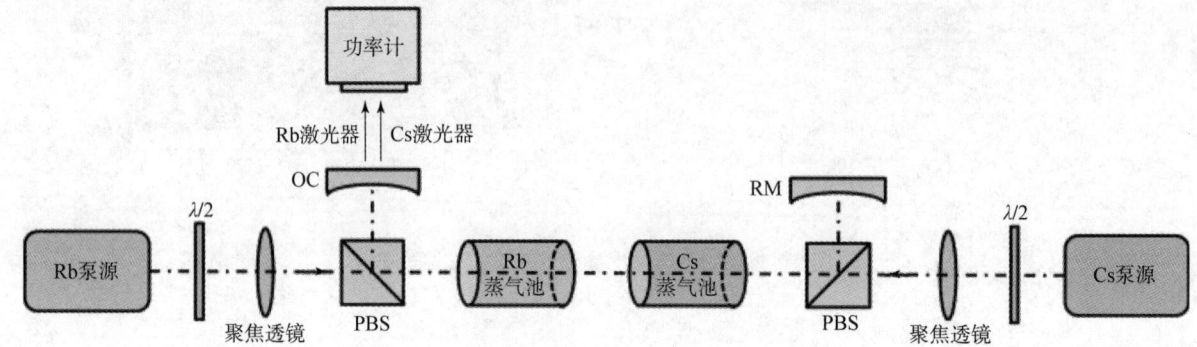

图 11　Rb‑Cs 双波长激光输出的实验光路图

3　总结

DPAL 作为一种新型激光器,在过去的十年里得到了迅速的发展。下一步的理论研究应该集中在超高气压和超高温度条件下的动力学过程研究,而实验方面将会着重于大功率激光输出及初期工程化的探索研究。相信在不久的将来,具有良好光束质量的高性能 DPAL 将会得到更为快速的发展。

参 考 文 献

[1] Krupke, W. F., Diode Pumped Alkali Laser, U. S. Patent No. 6643311.

[2] Zhdanov, B. V. and Knize, R. J. Review of alkali laser research and development [J]. Optical Engineering, 2013, 52, 021010.

[3] Beach, R. J., Krupke, W. F., Kanz, V. K. et al. End‑pumped continuous‑wave alkali vapor lasers: experiment, model, and power scaling [J]. J. Opt. Soc. Am., 2004, B 21: 2151‑2163.

[4] Liu, Y. F., Pan, B. L., Yang, J., et al. Thermal Effects in High‑Power Double Diode‑End‑Pumped Cs Vapor Lasers [J]. IEEE Journal of Quantum Electronics, 2012, 48: 485‑489.

[5] Zhdanov, B. V. and Knize, R. J. Diode‑pumped 10 W continuous wave cesium laser [J]. Opt. Lett., 2007, 32: 2167‑2169.

[6] Yang, Z. N., Wang, H. Y., Lu, Q. S. et al. Modeling of an optically side‑pumped alkali vapor amplifier with consideration of amplified spontaneous emission [J]. Opt. Lett., 2011, 19, 23118.

[7] Komashko, A. and Zweiback, J. Modeling laser performance of scalable side pumped alkali laser [J]. Proc. SPIE 2010, 7581, 75810H.

[8] Sulham, C. V., Perram, G. P., Wilkinson, M. P. et al. A pulsed, optically pumped rubidium laser at high pump intensity [J]. Opt. Commun. 2010, 283: 4328‑4332.

[9] Zhdanov, B. V., Stooke, A., Boyadjian, G., et al. Rubidium vapor laser pumped by two laser diode arrays [J]. Opt. Lett., 2008, 33: 414‑415.

[10] Wang, Y., Niigaki, M., Fukuoka, H., et al. Approaches of output improvement for cesium vapor laser pumped by a volume‑Bragg‑grating coupled laser‑diode‑array [J]. Phys. Lett, A 360, 2007: 659‑663.

[11] Wu, S. S. Q., Soules, T. F., Page, R. H., et al. Hydrocarbon-free resonance transition 795-nm rubidium laser [J]. Opt. Lett., 2007, 32: 2423-2425.

[12] Zhdanov, B., Maes, C., Ehrenreich, T., et al. Optically pumped potassium laser [J]. Opt. Commun., 2007, 270: 353-355.

[13] Krupke, W. F. Diode pumped alkali lasers (DPALs)—A review (rev1) [J]. Progress in Quantum Electronics, 2012, 36: 4-28.

[14] Barmashenko, B. D., Rosenwaks, S. Modeling of flowing gas diode pumped alkali lasers: dependence of the operation on the gas velocity and on the nature of the buffer gas [J]. Opt. Lett., 2012, 37: 3615-3617.

[15] Barmashenko, B. D., Rosenwaks, S. Detailed analysis of kinetic and fluid dynamic processes in diode-pumped alkali lasers [J]. J. Opt. Soc. Am., 2013, B 30: 1118-1126.

[16] Hager, G. D., Perram, G. P. A three-level analytic model for alkali metal vapor lasers: part I. Narrowband optical pumping [J]. Appl Phys., 2010, B 101: 45-56.

[17] Rotondaro, M. D., Perram, G. P. Collisional broadening and shift of the rubidium D1 and D2 lines (52S1/2 → 52P1/2, 52P3/2) by rare gases, H2, D2, N2, CH4 and CF4 [J]. J. Quant. Spectrosc. Radiat. Transfer, 1997, 57: 497-507.

[18] Pitz, A., Perram, P. Pressure Broadening of the D1 and D2 lines in Diode Pumped Alkali Lasers [J]. Proc. SPIE, 2008, 7005, 700526.

[19] Romalis, M. V., Miron, E., Gates, G. D. Pressure broadening of the Rb D1 and D2 lines by 3He, 4He, N2, and Xe: line cores and near wings [J]. Phys. Rev., 1997, A 56: 4569-4578.

[20] Hrycyshyn, E. S., Krause, L. Inelastic collisions between excited alkali atoms and molecules. VII. Sensitized fluorescence and quenching in mixtures of rubidium with H2, HD, D2, N2, CH4, CD4, C2H4, and C2H6 [J]. Can. J. Phys., 1970, 48: 2761-2768.

[21] Krupke, W. F., Beach, R. J., Kanz, V. K. et al. Resonance transition 795-nm rubidium laser [J]. Opt. Lett., 2003, 28: 2336-2338.

[22] Zhdanov, B. V., Ehrenreich, T., Knize, R. J. Highly efficient optically pumped cesium vapor laser [J]. Opt. Commun., 2006, 260 (2): 696-698.

[23] Page, R., Beach, R. J., Kanz, V. K. Multimode-diode-pumped gas (alkali-vapor) laser [J]. Opt. Lett., 2006, 31 (3): 353-355.

[24] Wang Y., Kasamatsu, T., Zheng, Y. J., et al. Cesium vapor laser pumped by a volume-Bragg-grating coupled quasi-continuous-wave laser-diode array [J]. Appl. Phys. Lett., 2006, 88 (14): 141112.

[25] Zhdanov, B. V., Shaffer, M. K., Knize, R. J. demonstration of a diode pumped continuous wace potassium laser [J]. SPIE, 2011, 7915: 791506.

[26] Zhdanov, B. V., Sell, J., Knize, R. J. Multiple laser diode array pumped Cs laser with 48 W output power [J]. Electron. Lett., 2008, 44: 582-583.

[27] Zweiback, J., Komashko, A. and Krupke, W. F. Alkali vapor laser [J]. Proc. SPIE, 2010, 7581, 75810G-1.

[28] Zhdanov, B. V., Rotondaro, M. D., Shaffer, M. K., et al. Potassium Diode Pumped Alkali Laser demonstration using a closed cycle flowing system [J]. Opt. Commun., 2015, 354: 256-258.

[29] Pitz, G. A., Stalnaker, D. M., Guild, E. M., et al. Advancements in flowing diode pumped alkali lasers [J]. Proc. of SPIE, 2016, 9729, 972902.

[30] Yacoby, E., Auslender, I., Waichman, K., et al. Analysis of continuous wave diode pumped cesium laser with gas circulation: experimental and theoretical studies [J]. Opt. Express, 2018, 26: 17814-17819.

[31] Han, J. H., Wang, Y., Cai, H., et al. Algorithm for evaluation of temperature distribution of a vapor cell in a diode-pumped alkali laser system: part I [J]. Opt. Express, 2014, 22: 13988-14003.

[32] Cai, H., Wang, Y., Xue, L. P. et al. Theoretical study of relaxation oscillations in a free-running diode-pumped rubidium vapor laser [J]. Appl. Phys., 2014, B 117: 1201-1210.

[33] An, G. F., Wang, Y., Han, J. H., et al. Influence of energy pooling and ionization on physical features of a diode-pumped alkali laser [J]. Opt. Express, 2015, 23: 26414-26425.

[34] An, G. F., Wang, Y., Han, J. H., et al. Optimization of physical conditions for a diode-pumped cesium vapor laser [J]. Opt. Express, 2017, 25: 4335-4347.

[35] Cai, H., Qiang, Y., An, G. F., et al. Temporally-modulated laser with an alkali vapor amplifier [J]. Opt. Lett., 2019, 44 (7): 1778-1780.

[36] Wang, S. Y., Dai, K., Han, J. H., et al. Dual-wavelength end-pumped Rb-Cs vapor lasers [J]. Applied Optics, 2018, 57, 9562-9570.